STARK

ABITUR Skript

Biologie

Gymnasium
Bayern

STARK

Inhalt

Autorin: Brigitte Meinhard

Vorwort

Liebe Schülerin, lieber Schüler,

dieses handliche Buch bietet Ihnen einen systematischen **Leitfaden** zu allen Lehrplaninhalten, die Sie im Biologie-Abitur in Bayern benötigen.
Durch seinen klar strukturierten Aufbau eignet sich der Band besonders zur Auffrischung und Wiederholung des Prüfungsstoffs kurz vor dem Abitur.

- Am Beginn jedes Kapitels finden Sie eine Übersicht, die die Zusammenhänge im jeweiligen Stoffgebiet darstellt.
- Die Lerninhalte werden durch aussagekräftige **Abbildungen** und **Tabellen** verdeutlicht.
- Passgenaue **Beispiele** sind durch eine Glühbirne gekennzeichnet und veranschaulichen die Theorie.
- Das **Stichwortverzeichnis** führt schnell und treffsicher zum gesuchten Lernstoff.

Viel Erfolg bei der Abiturprüfung!

Brigitte Meinhard

Brigitte Meinhard

Ausführliche Erläuterungen sowie viele Übungsaufgaben finden Sie in unseren Abitur-Trainingsbänden:

- **Abitur-Training Biologie 1** (Bestell-Nr. 947038D)
- **Abitur-Tranining Biologie 2** (Bestell-Nr. 947048D)

Die offiziellen Prüfungsaufgaben der letzten Jahre mit Lösungen und viele nützliche Hinweise zu Ablauf und Anforderungen des Zentralabiturs enthält der Band **Abiturprüfung Biologie Bayern** (Bestell-Nr. 95701).
Übungsreferate und Zusatzfragen zu den wesentlichen Themenbereichen der Kolloquiumsprüfung sind im Band **Biologie-Abitur Bayern Kolloquium** (Bestell-Nr. 95711) zu finden.

Strukturelle und energetische Grundlagen des Lebens

1 Organisation und Funktion von Zellen

Die **Zelle** ist die grundlegende Bau- und Funktionseinheit aller Organismen.

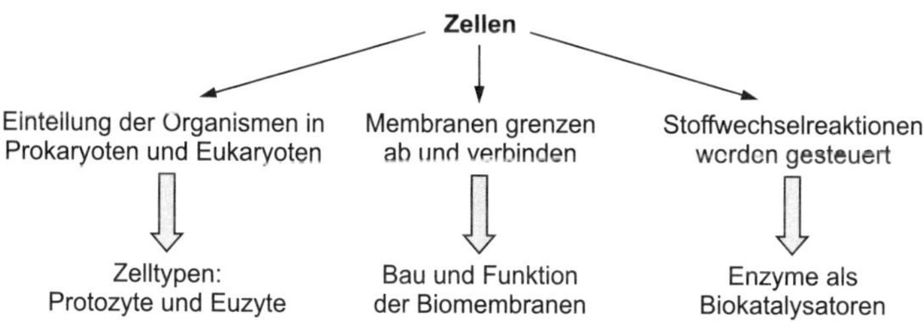

1.1 Die Zelltypen Protozyte (Prozyte) und Euzyte

	Protozyte	**Euzyte**
Vorkommen	Bakterien, Cyanobakterien, Archaeen	Pflanzen, Pilze, Tiere
Aufbau	genetisches Material frei im Zytoplasma → Prokaryoten wenige Zellorganellen: • Ribosomen • Zellwand • evtl. Geißel	genetisches Material im Zellkern eingeschlossen → Eukaryoten viele Zellorganellen: • Zellkern mit Nukleolus • Mitochondrien • Ribosomen • Dictyosomen • endoplasmatisches Retikulum (glatt und rau) • Lysosomen • Mikrotubuli

		nur Tierzellen: • Zentriolen nur Pflanzenzellen: • Chloroplasten • Zellwand • Zellsaftvakuole
Fazit	⇒ relativ einfacher Aufbau	⇒ relativ komplexer Aufbau

Bau und Aufgaben wichtiger Zellorganellen

- **Zellkern:**
  - **Bau:** Doppelte Kernmembran mit zahlreichen Kernporen, im Inneren Chromatin und meist zwei Nukleoli
  - **Aufgaben:** Speicherung der genetischen Information für den Bau der Zellbestandteile sowie für die Steuerung von Stoffwechselvorgängen und von Wachstum und Entwicklung
- **Mitochondrium:**
  - **Bau:** Doppelte Membranhülle, innere Membran mit faltenartigen Einstülpungen (Cristae, Tubuli), im Innenraum (Matrix) ringförmige DNA und Ribosomen
  - **Aufgabe:** Zellatmung (aerober Abbau der Brenztraubensäure, Atmungskette) → Stoffabbau zur Energiegewinnung
- **Chloroplast:**
  - **Bau:** Doppelte Membranhülle, innere Membran bildet Thylakoide (lamellenartige Membranstapel mit Blattfarbstoffen), im Innenraum (Stroma) ringförmige DNA, Ribosomen, Stärkekörner
  - **Aufgabe:** Fotosynthese → Stoffaufbau mithilfe der Sonnenenergie

1.2 Bau und Funktion der Biomembranen

Bau einer Biomembran

Flüssig-Mosaik-Modell:

- **Lipid-Doppelschicht**, die im Inneren lipophil (hydrophob) und an den Außenseiten hydrophil (lipophob) ist.

- **Membranproteine:**
  - Periphere Proteine: Außen auf die Doppelschicht aufgelagert
  - Integrale Proteine: Reichen in die Lipid-Doppelschicht hinein
  - Membranporen (Tunnelproteine)

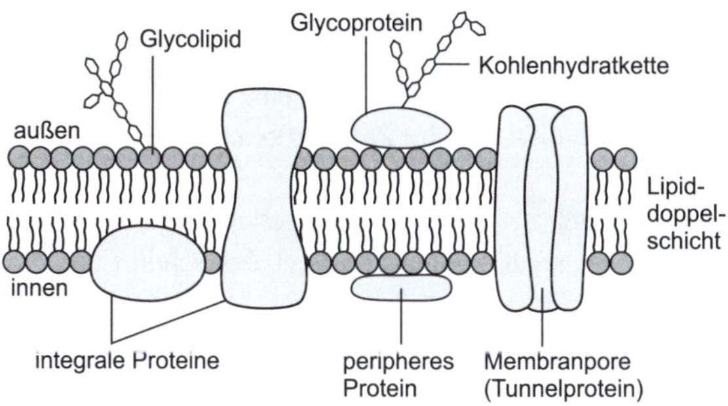

Funktionen der Biomembranen

- **Kompartimentierung:** Das Zytoplasma einer Zelle wird durch Biomembranen in abgegrenzte Bereiche unterteilt ⇒ verschiedene Stoffwechselreaktionen können ungestört nebeneinander ablaufen.
- **Stofftransport durch Biomembranen:**
  - **Diffusion und Osmose:**
    Diffusion: Gleichmäßige Verteilung von Teilchen im zur Verfügung stehenden Raum bis zum Konzentrationsausgleich. Wird durch Eigenbewegung der Teilchen (**Brownsche Molekularbewegung**) bewirkt (passiver, physikalischer Vorgang).
    Osmose: Eingeschränkte, einseitige Diffusion durch eine selektiv permeable (semipermeable) Membran.
    Nur lipophile Stoffe, kleine unpolare Moleküle (z. B. Sauerstoff und Kohlenstoffdioxid) und die sehr kleinen Wassermoleküle können die Biomembran durchdringen, andere im Wasser gelöste Teilchen wie z. B. Ionen und Zuckermoleküle dagegen nicht.
  - **Proteingebundener Transport:**
    Tunnelproteine: Erleichterte Diffusion; Ionen und große Moleküle wandern dem Konzentrationsgefälle folgend durch Membranporen ⇒ **passiver Transport**.

Carrierproteine: Transport durch spezielle Membranporen erfolgt gegen ein Konzentrationsgefälle unter Verbrauch von Stoffwechselenergie (ATP) ⇒ **aktiver Transport**.

- **Membrangebundener Transport:**
  Abgabe bzw. Aufnahme von flüssigen/gelösten Stoffen oder von Partikeln aus der Zelle bzw. in die Zelle.
  Exozytose: Membranbläschen (Vesikel), das die abzugebenden Stoffe enthält, verschmilzt mit der Zellmembran und entleert sich nach außen.
  Endozytose: Aufzunehmende Stoffe gelangen in eine Einstülpung der Zellmembran, die nach innen als Vesikel abgeschnürt wird.

1.3 Enzyme als Biokatalysatoren

Enzyme: Proteine, die biochemische Reaktionen katalysieren. Sie …
- **beschleunigen Reaktionen**, indem sie die Aktivierungsenergie herabsetzen.
- werden bei der Reaktion nicht verbraucht.
- wirken in geringen Konzentrationen.
- sind **substratspezifisch**, d. h., sie setzen nur eine bestimmte Verbindung, ihr Substrat, katalytisch um.
- sind **wirkungsspezifisch**, d. h., sie katalysieren nur eine bestimmte Reaktion ihres Substrats.

Schlüssel-Schloss-Modell der Enzymwirkung

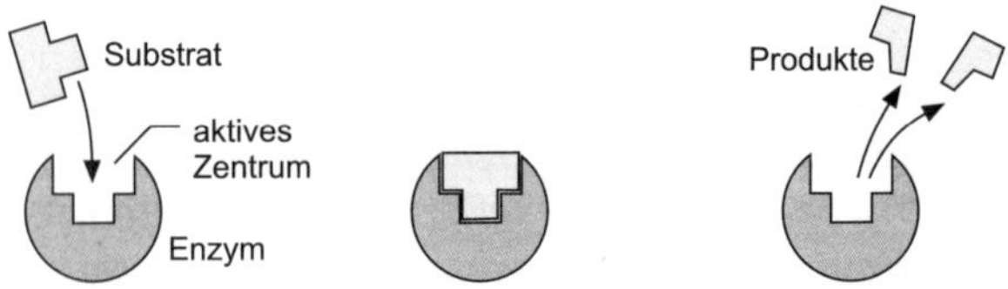

Enzym + Substrat ⇌ Enzym-Substrat-Komplex ⇌ Enzym + Produkt(e)

$$E + S \rightleftharpoons ES \rightleftharpoons E + P$$

Abhängigkeit der Enzymaktivität

- **Substratkonzentration:** Die Reaktionsgeschwindigkeit einer Enzymreaktion steigt mit zunehmender Substratkonzentration an, bis alle Enzymmoleküle mit Substrat gesättigt sind ⇒ konstante Maximalgeschwindigkeit v_{max}, auch wenn die Substratkonzentration weiter erhöht wird.

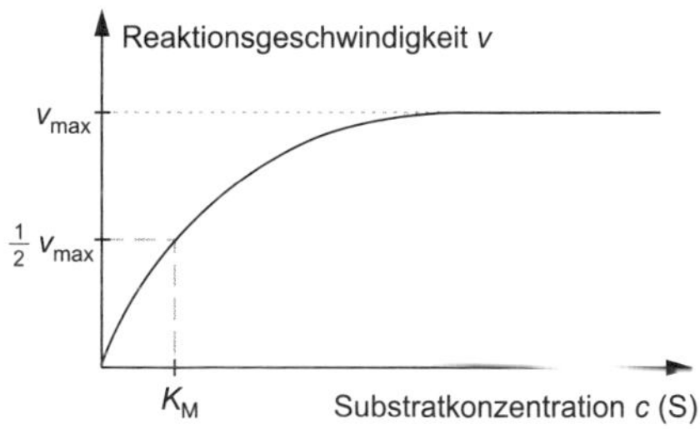

Michaelis-Menten-Diagramm

Die **Michaelis-Konstante K_M** bezeichnet die Substratkonzentration, bei der die Hälfte der Maximalgeschwindigkeit ½ v_{max} erreicht ist. Je kleiner der K_M-Wert, desto höher ist die Bindefähigkeit des Enzyms gegenüber seinem Substrat und desto höher ist seine Aktivität.

- **Temperatur: RGT-Regel:** Bei einem Temperaturanstieg um 10 °C verdoppelt sich die Reaktionsgeschwindigkeit chemischer Reaktionen.

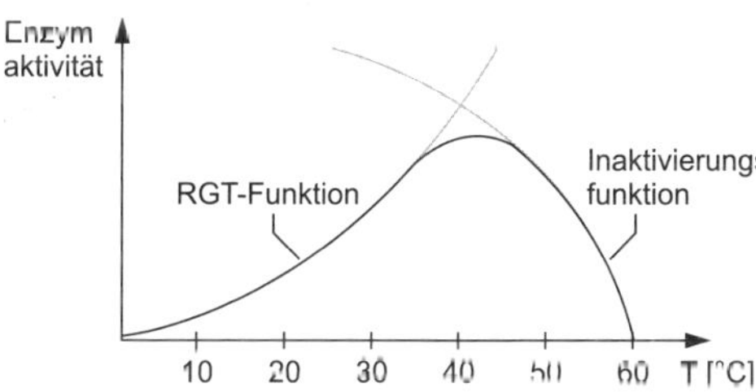

Temperaturabhängigkeit der Enzymaktivität

Inaktivierungsfunktion: Ab einer Temperatur von ca. 40 °C nimmt die Enzymaktivität ab, da die Tertiärstruktur der Enzymproteine durch die Hitze immer stärker verändert wird (**Denaturierung**).

- **pH-Wert:** Jedes Enzym entfaltet seine volle Aktivität nur bei einem bestimmten Säuregrad der Umgebung. Optimum der meisten Enzyme: pH 6–8.

Reversible Enzymhemmungen zur Regulation der Enzymaktivität

- **Kompetitive Hemmung:**

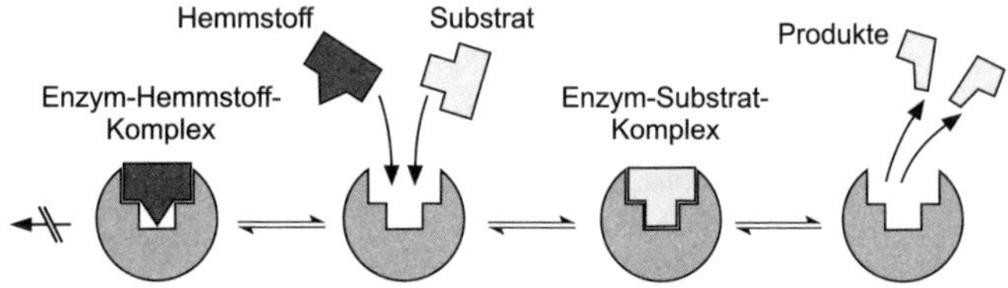

– Hemmstoff und Substrat besitzen eine ähnliche Molekülstruktur.
– Beide konkurrieren um die Bindung am aktiven Zentrum.
– Gebundener Hemmstoff blockiert für kurze Zeit die Anlagerung und Umsetzung des Substrats.

⇒ Stärke der Hemmwirkung hängt vom Mengenverhältnis Substrat/Hemmstoff ab ⇒ Bei starker Erhöhung der Substratkonzentration geht Hemmung zurück.

- **Allosterische (nicht kompetitive) Hemmung:**

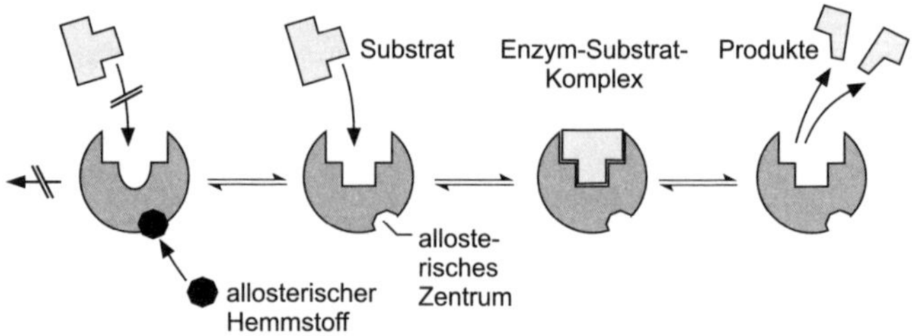

– Hemmstoff und Substrat weisen keine Ähnlichkeiten in der Molekülstruktur auf.
– Hemmstoff wird an einer eigenen Bindestelle, dem allosterischen Zentrum, gebunden.
– Durch Bindung des Hemmstoffs verändert sich die Raumstruktur des aktiven Zentrums und verhindert eine Substratbindung ⇒ Enzymmoleküle sind inaktiv.

⇒ Stärke der Hemmwirkung hängt vom Mengenverhältnis Enzym/Hemmstoff ab ⇒ Veränderung der Substratkonzentration hat keinen Einfluss auf die Stärke der Hemmwirkung.

2 Energiebindung und Stoffaufbau durch Fotosynthese

Fotosynthese

Umwandlung von Licht in chemisch gebundene Energie	Aufbau von Glucose	Licht, Temperatur, CO_2-Konzentration bestimmen die Fotosyntheseleistung
⇩	⇩	⇩
Lichtreaktionen	Dunkelreaktionen	Abhängigkeit der Fotosynthese von Außenfaktoren

Vereinfachte Summengleichung der Fotosynthese:

$$\underset{\text{Kohlenstoffdioxid}}{6\,CO_2} + \underset{\text{Wasser}}{6\,H_2O} \xrightarrow{\text{Lichtenergie}} \underset{\text{Glucose}}{C_6H_{12}O_6} + \underset{\text{Sauerstoff}}{6\,O_2}$$

2.1 Lichtreaktionen (lichtabhängige Reaktionen)

Lichtenergie wird von den Fotosynthesefarbstoffen absorbiert und zum Aufbau des …

- Energieträgers **ATP** aus ADP und anorganischem Phosphat P_i

  $ADP + P_i \longrightarrow \mathbf{ATP}$
- sowie des energiereichen Reduktionsmittels **NADPH/H⁺** aus $NADP^+ + 2\,H^+ + 2$ Elektronen verwendet.

  $NADP^+ + 2\,e^- + 2\,H^+ \longrightarrow \mathbf{NADPH/H^+}$

Fotosynthesefarbstoffe und Fotosysteme

Wichtigste Fotosynthesepigmente: grüne **Chlorophylle a und b** sowie orangerote **Carotinoide**. Mehrere Hundert Farbstoffmoleküle bilden ein **Fotosystem**. Die Fotosysteme sind in die Thylakoidmembranen der Chloroplasten eingelagert.

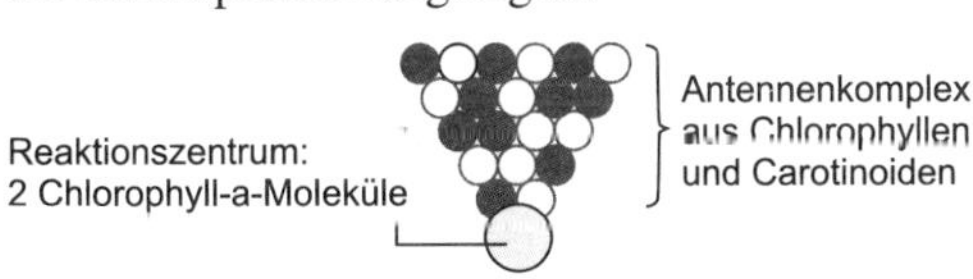

Aufbau eines Fotosystems

- bei Fotosystem I: Chlorophyll a = P700 (Absorptionsmaximum bei Wellenlänge 700 nm)
- bei Fotosystem II: Chlorophyll a = P680 (Absorptionsmaximum bei Wellenlänge 680 nm)

Lichtabsorption in Fotosystemen

Lichtenergie führt zur Anregung von Farbstoffmolekülen des **Antennenkomplexes** ⇒ Elektronen in diesen Molekülen gehen in einen höheren Energiezustand über. Bei Rückgang in den energieärmeren Grundzustand wird Anregungsenergie auf benachbarte Moleküle übertragen und schließlich zum **Reaktionszentrum** weitergeleitet. Vom angeregten Chlorophyll a im Reaktionszentrum wird ein Elektron an einen **Elektronenakzeptor** abgegeben.

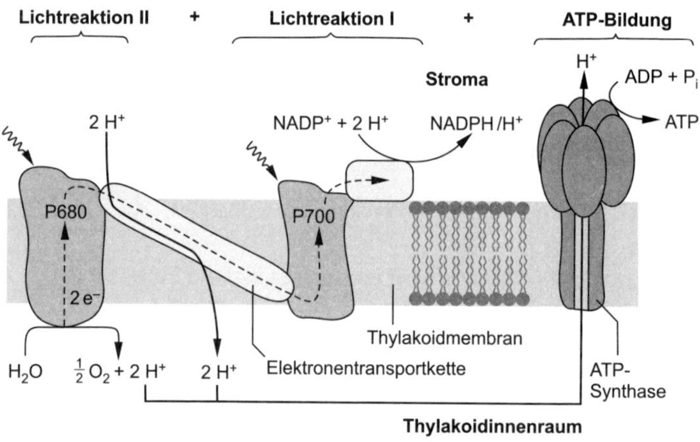

- **Lichtreaktion II:**
  Bei Belichtung gibt das Fotosystem II (P680) Elektronen an eine Kette von **Redoxsystemen (Elektronentransportkette)** ab → Elektronentransport zum Fotosystem I (P700). Die dem P680 fehlenden Elektronen werden einem Wassermolekül entzogen ⇒ wird oxidiert → in O_2 und 2 H^+-Ionen gespalten = **Fotolyse des Wassers**.
  Redoxsystem: Moleküle, die als Elektronenakzeptoren Elektronen aufnehmen können und diese als Elektronendonatoren an ein anderes Redoxsystem mit geringerem Energiegehalt abgeben.

- **Lichtreaktion I:**
  Die über die Elektronentransportkette weitergeleiteten Elektronen schließen die Elektronenlücke im P700, die entsteht, wenn dieses durch Licht angeregt wurde und Elektronen an ein weiteres Redoxsystem abgegeben hat. Durch Aufnahme von 2 angeregten Elektronen und 2 H^+-Ionen entsteht aus $NADP^+$ das energiereiche **Reduktionsmittel NADPH/H⁺**.
- **ATP-Bildung (chemiosmotische Theorie):**
  Eines der Redoxsysteme der Elektronentransportkette bindet beim Elektronentransport gleichzeitig H^+-Ionen aus dem Stroma und gibt sie in den Thylakoidinnenraum ab. Außerdem entstehen im Thylakoidinnenraum H^+-Ionen durch die Fotolyse und im Stroma werden H^+-Ionen bei der $NADPH/H^+$-Bildung verbraucht.
  ⇒ **Konzentrationsgefälle** für die H^+-Ionen **(Protonengradient)** und **Spannungsunterschied:**
  - Stroma: geringe H^+-Ionen-Konzentration und negative Ladung.
  - Thylakoidinnenraum: hohe H^+-Ionen-Konzentration und positive Ladung.

  Der Ausgleich dieses chemischen und elektrischen Potenzials erfolgt über die **ATP-Synthase**. Der Energie liefernde Strom der H^+-Ionen ins Stroma wird zum Aufbau von ATP aus ADP und anorganischem Phosphat genutzt ⇒ letztendlich wird die Lichtenergie in Form von **ATP** gespeichert.

Bruttogleichung der Lichtreaktion

$$12\ H_2O + 12\ NADP^+ + 18\ ADP + 18\ P_i \longrightarrow 6\ O_2 + 12\ NADPH/H^+ + 18\ ATP$$

Zyklischer Elektronentransport

Neben dem nichtzyklischen Elektronentransport (Fotolyse des Wassers → Fotosystem II → Fotosystem I → $NADPH/H^+$) existiert auch ein **zyklischer Elektronentransport** vom Fotosystem I zu einem Redoxsystem der Elektronentransportkette und zurück zum Fotosystem I, wenn $NADP^+$-Mangel vorliegt. Dabei werden H^+-Ionen in den Thylakoidinnenraum transportiert und somit die ATP-Bildung ermöglicht.

2.2 Dunkelreaktionen (lichtunabhängige Reaktionen)

Die lichtunabhängigen Reaktionen bilden einen Kreislauf, den **Calvin-Zyklus**, und werden in drei Phasen untergliedert:

- **CO_2-Fixierungsphase:** Kohlenstoffdioxid wird mithilfe eines Enzyms an Akzeptormolekül Ribulose-1,5-bisphosphat (RubP, C_5) gebunden. Entstandenes Molekül (C_6) zerfällt in 2 Moleküle 3-Phosphoglycerinsäure (PGS, C_3).
- **Reduktionsphase:** PGS wird unter Verbrauch von ATP und NADPH/H^+ (Reduktionsmittel) aus den Lichtreaktionen reduziert. Es bildet sich 3-Phosphoglycerinaldehyd (PGA, C_3) und Wasser. ADP, anorganisches Phosphat und $NADP^+$ werden in den Lichtreaktionen wiederverwendet. Aus $\frac{1}{6}$ der entstandenen PGA-Moleküle wird **Glucose** aufgebaut.
- **Regenerationsphase:** $\frac{5}{6}$ der PGA-Moleküle werden unter ATP-Verbrauch in Akzeptormoleküle RubP umgewandelt.

Bruttogleichung der Dunkelreaktion

$$6\,CO_2 + 12\,NADPH / H^+ + 18\,ATP \longrightarrow$$
$$C_6H_{12}O_6 + 12\,NADP^+ + 18\,ADP + 18\,P_i + 6\,H_2O$$

2.3 Wichtige Experimente zur Aufklärung der Fotosynthese

- **Hill-Reaktion**; Schlussfolgerung: Die Fotosynthese besteht aus zwei Teilprozessen. Im ersten Teilprozess erfolgt die Sauerstoffbildung aus Wasser, im zweiten die Reduktion von CO_2.
- **Isotopenmarkierung mit ^{18}O**, Tracer-Methode (Kamen und Ruben); Schlussfolgerung: Der gesamte bei der Fotosynthese gebildete Sauerstoff entsteht aus dem Wasser, nicht aus CO_2 oder CO_2 und Wasser ⇒ Summengleichung der Fotosynthese muss auf beiden Seiten um 6 Moleküle Wasser erweitert werden.
  Erweiterte Summengleichung der Fotosynthese:
  $$6\,CO_2 + \mathbf{12\,H_2O} \longrightarrow C_6H_{12}O_6 + 6\,O_2 + \mathbf{6\,H_2O}$$

- **Isotopenmarkierung mit ^{14}C** (Calvin): PGS als erstes fassbares Zwischenprodukt der Dunkelreaktionen identifiziert.
- Identifizierung von RubP als Akzeptormolekül (Calvin).

2.4 Zusammenspiel von Licht- und Dunkelreaktionen

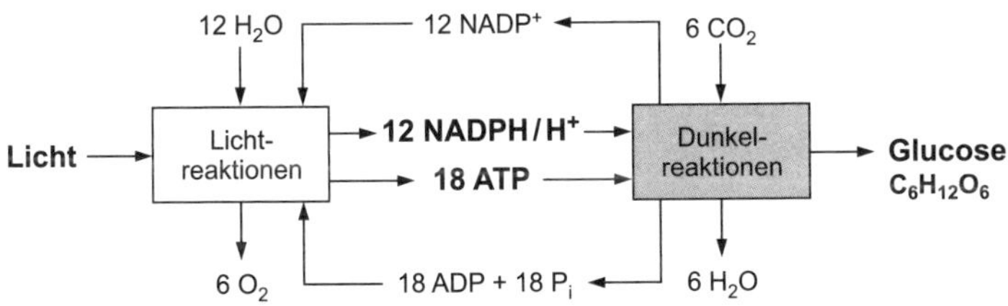

Fettdruck = Weg der Energie

2.5 Abhängigkeit der Fotosynthese von Außenfaktoren

Wellenlänge des Lichts

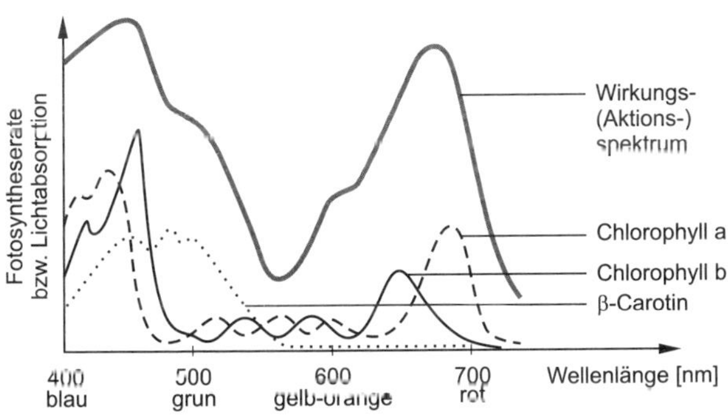

- Absorptionsmaxima bei ca. 450 nm und 680 nm
- Absorptionsminimum zwischen 500 und 600 nm („Grünlücke“)

Lichtintensität

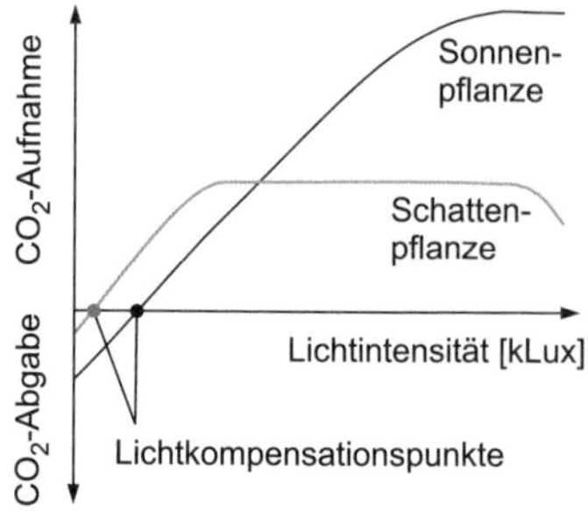

- **Sonnenpflanzen:**
  - Lichtsättigung erst bei hohen Lichtintensitäten
    → hohe Fotosyntheseleistung
  - Lichtkompensationspunkt bei hoher Lichtintensität
    → Fotosynthese überwiegt Atmung erst bei relativ großer Lichtstärke
- **Schattenpflanzen:**
  - Lichtsättigung schon bei niedrigen Lichtintensitäten, hohe Lichtintensitäten beeinträchtigen die Fotosynthese
    → geringere Fotosyntheseleistung
  - Lichtkompensationspunkt bei geringer Lichtintensität
    → bereits geringere Lichtstärken können zum Stoffaufbau durch Fotosynthese genutzt werden.

Temperatur

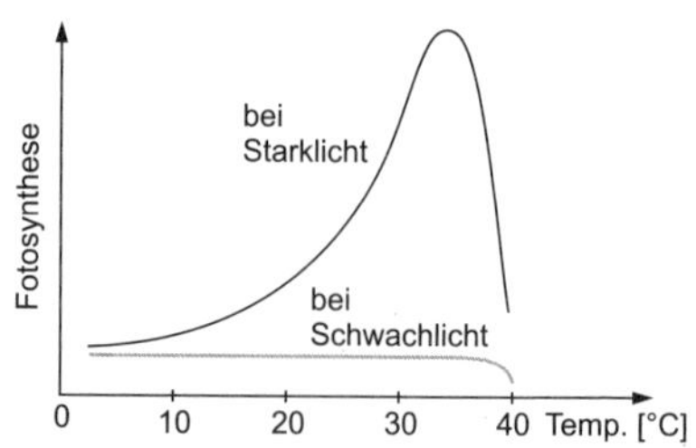

- **Starklichtkurve:** Enzyme der Fotosynthese sind wie alle Proteine temperaturabhängig (Temperatur als begrenzender Faktor). Mit zunehmender Temperatur steigt die Fotosyntheseleistung (RGT-Regel), bis zu hohe Temperaturen die Enzymproteine inaktivieren.
- **Schwachlichtkurve:** Bei minimalen Lichtstärken (Licht als begrenzender Faktor) können die Lichtreaktionen und die nachgeschalteten Dunkelreaktionen nur in sehr geringem Umfang ablaufen. Da die Lichtreaktionen temperaturunabhängig sind, steigt die Fotosyntheseleistung nicht an.

⇒ Hinweis darauf, dass sich die Fotosynthese aus zwei voneinander abhängigen Teilprozessen zusammensetzt.

CO_2-Konzentration

Der CO_2-Gehalt der Atmosphäre liegt mit 0,038 % **unterhalb** des Optimums für die Fotosynthese.

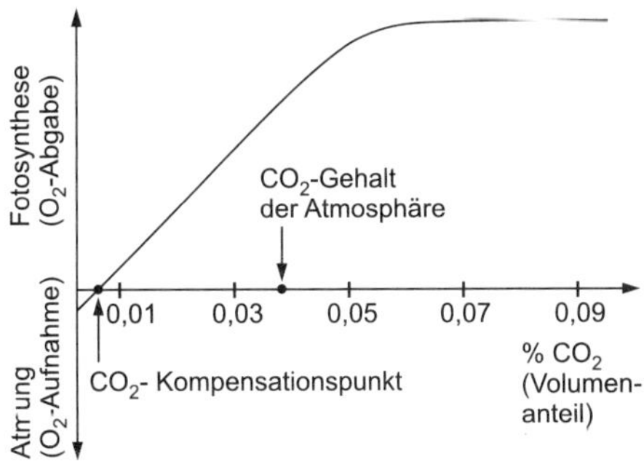

3 Grundprinzipien der Energiefreisetzung durch Stoffabbau

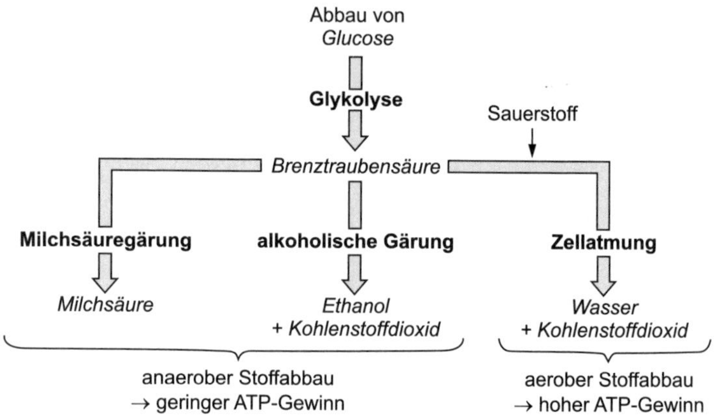

3.1 Glykolyse

Ort: im Zytoplasma aller tierischen und pflanzlichen Zellen.

Wesentliche Vorgänge:

- **Spaltung** der Glucose (C_6) und (über Zwischenprodukte PGA und PGS; C_3) Umwandlung in zwei Moleküle Brenztraubensäure (C_3).
- **Oxidation** des Zwischenprodukts PGA zu PGS:
  Übertragung der abgegebenen Elektronen und H^+-Ionen auf das Oxidationsmittel NAD^+ → Bildung von energiereichem $NADH/H^+$.
  Übertragung der frei werdenden Energie auf ADP → Bildung von energiereichem ATP.

Bruttogleichung der Glykolyse:

$$C_6H_{12}O_6 + 2\ NAD^+ + 2\ ADP + 2\ P_i \longrightarrow \underset{\text{Brenztraubensäure}}{2\ C_3H_4O_3} + 2\ NADH/H^+ + 2\ ATP$$

3.2 Milchsäuregärung und alkoholische Gärung

Prinzip der Gärungen: Regeneration des Oxidationsmittels NAD^+, damit Glykolyse weiterlaufen und ATP gewonnen werden kann.

- **Milchsäuregärung:** $NADH/H^+$ reagiert direkt mit Brenztraubensäure unter Bildung von Milchsäure und NAD^+.
  Bruttogleichung der Milchsäuregärung (einschließlich Glykolyse):
  $$C_6H_{12}O_6 + 2\,ADP + 2\,P_i \longrightarrow \underset{\text{Milchsäure}}{2\,C_3H_6O_3} + 2\,ATP$$
  Vorkommen der Milchsäuregärung:
  – Milchsäurebakterien → Sauermilchprodukte, Sauerkraut, Sauerteig
  – Skelettmuskeln der Säugetiere bei Sauerstoffmangel

- **Alkoholische Gärung:** Zunächst wird CO_2 von Brenztraubensäure abgespalten. Dabei entsteht Ethanal, das mit $NADH/H^+$ zu Ethanol und NAD^+ reagiert.
  Bruttogleichung der alkoholischen Gärung (einschl. Glykolyse):
  $$C_6H_{12}O_6 + 2\,ADP + 2\,P_i \longrightarrow \underset{\text{Ethanol}}{2\,C_2H_5OH} + 2\,CO_2 + 2\,ATP$$
  Vorkommen der alkoholischen Gärung:
  – Hefepilze unter anaeroben Bedingungen → Bier, Wein, Backwaren, Treibstoff, Industriealkohol, Lösungsmittel

ATP-Bilanz der Gärungsvorgänge: 2 mol ATP pro 1 mol Glucose (Endprodukte relativ energiereich) ⇒ Wirkungsgrad nur 2 %.

3.3 Zellatmung

- **Phase 1: Glykolyse** im Zytoplasma der Zellen
- **Phase 2: Zitronensäurezyklus** im Matrixraum der Mitochondrien:
  – Vollständiger Abbau der Brenztraubensäure zu Kohlenstoffdioxid durch Oxidation.
  – Zwischenspeicherung der bei diesen Oxidationen frei werdenden Energie sowie der abgegebenen Elektronen und H^+-Ionen in $NADH/H^+$.
- **Phase 3: Atmungskette** an der gefalteten inneren Membran der Mitochondrien:

- Regeneration von NAD^+ durch Übertragung der Elektronen und H^+-Ionen von $NADH/H^+$ auf Sauerstoff.
- Nutzung der frei werdenden Energie zum Aufbau großer Mengen an ATP: An der inneren Mitochondrienmembran sitzen Redoxsysteme, die Wasserstoffionen in den Intermembranraum abgeben. Es entsteht ähnlich wie bei der Fotosynthese ein Protonengradient zwischen Intermembranraum und Matrixraum, der von der ATP-Synthase unter ATP-Bildung abgebaut wird (chemiosmotische Theorie der Atmungskettenphosphorylierung).

Bruttogleichung der Zellatmung:

$$C_6H_{12}O_6 + 6\ O_2 + 6\ H_2O + 38\ ADP + 38\ P_i \longrightarrow 6\ CO_2 + 12\ H_2O + 38\ ATP$$

ATP-Bilanz der Zellatmung: 38 mol ATP pro 1 mol Glucose (Endprodukte relativ energiearm) ⇒ Wirkungsgrad 38 %

Genetik und Gentechnik

4 Molekulargenetik

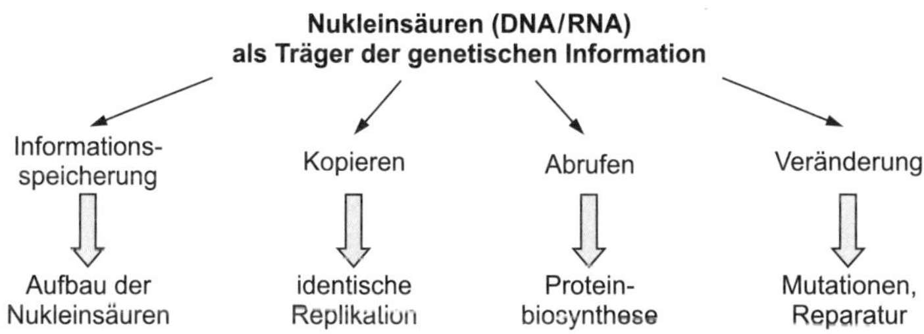

Molekulargenetik: Genetik auf molekularer und biochemischer Ebene.

4.1 Aufbau von Nukleinsäuren

Nukleinsäuren sind aus drei Grundbausteinen aufgebaut:

	Zucker	Phosphatrest	organische Basen
DNA	Desoxyribose (D)	✓	Adenin (A), Guanin (G), Cytosin (C), Thymin (T)
RNA	Ribose (R)	✓	A, G, C, Uracil (U)

Nukleotid: Einheit aus Zuckermolekül, Phosphatrest und Base.

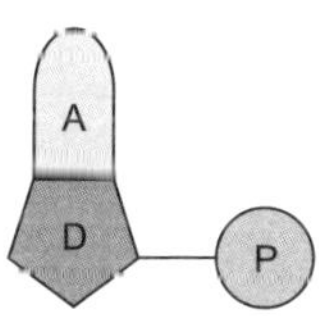

Schematische Darstellung des Adeninnukleotids der DNA (Desoxyadenosinmonophosphat)

Polynukleotidstrang: Viele Nukleotide (Monomere) zu einer langen Kette (Polymer) verknüpft.

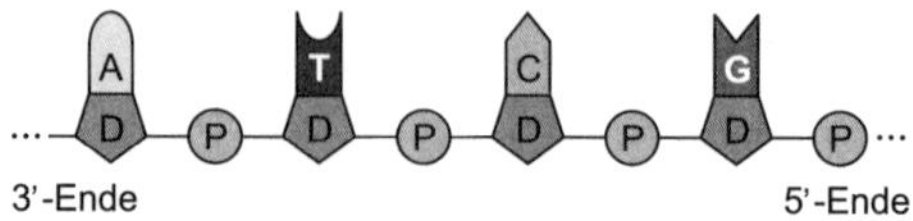

Ausschnitt aus einem DNA-Einzelstrang in schematischer Darstellung

Der Polynukleotidstrang weist eine bestimmte Richtung (Polarität) auf:
- 3'-Ende: Zuckermolekül
- 5'-Ende: Phosphatrest

In der **Abfolge der Basen** eines Polynukleotidstrangs ist die genetische Information gespeichert → **genetischer Code**.
Der genetische Code ist …
- ein Triplettcode: Immer drei Nukleotide codieren eine Aminosäure.
- kommafrei: Keine Trennzeichen am Anfang oder Ende eines Tripletts.
- überlappungsfrei: Keine Überschneidungen zwischen den Tripletts.
- degeneriert: Mehrere Tripletts codieren die gleiche Aminosäure.
- universell: Bei fast allen Organismen identisch.

Struktur der DNA

Zwei Polynukleotidstränge sind zu einem schraubig gewundenen Doppelstrang verbunden → **Doppelhelix**. Zwei Ketten aus Desoxyribose und Phosphatresten bilden die Holme einer gewundenen Leiter, die Sprossen der Leiter werden von den Basen gebildet. Die **Komplementäre Basenpaarung** durch **Wasserstoffbrückenbindungen** erfolgt ausschließlich zwischen A und T sowie zwischen C und G. Aus den Bindungsverhältnissen ergibt sich zwangsläufig eine gegenläufige Polarität (Antiparallelität) der Stränge.

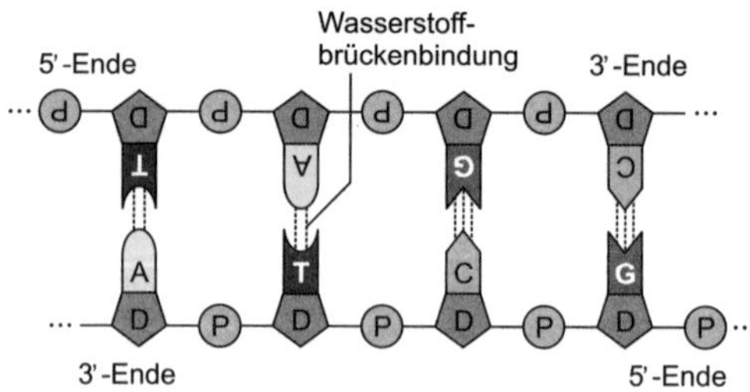

Ausschnitt aus einem DNA-Doppelstrang in schematischer Darstellung

Struktur der RNA

RNA-Moleküle …
- sind viel kürzer als DNA-Moleküle.
- liegen als **Einzelstränge** vor.
- können sich abschnittsweise mit sich selbst paaren ⇒ schlaufenartige Sekundärstrukturen.
- enthalten die Base Uracil (U) statt der Base Thymin.

4.2 Identische Replikation zur Vervielfältigung der DNA

Semikonservativer Mechanismus der Replikation: Der DNA-Doppelstrang teilt sich reißverschlussartig in zwei Längshälften, die jeweils mit Nukleotiden zu zwei DNA-Doppelsträngen ergänzt werden ⇒ In den neu gebildeten DNA-Strängen bleibt jeweils die Hälfte („semi") der Ausgangs-DNA erhalten („konserviert").
Den experimentellen Beweis des semikonservativen Replikationsmechanismus erbrachten die Wissenschaftler **MESELSON** und **STAHL**.

Molekularer Mechanismus der Replikation:

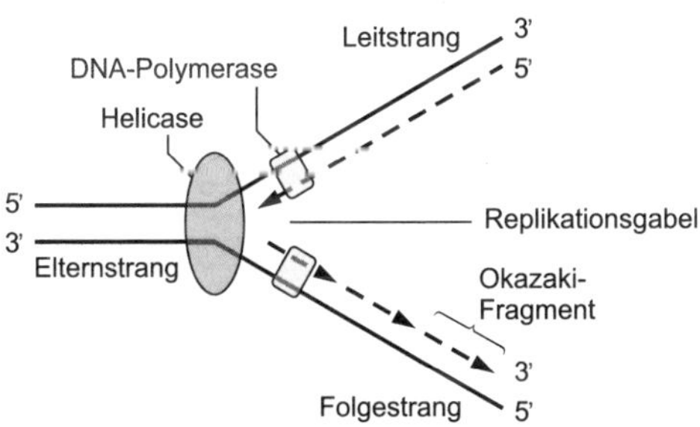

- Enzym Helicase entwindet DNA und trennt sie in Einzelstränge auf.
- In Replikationsgabel angelagerte Proteine verhindern, dass sich die Einzelstränge wieder verbinden.
- Enzym DNA-Polymerase synthetisiert neue Einzelstränge mit DNA-Nukleotiden aus dem Zellplasma entsprechend der komplementären Basenpaarung.
- DNA-Polymerase kann neuen Einzelstrang nur in 5'→3'-Richtung synthetisieren ⇒ Die Ergänzung des sogenannten Leitstrangs er-

folgt kontinuierlich, die des Folgestrangs diskontinuierlich, d. h. in Abschnitten (**Okazaki-Fragmente**).
- Abschnitte werden durch Ligasen verknüpft.

4.3 Proteinbiosynthese

Die Realisierung der genetischen Information erfolgt in zwei Schritten:
- **Transkription:** Übertragung der Basensequenz der Gene (DNA-Abschnitte) in die Basensequenz einer Boten-Nukleinsäure → **messenger-RNA (mRNA)**.
- **Translation:** Übersetzung der Basensequenz der mRNA in die Aminosäuresequenz eines Polypeptids (Protein).

Transkription

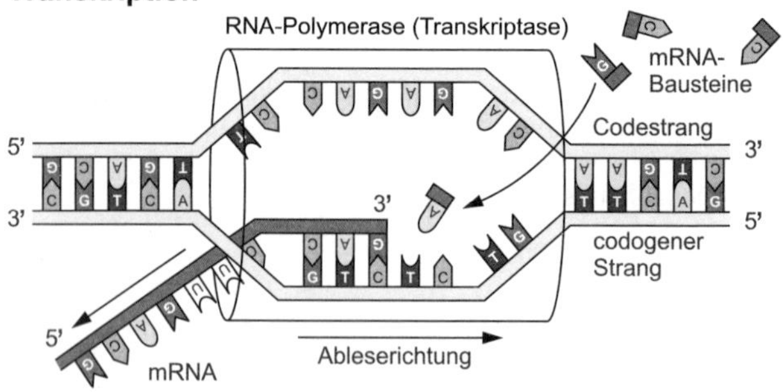

- RNA-Polymerase (Transkriptase) erkennt Promotor (Startstelle am Anfang des Gens) → heftet sich dort an DNA an.
- RNA-Polymerase entwindet und öffnet DNA-Doppelstrang.
- Codogener Strang wird vom 3'- zum 5'-Ende abgelesen.
- RNA-Nukleotide lagern sich entsprechend der komplementären Basenpaarung an codogenen Strang an. Mit Adenin paart sich Uracil (statt Thymin).
- Verknüpfung der RNA-Nukleotide erfolgt in 5' → 3'-Richtung.
- Wenn RNA-Polymerase Stoppstelle (Terminator) am Ende des Gens erreicht, löst sie sich von DNA und gibt mRNA frei.

Translation

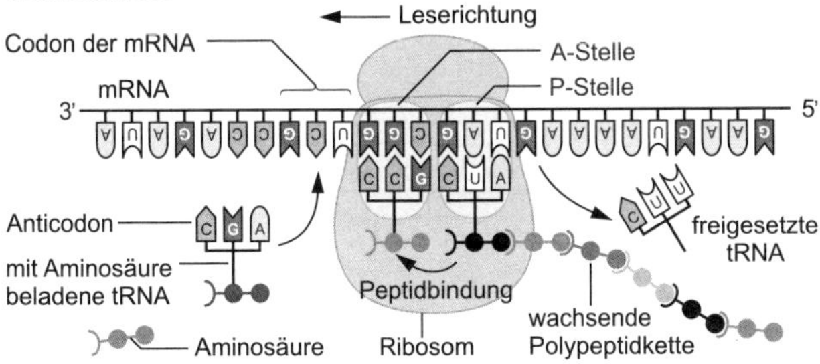

- Ribosom (kleine und große Untereinheit) heftet sich an 5'-Ende der mRNA an (Startcodon, AUG oder GUG) und wandert in 5'→3'-Richtung über die mRNA.
- Basentripletts der mRNA (Codons) werden von transfer-RNA-Molekülen (tRNA) aus dem Zellplasma abgelesen. Jede tRNA weist ein spezifisches Anticodon auf und hat eine dazu passsende Aminosäure gebunden.
- Wenn im Inneren eines Ribosoms (A- und P-Stelle) zwei tRNAs mit ihren Anticodons entsprechend der komplementären Basenpaarung an die Codons angelagert sind, werden die transportierten Aminosäuren durch eine Peptidbindung verbunden.
- Ribosom rutscht um ein Codon in 3'-Richtung weiter. Dem 5'-Ende nähere tRNA gibt ihre Aminosäure ab und wird freigesetzt.
- An neues im Ribosom (A-Stelle) liegendes Codon wird passende tRNA angelagert usw., bis Stoppcodon (z. B. UAA) erreicht ist.
- Fertige Polypeptidkette (Protein) wird freigesetzt, Ribosom löst sich von mRNA.

Nachvollziehen der Zuordnung der mRNA-Codons zu den entsprechenden Aminosäuren über **Code-Sonne** oder **Code-Tabelle**.

Proteinbiosynthese bei Eukaryoten

- Eukaryotengene setzen sich aus **Exons** (kodierende Abschnitte) und **Introns** (nicht kodierende Abschnitte) zusammen (Mosaikgene).
- Bei der Transkription entstehende prä-mRNA muss **Reifungsprozess (Prozessierung)** zur fertigen mRNA durchlaufen. Dabei werden Intronabschnitte der prä-mRNA herausgeschnitten ⇒ mRNA

4.4 Regulation der Genaktivität

Bestimmte Gene werden bei Bedarf an- oder abgeschaltet.

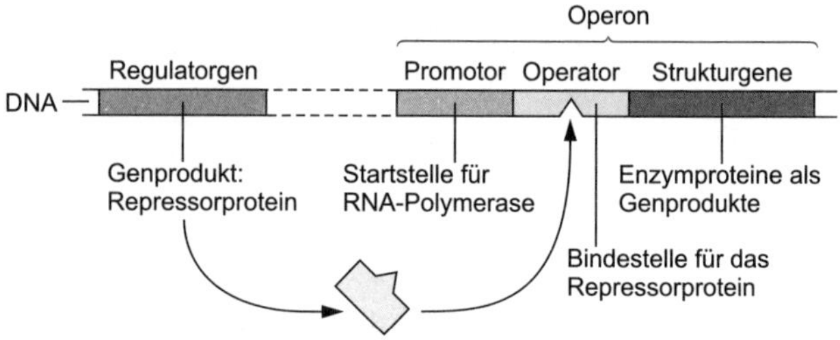

Operon-Modell für Bakterien nach JACOB und MONOD

Genregulation durch Substratinduktion

Das Repressorprotein wird in der **aktiven** Form gebildet, bindet an den Operator und verhindert die Transkription der Strukturgene ⇒ Gene „abgeschaltet“.
Der abzubauende Stoff (Substrat) inaktiviert das Repressorprotein, sodass er sich vom Operator löst ⇒ Transkription der Gene beginnt ⇒ Substrat wird durch Genprodukt (Enzym) abgebaut.

Ein Beispiel für die Substratinduktion ist der Laktoseabbau durch *E. coli*.

Genregulation durch Endproduktrepression

Das Repressorprotein wird in der **inaktiven** Form gebildet und kann sich somit nicht an den Operator binden ⇒ Gene „eingeschaltet“.
Das Endprodukt, das mithilfe des Genprodukts (Enzym) gebildet wird, aktiviert das Repressorprotein. Dieses bindet an den Operator ⇒ Transkription der Gene stoppt.

Ein Beispiel für die Endproduktrepression ist die Einstellung der Synthese der Aminosäure Tryptophan bei *E. coli*.

4.5 Ursachen und Folgen von Genmutationen

Mutation: Nicht zielgerichtete, dauerhafte Veränderung des Erbguts.

Spontanmutation: Plötzlich und ohne äußere Ursachen eintretende Mutation (z. B. Replikationsfehler).

Induzierte Mutation: Durch Chemikalien oder energiereiche Strahlung (z. B. UV-, Röntgen-, γ-Strahlen) ausgelöste Mutation.

Arten von Mutationen und ihre Folgen

- **Genommutationen** (numerische Chromosomenaberrationen) verändern die Anzahl der Chromosomen pro Zelle (Aneu-, Euploidie).
- **Chromosomenmutationen** (strukturelle Chromosomenaberrationen) führen zu veränderter Chromosomenstruktur.
  - Deletion: Verlust eines Chromosomenstücks.
  - Translokation: Umlagerung eines Chromosomenstücks auf ein anderes Chromosom.
- **Genmutationen** betreffen die Basensequenz der DNA:
  - Punktmutation: Austausch einer Base durch eine andere Base.
  - Rastermutation: Einschub oder Verlust einer Base führt zu einer Verschiebung des Leserasters bei der Proteinbiosynthese.

Punktmutationen können beispielsweise durch salpetrige Säure und Rastermutationen durch Akridin ausgelöst werden.

Mutationen haben in den meisten Fällen negative Auswirkungen. Andererseits sind spontane Genmutationen die **Grundlage der genetischen Vielfalt** und damit eine wichtige Voraussetzung für die Evolution der Lebewesen.

DNA-Reparatursysteme

Mithilfe von **DNA-Reparatursystemen** lässt sich ein Teil der Genmutationen beheben. Für die Erkennung und Beseitigung der Fehler gibt es spezielle Reparaturenzyme. Reparaturmechanismen:

- Fotoreaktivierung
- Exzisions-Reparatur
- Postreplikations-Reparatur
- SOS-Reparatur

5 Zytogenetik

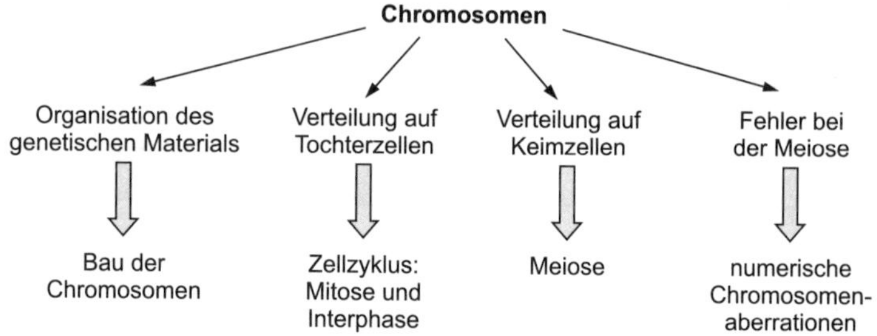

Zytogenetik: Genetik auf zellulärer Ebene.

5.1 Bau der Chromosomen

Das genetische Material kann in den Zellen von Eukaryoten in zwei Organisationsformen vorliegen:

- **Chromatin:** In den stoffwechselaktiven Phasen zwischen den Teilungsvorgängen → Funktions-(Arbeits-)form.
  Der **DNA-Doppelstrang** (bestimmter Länge) ist regelmäßig um kugelförmige **Histone** (aus je 8 Histon-Protein-Molekülen) geschlungen. Diese **Nukleosomenkette** windet sich spiralförmig zu einem **Chromatinfaden** (Chromatinfaser).
- **Chromosom:** Während der Teilungsvorgänge → Transportform.
  Zu Beginn eines Teilungsvorgangs werden die Chromatinfäden stark spiralisiert und mehrfach gewunden. Lichtmikroskopisch ist erkennbar, dass je zwei kompakte Chromatinfäden, die identischen **Schwesterchromatiden**, am **Zentromer** verbunden sind → **Zweichromatid-Chromosom**.

Die Chromosomen des Menschen

In einem **Karyogramm** (geordnete Abbildung aller Chromosomen einer Körperzelle) sind zu erkennen:

- 46 Chromosomen, die sich zu 23 **homologen Chromosomenpaaren** (ein Paarling von der Mutter, der andere vom Vater des betrachteten Individuums) ordnen lassen → **diploider** (doppelter) Chromo-

somensatz (2n = 46); **haploider** (einfacher) Chromosomensatz → 23 Chromosomen
- **Autosomen**: 22 Chromosomenpaare sind bei beiden Geschlechtern prinzipiell gleich gestaltet.
- **Gonosomen**: Ein Chromosomenpaar ist für die Geschlechtsbestimmung verantwortlich.
  - **Frau:** zwei gleiche X-Chromosomen (Karyotyp 46, XX)
  - **Mann:** ein X- und ein kleineres Y-Chromosom (Karyotyp 46, XY)

5.2 Zellzyklus

Die **Mitose (Zellkernteilung)** ist Voraussetzung für Wachstum und Regeneration eines Organismus: Aus einer diploiden Zelle entstehen zwei **diploide Tochterzellen**, die in ihrer **genetischen Ausstattung** miteinander und mit der Mutterzelle **identisch** sind.

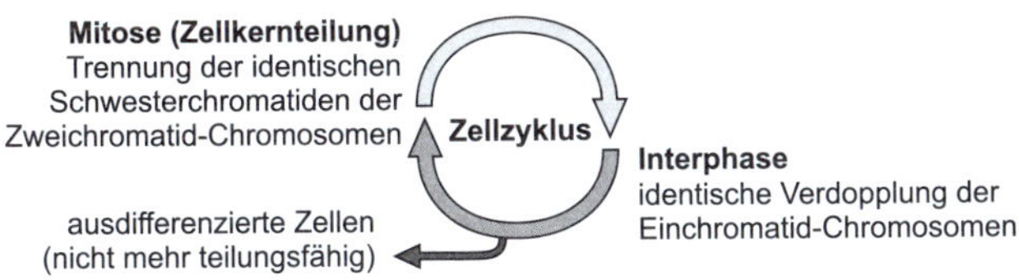

Ablauf der Mitose

- **Prophase**
  - Chromatinfäden spiralisieren und verkürzen sich zu Zweichromatid-Chromosomen.
  - Kernmembran und Kernkörperchen lösen sich auf.
  - An den Zellpolen bildet sich von den Zentriolen ausgehend der Spindelfaserapparat.

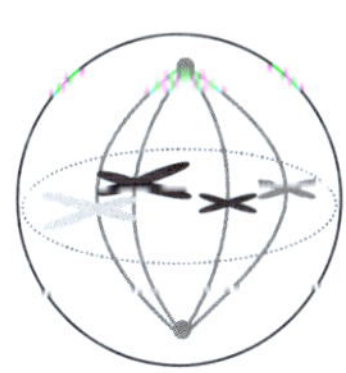

- **Metaphase**
  - Maximal verkürzte Chromosomen ordnen sich nebeneinander in der Äquatorialebene an.
  - Zentromer eines jeden Chromosoms ist mit einer Spindelfaser von jedem der beiden Pole verbunden.

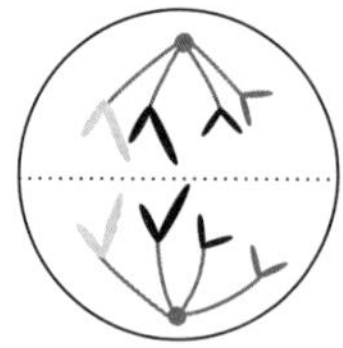

- **Anaphase**
  - Zweichromatid-Chromosomen werden an den Zentromeren geteilt.
  - Entstandene Einchromatid-Chromosomen bewegen sich mithilfe der Spindelfasern zu den entgegengesetzten Zellpolen.

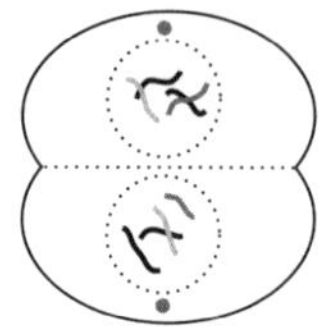

- **Telophase**
  - Einchromatid-Chromosomen beginnen sich zu entspiralisieren.
  - Spindelfaserapparat wird abgebaut.
  - Zellplasma wird durch Einziehen einer Zellmembran geteilt.
  - Kernmembran und Kernkörperchen bilden sich.

Interphase

- **G1-Phase:** Wachstum der Zelle durch Vermehrung des Zellplasmas und der Zellorganellen → Proteinbiosynthese.
- **S-Phase:** Verdoppelung der entspiralisierten Einchromatid-Chromosomen zu Zweichromatid-Chromosomen → identische Replikation der DNA.
- **G2-Phase:** Vorbereitung auf die nächste Mitose.

5.3 Meiose

Nach Abschluss der **Meiose (Reifeteilung)** sind aus **Urkeimzellen Keimzellen** hervorgegangen, die …

- einen **haploiden** (einfachen) **Einchromatid-Chromosomensatz** aufweisen, d. h., es hat eine **Reduktion** des diploiden Chromosomensatzes stattgefunden.
- untereinander **genetisch unterschiedlich** sind, d. h., es hat eine **Neukombination (Rekombination)** der elterlichen Erbanlagen stattgefunden.

Ablauf der Meiose bei der Spermienbildung (Spermatogenese)

1. Reifeteilung (Reduktionsteilung)

- **Prophase I**
  - Chromatinfäden spiralisieren sich zu Zweichromatid-Chromosomen.
  - Paarung der homologen Chromosomen (Chromatiden-Tetrade) → **Crossing-over** möglich.
  - Bildung des Spindelfaserapparats.

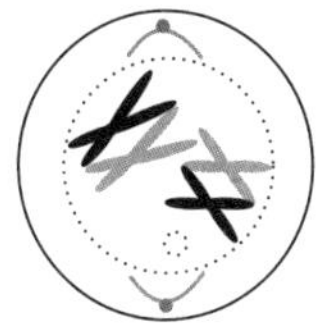

- **Metaphase I**
  - Homologe Chromosomen liegen paarweise übereinander in der Äquatorialebene.
  - Zentromer jedes Chromosoms ist über eine Spindelfaser mit dem näher liegenden Pol verbunden.

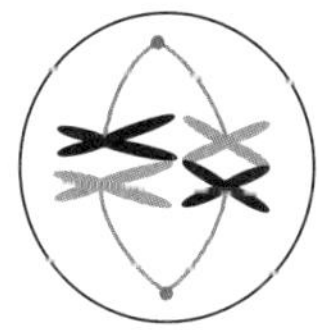

- **Anaphase I**
  - Homologe Chromosomen weichen auseinander und wandern zu den entgegengesetzten Polen → zufällige Verteilung der väterlichen und der mütterlichen Chromosomen.

- **Telophase I**
  - Teilung der Zelle in zwei gleich große Zellen.
  - Jede Zelle enthält haploiden Satz an Zweichromatid-Chromosomen (n = 2).

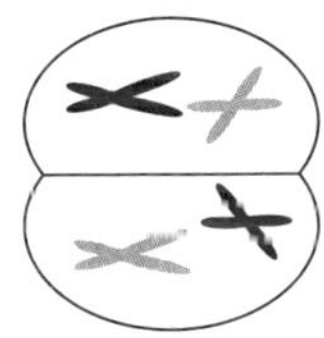

2. Reifeteilung (Äquationsteilung) bei der Samenzellbildung

Die zweite Reifeteilung verläuft grundsätzlich wie eine Mitose am haploiden Chromosomensatz.

- **Prophase II**
- **Metaphase II**
- **Anaphase II**
  - Teilung der Zweichromatid-Chromosomen an den Zentromeren.
  - Einchromatid-Chromosomen bewegen sich an den Spindelfasern zu den Zellpolen.

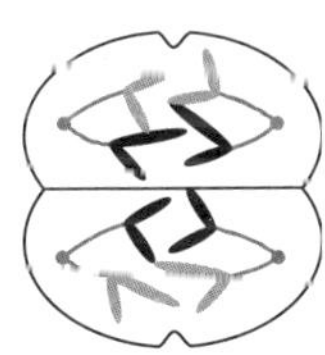

- **Telophase II**
  - Bildung von 4 haploiden Zellen mit Einchromatid-Chromosomen.
  - Reifung zu geißeltragenden Spermien.

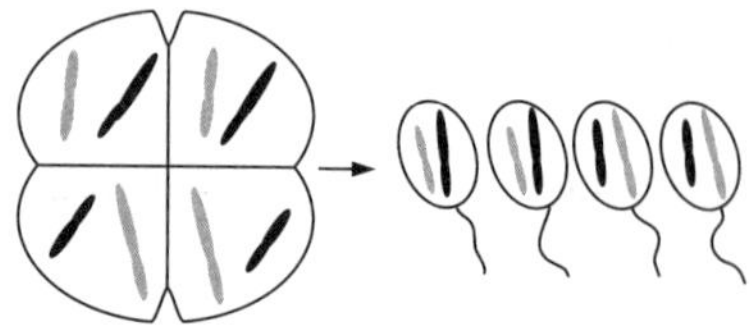

Unterschiede bei der Eizellbildung (Oogenese)

Die während der Meiose stattfindenden Zellteilungen verlaufen hier **asymmetrisch**.
Aus einer diploiden Ureizelle entstehen …

- eine haploide **Eizelle:** groß, unbeweglich, mit viel Zellplasma.
- drei haploide **Pol-** oder **Richtungskörperchen:** klein und plasmaarm → verkümmern.

Neukombination des genetischen Materials

- **Interchromosomale Rekombination:**
  Bei der Anordnung der Chromosomenpaare in der Metaphase I der Meiose erfolgt die Ausrichtung eines jeden homologen Chromosomenpaars zu den Zellpolen zufällig.

  Die Chromosomenpaare in der Abbildung zur Metaphase I könnten auch um 180° gedreht in der Äquatorialebene liegen.
- **Intrachromosomale Rekombination: Crossing-over**
  Während der Chromosomenpaarung in der Prophase I der Meiose kann eine Überkreuzung (**Chiasma**) und in der Folge ein Stückaustausch zwischen den Nichtschwesterchromatiden eines homologen Chromosomenpaars stattfinden.
- Zufälliges Zusammentreffen von Keimzellen bei der Befruchtung.

5.4 Numerische Chromosomenaberrationen beim Menschen

Bei numerischen **Chromosomenaberrationen** (Genommutationen) ist die Chromosomenzahl pro Zelle verändert.
Ursache ist ein Trennungsfehler **(= Nondisjunction)** in der Meiose bei der Keimzellbildung der Eltern eines betroffenen Menschen.

Nondisjunction bei der Eizellbildung:

- Nichttrennung eines homologen Chromosomenpaares in der 1. Reifeteilung (Reduktionsteilung) der Ureizelle. Mögliche Folgen:
  → Bleiben beide Chromosomen in der zukünftigen Eizelle, entsteht bei Befruchtung mit einem normalen Spermium eine **trisome Zygote** (von dem betreffenden Chromosom liegen 3 Exemplare vor).

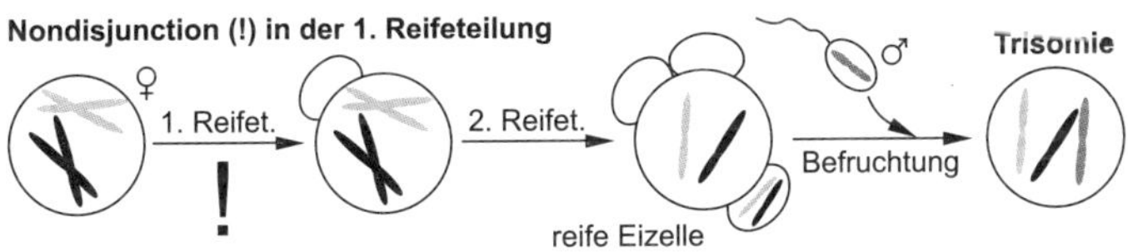

  → Gelangt das nicht getrennte homologe Chromosomenpaar in das Polkörperchen, entsteht bei Befruchtung mit einem normalen Spermium eine **monosome Zygote**.
- Trennung eines Chromosoms in der 2. Reifeteilung (Äquationsteilung) der Ureizelle, aber ausbleibende Verteilung der beiden Schwesterchromatiden. Mögliche Folgen:
  → Bleiben beide Chromatiden in der Eizelle, entsteht bei Befruchtung mit einem normalen Spermium eine **trisome Zygote**.

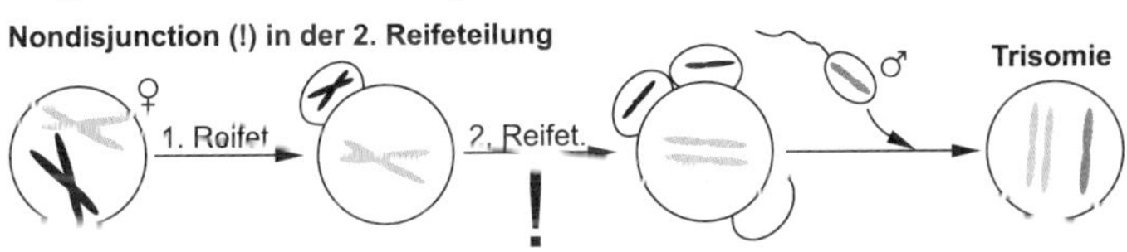

  → Gelangen beide Chromatiden in ein Polkörperchen, entsteht bei Befruchtung mit einem normalen Spermium eine **monosome Zygote**.

Selbstverständlich kann es auch bei der Spermienbildung zu entsprechenden Nondisjunctionen kommen.

Bezeichnung	Häufigkeit	Veränderung	Karyotyp
Trisomie 21 (Down-Syndrom)	1:700 (mit Alter der Mutter ansteigend)	3 Chromosomen 21	47, XX, 21+ 47, XY, 21+
Merkmale: schräg gestellte Augen mit Lidfalte, runder Kopf, kurze Gliedmaßen, meist verminderte Intelligenz, Fehlbildungen innerer Organe			
Klinefelter-Syndrom	1:1 000	3 Gonosomen XXY	47, XXY
Merkmale: unfruchtbare, hochwüchsige Männer, meist normale Intelligenz, Mangel an männlichen Geschlechtshormonen			
Ullrich-Turner-Syndrom	1:3 000	nur 1 X-Chromosom	45, X0
Merkmale: unfruchtbare, kleinwüchsige Frauen, Intelligenz meist normal, Fehlbildungen innerer Organe			
Triplo-X-Syndrom	1:1 000	3 Gonosomen XXX	47, XXX
Merkmale: Aussehen und Fruchtbarkeit normal, Intelligenz eventuell leicht vermindert			

Eine Fehlverteilung der Geschlechtschromosomen scheint die genetische Ausgewogenheit in den Zellen weniger zu stören als eine Fehlverteilung der Autosomen. Vermutlich beruht dies darauf, dass „überzählige“ X-Chromosomen in den Körperzellen als **Barr-Körperchen** inaktiviert werden **(Lyon-Hypothese)**.

6 Klassische Genetik

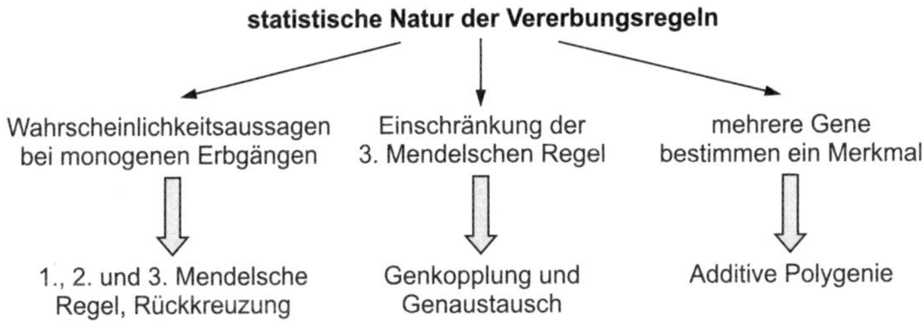

6.1 Die Mendelschen Regeln

Die **Mendelschen Regeln** dienen der Ermittlung der theoretisch zu erwartenden Phänotypen- und Genotypenverhältnisse bei monogenen Erbgängen. Bei diploiden Organismen wird die Ausbildung eines Merkmals durch mindestens ein Gen gesteuert, von dem sich jeweils eine Ausführung auf den beiden Chromosomen eines homologen Chromosomenpaars befindet.

Definitionen:

- **Allele:** Verschiedene Zustandsformen eines Gens, durch Mutation entstanden.
  - **dominant:** Ein Allel setzt sich im Phänotyp gegenüber dem anderen Allel durch.
  - **rezessiv:** Ein Allel wird vom anderen Allel im Phänotyp unterdrückt.
  - **kodominant:** Gleich starke Wirkung der Allele; beide werden nebeneinander oder gemischt im Phänotyp ausgeprägt (intermediärer Phänotyp).
- **Phänotyp:** Ausprägung des Merkmals im Erscheinungsbild eines Individuums
- **Genotyp:** Allelenkombination, die zu einem bestimmten Phänotyp führt.
  - **homozygot:** reinerbig; zwei gleiche Allele eines Gens.
  - **heterozygot:** mischerbig; zwei verschiedene Allele eines Gens.

- **monohybrider Erbgang:** Vererbung eines Merkmals wird untersucht.
- **dihybrider Erbgang:** Vererbung zweier voneinander unabhängiger Merkmale wird untersucht.

- **1. Mendelsche Regel (Uniformitätsregel):** Kreuzt man zwei homozygote Eltern (Parentalgeneration, P-Generation), die sich in der Ausprägung eines Merkmals oder mehrerer Merkmale (Phänotyp) unterscheiden, sind die Nachkommen in der F_1-Generation (erste Filialgeneration/erste Tochtergeneration) untereinander im Phänotyp gleich (uniform).
- **2. Mendelsche Regel (Spaltungsregel):** Kreuzt man Individuen der F_1-Generation untereinander, so treten in der F_2-Generation sowohl Merkmalsausprägungen der F_1-Generation als auch der P-Generation in einem bestimmten Zahlenverhältnis auf.
- **3. Mendelsche Regel (Unabhängigkeitsregel):** Kreuzt man in einem dihybriden dominant-rezessiven Erbgang die Individuen der F_1-Generation untereinander, so spalten sich die Merkmalsausprägungen der Nachkommen in der F_2-Generation im Zahlenverhältnis 9:3:3:1 auf. Dabei werden die Gene unabhängig voneinander neu kombiniert.

Monohybride Erbgänge

- **monohybrider, dominant-rezessiver Erbgang:**
  Bei der Kreuzung homozygoter Erbsen mit gelber Samenfarbe mit homozygoten Erbsen mit grüner Samenfarbe entstehen nur Erbsen mit gelber Samenfarbe.
  → 1. Mendelsche Regel (Uniformitätsregel); dominante Wirkung des Allels für gelbe Samenfarbe
  Die Kreuzung der Individuen der F_1-Generation untereinander ergibt gelbe und grüne Samen im Verhältnis 3:1
  → 2. Mendelsche Regel (Spaltungsregel)
- **monohybrider, intermediärer Erbgang:**
  Werden reinerbige Wunderblumen mit roten Blüten mit reinerbigen, weiß blühenden Wunderblumen gekreuzt, zeigen die Nachkommen in der F_1-Generation eine rosa Blütenfarbe.

→ Uniformitätsregel; kodominante Wirkung der Allele für die Blütenfarbe

Unter den Nachkommen aus der Kreuzung der rosa blühenden F_1-Generation sind rot blühende, rosa blühende und weiß blühende Pflanzen im Verhältnis 1 : 2 : 1 zu erwarten.

→ 2. Mendelsche Regel (Spaltungsregel)

Dihybrider Erbgang

Aus der Kreuzung homozygoter Rinder mit schwarzem, einfarbigem Fell mit homozygoten Rindern mit rotbraunem, geflecktem Fell gehen ausschließlich schwarze, einfarbige Nachkommen hervor, die anschließend untereinander gekreuzt werden sollen.

Kennzeichnung der Allele: ← *Anfangsbuchstaben des Alphabets wählen*
Allel für schwarze Fellfarbe: A ← *Großbuchstabe = dominant*
Allel für rotbraune Fellfarbe: a ← *Kleinbuchstabe = rezessiv*
Allel für nicht geflecktes Fell: B
Allel für geflecktes Fell: b

P-Generation:	Genotyp	**AABB**	×	**aabb**
	Phänotyp	schwarz, nicht gefleckt		rotbraun, gefleckt
	Keimzellen	(AB)		(ab)
F_1-Generation:	Genotyp	**AaBb**	×	**AaBb**
	Phänotyp	schwarz, nicht gefleckt		schwarz, nicht gefleckt
	→ **Uniformitätsregel**			
	Keimzellen	(AB) (Ab) (aB) (ab)		(AB) (Ab) (aB) (ab)

F_2-Generation: Kombinationsquadrat mit Genotypen

Keimzellen	AB	Ab	aB	ab
AB	**AABB**	**AABb**	**AaBB**	**AaBb**
Ab	**AABb**	AAbb	**AaBb**	Aabb
aB	**AaBB**	**AaBb**	aaBB	aaBb
ab	**AaBb**	Aabb	aaBb	aabb

Phänotypen im Verhältnis:

schwarz/ nicht gefleckt	schwarz/ gefleckt	rotbraun/ nicht gefleckt	rotbraun/ gefleckt
9	3	3	1

→ **Spaltungsregel**

Rückkreuzung

Dient dazu herauszufinden, ob bei einem Individuum mit einem bestimmten dominanten Merkmal ein homozygoter oder ein heterozygoter Genotyp vorliegt. Der Kreuzungspartner weist das entsprechende rezessive Merkmal auf und ist natürlich homozygot.
→ Sind alle Nachkommen aus der Rückkreuzung **uniform**, ist das untersuchte Individuum **homozygot**. Treten bei einem monohybriden Erbgang das dominante und das rezessive Merkmal im **Verhältnis 1 : 1** auf, ist es **heterozygot** (dihybrider Erbgang: **1 : 1 : 1 : 1**).

6.2 Genkopplung und Genaustausch

Liegen zwei oder mehrere Gene auf ein und demselben Chromosom, werden diese meist zusammen vererbt (= Genkopplung) ⇒ Ausnahme von der 3. Mendelschen Regel.
In Einzelfällen können gekoppelte Gene durch ein **Crossing-over** entkoppelt werden. In der Prophase I der Meiose kommt es dabei zu einem Genaustausch zwischen den Nichtschwesterchromatiden eines homologen Chromosomenpaars.

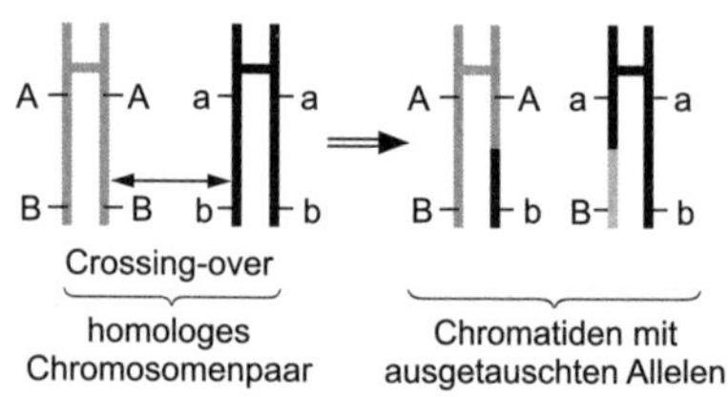

6.3 Additive Polygenie

Additive Polygenie: Die Ausprägung eines Merkmals wird durch mehrere Gene bestimmt. Die Wirkung der Gene addiert sich.
Ein polygenes Merkmal weist in seiner Ausprägung eine bestimmte Schwankungsbreite auf.

Für die Pigmentierung der Haut des Menschen sind vermutlich vier Gene zuständig, deren Allele die Melaninbildung in der Haut unterschiedlich stark fördern. Je mehr „Pigmentallele" vorhanden sind, desto dunkler ist die Haut.

7 Humangenetik

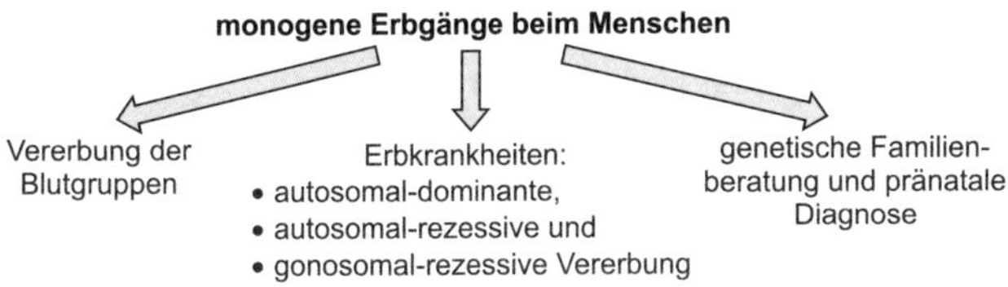

7.1 Vererbung der Blutgruppen beim Menschen

Die Blutgruppensysteme des Menschen werden **monogen** vererbt. Der Vererbungsmodus entspricht den Mendelschen Regeln für einen **dominant-rezessiven** Erbgang.

Das AB0-System

- **Genotypen:** Durch Mutation eines Gens sind drei Allele entstanden: **Allele A, B und 0 → multiple Allelie** (mehr als zwei Allele). Mögliche Genotypen: **AA, A0, BB, B0, 00, AB**
  Die Allele A und B sind jeweils dominant über Allel 0. Beim Genotyp AB verhalten sich die Allele A und B **kodominant**.
- **Phänotypen:** Die Allele A und B führen zur Ausbildung bestimmter Eiweißstrukturen auf der Zellmembran der roten Blutkörperchen → Antigene A und B. Beim Genotyp AB werden sowohl die Antigene A als auch B gebildet (Kodominanz). Beim Genotyp 00 erfolgt keine Antigenbildung.
- **Antigen-Antikörper-Reaktion:** Das Blutserum eines Menschen enthält Antikörper gegen fremde Blutgruppen-Antigene des AB0-Systems. Treffen passende Antigene und Antikörper zusammen, kommt es zu einer Antigen-Antikörper-Reaktion (Immunreaktion).

Blutgruppen/ Antigene	Antikörper im Serum	Antigen-Antikörper-Reaktion mit …
A	Anti-B	Anti-A
B	Anti-A	Anti-B
AB	–	Anti-A, Anti-B
0	Anti-A, Anti-B	–

- **Vaterschaftsausschlussverfahren:**
  Mutter: Blutgruppe A, Genotyp A0
  Kind: Blutgruppe B, Genotyp B0
  Vater: – mögliche Blutgruppen: B, AB
  – ausgeschlossene Blutgruppen: 0, A

Das Rhesus-System

- **Genotypen: Allel D** (dominant) und **Allel d** (rezessiv)
  ⇒ mögliche Genotypen: **DD, Dd, dd**
- **Phänotypen:** Allel D führt zur Bildung von Antigenen D auf den roten Blutkörperchen ⇒ Blutgruppe Rhesuspositiv bei Genotyp DD und Dd, Blutgruppe Rhesusnegativ bei Genotyp dd (keine Antigenbildung).
- **Besonderheit:** Antikörperbildung bei einem rhesusnegativen Menschen wird erst ausgelöst, wenn ihm rhesuspositives Blut (mit Antigen D) übertragen wird (Sensibilisierung).

7.2 Erbgänge von Erbkrankheiten beim Menschen

Autosomal-dominante Erbleiden

- **Kennzeichen:**
  - Defektes Allel befindet sich auf einem Autosom und verhält sich dominant: Genotypen der Merkmalsträger **AA oder Aa**.
  - Phänotypisch gesunde Personen: intakte rezessive Allele **aa**.
  - Homozygote Merkmalsträger zeigen häufig sehr starke Ausprägung der Krankheit, bei Heterozygoten wird Gendefekt durch das rezessive Allel a teilweise kompensiert.
  - Auftreten eines Merkmalsträgers mit gesunden Vorfahren ist auf eine Neumutation zurückzuführen.
  - Wenn Eltern, die beide Merkmalsträger sind, ein Kind ohne das Merkmal haben, muss dieses homozygot rezessiv sein. Die Eltern sind zwangsläufig heterozygote Merkmalsträger.

- **Modellstammbaum:**

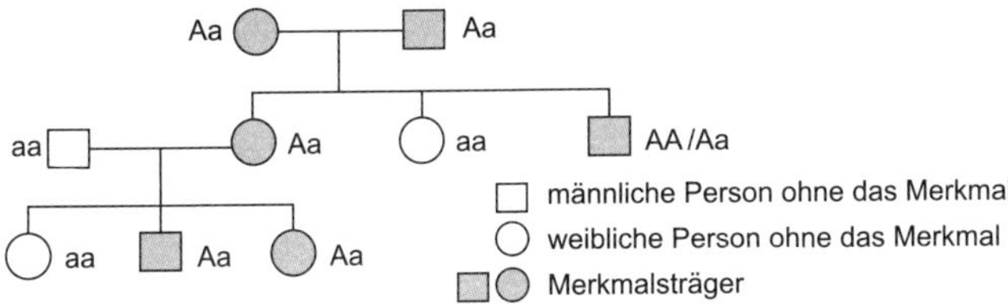

- **Erbkrankheiten:**

Erbkrankheit	Krankheitsbild
Marfan-Syndrom	Genmutation verursacht defektes Struktureiweiß ⇒ übermäßig elastisches Bindegewebe: sehr lange Gliedmaßen, überstreckbare Gelenke, Herzklappenfehler
Vielfingrigkeit	Überzählige Finger oder Zehen, normal ausgebildet oder verkürzt
Erbliche Schwerhörigkeit	Störung im Innenohr, früher Hörverlust

Autosomal-rezessive Erbleiden

- **Kennzeichen:**
  - Defektes Allel befindet sich auf einem Autosom und verhält sich rezessiv: Genotyp der Merkmalsträger **aa**.
  - Phänotypisch gesunde Personen: Genotyp **AA oder Aa (Überträger, Konduktoren)**.
  - Mutiertes Allel kann über Generationen unbemerkt weitergegeben werden.
  - Wenn phänotypisch gesunde Eltern ein Kind mit dem Merkmal haben, muss dieses homozygot rezessiv sein. Die Eltern sind zwangsläufig heterozygot gesund.
- **Modellstammbaum:**

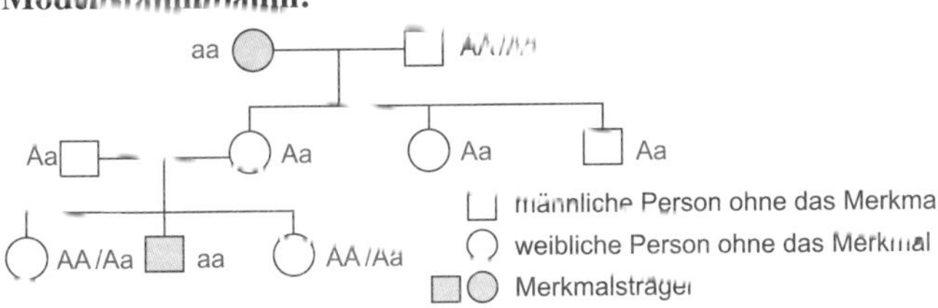

- **Erbkrankheiten:**

Erbkrankheit	Krankheitsbild
Phenylketonurie (PKU)	Genmutation verursacht einen Enzymmangel: Phenylalanin wird nicht in Tyrosin umgewandelt ⇒ ohne Therapie durch Diät: schwere Nervenschädigungen, Wachstumsstörungen
Mukoviszidose	Genmutation führt zu einem defekten Membranprotein ⇒ Bildung von zähem Schleim in Lunge, Atemwegen und Verdauungsdrüsen
Albinismus	Genmutation verursacht einen Enzymmangel: Tyrosin wird nicht in Melanin umgewandelt ⇒ Pigmentmangel in Haut, Haaren, Augen

Gonosomal-rezessive Erbleiden

- **Kennzeichen:**
  - Defektes Gen befindet sich auf dem X-Chromosom und verhält sich rezessiv.
  - Merkmalsträger: homozygote Frauen mit Genotyp $\mathbf{X_aX_a}$ und **hemizygote** Männer mit Genotyp $\mathbf{X_aY}$ (auf dem Y-Chromosom fehlt das entsprechende Allel).
  - Merkmalsfreie Überträger (**Konduktorinnen**) können nur Frauen sein: Genotyp $\mathbf{X_AX_a}$.
  - Merkmalsträger überwiegend männlich.
- Modellstammbaum:

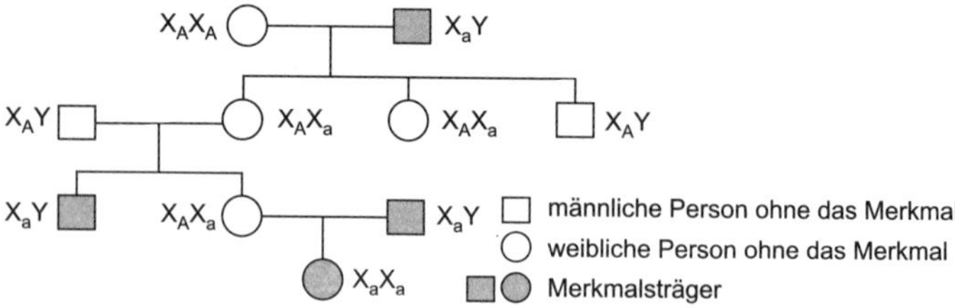

- **Erbkrankheiten:**

Erbkrankheit	Krankheitsbild
Bluterkrankheit	Fehlen eines Enzyms zur Blutgerinnung (Faktor VIII) ⇒ hoher Blutverlust bei Verletzungen, starke innere Blutungen z. B. bei Prellungen
Rotgrünblindheit	Rot- und Grüntöne können nicht voneinander unterschieden werden

7.3 Genetische Familienberatung und pränatale Diagnostik

Risikoabschätzung durch Stammbaumanalyse und Heterozygotentest

- Eine **Stammbaumanalyse** ermöglicht Wahrscheinlichkeitsaussagen über das Auftreten einer Erbkrankheit bei den Nachkommen.

  Bei einem autosomal-rezessiven Erbleiden sind die Nachkommen eines phänotypisch gesunden, heterozygoten Elternpaars mit einer Wahrscheinlichkeit von 75 % phänotypisch gesund (50 % sind Konduktoren) und mit einer Wahrscheinlichkeit von 25 % erkrankt.
- **Heterozygotentest:** Bei rezessiven Erbkrankheiten können dadurch heterozygote Träger von Erbanlagen ermittelt werden, z. B. Konduktorinnen der Bluterkrankheit.

Pränatale Diagnostik

- **Ultraschalluntersuchung**
- **Amniozentese:** Entnahme von Fruchtwasser aus der Fruchtblase ab der 15. Schwangerschaftswoche; Vermehrung der darin enthaltenen Zellen des Kindes für **Chromosomenanalyse, Gentests und biochemische Untersuchungen.**
- **Chorionzottenbiopsie:** Entnahme von Gewebe aus der Embryonalhülle des Kindes etwa ab der 10. Schwangerschaftswoche → **Chromosomenanalyse, Gentests und biochemische Untersuchungen**.
- **Nabelschnurpunktion**

8 Gentechnik

Herstellung neu kombinierter DNA

- Grundlegende Methoden
- Spezielle Verfahren:
  - Gensonden
  - copyDNA
  - Polymerase-Kettenreaktion (PCR)
- Anwendung der Gentechnik

Grundprinzip: Einschleusen fremder Erbinformation in ein Lebewesen, sodass dieser transgene Organismus gezielt andere Eigenschaften und Fähigkeiten entwickelt.

8.1 Grundlegende Methoden in der Gentechnik

Voraussetzungen

- **Restriktionsenzyme** (z. B. EcoRI): Schneiden doppelsträngige DNA an spezifischen punktsymmetrischen Basenfolgen (Basenpaar-Palindromen), sodass gleiche überstehende Einzelstrangenden, sogenannte **sticky ends** (klebrige Enden), entstehen.
- **Ligasen:** Dienen zur Verknüpfung von DNA-Fragmenten.
- **Vektoren:** Dienen als „Transportmittel" für die Übertragung von Fremd-DNA in Wirtszellen. Wichtige Vektoren sind die **Plasmide**, kleine ringförmige DNA-Moleküle aus Bakterienzellen.
  Vektoren müssen …
  – einfach und in großen Mengen isolierbar sein.
  – eine Anfangsstelle für die Replikation (ori) enthalten.
  – Schnittstellen für verschiedene Restriktionsenzyme aufweisen.
  – Marker für die Selektion enthalten z. B. Gene für die Resistenz gegen bestimmte Antibiotika.

Herstellung neu kombinierter (rekombinanter) DNA

- Isolierung der DNA des Spenderorganismus und Zerschneiden dieser DNA mit einem Restriktionsenzym; Identifizieren und Isolieren des gewünschten Gens.

- Gewinnung von Plasmiden aus Bakterienzellen und Aufschneiden der Plasmide mit dem gleichen Restriktionsenzym, das zum Zerschneiden der Spender-DNA verwendet wurde.

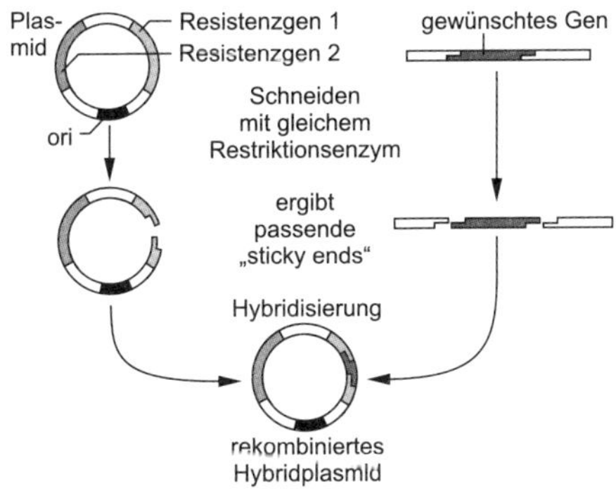

- Hybridisierung: Vermischen von aufgeschnittenen Plasmiden und Spender-DNA, dabei lagern sich die sticky ends komplementär zusammen; Zugabe von Ligase zur Verknüpfung der DNA-Stränge → Hybridplasmide.
- Transformation: Übertragung der Hybridplasmide in Bakterienzellen.

Selektion der transgenen Bakterien

Wird zum Einbau der Spender-DNA eines der Resistenzgene zerschnitten (vgl. Resistenzgen 1 in der Abb. oben), fällt die Funktion dieses Gens aus (**Prinzip der Markerinaktivierung**).

- Bakterien ohne Plasmid: Empfindlich gegenüber beiden Antibiotika.
- Bakterien mit Plasmid ohne Spender-DNA: Resistent gegen Antibiotikum 1 und 2.
- Bakterien mit Hybridplasmid: Empfindlich gegenüber Antibiotikum 1, resistent gegen Antibiotikum 2.

Die Unterscheidung erfolgt durch Anzucht auf speziellen Nährböden (**Hybridvektor-Klonselektion**).

Die so identifizierten Bakterien mit Hybridplasmid werden vermehrt. Es entsteht eine Population von Zellen mit identischem Erbgut, ein **Klon**.

8.2 Spezielle Verfahren

Gensonden

- **Ziel:** Auffinden eines bestimmten Gens im Genom.
- **Voraussetzung:** Zumindest ein kleiner Teil der Basensequenz des Gens muss bekannt sein.
- **Vorgehen:** Herstellung kurzer einsträngiger DNA- (oder RNA-) Stücke, die zur bekannten Basensequenz komplementär sind ⇒ können sich an das gesuchte Gen anlagern (hybridisieren). Die **Gensonden** sind zur Identifizierung radioaktiv oder mit Fluoreszenzfarbstoff markiert.

Herstellung von copy-DNA (cDNA) aus mRNA

- **Ziel:** Gewinnung von **cDNA**, die als Spender-DNA oder als Gensonde verwendet werden kann.
- **Vorgehen:** Aus Zellen, in denen das gewünschte Gen gerade abgelesen wird, lässt sich die mRNA als Produkt der Transkription gewinnen. Das Enzym **Reverse Transkriptase** ergänzt diese mRNA zu einem RNA-DNA-Hybrid-Doppelstrang. Der RNA-Einzelstrang wird im nächsten Schritt enzymatisch abgebaut. Anschließend wird der DNA-Einzelstrang mithilfe der **DNA-Polymerase** zum Doppelstrang aufgebaut.

Polymerase-Kettenreaktion (PCR)

- **Ziel:** Vervielfältigung von DNA.
- **Vorgehen:** Der Versuchsansatz enthält die zu vervielfältigende doppelsträngige DNA, hitzebeständige **DNA-Polymerase (Taq-Polymerase)**, die vier Nukleotide der DNA in größerer Menge und **Primer** (Startpunkt für DNA-Polymerase).
  - **Denaturierung:** Bei ca. 94 °C Zerlegung der DNA in Einzelstränge.
  - **Hybridisierung:** Bei 50–70 °C Anlagerung der Primer an das 3'-Ende der DNA-Einzelstränge.
  - **Amplifikation:** Bei ca. 70 °C Synthese des komplementären Strangs durch die DNA-Polymerase, ausgehend von den Primern.

  Wiederholung der drei Schritte bis zu 40-mal.

8.3 Anwendungen der Gentechnik

Gentechnik bei Mikroorganismen und Zellkulturen

- Herstellung von Medikamenten
  - Humaninsulin für Diabetiker
  - Faktor VIII für Bluter
  - HPV-Impfstoff gegen Viren, die Gebärmutterhalskrebs auslösen
- Herstellung von Enzymen für biotechnologische Prozesse
  - Labferment für die Käseherstellung
  - Enzyme für die Umwandlung von Stärke in Zuckersirup
  - Proteasen, Lipasen und Amylasen für Waschmittel

Transgene Pflanzen

Zur Übertragung fremder Gene in Pflanzenzellen wird in den meisten Fällen das Bodenbakterium *Agrobacterium tumefaciens* verwendet, das ein **Ti-Plasmid** enthält. Agrobakterien besitzen die Fähigkeit, Gene des Ti-Plasmids in die DNA von Pflanzenzellen einzuschleusen. Die betroffenen Pflanzenzellen entwickeln sich zu einem Tumor (Ti = tumorinduzierend). Zur Erzeugung transgener Pflanzen werden die Tumor auslösenden Gene durch Spender-Gene ersetzt.

- Herbizidresistenter Mais und Raps
- Schädlingsresistenter Bt-Mais

Transgene Tiere

Bisher wurden die meisten transgenen Tiere durch DNA-Mikroinjektion erzeugt: In die befruchteten Eizellen von z. B. Mäusen, Schafen oder Schweinen wird Spender-DNA injiziert. Zu einem geringen Prozentsatz erfolgt ein Einbau der Spender-DNA in ein Chromosom.

- Transgene Lachse, die schneller wachsen
- Transgene Schafe oder Kühe, die Wirkstoffe für Arzneimittel produzieren und mit der Milch ausscheiden

Gendiagnostik und Gentherapie beim Menschen

- **Genetischer Fingerabdruck:** Beim Menschen befinden sich zwischen den Genen DNA-Bereiche ohne genetische Information. Da Mutationen in diesen Bereichen keine Merkmalsänderung zur Folge haben und somit nicht der Selektion unterliegen, bleiben sie erhalten. Diese von Mensch zu Mensch sehr unterschiedlichen DNA-Abschnitte werden als polymorphe Bereiche bezeichnet. Die veränderte Basenfolge in diesen Abschnitten lässt Schnittstellen für ein bestimmtes Restriktionsenzym verschwinden oder entstehen. Wird die DNA polymorpher Bereiche mit dem gleichen Restriktionsenzym geschnitten, entsteht ein für jeden Menschen typisches Gemisch aus DNA-Fragmenten.
- **Somatische Gentherapie:** In Körperzellen, die ein mutiertes Gen enthalten, werden z. B. mithilfe von Viren die intakten Allele übertragen, um den Gendefekt auszugleichen.

Behandlung einer angeborenen Immunschwäche (SCID), deren Ursache ein genetisch bedingter Enzymmangel in Lymphozyten ist.

Der Mensch als Umweltfaktor

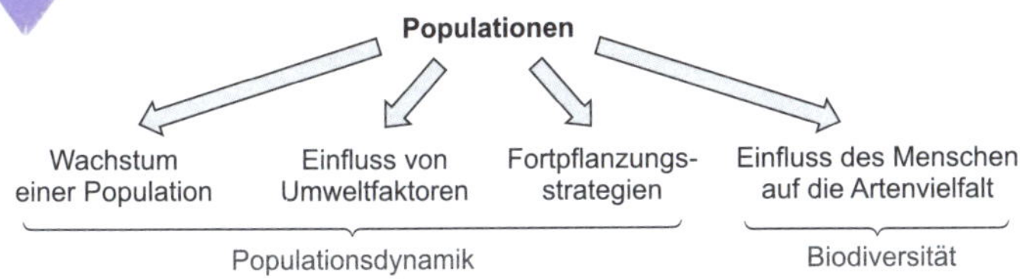

9 Populationsdynamik

Eine **Population** umfasst alle in einem bestimmten Gebiet vorkommenden Individuen einer Art, die sich untereinander uneingeschränkt fortpflanzen können (gemeinsamer Genpool).

9.1 Idealisiertes und reales Wachstum einer Population

Das Wachstum einer Population wird durch ihre **Wachstumsrate** bestimmt. Die Wachstumsrate ist die Differenz zwischen Geburtenrate und Sterberate.

Exponentielles Wachstum

Wirkt keiner der Umweltfaktoren im Lebensraum begrenzend, verläuft die Wachstumskurve einer sich ideal vermehrenden Population **exponentiell** („J-Form“).

Neubesiedlung eines Lebensraums (frisch angelegte Bakterienkultur, Blattläuse im Frühjahr), menschliche Population

Logistisches Wachstum

Meistens wird die Populationsentwicklung durch einen oder mehrere Umweltfaktoren begrenzt ⇒ **logistische Wachstumskurve**.

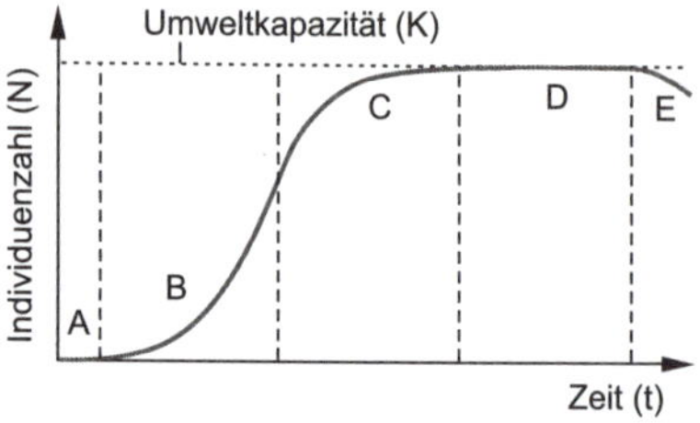

A **Anlaufphase (lag-Phase):** Einstellung auf Lebensbedingungen

B **exponentielle Phase (log-Phase):** optimale Wachstumsbedingungen

C **logistische Phase:** verringerte Wachstumsrate durch begrenzenden Faktor

D **stationäre Phase:** Annähern und Erreichen der **Umweltkapazität (Biotopkapazität) K**

E **Absterbephase:** Tod durch Nahrungsmangel und Anhäufung von Abfallprodukten

Populationsentwicklung des Menschen

Die Weltbevölkerung nahm in den letzten 300 Jahren von ca. 500 Millionen auf über 7 Milliarden zu. Die sich ständig verkürzenden Verdopplungszeiten sind Kennzeichen eines **superexponentiellen** Wachstums.

Wesentliche Gründe für diese Entwicklung sind …
- die Ausweitung der landwirtschaftlichen Anbauflächen,
- die Steigerung der Agrarproduktion durch Verbesserung der Technik, der Düngung und der Schädlingsbekämpfung,
- die Industrialisierung und
- die bessere hygienische und medizinische Versorgung.

Regionale Unterschiede im Bevölkerungswachstum: Etwa 90 % des jährlichen Bevölkerungswachstums entfallen auf die Entwicklungsländer in Afrika und Asien. Die meisten Industrienationen weisen dagegen Geburtenrückgänge auf.

9.2 Einfluss von Umweltfaktoren auf die Populationsdichte

Faktoren, die die Größe einer Population beeinflussen:
- **dichteunabhängige** Faktoren (v. a. abiotische Faktoren):
  Klima- und Bodenfaktoren

- **dichteabhängige Faktoren** (v. a. biotische Faktoren):
  - Nahrung
  - Wohnraum
  - Konkurrenten
  - Fressfeinde
  - Parasiten, Krankheitserreger

Der Einfluss dichteabhängiger Faktoren auf die Populationsdichte führt zu einer **negativen Rückkopplung**.

Bei einer hohen Populationsdichte nimmt die verfügbare Nahrung rasch ab → Weniger Nahrung bewirkt eine geringere Wachstumsrate und damit eine Abnahme der Populationsdichte.

Fressfeind-Beute-Beziehung

Die Wachstumsrate einer Fressfeindpopulation ist von der Populationsdichte ihrer Beute abhängig. Umgekehrt führen natürlich auch veränderte Fressfeinddichten zu Schwankungen in der Beutepopulation.

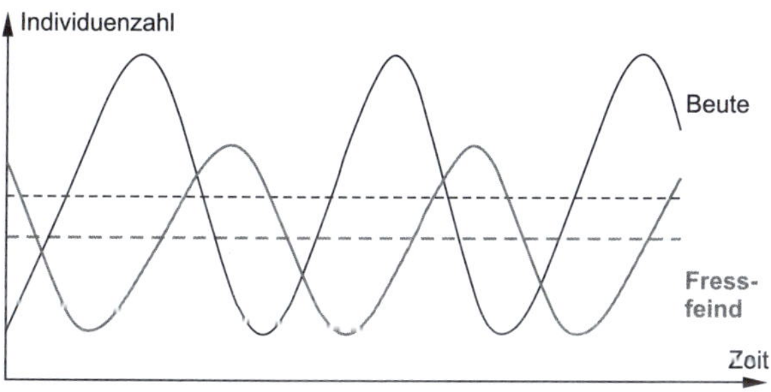

In einer idealisierten Fressfeind-Beute-Beziehung, in der der Fressfeind z. B. nur von einer Beuteart abhängig ist, gelten die folgenden Regeln:

- **1. Volterrasche Regel:** Die Populationskurven von Fressfeind und Beute schwanken periodisch. Die Maxima der Fressfeindpopulation folgen dabei phasenverzögert denen der Beutepopulation.
- **2. Volterrasche Regel:** Die Populationskurven schwanken jeweils um einen Mittelwert.
- **3. Volterrasche Regel:** Vermindert man die Fressfeind- und die Beutepopulation gleich stark, nimmt die Individuenzahl der Beutetiere schneller wieder zu als die ihrer Fressfeinde.

9.3 Bedeutung verschiedener Fortpflanzungsstrategien

Die Wachstumsrate einer Population beruht auf genetisch festgelegten Eigenschaften, die sich im Lauf der Evolution als Anpassung an verschiedene Lebensräume entwickelt haben.

r-Strategen (Vermehrungsstrategie)	**K-Strategen (Anpassungsstrategie)**
hohe Wachstumsrate	geringe Wachstumsrate
Pop.-Größe unterhalb von K	Pop.-Größe dicht an K
großes Verbreitungspotenzial	geringes Verbreitungspotenzial
Umweltbedingungen wechselnd	Umweltbedingungen konstant
kurze Lebendauer	lange Lebensdauer
hohe Sterblichkeit	geringe Sterblichkeit
einmalige Fortpflanzung	mehrmalige Fortpflanzung
hohe Nachkommenzahl	geringe Nachkommenzahl
schnelle Entwicklung der Nachkommen	langsame Entwicklung der Nachkommen
keine Fürsorge der Eltern (Tiere)	intensive Fürsorge der Eltern (Tiere)
schnelle Nutzung kurzzeitig vorhandener Ressourcen	spezielle Anpassungen zur effektiven Nutzung der Ressourcen

• Blattläuse • Wasserflöhe • Heuschrecken • kleine Nagetiere • einjährige Gräser und Kräuter	• viele Vogelarten • große Säugetiere (Elefanten, Primaten) • langlebige Bäume (Eiche, Kastanie)

10 Biodiversität

Biodiversität bezeichnet den Artenreichtum der Tier- und Pflanzenwelt. Ein Ökosystem gilt als umso stabiler, je größer seine Biodiversität ist, d. h. je mehr Arten in ihm leben.

10.1 Anthropogene Einflüsse auf die Artenvielfalt

Vernichtung naturnaher Lebensräume

U. a. durch Anlegen von Monokulturen (Nahrungs-, Holz- und Energiepflanzen) sowie von Siedlungs- und Verkehrsflächen.

Eintrag von Schadstoffen in die Umwelt

- **Boden:** Übermäßige Düngung mit Mineraldünger, Pestizideinsatz ⇒ Rückstandsbildung, Auswaschung in Gewässer, Anreicherung in den Nahrungsketten.
- **Gewässer:** Ungeklärte Abwässer, ausgewaschener Mineraldünger ⇒ Eutrophierung: Vermehrung des Phyto- und des Zooplanktons → Anhäufung toter Biomasse → Sauerstoffmangel → anaerober Abbau.
- **Luft:**
  - Schwefeldioxid und Stickoxide (z. B. aus Verbrennung fossiler Brennstoffe) ⇒ **Saurer Regen:** Hemmung des Pflanzenwachstums („Waldsterben").
  - Fluor-Chlor-Kohlenwasserstoffe (FCKW) ⇒ Abbau der **Ozonschicht**.
  - Kohlenstoffdioxid (z. B. aus Verbrennung fossiler Brennstoffe), Methan, Stickoxide, FCKW ⇒ **Treibhauseffekt:** Treibhausgase absorbieren Wärmestrahlung, die normalerweise ins Weltall zurückgestrahlt wird → **globale Erwärmung (Klimawandel)**.

Weltweiter Tier- und Pflanzentransfer

Die meist passiv verfrachteten Tier- und Pflanzenarten werden als **Neozoen** bzw. **Neophyten** bezeichnet (zusammen: **Neobiota**).

- **Invasive Arten** beanspruchen die gleichen ökologischen Nischen wie einheimische Arten und können diese verdrängen.
  - Amerikanische Grauhörnchen verdrängen einheimische Eichhörnchen.
  - Der Nilbarsch vernichtete im Victoriasee viele einheimische Buntbarscharten.
  - Der Riesenbärenklau nimmt konkurrierenden Pflanzen das Licht.

- **Nicht invasiven Arten** ist es gelungen, eine weitgehend konkurrenzfreie ökologische Nische zu besetzen.
  - Die Rosskastanie wächst verwildert in Laubwäldern. Stärkere Ausbreitung wird durch schnelles Austrocknen der Samen (Kastanien) und durch die Kastanien-Miniermotte verhindert.
  - Der Bachsaibling lebt in begradigten Flüssen, die für Bachforellen als Lebensraum nicht mehr geeignet sind.

Freizeitverhalten des Menschen

Der boomende Tourismus führt zu Eingriffen in empfindliche Lebensräume (z. B. Gebirgsregionen, Gewässer): erhöhter Wasser- und Energieverbrauch, größere Mengen an Abfall, Abwasser und Abgasen.

10.2 Bedeutung der Biodiversität

Ökonomische Aspekte

- „Schatzkammer" z. B. für neue Nahrungs- und Nutzpflanzen, Heilmittel und medizinische Wirkstoffe
- „Genetische Reserve" in der Tier- und Pflanzenzucht
- Nutzwert z. B. für die Bestäubung von Nutzpflanzen

Ökologische Aspekte

- Voraussetzung für stabile Ökosysteme
- Anpassungsfähigkeit an veränderte Umweltbedingungen

Bioindikatoren

Ein **Bioindikator** ist eine Art, deren Vorkommen an eine ganz bestimmte Kombination von Umweltfaktoren gebunden ist. Eine gute Entwicklung einer solchen Art bzw. ihr Fehlen lässt Rückschlüsse auf den Zustand eines Ökosystems zu.

- **Zeigerpflanzen:** Gehäuftes Auftreten von Brennnesseln zeigt Stickstoffüberschuss im Boden an.
- **Leitorganismen der Gewässergüteklassen:** In sehr reinem, sauerstoffreichem Wasser kommen Eintagsfliegenlarven, Steinfliegenlarven und Kieselalgen vor.

Evolution

11 Evolutionsforschung

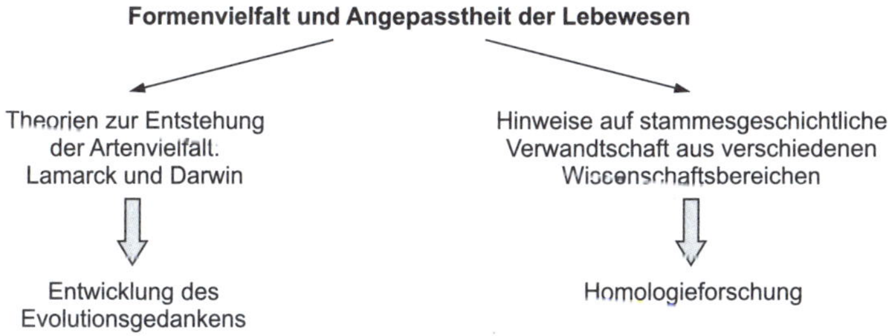

Evolution: Stammesgeschichtliche Entwicklung der Lebewesen in Richtung einer besseren Angepasstheit an die Umwelt (meist Entwicklung von einfacheren zu höher entwickelten Formen).

11.1 Entwicklung des Evolutionsgedankens

Evolutionstheorien

Nach den Theorien von Jean-Baptiste DE LAMARCK (1744–1829) und Charles DARWIN (1809–1882) kommt es im Laufe der Stammesgeschichte zu einem Wandel der Arten durch Anpassung an sich ändernde Umweltbedingungen = **Inkonstanz der Arten, Artwandel, Neubildung von Arten** ⇒ Entstehung der **Artenvielfalt**.

- **LAMARCK:** Schrittweise aktive Anpassung der Arten.
  Grundsätze der Theorie:
  - Ständiger Gebrauch von Organen lässt diese größer und stärker werden; bei Nichtgebrauch verkümmern sie.
  - Erworbene Anpassungen werden vererbt.
  - Treibende Kraft ist ein „Vervollkommnungstrieb“ (Streben nach Anpassung)

- **DARWIN:** Passiver Artwandel durch Selektion.
  Grundsätze der Theorie:
  - Alle Arten haben mehr Nachkommen, als für die Erhaltung der Art notwendig sind (Überproduktion).
  - Die Individuen einer Art unterscheiden sich (Variabilität). Viele Unterschiede sind erblich.
  - Im Überlebenskampf/Konkurrenzkampf *(struggle for life)* haben die verschiedenen Individuen ungleiche Chancen.
  - Die am besten an die Umwelt angepassten Individuen einer Art überleben *(survival of the fittest)* = **natürliche Auslese (Selektion)**.
  - Vorteilhafte Eigenschaften werden vererbt und so immer häufiger unter den Individuen einer Art (Artwandel).

Ordnungssysteme und Artbegriff

Im **natürlichen System** der Lebewesen sind die Organismen entsprechend ihrer stammesgeschichtlichen Verwandtschaft in hierarchisch geordnete Gruppen eingeteilt:

Reich
Unterreich
Stamm
Klasse
Ordnung
Familie
Gattung
Art

Zunahme gemeinsamer Merkmale beim Vergleich von zwei Lebewesen
⇒ Zunahme der stammesgeschichtlichen Verwandtschaft

- **Morphologischer Artbegriff:** Lebewesen, die untereinander und mit ihren Nachkommen in allen wesentlichen Merkmalen übereinstimmen, werden zu einer Art zusammengefasst.
- **Biologischer Artbegriff:** Zu einer Art fasst man alle Lebewesen zusammen, die sich miteinander kreuzen können und deren Nachkommen fruchtbar sind.

11.2 Homologien zur Rekonstruktion stammesgeschichtlicher Verwandtschaft

Homologie

Organe bzw. Merkmale, die auf einen gemeinsamen Grundbauplan zurückgehen, bezeichnet man als **homolog**. Homologien werden als Hinweise auf stammesgeschichtliche Verwandtschaft (gemeinsame Erbinformationen) gedeutet. Als Folge von Anpassungsvorgängen an sich ändernde Umweltbedingungen müssen homologe Organe in Form und Funktion nicht übereinstimmen.

⇒ Homologe Organe sind **ursprungsgleich**, aber **häufig nicht funktionsgleich**.

- Homologien aus dem Bereich der **vergleichenden Anatomie:**
  Zur Überprüfung einer vermuteten Homologie werden drei **Homologiekriterien** herangezogen:
  - **Kriterium der Lage:** Organe und Strukturen sind homolog, wenn sie in einem vergleichbaren Gefügesystem die gleiche Lage einnehmen.

    Das Skelett der Extremitäten von Säugetieren ist vom Schultergürtel ausgehend aus Oberarmknochen, Elle und Speiche, Handwurzel-, Mittelhand- und Fingerknochen aufgebaut.
  - **Kriterium der Kontinuität:** Homologe Organe und Strukturen sind daran zu erkennen, dass sie durch Übergangsformen miteinander in Verbindung stehen.

    Die Entwicklung der Gehörknöchelchen der Säugetiere (Hammer, Amboss, Steigbügel) aus Schädel- und Kieferknochen der Fische lässt sich über Zwischenstufen bei Amphibien und Reptilien verfolgen.
  - **Kriterium der spezifischen Qualität:** Organe sind unabhängig von ihrer Lage als homolog zu bezeichnen, wenn sie in mehreren besonderen Einzelheiten übereinstimmen.

    Zähne von Säugetieren und Schuppen in der Haut der Haifische weisen trotz ihrer unterschiedlichen Lage übereinstimmende Baumerkmale auf: Zahnschmelz überzieht das Zahnbein, beide Strukturen sind innen hohl.

- Homologien aus der **Embryologie:**
  Frühe Embryonalstadien von Wirbeltieren verschiedener Klassen zeigen viele Ähnlichkeiten (z. B. Kiemenspaltenanlage, Röhrenherz), auch wenn die erwachsenen Tiere sehr verschieden sind.
  Biogenetische Grundregel nach Ernst HAECKEL:
  In der Embryonalentwicklung eines Lebewesens (Ontogenese) werden Merkmale seiner stammesgeschichtlichen (phylogenetischen) Vorfahren angelegt, die dem Erwachsenenstadium fehlen.
  - Hintergliedmaßen und Haarkleid beim Walembryo ⇒ an Land lebende Säugetier-Vorfahren
  - Embryonen von Vogel und Mensch mit verlängerter Schwanzwirbelsäule
- Homologien aus der **Molekularbiologie** und der **Biochemie:**
  Als Maß für die Verwandtschaft zwischen Lebewesen dient der Grad der Übereinstimmung der Basensequenz der DNA bzw. der RNA sowie der Aminosäuresequenz der Proteine.
  - **DNA-Hybridisierung:** Erzeugung von Hybrid-DNA-Doppelsträngen aus DNA zweier Arten → Erwärmung der Hybrid-Doppelstränge bis zur Auftrennung.
    Je näher die Verwandtschaft zwischen den Arten, desto ähnlicher ist die Nukleotidsequenz ihrer DNA und umso mehr komplementäre Basenpaarungen sind möglich ⇒ Je höher die für die Auftrennung nötige Temperatur, desto mehr komplementäre Basenpaarungen sind zu lösen und desto enger ist die Verwandtschaft.
  - **Aminosäuresequenzanalyse:** Ermöglicht einen direkten Vergleich der durch Gene codierten Primärstruktur von Proteinen.

    Das Cytochrom c (Elektronen übertragendes Enzymprotein der Zellatmung, das in allen aeroben Lebewesen vorkommt) besteht aus einer Kette von 104 Aminosäuren. Nur etwa ein Drittel der Aminosäuren darf nicht verändert werden, um die Funktion zu erhalten. Aus den Unterschieden in den Aminosäuresequenzen der veränderbaren Bereiche, die auf Mutationen zurückgehen, lässt sich ein Cytochrom-c-Stammbaum aufstellen.

Analogie

Organe mit gleicher Funktion, aber unterschiedlichem Bauplan bezeichnet man als **analog**. Sie sind das Ergebnis von Anpassungsvorgängen an gleiche Umweltbedingungen. Eine derartige gleichgerichtete, aber voneinander unabhängig verlaufende Entwicklung von Organen wird **konvergent** genannt.
⇒ Analoge Organe sind **funktionsgleich**, aber nicht **ursprungsgleich**. Sie sind daher **kein** Hinweis auf stammesgeschichtliche Verwandtschaft.

- Grabbein von Maulwurf (Säugetier) und Maulwurfsgrille (Insekt)
- Sprossdornen bei Rosen und Blattdornen bei Berberitzen
- Stromlinienform des Körpers bei wasserbewohnenden Tieren wie Tintenfischen (Weichtiere), Fischen, Pinguinen (Vögel), Robben und Delfinen (Säugetiere)

12 Mechanismen der Evolution

Synthetische (erweiterte) Evolutionstheorie: Vereinigung der Theorien DARWINS mit Erkenntnissen aus fast allen Bereichen der Biologie (Genetik, Ökologie, Ethologie); Population steht im Zentrum der Evolutionsvorgänge, nicht wie bei DARWIN die Art.

Population: Gruppe von Individuen einer Art, die zur gleichen Zeit im gleichen Raum leben und eine Fortpflanzungsgemeinschaft bilden.

Genpool: Gesamtheit aller Gene bzw. Allele in einer Population.
Populationsgenetisch betrachtet tritt Evolution auf, wenn sich die Gen- bzw. **Allelfrequenzen** (-häufigkeiten) im Genpool einer Population ändern.
Fünf **Evolutionsfaktoren** beeinflussen die Zusammensetzung des Genpools einer Population:

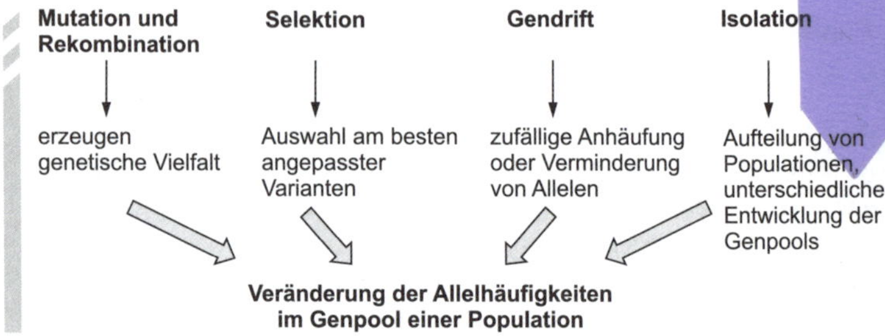

12.1 Mutation und Rekombination

Zufällige Mutationen und Rekombinationen erzeugen die **genetische Variabilität** innerhalb einer Population. An diesen Varianten setzt die Selektion an und „sortiert" sie nach ihrer Eignung in der Umwelt.

- Durch **Mutationen** (zumeist Genmutationen) wird die Basenfolge der DNA verändert, sodass neue Allele eines Gens entstehen können ⇒ Vergrößerung des Genpools.
- Durch **Rekombination** können neue Allelkombinationen gebildet werden, die zu neuen Phänotypen führen (siehe Meiose).

12.2 Selektion als richtender Evolutionsfaktor

Die Selektion zeigt sich darin, dass Träger bestimmter Phänotypen einen größeren Fortpflanzungserfolg haben als andere. Diese Individuen weisen eine größere **individuelle Fitness** auf → Der Beitrag, den sie zum Genpool der nächsten Generation leisten können, ist größer als bei Individuen, die weniger gut an die Umwelt angepasst sind. So ergibt sich eine gerichtete **Verschiebung der Allelhäufigkeiten**, die dem betreffenden Phänotyp zugrunde liegen, im Genpool einer Population.

Nach der Richtung, in die der Selektionsdruck wirkt, lassen sich **drei Selektionsformen** unterscheiden:

- **Transformierende (richtende) Selektion:** Bei veränderten Umweltbedingungen ⇒ Varianten, die vom Durchschnittstyp abweichen, erhalten oft einen Selektionsvorteil oder -nachteil. Einseitiger Selektionsdruck führt zur Verschiebung der Merkmale der Population in eine bestimmte Richtung.

Industriemelanismus beim Birkenspanner

- **Stabilisierende Selektion:** Bei lang andauernden stabilen Umweltbedingungen ⇒ optimale Angepasstheit einer Population wird weiter gefestigt. Selektionsdruck wirkt gegen neu auftretende Varianten, die gegenüber dem Durchschnittstyp schlechter angepasst sind.

Lebende Fossilien

- **Disruptive (spaltende) Selektion:** Bei veränderten Umweltbedingungen ⇒ extreme Varianten erhalten einen Selektionsvorteil, während Durchschnittsform benachteiligt ist. Population spaltet sich in Teilpopulationen auf ⇒ Artaufspaltung möglich, wenn diese sich nicht mehr vermischen.

Darwin-Finken

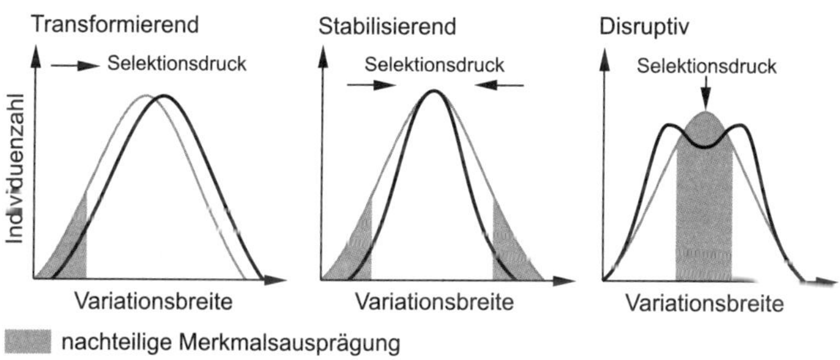

Überblick über die Selektionsformen

Selektionsfaktoren

Selektionsfaktoren sind abiotische und biotische Umwelteinflüsse, die eine gerichtete Verschiebung der Allelhäufigkeiten auslösen.

- **Abiotische Selektionsfaktoren:** Faktoren der unbelebten Umwelt

Klima, Boden, geografische Lage

- Auf sehr windigen Inseln überleben stummelflügelige oder flügellose Insekten (z. B. Fliegen) eher als geflügelte, die aufs Meer hinausgeweht werden können.

- Tierarten in kalten Regionen sind oft größer und schwerer (**Bergmannsche Regel**) und weisen im Verhältnis kleinere Körperanhänge (Schwanz, Ohren; **Allensche Regel**) auf als verwandte Arten in warmen Gebieten.

- **Biotische Selektionsfaktoren:** Faktoren der belebten Umwelt

  Fressfeinde, Beute, Konkurrenz, Einflüsse des Menschen

  - **Fressfeinde und Beute:**
    - **Tarnung:** Schützt vor Entdecktwerden, z. B. durch Färbung und Musterung, die der Umgebung entspricht; Mimese: Tarnung durch Nachahmung von Gegenständen/Pflanzen.

      Stabheuschrecken, Spannerraupen
    - **Warnfarben:** Signalisieren Fressfeinden Gefährlichkeit.

      Gelb-schwarze Färbung der Wespen.
    - **Mimikry (Scheinwarntracht):** Nachahmung gefährlicher Arten mit Warnfarben durch völlig harmlose Organismen.

      Schwebfliegen ahmen Wespen nach.
  - **Konkurrenz:** Wettbewerb von Lebewesen um knappe Ressourcen.
    - **Interspezifische (zwischenartliche) Konkurrenz:** Besser angepasste Art verdrängt weniger gut angepasste Art ⇒ **Konkurrenzausschlussprinzip**; Alternative: **Konkurrenzvermeidung** durch **Einnischung**.

      Beutelwolf in Australien durch den Dingo (verwilderter Haushund) völlig verdrängt.
    - **Intraspezifische (innerartliche) Konkurrenz: Konkurrenzvermeidung** durch **Einnischung**.
      Sexuelle Selektion durch intraspezifische (innerartliche) Konkurrenz: Fortpflanzungserfolg eines Männchens hängt bei vielen Arten von Wirksamkeit seiner sexuellen Auslöser ab ⇒ Herausbildung bestimmter Merkmale zur Anlockung von Weibchen und zur Einschüchterung von Rivalen (⇒ Geschlechtsdimorphismus).

      Große Geweihe bei Männchen vieler Hirscharten, Prachtgefieder bei Männchen vieler Vogelarten

- **Einflüsse des Menschen:**
  - **Industriemelanismus:** In Industrieregionen setzen sich bei manchen Arten dunkel gefärbte Mutanten gegen heller gefärbte Individuen durch, da sie auf durch Verschmutzungen dunkel gefärbten Flächen besser getarnt sind.

    Birkenspanner, Stadttauben
  - **Künstliche Auslese** bei der Domestikation von Tieren und Pflanzen: Mensch entzieht Haustiere und Nutzpflanzen weitgehend den natürlichen Umweltbedingungen und wählt Individuen, die zur Fortpflanzung kommen sollen, nach züchterischen Gesichtspunkten aus ⇒ starker Selektionsdruck führt in kurzer Zeit zu vielen verschiedenen Rassen einer Art.

    Hunde- und Hühnerrassen, Zuchtformen von Rosen oder Kohl

12.3 Gendrift als Zufallsfaktor

Gendrift (Allelendrift): Zufällige und schnelle Anreicherung oder Verminderung von seltenen Genen im Genpool einer kleinen Population, unabhängig vom Selektionswert der betreffenden Allele ⇒ ungerichtete Veränderung des Genpools, Verringerung der genetischen Vielfalt.

- **Gründer-Effekt:** Wenige Individuen einer Art besiedeln einen neuen Lebensraum. Ihr Genpool ist klein und enthält eine zufällige Auswahl von Genen.
- **Flaschenhals-Effekt:** Durch eine Katastrophe (z. B. Dürre, Kälte, Überschwemmung) wird die Population stark verkleinert. Die Restpopulation verfügt über einen zufälligen Genbestand.

Stark verminderte genetische Variabilität der kleinen Populationen → reagieren oft extrem auf veränderte Umweltbedingungen.

- Auffällig gefärbte Varianten können sich schnell durchsetzen, wenn in neu besiedeltem Gebiet der Selektionsfaktor Fressfeind fehlt.
- Population kann aussterben, wenn die genetische Ausstattung zu einer geringeren Widerstandsfähigkeit gegen Krankheitserreger führt.

12.4 Rassen- und Artbildung durch Isolation

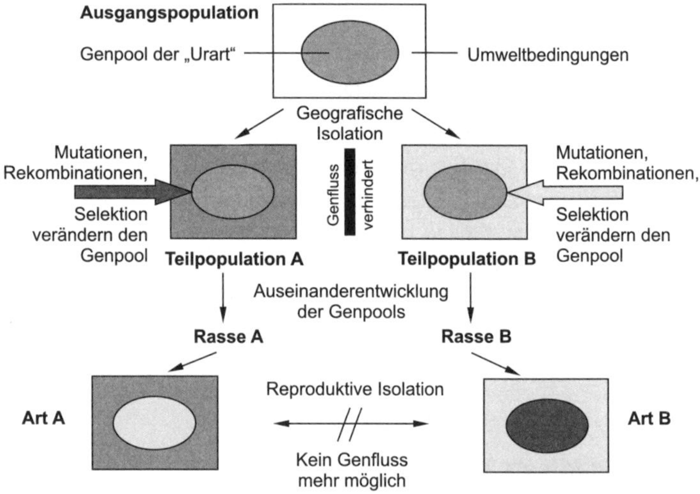

Mechanismus der Artentstehung

Geografische Isolation (Separation)

Ein Teil einer Population wird räumlich vom Rest der Population getrennt. Je kleiner die separierte Population, desto kleiner ist ihr Genpool ⇒ Gendrift kann sich stärker auswirken, Mutationen können sich leichter durchsetzen.

Vorgänge, die zur Separation führen können:

- **Geologische Ereignisse**

  Auseinanderdriften der Kontinente, Talbildungen
- **Drastische Klimaveränderungen**

  Vergletscherung, Wüstenbildung
- **Verschleppung (Gründerprinzip)**

  Stürme oder Meeresströmungen, die wenige Individuen einer Art verschleppen

Reproduktive Isolation

Verschiedene Isolationsmechanismen verhindern Genaustausch zwischen Arten, auch wenn diese im gleichen Verbreitungsgebiet vorkommen.

- **Mechanische Isolation:** Unterschiede in Körpermerkmalen machen Paarung nicht artgleicher Individuen unmöglich.

  Begattungsorgane vieler Insekten, Spinnen und Tausendfüßler passen nur bei Artgenossen zusammen wie Schlüssel und Schloss.

- **Ethologische Isolation:** Verhaltensunterschiede verhindern Partnerfindung oder Paarung.

  Verschiedene Möwenarten erkennen sich an der Augenfarbe, Leuchtsignale von Glühwürmchen sind artspezifisch.

- **Zeitliche Isolation:** Nahe verwandte Arten sind zu unterschiedlichen Zeiten sexuell aktiv.

  Grasfrösche im zeitigen Frühjahr, Teichfrösche im späten Frühjahr.

- **Bastardunterlegenheit:** Mischlinge zwischen Arten haben geringere oder keine Fortpflanzungschancen.

  Maulesel und Maultiere (Mischung Pferd – Esel) sind unfruchtbar.

Ökologische Isolation (Adaptive Radiation)

Adaptive Radiation: Aufspaltung (Auffächerung) einer wenig spezialisierten Ausgangsart in mehrere an unterschiedliche **ökologische Nischen** angepasste (spezialisierte) Arten.

Darwin-Finken auf den Galapagos-Inseln, Beuteltiere in Australien, Buntbarsche im Victoria-See (Ostafrika).

Ökologische Nische: Gesamtheit aller Umweltfaktoren, die einer Art das Überleben in ihrem Lebensraum ermöglichen; Anpassung an neue ökologische Nische = Annidation (Einnischung).

Modell der Artentstehung durch adaptive Radiation:

- **Gründerpopulation** einer wenig spezialisierten Art besiedelt Neuland.
- Population wächst stark an, da ausreichend Nahrung vorhanden und weitgehendes Fehlen von Konkurrenten und Fressfeinden.

- **Innerartliche Konkurrenz** um Nahrung ⇒ **Selektionsdruck**.
- Varianten, die neue Nahrungsquellen und Lebensräume erschließen können, haben Selektionsvorteil ⇒ Besetzung unterschiedlicher ökologischer Nischen.
- Teile der Population werden geografisch isoliert (**Separation**).
- In unterschiedliche Richtungen verlaufende Entwicklung der Teilpopulationen ⇒ **reproduktive Isolation**.

13 Evolutionsprozesse

13.1 Entwicklung des Lebens auf der Erde

- **Chemische Evolution:**
  - Bildung organischer Verbindungen (Biomoleküle) aus anorganischen Stoffen.
    Simulationsversuche (Stanley MILLER): Nachvollziehen der Bildung einfacher organischer Moleküle (z. B. Essigsäure, Aminosäuren, Zucker) aus Gasen, die die **Uratmosphäre** enthielt (z. B. Methan, Ammoniak, Wasserstoff); wichtige Reaktionsbedingungen: Zufuhr von Energie (Wärme, elektrische Energie), Abwesenheit von Sauerstoff.
    In der Uratmosphäre entstandene organische Stoffe lösten sich in den Urozeanen ⇒ **Ursuppe**.
  - Entstehung sich selbst replizierender Makromoleküle:
    Nukleotide verbanden sich zu kleinen RNA-Molekülen, die komplementäre Kopien von sich selbst herstellen konnten und die die Bildung von Proteinen aus Aminosäuren katalysierten.

- **Protobionten: hypothetische Zellen**
  Über die Bildung der ersten Zellen gibt es keinerlei Belege.
  Die Protobionten als Vorläufer von Zellen müssen die typischen Eigenschaften lebender Systeme besessen haben:
  - Stoffwechsel in einem von einer Membran umgrenzten Raum
  - Wachstum
  - Selbstregulation
  - Reproduktion
  - Veränderbarkeit des Erbguts
- **Prokaryoten:**
  Erste nachgewiesene Lebewesen vor ca. 3,5 Mrd. Jahren; Vorfahren der heute lebenden Bakterien, Cyanobakterien und Archaeen.
- **Eukaryoten:**
  Auftreten vor ca. 1,8 Mrd. Jahren;
  Endosymbionten-Theorie: Eukaryotische Zellen mit zahlreichen Zellorganellen sind aus einfach aufgebauten Prokaryoten hervorgegangen, die kleinere Prokaryoten durch Endozytose (Phagozytose) aufgenommen, aber nicht verdaut haben → Aufgenommene Zellen wurden zu Symbionten, die die größere Zelle an ihren Stoffwechselleistungen (z. B. aerobe Energiegewinnung, Fotosynthese) beteiligten → Aus den Symbionten entwickelten sich die Mitochondrien und die Chloroplasten der Euzyten.
  Belege für die Theorie: Mitochondrien und Chloroplasten …
  - entstehen nur durch Teilung.
  - weisen eine Doppelmembran auf. Die innere Membran ähnelt der Bakterienmembran.
  - besitzen eigene DNA.
- **Evolution der Vielzelligkeit:**
  Vor ca. 1 Mrd. Jahren;
  Entwicklung vermutlich mehrmals unabhängig voneinander aus **Zellkolonien**. Zellkolonien entstanden durch Aneinanderhaften von Schwesterzellen nach der Mitose.

  Selektionsvorteile des vielzelligen Aufbaus eines Organismus:
  - Zunehmende Größe
  - Stärkere Differenzierung der Zellen und Arbeitsteilung zwischen den Zellen

Nachteil: Begrenzung der Lebensspanne (Alterstod): nur Keimzellen noch potenziell unsterblich.

- Evolution des **Stoffwechsels:**
  - Erste Organismen: **heterotroph** ⇒ nahmen organische Stoffe als Nahrung aus der Ursuppe auf → Energiegewinnung durch **anaeroben Abbau (Gärung)**.
  - Organismen, die energiereiche organische Stoffe selbst herstellen konnten **(Autotrophie)**, hatten Überlebensvorteil, da Nahrung nicht unbegrenzt zur Verfügung steht.
  - **Fotosynthese** (Nutzung der Sonnenenergie) besonders erfolgreich ⇒ Anreicherung von Sauerstoff in der Atmosphäre ⇒ Sauerstoff konnte für **aeroben (oxidativen) Abbau** organischer Stoffe mit hohem Energiegewinn genutzt werden → **Zellatmung**

13.2 Evolutionsschübe nach Massenaussterben

In allen Epochen der Erdgeschichte fanden **Massenaussterben** von Arten in geologisch kurzen Zeitspannen (wenige Mio. Jahre) statt. Verschwinden zahlreicher Arten ⇒ anschließend starker Anstieg der Artenzahl, da frei gewordene ökologische Nischen neu besetzt werden konnten.

Massenaussterben vor ca. 65 Millionen Jahren:

vernichtete Artengruppen	Dinosaurier, Flugsaurier, Meeresreptilien, Ammoniten
mögliche Ursache	Asteroideneinschlag
Folgen	Hitzewellen, Brände, Flutwellen; riesige Mengen Staub, Asche und Ruß in der Atmosphäre ⇒ Verdunkelung des Himmels ⇒ Absinken der Temperatur ⇒ Beeinträchtigung der Fotosynthese ⇒ Verlust der Nahrungsgrundlage für Pflanzenfresser ⇒ Vergiftung des Meerwassers durch gelöste Verbrennungsgase
Evolutionsschub für	Säugetiere durch adaptive Radiation

13.3 Koevolution

Koevolution: Gleichzeitige Evolution von Eigenschaften voneinander abhängiger Arten. Beruht auf starkem Selektionsdruck, den Arten über einen längeren Zeitraum ihrer Stammesgeschichte aufeinander ausüben; wechselseitige Angepasstheiten = **Koadaptationen**.

- **Symbiose** zwischen Blütenpflanze und Bestäuber zum gegenseitigen Nutzen:

Blütenpflanze	Bestäuber
Form der Blüte	Saugrüssel/Schnabel/lange Zunge
farbige Blüten, Duftstoffe	präzise Reaktion auf Signale
Nektar, Pollen (im Übermaß) als Belohnung	gesteigerte Lernfähigkeit (Blütenstetigkeit)

Vorteil Blütenpflanze: Fremdbestäubung wahrscheinlich
Vorteil Bestäuber: ergiebige Nahrungsquelle

- **Parasit-Wirt-Beziehung**: koevolutives „Wettrüsten"

Kuckuck (Brutparasit)	Singvogelart (Wirt)
Kuckuckseier gleichen den Wirtvogeleiern immer mehr	verbesserte Fähigkeit, Kuckuckseier zu erkennen
Eiablage in Abwesenheit der Wirte	erhöhte Wachsamkeit der Wirtsvögel
Entfernung eines Wirtsvogeleies bei der Ablage eines Kuckuckseis	
Jungkuckuck wirft Eier/geschlüpfte Stiefgeschwister aus dem Nest	Entfernung des Kuckuckseis
Sperrrachen und Bettelrufe des Jungkuckucks lösen das Füttern durch die Stiefeltern besonders stark aus	

Gründe für das Wettrüsten:
Brutparasit: Fortpflanzungserfolg ohne eigene Brutpflege.
Wirt: Verlust von Brut und Ressourcen soll verhindert werden.

14 Evolution des Menschen

Homo sapiens

seine Einordnung im Tierreich	Menschenaffen sind seine nächsten Verwandten	Wie wir wurden, wie wir heute sind
⇩	⇩	⇩
Stellung des Menschen im natürlichen System	**Mensch und Menschenaffen im Vergleich**	**Stammesgeschichtliche Entwicklung des Menschen**

14.1 Stellung des Menschen im natürlichen System

Die nächsten Verwandten des Menschen sind die Schimpansen, der Gorilla und der Orang-Utan.

Ordnung: Primaten
Familie: Hominiden
→ Mensch und große Menschenaffen: Schimpansen, Gorilla, Orang-Utan
Gattung: Homo (Mensch)
Art: *Homo sapiens*

14.2 Mensch und Menschenaffen im Vergleich

Merkmal	Mensch	Menschenaffen
Anzahl Chromosomen	46 (Chromosom 2 gleicht zwei kurzen Chromosomen der Menschenaffen)	48
Blutgruppen	AB0-System	AB0-System
Schädel	• großer Gehirnschädel • Gehirnvolumen: ca. 1 450 cm^3 • relativ steile Stirn • Nasenvorsprung	• kleiner Gehirnschädel • Gehirnvolumen: ca. 350 cm^3 • fliehende Stirn, Überaugenwülste • Schnauze

	• Hinterhauptsloch zentral an der Schädelunterseite • vorspringendes Kinn	• Hinterhauptsloch im hinteren Schädelbereich • fliehendes Kinn
Gebiss	• Kiefer in V-Form • geschlossene Zahnreihe	• Kiefer in U-Form • Diastema
Zähne	• gleiche Zahnformel • kleine Eckzähne • Backenzähne mit 5 Höckern	• gleiche Zahnformel • dolchartige Eckzähne • Backenzähne mit 5 Höckern
Wirbelsäule	doppelt-S-förmig	C-förmig
Brustkorb	breit, abgeflacht	breit, abgeflacht
Becken	breit, kurz, schüsselförmig	schmal, lang
Hände	Greifhand; opponierbarer Daumen: Präzisionsgriff	Greifhand
Füße	Standfuß	Greiffuß
Fortbewegung	aufrechter, zweibeiniger Gang	vierbeiniger Gang

Vergleich der Merkmale von Mensch und Menschenaffen; Gemeinsamkeiten

14.3 Stammesgeschichtliche Entwicklung zum *Homo sapiens*

Hangler-Stadium auf Bäumen

Urprimaten lebten überwiegend auf Bäumen in tropischen Regenwäldern Afrikas.

Angepasstheiten:

- hangelnde Fortbewegung
- gutes räumliches Sehen durch nach vorne gerichtete Augen
- leistungsfähiges Kleinhirn zur Bewegungskoordination
- gut bewegliche Arme und Hände
- quer-ovaler Brustkorb

Übergang zum Bodenleben in der Savanne

Vor ca. 7–5 Mio. Jahren führte ein Temperaturrückgang und Trockenheit zum Rückzug der tropischen Regenwälder in Afrika. Es entstanden baumdurchsetzte Savannen.
Im Zeitraum vor 4 bis 1 Mio. Jahren entwickelten sich dort mehrere Arten der Gattung **Australopithecus** (Vormenschen) sowie der Gattung **Homo** (Frühmenschen).
Angepasstheiten:
- Fortbewegung durch aufrechten, zweibeinigen Gang
- Hände werden frei als Werkzeuge, Präzisionsgriff
- leistungsfähige Augen, räumliches Sehen
- Körpergröße nimmt zu:
  - größere Schrittlänge beim Laufen
  - größeres Körpervolumen senkt Wärmeverlust

Entwicklung zum *Homo sapiens*

Bei den Arten der Gattung Homo, die sich in den vergangenen 2 Mio. Jahren entwickelten, kam es zu einer **Vergrößerung des Gehirnvolumens** von etwa 600 cm^3 beim *Homo habilis* bis zu ca. 1 450 cm^3 beim *Homo sapiens* (erstes Auftreten vor ca. 150 000 Jahren).

Hypothesen zur **Ursache der Gehirnvergrößerung:**
- **Proteinreiche Nahrung** (Fleisch, Aas) ermöglichte den Aufbau eines größeren, leistungsfähigeren Gehirns.
- Herstellung und Gebrauch von **Werkzeugen** und die Gehirngröße bedingten und verstärkten sich gegenseitig.
- Zunahme der Gehirngröße brachte Vorteile, da dadurch differenzierte **Sprache** möglich wurde, die bessere Organisation, Planung und Absprache in der Gruppe ermöglichte.

Kulturelle und soziale Evolution des Menschen

Sprache erlaubt die Weitergabe erworbenen Wissens. Bewährte, vorteilhafte Ideen, Kenntnisse und Fertigkeiten werden bevorzugt weitergegeben, sammeln sich über Generationen an und werden zum **Kulturgut** einer Gruppe. Mit Erfindung der **Schrift** erreichte die Möglichkeit zur Speicherung von Informationen eine neue Dimension.

Neuronale Informationsverarbeitung

15 Elektrochemische Vorgänge in Nervenzellen

Nervenzellen (Neuronen) als Bausteine des Nervensystems

- Nervenzellen sind spezialisierte Zellen ⇩ Bau der Nervenzellen
- Spannung in nicht erregten Nervenzellen ⇩ Ruhepotenzial
- Erregungsbildung in Nervenzellen ⇩ Aktionspotenzial
- Fortleitung der Erregung im Axon ⇩ Kontinuierliche und saltatorische Erregungsleitung

15.1 Bau und grundlegende Funktion einer Nervenzelle

Sinneszellen (spezialisierte Nervenzellen) wandeln Reize in elektrische Erregung um. **Nervenzellen (Neuronen)** leiten die Erregung weiter und verarbeiten sie.

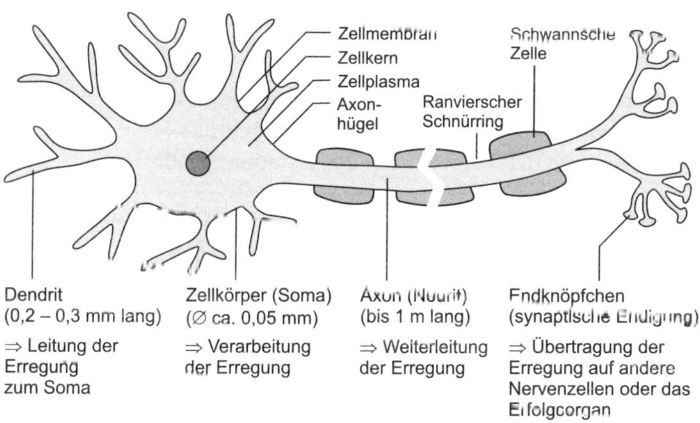

Nervenfasern: Axone, die zur besseren elektrischen Isolation von **Schwannschen Zellen** (spezielle **Gliazellen**) schlauchartig umhüllt sind.
Zwei Typen nach Aufbau unterschieden:

- **Markhaltige oder myelinisierte Nervenfasern:** Nur bei Wirbeltieren. Ausstülpung der Zellmembran der Schwannschen Zelle (Länge: ca. 2 mm) wickelt sich viele Male um das Axon. Zytoplasma und Organellen der Zelle befinden sich in der äußeren Windung. Innere Windungen bestehen aus Lipiden und Proteinen (= Myelin) ⇒ **Mark-** oder **Myelin-Scheide**.
  Abstand zwischen den Schwannschen Zellen ca. 1 µm = **Ranvierscher Schnürring**.
- **Marklose oder nicht myelinisierte Nervenfasern:** Bei wirbellosen Tieren (z. B. Insekten). Schwannsche Zelle umgibt das Axon nur locker ⇒ keine Myelinscheide, keine Ranvierschen Schnürringe.

15.2 Ruhepotenzial

Im nicht erregten Zustand: Zytoplasma eines intakten Neurons ist gegenüber seiner Umgebung negativ aufgeladen. **Potenzialdifferenz (Spannung)** beträgt ca. **–70 mV**.

Voraussetzungen für die Entstehung des Ruhepotenzials

- **Charakteristische Verteilung von Ionen** innerhalb und außerhalb des Neurons: Für Kaliumionen (K^+), Natriumionen (Na^+) und Chloridionen (Cl^-) besteht ein Konzentrationsgefälle:

Innenraum des Neurons	extrazelluläre Flüssigkeit	Richtung des Konzentrationsgefälles
K^+	K^+	nach außen
Na^+	Na^+	nach innen
Cl^-	Cl^-	nach innen
A^-	—	
(A^- = Eiweißanionen)		

- **Selektive Permeabilität** der Membran einer Nervenzelle: Die verschiedenen Tunnelproteine (Ionenkanäle) der Membran lassen nur jeweils eine Sorte Ionen passieren **(erleichterte Diffusion)**.

Ionenkanäle	Zustand der Ionenporen	relative Permeabilität der Membran
K^+-Ionenkanäle	offen	hoch
Na^+-Ionenkanäle	fast alle geschlossen	sehr gering
Cl^--Ionenkanäle	weitgehend geschlossen	gering
A^--Ionenkanäle	nicht vorhanden	keine

Entstehung des Ruhepotenzials nach der Ionentheorie

- Das Konzentrationsgefälle und die sehr gute Permeabilität der Membran für K^+-Ionen führt zu einem **Kaliumionen-Ausstrom**.
- **Ladungstrennung:** An der Außenseite der Membran entsteht dadurch ein Überschuss an positiver Ladung, im Inneren der Nervenzelle ein Überschuss an negativer Ladung ⇒ Aufbau einer **Potenzialdifferenz** (**Ladungsdifferenz**, elektrische Spannung).
- Die Potenzialdifferenz wirkt dem Ausstrom der K^+-Ionen entgegen.

⇒ **Ruhepotenzial:** Gleichgewichtszustand zwischen dem Konzentrationsgefälle der K^+-Ionen und der Potenzialdifferenz.

Aufrechterhaltung des Ruhepotenzials

- **Chloridionen** diffundieren ihrem Konzentrationsgefälle folgend in geringer Menge in die Nervenzelle ⇒ erhöhen die Potenzialdifferenz geringfügig.
- **Natriumionen** dringen in geringer Menge in die Nervenzelle ein und vermindern die Potenzialdifferenz (Na^+-Leckstrom) ⇒ Wenn keine Gegenmaßnahmen: gesteigerter Kaliumionen-Ausstrom (K^+-Leckstrom) ⇒ Zusammenbrechen des Ruhepotenzials.
  Gegenmaßnahme: Kompensation der Leckströme durch die **Natrium-Kalium-Ionenpumpe:** Transport der Natriumionen nach außen und der Kaliumionen nach innen erfolgt durch spezielle Membranporen (Carrierproteine) entgegen dem jeweiligen Konzentrationsgefälle unter Verbrauch von Stoffwechselenergie.

15.3 Aktionspotenzial

Aktionspotenzial (AP): Plötzliche Änderung des Ruhepotenzials, sodass die Membraninnenseite des Axons kurzfristig positiv gegenüber der Außenseite geladen ist (Ladungsumkehr).
Zweck: Weiterleitung von Erregung.

Zeitlicher Verlauf eines Aktionspotenzials

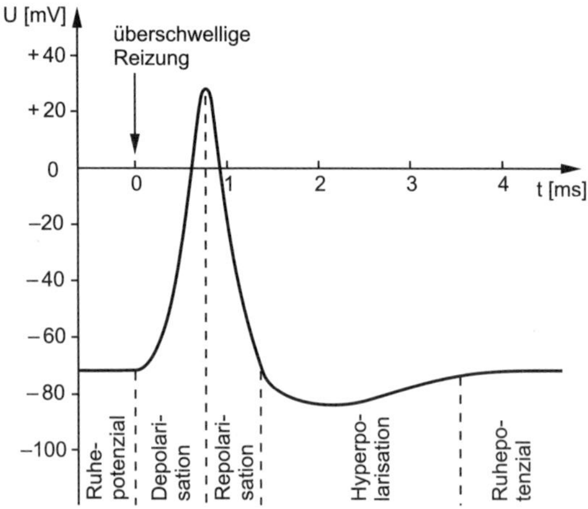

Auslösebedingungen

- Die Reizung führt zu einer Abnahme der Potenzialdifferenz am Axon = **Depolarisation** (das Ruhepotenzial wird „positiver").
- Der Reiz muss **überschwellig** sein, d. h., die Auslöseschwelle von ca. –50 mV wird überschritten.
- **Alles-oder-nichts-Signal:** Bei überschwelliger Reizung ist die Dauer und die Amplitude (+30 mV) der APs stets gleich, also unabhängig von der Reizstärke.
- **Zeitlicher Abstand von Reizen:** Wird die gleiche Membranstelle 1–2 ms nach dem ersten Reiz erneut gereizt ⇒ kein zweites AP = **absolute Refraktärphase**.
  Erfolgt der zweite Reiz 2–4 ms nach dem ersten ⇒ AP erreicht geringeren Spitzenwert = **relative Refraktärphase**.

Entstehung eines Aktionspotenzials nach der Ionentheorie

- **Depolarisation:** Potenzialänderung ⇒ Öffnung spannungsabhängiger Na^+-Ionenkanäle ⇒ Permeabilität der Membran für Na^+-Ionen steigt.
  Na^+-Einstrom erhöht die Na^+-Permeabilität weiter ⇒ Überschreiten der Auslöseschwelle ⇒ Erreichen des Spitzenwerts von +30 mV.
- **Repolarisation:** Zeitlich verzögerte Öffnung spannungsabhängiger K^+-Ionenkanäle ⇒ Permeabilität der Membran für K^+-Ionen steigt ⇒ K^+-Ionen strömen aus.
  Gleichzeitig: Na^+-Permeabilität sinkt.
  ⇒ Membranpotenzial erreicht wieder negative Werte.
- **Hyperpolarisation:** K^+-Permeabilität geht nur langsam auf Normalwert zurück ⇒ K^+-Ausstrom ist so groß, dass das Membranpotenzial unter das Ruhepotenzial absinkt.
- **Rückkehr zum Ruhepotenzial:** In das Axon eingedrungene Na^+-Ionen werden von Natrium-Kalium-Ionenpumpen gegen K^+-Ionen ausgetauscht.

15.4 Erregungsleitung im Axon

Die Fortleitung eines AP geschieht durch **ständige Neubildung** an benachbarten Membranstellen des Axons → **keine Abschwächung** der Erregung.
APs entstehen am Axonhügel und wandern nur **in eine Richtung** (zu den Endknöpfchen hin), da die Membran im Bereich eines gerade abgelaufenen AP nicht erregbar ist (Refraktärphase).

Kontinuierliche Erregungsleitung in marklosen Nervenfasern

- Membranbereich, an dem sich AP gebildet hat, ist gegenüber benachbarten Bereichen gegensätzlich geladen.
- Natriumionen-Einstrom wirkt auf benachbarten, nicht refraktären Membranbereich wie überschwelliger Reiz ⇒ Öffnung von spannungsabhängigen Na^+-Ionenkanälen.

⇒ Aufbau eines neuen AP direkt neben dem abgelaufenen.

Saltatorische Erregungsleitung in markhaltigen Nervenfasern

- Nach dem gleichen Prinzip
- **Unterschied:** APs können sich nur an den Ranvierschen Schnürringen aufbauen, da sich nur dort Ionenkanäle befinden und Kontakt zur extrazellulären Flüssigkeit besteht ⇒ AP an einem Schnürring führt zur Öffnung der Na^+-Ionenkanäle am nächsten Schnürring.

Vorteile der saltatorischen Erregungsleitung gegenüber der kontinuierlichen Erregungsleitung

- Höhere Erregungsleitungsgeschwindigkeit bei gleichem Durchmesser der Nervenfaser ⇒ schnellere Reaktionen möglich.
- Geringerer Durchmesser der Nervenfaser bei gleicher Leitungsgeschwindigkeit ⇒ Material- und Raumersparnis.
- Aktiver Ionentransport durch die Natrium-Kalium-Ionenpumpen muss nur an den Schnürringen stattfinden ⇒ geringerer Energieverbrauch.

16 Erregungsübertragung an einer chemischen Synapse

Synapse: Kontaktstelle zwischen Nervenzellen bzw. zwischen Nervenzelle und Effektor/Erfolgsorgan (Muskel- oder Drüsenzellen).

Synapse

Erregungsübertragung durch chemische Stoffe (Transmitter)	nachgeschaltete Zelle wird erregt oder gehemmt	Fremdstoffe können Erregungsübertragung beeinflussen
⇩	⇩	⇩
Bau und Funktion einer Synapse	erregende und hemmende Synapsen ⇒ Verrechnung im Nervensystem	Synapsengifte

16.1 Bau und Funktion einer neuromuskulären Synapse

Kontaktstelle Neuron – Muskelzelle = **neuromuskuläre Synapse**.

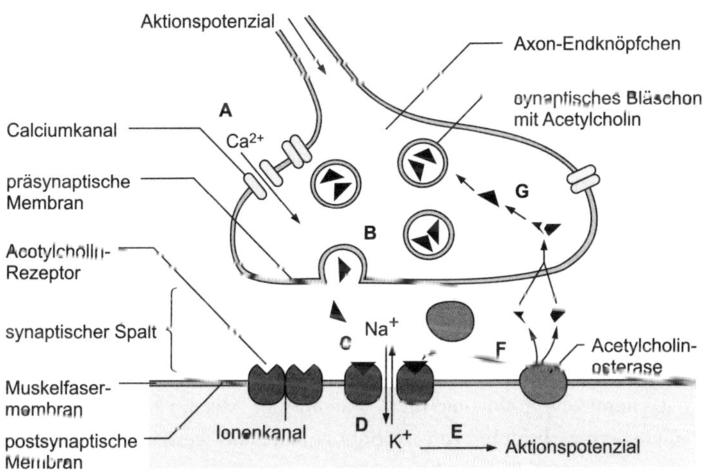

A Öffnung von spannungsabhängigen Ca^{2+}-Ionenkanälen durch im Endknöpfchen der Nervenzelle ankommendes Aktionspotenzial ⇒ Einstrom von **Calciumionen**.

B Verschmelzen von synaptischen Bläschen mit präsynaptischer Membran ⇒ Ausschüttung des **Transmitters** Acetylcholin.

C Diffusion der Transmittermoleküle durch synaptischen Spalt ⇒ Bindung an die **Rezeptoren** den postsynaptischen Membran der Muskelfaser.

D Öffnung von Ionenkanälen ⇒ Einstrom von Na^{+}-Ionen und Ausstrom von wenigen K^{+}-Ionen ⇒ schwache Depolarisation der Membran = **postsynaptisches Potenzial (PSP)**.

E Ausbreitung des PSP über die Muskelfasermembran ⇒ Auslösung eines **Aktionspotenzials**.

F Spaltung des Transmitters durch Enzym **Acetylcholinesterase**.

G Aufnahme der Spaltstücke ins Endknöpfchen, Resynthese und Speicherung im synaptischen Bläschen.

16.2 Erregende und hemmende Synapsen zwischen Neuronen

Bei jedem Neuron befinden sich an den Dendriten und am Zellkörper zahlreiche Synapsen mit Endknöpfchen anderer Nervenzellen.
Synapse zwischen Nervenzellen = **zentrale/interneurale Synapse**.
Nach ihrer Wirkung werden zwei Typen unterschieden:

- **Erregende Synapsen:** Erzeugen **erregendes postsynaptisches Potenzial (EPSP)** in postsynaptischer Nervenzelle.
  Transmitter z. B.: Acetylcholin, Noradrenalin, Dopamin
- **Hemmende Synapsen:** Erzeugen **inhibitorisches postsynaptisches Potenzial (IPSP)** in postsynaptischer Nervenzelle.
  Transmitter z. B.: Gammaaminobuttersäure (GABA) → öffnet Cl^{-}-Ionenkanäle

Postsynaptische Potenziale breiten sich unter Abschwächung über die Zellkörpermembran bis zum Axonhügel aus und werden dort verrechnet → Bei ausreichender Stärke des resultierenden Potenzials ⇒ AP im Axon.

Zeitliche Summation

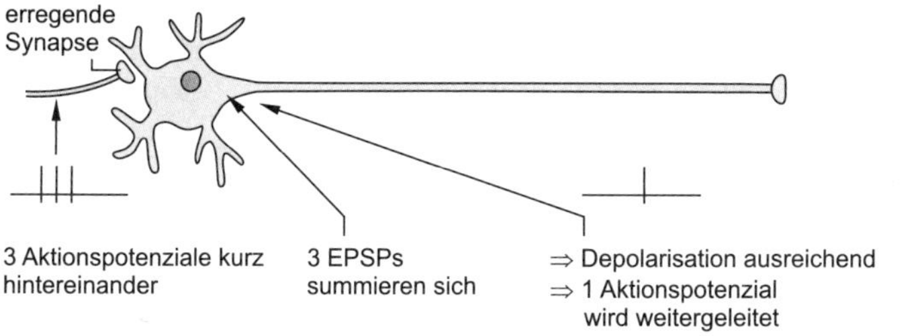

Räumliche Summation

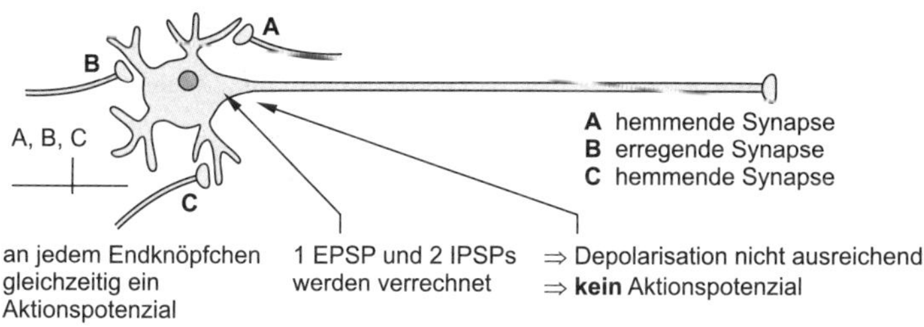

16.3 Wirkung von Giften und Drogen an Synapsen

Bezeichnung	Angriffspunkt in Synapse	Wirkung auf Nervensystem	Folgen für Körper
Curare	konkurriert mit Acetylcholin um die Bindung an den Rezeptoren ⇒ keine Öffnung von Ionenkanälen	Erregungsübertragung unterbleibt	Lähmungen der Skelettmuskulatur, Tod durch Atemlähmung
Botulinusgift (Botox)	blockiert die Transmitterfreisetzung aus den synaptischen Bläschen	Erregungsübertragung unterbleibt	Lähmungen der Muskulatur, Tod durch Atemlähmung

Alkylphosphate (Insektizide, Tabun, Sarin)	hemmen das Enzym Acetylcholinesterase ⇒ die Spaltung des Transmitters unterbleibt ⇒ die Ionenkanäle werden wiederholt geöffnet	Erregungsübertragung verstärkt (Dauerdepolarisation)	starke Verkrampfung der Muskulatur, Tod durch Atemlähmung
Nicotin (Tabak), Muscarin (Fliegenpilz)	wirken wie Acetylcholin, werden aber von der Acetylcholinesterase nicht abgebaut	Erregungsübertragung verstärkt	Magen-Darm-Krämpfe, Atemlähmung
Kokain	erhöht die Freisetzung des Transmitters Dopamin und hemmt den Rücktransport des Dopamins in die Endknöpfchen	Aktivierung des Belohnungssystems des Gehirns ⇒ verstärkt Wohlbefinden, beseitigt Ermüdung	bei längerem Gebrauch: Wahnvorstellungen, Depressionen, irreparable Zerstörung des Nervensystems
Opiate (Heroin, Morphin)	besetzen Rezeptoren für körpereigene Endorphine in Synapsen der schmerzleitenden Bahnen von Gehirn und Rückenmark (hemmende Synapsen)	Unterdrückung der Weiterleitung von Schmerzsignalen wird verstärkt ⇒ Euphorie	bei Dauergebrauch: Schädigung von Herz und inneren Organen infolge Dosissteigerung

Verhaltensbiologie

17 Genetisch bedingte Verhaltensweisen

Es wird zwischen **proximaten** („wie?") und **ultimaten** („wozu?") Verhaltensursachen unterschieden.

17.1 Unbedingte Reflexe

Reflex: Bei einem Reflex erfolgt auf einen einfachen auslösenden Reiz hin unter gleichen Bedingungen immer dieselbe Reaktion. Die Reaktion ist **schnell, unbewusst, unwillkürlich, jederzeit auslösbar und beliebig oft wiederholbar**. Reflexe sind oft **Schutzreaktionen**.

- Kniesehnenreflex → schützt vor dem Hinfallen beim Stolpern
- Lidschlussreflex → schützt das Auge vor sich nähernden Objekten
- Hustenreflex → befördert Fremdkörper aus den Atemwegen

Reflexbogen

Einem Reflex liegt eine einfache neuronale Verschaltung zugrunde → **Reflexbogen:**

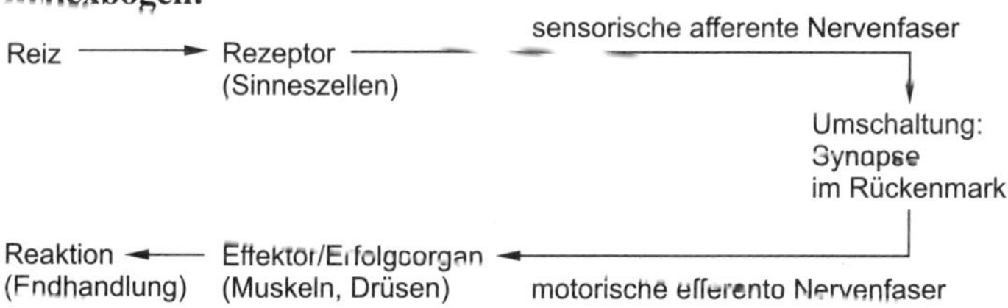

- **monosynaptischer Reflex:** Umschaltung afferente Bahn – efferente Bahn über eine einzige Synapse.
- **polysynaptischer Reflex:** Mindestens ein Interneuron im ZNS zwischen Afferenz und Efferenz.
- **Eigenreflex:** Rezeptor und Erfolgsorgan liegen im selben Organ.
- **Fremdreflex:** Rezeptor und Erfolgsorgan liegen in unterschiedlichen Organen; immer polysynaptisch.

17.2 Instinkthandlungen

Instinkthandlungen (Erbkoordinationen): Gleichförmig ablaufende Verhaltensweisen, die jedoch nur dann von einem **Reizmuster** ausgelöst werden können, wenn eine **Motivation** (Handlungsbereitschaft, innerer Antrieb, innere Bereitschaft) dafür vorliegt.

Phasen einer Instinkthandlung

Instinkthandlung setzt sich zusammen aus: **ungerichtetem Appetenzverhalten**, **gerichtetem Appetenzverhalten** (Taxis), **Endhandlung**.

Eine Ringelnatter durchstöbert bei der Nahrungssuche das Schilf an einem Teich nach Fröschen, ihrer bevorzugten Beute. Wird ein Frosch aufgeschreckt und flüchtet, bemerkt sie ihn und folgt ihm. Sobald der Frosch in ihrer Reichweite ist, wird er gepackt und verschlungen.

Analyse des Beutefangverhaltens:

Motivation	Hunger
Reizmuster	fliehender Frosch
ungerichtetes Appetenzverhalten	Durchstöbern des Schilfs
gerichtetes Appetenzverhalten	Bemerken des Froschs, Nachfolgen
Endhandlung	Packen, Verschlingen des Froschs

Reaktionsauslösende Reize und neurosensorischer Filter

Reizmuster oder Schlüsselreiz: Kombination von Reizen, die eine bestimmte Instinkthandlung auslösen kann.

Angeborener Auslösemechanismus (AAM): Neurosensorischer Filtermechanismus im Gehirn, der ein bestimmtes Reizmuster identifizieren kann und dann die dazugehörige Reaktion auslöst.

Schlüsselreize und angeborene Auslösemechanismen beim Menschen:

- **Kindchenschema:** Stellt sicher, dass ein Kind die für es lebensnotwendige Zuwendung erhält.
  Wesentliche Elemente des Schlüsselreizes:
  große Kulleraugen, Stupsnase, Pausbacken, hohe, gewölbte Stirn, großer Kopf, kurze rundliche Gliedmaßen.
- **Frau-Mann-Schema:** löst geschlechtsspezifische Verhaltensweisen aus.
  Wesentliche Elemente des Schlüsselreizes:
  Frau-Schema: Brüste, schmale Taille, breite Hüften, weiche Gesichtszüge.
  Mann-Schema: breite Schultern, schmale Hüften, muskulöser Körper, kantiges Gesicht.

Kindchenschema und **Frau-Mann-Schema** werden in übersteigerter Form in der **Werbung** eingesetzt, um unbewusst Assoziationen zum Produkt herzustellen und das Kaufverhalten positiv zu beeinflussen.

Attrappen: Mehr oder weniger genaue Nachbildungen der auslösenden Reizsituation, deren Einzelmerkmale variiert werden können, um das Reizmuster einer Instinkthandlung zu analysieren.

Der Angriff eines fortpflanzungsbereiten Rotkehlchen-Männchens auf einen Rivalen kann durch ein ausgestopftes Rotkehlchen-Männchen, aber auch durch ein rotes Federbüschel (Attrappe) ausgelöst werden.

Motivation (Handlungsbereitschaft)

Die Stärke der **Motivation** für eine bestimmte Instinkthandlung ist von vielen Faktoren abhängig.

Alter bzw. Reifezustand, tages- bzw. jahresperiodische Vorgänge („innere Uhr"), hormoneller Zustand, motivierende bzw. demotivierende Reize, vorausgegangenes Verhalten (ausgeführte Instinkthandlung senkt die Motivation).

Motivation ist nicht direkt messbar, aber aus beobachtetem Verhalten indirekt bestimmbar.

Prinzip der doppelten Quantifizierung

Die Intensität einer Instinkthandlung wird von zwei Größen bestimmt: Qualität/Quantität des Reizmusters und Stärke der Motivation → Großer Reiz und geringe Motivation haben dieselbe auslösende Wirkung wie geringer Reiz und große Motivation.

17.3 Experimentelle Hinweise auf erbbedingtes Verhalten

Tierbeobachtungen unter natürlichen Bedingungen

Hinweise auf angeborenes Verhalten:

- Verhalten wird schon kurz nach der Geburt gezeigt.

  Öffnen des Schnabels bei Vogeljungen, wenn sich Eltern nähern.

- Alle Individuen zeigen dasselbe Verhalten und Verhalten tritt immer in derselben starren Form auf.

  Stech- und Saugvorgang bei Stechmücken.

Isolationsversuche (Kaspar-Hauser-Experimente)

Versuchstiere werden unter spezifischem Erfahrungsentzug in veränderter Umwelt ohne Kontakt mit Artgenossen aufgezogen ⇒ Wenn eine Verhaltensweise trotz Erfahrungsentzug auftritt, ist dies ein Beweis dafür, dass das Verhalten angeboren sein muss.

Nestbau bei Ratten: Junge weibliche Ratten werden einzeln in Käfigen aufgezogen, die keine Gegenstände enthalten, die sich als Nistmaterial eignen. Wenn normal aufgezogene Rattenweibchen mit dem Nestbau beginnen, erhalten die isolierten Ratten Nistmaterial → Nestbau wie die normal aufgewachsenen Artgenossen ⇒ Nestbauverhalten ist angeboren.

Hinweise auf angeborenes Verhalten beim Menschen

- Beobachtungen an taubblind geborenen Kindern („Isolationsversuch“): zeigen z. B. die charakteristische menschliche Mimik.

- Beobachtungen an Säuglingen: zeigen z. B. Greifreflex, Saugreflex
- Familienanalysen und Zwillingsvergleiche
- Vergleich von Menschen aus verschiedenen Kulturen
- Vergleiche zwischen Mensch und Menschenaffen

18 Erweiterung einfacher Verhaltensweisen durch Lerneinflüsse

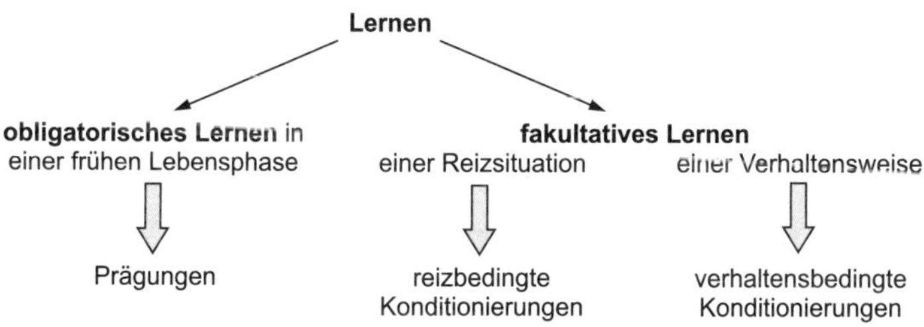

- **Obligatorische Lernvorgänge:** Notwendig für das Überleben eines Individuums.
- **Fakultative Lernvorgänge:** Nicht lebensnotwendig, aber vorteilhaft/nützlich.

18.1 Prägungen

Prägung: Obligatorischer Lernvorgang, bei dem dauerhaft die **Merkmale eines Objekts** gelernt werden, auf das ein bestimmtes angeborenes Verhalten gerichtet wird.
Der Lernvorgang ...

- erfolgt sehr **schnell**,
- findet nur in einer zeitlich eng begrenzten Phase, der **sensiblen Phase**, statt und
- ist **irreversibel**, d. h. nicht mehr rückgängig zu machen.

- **Nachfolgeprägung:** Bei Entenküken ⇒ Schutz und Betreuung durch die Mutter

In der Lernphase folgen die Küken zunächst jedem bewegten Objekt, das rhythmische Laute von sich gibt, dabei lernen sie die individuellen Merkmale der Mutter, durch die dann das Nachlaufen ausgelöst wird. Sensible Phase: 13.–16. Lebensstunde;
Prägung erlischt mit der Geschlechtsreife.

- **Sexuelle Prägung:** Bei männlichen Entenküken → Erkennen von Geschlechtspartnern.
  Gelernt werden geschlechtsspezifische, arttypische Merkmale einer weiblichen Ente am Beispiel der Mutter, bevor das Tier zu sexuellen Handlungen bereit ist. Sensible Phase: 2. bis 9. Lebenswoche; Prägung hält lebenslang.
- **Eltern-Kind-Bindung:** Prägungsähnliche Fixierung bei Menschen. Kinder entwickeln zu Erwachsenen, die sie regelmäßig und andauernd umsorgen, eine enge Beziehung. Diese Bindung vermittelt dem Kind Sicherheit und Geborgenheit („Urvertrauen“) und dient als Basis für die soziale Entwicklung. Kritische Phase: erste Lebensmonate bis Ende des zweiten Lebensjahrs.
  Hospitalismus: Verhaltensstörungen, die als Folge fehlender Eltern-Kind-Bindung auftreten.

18.2 Reizbedingte (klassische) Konditionierungen

Reizbedingte Konditionierung: Lernvorgang, bei dem ein **ursprünglich neutraler Reiz**, der kurz vor oder gleichzeitig mit dem **unbedingten Reiz** auftritt, zu einem **bedingten Reiz** wird, der die betreffende Reaktion ebenfalls auflöst. Zeitliche Nähe von unbedingtem und neutralem Reiz = **Kontiguität** → Voraussetzung für den Lernerfolg.

Bedingter Reflex

- **Lernphase:** Unmittelbar vor dem unbedingten Reiz (z. B. Luftzug), der eine bestimmte angeborene Reflexhandlung (z. B. Lidschluss) auslöst, wird ein neutraler Reiz (z. B. Pfiff) geboten.
- **Kannphase:** Nach mehrmaligem Wiederholen lässt sich die Reflexreaktion nun durch den ursprünglich neutralen, jetzt **bedingten Reiz** auslösen.

Bedingte Appetenz

- **Lernphase:** Kurz vor der Auslösung einer Instinkthandlung (z. B. Fressverhalten) wird dem Tier (hungrig ⇒ hohe Motivation) zusätzlich zum unbedingten Reiz (z. B. Futter) ein neutraler Reiz geboten.
- **Kannphase:** Der ursprünglich neutrale, jetzt bedingte Reiz löst ein bedingtes Appetenzverhalten (gerichtetes Suchen) aus, wenn darauf eine gute Erfahrung (z. B. Belohnung mit Futter) bzw. allgemein die Befriedigung einer Motivation erfolgt.

Bedingte Aversion

- **Lernphase:** In einer neutralen Reizsituation (z. B. Ausritt) wird das Tier (z. B. Pferd) erschreckt oder erhält einen Schmerzreiz (z. B. von Hund angegriffen).
- **Kannphase:** Der ursprünglich neutrale, jetzt bedingte Reiz löst ein Abwehrverhalten oder eine Fluchtreaktion aus, um eine schlechte Erfahrung oder Bestrafung zu vermeiden (z. B. das Pferd scheut an der Stelle, an der der Angriff stattgefunden hat).

18.3 Verhaltensbedingte (operante oder instrumentelle) Konditionierungen

Verhaltensbedingte Konditionierung: Lernvorgang wird durch spontane Verhaltensweise des Tiers ausgelöst. Erfährt das Tier dabei eine Belohnung oder Bestrafung, können neue Verhaltensweisen erlernt oder alte abgebaut werden.

Bedingte Aktion

- **Lernphase:** Folgt auf ein spontanes oder experimentell ausgelöstes Verhalten einmal oder mehrmals eine Belohnung, so verknüpft sich die durch die Belohnung befriedigte Motivation mit der betreffenden Aktion.
- **Kannphase:** Die jetzt **bedingte Aktion** wird durch die vorhandene Motivation ausgelöst und muss belohnt werden.

- Eichhörnchen entwickeln individuelle Techniken zum Öffnen von Nüssen → Nüsse greifen und benagen ist angeboren, eine rationelle Technik zum Öffnen wird erlernt = Instinkt-Dressur-Verschränkung.
- Erlernen von Dressuren bei Zirkustieren
- Erwerben von Bettelgesten bei Zootieren

Bedingte Hemmung

- **Lernphase:** Auf ein ausgeführtes Verhalten folgt unmittelbar eine schlechte Erfahrung, z. B. ein Schmerzreiz.
- **Kannphase:** Das Verhalten wird aufgrund negativer Erfahrung unterlassen **(bedingte Hemmung)**, da es durch die Motivation zur Schmerzvermeidung unterdrückt wird.

Hunden wurde das Zerren an der Leine früher oft mithilfe eines Stachelhalsbands abgewöhnt.

19 Individuum und soziale Gruppe

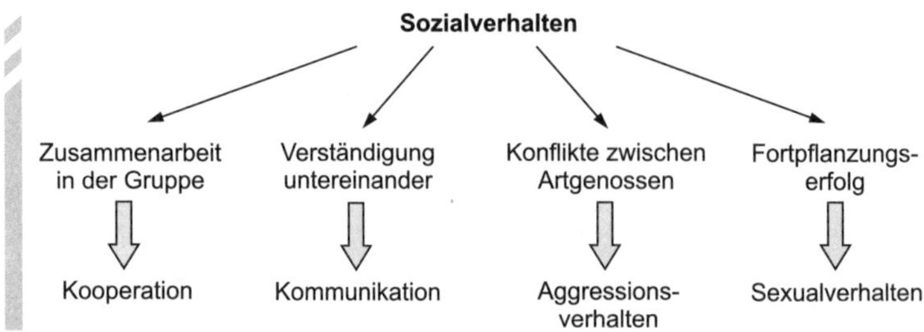

19.1 Kooperation

- **Vorteile** des Zusammenlebens:
  - Nahrungserwerb: erfolgreichere gemeinsame Jagd.

    Löwen
  - Schutz und Verteidigung: Wächtertiere warnen die Artgenossen.

    Murmeltiere

– Fortpflanzung: Brüten und Aufzucht der Jungen in Kolonien schützt vor Nesträubern.

Möwen

- **Nachteile** des Zusammenlebens:
  - innerartliche Konkurrenz um Nahrung und Wohnraum
  - innerartliche Aggressionen
  - erhöhtes Infektionsrisiko

⇒ **Kosten-Nutzen-Analyse:** Was die Überlebens- und die Fortpflanzungschancen eines Lebewesens erhöht, wird als Nutzen des Verhaltens zusammengefasst. Kosten, die sich aus den Nachteilen des Verhaltens ergeben, werden dem gegenübergestellt → Vergleich und Auswertung.

Optimalitätsmodelle dienen zur Ermittlung der größtmöglichen Differenz zwischen Kosten und Nutzen.

Altruismus

- **Altruistisches Verhalten:** Gemeinnütziges, selbstloses Verhalten. Individuum verzichtet zugunsten der Gruppe auf eigene Vorteile.
- **Fitness:** Fähigkeit eines Individuums, zu überleben und seine Gene an die nächste Generation weiterzugeben. Je größer der genetische Beitrag eines Individuums zur nächsten Generation, desto größer seine Fitness (Lebenszeit-Fortpflanzungserfolg).
  - **Direkte Fitness:** Durch eigene Fortpflanzung.
  - **Indirekte Fitness:** Durch Fortpflanzung von Verwandten.

Erklärung altruistischen Verhaltens unter Voraussetzung von **Individualselektion:**

Jedes Individuum versucht durch sein Verhalten, seine Fitness zu steigern ⇒ Altruistisches Verhalten muss im Zusammenhang mit Verwandtschaftsverhältnissen innerhalb einer Gruppe betrachtet werden: Unterstützung von Verwandten bei der Aufzucht von Nachkommen führt indirekt zur Steigerung der Fitness ⇒ Altruistisches Verhalten umso wahrscheinlicher, je enger Verwandtschaft.

Hamilton-Formel: $K < r \cdot N$

K = Kosten: Fitnessverlust, N = Nutzen: Fitnessgewinn, r = Verwandtschaftsgrad

- **Helfergesellschaften:**
  Bei manchen Vogelarten helfen erwachsene Junge aus vorhergehender Brut ihren Eltern bei der Aufzucht der nächsten Brut, wenn keine Geschlechtspartner bzw. Reviere für eigene Fortpflanzung zur Verfügung stehen ⇒ Bruthelfer erhöhen Fitnessgewinn indirekt durch die Aufzucht ihrer Geschwister.
- **Eusozialität:**
  Zusammenleben in Tierstaaten (u. a. Honigbienen, Ameisen, Nacktmulle) ist gekennzeichnet durch …
  – Kooperation bei Brutpflege und Nahrungsversorgung.
  – Zusammenleben mehrerer Generationen.
  – Vorkommen von fruchtbaren und unfruchtbaren Tieren.

  Bei **Honigbienen** → Verwandtschaftsgrad der Arbeiterinnen untereinander im Durchschnitt $r = 0{,}75$ (bedingt durch besondere Geschlechtsfestlegung) ⇒ Aufzucht genetisch sehr ähnlicher Schwestern führt zu größerem Fitnessgewinn als Produktion eigener Nachkommen ($r = 0{,}5$).

19.2 Kommunikation

Sender-Empfänger-Modell

Sender: erzeugt Signale (Codierung) → **Sinneskanal:** überträgt die Signale → **Empfänger:** entschlüsselt die Signale

Voraussetzungen: gleicher Signalcode, eindeutige Signale, keine Störung durch Umwelteinflüsse.

Art des Signals	Beispiele	situations-/biotopabhängige Nutzung	Kosten-Nutzen-Analyse
akustisch	• Balzgesänge • Warnrufe • Stimmfühlungslaute	große Reichweite, durchdringt Hindernisse, hohe Variabilität	hoher Energieaufwand, Risiko des Entdecktwerdens – hoch spezifische Wirkung

optisch	• Sexualtracht • Warn- und Schreckfärbung • Körpersprache	für Nahbereich, leicht lokalisierbar	Kosten für Produktion und Erhaltung mittel bis hoch, Risiko der leichteren Auffindbarkeit
taktil	• Hautkontakt Jungtier – Mutter • gegenseitige Körperpflege • Tragstarre bei Raubtierjungen	für Nahbereich, leicht lokalisierbar	sehr geringe Kosten
chemisch	• Sexualpheromone • Duftmarken (Revierabgrenzung) • Alarmpheromone	große Reichweite, durchdringt Hindernisse, lang wirkend	geringe Produktionskosten
ritualisiertes Verhalten	• Balzlocken des Pfaus (aus Futterlocken entstanden) • Drohgähnen (Paviane) • Kuss (aus Mund-zu-Mund-Fütterung entstanden)	für Nahbereich, leicht lokalisierbar, unverwechselbar und einprägsam	höhere Kosten, da mehrere Signalarten – Optimierung des Nutzens, da mehrere Signalkanäle

Signalfälschung

- Sender täuscht Empfänger hinsichtlich seiner Identität.

  Mimikry oder **Scheinwarntracht:** Nachahmung wehrhafter oder giftiger Tiere durch harmlose Tiere. Voraussetzung für Wirkung: geringe Anzahl von Nachahmern im Verhältnis zu „Originalen" ⇒ Fressfeinde können Zusammenhang Warntracht – Gefährlichkeit lernen.

  Schwebfliegen ahmen Wespen in Färbung und Musterung nach.

- Sender täuscht Empfänger hinsichtlich seiner Absichten.

  Weibchen bestimmter Leuchtkäferarten ahmen Leuchtsignale anderer Art nach ⇒ angelockte artfremde Männchen werden gefressen.

19.3 Aggressionsverhalten

Intensitätsstufen der Aggression

- **Imponier- und Drohverhalten:** unvollständige Andeutungen eines Kampfes.
  - Vergrößern des Körperumrisses durch Sträuben des Fells.
  - Zeigen der Waffen (Gebiss, Geweih).
  - Laute und Farbsignale als Warnung.
- **Komment-** oder **Turnierkampf:** ritualisierter Kampf → Kräftemessen nach festen Regeln ohne Verletzungs- oder Tötungsabsicht.
  - Wölfe beißen sich ins Nackenfell (nicht in die Kehle).
  - Hirsche stemmen sich mit Geweih gegeneinander.
- **Beschädigungskampf:** Ernstkämpfe → ohne feste Regeln, mit Waffen, die Gegner ernsthaft verletzen oder töten können.

  Bei Eindringen eines fremden Löwen in Revier eines Löwenrudels.

Formen der Aggressionskontrolle

- **Beschwichtigungs-** und **Unterwerfungsgebärden** (Demutsverhalten): Gebärden, um die Reize für den Kampf zu entfernen und beim Überlegenen Tötungshemmung auszulösen.

  Verkleinern des Körperumrisses, Ducken, auf den Rücken legen, Abwenden der Waffen, ritualisierte Verhaltensweisen (Futterbetteln, Paarungsbereitschaft zeigen).
- **Rangordnung:** Rangordnungskämpfe → jedes Gruppenmitglied lernt Über- oder Unterlegenheit des jeweiligen Gegners kennen ⇒ Steht Rangordnung fest, werden kräftezehrende Kämpfe um Nahrung und Geschlechtspartner vermieden.
  Ranghohe Tiere: Zeichnen sich durch Kraft und Kampfbereitschaft, Erfahrung und soziale Fähigkeiten aus. Sie genießen Privilegien (Nahrung, Schlafplatz) und haben bessere Fortpflanzungschancen ⇒ Vorteile überwiegen Kosten für den Erhalt der Rangposition.

  Hackordnung Hühner: lineare Rangordnung
  α-Huhn → β-Huhn → … → ω-Huhn

Rangordnung Wölfe: getrennte Rangordnung für Männchen und Weibchen; α-Rüde und α-Weibchen pflanzen sich fort.

- **Territorialverhalten:**
  Revier/Territorium: Gebiet, das von einem Individuum oder einer sozialen Gruppe besetzt und gegen eindringende Artgenossen verteidigt wird.
  - **Nachteile/Kosten:**
    Markierung der Reviergrenzen, Revierverteidigung
  - **Vorteile/Nutzen:**
    Sicherung der Nahrungsversorgung, Schutz für Weibchen und Nachkommen, exklusive Nutzung von Schlaf-, Balz-, Brutplätzen
    ⇒ **Vorteile überwiegen meist**.

Ursachen aggressiver Verhaltensweisen

- **Proximate Ursachen:** Durch welche unmittelbaren, konkreten Ursachen wird Aggressionsbereitschaft gesteigert?
  - hormonelle Veränderungen (z. B. Einfluss von Testosteron)
  - schlechter Versorgungszustand, Nahrungsknappheit
  - hohe Populationsdichte
- **Ultimate Ursachen:** Welche Auswirkungen hat das aggressive Verhalten auf die Gesamtfitness eines Tieres? Unter welchen Bedingungen entstehen evolutionsstabile Strategien?
  ⇒ Kosten-Nutzen-Analysen (z. B. Spieltheorie)

19.4 Sexualverhalten

Partnerfindung

Zusammenfinden der Geschlechter wird ermöglicht durch:

- Steuerung der Fortpflanzungsbereitschaft durch Hormone, deren Ausschüttung von Umweltreizen in Gang gesetzt wird.
- Wanderungen zu Laich- oder Brutplätzen.
- Ornamente der Geschlechtspartner (Balzgesänge, Sexualpheromone, Sexualtracht).

Partnerbindung

Durch **Balzverhalten** wird …
- der artgemäße Partner identifiziert.
- die innerartliche Aggression bei Unterschreiten der Individualdistanz überwunden.
- eine Feinsynchronisation der Partner möglich, um die Paarung zu vollziehen.

⇒ soziale Bindung wird ermöglicht.

Paarungssysteme

Paarungssystem		Kosten-Nutzen-Analyse
Monogamie 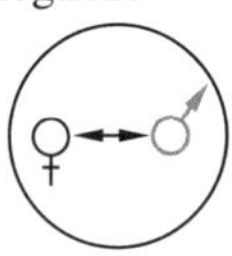		ultimate Ursache: Notwendigkeit der gemeinsamen Brutpflege; nur eine Balz und Brutpflege; guter Fortpflanzungserfolg auf beide Eltern „aufgeteilt“
Polygamie	Polygynie 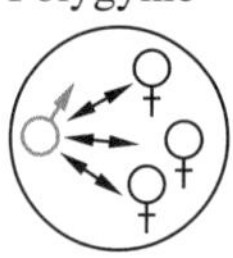	• **Männchen:** großer Fortpflanzungserfolg (ohne Brutpflegebeteiligung); hohe Kosten durch mehrfache Balz und Revierverteidigung • **Weibchen:** kein Beitrag des Männchens zur Brutpflege; geringer Fortpflanzungserfolg pro Weibchen, abhängig von der Qualität des Männchens und des Reviers
	Polyandrie 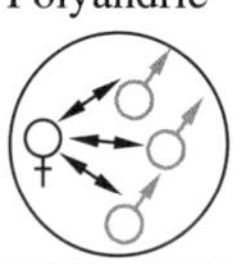	• **Männchen:** Übernahme der Brutpflege; geringer Fortpflanzungserfolg pro Männchen • **Weibchen:** häufigere Partnersuche; hoher Fortpflanzungserfolg
	Polygynandrie 	• **Männchen:** häufige Balz; Produktion großer Spermienmengen wegen Spermienkonkurrenz • **Weibchen:** Befruchtung sehr wahrscheinlich; Männchen beteiligen sich an Brutpflege; hohe genetische Variabilität der Nachkommen

Infantizid

Wird ein Rudel (z. B. Löwen) von einem neuen Anführer übernommen, kann es zur Tötung von vorhandenen Neugeborenen und kleinen Jungtieren durch dieses Männchen kommen.
Erklärung des Verhaltens: Strategie, schnell zu eigenem Fortpflanzungserfolg zu kommen:

- Tod der Jungen ⇒ Weibchen werden wieder empfängnisbereit und können begattet werden.
- keine Konkurrenz für eigene Nachkommen durch ältere Geschwister.
- Nachkommen mit eigenen Genen ersetzen die Nachkommen des Vorgängers.

Fortpflanzungserfolg der Weibchen durch Infantizid erheblich verringert ⇒ Gegenstrategien wie z. B. gemeinsame Verteidigung der Jungen durch die Weibchen.

Stichwortverzeichnis

BERNARD GALLIOT

DICTIONNAIRE DU **RESTAURATEUR**

3 400 ARTICLES POUR ENTRER DANS LE MONDE DE LA GASTRONOMIE

Toutes les entrées du dictionnaire sont traduites en anglais.

Best in the World
GOURMAND
World Cookbook Awards

-1477

Le plaisir de la table est de tous les âges,
de toutes les conditions, de tous les pays et de tous les jours ;
il peut s'associer à tous les autres plaisirs,
et reste le dernier pour nous consoler de leur perte.

J.A. Brillat-Savarin
Physiologie du goût

Site Internet : www.editions-bpi.fr Email : bpi@editions-bpi.fr

BEST PRACTICE INSIDE

© Editions BPI 2020 - ISBN : 9-782-8570-8856-1

PRÉFACE

L'art de la table regroupe des champs de compétences si divers qu'il serait vain de vouloir tous les englober dans le détail. Pas de panique ! Désormais « Le Petit Galliot » est là pour pallier nos moindres lacunes : déterminer la différence entre le Bleu de Gex et le Bleu de Germignon, connaître la composition du Gin Fizz ou de tout autre cocktail, la différence entre la salade Manon et la salade Lorette, se remémorer les Grands Crus bordelais inscrits au classement de 1855, la date de naissance d'Alain Ducasse ou nous rappeler qu'un nabuchodonosor équivaut à 20 bouteilles, c'est-à-dire à 15 litres...
Outre ces données qui éclaireront le novice comme l'amateur de cuisine, ce dictionnaire de la restauration, écrit avec passion par Bernard Galliot, comporte également des informations techniques précieuses comme la composition physico-chimique des eaux minérales, la coupe géologique de différents terroirs, la description de la cryoextraction sélective voire même des informations légales sur la législation actuelle du tabac ou la définition de nébuleux acronymes utilisés dans le secteur alimentaire.
Mais l'amoureuse des mots que je suis a également déniché dans ces pages quelques perles rares. Il faut picorer avec gourmandise ce dictionnaire professionnel pour découvrir, comme au début du 19ème siècle dans la bibliothèque du gourmet Grimod de la Reynière, quelques spécialités dont le nom préfigure déjà le goût comme ce chocart, gâteau feuilleté d'Yffiniac à base de marmelade de pommes, la caramote, variété de crevette rose pêchée en méditerranée ou le birlou, spiritueux fabriqué à Veinazès dans le Cantal ou apprendre avec délectation que le vitophile est un collectionneur de bagues de cigares... Le mot juste, désuet ou anecdotique, est toujours l'appropriation mentale d'une pratique ; sa nomination, déjà un plaisir de bouche.
Un index thématique vient à propos compléter cette nouvelle édition afin de pouvoir identifier les différentes catégories abordées (boissons, produits agro-alimentaires, préparations et termes culinaires, gastronomie et art de la table, termes spécifiques à la restauration et à l'alimentation) et, par exemple, déterminer avec certitude que l'airén, le calitor et le camaralet sont bien des cépages, respectivement, de la Mancha, des côtes de Provence et du Béarn.
Vous l'aurez compris, « Le Petit Galliot » est un guide précieux pour tout amateur de bonne chère. Il est l'indispensable mémento de tout professionnel des métiers de la restauration, du néophyte comme du professionnel, mais il saura également devenir le compagnon de tous les amoureux de la cuisine qui aiment ces termes imagés fleurant bon le terroir, curieux des moindres subtilités techniques et légales de cette pratique culturelle dont les vertus sont désormais unanimement - et à juste titre ! - reconnues comme faisant partie du patrimoine immatériel de l'humanité. Feuilletez les pages de ce livre et vous en comprendrez la raison.

Marie-Christine CLEMENT
Écrivain du goût

J'UTILISE LES RENVOIS...

Tous les astérisques* rencontrés dans chaque définition renvoient à d'autres mots du dictionnaire que l'on trouve à leur place alphabétique.

Les définitions de ces nouveaux termes sont, à leur tour, ponctuées d'astérisques qui ouvrent sur d'autres termes, ce qui permet une information d'une richesse quasiment infinie...

PASTEUR VINIFICATION
OENOLOGIE
FERMENTATION ALCOOLIQUE
PHYLLOXERA
VINS DE PAILLE A.O.C. I.G.P. V.S.I.G.
TECHNIQUES DE VINIFICATION
CÉPAGE ÉLEVAGE FOULAGE
CUVAGE PIGEAGE SULFITAGE
DÉBOURBAGE CHAPTALISATION
LEVURAGE TANISAGE
PRESSURAGE MUTAGE
COLLAGE SOUTIRAGE
OUILLAGE V.D.N. V.D.L.
VINS EFFERVESCENTS
VINS JAUNES VINS DE PAILLE

Entrée par CHINON

■ **VIN**

WINE | Breuvage quotidien pour certains, boisson festive pour d'autres, le vin garde une place particulière dans notre civilisation. Louis Pasteur* disait: "Il y a plus de philosophie dans une bouteille de vin que dans tous les livres du monde". Depuis quelques...

[...]

... âge, les religieux firent progresser les techniques de culture et de vinification*, les ordres religieux furent présents sur les grands terroirs du pays, notamment en Bourgogne. Au fil du temps, la production viticole n'a cessé de s'améliorer. Louis Pasteur, père de l'œnologie* moderne, fit des découvertes déterminantes dans plusieurs domaines et plus spécialement dans le processus de la fermentation alcoolique*. Les travaux de ce grand savant permirent de mieux maîtriser la fabrication, le traitement et la conservation des vins. En 1864, l'invasion du phylloxera* détruisit presque totalement les vignobles français qui s'élevaient alors à 2 500 000 hectares, soit plus de la moitié de la...

[...]

... La nouvelle réglementation distingue désormais les vins avec indication géographique (les vins à A.O.C.* et Vins I.G.P.*) des vins sans indication géographique (V.S.I.G.*).
Les techniques de vinification* varient en fonction du cépage* récolté, de la date des vendanges, des conditions environnementales, des traditions vitivinicoles locales, du type de vin souhaité, des impératifs réglementaires propres à chaque appellation. De nombreuses opérations ont lieu pendant la phase de vinification proprement dite ou lors de la période d'élevage*, période plus ou moins longue qui conduit jusqu'à la mise en bouteilles. On retrouvera dans l'ouvrage les définitions d'opérations telles que foulage*, cuvage*, pigeage*, sulfitage*, débourbage*, chaptalisation*, levurage*, tanisage*, pressurage*, mutage*, collage*, soutirage*, ouillage*, etc.
Des vinifications spéciales, issues de traditions et de savoir-faire ancestraux, nous offrent V.D.N.*, V.D.L.*, vins effervescents*, vins jaunes*, vins de paille*, etc.

Traduction : chaque entrée du dictionnaire a été traduite. Pour les noms communs, il s'agit de la traduction littérale de l'entrée ex :
VIN → WINE
Pour les noms propres il n'est pas possible de les traduire il est alors indiqué une description ex :
CHENIN BLANC → Grape variety

■ **CHINON**

French wine | Vins* rouges, rosés et blancs produits dans la Vallée de la Loire, A.O.C.* depuis 1937 et reconnus A.O.P.* dans le cadre de l'U.E. La mention "Val de Loire" peut être éventuellement adjointe à l'appellation.
Aire de production : 26 communes d'Indre-et-Loire, dont Chinon, situées à l'ouest de Tours.
Superficie du vignoble : 2 400 ha.
Encépagement autorisé* pour l'appellation : Cabernet franc*, Cabernet-Sauvignon* et Chenin blanc*.
Rendement à l'hectare* : 55 hl.

■ **CABERNET(S)**

Grape varieties | Cépages* noirs d'origine bordelaise. On distingue 2 variétés de Cabernet :
Le Cabernet-Sauvignon : un des grands cépages classiques en France et dans le monde. Il est bien évidemment implanté dans le Bordelais (Médoc*, Graves*, Saint-Emilion*...) mais aussi dans d'autres vignobles du Sud-Ouest (Bergerac*, Béarn*, Buzet*...) ainsi que dans la Vallée de la Loire (Touraine*, Chinon*, Bourgueil*, Anjou*...), la Provence (Coteaux d'Aix-en-Provence*, Coteaux Varois*...), le Languedoc-Roussillon (Malepère*, Cabardès*...), les Charentes (Pineau des Charentes*), la Gascogne (Floc de Gascogne*) etc. Ce cépage est également...

■ **CHENIN BLANC**

Grape variety | Cépage* blanc originaire de la Vallée de la Loire et très cultivé dans cette région sur environ 10 000 ha *(1)*. Il est à l'origine des A.O.C.* Coteaux du Layon*, Quarts de Chaume*, Bonnezeaux*, Coteaux de l'Aubance*, Savennières*, Vouvray*, Montlouis-sur-Loire*, etc. On le trouve également en Afrique du Sud, au Chili, en Argentine, en Californie, en Australie, etc.
Vins* produits : blancs secs, demi-secs, moelleux ou effervescents selon les terroirs, les conditions de culture et les méthodes de vinification*. Les vins tranquilles possèdent généralement une structure...

■ **A.O.C.**
(Appellation d'Origine Contrôlée)

Controlled Designation of Origin | *"Constitue une appellation d'origine la dénomination géographique d'un pays, d'une région ou d'une localité servant à désigner un produit qui en est originaire et dont la qualité ou les caractères sont dûs au milieu géographique, comprenant des facteurs naturels et des facteurs humains".* (Définition officielle de l'appellation d'origine par la loi du 6 juillet 1966.)
L'Appellation d'Origine Contrôlée est placée sous le contrôle de l'État par l'intermédiaire de l'I.N.A.O.*.
Les produits bénéficiant d'une A.O.C. ne...

I.N.A.O

■ **CÉPAGE**

GRAPE VARIETY | Plant ou variété de vigne. Il existerait entre 10 000 et 20 000 cépages dans le monde. Le meme cepage peut être connu sous des noms différents selon les régions ou les pays. En 1874, la Commission Ampélographique Internationale recensa 288 cépages considérés comme les plus importants, identifiés sous 1500 synonymes. En 1910, P. Viala et V. Vermorel, ampélographes* dont les travaux font autorité, citent 24 000 noms ou synonymes pour 5 200 cépages. Un domaine complexe... qui est assurément une affaire de spécialistes.
Les cépages cités dans l'ouvrage sont essentiellement des variétés implantées dans les vignobles français et plus spécialement dans ceux qui bénéficient d'une Appellation...

AMPÉLOGRAPHES

À Perrine et Baptiste

AVANT-PROPOS

S'il existe de nombreux ouvrages sur les vins, les spiritueux, les cocktails, les eaux minérales et autres boissons, les fromages, les produits agroalimentaires de base, les préparations culinaires, l'art de la table et du service… et bien d'autres domaines relatifs à la restauration, aucun ne traite ces sujets d'une manière globale, sous forme de définitions simples, claires et concises.
Avec plus de 3 400 entrées (1) classées alphabétiquement et une multitude de renvois internes, le DICTIONNAIRE DU RESTAURATEUR propose une définition pour chaque article avec la possibilité d'approfondir la recherche en se reportant à d'autres termes (2). Ce livre, véritable outil de référence, est spécialement destiné à celles et ceux qui travaillent en restauration, qu'ils soient professionnels, élèves ou enseignants, mais aussi aux nombreux épicuriens pour qui l'art culinaire est un élément important de notre culture. Après les premières publications en 2001, 2004 et 2011, cette nouvelle édition, actualisée et enrichie, conserve le concept de l'ouvrage originel qui offre une vision assez large de l'univers gastronomique.
Ce dictionnaire se veut aussi un hommage aux agriculteurs, pêcheurs et aquaculteurs sans qui nos assiettes et nos verres resteraient désespérément vides… Nous les oublions peut-être trop souvent. Dans des conditions parfois difficiles, ils assurent chaque jour la plus noble des missions, celle de produire pour nourrir les hommes. Quand les grands Chefs valorisent avec talents les produits de la terre, de la mer et autres milieux aquatiques, quand nous apprécions avec bonheur le service des mets et des vins autour d'une belle table, souvenons-nous que tout ceci n'est que l'aboutissement d'une oeuvre collective qui à pour origine les richesses alimentaires de notre planète.

L'auteur

(1) C'est quelque 740 produits agroalimentaires, 710 préparations culinaires, 295 fromages et produits laitiers, 680 vins, 305 termes relatifs au vin, 210 alcools et spiritueux, 125 cocktails, 150 eaux minérales et autres boissons, 210 termes relatifs à la gastronomie et à la restauration (voir "Les termes par thèmes").

(2) Voir "J'utilise les renvois".

A

■ A.B.A.

ABA | Sigle constituant l'abréviation d'Apéritif à Base d'Alcool. Les Anisés*, les Gentianes* et les Bitters* sont des A.B.A.

■ ABAISSE

ROLLED PASTRY | Morceau de pâte *(1)* étendu à l'épaisseur et à la forme désirée avec un rouleau à pâtisserie ou un laminoir.

(1) Pâte feuilletée, pâte brisée*, pâte sablée*, pâte d'amande*, etc.*

■ ABATILLES

French mineral water | Eau minérale naturelle* plate captée en Gironde à Arcachon. C'est en 1923, en r éalisant un forage de prospection pour trouver du pétrole, que fut découverte la source à 472 mètres de profondeur. L'Académie de médecine accorda l'autorisation d'exploitation dès 1925.

Catégorie : faiblement minéralisée.

Composition physico-chimique (en mg/l)	
Cations	Anions
Sodium : 97 Calcium : 20 Magnésium : 10 Potassium : 4	Bicarbonates : 130 Chlorures : 137 Sulfates : 9 Nitrates : 0
Fluor : 0,27	
pH à 20°C : 8,2 Minéralisation totale : 350 mg/l	

■ ABATS

Abats de porc

ORGAN MEAT (Offal) | Parties comestibles d'un animal de boucherie ou de charcuterie qui ne sont pas constituées de chair musculaire au sens traditionnel du terme *(1)*. Il s'agit essentiellement d'organes (cœur*, foie*, rognons*, ris*, cervelle*, amourette*, tripes*...) ou d'extrémités (oreilles, tête*, pieds, queue*...). Les abats, appelés également "cinquième morceau" ou "cinquième quartier", sont classés en 2 catégories : *les abats blancs* et *les abats rouges.*

(1) Le cœur, incontestablement masse musculaire creuse, n'est pas une viande mais un abat.

■ ABATTIS

GIBLETS | Dénomination culinaire des abats* ou extrémités de volaille ou de gibiers à plumes. Sont considérés comme abattis : les ailerons, le cou, les pattes, le gésier*, le cœur* et le foie*. Pour le coq*, il faut ajouter les rognons* et la crête*.

■ ABBAYE DE CÎTEAUX

French cheese | *Voir* Cîteaux*.

■ ABBAYE D'ÉCHOURGNAC

French cheese | *Voir* Échourgnac*.

■ ABBAYE DE LA MEILLERAYE-DE-BRETAGNE

French cheese | Fromage* de lait* de vache fabriqué en Bretagne. Il doit son nom à une localité de Loire-Atlantique où est installée l'abbaye qui le produit.

Type : pâte pressée non cuite, croûte lavée.
Forme : pavé épais.
Taille : 24 cm de côté, 4 à 5 cm d'épaisseur.
Poids : 2 kg environ.
Teneur en M.G. : 40 à 45 %.
Meilleures saisons : printemps, été, automne.

■ ABBAYE DE LA PIERRE-QUI-VIRE

French cheese | *Voir* La Pierre-qui-Vire*.

■ ABBAYE DE MAREDSOUS

French cheese | *Voir* Maredsous*.

■ ABBAYE DE TAMIÉ

French cheese | *Voir* Tamié*.

■ ABBAYE DU MONT-DES-CATS

French cheese | *Voir* Mont-des-Cats*.

■ ABIGNADE

Regional stew | Spécialité culinaire landaise qui se présente sous forme d'un ragoût* de tripes d'oie* ou de canard* préparé avec du vin* rouge et du sang.

■ ABLETTE

MINNOW | Petit poisson d'eau douce de la famille des cyprinidés. Sa taille (10 à 15 cm) en fait un poisson tout naturellement consommé en friture.

■ ABONDANCE

French cheese | Fromage* de lait* de vache fabriqué en Haute-Savoie, A.O.C.* depuis 1990 et reconnu A.O.P.* dans le cadre de l'U.E. Il tire son nom du Val d'Abondance, sa région d'origine.

Une plaque de caséine de couleur bleue (ovale ou carrée) apparaît sur le talon de ce fromage.

Type: pâte pressée demi-cuite à croûte morgée *(1)*.
Forme: meule plate à talon concave.
Taille: 40 cm de diamètre, 7 à 8 cm d'épaisseur.
Poids: 7 à 12 kg.
Teneur en M.G.: 48%.
Meilleure saison: se déguste toute l'année, mais les fromages fabriqués l'été sont les meilleurs.

(1) La morge est une pellicule visqueuse obtenue en frottant la croûte avec du sel humide.*

Source : d'après documentation I.N.A.O.*

Aire géographique de l'A.O.C. Abondance

■ ABOURIOU

Grape variety | Cépage* noir originaire du Sud-Ouest, probablement des environs de Villeréal dans le Lot-et-Garonne. Il tire son nom d'un terme dialectal local exprimant la précocité.

Aires de culture: environ 470 ha, essentiellement dans le Marmandais. On trouve également quelques dizaines d'hectares d'Abouriou en Californie.

Vins* produits: rouges colorés, relativement tanniques, charpentés, avec un potentiel aromatique réduit.

■ ABRICOT

APRICOT | Fruit à noyau originaire de Chine. Il se caractérise par une chair jaune, assez ferme, et une peau satinée. Les abricots consommés en France proviennent du sud du pays, d'Espagne, d'Italie, de Grèce, de Turquie, de Tunisie...

Principales variétés: *Early Blush, Rouge du Roussillon, Orangé de Provence, Boulbon, Bergeron, Luizet, Colombier, Polonais, Bulida, Stark Early, Canino, Hatif de Colomer, Jumbocot, Rouget de Sernhac...*

Les Abricots rouges du Roussillon, A.O.C.* depuis 2015 et reconnus A.O.P.* dans le cadre de l'U.E, sont produits et conditionnés dans une aire géographique qui s'étend sur une centaine de communes des Pyrénées-Orientales.

■ ABSINTHE

ABSINTHE | Boisson spiritueuse anisée élaborée à partir d'extraits de feuilles d'absinthe *(1)*.

Au début du 19ème siècle, Henri-Louis Pernod s'installa à Pontarlier (Doubs) pour lancer la fabrication d'un des premiers spiritueux* à base d'extraits d'absinthe. "Certains" artistes et intellectuels *(2)* magnifient la "Muse verte" ou "Fée verte", ce qui en fera une boisson très à la mode de l'époque. Elle était dégustée selon une tradition qui consistait à l'allonger d'une eau fraîche versée sur un morceau de sucre placé dans une cuillère perforée.

Considérée comme dangereuse pour la santé *(3)* l'absinthe est interdite en France en 1915. Un décret de novembre 1988 modifie celui de 1915 en autorisant de nouveau la fabrication d'un spiritueux aux extraits d'absinthe, mais sous réserve de respecter les limites de certains composants contenus dans la boisson (thuyone, fenchone et pino-camphone).

L'Absinthe de Pontarlier est une I.G.P.* accordée en 2019 à un spiritueux provenant de grande absinthe dont la culture, la macération et la distillation sont réalisées sur 20 communes du Doubs, dont Pontarlier.

(1) Plante aromatique amère de la variété des armoises qui pousse sur des terres incultes.

(2) Van Gogh, Toulouse-Lautrec, Manet, Rimbaud, Verlaine et bien d'autres furent de fervents consommateurs d'absinthe. Ils prétendaient en effet y trouver leur inspiration...

(3) Le spiritueux provoque de graves troubles du système nerveux dus à la présence importante de certaines substances, notamment la thuyone réputée épileptisante.

■ A.B.V.

ABV | Sigle constituant l'abréviation d'Apéritif à Base de Vin. Les Vermouths* et les Quinquinas* sont des A.B.V.

■ ACCORDS ŒNOCULINAIRES ou ACCORDS METS ET VINS

OENOCULINAR AGREEMENTS OR WINE AND FOOD AGREEMENTS | *Voir* Alliances mets et vins*.

■ ACESCENCE

ACESCENCE | Maladie du vin* due à l'action de bactéries acétiques. Elle se traduit par un excès d'acidité très désagréable.

■ ACÉSULFAME K

ACESULFAME K | Édulcorant de synthèse* découvert en 1967. Il a un pouvoir sucrant 160 fois supérieur au sucre*.

■ ACHAR ou ACHARD

INDIAN PICKLE | Condiment* d'origine indienne préparé avec des fruits et des légumes hachés macérés dans une sauce épicée.

■ ACHATINE

GIANT AFRICAN SNAIL | Gastéropode *(1)* terrestre introduit en France dans les années 1970. Il s'agit d'une espèce tropicale *(l'achatina fulica)* dotée d'une coquille spiralée pouvant atteindre 10 cm. L'achatine provient d'Afrique, de Chine, d'Indonésie, de Madagascar, de l'Ile Maurice, de la Réunion, de Floride…

Bien que ressemblant à un gros escargot*, l'achatine n'a pas droit à cette dénomination dans notre pays.

(1) Mollusque rampant sur un pied central.

■ ACQUA PANNA

Italian mineral water | Eau minérale naturelle* plate captée en Italie, au nord de Florence. Prisée par la restauration haut de gamme, Acqua Panna est distribuée dans une cinquantaine de pays.

Composition physico-chimique (en mg/l)	
Cations	Anions
Sodium : 6,4 Calcium : 32,9 Magnésium : 6,5 Potassium : 0,9	Bicarbonates : 106 Chlorures : 9 Sulfates : 21 Nitrates : 4,3
Fluor : 0,01	
pH à 20°C : 7,9 Minéralisation totale : 142 mg/l	

■ ACRA ou ACCRA

ACCRA | Spécialité culinaire créole préparée à partir de poisson émietté, légumes écrasés et aromates* mélangés avec de la pâte à beignets*. Les acras de morue* sont des beignets très populaires aux Antilles.

■ ADDITIF ALIMENTAIRE

FOOD ADDITIVE | Produit non nutritif ajouté à une denrée alimentaire pour colorer, retarder son oxydation, stopper la prolifération microbienne, renforcer son goût, modifier sa texture, etc.

Plus de 300 additifs alimentaires sont légalement autorisés. Ils sont répertoriés avec un nom de code (E comme Europe, suivi d'un chiffre situé entre 100 et 1518). Certaines de ces substances ne sont pas sans danger pour la santé, c'est pourquoi la législation a fixé des doses maximales d'emploi par aliment *(1)* ou des D.J.A. (Doses Journalières Admissibles).

La nomenclature distingue 24 catégories d'additifs selon leurs effets sur les aliments. Certaines catégories sont parfois regroupées. C'est ainsi que le terme "Agent de texture" peut englober les émulsifiants*, les stabilisants*, les épaississants* et les gélifiants*. Par ailleurs, certains additifs cumulent plusieurs propriétés ; c'est le cas du E 322 (lécithines) qui est à la fois antioxydant* et émulsifiant.

(1) A titre d'exemple, l'usage du E 123 (amarante) est limité à 30 mg/litre pour les vins d'apéritif et les spiritueux.*

■ ADRIÀ (Ferran)

Spanish chef | Cuisinier espagnol né à Barcelone en 1962. C'est dans sa ville natale qu'il devient en 1990 chef-propriétaire du restaurant *El Bulli*. Cet autodidacte, adepte de techniques culinaires d'avant-garde et infatigable créateur, élabore une cuisine complexe issue de recherches ou les textures nouvelles sont intimement liées à la sublimation de saveurs originales. Un univers complètement dédié de gastronomie moléculaire*. Reconnu cuisinier de génie (mais aussi controversé à cause de l'utilisation de certains additifs alimentaires*), Ferran Adrià demeure un personnage incontournable de la gastronomie* contemporaine. Le Guide Michelin* lui accorda trois étoiles dès 1997.

En 2011, il ferme son restaurant à la clientèle pour une période qui devait être mise à profit pour approfondir ses recherches et inventer un nouveau concept culinaire. En 2018, il annonce une réouverture de son établissement en 2019 sous forme de laboratoire gastronomique, projet appelé *El Bulli 1846*.

■ ADVOCAAT

ADVOCAAT | Liqueur* d'origine hollandaise élaborée à partir de jaunes d'œufs*, de miel*, de vanille* et d'aromates* divers, notamment du genièvre*. Ce spiritueux*, très onctueux, titre de 15 à 20°.

■ AFFICHAGES OBLIGATOIRES (dans un restaurant)

MANDATORY POSTINGS (in a restaurant) Un restaurateur est tenu de porter à la connaissance de ses clients certaines informations par un affichage visible et lisible. Cette obligation concerne :

Les prix : depuis 1987, la loi impose un affichage qui doit être consultable de l'extérieur comme à l'intérieur de l'établissement, il concerne les menus*, cartes* et cartes des vins* ou autres boissons (voir ces termes).

L'origine de la viande : depuis 2002, l'origine de la viande bovine proposée au consommateur doit être clairement indiquée (voir bovin*). Cette disposition a été mise en place suite à la crise sanitaire de l'ESB (Encéphalopathie Spongiforme Bovine).

L'information sur les allergènes alimentaires ***:*** depuis 2015, un restaurateur doit informer ses clients - sous forme écrite - sur la présence d'allergènes dans les plats figurant sur les cartes et menus.
L'interdiction de fumer : depuis 2008, l'interdiction de fumer dans un restaurant doit être rappelée par un affichage codifié (voir tabac*).
La licence* : Tout restaurateur (qui, par définition, vend des boissons) doit apposer à l'extérieur de son établissement, le panneau correspondant à la licence dont il est titulaire.
La protection des mineurs et la répression de l'ivresse publique : le code de la santé publique (CSP), qui encadre rigoureusement la vente de boissons aux mineurs, fait obligation aux professionnels d'apposer une affichette rappelant les dispositions légales (article L3342-4 du CSP).

Modèle d'affichette pour la protection des mineurs et la répression de l'ivresse publique

■ AFTER DINNER

AFTER DINNER | Cocktail* "digestif" qui se consomme après un dîner. Il s'agit d'un mélange à base de liqueurs*.

■ AFTER LUNCH

AFTER LUNCH | Cocktail* "digestif" qui se consomme après un déjeuner. Comme l'After dinner*, ce type de mélange est réalisé à base de liqueurs*.

■ AGAR-AGAR

AGAR (agar-agar) | Additif alimentaire* *(1)* obtenu à partir d'algues rouges et employé comme gélifiant* dans l'industrie alimentaire, en cuisine, en pâtisserie et en confiserie. L'agar-agar peut se substituer à la gélatine* dans certaines préparations culinaires. Il se présente sous forme de poudre, de barres, de filaments ou de flocons. Ce produit est également employé dans d'autres domaines que l'alimentation, notamment en bactériologie, comme milieu de culture, et en pharmacie dans l'élaboration de laxatifs.
(1) Identifié sous le code E 406.

■ AGARIC CHAMPÊTRE

Common Mushroom | Autre dénomination du rosé des prés*.

■ AGENAIS

AGENAIS | *Voir* Vins I.G.P.*.

■ AGNEAU

LAMB | Ovin*, petit de la brebis et du bélier âgé de moins de 300 jours; au-delà, il devient "mouton". La viande de l'animal prend alors une odeur et un goût plus prononcés moins appréciés des consommateurs.
Sous le terme "agneau" est vendue la majorité des jeunes ovins (mâles ou femelles), mais des dénominations spéciales correspondent plus précisément à certains animaux:
Agnelet ou agneau de lait: animal de 5 à 6 semaines pesant 5 à 8 kg. Ce très jeune ovin possède une chair blanche très appréciée vers Pâques.
Agneau blanc ou laiton: animal de 2 à 3 mois pesant 12 à 15 kg.
Broutard ou agneau d'herbage: animal plus âgé qui a commencé à manger de l'herbe.
Agneau de pré-salé: ovin qui a brouté sur des pâturages du littoral immergés à marée haute *(1)*. Cette végétation confère un goût et un parfum très particuliers à la chair de l'animal *(2)*.
Les morceaux de l'agneau - comme ceux du mouton - ont de nombreuses destinations culinaires (rôtis, grillades, sautés, etc.).
(1) Ces pâturages, appelés "herbus", sont constitués de plantes halophytes (qui poussent en milieu salé) alternativement couvertes et découvertes par la mer selon les marées.
(2) Voir "Prés-salés de la Baie de Somme" et "Prés-salés du Mont-Saint-Michel"*.*

■ AGRAZ

Type of sorbet | Granité* de saveur acidulée préparé en Afrique du Nord et en Espagne à partir d'amandes* et de verjus*.

■ AGRICULTURE BIODYNAMIQUE

BIODYNAMIC AGRICULTURE | Fondée sur des principes énoncés en 1924 par Rudolf Steiner *(1)*, l'agriculture biodynamique est une «agriculture

assurant la santé du sol et des plantes pour procurer une alimentation saine aux animaux et aux hommes». Elle utilise des préparations issues de matières végétales, animales et minérales naturelles, pratique un travail des sols minutieux et prend en compte les rythmes saisonniers et l'influence des cycles planétaires, particulièrement ceux de la lune.
Plusieurs centaines de viticulteurs français sont passés, en partie ou en totalité, à la biodynamie. On les retrouve dans toutes les régions viticoles, que ce soit en Alsace, Vallée de la Loire, Champagne, Bordelais ou Bourgogne. D'illustres domaines comme le Château Latour* en Médoc ou la Romanée Conti* en Côte de Nuits ont adopté ce mode de culture. Dans notre pays, les certifications Demeter et Biodyvin garantissent les vins* issus de la biodynamie

(1) Rudolf Steiner (1861-1925) était un philosophe d'origine autrichienne fondateur de l'anthroposophie.

Logo Demeter

■ AGRICULTURE BIOLOGIQUE (A.B.)

Logo Français

Logo Européen

ORGANIC FARMING | S.I.Q.O.* (Signes d'Identification de la Qualité et de l'Origine) correspondant à un mode de production spécifique assurant qu'un ensemble de pratiques agricoles sont respectueuses des équilibres écologiques. Visant à la préservation des sols, des ressources naturelles, de l'environnement et au maintien des agriculteurs, l'agriculture biologique s'inscrit dans une démarche de gestion durable du milieu rural.
En 1980, la France reconnaissait officiellement l'agriculture biologique. Plus tard, la réglementation communautaire relative à la production biologique reprendra en grande partie les principes et définitions des textes législatifs français.
En 2016, la surface consacrée à l'agriculture biologique représentait plus de 5 % de la S.A.U.*(1)*.

(1) La S.A.U (Surface Agricole Utile) est un concept statistique destiné à évaluer la surface des territoires dévolue à la production agricole. En France, elle représente 54 % de la superficie du pays.

■ AGRICULTURE RAISONNÉE

SUSTAINABLE AGRICULTURE | Selon le Ministère de l'Agriculture et de la Pêche *"L'agriculture raisonnée correspond à des démarches globales de gestion d'exploitation qui visent, au-delà du respect de la réglementation, à renforcer les impacts positifs des pratiques agricoles sur l'environnement et à en réduire les effets négatifs, sans remettre en cause la rentabilité économique des exploitations. Les modes de production raisonnés en agriculture consistent en la mise en œuvre de moyens techniques dans une approche globale de l'exploitation. Au-delà des impératifs de sécurité alimentaire des produits agricoles, qui s'imposent à toutes les productions, les modes de production raisonnés peuvent faciliter la maîtrise des risques sanitaires et contribuer à l'amélioration du bien-être animal. Ils permettent également de contribuer à l'amélioration des conditions de travail."*
En France, le concept est porté par les pouvoirs publics et la promotion est assurée par le réseau F.A.R.R.E : (Forum de l'Agriculture Raisonnée Respectueuse de l'Environnement), association interprofessionnelle créée en 1993.

■ AGRUME

CITRUS FRUIT | Famille de fruits du genre *Citrus*. Avec plus de 7 millions d'hectares de culture et une récolte annuelle supérieure à 110 millions de tonnes, les agrumes représentent la première production fruitière mondiale consommée en fruits frais ou en jus. Plus de 140 pays produisent des agrumes, mais les principales zones de production restent le Brésil, le Bassin méditerranéen, Les États-Unis, la Chine et le Mexique.
Les agrumes les plus connus sont : l'orange* (60 % de la production), le citron*, la mandarine*, la clémentine*, le pamplemousse*, le pomelo*, la lime*, le kumquat*, le cédrat*, la bergamote*...

■ AGUARDIENTE

Spanish brandy/spirits | Terme signifiant "eau-de-vie" et désignant communément un spiritueux* dans les pays de langue espagnole.
Il peut s'agir d'une eau-de-vie* de vin ou de marc dans les régions viticoles ou d'une eau-de-vie de canne à sucre*, apparentée au rhum*, dans d'autres régions.

■ AGUEUSIE

AGUEUSIA | Affection qui se traduit par une perte totale ou partielle des perceptions gustatives.

■ AÏDA (salade)

Salad | Salade composée constituée de chicorée* frisée, tomates* pelées, fonds d'artichauts* crus émincés, julienne* de piments* verts, blancs d'œufs* durs émincés et jaunes d'œufs durs tamisés.
Assaisonnement: sauce vinaigrette* moutardée.

■ AÏGO BOULIDO ou AIGUE BOULIDE

French soup | Potage* provençal réalisé essentiellement avec des gousses d'ail* bouillies.

■ AIGLEFIN

HADDOCK | *Voir* églefin*

■ AIGUIÈRE

Water pitcher | Vase allongé (ou carafe) muni d'un bec et d'une anse.

Source : Doc. Chomette favor

■ AIGUILLETTE

French cut of duck/beef |
a) Fine tranche prélevée dans le filet d'une volaille, notamment le canard*.
b) Pièce de bœuf prélevée dans le rumsteck* ou près du rumsteck (aiguillette baronne).

■ AIL

Source : Adobe Stock

Tresse d'ail rose de Lautrec (Tarn)

GARLIC | Plante condimentaire originaire d'Asie Centrale dont on utilise le bulbe qui est composé de plusieurs gousses appelées aussi "caïeux". Aujourd'hui, la Chine réalise près des ¾ de la production mondiale. Depuis l'Antiquité, l'ail a une place particulière dans la médecine populaire et on lui prête de multiples vertus thérapeutiques. Pasteur* démontra d'ailleurs l'action antibactérienne de cette plante.
L'ail, condiment* à odeur forte et au goût âcre, est employé dans de nombreuses préparations culinaires. Il se présente sous plusieurs formes: frais, déshydraté (flocons ou poudre) et en purée.
L'ail se décline en plusieurs variétés:
L'ail blanc *(Messidrôme, Arleux, Thermidrôme, Lomagne...)*
L'ail rose *(Lautrec, Printador...)*
L'ail violet *(Germidour, Cadours...)*
L'ail violet de Cadours, *A.O.C.* depuis 2015 et reconnu A.O.P.* dans le cadre de l'U.E, est produit et conditionné dans une aire géographique qui s'étend sur 106 communes du Gers, de Haute-Garonne et du Tarn-et-Garonne.*

■ AIL DES OURS

WILD GARLIC | Plante médicinale et aromatique qui pousse dans les zones ombragées et humides. Appelé également ***Ail sauvage*** ou ***Ail des bois***, l'ail des ours *(1)* se caractérise par de petites fleurs blanches en étoile et de longues feuilles qui, hachées ou ciselées, dégagent une odeur alliacée. En réalité, toutes les parties de la plante peuvent être utilisées à des fins culinaires dans de multiples préparations (salades, soupes*, omelettes*, pâtes*, pizzas*, fromages blancs*, etc.).
(1) Sa dénomination tiendrait au fait que les ours s'en régalent à leur sortie d'hibernation.

■ AIL EN CHEMISE

UNPEELED GARLIC | Dénomination culinaire d'une gousse d'ail* cuite entière avec sa peau.

■ AÏOLI ou AILLOLI

AIOLI or GARLIC MAYONNAISE | Sauce* émulsionnée froide confectionnée avec une base de pommes de terre* en robe des champs et d'ail* pilés, jaunes d'œufs* et jus de citron*. Elle est montée à l'huile* d'olive.

■ AIRELLE

CRANBERRIES | Petite baie rouge voisine de la myrtille*. Plus acide que cette dernière, elle est préparée en gelée*, en confiture* ou en marmelade. On l'emploie également dans les sauces* d'accompagnement des viandes ou des gibiers.

■ AIRÉN

Grape variety | Cépage* blanc originaire de la Mancha, en Espagne. Très présent dans son pays d'origine mais aussi au Portugal, il est le cépage blanc le plus cultivé au monde avec près de 250 000 ha de vignoble. L'airén est pratiquement inconnu en France.
Vins* produits : blancs nerveux et légèrement fruités.

■ AISY CENDRÉ

French cheese | Fromage* de lait* de vache fabriqué en Bourgogne.
Il tire son nom d'une localité de l'Yonne d'où il est originaire.
Type : pâte molle, croûte naturelle ou cendrée.
Forme : disque épais.
Taille : 10 à 12 cm de diamètre, 4 à 5 cm d'épaisseur.
Poids : 350 à 600 g.
Teneur en M.G. : 45 à 50%.
Meilleure saison : automne.

■ AIX

French mineral water | Eau minérale naturelle* plate captée à Aix-les-Bains en Savoie.
Catégorie : faiblement minéralisée.

Composition physico-chimique (en mg/l)	
Cations	Anions
Calcium : 84 Magnésium : 23 Sodium : 2 Potassium : 1	Bicarbonates : 341 Sulfates : 27 Chlorures : 3 Nitrates : moins de 0,2
Fluor : 0,15	
pH à 20 °C : 7,3	Minéralisation totale : 312 mg/l

■ AJACCIO

Corsican wine | Vins* rouges, rosés et blancs produits en Corse, A.O.C.* depuis 1984 et reconnus A.O.P.* dans le cadre de l'U.E.
Aire de production : 36 communes de Corse-du-Sud, situées dans la région d'Ajaccio.
Superficie du vignoble : 240 ha.
Encépagement autorisé* pour l'appellation : Barbarossa*, Nielluccio*, Sciaccarello*, Vermentino*, Carignan*, Grenache*, Ugni blanc*, Bianco gentile*, Codivarta*, Genovese, Aleatico, Carcajolo, Morrastel.
Rendement à l'hectare* : 45 hl.

■ AKVAVIT ou AKEVIT

AKVAVIT | *Voir* Aquavit*.

■ ALASKA

ALASKA | Cocktail* (digestif) préparé au shaker.
2 cl de Chartreuse* jaune
5 cl de gin*
Frapper et servir dans un verre à cocktail.

■ ALCOOL

Source : Ministère de la Santé

Pictogramme visant à informer les femmes enceintes des dangers de l'alcool pendant la grossesse

ALCOHOL | Dans de nombreux aliments, essentiellement liquides, l'alcool est naturellement présent en quantité plus ou moins importante. Il peut résulter d'une simple fermentation *(1)* - c'est le cas pour le vin* et pour le cidre* par exemple - ou d'une distillation d'un produit déjà alcoolisé afin d'obtenir une eau-de-vie* ou un autre spiritueux* (cognac*, armagnac*, calvados*, rhum*, whisky*, liqueurs* diverses ...).
En France et dans beaucoup de pays européens, la teneur en alcool d'une boisson est exprimée le plus souvent en pourcentage (%) d'alcool contenu dans cette boisson ou en degré Gay Lussac* ou degré GL (°). Les britanniques utilisent encore le degré "Proof" qui équivaut à 0,571° GL.
Le titre alcoométrique indiqué sur un récipient contenant du vin correspond à ***l'alcool acquis***, c'est-à-dire au pourcentage d'alcool réellement présent dans la boisson *(2)*. Lorsqu'on évoque ***l'alcool en puissance***, il s'agit du volume d'alcool que l'on pourrait obtenir dans l'hypothèse où tout le sucre contenu dans le moût* (ou éventuellement dans un vin à fermentation incomplète) se trouve transformé en alcool *(3)*. ***L'alcool total*** est donc l'expression virtuelle de l'addition de l'alcool acquis et de l'alcool en puissance.
Il faut rappeler que l'abus d'alcool est dangereux pour la santé et qu'en conséquence, les boissons alcoolisées doivent être consommées avec modération. Une réglementation rigoureuse et évolutive encadre la consommation d'alcool dans notre pays *(4)*.

(1) Voir Fermentation alcoolique.*
(2) Voir Levures alcooliques.*
(3) Il est admis que dans des conditions fermentaires normales, 17 g/l de sucre génère 1° (ou1%) d'alcool.
(4) Voir notamment Groupe de boissons et Licences*.*

■ ALCOOL DÉNATURÉ

DENATURED ALCOHOL (Methylated spirit) | Produit rendu impropre à la dégustation par adjonction d'un dénaturant. L'alcool dénaturé est surtout destiné aux industries pharmaceutiques ou chimiques.

■ ALCOOL D'INDUSTRIE ou ALCOOL INDUSTRIEL

INDUSTRIAL ALCOHOL | Eau-de-vie* résultant de la distillation industrielle de tout produit autre que des fruits fermentés. Il s'agit souvent de mélasses de betteraves, de cannes à sucre*, de topinambours*, de pommes de terre*, de céréales, etc. Les alcools d'industrie sont des alcools d'État commercialisés par le service des alcools en direction des industries alimentaires ou des laboratoires pharmaceutiques. Ils sont également dénommés "alcools neutres" ou "alcools de rétrocession".

■ ALCOOL FERMIER

FARMER'S ALCOHOL | Eau-de-vie* de fruits distillée par un bouilleur de cru *(1)*. En milieu rural, cet alcool* était un produit à usages multiples (boisson, ajout culinaire, agent de conservation, produit antiseptique...).

(1) Propriétaire, fermier ou métayer détenant un droit de distillation pour les produits provenant de leur propre récolte. Ce droit n'est d'ailleurs plus transmissible depuis 1960.

■ ALCOOL RECTIFIÉ

RECTIFIED ALCOHOL | Produit contenant 96% d'alcool obtenu par redistillation d'une eau-de-vie* afin d'éliminer certaines odeurs et augmenter la teneur en alcool* pur.

■ ALCOOLAT

ALCOHOLATE | Produit résultant de la distillation d'une macération d'éléments aromatiques *(1)* dans de l'eau-de-vie*.
Les alcoolats, simples ou composés, sont utilisés dans la fabrication des liqueurs*.

(1) Fruits, fleurs, graines, écorces, etc.

■ ALET

French mineral water | Eau minérale naturelle* plate captée à Alet-les-Bains dans l'Aude. Classée eau minérale en 1886.
Catégorie : faiblement minéralisée.

Composition physico-chimique (en mg/l)	
Cations	Anions
Calcium : 63 Magnésium : 23 Sodium : 13 Potassium : 1,8	Bicarbonates : 300 Sulfates : 14 Chlorures : 2 Nitrates : 2
pH à 20 °C : 7,4	Minéralisation totale : 290 mg/l

■ ALEXANDER

ALEXANDER | Cocktail* (digestif) préparé au shaker.
1 cuillère à café de crème fraîche*
2 cl de crème de cacao* brun
5 cl de cognac*
Frapper et servir dans un double verre à cocktail.

Source : Photo BG

■ ALGÉRIENNE

Garnish | Garniture* composée de petites tomates* étuvées à l'huile* et de croquettes de patates douces*.

■ ALICAMENT

HEALTH FOOD | Aliment dont la composition, naturelle ou modifiée, pourrait avoir un effet bénéfique sur la santé humaine. Certains végétaux seraient des alicaments naturels...

■ ALICE (salade)

Salad | Salade composée constituée de grosses pommes* blanches ou roses cernées *(1)*, évidées et garnies de petites boules de pommes, groseilles* rouges égrappées et amandes* effilées.
Assaisonnement : crème acidulée au jus de citron*.

(1) Incisées sur toute la circonférence du côté du pédoncule.

■ ALICOT

Regional stew | Spécialité culinaire du Sud-Ouest qui se présente sous forme de ragoût* d'abattis* de volaille.

■ ALIGOT (fromage)

French cheese | Fromage* de lait* de vache fabriqué en Auvergne, appelé également "tome fraîche" et couramment utilisé pour la préparation d'une purée nommée "Aligot"*.
Type : pâte pressée, non cuite, fraîche.
Forme : gros cubes ou grosses galettes de tailles et de poids variables.
Teneur en M.G. : 45 à 50%.
Meilleure saison : été.

■ ALIGOT (préparation)

Regional potato puree | Préparation culinaire du Rouergue présentée sous forme de purée. Elle est préparée avec des pommes de terre*, de l'ail* et de la tome fraîche*.

■ ALIGOTÉ *(1)*

Source : Adobe Stock

Grape variety | Cépage* blanc originaire de Bourgogne.
Aires de culture : en Bourgogne, notamment sur les aires des appellations Bourgogne Aligoté*, Bouzeron* et Crémant de Bourgogne*. L'Aligoté, cultivé en France sur environ 2 000 ha, est

également présent dans les vignobles suisses, bulgares, roumains, russes, californiens, chiliens, etc. Vins* produits : blancs secs, vifs et légers. L'Aligoté est traditionnellement employé pour la préparation du Kir*.

(1) Autres orthographes : Alligoté ou Alligotay.

■ ALKÉKENGE

WINTER CHERRY (alkekengi) | Fruit voisin du physalis* dont la baie est de couleur rouge vif.

■ ALLEMANDE (sauce)

Sauce | Velouté* lié aux jaunes d'œufs*.

■ ALLERGÈNE ALIMENTAIRE

FOOD ALLERGEN | Un allergène est une substance qui provoque un ensemble de réactions du système immunitaire de l'organisme suite à une ingestion, un contact, voire une inhalation. L'allergie peut se manifester par des symptômes variés tels que toux, éternuements, diarrhées, démangeaisons, vomissements, œdèmes, etc. La fréquence des allergies alimentaires et leurs conséquences sur la santé ont amené les pouvoirs publics à imposer des mesures visant à informer les consommateurs. Issu d'un règlement de l'UE, un décret français de 2015 impose aux professionnels des métiers de bouche de signaler par écrit la présence de substances pouvant provoquer des allergies ou des intolérances *(1)* dans les denrées alimentaires qu'ils proposent à leurs clients.

Les ***14 allergènes*** à déclaration obligatoire sont :

- **Les céréales** contenant du gluten (blé*, seigle*, orge*, avoine*, épeautre*...)
- **Les œufs*** et produits à base d'œufs
- **Le lait*** et produits à base de lait
- **Les crustacés** et produits à base de crustacés
- **Les mollusques** et produits à base de mollusques
- **Les poissons** et produits à base de poissons
- **Les arachides*** et produits à base d'arachides
- **Les graines de sésame*** et produits à base de graines de sésame
- **Les fruits à coques** (amandes*, noisettes*, noix*, noix de cajou*, noix de pécan*, pistaches*, etc.) et produits à base de ces fruits
- **Le soja*** et produits à base de soja
- **Le lupin** et produits à base de lupin
- **Le céleri*** et produits à base de céleri
- **La moutarde*** et produits à base de moutarde
- **L'anhydride sulfureux** et les **sulfites** en concentration de plus de 10 mg/kg ou 10 mg/l.

(1) Contrairement à l'allergie, l'intolérance n'implique pas le système immunitaire mais le métabolisme.

■ ALLIANCES METS ET VINS

FOOD AND WINE PAIRINGS | Choisir un vin* pour accompagner un mets (ou choisir un mets pour accompagner un vin) peut paraître simple. Nous pourrions imaginer une liste d'alliances exhaustive, établie classiquement et qui répondrait à des attentes générales. Ceci est certes réalisable mais finalement peu souhaitable. Notre patrimoine gastronomique possède une multitude de préparations culinaires et de vins (ou autres boissons) qui permettent des associations d'une diversité quasiment infinie. Il serait dommage de se référer uniquement à des règles classiques sans prendre en compte certains critères tels que:

La spécificité du terroir, de l'encépagement et ***le type de vinification****: les vins d'une même A.O.C.* ou I.G.P.* peuvent être différents en fonction de leur terroir d'origine *(1)*, du ou des cépages* et du type de vinification* dont ils sont issus.

Le millésime*: les conditions climatiques locales propres à chaque récolte génèrent des raisins de qualités inégales. Malgré les techniques œnologiques les plus performantes, il est impossible d'obtenir des vins réellement identiques d'une année à l'autre. Et puis n'oublions pas qu'un vin jeune est naturellement différent d'un vin âgé.

La saison: nous buvons des vins plus légers l'été que l'hiver.

Les goûts personnels du consommateur: chacun d'entre nous doit pouvoir choisir en fonction de ses propres aspirations. Laissons-nous guider par notre sensibilité, voire nos intuitions.

Le type de repas: nous ne servons pas les mêmes vins pour un repas simple et pour un repas festif.

Les prix: comme pour tout produit, nous devons prendre en compte le rapport qualité/prix et rechercher des vins de qualité à prix abordable. Les grands vins, rares et chers, conservant toujours leur place dans des circonstances exceptionnelles.

L'accord horizontal ou ***l'accord vertical***: dans le premier cas nous recherchons un vin associé à un seul plat; dans le second, il est destiné à accompagner tout ou partie du repas.

Le type de préparation du produit: la même viande (ou le même poisson), selon qu'elle soit grillée ou en sauce, ne trouve pas les mêmes accords.

En prenant en compte ce qui précède, avançons quelques propositions d'alliances classiques qui ne constituent que des pistes à partir desquelles chacun pourra esquisser son choix:

- Charcuteries: Vins rouges légers, vins rosés
- Foie gras*: Vins blancs moelleux* ou liquoreux*, V.D.N.* (Vin Doux Naturel) ou V.D.L.*(Vin De Liqueur), vins rouges corsés
- Poissons: Vins blancs secs* ou demi-secs*, vins rosés
- Coquillages et crustacés: Vins blancs secs
- Œufs*: Vins blancs ou rouges légers selon les ingrédients qui composent la préparation
- Volailles et viandes blanches: Vins rouges légers
- Viandes rouges: vins rouges légers ou plus corsés selon les préparations
- Gibiers*: Vins rouges corsés
- Fromages*: Vins rouges ou vins blancs de différents types selon la nature de la pâte

- Desserts : Vins blancs demi-secs à liquoreux, vins effervescents*, V.D.N. rouges avec des desserts au chocolat*.

Rappelons enfin que certains apprêts culinaires ne mettent pas le vin en valeur (ex : potages*, agrumes*, plats vinaigrés...). Avec ces mets, il est recommandé de choisir une boisson neutre *(2)*.

(1) Exception faite des Grands Crus possédant des micro-terroirs qui leurs sont propres ; c'est le cas, par exemple, de La Romanée Conti ou du Château-Grillet*.*

(2) Les potages et les agrumes peuvent très bien se consommer sans boisson.

■ ALOSE

SHAD | Poisson migrateur de la famille des clupéidés qui vit surtout à proximité des côtes européennes et qui remonte les fleuves et rivières pour y pondre. Sa chair est appréciée mais elle contient beaucoup d'arêtes.

On distingue ***la grande alose***, dont la longueur peut atteindre 70 cm et ***l'alose feinte*** (ou finte), de plus petite taille.

■ ALOUETTE

LARK | Petit passereau dont la chasse est réglementée et la commercialisation interdite. L'alouette se consomme beaucoup en pâté *(1)* mais elle peut aussi être apprêtée en croûte, en brochettes, farcie, en cocotte, etc. En cuisine, l'oiseau prend souvent le nom de *mauviette*.

(1) Le pâté d'alouettes est une des spécialités de Pithiviers, dans le Loiret.

■ ALOXE-CORTON

French wine | Vins* rouges et blancs produits en Bourgogne*, A.O.C.* depuis 1938 et reconnus A.O.P.* dans le cadre de l'U.E. Pour les vins dont les récoltes proviennent de parcelles classées «Premier Cru», l'appellation communale peut être complétée par le nom du climat* d'origine *(1)* et (ou) par la mention «Premier Cru».

Aire de production : communes d'Aloxe-Corton, Pernand-Vergelesses et Ladoix-Serrigny situées au nord-est de Beaune.

Superficie du vignoble : 123,5 ha (dont 122 ha en vins rouges et 1,5 ha en vins blancs).

Encépagement autorisé* pour l'appellation : Pinot noir*, Chardonnay*, Pinot blanc*, Pinot gris*.

Rendement à l'hectare* : 50 hl pour les vins rouges (48 hl pour les Premiers crus) et 57 hl pour les vins blancs (55 hl pour les Premiers crus).

(1) Les Valozières, Les Paulands, Les Maréchaudes, Les Chaillots, Les Fournières, Clos du Chapître, Les Guérets, Les Vercots, Clos des Maréchaudes, La Maréchaude, Les Petites Lolières, Les Moutottes, La Coutière et La Toppe au Vert.

■ ALOYAU

SIRLOIN OF BEEF | Partie arrière du bœuf* comprenant le filet*, le faux-filet*, le rumsteck* et la bavette*.

■ ALPES-DE-HAUTES-PROVENCE (vin)

French wine | *Voir* Vins I.G.P.*.

■ ALPES-MARITIMES (vin)

French wine | *Voir* Vins I.G.P.*.

■ ALPILLES

French wine | *Voir* Vins I.G.P.*.

■ ALSACE ou VIN D'ALSACE

French wine | Vins* blancs, rouges et rosés produits dans l'Est de la France, A.O.C.* depuis 1962 et reconnus A.O.P.* dans le cadre de l'U.E. Ces vins sont obligatoirement mis en bouteilles de type «Vin du Rhin» dans la région de production.

Depuis 2011, sous certaines conditions de production spécifiques, l'A.O.C peut être complétée par 2 dénominations géographiques complémentaires : ***les communales ou intercommunales*** *(1)* et ***les lieux dits***.

L'appellation «Alsace» ou «Vin d'Alsace» est généralement accompagnée sur l'étiquette du nom du cépage* d'origine ou de la mention «Edelzwicker»*.

Aire de production : 119 communes du Haut-Rhin et du Bas-Rhin.

Superficie du vignoble : 11 000 ha.

Encépagement autorisé* pour l'appellation : Gewurztraminer*, Riesling*, Pinot gris*, Muscat à petits grains*, Muscat Ottonel, Pinot blanc* ou Klevner*, Sylvaner*, Chasselas*, Chasselas rose, Savagnin rose, Pinot noir*.

Rendement à l'hectare* : de 60 à 100 hl selon les types de vins, les cépages d'origine et les secteurs géographiques.

Les vins de l'A.O.C. «Alsace» présentés avec les mentions ***«Vendanges tardives»*** ou ***«Sélection de grains nobles»*** doivent impérativement :

Etre issus d'un cépage unique et de vendanges manuelles.

Provenir de l'un des 4 cépages suivants et présenter une richesse minimale en sucre par litre de moût* de :

Cépage	«Vendanges tardives»	«Sélection de grains nobles»
Gewurztraminer	257 g/l	306 g/l
Pinot gris	257 g/l	306 g/l
Riesling	235 g/l	276 g/l
Muscat	235 g/l	276 g/l

N'avoir fait l'objet d'aucun enrichissement.

Présenter un titre volumique total correspondant à la richesse en sucre imposée.

Avoir fait l'objet d'une déclaration préalable à l'I.N.A.O.*.

Etre présentés, dégustés et agréés sous leur mention particulière au moins 18 mois après récolte.

Etre présentés avec indication du cépage et du millésime*.

(1) Bergheim, Blienschwiller, Côtes de Barr, Cote de Rouffach, Coteaux du Haut-Koenigsbourg, Klevener de Heiligenstein, Ottrott, Rodern, Saint-Hippolyte, Scherwiller, Vallée Noble, Val Saint-Grégoire et Wolxheim.*

■ ALSACE GRAND CRU

French wine | Vins* blancs produits dans l'Est de la France, A.O.C.* depuis 1975 et reconnus A.O.P.* dans la cadre de l'U.E.

La mention du cépage* *(1)* et celle du millésime*, ainsi que le nom du lieu-dit d'origine, doivent figurer conjointement avec le nom de l'appellation.

Aire de production : 51 terroirs de 3 à 80 ha implantés sur 47 communes du Haut-Rhin et du Bas-Rhin *(2)*.

Superficie du vignoble : 985 ha.

Encépagement autorisé* pour l'appellation (variable selon les crus) : Riesling*, Muscat à petits*, Muscat Ottonel, Gewurztraminer*, Pinot gris*.

Rendement à l'hectare* : 55 hl.

Les vins de l'A.O.C. «Alsace Grand Cru» présentés avec les mentions «Vendanges tardives» ou «Sélection de grains nobles» doivent correspondre aux mêmes critères que ceux stipulés pour l'A.O.C. Alsace* et être mis en bouteilles de type «Vin du Rhin» dans la région de production.

(1) Dérogation pour les Grands Crus ***Kaefferkopf*** *et* ***Altenberg de Bergheim*** *où les assemblages sont autorisés.*

(2) Liste des Grands Crus d'Alsace suivis de leur commune d'origine :

Altenberg de Bergbieten *(Bergbieten)*
Altenberg de Bergheim *(Bergheim)*
Altenberg de Wolxheim *(Wolxheim)*
Brand *(Turckheim)*
Bruderthal *(Molsheim)*
Eichberg *(Eguisheim)*
Engelberg *(Dahlenheim et Scharrachbergheim)*
Florimont *(Ingersheim et Katzenthal)*
Frankstein *(Dambach-la-ville)*
Froehn *(Zellenberg)*
Furstentum *(Kientzheim et Sigolsheim)*
Geisberg *(Ribeauvillé)*
Gloeckelberg *(Rodern et Saint-Hippolyte)*
Goldert *(Gueberschwihr)*
Hatschbourg *(Hattstatt et Voegtlinshoffen)*
Hengst *(Wintzenheim)*
Kaefferkopf *(Ammerschwihr)*
Kanzlerberg *(Bergheim)*
Kastelberg *(Andlau)*
Kessler *(Guebwiller)*
Kirchberg de Barr *(Barr)*
Kirchberg de Ribeauvillé *(Ribeauvillé)*
Kitterlé *(Guebwiller)*
Mambourg *(Sigolsheim)*
Mandelberg *(Mittelwihr et Beblenheim)*
Marckrain *(Bennwihr et Sigolsheim)*
Moenchberg *(Andlau et Eichhoffen)*
Muenchberg *(Nothalten)*
Ollwiller *(Wuenheim)*
Osterberg *(Ribeauvillé)*
Pfersigberg *(Eguisheim et Wettolsheim)*
Pfingstberg *(Orschwihr)*
Praelatenberg *(Kintzheim)*
Rangen *(Thann et Vieux-Thann)*
Rosacker *(Hunawihr)*
Saering *(Guebwiller)*
Schlossberg *(Kientzheim)*
Schoenenbourg *(Riquewihr et Zellenberg)*
Sommerberg *(Niedermorschwihr et Katzenthal)*
Sonnenglanz *(Beblenheim)*
Spiegel *(Bergholtz et Guebwiller)*
Sporen *(Riquewihr)*
Steinert *(Pfaffenheim et Westhalten)*
Steingrubler *(Wettolsheim)*
Steinklotz *(Marlenheim)*
Vorbourg *(Rouffach et Westhalten)*
Wiebelsberg *(Andlau)*
Wineck-Schlossberg *(Katzenthal Ammerschwihr)*
Winzenberg *(Blienschwiller)*
Zinnkoepflé *(Soultzmatt et Westhalten)*
Zotzenberg *(Mittelbergheim)*

■ ALSACIENNE (à l')

In the Alsace style | Préparation contenant de la choucroute* braisée, des pommes à l'anglaise et des ronds de jambon* ou de la saucisse* de Strasbourg.

■ ALSACIENNE (tarte à l')

ALSACIENNE (tart) | Tarte* constituée d'un fond de pâte brisée* garni de quartiers de pommes* et d'un appareil* à flan*. Elle est servie tiède.

Source : Extrait de "Vins d'Alsace et recettes du terroir" CIVA Ph. Moya

■ ALTESSE

Grape variety | Cépage* blanc, également appelé Roussette, probablement originaire de Chypre et arrivé en Savoie au 14ème siècle.

Aires de culture : en Savoie et dans l'Ain sur des zones d'appellation telles que Vin de Savoie* et Bugey*.

Vins* produits : blancs secs, corpulents et aromatiques.

■ AMANDA

French mineral water | Eau minérale naturelle* plate captée à Saint-Amand-les-Eaux dans le Nord. Autorisation ministérielle d'exploitation du 8 mars 1988.
Catégorie : moyennement minéralisée.

Composition physico-chimique (en mg/l)	
Cations	Anions
Calcium : 236	Sulfates : 666
Magnésium : 77	Bicarbonates : 292,2
Sodium : 44	Chlorures : 62,4
Potassium : 8,4	Nitrates : moins de 0,5
Fluor : 2	
pH à 20 °C : 7,02	Minéralisation totale : 1 362 mg/l

■ AMANDE

ALMOND | Fruit sec et oléagineux constitué par la graine de l'amandier, arbre originaire d'Asie. On distingue 2 variétés d'amandes :
Les amandes douces qui peuvent se consommer fraîches, mais qui sont surtout employées séchées sous différentes formes (entières, effilées, hachées ou en poudre) en cuisine, en pâtisserie et en confiserie.
Les amandes amères plus aromatiques, utilisées à dose réduite en pâtisserie et en confiserie. Elles contiennent en effet de l'acide cyanhydrique, toxique à haute dose.

■ AMANDE DE MER

DOG COCKLE | Mollusque lamellibranche bivalve vivant sur les fonds sableux des côtes de l'Atlantique et de la Méditerranée. Ce petit coquillage, qui mesure environ 5 cm de diamètre, se consomme cru ou farci.

■ AMANDINE

Tart | Pâtisserie qui se présente généralement sous forme de tarte* ou de tartelette en pâte sucrée garnie d'un appareil constitué d'œufs*, sucre*, poudre d'amandes*, farine* et beurre* fondu.

■ AMANITE DES CÉSARS

CAESAR'S MUSHROOM | Autre dénomination de l'oronge vraie*.

■ AMARANTE ou AMARANTHE

AMARANTH | Plante originaire du Mexique dont les feuilles et les graines sont comestibles. Les feuilles se consomment crues ou cuites et les graines, minuscules, sont généralement pochées.

■ AMARETTO

Liqueur | Liqueur* italienne un peu amère élaborée à partir d'amandes* d'abricots*. L'Amaretto di Saronno, qui titre 28°, est une marque déposée par la société Illua installée à Saronno, en Lombardie.

■ AMBASSADEUR

Wine-based aperitif | A.B.V.* (Apéritif à Base de Vin) de la famille des quinquinas* créé en 1936 par Pierre Pourchet. Ce produit, *Rouge* ou *Blanc*, qui titre 16°, se caractérise par un goût d'oranges* amères et un agréable équilibre entre douceur et amertume. Ambassadeur est aujourd'hui une marque du groupe Pernod*.

Source : © photothèque Pernod

■ AMÉLIE-LA-REINE

French mineral water | Eau minérale naturelle* gazeuse captée à Cornillon-en-Trièvres dans l'Isère. Reconnue d'utilité publique en 1884.
Catégorie : moyennement minéralisée.

Composition physico-chimique (en mg/l)	
Cations	Anions
Calcium : 390	Bicarbonates : 1 376,6
Sodium : 45	Sulfates : 36
Magnésium : 27,5	Chlorures : 19
Potassium : 2,8	Nitrates : 2
Fluor : 2	
pH à 20 °C : 5,8	Minéralisation totale : 1 300 mg/l

■ AMÉRICAINE (garniture)

Garnish |
a) Pour poisson : garniture* composée d'escalopes de queues de homard* ou de langouste* à l'américaine.
b) Pour volaille : garniture composée de tomates* et champignons* grillés, pommes paille*, tranche de bacon* et bouquet de cresson*.

■ AMÉRICAINE (salade)

Salad | Salade composée constituée de rondelles de pommes de terre* et de tomates* mondées, julienne* de céleris*, anneaux d'oignons* et rondelles d'œufs* durs.
Assaisonnement : sauce vinaigrette*.

■ AMÉRICAINE (sauce)

Sauce | Sauce* réalisée à partir de carapaces de crustacés, cognac*, vin* blanc, velouté* de poisson et tomate*. Passée au chinois, la cuisson est montée au beurre*.

■ AMERICANO

AMERICANO | Cocktail* (apéritif) préparé sur glace directement dans un tumbler.
5 cl de Campari* bitter
2 cl de vermouth* italien
½ tranche d'orange*
½ tranche de citron*
5 cl de soda*
Verser le Campari, le vermouth et le soda. Remuer et décorer avec la ½ tranche d'orange et la ½ tranche de citron. Allonger de soda*.

■ AMOUR EN CAGE

AMOUR EN CAGE (love in a cage) | Autre dénomination du physalis*.

■ AMOURETTE

BONE MARROW | Dénomination culinaire de la moelle épinière du veau*, du bœuf* ou du mouton*. Cet abat* blanc est le plus souvent poché pour être ensuite employé comme élément de garniture de bouchées, timbales*, vol-au-vent*, etc.

■ AMPÉLOGRAPHIE

AMPELOGRAPHY | Étude historique et scientifique de la vigne (connaissance des cépages*, méthodes de culture, productions vinicoles, etc.).

■ AMUSE-BOUCHE

Appetizers | Petites préparations salées, plus ou moins élaborées, qui sont servies en accompagnement de l'apéritif.

■ ANANAS

Source : Adobe Stock

PINEAPPLE | Fruit exotique originaire d'Amérique du Sud. Il fut découvert par Christophe Colomb lors d'une expédition à la Guadeloupe en 1493. Aujourd'hui, les principaux pays producteurs sont la Côte d'Ivoire, les Antilles, le Cameroun, la Réunion, l'Amérique Centrale, la Floride...
Principales variétés : *Cayenne lisse, Red Spanish, Queen, Parnambuco, Perolera et Victoria*. Cette dernière variété, de plus petite taille, possède une chair jaune sucrée et très parfumée.
L'ananas se consomme cru, au sucre* ou en salade de fruits, en sorbet*... et cuit en beignets*, flambé, en pâtisserie, en garniture de volaille ou de porc*, etc.

■ ANCHOIS

ANCHOVY | Poisson de mer - de la famille des engraulidés - qui vit surtout en Méditerranée mais que l'on rencontre également dans l'Atlantique, le Pacifique, la Mer Noire, etc.
De petite taille (12 à 20 cm de longueur), l'anchois se consomme frais (frit, grillé ou mariné) ou en produit de conserve sous forme de filets à l'huile* ou salés.

■ ANCHOYADE ou ANCHOÏADE

French spread | Spécialité provençale constituée d'une purée d'anchois* additionnée d'ail* écrasé et d'huile* d'olive.

■ ANDALOUSE (garniture)

Garnish | Garniture* composée de tronçons d'aubergines* sautés, poivrons* farcis de riz* à la grecque, tomates* concassées et oignons*.

■ ANDALOUSE (salade)

Salad | Salade composée constituée de quartiers de tomates*, julienne* de piments* doux, riz* cuit à l'eau, pointe d'ail* écrasée, oignons* ciselés et persil* haché.
Assaisonnement : sauce vinaigrette*.

■ ANDALOUSE (sauce)

Sauce | Sauce mayonnaise* additionnée de fondue de tomates* et de dés de poivrons*.

■ ANDOUILLE DE GUÉMÉNÉ

French sausage | Charcuterie bretonne confectionnée avec des boyaux de porc* enfilés les uns dans les autres. Cette andouille est ficelée, séchée et fumée avant d'être pochée dans un bouillon.

■ ANDOUILLE DE VIRE

French sausage | Spécialité charcutière normande fabriquée avec la ventrée complète du porc* qui est découpée en morceaux apparents à la coupe. La teinte noire de cette andouille est due à un fumage au bois de hêtre qui dure de 1 à 2 mois.

■ ANDOUILLETTE

French sausage | Préparation charcutière réalisée à partir de chaudin* éventuellement additionné de fraise de veau*, caillette de bœuf*, estomac ou gorge de porc*, etc. L'ensemble est embossé dans un boyau pour être poché.
Les principales andouillettes sont :
L'andouillette de Jargeau fabriquée dans le Loiret avec chaudin et maigre de porc.
L'andouillette de Troyes d'origine champenoise, fabriquée avec chaudin et estomac de porc.
L'andouillette de Cambrai spécialité du Nord, préparée essentiellement à partir de fraise de veau, parfois additionnée de caillette et de panse.
L'andouillette lyonnaise composée de fraise de veau, caillette de bœuf et panse de porc.
L'andouillette provençale faite de chaudin, gorge et panse de porc.

■ ANETH

Source : Adobe Stock

DILL | Plante aromatique d'origine orientale dont les parties aériennes exhalent des parfums d'anis* et de menthe* mêlés. L'aneth est employé fraîche pour aromatiser des salades, terrines, plats de poisson, courts-bouillons* de coquillages et crustacés, etc.

■ ANGÉLIQUE

ANGELICA | Plante aromatique originaire des pays nordiques dont on utilise les tiges creuses confites dans le sucre* pour la fabrication et le décor des pâtisseries. Les racines sont, quant à elles, employées par les liquoristes pour élaborer des spiritueux*.

■ ANGLAISE (sauce)

Sauce | *Voir* Worcestersauce*.

■ ANGOSTURA

Source : Photo BG

Bitter | Bitter* brun très concentré originaire d'une ville éponyme du Vénézuéla (devenue Ciudad Bolivar). Il fut créé par le Dr Siegert, médecin-général de l'armée de Simon Bolivar *(1)*. Cet amer, qui titre 44,7°, est aujourd'hui fabriqué à Trinidad à partir de rhum*, de gentiane*, d'écorces d'oranges* et de substances aromatiques diverses.
L'Angostura n'est pas consommé pur mais il entre surtout à faibles doses dans la composition de cocktails* ou de préparations culinaires, notamment certaines pâtisseries.

(1) Ce produit avait été mis au point pour aider les soldats à lutter contre les conditions déprimantes du climat tropical.

■ ANGUILLE

EEL | Poisson d'eau douce de la famille des anguillidés qui a la particularité de se reproduire dans la Mer des Sargasses *(1)*. Les petites anguilles au corps transparent, appelées *civelles* ou *pibales*, traversent l'Océan Atlantique dans les courants marins pour rejoindre les côtes européennes où elles trouvent des eaux douces ou saumâtres. Ce poisson est également élevé en aquaculture*.
De corps serpentiforme, l'anguille adulte est de taille variable (40 à 50 cm pour le mâle et jusqu'à 150 cm pour la femelle). Sa chair, relativement grasse et pauvre en arêtes, est souvent préparée en matelote* ou en pochouse*.

(1) Algues flottantes qui s'accumulent en grandes quantités au large des côtes de Floride.

Source : Adobe Stock

■ ANGUILLE AU VERT

EEL AU VERT (regional eel dish) | Dans la région lilloise, spécialité faite de tronçons d'anguilles* cuisinés au vin* blanc avec de nombreuses herbes fraîches *(1)* et liée à la crème et aux jaunes d'œufs*.

(1) Classiquement on en dénombre quatorze parmi lesquelles le persil, le cerfeuil*, l'estragon*, l'oseille*, la menthe*, la sauge*, la citronnelle*...*

■ ANIMELLES

TESTICLES | Dénomination culinaire des testicules de certains animaux tels que le mouton* et le taureau*. Appelées également *rognons blancs*, les animelles - très appréciées en France au 18ème siècle - ne se consomment pratiquement plus en restauration.

■ ANIS

ANISE | Épice* originaire d'Orient. En réalité il existe plusieurs variétés d'anis dont on utilise essentiellement les graines pour aromatiser les spiritueux* (anisés* et anisettes*), les confiseries (ex: dragées* de Flavigny), les gâteaux ou les pains (pains d'épices*, fougasses*...). Certains plats cuisinés, notamment les poissons, sont parfois parfumés à l'anis.
L'anis étoilé, appelé aussi badiane*, est originaire du Sud-Est Asiatique. Il produit un fruit en forme d'étoile à 8 branches qui contient des graines au goût et aux arômes puissants.

Source : Adobe Stock

■ ANIS DE FLAVIGNY

French confectionery | Confiserie composée d'une graine d'anis* vert et d'un enrobage de sucre* qui se décline en 10 arômes : anis, cassis*, rose, citron*, fleur d'oranger*, gingembre*, menthe*, mandarine*, réglisse* et violette. Créé par les moines bénédictins au Moyen-âge et considéré comme le plus ancien bonbon de France, l'Anis de Flavigny est encore fabriqué à l'abbaye de Flavigny-sur-Ozerain, en Côte-d'Or.

■ ANISÉ

ANISE-FLAVORED LIQUEUR | Boisson spiritueuse (A.B.A.*) élaborée à partir d'alcool* et d'essence de badiane* ou d'anis* vert. D'autres plantes telles que la réglisse*, le fenouil*, la coriandre*, l'angélique* ou la verveine* entrent couramment dans la composition d'un anisé.
Les pays du bassin méditerranéen sont très consommateurs de boissons anisées. Parmi les marques françaises les plus connues, citons Ricard*, Pernod*, Casanis*, Berger* et Duval*. Ces apéritifs, qui titrent généralement entre 40 et 45°, se dégustent "allongés" de 5 à 6 volumes d'eau fraîche. Cette addition d'eau provoque un louchissement laiteux propre à ces spiritueux*.

■ ANISETTE

Liqueur | Liqueur* élaborée à partir d'anis* vert. La Marie Brizard* est l'anisette française la plus réputée.

■ ANJOU

French wine | Vins* blancs et rouges produits dans la Vallée de la Loire, A.O.C.* depuis 1936 et reconnus A.O.P.* dans la cadre de l'U.E. La mention «Val de Loire» peut être éventuellement adjointe à l'appellation.
Aire de production : 128 communes du Maine-et-Loire, 14 communes des Deux-Sèvres et 9 communes de la Vienne.
Superficie du vignoble : 2 490 ha.
Encépagement autorisé* pour l'appellation : Chenin blanc*, Chardonnay*, Sauvignon*, Cabernet franc*, Cabernet-Sauvignon*, Pineau d'Aunis*, Grolleau*, Gamay* *(1)*.
Rendement à l'hectare* : 60 hl.

(1) Voir Anjou Gamay.*

■ ANJOU COTEAUX DE LA LOIRE

French wine | Vins* blancs produits dans la Vallée de la Loire, A.O.C.* depuis 1946 et reconnus A.O.P.* dans le cadre de l'U.E. La mention «Val de Loire» peut être éventuellement adjointe à l'appellation.
Aire de production : 10 communes du Maine-et-Loire situées à proximité d'Angers.
Superficie du vignoble : 38 ha.
Encépagement autorisé* pour l'appellation : Chenin blanc*.
Rendement à l'hectare* : 35 hl.
Teneur minimale en sucre résiduel : 17 g/l.

Source : Interloire - Interprofession des vins du Val de Loire

■ ANJOU GAMAY

French wine | Vins* rouges issus exclusivement de cépage Gamay* et produits sur une partie de l'aire d'appellation Anjou*. La mention «Val de Loire» peut être éventuellement adjointe à l'A.O.C.*.
Superficie du vignoble : 320 ha.

■ ANJOU MOUSSEUX ou PÉTILLANT

ANJOU, SPARKING or SEMI-SPARKLING (French wine) | Vins* blancs et rosés effervescents produits sur les aires délimitées de l'appellation Anjou*, A.O.C.* depuis 1957 et reconnus A.O.P.* dans le cadre de l'U.E. La mention «Val de Loire» peut être éventuellement adjointe à l'appellation.
Superficie du vignoble : 70 ha (avec l'Anjou Pétillant*).
Encépagement autorisé* pour l'appellation : Chenin blanc*, Cabernet franc*, Cabernet-Sauvignon*, Chardonnay*, Gamay*, Groslot noir*, Groslot gris* et Pineau d'Aunis*.
Rendement à l'hectare* : 67 hl.

■ ANJOU-VILLAGES

French wine | Vins* rouges produits dans la Vallée de la Loire, A.O.C.* depuis 1991 et reconnus A.O.P.* dans le cadre de l'U.E. La mention «Val de Loire» peut être éventuellement adjointe à l'appellation.
Aire de production : 43 communes du Maine-et-Loire et 3 communes des Deux-Sèvres.
Superficie du vignoble : 270 ha.
Encépagement autorisé* pour l'appellation : Cabernet franc* et Cabernet-Sauvignon*.
Rendement à l'hectare* : 55 hl.

■ ANJOU-VILLAGES BRISSAC

French wine region | Vins* rouges produits dans la Vallée de la Loire, A.O.C.* depuis 1998 et reconnus A.O.P.* dans le cadre de l'U.E. La mention «Val de Loire» peut être éventuellement adjointe à l'appellation.
Aire de production : 10 communes du Maine-et-Loire - dont Brissac-Quincé - situées au sud d'Angers.
Superficie du vignoble : 104 ha.

Encépagement autorisé pour l'appellation : Cabernet franc* et Cabernet-Sauvignon*.
Rendement à l'hectare* : 50 hl.

■ ANONE ou ANNONE

CUSTARD APPLE | Famille de fruits exotiques dans laquelle on trouve le corossol*, la chérimole*, le cachiment* et la pomme-cannelle*.

■ ANOSMIE

ANOSMIA | Affection qui se traduit par une perte partielle ou totale de l'odorat.

■ ANTHOCYANES

ANTHOCYANINS | Pigments rouges contenus dans le raisin* (ou d'autres végétaux) et qui donnent leur couleur aux vins* rouges et aux vins rosés*. Les anthocyanes, principalement présentes dans la pellicule, sont très peu libérées lors du pressurage mais surtout pendant la fermentation alcoolique*. La coloration d'un vin est donc directement liée à la durée de macération pelliculaire de la cuvaison* *(1)*.

(1) N'oublions pas que la capacité de coloration de chaque cépage influe aussi sur la robe du vin*.*

■ ANTIOXYDANT

ANTIOXIDANT | Additif alimentaire* qui retarde l'oxydation des denrées sous l'effet de l'oxygène de l'air.

■ ANTIPASTO

ANTIPASTO | Terme générique désignant plusieurs préparations d'origine italienne servies en hors-d'œuvre*. Les composants sont multiples : légumes, charcuteries, poissons …

■ A.O.C. (Appellation d'Origine Contrôlée)

Controlled Designation of Origin | *"Constitue une appellation d'origine la dénomination géographique d'un pays, d'une région ou d'une localité servant à désigner un produit qui en est originaire et dont la qualité ou les caractères sont dûs au milieu géographique, comprenant des facteurs naturels et des facteurs humains".* (Définition officielle de l'appellation d'origine par la loi du 6 juillet 1966.)
L'Appellation d'Origine Contrôlée est placée sous le contrôle de l'État par l'intermédiaire de l'I.N.A.O.*. Les produits bénéficiant d'une A.O.C. ne peuvent être que des produits typés, liés à un terroir particulier et des méthodes de production traditionnelles. De nombreux vins* et fromages* de notre production nationale ont obtenu une Appellation d'Origine Contrôlée. D'autres produits du secteur agroalimentaire entrent également dans la grande famille des A.O.C. (cidres*, eaux-de-vie*, beurres*, crème fraîche*, huiles*, volailles, viandes, miels*, lentilles*, pommes de terre*, noix*, raisins*, oignons*, coquillages*, etc.). En 2016, la France comptait 456 A.O.C.

Source : INAO

Les vins d'A.O.C., institués par le décret-loi du 30 juillet 1935, sont produits dans des conditions précises « *relatives notamment à l'aire production, aux cépages* (1), aux rendements à l'hectare*, au titre alcoométrique volumique naturel minimum, aux procédés de culture et de vinification* ».
A terme, tous les produits bénéficiant d'une A.O.C. devraient être classés A.O.P.* au niveau européen.

(1) Les encépagements mentionnés pour les A.O.C. figurant dans l'ouvrage sont les encépagements autorisés dans les cahiers des charges publiés par l'I.N.A.O.

■ A.O.P. (Appellation d'Origine Protégée)

Protected Designation of Origin | S.I.Q.O.* institué par l'Union Européenne. La plupart des produits français bénéficiant d'une A.O.C.* sont protégés au niveau européen par une A.O.P. Etablie en 2012, nous pouvons considérer que l'A.O.P. est largement basée sur les critères de l'A.O.C. française.

■ A.O.V.D.Q.S. (Appellation d'Origine Vin Délimité de Qualité Supérieure)

French wine appellation | Catégorie de vin* française instituée par la loi du 18 décembre 1949. Le label A.O.V.D.Q.S. était attribué à partir de critères très proches de ceux pris en compte par l'I.N.A.O.* pour les vins d'A.O.C.*. Cette catégorie est disparue officiellement au 31 décembre 2011. Les vins classés A.O.V.D.Q.S. ont accédé, sous certaines conditions, à l'A.O.C. ou ont acquis une I.G.P.* en Vin de Pays*. D'anciens millésimes antérieurs à 2011 - très rares - sont encore sur le marché avec le label A.O.V.D.Q.S.

■ APEROL

Bitter | Bitter* italien créé en 1919 par les frères Barbieri. De couleur orange lumineuse, l'Apérol, qui titre 15°, est élaboré à partir d'une infusion d'oranges* amères, de plantes et de racines. Très apprécié en Italie, il se déguste nature, sur glace, ou entre dans la composition de plusieurs cocktails*, notamment le célèbre Spritz*.

■ APICIUS

APICIUS | Nom de trois gastronomes romains *(1)* qui passèrent à la postérité. Le plus célèbre d'entre-eux est Marcus Gavius Apicius, contemporain de Tibère, qui aurait écrit *De re coquinaria*, le plus ancien ouvrage culinaire sur la cuisine romaine et qui demeura une référence pendant plusieurs siècles.

(1) Il subsiste beaucoup d'incertitudes sur leur nombre – trois ou peut-être quatre – et sur leurs vies.

■ APOLLINARIS

French mineral water | Eau minérale naturelle* gazeuse captée à Bad Neuenahr, en Rhénanie-Palatinat dans le Sud-Ouest de l'Allemagne. Autorisée en France par arrêté ministériel du 1er juin 1933.
Catégorie : riche en sels minéraux.

Composition physico-chimique (en mg/l)	
Cations	Anions
Sodium : 425 Magnésium : 104 Calcium : 88,9 Potassium : 25,2	Bicarbonates : 1 580 Chlorures : 137 Sulfates : 112 Nitrates : 3
Silice : 26,6	Fluor : 2
pH à 20 °C : 6,6	Minéralisation totale : 1 832 mg/l

■ APPAREIL

RECIPE INGREDIENTS | Désignation de l'ensemble des ingrédients nécessaires pour réaliser une préparation culinaire.

■ APPENZELLER ou APPENZELL

Swiss cheese | Fromage* de lait* de vache fabriqué dans le nord-est de la Suisse. Il tire son nom d'un canton helvétique, sa région d'origine.
Type : pâte pressée cuite.
Forme : petite meule à talon légèrement convexe.
Taille : 30 à 33 cm de diamètre, 8 cm d'épaisseur.
Poids : 6 à 8 kg.
Teneur en M.G. : 50 % au minimum.
Meilleures saisons : été, automne, hiver.

■ APPERT (Nicolas)

Appertization inventor | Né à Châlons-sur-Marne le 17 novembre 1749 et mort à Massy le 1er juin 1841. Ce confiseur fut l'inventeur d'un procédé de conservation des aliments par traitement thermique en vase clos : *l'appertisation*. Il commença ses premières recherches en enfermant des légumes dans des bouteilles étanches qu'il plongeait un temps prolongé dans de l'eau bouillante ; mais il développera ses travaux afin de fournir aux armées un moyen de conserver les aliments sur un long terme et sans altération. Cette stérilisation* en récipients hermétiques évoluera avec l'usage d'autres contenants plus pratiques tels que la boite métallique. Afin de faire connaître son invention, Nicolas Appert publia en 1810 *"L'Art de conserver pendant plusieurs années toutes les substances animales et végétales"*. C'est plus tard, vers 1860, que Louis Pasteur* expliquera scientifiquement le principe de destruction des microbes par traitement thermique.

Nicolas Appert

■ APPERTISATION

APPERTIZATION | *Voir* Appert (Nicolas) *.

■ APPIGNATO

French cheese | Fromage* de lait* de chèvre ou de brebis fabriqué en Corse du Nord. Il tire son nom de "pignes", fruits du pin parasol, présents dans son élaboration.
Type : pâte molle plus ou moins fermentée.
Forme : variable selon le récipient de moulage.
Taille et poids : variables selon la forme.
Teneur en M.G. : 45 à 50 %.
Meilleures saisons : printemps, été, automne.

■ APPLEJACK

Brandy | Eau-de-vie* de pommes* fabriquée aux États-Unis et au Canada. L'Applejack s'apparente au Calvados* sans toutefois égaler sa finesse. En effet, les techniques de fabrication sont différentes de celles employées en Normandie.

■ APRICOT BRANDY

Liqueur | Liqueur* d'abricots* titrant généralement entre 20 et 30°.

■ AQUACULTURE ou AQUICULTURE

Fish farming | Élevage d'espèces animales ou végétales en milieu aquatique (poissons, coquillages, crustacés, algues…). L'aquaculture se pratique sur les littoraux en milieu marin ou dans les fleuves, les rivières et les étangs pour les élevages en eau douce. Avec la diminution des ressources halieutiques *(1)*, la demande croissante de produits d'origine aquatique et les réglementations internationales qui encadrent les activités de pêche, l'aquaculture a pris une telle importance que la production aquacole dépasse aujourd'hui celle de la pêche.
La pisciculture (élevage des poissons), *la conchyliculture* (élevage des coquillages en général), *l'ostréiculture* (élevage des huîtres*), *la mytiliculture* (élevage des moules*), la pectiniculture (élevage des coquilles Saint-Jacques* et pétoncles*)… sont des formes d'aquaculture.

(1) Ressources liées à la pêche et plus généralement à l'exploitation des richesses aquatiques.

■ AQUAVIT

Brandy | Eau-de-vie* de céréales ou de pommes de terre* parfumée avec différentes substances aromatiques (cumin*, anis*, fenouil*, cannelle*, oranges* amères, etc.). L'aquavit, fabriquée et consommée dans les pays scandinaves, tire son nom du latin "aqua vitae" qui signifie "eau-de-vie".

■ ARACHIDE

PEANUT | Plante oléagineuse originaire d'Amérique du Sud ou de Chine. La graine, extraite de la gousse souterraine, produit de l'huile* ou un produit torréfié connu sous le nom de cacahuète*.

■ ARAIGNÉE

CAUL FAT | Pièce de boucherie sillonnée de nombreuses nervures en toile d'araignée. Il s'agit d'un morceau tendre et juteux prélevé dans le haut de la cuisse du bœuf*.

■ ARAIGNÉE DE MER

SPIDER CRAB | Crabe* vivant sur les fonds côtiers à herbiers de la Manche, de l'Atlantique et plus rarement de la Méditerranée. Les spécimens pêchés sur nos côtes mesurent jusqu'à 20 cm de diamètre. Il existe des variétés d'araignée de mer de tailles beaucoup plus importantes telles que le *Crabe royal d'Alaska* dont le poids peut atteindre 10 kg avec des pattes de 1,50 à 1,80 m. Ce dernier vit sur les côtes de l'Alaska et du Japon.

■ ARAK ou ARRAK

Middle Eastern alcoholic drink | Spiritueux* anisé élaboré dans plusieurs pays de l'Est méditerranéen (Turquie, Liban, Syrie, Libye, etc.)

■ ARBANNE ou ARBANE

Grape variety | Cépage blanc qui serait originaire de la Vallée du Gier *(1)*. Il est cultivé sur une très petite superficie dans les aires d'appellation Champagne* et Coteaux champenois*. L'Arbanne donne des vins élégants, secs, nerveux et bouquetés.

(1) Petite rivière, affluent du Rhône, qui vient du département de la Loire.

■ ARBOIS (cépage)

Grape variety | Cépage* blanc originaire de Touraine. Son nom vient d'un terme dialectal local ("Orbois" ou "Orboué").

Aires de culture: essentiellement dans le Loir-et-Cher, l'Indre et l'Indre-et-Loire sur des zones d'appellation telles que Cheverny* Vouvray* et Valençay*. L'Arbois est cultivé sur environ 650 ha.

Vins* produits: blancs souples et agréables.

■ ARBOIS (vin)

French wine | Vins* rouges, rosés, blancs, vins jaunes* et vins de paille* produits dans le Jura, A.O.C.* depuis 1936 et reconnus A.O.P.* dans le cadre de l'U.E. La dénomination géographique «Pupillin» peut compléter le nom de l'appellation pour les vins récoltés sur la commune éponyme.

Aire de production : 12 communes du Jura, dont Arbois, situées au nord-est de Lons-le-Saunier.

Superficie du vignoble : 765 ha.

Encépagement autorisé* pour l'appellation : Poulsard*, Trousseau*, Pinot noir*, Savagnin*, Chardonnay*.

Rendement à l'hectare* : 55 hl pour les vins rouges et rosés, 60 hl pour les vins blancs et 20 hl pour les vins de paille.

Teneur en sucre des moûts* destinés à produire des vins de paille : entre 320 g et 420 g/l. Richesse alcoolique minimum acquise : 14 %.

Les vins de paille font l'objet d'un passerillage hors souche d'au moins 6 semaines et ne peuvent être commercialisés qu'après 3 ans de vieillissement (dont 18 mois « sous bois »), avec indication du millésime*.

Les vins jaunes (issus du seul cépage Savagnin) font l'objet d'un élevage minimum en fût de chêne, sans ouillage*, jusqu'au 15 décembre de la 6ème année qui suit celle de la récolte, dont 60 mois au moins sous voile pour d'acquérir le « goût de jaune ».

■ ARCENS

French mineral water | Eau minérale naturelle* gazeuse captée à Arcens dans l'Ardèche. Reconnue par l'Académie de médecine en 1937.

Catégorie: moyennement minéralisée.

Composition physico-chimique (en mg/l)	
Cations	Anions
Sodium: 290 Calcium: 88 Magnésium: 66 Potassium: 7	Bicarbonates: 1280 Chlorures: 52 Sulfates: 3,77 Nitrates: 0
pH à 20 °C: 6	Minéralisation totale: 1340 mg/l

■ ARCHESTRATE

ARCHESTRATUS | Poète grec originaire de Sicile qui vécut au 4ème siècle avant J-C. Ce voyageur, curieux de gastronomie*, s'intéressa au lien entre habitudes alimentaires et civilisations. Il publia *Gastrologie* ou *Gastronomie d'Archestrate* (titre variant selon les hellénistes).

■ ARDÈCHE (vin)

French wine | *Voir* Vins I.G.P.*.

■ ARÊCHES

French cheese | Fromage* de lait* de chèvre fabriqué en Savoie. Il tire son nom de la localité où se fait la collecte du lait.

Type: pâte pressée non cuite, croûte brossée et lavée.

Forme: petit cylindre.

Taille: 7 à 8 cm de diamètre, 5 à 7 cm d'épaisseur.

Poids: 200 à 300 g.
Teneur en M.G.: 45%.
Meilleure saison: de juin à novembre.

■ ARGAN

ARGAN | Fruit de l'arganier, petit épineux sauvage qui pousse dans le Sud-ouest marocain. L'huile* d'argan se révèle d'une grande richesse, tant médicinale que diététique *(1)*. On la retrouve ainsi en cosmétologie mais aussi dans le domaine culinaire pour de subtils assaisonnements.

(1) Pour la fabrication de l'huile à destination alimentaire, les amandons sont torréfiés. Cette torréfaction enlève de l'amertume et apporte un parfum de noisette grillée.

■ ARGENTEUIL (garniture)

Garnish | Garniture* composée de pointes d'asperges* ou de purée de pointes d'asperges.

■ ARGENTEUIL (salade)

Salad | Salade composée constituée de dés de pommes de terre*, pointes d'asperges*, chiffonnade* de laitues* et quartiers d'œufs* durs.
Assaisonnement: sauce mayonnaise* et sauce vinaigrette*.

■ ARIÈGE (vin)

French wine | *Voir* Vins I.G.P.*.

■ ARLÉSIENNE (garniture)

Garnish | Garniture* composée de lamelles d'aubergine*, rondelles d'oignon* frites et tomates* sautées.

■ ARLÉSIENNE (sauce)

Sauce | Sauce béarnaise* additionnée de tomates* concassées et d'essence d'anchois*.

■ ARMAGNAC

Brandy | Eau-de-vie* provenant de vins récoltés et distillés dans une région délimitée du Sud-Ouest, A.O.C.* depuis 1936.
Aire de production: 289 communes des départements du Gers, des Landes et du Lot-et-Garonne composant un territoire situé approximativement de Nérac à Mirande (du Nord au Sud) et de Villeneuve-de-Marsan à Fleurance (de l'Ouest à l'Est).
Cette aire de production est divisée en 3 zones: le ***Bas-Armagnac****, l'***Armagnac-Ténarèze**** et le ***Haut-Armagnac****.
Superficie du vignoble : 85 000 ha.
Encépagement autorisé* pour l'appellation : Ugni blanc*, Colombard*, Folle blanche*, Baco blanc*, Blanc Dame*, Graisse*, Jurançon blanc*, Mauzac*, Mauzac rose et Meslier Saint-François*.
Les vins à distiller se caractérisent par une faible richesse alcoolique (10 %) et une acidité importante. Par ailleurs, la chaptalisation* est interdite dans le processus de vinification*.
La distillation a lieu dans des alambics du type

Source : BNIA.

3 zones du vignoble d'Armagnac

armagnacais avant le 31 mars de l'année qui suit celle de la récolte.
Titrage alcoolique de l'eau-de-vie à la sortie de l'alambic: entre 52° et 72°.
Titrage alcoolique minimum à la vente au consommateur: 40°.
L'Armagnac subit un vieillissement en fûts de chêne d'une contenance de 400 à 420 litres. Durant ce séjour "sous-bois" l'eau-de-vie s'enrichit en arômes et en saveurs, prend progressivement une couleur ambrée et perd une partie de sa richesse alcoolique. Cette partie d'alcool* évaporée - 2 à 4% par an - est appelée "part des anges".
Certaines mentions figurant sur l'étiquette précisent le temps de vieillissement avant la mise en bouteilles:

- "Trois étoiles" ou V.S : 2 ans minimum.
- "V.O.", "V.S.O.P." *(1)* ou "Réserve" : 4 ans minimum.
- "Extra", "Napoléon", "X.O." ou "Vieille réserve" : 6 ans minimum.
- "Hors d'âge" : 10 ans minimum *(2)*.

(1) Very Superior Old Pale.
(2) Voir compte d'age.*

Source : Photo M. Carossio-Collection BNIArmagnac

Alambic armagnacais

■ ARMAGNAC SOUR

ARMAGNAC SOUR | Cocktail* (apéritif) préparé au shaker.

1 cuillère à café de sucre*
2 cl de jus de citron*
5 cl d'armagnac*
2 cerises à l'eau-de-vie*
Frapper et servir dans un verre à cocktail, décorer avec les cerises.

■ ARMAGNAC-TÉNARÈZE

Brandy | Eau-de-vie* à A.O.C. * produite sur une aire délimitée composée de certains cantons ou communes des départements du Gers et du Lot-et-Garonne situés au centre du vignoble d'Armagnac, entre le Bas-Armagnac* (à l'ouest) et le Haut-Armagnac* (à l'est). Les critères de production sont ceux pris en compte pour l'Armagnac*.

■ ARMENONVILLE

Garnish | Garniture* composée de quartiers d'artichauts*, haricots verts*, pommes cocotte* et tomates* concassées.

■ ARMORICAINE (sauce)

Sauce | Préparation identique à la sauce américaine*.

■ ARNÉGUY

French cheese | Fromage *de lait* de brebis fabriqué au Pays Basque. Il doit son nom à une localité située au centre du secteur montagnard de transhumance.
Type: pâte pressée non cuite.
Forme: petite meule à talon convexe.
Taille: 30 à 32 cm de diamètre, 8 à 9 cm d'épaisseur.
Poids: 4 à 5 kg.
Teneur en M.G.: 45 à 50%.
Meilleures saisons: printemps, été, automne.

■ AROMATE

Source : Adobe Stock

HERBS | Plante aux propriétés aromatiques utilisée en cuisine - mais aussi en pharmacie et en parfumerie - pour renforcer la flaveur* des préparations culinaires. Selon les cas, on utilise les fleurs, les feuilles, les tiges, les fruits, les graines, la racine ou le bulbe de la plante. Le persil*, l'estragon*, le thym*, le laurier*, l'oseille*, le céleri*, le fenouil*... sont des aromates courants. Contrairement aux épices*, les aromates sont souvent produits dans nos régions.

■ ARÔME

FLAVOR | Ce terme désigne à la fois la ***perception olfactive*** d'un aliment ou d'une préparation culinaire *(1)* et une ***molécule aromatisante*** ajoutée à un aliment. Les 2800 molécules autorisées auxquelles l'industrie alimentaire a recours pour parfumer ses produits sont divisées en 2 catégories: les *arômes naturels*, extraits de matières premières d'origine végétale ou animale et *les arômes (2)*, synthétisés chimiquement.

(1) Cette perception olfactive (odeur, parfum, exhalaison, senteur, effluve ...) est variable selon le produit, sa préparation, sa température, etc. Lors de la dégustation d'un vin, on parle d'**arôme primaire**, d'**arôme secondaire** et d'**arôme tertiaire**. Ces types d'arômes se révèlent selon le cépage*, le terroir, la vinification*, le millésime*, l'élevage*, l'âge, etc.*
(2) Appelés aussi "arômes artificiels".

■ ARÔMES LYONNAIS ou ARÔMES DE GÈNE DE MARC

French cheese | Fromages* de lait* de vache ou de lait de chèvre mis à fermenter avec du marc* de raisin en fermentation.
Type: pâte molle, croûte naturelle.
Forme: petits disques plats.
Taille: 6 à 7 cm de diamètre, 2 à 3 cm d'épaisseur.
Poids: 80 à 120 g.
Teneur en M.G.: variable.
Meilleure saison: consommés toute l'année, ces fromages présentent cependant les meilleures qualités gustatives en hiver.

■ ARROW-ROOT

ARROWROOT | Fécule* extraite des rhizomes, racines ou tubercules de diverses plantes tropicales (maranta, arum, petlordes, curcuma*, etc.) utilisée pour les liaisons de sauces* ou potages* et pour confectionner des bouillies et entremets*.

■ ARRUFIAC ou ARRUFIAT

Grape variety | Cépage* blanc autochtone de la Vallée de l'Adour.
Aire de culture: dans sa région d'origine sur des zones d'appellation telles que Pacherenc du Vic Bilh* et Saint-Mont*.
Vins* produits: blancs secs et fruités.

■ ARTICHAUT

ARTICHOKE | Plante potagère originaire d'Afrique du Nord ou d'Italie. Dans l'artichaut, nous consommons le bouton de la fleur constitué d'un réceptacle charnu (le "fond") sur lequel sont implantées des feuilles. Au centre se trouve le "foin". Seuls le fond et la base des feuilles sont comestibles ; le foin est toujours soigneusement éliminé. L'artichaut est surtout préparé cuit: en fond de garniture, à la Barigoule*, en purée, à la Grecque... Il est encore employé comme plante médicinale et entre dans la composition du Cynar*. Principales variétés: *Camus de Bretagne, Castel, Violet de Provence, Macau ou Blanc Hyérois, Romanesco, Blanc d'Espagne, etc.*

Artichauts Camus de Bretagne

■ ARTICHAUT D'ISRAËL

JERUSALEM ARTICHOKE | *Voir* Pâtisson*.

■ ARVIE

French mineral water | Eau minérale naturelle* gazeuse captée à Augnat dans le Puy-de-Dôme. Classée eau minérale depuis 1884.
Catégorie: riche en sels minéraux.

Composition physico-chimique (en mg/l)	
Cations	Anions
Sodium: 650 Calcium: 170 Potassium: 130 Magnésium: 92	Bicarbonates: 2 195 Chlorures: 387 Sulfates: 31 Nitrates: 0
Silice: 77 Fluor: 0,9 Manganèse: 300 µg/l Zinc: 10µg/l	
pH à 20 °C: 6,4 Minéralisation totale: 2 520 mg/l	

■ ASCO

French cheese | Fromage* de lait* de chèvre fabriqué en Corse. Il tire son nom de la localité principale située dans la zone de production.
Type: pâte molle, croûte lavée et raclée.
Forme: carré à angles arrondis.
Taille: 13 à 14 cm de côté, 5 à 6 cm d'épaisseur.
Poids: 500 à 700 g.
Teneur en M.G.: 45%.
Meilleure saison: d'avril à décembre.

■ ASIAGO

Italian cheese | Fromage* de lait* de vache fabriqué en Italie qui bénéficie d'une Appellation d'Origine Contrôlée dans son pays et d'une A.O.P.* au niveau européen. Il doit son nom à un plateau de Vénétie, sa zone de production.
Type: pâte pressée, mi-cuite.
Forme: petite meule à talon légèrement convexe.
Taille: 35 à 40 cm de diamètre, 9 à 12 cm d'épaisseur.
Poids: 9 à 14 kg.
Teneur en M.G.: 30% et plus.
Qualité identique toute l'année.

■ ASPARTAME

ASPARTAME | Édulcorant de synthèse* découvert en 1965. Son pouvoir sucrant est de 180 à 200 fois supérieur à celui du sucre*. Cet additif alimentaire* est principalement utilisé pour édulcorer les boissons et aliments allégés.

■ ASPERGE

ASPARAGUS | Plante potagère originaire d'Orient dont on consomme les pousses souterraines appelées "turions". Connue en France depuis la Renaissance, l'asperge a vu sa culture se développer dans les régions à sol sablonneux. On produit actuellement 3 grandes variétés d'asperges :

- ***Les asperges blanches*** récoltées dès leur sortie de terre afin que les turions restent blancs.
- ***Les asperges violettes*** dont les pointes sont violettes mais les tiges blanches.
- ***Les asperges vertes*** parmi lesquelles il faut distinguer les "vraies vertes", vertes sur toute la longueur, et les "fausses vertes" qui sont des asperges blanches récoltées tardivement et dont seules les pointes sont vertes.

Les asperges sont généralement cuites dans l'eau bouillante avant d'être servies chaudes, tièdes ou froides, accompagnées d'une sauce*, et comme élément de garniture* (pointes) dans certaines préparations culinaires. Elles sont également consommées en "mouillettes" avec les œufs à la coque*.

■ ASPIC

ASPIC | Apprêt culinaire constitué d'un élément froid (poisson, crustacé, viande, volaille, foie gras*, légume, fruit...) moulé dans une gelée*.

■ ASPIRAN

Grape variety | Cépage* noir méridional appelé également Rivairenc.
Aires de culture: dans certains vignobles du Languedoc-Roussillon, notamment le Minervois*.
Vins* produits: rouges colorés et aromatiques.

■ ASSIETTE

PLATE | *Voir* Couvert*.

■ ASTI SPUMANTE

Italian wine | Vins* blancs effervescents italiens produits dans le Piémont.
Issus de cépage Moscato bianco, élaborés en cuve close selon la Méthode Charmat* ou parfois selon la Méthode traditionnelle*, ces vins bénéficient d'une D.O.C.G. *.

■ ATLANTIQUE (vin)

French wine | *Voir* Vins I.G.P.*.

■ ATRIAU ou ATTRIAU

ATRIAU or ATTRIAU | Crépinette* réalisée avec un hachis composé de foie de porc*, chair de veau*, fines herbes, oignons* et aromates*. Cette spécialité se prépare en Savoie, en Franche-C omté et en Suisse dans la région de Genève.

■ ATTEREAU

Type of kebab | Apprêt culinaire se présentant sous forme de brochette garnie de différents éléments *(1)* enrobés de sauce* réduite, panés à l'anglaise et frits.

(1) Il peut s'agir de morceaux d'abats, de jambon*, de légumes, de truffe*, de fruits de mer, etc.*

■ ATTIGNOLE

Pork meatballs | Boulette faite de viande de porc* additionnée d'oignons* et d'échalotes* ciselés ainsi que de mie de pain trempée dans du lait* et des œufs* battus. Cette spécialité normande est cuite dans la graisse pour être servie froide en début de repas.

■ AUBAINE

Grape variety | Autre dénomination du cépage* Chardonnay* en Bourgogne.

■ AUBERGINE

EGGPLANT | Plante potagère originaire de l'Inde. Elle est cultivée pour ses fruits allongés qui possèdent une peau généralement violacée *(1)*, lisse, brillante et une chair douce et fondante. Principales variétés: ***Violette de Barbentane, Violette de Toulouse, Black beauty, Dobrix, Giniac, Berinda, Baluroi, Telar, Vernal...***

L'aubergine se consomme cuite, en gratin ou farcie. Elle entre aussi dans la composition de la moussaka*, de la ratatouille* et de l'iman bayildi*.

(1) Il existe également une variété blanche: la Blanche de Chine et une variété jaune: la Jaune de Thaïlande.

Source : Photo BG

■ AUBIN

Grape variety | Cépage* blanc originaire de Lorraine. Il n'est pratiquement plus cultivé mais on le trouve encore sur de faibles superficies dans les vignobles des Côtes de Toul*.

■ AUBUN

Grape variety | Cépage* noir originaire du Vaucluse.

Aires de culture: en Provence et en Languedoc.

Vins* produits: rouges colorés présentant parfois une amertume en fin de dégustation.

■ AUDE (vin)

French wine | *Voir* Vins I.G.P.*.

■ AUMÔNIÈRE

AUMÔNIÈRE (stuffed pancake) | Désignation courante d'une crêpe* farcie présentée sous forme de bourse.

■ AURORE (sauce)

Sauce | Sauce suprême* tomatée.

■ AUSLESE

German-language wine | *Voir* Qualitätswein mit Prädikat*.

■ AUTRUCHE

OSTRICH | Grand oiseau d'origine sud-africaine dont l'élevage se développe en France. L'animal est abattu lorsqu'il atteint l'âge de 12 mois, son poids est alors d'environ 100 kg. Il possède une chair rouge goûteuse, très tendre, pauvre en lipides et qui s'apprête comme une viande rouge classique. L'œuf de l'autruche est à la taille de l'animal puisqu'il pèse en moyenne 1,5 kg.

■ AUVERNAT

Grape variety | Cépage* blanc synonyme de Chardonnay*.

■ AUXERROIS

Grape variety | Cépage* blanc originaire de Lorraine, mais dans la région de Cahors, le Côt* (ou Malbec) est aussi appelé «Auxerrois». Alors attention à la confusion !

Aires de culture : sur 2 500 ha en Lorraine (Côtes de Toul*, Moselle*) et en Alsace* *(1)*, mais aussi au Luxembourg, notamment pour l'élaboration

du Crémant du Luxembourg*, en Allemagne, au Canada, en Afrique du Sud, etc
Vins* produits : blancs légers, souples, peu acides.
(1) Dans cette région, l'Auxerrois est parfois identifié sous le nom de Pinot Auxerrois.

■ AUXEY-DURESSES

French wine | Vins* rouges et blancs produits en Bourgogne*, A.O.C.* depuis 1937 et reconnus A.O.P.* dans le cadre de l'U.E. Pour les vins dont les récoltes proviennent de parcelles classées «Premier Cru», l'appellation communale peut être complétée par le nom du climat* d'origine *(1)* et (ou) par la mention « Premier Cru ».
Aire de production : commune d'Auxey-Duresses située au Sud-Ouest de Beaune.
Superficie du vignoble : 135 ha, (dont 96 en vins rouges et 39 en vins blancs).
Encépagement autorisé* pour l'appellation : Pinot noir*, Pinot gris*, Chardonnay*, Pinot blanc*.
Rendement à l'hectare* : 50 hl pour les vins rouges (48 hl pour les Premiers crus) et 57 hl pour les vins blancs (55 hl pour les Premiers crus).
(1) Clos du Val, Les Bas-des-Duresses, Climat du Val, Les Bréterins, La Chapelle, Les Duresses, Les Ecusseaux, Les Grands Champs, Reugne.

■ AVELINE

FILBERT | Fruit de l'avelinier, arbrisseau originaire d'Asie proche du noisetier. L'aveline est une sorte de grosse noisette* employée pour fabriquer de l'huile* ou des dragées*.

■ AVEYRON (vin)

French wine | *Voir* Vins I.G.P.*.

■ AVÈZE

Liqueur | Gentiane* (A.B.A.*) mise au point à Riom-ès-Montagne en 1929 par Émile Refouvelet. Initialement dénommé "Auvergne Gentiane", le produit devient "Avèze" en 1962.
Toujours élaborée dans le Cantal, Avèze existe en 2 références : *Avèze 15°* et *Avèze 20°* (spécialité régionale au goût plus amer).

Source : DR : Avèze

■ AVOCAT

AVOCADO | Fruit exotique piriforme *(1)* originaire d'Amérique centrale. Ce sont les Israéliens qui lancèrent la mode de l'avocat en Europe en développant la culture de l'avocatier dans leur pays.
Principales variétés : *Ettinger, Fuerte, Hass, Edranol, Zutano, Pollock, Nabal, Lulla...*
L'avocat se caractérise par une écorce tantôt lisse, tantôt rugueuse. Sa chair, riche en matières grasses, a la consistance du beurre*. Au centre de celle-ci se trouve un énorme noyau. Ce "fruit-légume" se consomme avec une sauce vinaigrette*, en salade, en cocktail, en purée, en mousse...
(1) En forme de poire.

Source : Adobe Stock

■ AVOINE

OATS | Céréale consommée par l'homme depuis des millénaires mais qui a été un peu délaissée en France au 20ème siècle, étant plutôt considérée comme un végétal à destination des animaux. On a redécouvert l'intérêt alimentaire de l'avoine depuis quelque temps (notamment pour ses propriétés nutritionnelles). Elle est présente dans des potages* ou bouillies et des préparations très connues comme le muesli* et le porridge*.

■ AXOA

Basque dish | Spécialité gastronomique basquaise à base de viande de veau* coupée en petits dés ou hachée et cuisinée avec des piments* d'Espelette.

■ AZYME

UNLEAVENED | Désigne un pain* sans levain. Le pain azyme est le pain rituel que les Juifs consomment à la Pâque. Les hosties sont également fabriquées à partir de pain azyme.

B

■ BABA AU RHUM

RUM BABA | Gâteau réalisé à partir d'une pâte levée additionnée ou non de raisins* secs. Après cuisson, le baba est généralement imbibé d'un sirop* parfumé au rhum*.

■ BACARDI (cocktail)

BACARDI (cocktail) | Cocktail* préparé au shaker.
1 cl de grenadine*
2 cl de jus de citron*
4 cl de rhum Bacardi*
Frapper et servir dans un verre à cocktail.

■ BACARDI (rhum)

BACARDI (rhum) | Marque commerciale de rhum* créée à Cuba en 1862 par un Catalan, F. Bacardi. Elle est devenue aujourd'hui la marque de rhum la plus vendue dans le monde avec des distilleries installées dans de nombreux pays. Hormis son célèbre rhum blanc, Bacardi produit également une gamme de rhums ambrés.

■ BACO BLANC

Grape variety | Cépage* blanc hybride résultant d'un croisement de Folle blanche* et de Noah*. Il doit son nom à celui qui créa l'hybridation *(1)*. Le Baco blanc est cultivé en Gascogne pour la production de vins* blancs, acides et peu alcoolisés, destinés à la distillation de l'Armagnac* et de la Blanche Armagnac*.

(1) François Baco, instituteur et hybrideur français, réalisa le croisement des deux cépages en 1898.

■ BACON

BACON | Morceau de poitrine ou filet de porc* fumé couramment consommé en fines tranches grillées ou frites.

■ BADIANE

BADIAN | Autre dénomination de l'anis* étoilé.

■ BADOIT

Composition physico-chimique (en mg/l)	
Cations	Anions
Calcium : 190 Sodium : 165 Magnésium : 85 Potassium : 10	Bicarbonates : 1 300 Chlorures : 44 Sulfates : 38 Nitrates : NC
Silice : 35 Fluor : 1,2	
pH à 20°C : 6 Minéralisation totale : 1 200 mg/l	

French mineral water | Eau minérale naturelle* gazeuse captée à Saint-Galmier dans la Loire. Reconnue d'intérêt public en 1898.

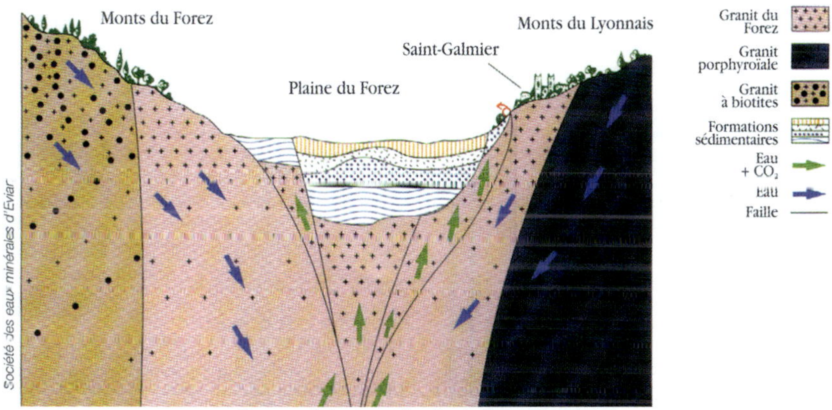

Coupe géologique du site de Saint Galmier

Catégorie : moyennement minéralisée.
Badoit se décline en 2 versions : Badoit traditionnelle, *finement pétillante* (étiquette verte) et Badoit *intensément pétillante* (étiquette rouge).

■ BÄECKEOFFE (1)

Alsatian stew | Spécialité culinaire alsacienne constituée d'un ragoût* de viandes diverses (porc*, mouton*, bœuf*) garni de pommes de terre* en rondelles et d'oignons* émincés.

(1) Autres orthographes : bäeckeoffa, baeckenoffe, bäckeoffe, bäckeofe, bäkeofe, bæckeofe, baekenofe, baechenoffe…

Source : Extrait de "Gastronomie et vins d'Alsace". CIVA-Photo Moya

■ BAGATELLE (salade)

Salad | Salade composée constituée d'une julienne* de champignons de Paris* et de carottes* complétée de pointes d'asperges* blanches.
Assaisonnement : sauce vinaigrette*.

■ BAGEL

BAGEL | D'origine polonaise, ce petit pain de forme annulaire est confectionné avec une pâte au levain naturel cuite brièvement dans l'eau bouillante avant d'être passée au four. Le bagel est parfois agrémenté de graines de sésame*, de pavot, de carvi* ou d'oignons* frits. Il peut également être garni de saumon fumé*, fromage* blanc ou autres ingrédients.

Source : Adobe Stock

■ BAG-IN-BOX (BIB)

BAG-IN-BOX (BIB; boxed wine) | Récipient de contenance variable constitué d'une outre en plastique incluse dans une boite en carton et doté d'un robinet de tirage. Si le Bag-in-Box ne présente pas les mêmes avantages que la bouteille en verre pour le vieillissement et la présentation du vin*, il permet en revanche une meilleure conservation de la boisson après ouverture du contenant.

■ BAGNES

Swiss cheese | Fromage* de lait* de vache fabriqué dans le sud-ouest de la Suisse. Il tire son nom de la vallée et du plateau de Bagnes, sa région d'origine.
Type : pâte pressée cuite.
Forme : petite meule cylindrique.
Taille : 35 à 40 cm de diamètre, 7 à 8 cm d'épaisseur.
Poids : 7 à 9 kg.
Teneur en M.G. : 45 %.
Meilleures saisons : été, automne, hiver.

■ BAGRATION (salade)

Salad | Salade composée *(1)* constituée de fonds d'artichauts* émincés, julienne* de céleris*, macaronis* détaillés, julienne de blancs de volailles, morceaux de langue écarlate*, truffe*, blancs et jaunes d'œufs* durs, persil* haché.
Assaisonnement : sauce mayonnaise* tomatée.

(1) Divers apprêts culinaires portent cette dénomination. Ils sont généralement inspirés de créations dédiées par Antonin Carême à la Princesse Bagration.*

■ BAGUETTE LAONNAISE

French cheese| Fromage* de lait* de vache fabriqué en Ile-de-France. Il doit son nom à sa forme et à son lieu de production dans l'Aisne.
Type : pâte molle à croûte lavée.
Forme : pain rectangulaire à section carrée ou rectangulaire.
Taille : 15 cm de longueur et section de 6 cm de côté.
Poids : 500 g environ.
Teneur en M.G. : 45 %.
Meilleures saisons : été, automne, hiver.

■ BAILEYS Original Irish Cream

Liqueur | Liqueur* crémeuse créée à Dublin en 1974 par R. et A. Bailey. Ce produit, qui titre 17°, est en réalité une sorte de cocktail* préparé. Il est élaboré à partir de crème fraîche*, de vieux whiskey* irlandais, de chocolat* et de substances aromatiques diverses. La marque a également lancé récemment une gamme de liqueurs conservant la même formule de base, mais diversement aromatisées.

Source : Sodevi-France

■ BAKLAVA ou BAKLAWA

Pastry | Pâtisserie que l'on retrouve en Grèce, Turquie, Bulgarie, etc. réalisée en superposant des feuilles de filo* fourrées d'amandes* de pistaches*

ou de noix* hachées. Détaillés en triangles ou en losanges après cuisson, les baklavas sont arrosés d'un sirop* additionné de miel* et d'eau de rose.

■ BALALAÏKA

BALALAÏKA | Cocktail* préparé au shaker.
2 cl de jus de citron*
2 cl de Cointreau*
3 cl de vodka*
Frapper et servir dans un verre à cocktail.

■ BALLOTTINE

BALLOTTINE | Préparation de charcuterie à base de chair de volaille, de gibier, de porc*, de veau* ou de poisson. Roulée dans un linge ou dans une peau - c'est parfois le cas pour les volailles - la ballottine est souvent pochée et quelquefois braisée.

■ BALTHAZAR

Bottle type | Bouteille d'une contenance équivalente à 16 bouteilles classiques, soit 12 litres.

■ BANANA BLISS

BANANA BLISS | Cocktail* (digestif) préparé au verre à mélange.
3,5 cl de cognac*
3,5 cl de crème de banane*
Frapper et servir dans un verre à cocktail.

■ BANANA SPLIT

BANANA SPLIT | Dessert composé de trois boules de crème glacée*, deux demi-bananes* tièdes, sauce chocolat*, crème Chantilly* et cerises* confites. Il existe d'autres variantes avec meringues*, amandes* effilées, coulis de fraises*, etc.

■ BANANE

BANANA | Fruit du bananier, plante herbacée géante originaire de l'Indonésie. Le bourgeon final de cette plante donne une inflorescence qui se transforme en un "régime" composé de 170 à 220 bananes. Les fruits doivent passer en mûrisserie *(1)* avant d'être mis sur le marché. La banane est le 3ème fruit consommé par les Français après la pomme* et l'orange*. La majeure partie des bananes qui arrivent dans notre pays provient de la Martinique et de la Guadeloupe, le reste nous est fourni par la Côte d'Ivoire, le Cameroun et l'Amérique centrale. L'Inde demeure le premier producteur mondial.
Principales variétés : *Poyo, Cavendish, Valery, Grande naine, Petite naine, Gros Michel, Freysinette, Banane rose* (de petite taille avec une peau rose ou rouge).
La Banane Plantain, variété de grande taille et de forme presque rectiligne, peu sucrée et riche en amidon, ne se consomme que cuite. Les autres variétés se consomment crues ou cuites.

(1) Les bananes sont cueillies vertes et transportées dans des cargos climatisés à 12°C. Une fois débarquées, elles séjournent en mûrisserie entre 16 et 18°C pendant une semaine. Elles sortiront à peine mûres pour arriver au stade de maturité sur l'étal du distributeur.

Source : Adobe Stock

■ B and B

B and B | Cocktail* (digestif) préparé sur glace directement dans un verre à dégustation.
3,5 cl de Bénédictine*
3,5 cl de brandy*
"B and B" désigne également un produit commercialisé par Bénédictine* depuis 1938.

■ BANDOL

French wine region | Vins* rouges, rosés et blancs produits en Provence, A.O.C.* depuis 1941 et reconnus A.O.P.* dans le cadre de l'U.E.
Aire de production : 8 communes du Var, dont Bandol, situées à l'Ouest de Toulon.
Superficie du vignoble : 1 550 ha.
Encépagement autorisé* pour l'appellation : Mourvèdre*, Grenache*, Cinsault*, Syrah*, Carignan*, Marsanne*, Sémillon*, Bourboulenc*, Clairette*, Ugni blanc*, Vermentino*, Sauvignon*.
Rendement à l'hectare* : 40 hl.

■ BANON

French cheese | Fromage* de lait* de chèvre fabriqué en Provence. A.O.C.* depuis 2003 et reconnu A.O.P.* dans le cadre de l'U.E.

Source : Photo BG

Il doit son nom à un village des Alpes-de-Haute Provence, principal lieu de commercialisation. La zone de production s'étend sur 180 communes situées principalement dans les Alpes-de-Haute Provence mais aussi dans les Hautes-Alpes, le Vaucluse et la Drôme.
Ce fromage est présenté enveloppé dans une feuille de châtaignier liée avec du raphia.
Type : pâte molle à croûte naturelle.
Forme : petit disque.
Taille : 7,5 à 8,5 cm de diamètre, 2 à 3 cm d'épaisseur.
Poids : 90 à 110 g.
Teneur en M.G. : 40 % au minimum.
Meilleures saisons : Printemps, été, automne.

■ BANQUET

BANQUET | Repas, généralement festif, réunissant un grand nombre de convives à l'occasion d'événements familiaux, politiques, patriotiques, associatifs, etc. Les banquets sont préparés par des restaurateurs ou des traiteurs. Le Banquet des Maires de France - le plus important jamais organisé - eut lieu à l'occasion de l'Exposition universelle, le 22 septembre 1900. Le Président Emile Loubet réunit les édiles de la République de France métropolitaine et d'outre-mer sous d'immenses tentes dressées dans les jardins des Tuileries. 22 500 convives *(1)* prirent place autour de 7 km de table. Ce repas mobilisa 630 cuisiniers et plus de 2 000 maîtres d'hôtels et serveurs. Le menu, constitué de sept plats *(2)*, fut servi en 90 minutes.

(1) Le chiffre est parfois controversé. Selon les sources, il varie entre 21 000 et 29 000.

(2) Darne de saumon à la parisienne, Filet de bœuf* en Bellevue, Pain de caneton* de Rouen, Poularde* de Bresse rôtie, Ballottine* de faisan*Saint-Hubert, Salade Potel et Glace*... L'ensemble accompagné de près de 50 000 bouteilles de vin*.*

Source : Petit Parisien 1900 /Wikimedia Commons

Banquet des maires de France du 22 septembre 1900

■ BANYULS

French wine region | V.D.N* rouges, rosés et blancs produits en Languedoc-Roussillon, A.O.C.* depuis 1936 et reconnus A.O.P.* Dans le cadre de l'U.E. En fonction des conditions de production, de vieillissement, d'étiquetage et de date de mise sur le marché, sur le nom de l'appellation est obligatoirement complété par l'une des mentions suivantes : ***ambré, blanc, rosé, rimage*** ou ***traditionnel***.
Aire de production : communes de Banyuls, Cerbère, Port-Vendres et Collioure situées dans le sud des Pyrénées-Orientales, sur la côte méditerranéenne.
Superficie du vignoble : 830 ha.
Encépagement autorisé* pour l'appellation : Grenache noir*, Grenache gris*, Grenache blanc*, Maccabéo*, Tourbat*, Mourvèdre*, Muscat* à petits grains, Muscat d'Alexandrie, Carignan noir*, Cinsault*, Syrah*, Carignan blanc, Marsanne*, Roussanne*, Counoise*, Vermentino*,
Rendement à l'hectare* : 30 hl de moût*.
Richesse naturelle initiale en sucre : 252 g/litre au minimum.
Apport en alcool* pur : 5 à 10 % du volume de moût mis en œuvre, avec un alcool titrant au moins 96°.
Richesse alcoolique minimum acquise : 15 %.

■ BANYULS GRAND CRU

French wine region | V.D.N.* rouges produits selon des critères sensiblement identiques à ceux exigés pour l'appellation Banyuls*. Le nom de l'appellation peut être complété, sous certaines conditions, par les mentions ***dry, sec, brut, rancio*** ou ***hors d'âge***.
Les mentions *dry*, *sec* ou *brut* sont réservées aux vins dont la teneur en sucre résiduel, après élaboration et élevage, est inférieure ou égale à 54 g/litre.
La mention *rancio* peut être adjointe pour des vins qui ont subi un vieillissement en milieu oxydatif et qui ont pris un goût de « rancio ». La mention *hors d'âge* est réservée aux vins qui ont fait l'objet d'un élevage au moins jusqu'au 1er septembre de la 5ème année qui a suivi celle de la récolte.

■ BAR

Source : Photo BG

BASS (sea bass) | Poisson de mer de la famille des serranidés que l'on pêche dans les eaux agitées des secteurs côtiers de Bretagne et de Méditerranée *(1)*. Il est également élevé en aquaculture* marine.
Ce redoutable prédateur, qui mesure de 30 à 80 cm, est très apprécié pour sa chair fine et délicate.

(1) En Méditerranée, le bar est appelé "loup".

■ BARBADINE

GRANADILLA | *Voir* Fruits de la passion*.

■ BARBARESCO

Italian wine | Vins* rouges italiens issus essentiellement de cépage Nebbiolo. Ils sont produits dans le Piémont et bénéficient d'une D.O.C.G.*.

■ BARBAROSSA

Grape variety | Cépage* rose cultivé en Corse sur les aires d'appellation Ajaccio* et Vin de Corse*. Il s'agirait d'une dénomination insulaire du Barbaroux*.

■ BARBAROUX ou BARBARROUX

Ggrape variety | Cépage* rose originaire de Provence et cultivé dans cette région, notamment sur les aires d'appellation Cassis* et Côtes de Provence*. Les vins* produits sont légers et aromatiques.

■ BARBE-DE-CAPUCIN

Chicory | *Voir* Chicorée*.

■ BARBEREY

French cheese | Fromage* de lait* de vache fabriqué en Champagne. Il doit son nom à une localité de l'Aube, lieu de son affinage.
Type : pâte molle, croûte naturelle cendrée.
Forme : disque plat.
Taille : 11 cm de diamètre, 2,5 cm d'épaisseur.
Poids : 250 g.
Teneur en M.G. : 20 à 30 %.
Meilleures saisons : été, automne.

■ BARBOTTAGE

BARBOTTAGE | Cocktail* préparé au shaker.
1 cl de sirop de grenadine*
2 cl de jus de citron*
4 cl de jus d'orange*
5 cl de champagne*
Frapper la grenadine et les jus de fruits. Servir dans une flûte et compléter avec le champagne.

Source - Photo BG

Barbottage

■ BARBOUILLE (en)

BARBOUILLE (en) | Dénomination d'une préparation de volaille comportant une sauce* au vin* rouge et au sang. Le coq en barbouille est une spécialité berrichonne.

■ BARBUE

BRILL | Poisson de mer de la famille des pleuronectidés qui vit sur les fonds sableux de l'Atlantique. La chair de la barbue rappelle celle du turbot*.

■ BARDOLINO

Italian wine | Vins* rouges et rosés italiens issus essentiellement de cépages* Corvina Veronese et Rondinella. Ils sont produits autour du lac de Garde, en Vénétie, et bénéficient d'une D.O.C.*.

■ BARDOUIN (Henri)

Pastis productor | Pastis* fabriqué par les Distilleries et Domaines de Provence à Forcalquier, dans les Alpes-de-Haute-Provence. Se voulant un produit typiquement provençal, ce pastis qui titre 45° est élaboré à partir d'une cinquantaine de plantes et épices* *(1)* qui lui confère, à la dégustation, des notes aromatiques rafraîchissantes très marquées.

(1) Sauge, badiane*, centaurée, girofle*, fèves de Tonka*, cannelle*, cardamone*, etc.*

Source : Distilleries et Domaines de Provence

■ BARÈGES-GAVARNIE

French lamb | *Voir* ovin*.

■ BARIGOULE (à la)

Stuffed artichoke dish | Terme culinaire désignant des artichauts* farcis avec une duxelles* et du jambon* haché.

■ BAROLO

Italian wine | Vins* rouges italiens issus essentiellement de cépage Nebbiolo. Produits dans le Piémont, ils bénéficient d'une D.O.C.G.*.

■ BARON

Lamb cut | Pièce d'agneau* ou de mouton constituée de la selle anglaise* et des deux gigots*.

■ BAROQUE ou BARROQUE

Grape variety | Cépage* blanc probablement originaire de la région de Tursan dans le Sud-Ouest.
Aires de culture : dans les vignobles de Tursan* où il est un des cépages blanc principaux. On trouve également du Baroque dans l'élaboration du Floc de Gascogne*.
Vins* produits : blancs fruités et bien structurés.

■ BAROUSSE

French cheese | Fromage* de lait* de brebis fabriqué dans le Béarn. Il doit son nom à une petite région des Hautes-Pyrénées située dans sa zone de production.
Type : pâte pressée non cuite, croûte naturelle.
Forme : petite meule à bords convexes.
Taille : 20 à 22 cm de diamètre, 6 à 8 cm d'épaisseur.
Poids : 1,5 à 2 kg.
Teneur en M.G. : 45 % environ.
Meilleures saisons : printemps, été, automne.

■ BARSAC

French wine | Vins* blancs produits dans le Bordelais, A.O.C.* depuis 1936 et reconnus A.O.P.* dans le cadre de l'U.E.* Ces vins peuvent être commercialisés sous l'appellation Sauternes*. (Voir également Châteaux du Bordelais*.)
Aire de production : commune de Barsac, située au sud-est de Bordeaux.
Superficie du vignoble : 390 ha.
Encépagement autorisé* pour l'appellation : Sémillon*, Sauvignon* et Muscadelle*.
Rendement à l'hectare* : 25 hl (comme les Sauternes*, ces vins sont élaborés à partir de raisins arrivés à surmaturation).

■ BARTAVELLE

ROCK PARTRIDGE | *Voir* Perdrix*.

■ BAS-ARMAGNAC

BAS-ARMAGNAC |
a) Une des 3 zones constituant l'aire d'appellation Armagnac*. Elle est composée de certains cantons ou communes du Gers et des Landes situés au nord de l'Adour.
b) Eaux-de-vie* à A.O.C.* - les plus fines de la région - produites sur la zone "Bas-Armagnac" (voir critères de production à *Armagnac**).

■ BASILIC

Source : Adobe Stock

BASIL | Plante aromatique originaire de l'Inde. Son parfum, frais, pénétrant, légèrement anisé, est très prisé dans la cuisine méditerranéenne. Il est utilisé pour aromatiser les salades, les sauces*, les potages*, les pâtes, etc.

■ BASQUAISE (à la)

Basque style | Dénomination d'apprêts culinaires contenant généralement des tomates*, des poivrons*, des oignons* et du jambon* cru (en principe du jambon de Bayonne).

■ BATARDE (sauce)

Sauce | Sauce* à base de roux* blanc mouillé à l'eau, liée aux jaunes d'œufs*, beurrée, crémée et acidulée au jus de citron*.

■ BÂTARD-MONTRACHET

French wine | Vin* blanc produit en Bourgogne*, Grand Cru bénéficiant d'une A.O.C.* depuis 1939 et reconnu A.O.P.* dans le cadre de l'U.E.
Aire de production : parcelles délimitées des lieux-dits «Bâtard-Montrachet» - sur les communes de Chassagne-Montrachet et Puligny-Montrachet - et «Bienvenues» sur la commune de Puligny-Montrachet. La superficie totale de l'appellation est de 11,09 ha.
Encépagement autorisé* pour l'appellation : Chardonnay*.
Rendement à l'hectare* : 48 hl.

■ BATAVIA

BATAVIA LETTUCE | *Voir* Laitue*.

■ BAUDROIE

ANGLERFISH | *Voir* Lotte de mer*.

■ BAVAROIS

Source : Adobe Stock

BAVAROIS | Entremets* réalisé à partir d'une purée de fruit ou d'une crème anglaise* collée à la gélatine* et additionnée de crème fouettée sucrée ou de meringue* italienne.

■ BAVETTE

FLANK STEAK | Morceau de viande de bœuf* à grosses fibres prélevé dans l'abdomen de l'animal. On distingue *la bavette d'aloyau**, *la bavette de flanchet** et *la bavette à pot-au-feu**.

■ BEA DU ROUSSILLON

French potatoes | *Voir* Pomme de terre*.

■ BÉARN

French wine | Vins* rouges, rosés et blancs produits dans le Sud-Ouest, A.O.C.* depuis 1975 et reconnus A.O.P.* dans le cadre de l'U.E. Le nom de « Bellocq » peut être adjoint à l'appellation pour les vins récoltés sur les communes de Bellocq, Lahontan, Orthez et Saliès de Béarn.
Aire de production : 77 communes des Pyrénées-Atlantiques, 6 communes des Hautes-Pyrénées et 3 communes du Gers.
Superficie du vignoble : 259 ha.
Encépagement autorisé* pour l'appellation : Tannat*, Cabernet-Sauvignon*, Cabernet franc*, Fer*, Manseng noir*, Courbu noir*, Petit Manseng*, Gros Manseng*, Lauzet*, Camaralet*, Raffiat*, Sauvignon* et Courbu*.
Rendement à l'hectare* : 50 hl.

■ BÉARNAISE (sauce)

Sauce | Sauce* émulsionnée chaude confectionnée à partir d'une réduction d'échalotes* ciselées, estragon* et cerfeuil* hachés, vinaigre* et poivre mignonnette*. Après avoir été additionnée de jaunes d'œufs*, cette réduction est montée au beurre*. Passée à l'étamine, la sauce est terminée avec estragon et cerfeuil frais finement hachés.

■ BEAUFORT

French cheese | Fromage* de lait* de vache fabriqué en Savoie. A.O.C.* depuis 1968 et reconnu A.O.P.* dans le cadre de l'U.E. Il doit son nom à la vallée de Beaufort, sa région d'origine. L'aire d'appellation s'étend sur 111 communes de Savoie et 2 communes de Haute-Savoie.
Ce fromage, de la famille des gruyères, porte sur le talon le terme "Beaufort" et une marque de caséine bleue de forme elliptique qui indique le numéro de l'atelier de fabrication.
Type : pâte pressée cuite.
Forme : grosse meule plate à talon convexe.
Taille : 35 à 75 cm de diamètre, 11 à 16 cm d'épaisseur.
Poids : 20 à 70 kg (le poids moyen allant de 40 à 45 kg).
Teneur en M.G. : 48 % au minimum.
Meilleures saisons : hiver, printemps, été.

Aire géographique de l'A.O.C Beaufort

■ BEAUJOLAIS

French wine | Vins* rouges, blancs et rosés produits dans le sud de la Bourgogne, A.O.C.* depuis 1937 et reconnus A.O.P.* dans le cadre de l'U.E.
Aire de production : 96 communes du sud de la Saône-et-Loire et du nord du Rhône situées entre Mâcon et Lyon.
Superficie du vignoble : 5 545 ha.
Encépagement autorisé* pour l'appellation : Gamay*, Chardonnay*, Aligoté*, Gamay de Bouze*, Gamay de Chaudenay*, Melon de Bourgogne*, Pinot gris*, Pinot noir*.
Rendement à l'hectare* : 68 hl pour les vins blancs et 60 hl pour les vins rouges et rosés.

■ BEAUJOLAIS NOUVEAU ou BEAUJOLAIS PRIMEUR

French wine | *Voir* Vin de primeur*.

■ BEAUJOLAIS SUPERIEUR

French wine | Vins* rouges produits sur des parcelles sélectionnées selon des critères proches de ceux requis pour l'appellation Beaujolais*.
Superficie du vignoble : 80 ha.
Rendement à l'hectare* : 58 hl.

■ BEAUJOLAIS-VILLAGES ou BEAUJOLAIS suivi du nom de la commune d'origine *(1)*

BEAUJOLAIS-VILLAGES or BEAUJOLAIS followed by the name of the area of origin | Vins* rouges, blancs et rosés produits dans 38 communes situées dans la partie nord de l'aire délimitée de l'appellation Beaujolais* *(2)*. A.O.C.* depuis 1937 et reconnus A.O.P.* dans le cadre de l'U.E.
Superficie du vignoble : 4 210 ha.
Encépagement autorisé* pour l'appellation : identique à l'A.O.C. Beaujolais[1].
Rendement à l'hectare* : 66 hl pour les vins blancs, 58 hl pour les vins rouges et rosés.

(1) Cette possibilité n'est pas autorisée pour ceux des communes de Chénas, Chiroubles, Fleurie, Juliénas, Régnié-Durette et Villié Morgon, afin de ne pas prêter à confusion avec le nom de ces crus.

Source : Doc. inter Beaujolais

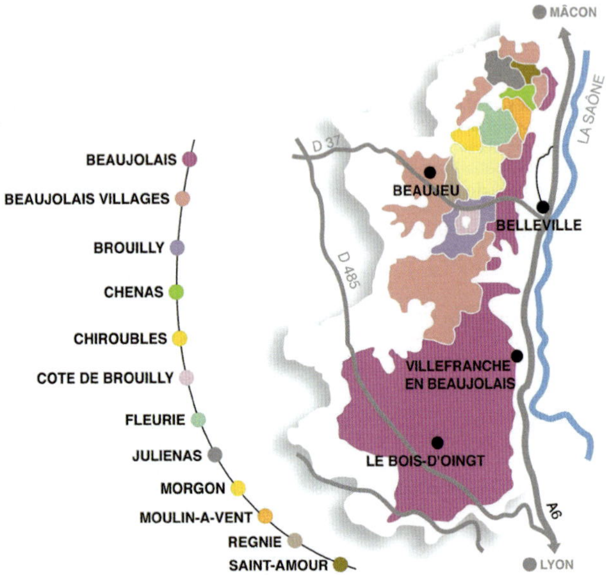

Carte du vignoble du Beaujolais

(2) Les Ardillats, Beaujeu, Blacé, Cercié, Charentay, Chénas, Chiroubles, Denicé, Émeringes, Fleurie, Juliénas, Jullié, Lancié, Lantignié, Marchampt, Montmelas-Saint-Sorlin, Odenas, Le Perréon, Quincié-en-Beaujolais, Régnié-Durette, Rivolet, Saint-Didier-sur-Beaujeu, Saint-Étienne-des-Oullières, Saint-Étienne-la-Varenne, Saint-Julien, Saint-Lager, Salles-Arbuissonnas-en-Beaujolais, Vaux-en-Beaujolais, Vauxrenard, Villié-Morgon, Chânes, La Chapelle-de-Guinchay, Leynes, Pruzilly, Romanèche-Thorins, Saint-Amour-Bellevue, Saint-Symphorien-d'Ancelles, Saint-Vérand.

■ BEAUMES-DE-VENISE

French wine | Vins* rouges * produits dans la Vallée du Rhône au nord de Carpentras, A.O.C.* depuis 2005 et reconnus A.O.P.* dans le cadre de l'U.E.
Aire de production : Communes de Beaumes-de-Venise, Lafare, Suzette et La Roque-Alric.
Superficie du vignoble : 635 ha.
Encépagement autorisé* pour l'appellation : Grenache*, Syrah*, Bourboulenc*, Vaccarèse*, Carignan*, Cinsault*, Clairette*, Clairette rose*, Counoise*, Grenache gris*, Grenache blanc*, Marsanne*, Mourvèdre*, Muscardin*, Picpoul blanc*, Picpoul noir*, Roussanne*, Terret noir*, Ugni blanc*, Viognier*.
Rendement à l'hectare* : 38 hl.

■ BEAUMONT

French cheese | Fromage* de lait* de vache fabriqué en Savoie. Créé par J. Girod dans les années 1880, il tire son nom d'une localité qui est son village d'origine.
Type : pâte pressée non cuite.
Forme : disque épais.
Taille : 20 cm de diamètre, 4 à 5 cm d'épaisseur.
Poids : 1,5 kg environ.
Teneur en M.G. : 50 %.
Meilleures saisons : été, automne.

■ BEAUNE

French wine | Vins* rouges et blancs produits en Bourgogne*, A.O.C.* depuis 1936 et reconnus A.O.P.* dans le cadre de l'U.E. Pour les vins dont les récoltes proviennent de parcelles classées « Premier cru », l'appellation communale peut être complétée par le nom du climat* d'origine *(1)* et (ou) par la mention « Premier Cru ».
Aire de production : commune de Beaune, en Côte-d'Or.
Superficie du vignoble : 410 ha (dont 360 ha en vins rouges et 50 ha en vins blancs).
Encépagement autorisé* pour l'appellation : Pinot noir*, Pinot Gris*, Chardonnay* et Pinot blanc*.
Rendement à l'hectare* : 50 hl pour les vins rouges (48 hl pour les Premiers crus), 57 hl pour les vins blancs 55 hl pour les Premiers crus).

(1) A l'Ecu, Aux Coucherias, Aux Cras, Champs-Pimont, Clos-du-Roi, En Genêt, En l'Orme, La Mignotte, Le Bas-des-Theurons, Le Clos de la Mousse, Le Clos-des-mouches, Les Aigrots, Les Avaux, Les Blanches-Fleurs, Les Boucherottes, Les Bressandes, Les Cent-Vignes, Les Chouacheux, Les Epenottes,

Les Fèves, Les Grèves, Les Marconnets, les Montrevenots, Les Perrières, Les Reversées, Les Sizies, Les Teurons, Les Tous-saints, Les Vignes-Franches, Montée-Rouge, Per-Tuisots, Sur-les Grèves, Clos Landry, Clos des Ursules, Les Tuvilains, Bellisand, Les Seurey, Les Sceaux, Clos de l'Ecu, Clos de la Féguine, Clos des Avaux et Sur les Grèves-Clos Saint Anne.

■ BEAUNOIS
Grape variety | Autre dénomination du cépage* Chardonnay* en Bourgogne.

■ BÉCASSE

WOODCOCK | Petit gibier migrateur dont la chasse est réglementée et la commercialisation interdite. Cet oiseau d'environ 600 g possède une chair très appréciée des gourmets. Il se prépare rôti, en salmis*, en pâté… Traditionnellement, certains amateurs cuisent l'animal sans le vider. En effet, à chaque envol, la bécasse se débarrasse de tout excrément.

■ BECFIGUE ou BEGUINETTE
BEGUINETTE (bird) | Petit passereau des régions méditerranéennes, aujourd'hui classé en espèce protégée.

■ BÉCHAMEL (sauce)
Sauce | Sauce* à base de roux* blanc mouillé au lait* et qui peut éventuellement être additionnée d'éléments aromatiques tels que brindilles de thym* ou oignons* ciselés.
La création de cette sauce est généralement attribuée au Marquis de Béchamel (ou Béchameil), mais il est plus vraisemblable qu'elle soit issue de l'imagination d'un cuisinier de la famille du Marquis.

■ BEERENAUSLESE
German language wine | *Voir* Qualitätswein mit Prädikat*.

■ BEGUIGNOL ou BEQUIGNOL
Grape variety | Cépage* noir cultivé dans la région bordelaise et produisant des vins* rouges légers et peu tanniques.

■ BEIGNET
FRITTERS | Préparation ayant pour base un élément cru ou cuit, salé ou sucré et enrobé d'une pâte *(1)* avant d'être frit.
(1) La pâte à frire est la plus couramment utilisée mais peut également être employée, selon l'élément de base, la pâte à brioche* ou la pâte à choux*.*

■ BEL PAESE
Italian cheese | Fromage* de lait* de vache fabriqué en Italie. Il tire son nom, marque commerciale, du titre d'un livre de l'abbé Stoppani *(1)*.
Type : pâte pressée non cuite.
Forme : disque épais.
Taille : 20 cm de diamètre, 5 cm d'épaisseur.
Poids : 2 kg environ.
Teneur en M.G. : 50 %
Qualité identique toute l'année.
(1) Antonio Stoppani, prêtre, professeur de géologie et écrivain du 19ème siècle.

■ BELLE HÉLÈNE (poire)
Dessert | Dessert composé d'une poire* pochée *(1)* dressée sur de la glace* vanille* et nappée de sauce au chocolat*. Il doit son nom à la célèbre opérette d'Offenbach créée en 1864.
(1) Ce dessert est traditionnellement préparé avec une poire williams, mais il existe des variantes réalisées avec des abricots ou des pêches*.*

■ BELLET ou VIN DE BELLET
French wine | Vins* rouges, rosés et blancs produits sur la Côte d'Azur, A.O.C.* depuis 1941 et reconnus A.O.P.* dans le cadre de l'U.E.
Aire de production : plusieurs lieux-dits situés à l'ouest de la commune de Nice.
Superficie du vignoble : 50 ha.
Encépagement autorisé* pour l'appellation : Braquet*, Folle noire*, Cinsault*, Grenache*, Roussan*, Vermentino*, Blanqueiron, Clairette*, Mayorquin*, Bourboulenc*, Chardonnay*, Muscat* à petits grains.
Rendement à l'hectare* : 40 hl.

■ BELLINI
BELLINI | Cocktail* préparé directement dans une flûte ou un verre à champagne.
4 cl de nectar de pêche*.
8 cl de champagne*.

■ BELLOCQ
Basque cheese | Fromage* de lait* de brebis fabriqué dans le Pays Basque. Il tire son nom du monastère de Bellocq, lieu de sa création par des moines.
Type : pâte pressée non cuite.
Forme : meule plate à talon convexe.
Taille : 35 cm de diamètre, 8 cm d'épaisseur.
Poids : 5 kg environ.
Teneur en M.G. : 45% en moyenne.
Meilleures saisons : hiver, printemps, automne.

■ BELVAL ou TRAPPISTE DE BELVAL

French cheese | Fromage* de lait* de vache élaboré en Picardie. Il doit sa dénomination à la localité éponyme où est situé le monastère qui le fabrique.
Type : pâte pressée non cuite.
Forme : disque épais.
Taille : 22 à 25 cm de diamètre, 4 à 5 cm d'épaisseur.
Poids : 2 kg environ.
Teneur en M.G. : 45 %.
Meilleure saison : de Pâques à Noël.

■ BÉNÉDICTINE

Liqueur | Liqueur* à base de plantes et d'épices* fabriquée à Fécamp, en Seine-Maritime.
L'histoire de la Bénédictine commence à la Renaissance lorsqu'en 1510, Dom Bernardo Vincelli, moine bénédictin à l'abbaye de Fécamp, élabore un élixir de santé composé de 27 plantes ou épices* dont l'hysope*, l'angélique*, le thé*, la mélisse*, la myrrhe*, le clou de girofle*, la noix de muscade*, le safran*, la vanille* et la coriandre*. Les bénédictins continueront à élaborer l'élixir jusqu'à la fermeture de l'abbaye en 1791.
Plus tard, en 1863, un négociant local, Alexandre Le Grand, retrouve la recette du spiritueux* et décide de relancer sa production sous le nom de "Bénédictine", en hommage au moine créateur. Il porta même sa devise sur les bouteilles : D.O.M. (Déo Optimo Maximo).
Aujourd'hui la société élabore 2 liqueurs : la Bénédictine classique (40°) et la B and B (titrant également 40°). Cette dernière intègre du cognac* dans sa fabrication.

■ BERCE

COW PARSNIP (hogweed) | Plante herbacée aromatique au parfum d'agrume* dont on utilise les jeunes tiges, les inflorescences et les feuilles. Les racines peuvent être employées comme condiment*.
Recueillie le long des talus, sur le bord des chemins et dans les prairies, la *Berce commune* ou *Grande berce*, comestible, ne doit pas être confondue avec la *Berce du Caucase*, toxique, dont le contact avec la sève, combiné avec une exposition à la lumière, peut causer les lésions cutanées persistantes semblables à des brulures.

■ BERCY (sauce)

Sauce |
a) Sauce* réalisée à partir d'échalotes* ciselées revenues au beurre*, mouillées au vin* blanc et au fumet de poisson. Après réduction, elle est additionnée de velouté* de poisson et finie au beurre et au persil* haché.
b) Même principe que la sauce précédente mais le mouillement se fait avec une sauce espagnole*.

■ BERGAMOTE

BERGAMOT | Agrume* ayant l'aspect d'une petite orange jaune. La bergamote est immangeable en l'état car sa pulpe est trop acide et trop amère. On extrait de l'écorce une essence employée en confiserie et en parfumerie. Le zeste* s'utilise en pâtisserie.

■ BERGAMOTE DE NANCY

Confectionery | Confiserie nancéienne fabriquée à partir de sucre* cuit aromatisé à l'essence naturelle de bergamote*. Créé à la fin du 19ème siècle, ce bonbon bénéficie d'une I.G.P* depuis 1996.

■ BERGER

Anisette | Marque d'anisés* créée en Suisse en 1830 par C.F. Berger. Plus tard, l'entreprise viendra s'installer à Marseille. Basé aujourd'hui à Lieusaint, en Seine-et-Marne, Berger produit plusieurs spiritueux dont le *Berger blanc* et un *pastis* traditionnel* (titrant tous les deux 45°) ainsi qu'une *anisette** à 25°.

■ BERGERAC

French wine region | Vins* rouges, rosés et blancs produits en Dordogne, A.O.C.* depuis 1936 et reconnus A.O.P.* dans le cadre de l'U.E.
Aire de production : 90 communes de l'arrondissement de Bergerac.
Superficie du vignoble : 8 500 ha (7 200 ha et rouges et rosés et 1 300 ha en blancs).
Encépagement autorisé* pour l'appellation : Cabernet-Sauvignon*, Cabernet franc*, Merlot*, Côt* ou Malbec*, Fer Servadou*, Merille* ou Périgord*, Sémillon*, Sauvignon*, Muscadelle*, Chenin*, Ondenc* et Ugni blanc*.
Rendement à l'hectare* : 60 hl pour les vins rouges, 62 hl pour les vins rosés et 67 hl pour les vins blancs.
Pour les vins blancs, le terme « sec » doit être mentionné (teneur maximale en sucre résiduel : 4 g/litre).

■ BERGUES

French cheese | Fromage* de lait* de vache fabriqué dans le Nord. Il doit son nom au chef-lieu de canton, lieu d'origine de son élaboration et de sa commercialisation.
Type : pâte molle à croûte lavée.
Forme : disque épais ou boule aplatie.
Taille : 16 à 20 cm de diamètre, 4 à 5 cm d'épaisseur.
Poids : 2 kg environ.
Teneur en M.G. :10 à 20 %.
Meilleure saison : de mars à décembre.

■ BERLINGOTS DE CARPENTRAS

Confectionery | Confiserie de forme tétraédrique *(1)* créée vers 1850 dans cette sous-préfecture du Vaucluse. Les berlingots sont réalisés à partir de sucre* cuit transparent ou coloré, aromatisé à la menthe* poivrée.

(1) Le tétraèdre est une pyramide à base triangulaire.

■ BERNARD-L'ERMITE

HERMIT CRAB | Crustacé qui a la particularité de loger son abdomen fragile et peu protégé dans la coquille vide d'un gastéropode *(1)*. Le bernard-l'ermite, appelé aussi *pagure*, se prépare comme la crevette*.

(1) Mollusque rampant sur un pied central.

■ BERNIQUE ou BERNICLE

LIMPET or BARNACLE | Petit gastéropode *(1)* marin doté d'une coquille en forme de tronc de cône de 3 à 6 cm de diamètre. La bernique, également appelée *patelle*, se consomme crue ou cuite.

(1) Mollusque rampant sur un pied central.

■ BÊTE DE COMPAGNIE

MATURE BOAR | *Voir* Sanglier*.

■ BÊTE NOIRE

BLACK BOAR | *Voir* Sanglier*.

■ BÊTE ROUSSE

YOUNG BOAR | *Voir* Sanglier*.

■ BETHMALE

French cheese | Fromage* de lait de vache fabriqué dans le Comté de Foix. Il tire son nom d'un village ariégeois situé dans sa zone de production.

Type : pâte pressée non cuite.
Forme : meule plate à talon convexe.
Taille : 30 à 40 cm de diamètre, 6 à 8 cm d'épaisseur.
Poids : 5 à 7 kg. Teneur en M.G. : 45 à 50 %.
Meilleures saisons : automne, hiver, printemps.

■ BÉTISES DE CAMBRAI

Confectionery | Confiserie traditionnellement parfumée à la menthe* qui serait née de la maladresse d'un apprenti ayant mal dosé les ingrédients d'une préparation de bonbons. Depuis 1850, les maisons Afchain et Despinoy se disputent la paternité de la création. En1994, les Bêtises de Cambrai ont été inscrites au Patrimoine Culturel Immatériel de l'Humanité.

Source : M. Rougemont/Cedus

■ BETTE ou BLETTE

SWISS CHARD | Plante potagère originaire d'Asie dont on consomme les tiges et les feuilles. Quand on cultive la bette pour le limbe (partie

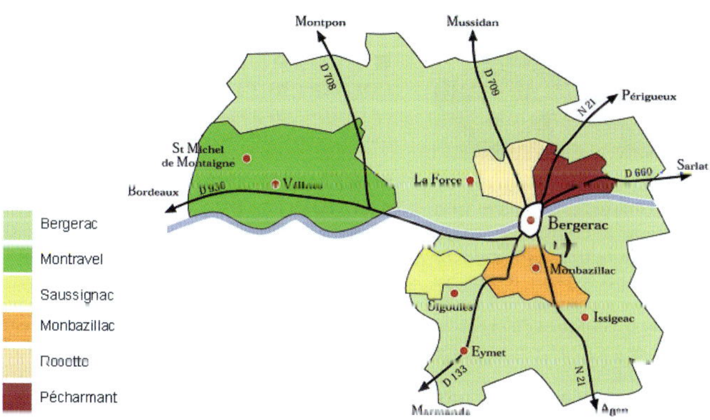

Aires des appellations de la région de Bergerac

Source : Doc. CIVRB

verte des feuilles), elle peut prendre le nom de *Poirée*. Si on recherche plutôt les nervures principales elle est appelée *Carde*.
Parmi les variétés les plus courantes, citons : *la Carde de Lyon* et *la Carde du Chili* ou *Poirée amère*.
Les côtes de bette se mangent cuites (au beurre*, en gratin, au jus…) alors que les limbes se cuisent à la vapeur ou sont pochés pour entrer dans les tourtes*, omelettes*, gnocchi*, etc.

■ BETTELMAN

Alsatian entremets | Spécialité alsacienne qui se présente sous forme d'entremets fabriqué à partir de pains au lait* rassis, sucre*, jaunes d'œufs*, dés d'oranges*confites, cerises*, kirsch* et blancs d'œufs en neige.

■ BETTERAVE ROUGE

RED BEET (beetroot) | Plante potagère originaire d'Afrique du Nord dont on consomme la racine charnue, sucrée et très colorée.
La betterave rouge se mange parfois crue (râpée) mais le plus souvent cuite (froide avec une sauce vinaigrette* ou chaude comme élément de garniture).
Principales variétés : *Globe, Action, Bolivar, Monopoly, Cylindra, Noire d'Egypte, Crapaudine…*

■ BEUGNONS

Fritters | Beignets* berrichons réalisés à partir de pâte levée façonnée en petites couronnes qui sont frites dans l'huile*.

■ BEURRE

Source : Adobe Stock

BUTTER | Corps gras obtenu par barattage de crème de lait* de vache *(1)* maturée. Il faut environ 22 litres de lait pour obtenir la crème nécessaire à la fabrication d'un kilo de beurre qui contient 82 % de matières grasses (80 % pour le beurre salé). Le Français consomme en moyenne 8 kg de beurre par an. Les qualités spécifiques de certains beurres ont donné naissance à 3 A.O.C.* reconnues A.O.P.* dans le cadre de l'U.E.
Le Beurre Charentes-Poitou (depuis 1979) produit sur un territoire englobant les départements de la Vendée, des Deux-Sèvres, de la Vienne, de la Charente et de la Charente-Maritime. A cette Appellation peut être substituée celle de ***Beurre des Charentes,*** pour les beurres élaborés dans les départements de la Charente ou de la Charente-Maritime, ou celle de ***Beurre des Deux-Sèvres,*** pour les beurres fabriqués dans le département des Deux- Sèvres.
Le Beurre d'Isigny (depuis 1986) produit sur une aire constituée de 93 communes de la Manche et de 82 communes du Calvados situés à proximité d'Isigny et de Saint-Lô.
Le Beurre de Bresse (depuis 2012) produit sur une aire comprenant de nombreuses communes de l'Ain, du Jura et de la Saône-et-Loire.
Les beurres sont commercialisés sous différentes dénominations :
Beurre cru (obtenu à partir de lait ou de crème n'ayant subi aucun traitement thermique).
Beurre pasteurisé (obtenu à partir d'un composant ayant subi un traitement thermique au moins équivalent à la pasteurisation*).
Beurre demi-sel (contient entre 0,5 et 3 % de sel*. Pour les A.O.C. maximum 2 %).
Beurre salé (contient plus de 3 % de sel, avec une moyenne de 5 %).
Beurre concentré (contient 99,8 % de matières grasses).
Beurre cuisinier (contient 96 % de matières grasses).
Beurre allégé (contient entre 60 et 62 % de matières grasses).
Beurre léger (contient entre 39 et 41 % de matières grasses).
(1) Si en France le beurre est fabriqué à partir de lait de vache, d'autres pays utilisent couramment du lait de chèvre, de brebis, de bufflonne, de chamelle, d'ânesse, de jument, etc.

■ BEURRE BLANC

Sauce | Sauce* émulsionnée chaude réalisée à partir d'une réduction d'échalotes* ciselées, vin* blanc et vinaigre* additionnée de beurre* incorporé au fouet.

■ BEURRE COLBERT

COLBERT BUTTER | Beurre composé constitué de beurre* en pommade, jus de citron*, estragon* haché, glace de viande*, sel* et poivre*.

■ BEURRE D'ANCHOIS

ANCHOVIES BUTTER | Beurre composé constitué de beurre* en pommade, purée de filets d'anchois*, sel* et poivre*.

■ BEURRE D'ESCARGOTS

SNAIL BUTTER | Beurre composé constitué de beurre* en pommade, persil* haché, échalote* et ail* finement ciselés, sel* et poivre*.

■ BEURRÉ HARDY

Pear | *Voir* Poire*.

■ BEURRE HÔTELIER

HÔTELIER BUTTER | Beurre composé constitué de beurre* en pommade, persil* haché, jus de citron*, duxelles*, sel* et poivre*.

■ BEURRE MAÎTRE D'HÔTEL

MAÎTRE D'HÔTEL BUTTER | Beurre composé constitué de beurre* en pommade, jus de citron*, persil haché*, sel* et poivre*.

■ BEURRE MANIÉ

KNEADED BUTTER | Beurre* frais ramolli travaillé en quantité égale avec de la farine*. Le beurre manié est employé pour réaliser une liaison lors de la finition d'une sauce*.

■ BEURRE NOISETTE

BROWN BUTTER | Beurre* cuit jusqu'à ce qu'il atteigne une coloration rappelant la teinte de la noisette*.

■ BEURRE SUZETTE

Sauce | Beurre composé constitué d'un beurre en pommade* additionné de jus d'orange*, Grand Marnier*, cognac*, sucre*, zestes* d'orange* et de citron*. Le beurre Suzette est employé pour préparer les crêpes Suzette*.

■ BIANCO GENTILE

Grape variety | Cépage* blanc spécifique à la Corse qui produit des vins* plaisants avec des notes d'agrumes et de fruits exotiques.

■ BICHE

BICHE | *Voir* Cerf*.

■ BICOT

KID | Autre dénomination du chevreau*.

■ BIENVENUES-BÂTARD-MONTRACHET

French wine | Vin* blanc produit en Bourgogne*, Grand Cru bénéficiant d'une A.O.C.* depuis 1939 et reconnu A.O.P.* dans le cadre de l'U.E.

Aire de production : parcelles délimitées du lieu-dit « Bienvenues » - sur la commune de Puligny-Montrachet - d'une superficie totale de 3,70 ha.

Encépagement autorisé pour l'appellation : Chardonnay*.

Rendement à l'hectare* : 48 hl.

■ BIÈRE

BEER | Boisson gazeuse plus ou moins alcoolisée *(1)* obtenue par fermentation d'un moût* à base de malt (orge* germée) et parfumée au houblon*. Il semblerait que la bière soit originaire de Mésopotamie où l'on fabriquait, quatre millénaires avant J.C., des boissons fermentées à base de grains. À l'epoque pharaonienne, les Egyptiens produisaient une bière qu'ils appelaient "vin d'orge". Les Gaulois consommaient la cervoise*...

Aujourd'hui la bière est présente sur tous les continents. Les principaux producteurs demeurent cependant la France, l'Allemagne, la Belgique, la Grande-Bretagne, l'Irlande, la Hollande, le Danemark, certains Pays d'Europe centrale et les Etats-Unis. Le Français consomme en moyenne 30 litres de bière par an.

Il existe de nombreux types de bières mais les phases essentielles d'élaboration sont les suivantes :

Le maltage : trempage de l'orge pendant 2 à 3 jours. Suit une germination pour obtenir un "malt vert" qui subit un touraillage, opération au cours de laquelle les graines sont séchées et chauffées. Selon l'intensité du touraillage il en résulte un malt plus ou moins coloré qui donnera une bière blonde, rousse ou brune.

Le brassage : après avoir été broyé, le malt est mélangé à de l'eau chaude. Sous une action enzymatique, l'amidon se transforme en sucre. Une filtration va débarrasser le malt d'éléments indésirables (les drêches). Le moût obtenu est alors porté à ébullition avec des fleurs de houblon. L'houblonnage confère amertume et arômes typiques à la bière.

La fermentation : le moût refroidi est ensemencé de levures pour commencer une fermentation alcoolique*. On distingue 2 types de fermentation : la fermentation basse - 7 à 12 °C pendant 7 jours qui donne des bières classiques ; et la fermentation haute – 15 à 20 °C pendant 3 ou 4 jours – qui donne des bières fruitées.

À l'issue de la fermentation, la bière est conservée pendant 3 à 4 mois en cave de garde à une température voisine de 0 °C. Elle est finalement filtrée avant d'être conditionnée en bouteilles, en boîtes ou en fûts.

Source : Doc. Scutzenberger

Brasserie alsacienne

La bière "pression" est servie en verres ou en chopes de différentes contenances :
- Le Bock ou le Galopin : 12,5 cl.
- Le Demi : 25 cl.
- Le Distingué ou le Baron : 50 cl.
- La Pinte : ⅛ de gallon *(2)*.
- Le Parfait : 1 litre.
- Le Sérieux : 2 litres.
- Le Formidable : 3 litres.

(1) Selon le type, de 2,5° à parfois plus de 10°.
(2) Les gallons anglais et canadien sont égaux à 4,546 litres. Le gallon américain équivaut à 3,785 litres.

■ BIÈRE DE MARS
MARCH BEER | Bière* légère, fraîche et très aromatique mise sur le marché au printemps. Elle est élaborée avec l'orge* d'été et le houblon* d'automne avant de mûrir en garde durant l'hiver.

■ BIÈRE SANS ALCOOL
ALCOHOL-FREE BEER | Bière* dont la teneur en alcool n'excède jamais 1,2° *(1)*.
Deux techniques sont utilisées pour fabriquer ce type de bière. La première consiste à réaliser une véritable fermentation, très brève, stoppée par un refroidissement. La seconde, appelée "osmose inverse", est basée sur l'extraction des particules d'éthanol *(2)* d'une bière courante par passage dans un filtre à fine membrane.
(1) Selon la législation française, les boissons appartenant au 1er groupe, dites "sans alcool", sont définies comme ne comportant pas de traces d'alcool supérieures à 1,2° (ou 1,2 %).
(2) Synonyme d'alcool éthylique.

■ BIFTECK ou BEEFSTEAK
BEEFSTEAK | *Voir* Steak*.

■ BIGARADE ou BIGARRADE (fruit)
Orange | Variété d'orange* dont la chair, acide et amère, n'est pas consommable. L'écorce de cet agrume fournit un zeste* très parfumé employé pour la fabrication de liqueurs*. La fleur du bigaradier produit une essence, *le néroli*, ainsi que l'eau de fleur d'oranger*.

■ BIGARADE ou BIGARRADE (sauce)
Sauce | Sauce* réalisée avec un fond de sauce* de canard réduit, jus et zestes* d'orange* et de citron*. Liaison à l'arrow-root*.

■ BIGARREAU
Cherry | *Voir* Cerise*.

■ BIGORNEAU
PERIWINKLE (winkle) | Petit gastéropode *(1)* marin dont la coquille brune de 2 à 3 cm rappelle celle de l'escargot*. Le bigorneau vit sur les fonds côtiers rocheux ou à herbiers de Bretagne, de Normandie et de Méditerranée. Après avoir été poché, il se consomme froid, diversement accompagné.
(1) Mollusque rampant sur un pied central.

■ BI-MÉTAL
BIMETALLIC | Récipient en cuivre dont l'intérieur est revêtu d'étain ou d'inox. Hormis l'utilisation traditionnelle comme ustensile de cuisson en cuisine, ce type de matériel est employé au restaurant pour réaliser des flambages ou des finitions devant le client.

■ BIOVIVE
French mineral water | Eau minérale* plate captée à Dax dans les Landes.
Catégorie : faiblement minéralisée.

Composition physico-chimique (en mg/l)	
Cations	Anions
Sodium : 18,6 Calcium : 42 Magnésium : 3,8 Potassium : 2,4	Bicarbonates : 157,3 Chlorures : 17,1 Sulfates : 14,9 Nitrates : 0
pH à 20°C : 7,7 Minéralisation totale : 193,7 mg/l	

■ BIREWECK
Alsatian pastry | Pâtisserie alsacienne réalisée à partir de pâte levée parfumée au kirsch* et additionnée de fruits frais, fruits confits* et fruits secs.

■ BIRLOU
Spirits | Spiritueux* à base de pomme* et de châtaigne* titrant 20°. Il est fabriqué depuis 2000 au Veinazès, petite localité du Cantal.

■ BISCUIT DE REIMS
REIMS COOKIE (biscuit) | Biscuit croquant de couleur rose créé en 1690. Cette spécialité rémoise est appréciée pour accompagner la dégustation du champagne*.

■ BISCUIT DE SAVOIE
SAVOIE COOKIE (biscuit) | Gâteau fabriqué à partir d'œufs*, sucre*, farine* et fécule*. Le fait que les blancs des œufs soient montés en neige confère à la préparation une certaine légèreté.

■ BISMARCK
HERRING | *Voir* Hareng*.

■ BISQUE
BISQUE | Potage* généralement préparé avec un coulis* de crustacés (homard*, écrevisse*, crabe*, langoustine*...) relevé de cognac* et de vin* blanc.

■ BITRY
French cheese | Fromage* de lait* de chèvre fabriqué dans l'Orléanais et le Nivernais. Il tire son nom d'un village de Puisaye situé dans son aire de production.
Type : pâte molle, croûte naturelle.
Forme : tronconique.
Taille : 8 cm de diamètre de base, 5 cm d'épaisseur.
Poids : 250 g en moyenne.
Teneur en M.G. : 45 % environ.
Meilleures saisons : printemps, été, automne.

■ BITTER
BITTER | A.B.A.* (Apéritif à Base d'Alcool) élaboré à partir de substances végétales amères *(1)*, le terme "bitter" signifiant d'ailleurs "amer" en allemand et en anglais.
Souvent d'origine médicinale, les bitters sont classés en 4 catégories :
- ***Les amers clairs,*** de couleur rouge (ex : Campari*).
- ***Les goudrons,*** de couleur brune obtenue par caramélisation (ex : Amer Picon*, Fernet Branca*).
- ***Les amers concentrés,*** très colorés, avec une teneur alcoolique élevée (ex : Angostura*).
- ***Les bitters sans alcool.***

(1) Gentiane, écorces d'oranges* amères, quinquina*, coriandre*, etc.*

■ BLACK-BASS
BLACK BASS | Poisson d'eau douce de la famille des centrarchidés qui mesure de 30 à 40 cm de longueur et pèse jusqu'à 3 kg. Originaire des Etats-Unis et appelé également *perche américaine,* le black-bass fut introduit en France au 19ème siècle. Sa chair, fine et pauvre en arêtes, est peu connue en cuisine.

■ BLACK COD
BLACK COD | Autre dénomination de la charbonnière commune*.

■ BLACK RUSSIAN
BLACK RUSSIAN | Cocktail* (digestif) préparé sur glace directement dans un verre à old fashioned.
2 cl de liqueur de café*.
5 cl de vodka*.

Source : Adobe Stock

■ BLAGNY
French wine | Vins* rouges produits en Bourgogne*, A.O.C.* depuis 1937 et reconnus A.O.P.* dans le cadre de l'U.E. Pour les vins dont les récoltes proviennent de parcelles classées «Premier cru», l'appellation communale peut être complétée par le nom du climat* d'origine *(1)* et (ou) par la mention « Premier Cru ».
Aire de production : communes de Meursault et de Puligny-Montrachet, situées au sud-ouest de Beaune.
Superficie du vignoble : 3,38 ha.
Encépagement autorisé* pour l'appellation : Pinot noir*, Chardonnay*, Pinot blanc* et Pinot gris*.
Rendement à l'hectare* : 50 hl (48 hl pour les Premiers crus).

(1) La Jeunellotte, La Pièce sous le Bois, Sous le Dos d'Ane, Sous Blagny, Sous le Puits, La Garenne ou Sur la Garenne, Hameau de Blagny.

■ BLANC (Georges)
French Chef | Né en 1943 à Bourg-en-Bresse, ce cuisinier français est issu d'une famille de restaurateurs installée à Vonnas (Ain) depuis 1872. Après de brillantes études à l'Ecole hôtelière de Thonon-les-Bains, dont il sort major de promotion en 1962, il se perfectionne dans les grandes maisons avant de revenir dans l'affaire familiale en 1965. Professionnel talentueux et novateur, il connaît la réussite avec notamment un titre de M.O.F. * en 1976 et une 3ème étoile

Source : Photo Pascal Murada

au Guide Michelin* en 1981. Chef d'entreprise dynamique, gestionnaire avisé, Georges Blanc est aussi un grand défenseur des produits de sa région ; il préside d'ailleurs aux destinées du Comité Interprofessionnel de la Volaille de Bresse *(1)*. Passionné par l'écriture, la communication et soucieux de la transmission du savoir, ce grand Chef est aussi l'auteur d'une douzaine d'ouvrages dédiés à l'art culinaire.

(1) Voir Poulet Chapon *et Poularde*.*

■ BLANC DAME
Grape variety | Cépage* blanc originaire du Sud-Ouest et cultivé sur de faibles superficies dans l'aire d'appellation Armagnac*.
Vins* produits : blancs souples et légers.

■ BLANC DE BLANCS
French wine | Dénomination d'un vin* blanc, plus particulièrement un vin blanc effervescent* tel que le champagne*, élaboré uniquement à partir de cépage(s)* blanc(s).

■ BLANC DE NOIRS
French wine | Dénomination d'un vin* blanc. Le plus souvent un vin blanc effervescent* tel que le champagne*, obtenu uniquement à partir de cépage(s)* rouges(s) à pulpe blanche. Ce type de vinification* implique un pressurage rapide des baies du raisin et une fermentation sans les pellicules afin d'éviter l'action colorante des anthocyanes*.

Source : Photo BG

Raisin de cépage rouge à pulpe blanche

■ BLANC FUMÉ
Grape variety | Autre dénomination du cépage* Sauvignon* dans la région de Pouilly-sur-Loire.

■ BLANC FUMÉ DE POUILLY
French wine region | Appellation identique au Pouilly-fumé*.

■ BLANC-MANGER
BLANCMANGE | Dessert gélifié réalisé à partir d'un lait d'amande* sucré, additionné de gélatine* et parfumé avec une eau-de-vie* ou une liqueur*.

■ BLANC-RAMÉ
Grape variety | Autre dénomination du cépage* Meslier Saint-François* sur l'aire d'appellation Cognac*.

■ BLANCHE ARMAGNAC

Source : Photo Michel. Carossio/Collection BNIArmagnac

French brandy | Eau-de-vie* provenant de vins récoltés et distillés dans une région délimitée du Sud-Ouest, A.O.C.* depuis 2005.
Aire de production : 289 communes des départements du Gers, des Landes et du Lot-et-Garonne composant un territoire situé approximativement de Nérac à Mirande (du Nord au Sud) et de Villeneuve-de-Marsan à Fleurance (de l'Ouest à l'Est). Cette aire correspond à l'aire de production de l'Armagnac*.
Encépagement autorisé* pour l'appellation : Ugni blanc*, Colombard*, Folle blanche*, Baco blanc*, Blanc Dame*, Graisse*, Jurançon blanc*, Mauzac rosé* et Meslier Saint-François*.
Les vins à distiller se caractérisent par une faible richesse alcoolique (8 à 10 %) et une acidité importante. Par ailleurs, la chaptalisation* est interdite dans le processus de vinification*.
La distillation a lieu dans des alambics du type armagnacais avant le 31 mars de l'année qui suit celle de la récolte.
Titrage alcoolique de l'eau-de-vie à la sortie de l'alambic : entre 52° et 72°.
Titrage alcoolique minimum à la vente au consommateur : 40°.
Contrairement à l'*Armagnac* traditionnel, la *Blanche Armagnac* n'est pas vieillie "sous bois" mais elle est conservée sous contenant inerte après distillation. Il en résulte une eau-de-vie incolore qui ne peut prétendre à l'agrément qu'après 3 mois de maturation.

■ BLANQUETTE (cépage)
Grape variety | Autre dénomination des cépages* Clairette* et Mauzac*.

■ BLANQUETTE (préparation)
French stew | Préparation culinaire réalisée à partir d'une viande blanche ou volaille pochée *(1)* et présentée avec une sauce* liée au roux*, à la crème fraîche* et au jaune d'œuf* additionnée de champignons* et petits oignons*.

(1) On rencontre également de la blanquette de poisson (ex : blanquette de lotte).*

■ BLANQUETTE DE LIMOUX
French wine | Vins* blancs effervescents produits en Languedoc-Roussillon, A.O.C.* depuis 1939 et reconnus A.O.P.* dans le cadre de l'U.E.

Aire de production : 41 communes de l'Aude, dont Limoux, situées au sud-ouest de Carcassonne.
Superficie du vignoble : 1 420 ha.
Encépagement autorisé* pour l'appellation : Mauzac*, Chardonnay* et Chenin blanc*.
Rendement à l'hectare* : 60 hl.

■ BLANQUETTE MÉTHODE ANCESTRALE

TRADITIONAL BLANQUETTE METHOD | *Voir* Limoux méthode ancestrale*.

■ BLAYE

French wine | Vins* rouges produits dans le Bordelais, A.O.C.* depuis 1936 et reconnus A.O.P.* dans le cadre de l'U.E.
Aire de production : 41 communes, dont Blaye, situées au nord de Bordeaux.
Superficie du vignoble : 37 ha.
Encépagement autorisé* pour l'appellation : Cabernet-Sauvignon*, Cabernet franc*, Merlot*, Malbec*, Carmenère*, Petit Verdot*.
Rendement à l'hectare* : 48 hl.

■ BLAYE-CÔTES DE BORDEAUX

French wine | Vins* rouges et blancs produits dans le Bordelais, A.O.C.* depuis 2009 et reconnus A.O.P.* dans le cadre de l'U.E. Il s'agit d'une nouvelle appellation qui remplace l'A.O.C «Premières Côtes de Blaye» *(1)*.
Aire de production : identique à l'A.O.C. «Blaye».
Superficie du vignoble : 5 215 ha.
Encépagement autorisé* pour l'appellation : Cabernet-Sauvignon*, Cabernet franc*, Merlot*, Malbec*, Petit Verdot*, Carmenère*, Colombard*, Ugni blanc*, Sémillon*, Sauvignon* et Muscadelle*.
Rendement à l'hectare* : 52 hl pour les vins rouges et 62 hl pour les vins blancs.

(1) Depuis octobre 2009, plusieurs appellations ont été regroupées sous l'appellation «Côtes de Bordeaux» précédée - selon les cas et sous certaines conditions de production - des dénominations «Blaye», «Cadillac», «Castillon», Sainte-Foy, ou «Francs».

■ BLÉ

WHEAT | Céréale qui produit la farine* la plus utilisée en boulangerie, en pâtisserie et en cuisine. Le blé génère aussi une semoule*. Cette céréale est également employée dans l'élaboration de certaines eaux-de-vie* (ex : vodka* et whisky*). Le blé est la première céréale cultivée dans le monde, vient ensuite le riz*. 80 % de la production est absorbée pour la consommation humaine (le reste étant destiné à l'alimentation animale sous différentes formes). Avec 4,8 millions ha de culture pour une production de 37 millions de tonnes par an, la France est le premier producteur européen et le 5ème producteur mondial.
Dans notre pays, il a été répertorié environ 120 variétés de blé qui se classent en 2 grandes familles :

- ***Les blés tendres*** qui fournissent les farines de panification.
- ***Les blés durs*** utilisés en semoulerie.

Source : Adobe Stock

■ BLÉ NOIR

BUCKWHEAT FLOUR | *Voir* Sarrasin*.

■ BLETTE

CHARD | Autre dénomination de la bette*.

■ BLEU D'AUVERGNE

French cheese | Fromage* de lait* de vache fabriqué en Auvergne. A.O.C.* depuis 1975 et reconnu A.O.P.* dans le cadre de l'U.E. Il doit son nom à la nature de sa pâte et à sa région d'origine. L'aire d'appellation s'étend sur 1 158 communes réparties sur 7 départements (Aveyron, Cantal, Corrèze, Haute-Loire, Lot, Lozère et Puy-de-Dôme).
Type : pâte persillée.
Forme : cylindre.
Taille : 19 à 23 cm de diamètre, 8 à 11 cm de hauteur.
Poids : 2 à 3 kg.
Teneur en M.G. : 50 % au minimum.
Meilleures saisons : été et automne pour les fromages fermiers.

Source : Photo BG

■ BLEU DE CORSE

French cheese | Fromage* de lait* de brebis fabriqué en Corse. Il doit son nom à la nature de sa pâte et à sa région d'origine.
Type : pâte persillée.
Forme : cylindre.
Taille : 20 cm de diamètre, 10 cm d'épaisseur.
Poids : 2,5 kg.
Teneur en M.G. : 50 % environ.
Meilleures saisons : été, automne.

■ BLEU DE GEX HAUT-JURA ou BLEU DE SEPTMONCEL

French cheese | Fromage* de lait* de vache fabriqué dans le Haut-Jura, A.O.C.* depuis 1977 en reconnu A.O.P.* dans le cadre de l'U.E. Il doit son nom à la nature de sa pâte et à la principale ville de collecte du lait. Le mot «Gex» est obligatoirement gravé dans la croûte du fromage, sur une des faces. L'aire d'appellation s'étend sur 75 communes de l'Ain et du Jura.
Type : pâte persillée, croûte naturelle.
Forme : meule à talon convexe.
Taille : 31 à 35 cm de diamètre, 10 cm d'épaisseur.
Poids : 6 à 9 kg.
Teneur en M.G. :50 % au minimum.
Meilleures saisons : été, automne, hiver.

■ BLEU DE LAQUEUILLE

French cheese | Fromage* de lait* de vache fabriqué en Auvergne. Il doit son nom à la nature de sa pâte et à son lieu de création dans le Puy-de-Dôme. Le Bleu de Laqueuille fut créé vers 1850 par A. Roussel qui eut l'idée d'ensemencer le caillé avec de la moisissure prélevée sur du pain seigle. Un principe qui sera repris dans la région pour élaborer d'autres fromages à pâte persillée.
Type : pâte persillée.
Forme : cylindre.
Taille : 20 à 22 cm de diamètre, 10 cm d'épaisseur.
Poids : 2,250 kg en moyenne.
Teneur en M.G. : 45 %.
Meilleures saisons : été, automne.

■ BLEU DE LOUDES

French cheese | Fromage* de lait* de vache fabriqué en Auvergne. Il doit son nom à la nature de sa pâte et à son village d'origine en Haute-Loire.
Type : pâte persillée.
Forme : cylindre.
Taille : 20 à 22 cm, 10 cm d'épaisseur.
Poids : 2,250 kg en moyenne.
Teneur en M.G. : 45 %.
Meilleures saisons : été, automne.

■ BLEU DE SEPTMONCEL

French cheese | Fromage* identique au Bleu de Gex Haut-Jura*.

■ BLEU DE TERMIGNON

French cheese | Fromage* de lait* de vache fabriqué en Savoie. Il doit son nom à la nature de sa pâte et à son village d'origine situé sur la route du col du Mont-Cenis.
Type : pâte persillée.
Forme : cylindre.
Taille : 28 cm de diamètre, 10 cm d'épaisseur.
Poids : 7 kg.
Teneur en M.G. : 50 %.
Qualité identique toute l'année.

■ BLEU DE THIÉZAC

French cheese | Fromage* de lait* de vache fabriqué en Auvergne. Il doit son nom à la nature de sa pâte et à son village d'origine dans le Cantal.
Type : pâte persillée.
Forme : cylindre.
Taille : 18 à 20 cm de diamètre, 9 à 10 cm d'épaisseur.
Poids : 2,250 à 2,500 kg.
Teneur en M.G. : 45 %.
Meilleures saisons : été, automne.

■ BLEU DE TIGNES ou TIGNARD

French cheese | Fromage* de lait* de vache fabriqué en Savoie. Il tire son nom de la nature de sa pâte et d'une localité située dans la zone de production.
Type : pâte persillée, légèrement pressée.
Forme : cylindre.
Taille : 16 à 18 cm de diamètre, 10 cm d'épaisseur.
Poids : 3 à 4 kg.
Teneur en M.G. : 45 %.
Meilleures saisons : été, automne.

■ BLEU DES CAUSSES

French cheese | Fromage* de lait* de vache fabriqué dans le Rouergue. A.O.C.* depuis 1953 et reconnu A.O.P.* dans le cadre de l'U.E. Il doit son nom à la nature de sa pâte et à sa région d'origine. La zone de production du lait s'étend sur 590 communes de l'Aveyron, du Lot et de la Lozère, la zone d'affinage étant limitée à des communes de l'Aveyron, du Gard et de l'Hérault disposant de caves à fleurines *(1)*.
Type : pâte persillée.
Forme : cylindre.
Taille : 19 à 21 cm de diamètre, 8 à 12 cm d'épaisseur.
Poids : 2,3 à 3 kg.
Teneur en M.G. : 50 %.
Meilleures saisons : été, automne.

(1) Failles naturelles dans la roche qui permettent la circulation d'un courant d'air humide favorisant le développement des moisissures générées par le "Pénicillium Roqueforti".

■ BLEU DU HAUT-JURA

French cheese | *Voir* Bleu de Gex*.

■ BLEU DU QUERCY

French cheese | Fromage* de lait* de vache fabriqué dans le Quercy. Il doit son nom à la nature de sa pâte et à sa région de production dans le Lot.
Type : pâte persillée.
Forme : cylindre.
Taille : 20 à 22 cm de diamètre, 9 à 10 cm d'épaisseur.
Poids : 2,250 à 2,500 kg.
Teneur en M.G. : 45 à 50 %.
Meilleures saisons : automne, hiver.

■ BLEU DU VERCORS-SASSENAGE

French cheese | Fromage* de lait* de vache fabriqué sur le plateau du Vercors, A.O.C.* depuis 1998

et reconnu A.O.P.* dans le cadre de l'U.E. Il tire son nom de la nature de sa pâte et de son lieu d'origine. L'aire de production s'étend sur 27 communes du Vercors situées dans l'Isère et la Drôme.
Type : pâte persillée, croûte naturelle.
Forme : cylindre plat à talon convexe.
Taille : 27 à 30 cm de diamètre, 7 à 9 cm d'épaisseur.
Poids : 4 à 4,5 kg.
Teneur en M.G. : 48 %.
Meilleures saisons : été, hiver.

■ BLINIS

BLINIS | Petites crêpes* salées très épaisses réalisées avec une pâte levée à la farine* de sarrasin* *(1)*. Les blinis, issus de la cuisine russe, sont présentés avec de la crème aigre ou acidulée en accompagnement de hors-d'œuvre tels que le caviar* ou le saumon fumé*.

(1) On réalise également des pâtes à blinis avec de la farine de froment ou de la farine de riz*.*

■ BLOODY MARY

BLOODY MARY | Cocktail* préparé sur glace directement dans un grand tumbler.
Sel au céleri*
Poivre* moulu
Tabasco*
Sauce anglaise*
1 cl de jus de citron*
4 cl de vodka*
7 cl de jus de tomate*
1 tranche de citron*
Saupoudrer la glace de sel au céleri et de poivre, ajouter 2 gouttes de tabasco et 1 trait de sauce anglaise, le jus de citron, la vodka et le jus de tomate.
Remuer et décorer avec la tranche de citron.

Source : Photo BG

Bloody Mary

Blue Lagoon

■ BLUE LAGOON

BLUE LAGOON | Cocktail* préparé au shaker
2 cl de jus de citron*
1 cl de curaçao* bleu
4 cl de vodka*
1 zeste* de citron*
Frapper et servir dans un verre à cocktail. Décorer avec le zeste ou éventuellement une tranche de citron.

■ BOCUSE (Paul)

French Chef | Cuisinier français (Collonges-au-Mont-d'Or 1926 - 2018). Issu d'une famille de restaurateurs, il commence un apprentissage qui passe chez la Mère Brazier* et chez Fernand Point* avant d'intégrer les brigades de Lucas-Carton et de Lapérouse. Après un retour chez F. Point, il reprend en 1959 le restaurant familial sur les berges de la Saône qui devient rapidement un haut-lieu de la gastronomie* lyonnaise. Consacré M.O.F.* en 1961, le Guide Michelin* lui octroie trois étoiles en 1965, distinction qu'il conservera 52 ans, jusqu'à sa disparition.
Grand cuisinier reconnu par ses pairs, personnage charismatique, homme de communication, « Monsieur Paul » aura été un des grands ambassadeurs de l'art culinaire français. On lui doit plusieurs ouvrages, la création de la célèbre école d'Ecully et le Bocuse d'or, prestigieux concours de cuisine international.

■ BŒUF

BEEF | Animal de boucherie qui, en principe, est un taureau* castré. Il serait le descendant de l'aurochs, animal préhistorique disparu de France au 12ème siècle *(1)*. En réalité, sous le terme «bœuf», sont commercialisés plusieurs types de bovins* - mâles ou femelles - abattus à des âges différents :

- ***Le baby-bœuf,*** jeune mâle castré de moins de 18 mois.
- ***Le taurillon,*** mâle non castré de 18 à 20 mois.
- ***La génisse ou taure,*** jeune femelle de 24 à 36 mois n'ayant jamais vêlé.
- ***Le bouvillon,*** jeune animal castré n'ayant pas encore atteint l'âge et la taille du bœuf adulte.
- ***Le bœuf,*** mâle castré de 30 mois à 5 ans.
- ***La vache de réforme,*** femelle laitière âgée de 6 à 8 ans que l'on destine à la boucherie.

Le bœuf est la viande rouge par excellence. Les différents morceaux de l'animal trouvent des utilisations culinaires extrêmement variées.
6 viandes bovines bénéficient d'une I.G.P.* : ***Bœuf Charolais du Bourbonnais, Bœuf de Bazas, Bœuf de Chalosse, Bœuf du Maine, Bœuf de Vendée et Fleur d'Aubrac*** (génisse).
3 viandes bovines sont classées A.O.C.* :

- ***Maine Anjou,*** A.O.C.* depuis 2004 et reconnue A.O.P.* dans le cadre de l'U.E. La zone de naissance, d'élevage, d'engraissement et d'abattage des animaux s'étend sur 617 communes des départements de l'Ille et Vilaine, de l'Orne, de la Loire- Atlantique, du Maine-et-Loire, de la Mayenne, de la Sarthe, des Deux-Sèvres et de la Vendée.
- ***Le Fin Gras*** ou ***Fin Gras du Mézenc,*** A.O.C.* depuis 2006 et reconnue A.O.P.* dans le cadre de l'U.E. La zone de naissance,

d'élevage et d'engraissement des animaux est limitée à 85 communes de l'Ardèche, de la Haute-Loire et de la Lozère situées à proximité du Mont Mézenc.

- ***Le Bœuf de Charolles,*** A.O.C.* depuis 2010 et reconnue A.O.P.* dans le cadre de l'U.E. La zone de naissance, d'élevage, d'engraissement et d'abattage des animaux s'étend sur un territoire constitué de communes de la Saône-et-Loire, la Loire, La Nièvre et le Rhône.

Depuis décembre 2002, les restaurateurs doivent porter à la connaissance de leur clientèle l'origine de la viande bovine qu'ils proposent sur leurs menus* et sur leurs cartes*. Cette mention de traçabilité est indiquée sur les supports de vente ou autres formes de supports parfaitement visibles (tableau, chevalet, etc.). Les affichages précisent essentiellement le pays de naissance, le pays d'élevage et le pays d'abattage de l'animal.

(1) Aujourd'hui, quelques éleveurs essaient de réintroduire l'aurochs dans notre pays, notamment en Lozère.

■ BOIS ORDINAIRES (Bois à terroir et Bois communs)

Cognac-producing zones | Une des 6 régions qui composent l'aire d'appellation Cognac*. Situé sur le littoral atlantique et sur les îles de Ré et d'Oléron, le vignoble couvre une superficie d'environ 1 660 ha.

■ BOLET

BOLETUS | Champignon sylvestre dont l'espèce la plus connue est le cèpe*.

■ BOMBE GLACÉE

ICE CREAM BOMBE | Dessert glacé réalisé avec un appareil* à bombe *(1)* moulé dans un récipient spécial de forme variable. À l'origine les bombes glacées se faisaient dans des moules sphériques, d'où leur nom.

(1) L'appareil à bombe se réalise traditionnellement avec des jaunes d'œufs, du sirop de sucre*, de la crème fouettée et un élément pour parfumer. De nos jours, des compositions originales et plus légères conviennent mieux aux consommateurs.*

■ BOMPART

French mineral water | Eau de source* captée à Vœuil-et-Giget en Charente.
Catégorie : faiblement minéralisée.
pH à 20 °C : 7,4.
Minéralisation totale : 320 mg/l.

■ BONAL

Spirits | Gentiane* (à base de mistelle*) mise au point en 1865 dans le Pays de Chartreuse par le frère Hippolyte Bonal. La fabrication et la distribution de ce spiritueux*, qui titre 16°, ont été reprises depuis 1976 par la Société Dolin à Chambéry.

Source : Doc. Dolin

■ BONDARD

French cheese | Fromage* de lait* de vache fabriqué en Normandie. Il tire son nom de sa forme particulière qui rappelle une bonde de barrique de cidre*.
Type : pâte molle à croûte fleurie.
Forme : cylindre allongé.
Taille : 8 à 10 cm de longueur, 6 à 7 cm de diamètre.
Poids : 200 à 300 g.
Teneur en M.G. : 50 à 60 %.
Meilleures saisons : automne, hiver.

■ BONDAROY AU FOIN

French cheese | Fromage* de lait* de vache fabriqué en Orléanais. Il doit son nom à une localité du Loiret, son village d'origine.
Type : pâte molle à croûte fleurie ou naturelle.
Forme : disque plat (recouvert de brindilles de foin).
Taille : 10 à 12 cm de diamètre, 2,5 cm d'épaisseur.
Poids : 250 à 300 g.
Teneur en M.G. : 40 à 45 %.
Meilleures saisons : été, automne.

■ BONDE ou BONDON

French cheese | *Voir* Neufchatel*.

■ BONITE

BONITO | *Voir* Thon*.

■ BONNES MARES

French wine | Vin* rouge produit en Bourgogne*, Grand Cru bénéficiant d'une A.O.C.* depuis 1936 et reconnu A.O.P.* dans le cadre de l'U.E.
Aire de production : parcelles délimitées du climat* «Bonnes Mares» - sur les communes de Morey-Saint-Denis et Chambolle-Musigny* - d'une superficie totale de 15 ha.

Encépagement autorisé* pour l'appellation : Pinot noir*, Chardonnay*, Pinot blanc* Pinot gris*.
Rendement à l'hectare* : 42 hl.

Source : Bouchard Père et Fils

■ BONNET DE PRÊTRE
Squash variety | *Voir* Pâtisson*.

■ BONNET D'ÉVÊQUE
BISHOP'S CAP | Autre dénomination du croupion* de certaines volailles.

■ BONNEZEAUX
French wine | Vins* blancs produits dans la Vallée de la Loire, A.O.C.* depuis 1951 et reconnus A.O.P.* dans le cadre de l'U.E. La mention « Val de Loire » peut être éventuellement adjointe à l'appellation.
Aire de production : commune de Thouarcé, au sud d'Angers.
Superficie du vignoble : 80 ha.
Encépagement autorisé pour l'appellation : Chenin blanc*.
Rendement à l'hectare* : 25 hl.
Richesse alcoolique minimum acquise : 12 %.
Teneur minimale en sucre résiduel : 34 g/litre
Ces vins sont élaborés à partir de raisins arrivés à surmaturation.

■ BONS BOIS
Cognac producing zone |
a) Une des 6 zones qui constituent l'aire d'appellation Cognac*. Elle encercle les Fins Bois* avec un vignoble de 10 610 ha.
b) Eaux-de-vie* à A.O.C.* produites sur la zone délimitée des "Bons Bois" (voir critères de production à Cognac*).

■ BORDEAUX
French wine | Vins* rouges, rosés et blancs produits en Gironde, A.O.C.* depuis 1936 et reconnus A.O.P.* dans le cadre de l'U.E.
Aire de production : 502 communes de la Gironde.
Superficie du vignoble : 41 270 ha (dont 35 000 ha en vins rouges et 6 270 ha en vins blancs).
Encépagement autorisé* pour l'appellation : Cabernet-Sauvignon*, Cabernet franc*, Merlot*, Carmenère*, Malbec*, Petit Verdot*, Sémillon*, Sauvignon*, Muscadelle*, Merlot blanc*, Colombard*, Ugni blanc*.
Rendement à l'hectare* : 60 hl pour les vins rouges, 62 hl pour les vins rosés et 67 hl pour les vins blancs.

■ BORDEAUX CLAIRET
French wine | Vins* rouges, légers et peu colorés, répondant aux normes de production des vins rouges bénéficiant de l'A.O.C.* Bordeaux*.
Superficie du vignoble : 540 ha.

■ BORDEAUX HAUT-BENAUGE
French wine | Vins* blancs produits dans le Bordelais, A.O.C.* depuis 1955 et reconnus A.O.P.* dans le cadre de l'U.E.
Aire de production : 9 communes situées au nord de Langon.
Superficie du vignoble : 200 ha.
Encépagement autorisé* pour l'appellation : Sauvignon*, Sémillon*, Muscadelle*, Colombard*, Merlot blanc*, Ugni blanc*.
Rendement à l'hectare* : 55 hl.
Les Bordeaux Haut-Benauge sont des vins blancs secs ou moelleux.

■ BORDEAUX SUPÉRIEUR
French wine | Vins* rouges et blancs produits sur les aires délimitées de l'appellation Bordeaux*, A.O.C.* novembre 1943 et reconnus A.O.P.* dans le cadre de l'U.E. Ces vins répondent à des critères qualitatifs plus rigoureux que les Bordeaux*, notamment avec un élevage* jusqu'au 15 juin de l'année qui suit celle de la récolte pour les vins rouges.
Superficie du vignoble : 12 415 ha (dont 12 365 ha en vins rouges et 50 ha en vins blancs).
Encépagement autorisé* pour l'appellation : cépages* rouges et blancs de l'appellation Bordeaux*.
Rendement à l'hectare* : 49 hl.

■ BORDELAIS
Grape variety | Autre dénomination du cépage* Baroque*.

■ BORDELAISE (sauce)
Sauce | Sauce* réalisée à partir d'une réduction d'échalotes* ciselées, poivre mignonnette*, thym*, laurier* et vin* rouge, additionnée de sauce espagnole* et de dés de moelle de bœuf*.

■ BORDERIES
Cognac producing zone |
a) Une des 6 zones qui constituent l'aire d'appellation Cognac*. Située sur la rive droite de la Charente, en aval de Cognac, son vignoble couvre 4 350 ha.
b) Eaux-de-vie* à A.O.C.* produites sur la zone délimitée des "Borderies". (Voir critères de production à Cognac*.)

■ BORTSCH ou BORCHTCH

BORSCH or BORSCHT | Potage* originaire de Russie. Il est réalisé à base de choux*, betteraves rouges*, viande ou poisson et lié avec de la crème aigre et épicée.

■ BOTRYTIS CINEREA

BOTRYTIS CINEREA | Champignon microscopique qui provoque le développement de la pourriture noble* dans certaines conditions climatiques.

Source : Ambassade de Sauternes et Barsac

Raisin atteint par le Botrytis cinerea

■ BOTTEREAUX

French doughnut | Beignets* de formes variables réalisés avec une pâte levée diversement parfumée (eau de fleur d'oranger*, rhum*, etc.). Les bottereaux se consomment en Anjou, en Vendée et dans les Charentes.

■ BOUCANAGE

SMOKING | Procédé de conservation très ancien qui consiste à faire sécher un aliment à la fumée. Cette déshydratation associée au fumage* apporte une saveur particulière recherchée pour certaines viandes (ex : viande des Grisons*) ou certains poissons (ex : hareng*).

■ BOUCAUD

Crustacean | *Voir* Crevette*.

■ BOUCHÉE À LA REINE

Type of vol au vent | Bouchée en feuilletage* ronde et cannelée garnie d'un salpicon* de blanc de volaille, de morceaux de champignons* et de dés de truffe* (garniture parfois complétée de morceaux de ris de veau* ou de quenelles*) ; l'ensemble étant lié d'une sauce* blanche crémée. Cet apprêt culinaire aurait été créé par Vincent La Chapelle* sur une idée de la reine Marie Leszczyinska, épouse de Louis XV.

■ BOUCHES-DU-RHÔNE (vin)

French wine | *Voir* Vins I.G.P.*.

■ BOUCHET ou BOUCHY

Grape variety | Autre dénomination des cépages* Cabernet franc* et Cabernet-Sauvignon* dans le Bordelais.

■ BOUCHON

Source : Adobe Stock

CORK | Pièce cylindrique servant à fermer le goulot d'une bouteille, d'une carafe ou d'un autre récipient.

Pour le vin*, le bouchon de liège reste le plus utilisé, mais il faut constater que le bouchon synthétique et le bouchon-capsule à vis font de plus en plus d'adeptes... y compris pour des vins renommés. L'évolution technologique permet en effet de proposer des systèmes de bouchage fiables, sans incidence sur la qualité du produit à conserver et évitant le risque du regrettable "goût de bouchon"*. Beaucoup d'œnophiles expriment cependant leur préférence pour le traditionnel bouchon de liège. Les différentes expérimentations en cours et les conclusions qui pourront en être tirées ne manqueront pas d'alimenter un débat qui est loin d'être clos.

■ BOUCHON (droit de)

CORK (right of) | Le «droit de bouchon» est un usage pratiqué en restauration. Il s'agit d'une rémunération forfaitaire par bouteille versée au restaurateur pour servir des boissons apportées par son client. Cette pratique étant en marge du processus commercial traditionnel et n'étant réglementée par aucun texte (le restaurateur sert un produit qu'il n'a pas acheté), il est recommandé d'établir un contrat dans lequel il est clairement mentionné le nombre de bouteilles apportées et le montant du droit perçu par bouteille ouverte et servie. Notons que comme toute prestation fournie par un commerçant, le droit de bouchon est soumis à la T.V.A. Le restaurateur doit également vérifier si sa licence* lui permet de servir les boissons fournies par son client.

■ BOUCHON (goût de)

CORK (taste of) | Déviance aromatique constatée lors de l'ouverture d'une bouteille de vin* qui se traduit par une perception olfactive et gustative désagréable rappelant le liège moisi. Cette anomalie est généralement due à la présence d'une molécule issue d'une moisissure dans le bouchon*, le

ricloroanisole (TCA), mais des études ont prouvé que d'autres facteurs pouvaient être responsables le cette déviance.
Si la perception de "goût de bouchon" est légère, une bonne aération du vin peut permettre de le consommer.

■ BOUDIN BLANC

French sausage | Spécialité charcutière fabriquée à partir d'un hachis de viande de porc* (ou de veau*, voire de volaille) additionné de lait*, de crème fraîche*, d'œufs* et de mie de pain*. Le boudin blanc peut être truffé *(1)* ou diversement parfumé.

(1) La dénomination "truffé" correspond à un produit contenant au moins 3 % de truffe. Si la quantité de truffe se situe entre 1 et 3 %, le pourcentage doit être précisé.*

■ BOUDIN NOIR

French sausage | Spécialité charcutière dont la composition classique est du sang et du gras de porc* additionnés d'oignons* et de divers aromates*.
Beaucoup de régions ont leur boudin noir qui se caractérise par des ingrédients spécifiques ajoutés au sang. Parmi les plus connus, citons :

- ***Le boudin alsacien*** (couennes de porc * et pain* trempé dans du lait*. Ce boudin est fumé).
- ***Le boudin d'Auvergne*** (lait et morceaux de tête de porc*).
- ***Le boudin de Bourgogne*** (riz* et lait).
- ***Le boudin créole*** (piments*, mie de pain, cive* et lait).
- ***Le boudin limousin*** (couennes de porc, oignons et morceaux de châtaignes*).
- ***Le boudin lyonnais*** (oignons*, épinards* ou bettes* et crème fraîche*).
- ***Le boudin du Poitou*** (mie de pain ou semoule*, épinards, œufs*, lait, crème fraîche).
- ***Le boudin du Sud-Ouest*** (langue, couennes, poumon et cœur de porc* hachés).

■ BOUFFI

BLOATER | *Voir* Hareng*.

■ BOUGON

French cheese | Fromage* de lait* de chèvre fabriqué dans le Poitou. Il tire son nom d'une localité des Deux-Sèvres, son lieu d'origine.
Type : pâte molle à croûte fleurie.
Forme : disque plat.
Taille : 10 à 11 cm de diamètre, 2,5 cm d'épaisseur.
Poids : 225 à 250 g.
Teneur en M.G. : 45 % au minimum.
Meilleures saisons : été, automne.

■ BOUILLABAISSE

Fish stew | Spécialité culinaire provençale constituée d'un assortiment de poissons de mer, coquillages et crustacés pochés *(1)* avec de multiples éléments aromatiques. La bouillabaisse est servie accompagnée de rouille* et de croûtons frottés à l'ail*.

(1) Rascasse, grondin*, vive*, saint-Pierre*, baudroie*, congre*, daurade*, merlan*, loup*, moules*, crabe*, langouste*...*

■ BOUILLETURE ou BOUILLITURE

Regional seafood dish | Spécialité culinaire des Pays de Loire qui se présente sous forme de matelote* d'anguille* au vin* rouge garnie de petits oignons*, champignons* et pruneaux*.

■ BOUILLINADA

Regional fish stew | Spécialité culinaire roussillonnaise inspirée de la bouillabaisse* provençale.

■ BOULANGÈRE

Potato side dish | Garniture* composée de pommes de terre* et oignons* émincés cuits au four.

■ BOULLE DE LILLE

French cheese | Autre dénomination de la mimolette* française.

■ BOULETTE D'AVESNES

French cheese | Fromage* de lait* de vache fabriqué en Thiérache. Il doit son nom à sa forme originelle et à un village du Nord, lieu de création.
Type : pâte aromatisée *(1)* réalisée à partir de maroilles* frais broyé, croûte naturelle colorée au rocou* ou au paprika*.
Forme : poire.
Taille : 6 à 8 cm de diamètre, 8 à 10 cm de hauteur.
Poids : 180 à 250 g.
Teneur en M.G. : 45 à 50 %.
Meilleures saisons : automne, hiver.

(1) Les éléments les plus couramment utilisés sont le persil, l'estragon*, le clou de girofle* et le poivre*.*

Source : Adobe Stock

■ BOULETTE DE CAMBRAI

French cheese | Fromage* de lait* de vache fabriqué dans le Cambrésis. Il doit son nom à sa forme originelle et au lieu où il est fabriqué.
Type : pâte fraîche aromatisée aux fines herbes.
Forme : poire.
Taille : 7 à 8 cm de diamètre, 8 cm de hauteur.
Poids : 200 g environ
Teneur en M.G. : 45 %.
Meilleures saisons : printemps, été, automne.

■ BOULGHOUR ou BOULGOUR

BULGUR or BULGAR | Blé partiellement cuit à la vapeur, séché et concassé. Le boulghour est très utilisé dans les pays du Proche-Orient et du Moyen-Orient. Il entre notamment dans la composition du taboulé*.

Source : Adobe Stock

■ BOUQUET (crustacé)

BOUQUET (crustacean) | *Voir* Crevette*.

■ BOUQUET (vin)

Wine term | Ensemble des caractères olfactifs d'un vin* perçus lors de sa dégustation*. Pour les spécialistes, il semble que le terme «bouquet» s'applique plutôt pour des vins évolués alors que pour des vins plus jeunes on emploie souvent l'expression « arôme* ». N'oublions pas que les perceptions olfactives (comme les perceptions gustatives) peuvent être affectées par une température de dégustation inadaptée.

■ BOUQUET GARNI

BOUQUET GARNI | Composé aromatique assemblé en petit fagot ficelé et généralement constitué de tiges de persil*, brindilles de thym* et feuilles de laurier*. Cette composition classique peut, selon les ressources et les traditions locales, s'enrichir de poireau*, céleri-branche*, sarriette*, romarin*, sauge*, etc.

Source : Adobe Stock

Le bouquet garni est un élément aromatique fondamental de la cuisine française.

■ BOUQUETIÈRE

Vegetable garnish | Garniture composée de petites pommes château*, carottes*, navets*, haricots verts*, petits pois* et bouquets de choux-fleurs* nappés de sauce hollandaise*.

■ BOUQUIN

BUCK HARE | *Voir* Lièvre*.

■ BOURBON COLLINS

BOURBON COLLINS | Cocktail* identique au Tom Collins* où le gin* est remplacé par du bourbon whiskey*.

■ BOURBON OLD FASHIONED

BOURBON OLD FASHIONED | Cocktail* (apéritif) préparé directement dans un verre à old fashioned.
¼ de morceau de sucre*
Angostura bitter*
1 cl de soda*
4 cl de bourbon whiskey*
½ tranche d'orange*
1 cerise à l'eau-de-vie*
1 zeste* de citron*
Ecraser le sucre imbibé d'Angostura avec un peu de soda. Remplir de glace et ajouter le bourbon. Remuer et ajouter la ½ tranche d'orange, la cerise à l'eau-de-vie et le zeste de citron.

■ BOURBON SOUR

BOURBON SOUR | Cocktail* (apéritif) préparé au shaker.
1 cuillère à café de sucre*
2 cl de jus de citron*
5 cl de bourbon whiskey*
2 cerises à l'eau-de-vie*
Frapper et servir dans un verre à cocktail
Décorer avec les cerises.

■ BOURBON WHISKEY

BOURBON WHISKEY | Whiskey* distillé aux Etats-Unis à partir d'un moût* de céréales comprenant au moins 51 % de maïs*.

■ BOURBOULENC

Grape variety | Cépage* blanc d'origine provençale. Dans la région de Cassis, ce cépage est dénommé Doucillon*.

Aires de culture : environ 750 ha en Languedoc-Roussillon (Corbières*, Minervois*...), en Vallée du Rhône (Côtes-du-Rhône*, Châteauneuf-du-Pape*, Ventoux*...) et en Provence (Bandol*, Bellet*...).

Vins* produits : blancs fins et faiblement alcoolisés avec des notes florales.

■ BOURDALOUE (tarte)

Tart | Tarte constituée d'une base de pâte brisée* garnie de frangipane* vanillée et de demi-poires* williams pochées au sirop. Cette pâtisserie est inspirée d'un gâteau à base de poudre de noisettes* et de crème pâtissière* créé au milieu du 19ème siècle par un pâtissier, nommé Fasquelle, installé rue Bourdaloue, à Paris.

■ BOURDELOT

Tart | Sorte de douillon* normand à base de pomme* et parfumé au calvados*.

■ BOURG ou BOURGEAIS

French wine region | Vins* d'A.O.C.* identiques aux Côtes de Bourg*.

■ BOURGEOISE

Vegetable garnish | Garniture* composée de carottes*, petits oignons* glacés et lardons.

■ BOURGOGNE (appellation)

BURGUNDY (appellation) | Vins* rouges, rosés et blancs produits en Bourgogne, A.O.C.* depuis 1937 et reconnus A.O.P.* dans le cadre de l'U.E. L'appellation peut être complétée par une dénomination géographique complémentaire (voir ci-dessous).

Aire de production : 54 communes de l'Yonne, 91 communes de Côte-d'Or, 154 communes de Saône-et-Loire et 85 communes du Rhône.

Superficie du vignoble : 2 710 ha.

Encépagement autorisé* pour l'appellation (variable selon les secteurs géographique) : Pinot noir*, Pinot gris*, Chardonnay*, Pinot blanc*, César*, Gamay*.

Rendement à l'hectare* : 60 hl pour les vins rouges et rosés et 68 hl pour les vins blancs, ce rendement est inférieur pour les appellations avec mention d'une dénomination géographique complémentaire.

A.O.C. avec dénomination géographique complémentaire :

- ***BOURGOGNE CHITRY***
  Vins blancs, rouges et rosés produits sur la commune de Chitry, dans l'Yonne.
- ***BOURGOGNE LA CHAPELLE NOTRE-DAME***
  Vins blancs, rouges et rosés produits sur la commune de Ladoix-Serrigny, en Côte-d'Or.
- ***BOURGOGNE LE CHAPITRE***
  Vins blancs, rouges et rosés produits sur la commune de Chenôve, dans l'Yonne.
- ***BOURGOGNE CÔTES D'AUXERRE***
  Vins blancs, rouges et rosés produits sur quelques communes de l'Yonne, dont Auxerre.
- ***BOURGOGNE CÔTE D'OR***
  Vins blancs et rouges produits sur différentes communes de Côte-d'Or et de Saône-et-Loire.
- ***BOURGOGNE CÔTE CHALONNAISE***
  Vins blancs, rouges et rosés produits sur de nombreuses communes de Saône-et-Loire.
- ***BOURGOGNE CÔTES DU COUCHOIS***
  Vins rouges produits sur plusieurs communes de Saône-et-Loire, dont Couches.
- ***BOURGOGNE CÔTE SAINT-JACQUES***
  Vins blancs, rouges et rosés produits sur la commune de Joigny, dans l'Yonne
- ***BOURGOGNE COULANGES-LA-VINEUSE***
  Vins blancs, rouges et rosés produits sur quelques communes de l'Yonne, dont Coulanges-La-Vineuse.
- ***BOURGOGNE EPINEUIL***
  Vins rouges et rosés produits sur la commune d'Epineuil, dans l'Yonne.
- ***BOURGOGNE HAUTES CÔTES DE BEAUNE***
  Vins blancs, rouges et rosés produits sur différentes communes de Saône-et-Loire et de Côte-d'Or, dont Beaune.
- ***BOURGOGNE HAUTES CÔTES DE NUITS***
  Vins blancs, rouges et rosés produits sur différentes communes de Côte-d'Or, dont Nuits-Saint-Georges.
- ***BOURGOGNE MONTRECUL*** ou ***MONTRE-CUL*** ou ***EN MONTRE-CUL***
  Vins blancs, rouges et rosés produits sur la commune de Dijon, en Côte-d'Or.
- ***BOURGOGNE TONNERRE***
  Vins blancs produits sur quelques communes de l'Yonne, dont Tonnerre.

■ BOURGOGNE (région viticole)

BURGUNDY (wine region) | La Bourgogne viticole, avec près de 30 000 ha de vignoble pour une production annuelle de 200 millions de bouteilles, se divise en 5 régions principales qui s'étendent de l'Yonne au Rhône. Elle dispose actuellement d'une centaine d'A.O.C.* *(1)* réparties en 4 niveaux :

- ***23 appellations régionales***
- ***44 appellations communales*** ou ***Appellations communales avec indication du climat* d'origine classé « 1er Cru »*** (562 climats sont classés « 1er Cru ».)
- ***33 appellations Grands Crus***

(1) Avec les dénominations géographiques complémentaires.

LA BOURGOGNE
ET SES CINQ VIGNOBLES

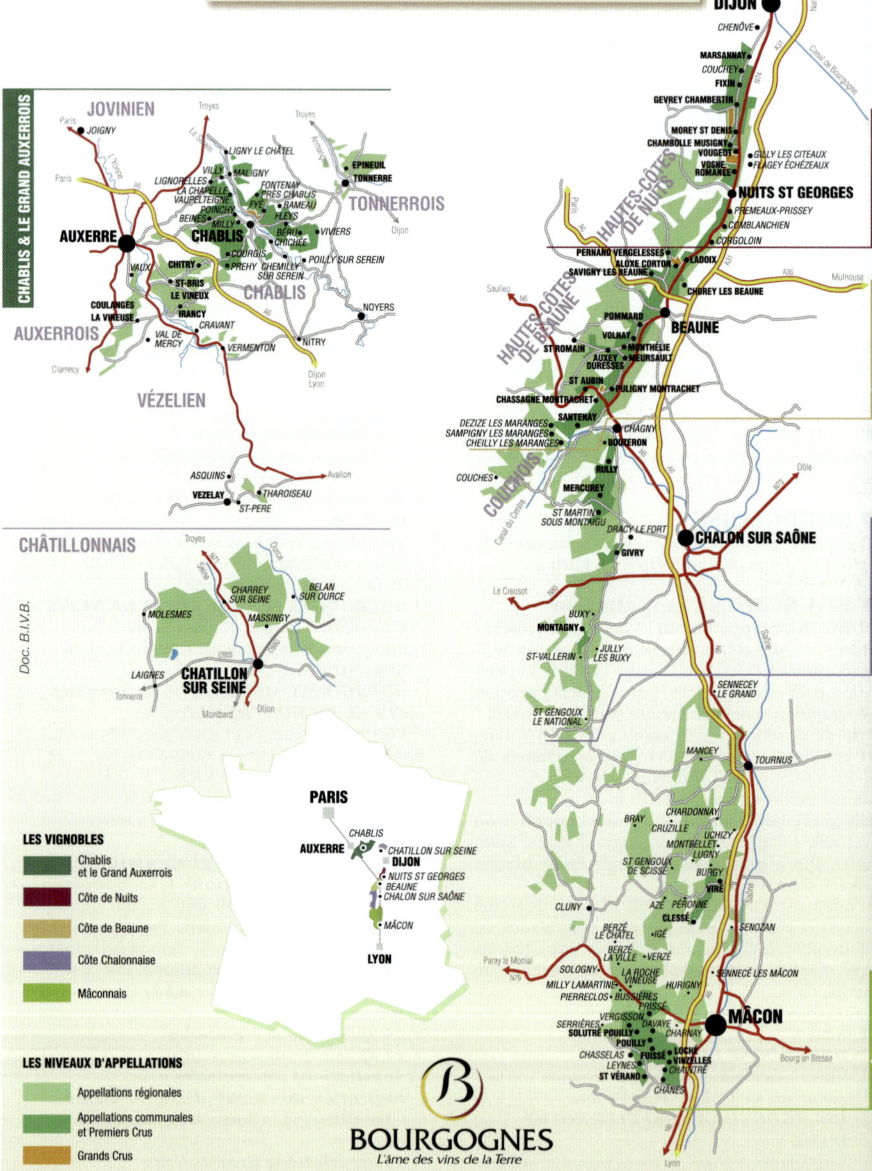

■ BOURGOGNE ALIGOTÉ

French wine | Vins* blancs produits en Bourgogne*, A.O.C.* depuis 1937 et reconnus A.O.P.* dans le cadre de l'U.E.
Aire de production : nombreuses communes de Côte-d'Or, de Saône-et-Loire et de l'Yonne.
Superficie du vignoble : 1 610 ha.
Encépagement autorisé pour l'appellation : Aligoté*.
Rendement à l'hectare* : 72 hl.

■ BOURGOGNE CLAIRET

French wine | Vins* rouges légers et peu colorés produits sur l'aire d'A.O.C.* Bourgogne*.
Encépagement autorisé* pour l'appellation : cépages* rouges de l'A.O.C Bourgogne.
Rendement à l'hectare* : 60 hl.

■ BOURGOGNE GAMAY

French wine | A.O.C.* réservée à des vins* rouges issus de cépage Gamay* et récoltés sur les communes de l'aire géographique des 10 Crus de Beaujolais.

■ BOURGOGNE MOUSSEUX

French wine | Vins* rouges effervescents produits sur l'aire d'appellation Bourgogne*. La production de ce vin reste marginale puisqu'elle représente environ 1 hectare de vigne.

■ BOURGOGNE PASSE-TOUT-GRAIN ou BOURGOGNE PASSE-TOUT-GRAINS

ALL-GRAIN BURGUNDY (French wine) | Vins* rouges et rosés produits en Bourgogne*, A.O.C.* depuis 1937 et reconnus A.O.P.* dans le cadre de l'U.E.
Aire de production : identique à l'appellation Bourgogne*.
Superficie du vignoble : 130 ha.
Encépagement autorisé* pour l'appellation : Gamay*, Pinot noir*, Chardonnay, Pinot blanc et Pinot gris*.
Rendement à l'hectare* : 55 hl.
Ces vins doivent obligatoirement provenir d'un mélange - réalisé au moment de la vendange - généralement constitué des 2/3 de Gamay et 1/3 de Pinot noir (la proportion de Pinot ne pouvant pas être inférieure à 1/3). Il s'agit bien d'un assemblage de raisins de cuve et non pas d'un assemblage de vins comme cela se pratique couramment en vinification classique.

■ BOURGUEIL

French wine | Vins* rouges et rosés produits dans la Vallée de la Loire, A.O.C.* depuis 1937 reconnus A.O.P.* dans le cadre de l'U.E. La mention «Val de Loire» peut être éventuellement adjointe à l'appellation.
Aire de production : 8 communes d'Indre et Loire, dont Bourgueil, situées à l'ouest de Tours.
Superficie du vignoble : 1 400 ha.
Encépagement autorisé pour l'appellation : Cabernet franc* et Cabernet-Sauvignon*.
Rendement à l'hectare* : 55 hl.

■ BOURGUIGNONNE

Vegetable garnish | Garniture* composée de petits oignons* glacés, champignons* sautés et lardons.

■ BOURRACHE

Source : Adobe Stock

BORAGE | Plante aromatique et médicinale originaire de l'est du bassin méditerranéen. Les feuilles ciselées sont utilisées pour agrémenter, salades, sauces*, crème, potages*, omelettes*... et les fleurs, de belle couleur violette, peuvent être infusées, préparées en beignets* ; mais elles sont plutôt employées confites comme élément de décor de pâtisseries.

■ BOURRE

Female wild duck | *Voir* Colvert*.

■ BOURRIDE

Fish soup | Soupe* de poissons provençale semblable à la bouillabaisse* avec un bouillon de cuisson lié à l'aïoli*. La bourride sétoise est une variante faite avec de la lotte*.

■ BOURSAULT

French cheese | Fromage* de lait* de vache fabriqué en Brie. Il porte le nom de son créateur.
Type : pâte molle à croûte fleurie (double crème*).
Forme : disque épais.
Taille : 7 à 8 cm de diamètre, 4,5 cm d'épaisseur.
Poids : 200 g environ.
Teneur en M.G. : 70 à 75 %.
Qualité identique toute l'année.

■ BOURSETTE

LAMB'S LETTUCE | Autre dénomination de la mâche*.

■ BOURSIN

French cheese | Fromage* de lait* de vache fabriqué en Normandie. Il porte le nom du créateur de la laiterie qui l'élabore.

Type : pâte fraîche nature ou aromatisée aux fines herbes, à l'ail*, au poivre*, aux noix*...
Forme : haut cylindre.
Taille : 8 cm de diamètre, 4 cm d'épaisseur.
Poids : 125 à 150 g.
Teneur en M.G. : 70 à 75 % (double-crème*).
Fabriqué industriellement, le Boursin présente une qualité identique toute l'année.

■ BOUTARGUE ou POUTARGUE

Fish roe dish | Spécialité provençale réalisée avec des œufs de mulet* salés, pressés et séchés. La boutargue est préparée dans la région de Martigues (Bouches-du-Rhône).

■ BOUTON DE CULOTTE ou CABRION DE MÂCON

French cheese | Fromage* de lait* de chèvre ou de lait de vache et de chèvre mélangés fabriqué en Bourgogne. Il doit son nom à sa taille réduite.
Type : pâte molle, croûte naturelle.
Forme : petit cylindre.
Taille : 3 à 4 cm de diamètre, 2,5 cm d'épaisseur.
Poids : 30 à 40 g.
Teneur en M.G. : 45 % en moyenne.
Meilleures saisons : été, automne.

■ BOUVILLON

STEER | *Voir* Bœuf*.

■ BOUZERON

French wine | Vins* blancs produits en Bourgogne*, A.O.C.* depuis 1998 et reconnus A.O.P.* dans le cadre de l'U.E.
Aire de production : communes de Bouzeron et Chassey-le-Camp, situées au sud-ouest de Chagny.
Superficie du vignoble : 55 ha.
Encépagement autorisé pour l'appellation : Aligoté*.
Rendement à l'hectare* : 65 hl.

■ BOUZY

French wine | *Voir* Coteaux Champenois*.

■ BOVIN

BOVINE | Espèce animale qui concerne les bœufs*, les vaches*, les taureaux* et les veaux*. La France compte environ 25 races bovines qui s'identifient en 3 principales catégories *(1)* :

Source : Photo BG

Bovins de race Charolaise

- ***Les races laitières :*** Prim'Holstein, Tarentaise, Abondance, Pie rouge des plaines, Jersiaise ...
- ***Les races bouchères*** ou ***races à viande*** ou ***races allaitantes :*** Charolaise, Limousine, Blonde d'Aquitaine, Maine-Anjou, Aubrac, Gasconne, Salers, Camargue...
- ***Les races mixtes :*** Normande, Montbéliarde Simmental française, l'Abondance, la Vosgienne ...

(1) Selon les sources, certaines races peuvent être classées dans des catégories différentes.

■ BRABANÇONNE

Vegetable garnish | Garniture* constituée de tartelettes garnies de choux de Bruxelles* nappés de sauce Mornay* et de pommes croquettes*.

■ BRACHET

Grape variety | Autre dénomination du cépage* Braquet*. En Italie, il se nomme Brachetto.

■ BRANDADE

BRANDADE | Spécialité culinaire du Sud-Est à base de morue* émiettée et émulsionnée avec de l'huile* d'olive et du lait*. Il existe plusieurs variantes de brandade (nîmoise, provençale, etc.) et certains cuisiniers incorporent couramment de la purée de pommes de terre* à la préparation.

■ BRANDY

BRANDY | Terme anglo-saxon désignant une eau-de-vie*. Il vient de "burnt wine" qui signifie "vin brûlé". Employé seul, ce terme s'applique plutôt à une eau-de-vie de vin* telle que le cognac* ou l'armagnac*. Associé au nom d'un fruit, il désigne un spiritueux* provenant de ce fruit (ex : apricot brandy*, cherry brandy*).

■ BRANDY COLLINS

BRANDY COLLINS | Cocktail* identique au Tom Collins* où le gin* est remplacé par du cognac*.

■ BRANDY EGG NOGG

BRANDY EGG NOGG | Cocktail* préparé au shaker.
1 cuillère à café de sucre*
1 jaune d'œuf*
4 cl de cognac*
5 cl de lait*
Noix de muscade*
Frapper le sucre, le jaune d'œuf et le cognac. Servir dans un tumbler, compléter avec le lait et saupoudrer de noix de muscade râpée.

■ BRANDY FIZZ

BRANDY FIZZ | Cocktail* préparé au shaker.
1 cuillère à café de sucre*
2 cl de jus de citron*
4 cl de cognac*
Soda*

Frapper le sucre, le jus de citron et le cognac, servir dans un tumbler. Compléter de soda. Décorer éventuellement d'une tranche de citron et d'une cerise* confite.

■ BRANDY FLIP

BRANDY FLIP | Cocktail* (digestif) préparé au shaker.
1 cuillère à café de sucre*
1 jaune d'œuf*
4 cl de cognac*
Noix de muscade*
Frapper et verser dans un verre à cocktail. Saupoudrer de noix de muscade râpée.

■ BRANDY OLD FASHIONED

OLD-FASHIONED BRANDY | Cocktail* préparé de la même manière que le bourbon old fashioned* en remplaçant le bourbon* par du cognac*.

■ BRANDY SOUR

BRANDY SOUR | Cocktail* (apéritif) préparé au shaker.
1 cuillère à café de sucre*
2 cl de jus de citron*
5 cl de cognac*
2 cerises* à l'eau-de-vie
Frapper et servir dans un verre à cocktail. Décorer avec les cerises.

■ BRANNVIN

Brandy | Eau-de-vie* de céréales ou de pommes de terre*, similaire à l'aquavit*, produite en Suède ou en Finlande.

■ BRAQUET

Grape variety | Cépage* noir originaire du Sud-Est, vraisemblablement du Var.
Aires de culture : essentiellement sur les terroirs de l'A.O.C.* Bellet*.
Vins produits : rouges fins et aromatiques.

■ BRAS (Michel)

French chef | Cuisinier français né en 1946 à Gabriac, petit village de l'Aveyron. Ce fils de maréchal-ferrant s'initie dès son plus jeune âge à la cuisine auprès de sa mère. Autodidacte, sans formation extérieure dans les brigades des grandes toques, il acquiert un solide savoir-faire en étudiant avec passion la littérature culinaire. Ses connaissances techniques ne font pas tout, solidement enraciné dans sa terre natale, sensible à son environnement de pierre, de lumière et de végétal, il crée une cuisine raffinée directement inspirée de l'univers si particulier de l'Aubrac.
Après avoir exploité avec succès l'hôtel-restaurant familial de Laguiole, il s'installe en 1992 sur les hauteurs du plateau dans un vaste espace moderne. En 1999, le Guide Michelin* qui avait déjà reconnu son talent lui octroie une 3ème étoile. Aujourd'hui, pleinement épanoui, Michel Bras, grand cuisinier et homme discret, a passé le relais à son fils Sébastien qui a demandé à ne plus figurer dans le célèbre Guide rouge depuis 2018.

Source : Photo M. Bras

■ BRAYAUDE

BRAYAUDE (from the Auvergne) | Terme utilisé pour désigner plusieurs préparations culinaires auvergnates :

- ***L'omelette brayaude*** est faite avec du jambon* de pays, des pommes de terre*, des dés de fromage* et de la crème fraîche*.
- ***La soupe brayaude*** est composée de produits locaux (porc* et légumes).
- ***Le gigot* brayaude,*** piqué à l'ail*, légèrement mariné et braisé au vin* blanc est servi avec du chou* et des haricots rouges* ou des lentilles*.

■ BRAZIER (Eugénie) ou LA MÈRE BRAZIER

French chef | Cuisinière française (Bourg-en-Bresse 1895 - Le Mas-Rillier 1977). D'origine paysanne, elle est d'abord occupée aux travaux de la ferme et c'est à l'âge de vingt ans qu'elle entre au service d'une famille bourgeoise lyonnaise. Chargée de la cuisine, elle s'en fait une vocation. Quelques années plus tard, elle quitte son emploi pour entrer chez la Mère Filloux *(1)* et commencer un apprentissage en restauration. En 1921, elle ouvre son premier restaurant à Lyon et ensuite un second au col de la Luère, à une vingtaine de kilomètres de la ville.
Devenue célèbre et reconnue par ses pairs, elle est la première, en 1933, à qui le Guide Michelin* décerne simultanément trois étoiles à deux restaurants différents tenus par le même chef. En 1946, elle engage un jeune cuisinier de 20 ans qui souhaite poursuivre son apprentissage, un certain Paul Bocuse*...

(1) Les "Mères" sont les cuisinières issues de maisons bourgeoises qui s'installèrent à leur compte et firent la renommée de la gastronomie lyonnaise.*

■ BRÉJAUDE
Type of soup | Soupe* limousine préparée avec du lard frais, du chou* et divers légumes.

■ BRÈME
BREAM | Poisson d'eau douce de la famille des cyprinidés qui mesure de 30 à 50 cm de long pour un poids de 2 à 4 kg. Sa chair, moelleuse, contient de nombreuses arêtes. Elle se prépare en goujonnettes* ou comme la perche* et la carpe*.

■ BRÈME DE MER
SEA BREAM | *Voir* Daurade*.

■ BRESSAN
French cheese | Fromage* de lait* de chèvre fabriqué en Franche-Comté. Il tire son nom de sa région de fabrication.
Type : pâte molle, croûte naturelle.
Forme : tronconique.
Taille : 5 cm de diamètre à la base, 3 à 4 cm d'épaisseur.
Poids : 60 à 70 g.
Teneur en M.G. : 45 % en moyenne.
Meilleures saisons : printemps, été, automne.

■ BRESSE BLEU
French cheese | Fromage* de lait* de vache fabriqué dans l'Ain. Il doit son nom à la nature de sa pâte et à sa région d'origine.
Type : pâte molle persillée, croûte naturelle.
Forme : cylindre.
Taille : 6 à 10 cm de diamètre, 4 à 6,5 cm d'épaisseur.
Poids : 125 g, 250 g, 500 g.
Qualité identique toute l'année.

Source : Photo BG

■ BRETON
Grape variety | Autre dénomination du cépage* Cabernet franc* dans la Vallée de la Loire.

■ BRETZELS
PRETZELS | Biscuits salés en forme de nœuds entrelacés saupoudrés de graines de cumin*. Cette spécialité alsacienne se consomme principalement en accompagnement de la bière* ou de l'apéritif.

■ BRICQUEBEC ou ABBAYE DE BRICQUEBEC
French cheese | Fromage* de lait* de vache fabriqué en Normandie. Il tire son nom d'une localité du Cotentin où a été fondée l'abbaye qui le créa. Ce fromage est aussi commercialisé sous la dénomination "Providence".
Type : pâte pressée non cuite.
Forme : disque épais.
Taille : 22 cm de diamètre, 4 cm d'épaisseur.
Poids : 1,400 kg.
Teneur en M.G. : 45 %.
Qualité identique toute l'année.

■ BRIE DE COULOMMIERS
French cheese | Fromage* de lait* de vache fabriqué en Ile-de-France. Il doit son nom à une localité de Seine-et-Marne, lieu du marché où il était initialement commercialisé.
Type : pâte molle à croûte fleurie.
Forme : disque plat.
Taille : 21 à 25 cm de diamètre, 3 cm d'épaisseur.
Poids : 1,250 kg environ.
Teneur en M.G. : 45 % environ.
Meilleures saisons : été, automne, hiver.

■ BRIE DE MEAUX
French cheese | Fromage* de lait* de vache fabriqué en Ile-de-France, A.O.C.* depuis 1980 et reconnu A.O.P.* dans le cadre de l'U.E. Il doit son nom à la ville de Seine-et-Marne, lieu du marché où il était initialement commercialisé. La zone de production s'étend sur de nombreuses communes des départements de la Seine-et-Marne, de l'Yonne, du Loiret, de l'Aube, de la Marne, de la Haute-Marne et de la Meuse.
Type : pâte molle à croûte fleurie.
Forme : disque plat.
Taille : 36 à 37 cm de diamètre, 3 à 3,5 cm d'épaisseur.
Poids : 2,6 à 3,3 kg.
Teneur en M.G. : 45%.
Meilleures saisons : été, automne, hiver.

■ BRIE DE MELUN
French cheese | Fromage* de lait* de vache fabriqué en Ile-de-France, A.O.C.* depuis 1980 et reconnu A.O.P.* au niveau européen. Il doit son nom à la préfecture de Seine-et-Marne, lieu de sa commercialisation initiale.
Type : pâte molle à croûte fleurie.
Forme : disque plat.

Taille : 27 cm de diamètre, 3 cm d'épaisseur.
Poids : 1,5 à 2,2 kg.
Teneur en M.G. : 45 %.
Meilleures saisons : été, automne, hiver.

Source : d'après documentation I.N.A.O.

Aire geographique de l'A.O.C. Brie de Melun

■ BRIGADE DE RESTAURANT

RESTAURANT BRIGADE | *Voir* Maître d'hôtel*.

■ BRILLAT-SAVARIN (fromage)

French cheese | Fromage* de lait* de vache fabriqué en Normandie et bénéficiant d'une I.G.P.*. Son nom lui a été attribué par le célèbre fromager H. Androuët en hommage à J.-A. Brillat-Savarin*.
Type : pâte molle à croûte fleurie (triple-crème*).
Forme : disque épais.
Le Brillat-Savarin se décline en 2 formats :

Poids	Diamètre	Hauteur
100 à 250 g	8 à 10 cm	3 à 6 cm
Au moins 500 g	11 à 14 cm	4 à 7 cm

Teneur en M.G. : au moins 72 %.
Qualité identique toute l'année.

■ BRILLAT-SAVARIN (Jean-Anthelme)

French writer and gourmet | Homme politique, magistrat, écrivain et gastronome français (Belley 1755 - Paris 1826). Cet épicurien cultivé est né Jean-Anthelme Brillat, mais une de ses tantes, Mademoiselle Savarin, l'ayant fait légataire universel, à condition qu'il porte son nom, il devint J.A. Brillat-Savarin.
Il reste célèbre grâce à la publication, en 1825, de *Physiologie du goût (1)*, ouvrage qui demeure une œuvre majeure de la littérature gastronomique. Ce livre constitué d'aphorismes *(2)*, d'anecdotes et de méditations, marque le départ d'une intellectualisation de la gastronomie*.

(1) Le titre complet est "Physiologie du Goût, ou Méditations de Gastronomie Transcendante ; ouvrage théorique, historique et à l'ordre du jour, dédié aux Gastronomes parisiens, par un Professeur, membre de plusieurs sociétés littéraires et savantes".
(2) Formules concises ou maximes.

Source : Adobe Stock

■ BRINDAMOUR ou BRIN D'AMOUR

French cheese | Fromage* de lait* de brebis fabriqué en Corse. Son nom est une marque commerciale choisie par un fromager.
Type : pâte molle aromatisée au romarin* et à la sarriette*.
Forme : carré à angles arrondis *(1)*.
Taille : 12 à 14 cm de côté, 4 à 5 cm d'épaisseur.
Poids : 600 à 800 g.
Teneur en M.G. : 45 %.
Meilleures saisons : printemps, été, automne.

(1) Il existe un autre fromage corse, de forme ronde et dénommé "Fleur du maquis", qui présente les mêmes caractéristiques que le brindamour

■ BRIOCHE

BRIOCHE | Préparation légère, de taille et de forme variables, réalisée à partir de pâte à brioche* additionnée ou non d'éléments sucrés ou salés.

Source : P. Asset/Cedus

■ BRIQUE DU FOREZ ET DU LIVARDOIS

French cheese | Fromage* de lait* de chèvre ou de laits de chèvre et de vache mélangés.
Il tire son nom de sa forme et de sa région d'origine.
Type : pâte molle, croûte naturelle.
Forme : rectangulaire.
Taille : 12 à 14 cm de longueur, 4 à 6 cm de largeur, 3 à 4 cm d'épaisseur.
Poids : 250 g environ.
Teneur en M.G. : 45 % au minimum.
Meilleures saisons : été, automne.

■ BROCARD

ADULT MALE DEER | *Voir* Chevreuil*.

■ BROCCIU CORSE ou BROCCIO

French cheese | Fromage* de lactosérum et de lait* de brebis ou de chèvre fabriqué en Corse, A.O.C.* depuis 1983 et reconnu A.O.P.* dans le cadre de l'U.E. L'aire de production couvre la totalité de l'ile. Il tire son nom du terme dialectal "brousser" qui signifie battre ou fouetter.
Type : "frais" ou "passu" *(1)*.
Forme : tronconique.
Taille : variable selon la faisselle utilisée.
Poids : 250g, 500g, 1 kg et 3 kg.
Teneur en M.G. : 40 % au minimum.
Meilleures saisons : printemps, été, automne.

(1) le "brocciu passu" subit, après salage, un affinage d'une durée minimale de 21 jours dans l'aire de production.

■ BROCHET

PIKE | Poisson d'eau douce appartenant à la famille des ésocidés. Ce redoutable carnassier peut atteindre une taille de 1,50 m et un poids de 20 kg. Les petits spécimens sont appelés *brocheton, sifflet* ou *poignard*. Sa chair blanche est ferme et savoureuse mais elle contient beaucoup d'arêtes, c'est pourquoi il se prépare souvent en quenelles* ou en terrine. Il peut également être servi poché entier ou en morceaux, avec un beurre blanc* ou une sauce Nantua*.

■ BRONX

BRONX | Cocktail* (apéritif) préparé au shaker.
1 cl de jus d'orange*
1,5 cl de vermouth* dry
1,5 cl de vermouth* rouge
3 cl de gin*
Frapper et servir dans un verre à cocktail.

Source : Photo BG

■ BROU DE NOIX

Liqueur or WALNUT OIL | Liqueur* fabriquée dans plusieurs régions de France à partir de noix* vertes macérées dans de l'eau-de-vie*.
Le terme "brou de noix" désigne également un liquide brun extrait de la coque verte qui enveloppe une noix fraîche.

■ BROUILLY

French wine | Vins* rouges produits dans le Beaujolais, A.O.C.* depuis 1938 et reconnus A.O.P.* dans le cadre de l'U.E. La mention «Cru du Beaujolais» peut figurer sur l'étiquette. L'appellation possède un climat* : Pisse-Vieille.
Aire de production : communes de Saint-Lager, Odenas, Quincié-en-Beaujolais, Cercié, Charentay et Saint-Etienne-la-Varenne, situées au nord-ouest de Villefranche-sur-Saône.
Superficie du vignoble : 1 260 ha.
Encépagement autorisé* pour l'appellation : Gamay*, Aligoté*, Chardonnay*, Melon de Bourgogne *.
Rendement à l'hectare* : 56 hl.

■ BROUSSE (suivi éventuellement du lieu de production, Rove ou Vésubie)

French cheese | Fromage* de lait* de brebis ou de lait de chèvre fabriqué en Provence. Il tire son nom du terme dialectal « brousser » qui signifie battre ou fouetter.
Type : pâte fraîche.
Forme : variable selon le récipient de moulage.
Taille et poids : variables.
Teneur en M.G. : 45 %.
Meilleures saisons : printemps, été, automne.
La Brousse de Rove a obtenu une A.O.C* en 2018. La zone de production comprend 131 communes (97 des Bouches-du-Rhône (dont Rove), 24 du Vaucluse et 10 du Var).

■ BROUTARD

GRASS-FED CALF | *Voir* Veau* et Agneau*.

■ B.R.S.A.

BRSA (type of beverage) | Sigle constituant l'abréviation de Boisson Rafraîchissante Sans Alcool*.

■ BRU

French mineral water | Eau minérale naturelle* gazeuse captée à Chevron, dans les Ardennes belges, près de Liège. Catégorie : faiblement minéralisée.

Composition physico-chimique (en mg/l)	
Cations	Anions
Calcium: 23 Magnésium: 22 Sodium: 10 Potassium: 1,5	Bicarbonates: 209 Sulfates: 5 Chlorures: 4 Nitrates: 0,7
pH à 20 °C: 5 Minéralisation totale: 160 mg/l	

■ **BRUGNON**

NECTARINE | Fruit à noyau d'origine française à chair juteuse et à peau lisse. Contrairement à ce qui est souvent affirmé, le brugnon n'est pas un hybride *(1)* résultant d'une greffe de prunier et de pêcher ou d'abricotier et de pêcher mais l'aboutissement d'une mutation naturelle du pêcher.

Le brugnon trouve les mêmes emplois culinaires que la pêche*.

(1) Il existe effectivement un hybride résultant du croisement d'un prunier et d'un abricotier produisant un fruit appelé "prunabricot" en France et "pluot" aux Etats-Unis (contraction de "plum" qui signifie "prune" et "apricot", traduction du mot "abricot"). Ce fruit a été obtenu en 1958 par un pépiniériste américain, F. Zaiger.

■ **BRULHOIS**

French wine | Vins* rouges et rosés produits dans le Sud-Ouest. Initialement A.O.V.D.Q.S.* sous l'appellation « Cotes du Brulhois », la nouvelle appellation, A.O.C * depuis 2011, est reconnue A.O.P.* dans le cadre européen.

Aire de production : 42 communes du Tarn-et-Garonne, du Lot-et-Garonne et du Gers situées en amont d'Agen à proximité de la Garonne.

Superficie du vignoble : 250 ha.

Encépagement autorisé* pour l'appellation : Cabernet-Sauvignon*, Cabernet franc*, Fer*, Merlot*, Cot*, Abouriou* et Tannat*.

Rendement à l'hectare* : 55 hl.

■ **BRUNCH**

BRUNCH | Terme d'origine anglaise, contraction de "breakfast" et de "lunch", qui désigne un repas pris en fin de matinée *(1)* et qui remplace à la fois le petit déjeuner et le déjeuner*.

(1) Prestation proposée sous forme de buffet, essentiellement aux clientèles de week-end.*

■ **BRUNELLO DI MONTALCINO**

Italian wine | Vins* rouges italiens issus de cépage* Sangiovese. Cette D.O.C.G.*, produite en Toscane, ne peut être commercialisée qu'après un vieillissement minimum de 50 mois, dont 42 mois en barriques de châtaignier ou de rouvre.

■ **BRUNOISE**

BRUNOISE | Terme désignant une taille de légumes en petits dés de 1 à 2 mm de côté.

■ **BRUXELLOISE**

Vegetable garnish | Garniture* composée d'endives* braisées, choux de Bruxelles* et pommes château*.

■ **BUCCIN**

WHELK | Gastéropode *(1)* marin doté d'une coquille spiralée de 6 à 8 cm. Appelé aussi *bulot*, le buccin vit accroché aux rochers des côtes de l'Atlantique et de la Méditerranée. Il se consomme toujours cuit.

(1) Mollusque rampant sur un pied central.

■ **BÛCHE DE NOËL**

Christmas log | Pâtisserie traditionnelle du repas de Noël en forme de bûche - d'où son nom - créée au 19ème siècle. Classiquement, ce gâteau est réalisé à partir de génoise* en fines couches ou de génoise roulée imbibée et garnie de crème au beurre*. Aujourd'hui, si la présentation de la bûche de Noël conserve son caractère festif, les compositions sont très variées.

Source : S.Vernichon/Cedus

Bûche au chocolat

■ **BUCHETTE D'ANJOU**

French cheese | Fromage* de lait* de chèvre fabriqué en Anjou. Il doit son nom à sa forme et à sa région d'origine.

Type : pâte molle, croûte naturelle ou charbonnée.

Forme : cylindre.

Taille : 9 à 10 cm de longueur, 3 à 4 cm de diamètre.

Poids : 100 g environ.

Teneur en M.G. : 45 % au minimum.

Meilleures saisons : printemps, été, automne.

■ **BUCK FIZZ**

BUCK FIZZ | Cocktail* préparé directement dans une flûte à champagne*.

5 cl de jus d'orange*

7 cl de champagne*

Verser le jus d'orange et compléter de champagne.

Décor facultatif à base d'orange (tranche, zeste*, suprême*...)

Malgré son nom, ce cocktail ne fait pas partie de la famille des "Fizzes*"

■ **BUCKLING**

BUCKLING | *Voir* Hareng*

■ **BUFFET**

BUFFET | Table spécialement nappée et préparée pour la présentation de mets et de boissons lors d'un cocktail*, d'un lunch*, d'un brunch*, etc.

Le terme buffet désigne également un meuble, réfrigéré ou non, utilisé pour la présentation de préparations culinaires dans certaines formules de restauration.

■ BUGEY

French wine | Vins* blancs, rosés et rouges produits dans l'Ain. Initialement A.O.V.D.Q.S.* sous l'appellation « Vin du Bugey », la nouvelle appellation, A.O.C * depuis 2009, est reconnue A.O.P.* dans le cadre européen. L'appellation peut être suivie du nom d'une dénomination géographique complémentaire *(1)*.
Aire de production : 68 communes du sud de l'Ain.
Superficie du vignoble : 260 ha.
Encépagement autorisé* pour l'appellation (variable selon les communes de culture) : Gamay*, Pinot noir*, Pinot gris*, Poulsard*, Chardonnay*, Altesse*, Aligoté*, Pinot gris*, Mondeuse blanche*, Molette*, Jaquère*.
Rendement à l'hectare*: de 53 à 71 hl selon les vins produits.

(1) Montagnieu, Cerdon ou Manicle.

■ BUGEY MOUSSEUX ou PÉTILLANT

French wine | Vins* blancs et rosés effervescents produits sur les aires délimitées de l'appellation Vin du Bugey*.
Superficie du vignoble : 57 ha.

■ BUGEY-CERDON MOUSSEUX ou PÉTILLANT

French wine | Vins* effervescents rosés produits sur 10 communes de l'Ain - dont Cerdon - situées au sud-est de Bourg-en Bresse. Sous certaines conditions d'élaboration, l'appellation Bugey-Cerdon peut-être complétée par la mention ***Méthode ancestrale****.
Superficie du vignoble : 136 ha.

■ BUGEY-MONTAGNIEU MOUSSEUX ou PÉTILLANT

French wine | Vins* effervescents produits sur 3 communes de l'Ain - dont Montagnieu - situées à l'est de Belley.
Superficie du vignoble : 22 ha.

■ BUGNES

French doughnut | Beignets* lyonnais réalisés avec une pâte *(1)* découpée à la roulette dentelée. Les bandelettes ainsi obtenues sont souvent nouées ou tressées avant d'être frites.

(1) À l'origine, il s'agissait d'une pâte levée composée de farine, de levure*, de sucre* et d'eau diversement parfumée. Aujourd'hui cette pâte est parfois enrichie de beurre*, d'œufs* et de lait*.*

■ BUISSON

Food decoration | Type de dressage en pyramide ou en cône employé pour présenter des crustacés, des légumes, des fruits, etc.

■ BULOT

WHELK | Autre dénomination du buccin*.

■ BURRATA

Italian cheese | Fromage* italien à pate filée *(1)* originaire des Pouilles. Traditionnellement fabriquée à partir de lait* de bufflonne (on la trouve aussi à base de lait de vache), la burrata se présente sous la forme d'une poche garnie d'un mélange de crème fraîche* et de mozzarella* effilochée.

(1) Voir définition de cette pâte à Caciocavallo Silano.*

■ BUZET

French wine | Vins* rouges, rosés et blancs produits dans le Sud-Ouest, A.O.C.* depuis 1986 (en remplacement de l'A.O.C. «Côtes de Buzet» de 1973) et reconnus A.O.P.* dans le cadre de l'U.E.
Aire de production : 27 communes du Lot-et-Garonne situées sur la rive gauche de la Garonne, à l'ouest d'Agen.
Superficie du vignoble : 2 100 ha.
Encépagement autorisé* pour l'appellation : Merlot*, Cabernet-Sauvignon*, Cabernet franc*, Côt*, Abouriou*, Petit Verdot*, Sémillon*, Sauvignon*, Muscadelle*, Colombard*, Gros Manseng*, Petit Manseng*.
Rendement à l'hectare* : 55 hl.

■ BYRRH

Wine based aperitif | A.B.V.* de la famille des quinquinas* créé en 1873 à Thuir (Pyrénées-Orientales). Son créateur, Simon Violet, composa le nom "BYRRH" à partir des initiales des prénoms de ses enfants.
Cet apéritif, qui titre 17°, est élaboré avec des vins* du Roussillon aromatisés avec des écorces de quinquina* et d'autres substances aromatiques. Il est ensuite vieilli en fûts ou en cuves de chêne pendant 3 ans.
Depuis 1999, la marque propose également le ***Rare assemblage***, vieilli 10 ans en petits fûts de chêne.

Source : Adobe Stock

Burrata

C

■ CABARDÈS

French wine | Vins* rouges et rosés produits en Languedoc-Roussillon, A.O.C.* depuis 1999 et reconnus A.O.P.* dans le cadre de l'U.E.
Aire de production : 18 communes de l'Aude situées au nord de Carcassonne.
Superficie du vignoble : 550 ha.
Encépagement autorisé* pour l'appellation : Grenache*, Syrah*, Cinsault*, Cabernet-Sauvignon*, Cabernet franc*, Merlot*, Côt*, Fer Servadou*.
Rendement à l'hectare* : 50 hl.

■ CABASSOL

French stew | Spécialité tarnaise et aveyronnaise qui se présente sous forme d'un ragoût* de têtes de brebis au vin* blanc.

■ CABÉCOU D'ENTRAYGUES

French cheese | Fromage* de lait* de chèvre fabriqué dans le Rouergue. Il tire son nom d'un mot languedocien (signifiant "petite chèvre") et de son lieu de production.
Type: pâte molle.
Forme: petit palet.
Taille: 4 cm de diamètre, 1 cm d'épaisseur.
Poids: 30 à 40 g selon le stade d'affinage.
Teneur en M.G. : 45% en moyenne.
Meilleures saisons: printemps, été, automne.

■ CABÉCOU DE ROCAMADOUR

French cheese | *Voir* Rocamadour*.

■ CABERNET (S)

Grape varieties | Cépages* noirs d'origine bordelaise. On distingue 2 variétés de Cabernet :
Le Cabernet-Sauvignon : un des grands cépages classiques en France et dans le monde. Il est bien évidemment implanté dans le Bordelais (Médoc*, Graves*, Saint-Emilion*...) mais aussi dans d'autres vignobles du Sud-Ouest (Bergerac*, Béarn*, Buzet*...) ainsi que dans la Vallée de la Loire (Touraine*, Chinon*, Bourgueil*, Anjou*...), la Provence (Coteaux d'Aix-en-Provence*, Coteaux Varois*...), le Languedoc-Roussillon (Malepère*, Cabardès*...), les Charentes (Pineau des Charentes*), la Gascogne (Floc de Gascogne*) etc. Ce cépage est également présent en Chine, Bulgarie, Roumanie, Hongrie, Italie, Espagne, Liban, Chili, Etats-Unis, Canada, Afrique du Sud, Australie, etc.
Les vins* issus de Cabernet-Sauvignon sont des rouges de couleur soutenue, tanniques, bien structurés, avec un riche potentiel aromatique (fruits noirs, cassis, réglisse).
Le Cabernet franc : considéré - parfois à tort - comme une variété inférieure au Cabernet-Sauvignon, ce cépage vigoureux produit des vins moins tanniques et plus souples que ceux générés par ce dernier. Par ailleurs, les deux Cabernets partagent souvent les mêmes aires de culture. Notons cependant que dans la Vallée de la Loire, le Cabernet franc est plus répandu que le Cabernet-Sauvignon.
Les Cabernets représentent, en France, plus de 80 000 ha de culture et près de 350 000 ha dans le monde. En 2019, le Cabernet-Sauvignon est le cépage noir le plus cultivé sur la planète.
Lorsque le terme "Cabernets", sans autres précisions, figure dans l'encépagement d'une A.O.C.*, il faut considérer que le Cabernet-Sauvignon et le Cabernet franc sont complantés sur l'aire d'appellation.

Source : Photo BG

Cabernet-Sauvignon

■ CABERNET D'ANJOU

French wine | Vins* rosés produits dans la Vallée de la Loire sur les aires délimitées de l'appellation Anjou*, A.O.C.* depuis 1957 et reconnus A.O.P.* dans le cadre de l'U.E. La mention "Val de Loire" peut être éventuellement adjointe à l'appellation.
Superficie du vignoble : 5 485 ha.
Encépagement autorisé pour l'appellation : Cabernet franc* et Cabernet-Sauvignon*.

Rendement à l'hectare* : 40 hl.
Teneur minimale en sucre résiduel : 10 g/litre.

■ CABERNET DE SAUMUR

French wine region | A.O.C.* remplacée par l'appellation "Saumur rosé"* en 2016.

■ CABILLAUD

COD | Poisson de mer de la famille des gadidés que l'on pêche au large des côtes françaises mais surtout dans les régions froides de l'Atlantique nord (Terre-Neuve, Islande et Norvège). Il est également élevé en aquaculture* marine.
Le cabillaud mesure en moyenne 30 à 60 cm mais il peut atteindre 1,50 m, voire 2 m. Sa chair blanche, feuilletée, délicate, pauvre en lipides, est très appréciée.
Fendu, salé et séché, ce poisson prend le nom de *morue**. Uniquement séché, il s'appelle *stockfisch**.

Source : Doc. Alaska Seafood/Steve Lee

Filet de cabillaud

■ CABRALES

Spanish cheese | Fromage* de lait* de vache, de chèvre ou de brebis fabriqué en Espagne. Il porte le nom d'une localité des Asturies, sa zone de fabrication. Le Cabrales bénéficie d'une A.O.C.* dans son pays et d'une A.O.P.* au niveau européen.
Type: pâte persillée, croûte naturelle.
Forme: cylindre.
Taille: 20 à 22 cm de diamètre, 8 à 15 cm d'épaisseur.
Poids: 2 à 4 kg environ.
Teneur en M.G.: 45% au minimum.
Meilleures saisons: printemps, été.

■ CABRI

Goat kid | Autre dénomination du chevreau*.

■ CABRION DE MÂCON

French cheese | Autre dénomination du Bouton de culotte*.

■ CACAHUÈTE ou CACAHOUÈTE

PEANUT | Graine extraite de la gousse souterraine de l'arachide*. En France, la cacahuète est consommée torréfiée, salée ou non.

■ CACAO

CACAO | *Voir* Chocolat*

■ CACHIMENT

SOURSOP | Fruit d'un arbre antillais, le cachimentier. Le cachiment, qui fait partie de la famille des anones*, se présente sous deux principales espèces: *le Cœur de bœuf* et le *Cachiment morveux*. Ce fruit sphérique de couleur brune-rougeâtre ou verte-jaunâtre contient une pulpe avec de grosses graines semblables à de petites fèves.

Source : Adobe Stock

■ CACIOCAVALLO SILANO

Italian cheese | Fromage* de lait* de vache fabriqué en Italie et dont l'origine du nom est imprécise. Parmi les différentes versions, il est couramment admis que ce terme viendrait de l'italien "cacio à cavallo", signifiant "fromage à cheval". Ce produit bénéficie d'une Appellation d'Origine Contrôlée dans son pays et d'une A.O.P.* au niveau européen.
Type: pâte filée *(1)*, croûte naturelle.
Forme: gourde étranglée.
Taille: 12 à 14 cm de diamètre, 35 à 40 cm de hauteur.
Poids: 3 à 4 kg.
Teneur en M.G.: 44%.
Qualité identique toute l'année.

(1) Pâte filée: Résultat d'une technique particulière utilisée pour la fabrication de ce fromage où le caillé est d'abord chauffé dans le petit lait à une température de 45 °C. Devenu ferme et élastique, ce caillé est ensuite découpé, immergé dans un mélange de petit lait et d'eau chaude et enfin pétri et étiré en longs fils. Cette méthode permet d'obtenir une pâte souple et malléable.

■ CADILLAC

French wine | Vins* blancs produits dans le Bordelais, A.O.C.* depuis 1973 et reconnus A.O.P.* dans le cadre de l'U.E.
Aire de production : 22 communes de Gironde, dont Cadillac, situées au nord-ouest de Langon.
Superficie du vignoble : 139 ha.
Encépagement autorisé* pour l'appellation : Sauvignon*, Sémillon*, Muscadelle*.
Rendement à l'hectare* : 37 hl.
Teneur minimale en sucre résiduel : 18 g/litre.
Ces vins sont élaborés à partir de raisins arrivés à surmaturation (voir Pourriture noble*).

■ CADILLAC - CÔTES DE BORDEAUX

French wine | Depuis 2009, cette nouvelle A.O.C.* est réservée aux vins rouges* produits sur l'aire d'appellation "Premières Côtes de Bordeaux"*.

■ CAFÉ

COFFEE | Le café serait originaire d'Ethiopie ou du Yémen. Une légende raconte qu'un jeune chevrier, nommé Kaldi, observa que ses animaux étaient joyeux et excités après avoir mangé les baies rouges d'un arbuste inconnu. Il parla de cette découverte aux moines d'un couvent tout proche. Curieux, les religieux firent une décoction avec ces fruits étranges. Après avoir dégusté le breuvage obtenu, ils restèrent éveillés très tard dans la nuit. Les moines prirent ensuite l'habitude de consommer cette boisson pour résister au sommeil lors des prières du soir et ils décidèrent de l'appeler "Kawa" en souvenir du roi persan Kawuskai.

C'est en 1644 que le café arrive discrètement en France et c'est seulement à partir de 1669 qu'il devient une boisson connue. En 1684, un italien nommé Procopio ouvre à Paris le "Café Procope" qui sera très vite un lieu de rendez-vous mondain. Le café est un élément important de l'économie internationale (2ème marché après celui du pétrole), notamment dans le commerce équitable. Le Brésil occupe la 1ère place devant le Viêt Nam et la Colombie dans la production mondiale qui est estimée à 9 millions de tonnes par an. La caféiculture et ses activités dérivées font vivre 135 millions d'êtres humains sur la planète.

Le café est aujourd'hui la seconde boisson consommée au monde après le thé*. En France, 93 % de nos concitoyens en boivent régulièrement pour une consommation annuelle moyenne de 5 kg par habitant.

La composition du café varie selon l'espèce, l'origine géographique, les modes de culture, les traitements après récolte et les procédés de préparation. Il existe plus de 70 espèces différentes de caféiers mais 2 génèrent à elles seules 98% de la production mondiale, il s'agit de *l'Arabica* et du *Canephora* dont la variété la plus connue est le *Robusta*.

L'Arabica (environ 75% de la production) donne des cafés doux et parfumés, à faible teneur en caféine *(1)*, de l'ordre de 0,8 à 1,6%. Il est cultivé sur les hauts plateaux entre 600 et 2200 mètres, en Amérique du Sud (Brésil, Colombie, Equateur, Pérou, etc.), en Amérique centrale (Guatemala, Nicaragua, Honduras, Costa Rica, etc.), au Mexique, dans quelques pays d'Afrique (Ethiopie, Kenya, etc.), aux Caraïbes (Jamaïque, Haïti, Cuba, etc.), en Océanie, en Asie... Les variétés d'Arabica les plus connues sont *le Moka, le Bourbon, le Maragogype, le Blue Moutain, le Mondo Novo, le Marella, le Typica, le Cattura, le Leroy* et le *Laurina* qui est considéré comme le meilleur café du monde.

Le Robusta donne des cafés plus corsés, plus rustiques et plus amers que l'Arabica. Il est aussi plus riche en caféine (1,4 à 3%). Cette variété est cultivée à faible altitude, jusqu'à 600 mètres. On le trouve surtout au Viêt Nam, en Indonésie, en Afrique (Côte d'Ivoire, Cameroun, Ouganda, République Centrafricaine, etc.) en Inde, à Madagascar, au Brésil... Les autres variétés de *Canephoras* sont *le Kouillou, le Conilon, le Niaouli* et *le Gimé*.

Le fruit du caféier se présente sous forme de cerise composée de pulpe rouge qui, après dépulpage, fait apparaître 2 graines accolées et enveloppées d'une parche éliminée lors du déparchage. Après triage, les grains de cafés verts sont conditionnés en sacs pour être expédiés vers les pays consommateurs où ils sont torréfiés. La torréfaction consiste à griller le café en le plaçant dans un tambour métallique où est pulsé de l'air chaud (180 à 250 °C) durant 15 à 20 minutes *(2)*. Pendant cette opération, les grains sont brassés lentement afin d'assurer une torréfaction uniforme. Ce traitement modifie considérablement le produit : physiquement, par une perte de poids (environ 20%), une augmentation de volume (de 50 à 70%), un changement de couleur (coloration brune) et chimiquement, par une transformation de certains éléments qui aboutit à la naissance des composés aromatiques.

La préparation du café fait appel à des techniques variées, mais l'usage de la machine "express" est le plus répandu en restauration. Pour faire un bon café, il faut disposer d'un appareil performant et d'un produit de qualité, fraîchement torréfié et moulu avant utilisation. La réglementation précise que la quantité de café moulu mise en œuvre ne doit jamais être inférieure à 5 grammes par décilitre de boisson. Pour le café "express", cette quantité est portée à 7 grammes pour des tasses excédant rarement 7 cl. Les spécialistes indiquent

Source : M. Bury/Cedus

Tasse de café "express" et sucre* roux

4 chiffres-clés qu'il est souhaitable de retenir: 7-9-20-82 (7 g de café; 9 atmosphères, pression de la machine; 20 secondes, durée d'infusion et de distribution; 82 °C, température du café à la sortie du groupe).
Le café soluble, peu employé en restauration traditionnelle, représente un peu plus de 10% du marché du café. Ce produit déshydraté est obtenu par différents procédés dont le plus connu est la lyophilisation *(3)*.

(1) La caféine est une substance euphorisante et accoutumante. Elle est inodore, incolore et de saveur neutre. Après ingestion, sa durée de vie dans l'organisme humain est de 8 heures, avec un pic d'action stimulante maximale à 5 heures.

(2) Une autre technique, plus rapide, consiste à chauffer les grains verts par un courant d'air à très haute température (400°) pendant 2 à 3 minutes. Ce type de torréfaction produit des cafés de moindre qualité.

(3) Procédé qui consiste à surgeler du concentré de café liquide et le chauffer sous-vide pour obtenir sa sublimation (passage de l'état solide à l'état gazeux sans passer par l'état liquide).Cette méthode de conservation appliquée à d'autres aliments est également appelée "cryodessiccation".

■ CAFÉ GOURMAND

GOURMET COFFEE | De concept récent, le café gourmand est une formule associant un café* - généralement express - et un assortiment de petits desserts. Le principe séduit beaucoup de clients qui se voient offert la possibilité de gagner du temps tout en profitant d'un dessert original et du café finissant le repas. On peut transposer le concept sous forme de "thé* gourmand" ou de "chocolat* gourmand".

■ CAFÉ LIÉGEOIS

COFFEE ICE CREAM | Coupe composée de café* glacé auquel sont ajoutées 2 ou 3 boules de glace* au café ou à la vanille*, l'ensemble étant surmonté d'une rosace de crème Chantilly* et décoré de grains de café ou de paillettes au chocolat*.

■ CAFÉ VIENNOIS

VIENNESSE COFFEE | Café* express additionné de crème Chantilly*.

Source : Adobe Stock

■ CAGHUSE

French pork dish | Spécialité culinaire picarde confectionnée avec du jarret* de porc* additionné d'oignons* émincés. La cuisson se fait en terrine, au four. La caghuse se consomme froide.

■ CAHORS (cépage)

Grape variety | Autre dénomination du cépage* Côt* dans le Sud-Ouest.

■ CAHORS (vin)

French wine | Vins* rouges produits dans le Sud-Ouest, A.O.C.* depuis 1971 et reconnus A.O.P.* dans le cadre européen.
Aire de production : 45 communes du Lot situées dans les cantons de Cahors, Catus, Lalbenque, Luzech, Montcuq et Puy-l'Evêque.
Superficie du vignoble : 4 500 ha.
Encépagement autorisé* pour l'appellation : Côt*, Merlot* et Tannat*.
Rendement à l'hectare* : 50 hl.

■ CAILLE

QUAIL | Oiseau sauvage ou d'élevage originaire d'Asie. Ce petit volatile, dont le poids excède rarement 250 g, appartient à la famille des phasianidés.
Il faut distinguer:

- ***La caille sauvage*** ou ***caille des blés***, espèce migratrice répertoriée comme gibier et dont la chasse est réglementée et la vente interdite.
- ***La caille d'élevage*** produite en captivité pour sa chair mais aussi pour ses œufs.

La caille se prépare rôtie accompagnée de cerises* ou de grains de raisins*, grillée, en pâté, en gelée... sans oublier que les oiseaux sauvages, malheureusement devenus rares, possèdent une chair plus goûteuse que ceux d'élevage.

■ CAILLEBOTTE

French cheese | Fromage* de lait* de vache fabriqué dans le Poitou. Il doit son nom à la botte de joncs sur laquelle il s'égouttait autrefois.
Type: pâte fraîche non salée.
Forme: celle du récipient de moulage.
Taille et poids: variables selon le récipient de moulage.
Teneur en M.G.: variable.
Meilleure saison: été.

■ CAILLEBOTTE D'AUNIS

French cheese | Fromage* de lait* de chèvre, vache ou brebis fabriqué dans l'Aunis. L'origine de son nom est identique à la caillebotte*.
Type : pâte fraîche non salée.
Forme : celle du récipient de moulage.
Taille et poids : variables selon le récipient de moulage.
Teneur en M.G. : variable.
Meilleures saisons : printemps, été, automne.

■ CAJASSE

Regional crepe or pancake | Spécialité périgourdine réalisée à partir d'une pâte à crêpes* aromatisée au rhum* et additionnée de fruits divers.

■ CAIRANNE

French wine | Vins* rouges et blancs produits dans la Vallée du Rhône. A.O.C.* depuis 2016 en remplacement de l'appellation "Côtes-du-Rhône Villages Cairanne". Le Cairanne bénéficie également d'une A.O.P.* dans le cadre européen.
Aire de production : commune de Cairanne dans le Vaucluse.
Superficie du vignoble : 850 ha.
Encépagement autorisé* pour l'appellation : Grenache*, Vaccarèse*, Syrah*, Bourboulenc*, Carignan*, Muscardin*, Picpoul noir*, Cinsault*, Terret noir*, Clairette*, Viognier*, Clairette rose, Counoise*, Grenache blanc*, Grenache gris*, Roussanne*, Marsanne*, Picpoul blanc*.
Rendement à l'hectare* : 38 hl pour les vins rouges, 40 hl pour les vins blancs.

■ CAKE

CAKE | Gâteau d'origine anglaise confectionné à partir d'une pâte levée souvent parfumée au rhum* et additionnée de fruits confits et de raisins* secs.

■ CALAMAR ou CALMAR

SQUID or CALAMARI | Céphalopode *(1)* marin vivant sur les côtes de l'Atlantique et de la Méditerranée. Le calamar, appelé également *encornet*, *chipiron* ou *supion*, est constitué d'un corps fusiforme et d'une tête munie de dix tentacules, dont deux, plus longs, projettent de l'encre (sépia) comme moyen de défense. Voisin de la seiche*, le calamar trouve les mêmes préparations culinaires que cette dernière.

(1) Mollusque marin dont la tête est pourvue de tentacules à ventouses.

■ CALDO VERDE

Portuguese soup | Potage* très populaire au Portugal. Il est réalisé à partir de chou* vert, pommes de terre*, huile* d'olive, etc. et il est garni de rondelles de boudin* noir et de saucisson* à l'ail.

■ CALISSON D'AIX

Regional confectionery | Confiserie constituée d'une base de pâte d'amande* et de fruits confits* posée sur un fond de pain azyme*. Un glaçage royal termine le calisson. Cette friandise, qui a la forme d'une petite navette*, est une spécialité d'Aix-en-Provence (Bouches-du-Rhône).

Source : Photo S. Pelly/Cedus

■ CALITOR

Grape variety | Cépage* noir d'origine provençale cultivé en Vallée du Rhône et en Provence, notamment sur les aires d'appellation Tavel* et Côtes de Provence*.

■ CALVADOS (vin)

French wine | *Voir* Vins I.G.P.*.

■ CALVADOS (eau-de-vie)

Brandy | Eaux-de-vie* provenant de cidres* (et poirés*) produites et distillées à l'intérieur d'une aire délimitée située sur de nombreuses communes des départements du Calvados, de l'Orne, de la Manche, de l'Eure, de la Mayenne, de la Sarthe, de la Seine-Maritime et de l'Oise. Le Calvados bénéficie d'une A.O.C.* depuis 1984. Le cidre ou le poiré à distiller doit titrer au moins 4,5 % d'alcool et n'avoir fait l'objet d'aucune chaptalisation*. Il faut environ 18 kg de pommes à cidre pour obtenir 1 litre de Calvados à la sortie de l'alambic.
Titrage alcoolique maximum de l'eau-de-vie en fin de distillation : 72°.
Titrage alcoolique minimum à la vente au consommateur : 40°.
Le Calvados subit un vieillissement minimum de 2 ans en fûts de chêne. Certaines mentions figurant sur l'étiquette précisent ce temps de vieillissement :
"Trois étoiles", "Trois pommes" ou "V.S." : 2 ans minimum.
"Vieux" ou "Réserve" : 3 ans minimum.
"V.O.", "Vieille réserve", "V.S.O.P." *(1)* ou "Vieille réserve" : 4 ans minimum.
"Extra", "X.O.", "Hors d'âge", "Napoléon", "Très vieux" ou "Très vieille réserve" : 6 ans minimum *(2)*.
Sous certaines conditions (rendement maximum

au pressurage, utilisation exclusive de pur jus, lieu et date de distillation, lieu de mise en bouteille, etc.) les qualifications "Production fermière" ou "Produit fermier" peuvent être inscrites en complément de l'appellation «Calvados».

(1) Very Supérior Old Pale.

(2) Voir Compte d'âge.*

Source : B.N.I.C.E.

■ CALVADOS DOMFRONTAIS

French brandy | Calvados* produit à l'intérieur d'une aire située sur un certain nombre de communes des départements de la Manche, de l'Orne et de la Mayenne, A.O.C.* depuis 1997. La mention "production fermière" ou "produit fermier" peut être ajoutée, sous certaines conditions, au nom de l'appellation *(1)*.

Les critères de production et de commercialisation de cette A.O.C.* sont sensiblement les mêmes que ceux indiqués pour le Calvados*.

(1) Voir Calvados.*

■ CALVADOS PAYS D'AUGE

French brandy | Calvados* produit à l'intérieur d'une aire située sur 290 communes des départements du Calvados, de l'Orne et de l'Eure, A.O.C.* depuis 1984. La mention "production fermière" ou "produit fermier" peut être ajoutée, sous certaines conditions, au nom de l'appellation.

Les critères de production et de commercialisation de cette A.O.C.* sont sensiblement les mêmes que ceux indiqués pour le Calvados*.

(1) Voir Calvados.*

Source : Photo BG

Alambic à calvados en Pays d'Auge

■ CAMARALET

Grape variety | Cépage* blanc originaire du Béarn et cultivé sur de faibles superficies dans le Sud-Ouest, en particulier dans les aires d'appellation Béarn* et Jurançon*. Le Camaralet donne des vins fins, alcoolisés et typés.

■ CAMARÈSE

Grape variety | Autre dénomination du cépage* Vaccarèse* en Vallée du Rhône.

■ CAMEMBERT DE NORMANDIE

French cheese | Fromage* de lait* de vache fabriqué exclusivement dans les départements du Calvados, de l'Eure, de la Manche et de l'Orne. Il bénéficie d'une A.O.C.* depuis 1983 et d'une A.O.P.* dans le cadre de l'U.E. Ce fromage, sous sa forme actuelle, a été créé vers 1791 par la fermière Marie Harel. Il doit son nom à une petite localité normande de l'Orne, son village d'origine. Le camembert est l'un des plus célèbres fromages français, mais aussi l'un des plus copiés.

Type : pâte molle à croûte fleurie.

Forme : disque plat.

Taille :10,5 à 11,5 cm de diamètre, 3 cm d'épaisseur.

Poids : 250 g.

Teneur en M.G. : 45 % au minimum.

Meilleures saisons : été, automne, hiver.

■ CAMOMILLE (infusion)

CHAMOMILE (infusion) | Infusion* obtenue à partir de fleurs d'une plante odorante du même nom. La camomille est une infusion aux propriétés digestives et calmantes.

■ CAMPARI

Italian bitters | Bitter* italien créé à Milan en

1862 par D. Campari. Cet amer clair, qui titre 25°, est le bitter le plus vendu dans le monde. Elaboré à partir d'infusions d'herbes et autres substances aromatiques, il se présente sous une belle couleur rouge due à la cochenille*. Le Campari se déguste sur glace allongé de soda* ou entre dans la composition de cocktails* tels que l'Américano* ou le Négroni*.

■ CANADA DRY

CANADA DRY | Soda* aromatisé au gingembre* qui fut créé en 1904 par le pharmacien et chimiste canadien John Mac Laughin.

■ CANARD

DUCK | Volaille originaire de Chine et appartenant à la famille des anatidés. La quasi-totalité des canards élevés en France est de souche *Barbarie*, mais il faut distinguer certaines dénominations:
Canard nantais élevé dans la région nantaise.
Canard de Challans, élevé en Vendée. Il doit son nom à Challans, ville du nord-ouest du département, spécialisée dans l'aviculture du canard.
Canard rouennais, élevé dans la région rouennaise et ***Canard Duclair***, plus précisément élevé à Duclair, petite ville située sur la rive droite de la Seine, en aval de Rouen.
Canard de Loué, volatile élevé dans la Sarthe.
Canard Mulard, espèce hybride résultant d'un croisement entre canard de Barbarie et canard rouennais. Ce volatile est spécialement engraissé par gavage pour produire du foie gras* *(1)*.
Le canard possède une chair brune moelleuse, légèrement musquée. Il se prête à de nombreuses préparations culinaires, y compris des apprêts agrémentés de produits sucrés (fruits ou miel* par exemple).

*(1) L'I.G.P.** ***Canard à foie gras du Sud-Ouest (Chalosse, Gascogne, Gers, Landes, Périgord, Quercy)*** *est réservée à des produits issus de canard Mulard élevé et transformé selon un cahier des charges officiel.*

Canard de Loué

■ CANARD À LA PRESSE

Regional duck dish | Spécialité de La Tour d'Argent, célèbre restaurant parisien *(1)*. Le canard* est cuit 15 à 20 minutes en cuisine avant d'être envoyé en salle. C'est donc devant le client que se passe l'essentiel de la préparation. Les aiguillettes* sont levées à cru et saisies sur un réchaud dans une réduction de vin* rouge. Les cuisses sont retirées de la carcasse et retournées en cuisine pour achever leur cuisson sur une grillade. La carcasse du canard est placée dans une presse spéciale à vis afin d'être pressée pour en recueillir le jus. Ce jus est additionné de cognac* et monté au beurre*; il est ensuite versé sur les aiguillettes qui terminent leur cuisson dans cette sauce.

(1) Depuis la fin du 19ème siècle, La Tour d'Argent a numéroté tous les canards à la presse qu'elle a servis. En 2003, elle a célébré son millionième canard.

■ CANARD LAQUÉ

PEKING DUCK | Spécialité culinaire chinoise. Il s'agit d'un canard* rôti enduit d'une sauce aigre-douce ("sauce à laquer") et qui est ensuite servi en petits morceaux, chauds ou froids.

■ CANARI

Cocktail | Apéritif constitué d'une mesure d'anisé* additionnée d'un trait de sirop* de citron*.

■ CANCOILLOTTE

French cheese | Spécialité fromagère fabriquée à partir de metton (fromage* de "recuite" obtenu en faisant bouillir le petit lait issu de l'égouttage du caillé des gruyères* de Franche-Comté) et de beurre*.

■ CANNEBERGE

CRANBERRY | Dénomination française de la cranberry*.

■ CANNELÉ ou CANELÉ

Regional cake | Spécialité bordelaise qui se présente sous forme de petit gâteau cuit dans un moule spécial appelé "moule à cannelé". Cette pâtisserie est réalisée à partir de sucre*, farine*, lait*, œufs*, beurre*, vanille* et rhum*.

Source : M.Bury/Cedus

■ CANNELLE

CINNAMON | Épice* originaire du Sud-Est asiatique qui se présente sous forme de petit tuyau constitué de fragments d'écorce de cannelier roulés à la main. La cannelle, qui est sans doute l'une plus ancienne des épices connues, dégage une odeur suave avec une saveur chaude et piquante. Elle est employée pour aromatiser les compotes, pâtisseries, vins* chauds, punchs*, liqueurs*, etc.

■ CANNELLONIS

CANNELLONI | Plat d'origine italienne qui se présente sous forme de pâtes alimentaires roulées en cylindres, farcies et nappées de sauce tomate*. Les cannellonis sont généralement farcis avec de la viande mais on rencontre parfois d'autres garnitures (fromage*, poissons, fruits de mer, légumes…)

■ CANON FRONSAC

French wine | Vins* rouges produits dans le Bordelais, A.O.C.* depuis 1964 et reconnus A.O.P.* dans le cadre de l'U.E. Cette appellation s'est substituée à l'A.O.C. "Côtes de Fronsac" instituée en 1939.

Aire de production : communes de Fronsac et Saint-Michel de Fronsac, situées à l'ouest de Libourne.

Superficie du vignoble : 245 ha.

Encépagement autorisé* pour l'appellation : Cabernet-Sauvignon*, Cabernet franc*, Merlot*, Carmenère*, Malbec* et Petit Verdot*.

Rendement à l'hectare* : 53 hl.

■ CANTAL ou FOURME DU CANTAL

French cheese | Fromage* de lait* de vache fabriqué en Auvergne, A.O.C.* depuis 1956 et reconnu A.O.P.* dans le cadre de l'U.E. Il doit son nom aux monts d'où il est originaire. L'aire de production s'étend sur l'ensemble du département du Cantal et sur plusieurs communes des départements voisins (Puy-de-Dôme, Corrèze, Aveyron et Haute-Loire). Ce fromage porte une plaque en aluminium authentifiant son origine.

Type: pâte pressée non cuite, croûte brossée.

Forme: gros cylindre.

Taille : 36 à 42 cm de diamètre (grand format) ou 20 à 22 cm de diamètre (format réduit)

Poids : 35 à 45 kg (grand format) ou 8 à 10 kg (format réduit)

Teneur en M.G.: 45%.

Qualité pratiquement identique toute l'année.

■ CANTHARE

BLACK BREAM | *Voir* Daurade*.

■ CAPPUCCINO

CAPPUCCINO | Café* express additionné de crème mousseuse (ou de lait* mousseux chauffé à la vapeur) et d'une pincée de chocolat* en poudre.

■ CÂPRE

CAPERS | Condiment* constitué par le bouton floral du câprier, arbuste épineux originaire d'Asie orientale.

La câpre se présente généralement confite dans du vinaigre* ou conservée en saumure*. Ce condiment au goût aigrelet est employé dans les sauces* (ex: sauces gribiche* ou ravigote*), les tartares*, avec les poissons et les abats*…

■ CAPRICE DES DIEUX

French cheese | Fromage* de lait* de vache élaboré en Champagne. Son nom est une marque commerciale choisie par son fabricant.

Type: pâte molle à croûte fleurie (double crème*).

Forme: petit pain ovale.

Taille: 14 cm de longueur et 6 cm de largeur, 3,5 cm d'épaisseur.

Poids: 200 g environ.

Teneur en M.G.: 60%.

Qualité identique toute l'année.

■ CAPRIN

CAPRINE | Espèce animale qui concerne la chèvre, le chevreau*, le bouc …

■ CAPSULE C.R.D

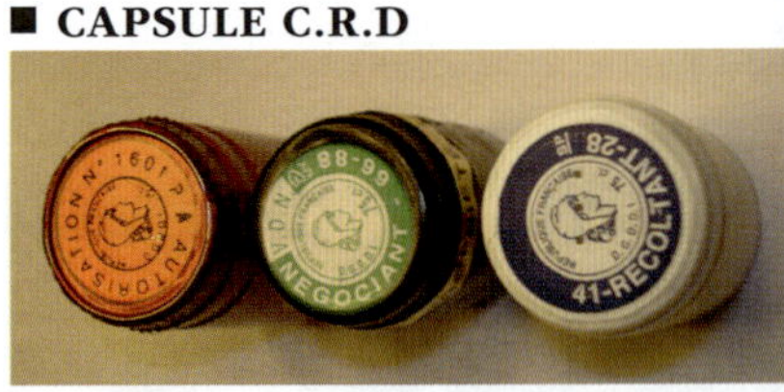

Wine bottle seal | La capsule C.R.D. (Capsule Représentative des Droits indirects) est apposée sur les bouteilles *(1)* de vin* ou autres boissons alcoolisées de telle manière que l'ouverture du récipient occasionne systématiquement sa destruction. Créée en 1960, elle devient facultative à partir de juin 2019 *(2)*. La C.R.D. atteste le paiement des taxes fiscales liées au mouvement des boissons concernées.

Outre l'effigie de la République (Marianne), la couronne de cette capsule porte un certain nombre d'indications (contenance du récipient, département d'embouteillage, indentification de l'embouteilleur : R pour récoltant, E pour éleveur, N pour négociant, etc.)

La couleur de la capsule est différente selon le type de boisson :

- ***Verte*** pour les vins* d'A.O.C.* et les vins d'A.O.V.D.Q.S.* encore en circulation
- ***Bleue*** pour les V.S.I.G.*, les vins I.G.P.* et boissons fiscalement assimilées au vin (B.F.A.V.).
- ***Orange*** pour les V.D.N.*, V.D.L.*, Pommeaux* d'A.O.C.
- ***Grise*** pour des produits intermédiaires comme le ratafia*
- ***Jaune*** pour le cognac* et l'armagnac*
- ***Rouge*** pour les rhums* des D.O.M.
- ***Blanche*** pour les autres eaux-de-vie*.

Les opérateurs peuvent substituer une capsule générique de couleur lie-de-vin aux capsules de couleur verte ou bleue. Cette possibilité ne concerne pas le Champagne*, les V.D.N. à appellation d'origine contrôlée, ni les B.F.A.V.

(1) Ou autre récipient.

(2) Lorsque les boissons ne sont pas revêtues de C.R.D., elles circulent accompagnées d'un "document papier" appelé D.S.A. (Document Simplifié d'Accompagnement) ou D.S.A.C. (Document Simplifié d'Accompagnement Commercial).

■ CAPUCIN

CAPUCIN (old hare) | *Voir* Lièvre*.

■ CARAFE À DÉCANTER

DECANTER or CARAFE | Carafe, généralement en cristal, destinée à réaliser un décantage* ou une décantation.

■ CARAFE D'EAU

WATER CARAFE | La carafe d'eau* servie au restaurant* est-elle gratuite ou payante ? Question récurrente qui fait l'objet de réponses, souvent contradictoires, basées sur des arguments commerciaux ou réglementaires.

La mise à disposition d'une carafe d'eau a un coût pour le restaurateur : l'eau elle-même, l'achat de la carafe, le temps passé par le personnel pour l'entretenir, la remplir et la servir, la fourniture de verrerie, etc. De ce point de vue, il semblerait logique que le commerçant puisse facturer un service qui génère un coût.

Par ailleurs, l'article 4 de l'arrêté N° 25-268 du 8 juin 1967 (toujours en vigueur) précise que : "Le couvert comporte obligatoirement, outre le pain, l'eau ordinaire, les épices ou ingrédients, l'ensemble des produits ou articles, tels que vaisselle, verrerie, serviettes, etc., usuellement mis à la disposition du client à l'occasion des repas". En conséquence, la carafe d'eau ne peut pas être facturée *(1)*.

Cela dit, il est fortement conseillé de proposer à la clientèle un choix d'eaux minérales* attractif, en adéquation avec les menus* présentés. Une présentation commerciale bien argumentée permet souvent de vendre une bouteille d'eau minérale et éviter ainsi le service d'une carafe d'eau gratuite...

(1) En revanche, un cafetier n'est pas tenu de servir gratuitement un verre d'eau ordinaire. Il peut donc le facturer à condition d'en informer clairement le client en indiquant le prix pratiqué.

■ CARAMBOLE

CARAMBOLA or STARFRUIT | Fruit exotique originaire d'Indonésie. Grâce à sa forme particulière, baie ovoïde à côtes saillantes, la carambole coupée en tranches donne de belles étoiles à pulpe jaune, juteuse et acidulée, très prisées comme éléments de décoration.

■ CARAMEL

CARAMEL | Produit coloré résultant de la cuisson du sucre* entre 150 et 190 °C. Le caramel a de multiples usages dans le domaine culinaire, notamment en pâtisserie et en confiserie (voir sucre).

Ce terme désigne également un bonbon réalisé avec du sucre (sous différentes formes) additionné de produits divers (lait*, beurre*, crème fraîche*, cacao*, café*, zestes de fruits*, etc.)

Source : M. Mettoudi/Cedus

■ CARAMEL D'ISIGNY

ISIGNY CARAMEL | Bonbon au caramel* fabriqué avec des produits laitiers du terroir à Isigny-sur-Mer dans le Calvados.

■ CARAMOTE
MEDITERRANEAN PINK SHRIMP | *Voir* Crevette*.

■ CARBONADE ou CARBONNADE
Regional meat dish | Ce terme désigne des préparations culinaires différentes selon les régions. Dans le Nord, il s'agit d'un ragoût* de bœuf* cuit avec des oignons* et de la bière*.
En Val de Loire, on trouve dénommée ainsi une préparation charcutière préparée avec des abats* de porc*, du vin* rouge et du sang.
Dans le Midi, la carbonade est une daube* de bœuf* au vin rouge.
Enfin ce mot désigne parfois de simples grillades de porc.

■ CARDAMONE
CARDAMOM | Épice* originaire de l'Inde méridionale et du Sri Lanka. Les graines de cardamone – à odeur pénétrante et au goût poivré, chaud, astringent – sont utilisées pour aromatiser les compotes, pains d'épice*, charcuteries, vins* chauds, cafés*, liqueurs*, etc.

Source : Doc. Bénédictine

Graines de cardamone

■ CARDINAL (boisson)
Drink | Cocktail* (apéritif) inspiré du Kir* traditionnel où le vin* blanc est remplacé par du vin rouge.

■ CARDINAL (sauce)
Sauce | Sauce* réalisée à partir d'un velouté* de poisson additionné d'essence de truffe* et de beurre de homard*.

■ CARDON
CARDOON | Plante potagère d'origine méditerranéenne, voisine de l'artichaut*, dont on consomme les côtes charnues des feuilles. Ces côtes ou "cardes" sont préparées à la crème, avec une sauce béchamel*, frites, à la moelle, aux fines herbes…
Les variétés les plus courantes sont : *le Cardon de Tours, le Géant de Romagne, l'Espadon de Nice, le Monstrueux de Chari…*

■ CARÊME (Marie-Antoine dit Antonin)
French cook and pastry chef | Pâtissier et cuisinier français (Paris 1784 – 1833). Fils de famille nombreuse très pauvre, il commence son apprentissage chez un cabaretier servant une cuisine populaire. À 16 ans, il entre chez un pâtissier qui l'aide dans sa formation en lui permettant notamment d'étudier la gravure et l'architecture, et il devient le spécialiste des pièces montées*. Passionné par l'art culinaire, il travaille chez les grands cuisiniers et pâtissiers de l'époque avant de diriger les cuisines de certaines personnalités de l'époque (Tsar de Russie, Talleyrand, Prince de Galles, etc.).
Maître incontesté des buffets monumentaux, il s'impose en fondateur d'une haute gastronomie* faite de recettes spectaculaires et raffinées. L'écriture l'occupe beaucoup et il laisse à la postérité une œuvre littéraire considérable avec *Le Pâtissier pittoresque, Le Maître d'hôtel français, Le Pâtissier royal parisien, Le Cuisinier parisien,* et *L'art de la cuisine au 19ème siècle,* ouvrage en 5 volumes qui est terminé après sa mort par son disciple Plumerey

■ CARIGNAN
Grape variety | Cépage* noir *(1)* originaire d'Espagne. Il occupe des aires de culture très développées en France *(2)*, dans tout le Midi méditerranéen, mais aussi en Espagne, Italie, Maroc, Californie, Mexique, Chili, etc.
Vins* produits : rouges puissants, colorés, tanniques, avec une légère amertume. Vinifié en macération carbonique*, ce cépage génère des vins plus souples et plus aromatiques.

(1) Il existe également un Carignan blanc dont la culture s'est développée en Languedoc-Roussillon.
(2) Près de 35 000 ha en 2015.

■ CARMEN (salade)
Salad | Salade composée* constituée de poivrons* rouges grillés et pelés, petits pois*, riz* cuit à l'eau et dés de blancs de poulet*.
Assaisonnement : sauce vinaigrette* additionnée de moutarde* et d'estragon* haché.

■ CARMENÈRE

Grape variety | Cépage* noir originaire d'Aquitaine et cultivé dans le Bordelais mais aussi au Chili, en Argentine, en Californie, etc. Il produit des vins* rouges de couleur soutenue, riches en tanins, avec des notes aromatiques à dominantes végétales.
Certains ampélographes* considèrent le (ou la) Carmenère comme une 3ème variété de Cabernet*.

■ CAROLA

French mineral water | Eau de source* *(1)* captée à Ribeauvillé dans le Haut-Rhin.
pH à 20 °C: 6,8.
Minéralisation totale: N.C.
(1) Existe en versions naturelle plate, finement pétillante et pétillante.

■ CAROLINE

French pastry | Apprêt culinaire en forme d'éclair*, confectionné avec une pâte à choux* garnie d'appareils* salés divers.

■ CAROTTE

CARROTS | Plante potagère qui serait originaire d'Afghanistan. La racine comestible orangée que nous connaissons aujourd'hui ne date que du 16ème siècle lorsque les Hollandais réalisèrent un croisement de carotte rouge et de carotte blanche. Les agronomes apportèrent des améliorations au légume originel pour aboutir à des variétés plus tendres et plus sucrées, sans cœur fibreux.
Il faut distinguer 3 types de carottes :

- ***Les carottes longues :*** Colmar, Touchon, Flakkee, Berlicum, Chantenay...
- ***Les carottes demi-longues*** et ***les carottes demi-courtes :*** Nantaise, Créances, Carentan, Chantenay...
- ***Les carottes courtes :*** Grelot, Koralle, Amsterdam...

La carotte est le deuxième légume consommé par les Français, juste derrière la pomme de terre*. Elle se prépare crue ou cuite, toute l'année, mais la carotte nouvelle reste la meilleure.

■ CARPACCIO

CARPACCIO | D'origine italienne, le carpaccio se présente sous forme de fines tranches de bœuf* cru accompagnées d'oignons* ou d'échalotes* finement ciselés et nappées de sauce vinaigrette* à l'huile* d'olive. Des restaurants proposent aujourd'hui du carpaccio de veau*, de volaille, de saumon*, de truite*, de coquilles Saint-Jacques*... diversement assaisonnés.

Carpaccio de truite

■ CARPANO

Italian vermouth | Marque commerciale de vermouth* italien créée en 1886 par Antonio Benedetto Carpano. Cette maison turinoise commercialise également le *Punt e mes*, produit à la fois doux et amer, titrant 16°.

■ CARPE

CARP | Poisson d'eau douce appartenant à la famille des cyprinidés. La carpe vit dans les eaux calmes et profondes des rivières, des fleuves et des étangs. Sa production en aquaculture*, la cypriniliculture, s'est considérablement développée. On distingue plusieurs variétés de carpes dont ***la carpe miroir*** (pourvue d'écailles rappelant des petits miroirs) et ***la carpe cuir*** (dépourvue d'écailles).
La carpe peut atteindre 70 à 80 cm de long et peser plus de 10 kg. Sa chair est bonne à condition que l'animal ne provienne pas d'un milieu trop vaseux. Elle se prépare farcie, rôtie, en matelote*, etc.

Carpe miroir et carpe cuir

■ CARRÉ

Meat cut | Chez l'animal de boucherie et le porc*, pièce comprenant l'ensemble des côtes*.

■ CARRÉ DE BRAY

French cheese | Fromage* de lait* de vache fabriqué en Haute-Normandie. Il tire son nom de sa forme et du pays où il est produit.
Type: pâte molle à croûte fleurie.
Forme: carré.
Taille: 7 cm de côté, 2 cm d'épaisseur.
Poids: 100 g.
Teneur en M.G.: 45%.
Meilleures saisons: été, automne.

■ CARRÉ DE L'EST

French cheese | Fromage* de lait* de vache fabriqué en Alsace et en Lorraine. Il doit son nom à sa forme et à sa région de production.
Type: pâte molle à croûte fleurie.
Forme: carré.
Taille: 8 à 11 cm de côté, 2 à 3 cm d'épaisseur.

Poids : 200 à 300 g.
Teneur en M.G. : 40 à 50%.
Qualité identique toute l'année.

■ CARRELET

FLOUNDER or PLAICE | Poisson de mer de la famille des pleuronectidés qui mesure de 30 à 50 cm. Le carrelet, également appelé *plie*, vit à proximité des côtes de l'Atlantique, de la Manche et de la Mer du Nord. Sa chair blanche, un peu molle, est légèrement iodée.

■ CARTE

MENU | Support de vente, avec le ou les menus*, où sont présentés les différents plats proposés à la clientèle d'un restaurant*. À la différence du menu, où la composition du repas est plus ou moins établie (avec ou sans choix), la carte énumère les mets par famille (entrées, poissons, viandes, garnitures, fromages*, desserts*...) et le client choisit lui-même les composants de son repas.
La carte varie selon le type d'établissement *(1)* mais elle est soumise aux mêmes contraintes légales que les menus (voir ce terme), notamment en matière d'affichage et d'information des consommateurs.

(1) La carte est bien évidemment différente entre un établissement pratiquant une restauration simple et une maison orientée vers une gastronomie de haut de gamme.*

■ CARTE DES VINS

WINE LIST | Support de vente où sont présentés les vins* *(1)* proposés à la clientèle d'un restaurant*. La carte des vins est établie en fonction de la situation géographique et du standing de l'établissement, de son orientation gastronomique, des capacités de stockage et de conservation de la cave, des goûts personnels du restaurateur, des compétences professionnelles du personnel chargé du service des vins ...
La rédaction de cette carte ne doit prêter à aucune confusion quant à l'origine des produits, leurs millésimes*, la contenance des récipients, etc.
Il est donc indispensable de porter une attention toute particulière sur différents points *(2)* :

- Classement des vins par régions d'origines (Le Château-Chalon* et le Château-Grillet* ne sont pas des Bordeaux) et par catégories (A.O.C*, I.G.P.*, V.S.I.G. * etc.).
- Respect de l'orthographe des appellations ou des dénominations (il suffit d'observer les étiquettes).
- Distinction entre cépage* et appellation (en Touraine, par exemple, le Gamay* n'est pas une appellation mais un cépage).
- Indication correcte des millésimes (quand un millésime est épuisé, il faut en tenir compte sur la carte).
- Indication précise du volume servi (bouteille, pichet, carafe mais aussi verre lorsque le vin est servi au verre. Ceci n'est pas valable que pour les vins, mais aussi pour toutes les autres boissons).

La carte des vins est soumise aux mêmes contraintes légales que les menus* (voir ce terme), notamment en matière d'affichage et d'information des consommateurs. Si elle est rarement affichée dans son intégralité à l'extérieur de l'établissement, il y a cependant obligation d'afficher au minimum 5 vins avec leurs prix (si la carte comporte moins de 5 vins, ce qui est exceptionnel, il faut faire figurer tous les vins, et si le restaurant ne vend pas de vin, on doit présenter 5 boissons parmi les plus couramment servies).
Un certain nombre d'établissements utilise désormais la tablette à la place de la carte des vins "papier" traditionnelle. Ce support numérique offre des possibilités intéressantes : mise à jour simplifiée, informations plus complètes sur chaque vin, suggestions d'accords mets et vins, traductions en langues étrangères, etc..
Bien qu'actuellement le Code de la santé publique n'impose pas de mention spéciale sur les cartes des vins, il est souhaitable de préciser que "L'abus d'alcool est dangereux pour la santé. À consommer avec modération".

*(1) **La Carte des vins** devrait être appelée **Carte des boissons**, car on y trouve évidemment les vins, mais aussi, assez fréquemment, les eaux minérales* et B.R.S.A. *, les apéritifs et autres spiritueux*, les boissons chaudes, etc.*

(2) Selon la D.G.C.C.R.F. (Direction Générale de la Concurrence de la Consommation et de la Répression des Fraudes) chargée des contrôles des supports de vente, ce sont les Cartes des vins qui présentent le plus d'anomalies, très souvent par ignorance ou inattention.

■ CARTE MUETTE ou CARTE SANS PRIX

MENU WITHOUT PRICES | Les restaurants d'un certain standing disposent souvent de carte sans indication de prix qui peut être mise à la disposition des invités. Cette carte, appelée parfois "Carte pour les dames", est présentée à la demande de l'invitant afin que son ou ses invités puissent choisir en fonction de leurs goûts, sans se préoccuper des prix.

■ CARVI

CARAWAY | Épice* originaire d'Asie et d'Europe centrale et septentrionale.
Les graines de carvi à odeur fraîche et épicée avec une saveur piquante et légèrement sucrée, sont utilisées pour aromatiser les choucroutes*, charcuteries, fromages* et liqueurs* (ex : kummel*).
Le carvi est également appelé cumin* des prés.

Source : Illustration Ducros

■ CASANIS

Spirits | Pastis* créé en Corse en 1948 par E. Casabianca. Ce spiritueux*, qui titre 45°, est marqué par des notes dominantes de réglisse* et d'épices*.

■ CASEILLE

JOSTABERRY | Petite baie rouge-noirâtre récoltée sur un arbuste hybride résultant du croisement d'un cassissier et d'un groseillier à maquereaux.

■ CASSATE

CASSATA | Entremets* glacé de forme parallélépipédique constitué de glaces* diversement parfumées et d'une glace aux fruits confits*.

■ CASSIS (fruit)

Source : Adobe Stock

BLACK CURRANT | Fruit du cassissier, arbrisseau buissonnant originaire d'Europe du Nord. Dénommé ***Groseiller* noir*** au Moyen Âge, il changea de nom pour devenir *Cassis* au 16ème siècle.
La production française atteint 10 000 tonnes par an. La principale région productrice est le Val de Loire (50% de la récolte), viennent ensuite la Bourgogne, l'Oise et la vallée du Rhône.
Le cassis se présente sous forme de petite baie noire luisante que l'on utilise pour la fabrication de liqueurs* (crèmes de cassis*), sirops*, confitures*, sorbets*, coulis*, pâtisseries, etc.
Les principales variétés cultivées en France sont *le Noir de Bourgogne, le Géant de Boskop, le Black Down, le Royal de Naples...*

■ CASSIS (vin)

French wine | Vins* blancs, rosés et rouges produits en Provence, A.O.C.* depuis 1936 et reconnus A.O.P.* dans le cadre européen.
Aire de production : commune de Cassis, dans les Bouches-du-Rhône.
Superficie du vignoble : 215 ha.
Encépagement autorisé* pour l'appellation : Clairette*, Marsanne*, Doucillon*, Pascal blanc*, Sauvignon*, Terret blanc*, Ugni blanc*, Barbaroux*, Carignan*, Cinsault*, Grenache*, Mourvèdre* et Terret noir*.
Rendement à l'hectare* : 45 hl.

■ CASSIS DE DIJON

DIJON CRÈME DE CASSIS | Indication géographique réservée à une crème* de cassis fabriquée à Dijon partir de baies de cassis* produites localement. Un cahier des charges définit précisément les critères de l'I.G., notamment les principes d'élaboration de la liqueur*.
Teneur minimale en sucre : 400 g/l.
Titrage alcoolique minimum à la vente au consommateur : entre 15°.

■ CASSIS DE SAINTONGE

SAINTONGE CRÈME DE CASSIS | Indication géographique réservée à une crème* de cassis fabriquée dans la Charente et la Charente-Maritime à partir de baies de cassis* produites localement. Un cahier des charges définit précisément les critères de l'I.G., notamment les communes de récolte des fruits et les principes d'élaboration de la liqueur*.
Teneur minimale en sucre : 450 g/l.
Titrage alcoolique minimum à la vente au consommateur : 18°.

■ CASSONADE

BROWN SUGAR | Sucre* cristallisé roux extrait directement du jus de la canne à sucre. Ce produit brut a une saveur qui rappelle celle du rhum*.

■ CASSOULET

French bean casserole | Spécialité culinaire occitane à base de haricots* blancs et garnie différemment selon les régions.

- ***Le cassoulet de Castelnaudary*** est garni de porc* (jarret*, jambon*, longe*, saucisson*) et éventuellement de confit* d'oie*.
- ***Le cassoulet de Carcassonne*** est complété de gigot* de mouton, voire de perdrix* durant les périodes de chasse.
- ***Le cassoulet de Toulouse*** est garni de saucisses* locales, poitrine de porc, collier* de mouton, confit d'oie ou de canard*.

■ CASTETS

Grape variety | Cépage* noir originaire du Sud-Ouest dont la culture a pratiquement disparu. Il est encore parmi les cépages autorisés sur les aires d'appellation Estaing* dans l'Aveyron ou de Palette* en Provence. Les vins rouges obtenus sont charpentés, très colorés et vieillissent très bien.

■ CASTILLON-CÔTES DE BORDEAUX

French wine | Vins* rouges produits dans le Bordelais, A.O.C.* depuis 2009 et reconnus A.O.P.* dans le cadre de l'U.E. Il s'agit d'une nouvelle appellation qui remplace l'A.O.C "Côtes de Castillon" *(1)*.
Aire de production : 9 communes de Gironde, dont Castillon, situées à l'est de Libourne.
Superficie du vignoble : 1 855 ha.

Encépagement autorisé* pour l'appellation : Cabernet-Sauvignon*, Cabernet franc*, Cot*, Merlot*, Carmenère* et Petit Verdot*.
Rendement de base à l'hectare* : 52 hl.

(1) Depuis octobre 2009, plusieurs appellations ont été regroupées sous l'appellation "Côtes de Bordeaux" précédée - selon les cas et sous certaines conditions de production – des dénominations "Blaye", "Cadillac", "Castillon", Sainte-Foy, ou "Francs".

■ CATIGOT

Regional seafood dish | Matelote* de poisson d'eau douce (carpe* ou anguille*) préparée dans la Vallée du Rhône.

■ CAVA

Spanish wine | Vins* effervescents espagnols produits en Catalogne, au sud-ouest de Barcelone. Ils sont issus de cépages Parellada, Maccabéo*, Chardonnay*, Xarello, etc. et élaborés selon la Méthode traditionnelle*.
Le Cava bénéficie d'une D.O.* dans son pays et entre dans la catégorie des V.M.Q.P.R.D.* au niveau européen.

■ CAVIAR

CAVIAR | Produit haut de gamme préparé à partir d'œufs d'esturgeon* salés par un traitement en saumure*. Le type et la qualité du caviar dépendent de l'espèce d'esturgeon, de la qualité de l'élevage et du travail de préparation du produit.
Connu par les russes depuis très longtemps, le caviar n'est arrivé en Europe qu'à la fin du 18ème siècle et c'est vers 1920 que les Français découvrirent vraiment le caviar grâce aux frères Petrossian. Son nom viendrait du turc «kâwyâr». L'esturgeon sauvage faisant partie des espèces protégées depuis 2007, la vente de caviar issu de ce poisson est interdite en Europe. L'aquaculture à pris le relais et la France est aujourd'hui le 2ème producteur mondiale derrière l'Italie. Notre pays développe principalement l'élevage d'une espèce d'esturgeon originaire de Sibérie, l'Acipenser Baeri *(1)*. On trouve les fermes aquacoles dans plusieurs régions, notamment en Gironde, dans le Périgord, en Sologne et dans les Pyrénées.
Le caviar entre dans la composition de certaines préparations culinaires mais il se déguste surtout nature avec toasts*, beurre* et citron* ou blinis*, crème fraîche*, oignon* haché, blanc et jaune d'œuf* dur tamisés. Les boissons d'accompagnement classiques restent la vodka* et le champagne*.

(1) Les autres espèces d'esturgeon les plus connues sont : le Béluga, le Sévruga, et l'Oscietre.

Source : Doc. Petrossian

Élégant présentoir 3 caviars de la Maison Petrossian

■ CÉDRAT

CITRON | Agrume* piriforme *(1)* originaire de Chine. Le cédrat est voisin du citron* mais il est beaucoup plus gros que ce dernier. Il possède peu de chair mais une peau épaisse dont le zeste* est employé en pâtisserie, en confiserie et dans la fabrication de liqueurs*.

(1) En forme de poire.

■ CÉLERI-BRANCHE

CELERY | Légume aromatique dont on utilise la partie aérienne dans les salades, potages*, pot-au-feu*, fonds de braisage, gratins, etc.
Principales variétés: *Géant doré, Golden Spartan, Darkelt, Tango, Vert d'Elne...*

■ CÉLERI-RAVE

CELERIAC | Variété de céleri dont on consomme la racine sphérique qui possède une chair blanchâtre, ferme et lourde. Le céleri-rave se prépare râpé (assaisonné d'une sauce rémoulade* ou d'une sauce vinaigrette*) ou cuit (en purée ou en chips).
Principales variétés: *Géant de Prague, Boule de marbre, Rex, Pomme à petites feuilles, Monarch, Prinz ...*

■ CELTIC

French mineral water | Eau minérale naturelle* plate *(1)* captée à Niederbronn-les-Bains dans le Bas-Rhin. Commercialisée depuis novembre 1966.
Catégorie: très faiblement minéralisée.

Composition physico-chimique (en mg/l)	
Cations	Anions
Calcium: 8,8 Potassium: 4,4 Magnésium: 2,6 Sodium: 2,5	Bicarbonates: 24,4 Sulfates: 8,2 Chlorures: 3,3 Nitrates: 3,3
Fluor: 0,03	Fer: 0,01
pH à 20 °C: 6,61	Minéralisation totale: 46 mg/l

(1) Existe également en version gazeuse (gazéifiée artificiellement).

■ CENDRÉS

French cheese | Fromages* à pâte molle conservés autrefois dans la cendre pour la consommation des ouvriers agricoles. Ils sont encore fabriqués dans plusieurs régions : Bourgogne (Aisy*), Ardennes (Rocroi*), Champagne (Troyes et Riceys*), Orléanais (Olivet*), etc.

■ CÉPAGE

GRAPE VARIETY | Plant ou variété de vigne. Il existerait entre 10000 et 20000 cépages dans le monde. Le même cépage peut être connu sous des noms différents selon les régions ou les pays. En 1874, la Commission Ampélographique Internationale recensa 288 cépages considérés comme les plus importants, identifiés sous 1500 synonymes. En 1910, P. Viala et V. Vermorel, ampélographes* dont les travaux font autorité, citent 24 000 noms ou synonymes pour 5200 cépages. Un domaine complexe… qui est assurément une affaire de spécialistes.

Les cépages cités dans l'ouvrage sont essentiellement des variétés implantées dans les vignobles français et plus spécialement dans ceux qui bénéficient d'une Appellation d'Origine Contrôlée (A.O.C.*) ou d'une I.G.P.* (voir Encépagement autorisé*). Notre pays compterait actuellement plus de 200 cépages effectivement cultivés.

Parmi les différentes classifications des cépages, celle déterminant les périodes de maturité semble assez intéressante puisqu'elle fournit des indications appréciables en prenant comme référence la maturité du Chasselas*. On trouve ainsi :

Les cépages précoces qui atteignent leur maturité 8 à 10 jours avant le Chasselas, ils sont devenus très rares.

Les cépages de 1ère époque qui mûrissent pratiquement en même temps que le Chasselas (vers le 14 août, date de maturité moyenne constatée sur le site expérimental de l'I.N.R.A. au domaine de Vassal dans l'Hérault). Parmi ces cépages nous rencontrons le Chardonnay*, l'Aligoté*, le Pinot noir*, le Gamay*, etc.

Les cépages de 2ème époque qui atteignent leur maturité 2 à 3 semaines après le Chasselas. Le Sauvignon*, le Sémillon*, le Chenin blanc*, Le Cabernet-Sauvignon*, la Syrah*, etc. font partie de cette catégorie.

Les cépages de 3ème époque qui mûrissent 4 à 5 semaines après le Chasselas. Le Bourboulenc*, le Grenache*, le Carignan*, etc. sont des cépages de 3ème époque.

Avec le réchauffement climatique que nous vivons actuellement, nous assisterons à d'importantes modifications dans les encépagements futurs. Une migration des cépages méridionaux vers les régions plus septentrionales est tout à fait possible.

Aujourd'hui, l'encépagement des vignobles est rigoureusement contrôlé, au niveau français comme au niveau européen, la limitation de la production et la qualité des vins* étant les objectifs clairement fixés par les instances dirigeantes.

■ CÈPE

CEPS (BOLETES OR FRESH PORCINI) | Espèce de champignon sylvestre appartenant à la famille des "Bolets". Il existe de nombreuses variétés comestibles, les plus connues sont :

- ***Le cèpe de Bordeaux*** : chapeau marron de 5 à 25 cm de diamètre, chair blanche excellente. Considéré comme le meilleur des cèpes.
- ***Le cèpe réticulé ou cèpe d'été*** : chapeau brun ou noisette réticulé de 5 à 18 cm de diamètre, chair blanche.
- ***Le cèpe tête de nègre*** : chapeau brun-cacao de 8 à 15 cm de diamètre, chair blanche ferme et compacte.
- ***Le cèpe pinicole ou cèpe acajou*** : chapeau brun-roux de 18 à 30 cm de diamètre, chair blanche compacte.
- ***Le cèpe royal*** : chapeau rouge réticulé de 8 à 20 cm de diamètre, chair jaunâtre compacte.
- ***Le cèpe jaune des pins ou nonette jaune*** : chapeau brun, jaune ou gris de 4 à 14 cm de diamètre, chair jaune assez molle.
- ***Le cèpe bai*** : chapeau brun foncé de 5 à 14 cm de diamètre, chair jaunâtre qui bleuit au contact de l'air.
- ***Le bolet appendiculé*** : chapeau brun-roux ou ocré de 8 à 20 cm de diamètre, chair jaunâtre assez tendre.
- ***Le bolet à pied rouge*** : chapeau brun de 5 à 20 cm de diamètre, chair jaune qui bleuit rapidement. Ne se consomme que cuit (vénéneux cru).
- ***Le bolet annulaire ou nonette voilée*** : chapeau marron ou brun jaunâtre de 4 à 14 cm de diamètre, chair jaune ou blanchâtre assez molle.

Après avoir été soigneusement nettoyé, le cèpe entre le plus souvent cuit, dans divers apprêts culinaires.

Source _Acobe Stock

■ CERF

DEER | Cervidé dont la chasse et la commercialisation sont réglementées. En France, le cerf est le plus grand de nos animaux sauvages. L'espèce la plus répandue est ***le cerf élaphe*** dont le mâle pèse de 160 à 220 kg et la femelle de 80 à 120 kg. ***Le cerf sika***, moins courant, est de plus petite taille.

Selon le sexe ou l'âge, on trouve: *le faon* (petit cerf), *la biche* (femelle) et *le daguet* (jeune mâle de 12 à 18 mois). Le cerf s'apprête en civet*, en ragoût*, rôti accompagné d'une sauce grand veneur*, etc.

■ CERFEUIL

CHERVIL | Plante aromatique originaire de Russie méridionale. Ses fines feuilles, délicatement parfumées, avec des odeurs légèrement anisées, servent d'éléments de décor, de garniture d'omelettes ou de potages*, de compléments aromatiques de sauces*, etc.

L'essence qui parfume le cerfeuil est très volatile, il convient donc d'utiliser cet aromate très frais et de l'incorporer seulement en phase finale de la préparation d'un plat.

Il existe également un *cerfeuil bulbeux* qui est peu cultivé.

■ CERISE

CHERRY | Petit fruit à noyau dont l'origine est incertaine. La légende prétend que ce serait des oiseaux migrateurs qui, après avoir consommé des cerises en Orient auraient, au cours de leurs déplacements, "semé" des noyaux dans les pays européens.

Il existe 2 grandes variétés de cerises:

- ***Les Cerises douces*** qui sont des fruits de table et parmi lesquelles il faut distinguer *les Bigarreaux* (Burlat, Reverchon, Napoléon, Marmotte, Géant d'Hedelfingen, Reine Hortense, Summit, Régina...) et *les Guignes* (Hâtive de Ceret, Hâtive de Bâle, Early Rivers...).
- ***Les Cerises acides*** que l'on trouve en conserves, en confitures*, à l'eau-de-vie* et dans la fabrication de spiritueux*. La Griotte, la Montmorency et la Marasque appartiennent à cette variété.

Source : Adobe Stock

■ CÉRONS

French wine | Vins* blancs produits dans le Bordelais, A.O.C.* depuis 1936 et reconnus A.O.P.* dans le cadre de l'U.E.

Aire de production : 3 communes de Gironde, Cérons, Illats et Podensac.

Superficie du vignoble : 27 ha.

Encépagement autorisé* pour l'appellation : Sémillon*, Sauvignon* et Muscadelle*.

Rendement à l'hectare* : 40 hl.

Ces vins, liquoreux, sont élaborés à partir de raisins arrivés à surmaturation (voir Pourriture noble*).

■ CERVELAS

Sausage | Saucisse* fabriquée à partir de chair de porc* entrelardée, parfois fumée, et condimentée à l'ail*.

À l'origine, cette charcuterie contenait de la cervelle*, ce qui explique son nom.

■ CERVELLE

BRAIN | Abat* blanc du porc*, de l'agneau*, du veau* et du bœuf*. La cervelle se prépare pochée, à la meunière*, à la grenobloise*, en fritots*, etc.

■ CERVELLE DE CANUT

French cheese | Préparation fromagère de la région lyonnaise. Il s'agit en réalité d'un fromage* à pâte fraîche battu et assaisonné ou aromatisé avec sel*, poivre*, échalote*, ail* et fines herbes. Après une courte fermentation de 1 ou 2 jours, cette préparation est additionnée d'un peu de vinaigre*, d'un peu de vin* blanc et d'un filet d'huile*.

La cervelle de canut est parfois appelée "Claqueret lyonnais».

■ CERVOISE

ALE | Boisson fermentée fabriquée de l'Antiquité au Moyen-Âge avec de l'orge* et d'autres céréales. Breuvage favori des Gaulois, la cervoise est considérée comme l'ancêtre de la bière*.

■ CÉSAR

Grape variety | Cépage* noir qui aurait été implanté par les romains lors de l'invasion de la Gaule.

Aires de culture : En Bourgogne, notamment sur les terroirs des A.O.C.* Bourgogne* et Irancy*.

Vins* produits: rouges très colorés, tanniques, un peu astringents dans leur jeunesse mais qui s'assouplissent au vieillissement.

■ CÉTEAU

WEDGE SOLE | Poisson de mer de la famille des soléidés, voisin de la sole* mais de plus petite taille. Il se consomme le plus souvent frit.

■ CÉVENNES (vin)

Cevennes wine | *Voir* Vins I.G.P.*.

■ CHABICHOU DU POITOU

French cheese | Fromage*de lait* de chèvre fabriqué dans le Poitou, A.O.C.* depuis 1990 et reconnu A.O.P.* dans le cadre de l'U.E.

Il tire son nom de la déformation d'un terme d'origine arabe ("chebli") qui signifie "chèvre" et de sa région d'origine. Le dessus de ce fromage porte en incrustation les lettres C.D.P. (Chabichou du Poitou).

Type: pâte molle, croûte naturelle.

Forme: petit tronc de cône.

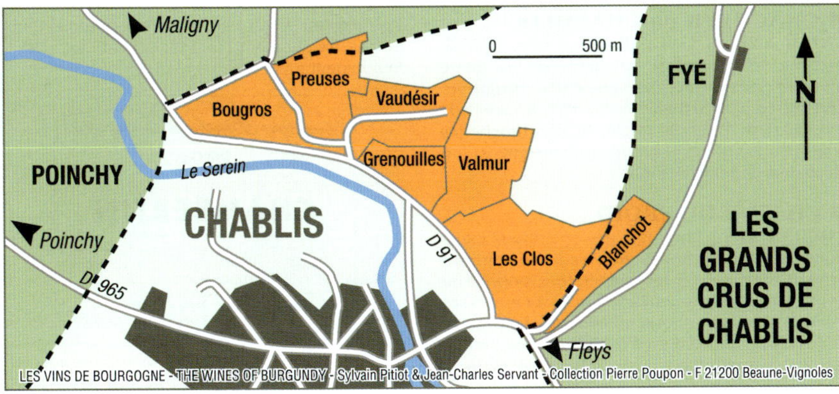

Source : Carte extraite des ouvrages Les Vins de Bourgogne et The Wines of Burgundy de Sylvain Pitiot et Jean-Charles Servant (Collection Pierre Poupon – Hameau de Chevignerot 21200 Beaune-Vignobles. Avec l'aimable autorisation des auteurs.)

Taille : 5 à 6 cm de diamètre de base, 6 cm de hauteur.
Poids : au moins 140 g à l'issu du délai minimum d'affinage.
Teneur en M.G. : 45%.
Meilleure saison : de mai à la fin de l'automne.

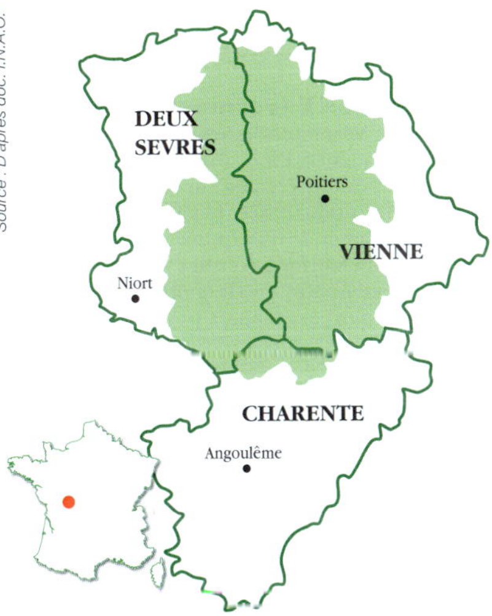

*Source : D'après doc. I.N.A.O.**

L'aire géographique de l'A.O.C. "Chabichou du Poitou" s'étend sur 390 communes réparties sur 3 départements.

■ CHABLIS

French wine | Vins* blancs produits en Bourgogne*, A.O.C.* depuis 1938 et reconnus A.O.P.* dans le cadre de l'U.E.
Aire de production : 17 communes de l'Yonne, dont Chablis, situées à l'est d'Auxerre.
Superficie du vignoble : 3 595 ha.
Encépagement autorisé pour l'appellation : Chardonnay*.
Rendement à l'hectare* : 60 hl.

■ CHABLIS GRAND CRU

French wine | Vins* blancs produits en Bourgogne*, A.O.C.* depuis 1938 et reconnus A.O.P.* dans le cadre de l'U.E. L'appellation est généralement suivie du nom du climat* d'origine *(1)*.
Aire de production : 7 parcelles ou lieux-dits situés sur la commune de Chablis, dans l'Yonne.
Superficie du vignoble : environ 100 ha.
Encépagement autorisé pour l'appellation : Chardonnay*.
Rendement à l'hectare* : 54 hl.

(1) "Les Clos" (26,43 ha), "Vaudésir" (15,42 ha), "Valmur" (11,04 ha), "Blanchot" (12,32 ha), "Preuses" (10,09 ha), "Grenouilles" (9,38 ha) et "Bougros" (16.22 ha).

■ CHABLIS PREMIER CRU

French wine | Vins* blancs produits en Bourgogne*, A.O.C.* depuis 1938 et reconnus A.O.P.* dans le cadre de l'U.E. L'appellation est généralement suivie du nom du climat* d'origine *(1)*.
Aire de production : 40 parcelles ou lieux-dits situés sur 11 communes à l'intérieur de l'appellation Chablis*.
Superficie du vignoble : 782 ha.
Encépagement autorisé pour l'appellation : Chardonnay*.
Rendement à l'hectare* : 58 hl.

(1) "Mont de Milieu", "Montée de Tonnerre", "Chapelot", "Pied d'Aloup", "Côte de Bréchain", "Fourchaume", "Vaupulent", "Côte de Fontenay", "L'Homme mort", "Vaulorent", "Vaillons", "Châtains", "Séchet", "Beugnons", "Les Lys", "Mélinots", "Roncières", "Les Epinottes", "Montmains", "Forêt", "Butteaux", "Côte de Léchet", "Beauroy", "Trœsmes", "Côte de Savant", "Vau Ligneau", "Vau de Vey", "Vaux Ragons", "Vaucoupin", "Vosgros", "Vaugiraut", "Les Fourneaux", "Morein", "Côte des Prés Girots", "Côte de Vaubarousse", "Berdiot", "Chaume de Talvat", "Côte de Jouan", "Les Beauregards" et "Côte de Cuissy".

■ CHACHLYK ou CHACHLIK

SHISH KEBAB | Plat d'origine russe qui se présente sous forme de brochettes de viande de mouton* crue marinée dans une sauce vinaigrette* aromatisée avec du thym*, du laurier*, de la noix de muscade*, de l'oignon* ciselé, etc. Ces brochettes sont ensuite grillées et servies accompagnées d'un riz arrosé de beurre* fondu.

■ CHAINE DU FROID

COLD CHAIN | Ensemble des opérations logistiques et domestiques *(1)* qui vise à maintenir un produit alimentaire à une température (positive ou négative) qui lui permettra de conserver toutes ses qualités sanitaires et organoleptiques. La rupture de la chaine du froid est à l'origine d'une grande partie des toxi-infections d'origine alimentaire.

(1) Transport, conditionnement, manutention, stockage.

■ CHAIR À SAUCISSE

SAUSAGEMEAT | Produit du hachage de maigre et de gras de porc* diversement assaisonné. La chair à saucisse est employée dans de nombreuses préparations charcutières (saucisse de Toulouse*, chipolata*, crépinette*, etc.), mais aussi comme farce de certains légumes (tomate*, aubergine*, courgette*, champignon*, etc.) ou composant d'autres apprêts culinaires.

■ CHALOSSE (S)

Grape varieties | Cépages* cultivés dans le Sud-Ouest.

On distingue 2 variétés de Chalosse:

- ***La Chalosse noire***, dénommée aussi Négrette*.
- ***La Chalosse blanche***, autre dénomination de la Folle blanche*.

■ CHAMBÉRAT

French cheese | Fromage* de lait* de vache fabriqué en Auvergne. Il doit son nom à une localité de l'Allier d'où il est originaire.

Type: pâte molle, croûte lavée.
Forme: disque à bords arrondis.
Taille: 18 cm de diamètre, 5 cm d'épaisseur *(1)*.
Poids: 1,4 kg *(1)*.
Teneur en M.G.: 45% au minimum.
Meilleures saisons: été, automne.

(1) Il existe également un "Petit Chambérat" dont la taille et le poids sont plus réduits.

■ CHAMBERTIN

French wine | Vin* rouge produit en Bourgogne*. Grand Cru bénéficiant d'une A.O.C.* depuis 1937 et reconnu A.O.P.* dans le cadre de l'U.E.

Aire de production : parcelles délimitées des lieux-dits "Chambertin" et "Clos de Bèze", sur la commune de Gevrey-Chambertin, en Côte-d'Or.
Superficie du vignoble : 13,62 ha.
Encépagement autorisé* pour l'appellation : Pinot noir*, Chardonnay*, Pinot blanc* et Pinot gris*.
Rendement à l'hectare* : 42 hl.

Source : Doc. Bouchard Père et Fils

■ CHAMBERTIN CLOS DE BÈZE

French wine | Vin* rouge produit en Bourgogne*. Grand Cru bénéficiant d'une A.O.C.* depuis 1937 et reconnu A.O.P.* dans le cadre de l'U.E.

Aire de production : parcelles délimitées du lieu-dit "Clos de Bèze", sur la commune de Gevrey-Chambertin*, en Côte-d'Or.
Superficie du vignoble : 14,67 ha.
Encépagement autorisé* pour l'appellation : Pinot noir*, Chardonnay*, Pinot blanc* et Pinot gris*.
Rendement à l'hectare* : 42 hl.

■ CHAMBERY (vermouth de)

Vermouth | Vermouth* lancé par J. Chavasse en 1821. Initialement élaboré à partir de vins* blancs de Savoie et de différentes substances végétales en macération (absinthe*, hysope*, camomille*, genièvre*, écorces de quinquina*, etc.), cet A.B.V.* est aujourd'hui fabriqué avec des vins neutres provenant des vignobles du Gers ou des Charentes. La Maison Dolin* est réputée pour son vermouth de Chambéry.

■ CHAMBOLLE-MUSIGNY

French wine | Vins* rouges produits en Bourgogne*, A.O.C.* depuis 1936 et reconnus A.O.P. dans la cadre de l'U.E. Pour les vins dont les récoltes proviennent de parcelles classées en "Premier Cru" *(1)*, l'appellation communale peut être complétée par le nom du climat* d'origine et (ou) par la mention "Premier Cru".

Aire de production : commune de Chambolle-Musigny, située au sud-ouest de Dijon.
Superficie du vignoble : 153 ha.
Encépagement autorisé* pour l'appellation : Pinot noir*, Chardonnay*, Pinot blanc* et Pinot gris*.
Rendement à l'hectare* : 50 hl (48 hl pour les Premiers Crus).

(1) "Aux Beaux-Bruns", "Aux Combottes", "Derrière-la-Grange", "Les Amoureuses", "Les Baudes", "les Borniques", "Les Chatelots", "Les Charmes", "Aux Combottes", "Les Fuées", "Les Fousselottes", "Les Crâs", "Les Groseilles", "Les Gruenchers", "Les Hauts-Doix", "Lavrottes", "Les Noirots",

"Les Plantes", "Aux Echanges", "La Combe d'Orveau", "Les Carrières", "Les Chabriots", "Les Véroilles" et "Les Sentiers".

CHAMBON

French mineral water | Eau minérale naturelle* plate captée à Chambon-la-Forêt dans le Loiret. Commercialisée depuis janvier 1942.
Catégorie : faiblement minéralisée.

Composition physico-chimique (en mg/l)	
Cations	Anions
Calcium : 96 Sodium : 10,6 Potassium : 3,7 Magnésium : 6,1	Bicarbonates : 297 Chlorures : 22,6 Sulfates : 9,3 Nitrates : < 0.5
Fluor : 0,18 Silice : 36,2 Lithium : 0,070	
pH à 20°C : 7,2 Minéralisation totale : 349 mg/l	

CHAMPAGNE

CHAMPAGNE | Vins* effervescents blancs ou rosés *(1)* élaborés à partir de vins récoltés sur des territoires de la Champagne viticole délimités par la loi du 22 juillet 1927, A.O.C.* depuis 1936 et reconnus A.O.P.* dans le cadre de l'U.E. Ces vins sont élaborés grâce à un procédé particulier appelé "Méthode champenoise"* (voir le terme).
Comme le cognac*, le champagne n'est pas contraint de faire figurer la mention "Appellation d'origine Contrôlée" sur son étiquetage.
Aire de production : 320 communes de la Marne, de l'Aisne et de l'Aube ainsi que quelques hectares en Seine-et-Marne et en Haute-Marne. 17 villages bénéficient historiquement de la dénomination 'Grand Cru" et 42 de la dénomination "Premier Cru".
Superficie du vignoble : 34 000 ha.
Production annuelle : environ 300 millions de bouteilles actuellement (cette production était de 30 millions de bouteilles en 1950).
Encépagement autorisé* pour l'appellation : Chardonnay*, Pinot noir*, Pinot Meunier*, Pinot gris*, Pinot blanc*, Petit Meslier, Arbanne*,
Rendement à l'hectare* : 12 400 kg de raisin.

Diversité des couleurs de Champagne

"L'échelle des crus" qui classait les communes viticoles champenoises de 80 à 100 % a disparu en 2003. L'U.E. ayant interdit au C.I.V.C. *(2)* de fixer le prix du kg de raisin, le marché est désormais libre. Ce prix est fixé de gré à gré entre vendeurs et acheteurs.
Le champagne peut être présenté dans différentes bouteilles :

- Le Quart : 18,7 cl.
- La Demie : 37,5 cl.
- La Bouteille : 75 cl.
- Le Magnum : 1,5 l. ou 2 bouteilles
- Le Jéroboam : 3 l. ou 4 bouteilles
- Le Réhoboam : 4,5 l. ou 6 bouteilles
- Le Mathusalem : 6 l. ou 8 bouteilles
- Le Salmanazar : 9 l. ou 12 bouteilles
- Le Balthazar : 12 l. ou 16 bouteilles
- Le Nabuchodonosor : 15 l. ou 20 bouteilles.
- Le Salomon : 18 l ou 24 bouteilles
- Le Souverain : 26,25 l ou 35 bouteilles
- Le Primat : 27 l ou 36 bouteilles
- Le Melchizedec ou Midas : 30 litres ou 40 bouteilles.

Source : Photo CIVC

Divers flaconnages de Champagne

Parmi les mentions figurant sur une étiquette de champagne apparait le N° d'immatriculation attribué par le C.I.V.C. précédé d'initiales qui indiquent l'origine du produit :

- N.M. : Négociant Manipulant. Il élabore du champagne à partir de raisins, de moûts ou de vins dont il n'est pas le producteur.
- N.D. : Négociant Distributeur. Il achète des bouteilles de champagne terminées, non habillées, sur lesquelles il appose sa propre marque.
- R.M. : Récoltant Manipulant. Il élabore du champagne à partir de vins provenant de sa propre récolte. La réglementation l'autorise cependant à acheter un complément de vins limité à 5 % de sa récolte.
- C.M. : Coopérative de Manipulation. Elle élabore du champagne avec les vins issus des vendanges des coopérateurs.

- R.C. : Récoltant Coopérateur. Il livre sa récolte à une coopérative qui élabore partiellement ou totalement son champagne. Il reprend ensuite son produit pour le commercialiser.
- S.R. : Société de Récoltants. Elle élabore du champagne avec les vins des sociétaires appartenant à une même famille.
- M.A. : Marque Auxiliaire ou Marque d'Acheteur. Marque commerciale d'un acheteur qui commercialise un champagne élaboré par un manipulant traditionnel (négociant, coopérative ou récoltant).

La mention R.D. figurant sur certains champagnes n'a aucun rapport avec les mentions précédentes, elle signifie tout simplement "Récemment Dégorgé".
Le champagne se sert dans une verrerie élégante, de préférence dans une flûte ou un verre* ovoïde. La coupe présente peu d'avantages pour la dégustation car sa forme évasée favorise la dispersion du bouquet*. Elle est encore utilisée par classicisme et puis il y a la légende... Certains racontent que la première coupe à champagne aurait été moulée sur un sein de Madame de Pompadour et d'autres prétendent, au contraire, que ce moulage se serait fait sur la poitrine de Marie-Antoinette. L'Histoire conserve ses mystères !

(1) Le champagne rosé est le seul vin rosé français qui peut être produit par assemblage de vins blancs et de vins rouges
(2) Comité Interprofessionnel du Vin de Champagne.

■ CHAMPAGNE COCKTAIL

CHAMPAGNE COCKTAIL | Cocktail* (apéritif) préparé directement dans une flûte à champagne.
¼ de morceau de sucre imbibé d'Angostura* bitter
1 cl de cognac*
11 cl de champagne*
1 zeste* d'orange*
Imbiber le sucre d'Angostura, verser le cognac et compléter avec le champagne. Décorer avec le zeste d'orange.

■ CHAMPAGNE PICK ME UP

CHAMPAGNE PICK ME UP | Cocktail* (apéritif) préparé au shaker.
1 cl de sirop de grenadine*
3 cl de jus d'orange*
3 cl de cognac*
5 cl de champagne*
1 zeste* d'orange*
Frapper la grenadine, le jus d'orange et le cognac. Verser dans une flûte et compléter au champagne. Décorer avec le zeste d'orange.

■ CHAMPIGNON DE PARIS

MUSHROOM | Sa culture prit son essor en France sous Napoléon. En effet, l'empereur encouragea la production de ce champignon dans d'anciennes carrières souterraines de Paris, d'où son nom. Aujourd'hui, nous trouvons des champignon nières en Val de Loire, dans le Nord, en Gironde et en région parisienne. Appelé également "champignon de couche" *(1)*, le champignon de Paris se présente sous plusieurs variétés qui se différencient essentiellement par leurs couleurs (blanche, rosée ou marron clair). Il se consomme cru (en salade) ou cuit (en duxelles*, à la crème en potage*, en garniture*...).
Le champignon de Paris est actuellement le champignon le plus consommé dans le monde avec la Chine comme 1er pays producteur.

(1) Nommé ainsi car il est cultivé sur une couche de fumier

■ CHAMPOREAU

LIQUEUR COFFEE | Terme désignant familièrement un café* additionné d'eau-de-vie*.

■ CHAMPVALLON (côtes d'agneau)

Lamb chops | Côtes d'agneau* cuites au four avec des oignons* émincés* et des pommes de terre* en rondelles.

■ CHANTEMERLE

French mineral water | Eau minérale naturelle* plate captée à Meyras dans l'Ardèche. Autorisée à l'exploitation par arrêté ministériel du 13 août 1868.
Catégorie : faiblement minéralisée.

Composition physico-chimique (en mg/l)	
Cations	Anions
Calcium: 42 Sodium: 12,9 Magnésium: 9,8 Potassium: 1,5	Bicarbonates: 213 Sulfates: 4,4 Chlorures: 4 Nitrates: 0,05
Silice: 44,3	
pH à 20 °C: 7,05	Minéralisation totale: N.C.

■ CHANTEREINE

French mineral water | Eau de source* captée à Chelles en Seine-et-Marne.
Catégorie : faiblement minéralisée.
pH à 20 °C: 7,9.
Minéralisation totale : 425 mg/l.

■ CHANTERELLE

CHANTERELLE | Autre dénomination de la girolle*.

■ CHANTILLY (crème)

Cream | *Voir* Crème* Chantilly.

■ CHANTILLY (sauce)

Sauce | Sauce mayonnaise* au jus de citron* additionnée de crème fouettée.

■ CHAOURCE

French cheese | Fromage* de lait* de vache fabriqué en Champagne, A.O.C.* depuis 1970 et reconnu A.O.P.* dans le cadre européen. Il doit son nom à une localité située au sud de Troyes. Sa zone de production qui s'étend sur 233 communes de l'Aube et de l'Yonne.

Type: pâte molle à croûte fleurie.

Forme: cylindre.

Taille : 11 cm de diamètre (grand format) ou 9 cm de diamètre (petit format).

Poids : 450 à 700 g (grand format) ou 250 à 380 g (petit format).

Teneur en M.G. : 48 % au minimum.

Meilleures saisons: été, automne.

■ CHAPATI

Indian bread | En Inde, ce terme désigne à la fois un pain* non levé et une petite crêpe* servant de pain.

■ CHAPEL (Alain)

French chef | Cuisinier français (Lyon 1937 – Avignon 1990). Ce fils de restaurateur commence son apprentissage chez Jean Vignard, une référence à Lyon, puis chez le célèbre Fernand Point* à Vienne. Après plusieurs années de compagnonnage, il reprend en 1968 le restaurant de son père à Mionnay (Ain). Rigoureux, talentueux, il obtient le titre de M.O.F. * en 1972 et le Guide Michelin* lui décerne la distinction supreme, trois étoiles, en 1973. Il saura transmettre son savoir et une certaine conception de la gastronomie* à plusieurs disciples, dont Alain Ducasse*. On lui doit par

Source : Doc. Alain Chapel

ailleurs un excellent ouvrage: *La Cuisine, c'est beaucoup plus que des recettes.*

■ CHAPELLE-CHAMBERTIN

French wine | Vin* rouge produit en Bourgogne*, Grand Cru bénéficiant d'une A.O.C.* depuis 1937 et reconnu A.O.P.* dans le cadre de l'U.E

Aire de production : parcelles délimitées des lieux-dits "Chapelle" et "Les Gémeaux", sur la commune de Gevrey-Chambertin en Côte-d'Or, d'une superficie totale de 5,49 ha.

Encépagement autorisé* pour l'appellation : Pinot noir*, Chardonnay*, Pinot blanc* et Pinot gris*.

Rendement à l'hectare* : 45 hl.

■ CHAPELURE

BREAD CRUMBS | Produit obtenu en écrasant ou en râpant de la mie de pain* séchée ou des biscottes. La chapelure est employée pour enrober les préparations panées ou pour recouvrir certains gratins.

■ CHAPON (poisson)

SCORPION FISH | En Méditerranée, dénomination de la rascasse rouge*.

■ CHAPON (volaille)

Poultry | Jeune coq* castré à l'âge de 6 semaines et spécialement nourri pendant plusieurs mois pour obtenir une chair fine et moelleuse. Il pèse généralement entre 2,5 et 6 kg. Volaille traditionnelle des fêtes de fin d'année, le chapon se prépare le plus souvent rôti, avec ou sans farce.

Le chapon de Bresse bénéficie d'une A.O.C. * depuis le 1er août 1957, reconnue A.O.P.* dans le cadre de l'U.E.

L'aire d'appellation s'étend sur 275 communes des départements de l'Ain, du Jura et de Saône-et-Loire. Cette A.O.C. est réservée à des animaux dont le poids mort effilé est égal ou supérieur à 3 kg et qui ont été élevés, abattus et présentés à la vente dans des conditions particulières imposées par les normes de l'appellation.

■ CHAPTALISATION

CHAPTALIZATION | Opération de vinification* qui consiste à ajouter du sucre* *(1)* à un moût* de raisin afin d'augmenter la teneur alcoolique du futur vin* *(2)*. Cette pratique théorisée par Chaptal *(3)* est aujourd'hui rigoureusement contrôlée. Une réglementation européenne précise que l'enrichissement autorisé d'un moût est différent selon plusieurs critères, notamment la situation géographique de la région (pour certains vignobles du Sud, l'enrichissement est totalement prohibé). Par ailleurs, la chaptalisation est interdite pour les vins destinés à la production d'eaux-de-vie*). Dans notre pays, c'est l'I.N.A.O.* qui décide de l'opportunité de chaptaliser, notamment en fonction des conditions climatiques de l'année. Un procédé faisant appel à la R.M.N. (Résonnance Magnétique Nucléaire) permet de détecter les chaptalisations frauduleuses. Mis au point par le professeur Martin, de l'université de Nantes, ce procédé détermine quel sucre (raisin*, betterave* ou canne à sucre) est à l'origine de l'alcool* et dans quelle proportion il a été utilisé.

(1) L'utilisation du saccharose remonte à la fin du 18ème siècle, mais l'enrichissement des moûts est une coutume très ancienne puisque les romains employaient déjà le miel pour le sucrage en vinification. L'Union Européenne envisage de supprimer l'enrichissement par saccharose pour le remplacer par un apport de moût concentré rectifié. Il existe également des techniques d'auto-enrichissement dont la plus connue est "l'osmose inverse". Ce procédé, qui n'est officiellement employé qu'à titre expérimental, consiste à extraire une partie de l'eau contenue dans le moût et ainsi augmenter la concentration des autres composés, dont le sucre.*

(2) L'ajout de 17 g de sucre par litre de moût produit, en principe, 1° d'alcool supplémentaire dans le vin.

(3) Jean-Antoine Chaptal (1756-1832), chimiste et homme politique français, Ministre de Napoléon.

■ CHARBONNIÈRE COMMUNE

SABLEFISH | Poisson proche du cabillaud* vivant dans les eaux profondes au large de l'Alaska et qui mesure environ 70 cm pour un poids moyen de 3,5 kg. Sa chair, excellente, est encore peu employée en France. La Charbonnière commune, qui possède une peau de couleur noire, est aussi appelée *black cod.*

Source : Doc. Alaska Seafood/Steve Lee

■ CHARCUTIÈRE (sauce)

Sauce | Sauce Robert* additionnée d'une julienne* de cornichons*.

■ CHARDONNAY

Grape variety | Cépage* blanc d'origine bourguignonne. Il doit son nom d'un village du Mâconnais. Très convoité dans le monde entier, le Chardonnay voit ses surfaces cultivées en constante évolution (plus de 200 000 hectares, dont 50 000 en France). Aires de culture : en Bourgogne où il est le cépage d'origine des grands vins blancs (Chablis*, Meursault*, Montrachet*, Pouilly-Fuissé*, etc.), en Champagne où il est le seul cépage blanc autorisé, mais aussi dans d'autres régions viticoles telles que le Jura et la Savoie (Arbois*, Vin de de Savoie*, etc.) ou la Vallée de la Loire (Touraine*, Cheverny*, etc.). À l'étranger, il est présent dans une multitude de vignobles, notamment en Californie, Australie, Afrique du Sud, Argentine, Canada, Italie, Espagne et même en Grande-Bretagne...

Vins produits : blancs racés, amples, avec un remarquable potentiel aromatique pouvant être accentué par un élevage en barriques de chêne.

Vendange de Chardonnay en Champagne

■ CHARENTAIS (vin)

French wine | *Voir* Vins I.G.P.*.

■ CHARLEMAGNE

French wine region | Vin* blanc produit en Bourgogne*, Grand Cru bénéficiant d'une A.O.C.* depuis 1937 et reconnu A.O.P.* dans de cadre de l'U.E. Cette appellation n'est pratiquement plus utilisée, le vin étant commercialisé sous l'A.O.C. Corton Charlemagne*.

Aire de production : parcelles délimitées des lieux-dits "Le Corton", "Le Charlemagne", "Les Pougets" et "Les Languettes" sur la commune d'Aloxe-Corton et "Le Charlemagne" sur la commune de Pernand-Vergelesses. La superficie totale de l'appellation est d'environ 32 ha.

Encépagement autorisé* pour l'appellation : Chardonnay* et Pinot blanc*.

Rendement à l'hectare* : 48 hl.

■ CHARLOTTE

French dessert | Terme désignant des apprêts culinaires variés préparés dans un moule chemisé (1) de biscuits ou de pain de mie*. On distingue :

- ***Les charlottes froides,*** entremets* généralement réalisés avec un appareil à bavarois* (ex : charlotte aux poires*).
- ***Les charlottes glacées*** (ex : charlotte au Grand-Marnier*).
- ***Les charlottes chaudes,*** entremets confectionnés avec une marmelade de fruits (ex : charlotte aux pommes*).
- ***Les charlottes salées,*** faites à partir de poissons ou de légumes et dressées en moule sans le chemisage traditionnel.

(1) Dont le fond et les parois ont été tapissés de …

Charlotte aux fruits

■ CHARMES-CHAMBERTIN

French wine | Vin* rouge produit en Bourgogne*, Grand Cru bénéficiant d'une A.O.C.* depuis 1937 et reconnu A.O.P.* dans le cadre de l'U.E.
Aire de production : parcelles délimitées du lieu-dit "Charmes", sur la commune de Gevrey-Chambertin en Côte-d'Or, d'une superficie totale de 28,43 ha.
Encépagement autorisé* pour l'appellation : Pinot noir*, Chardonnay*, Pinot blanc* et Pinot gris*.
Rendement à l'hectare* : 45 hl.

■ CHAROLAIS

French cheese | Fromage* de lait* de chèvre fabriqué en Bourgogne, A.O.C.* depuis 2010 et reconnu A.O.P. dans le cadre européen. L'aire de production s'étend sur de nombreuses communes de Saône-et-Loire et plusieurs communes de l'Allier, de la Loire et du Rhône.
Type : pâte molle, croûte naturelle.
Forme : petit cylindre.
Taille : 6 à 7 cm de diamètre, 7 à 8,5 cm de hauteur.
Poids : 250 à 310 g.
Teneur en M.G. : 45 %.
Meilleures saisons : printemps, été, automne.

■ CHARRIER

French mineral water | Eau minérale naturelle* plate captée à La Prugne dans l'Allier. Commercialisée depuis 1933.
Catégorie : très faiblement minéralisée.
Charrier est probablement l'eau minérale française la moins minéralisée.

Composition physico-chimique (en mg/l)	
Cations	Anions
Sodium: 3,5 Calcium: 3,2 Magnésium: 0,8 Potassium: 0,4	Nitrates: 4 Bicarbonates: 3,7 Sulfates: 3,4 Chlorures: 3,2
pH à 20 °C: 5,9 Minéralisation totale: 37 mg/l	

■ CHARTREUSE (liqueur)

Liqueur | Liqueur* dauphinoise élaborée au monastère de la Grande Chartreuse, installé à Voiron dans l'Isère. La recette de ce spiritueux* n'est connue que de 3 frères qui procèdent aux mélanges des plantes, pas moins de 130 variétés qui constituent la base de la célèbre liqueur dont la recette originelle fut consignée en 1737 par le frère Jérôme Maubec.
Chartreuse Diffusion, société chargée de commercialiser les produits du monastère, propose notamment :

- ***L'Elixir végétal de la Grande Chartreuse*** (71°) créé en 1737. Il se consomme sur un morceau de sucre* dans une petite cuillère.
- ***La Chartreuse verte*** (55°) créée en 1764
- ***La Chartreuse jaune*** (40°) créée en 1838
- ***La Chartreuse V.E.P. verte*** (54°) créée en 1963 *(1)*
- ***La Chartreuse V.E.P. jaune*** (42°) créée en 1963 *(1)*
- ***La Chartreuse liqueur du 9ème centenaire*** (47°) créée en 1984.

Source : Photo Chartreuse Diffusion

(1) V.E.P. : Vieillissement Exceptionnel Prolongé.

■ CHARTREUSE (préparation)

Vegetable dish | Préparation culinaire constituée de légumes en particulier du chou* et de gibier, de viande ou de poisson. L'apprêt est dressé dans un moule, en couches successives, pour être cuit au bain-marie. La chartreuse est servie chaude, immédiatement après avoir été démoulée.
À l'origine, la chartreuse était un plat exclusivement composé de légumes consommé par les moines de l'ordre des Chartreux.

■ CHASSAGNE-MONTRACHET

French wine | Vins* rouges et blancs produits en Bourgogne*, A.O.C.* depuis 1937 et reconnus A.O.P.* dans le cadre de l'U.E. Pour les vins dont les récoltes proviennent de parcelles classées «Premier Cru», l'appellation communale peut être

complétée par le nom du climat* d'origine *(1)* et (ou) par la mention «Premier Cru».
Aire de production : communes de Chassagne-Montrachet, en Côte-d'Or et Remigny, en Saône-et-Loire.
Superficie du vignoble : 303 ha (dont 182 ha en vins blancs et 121 ha en vins rouges).
Encépagement autorisé* pour l'appellation : Pinot noir*, Chardonnay*, Pinot blanc* et Pinot gris
Rendement à l'hectare* : 40 hl pour les vins rouges et 45 hl pour les vins blancs.

(1) "Clos Saint-Jean", "Les Rebichets", "Chassagne du Clos Saint-Jean", "Les Murées", "Cailleret", "Chassagne", "Les Combards", "Vigne Derrière", "Les Chaumées", "Les Vergers", "Petingeret", "Les Pasquelles", "Les Chenevottes", "Les Commes", "Les Bondues", "Les Marcherelles", "En Remilly", "Dent de Chien", "Vide Bourse", "Blanchot dessus", "La Maltroie", "Les Places", "Ez Crets", "Le Grande Borne", "La Cardeuse", "Les Boirettes", "Clos Chareau", "Francemont", "Les Brussonnes", "Clos Pitois", "Mordgeot", "Vigne Blanche", "Ez Crottes", "Guerchère", "Tête du Clos", "Les Petits Clos", "Les Grands Clos", "La Boudriotte", "Abbaye de Morgeot", "La Chapelle", "Bois de Chassagne", "Les Embazées", "La Romanée", "En Virondot", "Les Baudines", "La Grande Montagne", "Les Grandes Ruchottes", "La Boudriotte", "La Roquemaure", "Champ Jendreau", "Les Chaumes", "Les Fairendes", "Les Petites Fairendes", "En Cailleret", "Les Champs gain", "Tonton Marcel".

■ CHASSELAS

Grape variety | Cépage* blanc dont il existe plusieurs variétés. En France, il est surtout cultivé pour la production de raisins* de table *(1)* mais il est également implanté dans les vignobles d'Alsace*, Vallée de la Loire (Pouilly-sur-Loire*) et Savoie (Vin de Savoie*). Le Chasselas se rencontre aussi en Suisse (où il appelé *Fendant**), en Allemagne (où il est nommé *Gutedel*), en Autriche, en Nouvelle-Zélande et en Californie.

Source : Photo BG

Vins* produits : blancs légers, vifs et peu aromatiques.

(1) ***Le Chasselas de Moissac*** *bénéficiant d'une A.O.C* depuis 2003 est reconnu A.O.P.* dans le cadre de l'U.E. Il est récolté sur 76 communes du Tarn-et-Garonne et du Lot (voir raisin*).*

■ CHASSEUR (sauce)

Sauce | Sauce* réalisée à partir de champignons* sautés, échalotes* ciselées, vin* blanc, cognac* sauce espagnole* et sauce tomate*.

■ CHÂTAIGNE

CHESTNUT | Fruit du châtaignier, arbre originaire de Chine à longévité exceptionnelle (il peut vivre jusqu'à 500 ans). La châtaigne est composée de 3 graines, riches en amidon, enfermées dans une bogue *(1)*. On dénombre une multitude de variétés de châtaignes dont *l'Olargues, la Rousse de Nay, la Marigoule, la Bourrue, la Bouche-de- Bétizac...* L'Ardèche, les Cévennes, la Dordogne et la Corse demeurent les principales régions productrices.
La Châtaigne d'Ardèche, A.O.C.* depuis 2006 est reconnue A.O.P.* dans le cadre européen. Elle est récoltée dans 188 communes de l'Ardèche 7 communes du Gard et 2 communes de la Drôme Sa commercialisation est faite sous différentes formes *(2)*.
La châtaigne se consomme grillée, en élément de garniture, en pâtisserie, en confiserie... par ailleurs, la farine* de châtaignes est encore employée dans certaines régions (ex. polenta* de châtaignes en Corse).
La Farine de châtaignes de Corse, A.O.C.* depuis 2006 et reconnue A.O.P.* dans le cadre européen est fabriquée selon un cahier des charges précis à partir de fruits récoltés dans 270 communes de l'île

(1) Coque épineuse.

(2) Châtaignes fraîches, châtaignes sèches entières, brisures de châtaignes, farine de châtaignes, châtaignes entières épluchées et purée de châtaignes.

■ CHÂTAIGNE DE MER

SEA CHESTNUT | *Voir* Oursin*.

■ CHÂTEAU

CHÂTEAU | Domaine viticole bordelais constitué d'un vignoble et de bâtiments d'exploitation. Un jugement de 1938 précise qu'en Gironde, le terme "Château" est synonyme de "Domaine", de "Cru" ou de "Clos".
Les vins commercialisés avec la mention "Mis en bouteille au Château" sont généralement des produits de qualité, vinifiés et mis en bouteille sur les lieux de production (voir Châteaux du Bordelais*).

■ CHÂTEAUBRIAND

Beef cut | Tranche de filet* de bœuf* plus épaisse qu'un tournedos*. Son nom lui fut donné par un certain Montmereil, cuisinier du grand écrivain éponyme.

■ CHÂTEAU-CHALON

French wine | Vins jaunes* produits dans le Jura, A.O.C.* depuis 1936 et reconnus A.O.P.* dans le cadre de l'U.E.
Aire de production : communes de Château-Chalon, Ménétru-le-Vignoble, Névy-sur-Seille et Domblans situées au nord de Lons-le-Saunier.
Superficie du vignoble : 60 ha.
Encépagement autorisé pour l'appellation : Savagnin*.
Rendement à l'hectare* : 30 hl.
Le Château-Chalon est mis en bouteilles dans des «clavelins»* après un vieillissement en fût, sans ouillage, d'une durée minimale de 6 ans.
Tous les ans, depuis 1958, Une commission nommée par l'I.N.A.O* - dite de "contrôle des vignes et du rendement" - examine, avant les vendanges, chaque parcelle susceptible de produire des vins à appellation Château-Chalon. Cette commission évalue la qualité et la quantité de raisin et procède à un contrôle du degré potentiel avant fermentation en définissant un rendement individuel maximum à la parcelle. Chaque parcelle peut éventuellement se voir refuser le droit à l'appellation. Enfin, au bout des 6 années de vieillissement, un nouvel examen a lieu sur le vin fini afin de délivrer un certificat d'agrément pour la mise en bouteille.

■ CHÂTEAU-GRILLET

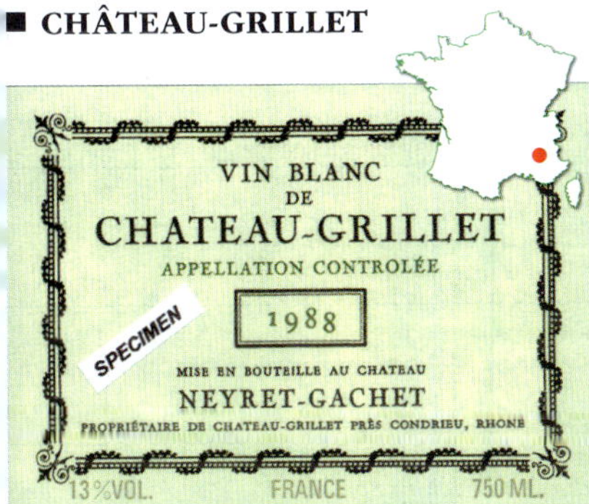

French wine | Vin* blanc produit dans la Vallée du Rhône, A.O.C.* depuis 1936 et reconnu A.O.P.* dans le cadre de l'U.E.
Aire de production : parcelles situées sur les communes de Saint-Michel-sur-Rhône et Vérin au sud-ouest de Vienne. L'appellation, sur un seul domaine, couvre une superficie de 3,5 ha.
Encépagement autorisé pour l'appellation : Viognier*.
Rendement à l'hectare* : 37 hl.
Le Château-Grillet est une des plus petites A.O.C. françaises et le vin produit demeure très rare (environ 10 000 bouteilles par an).

■ CHÂTEAUMEILLANT

French wine | Vins* rosés et rouges produits dans le sud du Berry. Initialement A.O.V.D.Q.S.*, le Châteaumeillant devenu A.O.C.* en 2010 est reconnu A.O.P.* dans le cadre de l'U.E.
Aire de production : 3 communes du Cher - dont Châteaumeillant - et 4 communes de l'Indre situées à l'est de la Châtre.
Superficie du vignoble : 95 ha.
Encépagement autorisé* pour l'appellation : Gamay*, Pinot noir* et Pinot gris*.
Rendement à l'hectare* : 55 hl.

■ CHÂTEAUNEUF-AUVERGNE

French mineral water | Eau minérale naturelle* gazeuse captée à Châteauneuf-les-Bains dans le Puy-de-Dôme. Reconnue d'intérêt public en 1909.
Catégorie : riche en sels minéraux.

Composition physico-chimique (en mg/l)	
Cations	Anions
Sodium: 651 Calcium: 152 Potassium: 40 Magnésium: 36	Bicarbonates: 1799 Chlorures: 215 Sulfates: 195 Nitrates: inférieurs à 1
Fluor: 3	
pH à 20 °C: 6,3 Minéralisation totale: 2 151 mg/l	

■ CHÂTEAUNEUF-DU-PAPE

French wine | Vins* rouges et blancs produits en Vallée du Rhône, A.O.C.* depuis 1936 *(1)* et reconnus A.O.P.* dans la cadre de l'U.E.
Aire de production : communes de Châteauneuf-du-Pape, Bédarrides, Courthézon, Orange et Sorgues, situées au nord d'Avignon.
Superficie du vignoble : 3 200 ha.
Encépagement autorisé* pour l'appellation : Grenache*, Syrah*, Mourvèdre*, Picpoul blanc*, Picpoul gris, Picpoul noir*, Terret noir*, Counoise*, Muscardin*, Cinsault*, Vaccarèse*, Picardan*, Clairette*, Clairette rose, Grenache blanc*, Grenache gris*, Roussanne* et Bourboulenc*.
Rendement à l'hectare* : 35 hl.
Ces vins sont généralement présentés dans une bouteille spéciale portant en relief les armes pontificales et le nom de l'appellation.
(1) Châteauneuf-du-Pape est une des plus anciennes A.O.C. viticoles françaises.

■ CHÂTEAUX DU BORDELAIS

French wine | Avec un vignoble de 118 000 ha (plus vaste vignoble d'A.O.C.* français), 60 appellations et près de 10 000 exploitations viticoles implantées totalement dans le département de la Gironde, le Bordelais compte une multitude de "Châteaux"* (près de 10 000 sont répertoriés dans l'Annuaire Officiel des Châteaux du Bordelais).
Certains bénéficient d'un classement officiel, c'est le cas des vins du Médoc*, des Graves*, de Sauternes* et de Saint-Emilion*, d'autres, bien que remarquables, n'ont jamais été classés. *Le Petrus*, un vin fabuleux, ne figure dans aucun classement.
Les classements de référence :
Médoc : Classement de 1855 *(1)* et modifié en 1973. Il compte actuellement 4 Premiers Crus,

14 Seconds Crus, 14 Troisièmes Crus, 10 Quatrièmes Crus et 18 Cinquièmes Crus.

Crus Bourgeois du Médoc: c'est à la fin du Moyen-âge où les bourgeois de Bordeaux acquièrent les meilleures terres de la région que naissent les "Crus des Bourgeois" puis les "Crus Bourgeois". Plusieurs classements se sont succédés et le dernier fut établi en 2003; il classait 247 crus en 3 catégories: ***9 Crus Bourgeois exceptionnels***, *87* ***Crus Bourgeois supérieurs*** et *151* ***Crus Bourgeois***. Ce classement devenu obsolète, une nouvelle démarche de classement est mise en place: La Reconnaissance ***Crus Bourgeois*** *(2)*. La sélection des crus est annuelle et basée sur un cahier des charges très précis. Cette reconnaissance Crus Bourgeois étant établie sur la qualité réelle par millésime et 2 ans après la récolte.

Crus Artisans: ils existent depuis 150 ans à côté des grands domaines du Médoc. En 2012, 44 propriétés des 8 A.O.C. du Médoc ont obtenu le titre de ***Cru Artisan***. La liste est revue tous les 10 ans. Il s'agit de petits domaines familiaux qui représentent environ 340 ha de vignobles.

Graves: Classement de 1953 modifié en 1959. Il compte 16 crus, dont 1 fut classé Premier Cru avec les vins du Médoc en 1855 *(1)*.

Sauternes et Barsac: Classement de 1855 *(1)*, Il compte 1 Premier Cru Supérieur, 11 Premiers Crus et 15 Seconds Crus.

Saint-Emilion: Classement initial de 1954 révisé en 1969, 1979, 1984 et 1996. Ce classement est en principe révisable tous les 10 ans. Le classement de 2006 ayant été remis en cause par décisions judiciaires, c'est la loi du 13 mai 2009 qui a permis d'officialiser un classement valable jusqu'à la récolte 2011. En 2012, un nouveau classement consacra 82 "Châteaux" : 18 Premiers Grands Crus classés (4 classés A et 14 classés B) et 64 Grands Crus classés.

Les Châteaux cités ci-dessous sont parmi les plus connus, mais n'oublions pas qu'il en existe beaucoup d'autres qui produisent des vins de grande qualité. Par ailleurs, il faut préciser que les chiffres relatifs aux superficies des vignobles et aux encépagements sont sujets à variations en fonction de l'évolution des domaines.

(1) Ce classement, publié le 18 avril 1855, fut établi à la demande de Napoléon III pour l'Exposition universelle.

(2) Ce nouveau classement fait suite à l'arrêté du 16 novembre 2009.

Châteaux du Médoc
Classement de 1855 modifié en 1973

• Premiers Crus

Château Lafite-Rothschild: A.O.C.* Pauillac* - issu d'un vignoble de 94 ha.

Château Latour: A.O.C.* Pauillac* - issu d'un vignoble de 78 ha dont 48 autour du Château, dénommés "L'Enclos". Cet Enclos domine l'estuaire de la Gironde.

Le domaine est complanté des cépages suivants: Cabernet Sauvignon* (80%), Merlot* (18%), Cabernet franc* et Petit Verdot* (2%).

Château Margaux: A.O.C.* Margaux* - issu d'un vignoble de 90 ha.

Château Mouton-Rothschild: A.O.C.* Pauillac* - issu d'un vignoble de 75 ha.

Ce Château fut le seul "1er Cru" qui n'a pas été classé en 1855 mais seulement en 1973.

• Seconds Crus

Château Brane-Cantenac: A.O.C.* Margaux* - issu d'un vignoble de 85 ha.

Château Cos-d'Estournel: A.O.C.* Saint-Estèphe* - issu d'un vignoble de 65 ha.

Château Ducru-Beaucaillou: A.O.C.* Saint-Julien* - issu d'un vignoble de 50 ha.

Château Durfort-Vivens: A.O.C.* Margaux* - issu d'un vignoble de 30 ha.

Château Gruaud-Larose: A.O.C.* Saint-Julien* - issu d'un vignoble de 82 ha.

Château Lascombes: A.O.C.* Margaux* - issu d'un vignoble de 83 ha.

Château Léoville-Barton: A.O.C.* Saint-Julien* - issu d'un vignoble de 45 ha.

Château Léoville-Las-Cases: A.O.C.* Saint-Julien* - issu d'un vignoble de 95 ha.

Château Léoville-Poyferré: A.O.C.* Saint-Julien* - issu d'un vignoble de 80 ha.

Château Montrose: A.O.C.* Saint-Estèphe* - issu d'un vignoble de 68 ha.

Château Pichon Longueville Baron de Pichon: A.O.C.* Pauillac* - issu d'un vignoble de 68 ha.

Château Pichon Longueville Comtesse de Lalande: A.O.C.* Pauillac* - issu d'un vignoble de 75 ha.

Château Rauzan-Gassies: A.O.C.* Margaux* - issu d'un vignoble de 30 ha.

Château Rauzan-Ségla: A.O.C.* Margaux* - issu d'un vignoble de 51 ha.

• Troisièmes Crus

Château Boyd-Cantenac: A.O.C.* Margaux* - issu d'un vignoble de 18 ha.

Château Calon-Ségur: A.O.C.* Saint-Estèphe* - issu d'un vignoble de 74 ha.

Château Cantenac-Brown: A.O.C.* Margaux* - issu d'un vignoble de 42 ha.

Château Desmirail: A.O.C.* Margaux* - issu d'un vignoble de 30 ha.

Château Ferrière: A.O.C.* Margaux* - issu d'un vignoble de 8 ha.

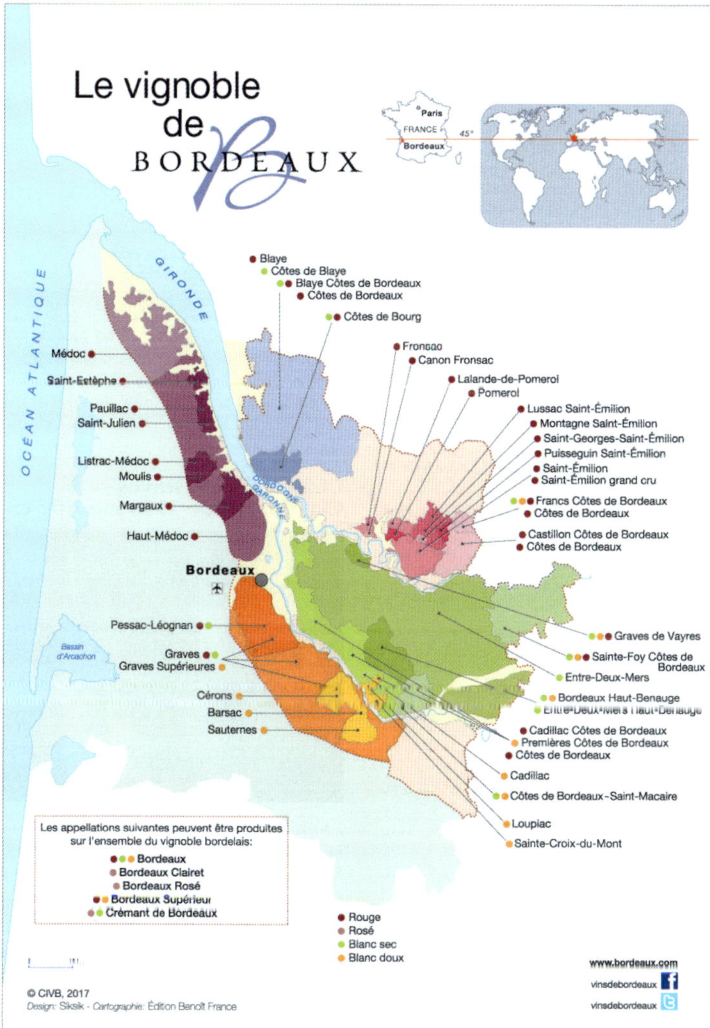

Le vignoble
de
BORDEAUX
Paris
FRANCE
Bordeaux
45°
OCÉAN ATLANTIQUE
GIRONDE
DORDOGNE
GARONNE
Bassin d'Arcachon
Bordeaux
Médoc
Saint-Estèphe
Pauillac
Saint-Julien
Listrac-Médoc
Moulis
Margaux
Haut-Médoc
Pessac-Léognan
Graves
Graves Supérieures
Cérons
Barsac
Sauternes
Blaye
Côtes de Blaye
Blaye Côtes de Bordeaux
Côtes de Bordeaux
Côtes de Bourg
Fronsac
Canon Fronsac
Lalande-de-Pomerol
Pomerol
Lussac Saint-Émilion
Montagne Saint-Émilion
Saint-Georges-Saint-Émilion
Puisseguin Saint-Émilion
Saint-Émilion
Saint-Émilion grand cru
Francs Côtes de Bordeaux
Côtes de Bordeaux
Castillon Côtes de Bordeaux
Côtes de Bordeaux
Graves de Vayres
Sainte-Foy Côtes de Bordeaux
Entre-Deux-Mers
Bordeaux Haut-Benauge
Entre-Deux-Mers Haut-Benauge
Cadillac Côtes de Bordeaux
Premières Côtes de Bordeaux
Côtes de Bordeaux
Cadillac
Côtes de Bordeaux-Saint-Macaire
Loupiac
Sainte-Croix-du-Mont
Les appellations suivantes peuvent être produites sur l'ensemble du vignoble bordelais:
Bordeaux
Bordeaux Clairet
Bordeaux Rosé
Bordeaux Supérieur
Crémant de Bordeaux
Rouge
Rosé
Blanc sec
Blanc doux
www.bordeaux.com
vinsdebordeaux
vinsdebordeaux
© CIVB, 2017
Design: Siksik - Cartographie: Édition Benoît France

Château Giscours: A.O.C.* Margaux* - issu d'un vignoble de 83 ha.
Château d'Issan: A.O.C.* Margaux* - issu d'un vignoble de 50 ha.
Château Kirwan: A.O.C.* Margaux* - issu d'un vignoble de 35 ha.
Château Lagrange: A.O.C.* Saint-Julien* - issu d'un vignoble de 113 ha.
Château La Lagune: A.O.C.* Haut-Médoc* - issu d'un vignoble de 70 ha.
Château Langoa-Barton: A.O.C.* Saint-Julien* - issu d'un vignoble de 20 ha.
Château Malescot Saint-Exupéry: A.O.C.* Margaux* - issu d'un vignoble de 23.5 ha.
Château Marquis d'Alesme-Becker: A.O.C.* Margaux* - issu d'un vignoble de 10 ha.
Château Palmer: A.O.C.* Margaux*: issu d'un vignoble de 45 ha.

• Quatrièmes Crus

Château Beychevelle: A.O.C.* Saint-Julien* - issu d'un vignoble de 90 ha.
Château Branaire-Ducru: A.O.C.* Saint-Julien* - issu d'un vignoble de 50 ha.
Château Duhart-Milon: A.O.C.* Pauillac* - issu d'un vignoble de 65 ha.
Château Lafon-Rochet: A.O.C.* Saint-Estèphe* - issu d'un vignoble de 40 ha.
Château La Tour-Carnet: A.O.C.* Haut-Médoc* - issu d'un vignoble de 40 ha.
Château Marquis de Terme: A.O.C.* Margaux* - issu d'un vignoble de 40 ha.
Château Pouget: A.O.C.* Margaux* - issu d'un vignoble de 10 ha.
Château Prieuré-Lichine: A.O.C.* Margaux* - issu d'un vignoble de 70 ha.
Château Saint-Pierre: A.O.C.* Saint-Julien* - issu d'un vignoble de 20 ha.
Château Talbot: A.O.C.* Saint-Julien* - issu d'un vignoble de 102 ha.

• Cinquièmes Crus

Château Batailley: A.O.C.* Pauillac* - issu d'un vignoble de 55 ha.
Château d'Armailhac: A.O.C.* Pauillac* - issu d'un vignoble de 50 ha.
Château Belgrave: A.O.C.* Haut-Médoc* - issu d'un vignoble de 55 ha.
Château Camensac: A.O.C.* Haut-Médoc* - issu d'un vignoble de 75 ha.
Château Cantemerle: A.O.C.*Haut-Médoc* - issu d'un vignoble de 85 ha.
Château Clerc-Milon: A.O.C.* Pauillac* - issu d'un vignoble de 30 ha.
Château Cos-Labory: A.O.C.* Saint-Estèphe* - issu d'un vignoble de 18 ha.
Château Croizet-Bages: A.O.C.* Pauillac* - issu d'un vignoble de 29 ha.
Château Dauzac: A.O.C.* Margaux* - issu d'un vignoble de 40 ha.
Château Grand-Puy-Ducasse: A.O.C.* Pauillac* - issu d'un vignoble de 40 ha.
Château Grand-Puy-Lacoste: A.O.C.* Pauillac* - issu d'un vignoble de 50 ha.
Château Haut-Bages Libéral: A.O.C.* Pauillac* - issu d'un vignoble de 28 ha.
Château Haut-Batailley: A.O.C.* Pauillac* - issu d'un vignoble de 22 ha.
Château Lynch-Bages: A.O.C.* Pauillac* - issu d'un vignoble de 90 ha.
Château Lynch-Moussas: A.O.C.* Pauillac* - issu d'un vignoble de 50 ha.
Château Pédesclaux: A.O.C.* Pauillac* - issu d'un vignoble de 20 ha.
Château Pontet-Canet: A.O.C.* Pauillac* - issu d'un vignoble de 79 ha.
Château Du Tertre: A.O.C.* Margaux* - issu d'un vignoble de 50 ha.

Châteaux des Graves Classement de 1855

• Premiers Crus

Château Haut-Brion: A.O.C.* Pessac-Léognan* - issu d'un vignoble de 46 ha (produit des vins rouges et blancs mais n'est classé que pour les vins rouges).
Ce Château fut le seul vin de Graves classé "1er Cru" avec les Médocs avant d'être retenu dans le classement suivant.

Châteaux des Graves Classement de 1955 modifié en 1959

Château Bouscaut: A.O.C.* Pessac-Léognan* - Le vignoble de Bouscaut existe depuis le 15ème Siècle. Cru classé pour ses vins* rouges et ses vins* blancs. Le domaine de 47 ha *(1)* est complanté des cépages* suivants: Rouges: Merlot* (50%), Cabernet-Sauvignon* (45%), Côt* et Malbec* (5%). Blancs: Sémillon* (50%) et Sauvignon* (50%).
(1) 39 ha en rouges et 8 ha en blancs.
Château Carbonnieux: A.O.C.* Pessac-Léognan* - issu d'un vignoble de 87 ha (rouges et blancs).
Château Couhins: A.O.C.* Pessac-Léognan* - issu d'un vignoble de 14,4 ha (ce domaine appartenant à l'I.N.R.A. produit des vins rouges et des vins blancs mais n'est classé que pour les vins blancs).
Château Couhins-Lurton: A.O.C.* Pessac-Léognan* - issu d'un vignoble de 6 ha (blancs).

Château de Fieuzal: A.O.C.* Pessac-Léognan* - issu d'un vignoble de 48 ha (produit des vins rouges et des vins blancs mais n'est classé que pour les vins rouges).
Château Haut-Bailly: A.O.C.* Pessac-Léognan* - issu d'un vignoble de 28 ha (rouges).
Château Laville Haut-Brion: A.O.C.* Pessac-Léognan* - issu d'un vignoble de 4 ha (blancs).
Château Malartic-Lagravière: A.O.C.* Pessac-Léognan* - issu d'un vignoble de 43 ha (rouges et blancs).
Château La Mission Haut-Brion: A.O.C.* Pessac-Léognan* - issu d'un vignoble de 20 ha (rouges).
Château La Tour Haut-Brion: A.O.C.* Pessac-Léognan* - issu d'un vignoble de 6 ha (rouges).
Château Latour-Martillac: A.O.C.* Pessac-Léognan* - issu d'un vignoble de 38 ha (rouges et blancs).
Château Olivier: A.O.C.* Pessac-Léognan* - issu d'un vignoble de 48 ha (rouges et blancs).
Château Pape Clément: A.O.C.* Pessac-Léognan* - issu d'un vignoble de 32,5 ha (produit des vins rouges et des vins blancs mais n'est classé que pour les vins rouges).
Château Smith Haut-Lafitte: A.O.C.* Pessac-Léognan* - issu d'un vignoble de 55 ha (produit des vins rouges et des vins blancs mais n'est classé que pour les vins rouges).
Domaine de Chevalier: A.O.C.* Pessac-Léognan* - issu d'un vignoble de 34,5 ha (rouges et blancs).

Châteaux de Sauternes et Barsac Classement de 1855

• Premier Cru supérieur

Château d'Yquem: A.O.C.* Sauternes*.
Lors du classement de 1855, il fut considéré comme supérieur à tous les autres, ce qui justifia une qualification particulière. Grâce au microclimat du terroir, le botrytis cinerea* permet d'obtenir une vendange exceptionnelle et plus tard un vin de légende.
Le vignoble de 110 ha est complanté de cépages* Sémillon* (80%) et Sauvignon* (20%).

• Premiers Crus

Château Climens: A.O.C.* Barsac* - issu d'un vignoble de 29 ha.
Château Clos Haut-Peyraguey: A.O.C.* Sauternes* - issu d'un vignoble de 23 ha.
Château Coutet: A.O.C.* Barsac* - issu d'un vignoble de 38 ha.
Château Guiraud: A.O.C.* Sauternes* - issu d'un vignoble de 85 ha.
Château Lafaurie-Peyraguey: A.O.C.* Sauternes* - issu d'un vignoble de 40 ha.
Château Rabaud-Promis: A.O.C.* Sauternes* - issu d'un vignoble de 33 ha.
Château Rayne-Vigneau: A.O.C.* Sauternes* - issu d'un vignoble de 80 ha.
Château Rieussec: A.O.C.* Sauternes* - issu d'un vignoble de 75 ha.
Château Sigalas-Rabaud: A.O.C.* Sauternes* - issu d'un vignoble de 14 ha.
Château Suduiraut: A.O.C.* Sauternes* - issu d'un vignoble de 88 ha.
Château La Tour Blanche: A.O.C.* Sauternes* - issu d'un vignoble de 34 ha.
Devenu propriété du Ministère de l'Agriculture par donation en 1909, ce domaine accueille une École de viticulture et d'œnologie.

• Seconds Crus

Château D'Arche: A.O.C.* Sauternes* - issu d'un vignoble de 30 ha.
Château Broustet: A.O.C.* Barsac* - issu d'un vignoble de 16 ha.
Château Caillou: A.O.C.* Sauternes* - issu d'un vignoble de 13 ha.
Château Doisy-Daëne: A.O.C.* Sauternes* - issu d'un vignoble de 15 ha.
Château Doisy-Dubroca: A.O.C.* Barsac* - issu d'un vignoble de 3,5 ha.
Château Doisy-Védrines: A.O.C.* Barsac* - issu d'un vignoble de 27 ha.
Château Filhot: A.O.C.* Sauternes* - issu d'un vignoble de 60 ha.
Château Lamothe: A.O.C.* Sauternes* - issu d'un vignoble de 7,5 ha.
Château Lamothe-Guignard: A.O.C.* Sauternes* - issu d'un vignoble de 17 ha.
Château De Malle: A.O.C.* Sauternes* - issu d'un vignoble de 27 ha.
L'autre partie du domaine (environ 30 ha), située sur l'aire d'appellation Graves*, produit des vins blancs et des vins rouges.
Château De Myrat: A.O.C.* Sauternes* - issu d'un vignoble de 22 ha.
Château Nairac: A.O.C.* Barsac* - issu d'un vignoble de 17 ha.
Château Romer: A.O.C.* Sauternes* - issu d'un vignoble de 6,5 ha (dont 2 hectares en production actuellement).
Château Romer Du Hayot: A.O.C.* Sauternes* - issu d'un vignoble de 16 ha.
Château Suau: A.O.C.* Barsac* - issu d'un vignoble de 8 ha.

Châteaux de Saint-Émilion Classement initial de 1954 révisé en 1969, 1979, 1984, 1996, 2006 (révisé en 2009) et 2012

• Premiers Grands Crus Classés A

Château Angélus : issu d'un vignoble de 24 ha.
Château Ausone : issu d'un vignoble de 8 ha.

Château Cheval Blanc : issu d'un vignoble de 37 ha.
Château Pavie : issu d'un vignoble de 37 ha.

• Premiers Grands Crus Classés B

Château Beauséjour : issu d'un vignoble de 7 ha.
Château Beau-Séjour Bécot : issu d'un vignoble de 16,5 ha.
Château Belair-Monange : issu d'un vignoble de 23.5 ha.
Château Canon : issu d'un vignoble de 18 ha.
Château Canon la Gaffelière : issu d'un vignoble de 19,5 ha
Château Figeac : issu d'un vignoble de 40 ha.
Château La Gaffelière : issu d'un vignoble de 22 ha.
Château Larcis Ducasse : issu d'un vignoble de 11 ha.
Château La Mondotte : issu d'un vignoble de 4,5 ha.
Château Pavie-Macquin : issu d'un vignoble de 15 ha.
Château Troplong Mondot : issu d'un vignoble de 30 ha.
Château Trottevieille : issu d'un vignoble de 10 ha.
Château Valandraud : issu d'un vignoble de 8,8 ha.
Clos Fourtet : issu d'un vignoble de 20 ha.

• Grands Crus Classés

Château Balestard la Tonnelle : issu d'un vignoble de 11 ha.
Château Barde-Haut : issu d'un vignoble de 17 ha.
Château Bellefont-Belcier : issu d'un vignoble de 12,5 ha.
Château Bellevue : issu d'un vignoble de 6 ha.
Château Berliquet : issu d'un vignoble de 9 ha.
Château Cadet Bon : issu d'un vignoble de 6 ha.
Château Cap de Mourlin : issu d'un vignoble de 14 ha.
Château Chauvin : issu d'un vignoble de13 ha.
Château Clos de Sarpe : issu d'un vignoble de 4 ha.
Château Corbin : issu d'un vignoble de 13 ha.
Château Côte de Baleau : issu d'un vignoble de 20 ha.
Château Dassault : issu d'un vignoble de 24 ha.
Château de Ferrand : issu d'un vignoble de 32 ha.
Château de Pressac : issu d'un vignoble de 36 ha.
Château Destieux : issu d'un vignoble de 13 ha.
Château Faugères : issu d'un vignoble de 55 ha.
Château Faurie de Souchard : issu d'un vignoble de 11 ha.
Château Fleur Cardinale : issu d'un vignoble de 10 ha.
Château Fombrauge : issu d'un vignoble de 58 ha.
Château Fonplégade : issu d'un vignoble de 18 ha.
Château Fonroque : issu d'un vignoble de 18 ha.
Château Franc Mayne : issu d'un vignoble de 7 ha.
Château Grand Corbin : issu d'un vignoble de 13,5 ha.
Château Grand Corbin-d'Espagne : issu d'un vignoble de 26,5 ha.
Château Grand Mayne : issu d'un vignoble de 19 ha.
Château Grand Pontet : issu d'un vignoble de 15 ha.
Château Guadet Saint-Julien : issu d'un vignoble de 6 ha.
Château Haut-Sarpe : issu d'un vignoble de 12 ha.
Château Jean Faure : issu d'un vignoble de 18 ha.
Château l'Arrosée : issu d'un vignoble de 16 ha.
Château La Clotte : issu d'un vignoble de 3,8 ha.
Château la Commanderie : issu d'un vignoble de 6 ha.
Château La Couspaude : issu d'un vignoble de 7 ha.
Château La Dominique : issu d'un vignoble de18 ha.
Château la Fleur Morange Mathilde : issu d'un vignoble de 3.5 ha
Château La Marzelle : issu d'un vignoble de 5 ha.
Château La Serre : issu d'un vignoble de 7 ha.
Château La Tour Figeac : issu d'un vignoble de 14,5 ha.
Château Laniote : issu d'un vignoble de 5 ha.
Château Larmande : issu d'un vignoble de 25 ha.
Château Laroque: Le Château fut édifié au 18ème siècle. Le vignoble de 58 ha qui est complanté de Merlot* (80 %), Cabernet franc* (15 %) et Cabernet-Sauvignon* (5 %) est un des plus vastes de l'appellation. Les vignes ont en moyenne 35 ans.

Château Laroze : issu d'un vignoble de 26 ha.
Château le Chatelet : issu d'un vignoble de 3,2 ha
Château Le Prieuré : issu d'un vignoble de 5,5 ha.
Château Les Grandes Murailles : issu d'un vignoble de 2 ha.

Château Monbousquet : issu d'un vignoble de 32 ha.
Château Moulin du Cadet : issu d'un vignoble de 5 ha.
Château Pavie Decesse : issu d'un vignoble de 10 ha.
Château Peby Faugères : issu d'un vignoble de 7,5 ha
Château Petit Faurie de Soutard : issu d'un vignoble de 8 ha.
Château Quinault l'Enclos : issu d'un vignoble de 20 ha
Château Ripeau : issu d'un vignoble de 15,5 ha.
Château Rochebelle : issu d'un vignoble de 3 ha
Château Saint-Georges Côte Pavie : issu d'un vignoble de 6 ha.
Château Sansonnet : issu d'un vignoble de 7 ha
Château Soutard : issu d'un vignoble de 22 ha.
Château Tertre Daugay : issu d'un vignoble de 16 ha.
Château Villemaurine : issu d'un vignoble de 7 ha.
Château Yon Figeac : issu d'un vignoble de 24 ha.
Clos de l'Oratoire : issu d'un vignoble de 10 ha.
Clos des Jacobins : issu d'un vignoble de 8 ha.
Clos la Madeleine : issu d'un vignoble de 2,2 ha
Clos Saint-Martin : issu d'un vignoble de 1,3 ha.
Couvent des jacobins : issu d'un vignoble de 9,7 ha.

Châteaux de Pomerol (sans classement officiel)

Château Pétrus (dénommé plus précisément "Pétrus"): Le vignoble de 11,5 ha. est complanté de Merlot* (95%) et Cabernet franc* (5%). Ce modeste château produit un des plus prestigieux vins du monde.
Château Beauregard: issu d'un vignoble de 17 ha.
Château Gazin: issu d'un vignoble de 24 ha.
Château L'Evangile: issu d'un vignoble de 14 ha.
Château La Conseillante: issu d'un vignoble de 12 ha.
Château Lafleur: issu d'un vignoble de 4,5 ha.
Château Latour à Pomerol: issu d'un vignoble de 8 ha.
Château Nénin: issu d'un vignoble de 28 ha.
Château Petit Village: issu d'un vignoble de 11 ha.
Château Trotanoy: issu d'un vignoble de 8,5 ha.
Vieux Château Certan: issu d'un vignoble de 14 ha.

■ CHÂTELAINE

Vegetable garnish | La composition de cette garniture* varie selon les pièces qu'elle accompagne. Retenons que la composition la plus classique est constituée de fonds d'artichauts* garnis d'une purée d'oignon, de marrons* et de pommes noisettes*.

■ CHÂTELDON

French mineral water | Eau minérale naturelle* gazeuse captée à Châteldon dans le Puy-de-Dôme.
Catégorie: riche en sels minéraux.
Cette eau affiche une légère radioactivité de l'ordre de 2,77 becquerels.

Composition physico-chimique (en mg/l)	
Cations	Anions
Calcium: 420 Sodium: 245 Magnésium: 51 Potassium: 43	Bicarbonates: 1999 Sulfates: 18 Chlorures: 6 Nitrates: 1
Fluor: 1,5	Silice: 100
pH à 20 °C: 6	Minéralisation totale: 1 845 mg/l

■ CHÂTILLON-EN-DIOIS

French wine | Vins* rouges, rosés et blancs produits dans la Vallée du Rhône, A.O.C.* depuis 1975 et reconnus A.O.P.* dans le cadre de l'U.E.
Aire de production : Châtillon-en-Diois et 12 autres communes de la Drôme situées au sud-est de Valence *(1)*.
Superficie du vignoble : 67 ha.
Encépagement autorisé* pour l'appellation : Gamay*, Pinot noir*, Syrah*, Aligoté* et Chardonnay*.
Rendement à l'hectare* : 50 hl.

(1) L'aire de production des vins rouges et rosés est limitée à 2 communes : Châtillon-en-Diois et Menglon.

■ CHAUD-FROID

HOT-COLD | Apprêt culinaire préparé à chaud et servi froid. Les morceaux de viande, volaille ou poisson cuits et refroidis sont nappés de sauce chaud-froid *(1)* et lustrés d'une fine couche de gelée*.

(1) Velouté ou fond de sauce* réduit additionné de gelée.*

■ CHAUDIN

CHITTERLING | En charcuterie, dénomination du gros intestin du porc*. Le chaudin est employé comme boyau d'enveloppe ou comme élément de composition des andouilles* et andouillettes*.

■ CHAUDRÉE

CHOWDER | Spécialité culinaire du littoral vendéen et charentais qui se présente sous forme de soupe* de poissons cuisinée au Muscadet*.

■ CHAUMONT

French cheese | Fromage* de lait* de vache fabriqué en Champagne. Il tire son nom de la préfecture de Haute-Marne située dans sa zone de production.
Type: pâte molle à croûte lavée.
Forme: cône tronqué.
Taille: 8 cm de diamètre de base, 5 cm d'épaisseur.
Poids: 200 g.
Teneur en M.G.: 45%.
Meilleures saisons: été, automne.

■ CHAUSSON

French pastry | Pâtisserie constituée d'un rond de pâte feuilletée* garni de compote ou de marmelade et replié en demi-cercle avant cuisson.

■ CHAVIGNOL

French cheese | *Voir* Crottin de Chavignol*.

■ CHAYOTTE ou CHAYOTE

CHAYOTE | Légume exotique originaire du Mexique. La chayotte a la forme d'une poire de 7 à 20 cm de long avec des côtes irrégulières plus ou moins profondes. Sa peau verte ou blanc-ivoire renferme une pulpe douce qui se consomme le plus souvent cuite, en purée.

Source : Adobe Stock

■ CHEDDAR

British cheese | Fromage* de lait* de vache fabriqué en Grande-Bretagne. Il tire son nom d'une vallée située dans le Comté de Somerset d'où il est originaire. Le cheddar, copié dans de nombreux pays, est reconnu A.O.P.* dans le cadre de l'U.E. sous l'appellation West Country Farmhouse Cheddar.

Type: pâte pressée non cuite, croûte naturelle entoilée ou cirée.

Forme: haut cylindre.

Taille: 35 à 40 cm de diamètre, 35 à 40 cm de hauteur.

Poids: 35 à 40 kg.

Teneur en M.G.: 50%.

Qualité identique toute l'année.

■ CHÉNAS

French wine | Vins* rouges produits dans le Beaujolais, A.O.C.* depuis 1936 et reconnus A.O.P.* dans le cadre de l'U.E. La mention "Cru du Beaujolais" peut figurer sur l'étiquetage. L'appellation compte 2 climats* : *Les Bruneaux* et *Le Clos des Blémonts*.

Aire de production : communes de Chénas (Rhône) et La Chapelle-de-Guinchay (Saône-et-Loire), situées au sud-ouest de Mâcon.

Superficie du vignoble : 250 ha.

Encépagement autorisé* pour l'appellation : Gamay*, Aligoté*, Chardonnay*, Melon de Bourgogne *.

Rendement à l'hectare* : 56 hl.

■ CHENIN BLANC

Grape variety | Cépage* blanc originaire de la Vallée de la Loire et très cultivé dans cette région sur environ 10 000 ha *(1)*. Il est à l'origine des A.O.C.* Coteaux du Layon*, Quarts de Chaume*, Bonnezeaux*, Coteaux de l'Aubance*, Savennières*, Vouvray*, Montlouis-sur-Loire*, etc. On le trouve également en Afrique du Sud, au Chili, en Argentine, en Californie, en Australie, etc.

Vins* produits: blancs secs, demi-secs, moelleux ou effervescents selon les terroirs, les conditions de culture et les méthodes de vinification*. Les vins tranquilles possèdent généralement une structure aromatique assez complexe (noisette*, miel*, coing*, amande* grillée, tilleul*, vanille*) et un bon potentiel de garde.

(1) Le Chenin blanc est également dénommé "Pineau de la Loire".

■ CHÉRIMOLE ou CHERIMOYA

CHERIMOYA | Variété d'anone* voisine du corossol* originaire de la Cordillière des Andes. La chérimole a la forme d'un cœur constitué d'un ensemble de baies vertes soudées. Sa pulpe blanche et crémeuse est très parfumée.

■ CHERRY BRANDY

Liqueur | Liqueur* élaborée à partir de cerises* macérées dans de l'eau-de-vie*. Le cherry brandy titre généralement 25°.

Les bonnes marques, telles que Rocher, utilisent de l'eau-de-vie de vin* pour fabriquer leurs produits. D'autres produisent leurs cherries en utilisant tout simplement de l'eau-de-vie neutre.

■ CHERRY PETER HEERING

Liqueur | Liqueur* danoise élaborée à partir de cerises* foncées de petite taille. Ce spiritueux*, qui titre 24,7°, est considéré comme une des meilleures liqueurs de cerise au monde. Il est produit depuis 1818 et commercialisé dans plus de 100 pays.

■ CHESTER (ou CHESHIRE)

British cheese | Fromage* de lait* de vache fabriqué en Grande-Bretagne. Il tire son nom de la capitale du Comté de Cheshire d'où il est originaire.

Type: pâte pressée non cuite généralement colorée en roug e *(1)*, croûte naturelle cireuse entoilée.

Forme: haut cylindre.

Taille: 35 cm de diamètre, 40 cm de hauteur.

Poids: 35 à 40 kg.

Teneur en M.G.: 45%.

Qualité identique toute l'année.

(1) Il peut se trouver également avec une pâte non colorée ou bleu veiné.

■ CHEVAL

HORSE | Animal de la famille des équidés. Élevé pendant des millénaires pour le transport et les

travaux agricoles *(1)*, le cheval se raréfie dans beaucoup de pays *(2)*. 85% de la viande hippophagique consommée actuellement en France est importée, notamment d'Europe centrale.
La viande de cheval, qui s'apprête généralement comme celle du bœuf*, possède un goût et une odeur plus marqués que celle de ce bovin*. Contrairement à cette dernière, elle n'est jamais contaminée par la tuberculose et le ténia. Elle s'altère cependant facilement et doit donc être consommée rapidement. Tendre, goûteuse, pauvre en lipides, aussi intéressante du point de vue gastronomique que du point de vue nutritif, elle n'a pourtant qu'une place marginale dans notre alimentation. Pour beaucoup d'entre-nous, le cheval demeure un animal de légende, compagnon de l'homme dans l'art équestre et dont la consommation n'est pas vraiment entrée dans nos habitudes.

(1) Une réglementation a interdit la consommation de viande de cheval jusqu'en 1811.
(2) La France comptait 3 millions de chevaux en 1914 alors que la population équine actuelle atteint à peine 500 000 têtes.

■ CHEVALIER-MONTRACHET

French wine | Vin* blanc produit en Bourgogne*, Grand Cru bénéficiant d'une A.O.C.* depuis 1937 et reconnu A.O.P.* dans le cadre de l'U.E.
Aire de production : parcelles délimitées des lieux-dits «Chevalier-Montrachet» et «le Cailleret» sur la commune de Puligny-Montrachet en Côte-d'Or, d'une superficie totale de 7,47 ha.
Encépagement autorisé pour l'appellation : Chardonnay*.
Rendement à l'hectare* : 48 hl.

Source : Bouchard Père et Fils

■ CHEVERNY

French wine | Vins* rouges, rosés et blancs produits dans la Vallée de la Loire, A.O.C.* depuis 1993 et reconnus A.O.P.* dans le cadre de l'U.E. La mention "Val de Loire" peut être éventuellement adjointe à l'appellation.
Aire de production : 25 communes du Loir-et-Cher, dont Cheverny, situées au sud de Blois.
Superficie du vignoble : 575 ha.
Encépagement autorisé* pour l'appellation : Gamay*, Pinot noir*, Cabernet franc*, Cot*, Sauvignon*, Chardonnay*, Chenin* et Arbois*.
Rendement à l'hectare* : 55 hl pour les vins rouges et rosés et 60 hl pour les vins blancs.

Source : Photo BG
Vignoble de Cheverny

■ CHEVEUX D'ANGE

ANGEL'S HAIR (pasta) | Variété très fine de vermicelle* qui entre dans les consommés* ou les potages*.

■ CHEVREAU

Goat kid | Petit de la chèvre et du bouc dont la chair tendre et assez fade se prépare surtout rôtie et bien condimentée. Le chevreau, appelé aussi *cabri* ou *bicot*, est un jeune mâle âgé de 4 semaines à 4 mois que l'on trouve pendant une période limitée qui va de la mi-mars au début mai.

■ CHEVRET

French cheese | Fromage* de lait* de chèvre fabriqué en Franche-Comté. Il doit son nom à l'animal produisant le lait de fabrication.
Type: pâte molle, croûte naturelle.
Forme: carré, rectangle ou petit disque plat.
Taille: variable selon la forme.
Poids: 150 g en moyenne.
Teneur en M.G.: 45% environ.
Meilleures saisons: été, automne.

■ CHEVRETTE

FEMALE ROE DEER | *Voir* Chevreuil*.

■ CHEVREUIL (animal)

ROE DEER (animal) | Cervidé dont la chasse et la commercialisation sont réglementées. Son poids oscille entre 20 et 25 kg pour le mâle et 15 à 20 kg pour la femelle. Selon le sexe et l'âge, il faut distinguer : *la chevrette* (femelle), *le faon* (petit chevreuil), *le chevrillard* (jusqu'à 18 mois) et *le brocard* (mâle adulte).
Le chevreuil trouve sensiblement les mêmes apprêts culinaires que le cerf*.

Source : BIVB/image et associés

Noisettes de chevreuil sauce poivrade

■ CHEVREUIL (sauce)

VENISON (sauce) | Sauce* réalisée à partir d'une mirepoix* mouillée au vin* rouge et réduite, additionnée d'une sauce poivrade* et passée à l'étamine.

■ CHEVRIER

Grape variety | Autre dénomination du cépage Sémillon* en Dordogne.

■ CHEVRILLARD

YOUNG ROE DEER | *Voir* Chevreuil*.

■ CHEVROTIN

French cheese | Fromage* de lait* de chèvre élaboré sur 39 communes de Savoie et 115 communes de Haute-Savoie. A.O.C.* depuis 2002 et reconnu A.O.P.* dans le cadre européen. Il doit son nom à l'animal produisant le lait de fabrication.
Elaboré uniquement à la ferme, le Chevrotin est authentifié par une petite plaque de caséine, comportant le nom du fromage, incrustée dans la croûte.
Type: pâte molle légèrement pressée, croûte naturelle lavée.
Forme: petit disque épais.
Taille: 9 à 12 cm de diamètre, 3 à 4,5 cm d'épaisseur.
Poids: 250 à 350 g.
Teneur en M.G: 45% au minium.
Meilleures saisons: été, automne.

■ CHIANTI

Italian wine | Vins* rouges italiens produits en Toscane. Essentiellement issus de cépage* Sangiovese, ils se présentent sous différentes dénominations selon leur terroir d'origine et leur qualité :

- ***Chianti Classico*** : considéré comme le meilleur des chiantis, il est récolté sur un territoire situé entre Florence et Sienne.
- ***Chianti Rufina*** : nord-est de Florence
- ***Chianti Montalbano*** : ouest de Florence
- ***Chianti Colli Fiorentini*** : autour de la zone de production du Classico
- ***Chianti Colli Pisani*** : collines de Pise
- ***Chianti Colli Senesi*** : collines de Sienne
- ***Chianti Colli Aretini*** : collines d'Arezo.

La D.O.C.G.* "Chianti" accordée en 1984 est réservée aux vins produits dans des zones délimitées situées dans les provinces de Florence, Pise, Pistoia, Sienne et Arezo.

■ CHICORÉE

CHICORY | Plante potagère issue de la chicorée sauvage que l'on trouve sous 2 espèces:

- ***Les Chicorées à grosses racines***: cette espèce est cultivée pour la racine qui, après torréfaction, donne un produit employé comme succédané de café*.
- ***Les Chicorées à feuillage*** parmi lesquelles on trouve:
- ***L'Endive*** qui est le résultat du forçage d'une racine de chicorée dans l'obscurité. Nous devons ce légume à un jardinier belge, M. Breziers, qui expérimenta le procédé vers 1850. La variété *Witloof* est la plus répandue. *La Carmine* est un hybride issu d'un croisement entre une endive et une chicorée rouge.
- ***La Chicorée sauvage*** dont la variété la plus connue est *la Barbe-de-capucin.*
- ***La Chicorée frisée*** qui se caractérise par des feuilles frisées, jaunes au centre et vertes à l'extérieur (*Pancalière, Wallone, Ruffec...).*
- ***La Chicorée scarole*** qui ressemble à la précédente avec des feuilles plus larges et moins découpées (*Grosse bouclée, Grosse Maraîchère...).*
- ***La Chicorée rouge*** avec des feuilles rouges charnues, fermes et un goût un peu amer (*Trévise, Vérone, Chioggia...*).
- ***La Chicorée pain-de-sucre*** qui a des feuilles jaune-vertes en forme de pain-de-sucre.

Les chicorées se consomment plutôt crues, en salades, agrémentées ou non de lardons et de croûtons, alors que l'endive se prépare crue ou cuite (braisée, au jambon*, en effeuillée, etc.).

■ CHIEN DE MER

DOGFISH | *Voir* Roussette* (poisson).

■ CHIFFONNADE

CHIFFONNADE | Feuilles de laitue*, d'oseille* d'épinard* ciselées en lanières. Une chiffonnade est utilisée crue comme élément de décor ou fondue au beurre*.

■ CHILI CON CARNE

CHILI CON CARNE | Spécialité texane inspirée d'un plat mexicain. Il s'agit d'un ragoût* de bœuf* condimenté aux piments* et garni de haricots* rouges.

■ CHINCHARD

JACK MACKEREL | Poisson de mer appartenant à la famille des carangidés. Le chinchard, caractérisé par un dos bleuâtre et un ventre argenté, mesure de 30 à 40 cm. Il s'apprête généralement comme le maquereau*.

■ CHINON

Source : Domaine Couly-Dutheil

French wine | Vins* rouges, rosés et blancs produits dans la Vallée de la Loire, A.O.C.* depuis 1937 et reconnus A.O.P.* dans le cadre de l'U.E. La mention "Val de Loire" peut être éventuellement adjointe à l'appellation.
Aire de production : 26 communes d'Indre-et-Loire, dont Chinon, situées à l'ouest de Tours.
Superficie du vignoble : 2 400 ha.
Encépagement autorisé* pour l'appellation : Cabernet franc*, Cabernet-Sauvignon* et Chenin blanc*.
Rendement à l'hectare* : 55 hl.

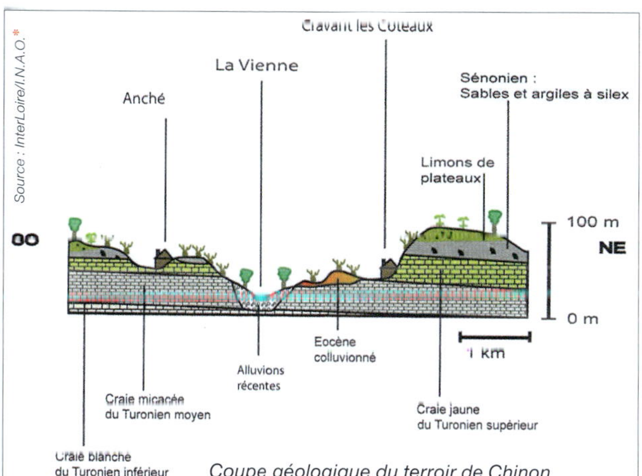

Coupe géologique du terroir de Chinon

Source : InterLoire/I.N.A.O.*

■ CHIPIRON

Small squid | Autre dénomination du calamar* au Pays Basque.

■ CHIPOLATA

CHIPOLATA | Petite saucisse* longue et mince fabriquée avec de la chair à saucisse* traditionnelle.

■ CHIROUBLES

French wine | Vins* rouges produits dans le Beaujolais, A.O.C.* depuis 1936 et reconnus A.O.P.* dans le cadre de l'U.E. La mention "Cru du Beaujolais" peut figurer sur l'étiquetage. L'appellation compte 2 climats* : ***La Grosse Pierre*** et ***Les Côtes***.
Aire de production : commune de Chiroubles, située au nord-ouest de Villefranche-sur-Saône.
Superficie du vignoble : 325 ha.
Encépagement autorisé* pour l'appellation : Gamay*, Aligoté*, Chardonnay*, Melon de Bourgogne *.
Rendement à l'hectare* : 56 hl.

■ CHOCART

Regional pastry | Chausson* en pâte feuilletée garni d'une marmelade de pomme* additionnée de zestes* de citron*. Cette pâtisserie est une spécialité d'Yffiniac, localité des Côtes-d'Armor.

■ CHOCOLAT

CHOCOLATE | Produit obtenu par mélange de pâte de cacao et de sucre*, éventuellement additionné de lait*, d'arômes et ingrédients divers. La pâte de cacao est élaborée à partir de fèves *(1)* issues de la cabosse, fruit du cacaoyer.
Comme le café* et le thé*, le chocolat a une longue histoire. Au 12ème siècle, le cacaoyer est déjà cultivé par les Aztèques. Au 16ème siècle, les explorateurs et conquistadors découvrent le cacao et le font connaître en Europe. En 1615, Anne d'Autriche, épouse de Louis XIII, fait la propagande du cacao à la Cour de France. Aujourd'hui, le français consomme annuellement 6,8 kg de chocolat sous différentes formes.
La culture du cacao, c'est 4,55 millions de tonnes de fèves produites chaque année, avec la Côte-d'Ivoire comme 1er producteur.
On distingue 3 espèces de cacaoyers :
Le Forastero est originaire d'Amazonie et représente 75 à 80% de la production

mondiale. Il est cultivé en Amérique centrale, en Amérique latine, dans l'Ouest africain...
Le Criolo est originaire du Venezuela. Plus rare (environ 1% de la production mondiale), il est cultivé au Mexique, au Venezuela, au Nicaragua, aux Caraïbes, en Colombie...
Le Trinitario, hybride des 2 précédents, représentant environ 20% de la production mondiale, il est cultivé en Amérique Centrale, en Amérique du Sud, aux Caraïbes, en Indonésie...
Le chocolat est présenté au consommateur sous plusieurs versions avec une teneur minimum en cacao obligatoirement indiquée sur l'emballage :

- CHOCOLAT et CHOCOLAT NOIR : au moins 35% de cacao.
- CHOCOLAT NOIR avec les dénominations "dessert", "amer", "bitter", "noir", "pâtissier", "dégustation", etc. : au moins 43% de cacao.
- CHOCOLAT AU LAIT : au moins 25% de cacao (30% pour les chocolats avec les qualificatifs *"dégustation", "extra-fin"* ou *"supérieur"*).

LE CHOCOLAT BLANC est élaboré uniquement avec du beurre de cacao (au moins 20%), du sucre et du lait.
LE CACAO EN POUDRE est obtenu par pulvérisation du tourteau *(1)*

(1) Ces fèves sont mises à fermenter, lavées, séchées, torréfiées et broyées à chaud. En fin de broyage on obtient la pâte de cacao. De cette pâte, on peut extraire, par forte pression, du "beurre de cacao" (partie grasse) et du tourteau.

Source : Adobe Stock

Fèves de cacao

■ CHOCOLAT (boisson)

CHOCOLATE (beverage) | Boisson obtenue en délayant du cacao* en poudre ou en faisant fondre du chocolat* dans du lait*.

■ CHOCOLATINE

CHOCOLATE CROISSANT | Autre dénomination du pain au chocolat*.

■ CHOISY

Vegetable garnish | Garniture* composée de laitues* braisées et de pommes château*.
Elle doit son nom à Choisy-le-Roi, localité du Val-de-Marne, dont les laitues étaient réputées au 18ème siècle.

■ CHOREY-LÈS-BEAUNE

French wine | Vins* rouges et blancs produits en Bourgogne*, A.O.C.* depuis 1937 et reconnus A.O.P.* dans le cadre de l'U.E.
Aire de production : commune de Chorey-lès-Beaune, située au nord-est de Beaune en Côte-d'Or.
Superficie du vignoble : 133 ha (dont 124 ha en vins rouges et 9 ha en vins blancs).
Encépagement autorisé* pour l'appellation : Pinot noir*, Chardonnay*, Pinot gris* et Pinot blanc*.
Rendement à l'hectare* : 50 hl pour les vins rouges et 57 hl pour les vins blancs.

■ CHORIZO

CHORIZO | Saucisse* sèche espagnole au goût relevé à cause du piment* rouge qui entre dans sa composition.

■ CHORON (garniture)

Vegetable garnish | Garniture* composée de fonds d'artichauts* garnis de petits pois* ou de pointes d'asperges* et de pommes noisettes*.

■ CHORON (sauce)

Sauce | Sauce béarnaise* tomatée.
Comme la garniture du même nom, cette sauce doit sa dénomination au cuisinier Alexandre Etienne Choron qui exerça à Paris à la fin du 19ème siècle.

■ CHOU (pâtisserie)

Pastry | Pâtisserie soufflée de forme sphérique et de taille variable réalisée à partir d'une pâte à choux*.
Le chou est presque toujours consommé garni (crème pâtissière*, crème chantilly*, glace*, etc.)

■ CHOU BROCOLI

BROCOLI | Type de chou originaire d'Italie dont la partie comestible est constituée par les pousses florales charnues. Le chou brocoli se cuit à l'eau ou à la vapeur pour être servi accompagné de sauce vinaigrette* ou être préparé en purée ou en gratin.
Principales variétés: *Calabrais, Pomme à jets verts...*

■ CHOU CHINOIS

NAPA CABBAGE or CHINESE CABBAGE | Chou à feuilles dont les différentes variétés ressemblent à la laitue* romaine ou à la bette*. Parmi ces variétés, les plus connues sont *le Pak-choï, le Pé-tsaï* et le *Gai-lon*.

■ CHOU DE BRUXELLES

BRUSSELS SPROUTS | Type de chou qui possède de nombreux bourgeons pommés de 2 à 4 cm de diamètre situés sur la tige, à l'aisselle de chaque feuille. Le chou de Bruxelles se consomme le plus souvent poché et sauté au beurre*.
Principales variétés : *Citadel, Topscore, Peer Gynt, Lancelot, Fortress...*

Source : Adobe Stock

■ CHOU-FLEUR

CAULIFLOWER | Type de chou présentant une énorme inflorescence blanche *(1)* qui constitue la partie comestible. Cette spécialité maraîchère bretonne est un légume très apprécié dans le domaine culinaire. Il est préparé cru (à la croque au sel*) ou cuit (en gratin, en purée, en potage*...).
Principales variétés : *Hâtif d'Angers, Merveille de toutes saisons, Géant d'automne, Snow crown...*

(1) Il existe également une variété de chou fleur à inflorescence violette.

■ CHOU MINARET

MINARET' ROMANESCO BROCCOLI | Autre dénomination du chou Romanesco*.

■ CHOU POMMÉ

HEAD CABBAGE | Type de chou qui se présente sous forme de grosse boule compacte constituée de feuilles très serrées imbriquées les unes dans les autres. *Le Chou cabus* (blanc ou rouge), *le Chou de Milan* (à feuilles vertes avec des nervures saillantes) et *le Chou à choucroute** (variété de gros cabus blanc) sont des choux pommés.

■ CHOU-RAVE

KOHLRABI | Type de chou dont la partie comestible est constituée par un renflement sphérique à la base des tiges. Il existe plusieurs variétés dont les boules sont blanches, verdâtres, rouges ou violacées.

■ CHOU ROMANESCO

ROMANESCO BROCCOLI | Chou constitué de petites inflorescences coniques vertes. Cultivé à l'origine en Italie, dans la région de Rome (d'où son nom), sa production s'est développée en France où on le trouve parfois sous le nom de *Chou Minaret*.

■ CHOUCHEN ou CHOUCHENN

MEAD | Dénomination bretonne d'une boisson semblable à l'hydromel*. Cependant, certaines fabrications traditionnelles peuvent intégrer du jus de pomme* ou du cidre* à l'eau* et au miel* en début de fermentation.

■ CHOUCROUTE

SAUERKRAUT | Spécialité culinaire alsacienne à base de chou* émincé et fermenté. La choucroute est garnie de poitrine de porc* fumée, jarret*, jambonneau*, saucisses* diverses, saucisson* à l'ail... et de pommes de terre*.

■ CHOUM

Liqueur | Eau-de-vie* asiatique obtenue par distillation de riz* fermenté.

■ CHOUQUETTE

French pastry | Chou* non fourré parsemé de grains de sucre*.

Source : Adobe Stock

■ CHRISTMAS-PUDDING

CHRISTMAS PUDDING | Appelé aussi "plum-pudding", ce gâteau traditionnel de tout repas de Noël britannique se caractérise par l'emploi de graisse de rognons* de bœuf* ou de veau* dans sa réalisation. Dans la recette figurent également de la farine*, de la chapelure*, des amandes*, des fruits confits*, des raisins* de Corinthe, des pruneaux*, etc.
Préparé plusieurs semaines à l'avance, le Christmas-pudding est servi réchauffé, décoré d'une branche de houx et flambé (au rhum*, au whisky* ou au cognac*).

■ CHUTNEY

CHUTNEY | Condiment* aigre-doux ayant l'aspect d'une confiture*. Il est réalisé avec un mélange de fruits ou légumes cuit avec du sucre*, du vinaigre* et différents éléments aromatiques.

■ CIBOULE

SCALLION (spring onion) | Plante très proche de la cive* et de la ciboulette*.

■ CIBOULETTE

CHIVE | Plante aromatique originaire de Chine dont on consomme les tiges fines et creuses. La ciboulette est ciselée avant d'être incorporée à des salades, sauces, fromages* frais, omelettes*, etc.

■ CIDRE

CIDER | Boisson légèrement gazeuse issue de la fermentation alcoolique* de jus de pommes* (dans certains cas, une faible quantité de poires* est mêlée aux pommes). Les régions cidricoles les plus importantes sont la Normandie et la Bretagne. 3 cidres bénéficient d'une A.O.C.* : ***Pays d'Auge****, ***Cotentin**** et ***Cornouaille****.

Les vergers sont complantés d'une multitude de variétés de pommiers. Les pommes récoltées sont classées en 4 catégories : "amères", "douces-amères", "douces" et "acidulées". La qualité d'un cidre est largement conditionnée par l'assemblage des différents types de pommes.

L'élaboration d'un cidre s'articule autour des étapes suivantes :

La récolte des pommes qui va du 15 septembre au début décembre selon la variété de pommier.

La conservation en tas en attendant la maturité de brassage.

Le triage et le lavage des pommes.

Le broyage et *le pressurage.*

La défécation, phase pendant laquelle le moût se clarifie.

La fermentation en cuves ou en tonneaux. Fermentation pendant laquelle une partie du sucre* se transforme en alcool* et en gaz carbonique.

La mise en bouteilles. Elle précède une deuxième fermentation qui apportera un complément d'effervescence au cidre.

Les cidres sont couramment classés en fonction de leur richesse alcoolique et leur teneur en sucre résiduel :

- ***Doux*** : 1,5 à 3 % d'alcool et plus de 35 g/l de sucre résiduel
- ***Demi-sec*** : 3 à 4 % d'alcool et de 28 à 35 g/l de sucre résiduel
- ***Brut*** : au moins 4 % d'alcool et moins de 28 g/l de sucre résiduel.

■ CIDRE DE GLACE

ICE CIDER | Cidre* produit au Québec dont la fabrication s'inspire de celle du vin de glace*.

■ CIGALE DE MER

SLIPPER LOBSTER | Crustacé marin proche de la langouste* pêché sur les fonds rocheux méditerranéens. Sa chair fine trouve les mêmes destinations culinaires que le homard* ou la langouste. Il émet un bruit particulier semblable à la stridulation de la cigale, ce qui explique l'origine de son nom.

■ CIGARE

CIGAR | Au restaurant, le "service du cigare" s'adressait le plus souvent à des connaisseurs qui souhaitaient terminer un repas en fumant un cigare de qualité. Le décret de novembre 2006 officialisant l'interdiction de fumer dans les lieux publics a considérablement modifié les pratiques antérieures. Aujourd'hui, il est possible de fumer un cigare uniquement à la terrasse ou dans un fumoir spécialement aménagé, sans intervention du personnel de service *(1).*

Les cigares sont présentés dans un élégant coffret (ou "cave") conçu pour un stockage où sont maintenues une température de 18 °C et une hygrométrie proche de 70%.

Le cigare choisi par le client est d'abord incisé à l'aide de ciseaux spéciaux ou d'une "guillotine". La qualité de l'incision détermine la qualité du tirage, la perception des arômes et la régularité de la combustion.

Pour allumer un cigare, il faut maintenir la flamme d'une grande allumette à 1 cm au dessous du pied et le faire tourner régulièrement jusqu'à ce que le foyer s'allume sur toute sa circonférence.

Afin de mieux comprendre le langage des fumeurs de cigares, notons la signification de quelques mots clés:

- *Bague*: petit anneau de papier qui enserre le cigare. C'est un élément d'ornement et d'identification.
- *Cape*: feuille de tabac qui constitue l'enveloppe extérieure du cigare.
- *Sous-cape*: sous-enveloppe située entre la cape et la tripe.
- *Tripe*: tabac(s) constituant l'intérieur du cigare.
- *Tête*: extrémité du cigare portée à la bouche.
- *Pied:* Extrémité opposée à la tête où se pratique l'allumage.

- *Guillotine*: petit ustensile utilisé pour inciser la tête du cigare.
- *Vitophile*: collectionneur de bagues de cigares.

(1) Voir les détails de la réglementation à Tabac. L'évocation du service du cigare dans cet ouvrage vise simplement à décrire une pratique traditionnelle en restauration. Il faut évidemment rappeler que l'usage du tabac nuit gravement à la santé des fumeurs et à celle de leur entourage.*

■ CIGARETTE RUSSE

Petit four | Petit four sec réalisé à partir d'un appareil* à langues-de-chat* roulé en forme de grosse cigarette.

■ CIMIER

Beef cut | Désignation de la partie postérieure d'un bœuf* ou de certains gros gibiers comme le cerf*.

■ CINQ BAIES

FIVE PEPPERCORN MIX | Mélange associant poivre* noir, poivre blanc, poivre rose, poivre vert et poivre de Jamaïque (appelé également Piment de la Jamaïque). De création récente (années 1980), le cinq baies trouve - avec plus de subtilité - les mêmes usages que le poivre classique.

■ CINQ ÉPICES

FIVE SPICE POWDER | Mélange aromatique en poudre d'origine asiatique généralement composé de badiane*, fenouil*, cannelle*, clou de girofle* et poivre* de Sichuan. Le cinq épices est employé pour aromatiser de nombreuses préparations : potages*, bouillons, marinades*, porc*, volailles, poissons, crustacés, riz*, etc.

■ CINSAULT

Grape variety | Cépage* noir originaire du Sud-Est.
Aires de culture : en Languedoc-Roussillon (Banyuls*, Collioure*, etc.), Vallée du Rhône (Châteauneuf-du-Pape*, Tavel*, etc.), Provence (Bandol*, Bellet*, Côtes de Provence*, etc.), Corse (Vin de Corse*, Ajaccio*). Ce cépage est également planté en Italie, Afrique du Sud, Afrique du Nord (Maroc, Algérie), Californie, Australie, etc. En France, il couvre environ 18 000 ha.
Vins* produits : rouges colorés, souples, avec un bouquet agréable qui se développe au vieillissement. Le Cinsault génère aussi d'excellents rosés.

■ CINZANO

Italian vermouth | Marque commerciale de vermouths* italiens. Son origine remonte à 1757, époque où les frères Cinzano reçoivent la licence pour fabriquer des eaux-de-vie* et des liqueurs* dans la région de Turin. C'est beaucoup plus tard que ce nom est réellement associé aux vermouths. La gamme Cinzano comprend aujourd'hui plusieurs produits:

- ***Le Rosso*** (rouge, élaboré à partir d'une trentaine de plantes aromatiques).
- ***Le Blanco*** (blanc, aux parfums d'agrumes et de vanille).
- ***L'Arancio*** (robe dorée, aux parfums de caramel et d'oranges confites).

■ CITÉ DE CARCASSONNE

French wine region | *Voir* Vins I.G.P.*.

■ CÎTEAUX ou ABBAYE DE CÎTEAUX

French cheese | Fromage* de lait* de vache fabriqué en Côte-d'Or. Il doit son nom à l'abbaye où les moines continuent sa production.
Type: pâte pressée non cuite, croûte lavée.
Forme: disque épais.
Taille: 18 cm de diamètre, 4 cm d'épaisseur.
Poids: 700 g à 1 kg.
Teneur en M.G.: 45%.
Meilleures saisons: été, automne.

Source : Photo BG

Abbaye de Citeaux où sont fabriqués les fromages depuis 1925.

■ CITRON

LEMON | Agrume* originaire du Cachemire. Actuellement, il est produit dans plusieurs pays du bassin méditerranéen et aux Etats-Unis. En France, bien que la culture soit très réduite, Menton est encore considéré comme le pays du citron.
Beaucoup employé dans le domaine culinaire ainsi que dans la préparation de nombreuses boissons, le citron est aussi prisé pour ses vertus médicinales.
Principales variétés: *Eureka, Verdelli, Verna, Speciali, Primofiore...*
À noter que "Citron vert" est la dénomination commerciale courante de la lime*.

■ CITRONNELLE

LEMONGRASS | Autre dénomination de la mélisse*.

■ CITROUILLE

PUMPKIN | Cucurbitacée* voisine du potiron* et qui trouve sensiblement les mêmes emplois culinaires.

■ CIVE

GREEN ONION | Plante à petit bulbe proche de la ciboulette*, mais avec des pousses tubulées plus grosses.

■ CIVELLE

ELVER (eel) | *Voir* Anguille*.

■ CIVET

STEW | Apprêt culinaire se présentant sous forme de ragoût* de gibier (lièvre*, lapin de garenne*, sanglier*, chevreuil*, etc.) cuisiné au vin* rouge et dont la liaison finale de la sauce* se fait avec le sang de l'animal.

■ CLACQUESIN

Source : Doc Clacquesin

French bitters | Bitter* *(1)* français créé au 18ème siècle par Paul Clacquesin, pharmacien à Malakoff *(2)*.

Cet amer de couleur brune, qui titre 18°, est élaboré à partir de bourgeons de pin, d'épices* et de plantes aromatiques diverses. Le Clacquesin se consomme frais, pur ou additionné d'eau. Il peut aussi être préparé en grog avec de l'eau bouillante.

(1) Le Clacquesin est parfois classé dans la famille des liqueurs.*

(2) La fabrique de spiritueux avait été créée en 1775.

■ CLAFOUTIS

French dessert | Gâteau d'origine limousine généralement préparé avec un appareil* contenant des cerises* noires non dénoyautées.

Source : Adobe Stock

■ CLAIRET

French wine | Vin* rouge léger et peu coloré.

■ CLAIRETTE

Grape variety | Cépage* blanc *(1)* d'origine provençale.

Aires de culture : en Vallée du Rhône (Clairette de Die*, Châteauneuf-du-Pape*, Tavel*, etc.) en Languedoc (Clairette du Languedoc*, Clairette de Bellegarde*, etc.), en Provence (Bellet*, Bandol*, Côtes de Provence* etc.), dans le Sud-Ouest (Saint-Mont*). On rencontre également la Clairette dans certains vignobles étrangers, notamment en Afrique du Sud, en Algérie et au Maroc, en Australie, en Sardaigne, en Californie et en Uruguay.

Vins* produits : blancs alcoolisés et aromatiques, V.D.L.* et vins effervescents selon les régions, les types de culture et les modes de vinification.

(1) Il existe aussi une Clairette rose dont la culture est très limitée.

■ CLAIRETTE DE BELLEGARDE

French wine | Vins* blancs produits en Languedoc-Roussillon, A.O.C.* depuis 1949 et reconnus A.O.P.* dans le cadre de l'U.E.

Aire de production : commune de Bellegarde, située au sud-est de Nîmes.

Superficie du vignoble : 40 ha.

Encépagement autorisé pour l'appellation : Clairette*.

Rendement à l'hectare* : 60 hl.

■ CLAIRETTE DE DIE

French wine | Vins* blancs effervescents produits dans la Vallée du Rhône, A.O.C.* depuis le 1942 et reconnus A.O.P.* dans le cadre de l'U.E.

Aire de production : 31 communes de la Drôme, dont Die, situées au nord-est de Valence.

Superficie du vignoble : 1 600 ha.

Encépagement autorisé pour l'appellation : Clairette*.

Rendement à l'hectare* : 60 hl.

■ CLAIRETTE DE DIE MÉTHODE ANCESTRALE

French wine | Vins* blancs et rosés effervescents produits dans la Vallée du Rhône selon une méthode traditionnelle locale *(1)*, A.O.C.* depuis 1942 et reconnus A.O.P.* dans le cadre de l'U.E.

Aire de production : identique à la Clairette de Die*.

Superficie du vignoble : 1 200 ha.

Encépagement autorisé* pour l'appellation : Clairette*, Muscat* à petits grains, Clairette rose, Muscat à petits grains rouge, Gamay*.

Rendement à l'hectare* : 60 hl.

(1) Cette méthode permet d'élaborer des vins mousseux à partir d'un moût partiellement fermenté et contenant au moment de la mise en bouteille une teneur minimale en sucre de 55 g/litre. La fermentation se poursuit - sans "liqueur de tirage" - pendant au moins 4 mois et aboutit à l'obtention de vins qui contiennent au moins 35 g de sucre résiduel par litre. Le dépôt est ensuite éliminé mais il n'y a pas adjonction de «liqueur d'expédition*».*

■ CLAIRETTE DU LANGUEDOC

French wine | Vins* blancs et V.D.L.* produits en Languedoc-Roussillon, A.O.C.* depuis le 1948 et reconnus A.O.P.* dans le cadre de l'U.E. L'appellation peut être éventuellement suivie du nom de la commune d'origine.
Aire de production : 11 communes de l'Hérault situées à l'ouest de Montpellier.
Superficie du vignoble : 100 ha.
Encépagement autorisé* pour l'appellation : Clairette*.
Rendement à l'hectare* : 50 hl.
Les V.D.L. sont obtenus par un apport, en cours de fermentation, de 5 % à 8 % d'alcool* titrant au moins 96°. La richesse alcoolique minimum acquise de ces vins est de 17 % avec une teneur en sucre résiduel comprise entre 9 et 40 g/litre. La mention «Rancio» peut être adjointe à l'appellation sous certaines conditions de production et d'élevage*, qui ne peut être inférieur à 3 ans.

■ CLAM

CLAM | Mollusque lamellibranche bivalve originaire des Etats-Unis. Le clam se rencontre en France sur les fonds sablo-vaseux des estuaires de l'Atlantique. Il est également produit en conchyliculture dans la région de Marennes. Ce coquillage, qui mesure de 5 à 10 cm de diamètre, se consomme cru ou cuit, farci par exemple.

■ CLAMART

Vegetable garnish | Garniture* composée de petits pois* à la française dressés en tartelettes ou en fonds d'artichauts* et de pommes château*. Elle doit son nom à une localité des Hauts-de-Seine autrefois réputée pour la culture de ses petits pois.

■ CLAQUEBITOU

French cheese | Fromage* de lait* de chèvre fabriqué en Bourgogne. Il doit son nom à un terme du dialecte local.
Type : pâte fraîche malaxée et aromatisée avec ail*, ciboulette*, persil*, sel* et poivre*.
Forme, taille et poids : variables selon le récipient.
Teneur en M.G. : 45% environ.
Qualité identique toute l'année.

■ CLAQUERET LYONNAIS

French cheese | Fromage* identique à la cervelle de canut*.

■ CLAVELIN

Bottle type | Bouteille jurassienne d'une contenance de 62 cl réservée à la commercialisation du "Vin jaune"*, notamment le Château-Chalon*.

■ CLÉMENTINE

CLEMENTINE | Agrume* hybride issu d'un croisement de mandarine* et de bigarade*. Ce fruit fut obtenu en 1902 par le frère Clément Rodier, moine et agronome, dans les jardins d'un orphelinat algérien d'Oran. Aujourd'hui les clémentines que nous consommons viennent d'Espagne, du Maroc et de Corse. Elles sont employées crues, en sorbet*, en pâtisserie, en confiserie…
Principales variétés : *Békria, Clémentine corse, Clémentine commune, Monréal, Hermida, Oroval, Fina, Nules…*

Source : Adobe Stock

■ CLIMAT

CLIMATE | Terme bourguignon désignant un lieu-dit cadastral correspondant à un Cru qui possède son histoire et des conditions géologiques et climatiques particulières. Les climats de Bourgogne, inscrits au Patrimoine mondial de l'U.N.E.S.C.O., sont inclus dans une zone de 60 km intégrant la Côte de Nuits et la Côte de Beaune, de Dijon à Santenay.

■ CLOS DE LA ROCHE

French wine | Vin* rouge produit en Bourgogne*, Grand Cru bénéficiant d'une A.O.C.* depuis 1936 et reconnu A.O.P.* dans le cadre de l'U.E.
Aire de production : parcelles délimitées du climat* "Clos de la Roche" - sur la commune de Morey-Saint-Denis en Côte-d'Or - d'une superficie totale de 16,84 ha.
Encépagement autorisé* pour l'appellation : Pinot noir*, Chardonnay*, Pinot blanc* et Pinot gris*.
Rendement à l'hectare* : 42 hl.

■ CLOS DE TART

French wine | Vin* rouge produit en Bourgogne*, Grand Cru bénéficiant d'une A.O.C.* depuis 1939 et reconnu A.O.P.* dans le cadre de l'U.E.
Aire de production : parcelles délimitées du climat* "Clos de Tart" - sur la commune de Morey-Saint-Denis en Côte-d'Or - d'une superficie totale de 7,31 ha.
Encépagement autorisé* pour l'appellation : Pinot noir*, Chardonnay*, Pinot blanc* et Pinot gris*.
Rendement à l'hectare* : 35 hl.

■ CLOS DE VOUGEOT ou CLOS-VOUGEOT

French wine | Vin* rouge produit en Bourgogne*, Grand Cru bénéficiant d'une A.O.C.* depuis 1937 et reconnu A.O.P.* dans le cadre de l'U.E.
Aire de production : parcelles délimitées du climat* "Clos de Vougeot" - sur la commune de Vougeot en Côte-d'Or - d'une superficie totale de 49,13 ha partagée par 84 propriétaires.
Le Domaine du Clos de Vougeot est une ancienne ferme viticole créée par les moines de l'Abbaye de Citeaux.
Encépagement autorisé* pour l'appellation : Pinot noir*, Chardonnay*, Pinot blanc* et Pinot gris*.
Rendement à l'hectare* : 42 hl.

Château du Clos de Vougeot

■ CLOS DES LAMBRAYS

French wine | Vin* rouge produit en Bourgogne*, Grand Cru bénéficiant d'une A.O.C.* depuis 1981 et reconnu A.O.P.* dans le cadre de l'U.E.
Aire de production : parcelles délimitées des lieux-dits "Meix Rentier", "Les Larrets" et "Les Bouchots" - sur la commune de Morey-Saint-Denis en Côte-d'Or - d'une superficie totale de 8,22 ha.
Encépagement autorisé* pour l'appellation : Pinot noir*, Chardonnay*, Pinot blanc* et Pinot gris*.
Rendement à l'hectare* : 42 hl.

■ CLOS SAINT-DENIS

French wine | Vin* rouge produit en Bourgogne*, Grand Cru bénéficiant d'une A.O.C.* depuis 1936 et reconnus A.O.P.* dans le cadre de l'U.E.
Aire de production : parcelles délimitées du climat* "Clos Saint-Denis" - sur la commune de Morey-Saint-Denis en Côte-d'Or - d'une superficie totale de 6,07 ha.
Encépagement autorisé* pour l'appellation : Pinot noir*, Chardonnay*, Pinot blanc* et Pinot gris*.
Rendement à l'hectare* : 42 hl.

■ CLOVER CLUB

CLOVER CLUB | Cocktail* (apéritif) préparé au shaker.
½ blanc d'œuf*
1 cl de grenadine*
3 cl de jus de citron*
6 cl de gin*
Frapper et servir dans un grand verre à cocktail.

■ CLOVISSE

CLAM [CLOVISSE] | Autre dénomination de la palourde* en Méditerranée.

■ CLUB SANDWICH

SANDWICH CLUB | Sandwich* composé de 3 tranches de pain de mie* légèrement toastées qui sont garnies de feuilles de laitue*, rondelles de tomates*, lamelles de blanc de volaille, rondelles d'œufs durs*, sauce mayonnaise* et fines herbes.

■ COBBLERS

COBBLERS | Long drinks* à base de vin* ou de spiritueux* confectionnés directement dans un tumbler avec glace concassée, sucre* dissous dans un peu d'eau gazeuse et décorés avec fruits de saison et menthe* fraîche.

■ COCA-COLA

COCA-COLA | Soda* à base de feuilles de coca *(1)* et de noix de cola *(2)* créé en 1886 par le Dr John S. Pemberton, pharmacien à Atlanta (Georgie). La formule, très complexe, est toujours bien gardée. Elle est conservée dans une chambre forte et seules 5 personnes au monde en connaissent le secret.
Le Coca-Cola est arrivé en France en 1919 et la première usine française fabriquant cette boisson sous licence a été installée en 1949.
Coca-Cola Company, numéro un mondial du soda,

diffuse chaque jour 1,5 milliard de boissons *(3)* dans près de 200 pays. Avec l'évolution des goûts des consommateurs, la marque diffuse aujourd'hui plusieurs versions : le légendaire Coca-Cola Classic, le Coca-Cola Light et le Coca-Cola Zero. Pour les deux dernières formules, le sucre* est remplacé par des édulcorants de synthèse* ou édulcorants. Intenses.

(1) Arbrisseau d'Amérique du Sud dont les feuilles ont une action stimulante.

(2) Fruit du kolatier, arbre d'origine africaine. Kola peut s'orthographier "cola".

(3) La gamme de la société comprend plusieurs marques de sodas et jus de fruits.

■ COCKTAIL (boisson)

Drink | Mélange de boissons alcoolisées ou non pouvant être additionné d'éléments divers tels que fruits, légumes, aromates*, œufs*, crème fraîche*, miel*, etc. Les cocktails se préparent au shaker*, au verre à mélange*, au mixer ou directement dans le verre de service.

Les premiers cocktails auraient été lancés aux Etats-Unis dans la deuxième partie du 19ème siècle et c'est lors de l'Exposition universelle de 1889 qu'ils firent leur apparition en France. L'origine du mot anglais "cocktail" est incertaine, ce terme se traduisant par "queue de coq".

Selon leur mode de préparation et leurs composants, les cocktails sont classés en différentes familles: After dinner*, Cobblers*, Collins*, Coolers*, Coffee*, Crustas*, Cups*, Daisies*, Egg nogs*, Fixes*, Fizzes*, Flips*, Highballs*, Juleps*, "On the rocks"*, Punches*, Rainbows*, Soft-drinks*, Sours* et Cocktails (sont parfois désignés sous ce terme générique des mélanges ne présentant aucune analogie avec les familles précédentes).

■ COCKTAIL (réception)

Reception | Réception généralement organisée autour d'un buffet*.

■ COCKTAIL (sauce)

Sauce | Sauce mayonnaise* additionnée de quelques gouttes de jus de citron*, ketchup*, sauce anglaise*, tabasco* et cognac*.

■ COCO

Bean | *Voir* Haricot en grain*.

■ COCODY

Liqueur | Liqueur* exotique parfumée à la noix de coco*. Le Cocody titre 21°.

■ COCONUT

COCONUT | Liqueur* à base de noix de coco* titrant 21°.

■ CODIVARTA

Grape variety | Cépage* blanc cultivé sur l'aire d'appellation Vin de Corse Coteaux du Cap Corse*.

■ CŒFFICIENT K

COEFFICIENT K | Cœfficient institué en 1996 et représentant un rapport de production entre 2 appellations situées sur la même aire. Ce cœfficient est utilisé pour les A.O.C.* produisant des vins liquoreux* et des vins de paille*.

Exemple : en considérant que le rendement à l'hectare* de l'A.O.C. Anjou* est de 60 hl et que celui de l'A.O.C Quarts de Chaume Grand cru* est de 20 hl, on obtient : cœfficient K = 60/20 = 3

En conséquence, sur le même terroir, la production d'un hl de Quarts de Chaume Grand cru équivaut à la production de 3 hl d'Anjou.

■ CŒUR

HEART | Abat* rouge issu de différents animaux de boucherie *(1)*. Selon sa taille *(2)*, le cœur peut être braisé, poêlé, sauté, grillé...

(1) Les cœurs de volailles (poulet, canard*, pintade*, dinde*, etc.) font également l'objet de préparations culinaires. Classiquement, ils sont dénommés "abattis»*.*

(2) Le cœur de bœuf peut peser plus de 3 kg alors que celui d'un veau* dépasse rarement 1 kg et que celui d'un agneau* pèse environ 150 g.*

■ CŒUR D'ARRAS

French cheese | Fromage* de lait* de vache fabriqué en Artois. Il tire son nom de sa forme et de la préfecture du Pas-de-Calais, son lieu d'origine.

Type: pâte molle à croûte lavée.

Forme: cœur.

Taille: 10 cm environ dans sa plus grande largeur, 3 cm d'épaisseur.

Poids: 200 g environ.

Teneur en M.G.: 45 %.

Meilleures saisons: automne, hiver.

■ CŒUR DE BRAY

French cheese | Fromage* de lait* de vache fabriqué en Normandie. Il doit son nom à sa forme et à sa région d'origine.

Type: pâte molle à croûte fleurie.

Forme: cœur.

Taille: 9 cm environ dans sa plus grande largeur, 2 à 3 cm d'épaisseur.

Poids: 160 à 170 g.

Teneur en M.G.: 45%.

Meilleures saisons: printemps, été, automne.

■ CŒUR-DE-BŒUF

CUSTARD APPLE | Voir Cachiment*

■ COFFEE

COFFEE | Cocktails* à base de café* servis chauds ou froids.

■ COGNAC

Brandy | Eaux-de-vie* provenant de vins récoltés et distillés dans une région délimitée située au nord du Bordelais. A.O.C.* depuis 1936.

Aire de production : une grande partie des départements de la Charente et de la Charente-Maritime ainsi que quelques communes des Deux-Sèvres et de la Dordogne, soit, au total, un territoire de 776 communes. Cette aire de production est divisées en 6 zones : la "Grande Champagne»*, la "Petite Champagne»*, les "Borderies»*, les "Fins bois»*, les "Bons bois»* et les "Bois ordinaires»* ("Bois à terroir" et "Bois communs"). Ces zones ont été déterminées à partir des caractéristiques des sols relevées par le géologue H. Coquand en 1860.

Superficie du vignoble : environ 75 000 ha (en 2008).

Encépagement autorisé* pour l'appellation : Ugni blanc*, Folle blanche*, Colombard*, Montils*, Sémillon* et Folignan.

Les vins à distiller sont peu agréables à consommer en l'état, ils se caractérisent par une faible richesse alcoolique (environ 8 %) et une acidité élevée. La vinification est naturelle, notamment sans chaptalisation*. Il faut 9 à 10 litres de vin pour obtenir 1 litre d'eau-de-vie titrant 70°.

La distillation a lieu impérativement avant le 31 mars de l'année qui suit celle de la récolte et elle s'effectue en 2 chauffes successives :

La première chauffe permet d'obtenir les "brouillis", liquide légèrement trouble titrant 28 à 32°.

La seconde chauffe, ou bonne chauffe, consiste à repasser les "brouillis" dans l'alambic pour obtenir une eau-de-vie n'excédant pas 72°.

À sa sortie de l'alambic, le cognac va subir un vieillissement en fûts de chêne d'une contenance de 270 à 450 litres. Durant ce séjour en barriques, les substances extraites lentement du bois par l'eau-de-vie vont donner une couleur ambrée au liquide en développant, avec le temps, arômes et saveurs. Par évaporation naturelle, la teneur en alcool va se réduire pour aboutir à un titre alcoométrique à la consommation de 40° (au minimum). Cette évaporation, qui représente environ 4 % par an du volume de l'eau-de-vie, est appelée "part des anges". Chaque année, c'est l'équivalent de 20 millions de bouteilles qui s'évanouissent ainsi dans la nature.

Le cognac ne peut être commercialisé sans être âgé d'au moins 30 mois à partir de l'année de récolte du vin de distillation. Certaines mentions figurant sur les étiquettes précisent l'âge de l'eau-de-vie :

"Trois étoiles" ou "V.S." : au moins 2 ans de vieillissement.

"V.S.O.P." *(1)* : au moins 4 ans de vieillissement.

"Réserve", "Napoléon" et "X.O." *(2)* : au moins 6 ans de vieillissement.

Les cognacs que l'on trouve sur le marché résultent souvent de savants assemblages d'eaux-de-vie d'âges différents. L'âge pris en compte est celui de la plus jeune eau-de-vie entrant dans l'assemblage *(3)*.

(1) Very Superior Old Pale.

(2) Extra Old.

(3) Voir compte d'âge.*

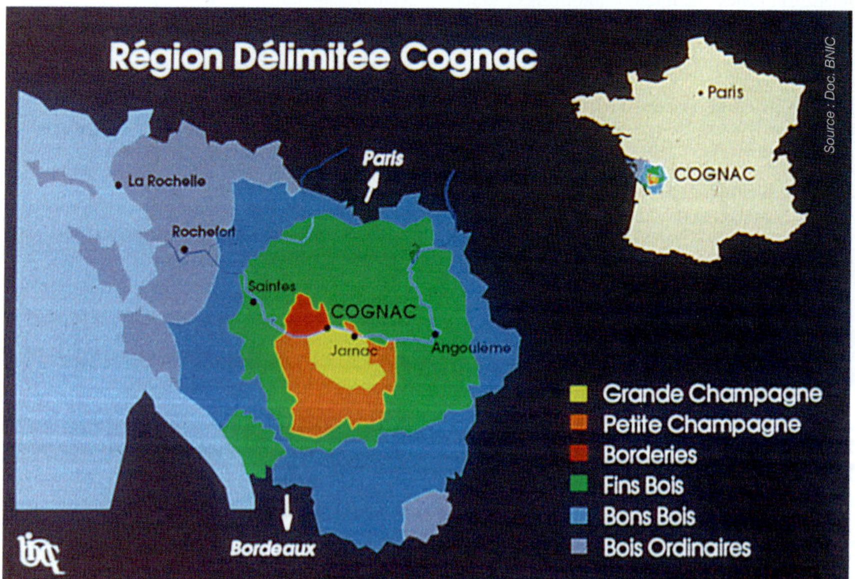

■ COING

QUINCE | Fruit piriforme *(1)* du cognassier, arbre originaire de Perse. Jamais consommé cru (sa chair est dure, âcre et acide), le coing est utilisé pour préparer des gelées*, confitures*, compotes, pâtes de fruit*, liqueurs*, etc.

Principales variétés: *Monstrueux de Vranja, Champion, Coing du Portugal.*

(1) En forme de poire.

■ COINTREAU

Source : Doc. Cointreau

Liqueur | Liqueur* angevine élaborée à partir d'écorces d'oranges* douces et amères. La marque commerciale fut créée en 1875 par Edouard Cointreau, fils d'un confiseur d'Angers qui distillait déjà à partir de fruits de la région. Ce spiritueux* incolore, qui titre 40°, est présenté dans une bouteille carrée mondialement connue. Aujourd'hui, la marque est commercialisée dans 150 pays.

Le Cointreau se consomme en digestif, sec ou sur glace. Il entre également dans la composition de nombreux cocktails* (White Lady*, Margarita*, Side Car*, etc.) ou préparations culinaires.

■ COLIN

HAKE | Autre dénomination du merlu*.

■ COLLAGE

Winemaking technique | Opération de vinification* qui consiste à mélanger un produit de nature protéique au vin* pour le clarifier. Le blanc d'œuf* battu, la colle de poisson, la gélatine* et la bentonite *(1)* sont des produits qui ont la particularité de floculer au contact des tanins*. Ils s'accolent ainsi aux particules de résidus en suspension dans le vin et les entrainent vers le fond du tonneau ou de la cuve. Le collage est suivi d'un soutirage* afin d'éliminer les lies* résiduelles.

(1) Argile spéciale extraite d'un gisement de Fort Benton aux Etats-Unis.

■ COLLATION

SNACK | Repas que l'on prend pour se sustenter rapidement. A l'origine, il s'agissait d'un repas très léger pris par les catholiques les jours de jeûne.

■ COLLET

COLLAR | Autre dénomination du collier*.

■ COLLIER

Neck cut of meat | Chez les ovins* et les bovins*, morceau prélevé dans le cou de l'animal. Le collier, parfois appelé *collet,* est surtout destiné à des cuissons longues (pot-au-feu*, daube*, bœuf mode, sauté*, ragoût*...)

■ COLLINES RHODANIENNES

RHONE HILLS | *Voir* Vins I.G.P.*.

■ COLLINS

COLLINS | Long drinks* rafraîchissants préparés directement sur glace dans un tumbler avec eau-de-vie*, sucre*, jus de citron*, eau gazeuse et décorés d'une tranche de citron* et d'une cerise*.

■ COLLIOURE

French wine | Vins* rouges, rosés et blancs produits en Languedoc-Roussillon, A.O.C.* depuis 1971 et reconnus A.O.P.* dans le cadre de l'U.E.

Aire de production : Communes de Banyuls, Cerbère, Collioure et Port-Vendres situées sur la Côte méditerranéenne, dans le sud des Pyrénées-Orientales.

Superficie du vignoble : 615 ha.

Encépagement autorisé* pour l'appellation : Grenache noir*, Mourvèdre*, Carignan*, Cinsault*, Syrah*, Grenache blanc, Grenache gris*, Macabeu*, Tourbat*, Marsanne*, Roussane*, Vermentino*.

Rendement à l'hectare* : 40 hl.

■ COLOMBARD

Grape variety | Cépage* blanc d'origine charentaise.

Aires de culture : vignobles du Cognac* et de l'Armagnac* ainsi que sur certaines A.O.C.* du Bordelais, du Sud-Ouest et en Provence (Palette*). Cultivé sur environ 10 000 ha dans notre pays, on rencontre également le Colombard en Californie, Afrique du Sud, Australie, etc.

Vins* produits: blancs frais et plaisants, avec une acidité élevée mais des arômes floraux agréables.

Dans les vignobles du cognac et de l'armagnac, ce cépage génère des vins de distillation et entre dans l'élaboration de V.D.L.* (Pineau des Charentes* et Floc de Gascogne*).

■ COLOMBIER

Grape variety | Autre dénomination du cépage Sémillon* en Gironde.

■ COLOMBO (ou poudre à colombo)

Caribbean spice mix | Mélange aromatique d'origine antillaise de composition variable. Les composants les plus courants sont le curcuma*, la coriandre*, le cumin*, le clou de girofle*, le fenugrec*, la moutarde*, le poivre* noir, le piment*, l'anis* et le gingembre*.

■ COLONEL

French cheese | *Voir* Livarot*.

■ COLORANT

COLORANT | Additif alimentaire* qui colore ou renforce la coloration naturelle d'une denrée.

■ COLVERT

MALLARD | Palmipède sauvage répertorié comme gibier d'eau et faisant l'objet d'une chasse et d'une commercialisation réglementées. Le colvert, dont le poids se situe entre 1 kg et 1,200 kg, possède une chair moelleuse et goûteuse qui trouve les mêmes utilisations culinaires que le canard* domestique. Selon l'âge et le sexe, il convient de distinguer *l'halbran* (jeune canard), *le malart* (mâle adulte) et *la bourre* (femelle).

■ COMBAVA ou COMBAWA

KAFFIR LIME | Agrume* originaire de l'Inde qui a l'aspect d'un petit citron* avec une écorce verte à texture grumeleuse. Il est principalement utilisé pour son zeste* très parfumé. La pulpe produit un jus destiné à confectionner des boissons.

■ COMMANDARIA

Cypriot wine | Vins* rouges chypriotes concentrés et sirupeux issus de cépages Mavro et Xynisteri.

■ COMPTE D'ÂGE

Listing of age | Le vieillissement des grandes eaux-de-vie* (cognac*, armagnac* et calvados*) est réglementé *(1)*. L'âge réel de vieillissement se traduit par un *"compte d'âge"* établi ainsi : à la sortie de l'alambic, l'eau-de-vie passe en *compte 00* ou *compte d'attente* jusqu'à la date légale de fin de campagne de distillation *(2)*. Après cette date et durant 12 mois, elle passe en *compte 0* (période minimum de vieillissement "sous bois").
On trouve ensuite :
Compte 1 (vieillissement 1 à 2 ans)
Compte 2 (vieillissement 2 à 3 ans)
Compte 3 (vieillissement 3 à 4 ans)
Compte 4 (vieillissement 4 à 5 ans)
Compte 5 (vieillissement 5 à 6 ans)
Compte 6 (vieillissement 6 ans et plus)
Et ainsi de suite jusqu'au *Compte 10*. Les eaux-de-vie de plus de 10 ans restent regroupées dans le Compte 10.

(1) Depuis 1940 pour le cognac, 1964 pour l'armagnac et 1969 pour le calvados.

(2) 1er avril pour le cognac, 1er mai pour l'armagnac et 1er octobre pour le calvados.

■ COMTÉ

French cheese | Fromage* de lait* de vache fabriqué en Franche-Comté, A.O.C.* depuis 1952 et reconnu A.O.P.* dans le cadre européen. Il doit son nom à la province d'où il est originaire. La zone de production s'étend sur 1 221 communes réparties principalement dans les départements de l'Ain, du Jura et du Doubs mais aussi en Saône-et-Loire et en Savoie.
Type : pâte pressée cuite.
Forme : meule à talon légèrement convexe.
Taille : 55 à 75 cm de diamètre, 8 à 13 cm de hauteur.
Poids : 32 à 45 kg.
Teneur en M.G. : 45 à 54 %.
Meilleures saisons : automne, hiver, printemps.
En fin d'affinage et avant commercialisation, chaque fromage est noté. Les meules ayant une note inférieure à 12/20 sont déclassées et se voient refuser l'A.O.C., celles obtenant une note supérieure à 15/20 ont droit au logo "Comté" avec clochette verte sur le talon.

Source : Adobe Stock

■ COMTÉ TOLOSAN

French wine | *Voir* Vins I.G.P.*.

■ COMTÉS RHODANIENS

French wine | *Voir* Vins I.G.P.*.

■ CONCOMBRE

CUCUMBER | Cucurbitacée* originaire des régions himalayennes. Le concombre est un fruit allongé avec une peau verte et une chair croquante et juteuse (96 % d'eau). Il peut se consommer cuit mais il est surtout préparé cru, avec une sauce vinaigrette* ou à la crème par exemple.
Principales variétés : *Amazone, Appolo, Conqueror, Pepinex, Blanc de Bonneuil, Provence...*

■ CONDÉ

Pureed beans dish | Dénomination d'une préparation contenant une purée de haricots* rouges. Elle doit son nom au Prince de Condé à qui plusieurs apprêts culinaires furent dédiés.

■ CONDIMENT

CONDIMENT | Produit alimentaire naturel ou élaboré utilisé pour révéler ou accentuer le goût d'un mets, voire l'accompagner. Le sel*, le vinaigre*, la moutarde*, le ketchup*, le tabasco*, les cornichons*, etc. sont des condiments.

■ CONDRIEU

French wine | Vins* blancs produits dans la Vallée du Rhône, A.O.C.* depuis 1940 et reconnus A.O.P.* dans le cadre de l'U.E.
Aire de production : communes de Condrieu (Rhône), Limony (Ardèche), Chavanay, Malleval,

Saint-Michel-sur-Rhône, Saint-Pierre-de-Bœuf et Vérin (Loire).
Superficie du vignoble : 192 ha.
Encépagement autorisé pour l'appellation : Viognier*.
Rendement à l'hectare* : 41 hl.

■ CONFÉRENCE

BOSC (Conference) | *Voir* Poire*.

■ CONFIT

CONFIT | Morceau de volaille ou de porc cuit dans sa propre graisse et généralement conservé en pot. Les confits d'oie*, de canard* ou de porc* sont des spécialités du Sud-Ouest.

■ CONFITURE

PRESERVES or JAM | Préparation à base de fruits et de sucre* cuits ensemble. La forte quantité de sucre assure la conservation. La réglementation distingue 2 catégories de confiture :

- ***La confiture extra*** avec au moins 45 % de fruits *(1)*
- ***La confiture ordinaire*** avec au moins 35 % de fruits.

(1) 35 % pour l'orange, le cassis*, le coing* et l'églantine.*

Source : M. Seelow/Cedus

■ CONGÉLATION

FREEZING | Procédé de conservation par le froid négatif sur une durée plus ou moins longue. L'abaissement de la température doit atteindre rapidement -12 °C au cœur du produit car la rapidité de cristallisation de l'eau contenue dans l'aliment stoppe l'évolution des micro-organismes (sans toutefois les détruire) et permet de préserver les qualités nutritionnelles et organoleptiques jusqu'à la décongélation. Il ne faut jamais recongeler un produit décongelé.
Selon les denrées, les températures de stockage varient entre ***-10*** et ***-20 °C***.

- Au minimum ***-20 °C*** pour les crèmes glacées* et les glaces*
- Au minimum ***-18 °C*** pour les produits de la pêche et de l'aquaculture* ainsi que les plats cuisinés
- Au minimum ***-14 °C*** pour les beurres* et graisses animales
- Au minimum ***-12 °C*** pour les abats*, volailles, ovoproduits…
- Au minimum ***-10 °C*** pour les viandes et autres denrées.

Les aliments congelés ou surgelés comportent une D.L.C.* ou une D.D.M.* selon le type de traitement et la nature du produit.

■ CONGRE

CONGER EEL | Poisson de mer au corps serpentiforme appartenant à la famille des congridés. Il vit dans les cavités rocheuses de l'Atlantique et de la Méditerranée. Comme l'anguille*, le congre rejoint les profondeurs de la Mer des Sargasses *(1)* au moment de la reproduction. Ce carnassier, qui peut mesurer jusqu'à 2 ou 3 m, possède une chair ferme, couramment employée dans les matelotes*, bouillabaisses* et autres soupes de poissons.

(1) Algues flottantes qui s'accumulent en grandes quantités au large des côtes de Floride.

■ CONSEILLER

CONSEILLER (9 to 12-month-old hare) | *Voir* Lièvre*.

■ CONSERVATEUR

STORAGE | Additif alimentaire* qui retarde ou ralentit la prolifération microbienne dans une denrée.

■ CONSOMMÉ

CONSOMMÉ | Potage* clair, non lié, ayant pour base un bouillon de viande, de volaille, de gibier* ou de poisson.
Une "marmite de bœuf" est un consommé obtenu par la cuisson d'un pot-au-feu*.

■ CONSOMMÉ BRUNOISE

CONSOMMÉ BRUNOISE | Consommé* de bœuf* garni de carottes*, navets*, céleri* et poireaux* taillés en brunoise*; petits pois* et pluches de cerfeuil*.

■ CONSOMMÉ CANCALAISE

CONSOMMÉ CANCALAISE | Consommé* de poisson au tapioca* garni de quenelles* de merlan*, julienne* de filets de sole* et huîtres* pochées.

■ CONSOMMÉ CÉLESTINE

CONSOMMÉ CÉLESTINE | Consommé* de volaille légèrement lié au tapioca* et garni d'une julienne* de crêpes* aux truffes* et aux fines herbes, blanc de volaille et pluches de cerfeuil*.

■ CONSOMMÉ CHASSEUR

CONSOMMÉ CHASSEUR | Consommé* de gibier à plumes au porto* garni d'une julienne* de champignons*, pluches de cerfeuil* et accompagné de petites profiteroles* fourrées à la purée de gibier.

■ CONSOMMÉ MADRILÈNE

CONSOMMÉ MADRILÈNE | Consommé* de volaille à l'essence de céleri*, tomaté et additionné de dés de poivrons* et de tomates*. Ce consommé se sert froid ou chaud et peut être accompagné de paillettes au fromage*.

■ CONSOMMÉ VATEL*

CONSOMMÉ VATEL* | Consommé* de poisson (fumet de soles*) garni de losanges de filets de soles et de rondelles de royale* au coulis* d'écrevisses*.

■ CONTI

Lentil garnish | Garniture* constituée d'une purée de lentilles* additionnée de petits lardons.

■ CONTRE-FILET

STRIP LOIN | *Voir* Faux-filet*.

■ CONTREX

French mineral water | Eau minérale naturelle* plate captée à Contrexéville dans les Vosges. Reconnue par l'Académie de médecine en 1903. Catégorie : riche en sels minéraux.

Composition physico-chimique (en mg/l)	
Cations	Anions
Calcium : 468 Magnésium : 74,5 Sodium : 9,4 Potassium : 2,8	Sulfates : 1 121 Bicarbonates : 372 Chlorures : 7,6 Nitrates : 2,9
Fluor : 0,36	
pH à 20°C : 7,4 Minéralisation totale : 2 078 mg/l	

■ CONVERSATION

French pastry | Tartelette garnie de crème frangipane* ou de crème pâtissière* aux amandes* et recouverte d'un disque de pâte et d'une couche de glace royale*.

■ COOKIE

COOKIE | Petit gâteau sec d'origine américaine réalisé avec une pâte sablée* additionnée de pépites de chocolat*, noix de pécan*, noisettes*, etc.

Source : Adobe Stock

■ COOLERS

COOLERS | Long drinks* le plus souvent préparés à base d'eau-de-vie* directement dans un grand tumbler (25 à 30 cl). Sirop*, sucre*, jus de fruits ou boisson gazeuse et écorce d'orange* ou de citron* complètent couramment ces cocktails*.
Il existe également des coolers à base de vin*.

■ COPPA DE CORSE ou COPPA DE CORSE - COPPA DI CORSICA

Corsican pork | Charcuterie corse élaborée à partir d'échine de porc désossée, salée, séchée et affinée. Cette spécialité insulaire, qui bénéficie d'une A.O.C.* depuis 2012, est reconnue A.O.P.* dans le cadre de l'U.E. Le cahier des charges de l'A.O.C précise les conditions d'élaboration du produit et l'aire géographique de l'appellation (une grande partie du territoire de l'île).

■ COPRAH

COPRAH | *Voir* Noix de coco*.

■ COPRIN

INK CAP MUSHROOM | Champignon dont il existe 2 variétés comestibles :

- ***Le coprin chevelu*** ou ***goutte d'encre*** : chapeau ovoïde gris-brunâtre de 4 à 8 cm, chair délicate de saveur agréable.
- ***Le coprin noir d'encre*** : chapeau campanulé jaunâtre de 3 à 6 cm, chair fragile.

Le coprin doit être cueilli jeune, rapidement cuisiné et immédiatement consommé. Par ailleurs, la consommation de boissons alcoolisées avec ce champignon peut s'avérer dangereuse. Elle provoque des troubles (palpitations, sueurs...) générés par l'absorption du mélange coprin-alcool*.

■ COQ

ROOSTER or COCKEREL | Volaille de la famille des gallinacés. Le coq, mâle de la poule* et emblème de notre pays, est un volatile qui peut atteindre 4 à 5 kg. Sa chair, plus ferme et plus goûteuse que celle du poulet*, se prête bien à des préparations en sauce* (coq au Chambertin*, coq au Vin jaune*, coq au Riesling*, etc.).

Source : BIVB/image et associés

Coq au vin

■ COQ DE BRUYÈRE

GROUSE | Voir Grand tétras*.

■ COQUE

COCKLE | Mollusque lamellibranche bivalve très répandu sur les fonds sablo-vaseux des côtes de la Manche, de l'Atlantique et de la Méditerranée. La coque, petit coquillage de 3 à 4 cm de diamètre, se consomme crue ou cuite (farcie, à la marinière*, à la crème…).

■ COQUELET

SPRING CHICKEN | Jeune coq* pesant environ 500 à 700 g dont la chair fade demande une préparation qui relève son goût. Il est souvent fendu dans le sens de la longueur et aplati pour être grillé et accompagné d'une sauce diable*.

■ COQUERET DU PÉROU

CAPE GOOSEBERRY | Autre dénomination du physalis*.

■ COQUILLE SAINT-JACQUES

Source : Ph. Asset/FranceAgrimer

Noix de coquilles Saint-Jacques aux pistaches

SCALLOP | Mollusque lamellibranche bivalve vivant sur les fonds sableux ou à herbiers de la Manche, de l'Atlantique et de la Méditerranée. On le trouve également sur les côtes du Japon et des Etats-Unis. La pêche intensive a abouti à une réglementation rigoureuse *(1)* et au développement de la pectiniculture *(2)*. L'intérieur de la coquille contient une noix (muscle adducteur) et le corail *(3)*. La chair ferme et fine de la coquille Saint-Jacques est très appréciée pour de multiples préparations culinaires.

Ce coquillage emblématique porte un nom qui lui fut donné par les pèlerins qui se rendaient à Saint-Jacques de Compostelle et qui se servaient de la coquille vide pour boire, manger ou mendier.

La Coquille Saint-Jacques des Côtes-d'Armor, bénéficiant d'une I.G.P.*, est produite uniquement sur 8 communes du département *(4)*.

(1) Période de pêche limitée du 1er octobre au 15 mai et interdiction de capturer les coquilles Saint-Jacques dont le diamètre est inférieur à 10,2 cm. ou 11 cm selon les secteurs maritimes.

(2) Elevage des coquilles Saint-Jacques et des pétoncles.*

(3) Le corail est en réalité une glande génitale constituée de deux parties : l'une femelle, de couleur orangée et l'autre mâle, de couleur ivoire.

(4) Erquy, Loguivy-Plougras, Paimpol, Pléneuf-Val-André, Ploubazlanec, Saint-Brieuc, Saint-Cast-le-Guido, Saint-Quay-Portrieux.

■ COQUILLETTES

MACARONI | Pâtes alimentaires* en forme de petits tubes coudés.

■ CORBIERES

French wine | Vins* rouges, rosés et blancs produits en Languedoc-Roussillon, A.O.C.* depuis 1985 et reconnus A.O.P.* dans le cadre de l'U.E.

Aire de production : 87 communes du département de l'Aude, situées entre Carcassonne et le littoral méditerranéen.

Superficie du vignoble : 11 800 ha.

Encépagement autorisé* pour l'appellation : Carignan*, Grenache noir*, Lladoner pelut*, Mourvèdre*, Piquepoul noir*, Terret noir*, Syrah*, Cinsault*, Bourboulenc*, Clairette*, Grenache blanc*, Grenache gris*, Maccabéo*, Muscat* à petits grains, Piquepoul blanc*, Terret blanc*, Marsanne*, Roussanne*, Vermentino*.

Rendement à l'hectare : 50 hl.

■ CORBIERES-BOUTENAC

French wine | Vins* rouges produits dans le nord de la zone d'appellation « Corbières »*, A.O.C.* depuis 2005 et reconnus A.O.P.* dans le cadre de l'U.E.

Aire de production : 10 communes du département de l'Aude.

Superficie du vignoble : 210 ha.

Encépagement autorisé* pour l'appellation : Carignan*, Grenache*, Syrah* et Mourvedre*

Rendement à l'hectare* : 45 hl

■ CORIANDRE

CILANTRO (coriander) | Épice* originaire de l'est du bassin méditerranéen qui se présente sous forme de graines utilisees pour aromatiser les légumes à la Grecque*, les charcuteries, les marinades*,

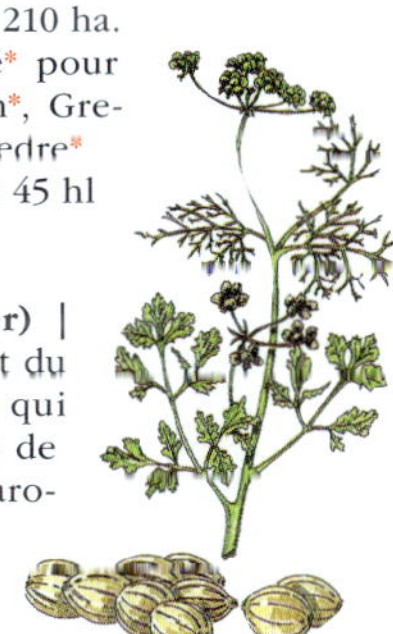

Source : Illustration Ducros

les poissons... mais aussi certaines eaux-de-vie* ou liqueurs*.
Les feuilles fraîches de la plante, qui dégagent une odeur pénétrante de punaise des bois, sont employées dans les cuisines des pays du Moyen-Orient.

■ CORN-FLAKES
CORNFLAKES | Flocons de maïs* sucrés habituellement consommés avec du lait* au petit déjeuner.

■ CORN WHISKEY
CORN WHISKEY | Whiskey* distillé aux Etats-Unis à partir d'un moût* de céréales contenant au moins 80% de maïs*.

■ CORNAS
French wine | Vins* rouges produits dans la Vallée du Rhône, A.O.C.* depuis 1938 et reconnus A.O.P.* dans le cadre de l'U.E.
Aire de production : commune de Cornas dans l'Ardèche, située au nord-ouest de Valence.
Superficie du vignoble : 145 ha.
Encépagement autorisé pour l'appellation : Syrah*.
Rendement à l'hectare* : 40 hl.

■ CORNE D'ABONDANCE
HORN OF PLENTY | Autre dénomination de la trompette-des-morts*.

■ CORNICHON
Pickle | Plante condimentaire originaire d'Asie orientale dont on utilise les fruits, cueillis verts, pour être confits dans du vinaigre* aromatisé.
Le cornichon est en réalité un petit concombre* récolté avant maturité dont les principales variétés sont *le Vert petit de Paris*, *le Blanc petit de Paris* (qui blanchit à maturité), *le Vert de Massy* et le *Fin de Meaux*.
Ce condiment est présenté avec les charcuteries, les viandes froides, les viandes bouillies, etc. Il entre également dans la composition de certaines sauces* (ex: sauce charcutière*, sauce gribiche*...).
Le Cornichon Malossol est une spécialité d'origine russe. Il s'agit de gros cornichon préparé à l'aigre-doux qui se consomme comme condiment mais aussi comme légume.

■ CORNOUAILLE (cidre)
Cider | Cidre* produit en Bretagne sur 38 communes du Finistère situées en Cornouaille, A.O.C.* depuis 1996 et reconnu A.O.P.* dans la cadre de l'U.E.

■ COROSSOL ou CORROSSOL
SOURSOP | Variété d'anone* originaire d'Amérique centrale. Le corossol est une grosse baie ovoïde verte hérissée de piquants bruns. Sa pulpe blanche et crémeuse, légèrement acidulée, contient des graines brillantes brun-foncé qu'il faut éliminer. Le corossol se consomme nature ou sert à préparer des sorbets* et des boissons.

■ CORRÈZE
French wine | Vins* rouges, vins blancs et vins de paille* produits en Corrèze, A.O.C.* depuis 2017 et reconnus A.O.P.* dans le cadre de l'U.E.
L'appellation «Corrèze», complétée de la dénomination géographique «Coteaux de la Vézère», concerne uniquement des vins rouges et des vins blancs produits sur les communes de Voutezac, Allassac et Donzenac.
Aire de production : 24 communes situées dans le sud-ouest de la Corrèze.
Superficie du vignoble : 75 ha.
Encépagement autorisé* pour l'appellation : Cabernet-sauvignon*, Cabernet franc*, Merlot*, Chardonnay*, Sauvignon*, Chenin*.
Rendement à l'hectare* : 55 hl pour les vins rouges et 20 hl pour les vins de paille. 52 hl pour les vins rouges et 57 hl pour les vins blancs bénéficiant de la dénomination géographique «Coteaux de la Vézère».

■ CORSE suivi ou nom d'une appellation locale
CORSICA followed by or name of a local appellation | A.O.C.* identique à Vin de Corse*.

■ CORSICA
French cheese | Fromage* de lait* de brebis fabriqué dans le nord de la Corse. Il tire son nom de sa région d'origine.
Type: pâte molle, croûte naturelle.
Forme: boule aplatie.
Taille: 10 à 12 cm de diamètre, 4 à 5 cm d'épaisseur.
Poids: 400 g environ.
Teneur en M.G.: 50%.
Meilleures saisons: printemps, été, automne.

■ CORTON
French wine | Vins* rouges et blancs produits en Bourgogne*, Grand Cru bénéficiant d'une A.O.C.* depuis 1937 et reconnus A.O.P.* dans le cadre de l'U.E. Le nom de l'A.O.C peut être suivi de la dénomination d'un des 24 climats* *(1)*.

Aire de production : parcelles délimitées de plusieurs lieux-dits situés sur les communes d'Aloxe-Corton*, Ladoix-Serrigny et Pernand-Vergelesses, en Côte-d'Or.
Superficie du vignoble : 95 ha (dont 91 ha en vins rouges et 4 ha en vins blancs).
Encépagement autorisé* pour l'appellation : Pinot noir*, Chardonnay*, Pinot blanc*, Pinot gris*.
Rendement à l'hectare* : 42 hl pour les vins rouges et 48 hl pour les vins blancs.

(1) «Basses Mourottes», «Clos des Meix», «Hautes Mourottes», «La Toppe au vert», «La Vigne au Saint», «Le Clos du Roi», «Le Corton», «Le Meix Lallemand», «Le Rognet et Corton», «Les Bressandes», «Les Carrières», «Les Chaumes», «Les Combes», «Les Fiètres», «Les Grandes Lolières», «Les Grèves», «Les Languettes», «Les Maréchaudes», «Les Moutottes», «Les Paulands», «Les Perrières», «Les Pougets», «Les Renardes» et «Les Vergennes».

■ CORTON-CHARLEMAGNE

French wine | Vin* blanc produit en Bourgogne*, Grand Cru bénéficiant d'une A.O.C.* depuis 1937 et reconnu A.O.P.* dans le cadre de l'U.E.
Aire de production : parcelles délimitées des lieux-dits "Le Corton", "Le Charlemagne", "Les Pougets" et "Les Languettes" sur la commune d'Aloxe-Corton, "Le Roguet-et-Corton" sur la commune de Ladoix-Serrigny et "En Charlemagne" sur la commune de Pernand-Vergelesses.
Superficie du vignoble : 56,60 ha.
Encépagement autorisé* pour l'appellation : Chardonnay* et Pinot blanc*.
Rendement à l'hectare* : 54 hl.

■ COSTIÈRES DE NÎMES

French wine | Vins* rouges, rosés et blancs produits en Languedoc-Roussillon, A.O.C.* depuis 1989 *(1)* et reconnus A.O.P.* dans le cadre de l'U.E.
Aire de production : 24 communes du Gard situées à proximité de Nîmes.
Superficie du vignoble : 4 100 ha.
Encépagement autorisé* pour l'appellation : Grenache noir*, Mourvèdre*, Syrah*, Cinsault*, Carignan*, Marselan, Clairette*, Grenache blanc*, Bourboulenc*, Marsanne*, Roussanne*, Maccabéo*, Viognier*, Vermentino*.
Rendement à l'hectare* : 60 hl.

(1) Initialement "Costières du Gard" en 1986.

■ COT ou CÔT

Grape variety | Cépage* noir originaire du Sud-Ouest, probablement de la région de Cahors. Sur certains terroirs, il est appelé Malbec.
Aires de culture : plusieurs vignobles du Sud-Ouest (Bergerac*, Cahors*, etc.), du Bordelais, de l'Armagnacais, du Cognacais et de la Vallée de la Loire. Cultivé sur près de 7 000 ha en France, le Cot est également présent en Argentine (comme cépage majoritaire), au Chili, en Californie, en Australie, en Bulgarie, en Autriche, en Espagne, en Italie...

Vins* produits : rouges très colorés et tanniques, aptes au vieillissement, avec des notes aromatiques de mûre* et de violette.

■ CÔTE

Meat cut | Pièce de boucherie constituée d'un os de la cage thoracique et de la partie charnue attenante. Selon l'animal et l'endroit où elle est prélevée, on parle de *côte première*, de *côte seconde*, de *côte découverte*, de *basse côte*...

Source : Photo BG

Côtes (ou côtelettes) d'agneau

■ CÔTE DE BEAUNE

French wine | Vins* rouges et blancs produits en Bourgogne*. Appellation identique à Beaune* avec une aire de production augmentée de quelques hectares.
Superficie du vignoble : 30 ha (dont 16 ha en vins rouges et 14 ha en vins blancs).

■ CÔTE DE BEAUNE-VILLAGES

French wine | Vins* rouges produits en Bourgogne*, A.O.C.* depuis 1937 et reconnus A.O.P.* dans le cadre de l'U.E.
Aire de production : 12 communes de Côte-d'Or et 4 communes de Saone-et-Loire situées au nord et au sud-ouest de Beaune.
Superficie du vignoble : 5,10 ha.
Encépagement autorisé* pour l'appellation : Pinot noir*, Chardonnay*, Pinot blanc*, Pinot gris*.
Rendement à l'hectare* : 50 hl.

■ CÔTE DE BROUILLY

French wine | Vins* rouges produits dans le Beaujolais, A.O.C.* depuis 1938 et reconnus A.O.P.* dans le cadre de l'U.E. L'appellation compte 2 climats*: *l'Héronde* et *l'Ecluse*.
Aire de production : communes d'Odenas, Saint-Lager, Cercié et Quincié-en-Beaujolais, situées au nord-ouest de Villefranche-sur-Saône dans le Rhône.
Superficie du vignoble : 315 ha.
Encépagement autorisé* pour l'appellation : Gamay*, Aligoté*, Chardonnay*, Melon de Bourgogne *.
Rendement à l'hectare* : 56 hl.

■ CÔTE DE NUITS-VILLAGES

French wine | Vins* rouges et blancs produits en Bourgogne*, A.O.C.* depuis 1937 et reconnus A.O.P.* dans le cadre de l'U.E.
Aire de production : communes de Brochon, Comblanchien, Corgoloin, Fixin et Premeaux-Prissey, en Côte-d'Or, situées au nord et au sud de Nuits-Saint-Georges.
Superficie du vignoble : 168 ha (dont 159 ha en vins rouges et 9 ha en vins blancs).
Encépagement autorisé* pour l'appellation : Pinot noir*, Chardonnay*, Pinot blanc*, Pinot gris*.
Rendement à l'hectare* : 50 hl pour les vins rouges et 57 hl pour les vins blancs.

■ CÔTE ROANNAISE

French wine | Vins* rouges et rosés produits dans le département de la Loire, A.O.C.* depuis 1994 et reconnus A.O.P.* dans le cadre de l'U.E.
Aire de production : 14 communes situées à l'ouest de Roanne.
Superficie du vignoble : 210 ha.
Encépagement autorisé pour l'appellation : Gamay*.
Rendement à l'hectare* : 55 hl.

■ CÔTE-RÔTIE

French wine | Vins* rouges produits dans la Vallée du Rhône, A.O.C.* depuis 1940 et reconnus A.O.P.* dans le cadre de l'U.E.
Aire de production : communes d'Ampuis, Saint-Cyr-sur-le-Rhône et Tupin-Semons, dans le Rhône, situées au sud-ouest de Vienne.
Superficie du vignoble : 308 ha.
Encépagement autorisé* pour l'appellation : Syrah* et Viognier*.
Rendement à l'hectare* : 40 hl
Origine de ***la Côte Brune*** *et de* ***la Côte Blonde*** *:*
Selon une légende, le Seigneur Maugiron, propriétaire de la Côte-Rôtie, avait deux filles ; l'une était brune et l'autre blonde. Il partagea sont domaine entre ses deux héritières : la partie septentrionale fut attribuée à la brune et la partie méridionale revint à la blonde. Ainsi naquirent la Côte Brune et la Côte Blonde.
Les terrasses granitiques qui constituent le terroir des deux «Côtes» étant de constitutions géologiques sensiblement différentes, les vins produits au nord sont généralement un peu plus corsés que ceux venant du sud.

■ CÔTE VERMEILLE

French wine | *Voir* Vins I.G.P.*.

■ COTEAUX BOURGUIGNONS

French wine | Vins* rouges, rosés et blancs produits en Bourgogne. A.O.C.* depuis 2011 et reconnus A.O.P.* dans le cadre de l'U.E. Cette appellation remplace les appellations "Bourgogne grand ordinaire" et "Bourgogne ordinaire". Les vins rosés peuvent prétendre à l'appellation "Coteaux Bourguignons rosé" ou "Coteaux Bourguignon clairet".
Aire de production : identique à l'appellation «Bourgogne».
Superficie du vignoble : 275 ha
Encépagement autorisé* pour l'appellation : Pinot noir*, Gamay*, Gamay de Bouze, Gamay de Chaudenay, Chardonnay*, Pinot blanc*, Pinot gris, Aligoté*, Melon de Bourgogne*. Dans le seul département de l'Yonne, le César*.
Rendement à l'hectare* : 64 hl pour les vins rouges et rosés, 72 hl pour les vins blancs.

■ COTEAUX CHAMPENOIS

French wine | Vins blancs, rouges et rosés «tranquilles»*, A.O.C.* depuis 1974 et reconnus A.O.P.* dans le cadre de l'U.E (1). Le nom de l'appellation est éventuellement suivi de la commune d'origine (ex : Bouzy, Ambonnay, Cumières, etc.).

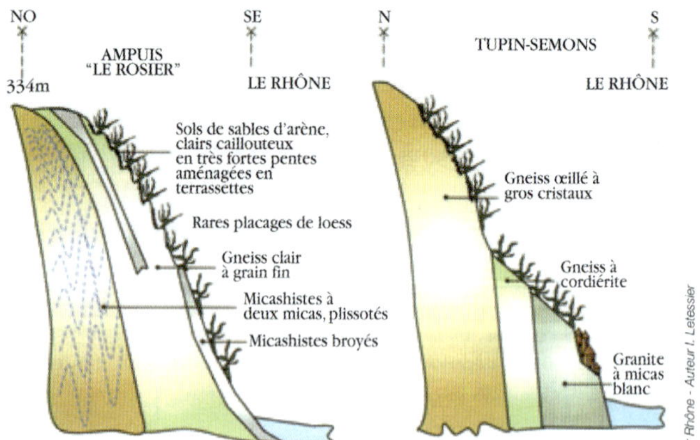

Terroir de la Côte-Rôtie

Aire de production : aire de l'A.O.C. «Champagne»* réduite de quelques communes.
Encépagement autorisé* pour l'appellation : Chardonnay*, Pinot noir*, Pinot Meunier*, Petit Meslier, Pinot blanc*, Pinot gris*, Arbanne*.
Rendement à l'hectare* : 12 400 kg de raisin.

(1) Autrefois, ces vins étaient appelés « Vins natures de Champagne ».

Coteaux champenois issus exclusivement de cépage Chardonnay

■ COTEAUX D'AIX-EN-PROVENCE

French wine | Vins* rosés, rouges et blancs produits en Provence, A.O.C.* depuis 1985 et reconnus A.O.P.* dans le cadre de l'U.E.
Aire de production : 47 communes des Bouches-du-Rhône et 2 communes du Var situées dans la région d'Aix.
Superficie du vignoble : 4 130 ha.
Encépagement autorisé* pour l'appellation : Cabernet-Sauvignon*, Carignan*, Cinsault*, Counoise*, Grenache noir*, Mourvèdre*, Syrah*, Bourboulenc*, Clairette*, Grenache blanc*, Sauvignon*, Sémillon*, Ugni blanc* et Vermentino*.
Rendement à l'hectare* : 60 hl.

■ COTEAUX D'ANCENIS

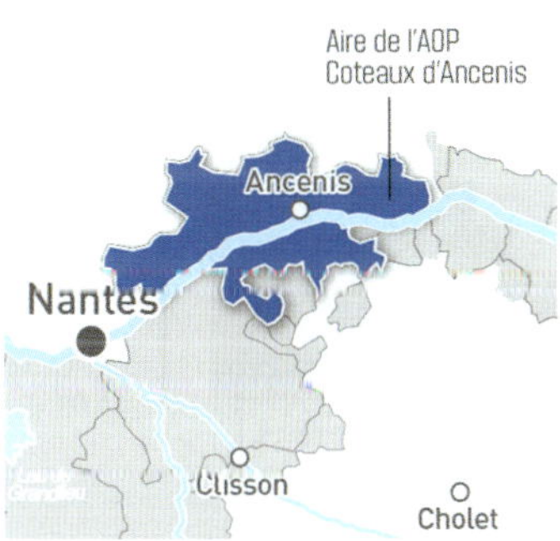

- Interprofession des vins du Val de Loire

French wine | Vins* rouges, rosés et blancs produits dans la Vallée de la Loire, A.O.V.D.Q.S.* depuis 1954, devenus A.O.C.* en 2011 et reconnus A.O.P.* dans le cadre de l'U.E
Aire de production : 7 communes du Maine-et-Loire et 15 communes de Loire-Atlantique, dont Ancenis, situées au nord-est de Nantes.
Superficie du vignoble : 150 ha.
Encépagement autorisé* pour l'appellation : Pinot gris* et Gamay*.
Rendement à l'hectare* : 60 hl pour les vins rouges et rosés, 50 hl pour les vins blancs.

■ COTEAUX D'ENSÉRUNE

French wine | *Voir* Vins I.G.P.*.

■ COTEAUX DE BÉZIERS

French wine | *Voir* Vins I.G.P.*.

■ COTEAUX DE COIFFY

French wine | *Voir* Vins I.G.P.*.

■ COTEAUX DE DIE

French wine | Vins* blancs produits dans la Vallée du Rhône, A.O.C.* depuis 1993 et reconnus A.O.P.* dans le cadre de l'U.E.
Aire de production : identique à l'appellation Clairette de Die*.
Superficie du vignoble : 3 ha.
Encépagement autorisé pour l'appellation : Clairette*.
Rendement à l'hectare* : 50 hl.

■ COTEAUX DE GLANES

French wine | *Voir* Vins I.G.P.*.

■ COTEAUX DE L'AIN

French wine | *Voir* Vins I.G.P.*.

■ COTEAUX DE L'AUBANCE

French wine | Vins* blancs produits dans la Vallée de la Loire, A.O.C.* depuis 1950 et reconnus A.O.P.* dans le cadre de l'U.E. L'indication «Val de Loire» peut être éventuellement adjointe à l'appellation.
Depuis 2003, ces vins peuvent, sous certaines conditions de récolte et de vinification, être présentés avec la mention "Sélection de grains nobles".
Aire de production : 10 communes du Maine-et-Loire situées au sud d'Angers.
Superficie du vignoble : 210 ha.
Encépagement autorisé pour l'appellation : Chenin blanc*.
Rendement à l'hectare* : 35 hl.
Teneur minimale en sucre résiduel : 34 g/litre.
Vins élaborés à partir de raisins arrivés à surmaturation (voir Pourriture noble*).

■ COTEAUX DE L'AUXOIS

French wine | *Voir* Vins I.G.P.*.

■ COTEAUX DE MASCARA

Algerian wine | Vins* rouges, rosés et blancs algériens produits au sud-est d'Oran.
Ces vins bénéficient d'une A.O.G. (*Appellation d'Origine Garantie*).

■ COTEAUX DE NARBONNE

French wine | *Voir* Vins I.G.P.*.

■ COTEAUX DE PEYRIAC

French wine | *Voir* Vins I.G.P.*.

■ COTEAUX DE SAUMUR

Source : Interloire - Interprofession des vins du Val de Loire

French wine | Vins* blancs produits dans la Vallée de la Loire, A.O.C.* depuis 1962 et reconnus A.O.P.* dans le cadre de l'U.E. La mention "Val de Loire" peut être éventuellement adjointe à l'appellation.
Aire de production : 20 communes du Maine-et-Loire, 9 communes de la Vienne et 2 communes des Deux-Sèvres situées à l'ouest et au sud de Saumur.
Superficie du vignoble : 20 ha.
Encépagement autorisé pour l'appellation : Chenin blanc*.
Rendement à l'hectare* : 35 hl.
Teneur minimale en sucre résiduel : 34 g/litre.
Vins élaborés à partir de raisins arrivés à surmaturation (voir Pourriture noble*).

■ COTEAUX DE TANNAY

French wine | *Voir* Vins I.G.P.*.

■ COTEAUX DE COIFFY

French wine | *Voir* Vins I.G.P.*.

■ COTEAUX DES BARONNIES

French wine | *Voir* Vins I.G.P.*.

■ COTEAUX DU CHER ET DE L'ARNON

French wine | *Voir* Vins I.G.P.*.

■ COTEAUX DU GIENNOIS

French wine | Vins* blancs, rouges et rosés produits dans la Vallée de la Loire, A.O.C.* depuis 1998 et reconnus A.O.P.* dans le cadre de l'U.E. La mention "Val de Loire" peut éventuellement compléter le nom de l'appellation.
Aire de production : 6 communes du Loiret et 8 communes de la Nièvre situées entre Gien et Cosne-sur-Loire.
Encépagement autorisé* pour l'appellation : Gamay*, Pinot noir* et Sauvignon*.
Superficie du vignoble : 205 ha.
Rendement à l'hectare* : 65 hl pour les vins blancs, 63 hl pour les vins rosés et 59 hl pour les vins rouges.

■ COTEAUX DU LAYON

French wine | Vins* blancs produits dans la Vallée de la Loire, A.O.C.* depuis 1950 et reconnus A.O.P.* dans le cadre de l'U.E. Le nom des communes de Beaulieu-sur-Layon ou Beaulieu, Faye-d'Anjou ou Faye, Rablay-sur-Layon

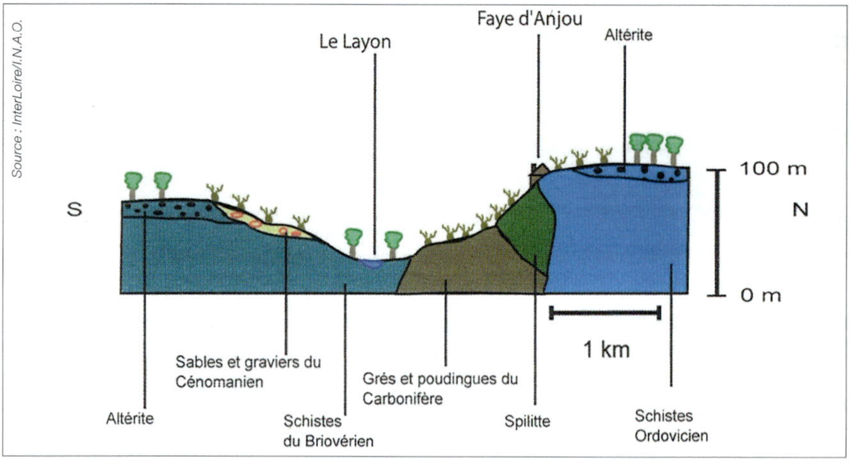

Source : InterLoire/I.N.A.O.

Coupe géologique du terroir des Coteaux du Layon

ou Rablay, Rochefort-sur-Loire ou Rochefort, Saint-Aubin-de-Luigné ou Saint-Aubin, Saint-Lambert-du-Lattay ou Saint-Lambert peut être adjoint à celui de "Coteaux du Layon" pour les vins récoltés sur le territoire de ces communes. L'indication "Val de Loire" figure éventuellement sur l'étiquette.
Depuis 2003, les Coteaux du Layon peuvent, sous certaines conditions de récolte et de vinification, être présentés avec la mention "Sélection de grains nobles"*.
Aire de production : 27 communes du Maine-et-Loire situées dans la Vallée du Layon, au sud d'Angers.
Superficie du vignoble : 1 650 ha.
Encépagement autorisé pour l'appellation : Chenin blanc*.
Rendement à l'hectare* : 35 hl (30 hl pour les vins dont le nom de la commune est mentionné en complément de l'appellation).
Teneur minimale en sucre résiduel : 34 g/litre.
Vins élaborés à partir de raisins arrivés à surmaturation (voir Pourriture noble*).

- Interprofession des vins du Val de Lore

■ COTEAUX DU LAYON PREMIER CRU CHAUME

French wine | Vins* blancs produits dans la Vallée de la Loire, nouvelle A.O.C* depuis 2011 *(1)* et reconnus A.O.P.* dans le cadre de l'UE.
Aire de production : Commune de Rochefort-sur-Loire dans le Maine-et-Loire.
Superficie du vignoble : 56 ha.
Rendement à l'hectare* : 25 hl.
Encépagement autorisé pour l'appellation : Chenin blanc*.
Teneur minimale en sucre résiduel : 68 g/litre.
Vins élaborés à partir de raisins arrivés à surmaturation (voir Pourriture noble*).

(1) En remplacement de l'appellation «Coteaux du Layon Chaume».

■ COTEAUX DU LOIR

French wine | Vins* rouges, rosés et blancs produits dans la Vallée de la Loire, A.O.C.* depuis 1948 et reconnus A.O.P* dans le cadre de l'U.E.
La mention "Val de Loire" peut éventuellement compléter le nom de l'appellation.
Aire de production : 15 communes de la Sarthe et 5 communes de l'Indre-et-Loire, situées au nord de Tours.
Superficie du vignoble : 30 ha.
Encépagement autorisé* pour l'appellation : Chenin blanc*, Pineau d'Aunis*, Cabernet franc*, Gamay*, Cot*, Groslot*.
Rendement à l'hectare* : 55 hl.

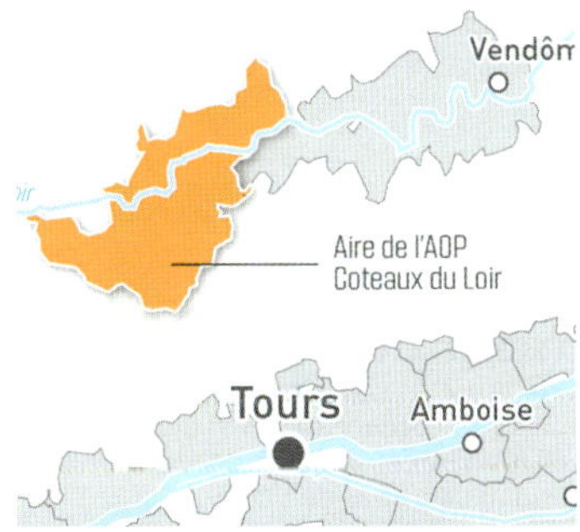

Source : Interloire - Interprofession des vins du Val de Loire

■ COTEAUX DU LYONNAIS

French wine | Vins* rouges, rosés et blancs produits dans le Rhône, A.O.C.* depuis le 9 mai 1984 et reconnus A.O.P.* dans le cadre de l'U.E.
Aire de production : 49 communes situées à l'ouest de Lyon.
Superficie du vignoble : 355 ha.
Encépagement autorisé* pour l'appellation : Gamay*, Gamay de Bouze*, Gamay de Chaudenay*, Chardonnay*, Aligoté*, Pinot blanc*.
Rendement à l'hectare* : 60 hl.

■ COTEAUX DU PONT DU GARD

French wine | *Voir* Vins I.G.P.*.

■ COTEAUX DU QUERCY

French wine | Vins* rouges et rosés produits dans le Sud-Ouest. Initialement A.O.V.D.Q.S.*, A.O.C.* depuis 2011 et reconnus A.O.P.* dans le cadre de l'U.E
Aire de production : 21 communes du Tarn-et-Garonne et 17 communes du Lot situées entre Montauban et Cahors.
Superficie du vignoble : 200 ha.
Encépagement autorisé* pour l'appellation : Cabernet franc*, Merlot*, Cot*, Gamay* et Tannat*.
Rendement à l'hectare* : 55 hl.

■ COTEAUX DU VENDÔMOIS

French wine | Vins* rosés, rouges et blancs produits dans la Vallée de la Loire. A.O.C.* depuis 2001 et reconnus A.O.P.* dans le cadre de l'U.E.
Aire de production : 27 communes du Loir-et-Cher situées à l'ouest de Vendôme.

Superficie du vignoble : 150 ha.
Encépagement autorisé* pour l'appellation : Gamay*, Pinot noir*, Cabernet franc*, Pineau d'Aunis*, Chenin blanc* et Chardonnay*.
Rendement à l'hectare* : 55 hl pour les vins rouges et blancs. 60 hl pour les rosés.

Source : Interloire - Interprofession des vins du Val de Loire

■ COTEAUX VAROIS EN PROVENCE

French wine | Vins* rouges, rosés et blancs produits en Provence. A.O.C.* depuis 1993 sous l'appellation initiale "Coteaux Varois" et reconnus A.O.P.* dans le cadre de l'U.E
Aire de production : 28 communes varoises de la région de Brignoles.
Superficie du vignoble : 2 635 ha.
Encépagement autorisé* pour l'appellation : Grenache noir*, Syrah*, Mourvèdre*, Carignan*, Cinsault*, Cabernet-Sauvignon*, Tibouren*, Grenache blanc*, Vermentino*, Sémillon* et Ugni blanc*.
Rendement à l'hectare* : 55 hl.

■ COTENTIN ou CIDRE DU COTENTIN

Cider | Cidre* produit dans le Cotentin sur une aire incluse dans le département de la Manche, A.O.C.* depuis 2016 et reconnu A.O.P.* dans la cadre de l'U.E.

■ CÔTES CATALANES

French wine | *Voir* Vins I.G.P.*.

■ CÔTES D'AUVERGNE

French wine | Vins* rouges, rosés et blancs produits en Auvergne, A.O.V.D.Q.S.* en 1951, A.O.C.* depuis 2011 et reconnus A.O.P.* dans le cadre de l'U.E. L'appellation peut être suivie ou non d'une dénomination géographique locale.
Aires de production :

- ***Côtes d'Auvergne*** : 53 communes du Puy-de-Dôme situées dans les arrondissements de Clermont-Ferrand, Riom et Issoire.
- ***Côtes d'Auvergne-Boudes*** (vins rouges) : communes de Boudes, Chalus et Saint-Hérent.
- ***Côtes d'Auvergne-Chanturgue*** (vins rouges) : communes de Clermont-Ferrand et Cébazat.
- ***Côtes d'Auvergne-Châteaugay*** (vins rouges) : communes de Châteaugay, Cébazat et Ménétrol.
- ***Côtes d'Auvergne-Corent*** (vins rosés) : communes de Corent, Les Martres-de-Veyre, La Sauvetat et Veyre-Monton.
- ***Côtes d'Auvergne-Madargue*** (vins rouges) : commune de Riom.

Superficie du vignoble : 410 ha.
Encépagement autorisé* pour l'appellation : Gamay*, Pinot noir* et Chardonnay*.
Rendement à l'hectare* : 55 hl (52 hl pour les vins bénéficiant d'une dénomination géographique locale).

■ CÔTES DE BERGERAC

French wine | Vins* rouges et blancs produits en Dordogne, A.O.C.* depuis 1936 et reconnus A.O.P.* dans le cadre de l'U.E.
Aire de production : 90 communes de l'arrondissement de Bergerac.
Superficie du vignoble : 1 407 ha (dont 27 ha pour les vins rouges et 1 380 ha pour les vins blancs).
Encépagement autorisé* pour l'appellation : Cabernet-Sauvignon*, Cabernet franc*, Merlot*, Cot*, Sémillon*, Sauvignon*, Muscadelle*, Ondenc*, Chenin blanc* et Ugni blanc*.
Rendement à l'hectare* : 50 hl à 55 hl.
Teneur en sucre résiduel des vins blancs : entre 4 et 54 g/litre selon le type.

■ CÔTES DE BLAYE

French wine | Vins* blancs produits dans le Bordelais, A.O.C.* depuis 1936 et reconnus A.O.P.* dans le cadre de l'U.E.
Aire de production : 41 communes, dont Blaye, situées au nord de Bordeaux.
Superficie du vignoble : 4 ha.
Encépagement autorisé* pour l'appellation : Ugni blanc*, Colombard*, Sémillon*, Sauvignon* et Muscadelle*.
Rendement à l'hectare* : 60 hl.
Teneur maximale en sucre résiduel : 4 g/l.

■ CÔTES DE BORDEAUX

French wine | *Voir* Blaye-Côtes de Bordeaux*.

■ CÔTES DE BORDEAUX SAINT-MACAIRE

French wine | Vins blancs secs*, moelleux* ou liquoreux* produits dans le Bordelais, A.O.C.* depuis 1937 et reconnus A.O.P.* dans le cadre de l'U.E.
Aire de production : 10 communes de Gironde, dont Saint-Macaire, situées à l'est de Langon.
Superficie du vignoble : 65 ha.
Encépagement autorisé* pour l'appellation : Sémillon*, Sauvignon*, Muscadelle*.
Rendement à l'hectare* : 60 hl pour les vins secs, 55 hl pour les vins moelleux, 40 l pour les vins liquoreux.

■ CÔTES DE BOURG

French wine | Vins* rouges et blancs produits dans le Bordelais, A.O.C.* depuis 1936 et reconnus A.O.P.* dans le cadre de l'U.E *(1)*.

Aire de production : 15 communes de Gironde, dont Bourg, situées sur la rive droite de la Dordogne.

Superficie : 3 979 ha (dont 3 950 ha pour les vins rouges et 29 ha pour les vins blancs).

Encépagement autorisé* pour l'appellation : Cabernet-Sauvignon*, Cabernet franc*, Merlot*, Malbec*, Sauvignon*, Sémillon*, Muscadelle*, Colombard*.

Rendement à l'hectare* : 54 hl pour les vins rouges, 60 hl pour les vins blancs.

*(1) Autres dénominations de l'appellation : "**Bourg**" ou "**Bourgeais**".*

■ CÔTES DE DURAS

French wine | Vins* blancs, rouges et rosés produits dans le Sud-Ouest, A.O.C.* depuis 1937 et reconnus A.O.P.* dans le cadre de l'U.E.

Aire de production : 15 communes du Lot-et-Garonne, dont Duras, situées au nord de Marmande.

Superficie du vignoble : 1 500 ha.

Encépagement autorisé* pour l'appellation : Sémillon*, Sauvignon*, Muscadelle*, Mauzac*, Colombard*, Chenin*, Ondenc*, Ugni blanc*, Cabernet-Sauvignon*, Cabernet franc*, Merlot*, Cot*.

Rendement à l'hectare* : 55 hl pour les vins rouges et rosés, 50 hl pour les vins blancs moelleux* et 60 hl pour les vins blancs secs.

■ CÔTES DE GASCOGNE

French wine | *Voir* Vins I.G.P.*.

■ CÔTES DE LA CHARITÉ

French wine | *Voir* Vins I.G.P.*.

■ CÔTES DE MEUSE

French wine | *Voir* Vins I.G.P.*.

■ CÔTES DE MILLAU

French wine | Vins* rouges, rosés et blancs produits dans l'Aveyron, A.O.V.D.Q.S.* en 1994, A.O.C.* depuis 2011 et reconnus A.O.P.* dans le cadre de l'U.E

Aire de production : 17 communes de la Vallée du Tarn, en amont et en aval de Millau.

Superficie du vignoble : 55 ha.

Encépagement autorisé* pour l'appellation : Gamay*, Syrah*, Cabernet-Sauvignon*, Fer Servadou*, Duras*, Chenin* et Mauzac*.

Rendement à l'hectare* : 55 hl.

■ CÔTES DE MONTRAVEL

French wine | Vins* blancs produits dans le Sud-Ouest, A.O.C.* depuis 1937 et reconnus A.O.P.* dans le cadre de l'U.E.

Aire de production : 13 communes de Dordogne situées à l'ouest de Bergerac.

Superficie du vignoble : 27 ha.

Encépagement autorisé* pour l'appellation : Sémillon*, Sauvignon*, Muscadelle*, Ondenc*.

Rendement à l'hectare* : 50 hl.

Teneur en sucre résiduel : entre 8 et 54 g/litre.

■ CÔTES DE PROVENCE

French wine | Vins* rosés (90 %), rouges (6,5 %) et blancs (3,5 %) produits en Provence, A.O.C.* depuis 1977 et reconnus A.O.P.* dans le cadre de l'U.E. La Provence produit près de 40 % des vins rosés français.

Aire de production : 15 communes des Bouches-du-Rhône, 68 communes du Var et 1 commune des Alpes-Maritimes. Sous certaines conditions, l'appellation "Côtes de Provence" peut être complétée par une dénomination géographique correspondant à une aire de production limitée *(1)*.

Superficie du vignoble : 20 100 ha.

Encépagement autorisé* pour l'appellation : Cinsault*, Grenache*, Mourvèdre*, Syrah*, Tibouren*, Barbaroux*, Cabernet Sauvignon*, Calitor*, Carignan*, Clairette*, Sémillon*, Ugni blanc* et Rolle*.

Rendement à l'hectare* : 55 hl (rendement plus réduit pour les vins bénéficiant d'une dénomination géographique complémentaire).

Teneur maximale en sucre résiduel : 3 ou 4 g/litre selon les types de vins.

(1) ***Sainte-Victoire*** *: vins rouges et rosés produits sur 7 communes des Bouches-du-Rhône et 2 communes du Var. Superficie du vignoble : 2 225 ha.*

Fréjus *: vins rouges et rosés produits sur 8 communes du Var. Superficie du vignoble : 24 ha.*

La Londe *: vins rouges et rosés produits sur 4 communes du Var. Superficie du vignoble : 80 ha.*

Pierrefeu *: vins rouges et rosés produits sur 12 communes du Var. Superficie du vignoble : 122 ha.*

Source : Photo CIVCP/F.Millo

Vignoble provençal au pied de la Montagne Sainte-Victoire

■ CÔTES DE THAU

French wine | *Voir* Vins I.G.P.*.

■ CÔTES DE THONGUE

French wine | *Voir* Vins I.G.P.*.

■ CÔTES DE TOUL

French wine | Vins* rouges, gris* et blancs produits en Meurthe-et-Moselle, A.O.C.* depuis 1998 et reconnus A.O.P.* dans le cadre de l'U.E.
Aire de production : 8 communes situées à proximité de Toul.
Superficie du vignoble : 90 ha.
Encépagement autorisé* pour l'appellation : Pinot noir*, Gamay*, Meunier*, Aubin* et Auxerrois*.
Rendement à l'hectare* : 60 hl pour les vins gris et blancs, 45 hl pour les vins rouges.

■ CÔTES DU FOREZ

French wine | Vins* rouges et rosés produits dans le département de la Loire, A.O.C.* depuis 2000 et reconnus A.O.P.* dans le cadre de l'U.E.
Aire de production : 17 communes de la région de Montbrison.
Superficie du vignoble : 180 ha.
Encépagement autorisé pour l'appellation : Gamay*.
Rendement à l'hectare* : 55 hl.

■ CÔTES DU JURA

French wine | Vins* rouges, rosés et blancs, vins de paille* et vins jaunes* produits dans le Jura,

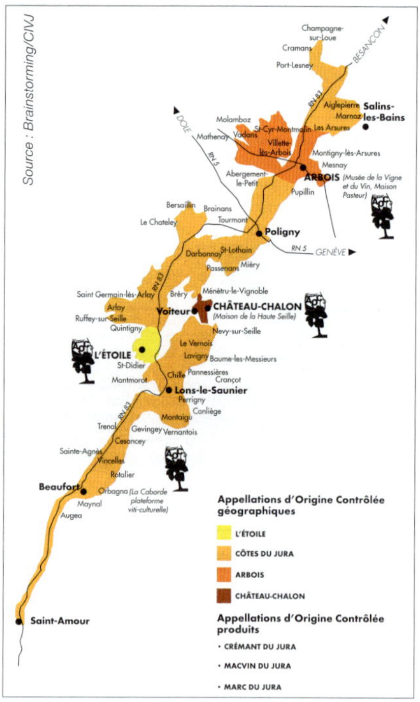

A.O.C.* depuis 1937 et reconnus A.O.P.* dans le cadre de l'U.E.
Aire de production : 105 communes du Jura situées au sud et au nord de Lons-le-Saunier.
Superficie du vignoble : 550 ha.
Encépagement autorisé* pour l'appellation : Poulsard*, Trousseau*, Pinot noir*, Savagnin*, Chardonnay*.
Rendement à l'hectare* : 55 hl pour les vins rouges et rosés, 60 hl pour les vins blancs et 20 hl pour les vins de paille.
Teneur en sucre des moûts* destinés à produire des vins de paille : entre 320 g et 420 g/litre.
Richesse alcoolique minimum acquise : 14 %.
Les vins de paille font l'objet d'un passerillage hors souche d'au moins 6 semaines et ne peuvent être commercialisés qu'après 3 ans de vieillissement (dont 18 mois "sous bois"), avec indication du millésime*.
Les vins jaunes (issus du seul cépage Savagnin) font l'objet d'un élevage minimum en fût de chêne, sans ouillage*, jusqu'au 15 décembre de la 6ème année qui suit celle de la récolte, dont 60 mois au moins sous voile pour d'acquérir le "goût de jaune".

■ CÔTES DU LOT

French wine | *Voir* Vins I.G.P.*.

■ CÔTES DU MARMANDAIS

French wine | Vins* rouges, rosés et blancs produits dans le Sud-Ouest, A.O.C.* depuis 1990 et reconnus A.O.P.* dans le cadre de l'U.E.
Aire de production : 27 communes du Lot-et-Garonne situées autour de Marmande.
Superficie du vignoble : 1 320 ha.
Encépagement autorisé* pour l'appellation : Cabernet-Sauvignon*, Cabernet franc*, Merlot*, Abouriou*, Cot*, Fer*, Gamay*, Syrah*, Sauvignon*, Muscadelle*, Sémillon*.
Rendement à l'hectare* : 55 hl pour les vins rouges et rosés, 60 hl pour les vins blancs.

■ CÔTES-DU-RHÔNE

French wine | Vins* rouges, rosés et blancs produits dans la Vallée du Rhône, A.O.C.* depuis 1937 et reconnus A.O.P.* dans le cadre de l'U.E
Aire de production : 171 communes du Rhône, de la Drôme, de la Loire, de l'Ardèche, du Vaucluse et du Gard.
Superficie du vignoble : 32 035 ha.
Encépagement autorisé* pour l'appellation : Grenache noir*, Syrah*, Mourvèdre*, Carignan*, Cinsault*, Counoise*, Muscardin*, Camarèse*, Picpoul noir*, Terret noir*, Marselan, Grenache gris*, Clairette*, Clairette rose, Grenache blanc*, Marsanne*, Roussanne*, Bourboulenc*, Viognier*, Ugni blanc*, Picpoul blanc*.
Rendement à l'hectare* : 51 hl.

■ CÔTES-DU-RHÔNE VILLAGES

French wine | Vins* rouges, rosés et blancs

produits sur 95 communes situées à l'intérieur de l'aire d'appellation Côtes-du-Rhône* *(1)*, A.O.C.* depuis 1966 et reconnus A.O.P.* dans le cadre de l'U.E. Par ailleurs, 21 dénominations géographiques complémentaires *(2)* peuvent figurer en complément du nom de l'appellation.
Superficie du vignoble : 8 630 ha.
Encépagement autorisé* pour l'appellation : Grenache noir*, Syrah*, Mourvèdre*, Carignan*, Cinsault*, Counoise*, Muscardin*, Camarèse*, Picpoul noir*, Terret noir*, Grenache gris*, Clairette*, Clairette rose, Grenache blanc*, Marsanne*, Roussanne*, Bourboulenc*, Viognier*, Ugni blanc*, Picpoul blanc*.
Rendement à l'hectare* : 44 hl (41 hl pour les vins commercialisés avec une dénomination géographique complémentaire).
(1) Communes réparties dans 4 départements : l'Ardèche, la Drôme, le Gard et le Vaucluse.
(2) Cairanne, Rochegude, Saint-Maurice, Rousset-les-Vignes, Saint-Pantaléon-les-Vignes, Gadagne, Massif d'Uchaux, Plan de Dieu, Puyméras, Roaix, Séguret, Valréas, Visan, Sablet, Chusclan, Laudun, Signargues, Saint-Gervais, Sainte-Cécile, Suze-la- Rousse, Vaison-la-Romaine.

■ CÔTES DU ROUSSILLON

French wine | Vins* rouges, rosés et blancs produits dans le Languedoc-Roussillon, A.O.C.* depuis 1977 et reconnus A.O.P.* dans le cadre de l'U.E.
Aire de production : 118 communes des Pyrénées-Orientales situées dans la partie est du département.
Superficie du vignoble : 5 800 ha.
Encépagement autorisé* pour l'appellation : Carignan*, Cinsault*, Grenache noir*, Lladoner Pelut*, Syrah*, Mourvèdre*, Maccabéo*, Grenache blanc*, Grenache gris*, Tourbat*, Marsanne*, Roussanne*, Viognier*, Carignan blanc, Vermentino*.
Rendement à l'hectare* : 48 hl.

■ CÔTES DU ROUSSILLON LES ASPRES

French wine | Vins* rouges produits dans le Languedoc-Roussillon, A.O.C.* depuis le 2004 et reconnus A.O.P.* dans le cadre de l'U.E.
Aire de production : 37 communes des Aspres et des Albères situées entre Perpignan et la frontière espagnole.
Superficie du vignoble : 200 ha.
Encépagement autorisé* pour l'appellation : Carignan*, Grenache *, Syrah* et Mourvèdre*.
Rendement à l'hectare* : 45 hl.

■ CÔTES DU ROUSSILLON VILLAGES

French wine | Vins* rouges produits dans le Languedoc-Roussillon, A.O.C.* depuis 1977 et reconnus A.O.P.* dans le cadre de l'U.E. Les noms de Caramany *(1)*, Latour-de-France *(2)*, Lesquerde *(3)* et Tautavel *(4)* peuvent compléter l'appellation.
Aire de production : 32 communes des Pyrénées-Orientales situées dans le nord-est du département.
Superficie du vignoble : 2 200 ha.
Encépagement autorisé* pour l'appellation : Carignan*, Grenache*, Syrah*, Mourvèdre*, Lladoner Pelut*.
Rendement à l'hectare* : 45 hl (42 hl pour les vins bénéficiant d'une dénomination géographique complémentaire).
(1) Pour les vins récoltés et vinifiés sur les communes de Bélesta, Caramany et Cassagnes.
(2) Pour les vins récoltés et vinifiés sur la commune de Latour-de-France et sur certaines parcelles des communes de Cassagnes, Estagel, Latour-de-France, Montner et Planèzes.
(3) Pour les vins récoltés et vinifiés sur les communes de Lansac, Lesquerde et Rasiguères.
(4) Pour les vins récoltés et vinifiés sur les communes de Tautavel et Vingrau.

■ CÔTES DU TARN

French wine | *Voir* Vins I.G.P.*.

■ CÔTES DU VIVARAIS

French wine | Vins* rouges, rosés et blancs produits dans la Vallée du Rhône, A.O.C.* depuis 1999 et reconnus A.O.P.* dans le cadre de l'U.E.
Aire de production : 9 communes de l'Ardèche et 5 communes du Gard, situées au sud-ouest de Montélimar.
Superficie du vignoble : 430 ha.
Encépagement autorisé* pour l'appellation : Grenache*, Syrah*, Cinsault*, Marselan, Clairette*, Grenache blanc*, Marsanne*, Viognier*, Roussanne*.
Rendement à l'hectare* : 52 hl

■ COTRIADE

Fish soup | En Bretagne, soupe* de poissons contenant de l'oignon* et des pommes de terre*. Elle est parfois accompagnée de croûtons aillés.

■ COU D'OIE FARCI

STUFFED GOOSE NECK | Cou d'oie désossé et farci avec un mélange de viandes de volaille et de porc* hachées enrichi de foie gras*, parfumé à l'armagnac* et éventuellement additionné de truffe*. Dans cette préparation, c'est uniquement la peau du cou de l'animal qui sert d'enveloppe à la farce.

■ COUHÉ-VÉRAC

French cheese | Fromage* de lait* de chèvre fabriqué dans le Poitou. Il doit son nom à un village situé dans sa zone de production. Le Couhé-Vérac est présenté dans une feuille de platane ou de châtaignier.
Type : pâte molle, croûte naturelle.

Forme : carré.
Taille : 8 à 9 cm de côté, 2,5 cm d'épaisseur.
Poids : 220 à 250 g.
Teneur en M.G. : 45 %.
Meilleures saisons : printemps, été.

■ COULANT AU CHOCOLAT

CHOCOLATE FONDANT | Devenu aujourd'hui un dessert très à la mode, le coulant au chocolat* est une création de Michel Bras*. La recette originale, imaginée en 1981, est composée de deux appareils* : une pâte à biscuit chocolatée et une ganache*. Au moment de la mise en cuisson, un noyau de ganache préalablement congelé est inséré dans la pâte à biscuit. En fin de cuisson, la préparation présente un extérieur moelleux, légèrement croustillant et un intérieur coulant. Ce dessert, maintes fois copié et revisité, se retrouve parfois sous des dénominations différentes : fondant au chocolat ou moelleux au chocolat par exemple.

Source : Adobe Stock

Coulant au chocolat

■ COULÉE DE SERRANT

French wine | Vins* blancs produits dans la Vallée de la Loire, A.O.C.* *(1)* reconnue A.O.P.* dans le cadre européen.
Aire de production : parcelles situées au lieu-dit "Coulée de Serrant" sur la commune de Savennières, au sud-ouest d'Angers.
Superficie du vignoble : 7 ha dans une seule propriété.
Encépagement autorisé pour l'appellation : Chenin*.
Rendement à l'hectare* : 25 hl pour les vins moelleux et doux, 30 hl pour les vins secs.

(1) En remplacement de l'appellation "Savennières-Coulée de Serrant".

■ COULEMELLE

PARASOL (mushroom) | Dénomination courante de la lépiote*.

■ COULIBIAC ou KOULIBIAC

Russian fish pie | Apprêt culinaire d'origine russe. Il s'agit d'une sorte de pâté en croûte souvent en pâte à brioche* garni de poisson *(1)*, de légumes, de semoule* ou de riz*, de vesiga* et d'œufs* durs. Le coulibiac de saumon* est un mets classique.

(1) On peut trouver du coulibiac garni de chair de volaille.

■ COULIS

COULIS | Ce terme désigne à la fois une purée de fruit sucrée (ex : fraise*, framboise*, abricot*…) et une sauce obtenue à partir d'une cuisson concentrée de légumes (ex : tomate*) ou de crustacés (ex : homard*, écrevisse*…).

■ COULOMMIERS

French cheese | Fromage* de lait* de vache fabriqué en Ile-de-France. Il doit son nom à une localité de Seine-et-Marne, lieu principal de sa commercialisation.
Type : pâte molle à croûte fleurie.
Forme : disque plat.
Taille : 13 cm de diamètre, 2,5 à 3 cm d'épaisseur.
Poids : 400 à 500 g.
Teneur en M.G. : 45 à 50 %.
Meilleures saisons : automne, hiver, printemps.

■ COUNOISE

Grape variety | Cépage* noir originaire d'Espagne, autrefois connu sous le nom de Moustardier.
Aires de culture : Vallée du Rhône (Côtes-du-Rhône*, Châteauneuf-du-Pape*, etc.), Provence (Cassis*, Les Baux-de-Provence*, etc.) et Languedoc (Languedoc*, Pic Saint-Loup*, etc.).
Vins* produits : rouges fruités, tanniques, avec des notes épicées et une légère perception d'amertume en fin de bouche.

■ COUPI

French cheese | Fromage* de lait* de vache fabriqué dans la Creuse. Il tire son nom d'un terme dialectal local.
Type : pâte molle, croûte naturelle.
Forme : boule aplatie.
Taille : 12 à 15 cm de diamètre, 3 à 5 cm d'épaisseur.
Poids : 350 à 500 g.
Teneur en M.G. : 10 % environ.
Meilleures saisons : été, automne, hiver.

■ COURBINE

CROAKER (fish) | *Voir* Maigre*.

■ COURBU BLANC

Grape variety | Cépage* blanc originaire du Béarn.
Aires de cultures : vignobles du Sud-Ouest pyrénéen (Pacherenc-du-Vic Bilh*, Béarn*, Jurançon*, etc.).
Vins* produits : blancs secs ou moelleux selon les types de culture et les modes de vinification.

■ COURBU NOIR

Grape variety | Cépage* noir d'origine pyrénéenne cultivé sur de faibles superficies dans le Béarn (voir A.O.C.* du même nom).
Il donne des vins rouges légers, fins et peu colorés.

■ COUR-CHEVERNY

French wine | Vins* blancs produits dans la Vallée de la Loire, A.O.C.*1993 et reconnus A.O.P.* dans le cadre de l'U.E. La mention "Val de Loire" peut être éventuellement adjointe à l'appellation.
Aire de production : 11 communes du Loir-et-Cher, dont Cour-Cheverny, situées au sud-est de Blois.
Superficie du vignoble : 60 ha.
Encépagement autorisé pour l'appellation : Romorantin*.
Rendement de base à l'hectare* : 60 hl.

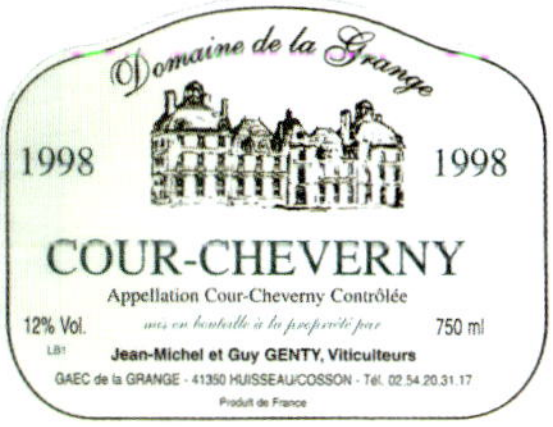

■ COURGETTE

ZUCCHINI (courgette) | Cucurbitacée* vraisemblablement originaire d'Amérique Centrale. Actuellement elle est cultivée dans de nombreux pays, notamment en Italie, en Espagne, au Maroc et en France.
Principales variétés : *Grisette de Provence, Blanche de Virginie, Gold Rush, Verte maraîchère, Longue de Saumur, Diamant, Arlesa, Reine des noires, Prince noir, Ronde de Nice, Courgette fleur*....
Toutes ces variétés se différencient par leur forme, leur taille et leur couleur.
La courgette se consomme cuite, en purée, en flan, farcie, en gratin, en ratatouille*, etc. La fleur de courgette se prépare farcie ou en beignet*.

■ COURMAYEUR

French mineral water | Eau minérale naturelle* plate captée à Courmayeur, au pied du Mont-Blanc dans les Alpes italiennes. Connue depuis le 17eme siècle, Courmayeur est distribuée en France depuis 2000.
Catégorie : fortement minéralisée.

Composition physico-chimique (en mg/l)	
Cations	Anions
Calcium : 579 Magnésium : 59 Potassium : 2,5 Sodium : 0,7	Sulfates : 1 447 Bicarbonates : 180 Chlorures : 0,4 Nitrates : <2
Fluor : <1	
pH à 20°C : 7,1 Minéralisation totale : 2 287 mg/l	

■ COURT-BOUILLON

Broth | Décoction* réalisée à partir de légumes, épices* et aromates*. Le court-bouillon sert à pocher divers aliments (poissons, crustacés, abats* blancs...).

■ COURQUINOISE

Fish soup | Soupe* de poissons aux poireaux* préparée sur le littoral de la Mer du Nord. La courquinoise est une spécialité calaisienne.

■ COUSCOUS

COUSCOUS | Préparation culinaire originaire du Maghreb réalisée à partir de semoule* de blé dur roulée à la main pendant et après cuisson à la vapeur. La garniture est variable selon les régions et les coutumes. On peut y trouver du mouton*, du bœuf*, du poulet*, des saucisses*, des pois chiches*, des fèves*, des raisins secs*, des courgettes*, etc. Le couscous tunisien est plutôt garni de poisson.

■ COUTEAU (coquillage)

RAZOR SHELL (shellfish) | Mollusque lamellibranche bivalve doté d'une coquille de forme rectangulaire, très allongée, qui mesure de 10 à 20 cm de longueur. Le couteau vit sur les fonds sableux de la Manche, de l'Atlantique et de la Méditerranée. À marée basse, il s'enfonce dans le sable des plages. Ce coquillage, dont il existe 2 espèces principales, *le couteau droit* et *le couteau courbe*, se consomme généralement cru ou farci.

■ COUTEAU (ustensile)

KNIFE | *Voir* Couvert*.

■ COUVERT

TABLE PLACE SETTING | Jusqu'à la fin du Moyen Âge, la nourriture était présentée dans des récipients collectifs où les convives se servaient avec leurs doigts qu'il était permis de sucer et ensuite d'essuyer sur la pièce de tissus qui faisait office de nappe et de serviette. L'usage voulait que les plats soient présentés "à couvert" pour éviter les empoisonnements. D'où, plus tard, l'expression "mettre le couvert" pour dresser une table.
Avec l'évolution des règles de courtoisie et la recherche d'un raffinement culinaire va apparaître un véritable "Art de la table".
L'assiette, témoignage de l'individualisation, va remplacer le tranchoir et l'écuelle. D'abord en métal et ensuite en faïence ou en porcelaine, l'assiette va devenir l'élément de base de la mise en place d'une table.
Le verre remplacera le gobelet. Ce nouveau contenant marquera une avancée significative dans la façon de consommer les boissons et plus particulièrement le vin*.
Le couteau de table à bout arrondi apparaîtra

avec la fourchette. Désormais, le couteau pointu qui servait à piquer les aliments est moins utile.
La fourchette, dotée initialement de deux dents, se transformera ultérieurement en un ustensile à quatre dents.
L'usage de ***la cuillère*** (ou cuiller) se généralisera avec celui de la fourchette.
La serviette individuelle, assortie à la nappe, remplacera définitivement la longière. *(1)*
Assiettes, verres et couverts ne sont pas uniquement des ustensiles pour boire et manger, ils sont aussi des pièces ouvragées, faites souvent de métaux précieux ou de matériaux nobles. Dès la Renaissance, l'élégance de la table est un moyen d'affirmer sa position sociale.

(1) Pièce de tissus étroite, placée en bordure de nappe, qui servait aux convives à s'essuyer les mains et la bouche.

Source : Photo BG

■ CRABE

CRAB | Crustacé décapode marin représenté par de nombreuses espèces dont les plus connues sont le tourteau*, l'araignée de mer*, le crabe vert* et l'étrille*.
Le crabe royal d'Alaska qui possède 6 pattes et 2 pinces est le plus grand de tous les crabes. Son envergure peut atteindre 1,80m pour un poids de 10 kg.

Source : ASMI/Alaska Seafood

Crabe royal d'Alaska

■ CRABE VERT ou CRABE ENRAGÉ

EUROPEAN GREEN CRAB | Petit crabe*, voisin de l'étrille*, dont la carapace est de couleur verte.

■ CRAMIQUE

French bread | Brioche* (ou pain au lait*) garnie de raisins* de Corinthe et généralement servie avec le café*. Le cramique est une spécialité belge.

■ CRANBERRY ou CANNEBERGE

CRANBERRY | Petite baie rouge au goût acidulé originaire d'Amérique du Nord. La cranberry est bien connue pour ses vertus diététiques grâce notamment à sa richesse en éléments minéraux, vitamines et antioxydants. Elle est consommée nature, en jus de fruit, en confiture*, dans les desserts et dans diverses préparations culinaires.

■ CRAPAUDINE (en)

BUTTERFLIED (spatchcock) | Désignation d'une volaille (poulet*, coquelet* ou pigeon*) fendue, partiellement désossée, aplatie, panée et grillée.

■ CRAQUELOT

Fish | Autre dénomination du hareng bouffi*.

■ CRATERELLE

Mushroom | Champignon sylvestre couramment appelé *trompette-des-morts**.

■ CRÉCY

Rice dish | Préparation culinaire contenant des carottes* et éventuellement du riz*. Elle doit son nom à Crécy-la-Chapelle (Seine-et-Marne), autrefois réputée pour ses productions maraîchères.

■ CRÉMANT

Sparkling wine | Vin effervescent* obtenu suivant la méthode traditionnelle* et présentant une surpression d'environ 3,5 atmosphères à 20°C. Sa mousse, d'apparence "crémeuse", est à l'origine de son nom. Chaque crémant est élaboré selon le cahier des charges de son appellation (voir A.O.C.* qui suivent).

■ CRÉMANT D'ALSACE

French wine | Vins* blancs et rosés effervescents élaborés dans l'Est de la France, A.O.C.* depuis 1976 et reconnus A.O.P.* dans le cadre de l'U.E.
Aire de production : 120 communes du Haut-Rhin et du Bas-Rhin.
Superficie du vignoble : 3640 ha.
Encépagement autorisé* pour l'appellation : Riesling*, Pinot blanc*, Pinot noir*, Pinot gris*, Auxerrois* et Chardonnay*.
Rendement à l'hectare* : 80 hl.

■ CRÉMANT DE BORDEAUX

French wine | Vins* blancs et rosés effervescents élaborés à partir de vins récoltés sur les aires délimitées de l'appellation Bordeaux*, A.O.C.* depuis 1990 et reconnus A.O.P* dans le cadre de l'U.E.
Superficie du vignoble : 670 ha.
Encépagement autorisé* pour l'appellation : Sémillon*, Sauvignon*, Muscadelle*, Cabernet-Sauvignon*, Cabernet franc*, Carmenère*, Merlot*, Malbec*, Petit Verdot*, Ugni blanc*, Merlot blanc* et Colombard*.
Rendement à l'hectare* : 72 hl.

■ CRÉMANT DE BOURGOGNE

French wine | Vins* blancs et rosés effervescents élaborés à partir de vins récoltés sur les aires délimitées de l'appellation Bourgogne*, A.O.C.* depuis 1975 et reconnus A.O.P.* dans le cadre de l'U.E.
Superficie du vignoble : 2 000 ha.
Encépagement autorisé* pour l'appellation : Pinot noir*, Pinot gris*, Gamay*, Pinot blanc*, Chardonnay*, Aligoté*, Melon de Bourgogne* et Sacy*.
Rendement à l'hectare* : 78 hl.

■ CRÉMANT DE DIE

French wine | Vins* blancs effervescents produits dans la Vallée du Rhône, A.O.C.* depuis 1993 et reconnus A.O.P.* dans le cadre de l'U.E.
Aire de production : identique à l'appellation Clairette de Die*.
Superficie du vignoble : 70 ha.
Encépagement autorisé* pour l'appellation : Clairette*, Muscat à petits grains* et Aligoté*.
Rendement à l'hectare* : 60 hl.

■ CRÉMANT DE LIMOUX

French wine | Vins* blancs et rosés effervescents produits en Languedoc-Roussillon, A.O.C.* depuis 1990 et reconnus A.O.P.* dans le cadre de l'U.E.
Aire de production : 41 communes de l'Aude - dont Limoux - situées au sud-ouest de Carcassonne.
Superficie du vignoble : 485 ha.
Encépagement autorisé* pour l'appellation : Chardonnay*, Mauzac*, Chenin blanc* et Pinot noir*.
Rendement à l'hectare* : 70 hl.

■ CRÉMANT DE LOIRE

French wine | Vins* blancs et rosés effervescents élaborés à partir de vins récoltés à l'intérieur des aires délimitées des appellations Anjou*, Cheverny*, Saumur mousseux* et Touraine*. A.O.C.* depuis 1975 et reconnus A.O.P.* dans le cadre de l'U.E.
Superficie du vignoble : 1 695 ha.
Encépagement autorisé* pour l'appellation : Chenin*, Cabernet franc*, Cabernet-Sauvignon*, Pineau d'Aunis*, Pinot noir*, Chardonnay*, Menu Pineau* et Grolleau*.
Rendement à l'hectare* : 74 hl.

■ CRÉMANT DE SAVOIE

French wine | Vins* blancs effervescents élaborés à partir de vins récoltés à l'intérieur de l'aire d'appellation Vin de Savoie* *(1)*, A.O.C.* depuis 2014 et reconnus A.O.P.* dans le cadre de l'U.E.
Superficie du vignoble : 110 ha.
Encépagement autorisé* pour l'appellation : Aligoté*, Altesse*, Chardonnay*, Jacquère*, Mondeuse*, Chasselas*, Molette*, Gamay*, Pinot noir*.
Rendement à l'hectare* : 74 à 78 hl.

(1) Moins 4 communes.

■ CRÉMANT DU JURA

French wine | Vins* blancs et rosés effervescents élaborés à partir de vins récoltés sur les 105 communes de l'aire d'appellation Côtes du Jura*. A.O.C.* depuis 1995 et reconnus A.O.P.* dans le cadre de l'U.E.
Superficie du vignoble : 285 ha.
Encépagement autorisé* pour l'appellation : Chardonnay*, Savagnin*, Poulsard*, Pinot noir*, Pinot gris* et Trousseau*.
Rendement à l'hectare* : 74 hl.

Source : Hendrick Monnier/CIVJ

■ CRÉMANT DU LUXEMBOURG

Luxembourg wine | Vins* effervescents luxembourgeois élaborés selon la Méthode traditionnelle* à partir de cépages* Rivaner, Ebling, Auxerrois*, Riesling*, etc...
Ce V.M.Q.P.R.D.* bénéficie d'une appellation d'origine contrôlée dans son pays depuis 1991. Il est également reconnu A.O.P.* dans le cadre de l'U.E

■ CRÈME (potage)

CREAM BASED SOUP | Potage* onctueux dont la réalisation est proche d'un velouté* mais où la base peut être constituée d'une sauce béchamel*. La liaison finale se fait à la crème fraîche*.

■ CRÈME (sauce)

CREAM (sauce) | Sauce béchamel* additionnée de crème fraîche*.

■ CRÈME (spiritueux*)

CREAM (liqueur*) | Liqueur* de consistance sirupeuse ayant une teneur minimale en sucre* de 250 g/litre. La dénomination "Crème de cassis" est réservée à une liqueur de cassis* contenant au moins 400 g/litre.

Source : Doc Vedrenne

Gamme de crèmes de fruits

■ CRÈME AGNÈS SOREL

Cream-based soup | Crème* à base de velouté* de volaille, champignons* et garnie d'une julienne* de champignons, dés de blancs de volaille et de langue écarlate*.

■ CRÈME ANGLAISE

Custard | Crème réalisée à partir de jaunes d'œufs*, sucre*, lait* et vanille*.

■ CRÈME ARGENTEUIL

ASPARAGUS SOUP | Crème* à base de velouté* de veau*, asperges* et garnie de pointes d'asperges* vertes et pluches de cerfeuil*.

■ CRÈME AU BEURRE

BUTTERCREAM | Crème réalisée à partir de jaunes d'œufs*, sucre* cuit, beurre* et vanille*. Cette crème peut être parfumée à volonté.

■ CRÈME BOÏELDIEU

Cream-based chicken soup | Crème* à base de velouté* de volaille garnie de petites quenelles* de volaille farcies au foie gras*, de dés de blancs de volaille et de truffes*.

■ CRÈME BRÛLÉE

CREME BRULEE | Crème entremets réalisée avec un appareil* composé de jaunes d'œufs*, sucre*, lait* ou crème fraîche* et souvent aromatisé à la vanille*. Après cuisson au four et refroidissement, la crème est saupoudrée de cassonade* pour être caramélisée.

Source : Adobe Stock

■ CRÈME CATALANE

CATALAN CREAM | Crème entremets épaisse, proche de la crème pâtissière*, aromatisée avec de la cannelle* et des zestes* de citron*. Comme la crème brûlée*, elle est servie caramélisée.

■ CRÈME CHANTILLY

CHANTILLY CREAM (whipped cream) | Crème réalisée à partir de crème fraîche* fouettée, sucre* et vanille*.

L'origine de cette crème est incertaine, mais il semblerait qu'elle ait été mise à l'honneur par Vatel* lors d'un repas donné pour Louis XIV au château de Chantilly.

■ CRÈME CHIBOUST

CHIBOUST CREAM (pastry cream) | Crème pâtissière* additionnée de blancs d'œufs* en neige ou meringue italienne* et éventuellement collée à la gélatine*. Cette crème fut mise au point par M. Chiboust, un pâtissier parisien du 19ème siècle installé rue Saint-Honoré et créateur du célèbre Saint-Honoré*.

■ CRÈME DE CASSIS DE BOURGOGNE

Black currant liqueur | Indication géographique réservée à une crème* de cassis fabriquée en Côte-d'Or et en Saône-et-Loire à partir de baies de cassis* produites localement. Un cahier des charges définit précisément les critères de l'I.G., notamment l'aire géographique de récolte des fruits et les principes d'élaboration de la liqueur*.

Teneur minimale en sucre : 450 g/l.

Titrage alcoolique minimum à la vente au consommateur : entre 15° et 25°.

■ CRÈME DE CASSIS DE DIJON

Black currant liqueur | Liqueur* de cassis* élaborée dans la région dijonnaise à partir de fruits récoltés en Côte-d'Or *(1)*. La Crème de cassis de Dijon, obtenue par macération de baies de cassis dans l'alcool, fut créée en 1841 par Auguste-Denis Lagoute. Associé avec son gendre Henri Lejay, il constituera la Société Lejay-Lagoute, un des plus grands liquoristes de Bourgogne. D'autres sociétés produisent également d'excellentes crèmes de cassis de Dijon, citons les maisons Cartron, Vedrenne, Boudier, L'Héritier-Guyot, Briottet, etc. Depuis 2012, ***Le Cassis de Dijon**** est une Indication géographique qui consacre le savoir-faire des liquoristes dijonnais.

(1) Notamment une variété spécifique, très aromatique, le Noir de Bourgogne.

CRÈME DE COCO

COCONUT CREAM | *Voir* Noix de coco*.

CRÈME DE MARRONS

CHESTNUT CREAM | Produit réalisé à partir d'une purée de marrons* sucrée. La crème de marrons, spécialité ardéchoise, est surtout employée en pâtisserie et en confiserie.

CRÈME FRAÎCHE

Fresh cream | Produit obtenu par centrifugation du lait* et contenant au moins 30% de matières grasses. Le qualificatif "fraîche" ne peut s'employer que pour des crèmes crues ou pasteurisées.
Différents types de crème:

- ***Crème crue*** : la plus naturelle, elle ne subit aucun traitement.
- ***Crème fraîche pasteurisée liquide ou crème fleurette*** : elle est chauffée 15 à 20 secondes entre 85 et 90 °C. Cette crème conserve une saveur douce.
- ***Crème fraîche pasteurisée épaisse*** ou ***crème maturée*** : après pasteurisation, elle est refroidie à 6 ou 7 °C afin de cristalliser une partie des matières grasses. Elle est ensuite ensemencée avec des ferments lactiques. Son goût est plus acide.
- ***Crème double*** : elle est enrichie en matières grasses.
- ***Crème légère*** : elle contient entre 12 et 30 % de matières grasses.
- ***Crème stérilisée*** : elle est chauffée à 115 °C pendant 15 à 20 minutes.
- ***Crème UHT*** : elle est stérilisée à 150 °C pendant 2 secondes. Comme les deux précédentes, elle n'a pas droit à la dénomination "crème fraîche".
- ***Crème aigre*** : produit ayant subi une fermentation bactérienne.
- ***La Crème fraîche d'Isigny***, A.O.C.* depuis 1986, est reconnue A.O.P.* dans le cadre de l'U.E. Elle est produite sur un secteur limité à 93 communes de la Manche et 82 communes du Calvados situées à proximité d'Isigny et de Saint-Lô.
- ***La Crème de Bresse***, A.O.C.* depuis 2012, est reconnue A.O.P.* dans le cadre de l'U.E. Elle est produite sur une aire constituée de nombreuses communes de l'Ain, du Jura et de la Saône-et-Loire.
- ***La crème fraîche fluide d'Alsace*** est une I.G.P.* réservée à une crème pasteurisée liquide élaborée dans le Haut-Rhin et le Bas-Rhin.

(1) Pour obtenir 1 litre de crème à 40 % de M.G., il faut 10 litres de lait.

CRÈME GEORGETTE

Cream-based soup | Crème* à base de velouté de veau*, fonds d'artichauts* et garnie de perles du Japon*.

CRÈME GLACÉE

FROZEN CREAM | *Voir* Glace*.

CRÈME PÂTISSIÈRE

PASTRY CREAM | Crème réalisée à partir de jaunes d'œufs*, sucre*, farine*, lait* et vanille*. Cette crème peut être parfumée à volonté.

CRÈME RENVERSÉE AU CARAMEL

CREME CARAMEL | Crème entremets réalisée à partir d'œufs*, sucre*, lait*, vanille* et caramel*. Après cuisson au bain-marie au four et refroidissement, la crème est renversée pour être démoulée, nappée du caramel.

CRÈME VIENNOISE

CRÈME VIENNOISE | Crème renversée dont l'appareil* (œufs*, lait*, sucre*) est parfumé au caramel*.

CRÊPE

CREPE (thin pancake) | Préparation se présentant sous forme de fine galette réalisée avec une pâte à crêpe* sucrée ou salée.

Source : Adobe Stock

Crêpes à l'orange

CRÊPES DU COUVENT

CREPES DU COUVENT | Crêpes* fourrées de dés de poire* fondante.

CRÊPES GEORGETTE

CREPES GEORGETTE | Crêpes* fourrées de fines lames d'ananas* macérées au marasquin* ou au rhum*.

CRÊPES GIL-BLAS

CREPES GIL-BLAS | Crêpes* fourrées avec un appareil composé de beurre* pommade sucré, additionné de fine champagne*, de beurre d'aveline* et de jus de citron*.

CRÊPES NORMANDES

CREPES NORMANDES | Crêpes* fourrées de dés de pommes* sautés au beurre.

■ CRÊPES PAYSANNES

CREPES PAYSANNES | Crêpes* réalisées avec un appareil parfumé à l'eau de fleur d'oranger*.

■ CRÊPES SUZETTE

CREPES SUZETTE | Crêpes* parfumées avec du curaçao* et du suc *(1)* de mandarine*. Elles sont généralement fourrées d'un appareil composé de beurre* pommade sucré, lui-même additionné de curaçao et de suc de mandarine. Des versions plus contemporaines intègrent souvent de l'orange* (jus et zestes*), du citron* (jus), du Grand-Marnier* et du cognac* pour parfumer le beurre *(2)*. Les crêpes Suzette ne se flambent pas.
La recette originelle de cette préparation est revendiquée par plusieurs cuisiniers, notamment H.Charpentier qui aurait dédié ces célèbres crêpes à Suzette, la compagne du Prince de Galles, futur Edouard VII.

(1) Extrait liquide provenant d'un tissu végétal ou animal.
(2) Voir Beurre Suzette.*

■ CRÉPINE

CAUL FAT | Membrane transparente et graisseuse qui entoure les viscères du porc*, du veau* ou de l'agneau*. La crépine est également appelée *toilette.*

■ CRÉPINETTE

French sausage | Saucisse* plate fabriquée à partir de chair à saucisse* enveloppée dans une crépine*. On trouve également des crépinettes à base de chair de veau*, d'agneau*, de volaille ou de poisson.

Source : Adobe Stock

■ CRESSON

CRESS | Plante herbacée à petites feuilles vertes originaire du Moyen-Orient. On le rencontre sous différentes variétés :

- ***Le cresson de fontaine*** : variété la plus courante qui pousse à l'état sauvage en milieu aquatique (rivières, ruisseaux, fontaines) mais qui est surtout cultivée en cressonnières contrôlées par les services sanitaires *(1)*.
- ***Le cresson alénois*** : variété à très petites feuilles de saveur piquante. Il est aussi appelé "cresson de jardin".
- ***Le cresson des prés*** : variété sauvage qui croît dans les champs.

Le cresson se consomme cru, nature ou assaisonné, et cuit, en soupe*, en purée, en sauce*, etc.

(1) Un dangereux parasite, la douve du foie, peut se trouver dans les déjections animales (ovins ou bovins*) véhiculées par l'eau d'un ruisseau ou d'une rivière. Si ce parasite est présent dans le cresson consommé par l'homme, il risque de provoquer des maladies hépatiques graves.*

■ CRESSONNIÈRE (salade)

Salad | Salade composée constituée de rondelles de pommes de terre* et feuilles de cresson* saupoudrées d'œufs* durs et persil hachés*.
Assaisonnement : sauce vinaigrette*.

■ CRÊTE DE COQ

COXCOMB | Excroissance dentelée de couleur rouge située sur la tête du volatile. Ce petit abattis* entre comme élément de garniture* dans certains apprêts culinaires.

■ CREUSOIS

French cheese | Fromage* identique au Coupi*.

■ CREVETTE

SHRIMP (prawns) | Crustacé décapode marin vivant pratiquement dans toutes les mers du monde.
On dénombre environ 160 espèces, parmi les principales, citons :

- ***La crevette grise*** ou ***boucaud*** qui mesure de 3 à 6 cm. Elle vit sur les côtes de la Manche et de la Mer du Nord. Translucide lorsqu'elle est vivante, elle rougit à la cuisson.
- ***La crevette rose*** ou ***bouquet*** qui mesure de 7 à 10 cm. Elle est pêchée sur toutes les côtes rocheuses.
- ***La crevette chevrette*** qui vit dans les mêmes milieux que la crevette rose mais qui est de taille inférieure.
- ***La crevette rose tropicale*** ou ***crevette du Sénégal*** qui mesure de 15 à 20 cm. Elle est pêchée sur les côtes et dans les lagunes de l'Afrique tropicale.
- ***La crevette d'Algérie*** ou ***gamba*** qui mesure de 15 à 22 cm. Elle est pêchée dans la Méditerranée et dans l'Atlantique.
- ***Le scampi*** qui est une espèce identique à la précédente mais qui vit dans les eaux italiennes de la Méditerranée et de l'Adriatique.
- ***La crevette rose de Méditerranée*** ou ***caramote*** qui mesure de 15 à 20 cm. Elle est pêchée sur les côtes du bassin méditerranéen.

L'élevage de la crevette (crevetticulture), bien maîtrisé dans certains pays (en particulier dans les pays asiatiques), permet de proposer des produits à plus faible coût que ceux provenant de la pêche. Comme la plupart des crustacés, la crevette doit être préparée et consommée très fraîche. Elle est d'ailleurs parfois cuite dans de l'eau de mer sur les lieux de pêche.

■ CRÉZANCY

French cheese | Fromage* de lait* de chèvre fabriqué dans le Berry. Son nom vient de son lieu de production dans le Cher.
Type: pâte molle, croûte naturelle.
Forme: petite boule aplatie.
Taille: 6 cm de diamètre, 3 cm d'épaisseur.
Poids: 80 à 100 g.
Teneur en M.G.: 45%.
Meilleures saisons: printemps, été, automne.

■ CRIOTS-BATARD-MONTRACHET

French wine | Vin* blanc produit en Bourgogne*, Grand Cru bénéficiant d'une A.O.C.* depuis le 1939 et reconnu A.O.P.* dans le cadre de l'U.E.
Aire de production : parcelles délimitées du lieu-dit "Les Criots", sur la commune de Chassagne-Montrachet en Côte-d'Or, d'une superficie totale de 1,57 ha.
Encépagement autorisé pour l'appellation : Chardonnay*.
Rendement à l'hectare* : 48 hl.

■ CRISTALINE GRANDS BOIS

French mineral water | Eau de source* captée à Fismes dans la Marne.
Catégorie: faiblement minéralisée.
pH à 20 °C: 7,5.
Minéralisation totale: 480 mg/l.

■ CRISTALINE LA BONDOIRE SAINT-HIPPOLYTE

French mineral water | Eau de source* captée à Saint-Hippolyte dans l'Indre-et-Loire.
Catégorie: faiblement minéralisée.
pH à 20 °C: 7,5.
Minéralisation totale: 330 mg/l.

■ CRISTALINE SAINT-CYR LA SOURCE

French mineral water | Eau de source* captée à Orléans-la-Source dans le Loiret.
Catégorie: faiblement minéralisée.
pH à 20 °C: 7,45.
Minéralisation totale: 300 mg/l.

■ CRISTALINE SAINTE-CÉCILE

French mineral water | Eau de source* captée à Cairanne dans le Vaucluse. L'eau de source Sainte-Cécile est également commercialisée sous la marque "Belles Roches".
Catégorie: faiblement minéralisée.
pH à 20 °C: 7,7.
Minéralisation totale: 270 mg/l.

■ CRISTALINE SAINT-MÉDARD

French mineral water | Eau de source* captée à Saint-Martin-de-Gurçon en Dordogne.
Catégorie: faiblement minéralisée.
pH à 20 °C: 7,5.
Minéralisation totale: 320 mg/l.

■ CRISTALINE SOURCE DE LA DOYE

French mineral water | Eau de source* captée à Neyrolles dans l'Ain.
Catégorie: faiblement minéralisée.
pH à 20 °C: 7,8.
Minéralisation totale: 185 mg/l.

■ CROISSANT

CROISSANT | Viennoiserie* faite à partir d'une pâte levée et feuilletée* découpée en triangle et roulée sur elle-même. Le croissant "pur beurre" est habituellement roulé droit alors que le croissant fabriqué avec un autre corps gras est incurvé en forme de croissant de lune.

Source : M. Sibert/Cedus

■ **CROMESQUI**
Polish specialty | Apprêt culinaire d'origine polonaise réalisé à partir d'un salpicon* de volaille, de gibier ou de poisson lié avec une sauce* réduite et du jaune d'œuf*. L'appareil obtenu est refroidi, détaillé en rectangles d'environ 70 g, fariné *(1)*, trempé dans la pâte à frire* et cuit en friture.
(1) Le cromesqui peut aussi être enveloppé dans une fine crêpe salée ou une crépine*.*

■ **CROQUE-AU-SEL (à la)**
SPRINKLING OF SALT | Façon de consommer des légumes crus *(1)* sans autre accompagnement que du sel*.
(1) Radis, tomate*, artichaut*, concombre*, etc.*

■ **CROQUE-MADAME**
Grilled ham, cheese, and egg sandwich | Croque-monsieur* présenté avec un œuf* sur le plat à cheval.

■ **CROQUEMBOUCHE**
French confectionery | Pièce montée* conique réalisée avec des petits choux* à la crème enrobés de caramel* *(1)*. Cette pièce de pâtisserie, dressée sur un socle de nougatine* et agréablement décorée, constitue souvent un dessert festif (repas de mariage, de communion, d'anniversaire, etc.)
(1) Le montage peut être fait avec un sucre cuit au "grand cassé", ce qui permet un glaçage incolore.*

■ **CROQUE-MONSIEUR**
Grilled ham and cheese sandwich | Sandwich chaud constitué de deux tranches de pain* de mie beurrées garnies de jambon* et de fromage*. Il peut éventuellement être nappé de sauce béchamel* au gruyère* avant d'être mis à gratiner.

■ **CROQUIGNOLE**
French cake | Petit gâteau croquant fait avec un appareil composé de farine*, de sucre* et de blancs d'œufs*. Très légère, la croquignole accompagne bien le thé* ou les glaces*.

■ **CROSNE**
CHINESE ARTICHOKE | Plante originaire du Japon. Arrivé en France vers 1880, il doit son nom à Crosne, ville de l'Essonne, où sa culture fut développée avant 1914. Le crosne produit un petit tubercule noueux dont la saveur délicate rappelle à la fois celles de la pomme de terre*, du salsifis* et de l'artichaut*. Il se consomme principalement cuit, sauté au beurre*, à la crème ou au jus.

■ **CROTTIN DE CHAVIGNOL**
French cheese | Fromage* de lait* de chèvre fabriqué dans le Berry, A.O.C.* depuis 1976 et reconnu A.O.P.* dans le cadre de l'U.E. Il doit son nom à un terme dialectal local et à son lieu d'origine dans le Sancerrois. L'aire géographique de l'appellation s'étend sur 214 communes situées en grande partie dans le Cher, mais aussi dans le Loiret et la Nièvre.
Type : pâte molle, demi-sèche ou sèche. Croûte naturelle.
Forme : petit palet très légèrement bombé sur le côté.
Taille : 5 cm de diamètre, 3,5 cm d'épaisseur.
Poids : entre 60 et 90 g.
Teneur en M.G. : 45 % au minimum.
Meilleures saisons : printemps, été, automne.

■ **CROUPION**
BIRD'S RUMP | Extrémité postérieure d'une volaille constituée des dernières vertèbres dorsales. Le croupion est aussi appelé *Bonnet d'évêque*.

■ **CROUSTADE**
CRISP (crumble) or COBBLER | Préparation culinaire composée d'un élément de base en pâte brisée*, en pâte feuilletée*, en appareil à pommes duchesse*, en pain de mie* creusé... et d'un élément de garniture*.

■ **CROZES-HERMITAGE ou CROZES-ERMITAGE**
French wine | Vins* rouges et blancs produits dans la Vallée du Rhône, A.O.C.* depuis 1937 et reconnus A.O.P.* dans le cadre de l'U.E.
Aire de production : 11 communes de la Drôme, dont Crozes-Hermitage, situées au nord de Valence.
Superficie du vignoble : 1 685 ha.
Encépagement autorisé* pour l'appellation : Syrah*, Roussanne* et Marsanne*.
Rendement à l'hectare* : 45 hl.

■ **CROZETS (pâtes alimentaires)**
Pasta | Pâtes alimentaires qui se présentent sous formes de petits carrés. Cette spécialité savoyarde connaît plusieurs recettes de fabrication, avec de la farine* de sarrasin* ou de la farine de blé* dur.

■ CROZETS (préparation culinaire)

Potato dish | Spécialité dauphinoise qui se présente sous forme de quenelles* réalisées à partir d'un appareil* fait de farine*, de purée de pommes de terre*, d'œufs* et d'huile de noix*.

■ CRU BOURGEOIS

French wine | *Voir* Châteaux du Bordelais*.

■ CRUCHADE

French porridge | Bouillie traditionnelle du Sud-Ouest réalisée avec de la farine de maïs* et du lait*.

■ CRUCHINET

Grape variety | Le Cruchinet, cépage* blanc, est classé comme synonyme de Chenin blanc* par certains ampélographes.

■ CRUDIVORISME

RAW FOOD | Connu également sous le terme d'alimentation vivante, le crudivorisme est une pratique alimentaire proche du raw-food*. Il préconise une consommation d'aliments principalement crus et si possible bios, qu'ils soient d'origine végétale (fruits, légumes, graines, etc.) ou d'origine animale (poissons, viandes, produits laitiers, œufs, etc.).

■ CRUMBLE

CRUMBLE or CRISP | Pâtisserie d'origine anglaise confectionnée avec des fruits ou morceaux de fruits *(1)* recouverts d'une sorte de pâte sablée* friable, grossièrement émiettée.

(1) Pommes, poires*, rhubarbe*, cerises*, framboises*, etc.*

■ CRUSTAS

Beverage | Short drinks* préparés au shaker* et servis dans un verre à vin préalablement givré. Sucre*, jus de citron*, angostura*, marasquin* et spiritueux* sont les composants classiques de ces cocktails*. Le décor est réalisé avec une spirale de zeste* de citron* et 2 cerises*.

■ CRYOEXTRACTION SÉLECTIVE

SELECTIVE CRYOEXTRACTION | Opération de vinification* qui consiste à geler la vendange avant le pressurage*. En effet, l'expérience prouve que les raisins* les moins riches en sucre, donc généralement les moins intéressants, sont congelés avant les autres. En effectuant un pressurage lorsqu'on a atteint le point de congélation "sélectif", seuls les raisins les plus riches en sucre vont libérer leur jus. Cette extraction partielle permet d'obtenir le meilleur moût* d'une vendange. Par ailleurs, il semble que la congélation entraîne des modifications significatives de la structure des baies qui libèrent plus facilement le contenu de leurs cellules lors du pressurage après décongélation.

Les moûts issus de cryoextraction sélective génèrent des vins* plus ronds et plus aromatiques que ceux traités d'une manière traditionnelle.

■ CUBA-LIBRE

CUBA-LIBRE | Cocktail* préparé directement sur glace dans un tumbler. Il est composé de rhum* blanc allongé de Coca-Cola*. Une rondelle de citron* est ajoutée en finition.

Source : Photo BG

■ CUCURBITACÉE

CUCURBITS | Plante à tiges rampantes ou volubiles produisant des fruits plus ou moins volumineux. Le melon*, le potiron*, la citrouille*, la courgette*, le concombre*, le cornichon*, la pastèque*, le kiwano*... sont des cucurbitacées.

■ CUILLÈRE ou CUILLER

SPOON | *Voir* Couvert*.

■ CUISSOT

HAUNCH | Terme désignant une gigue* de chevreuil* ou de cerf* ainsi qu'une cuisse de sanglier*.

■ CUMIN

CUMIN | Épice* originaire du Turkestan. Les graines de cumin au goût piquant, âcre, amer sont employées pour aromatiser certaines préparations culinaires (charcuteries, poissons, pâtisseries etc.) ou pour accompagner les fromages* à pâte molle et croûte lavée tels que le Munster*.

■ CUMIN NOIR

BLACK CUMIN | Autre dénomination de la nigelle*.

■ CUPS

Beverage | Long drinks* pour réception préparés dans de grandes coupes ("cups") où macèrent au froid différents fruits dans un mélange de spiritueux*.
Au moment de servir, ils sont complétés de vin*, de champagne*, de cidre*, de soda* ou d'autres boissons gazeuses.

■ CURAÇAO

Liqueur | Liqueur* d'origine hollandaise élaborée à partir d'écorces d'oranges* récoltées sur l'île de Curaçao, aux Antilles néerlandaises. Les fruits utilisés sont ceux du bigaradier *(1)*, variété de petites oranges amères. De nombreux distillateurs fabriquent aujourd'hui des curaçaos qui sont incolores ou roses, verts, bleus selon les colorants* ajoutés.

(1) Voir bigarade.*

Source : Doc. Marie Brizard

■ CURCUMA

TURMERIC | Épice* originaire du sud-est de l'Inde. Appelé également "safran indien", le curcuma est préparé à partir du rhizome d'une plante herbacée qui contient un pigment jaune orangé *la curcumine (1)*. Sous forme d'épice ou de colorant*, on le retrouve dans les apprêts culinaires, les produits laitiers, les boissons, les confiseries, etc.

(1) Additif alimentaire identifié sous le code E 100.*

■ CURÉ NANTAIS ou NANTAIS

French cheese | Fromage* de lait* de vache fabriqué dans le Pays Nantais. Il doit son nom à son inventeur (un curé vendéen) et à sa région d'origine.
Type: pâte légèrement pressée non cuite, croûte lavée.
Forme: carré à angles arrondis.
Taille: 9 cm de côté, 4 cm d'épaisseur.
Poids: 180 à 200 g.
Teneur en M.G.: 40%.
Qualité identique toute l'année.

■ CURNONSKY (Maurice Edmond SAILLAND, dit)

French journalist, writer and gourmet | Journaliste, écrivain et gastronome français (Angers 1872 - Paris 1956). Ce "Prince des gastronomes" est l'auteur ou le co-auteur de nombreux ouvrages dont *La France gastronomique* en 28 volumes. Il est également le fondateur de la revue *Cuisine et Vins de France*. Talentueux chroniqueur, Curnonsky œuvra pour le renom de l'Art culinaire français dans les plus grands journaux de son époque.

■ CURRY ou CURRIE, CARY, CARI, CARRI, KARY

CURRY | Mélange aromatique en poudre d'origine indienne dont la composition est variable selon les régions de production. Cette épice* peut comporter : poivre*, piment*, clou de girofle*, noix de muscade*, macis*, coriandre*, cumin*, curcuma*, carvi*, fenugrec*, gingembre*, tamarin*, paprika*, romarin*, ail*, graines de moutarde*, cardamone*, fenouil*, basilic*, etc. Les arômes et les saveurs d'un curry sont bien évidemment déterminés par ses composants.
On rencontre 3 types de curry:

- ***Le Mild*** (doux)
- ***Le Hot*** (fort)
- ***Le Very Hot*** (très fort, brûlant).

Le terme "Curry" est également employé pour désigner une préparation culinaire aromatisée avec cette épice (porc*, volaille, agneau*, poisson, crustacé, risotto*...).

■ CUVAGE ou CUVAISON

VATTING | Opération de vinification* durant laquelle le moût* de raisin séjourne en cuve. C'est lors du cuvage que le moût se transforme progressivement en vin* grâce à la fermentation alcoolique*. La durée de cuvage est variable selon la région, le cépage*, le type de vin souhaité, etc. Les vins destinés à être consommés jeunes sont cuvés moins longtemps que les vins de garde. Seuls les vins rouges subissent une cuvaison complète. Les vins rosés sont partiellement cuvés pour obtenir la coloration souhaitée. Les vins blancs sont généralement vinifiés sans macération pelliculaire, donc sans cuvage, sauf si l'on pratique un skin contact* avant le pressurage.

■ CYNAR

Italian bitters | Bitter* italien élaboré à partir d'artichaut* et autres plantes amérisantes. Il se consomme sur glace allongé d'eau gazeuse ou mélangé avec de la bière*.

Curry

D

■ DAGUET
BROCKET DEER | Voir Cerf*.

■ DAIM
DEER | Cervidé dont la chasse et la commercialisation sont réglementées mais qui fait également l'objet d'élevage. Le daim est un animal qui pèse de 40 à 120 kg et qui trouve les mêmes apprêts culinaires que le cerf*.

■ DAIQUIRI
DAIQUIRI | Cocktail* préparé au shaker.
1 cl de sirop de sucre* de canne
2 cl de jus de citron*
4 cl de rhum* blanc
Frapper et servir dans un verre à cocktail.

Source : Photo BG

■ DAISIES
DAISIES | Short drinks* préparés au shaker* ayant pour base du sirop de grenadine* ou du sirop d'orgeat*, du jus de citron* et complétés d'eau-de-vie*.

■ DAME BLANCHE
Ice cream dessert | Dessert généralement réalisé avec de la glace* vanille* nappée de sauce chocolat* ou de crème Chantilly*. Ce terme peut aussi désigner des compositions plus élaborées où domine le blanc ou le pâle.

■ DAME-JEANNE
Demijohn | Bonbonne ou bouteille de grande contenance. Dans le Bordelais, la Dame-Jeanne, appelée aussi *Marie-Jeanne*, est une bouteille de 2,5 ou 2,25 litres (soit l'équivalence de 3 bouteilles classiques).

■ DÃO
Portugeuse wine | Vins* blancs et rouges portugais issus de cépages Bical, Arinto, Dona-Branca, Fernao-Pires, Cercial, Touriga-Nacional, Alvarelhão, Bastardo, etc...
Ils sont produits dans une région située au sud du Douro, dans le centre du pays. Ces vins entrent dans la catégorie des D.O.C.*.

■ DARNE

Source :Adobe Stock

Darnes de saumon

STEAK | Tranche de poisson épaisse débitée perpendiculairement à l'arête centrale.

■ DATE DE CONSOMMATION RECOMMANDÉE (D.C.R.)
Use-by date | Utilisée pour les œufs*, la D.C.R. est une date qui s'apparente à la D.D.M.* Elle correspond au 28ème jour après la ponte. Avec une D.C.R. dépassée, le produit reste cependant consommable un certain temps (sous réserve de bonnes conditions de conservation).

■ DATE DE DURABILITÉ MINIMALE (D.D.M.)
Best-before date | Depuis décembre 2014, à la mise en application d'un règlement européen

sur l'information du consommateur en matière de denrées alimentaires, la D.D.M. a remplacé la D.LU.O. (Date Limite d'Utilisation Optimale). Contrairement à la D.L.C.*, la D.D.M. est simplement indicative et n'a aucun caractère impératif. Une fois la date passée, le produit peut avoir perdu tout ou partie de ses qualités (aspect, texture, goût, etc.), sans pour autant présenter un danger pour le consommateur.
La D.D.M. est exprimée sur les emballages par la mention *A consommer de préférence avant le* ... suivie d'une des indications suivantes :

- ***Jour et mois*** pour les denrées d'une durabilité ***inférieure à 3 mois***
- ***Mois et année*** pour les denrées d'une durabilité comprise ***entre 3 et 18 mois***
- ***Année*** pour les denrées d'une durabilité ***supérieure à 18 mois***

Notons que certains produits tels que les boissons alcoolisées (notamment le vin*), les vinaigres*, le sel* ou le sucre* sont exemptés de D.D.M.

■ DATE LIMITE DE CONSOMMATION (D.L.C.)

Expiration or expiry date | Cette indication s'applique à des produits frais ou des semi-conserves* dont la durée de conservation est limitée. Les produits commercialisés avec une D.L.C. doivent impérativement être consommés avant la date mentionnée sur l'emballage. Une denrée dont la D.L.C. est dépassée doit être retirée de la vente sous peine de poursuites pour le distributeur.

■ DATTE

DATE | Fruit récolté sur le palmier-dattier, arbre originaire du Moyen-Orient et dont il existe aujourd'hui plus de 300 variétés cultivées essentiellement autour du bassin méditerranéen. La datte ou "fruit du désert", nourriture favorite des nomades, pousse en régimes pouvant porter jusqu'à 10 kg de fruits.
Les principales variétés sont *La Deglet Nour* ou *Deglet Noor, La Deglet Beida, La Gabr, La Khaleseh, la Halawi, la Bardhi*...
En France, la datte est surtout employée en pâtisserie, en confiserie ou préparée en confiture*.

■ DAUBE

French stew or casserole | Viande, gibier ou volaille cuit à l'étouffée avec du vin* ou du fond de sauce* et une garniture aromatique.

■ DAUPHIN

French cheese | Fromage* de lait* de vache fabriqué en Thiérache. Il doit son nom à une anecdote historique liée au passage de Louis XIV et du dauphin dans la région.
Type : pâte molle aromatisée de persil*, d'estragon*, de poivre* et de clou de girofle*. Croûte lavée.
Formes : croissant, poisson ou pain.
Tailles : variables selon les formes mais épaisseur se situant entre 4 et 5 cm.
Poids : 300 à 500 g.
Teneur en M.G. : 50 % au minimum.
Meilleures saisons : automne, hiver, printemps.

■ DAURADE ou DORADE

SEA BREAM | Poisson de mer de la famille des sparidés que l'on rencontre sous plusieurs espèces dans la Méditerranée, la Manche, l'Atlantique... mais également élevé en aquaculture*.
Il faut distinguer :

- ***La daurade royale*** ou ***vraie daurade*** qui vit surtout dans le golfe de Gascogne et en Méditerranée. Sa chair blanche et moelleuse est la plus recherchée. La daurade royale est la seule espèce à pouvoir s'orthographier "au".
- ***La dorade rose*** ou ***pageot rose*** que l'on pêche essentiellement dans l'Atlantique. Sa chair est moins fine que la précédente.
- ***La dorade grise*** ou ***griset*** *(1)* présente dans de nombreuses mers et qui possède une chair plus commune.

Selon les espèces, les daurades (ou dorades) mesurent entre 20 et 50 cm pour des poids allant de 300 g à 3 kg. Elles sont préparées grillées, pochées, rôties, à la meunière*, etc.

(1) Appelé aussi "canthare", "pironeau" ou "brème de mer".

Daurade royale et dorades roses

■ DAX source Elvina

French mineral water | Eau minérale naturelle* plate captée à Dax dans les Landes. Commercialisée depuis 1977.
Catégorie : moyennement minéralisée.

Composition physico-chimique (en mg/l)	
Cations	Anions
Sodium: 126 Calcium: 125 Magnésium: 30,1 Potassium: 19,4	Sulfates: 365,6 Bicarbonates: 164,7 Chlorures: 156 Nitrates: 0
Fluor: 1,4	
pH à 20 °C: 7,3 Minéralisation totale: 934,9 mg/l	

■ DÉBOURBAGE

Winemaking technique | Opération commune à diverses vinifications* qui consiste à séparer les bourbes *(1)* d'un moût* avant sa mise en fermentation. Plusieurs techniques sont employées, notamment la décantation naturelle, la filtration et la centrifugation. Ce terme désigne également le premier soutirage* en fin de vinification.

(1) Matières solides en suspension

DÉCAFÉINÉ

DECAFFEINATED | Produit dont la teneur en caféine *(1)* n'excède pas 0,1%. Les techniques d'extraction de la caféine les plus usitées sont :

- ***Le trempage dans un solvant organique*** (chrome de méthyle ou acétate d'éthyle) suivi d'un rinçage sous forte pression. Cette méthode est de moins en moins utilisée à cause des traces de solvant qui peuvent subsister dans le produit traité.
- ***La décaféinisation à l'eau*** avec trempage des grains verts dans l'eau et récupération de la caféine sur charbons actifs.
- ***Le procédé de Zosel***. Sous pression, un gaz propane se charge d'une partie des composants du café*, notamment la caféine.

La décaféinisation est coûteuse et altère plus ou moins le produit, c'est pourquoi une équipe de chercheurs japonais a mis au point un plant de café* transgénique dont la teneur en caféine des grains est réduite de 50 à 70%. Nous aurons peut-être un jour un café sans caféine !

(1) voir Café.*

DECANTAE

French mineral water | Eau minérale naturelle* gazeuse captée dans le massif du Snowdonia, au nord du Pays de Galles. Catégorie : faiblement minéralisée.

Composition physico-chimique (en mg/l)	
Cations	Anions
Calcium: 10,6 Sodium: 7,7 Magnésium: 4,8 Potassium: 0,6	Bicarbonates: 46 Sulfates: 17,5 Chlorures: 11 Nitrates: 1
Fluor: inférieur à 0,1	
pH à 20 °C: 6,8 Minéralisation totale: 79 mg/l	

DÉCANTAGE ou DÉCANTATION

DECANT | Opération qui consiste à transvaser un vin* de sa bouteille d'origine dans une carafe à décanter* afin de le séparer de son dépôt et de l'aérer. Les vins décantés sont généralement des vins rouges âgés.

L'opportunité du décantage est parfois contestée. En effet, l'oxydation qui se produit au moment du transvasement peut être bénéfique à certains vins mais préjudiciable à d'autres, notamment pour les vins très vieux dont l'équilibre est fragile.

Le décantage doit être réalisé avec beaucoup de précautions, par une personne expérimentée et peu de temps avant la dégustation.

Il ne faut pas confondre le décantage et le simple passage en carafe qui concerne des vins souvent plus jeunes et sans dépôt. Ici, l'objectif se limite une aération du liquide pour favoriser une meilleure expression du potentiel aromatique. Cette opération peut éventuellement contribuer à assouplir la structure du vin, notamment quand les tanins* sont trop agressifs.

DÉCOCTION

DECOCTION or BREW | Solution résultant de l'extraction des principes solubles d'un produit *(1)* soumis à une ébullition plus ou moins prolongée. A ne pas confondre avec l'infusion*.

(1) Il s'agit le plus souvent d'une partie de plante aromatique (fleur, tige, écorce, racine).

DEGRÉ ALCOOLIQUE

ALCOHOLIC CONTENT | Unité de mesure de l'alcool* éthylique contenu dans le vin* ou dans d'autres boissons alcoolisées (voir Gay Lussac*). Depuis 1980, la teneur alcoolique d'un produit est plus souvent exprimée en pourcentage (%) qu'en degré (°).

DÉGUSTATION

TASTING | Appréciation d'un produit par une analyse sensorielle. Nous pouvons soumettre à dégustation de nombreux produits alimentaires ou préparations culinaires, cependant le terme est surtout employé pour les vins*, les spiritueux*, voire les eaux minérales*.

"Déguster c'est goûter avec attention un produit dont on veut apprécier la qualité. C'est le soumettre à nos sens, en particulier ceux du goût et de l'odorat ; c'est essayer de le connaître en recherchant ses différents défauts et ses différentes qualités et en les exprimant. C'est étudier, analyser, décrire, juger, classer". Cette citation de Jean Ribéreau-Gayon et Emile Peynaud*(1)* définit parfaitement le principe et les objectifs d'une dégustation.

La dégustation d'un vin de déroule en 3 phases principales :

- ***La phase visuelle*** (robe* ou couleur, brillance, limpidité, viscosité, effervescence…)
- ***La phase olfactive*** (parfums, arômes*, bouquet* …)
- ***La phase gustative*** (saveurs, onctuosité, P.A.I.*, effervescence, sensations tactiles diverses, perceptions retro-olfactives…).

(1) Eminents oenologues du 20ème siècle. La citation est extraite de l'ouvrage "Le Goût du vin", Ed. Dunod.

DÉGUSTATION À l'AVEUGLE

BLIND TASTING | Méthode qui consiste à dissimuler l'identité, le millésime* et autres caractéristiques d'un vin* lors d'une dégustation*.

DÉGUSTATION ANALYTIQUE

ANALYTICAL TASTING | Dégustation* qui consiste à préciser la typicité d'un vin*, rechercher ses qualités et ses défauts et, si possible, imaginer son évolution (potentiel de vieillissement). Elle est souvent réalisée avec une *fiche de dégustation* qui permet d'évaluer certains critères pour éventuellement aboutir à une notation et un classement.

Source : Adobe Stock

■ DÉGUSTATION D'AGRÉAGE ou DÉGUSTATION D'AGRÉMENT

Official tasting | Dégustation analytique* obligatoire - instituée dans le début des années 1970 - pour apprécier les qualités d'un vin* afin de déterminer s'il correspond aux conditions requises pour bénéficier d'une appellation ou d'un label.

■ DÉGUSTATION HÉDONIQUE

Tasting with critique | Dégustation* qui consiste à exprimer le plaisir (ou la déception) ressenti lors de la dégustation d'un vin*. Ce type de dégustation se pratique généralement dans un cadre convivial, entre amis œnophiles*.

■ DÉGUSTATION HORIZONTALE

HORIZONTAL TASTING | Dégustation* de plusieurs vins* de la même appellation ou du même cru et du même millésime*.

■ DÉGUSTATION VERTICALE

VERTICAL TASTING | Dégustation* de plusieurs vins* de la même appellation ou du même cru mais de millésimes* différents.

■ DÉJEUNER

LUNCH | Repas servi en milieu de journée. Jusqu'à la fin de l'Ancien Régime, le déjeuner était le premier repas pris le matin, après le jeûne de la nuit (il représentait notre petit déjeuner actuel, mais avec des composants différents). À cette époque, le repas de midi s'appelait dîner*.

■ DÉLICE DE SAINT-CYR

French cheese | Fromage* de lait* de vache fabriqué en Ile-de-France. Il tire son nom d'une localité de Brie où a été installée la laiterie de M. Boursault, son créateur.

Type : pâte molle à croûte fleurie (triple crème*).
Forme : disque épais.
Taille : 8 à 9 cm de diamètre, 4 à 5 cm d'épaisseur.
Poids : 300 g environ.
Teneur en M.G. : 75 %.
Qualité identique toute l'année.

■ DEMI-DEUIL (poularde)

Stuffed chicken | Poularde* farcie d'une mousseline de volaille truffée et cloutée aux truffes* *(1)*. Cette poularde est pochée et servie avec une sauce suprême*.

(1) Lames de truffes glissées entre la peau et les filets.

■ DEMI-DEUIL (salade)

Salad | Salade composée* constituée de pommes de terre* et de truffes* en julienne* et en rondelles. Assaisonnement : moutarde* à la crème.

■ DEMI-GLACE

DEMI-GLACE | Réduction de sauce espagnole* généralement additionnée de porto*, madère* ou xérès*.

■ DEMI-SEL

French cheese | Fromage* de lait* de vache fabriqué en Normandie. Son nom vient de la faible teneur en sel de sa pâte (moins de 2 %).

Type : pâte fraîche.
Forme : carré.
Taille : 6 à 7 cm de côté, 2 cm d'épaisseur.
Poids : 75 à 100 g.
Teneur en M.G. : 40 à 45 %.
Qualité identique toute l'année.

■ DEMOISELLE DE CHERBOURG

Small lobster | Homard* de petite taille mesurant au minimum 23 cm et pesant de 200 à 300 g.

■ DENT-DE-LION

DANDELION | Autre dénomination du pissenlit*.

■ DERBY

British cheese | Fromage* de lait* de vache fabriqué en Grande-Bretagne. Il doit son nom à la capitale du Comté du Derbyshire d'où il est originaire.

Type : pâte pressée non cuite *(1)*, croûte naturelle brossée.
Forme : meule.
Taille : 38 cm de diamètre, 12 cm d'épaisseur.
Poids : 10 à 14 kg.
Teneur en M.G. : 45 %.
Qualité identique toute l'année.

(1) La pâte est parfois verdie avec de la sauge hachée qui a été ajoutée au caillé.*

■ DESSERT

DESSERT | Terme désignant l'ensemble des mets, généralement sucrés, qui terminent un repas.

Dans une acception plus ancienne, le fromage* pouvait tenir lieu de dessert ou faire partie du dessert. Dans ses aphorismes, Jean-Anthelme Brillat-Savarin* affirme : *"Un dessert sans fromage est une belle à qui il manque un œil"* *(1)*.

(1) "La Physiologie du goût" 1825.

■ DESSERTE

SCRAPS (trimmings) | Terme culinaire désignant des restes de viandes, de volailles, de poissons, crustacés cuits... qui sont réutilisés pour d'autres préparations.

■ DIABLE (sauce)

Sauce | Sauce* réalisée à partir d'une réduction d'échalotes* ciselées, vin* blanc et vinaigre* additionnée de sauce demi-glace* tomatée fortement relevée et de fines herbes.

■ DIANE (sauce)

Sauce | Sauce poivrade* crémée, éventuellement additionnée de truffe*.

■ DIEPPOISE (à la)

Fish dish | Préparation de poisson poché accompagnée d'une sauce vin* blanc additionnée de moules* ébarbées, queues de crevettes* et champignons*.

■ DINDE

TURKEY | Volaille de la famille des gallinacés originaire du Mexique. La dinde traditionnelle pèse de 3 à 5 kg mais certains volatiles peuvent atteindre 15 kg. Ces derniers sont surtout commercialisés en découpes (escalopes, filets, rôtis...) alors que la dinde traditionnelle est plutôt préparée entière, rôtie ou farcie par exemple*(1)*. *Le dindonneau* et *la dindette* ou *dindonne* sont des volailles de moins de 30 mois. Le mâle, appelé *dindon*, possède une chair plus sèche que la femelle. Comme le poulet*, la dinde est produite à différents niveaux de qualité : "Standard", "Atout certifié", "Label rouge" et "A.O.C."*.

La dinde de Bresse bénéficie d'une A.O.C.* depuis 1976, reconnue A.O.P.* dans le cadre de l'U.E. L'aire d'appellation s'étend sur 275 communes des départements de l'Ain, du Jura et de la Saône-et-Loire.

Source : Adobe Stock

Cette A.O.C. est réservée à des animaux âgés de 28 semaines minimum et dont le poids effilé est égal ou supérieur à 3 kg pour les femelles et à 5,5 kg pour les mâles. Ces volailles sont élevées, abattues et présentées à la vente dans des conditions particulières imposées par les normes de l'appellation.

(1) La dinde rôtie demeure un des plats traditionnels des repas festifs de Noël.

■ DÎNER

DINNER | Repas servi le soir. Jusqu'à la Révolution, le dîner était pris vers midi comme principal repas de la journée, à la place de notre déjeuner* actuel.

■ DIPLOMATE (sauce)

Sauce | Sauce normande* additionnée d'un coulis* de homard* et garnie de dés de homard et de truffe*.

■ D.O. (Dénominación de Origen)

Denomination of Origin | Catégorie de vins* espagnols entrant dans les V.Q.P.R.D.* au niveau européen. Depuis 2002, la *Dénominación de Origen de Pago* est une qualification réservée au grand vin d'un domaine particulier.

■ D.O.C. (Denominacao de Origen Controlada)

D.O.C. | Catégorie de vins* portugais assimilée aux V.Q.P.R.D.*. Depuis septembre 1986, l'Institut de la vigne et du vin, comparable à l'I.N.A.O.* français, régit la production des D.O.C.

■ D.O.C. (Dénominación de Origen Calificada)

D.O.C. | Catégorie de vins* espagnols instituée en 1988, assimilée aux V.Q.P.R.D.*.

■ D.O.C. (Denominazione di Origine Controllata)

D.O.C. | Catégorie de vins* italiens dont les critères de production correspondent sensiblement aux A.O.C.* françaises, assimilée aux V.Q.P.R.D.*.

Officiellement instituée en juillet 1963, la D.O.C. est actuellement attribuée à environ 300 vins.

■ D.O.C.G. (Denominazione di Origine Controllata e Garantita)

D.O.C.G. | Catégorie de vins* italiens dont les normes de production sont encore plus rigoureuses que pour les D.O.C.*.

■ DODINE

French duck dish | Sorte de ballottine* de canard servie chaude, accompagnée d'une sauce*.

Ce terme désigne également une sauce particulière faite à partir de jus et de graisse de volaille.

■ DOGGY BAG

DOGGY BAG | En 2018, l'Assemblée nationale a adopté un amendement à une loi de 2016 afin de rendre progressivement obligatoire la mise à disposition de ***doggy bags*** dans tous les restaurants. Cette mesure législative, qui s'inscrit dans le cadre de la lutte contre le gaspillage alimentaire, précise que *"les professionnels de la restauration devront mettre gratuitement à la disposition de leurs clients, qui en font la demande, des contenants réutilisables et recyclables permettant d'emporter les aliments ou boissons non consommés sur place"*. Si le texte est adopté par le Sénat, la mesure sera imposée à partir du 1er juillet 2021.

■ DÔLE

Swiss wine | Vins* rouges suisses produits dans le Valais. Issus majoritairement de cépages* Pinot noir* *(1)* et Gamay*, ils sont considérés comme les meilleurs vins rouges du pays.

La Dôle blanche est un vin rosé très peu coloré issu d'une vinification de cépages rouges sans macération pelliculaire.

(1) Si le Pinot noir n'est pas utilisé seul, il doit constituer, associé au Gamay, au moins 85 % de l'assemblage des différents cépages.

Source : Doc. Dolin

■ DOLIN

French vermouth | Vermouth* de Chambéry* qui doit son nom à Louis-Ferdinand Dolin, époux de la fille de Joseph Chavasse, créateur de l'entreprise en 1821.

La marque diffuse une gamme de 4 vermouths :

- ***Vermouth blanc***
- ***Vermouth dry***
- ***Vermouth rouge***
- ***Chamberyzette*** (association de vermouth dry et de liqueur* de fraise*).

■ DOM PÉRIGNON

DOM PÉRIGNON | *Voir* Champagne*.

■ DOMFRONT (Poiré)

Pear liqueur | Poiré* produit en Normandie, A.O.C.* depuis 2002 et reconnu A.O.P.* dans le cadre de l'U.E. L'aire de production s'étend sur 42 communes (dont Domfront) situées au sud-ouest de l'Orne, au sud de la Manche et au nord de la Mayenne.

■ DONGINE

Grape variety | Cépage* blanc, également dénommé Mondeuse blanche*, cultivé dans le Bugey et en Savoie.

■ DORIA

Cucumber garnish | Garniture* composée de concombres* tournés et étuvés au beurre*.

■ DORMEUR

SLEEPER | *Voir* Tourteau*.

■ DORNECY

French cheese | Fromage* de lait* de chèvre fabriqué dans le Nivernais. Il doit son nom à son village d'origine.
Type : pâte molle croûte naturelle.
Forme : cône tronqué.
Taille : 8 cm de diamètre de base, 4 à 5 cm de hauteur.
Poids : 200 g.
Teneur en M.G. : 45 % au minimum.
Meilleures saisons : été, automne.

■ DOUBLE-CRÈME

CREAM CHEESE | Dénomination légale d'un fromage* ayant une teneur en matière grasse entre 60 et 75% *(1)*.

(1) Pourcentage de matière grasse sur l'extrait sec du produit.

■ DOUCETTE

CORN SALAD | Autre dénomination de la mâche*.

■ DOUCILLON

Grape variety | Cépage* blanc cultivé dans le Sud-Est, notamment sur l'aire d'appellation Cassis*. Il s'agit en réalité d'une dénomination locale du Bourboulenc*.

■ DOUILLON

French pastry | Pâtisserie normande constituée d'une poire* ou d'une pomme*pelée, évidée et beurrée qui est enfermée dans une abaisse* de pâte fine pour être cuite au four.

■ DRAGÉE

DRAGEE | Confiserie traditionnelle des baptêmes et des mariages constituée d'un "noyau" enrobé de sucre* durci. Le "noyau" est souvent une amande*, mais on trouve aussi des dragées fourrées à la noisette*, à la nougatine*, au chocolat*, à la pâte d'amande*, etc.

La Dragée de Verdun, illustre confiserie de l'Est de la France, aurait été créée vers 1220 par un droguiste local qui avait recouvert une amande d'une couche de sucre et de miel*.

Source : S. Pelly/Cedus

■ DRAMBUIE

Liqueur | Liqueur* d'origine écossaise fabriquée à partir de whisky* pur malt et d'herbes aromatiques, l'édulcoration se faisant avec du miel* de bruyère. Ce spiritueux*, qui se consomme en digestif nature ou sur glace, titre 40°.

■ DREUX À LA FEUILLE

French cheese | Fromage* de lait* de vache fabriqué en Ile-de-France. Il doit son nom à son lieu d'origine et à son habillage constitué de feuilles de châtaignier.
Type : pâte molle, croûte naturelle.
Forme : disque plat.
Taille : 16 à 18 cm de diamètre, 2 à 2,5 cm d'épaisseur.
Poids : 300 à 400 g.
Teneur en M.G. : 30 à 40 %.
Meilleures saisons : automne, hiver, printemps.

■ DROIT DE BOUCHON

RIGHT OF THE CORK | *Voir* Bouchon (droit de)*.

■ DRÔME (vin)

Wine | *Voir* Vins I.G.P.*.

■ DRY MARTINI

DRY MARTINI | Cocktail* (apéritif) préparé au verre à mélange.
1,5 cl de vermouth* dry
5,5 cl de gin*
Frapper et servir dans un verre à cocktail. Ajouter éventuellement un zeste* de citron* ou une olive*.
Seuls les éléments de décoration font la différence entre le Dry Martini et le Gibson*.

Source : Photo BG

■ D.S.A. (Document Simplifié d'Accompagnement)

D.S.A. | *Voir* Capsule C.R.D.*.

■ DUBARRY ou DU BARRY

Vegetable dish | Garniture* composée de bouquets de choux-fleurs* nappés de sauce Mornay*. Elle doit son nom à la Comtesse Du Barry, favorite de Louis XV.

■ DUBOIS (Urbain)

French chef | Cuisinier français (Trets, Bouches-du-Rhône 1818 - Nice 1901). Il prolonge l'œuvre d'Antonin Carême* et a pour disciple Auguste Escoffier*. Précurseur en France du service* à la russe, il laisse une œuvre théorique considérable dans laquelle il communique un grand savoir-faire culinaire. Parmi ses publications citons *La Cuisine classique, La Cuisine de tous les pays, La Cuisine artistique, La Cuisine d'aujourd'hui, Le Grand livre des pâtissiers et des confiseurs,* etc.

■ DUBONNET

Liqueur | A.B.V.* de la famille des quinquinas* créé en 1846 par Joseph Dubonnet. Cet apéritif, qui titre 14,8°, est élaboré à partir de vins* blancs secs et de mistelles* du Languedoc-Roussillon qui vieillissent 2 ans en fûts de chêne avant d'être parfumés avec différentes substances aromatiques, notamment l'écorce de quinquina*.

■ DUBONNET COCKTAIL

DUBONNET COCKTAIL | Cocktail* (apéritif) préparé au verre à mélange.
3,5 cl de Dubonnet*
3,5 cl de gin*
1 zeste* d'orange* ou de citron*.
Frapper et servir dans un verre à cocktail. Décorer avec le zeste.

■ DUCASSE (Alain)

French chef | Cuisinier français *(1)* né à en 1956 à Castel-Sarrazin, petit village du sud des Landes. Son apprentissage commence à Soustons avant l'entrée à l'Ecole hôtelière de Talence, puis passage chez Michel Guérard*, Roger Vergé*, Gaston Lenôtre* et Alain Chapel*. Chez ces grands maîtres, il découvre la rigueur, la passion, le culte du produit, le raffinement et l'élégance de la haute gastronomie*.
En 1987, il prend la direction des cuisines de l'Hôtel de Paris à Monaco et dès 1990 le Guide Michelin* reconnaît son talent en lui décernant sa troisième

Source : © V.V.Zitzewitz

étoile. En 1997, la distinction suprême lui est de nouveau attribuée pour son établissement parisien. Aujourd'hui, il connaît une réussite exceptionnelle à la tête d'un véritable empire de la gastronomie, avec une trentaine d'établissements dans le monde qui cumule 18 étoiles au Guide Michelin* et emploie 1 400 salariés. On lui doit par ailleurs plusieurs ouvrages culinaires et une école de cuisine.
Une citation de Jean-François Revel, dans "L'Atelier de Alain Ducasse", décrit très bien la personnalité de ce grand cuisinier : *"En véritable Chef contemporain, Alain Ducasse est tout à la fois chef de cuisine, chef d'entreprise, chef d'équipe et directeur d'école, chef des relations publiques et grand communicateur, gérant du personnel, éveilleur de talents, éducateur et formateur."*
(1) Naturalisé monégasque en 2008.

■ DUCHÉ D'UZÈS

French wine | Vins* rouges, rosés et blancs produits dans le Gard, A.O.C.* depuis 2013 *(1)* et reconnus A.O.P.* dans le cadre de l'U.E.
Aire de production : 77 communes du Gard situées autour et à l'ouest d'Uzès.
Superficie du vignoble : 270 ha.
Encépagement autorisé* pour l'appellation : Grenache*, Syrah*, Carignan*, Cinsault*, Mourvèdre*, Grenache blanc*, Viognier*, Marsanne*, Roussanne*, Vermentino*, Clairette*, Ugni blanc*.
Rendement à l'hectare* : 48 pour les vins rouges et 55 hl pour les vins rosés et blancs.
*(1) Antérieurement Vins de Pays I.G.P.**

■ DUCS DE BOURGOGNE

French cheese | Fromage* de lait* de vache fabriqué en Bourgogne. Son nom est une marque commerciale créée par une laiterie industrielle de La Chapelle-Vieille-Forêt, dans l'Yonne.
Type : pâte molle à croûte fleurie.
Forme : cylindre.
Taille : 8 cm de diamètre, 5 cm de hauteur.
Poids : 225 g.
Teneur en M.G. : 50 %.
Qualité identique toute l'année.

■ DUGLÉRÉ (Adolphe)

French chef | Cuisinier français (Bordeaux 1805 - Paris 1884). Disciple de Carême*, il fut le créateur de grands classiques de la gastronomie du 19ème siècle, avec notamment les pommes Anna*, le potage Germiny* et la sole Dugléré*.

■ DUGLÉRÉ (à la)

Fish dish | Dénomination d'apprêts de poissons (sole*, turbot*, barbue*...) initiés par Adolphe Dugléré*. Les filets ou les tronçons sont pochés dans un fumet de poisson avec tomates* concassées, échalotes*, oignons* et persil* hachés. La sauce est confectionnée avec la cuisson réduite montée au beurre*.

■ DUHOMARD

Liqueur | A.B.V.* créé en 1926 à Thouars par Emile Diacre. Cet apéritif, qui titre 14,2°, est aujourd'hui fabriqué à Bressuire. Il se décline en 3 versions :

- ***Rouge amer***, élaboré avec du vin* et des arômes naturels de quinquina*, de gentiane* et des écorces d'oranges* douces et amères
- ***Blanc sexy***, élaboré avec du vin blanc et des arômes naturels d'orange, de quinquina, de cacao* et de gentiane
- ***Cerise fruitée***, élaboré avec du vin et des arômes naturels de cerises*.

■ DUMAINE (Alexandre)

French chef | Cuisinier français (Digoin 1895 - Bourg-en-Bresse 1974). Après un parcours professionnel qui passe par la province, Paris et l'Algérie, il s'installe à *La Côte d'Or* à Saulieu en 1932. L'établissement devient rapidement un haut lieu de la gastronomie* et le Guide Michelin* ne tarde pas à l'honorer d'une troisième étoile. Alexandre Dumaine, qui exploite avec talent les produits du terroir, s'impose comme un des trois plus grands Chefs de son époque avec André Pic* et Fernand Point*.Aujourd'hui, *La Côte d'Or*, devenue *Le Relais Bernard Loiseau**, demeure une des plus prestigieuses tables de notre pays.

■ DURAS

Grape variety | Cépage* noir originaire du Tarn cultivé sur environ un millier d'hectares.
Aires de culture : vignobles du Tarn (Gaillac*) et de l'Aveyron (Côtes de Millau*, Estaing*).
Vins* produits : rouges colorés et corpulents avec des notes poivrées.

■ DUTOURNIER (Alain)

French chef | Cuisinier français né en 1949 à Cagnotte, petit village landais. Après l'Ecole hôtelière de Toulouse, il rejoint Paris pour créer *Le Trou Gascon* en 1973, puis *Le Carré des Feuillants* en 1986 (deux étoiles au Guide Michelin*) et *Le Pinxo* en 2004. Alain Dutournier, qui continue à ouvrir de nouveaux établissements, met en valeur les produits du Sud-Ouest en alliant tradition et modernité.

■ DUVAL

Liqueur | Marque d'anisés* fondée en 1798 à Pontarlier (Doubs) par M. Dubied. Aujourd'hui provençal, Duval commercialise, en plus du pastis* traditionnel à 45°, d'autres produits tels qu'un pastis-menthe aromatisé à l'essence de menthe* de Chine.

■ DUXELLES

DUXELLES | Hachis de champignons de Paris* cuit au beurre* avec oignons* et échalotes* hachés. Selon son utilisation, la duxelles peut être additionnée de persil* haché et de crème fraîche*.

E

■ EAU

WATER | Élément essentiel de la vie terrestre, l'eau est la seule boisson indispensable dans l'alimentation humaine. Elle représente 60 à 70 % du poids corporel d'un adulte (jusqu'à 75 à 80 % chez le nourrisson). Seuls 2 à 3 litres de cette eau sont renouvelés quotidiennement. Les pertes en eau par l'organisme sont dues au fonctionnement de notre corps avec la respiration, la perspiration *(1)*, la sudation et l'élimination par les urines et les selles. Ces pertes sont compensées par les ingestions hydriques constituées de boissons et de l'eau contenue dans les aliments solides que nous absorbons.
Captée dans des nappes souterraines ou dans des nappes superficielles (lacs, fleuves et rivières), l'eau que nous consommons doit répondre à des normes de potabilité établies par le Ministère de la santé et le Conseil supérieur d'hygiène publique qui ont défini 63 paramètres de qualité. L'eau livrée au robinet du consommateur doit être exempte d'organismes pathogènes et présenter une teneur en substances toxiques ou indésirables (nitrates, plomb, fer, mercure, pesticides, etc.) limitée à des seuils très bas (ex: 50 mg/l pour les nitrates). Un décret du 26 septembre 1994 précise que les communes sont tenues d'afficher les résultats des analyses de l'eau distribuée à leurs administrés. Ces contrôles sont généralement assurés par les A.R.S. *(2)*. Les nouvelles réglementations qui encadrent la distribution de l'eau potable émanent de plus en plus souvent de directives européennes. Notons que dans notre pays, seulement 1 % de l'eau sortant du robinet est destinée à la boisson. En circulant dans le sous-sol, l'eau dissout des minéraux, absorbe des gaz, etc. ce qui lui confère une composition particulière. L'eau que nous buvons renferme donc une quantité variable de sels minéraux et d'oligo-éléments *(3)*. L'analyse physico-chimique d'une eau en général et d'une eau minérale* en particulier est bien évidemment une donnée à prendre sérieusement en compte, surtout lorsqu'il y a recherche d'effets thérapeutiques.
Avec plus de 125 litres par an, le Français est devenu un gros consommateur d'eau en bouteille. Un marché considérable, géré en grande partie par de grands groupes du secteur agroalimentaire.
On distingue 3 catégories d'eau embouteillée:

- ***Les eaux rendues potables par traitement****
- ***Les eaux de source****
- ***Les eaux minérales naturelles****.

(1) Respiration naturelle de la peau, transpiration insensible en l'absence d'efforts physiques ou de fièvre.
(2) Agences Régionales de Santé.
(3) Voir eau minérale naturelle.*

■ EAU DE FLEUR D'ORANGER

ORANGE FLOWER WATER | Produit obtenu par macération et distillation de fleurs de bigaradier *(1)*, variété d'oranger sur laquelle est récolté un type d'orange* amère. L'eau de fleur d'oranger est utilisée pour parfumer pâtisseries, crèmes, pâtes à crêpes*, confiseries, boissons...
(1) Voir Bigarade.*

■ EAU DE PERRIER

EAU DE PERRIER | *Voir* Perrier*.

■ EAU DE SELTZ

SELTZ WATER | Eau* gazeuse couramment employée au bar, notamment dans la préparation des cocktails*. Elle est préparée dans un siphon par un mélange d'eau et de gaz carbonique.

Source : Doc Chomette Favor
Siphon à eau de Seltz

■ EAU DE SOURCE

MINERAL WATER | Selon la directive européenne: *"Une eau* de source est une eau d'origine souterraine, microbiologiquement saine, protégée contre les risques de pollution et apte à la consommation humaine sans traitement ni adjonction que ceux autorisés (décantation, filtration, incorporation de gaz carbonique)."*
Cette eau ne peut en aucun cas revendiquer des propriétés bénéfiques pour la santé, sa minéralisation totale ne peut excéder 1500 mg/l et comme pour les eaux minérales naturelles*, cette minéralisation totale est exprimée en résidu à sec à 180°C. Par ailleurs, sa teneur en sels minéraux doit être inférieure ou égale aux valeurs suivantes:
Magnésium: 50 mg/l

Potassium : 12 mg/l
Sodium : 150 mg/l
Chlorures : 250 mg/l
Sulfates : 250 mg/l
Nitrates : 50 mg/l
Fluor : 1,5 mg/l
Le pH *(1)* doit se situer entre 6,5 et 9.
Les eaux de sources sont naturellement plates, mais certaines sont gazéifiées artificiellement par adjonction de gaz carbonique.
L'exploitation de la source est soumise à agrément par arrêté préfectoral. La dénomination "eau de source de montagne" est réservée aux eaux captées en zone montagneuse (produit réglementé par le décret du 26 février 1988).

(1) Voir Eau minérale naturelle.*

■ EAU-DE-VIE

Brandy, spirits or liqueurs | Boisson spiritueuse obtenue par distillation d'un liquide ou d'une mélasse alcoolisée. Le cognac*, l'armagnac*, le rhum*, le whisky*, la vodka*, le kirsch*, etc. sont des eaux-de-vie.
À la sortie de l'alambic, les eaux-de-vie sont impropres à la consommation. Un vieillissement *(1)* plus ou moins long est alors nécessaire pour réduire leur teneur en alcool*, développer leur saveur et leurs arômes, et éventuellement acquérir une couleur ambrée.

(1) Ce vieillissement se fait "sous bois", généralement en barriques de chêne, pour les eaux-de-vie ambrées. Les eaux-de-vie incolores, appelées parfois "eaux-de-vie blanches", séjournent, quant à elles, dans des bonbonnes ou autres récipients le plus souvent en verre.*

■ EAU-DE-VIE BLANCHE

White brandy | Dénomination courante d'une eau-de-vie* de fruit telle que le kirsch*, la mirabelle*, la framboise*, la poire williams*... qui n'a pas subi de coloration lors du vieillissement.

Source : Doc. Vedrenne

Gamme d'eaux-de-vie blanches

■ EAU-DE-VIE DE CIDRE DE BRETAGNE

Cider brandy | Eau-de-vie* provenant de cidres* récoltés et distillés dans 372 communes des départements des Côtes-d'Armor, du Finistère, de l'Ille-et-Vilaine, de Loire-Atlantique et du Morbihan. A.O.C.* depuis 2015.
L'eau-de-vie est élevée au moins 2 ans en fût de chêne. Lorsque le millésime de l'année de distillation est indiqué, le vieillissement minimal est de 10 ans.
Titrage alcoolique minimum à la vente au consommateur : 40°.

■ EAU-DE-VIE DE CIDRE DE NORMANDIE

Cider brandy | Indication géographique d'une eau-de-vie* provenant de cidres* récoltés et distillés dans les départements du Calvados, de l'Eure, de la Manche, de l'Orne, de la Seine-Maritime et dans quelques communes des départements de la Mayenne, de l'Oise et de la Sarthe.
L'eau-de-vie peut être blanche ou ambrée (élevage d'au moins 1 an en fût de chêne).
Titrage alcoolique minimum à la vente au consommateur : 40°.

■ EAU-DE-VIE DE CIDRE DU MAINE ou FINE DU MAINE

Cider brandy | Eau-de-vie* provenant de cidres* récoltés et distillés dans 141 communes des départements de la Mayenne et du Maine-et-Loire. A.O.C.* depuis 2015.
L'eau-de-vie est élevée «sous bois» pendant une période minimale de 36 mois. Ce vieillissement est porté à 10 ans lorsqu'elle est commercialisée avec indication du millésime.
Titrage alcoolique minimum à la vente au consommateur : 40°.

■ EAU-DE-VIE DE COGNAC

Cognac brandy | Appellation d'Origine Contrôlée identique au Cognac*.

■ EAU-DE-VIE DE DANTZIG

Spirits | Spiritueux* qui en réalité n'est pas une eau-de-vie*. Il s'agit d'une liqueur* obtenue par macération d'écorces de citron* et de macis* dans de l'alcool*. À l'embouteillage, elle est additionnée de feuilles d'or ou d'argent.

■ EAU-DE-VIE DE FAUGÈRES ou FINE FAUGÈRES

French geographic area | Indication géographique d'une eau-de-vie* provenant de vins* récoltés et distillés dans 7 communes de l'Hérault, dont Faugères.
L'eau-de-vie est élevée "sous bois" pendant une période minimale de 5 ans. Les mentions suivantes peuvent compléter l'I.G :

- *VSOP* pour des eaux de vie vieillies au moins 6 ans
- *XO* pour des eaux de vie vieillies au moins 10 ans

- *Le millésime* pour des eaux de vie vieillies au moins 10 ans.

Titrage alcoolique minimum à la vente au consommateur : 40°.

■ EAU-DE-VIE DE MARC CHAMPENOIS ou MARC DE CHAMPAGNE ou MARC CHAMPENOIS

French geographic area | Indication géographique d'une eau-de-vie* provenant de marcs* de raisin produits et distillés sur une partie de l'aire d'A.O.C.* Champagne*.

L'eau-de-vie peut être blanche ou ambrée.

L'eau-de-vie ambrée est élevée "sous bois" pendant une période minimale de 2 ans. Les mentions suivantes peuvent compléter l'I.G :

- *Vieux* pour des eaux de vie vieillies au moins 4 ans
- *Très vieux* ou *V.S.O.P.* pour des eaux de vie vieillies au moins 8 ans
- *Hors d'âge* ou *X.O.* pour des eaux de vie vieillies au moins 10 ans.

Titrage alcoolique minimum à la vente au consommateur : 40°.

■ EAU-DE-VIE DE MARC DES CÔTES-DU-RHÔNE ou MARC DES CÔTES-DU-RHÔNE

French geographic area | Indication géographique d'une eau-de-vie* provenant de marcs* de raisin produits et distillés dans de nombreuses communes de l'Ardèche, de la Drôme, de l'Isère, du Gard, de la Loire, du Rhône et du Vaucluse.

L'eau-de-vie peut être blanche ou ambrée.

L'eau-de-vie ambrée est élevée "sous bois" pendant une période minimale de 3 ans. Les mentions suivantes peuvent compléter l'I.G :

- *Vieux* pour des eaux de vie vieillies au moins 5 ans
- *Hors d'âge* pour des eaux de vie vieillies au moins 10 ans.
- *Le millésime* de l'année de distillation pour les eaux-de-vie vieillies au moins 10 ans.

Titrage alcoolique minimum à la vente au consommateur : 40°.

■ EAU-DE-VIE DE MARC DE PROVENCE ou MARC DE PROVENCE

French geographic area | Indication géographique d'une eau-de-vie* provenant de marcs* de raisin produits et distillés dans de nombreuses communes des Alpes-de-Haute-Provence, des Alpes-Maritimes, des Hautes-Alpes, des Bouches-du-Rhône, de la Drôme, du Var et du Vaucluse.

L'eau-de-vie peut être blanche ou ambrée.

L'eau-de-vie ambrée est élevée "sous bois" pendant une période minimale de 12 mois. Les mentions suivantes peuvent compléter l'I.G :

- *Vieux* pour des eaux de vie vieillies au moins 3 ans
- *Très vieux* pour les eaux-de-vie vieillies au moins 6 ans
- *Hors d'âge* pour des eaux de vie vieillies au moins 10 ans.

Titrage alcoolique minimum à la vente au consommateur : 40°.

■ EAU-DE-VIE DE MARC DU LANGUEDOC ou MARC DU LANGUEDOC

French geographic area | Indication géographique d'une eau-de-vie* provenant de marcs* de raisin produits et distillés dans un certain nombre de communes de L'Aude, du Gard, de l'Hérault et des Pyrénées-Orientales.

L'eau-de-vie peut être blanche ou ambrée. Cette dernière est élevée "sous bois" pendant une période minimale de 1 an.

Les mentions suivantes peuvent compléter l'I.G :

- *Vieux* pour des eaux de vie vieillies au moins 5 ans
- *Hors d'âge* pour des eaux de vie vieillies au moins 10 ans.
- *L'année de distillation* pour les eaux-de-vie vieillies au moins 10 ans

Titrage alcoolique minimum à la vente au consommateur : 40°.

■ EAU-DE-VIE DE POIRÉ DE NORMANDIE

French geographic area | Indication géographique d'une eau-de-vie* blanche provenant de poirés* récoltés et distillés dans les départements du Calvados, de l'Eure, de la Manche, de l'Orne, de la Seine-Maritime et dans quelques communes de la Mayenne

Titrage alcoolique à la vente au consommateur : entre 40° et 50°.

■ EAU-DE-VIE DE VIN DE LA MARNE

French geographic area | *Voir* Fine Champenoise*.

■ EAU-DE-VIE DE VIN DES CÔTES-DU-RHÔNE

French geographic area | *Voir* Fine des Côtes-du-Rhône*.

■ EAU-DE-VIE DE VIN ORIGINAIRE DU BUGEY

French geographic area | *Voir* Fine du Bugey*.

■ EAU-DE-VIE DE VIN ORIGINAIRE DU LANGUEDOC

French geographic area | *Voir* Fine du Languedoc*.

■ EAU-DE-VIE DES CHARENTES

Brandy | Eau-de-vie* de vin à A.O.C.* identique au Cognac*.

■ EAU MINÉRALE NATURELLE

NATURAL MINERAL WATER | Eau* d'origine souterraine, naturellement pure, de composition physico-chimique constante et captée sur un site protégé. Plate ou gazeuse, une eau minérale naturelle possède des propriétés favorables à la santé. En France, l'exploitation d'une source est soumise à l'avis de l'Académie de médecine et à un arrêté du Ministère de la santé. Le captage et le débit sont contrôlés par le Service des mines.

La législation européenne définit le produit ainsi : *"Une eau minérale naturelle est caractérisée par sa teneur en certains sels minéraux, les proportions relatives de ces sels, la présence d'oligo-éléments (1) ou autres constituants et, le cas échéant, par certains effets, ainsi que par sa pureté originelle."*

Les eaux minérales peuvent être classées selon trois critères principaux :

La teneur en gaz carbonique: une eau est *plate* lorsqu'elle ne contient pas de CO_2, *gazeuse* ou *carbogazeuse* quand elle contient plus de 250 mg/l de CO_2 et *gazeuse forte* au-delà de 1000 mg/l.

La minéralisation totale (exprimée en résidu sec à 180 °C) : une eau est *très faiblement minéralisée* avec une teneur en sels minéraux inférieure à 50 mg/l, *faiblement minéralisée* ou *oligo-minérale* quand la teneur en sels minéraux n'excède pas 500 mg/l, *moyennement minéralisée* avec une teneur située entre 500 et 1500 mg/l, riche en *sels minéraux* lorsque cette teneur est supérieure à 1500 mg/l, voire *fortement minéralisée* lorsque la minéralisation totale est très élevée.

La composition physico-chimique: la dénomination est conditionnée par la présence plus ou moins importante d'un ou plusieurs éléments. On trouve :

- *L'eau calcique* (teneur en calcium > 150 mg/l).
- *L'eau magnésienne* (teneur en magnésium > 50 mg/l).
- *L'eau sodique* (teneur en sodium > 200 mg/l).
- *L'eau hyposodique* (teneur en sodium < 20 mg/l).
- *L'eau sulfatée* (teneur en sulfates > 200 mg/l).
- *L'eau fluorée* (teneur en fluor > 1 mg/l).
- *L'eau ferrugineuse* (teneur en fer > 1 mg/l).
- *L'eau chlorurée* (teneur en chlorures > 200 mg/l).
- *L'eau acidulée* (teneur en gaz carbonique libre >250 mg/l).

Lorsqu'une eau porte la mention "convient pour la préparation des aliments des nourrissons", elle est plate et doit présenter une teneur en nitrates inférieure à 15 mg/l et une teneur en nitrites inférieure à 0,05 mg/l.

Les minéralisations totales et les compositions physico-chimiques des eaux minérales sont donc conditionnées par la nature des couches géologiques traversées. Les différences peuvent être considérables d'un captage à l'autre. En Auvergne, Charrier* présente une minéralisation totale de 37 mg/l alors qu'Hydroxydase* est de 9737 mg/l. C'est donc en circulant à travers le gisement hydrominéral souvent pendant plusieurs décennies, que l'eau s'enrichit en sels minéraux. Par ailleurs, chaque exploitant surveille avec attention l'impluvium *(2)* de sa source.

Le choix d'une eau minérale pour accompagner un repas doit s'orienter vers les eaux plates ou légèrement gazeuses, à minéralisation faible ou modérée, à pH *(3)* moyen et offrant une réelle neutralité gustative.

Actuellement, le conditionnement se fait, selon les clientèles, en bouteille de verre (matériau et présentation toujours très prisés en restauration traditionnelle) ou en bouteille P.E.T. (polyéthylène téréphtalate).

L'étiquetage des bouteilles, qui répond à des normes précises, apporte de nombreuses indications aux consommateurs, notamment sur les lieux de captage, la composition physico-chimique, la minéralisation totale, le pH etc. Par ailleurs une D.D.M.* doit figurer sur l'emballage ; elle est de 2 à 3 ans pour les eaux minérales plates. Pour les eaux minérales gazeuses, elle est de 9 à 12 mois en bouteille P.E.T. et de 3 à 4 ans en bouteille verre.

Avec une production estimée à 7,500 milliards de litres, la France se place à la 3ème place des producteurs européens d'eaux minérales (derrière l'Italie et l'Allemagne). Associé à l'exploitation des eaux de source*, ce secteur est en pleine expansion à cause de la désaffection pour l'eau du robinet mais aussi grâce à notre patrimoine thermal évalué à 1600 sources dont 400 sont encore exploitées.

(1) Eléments présents dans le milieu en infimes quantités. On les appelle plus scientifiquement "éléments-traces". Indispensables à la vie en participant à des réactions biochimiques qui se produisent dans notre corps, les oligo-éléments essentiels sont : le fer, l'iode, le cuivre, le zinc, le sélénium, le chrome, le molybdène, le fluor, le manganèse, le silicium, le vanadium, le nickel, l'étain, le cobalt, le brome, l'arsenic, le plomb, le cadmium et le lithium.

(2) Zone d'infiltration de l'eau météorique qui alimente l'aquifère donnant naissance à la source d'eau minérale. Cette zone fait l'objet d'une protection particulière afin de prévenir tout risque de pollution.

(3) Coefficient qui indique l'acidité ou l'alcalinité de l'eau. Lorsque le pH est inférieur à 7 l'eau est acide, avec un PH supérieur à 7 l'eau est alcaline.

QUELLE EAU MINÉRALE NATURELLE POUR QUEL TERRITOIRE ?

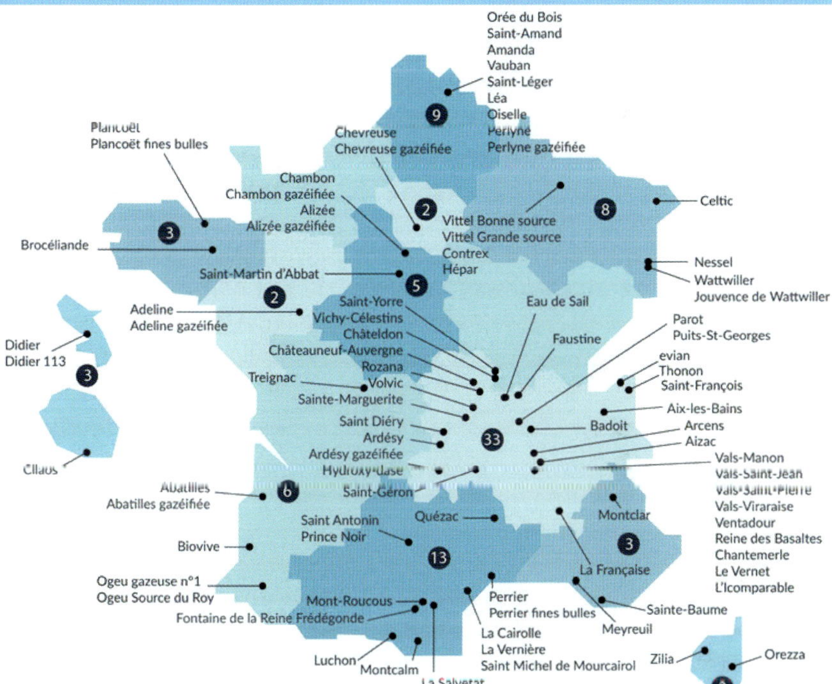

89 **Sources d'eau minérale naturelle en France**

■ EAUX MINÉRALES FRANÇAISES

FRENCH MINERAL WATERS | Reconnues par l'Union Européenne

Désignation commerciale	Nom de la source	Lieu d'exploitation
Abatilles	Saint-Anne	Arcachon (Gironde)
Aix les Bains	Raphy St Simon Est	Grésy sur Aix (Savoie)
Aizac	Grande Source du Volcan	Aizac (Ardèche)
Alet	Eaux Chaudes	Alet les Bains (Aude)
Amanda	Amanda	Saint Amand Les Eaux (Nord)
Arcens	Ida	Arcens (Ardèche)
Arvie	Arvie	Augnat (Puy de Dôme)
Badoit	Badoit	Saint-Galmier (Loire)
Biovive	Biovive	Dax (Landes)
César	César	Saint Alban Les Eaux (Loire)
Célestines	Célestines	Saint-Yorre (Allier)
Celtic	La Liese	Niederbronn les Bains (Bas Rhin)
Chambon	Montfras	Chambon La Forêt (Loiret)
Chambon gazéifiée	Montfras	Chambon La Forêt (Loiret)
Chantemerle	Chantemerle	Meyras (Ardèche)
Châteauneuf Auvergne	Castel Rocher	Châteauneuf Les Bains (Puy de Dôme)
Châteldon	Sergentale	Châteldon (63)
Cilaos	Véronique	Saint Louis (Réunion)
Contrex	Source Contrex	Contréxeville (Vosges)
Didier	Fontaine Didier	Fort de France (Martinique)
Evian	Cachat	Evian, Publier, Neuvecelle et Maxilly
Faustine	Faustine	Saint Alban Les Eaux (Loire)
Hépar	Hépar	Vittel (Vosges)
Hydroxydase	Marie-Christine-Nord	Le Breuil sur Couze (Puy de Dôme)
Jouvence de Wattwiller	Jouvence	Wattwiller (Haut Rhin)
Julia	Julia	Saint Alban Les Eaux (Loire)
La Cairolle	La Cairolle	Les Aires (Hérault)
La Française	La Française	Propiac (Drôme)
La Salvetat	Rieumajou	La Salvetat sur Agout (Hérault)
La Vernière	La Vernière	Les Aires (Hérault)
Le Vernet	Vernet Ouest	Prades (Ardèche)
L'Incomparable	La Ferrugineuse Incomparable	Asperjoc (Ardèche)
Luchon	Lapade	Bagnères de Luchon (Haute Garonne)
Miers Alvignac	Daubet 1	Alvignac (Lot)
Mont Roucous	Mont Roucous	Lacaune (Tarn)
Nessel	Nessel	Soultzmatt (Haut Rhin)
Ogeu	Gazeuse N°1	Ogeu Les Bains (Pyrénées Atlantiques)
Orée du Bois	Orée du Bois	Saint Amand Les Eaux (Nord)
Orezza	Sorgente Sottana	Rappagio Orezza (Haute Corse)
Parot	Parot 1	Saint Romain Le Puy (Loire)
Perrier	Perrier	Vergèze (Gard)
Plancoët	Sassay	Plancoët (Côtes d'Armor)
Puits St Georges	Puits St Georges	Saint Romain Le Puy (Loire)
Quézac	Diva	Quézac (Lozère)
Reine des Basaltes	La Reine des Basaltes	Asperjoc (Ardèche)
Rozana	Des Romains	Beauregard Vendon (Puy de Dôme)
Sail Les Bains	Du Hamel	Sail Les Bains (Loire)
Saint-Alban	Antonin	Saint Alban Les Eaux (Loire)
Saint-Amand	Clos de l'Abbaye	Saint Amand Les Eaux (Nord))
Saint Antonin	Prince Noir	Saint Antonin Noble Val (Tarn et Garonne)
Saint Diéry	Renlaigue	Saint Diéry (Puy de Dôme)
Sainte Marguerite	La Chapelle	Saint Maurice ès Allier (Puy de Dôme)
Saint Géron	Gallo Romaine	Saint Géron (Haute Loire)
Saint Martial	Saint Martial	Saint Martin Le Redon (Lot)
Saint Martin d'Abbat	Native	Saint Martin d'Abbat (Loiret)
Saint Michel de Mourcairol	Saint Michel de Mourcairol	Les Aires (Hérault)
Saint-Yorre - Bassin de Vichy	Royale	Saint-Yorre (Allier)
Saint-Yorre - Bassin de Vichy	Royale-France	Saint-Yorre (Allier)
Thonon	La Versoie	Thonon Les Bains (Haute Savoie)
Vals Manon	Manon	Vals Les Bains (Ardèche)
Vals Saint Jean	Saint Jean	Vals Les Bains (Ardèche)
Vals Saint Pierre	Saint Pierre	Vals Les Bains (Ardèche)
Vals Vivaraise	Vivaraise	Vals Les Bains (Ardèche)
Vauban	Vauban 97	Saint Amand Les Eaux (Nord)
Ventadour	Ventadour	Meyras (Ardèche)
Vichy-Célestins	Célestins	Vichy (Allier)
Vittel	Bonne Source	Vittel (Vosges)
Vittel	Grande Source	Vittel (Vosges)
Volvic	Clairvic	Volvic (Puy de Dôme)
Wattwiller	Lithinée	Wattwiller (Haut Rhin)

■ EAU RENDUE POTABLE PAR TRAITEMENT

WATER MADE POTABLE BY TREATMENT | Eau* embouteillée ayant subi des traitements appropriés pour répondre aux normes de potabilité.

■ ÉCHALION

BANANA SHALLOT | L'échalion est une plante condimentaire obtenue par le croisement d'une variété d'oignon* et d'une variété d'échalote*. Contrairement à cette dernière, il n'a qu'un seul bulbe et ne se plante pas mais se sème. Il est parfois appelé "Cuisse de poulet" ou "Oignon allongé du Poitou". L'échalion se consomme comme l'échalote.

■ ÉCHALOTE

SHALLOT | Plante condimentaire bulbeuse originaire du Moyen-Orient, dont la saveur et l'odeur rappellent celles de l'oignon*.

L'échalote, crue ou cuite, est très utilisée dans nos apprêts culinaires. La France reste d'ailleurs le premier producteur européen d'échalotes traditionnelles *(1)*. Il convient de distinguer ***l'échalote grise***, ***les échalotes à bulbes ronds*** et ***les échalotes à bulbes allongés***.

L'échalote d'Anjou, bénéficiant d'une I.G.P.* depuis 2014, est produite sur 71 communes de l'est du Maine-et-Loire.

(1) L'échalote "traditionnelle" se plante mais ne se sème pas. Cette dénomination est donc réservée aux échalotes issues de bulbes en excluant celles provenant de graines.

■ ECHAUDÉ

French cake | Petit gâteau léger et croquant réalisé avec une pâte non sucrée. L'échaudé est poché avant d'être séché au four.

■ ÉCHEZEAUX

French wine | Vin* rouge produit en Bourgogne*, Grand Cru bénéficiant d'une A.O.C.* depuis 1937 et reconnu A.O.P.* dans le cadre de L'U.E.

Aire de production : parcelles délimitées des climats* "Les Orveaux", "Les Treux", "Clos Saint-Denis", "Les Cruots", "Les Rouges du Bas", "Beaux Monts Bas", "Champs-Traversins", "Les Poulaillières", "Les Loachausses", "Les Quartiers de Nuits" et "Les Echezeaux du Dessus" situés sur la commune de Flagey-Echezeaux, à proximité de Vosne-Romanée.

Superficie du vignoble : 36,26 ha.

Encépagement autorisé* pour l'appellation : Pinot noir*, Chardonnay*, Pinot blanc*, Pinot gris*.

Rendement à l'hectare* : 42 hl.

■ ÉCHINE

SHOULDER | Partie de la longe* de porc* située près de la tête de l'animal.

■ ÉCHOURGNAC ou ABBAYE D'ÉCHOURGNAC

French cheese | Fromage* de lait* de vache fabriqué dans le Périgord. Il doit son nom à un village de Dordogne où est installé le monastère qui le fabrique.

Type: pâte pressée non cuite, croûte lavée.

Forme: disque à bords arrondis.

Tailles: 10 cm de diamètre, 3 à 4 cm d'épaisseur ou 19 cm de diamètre, 5 à 6 cm d'épaisseur.

Poids: 300 g ou 1,7 kg.

Teneur en M.G.: 50 %.

Qualité identique toute l'année.

■ ÉCLAIR

French pastry | Pâtisserie de forme allongée, réalisée avec une pâte à choux* garnie de crème pâtissière*, parfumée au café* ou au chocolat* et glacée au fondant*.

Source : S. Pelly/Cedus

Éclairs au café et au chocolat

■ ÉCREVISSE

CRAYFISH | Crustacé décapode vivant en eau douce. Devenue rare dans les cours d'eau français, notamment à cause de la pollution et de la pêche intensive et trop précoce *(1)*, l'écrevisse que nous consommons aujourd'hui provient très souvent d'aquaculture* (astaciculture) ou d'importation d'Europe centrale.

En France, on trouve 5 espèces d'écrevisses:

- ***L'écrevisse à pattes rouges*** qui vit dans les ruisseaux de plaine. C'est la meilleure, donc la plus recherchée.

- ***L'écrevisse à pattes blanches*** que l'on capture dans les ruisseaux de montagne.
- ***L'écrevisse des torrents*** que l'on rencontre dans les cours d'eau d'altitude, en Alsace et dans le Morvan.
- ***L'écrevisse américaine***, introduite en France il y a une cinquantaine d'années et qui vit dans les rivières et les fleuves.
- ***L'écrevisse à pattes grêles ou écrevisse de Turquie***, espèce couramment reproduite en élevage.

L'écrevisse s'apprête de nombreuses façons : en sauce*, à la nage*, grillée, en gratin, en garniture de poulet* ou de pigeon*, en bisque*, présentée en buisson*, etc.

(1) Il faut en effet 5 à 7 ans pour qu'une écrevisse atteigne l'âge adulte. Elle mesure alors 15 cm.

Source : Photo BG

■ ÉCUME

FROTH | *Voir* Espuma*.

■ ÉDAM

Dutch cheese | Fromage* de lait* de vache fabriqué en Hollande. Il tire son nom d'un petit port du nord du pays, son lieu d'origine. Copié dans de nombreux pays, l'édam est reconnu A.O.P.* dans le cadre de l'U.E. sous l'appellation ***Noord-Hollandse Édamer***.

Type: pâte pressée non cuite, croûte naturelle paraffinée colorée en rouge ou en jaune.

Forme: boule légèrement aplatie sur la base et le sommet et un peu plus haute que son diamètre.

Taille: 12 à 13 cm de diamètre, 13 à 14 cm de hauteur.

Poids: 1,3 à 1,5 kg.

Teneur en M.G.: 40 %.

Qualité identique toute l'année.

■ EDELZWICKER

French wine | Vins* bénéficiant de l'appellation Alsace* et provenant de l'assemblage de cépages* autorisés pour cette A.O.C.*.

■ ÉDULCORANT

SWEETENER | Substance naturelle, chimique ou artificielle possédant un pouvoir sucrant. Le sucre* et le miel* sont des édulcorants naturels traditionnels. Par ailleurs il existe des édulcorants de synthèse* couramment employés comme additifs alimentaires*.

■ ÉDULCORANT DE SYNTHÈSE

ARTIFICIAL SWEETENER | Edulcorant chimique ou artificiel, appelé également "édulcorant intense", dépourvu de valeur calorique et possédant un pouvoir sucrant important (voir saccharine*, aspartame*, acésulfame K*...).

■ EGG NOGS

EGG NOG | Long drinks* chauds ou froids préparés au shaker avec œuf* entier ou jaune, lait*, sucre*, eau-de-vie* et saupoudrés de noix de muscade*.

■ ÉGLEFIN ou AIGLEFIN

HADDOCK | Poisson de mer, voisin du cabillaud*, appartenant à la famille des gadidés. Lorsqu'il est présenté en filets fumés, il est appelé *haddock**.

■ ÉGRAPPAGE

DESTEMMING | *Voir* Éraflage*.

■ EGRI BIKAVÉR

Hungarian wine | Autre dénomination du Sang de taureau*, célèbre vin* rouge produit en Hongrie.

■ EISWEIN

Related to harvesting | *Voir* Qualitätswein mit Prädikat*.

■ ÉLEVAGE (d'un vin)

BREEDING (of a wine) | Ensemble des soins et traitements apportés à un vin* entre la fin de la fermentation alcoolique* et la mise en bouteille. Durant cette période, plus ou moins longue, différentes opérations (collage*, soutirage*, passage éventuel en récipients de bois, ouillage*...) vont permettre d'optimiser les qualités du vin.

■ ÉMERAUDE

EMERALD | *Voir* Stinger*

■ EMMENTALER

Swiss cheese | Fromage* de lait* de vache fabriqué en Suisse dans le canton de Berne. Il tire son nom d'une vallée (l'Emme) d'où il est originaire. L'emmentaler bénéficie d'une Appellation d'Origine Contrôlée helvétique depuis 2006.

Type: pâte pressée cuite, croûte naturelle brossée.

Forme: grosse meule à talon convexe.

Taille: 80 à 100 cm de diamètre, 16 à 27 cm d'épaisseur.

Poids : 75 à 120 kg *(1)*.
Teneur en M.G. : 45 %.
Qualité identique toute l'année.
(1) Il faut 1 100 litres de lait cru pour fabriquer cet énorme fromage.

■ EMMENTAL FRANÇAIS

French cheese | Fromage* de lait* de vache fabriqué essentiellement en Savoie et en Franche-Comté *(1)*. Son nom lui vient de son homonyme suisse qui a inspiré sa fabrication dans notre pays.
Type : pâte pressée cuite, croûte brossée et graissée.
Forme : grosse meule à talon et surface légèrement bombée.
Taille : 70 à 100 cm de diamètre, 13 à 25 cm d'épaisseur.
Poids : 60 à 130 kg.
Teneur en M.G. : 45 %.
Qualité identique toute l'année.
(1) ***L'Emmental de Savoie*** *et* ***L'Emmental français Est-Central*** *bénéficie d'une I.G.P.*.*

■ EMPANADA

Spanish pastry | Terme espagnol désignant des tourtes*, pâtés en croûte, chaussons* ou friands aux garnitures variées (viande, volaille, poisson, fruits de mer).

■ EMPEREUR

ORANGE ROUGHY | Poisson de mer de la famille des béryciformes que l'on pêche dans les eaux profondes de l'Atlantique et du Pacifique. L'empereur, appelé aussi *hoplostète*, mesure environ 60 cm et possède une chair très appréciée qui rappelle celle de la lotte*.

■ ÉMULSIFIANT

EMULSIFIER | Additif alimentaire* qui stabilise une émulsion et apporte une texture homogène à une denrée.

■ ENCÉPAGEMENT (autorisé)

ENCEPAGEMENT (authorized) | Les encépagements indiqués pour les vins et eaux-de-vie* d'A.O.C.* sont ceux mentionnés dans les cahiers des charges des appellations ; cela ne signifie pas que tous les cépages sont présents dans le vignoble. Nous trouvons souvent un ou plusieurs cépages principaux et des cépages complémentaires ou accessoires limités à certains pourcentages. A titre d'exemple, pour l'A.O.C. Pommard*, l'encépagement autorisé est constitué du Pinot noir* comme cépage principal et de 3 cépages accessoires : le Chardonnay*, le Pinot blanc* et le Pinot gris* (dont la proportion totale ne doit pas excéder 15 %).

■ ENCORNET

SQUID | Autre dénomination du calamar*.

■ ENDIVE

ENDIVE | *Voir* Chicorée*.

■ ENTRAYGUES

French cheese | Autre dénomination du cabecou d'Entraygues*.

■ ENTRAYGUES-LE FEL

French wine | Vins* rouges, rosés et blancs produits dans le Sud-Ouest. A.O.C.* depuis 2011 *(1)* et reconnus A.O.P.* dans le cadre de l'U.E.
Aire de production : 6 communes de l'Aveyron et 2 communes du Cantal situées au nord de Rodez.
Superficie du vignoble : 20 ha.
Encépagement autorisé* pour l'appellation : Fer servadou*, Cabernet-Sauvignon*, Cabernet franc*, Mouyssaguès*, Négrette*, Chenin*, Saint-côme, Fel, * Mauzac*.
Rendement à l'hectare* : 60 hl pour les vins rouges et rosés, 65 hl pour les vins blancs.
(1) Antérieurement A.O.V.D.Q.S. sous l'appellation "Vins d'Entraygues et du Fel".*

■ ENTRECÔTE

RIB STEAK | Pièce de bœuf* prélevée dans le milieu du train de côtes*. Contrairement à la côte, l'entrecôte n'a pas de support osseux.

■ ENTRE-DEUX-MERS

French wine | Vins* blancs produits dans le Bordelais, A.O.C.* depuis 1937 et reconnus A.O.P.* dans le cadre de l'U.E.
Aire de production : 133 communes de la Gironde situées sur un territoire compris entre la Garonne et la Dordogne.
Superficie du vignoble : 1 440 ha.
Encépagement autorisé* pour l'appellation : Sémillon*, Sauvignon*, Muscadelle*, Merlot blanc*, Colombard*, Mauzac* et Ugni blanc*.
Rendement à l'hectare* : 65 hl.
Teneur maximale en sucre résiduel : 4 g/litre.

■ ENTRE-DEUX-MERS HAUT-BENAUGE

French wine | Vins* blancs produits dans les mêmes conditions que ceux bénéficiant de l'appellation Entre-deux-Mers*, mais sur une aire limitée à 9 communes situées au nord de Langon. Superficie du vignoble : 100 ha.

■ ENTREMETS

French dessert | À l'origine, l'entremets était une préparation salée servie entre le rôti et le dessert*. Aujourd'hui, ce terme désigne tout simplement un mets sucré, chaud ou froid, servi en fin de repas.

■ ÉPAULE

SHOULDER | Pièce de viande constituée de la partie supérieure d'un membre antérieur du porc* ou d'un animal de boucherie (veau*, agneau*, bœuf*...).

■ ÉPEAUTRE

SPELT | Variété rustique de blé* dont les grains adhèrent à la balle *(1)*. L'épeautre est employé dans certaines soupes* et dans la fabrication de pains*, de biscuits*, de pâtes*, de bières*...

(1) La balle (ou bale) est l'enveloppe d'une graine de céréale.

■ ÉPERLAN

SMELT | Petit poisson de mer de la famille des osmèridés qui vient frayer en eau douce dans les embouchures des fleuves. L'éperlan, qui mesure rarement plus de 20 cm, est essentiellement préparé en friture ou meunière*.

■ ÉPICE

SPICES | Substance aromatique d'origine végétale utilisée dans le domaine culinaire pour relever la saveur des mets. Le clou de girofle*, le poivre*, le paprika*, le safran*, la cannelle*, la noix de muscade*, le curcuma*, etc. sont des épices.
L'épice, couramment considérée comme une substance aromatique exotique, se distingue de l'aromate* par le fait que son goût, souvent très puissant, l'emporte sur son parfum.
Utilisées dans les cuisines du monde entier mais aussi dans l'élaboration de produits aussi divers que certains spiritueux*, médicaments ou parfums, les épices et leur commerce ont pris une place importante dans notre Histoire.

Source : Adobe Stock

■ ÉPIGRAMME

Lamb cut | Apprêt culinaire constitué d'une côte* et d'un morceau de poitrine* d'agneau*. L'épigramme est généralement pané pour être ensuite grillé ou sauté au beurre*.

■ ÉPINARD

SPINACH | Plante potagère originaire d'Asie occidentale dont les feuilles sont très souvent consommées cuites mais aussi crues, en salade. L'épinard a connu un réel succès au début du 19ème siècle lorsque certains nutritionnistes mirent en évidence sa richesse en substances minérales, notamment en fer *(1)*.
Principales variétés: ***Symphonie, Samos, Géant d'hiver, Monstrueux de Viroflay, Merveille de Versailles, Resistoflay, Ploka...***

(1) Depuis, les avis sont plus nuancés. Les scientifiques ont en effet découvert que le fer contenu dans les épinards est peu assimilable et que finalement la présence de ce minéral n'est pas aussi importante que cela (3,60 mg /100g). Les épinards arrivent ainsi loin derrière les lentilles (7,70 mg/100g), le jaune d'œuf* (7,60 mg/100g), les haricots* blancs (6,40 mg/100 g), les moules* (5,80 mg/100g) les pois cassés* (5,80 mg/100g) et le foie* de veau* (5,00 mg/100g).*

■ ÉPOISSES

French cheese | Fromage* de lait* de vache fabriqué en Bourgogne, A.O.C.* depuis 1991 et reconnu A.O.P.* dans le cadre européen. Il doit son nom à un village de Côte-d'Or, lieu d'origine de sa production. L'aire d'appellation s'étend sur 533 communes situées principalement en Côte-d'Or mais aussi dans l'Yonne et en Haute-Marne.
Type: pâte molle à croûte lavée.
Forme: disque épais.
Tailles : 9,5 à 11,5 cm de diamètre, 3 à 4,5 cm d'épaisseur pour le petit format. 16,5 à 19 cm de diamètre, 3 à 4,5 cm d'épaisseur pour le grand format.
Poids : 250 à 350 g ou 700 à 1100 g selon le format.
Teneur en M.G.: 50 % au minimum.
Meilleures saisons: été, automne, hiver.

■ ÉRAFLAGE

DESTEMMING | Cette opération de vinification, appelée aussi *égrappage*, consiste à séparer les grains de raisin* de la rafle avant la mise en

fermentation alcoolique*. Pour certains moûts*, l'élimination de la rafle, support pédonculaire vert et ligneux riche en tanins*, permet d'obtenir des vins moins âpres. L'éraflage se fait manuellement ou mécaniquement.
Notons que les raisins récoltés avec une machine à vendanger sont automatiquement égrappés puisque les rafles restent sur la vigne.

■ ERMITAGE ou L'ERMITAGE

Appellation | Appellation identique à Hermitage*.

■ ERVY-LE-CHÂTEL

French cheese | Fromage* de lait* de vache fabriqué en Champagne. Il tire son nom d'un village de l'Aube situé dans sa zone de production.
Type: pâte molle à croûte fleurie.
Forme: cône tronqué.
Taille: 12 cm de diamètre de base, 4 à 5 cm d'épaisseur.
Poids: 500 g environ.
Teneur en M.G.: 45 à 50 %.
Meilleures saisons: printemps, été, automne.

■ ESAÜ

Lentil dish | Préparation culinaire contenant une purée de lentilles*. Elle doit son nom à Esaü, personnage biblique, qui céda son droit d'aînesse à son frère Jacob en échange d'un plat de lentilles.

■ ESBAREICH

French cheese | Fromage* de lait* de brebis fabriqué dans le Béarn. Il doit son nom à un village des Hautes-Pyrénées situé dans sa zone de production.
Type: pâte pressée non cuite, croûte naturelle.
Forme: petite meule à bords convexes.
Taille: 30 à 35 cm de diamètre, 6 à 8 cm d'épaisseur.
Poids: 4 à 5 kg.
Teneur en M.G.: 45 % environ.
Meilleures saisons: printemps, été, automne.

■ ESCABÈCHE

ESCABECHE | Marinade* très relevée spécialement employée pour préparer des conserves de poisson (sardines*, maquereaux*, anchois*, thon*...).

■ ESCALOPE

CUTLET (escalope) | Mince tranche de viande blanche, de volaille, d'abats*, de poisson, de foie gras*, de crustacé, etc.
Le terme "escalope", sans précision de produit, désigne une pièce de veau* prélevée dans la noix* ou la sous-noix.

■ ESCARGOT

SNAIL | Gastéropode *(1)* terrestre doté d'une coquille spiralée. En France, les 2 espèces les plus courantes sont:

- ***L'Escargot de Bourgogne***: coquille jaune fauve d'un diamètre de 3 à 4,5 cm.
- ***L'Escargot petit gris***: coquille brunâtre d'un diamètre de 2,5 à 3 cm.

Il faut préciser que l'achatine* n'a pas droit à l'appellation "escargot".
Dans notre pays, le ramassage de l'escargot est réglementé (période de capture, diamètre minimum). Sa consommation ne doit se faire qu'après un jeûne qui écarte les risques d'empoisonnement liés à une absorption de plantes toxiques ou de produits phytosanitaires avant la capture. L'élevage des escargots *(2)* connait actuellement un réel développement.
L'escargot est un des plus anciens plats consommés par l'homme, il se prépare de nombreuses façons: farci en coquille avec du beurre d'escargots*, à la bourguignonne*, grillé, en fricassée*, en feuilleté...

(1) Mollusque rampant sur un pied ventral.

(2) Débutée dans les années 80, l'héliciculture française s'est développée dans plusieurs régions. Seuls le "petit gris" et le "gros gris" (dont la taille peut atteindre celle de "l'escargot de Bourgogne") font l'objet d'un élevage.

Source : BIVB/Image et Associés

Escargots de Bourgogne

■ ESCOFFIER (Auguste)

French chef | Cuisinier français (Villeneuve-Loubet 1846 - Monte-Carlo 1935). La carrière de ce grand Maître fut particulièrement brillante, il a d'ailleurs été surnommé par ses pairs " Le cuisinier des rois et le roi des cuisiniers". Il fut un novateur en modernisant les méthodes de travail et en simplifiant et codifiant la cuisine et les menus.
Le nom d'Escoffier reste attaché à la notoriété de grands palaces tels que *Le Savoy* et *Le Carlton* de Londres, *Le Grand Hôtel* à Rome ou *Le Ritz* à Paris. On lui confia également l'équipement des cuisines et le recrutement des brigades de 2 paquebots, *L'Amérika* et *L'Impérator*. Ses créations culinaires sont nombreuses; n'est-ce pas lui qui composa en

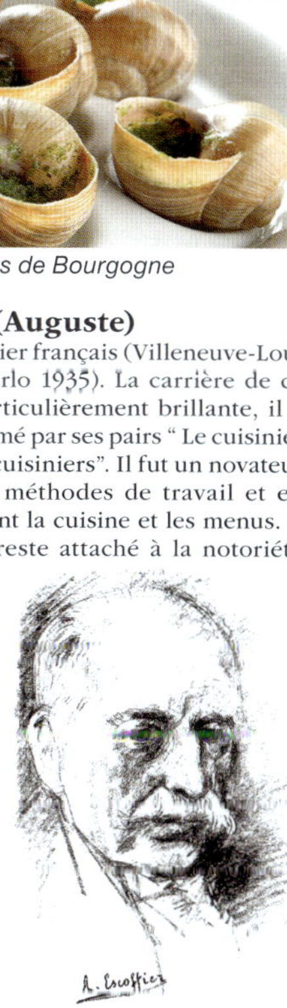

Source : Doc. Fondation A. Escoffier

1893 la pêche Melba* en l'honneur d'une cantatrice australienne du même nom?
Son œuvre littéraire est considérable avec des ouvrages tels que *"Le livre des menus"*, *"Le Riz"*, *"Ma Cuisine"*, *"Les Fleurs en cire"*, *"L'Aide-mémoire culinaire"* et surtout *"Le Guide culinaire"*. Cet ouvrage, rédigé en collaboration avec Philéas Gilbert* et Emile Fetu, édité en 1903 et constamment réédité depuis, demeure la référence en matière gastronomique. Il sera le premier cuisinier à être fait Officier de la Légion d'honneur

■ ESCULENCE

ESCULENT | Qualité savoureuse d'un aliment. Jean-Anthelme Brillat-Savarin* évoque le "Point d'esculence" d'une substance alimentaire : *"C'est la gastronomie qui fixe le point d'esculence de chaque substance alimentaire, car toutes ne sont pas présentables dans les mêmes circonstances. Les unes doivent être prises avant que d'être parvenues à leur entier développement [...] ; d'autres, au moment où elles ont atteint toute la perfection qui leur est destinée [...], d'autres quand elles commencent à se décomposer [...] ; d'autres, enfin, après que des opérations de l'art leur ont ôté leurs qualités malfaisantes..."*. (Physiologie du goût. Méditation III)

■ ESPADON

SWORDFISH | Poisson de mer de la famille des xiphiidés qui vit dans les mers chaudes. Cet énorme poisson qui peut atteindre 5 m de longueur et peser 500 kg possède une chair ferme qui rappelle celle du thon*. Il se prépare comme ce dernier.

■ ESPAGNOLE (à l')

Spanish style | Dénomination qui s'applique à diverses préparations culinaires où l'on retrouve des tomates*, des poivrons*, des oignons* et de l'ail*.

■ ESPAGNOLE (sauce)

Sauce | Sauce* réalisée avec fond* brun de veau lié au roux* brun.

■ ESPRIT DE COGNAC

COGNAC (liquor) | Produit obtenu en faisant subir une troisième repasse en alambic à une eau-de-vie* de Cognac*. A.O.C.* depuis 1938. Titrant entre 80° et 85°, l'esprit de cognac entre dans l'élaboration de certains vins* effervescents* *(1)*.

(1) Sous forme de composant de la "Liqueur d'expédition".*

■ ESPUMA

FOAM | Mousse très légère élaborée à partir d'ingrédients variés *(1)*. L'appareil obtenu (purée fine, coulis ou liquide) est additionné d'un peu de gélatine* avant d'être passé dans un siphon pour obtenir un foisonnement particulier recherché en gastronomie moléculaire*. Ce type de préparation, nommé en français *écume*, a été lancé par le chef cuisinier catalan Ferran Adrià*.

(1) Légumes, fruits, œufs, fromages*, crèmes, liquides divers...*

■ EST ! EST ! EST !!! DI MONTEFIASCONE

Italian wine | Vins* blancs italiens produits au nord-ouest de Rome. Issus de cépages* Trebbiano, et Malvasia, ces vins bénéficient d'une D.O.C*.
La légende veut qu'au 12ème siècle un prélat allemand, qui allait à Rome pour se faire couronner par le Pape, envoya un serviteur pour repérer les auberges qui servaient les meilleurs vins. Ce "prospecteur" devait inscrire la mention "Est" sur la façade des établissements proposant des vins de qualité. À Montefiascone, il estima avoir dégusté un vin tout à fait remarquable et il inscrivit alors "Est ! Est ! Est !!!". Le prélat apprécia le vin autant que son valet et il décida de s'installer dans le village pour y finir sa vie.

■ ESTAING

French wine | Vins* rouges, rosés et blancs produits dans le Sud-Ouest, A.O.C.* depuis 2011 *(1)* et reconnus A.O.P.* dans le cadre de l'U.E.
Aire de production : 3 communes de l'Aveyron - Estaing, Coubizou et Sebrazac - situées au nord de Rodez.
Superficie du vignoble : 20 ha.
Encépagement autorisé* pour l'appellation : Fer Servadou*, Gamay*, Abouriou*, Merlot*, Cabernet-Sauvignon*, Cabernet franc*, Mouyssaguès*, Négrette*, Pinot noir*, Duras*, Castet*, Chenin*, Mauzac*, Rousselou*.
Rendement à l'hectare* : 55 hl pour les vins rouges et 60 hl pour les vins rosés et blancs.

(1) Antérieurement A.O.V.D.Q.S. sous l'appellation "Vins d'Estaing".*

■ ESTOUFFADE

Stew | Apprêt culinaire à base de viande généralement du bœuf* cuite à l'étouffée avec du vin*, des légumes* et des aromates*.

■ ESTRAGON

TARRAGON | Plante aromatique originaire des pays d'Asie centrale. Elle exhale des arômes fins et pénétrants, légèrement anisés.
L'estragon est utilisé pour aromatiser les sauces* (ex : sauce béarnaise*), les salades, les viandes, les condiments* (ex : cornichons*, moutarde*) etc.

■ ESTURGEON

STURGEON | Poisson migrateur appartenant à la famille des acipenséridés. Il vit dans les mers et au printemps il remonte les fleuves et rivières pour s'y reproduire. Autrefois pêché dans la Mer Caspienne, la Mer Noire et la Mer d'Azov pour ses

œufs qui devenaient, après traitement, du caviar* (voir ce terme), l'esturgeon est maintenant une espèce protégée élevée en aquaculture*.
Peu consommé en France, ce poisson au corps fuselé est apprécié dans les pays d'Europe centrale ou orientale, notamment en Russie. Sa moelle épinière, le vesiga*, est employée dans certaines farces.

■ ÉTIQUETTE DE LA TABLE

TABLE ETIQUETTE | *Voir* Protocole*.

■ ÉTIQUETTE (d'une bouteille de vin)

LABEL (of a bottle of wine) | La règlementation européenne a arrêté 2 types de mentions devant ou pouvant figurer sur une étiquette de vin* : ***Les mentions obligatoires*** et ***les mentions facultatives***.

Les mentions obligatoires

- ***La dénomination de la catégorie de vin***. Pour les vins avec une indication géographique, elle peut être remplacée, pour les A.O.C.*, par le terme "Appellation d'origine contrôlée" ou "Appellation d'origine protégée", complété de la dénomination de l'appellation ou, pour les IGP*, par le terme "Indication géographique protégée" ou "Vin de pays", complété de la dénomination de l'I.G.P.
- ***La provenance***. "Produit de France" ou "Product of France" par exemple.
- ***L'importateur***. Uniquement pour les vins importés
- ***Le titre alcoométrique volumique acquis (T.A.V.A.)***. Il exprime le % d'alcool* contenu dans le vin.
- ***La teneur en sucre***. Mention obligatoire pour les vins mousseux, facultative mais réglementée pour les autres vins. Selon la teneur en sucre des vins mousseux, on utilise les termes *Brut nature*, *Dosage zéro*, *Brut*, *Extra-sec*, *Sec* ou *Doux*. Ce qui correspond à une teneur en sucre apportée par la liqueur d'expédition* allant de 0 à 3 g/litre (Brut nature) à plus de 50g/litre (Doux).

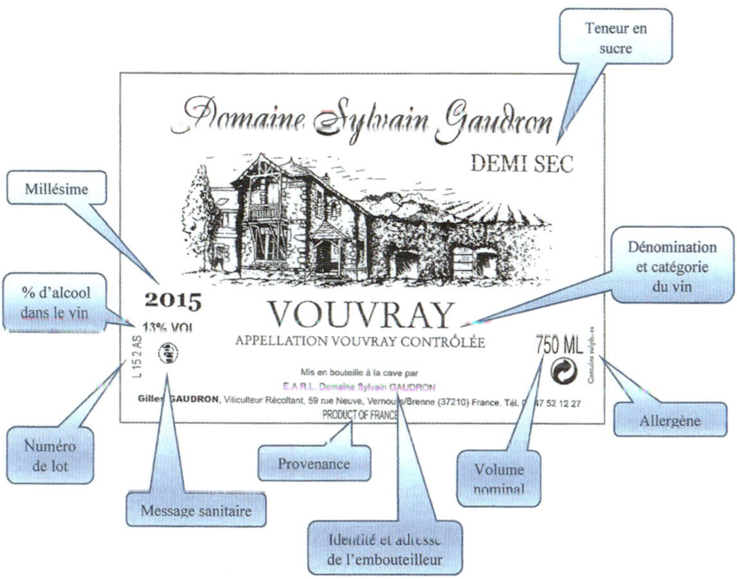

Source : D'après doc Gaudron

- ***Les allergènes****. La présence d'anhydride sulfureux *(1)* - si le vin en contient plus de 10 mg/l - doit être indiquée sous la mention "Contient des sulfites" ou "Contains sulphits".
- ***Le volume nominal***. C'est la contenance du récipient. La bouteille classique est de 75 cl, la demi-bouteille 37.5 cl, le magnum 150 cl. Une bouteille spécifique comme le clavelin* contient 62 cl.
- ***Le numéro de lot***. Il est composé de chiffres ou de lettres pour identifier des produits élaborés dans des conditions identiques.
- ***L'identité et l'adresse de l'embouteilleur***. On entend par embouteilleur la personne physique ou morale qui procède ou qui fait procéder pour son compte à l'embouteillage du vin. Lorsque l'embouteillage se fait sur les lieux de production, il peut être mentionné "Mis en bouteille à la propriété" ou "Mis en bouteille au château" dans le Bordelais.
- ***Le message sanitaire destiné aux femmes enceintes***. Exprimé par un court texte ou le plus souvent par un pictogramme, ce message rappel les dangers de la consommation d'alcool pendant la grossesse.

Les mentions facultatives (liste non exhaustive)

- ***Le millésime****. Il indique l'année de récolte du vin *(2)*.
- ***Le cépage****.
- ***La teneur en sucre***. Voir Mentions obligatoires.
- ***Les mentions relatives à certaines méthodes d'élaboration***. Par exemple, "Élevé en fût" ou "Vieilli en fût" (avec précision ou non du bois de la barrique).
- ***La mention "Vin biologique"***. Les vins issus de raisins de l'agriculture biologique* et élaborés avec des procédés restrictifs (notamment sur l'utilisation des sulfites) peuvent porter la mention.

(1) L'anhydride sulfureux fait partie des 14 allergènes à déclaration obligatoire dans l'alimentation.

(2) La loi précise cependant que la mention du millésime exige qu'au moins 85 % des raisins aient été récoltés pendant l'année considérée.

Pour certaines A.O.C., la mention du millésime n'est pas facultative mais obligatoire (ex : Alsace Grand Cru*, Rosé des Riceys*, Muscadet* et Gros Plant du Pays Nantais* «sur lie», vins portant les qualificatifs «vendanges tardives», «vin de paille», «primeur» ou «nouveau», «Muscat de Noël», etc.)*

■ ETIVAZ

Swiss cheese | Fromage* de lait* de vache élaboré en Suisse dans les Alpes vaudoises. Il doit son nom à un village situé dans sa zone de production. Bénéficiant d'une Appellation d'Origine Contrôlée depuis 2000, l'etivaz n'est fabriqué que de mai à octobre avec du lait provenant d'animaux s'étant nourris dans des pâturages d'altitude (entre 1000 et 2000 m).
Type : pâte pressée cuite, croûte naturelle brossée.
Forme : grosse meule.
Taille : 30 à 60 cm de diamètre, 8 à 11 cm d'épaisseur.
Poids : 10 à 38 kg.
Teneur en M.G. : 45 %.
Qualité identique toute l'année.

■ ÉTRAIRE DE LA DUI

Grape variety | Cépage* noir originaire de l'Isère et cultivé sur de faibles superficies dans le vignoble savoyard (Vin de Savoie*). Il produit des vins* rouges très colorés, corsés et riches en tanins.

■ ÉTRILLE

VELVET CRAB | Petit crabe* vivant sur les fonds côtiers de l'Atlantique et de la Méditerranée. Le corps de l'étrille atteint rarement une largeur supérieure à 15 cm. Il peut être poché dans un court-bouillon* ou entrer dans la composition d'une bisque*.

■ ÈVE (salade)

Salad | Salade composée* préparée comme la salade Alice* mais les pommes* évidées sont garnies de dés de pommes, d'ananas*, de bananes* et de cerneaux de noix* épluchés.
Assaisonnement : crème acidulée au jus de citron*.

■ EVIAN

French mineral water | Eau minérale naturelle* plate captée à Evian-les-Bains en Haute-Savoie. Première autorisation ministérielle en septembre 1878 et déclarée d'intérêt public en juin 1926.

Composition physico-chimique (en mg/l)	
Cations	Anions
Calcium: 78 Magnésium: 24 Sodium: 5 Potassium: 1	Bicarbonates: 357 Sulfates: 10 Chlorures: 4,5 Nitrates: 3,8
Silice: 13,5	
pH à 20 °C: 7,2 Minéralisation totale: 309 mg/l	

Evian, caractérisée par sa légèreté, son équilibre et sa faible minéralisation, est considérée comme l'eau de référence par les dégustateurs. Sa neutralité en fait également une eau apte à être consommée couramment à table.
Catégorie : faiblement minéralisée

■ EXHAUSTEUR DE GOÛT

FLAVOR ENHANCER | Additif alimentaire* qui accentue la saveur d'une denrée.

■ EXPLORATEUR

French cheese | Fromage* de lait* de vache fabriqué en Ile-de-France. Son nom est une marque commerciale déposée par son fabricant en 1955.
Type : pâte molle à croûte fleurie (triple-crème*).
Forme : petit cylindre.
Taille : 8 cm de diamètre, 5,5 à 6 cm d'épaisseur.
Poids : 250 g environ.
Teneur en M.G. : 75 %.
Qualité identique toute l'année.

F

■ FAISAN

PHEASANT | Gibier à plumes sédentaire dont la chasse et la vente sont réglementées.
Il faut distinguer :

- ***Le faisan commun*** : originaire d'Asie et introduit en Europe dès l'Antiquité. Il pèse en moyenne 1,4 kg.
- ***Le faisan vénéré*** : superbe oiseau au plumage chatoyant originaire de Chine et introduit en France vers 1870. Il pèse de 1,4 à 1,6 kg.

Un très jeune faisan est couramment dénommé *pouillard*.
Le faisan se prépare rôti, en salmis*, en chartreuse*, en ballottine*, etc.

Source : FNC.

■ FAISANDAGE

HANGING MEAT | Traitement appliqué à certains gibiers*. Il consiste à laisser l'animal se mortifier *(1)* dans un local frais pendant une période plus ou moins longue, jusqu'à 8 jours, afin d'attendrir les chairs et obtenir des saveurs et arômes particuliers. Cette pratique, très controversée du point de vue gastronomique, présente également de sérieux risques sanitaires.

(1) Maturation avancée.

■ FAIT MAISON

HOMEMADE | Depuis juillet 2014, un restaurateur peut revendiquer la mention "Fait maison" pour les plats qu'il élabore lui-même, sur place, à partir de produits bruts. Certains produits transformés, qu'il n'est pas de tradition de demander au restaurateur de fabriquer, peuvent cependant entrer dans la préparation d'un plat fait maison (ex : charcuteries *(1)*, fromages*, pâtes*, choucroute* crue, biscuits secs, fonds de sauce déshydratés… y compris les glaces* d'un artisan-glacier sous réserve que son nom soit mentionné).
L'identification du "Fait maison" se fait par une simple mention et/ou par un logo, pour l'ensemble de la carte ou du menu, ou plat par plat.

(1) A l'exception des terrines et pâtés.

Source : LO

Logo "Fait maison"

■ FANCHETTE (salade)

Salad | Salade composée constituée de champignons* crus émincés, julienne* de blancs de volailles, endives* et lames de truffes*.
Assaisonnement : sauce vinaigrette*.

■ FANCY DRINK

FANCY DRINK | Cocktail* se consommant à tous moments.

Source : Photo BG

Le Florida, le Balalaïka*, le Brandy egg nog*, le Bacardi*, et le God father* sont des Fancy drinks*

■ FAON

FAWN | *Voir* Cerf* et Chevreuil*.

■ FAR BRETON

French dessert | Flan* aux pruneaux* ou aux raisins* secs. Il s'agit bien évidemment d'une spécialité bretonne.

■ FAR DU POITOU ou FARÇI POITEVIN ou TERRINE AU VERT

French vegetable dish | Préparation culinaire régionale constituée d'un hachis de légumes verts *(1)* et de lard lié avec de la crème* et des œufs*. Ce hachis est emballé dans des feuilles de chou* pour être cuit au court-bouillon*.

(1) Laitue, épinards*, oseille*, bettes* et chou.*

■ FARFALLES

Bow-tie pasta | Pâtes alimentaires en forme de nœud papillon.

■ FARIGOULE

COMMON THYME | *Voir* Thym*.

■ FARINE

FLOUR | Produit obtenu par mouture de grains de blé. S'il s'agit d'une autre céréale, le nom de celle-ci doit être précisé. Exemples: seigle*, méteil*, sarrasin*, châtaigne* *(1)*, avoine*, épeautre*, riz*, maïs*, etc.

La farine est classée en différents types *(2)* en fonction de son stade de raffinement *(3)*. Une farine de type 45 est très blanche alors qu'une farine de type 150 utilisée pour la fabrication de pain* complet est plus foncée.

Produit de base de notre alimentation quotidienne, la farine se retrouve bien sûr dans le pain mais aussi dans de très nombreuses préparations culinaires.

(1) Voir ***Farine de châtaignes corse*** *à Châtaigne*.*

(2) 6 types: 45, 55, 65, 80, 110 et 150.

(3) Plus scientifiquement à partir du "taux de cendres" relatif à la quantité de matières minérales restant dans la farine.

■ FAUGÈRES

French wine | Vins* rouges, rosés et blancs produits en Languedoc-Roussillon, A.O.C.* depuis 1982 et reconnus A.O.P.* dans le cadre de l'U.E.

Aire de production : communes de Cabrerolles, Autignac, Caussiniojouls, Faugères, Fos, Laurens et Roquessels situées au nord de Béziers.

Superficie du vignoble : 1 880 ha.

Encépagement autorisé* pour l'appellation : Grenache*, Mourvèdre*, Syrah*, Lladoner Pelut*, Carignan*, Cinsault*, Grenache blanc*, Marsanne*, Roussanne*, Vermentino*.

Rendement à l'hectare* : 50 hl pour les vins rosés, 45 hl pour les vins rouges et blancs.

■ FAURE-BRAC (Philippe)

French sommelier | Sommelier* français né à Marseille en 1960. Après une formation en cuisine et gestion en Écoles hôtelières (Sisteron, Grenoble et Nice), il découvre sa passion pour le vin et se dirige vers la sommellerie. Son parcours professionnel passe par des restaurants de la capitale et en 1984 il décide d'ouvrir le *Bistrot du Sommelier*, établissement parisien voué à l'alliance des vins* et des mets.

Philippe Faure-Brac reçoit des titres prestigieux : Meilleur jeune Sommelier de France en 1984, Meilleur Sommelier de France en 1988, Meilleur Sommelier du Monde en 1992... En 2000, il est Président-fondateur de la section "Sommelier" du concours M.O.F*. Homme de communication (presse écrite, radio, télévision,) il a également publié plusieurs ouvrages dédiés au vin.

Source : Doc. Ph. Faure-Brac

■ FAUX-FILET

SIRLOIN | Morceau prélevé dans la région lombaire du bœuf*, à côté du filet*. Il est aussi appelé *contre-filet.*

■ FAVORITE (garniture)

Garnish | Garniture* composée d'escalopes de foie gras*, de lames de truffes* et de pointes d'asperges*.

■ FAVORITE (purée)

Mashed potatoes | Préparation culinaire constituée d'une purée de haricots verts*.

■ FAVRE (Joseph)

Swiss chef, founder of first cook academy and writer | Cuisinier d'origine suisse (Vex 1849 - Paris 1903) fondateur de la première Académie de cuisine et auteur du *Dictionnaire universel de cuisine pratique, Encyclopédie illustrée d'hygiène alimentaire,* un des plus importants ouvrages culinaires du 19ème siècle, encore édité aujourd'hui.

■ FÉCULE

STARCH | Produit constitué de l'amidon extrait d'une partie de certains végétaux, notamment la racine ou le tubercule (ex: pomme de terre* ou manioc*). La fécule est pricipalement employée en cuisine comme élément de liaison.

■ FEIJOADA

Brazilian pork dish | Spécialité culinaire brésilienne à base de viande de porc* et de haricots* noirs.

■ FENDANT

Swiss grape variety | Il est issu de cépage* Chasselas* appelé localement Fendant.

■ FENOUIL

FENNEL | Plante aromatique originaire de Toscane marquée par un goût doux et anisé. Le bulbe, constitué par la base des feuilles imbriquées les unes dans les autres, peut être consommé cru en salade ou cuit à la grecque*, farci, grillé, etc. Les feuilles fraîches sont utilisées pour aromatiser les salades ou les soupes de poisson. Les graines sont employées pour parfumer les cornichons*, les pains*, les pâtisseries, etc.
Sur les bords de la Méditerranée, on flambe souvent le loup* sur un lit de brindilles de fenouil séchées.

Source : Arnaud 25/Wikimedia Commons

■ FENUGREC

FENUGREEK | Plante aromatique probablement originaire du Moyen-Orient et dont les graines sont employées pour aromatiser les vinaigres* de cornichons* et de pickles*. Elles entrent également dans la composition de certains mélanges épicés (ex: curry*).

Source : Photo BG

■ FER ou FER SERVADOU

French grape variety | Cépage* noir originaire du Sud-Ouest, vraisemblablement du Bergeracois.
Aires de culture : sur 1 600 ha dans plusieurs régions du Sud-Ouest, notamment les terroirs des appellations Béarn*, Madiran*, Bergerac*, Gaillac*, Tursan*, Floc de Gascogne*, Marcillac*, Côtes de Millau*, Estaing*, etc. On le rencontre également en Argentine.
Vins* produits : rouges à robe* soutenue, tanniques, bien structurés.

■ FÉRA

WHITEFISH | Poisson d'eau douce de la famille des corégonidés qui vit dans les eaux froides et profondes des lacs alpins. Sa taille peut atteindre 60 cm. La chair fine, délicate et savoureuse de la féra est très appréciée.

■ FERMENTATION ALCOOLIQUE

ALCOHOLIC FERMENTATION | Phase essentielle de la vinification* au cours de laquelle le sucre contenu dans le moût* de raisin se transforme totalement ou partiellement en alcool*, en gaz carbonique et en produits secondaires. La fermentation alcoolique est un phénomène naturel qui se réalise grâce aux levures alcooliques* présentes dans la vendange.
De nombreuses autres boissons telles que le cidre* et la bière* sont fabriquées grâce à un processus de fermentation alcoolique.

■ FERMENTATION MALOLACTIQUE

MALOLACTIC FERMENTATION | Fermentation secondaire qui survient après la fermentation alcoolique*. Ce sont des bactéries contenues dans le vin* qui transforment *l'acide malique* en *acide lactique* avec dégagement de gaz carbonique. À l'issue d'une fermentation malolactique, on note une diminution de l'acidité totale du vin avec naissance de nouvelles saveurs et odeurs. Le perlant produit par le faible dégagement de CO2 confère un caractère particulier à certains vins blancs tels que le Muscadet* ou le Gaillac* perlé.

■ FERNET-BRANCA

Italian bitters | Bitter* italien créé en 1845 par les frères Branca à partir d'une formule mise au point par un herboriste, le Docteur Fernet. Il est aujourd'hui fabriqué sous licence dans plusieurs pays *(1)*.
Cet amer de couleur brune, au goût peu agréable, est surtout consommé pour ses vertus digestives. Il titre 40° et existe également dans une version aromatisée à la menthe*.

(1) Pour la France, il est fabriqué à Saint-Louis en Alsace.

■ FERRARELLE

French mineral water | Eau minérale naturelle* gazeuse captée à Ricardo, en Campanie, dans le sud de l'Italie.
Catégorie: riche en sels minéraux.

Composition physico-chimique (en mg/l)	
Cations	Anions
Calcium: 483 Sodium: 56 Potassium: 49 Magnésium: 21	Bicarbonates: 1751 Chlorures: 21 Sulfates: 5 Nitrates: 4
Fluor: 0,1	
pH à 20 °C: 5,8 Minéralisation totale: 1 597 mg/l	

■ FETA

Greek cheese | Fromage* de lait* de brebis *(1)* fabriqué en Grèce. La féta est reconnue A.O.P.* depuis 2002 dans le cadre de l'U.E.
Type : pâte fraîche.
Forme : pain carré ou rectangulaire.
Taille et poids : variables.
Teneur en M.G. : 43 % et plus.
Qualité identique toute l'année.

(1) Le lait de chèvre peut entrer dans la composition du fromage à hauteur de 30 %.*

■ FEUILLE DE BRICK

Pastry | Originaire du Maghreb, cette fine feuille de pâte est fabriquée avec de la farine*, de l'eau et du sel*. Il existe des variantes qui intègrent de la semoule* bouillie, des œufs* ou de l'huile*.

■ FEUILLE DE CHÊNE

OAK LEAF LETTUCE | *Voir* Laitue*.

■ FEUILLE DE DREUX

French cheese | Autre appellation du Dreux à la feuille*.

■ FEUILLE DE FILO

PHYLLO DOUGH | Fine feuille de pâte fabriquée avec de la farine*, de l'eau, du sel* et de l'huile* d'olive. La pâte à filo est originaire de Grèce.

■ FEUILLE MORTE

Liqueur | Apéritif constitué d'une mesure d'anisé* additionnée d'un trait de sirops* de menthe* et de grenadine*.

■ FEUILLETAGE

PUFF PASTRY | Autre dénomination de la pâte feuilletée *.

■ FÈVE

FAVA BEAN (broad bean) | Grosse graine issue de la gousse d'une légumineuse qui serait originaire de Perse. La fève se consomme à différents stades de maturité :
Fraîche, de couleur vert-pâle, il s'agit de "févette".
Mûre, de plus grosse taille et de couleur vert-jaune.
Séchée, en gros grain beige.
Dans certains pays *(1)*, la fève a une place importante dans l'alimentation courante, comme légume ou pour la farine* qu'elle fournit. En France, avant l'arrivée des petits pois* et des haricots* secs, elle était beaucoup plus consommée qu'aujourd'hui. N'était-elle pas le légume du cassoulet* ?

(1) Notamment en Afrique du Nord et en Orient.

■ FÈVE DE TONKA

TONKA BEAN | Graine d'une plante originaire d'Amérique du Sud et encore cultivée au Brésil, en Guyane et au Venezuela. La fève de Tonka est distillée pour obtenir un alcoolat* employé en parfumerie. Elle sert aussi à aromatiser certains pastis* (Henri Bardoin* par exemple) et elle est employée pour parfumer des crèmes ou autres préparations culinaires.

Source : Adobe Stock

■ FIADONE

Corsica pastry | Pâtisserie corse réalisée avec du brocciu*, des œufs*, de sucre* et aromatisée avec des zestes* de citron* ou de l'eau-de-vie*.

■ FIASQUE

WINE FLASK | Bouteille à col long et à panse ventrue enveloppée de paille. Elle est utilisée en Italie pour embouteiller les Chiantis*.

■ FICELLE PICARDE

Pancake topping | Crêpe* garnie d'un hachis de champignons* et de jambon* et mise à gratiner avec du fromage* râpé.

■ FIÉE DES LOIS

French mineral water | Eau de source* captée à Prahecq dans les Deux-Sèvres.
Catégorie : faiblement minéralisée.
pH à 20 °C : 7,2.
Minéralisation totale : 416 mg/l.

■ FIEFS-VENDÉENS

French wine | Vins* rouges, rosés et blancs produits en Vendée, A.O.V.D.Q.S.* en 1984, A.O.C.* en 2011 et reconnus A.O.P.* dans le cadre de l'U.E. L'appellation Fiefs vendéens est complétée par l'une des dénominations géographiques complémentaires suivantes : ***BREM***, ***MAREUIL***, ***PISSOTTE***, ***VIX***, ***CHANTONNAY***.
Superficie globale du vignoble : 500 ha.
Encépagement autorisé* pour l'appellation (mais variable selon la dénomination géographique complémentaire) : Pinot noir*, Cabernet franc*, Gamay*, Négrette*, Chenin*, Chardonnay*, Grolleau gris*, Sauvignon*.
Rendement à l'hectare* : 55 hl pour les vins rouges, 60 hl pour les vins rosés et blancs.
Fiefs-vendéens Brem

Aire de production : 7 communes, dont Brem, situées à proximité des Sables-d'Olonne.
Superficie du vignoble : 80 ha.
Fiefs-vendéens Mareuil
Aire de production : 10 communes, dont Mareuil, situées au sud-est de La Roche-sur-Yon.
Superficie du vignoble : 330 ha.
Fiefs-vendéens Pissotte
Aire de production : commune de Pissotte, située au nord de Fontenay-le-Comte.
Superficie du vignoble : 25 ha.
Fiefs-vendéens Vix
Aire de production : commune de Vix, située dans le sud de la Vendée.
Superficie du vignoble : 40 ha.
Fiefs-vendéens Chantonnay *(1)*
Aire de production : commune de Chantonnay, située à l'est de La Roche-sur-Yon.
Superficie du vignoble : 25 ha.
(1) Nouvelle appellation créée en 2011.

■ FIGATELLI

French sausage | Saucisson* corse à base de chair et d'abats* de porc*, notamment du foie*.

■ FIGUE

FIG | Fruit du figuier, arbre originaire de Mésopotamie. Les variétés à peaux noire et violette se consomment plutôt fraîches alors que les variétés à peau verte sont souvent séchées. Parmi les variétés produites actuellement citons *La Boulbon, la Caromb, La Bourjasotte noire, la Marseillaise, la Parisienne...*
Ce petit fruit piriforme *(1)* ou globuleux, très apprécié des civilisations de l'Antiquité et un temps oublié dans notre alimentation, revient dans la gastronomie contemporaine. On peut le consommer nature, en confiserie, en confiture*, en pâtisserie et comme garniture* de volailles, viandes blanches, gibiers et autres préparations culinaires.
La Figue de Solliès, A.O.C.* depuis 2006 est reconnue A.O.P.* dans le cadre de l'U.E. Sa production, issue de la variété *Bourjasotte Noire*, est soumise à des normes précises et limitée à 15 communes du Var situées à proximité de Toulon.
(1) En forme de poire.

Source : Photo EC

Figues fraîches

■ FIGUE DE BARBARIE

PRICKLY PEAR | Fruit d'une variété de cactus (l'opuntia) originaire du Mexique. Rapporté par Christophe Colomb, il est aujourd'hui bien implanté dans le bassin méditerranéen. La figue de Barbarie est une baie oblongue de 4 à 9 cm de long dont la peau jaune-orangée est hérissée de piquants noirs. Sa chair rafraîchissante est parsemée de petits pépins. Comme beaucoup de fruits exotiques, elle se consomme nature, en confiture*, en compote, en sorbet* ou comme garniture* de viandes blanches ou de volailles.

■ FIGUE DE MER

ICE PLANT | *Voir* Violet*.

■ FILET

FILET or FILLET | a) Morceau prélevé dans la région lombaire des animaux de boucherie. Il fournit une viande dont la tendreté est particulièrement appréciée.
b) Partie charnue prélevée sur la poitrine d'une volaille.
c) Chair d'un poisson située le long de l'arête centrale.

■ FILET MIGNON

FILET MIGNON | Chez le porc*, morceau très tendre correspondant au filet du bovin*. Cette dénomination est également employée pour le filet du veau* ou de certains cervidés (cerf*, chevreuil* ...).

■ FIN GRAS DU MÉZENC

FIN GRAS DU MÉZENC | *Voir* Bovin*.

■ FINANCIER (animal)

YOUNG HARE | *Voir* Lièvre*.

■ FINANCIER (pâtisserie)

FINANCIAL (pastry) | Petit gâteau de forme rectangulaire préparé avec une pâte à biscuit additionnée de poudre d'amande*, de blancs d'œufs* et de beurre*.

Source : Adobe Stock

■ FINANCIÈRE (sauce)

FINANCIAL (sauce) | Sauce madère* réduite et additionnée d'essence de truffe*.

■ FINE

FINE | Terme parfois employé pour désigner une eau-de-vie* de vin* (ou de cidre*).

■ FINE BORDEAUX

Geographical indication | Indication géographique d'une eau-de-vie* provenant de vins* récoltés et distillés sur l'aire de production de l'A.O.C.* Bordeaux*.
Titre alcoométrique minimum à la vente au consommateur : 40°.
La Fine Bordeaux subit un vieillissement en fût de chêne de 12 mois minimum. Lorsque l'eau de vie est commercialisée avec le millésime de l'année de distillation, ce vieillissement «sous bois» est d'au moins 10 ans.

■ FINE BRETAGNE ou LAMBIG DE BRETAGNE

Geographical indication | Eau-de-vie* de cidres* provenant de pommes récoltées en Bretagne, A.O.C.* depuis 2015.
Aire de production : 366 communes des départements des Côtes-d'Armor, du Finistère, du Morbihan, de l'Ille-et-Vilaine et de Loire-Atlantique.
Titre alcoométrique minimum à la vente au consommateur : 40°.
La Fine de Bretagne subit un vieillissement en fût de chêne de 24 mois minimum. Lorsque l'eau de vie est commercialisée avec le millésime de l'année de distillation, ce vieillissement "sous bois" est d'au moins 10 ans.

■ FINE CHAMPAGNE

FINE CHAMPAIGN | Eau-de-vie* de cognac* produite en Grande Champagne* et en Petite Champagne*.
L'assemblage doit contenir au moins 50 % d'eau-de-vie originaire de Grande Champagne (voir critères de production à Cognac*).

■ FINE CHAMPENOISE

Geographical indication | Indication géographique d'une eau-de-vie* provenant de vins* récoltés et distillés sur les territoires de l'A.O.C*. Champagne*.
Titre alcoométrique minimum à la vente au consommateur : 40°.
La Fine Champenoise subit un vieillissement en fût de chêne de 2 ans minimum. Certaines mentions pouvant figurer sur l'étiquetage correspondent à des vieillissements plus longs :

- ***Vieille*** ou ***V.S.*** : plus de 4 ans
- ***Très vieille*** ou ***V.S.O.P.*** : plus de 6 ans
- ***Hors d'âge*** ou ***X.O.*** : plus de 10 ans.

■ FINE DE BOURGOGNE

Geographical indication | Eau-de-vie* provenant de vins* récoltés et distillés en Bourgogne, A.O.C.* depuis 2011.
Aire de production : nombreuses communes de la Bourgogne viticole des départements de l'Yonne, de la Côte-d'Or, de la Saône-et-Loire et du Rhône.
Titre alcoométrique minimum à la vente au consommateur : 40°.
La Fine de Bourgogne subit un vieillissement en fût de chêne de 3 ans minimum. Certaines mentions pouvant figurer sur l'étiquetage correspondent à des vieillissements plus longs :

- ***Vieille*** : plus de 4 ans
- ***Très vieille*** : plus de 6 ans
- ***Hors d'âge*** : plus de 10 ans.

■ FINE DES CÔTES-DU-RHÔNE

Geographical indication | Indication géographique d'une eau-de-vie* provenant de vins* récoltés et distillés sur de nombreuses communes de l'Ardèche, de la Drôme, du Gard, de l'Isère, de la Loire, du Rhône et du Vaucluse.
L'eau-de-vie peut être blanche ou ambrée. Cette dernière est élevée «sous bois» pendant une période minimale de 3 ans. Lorsque l'eau de vie est commercialisée avec le millésime de l'année de distillation, ce vieillissement "sous bois" est d'au moins 10 ans.
Titre alcoométrique minimum à la vente au consommateur : 40°.

■ FINE DU BUGEY

Geographical indication | Indication géographique d'une eau-de-vie* provenant de vins* récoltés et distillés sur un certain nombre de communes de l'Ain, de Savoie et de Haute-Savoie.
Titre alcoométrique minimum à la vente au consommateur : 40°.
La Fine du Bugey subit un vieillissement en fût de chêne de 3 ans minimum. Certaines mentions pouvant figurer sur l'étiquetage correspondent à des vieillissements plus longs :

- ***Vieille*** ou ***V.S.*** : plus de 4 ans
- ***Très vieille*** ou ***V.S.O.P.*** : plus de 6 ans
- ***Hors d'âge*** ou ***X.O.*** : plus de 10 ans.

Lorsque l'eau de vie est commercialisée avec le millésime de l'année de distillation, ce vieillissement "sous bois" est d'au moins 10 ans.

■ FINE DU LANGUEDOC

Geographical indication | Indication géographique d'une eau-de-vie* provenant de vins* récoltés et distillés sur de nombreuses communes de l'Aude, du Gard, de l'Hérault et des Pyrénées-Orientales.
Titre alcoométrique minimum à la vente au consommateur : 40°.
La Fine du Languedoc peut être blanche ou ambrée. Cette dernière est élevée "sous bois" pendant une période minimale de 12 mois. Certaines mentions pouvant figurer sur l'étiquetage correspondent à des vieillissements plus longs :

- ***V.S.O.P.*** : plus de 6 ans
- ***X.O.*** : plus de 10 ans.

■ FINE DU MAINE

Geographical indication | *Voir* Eau-de-vie du Maine*.

■ FINE FAUGÈRES

Geographical indication | *Voir* Eau-de-vie de Faugères*.

■ FINES HERBES

FINES HERBS (French herb mix) | Mélange de plantes aromatiques associant classiquement persil*, cerfeuil*, ciboulette* et estragon*.

■ FINS BOIS

French geographic zone |
a) Une des 6 zones qui constituent l'aire d'appellation Cognac*. Elle entoure les 3 premiers crus (Grande Champagne*, Petite Champagne* et Borderies*) avec un vignoble d'environ 34 500 ha.
b) Eau-de-vie* à A.O.C.* produite sur la zone délimitée des Fins Bois (voir critères de production à Cognac*).

■ FIORE SARDO

Italian cheese | Fromage* de lait* de brebis fabriqué en Sardaigne qui doit son nom à sa région d'origine. Il bénéficie d'une Appellation d'Origine Contrôlée en Italie et d'une A.O.P.* dans le cadre de l'U.E.
Type: pâte pressée non cuite, croûte naturelle.
Forme : petite meule.
Taille: 15 à 20 cm de diamètre, 12 à 15 cm de hauteur.
Poids: 1,5 à 4 kg.
Teneur en M.G.: 40 % au minimum.
Meilleures saisons: automne, hiver, printemps.

■ FITOU

French wine | Vins* rouges produits en Languedoc-Roussillon, A.O.C.* depuis 1948 et reconnus A.O.P.* dans de cadre de l'U.E.
Aire de production : 9 communes de l'Aude - dont Fitou - situées au sud de Narbonne.
Superficie du vignoble : 2 300 ha.
Encépagement autorisé* pour l'appellation : Carignan*, Grenache*, Syrah*, Mourvèdre*.
Rendement à l'hectare* : 45 hl.

Source : Syndicat de l'A.O.C Fitou

■ FIXES

FIXES | Long drinks* préparés directement sur glace dans un tumbler avec du sucre* dissous dans un peu d'eau gazeuse, du jus de citron*, du curaçao* orange et de l'eau-de-vie*. Ils sont décorés de tranches de citron, d'orange* ou d'autres fruits.

■ FIXIN

French wine | Vins* rouges et blancs produits en Bourgogne*, A.O.C.* depuis 1936 et reconnus A.O.P.* dans le cadre de l'U.E. Pour les vins dont les récoltes proviennent de parcelles classées "Premier cru", l'appellation communale peut être complétée par le nom du climat* d'origine *(1)* et (ou) par la mention "Premier cru".
Aire de production : communes de Fixin et Brochon, en Côte-d'Or, situées au sud-ouest de Dijon.
Superficie du vignoble : 100 ha (dont 96 ha en vins rouges et 4 ha en vins blancs).
Encépagement autorisé* pour l'appellation : Pinot noir*, Pinot gris*, Pinot blanc* et Chardonnay*.
Rendement à l'hectare*: 50 hl pour les vins rouges et 57 hl pour les vins blancs (rendement plus réduit pour les Premiers crus).

(1) "Clos de La Perrière", "Clos Napoléon", "Le Clos-du- Chapitre", "Les Arvelets", "Les Hervelets", "Les Meix Bas".

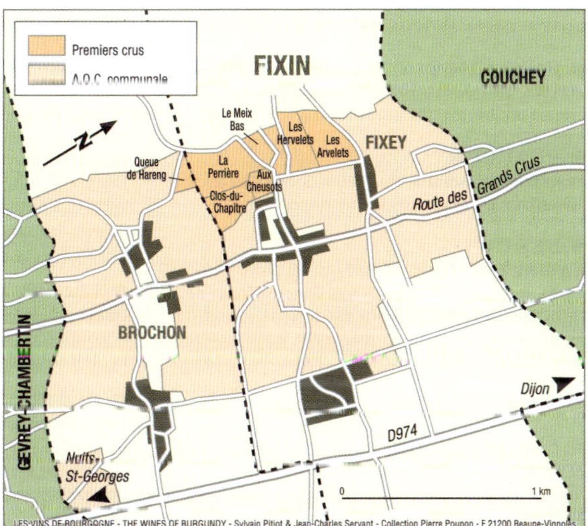

Source : Carte extraite des ouvrages Les Vins de Bourgogne et The Wines of Burgundy de Sylvain Pitiot et Jean-Charles Servant (Collection Pierre Poupon – Hameau de Chevignerot 21200 Beaune-Vignobles. Avec l'aimable autorisation des auteurs.)

■ FIZZES

FIZZES | Long drinks* préparés au shaker avec sucre*, jus de citron*, eau-de-vie* et complétés avec du soda*.
Un jaune ou un blanc d'œuf* peuvent être ajoutés au mélange de base.

■ FLAGEOLET

FLAGEOLET BEAN | *Voir* Haricot en grain*.

■ FLAMICHE

French pastry | Spécialité picarde se présentant sous forme de tarte*ou de tourte* salée garnie de poireaux* étuvés au beurre* et liés aux œufs*.

■ FLAMMENKÜCHE ou FLAMMEKÜECHE

Alsatian pâté | Spécialité culinaire alsacienne réalisée à partir d'une fine abaisse* de pâte à pain* recouverte d'oignons* émincés, de lardons et de crème fraîche*.

■ FLAMRI ou FLAMERY

Entremets | Entremets* froid réalisé avec de la semoule* cuite au vin* blanc, additionnée d'œufs* entiers et de blancs en neige. Après démoulage, le flamri est nappé d'un coulis* de fruits rouges.

■ FLAN

FLAN | Terme désignant plusieurs préparations culinaires, sucrées ou salées, réalisées à partir d'un appareil à flan *(1)* additionné de fruits, légumes, salpicons* divers...
La crème renversée au caramel* et autres crèmes prises sont aussi appelées "flan".

(1) Œufs et lait* (voire crème fraîche*) constituent les ingrédients de base d'un appareil à flan.*

■ FLANCHET

FLANK | Morceau prélevé dans la partie abdominale inférieure du bœuf*.

■ FLAVEUR

FLAVOR | Ensemble des sensations olfactives et gustatives perçues lors d'une dégustation*.

■ FLÉTAN

HALIBUT | Poisson de mer qui vit dans les eaux profondes des mers froides mais qui est aussi élevé en aquaculture*. Le flétan est le plus grand des pleuronectidés. Son poids varie généralement entre 5 et 70 kg mais certains spécimens peuvent atteindre 300 kg. Sa chair blanche est fine et moelleuse.

■ FLEUR DE SEL

FLEUR DE SEL | Condiment* salin "récolté" à la surface de l'eau des marais salants dans les îles de Ré et Noirmoutier, la presqu'île de Guérande et la Camargue. La fleur de sel se présente sous forme de fins cristaux blancs, très riches en oligo-éléments. La "récolte" ne se fait que certains jours *(1)* d'une période allant de juin à septembre. Ce condiment, délicat et parfumé (on y décèle des parfums de violette), est un élément d'assaisonnement très apprécié des cuisiniers.
La Fleur de sel de Guérande et la ***Fleur de sel de Camargue*** bénéficient d'une I.G.P*.

(1) Il faut des conditions atmosphériques particulières où le soleil et le vent d'Est conjuguent leurs actions pour faire évaporer l'eau du marais et "lever" la fleur de sel.

Source : Adobe Stock

■ FLEUR DU MAQUIS

French cheese | Fromage corse similaire au Brindamour*.

■ FLEURIE

French wine | Vins* rouges produits dans le Beaujolais, A.O.C.* depuis 1936 et reconnus A.O.P.* dans le cadre de l'U.E. La mention "Cru du Beaujolais" peut figurer sur l'étiquetage.
L'appellation compte 13 climats* : *Les Côtes, Le Bon Cru, La Roilette, Les Moriers, Les Roches, Les Garants, Poncié, Montgenas, La Chapelle des bois, La Madone, Grille-midi, Champagne* et *La Joie du palais.*
Aire de production : commune de Fleurie, dans le Rhône, située au nord de Villefranche-sur-Saône.
Superficie du vignoble : 840 ha.
Encépagement autorisé* pour l'appellation : Gamay*, Aligoté*, Chardonnay*, Melon de Bourgogne *.
Rendement à l'hectare* : 56 hl.

■ FLEURON

Pastry | Pièce de feuilletage* de petite taille découpée en forme de croissant ou de poisson. Le fleuron est utilisé comme élément de décor.

■ FLEXITARISME

FLEXITARISM | Pratique alimentaire, proche du végétarisme*, qui accepte une consommation limitée de viande. Le flexitarien a une alimentation plutôt végétale mais, ponctuellement et dans certaines circonstances, il peut consommer des produits d'origine animale.

■ FLIPS

FLIPS | Short drinks*, chauds ou froids, préparés au shaker* avec sucre*, jaune d'œuf*, eau-de-vie* et autre spiritueux*. Ces cocktails sont saupoudrés de noix de muscade* râpée.

■ FLOC DE GASCOGNE

French wine | V.D.L.* blancs et rosés produits dans la région de l'Armagnac*, A.O.C.* depuis le 1990 et reconnus A.O.P.* dans le cadre de l'U.E.
Aire de production : territoires délimités des appellations Armagnac*, Armagnac-Ténarèze* et Haut-Armagnac*.
Superficie du vignoble : 780 ha.
Encépagement autorisé* pour l'appellation : Colombard*, Ugni blanc*, Gros Manseng* Petit Manseng*, Baroque*, Folle blanche*, Mauzac*, Sauvignon*, Sémillon*, Cabernet-Sauvignon*, Cabernet franc*, Cot*, Fer Servadou*, Merlot*, Tannat*.
Rendement à l'hectare* : 72 hl de moût.
Mutage* du moût présentant une teneur en sucre supérieure à 170 g/l avec de l'armagnac provenant de la même exploitation et titrant au moins 52 %.
Richesse alcoolique acquise : 16 à 18 %.

■ FLORANIS

Spirits | Anisé* incolore créé en 1872 à Alger par les frères Gras. Appelé également "Anisette des frères Gras", ce spiritueux*, qui titre 45°, se caractérise par des saveurs fraîches d'anis*.

■ FLORENTINE

Spinach dish | Garniture* composée d'épinards* en branches étuvés au beurre*.

■ FLORIAN

Braised lettuce dish | Garniture* constituée de laitues* braisées, oignons* glacés, carottes* et pommes fondantes.

■ FLORIDA (cocktail)

FLORIDA | Cocktail* sans alcool* préparé au shaker.
2 cl de sirop de grenadine*
3 cl de jus de citron*
6 cl de jus d'orange*
Fruits de saison et feuilles de menthe*
Frapper et servir sur glace dans un tumbler.
Décorer avec fruits de saison (fraises*, groseilles*, kiwi*, orange*, citron*, etc.) et feuilles de menthe.

■ FLORIDA (salade)

Salad | Salade composée constituée de feuilles de laitues* et de suprêmes* d'oranges*
Assaisonnement: crème* acidulée au jus de citron*.

■ FOIE

LIVER | Abat* rouge issu de différents animaux de boucherie et du porc*; le foie de veau* étant le plus apprécié *(1)*.
Il est préparé en tranches, sauté ou grillé. Cuisiné entier, il fait l'objet d'un braisage. Le foie de porc est plutôt employé dans les préparations charcutières (mousses de foie, pâtés ...).

(1) Les foies de volailles entrent également dans divers apprêts culinaires (pilaf ou risottos*, brochettes, mousses, etc.)*

■ FOIE GRAS

FOIE GRAS | Produit obtenu par gavage d'une oie* ou d'un canard*. Le gavage de ces volatiles est une pratique très ancienne qui remonte probablement à l'Antiquité égyptienne. Cette opération a pour but d'engraisser anormalement l'animal et provoquer une hypertrophie de son foie. Les canards sont gavés 2 fois par jour et les oies 3 fois, avec du maïs* broyé additionné de graisse et de sel*. Un foie gras d'oie pèse de 600 à 800 g alors qu'un foie gras de canard pèse de 400 à 600 g *(1)*.
En France, le Sud-Ouest assure la majeure partie de la production, mais l'Alsace, les Pays de Loire, la Bretagne, la Vendée, etc. sont aussi producteurs. Parmi les producteurs étrangers, exportant vers notre pays, citons la Hongrie, Israël, la Bulgarie et la Pologne. La France est le premier producteur mondial de foie gras (plus de 95 % en canard et le reste en oie).
Le foie gras se déguste de différentes façons (chaud ou froid, présenté entier, en tranches ou en morceaux). Les foies gras commercialisés prêts à la consommation sont soumis à une réglementation qui définit précisément les dénominations:

- ***Foie gras entier d'oie ou de canard***: un ou plusieurs lobes entiers moulés.
- ***Foie gras d'oie ou de canard***: morceaux de lobes agglomérés entre eux.
- ***Bloc de foie gras d'oie***: au moins 50 % de morceaux apparents à la coupe, agglomérés avec une purée de foie gras.
- ***Bloc de foie gras de canard***: même principe que le précédent avec au moins 35 % de morceaux apparents.
- ***Préparations à base de foie gras***: *Parfait de foie d'oie ou de canard*: comporte au moins 75 % de foie gras additionné de foie maigre.

Source : Adobe Stock

Mousse de foie d'oie ou de canard: préparation émulsionnée composée d'au moins 50 % de foie gras.

Lorsque le foie gras est vendu avec la mention "truffé", il doit contenir au moins 3 % de truffe*. Le foie gras se sert traditionnellement avec des toasts et un vin naturellement doux* ou un V.D.N.*.

(1) La législation européenne précise qu'un foie gras de canard doit peser au moins 300 g. Par ailleurs, la réglementation française stipule que le foie gras de canard produit en France ne peut provenir que de canards mâles.

■ FOLLE BLANCHE

Grape variety | Cépage* blanc originaire des Charentes.

Aires de culture: essentiellement dans les vignobles du Cognac* et de l'Armagnac*. Ce cépage est également présent en Vallée de la Loire, notamment dans la région nantaise où il est appelé Gros Plant*. La Folle Blanche est cultivée sur de faibles superficies en Californie, Afrique du Sud, Argentine, Roumanie, etc.

Vins* produits: blancs secs, légers et relativement acides. Vinifiés spécialement pour la distillation, ces vins génèrent d'excellentes eaux-de-vie*.

Source : Photo BG

■ FOLLE NOIRE

Grape variety | Appelé également "Fuella Nera", ce cépage* noir provençal est cultivé sur quelques hectares dans le vignoble de l'appellation Bellet*. Il produit des vins* rouges colorés, charpentés et bouquetés.

■ FONDANT

Confectionery | Pâte blanche, molle et collante obtenue par cuisson et brassage d'un sirop de sucre* et de glucose. Le fondant est employé en confiserie et pour glacer les pâtisseries.

■ FOND DE SAUCE

STOCK | Préparation culinaire liquide obtenue en faisant pocher ensemble des ingrédients d'origine animale (os de veau*, os de gibier, carcasses de volaille, arêtes ou parures de poisson, etc.) et des éléments aromatiques (oignons*, carottes*, poireaux*, bouquet garni*, etc.).

Selon les ingrédients utilisés et la technique de cuisson déterminant la coloration de la préparation, on obtient un ***fond brun de veau***, un ***fond blanc de veau***, un ***fond de gibier***, un ***fond de volaille***, un ***fumet de poisson***, etc.

L'industrie agro-alimentaire met aujourd'hui sur le marché des fonds de sauces prêts à l'emploi ou semi-élaborés. Ces produits, qui ont rarement les qualités gustatives des fonds de sauces traditionnels, répondent assez bien aux besoins des professionnels en leur permettant notamment de respecter la réglementation relative à l'hygiène en restauration.

■ FONDUE BOURGUIGNONNE

BEEF FONDUE | Petits cubes de viande de bœuf* (filet* rumsteck*, faux-filet*...) plongés dans l'huile* bouillante et dégustés avec un assortiment de sauces (béarnaise*, mayonnaise*, aïoli*...) et des condiments (cornichons*, moutarde*...).

■ FONDUE SAVOYARDE

Cheese fondue | Spécialité alpine préparée avec des morceaux de pain* trempés dans un mélange constitué de fromage fondu *(1)*, de vin* blanc, de kirsch* et d'aromates*.

(1) Fromage à pâte cuite (beaufort, emmental*, gruyère*).*

■ FONT VELLA

Spanish mineral water | Eau minérale naturelle* plate espagnole captée à Montseny en Catalogne.

Catégorie: faiblement minéralisée.

Composition physico-chimique (en mg/l)	
Cations	Anions
Calcium: 25,6 Sodium: 11,8 Magnésium: 4,9 Potassium: 0,7	Bicarbonates: 109,08 Sulfates: 7,5 Chlorures: 5,9 Nitrates: 4,2
pH à 20 °C: 7,5	Minéralisation totale: 161,5 mg/l

■ FONTAINE DE LA REINE

French mineral water | Eau de source* captée à Castelnau-de-Brassac dans le Tarn.

Catégorie: très faiblement minéralisée.

pH à 20 °C: 6,5.

Minéralisation totale: 39,8 mg/l.

■ FONTAINEBLEAU

French cheese | Fromage* de lait* de vache fabriqué en Ile-de-France. Son nom, marque choisie par son créateur, fait référence à la célèbre localité de Seine-et-Marne.

Type: pâte fraîche (additionnée de crème fraîche* fouettée).

Forme, taille et poids: variables selon le récipient utilisé.

Teneur en M.G.: 60 à 70 %.

Qualité identique toute l'année.

■ FONTAN
French mineral water | Eau de source* captée à Fontan dans les Alpes-Maritimes.
Catégorie : moyennement minéralisée.
pH à 20 °C : 7,6.
Minéralisation totale : 613 mg/l.

■ FONTEL
French mineral water | Eau de source* captée à la Roche-sur-Yon en Vendée.
Catégorie : faiblement minéralisée.
pH à 20 °C : 7,4.
Minéralisation totale : 295 mg/l.

Source : Doc SOFABO

■ FONTINA
Italian cheese | Fromage* de lait* de vache fabriqué dans le Val d'Aoste, au nord de l'Italie, qui bénéficie d'une Appellation d'Origine Contrôlée dans son pays et d'une A.O.P.* au niveau européen. Son nom viendrait du terme "fonduta", signifiant "fondue".
Type : pâte pressée, semi-cuite.
Forme : meule à talon convexe.
Taille : 35 à 45 cm de diamètre, 7 à 10 cm d'épaisseur.
Poids : 10 à 20 kg.
Teneur en M.G. : 45 à 50 %.
Meilleure saison : de la fin de l'été à Noël.

■ FORESTIÈRE
Mushroom garnish | Garniture* composée de champignons sylvestres (morilles*, cèpes*, girolles*, etc.), lardons et pommes noisettes*.

■ FORÊT NOIRE
Cake | Pâtisserie originaire d'Allemagne. Elle est faite à partir d'un biscuit chocolaté imbibé de kirsch*, de crème Chantilly* et de cerises* au naturel ou à l'eau-de-vie*. Le décor est réalisé avec des copeaux de chocolat*.

■ FOUACE
Flat bread | Galette de fine fleur de froment* *(1)* cuite dans un four sous la cendre. Les recettes de cette pâtisserie rustique varient selon les régions.
(1) Farine de qualité supérieure, très blanche et très fine.*

■ FOUGASSE
Flat bread | Sorte de pain* plat en forme de galette entaillée. Cette spécialité provençale parfumée à l'huile d'olive* peut être farcie avec des filets d'anchois*, des oignons*, des lardons, etc.

■ FOUGERU
French cheese | Fromage* de lait* de vache fabriqué en Ile-de-France. Son nom vient de son habillage constitué de feuilles de fougères.
Type : pâte molle à croûte fleurie.
Forme : disque.
Taille : 14 cm à 16 cm de diamètre, 3 à 4 cm d'épaisseur.
Poids : 500 à 650 g environ.
Teneur en M.G. : 45 à 50 %.
Meilleures saisons : automne, hiver, printemps.

■ FOULAGE
PRESSING | Opération commune aux diverses vinifications* qui consiste à faire éclater les grains de raisin* pour en libérer le jus et obtenir un moût*. Le foulage peut être précédé d'un éraflage*.

■ FOURCHETTE
FORK | *Voir* Couvert*.

■ FOURME D'AMBERT
French cheese | Fromage* de lait* de vache fabriqué en Auvergne, A.O.C.* depuis 1972 *(1)* et reconnu A.O.P.* dans le cadre de l'U.E. Il tire son nom d'un terme dialectal régional et de son origine géographique. L'aire de production s'étend sur 294 communes du Puy-de-Dôme, 61 communes du Cantal et 8 communes de la Loire.
Type : pâte persillée, croûte naturelle.
Forme : haut cylindre.
Taille : 12,5 à 14 cm de diamètre, 17 à 21 cm de hauteur.
Poids : 1,9 à 2,5 kg.
Teneur en M.G. : 40 % au minimum.
Meilleures saisons : été, automne, hiver.
(1) A.O.C. accordée conjointement avec la Fourme de Montbrison mais remplacée par deux appellations distinctes en 2002.*

Source : Photo BG

■ FOURME DE MONTBRISON

French cheese | Fromage* de lait* de vache fabriqué dans le Forez, A.O.C.* depuis 1972 *(1)* et reconnu A.O.P.* dans le cadre de l'U.E. Il doit son nom à un terme dialectal régional et à son origine géographique. L'aire de production s'étend sur 28 communes de la Loire et 5 communes du Puy-de-Dôme.
Type: pâte persillée, croûte naturelle.
Forme: haut cylindre.
Taille : 11,5 à 14,5 cm de diamètre, 17 à 21 cm de hauteur.
Poids : 2,1 à 2,7 kg.
Teneur en M.G.: 40 % au minimum.
Meilleures saisons: été, automne, hiver.

(1) A.O.C. accordée conjointement avec la Fourme d'Ambert mais remplacée par deux appellations distinctes en 2002.*

■ FOURME DE ROCHEFORT

French cheese | Fromage* de lait* de vache fabriqué en Auvergne. Il tire son nom d'un terme dialectal régional et de son lieu d'origine, un village du Puy-de-Dôme.
Type: pâte pressée non cuite, croûte brossée.
Forme: haut cylindre.
Taille: 20 à 25 cm de diamètre, 20 à 25 cm de hauteur.
Poids: 6 à 10 kg.
Teneur en M.G.: 45 à 50 %.
Meilleures saisons: automne, hiver, début du printemps.

■ FOURME DU CANTAL

French cheese | *Voir* Cantal*.

■ FOYOT (sauce)

Sauce | Sauce béarnaise* additionnée de glace de viande*. Elle doit son nom à M. Foyot, cuisinier de Louis-Philippe.

■ FRAGRANCE

FRAGRANCE | Odeur ou parfum agréable émanant d'un produit alimentaire ou d'une préparation culinaire.

■ FRAISE

STRAWBERRY | Fruit *(1)* récolté sur le fraisier, plante cultivée ou sauvage. C'est en 1714 qu'un officier de marine, nommé Amédée-François Frézier, rapporta des plants de fraisiers du Chili. Il les croisa ensuite avec une variété ramenée de Virginie au 17ème siècle par J. Pitton de Tournefort et les fit prospérer dans la région de Plougastel, près de Brest.
Les plants obtenus sont à l'origine des centaines de variétés actuelles que l'on peut classer en 4 catégories:

- ***Les fraisiers non remontants*** dont l'unique fructification se situe entre avril et juin *(Garriguette ou Gariguette, Surprise des halles, Madame Moutot, Favette, Séquoia...).*
- ***Les fraisiers remontants*** qui ont une seconde floraison, donc une seconde fructification en fin d'été *(Sans rival, Talisman, Rabunda, Ostara, Mount Everest...).*
- ***Les fraisiers des quatre-saisons*** qui produisent du début de l'été jusqu'à l'automne *(Gento).*
- ***Les fraisiers des bois***, sauvages ou produits en culture *(Mara des bois, Reine des vallées...).*

La fraise se consomme crue (nature, au sucre*, à la crème*...) ou entre dans de nombreuses préparations (confitures*, coulis*, pâtisseries, glaces* et sorbets*, spiritueux*, sirops*...).
La fraisiculture française compte 2 I.G.P.* : la ***Fraise de Nîmes*** et la ***Fraise du Périgord***.

(1) Les botanistes prétendent que la fraise que nous connaissons n'est pas vraiment un fruit mais plutôt une excroissance charnue de la plante. Ce sont les akènes, petits grains disposés à la surface de la fraise qui sont les vrais fruits.

Fraise Gento

■ FRAISE DE VEAU

CALF'S SMALL INTESTINE | Dénomination culinaire de l'intestin grêle du veau*. Cet abat* blanc est souvent poché pour être servi tiède ou chaud avec une sauce vinaigrette* ou une sauce ravigote*. Il peut aussi être pané et frit et entre parfois dans la composition d'andouillettes*.

■ FRAMBOISE (eau-de-vie)

Brandy | Eau-de-vie blanche* obtenue à partir d'une macération de framboises* dans de l'eau-de-vie neutre qui est ensuite distillée. Ce spiritueux*, qui est très parfumé, doit être dégusté relativement jeune et dans un verre "frappé" afin d'apprécier pleinement ses arômes.

■ FRAMBOISE (fruit)

RASPBERRY | Baie rouge récoltée sur le framboisier, petit arbrisseau épineux d'origine française. Les principales variétés sont classées en 2 catégories:

- ***Les framboisiers non remontants*** qui ne fructifient qu'une fois par an *(Mailing promise, Exploit, Meeker, Glen Moy...).*

- ***Les framboisiers remontants*** qui produisent 2 fructifications par an *(Lloyd George, Zëva, September, Héritage...).*

La framboise trouve les mêmes emplois culinaires que la fraise*.

Framboises Zëva

■ FRAMBOISE D'ALSACE

Geographical indication | Indication géographique d'une eau-de-vie* élaboré à partir de framboises* récoltées et distillées dans les départements du Bas-Rhin et du Haut-Rhin. L'eau-de-vie* doit maturer pendant au moins 2 mois - en cuve, en bonbonne ou en fût - avant commercialisation.

Titrage alcoolique minimum à la vente au consommateur : 45°.

■ FRANÇAISE (La)

French mineral water | Eau minérale naturelle* plate captée à Propiac dans la Drôme. Reconnue par l'Académie de médecine en 1843.

Catégorie : fortement minéralisée.

Composition physico-chimique (en mg/l)	
Cations	Anions
Sodium : 685 Calcium : 344,5 Magnésium : 85 Potassium : 24,5	Bicarbonates : 238 Chlorures : 1 020 Sulfates : 1 050 Nitrates : 0
pH à 20°C : 7,19 Minéralisation totale : 3 341 mg/l	

La société d'exploitation de la source propose également une version gazeuse obtenue par adjonction de gaz carbonique.

■ FRANÇAISE (garniture)

Garnish | Garniture composée d'épinards* en feuilles et pommes Anna*.

■ FRANCHE-COMTÉ

French wine | *Voir* Vins I.G.P.*.

■ FRANCIACORTA

French wine | Vins* blancs et rosés effervescents italiens produits en Lombardie.

Issus de cépages Chardonnay*, Pinot blanc* et Pinot noir*, élaborés selon la Méthode traditionnelle*, ces vins qui bénéficient d'une D.O.C.G *sont considérés comme les meilleurs vins effervescents d'Italie.

■ FRANCILLON (salade)

Salad | Salade composée constituée de pommes de terre* émincées chaudes, moules* pochées et ébarbées, lames de truffes*.

Assaisonnement : sauce vinaigrette*.

La recette de cette salade fut décrite dans une pièce de théâtre du même nom, créée en 1887 par Alexandre Dumas fils.

■ FRANCS-CÔTES DE BORDEAUX

French wine | Vins* rouges et blancs produits dans le Bordelais, A.O.C.* depuis 2009 et reconnus A.O.P.* dans le cadre de l'U.E. Il s'agit d'une nouvelle appellation qui remplace l'A.O.C. "Bordeaux-Côtes de Francs" *(1)*.

Aire de production : communes de Francs, Saint-Cibard et Tayac.

Superficie du vignoble : 410 ha (dont 390 ha en vins rouges et 20 ha en vins blancs).

Encépagement autorisé* pour l'appellation : Sémillon*, Sauvignon*, Muscadelle*, Cabernet-Sauvignon*, Cabernet franc* et Merlot*.

Rendement à l'hectare* : 52 hl pour les vins rouges, 62 hl pour les vins blancs secs*, 37 hl pour les vins blancs liquoreux*.

(1) Depuis octobre 2009, plusieurs appellations ont été regroupées sous l'appellation "Côtes de Bordeaux" précédée - selon les cas et sous certaines conditions de production – des dénominations "Blaye", "Cadillac", "Castillon", Sainte-Foy, ou "Francs".

■ FRANGIPANE

Cream for pastry | Crème réalisée à partir de sucre*, poudre d'amande*, farine*, œufs*, beurre* et lait*. Elle est parfois additionnée d'extrait d'amandes amères, de vanille* ou de rhum*.

La frangipane doit son nom à un parfumeur italien, Frangipani, inventeur d'un parfum à base d'amandes amères.

■ FRASCATI

Italian wine | Vins* blancs italiens issus de cépages Malvasia di Candia et Trebbiano Toscano. Ils sont produits dans le Latium, à l'est de Rome et bénéficient d'une D.O.C.*.

■ FREMEGEYE

French cheese | Fromage* de lait* de vache fabriqué en Lorraine. Constitué d'une pâte fraîche salée et poivrée, il est mis à fermenter en pot pendant au moins deux mois. Le produit obtenu, d'odeur très forte, est généralement dégusté sur des tartines accompagné d'un hachis d'échalotes* ou d'oignons*.

■ FRENCH PARADOX

FRENCH PARADOX | Expression américaine inspirée par les observations du Dr Serge Renaud et employée pour traduire la bonne santé cardio-vasculaire des Français. Il semblerait en effet que malgré une alimentation souvent mal équilibrée, notamment riche en lipides, les Français soient relativement protégés par une absorption ***modérée*** de vin* de qualité. Plusieurs études sérieuses ont tendance à démontrer que les polyphénols contenus dans le vin rouge ont une action antioxydante contribuant à limiter les risques d'infarctus. Sur un sujet aussi sensible, les avis sont bien évidemment partagés.
En tenant compte de certaines contre-indications notoires, il est admis qu'une consommation journalière de bon vin rouge, limitée à 2 ou 3 verres, parait raisonnable dans le cadre d'une alimentation équilibrée et d'une bonne hygiène de vie. Mais n'oublions jamais que ***l'abus d'alcool est dangereux pour la santé !***

■ FRENEUSE

Pureed turnips | Désignation culinaire d'une purée de navets*.

■ FRESSURE

ORGAN or VARIETY MEATS (offal) | Ensemble d'abats* d'un animal de boucherie constitué du foie*, du cœur*, de la rate et des poumons.

■ FRICANDEAU

Veal dish | Morceau de noix de veau* lardé *(1)* et généralement braisé. Ce terme peut également désigner un morceau de poisson traité de la même façon.

(1) Piqué de bâtonnets de lard gras.

■ FRICASSÉE

FRICASSEE | Sorte de ragoût* de volaille, de veau* ou d'agneau* dont la sauce crémée est additionnée de petits oignons* et de champignons*.

■ FRINAULT

French cheese | Fromage* de lait* de vache fabriqué dans l'Orléanais. Il porte le nom de son créateur.
Type: pâte molle, croûte naturelle cendrée.
Forme: disque plat.
Taille: 9 cm de diamètre, 2 cm d'épaisseur.
Poids: 130 à 140 g.
Teneur en M.G.: 50 %.
Meilleures saisons: été, automne.

■ FRITELLE

French doughnut | Beignet* corse garni d'éléments variés, notamment du brocciu*.

■ FRITOT

Stuffed doughnut | Beignet* salé préparé à partir de morceaux de volaille, d'abats*, de poisson ou de fruits de mer enrobés de pâte à frire*. Les fritots sont souvent accompagnés d'une sauce* (tartare*, gribiche*, etc.).

■ FRITTO MISTO

Stuffed doughnut | En Italie, assortiment de beignets* de poissons, fruits de mer, abats* ou légumes.

■ FROMAGE

CHEESE | Le fromage est incontestablement l'un des plus anciens aliments fabriqués par l'homme qui a vite compris que le fromage était un moyen de stocker le lait, matière périssable, en le transformant en un produit consommable dans le temps. La découverte de poteries percées (premières faisselles) sur certains sites archéologiques et le contenu d'anciens écrits prouvent que le fromage était déjà présent à l'époque néolithique.
Le fromage prend donc rapidement une place prépondérante dans l'alimentation humaine mais aussi dans l'économie paysanne. Aujourd'hui, la production fromagère, fermière ou industrielle, représente une activité économique solide et largement tournée vers l'avenir.
La France est considérée comme un grand pays du fromage puisqu'on y dénombre actuellement plus de 400 variétés dont 45 bénéficient d'une A.O.C.*/A.O.P.* *(1)* et 8 d'une I.G.P.*. Derrière la Grèce, la France est le deuxième consommateur mondial de fromage avec 27 kg par habitant et par an.
Régie par la loi du 28 novembre 1955, l'A.O.C. garantit un produit du terroir de qualité constante; une garantie basée sur des critères tels que l'aire géographique de production ou de collecte du lait*, les techniques de fabrication et d'affinage, la race des mammifères producteurs du lait, les qualités et les caractères du fromage (format, pâte, croûte, pourcentage en matière grasse, etc.) et les modalités de contrôle.
Nos meilleurs fromages sont maintenant protégés au niveau européen grâce à l'A.O.P. et à l'I.G.P. La volonté de protection des fromages d'Europe n'est pas récente puisque certains pays s'étaient déjà engagés dans cette voie en signant la Convention de Stresa *(2)*.
La réglementation française précise que le terme "fromage" est réservé au produit fermenté ou non, obtenu par la coagulation du lait, de la crème, du lait écrémé ou de leur mélange, suivie d'égouttage. Le fromage doit contenir au moins 23 % de matière sèche.
La fabrication du fromage, artisanale ou industrielle, se décompose en 5 phases principales :

- ***Le caillage*** : il s'agit de la coagulation de la caséine du lait sous l'action de ferments lactiques ou de présure*. Lors de cette opération, on obtient 2 produits, "le caillé" (solide) et le "petit lait" ou lactosérum (liquide).

- ***L'égouttage*** : c'est la phase de séparation du caillé et du lactosérum. Le caillé peut être tranché, brassé, malaxé ou même chauffé pour accélérer le processus.
- ***Le moulage*** : avec ou sans pression, le caillé est mis en moule perforé. Le moulage donne sa forme définitive au fromage.
- ***Le salage*** : réparti dans la pâte ou saupoudré en surface, le sel* va donner au caillé l'aspect et le goût propres à chaque fromage en jouant un rôle sur la sélection et le développement des micro-organismes.
- ***L'affinage*** : durant une période plus ou moins longue (de plusieurs jours à plusieurs mois), le caillé va devenir pâte. Dans des caves ou des hâloirs où la température et l'hygrométrie sont contrôlées, les fromages sont selon les types retournés, lavés, brossés, piqués pour obtenir leur apparence et leur saveur finales.

Suivant le type de lait et les techniques de fabrication utilisées, on distingue 8 familles de fromages:

- ***Les fromages frais*** : de consistance molle, salés ou non, ces fromages ne sont jamais affinés. Fromages "blancs", riches en eau, ils peuvent être additionnés d'herbes aromatiques, ail*, épices*, etc. Conservés au frais entre 2 et 4 °C, ils sont consommés avant leur D.L.C.* (ex: Petits suisses*).
- ***Les fromages à pâte molle et à croûte fleurie*** : après avoir été moulé et égoutté, le caillé de ces fromages est ensemencé de *pénicillium candidum*. Au cours de l'affinage, ce champignon microscopique va donner une moisissure de surface blanche, d'aspect duveteux, appelée "fleur" (ex: Camembert de Normandie*).
- ***Les fromages à pâte molle et à croûte lavée*** : lavés périodiquement à l'eau salée durant l'affinage dans des caves tempérées et humides, ces fromages obtiennent une croûte colorée allant de l'orangé au rouge brique. Certaines variétés sont teintées au rocou* (ex: Boulette d'Avesnes*).
- ***Les fromages à pâte pressée non cuite*** : Après avoir été légèrement chauffé, le caillé enfermé dans des toiles est fortement pressé pour évacuer le lactosérum. La croûte ayant durci, un long affinage en cave est nécessaire à ces fromages pour atteindre leur maturité et un plein épanouissement de leur saveur (ex: Saint-Nectaire*).
- ***Les fromages à pâte pressée cuite*** : Ce sont des fromages de grandes tailles (meules) pesant rarement moins de de 40 kg et pouvant atteindre plus de 100 kg. Le lait est d'abord chauffé et emprésuré pour un caillage rapide. Le caillé est ensuite chauffé à 52-55° C avant d'être pressé. Lorsque les meules sont constituées, elles sont transportées dans des caves de maturation. Si la cave est chaude (25° C), une fermentation propionique entraîne la formation de bulles de gaz carbonique, qui, lors de l'affinage, laissent de gros trous (ex: Emmental*).
- ***Les fromages de chèvre*** : Ces fromages sont fabriqués exclusivement à partir de lait de chèvre. Compte-tenu des périodes de lactation, les meilleures productions se situent entre mars et novembre. Selon la durée d'affinage, les fromages de chèvre ont une pâte tendre ou plus ou moins sèche et une croûte naturelle de couleur jaune ou une croûte saupoudrée de charbon de bois pulvérisé (ex: Selles-sur-Cher*).
- ***Les fromages à pâte persillée*** : Les pâtes de ces fromages comportent des moisissures internes dues à un ensemencement de *pénicillium glaucum* ou de *pénicillium roqueforti*. En fin d'affinage, dans des caves à hygrométrie très élevée, ces fromages présentent des marbrures vertes ou bleues qui persillent la pâte (ex: Roquefort*).
- ***Les fromages fondus*** : Fromages élaborés à partir d'un ou plusieurs fromages à pâte pressée cuite ou non, que l'on fait fondre. La pâte obtenue est additionnée d'autres produits laitiers tels que crème fraîche*, beurre*, lait ou lactosérum. Les fromages fondus sont couramment enrichis d'épices, aromates*, noix*, etc. (ex: Fondu aux noix).

(1) Abondance, Banon*, Beaufort*, Bleu d'Auvergne*, Bleu de Gex Haut-Jura*, Bleu du Vercors-Sassenage*, Bleu des Causses*, Brie de Meaux*, Brie de Melun*, Brocciu corse* ou Brocciu, Camembert de Normandie*, Cantal*, Chabichou*, Chaource*, Charolais*, Chevrotin*, Comté*, Crottin de Chavignol*, Epoisses*, Fourme d'Ambert*, Fourme de Montbrison*, Laguiole*, Langres*, Livarot*, Maconnais*, Maroilles*, Morbier*, Munster* ou Munster de Gérome, Neufchâtel*, Ossau-Iraty*, Pélardon*, Picodon*, Pont-l'évêque*, Pouligny Saint-Pierre*, Reblochon*, Rigotte de Condrieu*, Rocamadour*, Roquefort*, Saint-Nectaire*, Sainte-Maure de Touraine*, Salers*, Selles-sur-Cher*, Tome des Bauges*, Vacherin du Haut-Doubs* ou Mont-d'or et Valençay*.*

(2) Convention signée en 1951 par plusieurs nations d'Europe dans le but de protéger l'appellation de certains fromages à l'extérieur de leur pays d'origine.

■ FROMENT

COMMON WHEAT | Autre dénomination du blé*.

■ FRONSAC

French wine | Vins* rouges produits dans le Bordelais, A.O.C.* depuis le 1976 et reconnus A.O.P.* dans le cadre de l'U.E. Aire de production : 6 communes de Gironde, dont Fronsac, situées à l'ouest de Libourne.
Superficie du vignoble : 840 ha.
Encépagement autorisé* pour l'appellation : Cabernet-Sauvignon*, Cabernet franc*, Merlot*, Carmenère*, Malbec* et Petit Verdot*.
Rendement à l'hectare* : 53 hl.

■ FRONTIGNAN

French region | V.D.N.* et V.D.L.* blancs produits en Languedoc-Roussillon, A.O.C.* depuis 1936 et reconnus A.O.P.* dans le cadre de l'U.E.
Aire de production : communes de Frontignan et de Vic-la-Gardiole dans l'Hérault.
Superficie du vignoble : 790 ha (avec Muscat de Frontignan* et Vin de Frontignan*).
Encépagement autorisé* pour l'appellation : Muscat* à petits grains.
Rendement à l'hectare* : 30 hl de moût*.
Richesse naturelle initiale en sucre du moût : minimum de 252 g/litre pour les V.D.N. et 234 g/litre pour les V.D.L.
Apport en alcool* pur : 5 à 10 % du volume de moût mis en œuvre, avec un alcool titrant au moins 96° pour les V.D.N. Cet apport est de 15 % pour les V.D.L. L'adjonction d'alcool au moût s'effectue en cours de fermentation pour les V.D.N. et avant le départ de la fermentation pour les V.D.L.
Richesse alcoolique minimum acquise : 15%.
Teneur minimale en sucre résiduel naturel après élaboration : 110 g/litre pour les V.D.N. et 185 g/litre pour les V.D.L.

■ FRONTON

French wine | Vins* rouges et rosés produits dans le Sud-Ouest, A.O.C.* depuis 2005 *(1)* et reconnus A.O.P.* dans le cadre de l'U.E.
Aire de production : 11 communes du Tarn-et-Garonne et 9 communes de Haute-Garonne situées au Nord de Toulouse.
Superficie du vignoble : 2 400 ha.
Encépagement autorisé* pour l'appellation : Négrette*, Cabernet-franc*, Cabernet-sauvignon*, Mérille*, Gamay*, Cinsault*, Cot*, Fer*, Mérille*, Syrah*.
Rendement à l'hectare* : 50 hl pour les vins rouges et 55 hl pour les vins rosés.

(1) En remplacement de l'appellation «Côtes du Frontonnais».

■ FRUITS CONFITS

CANDIED FRUIT | Fruits dont on a remplacé l'eau de végétation par un sirop de sucre* concentré afin d'en assurer la conservation.
Le confisage est un processus qui permet une imprégnation lente et progressive du sucre à l'intérieur des fruits ; il se fait par des passages successifs dans des sirops de plus en plus concentrés.

■ FRUITS DÉGUISÉS

Dried fruit with marzipan | Fruits divers *(1)* trempés dans du sucre* cuit ou du fondant*. Ils peuvent être fourrés ou partiellement enrobés de pâte d'amande*.

(1) Dattes, pruneaux*, bigarreaux* confits, griottes* à l'eau-de-vie, quartiers d'ananas* ou d'orange*, cerneaux de noix*, amandes*, grains de raisin*, etc.*

■ FRUITS DE LA PASSION

PASSION FRUIT | Fruits exotiques originaires d'Amérique centrale ou d'Amérique du Sud récoltés sur des lianes du genre passiflora *(1)*. Les fruits de la passion sont des baies rondes ou ovoïdes pesant jusqu'à 30 g, leurs peaux épaisses sont lisses ou ridées selon les espèces. Ils contiennent une pulpe gélatineuse et acidulée parsemée de petites graines comestibles.
Une des principales espèces donne la *Grenadille rouge* alors que sa variété "flavicarpa" produit la *Grenadille jaune*, appelée également *Maracuja*. Le *Taxo* et la *Barbadine* sont aussi des espèces de fruits de la passion.

Ces fruits se consomment nature, en jus de fruit, en sorbet*, en gelée* ou en confiture*, etc.

(1) On compte plus de 500 espèces cultivées aux Antilles, à la Réunion, à Madagascar, en Colombie, en Afrique...

■ FUMAGE

SMOKED | Technique ancestrale de conservation des viandes et des poissons consistant à exposer un aliment plus ou moins longtemps à la fumée d'un feu de bois qui possède des propriétés antiseptiques et anti-oxydantes. Les essences les plus couramment utilisées sont le hêtre et le châtaignier, mais selon les régions et les traditions on emploie aussi le chêne, le charme, l'hickory *(1)*, le laurier*, le genévrier*, la sauge*, etc. *(2)*.
Quelle que soit l'essence choisie, elle est le plus souvent employée sous forme de sciure.
Il faut distinguer ***le fumage à froid*** (combustion lente, durant 24 heures à quelques jours, avec une température n'excédant pas 30° C) et ***le fumage à chaud*** (combustion plus rapide de quelques heures avec une température pouvant atteindre 60° C).

(1) Arbre d'Amérique du Nord, voisin du noyer.
(2) Les résineux sont rarement utilisés.

■ FUMET DE POISSON

FISH FUMET | *Voir* Fond de sauce*.

■ FYNBO

Danish cheese | Fromage* de lait* de vache fabriqué au Danemark. Son nom vient de l'île d'où il est originaire.
Type: pâte pressée non cuite, croûte paraffinée de couleur jaune.
Forme: petite meule à talon convexe.
Taille: 30 cm de diamètre, 8 cm d'épaisseur.
Poids: 6 à 7 kg.
Teneur en M.G.: 45 %.
Qualité identique toute l'année.

G

■ GÂCHE VENDÉENNE

Regional brioche | Viennoiserie du terroir vendéen qui a l'aspect d'une grosse brioche* ovale. Réalisée principalement avec de la farine*, des œufs*, du beurre*, de la crème fraîche* et du sucre*.
La Gâche vendéenne, élaborée selon un cahier des charges officiel, bénéficie d'une I.G.P.* depuis 2011.

■ GAGNAIRE (Pierre)

French chef | Cuisinier français né en 1950 à Apignac, petite village de la Loire. Après un passage chez Paul Bocuse*, il entre chez *Tante Alice* à Lyon. Il occupe ensuite différents postes à Paris et part courir le monde pendant deux ans. En 1976, il revient dans l'affaire familiale à Saint-Priest-en-Jarez. Quatre ans plus tard, il ouvre un premier restaurant à Saint-Etienne. En 1992, c'est dans un nouvel établissement Art Déco qu'il reçoit la consécration suprême avec trois étoiles au Guide Michelin*. En 1996, il quitte le Forez pour s'installer à Paris où il retrouve ses trois étoiles dès 1998.
Depuis 2001, ce grand cuisinier, artiste créatif passionné par l'art culinaire et l'art contemporain, collabore étroitement avec Hervé This*, physico-chimiste et initiateur de la Gastronomie moléculaire*. Hormis ses établissements parisiens, Pierre Gagnaire exploite aujourd'hui des restaurant à Londres, Tokyo, Hong Kong, Las Vegas et Dubaï.

Source : Ph. Jacques Gavard

■ GAILLAC

French wine | Vins* blancs, rosés et rouges produits dans le Sud-Ouest, A.O.C.* depuis 1938 pour les vins blancs et 1970 pour les vins rouges et rosés, reconnus A.O.P.* dans le cadre de l'U.E.
Plusieurs mentions complémentaires peuvent être ajoutées à l'appellation :

- ***Méthode ancestrale :*** voir "Méthode gaillacoise"*.
- ***Primeur :*** vins rouges issus de cépage Gamay* et produits dans les conditions des "Vins de primeur"*.
- ***Doux :*** vins blancs présentant une teneur en sucre résiduel égale ou supérieure à 50 g/l.
- ***Vendanges tardives**** *(1)* **:** vins blancs issus d'un moût d'une richesse en sucre minimale de 280 g/l et d'une teneur en sucre résiduel égale ou supérieure à 100 g/l.

Aire de production : 73 communes du Tarn situées dans la région d'Albi.
Superficie du vignoble : 3 900 ha.
Encépagement autorisé* pour l'appellation : Mauzac* blanc et rosé, Len de l'El*, Muscadelle*, Ondenc*, Sauvignon*, Duras*, Fer Servadou*, Gamay, Syrah*, Merlot*, Prunelard, Cabernet-Sauvignon* et Cabernet franc*.
Rendement à l'hectare* : 60 hl pour les vins blancs secs, 45 hl pour les vins blancs doux, 25 hl pour les «vendanges tardives» et 55 hl pour les vins rouges et rosés.
(1) Depuis 2011.

■ GAILLAC MOUSSEUX

French wine | Vins* blancs et rosés effervescents élaborés à partir de vins récoltés sur les aires délimitées de l'appellation Gaillac*. Certains de ces vins sont élaborés avec la Méthode Gaillacoise*.

■ GAILLAC PERLÉ

French wine | Vins* blancs produits sur l'aire d'A.O.C.* Gaillac*. Ils ont la particularité de présenter une légère teneur en gaz carbonique qui apparaît sous forme de petites bulles. Ces fines bulles, ou "perles", picotent un peu la langue lors de la dégustation ; sensation originale et agréable que l'on retrouve parfois avec des muscadets* "sur lie" vinifiés d'une manière analogue.

■ GAILLAC PREMIÈRES CÔTES

French wine | Vins* blancs secs produits à partir de raisins récoltés sur 11 communes de l'appellation Gaillac* situées autour de la ville éponyme,

sur la rive droite du Tarn. A.O.C.* et reconnus A.O.P.* dans le cadre européen.
Superficie du vignoble : 20 ha.
Encépagement autorisé* pour l'appellation : Len de L'El*, Mauzac* blanc et rosé, Muscadelle*, Ondenc*, Sauvignon*.
Rendement à l'hectare* : 45 hl.

■ GALANTINE

French meat dish | Préparation charcutière réalisée à partir de chair de volaille, de lapin*, de porc*, de veau*, de gibier*, de poisson... additionnée ou non d'éléments divers (champignons*, foie gras*, pistaches*, etc.). Contrairement à la ballottine* qui est de forme cylindrique, la galantine est moulée dans un récipient rectangulaire.

■ GALETTE DES ROIS

Pastry | Galette traditionnellement consommée à l'Epiphanie, réalisée à partie de pâte feuilletée* et fourrée ou non de frangipane*.

Source : S. Vernichon/Cedus

■ GALETTE DE LA CHAISE-DIEU

French cheese | Fromage* de lait* de chèvre ou de laits de chèvre et de vache mélangés. Il doit son nom à son apparence de faible épaisseur et à son lieu d'origine en Haute-Loire.
Type : pâte molle, croûte naturelle.
Forme: briquette rectangulaire.
Taille : 15 cm de longueur, 7 à 8 cm de largeur, 2 à 3 cm d'épaisseur.
Poids : 250 g.
Teneur en M.G. : 45%.
Meilleures saisons : printemps, été, automne.

■ GALLEGO

Spanish cheese | Fromage* de lait* de vache fabriqué en Galice, dans le nord-ouest de l'Espagne. Il tire son nom de sa région de production.
Type : pâte pressée non cuite, croûte naturelle grattée.
Forme : boule aplatie.
Taille: 18 à 20 cm de diamètre, 6 à 8 cm d'épaisseur.
Poids : 750 à 1 250 g.
Teneur en M.G. : 45% environ.
Meilleures saisons : printemps, été, automne.

■ GAMAY

Grape variety | Cépage* noir d'origine bourguignonne qui doit son nom à un village situé dans le sud de la Côte-d'Or.
Aires de culture : en Bourgogne et plus particulièrement dans le Beaujolais*. On le rencontre également dans la Vallée de la Loire, en Savoie, en Moselle, dans le Poitou, en Auvergne, etc. *(1)*. Le Gamay est présent dans certains vignobles suisses, italiens, californiens, sud-africains, etc.
Vins* produits : rouges légers et gouleyants, peu tanniques avec des notes aromatiques agréables. Ce cépage donne d'excellents résultats en macération carbonique* pour élaborer des vins de primeur*. Ces vins se caractérisent par des arômes typiques de fruits rouges ou de banane* et parfois un goût acidulé de bonbons anglais.
(1) Le Gamay constitue 26 000 ha du vignoble français.

■ GAMAY BLANC

Grape variety | Autre dénomination du cépage* Chardonnay* dans le Jura.

■ GAMAY DE BOUZE

Grape variety | Variété de Gamay* teinturier dont la culture s'est considérablement réduite. On le trouve encore dans l'encépagement de l'A.O.C.* Haut-Poitou*.

■ GAMAY DE CHAUDENAY

Grape variety | Variété de Gamay* teinturier qui serait une mutation du Gamay de Bouze*. On le trouve encore dans l'encépagement de l'A.O.C.* Haut-Poitou*.

■ GAMBA

SHRIMP (prawns) | *Voir* Crevette*.

■ GAMMES DE PRODUITS

PRODUCT RANGE | Les produits agro-alimentaires sont classés en 5 gammes :

- ***1ère gamme*** : produits frais n'ayant subi aucune transformation (fruits et légumes, viandes et abats*, poissons, coquillages, crustacés ...).
- ***2ème gamme*** : produits appertisés* plus communément appelés "conserves".
- ***3ème gamme*** : produits congelés* ou surgelés*.

- *4ème gamme* : fruits et légumes frais prêts à l'emploi (épluchés, lavés, coupés ...) conditionnés sous-vide*.
- *5ème gamme* : produits cuisinés sous-vide, prêts à la consommation.

Selon la gamme à laquelle ils appartiennent, les produits doivent être stockés à des températures précises et comportent une D.L.C.* ou une D.D.M.*

■ GANACHE

GANACHE | Appareil* à base de chocolat*, de crème fraîche* et de beurre* employé en pâtisserie pour garnir des entremets* et des gâteaux ou en confiserie pour fourrer des bonbons. La ganache est diversement aromatisée en fonction de son utilisation.

■ GAPERON

French cheese | Fromage* de lait* de vache fabriqué en Auvergne. Il tire son nom d'un terme dialectal local, "la gape", signifiant babeurre.
Type : pâte pressée non cuite, salée, poivrée et aromatisée à l'ail.
Forme : boule aplatie sur la base.
Taille : 9 à 10 cm de diamètre, 6 à 8 cm de hauteur.
Poids : 350 à 500 g.
Teneur en M.G. : 40% environ.
Meilleures saisons : automne, hiver, printemps.

Source : Photo BG

■ GARBURE

French soup | Potée béarnaise composée de divers légumes (chou*, haricots* blancs, fèves*, piments*, carottes*, navets*...) et de viande de porc* ou d'oie*. La garbure se sert avec son bouillon et des tranches de pain* de campagne.

■ GARD (vin)

French wine | *Voir* Vins I.G.P.*.

■ GARDON

ROACH | Poisson d'eau douce de la famille des cyprinidés. De petite taille (15 à 30 cm), le gardon est surtout préparé en friture.

■ GARIBALDI

GARIBALDI | Cocktail* (apéritif) préparé sur glace directement dans un tumbler.
4 cl de Campari* bitter
8 cl de jus d'orange*
1 tranche d'orange
Verser le jus d'orange et le Campari. Remuer et décorer avec la tranche d'orange.

Source : Photo BG

■ GARNITURE

GARNISH | Préparation culinaire généralement servie en accompagnement d'une viande, d'une volaille, d'un gibier, d'un abat*, d'un poisson, d'œufs*, etc. Une garniture est principalement composée d'un ou plusieurs légumes, mais elle peut comporter d'autres éléments.

■ GASPACHO ou GAZPACHO

GAZPACHO | Potage* d'origine espagnol réalisé à froid avec tomates*, concombres*, piments*, poivrons*, oignons*, ail, mie de pain*, etc. Le gaspacho se sert glacé.

■ GASTRIQUE

GASTRIQUE SAUCE | Réduction d'un mélange de vinaigre* et de sucre* qui constitue la base de certaines sauces* comportant une garniture de fruits.

■ GASTRONOMIE

GASTRONOMY | La gastronomie est à la fois une science et une philosophie au service d'un art, celui du bien-vivre autour de la bonne chère. Dans ***La physiologie du goût****, Jean-Anthelme Brillat-Savarin* évoque ainsi l'arrivée de la gastronomie dans notre civilisation : *"La gastronomie s'est présentée à son tour [...] Que pouvait-on refuser à celle qui nous soutient de la naissance au tombeau, qui accroît les délices de l'amour et la confiance de l'amitié, qui désarme la haine, facilite les affaires, et nous offre, dans le court trajet de la vie, la seule jouissance qui, n'étant pas suivie de fatigue, nous délasse encore de toutes les autres !"(1).*
Le Dr Jean Vitaux, dans ***La Gastronomie*** *(2)*, distingue bien alimentation et gastronomie : *"L'alimentation est une nécessité ; la gastronomie est une quête infinie, une recherche permanente de la qualité, une passion hédoniste, un plaisir, une connaissance et une culture. Manger est un acte commun à tout être vivant, homme ou animal, alors que manger en tant que gastronome est un acte culturel."*
La France est reconnue comme un grand pays de la gastronomie. En 2010, l'UNESCO n'a-t-elle pas inscrit le ***Repas gastronomique des Français**** au patrimoine culturel immatériel de l'humanité ?

(1) Méditation III.
(2) Presses Universitaires de France. 2007. J. Vitaux est médecin gastro-entérologue et gastronome.

■ GASTRONOMIE MOLÉCULAIRE

MOLECULAR GASTRONOMY | Discipline scientifique créée en 1988 par le physico-chimiste français Hervé This* et le physicien britannique Nicholas Kurti.

La gastronomie moléculaire est une science qui explore la cuisine et qui a pour objectif de comprendre scientifiquement les techniques culinaires traditionnelles. Les connaissances empiriques trouvent alors des explications rationnelles et raisonnées. Cette nouvelle approche de la cuisine donne évidemment accès à un espace créatif très intéressant et dépasse largement le simple domaine de la transformation des aliments.

Plusieurs grands Chefs, dont Pierre Gagnaire*, Thierry Marx* et Ferran Adrià*, s'inspirent aujourd'hui des techniques culinaires moléculaires pour leurs créations.

■ GAUFRE

WAFFLE | Gâteau de forme alvéolée à pâte légère. Il se consomme chaud, saupoudré de sucre* ou accompagné de crème chantilly*, de confiture* ou de sauce chocolat*.

Source : Adobe Stock

■ GAUFRETTE

WAFER | Petit biscuit feuilleté parfois fourré de confiture* ou de crème pralinée*.

■ GAY - LUSSAC (degré)

Degree | Unité de mesure de l'alcool* établie par le physicien et chimiste Louis-Joseph Gay-Lussac (1778-1850).

■ GÉLATINE

GELATIN | Substance albuminoïde incolore, inodore et insipide extraite de tissus animaux ou d'algues. Elle se présente sous forme de fines feuilles ou de poudre. La gélatine est employée pour préparer des gelées* et dans de nombreuses préparations froides pour son pouvoir gélifiant. Elle est également utilisée en vinification* pour réaliser des collages*.

■ GELÉE

GLEATIN (jelly) | Préparation translucide, plus ou moins colorée, riche en éléments gélifiants.

■ GÉLIFIANT

GELLING AGENTS | Additif alimentaire* qui apporte une texture particulière à une denrée par formation d'un gel.

■ GÉLINE DE TOURAINE

TOURAINE CHICKEN | Volaille jadis réputée en Touraine. Pratiquement disparue avec le développement des élevages industriels, elle connait un nouveau succès grâce à un syndicat interprofessionnel d'éleveurs qui s'applique à produire des volatiles de qualité. La géline de Touraine est une volaille au plumage noir qui pèse 2 à 3 kg, sa chair fine et savoureuse est prisée par certains restaurateurs qui ont su la mettre en valeur dans leurs spécialités.

■ GÉLINOTTE

HAZEL GROUSE | Gibier à plumes de taille légèrement supérieure à une perdrix* que l'on rencontre en montagne, entre 800 et 1500 m d'altitude. La chasse de la gélinotte est réglementée et la commercialisation interdite. Cet oiseau possède une chair blanche très fine, parfois un peu amère à cause des bourgeons de sapin qu'il consomme.

■ GENDARME

SALTED HERRING | *Voir* Hareng*.

■ GÉNÉPI ou GÉNÉPY *(1)*

Alpine liqueur | Liqueur* alpine obtenue à partir d'une macération de graines de génépi dans de l'alcool*. Ce spiritueux* titre 40° ou 25° en fonction de la technique de fabrication.

Le ***Génépi des Alpes***, élaboré selon un cahier des charges officiel, bénéficie d'une Indication géographique et d'un I.G.P.* au niveau européen depuis 2014.

(1) Selon la terminologie retenue par les spécialistes, "Génépi" désigne une plante sauvage de haute montagne (variété d'armoise), alors que "Génépy" désigne la liqueur qui en est issue. Cependant, on rencontre les deux orthographes sur l'étiquetage du spiritueux.

■ GENEVER

Brandy | Eau-de-vie* de céréales hollandaise parfumée aux baies de genièvre* *(1)*. En réalité, le genever est le spiritueux* qui inspira la fabrication du gin*.

(1) Le genièvre est l'élément aromatique principal, mais il peut être complété par du cumin, de la coriandre* et de l'anis*.*

■ GENIÈVRE (aromate)

JUNIPER (aromas) | Aromate* originaire d'Europe méridionale qui se présente sous forme de petites baies fraîches ou séchées avec des arômes résineux et une saveur poivrée, légèrement amère. Le genièvre est employé pour parfumer les marinades*, apprêts de gibier, choucroutes* et poissons. Il entre aussi dans la fabrication de spiritueux* (ex : gin*, genever*, wacholder*).

■ GENIÈVRE (eau-de-vie)

Geographic area | Deux produits bénéficient d'une Indication géographique :

- ***Le Genièvre*** ou ***Genever*** ou ***Jenever***, dont l'aire de production est constituée de la Belgique, des Pays Bas, des départements du Nord et du Pas-de-Calais en France, de la Rhénanie-du-Nord-Westphalie et Basse-Saxe en Allemagne.
  Titrage alcoolique minimum : 30°.
- ***Le Genièvre Flandres Artois***, produit sur un territoire limité à un certain nombre de communes du Nord et du Pas-de-Calais.

Titrage alcoolique minimum : 35°.

■ GÉNISSE

HEIFER | *Voir* Bœuf*.

■ GÉNOISE

Cake | Gâteau réalisé à partir d'œufs*, sucre*, farine* et beurre* fondu. Le fait que les œufs, additionnés de sucre, soient battus sur feu doux ou au bain-marie confère à la préparation une certaine légèreté. La génoise constitue la base de plusieurs pièces de pâtisserie (ex : moka* ou singapour*).

■ GENTIANE (plante)

GENTIAN (plant) | Plante de montagne à suc amer récoltée dans différents massifs européens et dont on utilise la racine pour élaborer certains spiritueux*. La gentiane est également employée en phytothérapie.

■ GENTIANE (spiritueux)

Spirits | A.B.A.* aromatisé à la gentiane*. Ce spiritueux*, aux vertus apéritive et digestive, est élaboré à partir de racines de gentiane macérées dans de l'alcool* pur. Parmi les marques commerciales de gentianes, citons Suze*, Avèze*et Salers*.

■ GEROLSTEINER SPRUDEL

Mineral water | Eau minérale naturelle* gazeuse captée à Gerolstein, en Rhénanie-Palatinat, dans le sud-ouest de l'Allemagne. Autorisée en France par arrêté ministériel en 1952.

Catégorie : riche en sels minéraux.

Composition physico-chimique (en mg/l)	
Cations	Anions
Calcium: 347 Sodium: 119 Magnésium: 108 Potassium: 11	Bicarbonates: 1817 Chlorures: 40 Sulfates: 36 Nitrates: N.C.
pH à 20 °C: 5,8 Minéralisation totale: 2 661 mg/l	

■ GÉROMÉ

French cheese | *Voir* Munster Géromé*.

■ GERS (vin)

French wine | Voir Vins I.G.P.*.

■ GÉSIER

GIZZARD | Dernière poche digestive d'une volaille constituée d'une paroi épaisse et charnue. Cet abattis* est confit dans la graisse ou haché pour être intégré à une farce. Il entre également dans la composition de certaines salades.

■ GET 27

Liqueur | *Voir* Pippermint Get*.

■ GEVREY-CHAMBERTIN

French wine | Vins* rouges produits en Bourgogne*, A.O.C.* depuis 1936 et reconnus A.O.P* dans le cadre de l'U.E. Pour les vins dont les récoltes proviennent de parcelles classées "Premier cru", l'appellation communale peut être complétée par le nom du climat* d'origine *(1)* et (ou) par la mention "Premier cru".

Aire de production : communes de Gevrey-Chambertin et Brochon situées au sud-ouest de Dijon.

Superficie du vignoble : 402 ha.

Encepagement autorisé* pour l'appellation : Pinot noir*, Chardonnay*, Pinot blanc* et Pinot gris*.

Rendement à l'hectare* : 50 hl (48 hl pour les Premiers crus).

(1) "Au Closeau", "Aux Combottes", "Bel -Air", "Cazetiers", "Champeaux", "Champitonnois dite Petite Chapelle", "La Romanée", "Cherbaudes","Clos Prieur", "Clos du Chapitre", "Combe-au-Moine", "Craipillot", "En Ergot", "Estournelle Saint-Jacques", "Issarts", "La Perrière", "Lavaux Saint-Jacques", "Fonteny", "Clos Saint-Jacques", "Les Corbeaux", "Les Goulots", "Le Petits Cazetiers", "la Bossière", "Champonnet", "Clos des Varoilles" et "Poissenot".

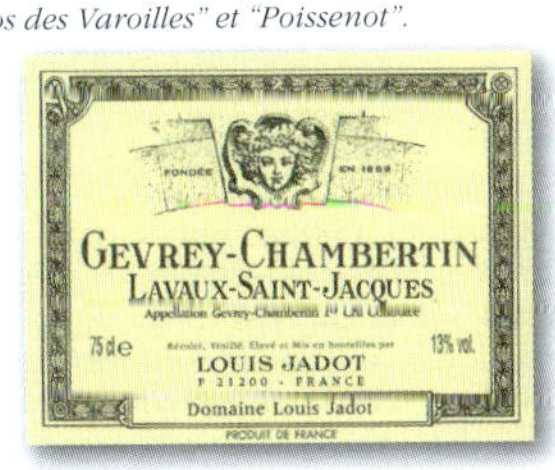

Source : Louis Jadot

■ GEWURZTRAMINER

Grape variety | Cépage* rosé tirant son nom de "Gewurz" qui signifie "épicé" et de "Tramin" ou "Termeno", village du Tyrol italien.
Aires de culture : en Alsace et en Moselle, sur 3 500 ha, où il constitue l'un des éléments essentiels de l'encépagement. On le rencontre également en Autriche, Allemagne, Suisse, Italie, Nouvelle-Zélande, Australie, Etats-Unis, etc.
Vins* produits : blancs corsés, très aromatiques avec des notes florales et épicées. En vendanges tardives*, le Gewurztraminer génère de remarquables vins moelleux*.

Source : Doc. CIVA

■ GIANDUJA

Chocolate | Produit d'origine italienne composé de chocolat* couverture, beurre* de cacao, noisettes* finement broyées et sucre* glace. Il est employé en pâtisserie, confiserie et glacerie.

■ GIBELOTTE

Stew | Ragoût* de lapin au vin* *(1)* dont la sauce comporte des champignons*, des petits oignons* et des lardons.

(1) Classiquement, il s'agit de vin blanc, mais on trouve aussi des recettes de gibelotte au vin rouge.

■ GIBIER

GAME | Désignation de l'ensemble des espèces d'animaux sauvages qui sont chassés. Certaines de ces espèces sont néanmoins protégées, donc non chassables, et d'autres sont produites en élevage. La chasse de nos ancêtres, qui se pratiquait par nécessité alimentaire, a ainsi évolué vers une activité de loisir très réglementée.
La commercialisation du gibier en restauration est soumise à un ensemble de règles qui prennent en compte principalement la traçabilité* du produit et le respect des normes d'hygiène. De cette réglementation, qui fait l'objet de fréquents changements, il convient de retenir quelques éléments importants :

- Le restaurateur a obligation de tenir à jour un ***Registre de contrôle du gibier mort***. Ce document (papier ou dossier informatique) consigne les informations relatives au gibier commercialisé (nom de l'espèce, date d'arrivée au restaurant, numéro d'enregistrement, identité du fournisseur, quantité, origine qui précise s'il s'agit d'animaux de chasse ou d'élevage, date de chasse pour le gibier remis directement par un chasseur, etc.).
- Le sanglier*, fourni par un grossiste ou un chasseur, doit obligatoirement être soumis au contrôle d'un laboratoire d'analyse vétérinaire agréé pour vérifier l'absence de trichine *(1)*.
- Certains gibiers peuvent être chassés mais sont interdits à la vente (ex : bécasse*). En conséquence, ils n'apparaissent pas sur les cartes et menus des restaurants. Les gibiers autorisés à la vente figurent sur une *Liste positive* qui peut être communiquée par les instances officielles comme la Fédération Nationale des Chasseurs (ex : canard colvert*, faisan*, perdrix*, pigeon ramier*, etc.).
- Depuis 2006, la loi a rendu possible la vente, toute l'année, de gibier chassé licitement. Cependant, il est souhaitable de connaître les dates d'ouverture et de fermeture de la chasse, variables selon les départements.
- Le gibier portant le logo ***Gibier de chasse-Chasseurs de France*** correspond à une marque lancée en 2008. Il s'agit d'animaux tués en France par des chasseurs qui ont reçu une formation portant sur l'hygiène alimentaire, l'examen initial du gibier et la traçabilité. Les gibiers achetés directement aux chasseurs sont entiers, n'ont subi aucune inspection sanitaire (sauf le sanglier) et ne sont pas estampillés. Ceux achetés à des grossistes ou à des ateliers de traitement sont préparés, éventuellement découpés et ont subi un contrôle sanitaire avec estampillage.

(1) Petit ver parasite dont les sangliers (et autres mammifères) sont parfois porteurs. L'ingestion par l'homme de viande contaminée, peu ou non cuite, peut provoquer des troubles graves.

■ GIBSON

GIBSON | Cocktail* (apéritif) préparé au verre à mélange.
1,5 cl de vermouth* dry
5,5 cl de gin*
1 ou 2 petits oignons* blancs
Frapper et servir dans un verre à cocktail. Ajouter le ou les petits oignons.

Seuls les éléments de décoration font la différence entre le Gibson et le Dry Martini*.

■ GIEN

French cheese | Fromage* de lait* de chèvre fabriqué dans l'Orléanais. Il doit son nom à une localité du Loiret située dans sa zone de production.
Type : pâte molle, croûte naturelle.
Forme : petit cylindre ou cône tronqué.
Taille : 8 cm de diamètre, 5 cm de hauteur.
Poids : 200 g.
Teneur en M.G. : 45% au minimum.
Meilleures saisons : printemps, été, automne.

■ GIGOLETTE

SMALL LEG (poultry) | Cuisse de volaille partiellement désossée en vue d'une préparation culinaire.

■ GIGONDAS

French wine | Vins* rouges et rosés produits dans la Vallée du Rhône, A.O.C.* depuis 1971 et reconnus A.O.P.* dans le cadre de l'U.E.
Aire de production : Commune de Gigondas, dans le Vaucluse, située à l'est d'Orange.
Superficie du vignoble : 1 210 ha.
Encépagement autorisé* pour l'appellation : Grenache*, Syrah*, Mourvèdre*, Bourboulenc*, Vaccarèse*, Clairette*, Clairette rose, Counoise*, Grenache blanc*, Grenache gris*, Marsanne*, Muscardin*, Piquepoul blanc*, Piquepoul noir*, Roussanne*, Terret noir*, Ugni blanc*, Viognier*.
Rendement à l'hectare* : 36 hl.

■ GIGORIT

Regional pork dish | Civet* d'abats* de porc* cuisinés au vin* rouge et au sang. Le gigorit est une spécialité de la région Poitou-Charentes.

■ GIGOT

LEG (of lamb/mutton) | Cuisse de mouton* ou d'agneau*. En réalité, la pièce de boucherie appelée "gigot" comprend la cuisse et la selle. La cuisse seule constitue le "gigot raccourci".

■ GIGOT DE SEPT HEURES

French lamb dish | Gigot d'agneau* ou de mouton* lardé *(1)* et braisé longuement à chaleur douce avec une garniture aromatique. La préparation se fait dans une cocotte chemisée de couennes de porc*. Au terme de la cuisson, la chair du gigot, moelleuse et fondante, se déguste à la cuillère.

(1) Piqué de bâtonnets de lard gras.

■ GIGUE

Deer cut | Terme désignant la cuisse d'un chevreuil* ou d'un cerf*.

■ GILBERT (Philéas)

French chef | Cuisinier français (La Chapelle-sur-Oreuse 1857 - Couilly-Pont-aux-Dames 1942) qui collabora à diverses revues culinaires. Auteur de plusieurs ouvrages (*La cuisine rétrospective, Cuisine de tous les mois, L'Alimentation et la Technique culinaire à travers les âges ...),* il participa à la rédaction du *Guide Culinaire* publié par Auguste Escoffier*.

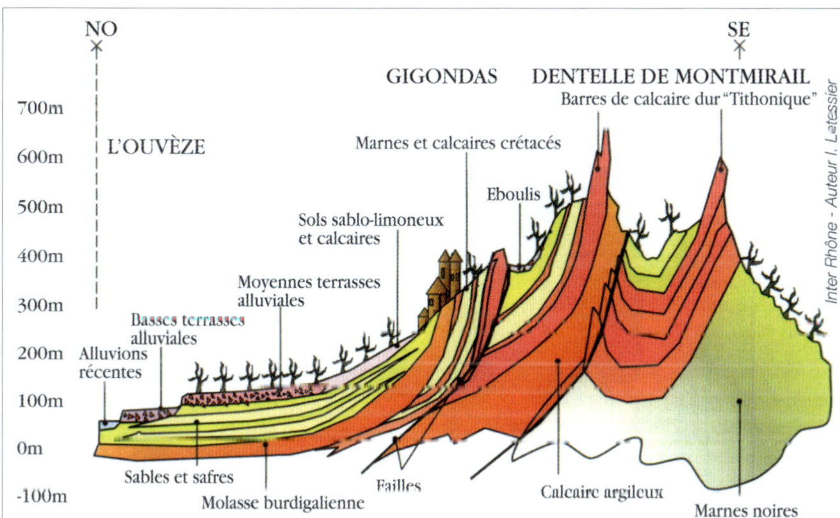

Terroir de Gigondas

■ GIMBLETTE

Cake | Petit gâteau en forme de couronne ou d'anneau. La gimblette, dont la pâte est réalisée à partir de farine*, sucre*, amandes* pilées, jaunes d'œufs*, zestes d'orange* et de cédrat* est une spécialité albigeoise.

■ GIMLET

GIMLET | Cocktail* préparé au verre à mélange.
2 cl de lime* juice cordial *(1)*
5 cl de gin*
Frapper et servir dans un verre à cocktail *(2)*

(1) Jus de lime.
(2) Le mélange est parfois additionné d'un trait de sirop de canne pour l'adoucir.*

■ GIN

Brandy | Eau-de-vie* de céréales parfumée aux baies de genièvre*. D'origine hollandaise, où il est dénommé "Genever", ce spiritueux* est aujourd'hui fabriqué dans plusieurs pays, notamment en Grande-Bretagne et aux Etats-Unis.
L'élaboration du gin est basée sur le principe de la redistillation d'une eau-de-vie de céréales *(1)* en présence d'aromates *(2)* divers, principalement du genièvre.
Hormis le gin classique, nous trouvons :

- ***Le London Dry Gin*** résultant d'une redistillation de gin.
- ***L'Old Tom Gin*** qui est un gin légèrement sucré.
- ***Le Yellow Gin***, eau-de-vie qui a subi un vieillissement dans des fûts de chêne ayant contenu du xérès*.
- ***Le Plymouth Gin*** élaboré dans la ville du même nom Il bénéficie d'une Appellation d'origine contrôlée en Angleterre..

(1) Orge, seigle*, maïs* et blé*.*
(2) Fenouil, réglisse*, cumin*, amande*, écorce de genêt, anis*, angélique*, écorces d'oranges*, etc.*

■ GIN FIZZ

GIN FIZZ | Cocktail* préparé au shaker.
1 cuillère à café de sucre* ou 2 cl de sirop* de sucre de canne
2 cl de jus de citron*
4 cl de gin*
6 cl de soda*
1 tranche de citron
Frapper et servir dans un tumbler. Compléter de soda et décorer avec la tranche de citron.

Source : Photo BG

■ GIN SOUR

GIN SOUR | Cocktail* (apéritif) préparé au shaker.
1 cuillère à café de sucre*
2 cl de jus de citron*
5 cl de gin*
2 cerises* à l'eau-de-vie
Frapper et servir dans un verre à cocktail. Décorer avec les cerises.

■ GINGEMBRE

GINGER | Plante originaire d'Asie du Sud-Est dont on consomme les rhizomes aromatiques de saveur piquante et brûlante. Frais, séché, râpé, moulu ou confit dans le vinaigre* ou le sucre*, le gingembre est utilisé en cuisine, en pâtisserie, en confiserie et pour aromatiser les boissons (ex : Canada dry*).

■ GINI

Soft drink | Soda* à base de citron* vert créé en 1971.

■ GIRARDET (Fredy)

Swiss chef | Cuisinier Suisse né en 1936 à Lausanne. Installé au *Restaurant de l'Hôtel de ville* à Crissier, près de Lausanne, il devient un Chef réputé. Son talent est auréolé de nombreuses récompenses, dont trois étoiles au Guide Michelin*. Fredy Girardet passe le relais à Philippe Rochat en 1999 ; succession bien assurée puisqu'en 2018, l'établissement conserve toujours ses trois étoiles dans le Guide rouge suisse.

■ GIROFLE (clou de)

CLOVE | Épice* originaire de l'archipel des Moluques (Indonésie). Le clou de girofle est le bouton floral non épanoui et séché du giroflier. Son odeur est agréable mais sa saveur est âcre, piquante et puissante. Cette épice est utilisée pour "piquer" les oignons* comme élément aromatique mais aussi pour parfumer les choucroutes*, charcuteries, vins* chauds, etc.
Le clou de girofle est également employé dans l'industrie pharmaceutique *(1)*.

(1) L'eugénol, une substance contenue dans le clou de girofle, possède des vertus antiseptiques et analgésiques bien connues pour calmer les douleurs dentaires.

■ GIROLLE

Chanterelle | Champignon sylvestre, appelé aussi *Chanterelle*, qui se caractérise par un chapeau en forme d'entonnoir. Il existe plusieurs variétés de girolles dont *la Crête de coq*, *la Chanterelle en tube* et *la Chanterelle jaunâtre*. La girolle est très appréciée pour sa chair ferme, goûteuse et parfumée. Elle se prépare sautée, en omelette, en garniture, etc.

■ GÎTE ou GÎTE-GÎTE

SHIN | En boucherie, morceau issu de la partie inférieure de la cuisse d'un bœuf*.

■ GIVRY

French wine | Vins* rouges et blancs produits en Bourgogne*, A.O.C.* depuis 1946 et reconnus A.O.P.* dans le cadre de l'U.E. Pour les vins qui proviennent de certaines parcelles classées, l'appellation communale peut être complétée par le nom du climat* d'origine et (ou) par la mention "Premier cru" *(1)*.

Aire de production : communes de Givry, Dracy-le-Fort et Jambles, en Saône-et-Loire, situées à l'ouest de Chalon-sur-Saône.

Superficie du vignoble : 282 ha (dont 237 ha en vins rouges et 45 ha en vins blancs).

Encépagement autorisé* pour l'appellation : Pinot noir*, Pinot gris*, Chardonnay* et Pinot blanc*.

Rendement à l'hectare* : 54 hl pour les vins rouges (52 hl pour les Premiers crus) et 60 hl pour les vins blancs (58 hl pour les Premiers crus).

(1) "A vigne rouge", "Clos du Cellier aux Moines", "Champ Nalot", "Clos Charlé", "Clos de la Baraude", "Clos du Cras long", "Clos du Vernoy", "Clos Jus", "Clos Marceaux", "Clos Marole", "Clos Salomon", "Clos Saint-Paul", "Clos Saint-Pierre", "Crausot", "Crémillons", "En Choué", "En Veau", "La Brûlée", "La Grange Berge", "La Maltrosse", "La Petite Berge", "La Plante", "Le Champ Lalot", "Les Médenchots", "Le Paradis", "le Petit Prétan", "Le Vernay", "Le Vigron", "Les Bois Chevaux", "Les Bois Gautiers", "Les Combes", "Les Galaffres", "Les Grandes Vignes", "Les Grands Prétans", "Le Pied du Clou", "Petit Marole", "Pied de Chaume", "Servoisine".

■ GLACE DE VIANDE

MEAT GLAZE | Préparation culinaire d'aspect sirupeux obtenue par une réduction d'un fond de sauce*.

■ GLACE ROYALE

ROYAL ICING | Mélange de blancs d'œufs* et de sucre* glace, additionné de jus de citron* ou de vinaigre*. La glace royale est employée pour décorer au cornet ou glacer certains gâteaux.

■ GLACES

ICE CREAM | Desserts glacés obtenus par congélation d'un mélange pasteurisé composé d'éléments différents selon la dénomination du produit. On distingue :

- ***Les glaces à la crème, crèmes glacées ou ice-creams*** (lait*, crème fraîche*, sucre* et parfum*).
- ***Les glaces aux œufs*** (lait, jaunes d'œufs*, sucre et parfum).
- ***Les glaces à... ou glaces au sirop de...*** (eau, sucre, éventuellement lait ou crème, arôme naturel ou fruit).
- ***Les sorbets aux fruits*** (eau, sucre, fruits. Les fruits employés peuvent être frais, surgelés, lyophilisés ou en jus).
- ***Les sorbets au vin*, à la liqueur* ou à l'eau-de-vie**** (eau, sucre, vin ou spiritueux* de référence).

Le *Code des pratiques loyales des glaces alimentaires* (décret du 18 février 2003) définit précisément la dénomination de différentes glaces.

Source : M. Gibert/Cedus

■ GLOUCESTER

British cheese | Fromage* de lait* de vache fabriqué en Grande-Bretagne. Il tire son nom du Comté d'où il est originaire.

Le Single Gloucester est reconnu A.O.P.* dans le cadre de l'U.E.

Type : pâte pressée non cuite demi-dure, croûte naturelle souvent cirée.

Forme : cylindre.

Taille : 25 à 30 cm de diamètre, 10 à 15 cm de hauteur pour le "single". Même diamètre avec une hauteur de 20 à 30 cm pour le "double".

Poids : 6 kg pour le "single" et 12 à 14 kg pour le "double".

Teneur en M.G. : 48 à 50% au minimum.

Meilleures saisons : été, automne.

■ GNOCCHIS ou GNOKIS ou NIOKIS

GNOCCHI | Préparation culinaire d'origine italienne qui se présente sous différentes formes :

- ***Les gnocchis à la parisienne*** à base de pâte à choux* additionnée de fromage*

râpé. Façonnés à la douille unie en petites quenelles*, ces gnocchis sont pochés avant d'être soufflés et gratinés avec une sauce Béchamel*.
- ***Les gnocchis à la romaine*** préparés à partir de semoule* cuite au lait* avec jaunes d'œufs* et fromage. Détaillés à l'emporte-pièce, ils sont ensuite gratinés.
- ***Les gnocchis à la Florentine*** réalisés avec purée de pommes de terre*, pâte à choux, fines herbes et jambon* cuit haché. L'appareil* est détaillé en petites quenelles qui seront gratinées.

Il existe d'autres variétés de gnocchis qui se caractérisent par les éléments de garniture employés.

■ GOD FATHER

GOD FATHER | Cocktail* préparé directement sur glace dans un verre à old fashioned.
2 cl d'Amaretto*
5 cl de scotch whisky*
Remuer avant de servir.

■ GOD MOTHER

GOD MOTHER | Cocktail* préparé directement sur glace dans un verre à old fashioned.
2 cl d'Amaretto*
5 cl de vodka*
Remuer avant de servir.

■ GODIVEAU

Meat stuffing | Petite quenelle* de farce fine réalisée avec de la chair de veau*, de volaille ou de poisson additionnée de graisse de rognon* de bœuf*, d'œufs* entiers ou de blancs et éventuellement de crème fraîche*.
Le godiveau est employé comme élément de garniture de vol-au-vent* ou de pièces de boucherie.

■ GOLDEN DELICIOUS

GOLDEN DELICIOUS | *Voir* Pomme*.

■ GOMASIO

Source : Adobe Stock

Japanese condiment | Condiment* d'origine japonaise qui associe des graines de sésame* grillées et du sel* marin broyé. Le gomasio s'ajoute en assaisonnement dans les salades, sur les crudités, les pâtes, les riz*, les poissons, etc.

■ GOLDEN FIZZ

GOLDEN FIZZ | Cocktail* préparé au shaker.
1 jaune d'œuf*
1 cuillère à café de sucre* ou 2 cl de sirop* de sucre de canne
2 cl de jus de citron*
4 cl de gin*
Soda*
1 tranche de citron
Frapper et servir dans un tumbler. Compléter de soda et décorer avec la tranche de citron.

■ GORET

PIG | *Voir* Porc*.

■ GORGONZOLA

Italian cheese | Fromage* de lait* de vache fabriqué en Italie. Il doit son nom à une localité de Lombardie située sur le chemin de la transhumance. Le gorgonzola bénéficie d'une Appellation d'Origine Contrôlée dans son pays et il est reconnu A.O.P.* dans le cadre de l'U.E.
Type : pâte persillée, croûte naturelle.
Forme : cylindre.
Taille : 25 à 30 cm de diamètre, 16 à 20 cm de hauteur.
Poids : 6 à 12 kg.
Teneur en M.G. : 48%.
Qualité identique toute l'année.

■ GOUDA

Dutch cheese | Fromage* de lait* de vache fabriqué en Hollande. Il doit son nom à un petit port du sud du pays, lieu important de sa commercialisation. Ce fromage constitue la majeure partie de la production fromagère des Pays-Bas avec un volume considérable à l'exportation.
Type : pâte pressée non cuite, croûte naturelle paraffinée.
Forme : petite meule à talon convexe.
Taille : 25 à 30 cm de diamètre, 7 à 8 cm d'épaisseur.
Poids : 3 à 5 kg.
Teneur en M.G. : 48% au minimum.
Qualité identique toute l'année.

■ GOUFFÉ (Jules)

French chef and pastry | Cuisinier et pâtissier français (Paris 1807-1877) disciple d'Antonin Carême*.

Poularde à la Godard

Il est l'auteur de plusieurs ouvrages : *Le livre de Cuisine, Le livre de Pâtisserie, Le livre des soupes et des potages* et *Le livre des conserves*. Dans ce dernier, il reprend les travaux de Nicolas Appert*.

■ GOUGÈRE

CHEESE PUFFS | Préparation à base de pâte à choux* additionnée de fromage* *(1)*. La gougère se présente sous forme de petit chou ou de petite couronne.

(1) Fromage à pâte cuite (gruyère, emmental*, comté*, beaufort*).*

■ GOUJON

WHITEBAIT | Poisson d'eau douce de la famille des cyprinidés qui vit sur les fonds sableux. De petite taille (10 à 15 cm), le goujon est un des poissons les plus appréciés en friture.

■ GOUJONNETTE

Small fish piece | Petit morceau de filet de poisson (sole*, cabillaud*, merlan*...) taillé en biais.

■ GOULACHE ou GOULASCH

GOULASH | D'origine hongroise, le (ou la) goulache est un ragoût* de bœuf* cuit avec oignon*, tomate* et paprika*.

■ GOURNAY

French cheese | Fromage* de lait* de vache fabriqué en Normandie. Il tient son nom d'un village du Pays de Bray d'où il est originaire.
Type : pâte molle à croûte fleurie.
Forme : petit disque.
Taille : 8 cm de diamètre, 2,5 cm d'épaisseur.
Poids : 100 à 120 g.
Teneur en M.G. : 45%.
Meilleures saisons : fin du printemps, été, automne.

■ GOÛT DE BOUCHON

CORKED | *Voir* Bouchon (goût de)*.

■ GOUZON

French cheese | Fromage* de lait* de vache fabriqué dans la Creuse.
Il doit son nom à un village de la Marche situé dans sa zone de production.
Type : pâte molle, croûte naturelle.
Forme : petit disque épais.
Taille : 11 cm de diamètre, 3 cm d'épaisseur.
Poids : 250 à 300 g.
Teneur en M.G.: 30 à 40%.
Meilleures saisons : printemps, été, automne.

■ GOYAVE

GUAVA | Fruit exotique originaire d'Amérique tropicale. La goyave est une baie globuleuse ou piriforme *(1)* de 5 à 10 cm de diamètre. Sa peau épaisse jaune-verdâtre renferme une chair de texture spongieuse à saveur musquée, légèrement acidulée, très riche en vitamine C *(2)*.

Source : Adobe Stock

Il existe de nombreuses variétés de goyaves importées des Antilles, d'Amérique du Sud, d'Inde, de Côte d'Ivoire, etc. Ce fruit se consomme nature, en jus de fruit, en sorbet*, en confiture*, en gelée ou en compote.

(1) En forme de poire.

(2) La goyave contient 500 mg de vitamines C pour 100 g, alors que le kiwi en contient 95 mg et l'orange* ou le citron* 50 mg.*

■ GOYÈRE

French pastry | Tarte au maroilles* préparée traditionnellement dans le Nord-Pas-de-Calais.

■ GRAÇAY

French cheese | Fromage* de lait* de chèvre fabriqué dans le Berry. Il doit son nom à un village de la Champagne berrichonne situé dans sa zone de production.
Type : pâte molle, croûte naturelle saupoudrée de charbon de bois pulvérisé.
Forme : cône tronqué.
Taille : 10 cm de diamètre, 6 cm de hauteur.
Poids : 350 à 400 g.
Teneur en M.G. : 45%.
Meilleures saisons : printemps, été, automne.

■ GRAISSE

Grape variety | Cépage* cultivé dans le Sud-Ouest, essentiellement sur l'aire d'appellation Armagnac*. Sa dénomination vient de l'aspect visqueux de son moût*. Il donne des vins* légers, neutres et relativement acides.

■ GRANA PADANO

Italian cheese | Fromage* de lait* de vache fabriqué dans le nord de l'Italie. Il doit son nom à la texture granuleuse de sa pâte et à sa région de production. Le Grana Padano bénéficie d'une Appellation d'Origine Contrôlée dans son pays et d'une A.O.P.* dans le cadre de l'U.E.
Type : pâte pressée cuite, dure et granuleuse. Croûte naturelle graissée.
Forme : meule.
Taille : 35 à 45 cm de diamètre, 18 à 25 cm d'épaisseur.
Poids : 24 à 40 kg.
Teneur en M.G. : 32% à 35%.
Qualité identique toute l'année.

■ GRAND DUC

Vegetable garnish | Garniture* composée de pointes d'asperges* et de lames de truffes*. Lorsqu'elle accompagne un poisson, elle est additionnée de queues d'écrevisses*.

■ GRAND MARNIER

Liqueur | Liqueur* élaborée à partir d'écorces d'oranges amères d'Haïti. Cette marque fut créée à Neauphle-le-Château en 1880 par Louis-Alexandre Marnier-Lapostolle. La marque diffuse aujourd'hui une gamme de produits dont :

- ***Le Cordon Jaune*** fabriqué avec des eaux-de-vie* communes.
- ***Le Cordon Rouge*** élaboré avec du cognac*.
- ***Les Cuvées du Centenaire*** et du ***Cent Cinquantenaire*** fabriquées à partir de vieux cognacs.
- ***La Cuvée Louis-Alexandre*** élaborée en l'honneur du créateur de la Marque. Elle est le résultat d'une alliance originale d'essences d'oranges amères et d'un assemblage de vieux cognacs. Cette cuvée spéciale, moins sucrée que les précédentes, subit une maturation d'au moins 1 an en foudre de chêne.

Source : Doc. Grand Marnier

Cuvée Louis-Alexandre

Le Grand Marnier se consomme en digestif et il entre dans la composition de cocktails* (ex : Red lion*) ou de préparations culinaires.

■ GRAND ROUSSILLON

French wine | V.D.N.* rouges, rosés et blancs produits en Languedoc-Roussillon. A.O.C.* depuis 1957 et reconnus A.O.P.* dans le cadre européen. Cette appellation régionale s'est progressivement effacée au bénéfice des appellations Rivesaltes*, Muscat de Rivesaltes*, Banyuls* et Maury*.
La mention "rancio" peut être adjointe à l'appellation pour certains vins qui ont subi un vieillissement particulier et qui ont pris un goût de "rancio".
Aire de production : nombreuses communes de l'est des Pyrénées-Orientales et quelques communes du sud-est de l'Aude.
Encépagement autorisé* pour l'appellation : Muscat* à petits grains, Muscat* d'Alexandrie, Grenache noir*, Grenache gris*, Grenache blanc*, Maccabéo*, Tourbat*.
Rendement à l'hectare* : 30 hl de moût.
Richesse initiale en sucre : 252 g/litre au minimum.
Apport en alcool* pur : 5 à 10 % du volume de moût mis en œuvre, avec un alcool titrant au moins 96 %.
Richesse alcoolique minimum acquise : 15 %.

■ GRAND TÉTRAS

CAPERCAILLIE (wood grouse) | Gibier à plumes, également appelé "coq des bruyères", dont la chasse est réglementée et la commercialisation interdite. En France, on le rencontre principalement dans les régions montagneuses. Ce superbe volatile, qui peut peser jusqu'à 7 kg, se traite comme le faisan*.

■ GRAND VATEL

French cheese | Fromage* de lait* de vache élaboré en Île-de-France. Son nom est une marque commerciale choisie par son fabricant.
Type : pâte molle à croûte fleurie (triple crème*).
Forme : disque épais.
Taille : 13 cm de diamètre, 3 à 4 cm d'épaisseur.
Poids : 500 g environ.
Teneur en M.G. : 75%.
Qualité identique toute l'année.

■ GRAND VENEUR (sauce)

Sauce | Sauce poivrade* à l'essence de venaison additionnée de gelée de groseille* et de crème fraîche*.

■ GRANDE ABSENTE

Spirits | Boisson spiritueuse de création récente fabriquée par les Distilleries et Domaines de Provence à Forcalquier, dans les Alpes-de-Haute-Provence. Elle titre 69° et contient des composés aromatiques d'absinthe* *(1)*, de badiane*, d'anis* vert, de mélisse* et de menthe*. La Grande Absente, faiblement sucrée, se consomme pure, sur glace ou en cocktail*.

(1) Voir ce terme.

■ GRANDE CHAMPAGNE

Geographic area |
a) Première des 6 zones qui constituent l'aire d'appellation Cognac*. Située au cœur du vignoble, avec une superficie de 14 150 ha, elle est le terroir d'origine des meilleures eaux-de-vie* de cette région.
b) Eau-de-vie* à A.O.C.* identique à la Grande Fine Champagne*.

■ GRANDE FINE CHAMPAGNE

Brandy | Eau-de-vie* produite exclusivement en Grande Champagne*. La plus fine des eaux-de-vie de Cognac* bénéficie d'une A.O.C.* depuis 1938 (voir critères de production à Cognac*).

■ GRANDE RUE (LA) ou GRAND'RUE (LA)

French wine | Vin* rouge produit en Bourgogne*, Grand Cru bénéficiant d'une A.O.C.* depuis 1992 et reconnu A.O.P.* dans le cadre de l'U.E.
Aire de production : parcelles délimitées des

lieux-dits "La Grande Rue" et "Les Gaudichots" sur la commune de Vosne-Romanée, d'une superficie totale de 1,65 ha.
Encépagement autorisé* pour l'appellation : Pinot noir*, Chardonnay*, Pinot blanc*, Pinot gris*.
Rendement à l'hectare* : 42 hl.

■ GRANDE SOURCE DU VOLCAN

French mineral water | Eau minérale naturelle* gazeuse captée à Aizac dans l'Ardèche. Autorisée à la commercialisation en 1868 et reconnue par arrêté ministériel en 1957.
Catégorie : moyennement minéralisée.

Composition physico-chimique (en mg/l)	
Cations	Anions
Calcium: 96,6 Magnésium: 34,5 Sodium: 13,6 Potassium: 1,3	Bicarbonates: 449 Chlorures: 15 Sulfates: 13 Nitrates: inf. à 0,1
Fluor: 0,23	
pH à 20 °C: 5,9 Minéralisation totale: 520 mg/l	

■ GRAND-MÈRE

Potato garnish | Garniture* composée de pommes cocotte*, champignons de Paris*, petits oignons* et lardons.

■ GRANDS-ÉCHÉZEAUX

French wine | Vin* rouge produit en Bourgogne*, Grand Cru bénéficiant d'une A.O.C.* depuis 1937 et reconnu A.O.P.* dans le cadre de l'U.E.
Aire de production : parcelles délimitées du lieu-dit "Les Grands-Echezeaux", sur la commune de Flagey-Echezeaux, d'une superficie totale de 8,84 ha.
Encépagement autorisé* pour l'appellation : Pinot noir*, Chardonnay, Pinot blanc * et Pinot gris*.
Rendement à l'hectare* : 42 hl.

■ GRANITÉ

GRANITA | Préparation glacée semblable au sorbet*. Moins sucré que ce dernier, le granité a une texture pailletée et grenue.

■ GRAPPA

Italian brandy | Eau-de-vie* de marc* italienne élaborée dans le nord du pays. Afin d'atténuer l'âpreté de certaines grappas, elles sont logées quelques temps en fûts de chêne de Slavonie (région de Croatie).

■ GRAS-DOUBLE

Tripe dish | Préparation de triperie composée de morceaux de panse de bœuf* précuits et moulés en pain rectangulaire. Détaillé en tranches, le gras-double peut être préparé de différentes façons (ex : tablier de sapeur*).

■ GRASSHOPPER

GRASSHOPPER | Cocktail* (digestif) préparé au shaker.
2 cl de crème fraîche*
2 cl de crème de cacao* blanche
5 cl de crème de menthe* verte
Frapper et servir dans un grand verre à cocktail.

■ GRATARON D'ARÊCHES

French cheese | Autre dénomination de l'Arêches*.

■ GRATIN DAUPHINOIS

SCALLOPED POTATOES | *Voir* Pommes dauphinoises*.

■ GRATINÉE

Soup garnish | Soupe* à l'oignon* garnie de croûtons de pain* et de fromage* râpé *(1)*. Elle est passée au four juste avant d'être servie.
(1) gruyère ou emmental*.*

■ GRATTONS

PORK SCRATCHINGS or CRACKLING | Charcuterie obtenue par la fonte de résidus de graisse d'oie* ou de porc* que l'on additionne de petits morceaux de viande.

■ GRAVES

French wine | Vins* blancs et rouges produits dans le Bordelais, A.O.C.* depuis 1937 et reconnus A.O.P.* dans le cadre de l'U.E. Voir également Châteaux du Bordelais*.
Aire de production : 43 communes de la Gironde situées au sud de la Garonne, de Bordeaux à Langon.
Superficie du vignoble : 3 280 ha (2 530 ha en vins rouges et 750 ha en vins blancs).
Encépagement autorisé* pour l'appellation : Merlot*, Cabernet-Sauvignon*, Cabernet franc*, Malbec*, Carmenère*, Petit Verdot*, Sémillon*, Sauvignon* et Muscadelle*.
Rendement à l'hectare* : 55 hl pour les vins rouges et 58 hl pour les vins blancs.

■ GRAVES DE VAYRES

French wine | Vins* rouges et blancs produits dans le Bordelais, A.O.C.* depuis 1937 et reconnus A.O.P.* dans le cadre de l'U.E.
Aire de production : Communes de Vayres et d'Arveyres, en Gironde, situées au sud-ouest de Libourne.
Superficie du vignoble : 405 ha (dont 315 ha en vins rouges et 90 ha en vins blancs).
Encépagement autorisé* pour l'appellation : Cabernet-Sauvignon*, Cabernet-franc*, Carmenère*, Merlot*, Malbec*, Petit Verdot*, Sémillon*, Sauvignon*, Muscadelle et Merlot blanc*.
Rendement à l'hectare* : 53 hl pour les vins rouges, 55 hl pour les vins blancs secs et 50 hl pour les autres vins blancs.

■ GRAVES SUPÉRIEURES

French wine | Vins* blancs produits sur les aires

délimitées de l'appellation Graves*, A.O.C.* depuis 1937 et reconnus A.O.P.* dans le cadre de l'U.E.
Superficie du vignoble : 153 ha
Encépagement autorisé* pour l'appellation : Sauvignon*, Sémillon*, Muscadelle*.
Rendement à l'hectare* : 40 hl
Ces vins proviennent de raisins récoltés à surmaturation (voir pourriture noble*) et/ou ayant subi un passerillage* sur souche.

■ GRAVLAKS ou GRAVLAX

GRAVLAX | Spécialité culinaire scandinave préparée à partir de filets de saumon* crus marinés avec de l'aneth*, du sel*, du sucre* et du poivre*.

Source : Adobe Stock

■ GRENACHE

Grape variety | Cépage* noir originaire d'Espagne où il est nommé "Garnacha". Il est l'un des cépages noirs les plus cultivés dans le monde avec environ 185 000 ha de plantations (dont 82 000 ha en France).
Aires de culture : en Vallée du Rhône (Côtes-du-Rhône*, Châteauneuf-du-Pape*, Gigondas*, etc.), en Provence (Côtes de Provence*, Cassis*, Bandol*, etc.), en Languedoc-Roussillon (Corbières*, Saint-Chinian*, Banyuls*, Maury*, Rivesaltes* etc.) en Corse (Vin de Corse*, Ajaccio*, etc.). Le Grenache est bien sûr planté en Espagne, mais aussi dans beaucoup d'autres pays viticoles : l'Italie, la Grèce, le Portugal, l'Israël, la Tunisie, l'Algérie, le Maroc, la Californie, l'Australie, l'Afrique du Sud, l'Argentine, le Pérou, l'Uruguay, etc.
Vins* produits : rouges puissants, capiteux, gras et très aromatiques, rosés corpulents et V.D.N.*.

■ GRENACHE BLANC

Grape variety | Cépage* blanc qui se distingue du Grenache* traditionnel par la couleur de ses baies. On le trouve dans le Roussillon, en Vallée du Rhône, en Espagne, en Grèce, etc. où il génère des V.D.N.* et des vins* blancs secs et aromatiques. Le Grenache blanc couvre environ 5 500 ha du vignoble français.

■ GRENACHE GRIS

Grape variety | Cépage* rosé qui est une forme grise du Grenache* traditionnel. Il est cultivé dans le Midi de la France pour élaborer des V.D.N.* et des vins* rosés où il couvre environ 1 500 ha.

■ GRENADE

POMEGRANATE | Fruit du grenadier, arbre d'origine persane. La grenade est une grosse baie de la taille d'une pomme* qui possède une peau coriace de couleur cuivrée. Sa pulpe vermillon renferme une multitude de graines charnues *(1)*. Ce fruit se consomme nature, en salade de fruits ou comme base de boisson.

(1) Ces graines servaient autrefois à fabriquer le sirop de grenadine.*

■ GRENADIER

RATTAIL GRENADIER | Poisson de mer de la famille des marcouridés qui vit dans les grandes profondeurs de l'Atlantique. Le grenadier, dont la taille peut atteindre 1 m, possède une chair blanche tendre, maigre, peu goûteuse et sans arêtes. Commercialisé en filets, il est surtout destiné à confectionner des farces et mousselines.

■ GRENADILLE

PASSION FRUIT | *Voir* Fruits de la passion*.

■ GRENADIN

Veal preparation | Petite tranche de veau*, ronde et épaisse, prélevée dans le filet* ou la noix*. Le grenadin est bardé, et éventuellement lardé *(1)*, pour rester moelleux à la cuisson.

(1) Piqué de bâtonnets de lard gras

■ GRENADINE

GRENADINE (syrup) | *Voir* Sirop*.

■ GRENOBLOISE (à la)

Grenobloise style | Dénomination d'apprêts culinaires, essentiellement poissons et cervelles*, cuits à la meunière* et garnis de câpres*, dés de citron* et petits croûtons de pain de mie*.

■ GRENOUILLE

FROG | Batracien vivant le plus souvent dans les milieux humides tels que marais, mares ou étangs.

On distingue plusieurs espèces *(1)* :

- ***La grenouille verte*** : essentiellement aquatique, elle mesure 20 à 25 cm, pattes étendues. C'est la plus répandue et la plus appréciée.
- ***La grenouille rousse*** : plus petite que la précédente, elle vit dans les prés, les vignes, les lieux boisés et ne s'approche des points d'eau qu'au moment de l'accouplement. Sa chair est moins prisée que celle de la grenouille verte.
- ***La grenouille agile*** : voisine de la grenouille rousse, elle est capable de faire des sauts de plus d'un mètre quand elle se sent poursuivie, ce qui explique peut-être son nom.

De la grenouille, on ne consomme que les cuisses. Leur chair fade, peu goûteuse, a absolument besoin d'être relevée pour présenter un réel intérêt gastronomique.

(1) Certaines espèces ne peuvent être commercialisées.

■ GRESSINS

BREADSTICKS | Bâtonnets de la taille d'un crayon préparés avec une pâte à pain* additionnée de beurre* ou d'huile*. Un peu biscottés, secs, croustillants, ils se consomment à l'apéritif, parfois enroulés dans une tranche de jambon* cru et en accompagnement de potages* ou consommés*.

■ GRIBICHE (sauce)

Sauce | Sauce émulsionnée froide similaire à la sauce mayonnaise* où le jaune d'œuf* cru est remplacé par du jaune d'œuf dur écrasé. Cette sauce est additionnée de câpres*, cornichons*, persil*, cerfeuil* et estragon* hachés, ainsi que d'une julienne* de blancs d'œufs durs.

■ GRIGNAN-LES-ADHEMARS

French wine | Vins* rouges, rosés et blancs produits dans la Vallée du Rhône, A.O.C.* depuis 2010 en remplacement de l'appellation "Coteaux du Tricastin" et reconnus A.O.P.* dans le cadre de l'U.E.

Aire de production : 21 communes de la Drôme situées entre Montélimar et Bollène.

Superficie du vignoble : 1 800 ha.

Encépagement autorisé* pour l'appellation : Grenache noir*, Cinsault*, Mourvèdre*, Syrah*, Carignan*, Marselan, Grenache blanc*, Clairette*, Bourboulenc*, Marsanne*, Roussanne* et Viognier*.

Rendement à l'hectare* : 52 hl pour les vins blancs, 45 hl pour les vins rouges et rosés.

■ GRIMOD DE LA REYNIÈRE (Alexandre Balthazar Laurent)

French lawyer, writer, journalist, gourmet | Avocat, écrivain, journaliste et gastronome français (Paris 1758 – Villiers-sur-Orge 1837).

Source : Wikimedia Commons

Considéré comme l'initiateur de la critique gastronomique, il lança en 1803 la revue *L'Almanach des gourmands*.

■ GRINGET

Grape variety | Cépage* blanc autochtone de Haute-Savoie. Cultivé sur une petite surface dans sa région d'origine (Vin de Savoie*), il génère essentiellement de vins effervescents*.

■ GRIOTTE

MORELLO CHERRY | *Voir* Cerise*.

■ GRIOTTE-CHAMBERTIN

French wine | Vin* rouge produit en Bourgogne, Grand Cru bénéficiant d'une A.O.C.* depuis 1937 et reconnu A.O.P.* dans le cadre de l'U.E.

Aire de production : parcelles délimitées du lieu-dit «Griotte» sur la commune de Gevrey-Chambertin*, d'une superficie totale de 2,65 ha.

Encépagement autorisé* pour l'appellation : Pinot noir*, Chardonnay*, Pinot blanc* et Pinot gris*.

Rendement à l'hectare* : 45 hl.

■ GRIS DE LILLE ou VIEUX LILLE

French cheese | Fromage* de lait* de vache fabriqué dans le Nord. Il doit son nom à sa couleur et à son lieu de production.

Type : pâte molle à croûte lavée.

Forme : carré.

Taille : 12 à 13 cm de côté, 5 à 6 cm d'épaisseur.

Poids : 800 g environ.

Teneur en M.G.: 45% au minimum.

Meilleures saisons : automne, hiver.

■ GRIVE

THRUSH | Petit passereau dont la chasse est réglementée et la commercialisation interdite.

En France, on rencontre 4 especes de grives :

- ***La grive draine*** : c'est la plus grosse des grives avec une taille identique à celle d'un pigeon*. Sa chair est parfois un peu amère à cause des boules de gui qu'elle consomme.
- ***La grive mauvis*** ou ***grive dorée*** : plus petite que la grive draine.
- ***La grive Litorne*** ou ***grive des marais*** : semblable à la précédente.

- ***La grive musicienne*** : ainsi nommée à cause de son chant. Plus petite que les autres espèces (elle dépasse rarement 100 g), cette grive est friande de grains de raisin* et de baies sauvages.

Du point de vue culinaire, la grive s'apprête comme la caille*.

■ GROLLEAU ou GROSLOT

Grape variety | Cépage* noir *(1)* probablement originaire de la région de Cinq-Mars-la-Pile, dans l'Indre-et-Loire.

Source : Photo BG

Grolleau gris

Aires de culture : vignobles du Sud-Ouest sur près de 3 500 hectares, notamment sur les appellations Jurançon*, Pacherenc du Vic Bilh*, Béarn*, Irouléguy* Floc de Gascogne*, etc. Le Gros Manseng est souvent associé au Petit Manseng*.

Vins* produits : rosés légers et rouges fruités, peu colorés.

(1) Il existe également deux autres variétés de Grolleau : le Grolleau gris et le Grolleau blanc. Les surfaces plantées en Grolleau noir et en Grolleau gris représentent environ 3 000 ha.

■ GRONDIN

GURNARD | Poisson de mer de la famille des triglidés qui est pêché dans de nombreuses mers ou océans. Il doit son nom aux grondements qu'il émet à sa sortie de l'eau en faisant vibrer sa vessie natatoire *(1)*. On rencontre plusieurs espèces de grondins dont les tailles varient de 20 à 50 cm. Les plus connues sont ***le grondin perlon*** ou ***grondin tombe***, ***le grondin rouge***, ***le grondin gris*** et le ***grondin lyre***. Ce poisson, souvent commercialisé à tort sous le nom de "rouget"*, est couramment employé dans les bouillabaisses* et autres soupes de poissons.

(1) Poche abdominale de certains poissons.

■ GROS MANSENG

Grape variety | Cépage* blanc d'origine béarnaise.

Aires de culture: vignobles du Sud-Ouest sur plus de 2 000 hectares, notamment sur les appellations Jurançon*, Pacherenc du Vic Bilh*, Béarn*, Irouléguy* Floc de Gascogne*, etc.

Le Gros Manseng, est souvent associé au Petit Manseng*.

Vins* produits : blancs moelleux ou secs, corsés et aromatiques.

■ GROS PLANT

Grape variety | Autre dénomination du cépage* Folle blanche* dans la région nantaise où il produit des vins blancs secs et fruités avec des notes iodées. Son nom lui fut donné par les paysans du Pays Nantais en raison de la taille et de la rusticité de son cep.

■ GROS PLANT DU PAYS NANTAIS

French wine | Vins* blancs produits dans la Vallée de la Loire, A.O.V.D.Q.S.* en 1954, A.O.C.* depuis 2011 et reconnus A.O.P.* dans le cadre de l'U.E.

Aire de production : 92 communes de Loire-Atlantique, du Maine-et-Loire et de Vendée.

Superficie du vignoble : 690 ha.

Encépagement autorisé* pour l'appellation : Folle blanche*, Colombard*, Montils*.

Rendement à l'hectare* : 75 hl.

Les vins bénéficiant de la mention "sur lie" doivent obligatoirement :

- Porter l'indication du millésime*.
- Se trouver sur leur lie de vinification au moment de l'embouteillage qui est réalisé entre le 1er mars et le 30 novembre de l'année qui suit la récolte.

■ GROSEILLE

RED CURRANTS | Fruit du groseiller se présentant sous forme de petite baie ronde qui est généralement de couleur rouge ou jaune, sauf *la Groseille à maquereau* qui a une peau duveteuse et striée de couleur vert-jaune ou violette. *Le Cassis** fut dénommé *Groseiller noir* jusqu'au 16ème siècle.

La groseille classique, qui à l'origine était blanche, nous vient d'Europe du Nord. Les variétés les plus cultivées sont *la Gloire des sablons*, *la Hollande rose*, *La Versaillaise blanche*, *la Jonkher Von Tets*... Ce fruit se consomme cru, nature ou au sucre*, cuit, en gelée, en confiture*, comme base de sirop*, en garniture* de gibier, en pâtisserie, etc. La *Groseille à maquereau*, originaire d'Afrique du Nord, est un peu délaissée en France mais reste très prisée des Anglo-Saxons.

■ GROSEILLE DU CAP

CAPE GOOSEBERRY | Autre dénomination du physalis*.

■ GROUPES DE BOISSONS

BEVERAGE CATEGORIES | La classification des boissons est importante car elle conditionne non seulement leur production mais aussi leur vente et leur consommation (voir Licence*). La première véritable classification des boissons a été réalisée avec la loi du 24 septembre 1941 qui détermina 5 groupes et donna une nouvelle énumération des produits interdits. Ce classement a été revu plusieurs fois depuis, la dernière modification - Ordonnance de décembre 2015, applicable au 1er janvier 2016 - distingue 4 groupes *(1)* :

- ***1er groupe*** : boissons sans alcool* ou ne titrant pas plus de 1,2° d'alcool pur : eaux minérales*, jus de fruits ou de légumes, limonade*, B.R.S.A.* diverses, café*, thé*, infusions*, chocolat*...
- *2ème groupe* : abrogé, les boissons appartenant antérieurement à ce groupe ont été intégrées au 3ème groupe.
- ***3ème groupe*** : Boissons fermentées non distillées : vins*, bières*, cidres*, poirés*, hydromels*, crèmes de cassis* titrant entre 15 et 18°, jus de fruits ou de légumes comportant 1,2° à 3° d'alcool ... Boissons spiritueuses* ne titrant pas plus de 18° : V.D.N.*, V.D.L.*, A.B.V.*, liqueurs* de framboises*, de fraises*, de cassis* ou de cerises*...
- ***4ème groupe*** : Rhums*, tafias*, eaux-de-vie* provenant de la distillation des vins* (cognac*, armagnac*), cidres* (calvados*), poirés* ou fruits ne supportant aucune addition d'essence *(2)*. Liqueurs édulcorées au moyen de sucre*, de miel* ou de glucose à raison de 400 g minimum par litre pour les liqueurs anisées, 200 g/litre pour les autres liqueurs et ne contenant pas plus d'un ½ gramme d'essence par litre.
- ***5ème groupe*** : Toutes les boissons alcoolisées qui ne sont pas comprises dans les autres groupes : whisky*, bourbon*, vodka*, gin*, tequila*, A.B.A.* tels que les anisés* ou bitters*...

(1) Article L3321-1 du Code de la santé publique.

(2) Extrait aromatique obtenu par distillation de substances végétales (fleurs, plantes...).

■ GRUYÈRE (français)

French cheese | Fromage* de lait* de vache produit dans une vaste zone géographique constituée de communes réparties sur 12 départements : La Haute-Marne, les Vosges, la Haute-Saône, le Territoire de Belfort, la Côte-d'Or, la Saône-et-Loire, le Doubs, le Jura, l'Ain, La Haute Savoie, la Savoie et l'Isère. Après avoir été A.O.C.* de 2007 à 2012, le gruyère français bénéficie d'une I.G.P.* à partir de 2013 *(1)*. Le nom de ce fromage viendrait des officiers gruyers qui, à l'époque de Charlemagne, levaient un impôt sous forme de fromages sur des territoires qui seront rattachés plus tard à la France et à la Suisse. La convention de Stresa *(2)* a d'ailleurs reconnu que la dénomination "gruyère" pouvait être utilisée dans ces deux pays.

Type : pâte pressée cuite, croûte naturelle morgée *(3)*.
Forme : meule à talon convexe.
Taille : 53 à 63 cm de diamètre, 13 à 16 cm d'épaisseur.
Poids : 40 kg en moyenne.
Teneur en M.G. : 47 à 52 %.
Qualité identique toute l'année.

(1) Suite à un contentieux entre les deux pays producteurs de Gruyère, La Suisse et la France, notre pays a finalement accepter de renoncer à l'A.O.C./A.O.P. au profit d'une I.G.P.

(2) Voir fromage.*

(3) La morge est une pellicule visqueuse obtenue en frottant la croûte avec du sel humide.

■ GRUYÈRE (suisse)

Swiss cheese | Fromage* de lait* de vache fabriqué en Suisse, Appellation d'Origine Contrôlée depuis 2001 et A.O.P.* au niveau européen. Il doit son nom au pays de Gruyère *(1)*, dans le Canton de Fribourg, d'où il est originaire.

Type : pâte pressée cuite, croûte naturelle morgée *(2)*.
Forme : meule à talon convexe.
Taille : 55 à 65 cm de diamètre, 9 à 12 cm d'épaisseur.
Poids : 25 à 40 kg.
Teneur en M.G. : 49 à 53 %
Meilleures saisons : automne, hiver.

(1) Voir origine du terme à Gruyère français.*

(2) La morge est une pellicule visqueuse obtenue en frottant la croûte avec du sel humide.

Source : Photo BG

■ GUACAMOLE

GUACAMOLE | Spécialité mexicaine préparée avec une purée d'avocat* additionnée d'oignon*, tomate*, crème fraîche*, piments* et autres épices*.

■ GUÉRARD (Michel)

French chef | Cuisinier français né en 1933 à Vétheuil dans le val d'Oise. Après une formation en pâtisserie, il devient M.O.F. * dans la spécialité en 1958. Il s'oriente ensuite vers la cuisine et ouvre *Le Pot-au-feu* à Asnières en 1965. C'est dans cet établissement qu'il recevra sa première étoile au Guide Michelin* en 1967, suivie d'une seconde en 1971. Adepte de la "Nouvelle cuisine", il imagine un concept culinaire inédit : la "Cuisine minceur". En 1974, il s'installe à Eugénie-les-bains, station thermale landaise où il crée *Les Prés d'Eugénie*, un complexe d'hôtellerie, restauration et thermalisme. La notoriété ne se fait pas attendre et l'établissement est couronné d'une troisième étoile au célèbre Guide rouge dés 1977. Il développe ses recherches en diététique et devient un des premiers grands Chefs français à apporter son savoir-faire à l'industrie agro-alimentaire. En 2013, il ouvre l'Institut Michel Guérard, première école de formation en cuisine et pâtisserie de santé.
Michel Guérard publie plusieurs ouvrages, dont *La Grande Cuisine Minceur* et *La Cuisine Gourmande,* qui connaissent un vrai succès.

Source : Photo Tim Clinch

■ GUIDE CULINAIRE (Le)

CULINARY GUIDE (The) | *Voir* Escoffier (Auguste) *.

■ GUIGNE

Cherry variety | *Voir* Cerise*.

■ GUIGNOLET

Liqueur | Liqueur* de cerise* à faible teneur en alcool* (16 à 18°) couramment consommée en apéritif, additionnée ou non de kirsch*.

■ GUTEDEL

Grape variety | Autre dénomination du Chasselas* en Allemagne.

■ GUYOT

Pear variety | *Voir* Poire*.

Guacamole

H

■ H.A.C.C.P.

H.A.C.C.P. | D'origine américaine *(1)*, la méthode H.A.C.C.P. (Hazard Analysis Critical Control Point) a inspiré les règles d'hygiène en restauration fixées par les directives communautaires et la législation française. Il s'agit d'une démarche qui a pour but de produire des aliments dans des conditions d'hygiène optimale par une analyse des dangers, une recherche des moyens pour les maîtriser et une mise en place d'éléments de surveillance.
Nous pouvons considérer que les règlements en vigueur depuis le 1er janvier 2006, appelés "Paquet Hygiène", étendus à toutes les filières alimentaires et qui résultent d'une refonte, d'une harmonisation et d'une simplification de 18 directives européennes, ont pour base les principes de la H.A.C.C.P.

(1) Méthode créée aux Etats-Unis par la société Pillsbury vers la fin des années 60. L'objectif était de garantir la sécurité sanitaire des aliments distribués aux astronautes de la N.A.S.A. qui partaient dans l'espace.

■ HACHUA

Basque beef dish | Spécialité basque préparée à partir de faux-filet* et de tranches de jambon* de Bayonne braisés au vin* blanc avec poivrons*, oignons* et autres aromates*.

■ HADDOCK

HADDOCK | Dénomination courante des filets d'églefin* fumés, colorés à la teinture de rocou*.

■ HAEBERLIN (Marc)

French chef | Cuisinier français né à Colmar en 1954. Après l'École hôtelière de Strasbourg, il travaille dans des établissements prestigieux tels que *Lasserre*, Les frères Troisgros*, Paul Bocuse*, Gaston Lenôtre*, etc. En 1976, il rejoint son père ***Paul Haeberlin*** et son oncle ***Jean-Pierre Haeberlin*** qui président depuis 1950 à la destinée de la célèbre *Auberge de l'Ill* à Illhaeusern. Quand Marc arrive dans l'entreprise familiale, elle est déjà une des plus Grandes Tables de France, auréolée de trois étoiles au Guide Michelin* dès 1967. Chez les Haeberlin, la restauration est une vocation familiale depuis 1882.
Aujourd'hui, Marc Haeberlin perpétue avec sa touche personnelle, une tradition gastronomique qui fait honneur à sa famille et à l'Alsace.

■ HAGGIS

Scottish sausage | Spécialité culinaire écossaise préparée avec une panse de brebis farcie d'un hachis composé de la fressure* de l'animal, de graisse, d'oignon* et de farine* d'avoine*.

■ HALBRAN

YOUNG DUCK | *Voir* Colvert*.

■ HALICOT

Mutton stew | Ragoût* de mouton* garni de pommes de terre*, de navets* et de petits oignons* *(1)*. Son nom vient de "halicoter", mot de vieux français signifiant "couper en morceaux".

(1) Des haricots en grains peuvent compléter la garniture.*

■ HAMBURGER

HAMBURGER | Préparation couramment distribuée dans les fast-foods. Elle est constituée classiquement :
a) D'un pain* rond à l'intérieur duquel se trouvent un steak* haché, de la salade, une tranche de fromage et des rondelles de tomates*.
b) D'un steak haché servi avec un œuf* à cheval et du tomato ketchup*..

■ HAMPE

HANGER STEAK | Pièce de boucherie à fibres longues prélevée dans le diaphragme du bœuf*. La hampe est parfois considérée comme un abat*.

■ HARENG

HERRING | Poisson de mer de la famille des clupéidés vivant dans l'Atlantique nord, la Manche, la Mer du Nord et la Baltique. D'une fécondité étonnante, la femelle pond jusqu'à 40 000 œufs par an. Le hareng se caractérise par un corps fuselé avec un dos bleuâtre et des flancs argentés. Connu depuis l'Antiquité, ce poisson peut être consommé frais mais il est aussi proposé sous différentes formes :

- ***Hareng saur:*** salé, fumé à froid et présenté en filets sous sachet.
- ***Hareng salé***: salé entier ou en filets.
- ***Bückling***: salé entier et fumé à chaud.
- ***Kipper***: étêté, ouvert à plat, salé et fumé. Il s'agit d'une spécialité écossaise.
- ***Bouffi*** ou ***craquelot*** : entier, légèrement salé et fumé jusqu'à obtention d'une couleur jaune-paille.
- ***Gendarme***: salé entier et fumé.
- ***Bismarck***: présenté à plat, sans tête ni arêtes, mariné dans le vinaigre* avec des aromates*.
- ***Rollmops***: filets garnis de cornichon* et d'oignon*, roulés, maintenus avec une brochette en bois et marinés comme le précédent.

Source : Adobe Stock

Rollmops

HARICOT BEURRE

BUTTER BEAN | Légume semblable au haricot vert* mais avec des gousses de couleur jaune. Principales variétés: *De Rocquencourt, Rocdor, Major, Minidor, Nain d'Ollainville...*

HARICOT DE MOUTON

Mutton stew | Ragoût* de mouton* garni de haricots* blancs et petits oignons*.

HARICOT EN GRAIN

BEANS | Ce terme désigne de nombreuses variétés de grains - frais, demi-secs ou secs - issus de gousses de haricots à écosser. Le haricot en grain est originaire d'Amérique du Sud et, comme le haricot vert*, il fut vraisemblablement ramené en Europe au début du 16ème siècle par les conquistadors.

Principaux types de haricots en grains :

- ***Les Flageolets*** à grains verts ou blancs.
- ***Les Soissons*** à gros grains blancs.
- ***Les Lingots*** à gros grains.
- ***Les Cocos*** à grains blancs ou roses parfois très petits comme le *Pea bean*.
- ***Les Haricots rouges*** à gros grains de couleur rouge-foncé tels que les *Haricots rouges américains* ou les *Rognons de coq*.

Les haricots en grains, toujours consommés cuits, interviennent dans une multitude de préparations culinaires.

*L'A.O.C.** ***Coco de Paimpol*** *(1998), reconnue A.O.P.* dans le cadre de l'U.E., est réservée à des haricots blancs demi-secs présentés dans leurs gousses et provenant d'un type variétal répondant à des critères particuliers. L'aire d'appellation est limitée à 85 communes des Côtes-d'Armor.*

Par ailleurs, 2 haricots en grain bénéficient d'une I.G.P. :* ***le Lingot du Nord*** *et* ***le Haricot Tarbais****.*

HARICOT MUNGO

MUNG BEANS | Type de haricot à petits grains verts, jaunes ou bruns originaire de l'Inde. Cette légumineuse est beaucoup employée en Asie où elle est parfois transformée en farine* ou en purée. En France, on consomme plus souvent le germe, cru ou blanchi, improprement appelé "Germe de soja*".

HARICOT VERT

GREEN BEANS | Gousse verte *(1)* cueillie sur une plante potagère originaire d'Amérique qui fut ramenée, comme beaucoup d'autres végétaux, par les conquistadors.

Il convient de distinguer:

Les haricots filets : gousses fines et allongées (*Fin de Bagnols, Triomphe de Farcy, Morgane, César, Finbel...*).

Les haricots mange-tout : gousses plus trapues (*Processor, Contender, Saint-Fiacre, Primel, Talisman, Radar...*).

Le haricot vert se prépare cuit, en salade, sauté au beurre*, en purée...

(1) Cette gousse est le plus souvent verte, mais on trouve parfois des variétés mouchetées de violet ou de brun.

Haricots Contender

HARISSA

HARISSA | Condiment* à saveur forte utilisé dans la cuisine maghrébine. La harissa est une purée de piments* rouges additionnée d'ail*, de tomate*, d'huile*, de poivre*, de coriandre*, de cumin*, de menthe*, de verveine*, etc.

■ HASE

FEMALE HARE | *Voir* Lièvre*.

■ HAUT-ARMAGNAC

Geographic area | a) Une des 3 zones constituant l'aire d'appellation Armagnac* qui est composée de certains cantons ou communes des départements du Gers et des Landes. Elle est située dans la partie est et sud du vignoble d'Armagnac.
b) Eaux-de-vie* à A.O.C.* produites sur la zone "Haut-Armagnac" (voir critères de production à Armagnac*).

■ HAUT-MÉDOC

French wine | Vins* rouges produits dans le Bordelais, A.O.C.* depuis 1936 et reconnus A.O.P.* dans le cadre de l'U.E. Voir également Châteaux du Bordelais*.
Aire de production : 29 communes de la Gironde situées sur la rive gauche de l'estuaire, de Saint-Seurin-de-Cadourne à Blanquefort.
Superficie du vignoble : 4 680 ha.
Encépagement autorisé* pour l'appellation : Cabernet-Sauvignon*, Cabernet franc*, Carmenère*, Merlot*, Malbec* et Petit Verdot*.
Rendement à l'hectare* : 55 hl.

■ HAUT-MONTRAVEL

French wine | Vins* blancs produits dans le Sud-Ouest, A.O.C.* depuis 1937 et reconnus A.O.P.* dans le cadre de l'U.E.
Aire de production : 13 communes de Dordogne situées à l'ouest de Bergerac.
Superficie du vignoble : 29 ha.
Encépagement autorisé* pour l'appellation : Sémillon*, Sauvignon*, Muscadelle*, Ondenc*.
Rendement à l'hectare* : 25 hl.
Teneur en sucre résiduel : entre 8 et 54 g/litre (vins obtenus à partir de raisins récoltés à surmaturation).

■ HAUT-POITOU

French wine | Vins* rouges, rosés et blancs produits dans le Poitou, A.O.V.D.Q.S.* en 1970, A.O.C.* depuis 2011 et reconnus A.O.P dans le cadre de l'U.E.
Aire de production : 30 communes de la Vienne et 1 commune des Deux-Sèvres situées au nord de Poitiers.
Superficie du vignoble : 190 ha.
Encépagement autorisé* pour l'appellation : Pinot noir*, Merlot*, Cabernet franc*, Gamay*, Gamay de Chaudenay*, Gamay de Bouze*, Sauvignon*.
Rendement à l'hectare* : 58 hl pour les vins rouges, 60 hl pour les vins rosés et 67 hl pour les vins blancs.

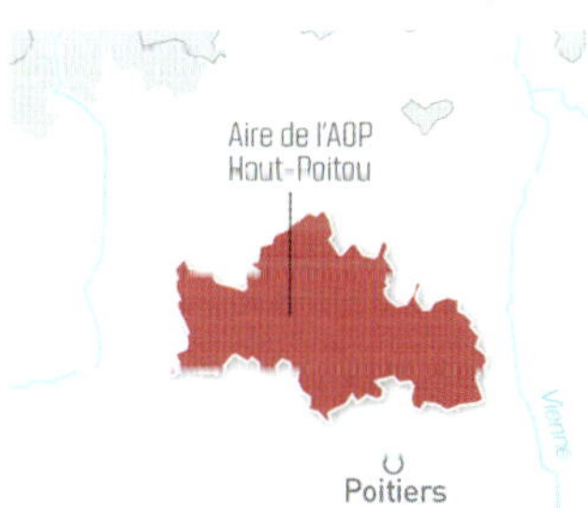

Source : Interloire - Interprofession des vins du Val de Loire

■ HAUTE VALLÉE DE L'AUDE

French wine | *Voir* Vins I.G.P.*.

■ HAUTE VALLÉE DE L'ORB

French wine | *Voir* Vins I.G.P.*.

■ HAUTE-MARNE (vin)

French wine | *Voir* Vins I.G.P.*.

■ HAUTE-VIENNE (vin)

French wine | *Voir* Vins I.G.P.*.

■ HAUTES-ALPES (vin)

French wine | *Voir* Vins I.G.P.*.

■ HENNIEZ

Swiss mineral water | Eau minérale naturelle* plate *(1)* suisse captée à Henniez, dans la région de Lausanne. Catégorie : moyennement minéralisée.
(1) Existe en version gazeuse, obtenue par gazéification artificielle.

Composition physico-chimique (en mg/l)	
Cations	Anions
Calcium: 108 Magnésium: 20 Sodium: 6 Potassium: 1,1	Bicarbonates: 387 Chlorures: 12 Sulfates: 13 Nitrates: 22
Fluor: 0,1	
pH à 20 °C: 7,5 Minéralisation totale: 577 mg/l	

■ HENRI IV (garniture)

Garnish | Garniture composée de pommes pont-neuf*, cresson* et fonds d'artichauts* garnis de sauce béarnaise*.

■ HÉPAR

French mineral water | Eau minérale naturelle* plate captée à Vittel dans les Vosges.
Reconnue d'intérêt public en 1903.
Catégorie : riche en sels minéraux.

Composition physico-chimique (en mg/l)	
Cations	Anions
Sodium : 14 Calcium : 549 Magnésium : 119 Potassium : 4	Bicarbonates : 383 Chlorures : 18 Sulfates : 1 530 Nitrates : 4,3
Fluor : 0,4	
pH à 20°C : 7,2 Minéralisation totale : 2 513 mg/l	

■ HÉRISSON DE MER

SEA HEDGEHOG | *Voir* Oursin*.

■ HERMITAGE ou L'HERMITAGE

Source : Doc. Paul Jaboulet

Vignoble de l'Hermitage

French wine | Vins* rouges, vins blancs traditionnels et vins de paille* produits dans la Vallée du Rhône, A.O.C.* depuis 1937 et reconnus A.O.P.* dans le cadre de l'U.E. La mention "Vin de paille" peut, sous certaines conditions, être adjointe à l'appellation.
Aire de production : certaines parcelles situées sur les communes de Tain-l'Hermitage, Crozes-Hermitage et Larnage sur la rive gauche du Rhône, au nord de Valence.
Superficie du vignoble : 137 ha.
Encépagement autorisé* pour l'appellation : Syrah*, Roussanne* et Marsanne*.
Rendement à l'hectare* : 40 hl pour les vins rouges, 45 hl pour les vins blancs et 15 hl pour les vins de paille.
Richesse alcoolique minimum acquise pour les vins de paille : 14,5 %.

■ HERVÉ

Belgian cheese | Fromage* de lait* de vache fabriqué en Belgique. Il doit son nom à sa région d'origine, dans la province de Liège.
Type: pâte molle à croûte lavée.
Forme: petit cube ou pain rectangulaire.
Taille: 6 à 7 cm de côté pour le cube.
Poids: 100 à 200 g.
Teneur en M.G.: 45% au minimum.
Meilleures saisons: été, automne.

■ HIGHBALLS

HIGHBALLS | Long drinks* préparés directement sur glace dans un tumbler avec une base d'eau-de-vie* et complétés d'eau plate ou d'une boisson gazeuse.

■ HOCHEPOT

Meat stew | Spécialité culinaire des Flandres. Il s'agit d'un pot-au-feu* de queue de bœuf* et d'oreilles de porc*, éventuellement complété de morceaux de viande de porc, de bœuf ou de mouton*. On y trouve les légumes qui composent, selon les saisons, un pot-au-feu traditionnel.

■ HOLLANDAISE (sauce)

Sauce | Sauce* émulsionnée chaude confectionnée à base d'une réduction de vinaigre* et de poivre mignonnette*. Cette réduction est additionnée de jaunes d'œufs*, montée au beurre* et légèrement citronnée.

■ HOMARD

LOBSTER | Crustacé décapode marin vivant sur les fonds rocheux des côtes bretonnes, britanniques, norvégiennes, canadiennes et américaines. On le rencontre plus rarement en Méditerranée et dans les mers australes. Le homard, qui appartient à la famille des homardidés, se présente sous plusieurs espèces qui mesurent en moyenne 30 cm *(1)* :

- ***Le homard européen***, appelé aussi ***homard breton***, de couleur bleu violacé, est le plus recherché pour la finesse de sa chair.
- ***Le homard américain*** ou ***canadien*** de couleur vert bronze.
- ***Le homard du Cap*** de couleur marron.

Ce crustacé s'apprête de différentes façons, notamment froid accompagné de sauce mayonnaise* ou chaud, grillé, à l'américaine*, Thermidor*, etc. Il est également employé pour confectionner des bisques*.

*(1) Les homards de petite taille sont appelés "demoiselles de Cherbourg"**.

Source : Adobe Stock

■ HOPLOSTÈTE

ORANGE ROUGHY | Autre dénomination de l'empereur*.

■ HORS-D'ŒUVRE

HORS D'ŒUVRE | Plat servi en début de repas. À l'origine, ce type de préparation ne faisait pas partie des composants classiques d'un menu, d'où son nom. Aujourd'hui, le hors-d'œuvre est assimilé à une entrée.

■ HOSPICES DE BEAUNE

Wine denomination | Dénomination - il ne s'agit pas d'une appellation - utilisée pour désigner des vins récoltés dans les vignobles appartenant aux Hospices civils de Beaune.
Depuis leur création, au 15ème siècle, les Hospices ont bénéficié de nombreux legs ou donations qui

constituent aujourd'hui un patrimoine viticole d'environ 60 hectares *(1)* dont les parcelles sont situées sur de prestigieux terroirs tels que Savigny-lès-Beaune*, Aloxe-Corton*, Beaune*, Pommard*, Monthélie*, Auxey-Duresses* ou Meursault*.
Chaque année la récolte est vendue aux enchères, en "pièces" (fûts de 228 litres), le 3ème dimanche de novembre. En 2018, pour la 158ème vente, les 828 pièces mises aux enchères ont rapporté 14,2 millions d'€uros.

(1) L'âge du vignoble est en moyenne de 34 ans. La surface de production exploitée varie en fonction des legs ou donations, des arrachages et des plantations de vignes. 50 ha sont plantés de Pinot noir et le reste de Chardonnay*.*

Cour des Hospices de Beaune

■ HOT DOG

HOT DOG | Petit pain* fourré d'une saucisse* de Francfort chaude enduite de moutarde*. On rencontre des formules différentes qui intègrent d'autres types de saucisses et où la moutarde peut être remplacée par un autre condiment* (ketchup* par exemple).

■ HOUBLON

HOPS | Plante grimpante dont on utilise les fleurs pour aromatiser la bière*. Dans les pays flamands ou en Alsace, les jeunes bourgeons ou "jets" sont parfois consommés en salade ou cuits, comme des asperges*.

■ HOUMOUS

HUMMUS | Originaire du Proche-Orient, l'houmous est une purée de pois chiches* additionnée de tahini *(1)* et de jus de citron*. Ail* et cumin* peuvent compléter la préparation.

(1) Crème de sésame.*

■ HUILE

OIL | Matière grasse, généralement liquide *(1)* et d'origine végétale *(2)*. Elle est utilisée pour la cuisson, l'assaisonnement ou la conservation des aliments. Il semble que les huiles les plus anciennes soient l'huile de sésame*, employée par les Egyptiens, et l'huile d'olive* consommée par les Grecs. Actuellement, l'huile de palme est l'huile végétale la plus produite au monde pour entrer dans la composition de nombreux produits.
L'étiquetage d'une huile apporte des informations sur le type de produit et son origine, la technique de fabrication, les conseils d'utilisation, etc.
On trouve ainsi :

- ***L'huile pure*** provenant d'un seul oléagineux.
- ***L'huile végétale issue de mélange.***
- ***L'huile vierge*** ou ***huile naturelle***, non raffinée, extraite par moyens mécaniques traditionnels, notamment la pression à froid.
- ***L'huile pour friture*** et ***assaisonnement*** qui supporte bien la chaleur. Ces huiles ont cependant "un point de fumée" qui est un point de température critique où elles commencent à se décomposer et à dégager de la fumée. Le point de fumée d'une huile pour friture se situe entre 210 et 240°C.
- ***L'huile pour assaisonnement*** à réserver aux préparations froides.

Parmi les huiles les plus consommées, citons :

- *L'huile d'arachide**
- *L'huile de tournesol*
- *L'huile de soja**
- *L'huile de colza*
- *L'huile de maïs**
- *L'huile de sésame*
- *L'huile d'olive*
- *L'huile de noix* ou de noisette**
- *L'huile de pépins de raisin**
- *L'huile de pépins de citrouille**
- *L'huile d'argan**
- *L'huile de navette**
- *L'huile de pignon de pin**

Il faut préciser que *l'huile de paraffine*, préconisée dans certains régimes, n'est pas vraiment une huile alimentaire mais un composé d'hydrocarbure. Elle ne doit jamais être chauffée, donc employée exclusivement en assaisonnement.
Plusieurs huiles d'olive et une huile de noix bénéficient d'une A.O.C.* au niveau national et d'une A.O.P.* dans le cadre européen.

- ***L'Huile d'olive d'Aix-en-Provence*** A.O.C. depuis 1999
  Aire d'appellation : 73 communes des Bouches-du-Rhône et du Var.
- ***L'Huile d'olive de Nyons*** A.O.C. depuis 1994
  Aire d'appellation : 53 communes de la Drôme et du Vaucluse.
- ***L'Huile d'olive de la Vallée des Baux-de-Provence*** A.O.C. depuis 1997

Aire d'appellation : 16 communes des Bouches-du-Rhône.

- ***L'Huile d'olive de Haute-Provence*** A.O.C. depuis 1999
  Aire d'appellation : 95 communes des Alpes de Haute-Provence, des Bouches-du-Rhône, du Var et du Vaucluse.
- ***L'Huile d'olive de Corse - Oliu di Corsica*** A.O.C. depuis 2004
  Aire d'appellation : 293 communes de l'île.
- ***L'Huile d'olive de Nice*** A.O.C. depuis 2004
  Aire d'appellation : 99 communes des Alpes-Maritimes.
- ***L'Huile d'olive de Nîmes*** A.O.C. depuis 2004
  Aire d'appellation : 223 communes du Gard et de l'Hérault.
- ***L'Huile d'olive de Provence*** A.O.C. depuis 2007 (pas reconnue A.O.P.).
  Aire d'appellation : 458 communes des Alpes de Haute-Provence, des Alpes-Maritimes, des Bouches-du-Rhône, de la Drôme, du Gard, du Var et du Vaucluse.
- ***L'Huile de noix du Périgord*** A.O.C. depuis 2018
- Aire d'appellation : 645 communes de Charente, de Dordogne, de Corrèze, du Lot, du Lot-et-Garonne et de l'Aveyron.

(1) Certains distinguent les "huiles fluides", c'est-à-dire liquides à une température de 15 °C (c'est le cas de la plupart des huiles) et les "huiles concrètes", solides à 15 °C (ex: huile de palme).

(2) Il existe également des huiles d'origine animale, peu utilisées (ex: huile de foie de morue).*

■ HUÎTRE

OYSTER | Mollusque lamellibranche bivalve provenant de l'ostréiculture *(1)*. Connue depuis l'Antiquité, l'huître fait aujourd'hui l'objet d'un élevage bien maîtrisé, produisant des coquillages de bonne qualité gustative avec des garanties de salubrité optimales.

L'élevage des huîtres: les larves qui proviennent des huîtres-mères sont captées sur des collecteurs (tuiles romaines, anciennes coquilles...) où elles restent pendant 9 mois. À l'issue de cette période, le naissain devient de petites huîtres qui atteignent 2 à 4 cm, soit 200 fois la taille des larves. L'ostréiculteur détache alors ces petits coquillages des collecteurs, c'est le détroquage. Les huîtres sont ensuite placées jusqu'à 18 mois dans un parc pour une phase de demi-élevage afin d'être finalement vendues à un ostréiculteur qui terminera l'élevage selon des méthodes qui varient avec les régions, les traditions, le produit souhaité, etc.

La France produit chaque année environ 130 000 tonnes d'huîtres qui se répartissent en 2 grandes familles. ***Les huîtres plates*** (1,5% de la production) et ***les huîtres creuses*** (98.5% de la production). Ces dernières étaient pourtant peu connues dans notre pays jusqu'à la fin du 19ème siècle *(2)*.

- ***Les huîtres plates:***
  Belon (originaire de l'embouchure d'un petit fleuve côtier breton du même nom).
  Gravette ou ***Arcachonnaise*** (bassin d'Arcachon).
  Bouzigues (bassin de Thau).
  Marennes (Charente-Maritime).
- ***Les huîtres creuses:***
  Huître de pleine mer (côtes littorales, de la Normandie au bassin d'Arcachon).
  Claire affinée pendant 1 mois dans un bassin d'eau claire contenant une algue microscopique, la "navicule bleue", qui lui confère une couleur verte tout à fait spécifique (littoral charentais).
  Fine de claire qui subit un affinage de 1 à 2 mois.
  Spéciale de claire dont l'affinage dure de 4 à 5 mois.
  Côte bleue (bassin de Thau).

Source : Adobe Stock

La classification des huîtres: Les catégories sont déterminées par le poids du coquillage

Huitres creuses	
Catégorie	Poids
5	30 à 45 g
4	46 à 65 g
3	66 à 85 g
2	86 à 120 g
1	121 à 150 g
0	Plus de 150 g

Huitres plates	
Catégorie	Poids
6	20 à 29 g
5	30 à 39 g
4	40 à 49 g
3	50 à 59 g
2	60 à 69 g
1	70 à 79 g
0	80 à 89 g
00	90 à 99 g
000	100 à 120 g

Le Pied-de-cheval est une huître plate sauvage de 10 à 25 ans dont la pêche est réglementée. Ce gros coquillage, rare qui a la taille d'un sabot de cheval peut atteindre 1 kg. Il possède un goût très iodé. Les huîtres se consomment surtout crues et vivantes, accompagnées de pain* de seigle*, beurre*, citron* ou vinaigre* à l'échalote*. Elles sont également préparées cuites, pochées ou en soupe par exemple.

(1) Elevage des huîtres.

(2) En 1868, alors qu'il rentrait du Portugal avec une cargaison d'huîtres creuses, le navire "Le Morlaisien" fut pris dans une tempête qui l'obligea à se réfugier dans l'estuaire de la Gironde. Contraint par les intempéries, l'équipage jeta son chargement par-dessus bord. Les huîtres essaimèrent ainsi sur le littoral français et s'y acclimatèrent très bien.

■ HUÎTRE TRIPLOÏDE

TRIPLOID OYSTER | Lancée en France au début des années 2000 par l'IFREMER *(1)*, l'huître triploïde possède trois lots de chromosomes alors que l'huître naturelle (dite diploïde) n'en a que deux. L'huître triploïde, censée rester stérile, ne dépense pas d'énergie pour la reproduction et se développe donc plus rapidement. Elle atteint ainsi une taille marchande en deux ans au lieu de trois, avec une saveur constante toute l'année. Ces avantages n'ont pas manqué de séduire de nombreux ostréiculteurs mais il est dommage que pour l'instant l'étiquetage reste muet sur l'identité du produit.

(1) Institut français de recherche pour l'exploitation de la mer.

■ HURE

HEADCHEESE | Préparation charcutière faite avec des morceaux de tête de porc* ou de sanglier* moulés en gelée*.

Ce terme désigne également la tête coupée d'un porc, d'un sanglier ou d'un poisson (ex: saumon*, brochet* ou esturgeon*).

■ HYDNE

Mushroom | Espèce de champignons dont la variété la plus connue est le pied de mouton*.

■ HYDROMEL

MEAD (honey wine) | Boisson alcoolisée obtenue par fermentation d'un mélange de miel* et d'eau*. Les Romains, les Grecs et les Gaulois appréciaient ce breuvage qui a traversé les époques. Comme le vin*, l'hydromel se présente sous différents types: sec, demi-sec ou doux avec une teneur alcoolique variable pouvant aller jusqu'à 15°. Distillé, l'hydromel génère un spiritueux* appelé "eau-de-vie* de miel".

■ HYDROXYDASE

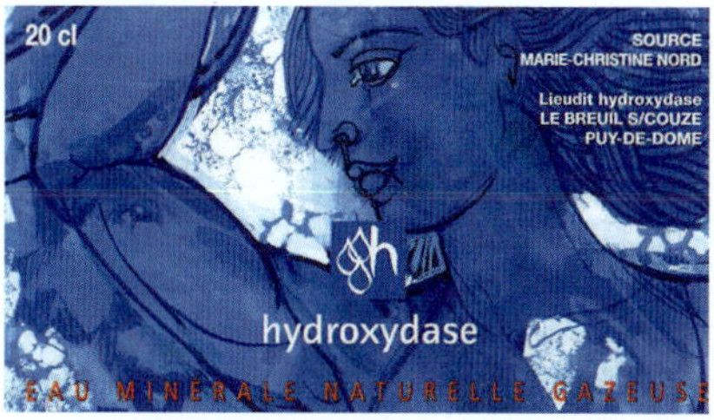

Source: Doc. Hydoxydase

French mineral water | Eau minérale naturelle* gazeuse captée à Breuil-sur-Couze dans le Puy-de-Dôme. Hydroxydase, qui doit son nom à ses propriétés particulières, n'est pas une eau de consommation courante. Le captage est réalisé entre 90 et 110 mètres de profondeur et l'embouteillage se fait à l'abri de l'air pour éviter toute altération. Conditionnée en flacons-dose de verre d'une contenance de 20 cl, cette eau, exceptionnelle par sa minéralisation, se boit aussitôt débouchée, en dehors des périodes digestives et le plus souvent en cure de 2 à 3 flacons par jour pendant 3 à 4 semaines.

Catégorie: très fortement minéralisée.

Composition physico-chimique (en mg/l)	
Cations	Anions
Calcium: 213,5 Magnésium: 243 Sodium: 1945 Potassium: 192,2	Bicarbonates: 3747 Chlorures: 367 Sulfates: 10,8 Nitrates: N.C.
Lithium: 8 Borate: 3 Strontium: 2,1 Fer: 0,8 Manganèse: 0,7 Fluor: 0,2 Oligo-éléments quantifiés en µg Zinc: 36 µg Cuivre: 30 µg Nickel: 5 µg Cobalt: 4 µg Plomb: 1 µg	
pH à 20 °C: 6,8 Minéralisation totale: 9 737 mg/l	

■ HYSOPE

HYSSOP | Plante aromatique d'origine méditerranéenne. L'hysope, qui possède un parfum doux et camphré et une saveur amère, est employée dans les salades, les sauces, les potages, les préparations de viandes et gibiers… Elle est aussi utilisée en liquoristerie pour la fabrication de spiritueux* (ex: Bénédictine*).

■ ICEWINE

ICEWINE | Dénomination du vin de glace* au Canada.

■ IDIAZÁBAL

Spanish cheese | Fromage* de lait* de brebis fabriqué dans le nord de l'Espagne. Il tire son nom d'un terme dialectal basque.
L'idiazábal bénéficie d'une Appellation d'Origine Contrôlée dans son pays d'origine et d'une A.O.P.* dans le cadre de l'U.E.
Type: pâte pressée non cuite.
Forme: petite meule à talon convexe.
Taille: 15 à 25 cm de diamètre, 8 à 12 cm d'épaisseur.
Poids: 1 à 3 kg.
Teneur en M.G.: 45% au minimum.
Meilleures saisons: hiver, printemps, été.

■ IGNAME

YAM | Plante grimpante originaire de Chine ou du Japon cultivée pour son tubercule allongé qui mesure de 0,40 à 1 m et pèse généralement entre 2 et 5 kg. En France, nous produisons un peu d'igname dans une région sablonneuse du Loir-et-Cher située entre Blois et Chambord. Ce tubercule, dont la chair blanche est un peu gluante, s'apprête comme la pomme de terre*.

■ IGNY

French cheese | Fromage* de lait* de vache fabriqué en Champagne. Il doit son nom au lieu où est installé le monastère qui le fabrique.
Type: pâte pressée non cuite, croûte naturelle lavée.
Forme: disque à talon convexe.
Taille: 20 cm de diamètre, 4 cm d'épaisseur.
Poids: 1,2 à 1,3 kg.
Teneur en M.G.: 42 à 45%.
Meilleures saisons: printemps, été, automne.

■ I.G.P. (Indication Géographique Protégée)

French Protected Geographical Indication | S.I.Q.O.* institué par l'Union Européenne. L'I.G.P. est attribuée à des produits agricoles et des denrées alimentaires liés à une zone géographique dans laquelle se déroule au moins leur production, leur élaboration ou leur transformation. De nombreux vins*, cidres* et autres produits agroalimentaires français bénéficient d'une I.G.P.

Indications Géographiques Protégées françaises
(Produits agroalimentaires sans les vins, cidres et spiritueux*)

Agneau* de l'Aveyron (viande)
Agneau* de lait des Pyrénées (viande)
Agneau* de Lozère (viande)
Agneau* de Pauillac (viande)
Agneau* de Sisteron (viande)
Agneau* du Bourbonnais (viande)
Agneau* du Limousin (viande)
Agneau* du Périgord (viande)
Agneau* du Poitou-Charentes (viande)
Agneau* du Quercy (viande)
Ail* blanc de Lomagne (plante condimentaire)
Ail* de la Drôme (plante condimentaire)
Ail* fumé d'Arleux (plante condimentaire)
Ail* rose de Lautrec (plante condimentaire)
Anchois* de Collioure (poisson)
Artichaut* du Roussillon (légume)
Asperges* du Blayais (légume)
Asperges* des sables des Landes (légume)
Bergamote de Nancy* (confiserie)
Bœuf* charolais du Bourbonnais (viande)
Bœuf* de Bazas (viande)
Bœuf* de Chalosse (viande)
Bœuf* de Vendée (viande)
Bœuf* du Maine (viande)
Boudin blanc* de Rethel (préparation charcutière)
Brillat-Savarin* (fromage)
Brioche* vendéenne (viennoiserie)
Bulot de la Baie de Granville (coquillage)
Canard* à foie gras du Sud-Ouest (volaille)
Chapon* de l'Ardèche (Volaille)
Chapon* des Cévennes (Volaille)

Chapon* du Périgord (Volaille)
Charolais de Bourgogne (viande)
Choucroute* d'Alsace (préparation culinaire)
Citrons* de Menton (agrume)
Clémentines* de Corse (agrume)
Coquilles Saint-Jacques* des Cotes-d'Armor (coquillage)
Crème fraîche* fluide d'Alsace (produit laitier)
Echalote* d'Anjou (plante condimentaire)
Emmental* de Savoie (fromage)
Emmental* français Est-Central (fromage)
Farine de petit épeautre* de Haute-Provence (farine)
Farine* de blé noir de Bretagne (farine)
Fleur de sel* de Guérande (condiment)
Fleur de sel* de Camargue (condiment)
Fraises* de Nîmes (fruit)
Fraises* du Périgord (fruit)
Gâche vendéenne* (viennoiserie)
Génisse* fleur d'Aubrac (viande)
Gruyère* (fromage)
Haricot* tarbais (légume)
Huîtres* de Marennes-Oléron (coquillage)
Jambon* d'Auvergne (charcuterie)
Jambon* de Bayonne (charcuterie)
Jambon* de l'Ardèche (charcuterie)
Jambon* de Lacaune (charcuterie)
Jambon* de Vendée (charcuterie)
Jambon* sec des Ardennes (charcuterie)
Jésus* de Morteau (préparation charcutière)
Kiwis* de l'Adour (fruit)
Lentilles* verte du Berry (légume)
Lingots* du Nord (légume)
Mâche* nantaise (légume)
Melon* de Guadeloupe (cucurbitacée)
Melon* du Haut-Poitou (cucurbitacée)
Melon* du Quercy (cucurbitacée)
Miel* d'Alsace (miel)
Miel* de Provence (miel)
Miel* des cévennes (miel)
Mirabelles* de Lorraine (fruit)
Mogettes* de Vendée (légume)
Moutarde* de Bourgogne (condiment)
Noisettes* de Cervione (fruit)
Noix de jambon sec des Ardennes (charcuterie)
Œufs* de Loué (œuf)
Oie* d'Anjou (volaille)
Pâté de campagne breton (préparation charcutière)
Pâtes* d'Alsace (préparation culinaire)
Petit épeautre* de haute-Provence (céréale)
Pintade* de l'Ardèche (volaille)
Pintadeau* de la Drôme (volaille)
Poires* de Savoie (fruit)
Poireaux* de Créances (légume)
Pomelo* de Corse (agrume)
Pommes de terre* de Merville (légume)
Pommes* de Savoie (fruit)
Pommes* des Alpes de Haute-Durance (fruit)
Porc* d'Auvergne (viande)
Porc* de Franche-Comté (viande)
Porc* de la Sarthe (viande)
Porc* de Normandie (viande)
Porc* de Vendée (viande)
Porc* du Limousin (viande)
Porc* du Sud-Ouest (viande)
Poularde* du Périgord (volaille)
Poulet* de l'Ardèche (volaille)
Poulet* des Cévennes (volaille)
Poulet* du Périgord (volaille)
Pruneaux* d'Agen (fruit déshydraté)
Raclette de Savoie* (fromage)
Ravioles* du Dauphiné (préparation culinaire)
Rillettes* de Tours (préparation charcutière)
Riz* de Camargue (céréale)
Rosée des Pyrénées catalanes (viande)
Saint-Marcellin* (fromage)
Saucisse de Morteau* (préparation charcutière)
Saucisse* de Montbéliard (préparation charcutière)
Saucisse* sèche d'Auvergne (préparation charcutière)
Saucisse* sèche de Lacaune (préparation charcutière)
Saucisson* de l'Ardèche (préparation charcutière)
Saucisson* de Lacaune (préparation charcutière)
Saucisson* sec d'Auvergne (préparation charcutière)
Sel* de Camargue (condiment)
Sel* de Guérande (condiment)
Sel* de Salies-de-Béarn (condiment)
Soumaintrain* (fromage)
Thym* de Provence (plante aromatique)
Tomme de Savoie* (fromage)
Tomme des Pyrénées* (fromage)
Veau* de l'Aveyron et du Ségala (viande)
Veau* du Limousin (viande)
Vedell des Pyrénées catalanes (viande)
Volailles d'Alsace (volaille)
Volailles d'Ancenis (volaille)
Volailles d'Auvergne (volaille)
Volailles de Bourgogne (volaille)
Volailles de Bretagne (volaille)
Volailles de Challans (volaille)
Volailles de la Champagne (volaille)
Volailles de Cholet (volaille)
Volailles de Gascogne (volaille)
Volailles de Houdan (volaille)
Volailles de Janzé (volaille)
Volailles de l'Ain (volaille)
Volailles de l'Orléanais (volaille)
Volailles de la Drôme (volaille)
Volailles de Licques (volaille)
Volailles de Loué (volaille)
Volailles de Normandie (volaille)
Volailles de Vendée (volaille)
Volailles des Landes (volaille)
Volailles du Béarn (volaille)
Volailles du Berry (volaille)
Volailles du Charolais (volaille)
Volailles du Forez (volaille)
Volailles du Gâtinais (volaille)
Volailles du Gers (volaille)
Volailles du Languedoc (volaille)
Volailles du Lauragais (volaille)

Volailles du Maine (volaille)
Volailles du Plateau de Langres (volaille)
Volailles du Val de Sèvres (volaille)
Volailles du Velay (volaille)

■ I.G.T. (Indicazione Geografica Tipica)

Italian wine classification | Catégorie de vins italiens correspondant aux Vins de pays* français.

■ ÎLE DE BEAUTÉ

French wine | *Voir* Vins I.G.P.*.

■ ÎLE FLOTTANTE

Source : Adobe Stock

FLOATING ISLAND (dessert) | Entremets à base de blancs d'œufs* en neige sucrés, cuits au bain-marie et dressés sur un fond de crème anglaise*. Un nappage de caramel* et des éléments de décor variés (amandes* effilées, pralines écrasées, violettes candies...) terminent la préparation. Notons que ce dessert, appelé aujourd'hui "île flottante", est en réalité des "œufs à la neige". Classiquement, "l'île flottante" est un entremets réalisé à partir de tranches de biscuit de Savoie* imbibées de kirsch* et de marasquin* qui sont masquées d'une confiture* d'abricot* additionnée de raisins* de Corinthe et d'amandes hachées. La pièce est entourée de crème anglaise ou de sirop* de framboise*.

■ IMAM BAYILDI

Turkish vegetable dish | Spécialité turque constituée d'aubergines* farcies avec oignon*, ail*, tomate*, poivron*... et cuites au four.

■ IMBRUCCIATA

Corsican pastry | Dénomination de plusieurs pâtisseries corses contenant du brocciu*.

■ IMPÉRIALE (bouteille)

Bottle type | *Voir* Mathusalem*.

■ IMPÉRIALE (salade)

Salad | Salade composée constituée de bâtonnets de carottes*, de haricots verts* et d'une julienne* de pommes* et de truffes*.
Assaisonnement: sauce vinaigrette* aux fines herbes.

■ I.N.A.O. (Institut National de l'Origine et de la Qualité)

National Institute of Origin and Quality | Etablissement public institué sous l'impulsion du Sénateur Joseph Capus par le décret-loi du 30 juillet 1935 et placé sous la tutelle du Ministère de l'Agriculture, de l'Agroalimentaire et de la Forêt. Jusqu'en 2006, l'I.N.A.O. se définissait comme *Institut National des Appellations d'Origine*.
Le champ de compétence de l'I.N.A.O. couvre plusieurs secteurs de l'agroalimentaire, notamment les productions viticoles et fromagères.
Principales missions de l'Institut:

- Reconnaissance des S.I.Q.O.* (Signes d'Identification de la Qualité et de l'Origine) tels que les A.O.C.*, A.O.P.*, I.G.P.*, Label rouge*, S.T.G.* et A.B.*.
- Défense, protection et promotion de ces signes en France et à l'étranger
- Suivi et contrôle des conditions de production
- Protections des aires d'A.O.C
- Agrément des organismes de contrôle indépendants
- Conseil aux professionnels.

INSTITUT NATIONAL DE L'ORIGINE ET DE LA QUALITE

Source : I.N.A.O.

■ INFUSION

INFUSION | Boisson généralement servie chaude et obtenue par macération d'une substance aromatique dans de l'eau bouillante. Compte-tenu des vertus thérapeutiques de certaines plantes, leur commerce fut longtemps réservé aux apothicaires, herboristes et pharmaciens. Aujourd'hui, la vente des plantes est régie par le Code de la Santé Publique qui officialise la commercialisation d'espèces qui peuvent être distribuées par des personnes autres que les pharmaciens et les herboristes. Parmi ces espèces, certaines sont plutôt destinées à la préparation d'infusions *(1)*. Le thé*, n'étant pas considéré comme une plante médicinale, ne figure pas dans cette liste restrictive.
Présentées en infusettes ou en vrac, les infusions les plus consommées sont le tilleul*, la verveine*, la menthe*, la camomille*.

(1) Bardane, bouillon blanc, bourgeon de pin, bourrache, bruyère, camomille*, chiendent, cynorrhodon, eucalyptus, frêne, gentiane*, guimauve, hibiscus, houblon*, lavande*, lierre terrestre, matricaire, mauve, mélisse*, menthe*, ményanthe, olivier, oranger, ortie blanche, pariétaire, pensée sauvage, pétales de rose, queues de cerise, reine des prés,*

feuilles de ronce, sureau, tilleul, verveine* et violette. Ces plantes ne peuvent être mélangées entre elles ou à d'autres espèces à l'exception des suivantes : tilleul, camomille, verveine, menthe, cynorrhodon et hibiscus.*

■ I.P.R. (Indicacao de Proveniencia Regulamentada)

Portugeuse wine classification | Catégorie de vins* portugais assimilés aux V.Q.P.R.D.*.
Depuis septembre 1986, l'Institut de la vigne et du vin, comparable à l'I.N.A.O.* français, régit la production des I.P.R.

■ IRANCY

French wine | Vins* rouges produits en Bourgogne*, A.O.C.* depuis le 1999 et reconnus AO.P.* dans le cadre de l'U.E.
Aire de production : communes de Cravant, Irancy et Vincelottes situées au sud-est d'Auxerre.
Superficie du vignoble : 159 ha.
Encépagement autorisé* pour l'appellation : Pinot noir*, Pinot gris* et César*.
Rendement à l'hectare* : 52 hl.

■ IRISH COFFEE

IRISH COFFEE | Cocktail* chaud préparé directement dans un verre à irish coffee.
2 cl de sirop de sucre* de canne
4 cl d'irish whiskey*
10 cl de café* noir chaud
4 cl de crème fraîche*
Réchauffer le verre, verser le sirop de sucre et l'irish whiskey. Chauffer l'ensemble (à la vapeur) et verser doucement le café très chaud sur le dos d'une cuillère afin qu'il reste sur le whiskey. Terminer en ajoutant, en surface, la crème fraîche légèrement fouettée.

■ IRISH WHISKEY

IRISH WHISKEY | Whiskey* pur malt produit en Irlande. Cette eau-de-vie* est issue de 3 distillations successives qui aboutissent à un produit titrant 86 à 90°. Elle est ensuite additionnée d'eau* pure pour être ramenée à 63°. Le vieillissement s'effectue en fûts de chêne ayant contenu du sherry*, du rhum* ou du bourbon*.

■ IRMA (salade)

Salad | Salade composée constituée de rondelles de concombres*, pointes d'asperges*, haricots verts* en losanges, petits bouquets de choux-fleurs*, julienne* de laitue* mélangée de cresson* alénois. Décor : fleurs de capucines et rondelles de radis* roses.
Assaisonnement : sauce mayonnaise* à la crème additionnée de cerfeuil* et d'estragon* hachés.

■ IROULÉGUY

French wine | Vins* rouges, blancs et rosés produits au Pays Basque, A.O.C.* depuis 1970 et reconnus A.O.P.* dans le cadre de l'U.E.
Aire de production : 15 communes, dont Irouléguy, situées dans le sud-ouest des Pyrénées-Atlantiques.
Superficie du vignoble : 220 ha.
Encépagement autorisé* pour l'appellation : Cabernet-Sauvignon*, Cabernet franc*, Tannat*, Courbu*, Petit Courbu, Gros Manseng*, Petit Manseng*.
Rendement à l'hectare* : 55 hl.

Vignoble d'Irouléguy

■ ISABELLE (eau de source)

French mineral water | Eau de source* captée à Saint-Goazec dans le Finistère.
Catégorie : très faiblement minéralisée.
pH à 20 °C : 6,2.
Minéralisation totale : 42 mg/l.

■ ISABELLE (salade)

Salad | Salade composée constituée de champignons* crus, pommes de terre*, fonds d'artichauts* cuits, céleris* et truffes*. L'ensemble étant finement émincé.
Assaisonnement: sauce vinaigrette* additionnée de cerfeuil* haché.

■ ISÈRE (vin)

Wine | *Voir* Vins I.G.P.*.

■ IVOIRE (sauce)

IVORY SAUCE | Sauce suprême* additionnée de glace de viande* blonde.

■ IZARRA

Liqueur | Liqueur* basque créée en 1904 par Joseph Grattau dans une distillerie de Bayonne. Elle résulte d'une préparation complexe qui dure environ 15 mois. Quatre éléments sont travaillés séparément avant d'être mélangés : des plantes distillées dans de l'alcool* neutre, une macération de fruits - pruneaux et coques diverses - dans de l'Armagnac*, un sirop de sucre* et de miel* d'acacia et une infusion de couleur safranée. L'Izarra, qui signifie «étoile» en basque, se décline en 3 versions :

- ***L'Izarra vert*** élaborée à partir de 48 plantes pyrénéennes et qui titre 40°.
- ***L'Izarra jaune*** issue de 32 plantes et qui titre 40°.
- ***L'Izarra 54***, création récente, qui reproduit au plus près la recette de l'Izarra vert des années 1900. Cette liqueur titre 54°.

J

■ JACK ROSE

Source : Photo BG

JACK ROSE | Cocktail* (apéritif) préparé au shaker.
1 cl de sirop de grenadine*
2 cl de jus de citron*
4 cl de calvados*
Frapper et servir dans un verre à cocktail.

■ JACQUÈRE

Grape variety | Cépage* blanc d'origine savoyarde cultivé dans les vignobles de Savoie, de Haute-Savoie, de l'Ain et de l'Isère. La Jacquère produit des vins* blancs légers, frais, légèrement acides.

■ JALOUSIE

Pastry | Pâtisserie feuilletée diversement garnie (frangipane*, marmelade de pomme* ou d'abricot*, gelée* de groseille*...). Le dessus de ce gâteau est ajouré de petites fentes qui rappellent les jalousies de fenêtres, d'où son nom.

■ JAMBALAYA

JAMBALAYA | Spécialité culinaire de Louisiane à base de riz*, poulet* et jambon*. Il s'agit d'une version américanisée de la paëlla*.

■ JAMBON

HAM | Dénomination réservée à la cuisse du porc*(1). Le jambon est présenté cuit ou cru.

- **Principaux jambons cuits :**
  Jambon braisé, cuit avec os en braisage.
  Jambon bruni, noirci artificiellement par enrobage de matières colorantes.
  Jambon à l'os, cuit avec os en bouillon.
  Jambon au torchon, cuit en bouillon dans un torchon.
  Jambon d'York, d'origine britannique, cuit avec os et parfois fumé.
  Jambon de Prague, d'origine tchécoslovaque, cuit à l'os et parfois fumé.
- **Principaux jambons crus :**
  Ils subissent tous une période de séchage plus ou moins longue, assortie ou non d'un fumage.
  Jambon de Bayonne (Bassin de l'Adour), saveur salée. Bénéficie d'une I.G.P.*
  Jambon du Kintoa (Pays Basque), saveur salée. Bénéficie d'une A.O.P.*
  Jambon noir de Bigorre (Piémont des Pyrénées centrale), saveur salée. Bénéficie d'une A.O.P.
  Jambon sec de l'Ile de Beauté (Corse), saveur salée. Bénéficie d'une A.O.P.
  Jambon d'Auvergne, saveur salée. Bénéficie d'une I.G.P.
  Jambon de l'Ardèche, saveur salée (parfois fumée). Bénéficie d'une I.G.P.
  Jambon de Lacaune (Tarn), saveur salée. Bénéficie d'une I.G.P.
  Jambon de Luxeuil (Haute Saône), saveur fumée.
  Jambon de Vendée, saveur salée, préparé avec des herbes aromatiques et de l'eau-de-vie*. Bénéficie d'une I.G.P.
  Jambon de Savoie, saveur salée ou fumée.
  Jambon du Morvan, saveur salée.
  Jambon de Parme (Italie), saveur salée. Bénéficie d'une A.O.P.
  Jambon de San Daniele (Italie), saveur salée. Il bénéficie d'une A.O.P.
  Jambons de Serrano, Jabugo, Trevelez (Espagne), saveur salée.
  Jambon Pata Negra Ibérico de Ballota (Espagne), saveur salée. Bénéficie d'une A.O.P.
  Jambon de Barrancos (Portugal), saveur salée. Bénéficie d'une A.O.P.
  Jambon des Ardennes (Belgique), saveur fumée. Bénéficie d'une I.G.P.
  Jambon de Westphalie (Allemagne), saveur fumée.

Source : Adobe Stock

Jambon cru

(1) Désigne parfois la cuisse du sanglier.*

JAMBON PERSILLÉ

PARSLEY HAM | Spécialité de charcuterie bourguignonne constituée de gros cubes de jambon* cuits, moulés dans une gelée au vin blanc avec persil*, ail* et échalote* hachés.

Source : BIVB

JAMBONNEAU

PORK HOCK or PORK KNUCKLE | a) Morceau constitué du jarret* avant ou arrière du porc*.
b) Préparation de charcuterie moulée en forme conique, éventuellement panée et présentée avec un péroné de porc.

JAMBONNETTE

JAMBONETTE | Terme désignant une cuisse de volaille désossée et farcie.

JARDINIÈRE

Vegetable garnish | Garniture* composée de navets*, carottes*, et haricots verts* en bâtonnets, petits pois*, flageolets* et bouquets de choux-fleurs* nappés de sauce hollandaise*.

JARRET

BEEF SHIN or BEEF SHANK | Chez les animaux de boucherie et le porc*, partie inférieure des membres antérieurs ou postérieurs, située sous l'épaule ou la cuisse. Pour l'agneau* ou le mouton*, ce morceau correspond à la souris* du gigot*.

JASNIÈRES

French wine | Vins* blancs produits dans la Vallée de la Loire, A.O.C.* depuis 1937 et reconnus A.O.P.* dans le cadre de l'U.E. La mention "Val de Loire" peut être éventuellement adjointe à l'appellation.
Aire de production : Lhomme et Ruillé-sur-Loir, communes de la Sarthe situées au nord de Tours.

Source : Interloire

Superficie du vignoble : 70 ha.
Encépagement autorisé pour l'appellation : Pineau de la Loire*.
Rendement à l'hectare* : 52 hl.

JENEVER

Brandy | Eau-de-vie* de céréales hollandaise ou belge parfumée aux baies de genièvre*. Ce spiritueux* est semblable au gin*.

JEREZ

Spanish geographic area | Dénomination du Xérès* en Espagne, son pays d'origine.

JÉROBOAM

Bottle type | Bouteille d'une contenance équivalente à 4 bouteilles classiques, soit 3 litres.

JÉSUS

French sausage | Gros saucisson* sec de porc* fumé fabriqué dans la région lyonnaise et le Jura. ***Le Jésus de Morteau*** bénéficie d'une I.G.P.*.

JOHANNISBERG

Swiss wine | Vins* blancs suisses produits dans le Valais à partir de cépage* Sylvaner*.

JOINVILLE (garniture)

Garnish | Garniture* composée d'un salpicon* de champignons*, de truffes* et de queues de crevettes*.
Comme la sauce du même nom, cette préparation doit sa dénomination au Duc de Joinville, fils de Louis-Philippe.

JOINVILLE (sauce)

Sauce | Sauce normande* avec coulis* ou beurre de crevettes* et d'écrevisses* éventuellement additionnée d'une julienne* de truffes*.

JONCHÉE NIORTAISE

French cheese | Fromage* de lait* de chèvre fabriqué dans le Poitou. Il tire son nom de sa présentation (sur une natte en joncs) et de sa région de production.

Type: pâte fraîche non salée.
Forme, taille et poids: variables selon le récipient de présentation.
Teneur en M.G.: 45%.
Meilleures saisons: printemps, été, automne.

■ JOUBERTIN
Grape variety | Cépage* noir que l'on trouve encore sur de faibles superficies dans la région savoyarde (Vin de Savoie*). Il génère des vins corsés et très colorés.

■ JOUVENCE DE WATTWILLER
French mineral water | Eau minérale* gazeuse captée à Wattwiller dans le Haut-Rhin.
Catégorie : faiblement minéralisée

Composition physico-chimique (en mg/l)	
Cations	Anions
Calcium : 100 Magnésium : 11,5 Sodium : 3 Potassium : 1,5	Sulfates : 150 Bicarbonates : 160 Chlorures : < 5 Nitrates : 0
Zinc : 0,233	
pH à 20°C : 5	Minéralisation totale : 370 mg/l

■ JUDIC (garniture)
Garnish | Garniture* composée de petites tomates* farcies, laitues* braisées et pommes château*.

■ JUJUBE
JOJOBA | Petit fruit ovoïde originaire de Chine. À maturité le jujube, un peu plus gros qu'une olive, possède une peau rouge-brun et une chair blanche sucrée. Il se consomme frais ou sec.

■ JULEPS ou MINT JULEPS
JULEPS ou MINT JULEPS | Long drinks* préparés directement au verre sur glace pilée.
Composants: menthe* fraîche pilée avec du sucre*, eau-de-vie* et éléments de décor constitués de feuilles de menthe, demi-tranches de citron* et d'orange* et cerise* à l'eau-de-vie

■ JULIÉNAS
French wine | Vins* rouges produits dans le Beaujolais, A.O.C.* depuis 1938 et reconnus A.O.P.* dans le cadre de l'U.E. La mention "Cru du Beaujolais" peut figurer sur l'étiquetage.
L'appellation compte 4 climats* : *La Bottière, Les Capitans, Les Chers* et *Les Paquelets*.
Aire de production : communes de Juliénas, Emeringes, Jullié (Rhône) et Pruzilly (Saône-et-Loire), situées au sud-ouest de Mâcon.
Superficie du vignoble : 540 ha.
Encépagement autorisé* pour l'appellation : Gamay*, Aligoté*, Chardonnay*, Melon de Bourgogne *.
Rendement à l'hectare* : 56 hl.

■ JULIENNE (poisson)
LING | Autre dénomination de la lingue*.

■ JULIENNE (taille de légumes)
JULIENNE | Terme désignant une taille de légumes *(1)* en filaments de 4 à 5 cm de long. Cette taille aurait été initiée au 17ème siècle par un cuisinier nommé J. Julienne.

(1) On évoque parfois des juliennes de jambon, de crêpes*, de volailles ou de filets de poisson.*

■ JUMEAU
Beef cut | Pièce de boucherie prélevée dans l'épaule du bœuf*.

■ JURANÇON
French wine | Vins* blancs produits dans le Béarn, A.O.C.* depuis 1936 et reconnus A.O.P.* dans le cadre de l'U.E. Sous certaines conditions, les mentions "sec" *(1)* ou "vendanges tardives" *(2)* peuvent être adjointes à l'appellation.
Aire de production : 25 communes des Pyrénées-Atlantiques, dont Jurançon, situées à proximité de Pau.
Superficie du vignoble : environ 1000 ha.
Encépagement autorisé* pour l'appellation : Petit Manseng*, Gros Manseng*, Courbu*, Camaralet* et Lauzet*.
Rendement à l'hectare* : 40 hl.
Teneur minimale en sucre résiduel : 40 g/litre.

(1) ***Jurançon sec :*** *moins de 4 g/l de sucre résiduel et rendement à l'hectare de 60 hl.*

(2) ***Jurançon vendanges tardives :*** *issu uniquement de petit et gros Manseng, teneur minimale en sucre résiduel : 55 gr/l, rendement à l'hectare : 40 hl et indication obligatoire du millésime* sur l'étiquette*.*

■ JURANÇON BLANC
Grape variety | Cépage* blanc originaire du Sud-Ouest. Il génère des vins* légers, acides et peu alcoolisés destinés à la distillation sur les terroirs du cognac* et de l'armagnac*.

■ JURANÇON NOIR
Grape variety | Cépage* noir, probablement originaire de la région d'Agen, encore un cultivé dans le Sud-Ouest*. Les vins rouges produits sont légers et peu colorés.

K

■ KABINETT

German wine classification | Voir Qualitätswein mit Prädikat*.

■ KACHA

KASHA | Plat de la cuisine russe à base de semoule* de sarrasin* additionnée d'œufs*, fromage*, champignons*, etc.

■ KAHLÚA

Liqueur | Liqueur* d'origine mexicaine élaborée à partir de grains de café* macérés dans de l'alcool*. Créée en 1936, elle est aujourd'hui la liqueur de café la plus vendue au monde en étant présente dans plus de 150 pays.
Ce spiritueux*, titrant entre 20° et 35° suivant le pays de vente, se déguste en digestif ou entre dans la composition de cocktails* tels que le Black Russian*.

■ KAKI

PERSIMMON | Fruit du plaqueminier *(1)*, arbre originaire de Chine. Le kaki a l'apparence d'une tomate de couleur orangée et possède une chair délicieuse lorsqu'il est très mûr. Bien acclimaté en Provence, il se consomme nature, en sorbet*, en coulis*, en compote ou en confiture*.
(1) Le kaki est parfois appelé plaquemine.

Source : Adobe Stock

■ KASSERI

Greek cheese | Fromage* de lait* de brebis fabriqué en Grèce qui bénéficie d'une A.O.P* dans le cadre européen.
Type : pâte demi-dure ou dure.
Forme : petite meule (ou parfois autre forme).
Taille : 25 à 30 cm de diamètre, 7 à 10 cm d'épaisseur.
Poids : 1 à 7 kg.
Teneur en M.G. : 40 %.
Meilleures saisons : hiver, printemps.

■ KEBAB

KEBAB | Spécialité d'origine turque qui se présente sous forme de brochette de viandes *(1)* contenant ou non des légumes. Il existe plusieurs variantes préparées dans les Pays du Moyen-Orient et les Balkans.
Le kebab désigne aussi un ensemble de morceaux de viandes embrochés à la verticale et rôti en grillade tournante. Il est ensuite détaillé en fines tranches consommées en sandwich*.
(1) Mouton, veau*, buffle, etc.*

■ KÉFIR ou KÉPHIR

KEFIR | Boisson fermentée mousseuse au goût acidulé obtenue par la fermentation de lait* *(1)* avec une levure appelée "grain de kéfir". Cette boisson est consommée dans le Caucase et au Moyen-Orient.
(1) Le lait utilisé est différent selon les régions et les coutumes. On trouve ainsi des kéfirs préparés avec des laits de chèvre, chamelle, vache, brebis, jument, ânesse, etc.*

■ KETCHUP

KETCHUP | Condiment* originaire de Grande-Bretagne mais fabriqué actuellement dans de nombreux pays. Ce produit se présente sous plusieurs types :

- ***Le tomato ketchup*** à base de tomates*, le plus connu en France. Sa saveur aigre-douce plait beaucoup aux amateurs de cuisine anglo-saxonne.
- ***Le mushroom ketchup*** à base de champignons*.
- ***Le walnut ketchup*** à base de noix*.

■ KIBOWI

Liqueur | Liqueur* élaborée à partir de kiwi* et autres fruits exotiques. Ce spiritueux* titre 20°.

■ KINTOA

KINTOA | *Voir* Porc*

■ KIPPER

KIPPER | *Voir* Hareng*.

■ KIR

Source : Photo BG

KIR | Cocktail* (apéritif) préparé directement dans un verre à vin de Bourgogne.
2 cl de crème de cassis* de Dijon
10 cl de bourgogne aligoté* bien frais
Création du chanoine Félix Kir *(1)*, Député-Maire de Dijon, qui faisait servir cette boisson à l'occasion des vins d'honneur à l'hôtel de ville.

(1) Lors d'une rencontre entre F. Kir et les dirigeants de la société Lejay-Lagoute, ces derniers demandèrent au chanoine l'autorisation d'utiliser son nom pour désigner commercialement un vin blanc-cassis. Il entérina cet accord en novembre 1951. La marque "Un Kir" fut déposée en mars 1952 pour la France et en mars 1961 pour le marché international.*

■ KIR ROYAL

KIR ROYAL | Cocktail* (apéritif) inspiré du Kir* traditionnel et préparé directement dans une flûte à champagne.
2 cl de crème de cassis*
10 cl de champagne* bien frais.

■ KIRSCH

White brandy | Eau-de-vie blanche* élaborée à partir de cerises* noires *(1)* mises à fermenter avec leurs noyaux pendant 4 à 5 semaines. Elle tire son nom de l'alsacien "kirschwasser" qui signifie "eau de cerise". L'Alsace et la Franche-Comté sont les 2 principales régions productrices de kirsch. *Le Kirsch de commerce* (comki) est fabriqué à partir d'alcool* neutre parfumé au kirsch et *le kirsch fantaisie* (frankish) est une eau-de-vie ordinaire additionnée de 2% de kirsch et aromatisée à l'essence d'amandes*.

(1) Il faut 18 à 20 kg de cerises pour obtenir 1 litre de kirsch pur.

■ KIRSCH D'ALSACE

Geographic indication | Indication géographique d'un kirsch* élaboré à partir de cerises* récoltées et distillées dans les départements du Bas-Rhin et du Haut-Rhin. L'eau-de-vie* doit maturer pendant au moins 6 mois - en cuve, en bonbonne ou en fût - avant commercialisation.
Titrage alcoolique minimum à la vente au consommateur : 45°.

■ KIRSCH DE FOUGEROLLES

Brandy | Kirsch* élaboré à partie de cerises* récoltées et distillées dans 8 communes de Haute-Saône - dont Fougerolles - et 3 communes des Vosges. A.O.C.* depuis 2009. La mention "fermier" est réservée à l'eau-de-vie* obtenue avec des cerises récoltées, fermentées et distillées sur l'exploitation.
Le Kirsch de Fougerolles doit maturer pendant au moins 6 mois dans un récipient neutre avant commercialisation.
Titrage alcoolique minimum à la vente au consommateur : 45°.

■ KIWANO

HORNED MELON or KIWANO | Petite cucurbitacée* originaire d'Afrique australe. Le kiwano est un fruit ovoïde dont la peau orangée hérissée de petites pointes renferme une pulpe verte, très juteuse, parsemée d'une multitude de petites graines. Ce fruit, parfois appelé *Melon à cornes, Concombre cornu* ou *Spoutnik*, se consomme nature, en jus de fruit, en glace*, en sorbet*...

■ KIWI

KIWIFRUIT | Fruit exotique récolté sur une liane originaire de Chine, *l'actinidia*. Introduit en Nouvelle-Zélande en 1906, il devint "kiwi" en prenant le nom de l'oiseau emblème de son pays d'adoption. Le kiwi est aujourd'hui produit dans de nombreuses régions du globe, y compris en France *(1)* qui est le 4ème producteur mondial derrière l'Italie, la Nouvelle-Zélande et le Chili. Ce fruit, de la taille d'un œuf, possède une peau duveteuse et une pulpe verte douce et acidulée, riche en vitamines C *(2)*. Il se consomme plutôt cru, en salade de fruits ou en composition de pâtisseries.

(1) ***Le Kiwi de l'Adour*** *bénéficie d'une I.G.P.*.*
(2) Voir Goyave.*

■ KLEVENER DE HEILIGENSTEIN

French wine denomination | Dénomination des vins issus de cépage* savagnin* rose cultivé sur certaines parcelles des communes de Bourgheim, Gertwiller, Goxwiller, Heiligenstein et Obernai, dans le Bas-Rhin. La mention "Klevener de Heiligenstein" vient alors compléter l'A.O.C.* "Alsace*" ou "Vin d'Alsace".

■ KLEVNER

Grape variety | En Alsace, autre dénomination des cépages* Pinot blanc* et Auxerrois*.

■ KLIPPFISCH

Scandinavian fish name | Dans les pays scandinaves, autre dénomination de la morue* ou du lieu* séché.

■ KORN ou KORNBRANNTWEIN

CORN or SWEETCORN | Eau-de-vie* de céréales *(1)* fabriquée en Allemagne. Le korn, spiritueux* semblable au whisky*, est traditionnellement consommé en même temps que la bière*.

(1) Seigle, blé*, sarrasin*, avoine* et orge*.*

■ KOUGLOF ou KOUGELHOF

KUGLELHOPF | Spécialité pâtissière alsacienne. Le kouglof est une sorte de brioche* garnie de raisins de Corinthe ou de Malaga et d'amandes* entières ou effilées. Il est cuit dans un moule en forme de haute couronne torsadée.

et vins d'Alsace. CIVA-photo Moya

■ KOUING-AMAN

Regional cake | En Bretagne, gâteau à base de pâte à pain* additionnée de beurre* et de sucre*. La préparation est "tourée" comme une pâte feuilletée* avant d'être cuite en moule.

■ KOULIBIAC

Fish pie | *Voir* Coulibiac*.

■ KUMMEL

Liqueur | Liqueur* au goût anisé originaire de Hollande. Ce spiritueux* est élaboré à partir de graines de carvi*.

■ KUMQUAT

KUMQUAT | Petit agrume* originaire d'Asie et rapporté en Europe au 19ème siècle par l'explorateur-botaniste britannique R. Fortune. Cette orange naine (2 à 4 cm de diamètre) possède une écorce jaune orangé de saveur douce qui peut se manger avec la pulpe, légèrement acidulée. Le kumquat se consomme cru, confit, en marmelade, en confiture*, en pâtisserie, comme élément de garniture...

Source : Adobe Stock

L

■ LABEL ROUGE

Red label | S.I.Q.O.* créé en 1960 par une loi d'orientation agricole française et devenu aujourd'hui label de qualité de l'U.E. Il garantit un produit de qualité supérieure liée à des conditions particulières de production, de transformation et de distribution stipulées dans un cahier des charges officiel. En France, il existe environ 430 produits bénéficiant d'un Label rouge.

■ LABELS et CERTIFICATIONS

LABELS and CERTIFICATIONS | *Voir* S.I.Q.O.*.

■ LA CHAPELLE (Vincent)

French chef and writer | Cuisinier et écrivain culinaire français (1690 ou 1703 - 1745). Ce grand voyageur exerça dans plusieurs pays, notamment en Angleterre où il publia en 1733 *The Modern Cook*, ouvrage qui fut traduit en français en 1735 sous le titre *Le Cuisinier Moderne*.

■ LA CLAPE

French wine | Vins* rouges et blancs produits dans le Languedoc-Roussillon, A.O.C.* depuis 2015 *(1)* et reconnus A.O.P.* dans le cadre de l'U.E.
Aire de production : 6 communes de l'Aude, dont Narbonne.
Superficie du vignoble : 770 ha.
Encépagement autorisé* pour l'appellation : Grenache noir*, Mourvèdre*, Syrah*, Carignan*, Cinsault*, Bourboulenc*, Clairette*, Grenache blanc*, Marsanne*, Piquepoul*, Roussanne*, Vermentino*, Maçabeu*, Terret*, Viognier*.
Rendement à l'hectare* : 42 hl pour les vins rouges et 52 hl pour les vins blancs.

(1) En remplacement de l'appellation Languedoc Languedoc-La Clape.

■ LACRIMA CHRISTI ou LACRYMA CHRISTI

Italian wine | Vins* blancs et rouges italiens produits sur les pentes du Vésuve dans la région napolitaine.
La D.O.C.* exacte est "Lacrima Christi del Vesuvio".

■ LACTAIRE

MILK CAP (mushroom) | Espèce de champignons dont la chair brisée laisse apparaître un suc laiteux (latex) blanc, rouge ou orangé. Les variétés comestibles présentent souvent une saveur plus ou moins amère.

■ LADOIX

French wine | Vins* rouges et blancs produits en Bourgogne*, A.O.C.* depuis 1937 et reconnus A.O.P.* dans le cadre de l'U.E. Pour les vins qui proviennent de certaines parcelles classées, l'appellation communale peut être complétée par le nom du climat* d'origine et (ou) par la mention "Premier cru" *(1)*.
Aire de production : commune de Ladoix-Serrigny située au nord-est de Beaune.
Superficie du vignoble : 100 ha (dont 75 ha en vins rouges et 25 ha en vins blancs).
Encépagement autorisé* pour l'appellation : Pinot noir*, Chardonnay*, Pinot blanc*, Pinot gris*
Rendement à l'hectare* : 50 hl pour les vins rouges et 57 hl pour les vins blancs (rendement inférieur pour les Premiers crus).

(1) Basses Mourottes, Bois Rousseau, En Naget, Hautes Mourottes, La Corvée, La Micaude, Le Clou d'Orge, Le Rognet et Corton, Les Buis, Les Grêchons et Foutrières, Les Joyeuses.

■ LAGOPÈDE

PTARMIGAN | Gibier à plumes de la taille d'une perdrix* que l'on rencontre vers 2000 m d'altitude dans les Alpes et les Pyrénées. La chasse du lagopède est réglementée et la commercialisation interdite. Cet oiseau, appelé aussi *perdrix des neiges*, se prête aux mêmes utilisations culinaires que la perdrix*.

■ LA GRANDE RUE

French wine | *Voir* Grande Rue* (la).

■ LAGUIOLE

French cheese | Fromage* de lait* de vache fabriqué en Auvergne, A.O.C.* depuis 1961 et

reconnu A.O.P.* dans le cadre de l'U.E. Son nom lui vient d'un village de l'Aubrac situé dans sa zone de production qui s'étend sur 73 communes du Cantal, de l'Aveyron et de la Lozère.
Ce fromage est authentifié par un taureau et le terme "Laguiole" imprimés sur la croûte.
Type : pâte pressée non cuite, croûte naturelle brossée.
Forme : gros cylindre.
Taille : 30 à 40 cm de diamètre, 25 à 40 cm de hauteur.
Poids : 20 à 50 kg.
Teneur en M.G. : 45 %.
Meilleure saison : de janvier à avril.

■ LAIE

Sow | *Voir* Sanglier*.

■ LAIT

MILK | Liquide blanc et opaque. La définition légale précise que *"le lait est le produit intégral de la traite totale et ininterrompue d'une femelle laitière bien portante, bien nourrie et non surmenée"*. Lorsqu'on parle de lait, sans indication d'espèce animale, il s'agit de lait de vache (97 % de la collecte nationale). En France, la filière laitière bovine représente un cheptel de 3,6 millions de têtes *(1)*, 58 500 exploitations laitières et une production annuelle de 25 millions de tonnes. La consommation annuelle moyenne de lait à l'état liquide est d'environ 50 litres par habitant. Il est également produit du lait de chèvre et du lait de brebis, essentiellement pour la fabrication des fromages*. Dans d'autres pays, les populations consomment le lait de mammifères tels que bufflonne, jument, ânesse ou chamelle.
Le lait est collecté et conservé selon des normes d'hygiène très strictes ; par ailleurs l'étiquetage du produit vise à informer le consommateur sur deux critères importants : la teneur en matières grasses et la technique de conservation.

Source : Adobe Stock

On distingue ainsi :

- ***Le lait entier*** qui contient 36 g minimum de M.G. au litre (emballage rouge).
- ***Le lait demi-écrémé*** qui contient entre 15,5 et 18,5 g de M.G. au litre (emballage bleu).
- ***Le lait écrémé*** qui contient moins de 3 g de M.G. au litre (emballage vert).
- ***Le lait cru*** qui n'a subi aucun traitement thermique. Sa conservation est très limitée à 3 jours au réfrigérateur et il doit être bouilli avant d'être consommé (emballage jaune).
- ***Le lait thermisé*** qui est chauffé à une température supérieure à 45 °C et inférieure à 72 °C pendant un temps variable selon la température de thermisation.
- ***Le lait pasteurisé*** qui est chauffé pendant 15 à 20 secondes entre 72 et 85 °C avant d'être brusquement refroidi à 4° C. Sa D.L.C. varie de 7 à 14 jours
- ***Le lait stérilisé*** qui est chauffé à 115 °C pendant 15 à 20 minutes, puis refroidi.
- ***Le lait U.H.T*** (Ultra Haute Température) qui est stérilisé entre 135 et 170 °C pendant quelques secondes.

Il existe également du *lait concentré* (sucré ou non) obtenu par évaporation partielle de l'eau, et du lait en poudre obtenu par déshydratation.
Quel que soit le type de lait utilisé, il est impératif de respecter la D.L.C.* ou la D.D.M.*.

(1) Le cheptel ovin représente 1,2 million de têtes et le caprin 850 000.

■ LAIT D'AMANDE

ALMOND MILK | a) Préparation d'aspect laiteux obtenue en mouillant progressivement des amandes* pilées avec de l'eau. Un pressurage et un filtrage dans un torchon permettent de recueillir l'élément liquide.
b) Entremets froid, proche du blanc-manger*, préparé à partir de poudre d'amande, sucre* et gélatine*.
c) Gâteau circulaire réalisé à partir d'un appareil à base de pâte d'amande, de sucre* et d'œufs* qui est recouvert, après cuisson, d'une abaisse* de pâte d'amande glacée dont le pourtour est décoré d'amandes hachées et grillées.

■ LAIT DE COCO

COCONUT MILK | *Voir* Noix de coco*.

■ LAIT DE POULE

EGGNOG | Boisson obtenue en battant un jaune d'œuf* avec du sucre* et en le délayant avec du lait* chaud. Le mélange peut être parfumé à l'eau de fleur d'oranger*.

■ LAITON

Young lamb | *Voir* Agneau*.

■ LAITUE

LETTUCE | Plante potagère appréciée depuis longtemps pour les vertus thérapeutiques attribuées à la substance laiteuse *(1)* qu'elle secrète (ce qui explique l'origine de son nom). Premier type de salade consommé en France, la laitue se présente sous plusieurs variétés :

- ***Les Pommées beurre*** : ce sont les laitues

"classiques" dont les variétés se succèdent au fil des saisons *(Elsa, Florian, Balisto, Tropica, Nancy, Elvira, Merveille d'hiver, Reine de Mai, Merveille des 4 saisons...).* Leurs feuilles sont tendres et forment une pomme plus ou moins aplatie.

- ***Les Pommées batavia***: dans ces variétés, il faut distinguer ***les batavias blondes*** (*Reine des glaces, Dorée de Printemps, Laura...*), le***s batavias rouges*** (*Rouge de Grenoble, Rossia...*) et les ***batavias icebergs*** *(Lambada, Saladin...)*. Les feuilles de ces salades sont fermes, gaufrées et dentelées.
- ***Les Feuilles de chêne*** dont les feuilles sont vertes ou rouges *(Raisa, Krizet...).* Ces salades ne "pomment" pas.
- ***Les Romaines*** ou ***chicons*** avec des feuilles vertes dressées, longues et croquantes *(Padox, Romance, Rive...).*
- ***La Lollo rossa*** *(2),* parfois considérée comme une batavia. Ses feuilles vertes et violettes sont finement dentelées.

Selon les variétés et leurs destinations culinaires, les laitues se consomment crues (salades) ou cuites (garnitures* ou potages*).

(1) Sorte de liquide blanchâtre qui s'écoule lorsque l'on coupe la racine de la plante.

(2) Autres orthographes : Lolo rossa et Lolla rossa.

■ LALANDE-DE-POMEROL

French wine | Vins* rouges produits dans le Bordelais, A.O.C.* depuis 1936 et reconnus A.O.P.* dans le cadre de l'U.E.

Aire de production : communes de Lalande-de-Pomerol et Néac, situées au nord de Libourne.

Superficie du vignoble : 1 155 ha.

Encépagement autorisé* pour l'appellation : Cabernet Sauvignon*, Cabernet franc*, Malbec*, Merlot*, Carmenère*, Petit Verdot*.

Rendement à l'hectare* : 53 hl.

■ LAMB CHOP

LAMB CHOP | Pièce de mouton* ou d'agneau* constituée d'une tranche de selle anglaise*.

■ LAMBIG DE BRETAGNE

Cider brandy | *Voir* Fine Bretagne*.

■ LAMBRUSCO

Italian wine | Vins* rouges effervescents italiens produits en Émilie-Romagne. Issus de cépages Lambruchi et élaboré par la Méthode Charmat*, ils se presentent sous plusieurs D.O.C.*:

- ***Lambrusco grasparossa di Castelvetro***
- ***Lambrusco salamino di Santa Croce***
- ***Lambrusco di Sorbara***
- ***Lambrusco di Reggiano***

Ces vins sont prisés aux Etats-Unis où ils sont appelés "Red Coca-Cola*".

■ LAMELOISE (Jacques)

French chef | Cuisinier français né à Chagny en 1947. Après l'École hôtelière de Paris et un passage dans de grandes maisons, il rejoint l'établissement familial en 1971. Il fait de son restaurant une véritable institution gourmande et en 1979, au sommet de son art, le Guide Michelin* lui octroie une troisième étoile, faisant de lui le plus jeune cuisinier à recevoir la distinction suprême *(1)*. Aujourd'hui, la Maison Lameloise, avec Éric Pras en cuisine, est encore une des meilleures tables de France.

(1) C'est effectivement Jacques Lameloise, à 32 ans, qui fut le plus jeune français Chef à recevoir trois étoiles, mais au niveau international, l'italien Massimilio Alajmoqui demeure le plus jeune des triplement étoilés. Il fut distingué en 2003 et il n'avait que 28 ans.

■ LAMPROIE

LAMPREY | Poisson d'eau douce de la famille des pétromyzonidés. En réalité, il existe plusieurs espèces de lamproies qui vivent soit dans les fleuves, soit dans les eaux littorales. La lamproie se caractérise par un corps serpentiforme dépourvu d'écailles et une bouche en ventouse. Sa chair est légèrement grasse comme celle de l'anguille*. *La lamproie à la Bordelaise* (cuisinée au vin* de Bordeaux rouge et servie avec une sauce* liée au sang) est une spécialité aquitaine.

Source : Adobe Stock

■ LANCASHIRE

British cheese | Fromage* de lait* de vache fabriqué en Grande-Bretagne qui doit son nom à son comté d'origine. Le lancashire est reconnu A.O.P.* dans le cadre de l'U.E sous l'appellation ***Beacon Fell Traditional Lancashire***.

Type: pâte pressée non cuite, croûte naturelle grattée.

Forme: cylindre.

Taille: 25 à 30 cm de diamètre, 20 à 25 cm de hauteur.

Poids: 18 à 22 kg.

Teneur en M.G.: 45 à 50 %.

Qualité identique toute l'année.

■ LANDES (vin)

French wine | *Voir* Vins I.G.P.*.

■ LANGOUSTE

SPINY LOBSTER | Crustacé décapode marin vivant sur les fonds rocheux de nombreuses mers du globe. La langouste, qui appartient à la famille des palinuridés, se présente sous plusieurs espèces qui mesurent de 25 à 45 cm et dont certains spécimens peuvent atteindre 4 kg.
Il faut distinguer :

- ***La langouste rose*** ou ***langouste du Portugal***.
- ***La langouste rouge*** ou ***langouste bretonne*** qui possède une chair fine et savoureuse. Elle est considérée comme la meilleure.
- ***La langouste verte*** ou ***langouste de Mauritanie***.
- ***La langouste du Cap***.
- ***La langouste de Cuba***.

La langouste trouve sensiblement les mêmes apprêts culinaires que le homard*.

■ LANGOUSTINE

DUBLIN BAY PRAWN or NORWAY LOBSTER | Crustacé décapode marin vivant sur les fonds vaseux de l'Atlantique et de la Méditerranée. La langoustine, qui appartient à la famille des homardidés, mesure de 15 à 25 cm. Comme tous les autres crustacés, elle doit être consommée très fraîche.

Source : BIVB/Image et Associés

Langoustine aux girolles

■ LANGRES

French cheese | Fromage* de lait* de vache fabriqué en Champagne, A.O.C.* depuis 1991 et reconnu A.O.P.* au niveau européen. Il doit son nom à une ville de Haute-Marne située dans sa zone de production. L'aire d'appellation s'étend sur 318 communes de Haute-Marne, 25 communes des Vosges et 4 communes de Côte-d'Or.
Type: pâte molle à croûte lavée.
Forme: cylindre avec une cavité sur le dessus.
Taille (diamètre selon le format) : 16 à 20 cm, 9 à 10 cm, 7 à 8 cm.
Poids (selon le format) : 800 à 1 300 g, 280 à 350 g, 150 à 250 g.
Teneur en M.G.: 50 % au minimum.
Meilleures saisons: printemps, été, automne.

■ LANGUE

TONGUE | Abat* rouge prélevé dans la tête des animaux de boucherie et du porc*. Généralement pochée, la langue est servie accompagnée de diverses sauces* (sauce madère*, sauce piquante*, sauce tomate*, etc.).

■ LANGUE ÉCARLATE

PICKLED (RED) TONGUE | Langue de bœuf* (ou de porc*) qui a été immergée un certain temps dans une saumure* au salpêtre avant d'être pochée. Ce traitement particulier confère une couleur rouge vif au produit, d'où son nom.

■ LANGUE-DE-CHAT

French cookie/biscuit | Petit gâteau sec, de forme allongée, réalisé à partir d'un appareil composé de beurre*, sucre* glace, blancs d'œufs*, farine* et vanille*.

■ LANGUEDOC

French wine | Vins* rouges, rosés et blancs produits en Languedoc-Roussillon, A.O.C.* depuis 2007 *(1)* et reconnus A.O.P.* dans le cadre de l'U.E. L'appellation peut être complétée par une indication géographique constituant un des 12 terroirs *(2)* situés sur l'aire d'A.O.C.
Aire de production : vaste territoire constitué de nombreuses communes de l'Aude, de l'Hérault et du Gard.
Superficie du vignoble : environ 10 000 ha.
Encépagement autorisé* pour l'appellation (variable selon la zone de production) : Carignan*, Grenache noir*, Lladoner pelut*, Cinsault*, Mourvèdre*, Syrah*, Counoise*, Terret noir*, Picpoul noir*, Grenache rosé ou gris*, Bourboulenc*, Clairette*, Maccabéo*, Picpoul blanc*, Terret blanc*, Morastel, Rivairenc, Grenache blanc*, Marsanne*, Roussanne*, Vermentino*, Tourbat*, Viognier*, Carignan blanc*.
Rendement à l'hectare* : 50 hl pour les vins rouges et rosés, 60 hl pour les vins blancs *(3)*.

(1) En remplacement de l'appellation "Coteaux du Languedoc".
(2) Cabrières, Saint-Christol, Sommières, La Méjanelle, Montpeyroux, Saint Drézéry, Saint-Georges-d'Orques, Saint-Saturnin, Quatourze, Grès de Montpellier, Pézenas, Fonseranes.
(3) Variable pour les vins avec une indication géographique complémentaire.

■ LAPIN

RABBIT | Mammifère rongeur, domestique ou sauvage, appartenant à la famille des léporidés.
Le lapin domestique: il possède une chair blanche serrée, un peu fade, qui se prépare à la moutarde*, en gibelote*, au cidre*, en pâté... Parmi les espèces les plus connues, citons *le Fauve*

de Bourgogne, le Géant de Bouscat, l'Argenté des champs, le Géant des Flandres, le Rex du Poitou, le Garenne domestique et *le Normand*.
La cuniculture française, ou élevage du lapin, produit en moyenne 60 000 pièces par an.
Le lapin de garenne ou ***lapin sauvage***: il est légèrement plus petit que le lapin domestique (environ 1,5 kg) et il possède une chair au goût plus marqué que ce dernier. On le prépare en gibelotte*, en civet*, sauté*, en terrine...
Répertorié comme gibier, le lapin de garenne fait l'objet d'une chasse et d'une commercialisation réglementée. Il demeure un animal très prolifique avec des femelles capables de donner naissance chaque année à plusieurs portées totalisant 10 à 25 lapereaux. Cette fécondité exceptionnelle a parfois généré d'énormes populations *(1)* préjudiciables aux cultures agricoles.

(1) En juin 1952, la myxomatose (maladie contagieuse et mortelle du lapin) fut introduite en France par le professeur Armand-Delille afin de juguler une prolifération devenue inquiétante pour le milieu agricole.

■ LA ROMANÉE

French appellation | *Voir* Romanée* (la).

■ LAROUSSE GASTRONOMIQUE

Source : Éditions Larousse

Reference book | Ouvrage de référence sur la gastronomie* et les techniques culinaires. La première édition fut rédigée en 1938 par Prosper Montagné* et le Dr Gottschalk. Les éditions suivantes parurent en 1960, 1967, 1984, 1996, 2007 et 2012. Les dernières éditions furent réalisées sous l'égide d'un Comité gastronomique présidé par Joël Robuchon*. Avec 4 000 articles, 2 500 recettes et 1 700 illustrations, ***Le Grand Larousse gastronomique*** offre une vision très large de l'univers culinaire contemporain.

■ LARUNS

French cheese | Fromage* de lait* de brebis fabriqué dans le Béarn. Son nom lui vient d'un village pyrénéen situé dans sa zone de production.
Type: pâte pressée non cuite.
Forme: petite meule.
Taille: 25 à 30 cm de diamètre, 8 à 9 cm d'épaisseur.
Poids: 4 à 5 kg.
Teneur en M.G.: 50 %.
Meilleures saisons: printemps, été, automne.

■ LARZAC

LARZAC | Cocktail* préparé au shaker*.
2 cl de jus de citron*.
2 cl de Suze* *(1)*.
2 cl de curaçao* bleu.
1 cl de sirop* de sucre de canne.
Frapper et servir dans un verre à cocktail.

(1) La Suze peut être remplacée par de l'Avèze ou de la Salers*.*

■ LASAGNES

LASAGNA | Pâtes alimentaires en forme de larges rubans originaires d'Italie. Les lasagnes vertes sont colorées au jus d'épinard*.
La préparation des lasagnes se fait en alternant une couche de hachis de viande et de sauce tomate* avec une couche de pâte. Le dessus est nappé ou non de sauce béchamel*, mais il est toujours recouvert de fromage* râpé (gruyère*, emmental* ou parmesan*) pour être gratiné.

■ LA TÂCHE

French wine | *Voir* Tâche* (la).

■ LATRICIÈRES-CHAMBERTIN

French wine | Vin* rouge produit en Bourgogne*, Grand Cru bénéficiant d'une A.O.C.* depuis 1937 et reconnu A.O.P.* dans le cadre de l'U.E.
Aire de production : parcelles délimitées du lieu-dit "Latricières", sur la commune de Gevrey-Chambertin en Côte-d'Or, d'une superficie totale de 7,31 ha.
Encépagement autorisé* pour l'appellation : Pinot noir*, Chardonnay*, Pinot Blanc*, Pinot gris*.
Rendement à l'hectare* : 45 hl.

■ LAURIER (eau de source)

French mineral water | Eau de source* captée à Neufmoutiers-en-Brie en Seine-et-Marne.
Catégorie: faiblement minéralisée.
pH à 20 °C: 7,6.
Minéralisation totale: N.C.

■ LAURIER-SAUCE

BAY LEAF | Arbuste à feuillage persistant originaire de Grèce et dont les feuilles sont utilisées comme aromate*. Fraîches ou séchées, ces feuilles se retrouvent dans les bouquets garnis*, marinades*, terrines, etc.

Source : Photo BG

■ LAUZET

Grape variety | Cépage* blanc d'origine béarnaise cultivé en faible quantité sur les aires d'appellation Jurançon* et Béarn*. Il génère des vins secs aux arômes fruités.

■ LAVAL

French cheese | Fromage* de lait* de vache fabriqué dans le Maine. Il tire son nom de la ville où est installé le monastère qui le fabrique.
Type : pâte pressée non cuite, croûte lavée.
Forme : disque épais.
Taille : 25 cm de diamètre, 4 cm de hauteur.
Poids : 2 kg environ.
Teneur en M.G. : 40 à 42 %.
Qualité identique toute l'année.

■ LAVANDE

LAVENDER | Plante aromatique méditerranéenne très connue pour ses fleurs. Dans le domaine culinaire, on utilise les feuilles moins parfumées que les fleurs, pour aromatiser les salades, riz*, soupes* de poissons… et les fleurs dans la préparation de glaces* ou spiritueux*.

Source : Adobe Stock

■ LA VARENNE (François Pierre de)

French chef and writer | Cuisinier français (Dijon 1618–1678) qui publia plusieurs ouvrages dont *Le Cuisinier françois (1)* en 1651. Ce livre marqua une révolution culinaire où l'on passait d'une cuisine d'inspiration médiévale à une cuisine moderne. Des règles et des techniques nouvelles furent clairement codifiées et apparurent des recettes qui deviendront des classiques de notre gastronomie*.

(1) L'ouvrage est parfois présenté, à tort, sous le titre "Le Cuisinier français".

■ LAVILLEDIEU

French wine | *Voir* Vins I.G.P.*.

■ LE PAYS CATHARE

French wine | *Voir* Vins I.G.P.*.

■ LECKERLI DE BÂLE

Swiss cake | Petit gâteau suisse préparé avec du miel*, du sucre*, de l'orange* ou du citron* confit, des amandes* hachées et de la farine*. Il est aromatisé avec plusieurs épices *(1)* et du kirsch*.

(1) Cannelle, clous de girofle* moulus, noix de muscade* râpée, etc.*

■ LEN DE L'EL ou L'EN DE L'ELH

Grape variety | Cépage* blanc originaire du Tarn et cultivé sur 600 ha dans l'aire d'appellation Gaillac*. Il tire son nom d'un mode de taille ("loin de l'œil" en languedocien). Len de l'el génère des vins secs* parfumés, riches en alcool. En surmaturation, avec la pourriture noble*, il peut produire de bons vins moelleux*.

■ LENÔTRE (Gaston)

French pastry chef, caterer and restaurateur | Pâtissier, traiteur et restaurateur français (Saint-Nicolas-du-Bosc 1920 – Sennely 2009). Installé comme pâtissier à Pont-Audemer en 1947, il ouvre dix ans plus tard une boutique à Paris. Il révolutionne l'art de la pâtisserie en allégeant les préparations et en créant des saveurs nouvelles. À cette activité, il joint celle de traiteur et gère des restaurants de prestige (*le Pré Catelan* et *le Pavillon Elysée*). Homme d'entreprise, Gaston Lenôtre exporte son savoir-faire avec plus de 50 adresses dans de nombreux pays. En 1971, il ouvre l'école Lenôtre qui reçoit chaque année de nombreux professionnels en quête de perfectionnement. Par ailleurs, il nous laisse plusieurs ouvrages dédiés à la pâtisserie.

■ LENTILLE

LENTILS | Petite graine issue de la gousse d'une légumineuse originaire d'Asie. Longtemps considérée comme le légume du pauvre, la lentille est aujourd'hui appréciée pour sa valeur énergétique et sa richesse en éléments minéraux, notamment en fer *(1)*.
Il faut distinguer plusieurs variétés de lentilles : *La lentille verte (2), la lentille blonde, la lentille brune* et *la lentille corail*. Ces variétés se différencient par leur forme, leur grosseur et leur couleur.

Lentilles vertes du Puy

La lentille se consomme toujours cuite, en salade, en purée, en potage*...

(1) Voir Épinard.*

(2) Bénéficiant d'une A.O.C. depuis 1996,* ***La Lentille verte du Puy*** *est reconnue A.O.P* dans le cadre de l'U.E. Elle doit provenir de la lignée variétale Anicia , avoir un diamètre de 3,25 à 5,75 mm et un taux d'humidité qui ne dépasse pas 23 % au moment de la récolte. La conduite de la culture (semis, rotation des cultures, fertilisation, irrigation, etc.) est sévèrement contrôlée et l'aire d'appellation est limitée à 87 communes de Haute-Loire situées dans la région du Puy-en-Velay.*

La Lentille verte du Berry*, produite dans l'Indre et le Cher, bénéficie d'une I.G.P.* depuis 1998.*

■ LENTIN DU CHÊNE

Mushroom | Autre dénomination du shitake*.

■ LÉPIDODE

Scabbard fish | Poisson de mer couramment dénommé sabre*.

■ LÉPIOTE

SHAGGY PARASOL (mushroom) | Champignon qui se caractérise par un chapeau ovoïde ou campanulé couvert d'écailles qui peut atteindre 35 cm de diamètre. Sa chair fine possède un léger goût de noisette.
La lépiote, également appelée *Coulemelle*, se consomme sautée au beurre*, grillée ou frite.

■ LES BAUX-DE-PROVENCE

French wine | Vins* rouges, rosés et blancs produits en Provence, A.O.C.* depuis 1995 et reconnus A.O.P.* dans le cadre de l'U.E.
Aire de production : 7 communes des Bouches-du-Rhône, dont Les Baux-de-Provence, situées au nord-est d'Arles.
Superficie du vignoble : 250 ha.
Encépagement autorisé* pour l'appellation : Grenache noir*, Syrah*, Mourvèdre*, Cinsault*, Counoise*, Carignan*, Cabernet-Sauvignon*, Clairette*, Grenache blanc*, Vermentino*, Roussanne*, Bourboulenc*, Marsanne*, Ugni blanc*.
Rendement à l'hectare* : 50 hl.

■ L'ÉTOILE

French wine | Vins* blancs, vins jaunes* et vins de paille* produits dans le Jura. A.O.C.* depuis 1937 et reconnus A.O.P.* dans le cadre de l'U.E.
Aire de production : communes de L'Etoile, Plainoiseau, Quintigny et Saint-Didier, situées au nord de Lons-le-Saunier.
Superficie du vignoble : 67 ha.
Encépagement autorisé* pour l'appellation : Chardonnay*, Savagnin* et Poulsard*.
Rendement à l'hectare* : 60 hl pour les vins blancs et 20 hl pour les vins de paille.
Teneur en sucre des moûts* destinés à produire des vins de paille : entre 320 g et 420 g/l. Richesse alcoolique minimum acquise : 14 %.
Les vins de paille font l'objet d'un passerillage* hors souche d'au moins 6 semaines et ne peuvent être commercialisés qu'après 3 ans de vieillissement (dont 18 mois "sous bois"), avec indication du millésime*.
Les vins jaunes (issus du seul cépage Savagnin) font l'objet d'un élevage minimum en fût de chêne, sans ouillage*, jusqu'au 15 décembre de la 6ème année qui suit celle de la récolte, dont 60 mois au moins sous voile pour d'acquérir le "goût de jaune".

■ LEVRAUT

YOUNG HARE | *Voir* Lièvre*.

■ LEVROUX

French cheese | Fromage* identique au valençay*.

■ LEVURAGE

YEASTING (winemaking technique) | Opération de vinification* qui consiste à ajouter des levures alcooliques* à un moût* dans le but d'activer le processus fermentaire lorsque les conditions naturelles sont défavorables.

■ LEVURE

YEAST | Substance utilisée pour faire lever une pâte. On distingue 2 types de levure :

- ***La levure chimique*** ou *levure alsacienne*, mélange de substances d'origine chimique capable de produire, lui-aussi, un dégagement de gaz carbonique qui génère un gonflement de la pâte. Ce type de levure est interdit en panification.
- ***La levure biologique*** ou *levure de boulanger*, champignon microscopique qui provoque une fermentation en se nourrissant des sucres fournis par l'amidon de la farine*. Cette fermentation dégage du gaz carbonique qui, en cherchant à s'échapper, provoque la "pousse" de la pâte.

■ LEVURES ALCOOLIQUES

ALCOHOLIC FERMENTATION | Agents biologiques de la fermentation alcoolique* qui se présentent sous forme de micro-organismes

unicellulaires *(1)* appartenant au genre *saccharomyces*. Les levures sont naturellement présentes sur la pellicule des grains de raisin *(2)* où elles ont été déposées par le vent ou les insectes et où elles sont retenues par la pruine*. Dans le moût*, les levures se reproduisent par bourgeonnement lorsque le milieu et la température sont favorables et par sporogénèse (formation de spores) lorsque les conditions deviennent défavorables.
Les variétés de levures sont nombreuses, mais les 3 principales espèces intervenant lors d'une fermentation alcoolique sont :

- ***Les levures apiculées*** qui démarrent rapidement la fermentation. Actives jusqu'à 5° d'alcool*, elles utilisent 20 à 25 g de sucre pour produire 1° d'alcool *(3)*.
- ***Les levures elliptiques*** qui sont les agents principaux de la fermentation. Actives jusqu'à 12 ou 13°, elles utilisent 17 à 18 g de sucre pour produire 1° d'alcool *(3)*.
- ***Les levures de Pasteur**** qui interviennent pour finir la fermentation. Actives jusqu'à 16 ou 17°, elles utilisent 17 à 19 g de sucre pour produire 1° d'alcool *(3)*. Ces levures sont très utiles pour terminer la fermentation des vins riches en alcool (ex: Sauternes*).

(1) De taille variable, entre 4 et 10 microns.
(2) Elles sont également présentes sur la peau d'autres fruits comme la pomme à cidre.*
(3) Estimations par litre de moût.

■ LICENCE

LICENSE | Tout commerçant souhaitant vendre des boissons *(1)*, à consommer sur place ou à emporter, doit être titulaire d'une licence. La loi du 31 mars 2006 a institué l'obligation de formation pour les futurs titulaires d'une licence de débit de boissons (licences de 3ème et 4ème catégorie), d'une petite licence de restaurant ou d'une licence de restaurant. Cette formation, qui est sanctionnée par un ***Permis d'exploitation***, vise à acquérir des connaissances sur les dispositions du Code de la Santé Publique relatives à la prévention et à la lutte contre l'alcoolisme, la protection des mineurs et la répression de l'ivresse publique, mais aussi la législation sur les produits stupéfiants, la revente de tabac*, la lutte contre le bruit, les faits susceptibles d'entrainer une fermeture administrative, les principes généraux des responsabilités civiles et pénales et la lutte contre la discrimination. Le Permis d'exploitation est valable 10 ans.
Nous distinguons 3 types de licence :
Les licences de débits de boissons qui sont réparties en 2 catégories :

- *Licence de 3ème catégorie* (vente de boissons des 1er et 3ème groupes).
- *Licence de 4ème catégorie* ou *Grande Licence* ou *Licence de plein exercice* (vente de boissons de tous les groupes).

Depuis la réforme entrée en vigueur au 1er janvier 2016, les anciens titulaires d'une licence de 2ème catégorie sont devenus de plein droit titulaire d'une licence de 3ème catégorie.

Grande licence (ou licence de 4ème catégorie)

Les licences de restaurant qui se présentent en 2 catégories :

- *Petite licence de restaurant* (vente de boissons des 1er et 3ème groupes).
- *Licence de restaurant* (vente de boissons de tous les groupes).

Ces 2 licences ne permettent de vendre que des boissons consommées à l'occasion des repas et comme accessoire à la nourriture.

Licence de restaurant

Licences de vente à emporter qui se trouvent en 2 catégories :

- Petite licence à emporter (vente à emporter de boissons des 1er et 3ème groupes).
- Licence à emporter (vente à emporter de boissons de tous les groupes).

Pour les licences de débits de boissons de 4ème catégorie, le délai de péremption est porté à 5 ans et le transfert ne peut se faire qu'à l'intérieur d'un même département (le maire doit émettre un avis favorable lorsqu'il s'agit de la dernière licence de la commune).
Depuis décembre 2019 et pour une période de 3 ans, la loi permet la création de nouvelles licences de 4ème catégorie dans les communes de moins de 3 500 habitants qui n'en disposent pas. Ces licences ne sont transférables que dans le périmètre de l'intercommunalité.

Notons par ailleurs que l'implantation géographique d'un débit de boissons est réglementée *(2)*. Rappelons enfin que la vente de boissons alcoolisées (du 3ème au 5ème groupe) est interdite aux mineurs de moins de 18 ans.

(1) Voir groupes de boissons.*

(2) La réglementation précise notamment que la création ou le transfert d'un débit de boissons doit se faire en tenant compte de la situation de la zone d'implantation. En effet, un nouveau débit de boissons ne peut être ouvert dans une commune si le nombre autorisé (soit un débit pour 450 habitants) est atteint ou dépassé. D'autre part, certains espaces géographiques classés "zones protégées" interdisent toute installation de nouveau débit de boissons. Ces zones sont définies par la proximité :

D'établissements de santé, de centres de soins, de centres d'accompagnement et de prévention en addictologie...

D'établissements d'enseignement et de formation, d'établissements d'hébergement collectif ou de loisir de la jeunesse...

De stades, de piscines, de terrains de sport...

Il appartient au préfet de fixer la distance à respecter entre les établissements concernés et les débits de boissons.

■ LIE

SEDIMENT | Dépôt résiduel de la fermentation alcoolique du vin* (ou du cidre*) formé de différentes substances, notamment de levures mortes. La lie est généralement éliminée par soutirage*. Cependant, certains vins comme le Muscadet* "sur lie", sont conservés volontairement sur leur lie durant quelques mois, jusqu'à la mise en bouteille, afin d'obtenir un léger perlant.

■ LIEU

POLLACK or SAITHE (coley) | Poisson de mer de la famille des gadidés qui vit dans l'Atlantique et dans la Manche.

On distingue 2 types de lieu: ***le lieu noir*** et ***le lieu jaune*** (le plus apprécié). Ils mesurent de 40 à 80 cm et leur chair maigre et fine rappelle celle du merlu*.

■ LIÈVRE

HARE | Gibier à poils dont la chasse et la commercialisation sont réglementées. Ce mammifère rongeur se rencontre sous 2 espèces:

- ***Le lièvre brun*** ou ***lièvre de plaine***: c'est le plus répandu. Il s'agit d'un animal au pelage roussâtre qui pèse de 3 à 5 kg.
- ***Le lièvre variable*** ou ***lièvre de montagne***: de plus petite taille que le précédent (1,5 à 3 kg), il possède un pelage ocré qui, après une mue complète, devient blanc l'hiver. On le trouve au-dessus de 1 500 m d'altitude.

Selon l'âge ou le sexe, le lièvre porte plusieurs noms: *hase* pour la femelle, *levraut* pour le petit, *financier* lorsqu'il atteint 4 mois, *demi-lièvre* ou *président* à l'âge de 6 mois, *trois-quarts* ou *conseiller* de 9 mois à 1 ans. Le mâle adulte est appelé *bouquin* et le vieux lièvre se nomme *capucin*.

Le lièvre se prépare en civet*, en daube*, rôti, à la royale *(1)*, en pâté, etc.

(1) Apprêt culinaire d'origine périgourdine où le lièvre désossé est garni d'une farce composée des abats de l'animal, de foie gras*, de lard frais, de mie de pain*, de truffe*, d'oignon*... et braisé au vin* rouge. Cette préparation, grand classique de la gastronomie française, connait plusieurs variantes.*

■ LILLET

Liqueur | A.B.V.* mis au point à Podensac en 1887 par Paul et Raymond Lillet et toujours élaboré dans cette localité girondine à partir de 85 % de vins* *(1)* et 15 % de liqueurs* de fruits *(2)*. Une faible quantité de quinquina* apporte une pointe d'amertume au produit.

Source : Doc. Lillet

Lillet blanc et Réserve Jean de Lillet

Le Lillet, qui titre 17°, est diffusé en 4 versions :

Le Lillet Blanc : présente des arômes d'oranges* confites, de miel* et de fruits exotiques

Le Lillet rouge : révèle des arômes de fruits rouges, de vanille* et d'épices*

Le Lillet rosé : évoque des parfums de fleur d'oranger et de pamplemousse*

La Réserve Jean de Lillet : rouge ou blanc, issue de vins de Bordeaux A.O.C.* millésimés associés à des liqueurs naturelles de fruit, elle subit un vieillissement de 6 à 12 mois en barriques de chêne. Ce fleuron de la marque se caractérise par une richesse aromatique remarquable.

Consommé le plus souvent nature, à une température de 6 à 8°, *le Lillet* peut être additionné d'un trait de liqueur de fraise* ou de crème de cassis*. Par ailleurs, il est employé comme composant de cocktails*. Bien connu en France et à l'étranger, *le Lillet* est le premier A.B.V. français exporté aux Etats-Unis.

(1) Issus de cépages Sémillon et Sauvignon* pour le blanc et Cabernet-Sauvignon*, Cabernet franc* et Merlot* pour le rouge.*

(2) Principalement des liqueurs à base d'agrumes douces et amères*

■ LIMANDE

DAB (fish) | Poisson de mer de la famille des pleuronectidés qui vit dans la mer du Nord, la Manche et l'Atlantique. Il mesure de 20 à 45 cm.

On distingue plusieurs variétés de limandes: ***la limande rouge*** ou ***fausse limande***, ***la limande blonde*** ou ***limande franche***, ***la limande-sole***, ***la limande cardine***, etc.

La chair de la limande est moins fine que celle de la sole* mais elle se prête aux mêmes utilisations culinaires que cette dernière.

■ LIME

LIME | Agrume*, également appelé *Citron* vert*, originaire du nord-est de l'Inde ou de Tahiti. Il est cultivé aujourd'hui dans plusieurs régions du monde, le Mexique étant le premier producteur mondial.

Il faut distinguer :

- ***Les limes à gros fruits*** dont les principales variétés sont *la Tahiti, la Bearss, la Persian lime...*
- ***Les limes à petits fruits*** telles que *l'Antillaise* et *la Mexicaine...*

Ce petit agrume à peau lisse de couleur verte possède une pulpe juteuse et acide employée en cuisine, en pâtisserie et dans la composition ou le décor de certains cocktails*.

Source : COLEACP

■ LIMONADE

LEMONADE | Boisson gazeuse sucrée et parfumée aux extraits de citron*. C'est le chimiste anglais Joseph Priestley (1733-1804) qui découvrit le procédé pour gazéifier l'eau par adjonction de gaz carbonique ; procédé qui sera utilisé pour élaborer les premières limonades. Plus tard viendront les sodas*.

■ LIMOUX

French wine | Vins* blancs et rouges produits en Languedoc-Roussillon, A.O.C.* depuis 1959 et reconnus A.O.P. * dans le cadre de l'U.E.

Aire de production : 41 communes de l'Aude, dont Limoux, situées au sud-ouest de Carcassonne.

Superficie du vignoble : 235 ha.

Encépagement autorisé* pour l'appellation : Mauzac*, Chardonnay*, Chenin blanc*, Merlot*, Cabernet franc*, Cabernet -Sauvignon*, Grenache*, Cot*, Syrah*.

Rendement à l'hectare* : 50 hl.

■ LIMOUX BLANQUETTE DE LIMOUX

French wine | *Voir* Blanquette de Limoux*.

■ LIMOUX MÉTHODE ANCESTRALE

French wine | Vins* blancs effervescents produits en Languedoc-Roussillon sur les aires délimitées de l'appellation Blanquette de Limoux*. A.O.C.* depuis 1986 et reconnus A.O.P.* dans le cadre de l'U.E. "Limoux méthode ancestrale" est une appellation exclusivement réservée aux vins ayant subi une fermentation spontanée en bouteille. Ces vins étaient autrefois dénommés "Vins de Blanquette" *(1)*.

Encépagement autorisé pour l'appellation : Mauzac*.

Rendement à l'hectare* : 60 hl.

(1) Au 16ème siècle, les vins étaient presque toujours élevés et transportés en tonneaux. C'est à cette époque que les moines de l'abbaye Saint-Hilaire, au nord-est de Limoux, commencèrent à mettre le leur dans des bouteilles en verre dont le bouchage était renforcé par un lien. Ainsi sont apparus les premiers vins effervescents issus d'une fermentation spontanée, bien avant ceux élaborés par la Méthode champenoise de Dom Pérignon.*

■ LINGOT

NAVY BEAN | *Voir* Haricot en grain*.

■ LINGUE

LING (fish) | Poisson de mer de la famille des gadidés. On distingue ***la grande lingue*** (50 cm à 1,50 m), qui vit à proximité des côtes norvégiennes, et ***la petite lingue*** (maximum 90 cm) dont l'habitat traditionnel est la Méditerranée.

Appelée également *julienne*, la lingue possède une chair blanche assez délicate.

■ LIQUEUR

LIQUEUR | Boisson spiritueuse obtenue par macération alcoolique de substances végétales ou par distillation en présence de ces mêmes substances. L'ajout d'un alcoolat*, d'un édulcorant* (sucre*, glucose ou miel*) et éventuellement d'un colorant* complète généralement la préparation.

En France, une liqueur doit contenir au moins 100 g de sucre par litre *(1)* et titrer entre 15 et 55 % d'alcool.

Les premières liqueurs furent élaborées par les religieux au début du 14ème siècle. À base de

fruits ou de plantes, les recettes mises au point furent transmises de génération en génération. La production de liqueurs, artisanale ou industrielle, s'est aujourd'hui développée dans de nombreux pays.

(1) Ce minimum est porté à 250 g/l pour les crèmes (400 g/l pour les crèmes de cassis*). Il existe toutefois des dérogations : pour les liqueurs à base de gentiane*, la teneur minimale en sucre est abaissée à 80 g/l et pour les liqueurs de cerise*, cette teneur minimale est abaissée à 70 g/l si l'alcool utilisé est exclusivement de l'eau-de-vie* de cerise.*

À partir de ces teneurs en sucre minimales, l'édulcoration d'une liqueur est très variable. Elle peut être très élevée ; c'est le cas de la Marie Brizard qui contient 500 g de sucre au litre.*

■ LIQUEUR DE TIRAGE

Winemaking term | Mélange constitué de vin* vieux, de sucre* et de levures alcooliques*, ajouté à un vin tranquille* au moment de sa mise en bouteille pour provoquer une prise de mousse lors d'une seconde fermentation (voir Méthode champenoise*). Cette préparation est souvent additionnée de bentonite *, un adjuvant clarificateur qui doit alourdir le dépôt qui se formera ultérieurement et ainsi favoriser son glissement vers le goulot lors du remuage.

■ LIQUEUR D'EXPÉDITION ou LIQUEUR DE DOSAGE

Winemaking term | Mélange de vin* et de sucre* que l'on ajoute, après dégorgement, à une bouteille de vin effervescent en fin d'élaboration (voir Méthode champenoise*). Certains champenois incorporent une peu d'esprit de cognac* au mélange.

■ LIRAC

French wine | Vins* rouges, rosés et blancs produits dans la Vallée du Rhône, A.O.C.* depuis 1947 et reconnus A.O.P.* dans le cadre de l'U.E.

Aire de production : 4 communes du Gard situées au nord-ouest d'Avignon : Lirac, Roquemaure, Saint-Geniès-de-Comolas et Saint-Laurent-des-Arbres.

Superficie du vignoble : 770 ha.

Encépagement autorisé* pour l'appellation : Grenache noir*, Syrah*, Mourvèdre*, Cinsault*, Carignan*, Clairette*, Grenache blanc*, Bourboulenc*, Ugni blanc*, Picpoul blanc*, Picpoul noir*, Clairette rose, Marsanne*, Roussanne*, Grenache gris*, Counoise*, Viognier*.

Rendement à l'hectare* : 41 hl.

■ LISBETH

French mineral water | Eau-de-source* *(1)* captée à Soultzmatt dans le Haut-Rhin.

pH à 20 °C : 6,7.

Minéralisation totale : 568 mg/l.

(1) Existe en versions naturelle plate, légèrement pétillante et pétillante.

■ LISETTE

YOUNG MACKEREL | Jeune maquereau* de la taille d'une sardine*.

■ LISTAN

Grape variety | Originaire d'Andalousie, ce cépage blanc est cultivé en France sur des aires d'appellation du Midi telles que Rivesaltes* et Grand Roussillon*. Il reste cependant le cépage principal du Xérès* sous la dénomination de *Palomino*. On le rencontre également dans d'autres vignobles étrangers, notamment en Afrique du Sud et en Californie.

■ LISTRAC MEDOC

French wine | Vins* rouges produits dans le Bordelais, A.O.C.* depuis 1986 *(1)* et reconnus A.O.P.* dans le cadre de l'U.E.

Aire de production : commune de Listrac-Médoc au centre du Haut-Médoc.

Superficie du vignoble : 422 ha.

Encépagement autorisé* pour l'appellation : Cabernet Sauvignon*, Cabernet franc*, Carmenère*, Merlot*, Malbec* et Petit Verdot*.

Rendement à l'hectare* : 57 hl.

(1) En remplacement de l'A.O.C. "Listrac".

■ LITCHI

LITCHI | Fruit exotique originaire de Chine. De la taille d'une grosse prune, le litchi possède une écorce rugueuse rose foncé ou rouge qui renferme une chair blanche translucide très parfumée. Il se consomme nature, en compote, en sorbet* ou comme garniture* de plats asiatiques. Il entre également dans la composition de liqueurs* comme le Soho*.

Source : Adobe Stock

■ LIVAROT

French cheese | Fromage* de lait* de vache fabriqué en Normandie, A.O.C.* depuis 1975 et reconnu A.O.P.* dans le cadre de l'U.E. Il doit son nom à une localité du Pays d'Auge d'où il est originaire. La zone de production s'étend sur 287 communes

implantées principalement dans le Calvados mais aussi dans l'Orne et dans l'Eure.
Type : pâte molle à croûte lavée.
Forme : petit disque épais. Autrefois cerclé de laîches (joncs aquatiques), il est aujourd'hui présenté entouré de bandelettes de papier *(1)*.
Taille : Il est commercialisé sous 4 formats avec des diamètres variant de 8 à 21 cm *(2)*.
Poids : de 200 à 1 500 g selon le format
Teneur en M.G. : 40 % au minimum.
Meilleures saisons : printemps, été, automne.

(1) Les 5 rangées de laîches qui entouraient le Livarot lui ont valu le surnom de "colonel", par analogie aux 5 galons de cet officier.

(2) le grand Livarot, le Livarot, le 3/4 Livarot, le petit Livarot.

Source : Adobe Stock

■ LLADONER PELUT ou LLEDONER PELUT

Grape variety | Cépage* noir d'origine catalane cultivé dans Languedoc-Roussillon (Corbières*, Saint-Chinian*, Côtes du Roussillon*, Fitou*, etc.) où il produit des vins* rouges corsés et aromatiques.

■ LOI GODART

Agence Meurisse 1917

Justin Godard

GODART LAW | La loi du 19 juillet 1933, initiée par le sénateur Justin Godart *(1)*, est devenue la référence pour la rémunération au pourcentage, au titre du service, du personnel en contact avec la clientèle. Elle exclut donc le personnel de cuisine et les autres personnels qui ne travaillent pas en contact direct avec les clients. Cette loi serait née d'une rencontre entre le parlementaire et Marinette, femme de chambre d'un grand hôtel parisien. Cette dernière, indignée par les sommes que dépensaient les riches clients par rapport à ce qu'elle gagnait, aurait demandé au sénateur de faire une proposition législative pour remédier à la situation.
Si ce système de rémunération est de moins en moins pratiqué, il continue d'avoir des adeptes, notamment en région parisienne. Dans les établissements où il est adopté, les documents mis à la disposition du consommateur (cartes, menus, factures, etc.) portent la mention "Prix service compris", suivie de l'indication, entre parenthèses, du taux pratiqué pour le service. Par contre, quand un restaurant mentionne "Prix nets", cela signifie que le personnel est complétement rémunéré sur la base d'un salaire fixe.

(1) Justin Godart (1871-1956) était un avocat qui fut député, sénateur, ministre et maire de Lyon.

■ LOISEAU (Bernard)

French chef | Cuisinier français (Chamalières 1951 – Saulieu 2003). Après un apprentissage chez les Frères Troisgros* à Roanne, il rejoint Paris pour œuvrer dans les restaurants de Claude Verger. En 1975, ce dernier lui confie la direction de *La Côte d'Or* à Saulieu où Alexandre Dumaine* contribua jadis à la gloire de la gastronomie* française. En 1982, il devient propriétaire de l'entreprise. Talentueux, perfectionniste, passionné, travailleur acharné, Bernard Loiseau imagine une cuisine revisitée où il recherche pureté et légèreté. En 1991, il reçoit la consécration suprême avec trois étoiles au Guide Michelin*. Grand communicateur, devenu un des personnages les plus populaires de la gastronomie, il publie plusieurs ouvrages, dont *L'envolée des Saveurs*.
Depuis sa disparition tragique en février 2003, son épouse Dominique et son chef Patrick Bertron continuent à diriger avec brio *Le Relais Bernard Loiseau*.

■ LOLLO ROSSA

LOLLO ROSSA | *Voir* Laitue*.

■ LONG DRINKS

LONG DRINKS | Boissons "longues" ou "grandes boissons" rafraîchissantes et désaltérantes de 9 à 33 cl *(1)*.
Ce sont souvent des cocktails* allongés de soda*, eau gazeuse, jus de fruits, etc.

(1) Cocktails alcoolisés: 9 à 12 cl. Cocktails non alcoolisés: 12 à 33 cl.

■ LONGE

LOIN | ***La longe de porc**** est constituée du filet*, du carré* de côtes et de l'échine*.

La longe de veau* est constituée de la partie dorsale de l'animal située avant le quasi*.

■ LONGUET

Breadstick | Petit pain* mince, long et sec.

■ LONGUEUR EN BOUCHE

THE FINISH (in wine tasting) | *Voir* P.A.I.*.

■ LONZO DE CORSE ou LONZO DE CORSE-LONZU

Dried pork | Préparation charcutière corse élaborée à partir de longe de porc* salée, séchée et affinée. A.O.C.* depuis 2012 et reconnue A.O.P.* dans le cadre de l'U.E.

■ LORETTE (salade)

Salad | Salade composée constituée de mâches* et d'une julienne* de céleris* et de betteraves*. Assaisonnement: sauce vinaigrette*.

■ LORMES

French cheese | Fromage* de lait* de chèvre fabriqué dans le Nivernais. Il doit son nom à un village de la Nièvre d'où il est originaire.
Type: pâte molle, croûte naturelle.
Forme: cône tronqué.
Taille: 8 cm de diamètre de base, 5 cm de hauteur.
Poids: 250 g.
Teneur en M.G.: 45 %.
Meilleures saisons: printemps, été, automne.

■ LOTTE DE MER

MONKFISH | Poisson de mer *(1)* de la famille des lophiidés qui se caractérise par une tête énorme et aplatie dotée d'une grande gueule. Il est d'ailleurs toujours commercialisé étêté. La lotte de mer, également appelée *baudroie*, peut atteindre 80 cm à 1,00 m de longueur. Sa chair blanche, maigre, fine et ferme est très appréciée.

(1) Il existe aussi une lotte (ou lote) d'eau douce appartenant à la famille des gadidés. Ce poisson vit généralement dans les eaux claires et fraîches des cours d'eau et des lacs.

Source: Ph. Asset/FranceAgrime

Lotte rôtie aux olives

■ LOUISETTE (salade)

Salad | Salade composée* constituée de cœurs de laitues* romaines, de quartiers de tomates* et de grains de raisins* blancs épépinés et épluchés. Assaisonnement: sauce vinaigrette*.

■ LOUKOUM ou LOKOM

Oriental confectionery | Confiserie orientale dont les composants varient selon les pays. Elle est généralement réalisée à partir de sucre*, sirop de glucose, miel*, farine* de riz* et garnie ou parfumée d'éléments divers (amandes*, noix*, pistaches*...).

■ LOUP

SEA BASS | *Voir* Bar*.

■ LOUPIAC

French wine | Vins* blancs produits dans le Bordelais, A.O.C.* depuis 1936 et reconnus A.O.P.* dans le cadre de l'U.E.
Aire de production : commune de Loupiac, en Gironde, située sur la rive droite de la Garonne au nord-ouest de Langon.
Superficie du vignoble : 350 ha.
Encépagement autorisé* pour l'appellation : Sémillon*, Sauvignon*, Muscadelle*.
Rendement à l'hectare* : 40 hl.
Teneur en sucre résiduel : au moins 45 g/l
Ces vins sont élaborés à partir de raisins arrivés à surmaturation (voir Pourriture noble*).

■ LUBERON

French wine | Vins* rouges, rosés et blancs produits dans la Vallée du Rhône, A.O.C.* depuis 2009 *(1)* et reconnus A.O.P* dans le cadre de l'U.E.
Aire de production : 36 communes du Vaucluse situées au sud-est d'Avignon.
Superficie du vignoble : 3 360 ha.
Encépagement autorisé* pour l'appellation : Grenache rouge*, Mourvèdre*, Syrah*, Carignan*, Cinsault*, Grenache blanc*, Bourboulenc*, Ugni blanc*, Clairette*, Vermentino*, Roussanne*, Viognier*, Marsanne*, Marselan.
Rendement à l'hectare* : 55 hl pour les vins rouges et rosés et 60 hl pour les vins blancs.

(1) En remplacement de l'appellation "Côtes du Luberon" de 1988.

■ LUCHON

French mineral water | Eau minérale naturelle* plate captée à Bagnères-de-Luchon en

Haute-Garonne. Autorisation ministérielle du 12 avril 1980.
Catégorie : faiblement minéralisée.

Source : Société des eaux minérales de Luchon

Composition physico-chimique (en mg/l)	
Cations	Anions
Calcium : 26,5 Magnésium : 1 Sodium : 0,8 Potassium : 0,2	Bicarbonates : 78,1 Sulfates : 8,2 Chlorures : 2,3 Nitrates : 1,8
pH à 20 °C : 8	Minéralisation totale : 83 mg/l

■ LUCQUES DU LANGUEDOC

Olive | *Voir* Olive*.

■ LUMP ou LOMPE

LUMPFISH | Poisson de mer de la famille des cycloptéridés qui vit en Mer du Nord et en Baltique. Sa chair gélatineuse, sans intérêt culinaire, est peu consommée. Le lump est surtout pêché pour ses œufs abondants (200 000 par an et par femelle) qui sont traités en saumure* et colorés en rouge ou en noir (ils sont naturellement de couleur rose pâle ou jaunâtre).

■ LUNCH

LUNCH | Terme d'origine britannique qui signifie "déjeuner". Pour les anglo-saxons, le lunch est en réalité un repas léger pris au milieu de la journée. En France, ce mot désigne un buffet* copieusement garni *(1)* destiné à des invités qui se restaurent souvent debout. Dans ce cas, le lunch remplace un repas traditionnel.

(1) Hormis les canapés et les petits fours, le buffet de lunch présente également des charcuteries, des viandes et des poissons froids, des fromages, des entremets*, des pâtisseries... et bien sûr un choix de boissons (jus de fruits, eaux minérales*, vins*, voire champagne*, etc.). Quelques lunchs comportent des apprêts chauds ou glacés servis à certains moments de la réception.*

■ LUSSAC-SAINT-ÉMILION

French wine | Vins* rouges produits dans le Bordelais, A.O.C.* depuis 1936 et reconnus A.O.P.* dans le cadre de l'U.E.
Aire de production : commune de Lussac, en Gironde, située au nord-est de Saint-Émilion*.
Superficie du vignoble : 1 461 ha.
Encépagement autorisé* pour l'appellation : Cabernet-Sauvignon*, Cabernet franc*, Malbec*, Merlot*, Carmenère*, Petit Verdot*.
Rendement à l'hectare* : 53 hl.

■ LYOPHILISATION

LYOPHILIZATION (freeze-drying) | *Voir* Café*.

Source : Adobe Stock

Œufs de lump

M

■ MACARON

MACARON or MACAROON | Petit gâteau moelleux préparé avec une pâte à base de poudre d'amande*, sucre* et blancs d'œufs*. Cette pâte est diversement parfumée (noisette*, chocolat*, café*, fraise*, vanille*...). Les macarons sont souvent présentés accolés par deux avec un fourrage dont le parfum s'harmonise avec celui des gâteaux.

Source: M. Gibert/Cedus

■ MACARONIS

MACARONI | Pâtes alimentaires en forme de petits tubes d'environ 5 mm de diamètre.

■ MACCA

MACCA | Cocktail* (apéritif) préparé sur glace directement dans un tumbler.

1 cl de crème de cassis*
2 cl de vermouth* dry
2 cl de vermouth* italien
2 cl de gin*
Soda*
1 zeste* de citron*

Verser la crème de cassis, les vermouths et le gin. Remuer et compléter de soda.
Presser le zeste de citron.

■ MACCABÉO ou MACABEU

Grape variety | Cépage* blanc dont l'origine est controversée (espagnole ou proche-orientale).
Aires de culture : en Languedoc-Roussillon sur près de 2 000 ha (Banyuls*, Maury*, Corbières*, etc.) mais aussi sur de grandes superficies en Espagne. Ce cépage est également planté en Afrique du Nord (Maroc et Algérie).
Vins* produits : V.D.N.*, blancs secs et fruités, blancs effervescents.

■ MACÉDOINE

Diced | Terme désignant couramment un mélange de légumes taillés *(1)* servi froid (lié à la mayonnaise*), ou chaud (lié au beurre*). On trouve également des macédoines de fruits constituées de dés de fruits au sirop*.

(1) Navets et carottes* en dés de 4 à 5 mm de section, petits pois* et morceaux de haricots verts*.*

■ MACÉRATION CARBONIQUE

CARBONIC MACERATION | Procédé de vinification* au cours duquel des grappes de raisins* rouges sont mises en cuve, entières, avec des baies intactes, sans foulage*. Hermétiquement close, la cuve est alors remplie de gaz carbonique. Il se produit ainsi une fermentation intracellulaire en milieu anaérobie qui libère des substances aromatiques recherchées pour les vins de primeur*. Cette méthode apporte de bons résultats avec des vendanges de cépage Gamay* dans le Beaujolais et en Vallée de la Loire ; cependant d'autres régions viticoles, notamment la Vallée du Rhône et le Languedoc, produisent aujourd'hui des vins de primeur en ayant recours à ce procédé.

■ MÂCHE

MÂCHE or CORN SALAD | Salade à petites feuilles arrondies qui pousse à l'état sauvage dans les champs et les vignes mais qui est aussi produite en grande quantité par le maraîchage du Val de Loire *(1)*. La mâche, appelée également ***Doucette***, ***Boursette***, ***Raiponce*** ou ***Valérianelle*** est une salade rustique qui résiste bien au froid hivernal et qui trouve les mêmes utilisations culinaires que les autres salades.
Les principales variétés sont *: la Coquille de Louviers, La Verte de Cambrai, La Blonde de Hollande, La Ronde Maraîchère, La Verte d'Etampes, La Volbart, la Wit...*

*(1) **La Mâche nantaise,** produite dans une zone comprenant de nombreuses communes de Loire-Atlantique, de Vendée et du Maine-et-Loire, bénéficie d'une I.G.P.* depuis 2016.*

■ MACIS

French wine | *Voir* Muscade* (noix de).

■ MÂCON

French wine | Vins* rouges, rosés et blancs produits en Bourgogne*, A.O.C.* depuis 1937 et reconnus A.O.P.* dans la cadre de l'U.E. Sous certaines conditions, le nom d'une dénomination géographique complémentaire peut être adjoint à celui de l'appellation *(1)*.

Aire de production : communes de l'arrondissement de Mâcon et 11 communes proches.

Superficie du vignoble : 1 985 ha (dont 1 462 ha en vins blancs et 523 ha en vins rouges et rosés).

Encépagement autorisé* pour l'appellation : Gamay*, Pinot noir*, Chardonnay*.

Rendement à l'hectare* : 64 hl pour les vins rouges et rosés, 70 hl pour les vins blancs (rendement inférieur pour les vins présentés avec une dénomination géographique complémentaire).

(1) : Azé, Bray, Burgy, Bussières, Chaintré, Chardonnay, Charnay-lès-Mâcon, Cruzille, Davayé, Fuissé, Igé, Loché, Lugny, Mancey, Milly-Lamartine, Montbellet, Péronne, Pierreclos, Prissé, La Roche-Vineuse, Serrières, Saint-Gengoux-le-National, Solutré-Pouilly, Uchizy, Vergisson, Verzé, Vinzelles.

■ MÂCON-VILLAGES

French wine | Vins* blancs produits en Bourgogne*, A.O.C.* depuis 1937 et reconnus A.O.P.* dans le cadre de l'U.E.

Aire de production : 26 communes du sud de la Saône-et-Loire situées dans la région de Mâcon.

Superficie du vignoble : 1 885 ha.

Encépagement autorisé pour l'appellation : Chardonnay*.

Rendement à l'hectare* : 68 hl.

■ MÂCONNAIS

French cheese | Fromage* de lait* de chèvre fabriqué en Bourgogne du sud, A.O.C.* depuis 2006. La zone de production s'étend sur 101 communes de Saône-et-Loire et 1 commune du Rhône. Il doit son nom à sa région de production.

Type : pâte molle, demi-sèche, voire sèche, croûte naturelle.

Forme : petit cône tronqué.

Taille : 5 cm de diamètre de base, 3 à 4 cm de hauteur.

Poids : 50 à 65 g (pouvant se réduire jusqu'à 30 g en cas d'affinage prolongé).

Teneur en M.G. : 45 % au minimum.

Meilleures saisons : fin du printemps, été, automne.

■ MACREUSE

Shoulder of beef | Morceau de viande de bœuf* prélevé dans l'épaule de l'animal.

■ MACVIN DU JURA

French wine | V.D.L.* rouges, rosés et blancs produits dans le Jura, A.O.C.* depuis 1991 et reconnus A.O.P.* dans le cadre de l'U.E.

Aire de production : nombreuses communes du Jura situées sur les aires délimitées de l'appellation Côtes du Jura*.

Superficie du vignoble : 68 ha.

Encépagement autorisé* pour l'appellation : Poulsard*, Trousseau*, Pinot noir*, Chardonnay*, Savagnin*.

Rendement de base à l'hectare : 55 hl de moût* pour les V.D.L. rouges et rosés, 60 hl de pour les V.D.L. blancs.

Mutage* du moût présentant une teneur en sucre supérieure à 153 g/litre avec une "eau-de-vie de marc originaire de Franche-Comté"* rassise, titrant au moins 52° et provenant de la même exploitation. Les V.D.L. ainsi élaborés sont élevés "sous bois" dans des récipients en chêne pendant au moins 10 mois.

Richesse alcoolique minimum acquise : 16 à 22 %.

■ MADELEINE

French cake | Petit gâteau de forme ovale et bombée fait avec un appareil à base d'œufs*, sucre*, beurre*, farine* et parfumé au citron* ou à l'eau de fleur d'oranger*.

La madeleine est une spécialité de Commercy, dans la Meuse, qui aurait été créée par Madeleine Paulmier vers 1755 pour Stanislas Leszczynski, Roi de Pologne et Duc de Lorraine.

Source : M. Gibert/Cedus

■ MADÈRE (sauce)

MADEIRA (sauce) | Sauce demi-glace* additionnée de madère*.

■ MADÈRE (vin)

MADEIRA (wine) | V.D.N.* portugais produits sur l'île de Madère, à l'ouest des côtes marocaines. Vins de la catégorie D.O.C.* produits sur un vignoble de 2 200 ha.

Élaborés par mutage*, les madères subissent également un étuvage (l'estufagem) en séjournant environ 6 mois dans des celliers chauffés à 40-45°.

Il existe 4 principaux types de madère qui portent les noms des cépages dont ils sont issus.

- ***Le Malmsey** ou **Malvasia***: vin doux, corsé et aromatique.
- ***Le Sercial***: vin sec, léger et parfumé.
- ***Le Boal** ou **Bual***: vin doux et bouqueté.
- ***Le Verdelho***: vin demi-sec.

■ MADÉRISATION

MADERIZATION (winemaking technique) | Altération d'un vin* blanc ou d'un vin rosé *(1)* qui se traduit par une teinte ambrée ou tuilée et un goût particulier rappelant vaguement la saveur du madère*. La madérisation est souvent la conséquence d'un vieillissement trop long ou mal conduit.

(1) Cette altération touche plus rarement le vin rouge.

■ MADIRAN

French wine | Vins* rouges produits dans le Sud-Ouest, A.O.C.* depuis 1948 et reconnus A.O.P.* dans le cadre de l'U.E.

Aire de production : 37 communes des Pyrénées-Atlantiques, des Hautes-Pyrénées et du Gers situées au nord-est de Pau.

Superficie du vignoble : 1 200 ha.

Encépagement autorisé* pour l'appellation : Tannat*, Cabernet-Sauvignon*, Cabernet franc*, Fer*.

Rendement à l'hectare* : 55 hl.

■ MAGNUM

Bottle type | Bouteille d'une contenance équivalente à 2 bouteilles classiques, soit 1,5 litre.

■ MAGRET

Duck breast | Filet* d'un canard* spécialement engraissé pour la production de foie gras*.

■ MAHÓN-MENORCA

Spanish cheese | Fromage* de lait* de vache fabriqué dans l'ile de Minorque (Baléares). Il bénéficie d'une Appellation d'Origine Contrôlée en Espagne et d'une A.O.P.* au niveau européen. Son nom vient de son lieu d'origine.

Type: pâte pressée non cuite, croûte lavée orangée.

Forme: pavé à bords convexes.

Taille: 20 cm de côté environ, 8 à 10 cm d'épaisseur.

Poids: 2 à 4 kg.

Teneur en M.G.: 45 % au minimum.

Qualité identique toute l'année.

■ MAIGRE

MEAGRE (fish) | Poisson de mer de la famille des sciænidés, proche du bar*, qui vit dans les eaux côtières du Golfe de Gascogne à la Manche. On le trouve également dans certaines zones littorales africaines. Le maigre, appelé aussi *courbine* ou *sciène*, est par ailleurs produit en aquaculture*. Sa chair blanche à saveur délicate n'est pas encore très connue en France.

■ MAILLOT

Vegetable garnish | Garniture* composée de carottes* et navets* tournés, oignons* glacés, laitues* braisées, petits pois* et haricots verts*.

■ MAINE-ANJOU

French cattle | *Voir* Bovin*.

■ MAÏS

CORN | Céréale originaire d'Amérique Centrale et introduite en Europe par Cortés au début du 16ème siècle. Elle est la troisième céréale cultivée sur la planète, après le blé* et le riz*. Les principaux pays producteurs sont les États-Unis, le Mexique, le Brésil, la France, etc. Le maïs se présente sous de nombreuses variétés destinées à l'alimentation animale ou à la consommation humaine. On peut distinguer:

- ***Les Maïs à grains*** souvent utilisés comme nourriture animale mais également employés pour produire de la semoule*, de la farine*, de la fécule*, des corn-flakes*...
- ***Les Maïs doux*** consommés frais, en épis ou en conserve, sous forme de grains.
- ***Les Maïs à éclater*** plus spécialement destinés à fabriquer du pop-corn*.

Source : Adobe Stock

Epis de maïs avant récolte

■ MAÏZENA

CORNSTARCH | Produit à base de fécule* de maïs* créé aux États-Unis en 1862. La Maïzena est essentiellement employée pour réaliser des liaisons en cuisine ou en pâtisserie.

■ MAÎTRE D'HÔTEL

Headwaiter | Jadis, dans les maisons royales ou princières, le Maître d'hôtel était un personnage important qui avait la charge de régir le service de la table. L'insigne symbolisant cette charge était un bâton de vermeil. Au Grand Siècle, François Vatel* fut le célèbre Maître d'hôtel de Nicolas Fouquet et du Prince de Condé.

Aujourd'hui, en restauration, le Maître d'hôtel dirige la salle de restaurant, étroitement associé au chef de cuisine. C'est un cadre d'entreprise dynamique, responsable du management d'une équipe de professionnels *(1)* au service de la clientèle.

En 1993, la profession intègre le concours des M.O.F.* sous le titre de *Maître d'hôtel, Maître du service et des Arts de la table*; une forme incontestable de reconnaissance du monde du travail.

(1) Cette équipe ou "brigade de restaurant" est composée de sommelier(s), chefs de rangs et commis dans sa forme la plus courante. La composition varie selon l'importance de l'établissement.*

■ MAÎTRE-RESTAURATEUR

French distinction | Titre créé en 2007 visant à distinguer les restaurateurs qualifiés ; il est le seul à être délivré par l'État. Ce titre est accordé par le Préfet pour une durée de 4 ans renouvelable. Hormis les compétences professionnelles, un cahier des charges fixe un certain nombre de critères relatifs aux produits servis et aux normes de fonctionnement et d'aménagement de l'établissement. Peuvent postuler : le propriétaire, le dirigeant ou un salarié qualifié du restaurant*. Un organisme certificateur agréé est chargé de réaliser un audit afin de vérifier si le postulant répond à l'ensemble des exigences imposées. Aujourd'hui, près de 4 000 restaurateurs sont titulaires de ce titre.

- ***Compétences professionnelles*** :
  Être titulaire d'un Bac Professionnel en restauration ou d'un Brevet Professionnel dans les spécialités "Restaurant" ou "Cuisine" *(1)* ou avoir obtenu un diplôme de niveau V (C.A.P. ou B.E.P.), accompagné d'une expérience professionnelle de 5 ans en qualité de dirigeant ou de salarié d'une entreprise exploitant un fonds de commerce de restauration. Si le titre est demandé sur la seule expérience professionnelle (sans diplôme), l'expérience requise est d'au moins 10 ans en tant que dirigeant ou salarié d'une entreprise de restauration
- ***Produits servis*** :
  La cuisine doit être faite sur place, sans recourir à des plats préparés et élaborée avec des produits acquis majoritairement frais. La gamme de plats proposée doit être diversifiée et renouvelée.
- ***Accueil et service*** :
  Le personnel de service doit être composé d'au moins une personne titulaire au minimum d'un C.A.P. ou justifiant d'une expérience supérieure à 2 ans dans ce domaine de compétence.
  Le client doit être accueilli et servi dans les règles de l'art. En outre, il faut prévoir un traitement des réclamations clients.
- ***Aménagements et équipements*** :
  Ils doivent être réalisés en respectant les normes en vigueur (hygiène, sécurité, accueil des personnes handicapées à mobilité réduite, accueil des enfants, affichages, etc.) mais aussi avec l'objectif de proposer au client un cadre agréable, chaleureux et confortable.

(1) Ou d'une certification de niveau IV ou supérieur enregistrée au répertoire national des certifications professionnelles.

Source : Ministère de l'Economie, de l'Industrie et de l'Emploi

■ MALAGA

Spanish wine | Vins* liquoreux espagnols issus de cépages Pedro Ximenez et Moscatel. Ils sont produits dans le sud du pays, en Andalousie et ils bénéficient d'une D.O.*.

■ MALART

ADULT MALE MALLARD | *Voir* Colvert*.

■ MALBEC

Grape variety | Autre dénomination du cépage* Cot*.

■ MALEPÈRE

French wine | Vins* rouges et rosés produits en Languedoc-Roussillon, A.O.C.* depuis 2007 *(1)* et reconnus A.O.P.* dans le cadre de l'U.E.

Aire de production : 39 communes de l'Aude situées à l'ouest de Carcassonne.

Superficie du vignoble : 550 ha.

Encépagement autorisé* pour l'appellation : Merlot*, Cot*, Cinsault*, Cabernet-Sauvignon*, Cabernet franc*, Grenache*, Lladoner pelut*.

Rendement à l'hectare* : 50 hl.

(1) Antérieurement A.O.V.D.Q.S..*

■ MALIBU

Coconut liqueur | Liqueur* exotique élaborée à partir de noix de coco* et de rhum* blanc des Caraïbes ; elle titre 21°.

Depuis les années 80, la marque se décline avec d'autres saveurs : *lime*, mangue*, ananas*, fruits de la passion*, banane*, melon**...

Source : Sodevi-France

■ MALTAISE (sauce)

Sauce | Sauce hollandaise* additionnée de jus et zestes* d'oranges* sanguines.

■ MALVOISIE

Grape variety | Cépage* blanc probablement originaire d'Asie Mineure et dont la culture a pratiquement disparu en France. On le rencontre encore en Languedoc-Roussillon, en Corse et en Savoie *(1)*. La Malvoisie est présente dans les vignobles italiens, espagnols, portugais, allemands, autrichiens, etc. souvent sous le nom de *Malvasia*.

Vins* produits: blancs généralement capiteux et aromatiques.

(1) Dans certaines régions, le nom de "Malvoisie" est parfois utilisé pour désigner à tort d'autres cépages (Bourboulenc dans le Languedoc ou Vermentino* en Corse).*

■ MAMIROLLE

French cheese | Fromage* de lait de vache* fabriqué en Franche-Comté. Il doit son nom à une localité du Doubs où est installée la fromagerie de l'École Nationale de l'Industrie Laitière qui le produit.

Type: pâte pressée non cuite, croûte lavée.
Forme: brique.
Taille: 15 cm de longueur, 6 à 7 cm de largeur et de hauteur.
Poids: 500 à 600 g.
Teneur en M.G.: 40 %.
Qualité identique toute l'année.

■ MANCHEGO

Spanish cheese | Fromage* de lait* de brebis fabriqué en Espagne. Il doit son nom à sa région d'origine, la Mancha, située au centre du pays. Le manchego bénéficie d'une Appellation d'Origine Contrôlée dans un cadre national et d'une A.O.P.* au niveau de l'U.E.

Type: pâte pressée non cuite, croûte naturelle lavée, parfois paraffinée.
Forme: petite meule à talon convexe.
Taille: 18 à 22 cm de diamètre, 8 à 9 cm d'épaisseur.
Poids: 2,5 à 3 kg.
Teneur en M.G.: 50 % au minimum.
Meilleures saisons: hiver, printemps, été.

■ MANDARINE

TANGERINE or MANDARIN ORANGE | Agrume* originaire de Chine qui doit son nom aux anciens dignitaires du pays, les mandarins. Ils étaient en effet les seuls à pouvoir consommer ce fruit. La mandarine, qui a l'aspect d'une petite orange*, est constituée de quartiers facilement détachables qui renferment un jus sucré et parfumé. Elle est consommée crue, en sorbet*, en pâtisserie, en confiserie, en cuisine, etc. et entre dans la composition de certaines liqueurs* (Mandarine Napoléon* par exemple).

Principales variétés: *Mandarine commune, Wilking, Dancy, Satsuma, Fortune...*

■ MANDARINE NAPOLÉON

Liqueur | Liqueur* belge élaborée à partir de mandarines* fraîches de Sicile ou d'Andalousie et de vieux cognacs*. La marque *Mandarine Napoléon* fut commercialisée pour la première fois en 1862 *(1)*. Grande marque internationale, ce spiritueux*, qui titre 38°, est distribué sous 2 formules : La *Mandarine Napoléon classique* et la *Mandarine Napoléon Réserve Impériale*.

(1) C'est Antoine-François de Foucroy, Comte d'Empire et chimiste de Napoléon 1er qui est à l'origine de cette liqueur.

■ MANGOUSTAN

Source : Adobe Stock

MANGOSTEEN | Fruit exotique originaire du Sud-Est asiatique. Le mangoustan est une baie sphérique de la taille d'une petite pomme dont le poids varie entre 50 et 150 g. Il possède une écorce épaisse de couleur violette qui renferme une pulpe blanche partagée en segments. Cette pulpe, succulente, très parfumée, est appréciée nature, en salade de fruits, sorbet*, confitures*...

■ MANGUE

MANGOS | Fruit exotique originaire de l'Inde. Aujourd'hui des centaines de variétés sont produites dans de nombreux pays dont le Brésil, le Mexique, le Pérou, le Congo, le Mali, la Côte d'Ivoire, l'Afrique du Sud, l'Inde, le Pakistan et l'Israël. Parmi les variétés les plus connues, citons *l'Irwin, La Tommy Atkins, l'Haden, la Zill, la Ruby, la Kent, l'Amélie* et la *Julie*. La forme, la couleur, la texture et le gout de la pulpe sont propres à chaque variété. Le poids varie également de 200 g pour *la Ruby* ou *la Julie* à 800 g pour *la Kent*.

La mangue se consomme nature, en sorbet*, en jus de fruit, en compote ou confiture*, en tarte* ou clafoutis*, en accompagnement de jambon*, de viande ou de poisson...

■ MANHATTAN

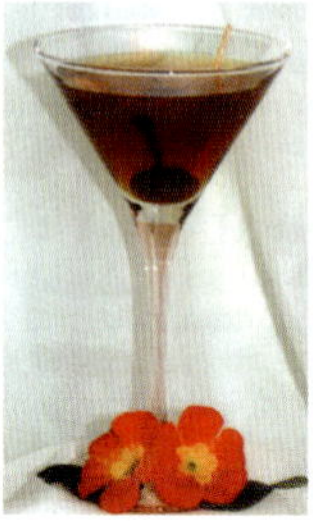
Source : Photo BG

MANHATTAN | Cocktail* (apéritif) préparé au verre à mélange.
Quelques gouttes d'Angostura* bitter
2 cl de vermouth* italien
5 cl de rye whiskey*
1 cerise* à l'eau-de-vie*
Frapper et servir dans un verre à cocktail. Ajouter la cerise à l'eau-de-vie.

■ MANIGUETTE

GRAINS OF PARADISE or MANIGUETTE PEPPER (spice) | Épice d'origine africaine (appelée également Poivre de Guinée) dont les graines ont une saveur forte et piquante rappelant le poivre* et la cardamone*. La maniguette est utilisée pour aromatiser les vins chauds*, potages*, sauces*, marinades*, volailles, poissons, etc.

■ MANIOC

CASSAVA | Plante tropicale dont la racine tubéreuse est une des bases de l'alimentation africaine. Le manioc fournit également le tapioca*.

■ MANON (salade)

Salad | Salade composée constituée de feuilles de laitues* et de suprêmes* de pamplemousses*. Assaisonnement : sauce vinaigrette* au jus de citron* additionnée de sucre*.

■ MANQUÉ

Pastry | Pâtisserie à base de pâte à biscuit additionnée de beurre* fondu et noisettes* ou amandes* pilées. Le manqué est masqué de pralin ou glacé au fondant*.

■ MANSENG

Grape variety | Cépage* blanc cultivé dans le Sud-Ouest (voir Gros Manseng* et Petit Manseng*).

■ MANSENG NOIR

Grape variety | Cépage* noir originaire du Sud-Ouest et cultivé dans le Béarn. Il produit des vins* rouges très colorés, corpulents et tanniques.

■ MANZANA VERDE

Liqueur | Spiritueux* à base de pomme verte*. La maison Marie Brizard* diffuse ce type de liqueur* titrant 20°, sous le nom de *Manzanita*.

■ MAQUEREAU

MACKEREL | Poisson de mer de la famille des scombridés qui vit dans la Méditerranée et l'Atlantique. Le maquereau se caractérise par un corps fuselé pouvant atteindre 45 cm, un dos bleu-vert rayé de noir et un ventre argenté. Sa chair ferme et compacte se prête à de multiples préparations (au vin* blanc, frit "en colère", à la meunière*...). Le petit spécimen, gros comme une sardine*, est appelé *lisette*.

■ MARACUJA

MARACUJA | *Voir* Fruits de la passion*.

■ MARANGES

French wine | Vins* rouges et blancs produits en Bourgogne*, A.O.C.* depuis 1989 et reconnus A.O.P.* dans le cadre de l'U.E. Pour les vins dont les récoltes proviennent de parcelles classées en "Premier cru", l'appellation communale peut être complétée par le nom du climat* d'origine *(1)* et (ou) par la mention "Premier cru". Pour les vins rouges exclusivement, l'appellation peut être suivie par la mention "Côte de Beaune".
Aire de production : communes de Cheilly-lès-Maranges, Dezize-lès-Maranges et Sampigny-lès-Maranges, situées à l'ouest de Chagny en Saône-et-Loire.
Superficie du vignoble : 171 ha (dont 163 ha en vins rouges et 8 ha en vins blancs).
Encépagement autorisé* pour l'appellation : Pinot noir*, Pinot blanc*, Pinot gris* et Chardonnay*.
Rendement à l'hectare* : 50 hl pour les vins rouges et 57 hl pour les vins blancs (respectivement 48 et 55 hl pour les Premiers crus).

(1) "Les Clos Roussots", "La Fussière" "Clos de la Fussière, "Clos de la Boutière", "Le Croix Moines", "Le Clos des Rois" et "Le Clos des Loyères".

■ MARASQUIN ou MARASCHINO

Liqueur | Liqueur* d'origine italienne élaborée à partir de petites cerises* acides nommées *marasches*. Elle titre de 26 à 30° et se déguste en digestif ou entre dans la composition de cocktails* et de préparations culinaires.

■ MARC

POMACE or MARC (winemaking term) | Produit résiduel du pressurage* de la vendange. Dans certaines régions viticoles, le marc est distillé après fermentation pour obtenir une eau-de-vie de marc*.

■ MARC D'ALSACE GEWURZTRAMINER

Brandy | Eau-de-vie* blanche provenant de la distillation de marcs* de Gewurztraminer* égrappés. Ces marcs doivent être récoltés et distillés sur l'aire de production de l'appellation Alsace*. A.O.C.* depuis 2009.
Titre alcoométrique minimum à la vente au consommateur : 45°.

■ MARC D'AUVERGNE
Geographical indication | Indication géographique d'une eau-de-vie* provenant de marcs* de raisin produits et distillés dans 88 communes du Puy-de-Dôme. Le Marc d'Auvergne, eau-de-vie ambrée, est élevé "sous bois" pendant une période minimale de 12 mois. La mentions *Vieux* peuvent compléter l'I.G pour les eaux-de-vie vieillies au moins 5 ans
Titrage alcoolique minimum à la vente au consommateur : 40°.

Source : Doc. Vedrenne

■ MARC DE BOURGOGNE
Brandy | Eau-de-vie* provenant de marcs* récoltés et distillés sur les territoires de la Bourgogne viticole et issus de cépages* autorisés pour la production des vins* de Bourgogne*. A.O.C.* depuis 2011. Le marc de Bourgogne, eau-de-vie ambrée, est élevé "sous bois" pendant une période minimale de 2 ans
Titre alcoométrique minimum à la vente au consommateur : 40°.

■ MARC DE CHAMPAGNE ou MARC CHAMPENOIS
Brandy | *Voir* Eau-de-vie de marc champenois*.

■ MARC DE SAVOIE
Geographical indication | Indication géographique d'une eau-de-vie* provenant de marcs* de raisin produits et distillés dans un certain nombre de communes de Savoie, de Haute-Savoie, de l'Ain et de l'Isère.
L'eau-de-vie peut être blanche ou ambrée. Cette dernière est élevée "sous bois" pendant une période minimale de 2 ans.
Les mentions suivantes peuvent compléter l'I.G :
Vieux ou *V.S.* pour des eaux de vie vieillies au moins 5 ans
Très vieux ou *V.S.O.P.* pour des eaux de vie vieillies au moins 8 ans
Hors d'âge ou *X.O.* pour des eaux de vie vieillies au moins 10 ans.
L'année de distillation pour les eaux-de-vie vieillies au moins 10 ans
Titrage alcoolique minimum à la vente au consommateur : 40°.

■ MARC DE PROVENCE
Brandy | Voir Eau-de-vie de marc de Provence*.

■ MARC DES CÔTES-DU-RHÔNE
Brandy | Voir Eau-de-vie de marc des Côtes-du-Rhône*.

■ MARC DU BUGEY
Geographical indication | Indication géographique d'une eau-de-vie* provenant de marcs* de raisin produits et distillés dans un certain nombre de communes de Savoie, de Haute-Savoie et de l'Ain.
L'eau-de-vie, ambrée, est élevée "sous bois" pendant une période minimale de 3 ans.
Les mentions suivantes peuvent compléter l'I.G :
Vieux ou *V.S.* pour des eaux de vie vieillies au moins 5 ans
Très vieux ou *V.S.O.P.* pour des eaux de vie vieillies au moins 8 ans
Hors d'âge ou *X.O.* pour des eaux de vie vieillies au moins 10 ans.
L'année de distillation pour les eaux-de-vie vieillies au moins 10 ans
Titrage alcoolique minimum à la vente au consommateur : 40°.

■ MARC DU JURA
Brandy | Eau-de-vie* provenant de marcs* de raisins récoltés sur de nombreuses communes du Jura. Cependant la vinification, le stockage des marcs, leur fermentation, leur distillation ainsi que leur vieillissement peuvent être réalisés sur un territoire plus étendu comprenant des communes du Doubs. Le Marc du Jura bénéficie d'une A.O.C.* depuis 2015. Cette eau-de-vie ambrée est élevée "sous bois" pendant une période minimale de 2 ans. Les mentions suivantes peuvent compléter l'A.O.C :
Vieux pour des eaux de vie vieillies au moins 5 ans
Très vieux pour des eaux de vie vieillies au moins 8 ans
Hors d'âge pour des eaux de vie vieillies au moins 10 ans.
Titre alcoométrique minimum à la vente au consommateur : 40°.

■ MARC DU LANGUEDOC
French brandy | *Voir* Eau-de-vie de marc du Languedoc*.

■ MARCASSIN
YOUNG BOAR | *Voir* Sanglier*.

■ MARCHAND DE VIN (sauce)
Sauce | Sauce* obtenue à partir d'une réduction de vin* rouge et d'échalotes* ciselées additionnée de fond de sauce*, jus de citron* et persil* haché.

■ MARCILLAC
French wine | Vins* rouges et rosés produits dans le Sud-Ouest, A.O.C.* depuis 1990 et reconnus A.O.P.* dans le cadre de l'U.E.
Aire de production : 11 communes de l'Aveyron situées au nord-ouest de Rodez.
Superficie du vignoble : 185 ha.
Encépagement autorisé* pour l'appellation : Fer Servadou*, Cabernet-Sauvignon*, Merlot*, Prunelard.
Rendement à l'hectare* : 55 hl.

■ MARCON (Régis)

French chef | Cuisinier français né à Saint-Bonnet-le-Froid (43) en 1956. Il travaille d'abord aux côtés de sa mère dans l'auberge de son village natal et intègre l'École hôtelière de Grenoble. Sans passer par les brigades des grandes toques, ce passionné s'oriente vers une cuisine inspirée par les produits de son terroir, notamment les champignons, les lentilles* vertes du Puy, les châtaignes*... En restant à Saint-Bonnet-le-Froid, il aménage, construit, innove. Son savoir-faire est couronné de nombreuses distinctions comme le Bocuse* d'or en 1995 et consécration suprême, une troisième étoile au Guide Michelin* en 2005. Aujourd'hui, Régis Marcon travaille avec son fils Jacques. Très impliqué dans le domaine de la formation professionnelle, le Gouvernement lui a confié, en septembre 2009, une mission sur le développement de l'alternance et de l'apprentissage dans les métiers de l'hôtellerie et de la restauration.

■ MAREDSOUS ou ABBAYE DE MAREDSOUS

Belgian cheese | Fromage* de lait* de vache fabriqué en Belgique. Il doit son nom à une localité de la province de Namur où est installée l'abbaye qui le créa.
Type: pâte pressée non cuite, croûte lavée.
Forme: pavé ou pain rectangulaire.
Taille: variable selon la forme.
Poids: 1,2 ou 2 kg selon la forme.
Teneur en M.G.: 45 % au minimum.
Qualité identique toute l'année.

Source : Adobe Stock

Abbaye de Maredsous

■ MARENGO

French poultry dish | Dénomination d'un sauté* de poulet ou de veau* cuisiné au vin blanc* avec tomates*, oignons*, ail* et champignons*.
La recette originelle à base de poulet, créée par Dunand, cuisinier de Bonaparte, au soir de la bataille de Marengo *(1)*, comportait une garniture d'œufs* frits, croûtons et écrevisses*.

(1) Célèbre bataille qui opposa les armées de Bonaparte aux armées autrichiennes le 14 juin 1800 près du village de Marengo, dans le Nord de l'Italie.

■ MARGARINE

MARGARINE | Corps gras mis au point en 1869 par Henri Mège-Mouriès, pharmacien français, dans le cadre d'un concours ouvert par Napoléon III pour remplacer le beurre* dans l'armée et chez les populations modestes *(1)*.
La margarine est fabriquée à partir de corps gras d'origines végétales et animales (ou exclusivement végétales) émulsionnés avec de l'eau et (ou) du lait* écrémé. Elle contient également du sel*, du sucre* et divers additifs alimentaires (émulsifiants*, conservateurs*, colorants*...). Une dénomination légale la définit aujourd'hui comme "une émulsion à 82 % de matières grasses et de 16 à 18 % d'eau ou de lait écrémé ou d'un mélange des deux". Il existe cependant des *margarines allégées* (60 à 62 % de matières grasses) et des *margarines à faible teneur en matière grasse* (39 à 41 % de matières grasses). Présentée pendant longtemps comme un produit à éviter, la margarine a bien évolué. Elle a incontestablement sa place dans notre alimentation quotidienne, ainsi que dans des secteurs comme la pâtisserie où des types de margarine ont été élaborés pour des besoins particuliers.

(1) L'objectif étant de créer un corps gras bon marché et se conservant mieux que le beurre.

■ MARGARITA

MARGARITA | Cocktail* préparé au shaker.
1 cl de jus de citron*
2 cl de Cointreau*
4 cl de tequila*
Frapper et servir dans un verre à cocktail givré au sel* fin.
La (ou le) margarita est probablement l'un des cocktails les plus connus au monde avec des recettes variables d'un pays à l'autre, la tequila restant l'ingrédient de base.

■ MARGAUX

French wine | Vins* rouges produits dans le Bordelais, A.O.C.* depuis 1954 et reconnus A.O.P.* dans le cadre de l'U.E. Voir également *Châteaux du Bordelais**.
Aire de production : 5 communes du Médoc, dont Margaux, situées au nord de Bordeaux.
Superficie du vignoble : 1 500 ha.

Encépagement autorisé* pour l'appellation : Cabernet-Sauvignon*, Cabernet franc*, Carmenère*, Merlot*, Malbec* et Petit Verdot*.
Rendement à l'hectare* : 57 hl.

■ MARIE BRIZARD

Portrait de Marie Brizard

Liqueur | Anisette* élaborée à partir d'anis* vert d'Andalousie, d'agrumes et de plantes aromatiques. Ce spiritueux* bordelais, qui titre 25°, est né d'une recette transmise par un marin antillais à Marie Brizard. Cette dernière créa sa propre distillerie en 1755 afin de fabriquer et de vendre ce qui n'était à l'époque qu'un élixir à base d'anis. La Marie Brizard, une des toutes premières liqueurs françaises, est très présente sur le marché international.
Comme d'autres anisettes, elle se consomme nature, sur glace, et entre dans la composition de cocktails* ou de préparations culinaires.

■ MARIE-JEANNE

MARIE-JEANNE | *Voir* Dame-Jeanne*.

■ MARIE-LOUISE

Garnish | Garniture* composée de fonds d'artichauts* remplis d'une duxelles* additionnée de purée soubise *(1)*.
Elle doit son nom à la seconde épouse de Napoléon 1er à qui elle était dédiée.

(1) Purée d'oignons.*

■ MARIGNAN

Cake | Gâteau à base de pâte levée en forme de barquette. Imbibé de sirop aromatisé au rhum*, le marignan, ouvert sur le côté, est garni de crème pâtissière* ou de crème chantilly* et diversement décoré.

■ MARINADE

MARINADE | Préparation culinaire liquide condimentée dans laquelle on met à macérer un aliment (viande, gibier, poisson, etc.) dans le but d'attendrir et de parfumer les chairs.
On distingue plusieurs types de marinades : marinade instantanée, marinade crue et marinade cuite.
Une marinade peut constituer le liquide de mouillement de certaines cuissons ou de certaines sauces* (ex : sauce poivrade*).

■ MARINIÈRE (à la)

Mussels garnish | Dénomination d'apprêts culinaires à base de coquillages, crustacés ou poissons cuits avec du vin* blanc et des échalotes* ou des oignons* hachés.

■ MARINIÈRE (sauce)

Sauce | Sauce Bercy* mouillée au jus de moules* et additionnée de moules ébarbées.

■ MARJOLAINE

MARJORAM | Plante aromatique et médicinale originaire d'Asie dont le parfum rappelle un peu celui du basilic*. Dans le domaine culinaire, la marjolaine est utilisée pour aromatiser les pizzas*, les sauces tomates*, les viandes grillées, les marinades*, etc.

■ MARMITE DIEPPOISE

Regional fish soup | Soupe* de poissons normande composée de turbot*, de lotte* et de sole* cuits au vin* blanc avec une garniture aromatique. Elle est garnie de coquillages et crustacés tels que coquilles Saint-Jacques*, moules* et crevettes*. Une liaison à la crème fraîche* termine la préparation.

■ MAROILLES ou MAROLLES

French cheese | Fromage* de lait* de vache fabriqué en Thiérache, A.O.C.* depuis 1976 et reconnu A.O.P* dans le cadre de l'U.E. Il doit son nom à une localité du Nord d'où il est originaire. L'aire d'appellation s'étend sur 189 communes du Nord et de l'Aisne.
Type : pâte molle à croûte lavée.
Forme : carré.
Taille : 13 cm de côté, 6 cm d'épaisseur.
Poids : 720 g.
Il existe des formats plus petits : *le sorbais (540 g), le mignon (360 g) et le quart (180 g)*.
Teneur en M.G. : 45 % minimum.
Meilleures saisons : été, automne, hiver.

Source : Photo BG

■ MARQUISE

Dessert | Dénomination de plusieurs desserts qui se présentent sous des formes variées telles que :

1) Sorbets* aux fruits ou à l'eau-de-vie* additionnés de crème chantilly*.
2) Entremets* à base de fraises* macérées au kirsch* et dressées sur de la crème chantilly enrichie de purée de fraises*.
3) Entremets au chocolat* ou à un autre parfum.

■ MARQUISETTE

MARQUISETTE | Cocktail* de réception, préparé la veille dans un grand récipient.

Quantité pour 10 personnes :
1 litre de vin* blanc sec de bonne qualité
110 g de sucre* en poudre (ou équivalent en sirop* de sucre de canne)
10 tranches de citron non traité*
½ gousse de vanille*

Mélanger l'ensemble des composants et faire macérer au frais pendant 24 heures.
Servir en mettant une tranche de citron dans chaque verre préalablement givré au sucre.
Cette composition, simple et faiblement alcoolisée, n'est pas la seule connue pour une *Marquisette*. Selon les régions (et l'inspiration du moment…) nous trouvons des compositions bien différentes qui peuvent intégrer du rhum* blanc, des dés d'agrumes*, du Grand Marnier* ou du Cointreau*, du vin effervescent*, de l'eau minérale* gazeuse, etc.

■ MARRON

EUROPEAN CHESTNUT | Variété de châtaigne* ne contenant qu'un seul lobe à l'intérieur de la bogue (coque épineuse du fruit).

■ MARRON GLACÉ

CANDIED CHESTNUTS | Marron* confit dans le sucre*. Cette confiserie est d'origine ardèchoise.

Source : Adobe Stock

■ MARSALA

Italian wine | V.D.L.* italiens produits dans le nord-ouest de la Sicile à partir de cépages Catarrato, Grillo, Inzolia, etc… Sous cette D.O.C.* on trouve :

- ***Le Fino*** : 17 % d'alcool* minimum, 5 % de sucre résiduel et 1 an de vieillissement.
- ***Le Superiore*** : 18 % d'alcool minimum, 10 % de sucre résiduel et 2 ans de vieillissement.
- ***Le Superiore riserva*** : richesse alcoolique et teneur en sucre résiduel identiques au précédent mais 4 ans de vieillissement.
- ***Le Vergine*** et (ou) ***Solera*** : 18 % d'alcool minimum, pas de sucre résiduel (sec) et 5 ans de vieillissement *(1)*.

Le marsala est parfois additionné d'ingrédients divers comme le jaune d'œuf*.

(1) Ces vins sont vieillis et assemblés selon le principe de la "solera" (voir Xérès).*

■ MARSANNAY

French wine | Vins* rouges, rosés et blancs produits en Bourgogne*, A.O.C.* depuis 1987 et reconnus A.O.P.* dans le cadre de l'U.E.
Aire de production : communes de Marsannay-la-Côte, Couchey et Chenôve, situées au sud de Dijon.
Superficie du vignoble : 240 ha.
Encépagement autorisé* pour l'appellation : Pinot noir*, Pinot gris*, Pinot blanc*, Chardonnay*.
Rendement à l'hectare* : 50 hl pour les vins rouges, 60 hl pour les vins rosés et 57 hl pour les vins blancs.

■ MARSANNE

Grape variety | Cépage* blanc originaire de la région de Montélimar.
Aires de culture : en Vallée du Rhône (Hermitage*, Saint-Joseph*, Saint-Peray*, etc.), en Languedoc-Roussillon (Corbières*, Minervois*, etc.), en Savoie (vin de Savoie*), en Provence (Cassis*). Cultivé en France sur près de 1 200 ha, ce cépage est également présent dans certains vignobles australiens, californiens, suisses, italiens, etc.
Vins* produits : blancs élégants et aromatiques, parfois élaborés en effervescents.

■ MARTIN (Guy)

French chef | Cuisinier français né en 1957 à Bourg-Saint-Maurice. Il commence sa carrière dans sa région natale avant de travailler dans de grandes maisons et rejoindre plus tard le célèbre Grand Véfour, joyau de la restauration parisienne dont il deviendra propriétaire. Autodidacte et homme de passion, il crée une cuisine inspirée de sensations et d'émotions diverses où l'on retrouve tradition et modernité. Ce savoyard, qui incarne tout à fait la nouvelle génération de grands Chefs, est auréolé de nombreuses distinctions, dont trois étoiles au Guide Michelin* décernées en 2000. On lui doit par ailleurs plusieurs ouvrages culinaires tels que *Les Recettes Gourmandes de Guy Martin, Légumes, Un artiste au Grand Véfour, Cuisiner les fromages, Toute la Cuisine, Contes et Recettes, Dictionnaire des mots de la cuisine, Gourmand de père en fils, La Cuisine créative, L'Art de Guy Martin,* etc.

■ MARTINI

MARTINI | Une des premières marques mondiales de vermouths* fondée en 1863 dans la région de Turin par Alessandro Martini et Luigi Rossi. Elle diffuse une gamme de produits variés qui titrent 14,4 ° dont :

- ***Le Rosso*** (rouge coloré)
- ***Le Bianco*** (blanc doux)
- ***Le Dry*** ou ***Secco*** (blanc sec)
- ***Le Rosé*** ou ***Rosato*** (rosé de création récente).

■ MARTINIQUE (rhum)

MARTINIQUE (rum) | Rhum* produit en Martinique, A.O.C.* depuis 1996. Le nom de l'appellation est obligatoirement complété par la mention "Agricole" ainsi que "Blanc" ou "Vieux" selon le produit.

Aire de production : 23 communes du département de la Martinique, réparties sur les 3 arrondissements de l'île.

L'eau-de-vie peut être blanche ou ambrée. Cette dernière subie un élevage en fûts de chêne pendant au moins 12 mois, les rhums commercialisés avec la mention "vieux" ont, pour leur part, subi un vieillissement "sous-bois" égal ou supérieur à 3 ans et peuvent porter les mentions suivantes :

- *V.O.* pour des eaux de vie vieillies au moins 3 ans
- *V.S.O.P.*, *Très vieux*, *Réserve spéciale*, *Cuvée Spéciale*, pour des eaux de vie vieillies au moins 4 ans
- *Hors d'âge*, *X.O.*, *Extra Old*, *Extra Vieux*, *Grande Réserve*, pour des eaux de vie vieillies au moins 6 ans

Lorsque le millésime de l'année de distillation est revendiqué, ce vieillissement minimal est d'au moins 6 ans.

Titre alcoométrique minimum à la vente au consommateur : 40°.

■ MARX (Thierry)

French chef | Cuisinier français né en 1962 à Paris. Ce petit-fils de réfugié juif polonais qui a grandi dans le quartier de Ménilmontant a un parcours aussi étonnant que sa cuisine. Il entre d'abord chez les Compagnons du Devoir pour obtenir un C.A.P. de pâtissier, chocolatier, glacier et, plus tard, il préparera un C.A.P. de cuisinier. Il s'engagera dans l'armée et se retrouvera casque-bleu au Liban. De retour en France, il fait divers métiers puis revient à la cuisine en passant dans de grandes brigades : *Ledoyen*, *Jamin*, *Taillevent*, *Chapel**... Il part ensuite pour Sydney. Revenu au pays, il obtient sa première étoile au Guide Michelin* en 1988 au *Roc en Val* à Montlouis-sur-Loire, puis une autre au *Cheval Blanc* à Nîmes. Après Singapour, Hong Kong et Tokyo, périple qui lui permet de découvrir la sagesse orientale et un domaine culinaire nouveau, il arrive en région bordelaise pour prendre la tête du *Château-Cordeillan Bages* où il sera gratifié d'une deuxième étoile. En 2010, il quitte l'Aquitaine pour le *Mandarin Oriental Paris* et il ouvre le *Sur mesure par Thierry Marx* pour lequel il est toujours doublement étoilé. Adepte de la gastronomie moléculaire*, ce grand Chef novateur est sans cesse dans la recherche et la création. Après avoir été juré d'une célèbre émission de télévision, Thierry Marx s'implique aujourd'hui socialement dans la formation des plus démunis.

■ MASCARPONE

Italian cheese | Fromage* *(1)* de lait* de vache à pâte fraîche produit en Italie. Le mascarpone est élaboré à partir de crème fraîche* pasteurisée coagulée par adjonction d'acide citrique ou d'acide tartrique. Il entre dans la composition de plusieurs desserts, notamment le tiramisu*.

(1) Le mascarpone n'est pas toujours considéré comme un fromage parce qu'il est fabriqué uniquement avec de la crème fraîche.

Source : Adobe Stock

■ MASCOTTE

Vegetable garnish | Garniture* composée de fonds d'artichauts* sautés, pommes cocotte* et lames de truffes*.

■ MASSALE

MASALA SPICE MIX | Mélange d'épices* réduites en poudre utilisé couramment dans la cuisine réunionnaise. Bien que l'on rencontre de nombreuses variantes, le massale contient traditionnellement de la coriandre*, du poivre noir*, du cumin*, du fenugrec*, des graines de moutarde*, des clous de girofle*, du curcuma*, du piment*...

■ MASSEPAIN

MARZIPAN | Confiserie réalisée à partir d'amandes* pilées, de sucre*, de blancs d'œufs* et aromatisée à l'eau de fleur d'oranger*. Le massepain aurait été créé par des religieuses d'Issoudun (Indre), peu avant la Révolution française.

■ MATELOTE

Fish stew | Préparation culinaire à base de poisson *(1)* détaillé en morceaux et cuit au vin* rouge ou au vin blanc.
La garniture d'une matelote se compose généralement de champignons*, petits oignons*, lardons et croûtons frits.

(1) Classiquement, la matelote se prépare avec du poisson d'eau douce (anguille, carpe*, brochet*...) mais il existe également des matelotes de poisson de mer.*

■ MATHUSALEM

Bottle type | Bouteille d'une contenance équivalente à 8 bouteilles classiques, soit 6 litres. Dans le Bordelais, ce type de bouteille est appelé *Impériale*.

■ MAURES

French wine region | *Voir* Vins I.G.P.*.

■ MAURESQUE

Liqueur | Apéritif constitué d'une mesure d'anisé* additionnée d'un trait de sirop d'orgeat*.

■ MAURY

French wine | V.D.N.* rouges et blancs et vins* rouges traditionnels produits en Languedoc-Roussillon, A.O.C.* depuis 1936 *(1)* et reconnus A.O.P.* dans le cadre de l'U.E.
Pour les V.D.N., en fonction des conditions de production, de vieillissement, d'étiquetage et de date de mise sur le marché, l'appellation est obligatoirement complétée par les mentions ***ambré***, ***blanc***, ***grenat*** ou ***tuilé***. Par ailleurs, la mention "rancio" peut être adjointe pour des vins qui ont subi un vieillissement en milieu oxydatif et qui ont pris un goût de "rancio".
La mention "hors d'âge" est réservée aux vins qui ont fait l'objet d'un élevage au moins jusqu'au 1er septembre de la 5ème année qui a suivi celle de la récolte.
Aire de production : 4 communes des Pyrénées-Orientales - dont Maury - situées au nord-ouest de Perpignan.
Superficie du vignoble : 1 150 ha.
Encépagement autorisé* pour l'appellation : Grenache noir*, Grenache gris*, Grenache blanc*, Muscat* à petits grains, Muscat* d'Alexandrie, Maccabéo*, Tourbat*, Carignan noir*, Syrah*, Mourvèdre*, Lledoner pelut*.
Rendement à l'hectare* : 30 hl de moût* pour les V.D.N. et 40 hl pour les vins rouges traditionnels.
Richesse naturelle en sucre initiale pour les V.D.N. : 252 g/litre au minimum.
Richesse alcoolique minimum acquise pour les V.D.N. : 15 %.

(1) Les vins rouges traditionnels ont intégré l'appellation en 2010.

Bonbonnes de Maury exposées au soleil

■ MAUVIETTE

MAUVIETTE (lark) | Dénomination culinaire de l'alouette*.

■ MAUZAC ou MAUSAC

Grape variety | Cépage* blanc vraisemblablement originaire de la région de Gaillac dans le Tarn. Bien que les surfaces cultivées soient en régression, nous le trouvons encore sur près de 1 700 ha dans le Sud-Ouest.
Aires de culture : vignobles de Gaillac* et de Limoux, notamment pour l'élaboration de la Blanquette de Limoux*. Ce cépage se rencontre aussi dans le Gers (Armagnac*, Floc de Gascogne*), l'Aveyron (Côtes de Millau*), le Lot-et-Garonne (Côtes de Duras*) etc.
Vins* produits : blancs effervescents aux arômes de pomme, blancs tranquilles légers et fruités.

■ MAYONNAISE (sauce)

MAYONNAISE | Sauce* émulsionnée froide réalisée à partir d'une base composée de jaunes d'œufs*, moutarde*, sel*, poivre* et vinaigre* qui est ensuite montée à l'huile*. L'origine de la mayonnaise est très controversée, mais elle n'en demeure pas moins une des grandes sauces classiques de la cuisine française.

■ MAYORQUIN

Grape variety | Cépage* blanc probablement originaire d'Afrique du Nord. La culture, très réduite, se rencontre dans les vignobles de Bellet*.

■ MAZIS-CHAMBERTIN

French wine | Vin* rouge produit en Bourgogne*, Grand Cru bénéficiant d'une A.O.C.* depuis 1937 et reconnu A.O.P.* dans le cadre de l'U.E.
Aire de production : parcelles délimitées des lieux-dits "Mazis-Haut" et " Mazis-Bas" sur la commune de Gevrey-Chambertin, en Côte-d'Or, d'une superficie totale de 8,27 ha.
Encépagement autorisé* pour l'appellation : Pinot noir*, Chardonnay*, Pinot blanc*, Pinot gris*.
Rendement à l'hectare* : 45 hl.

■ MAZOYÈRES-CHAMBERTIN

French wine | Vin* rouge produit en Bourgogne*, Grand Cru bénéficiant d'une A.O.C.* depuis 1937 et reconnu A.O.P.* dans le cadre de l'U.E. Appellation en réalité peu employée car la plupart des vignerons commercialisent leur vin sous l'A.O.C. Charmes-Chambertin*. La superficie du vignoble en production est de 1,82 ha.

■ MÉDAILLON

MEDALLION | Petite tranche ronde détaillée dans une viande blanche, un crustacé, un poisson, un foie gras*, etc.

■ MÉDITERRANÉE (vin)

MEDITERRANEAN (wine) | *Voir* Vins I.G.P.*.

■ MÉDOC

French wine | Vins* rouges produits dans le Bordelais, A.O.C.* depuis 1936 et reconnus A.O.P.* dans le cadre de l'U.E. Voir également Châteaux du Bordelais*.
Aire de production : 52 communes situées sur la rive gauche de l'estuaire de la Gironde, de l'Océan Atlantique à la Jalle de Blanquefort.
Superficie du vignoble : 5 560 ha.
Encépagement autorisé* pour l'appellation : Cabernet-Sauvignon*, Cabernet franc*, Carmenère*, Merlot*, Petit Verdot* et Malbec*.
Rendement à l'hectare* : 55 hl.

■ MEILLERAYE-DE-BRETAGNE (LA)

French cheese | *Voir* Abbaye de la Meilleraye-de-Bretagne*.

■ MELBA (pêche)

PEACH MELBA | Célèbre dessert créé en 1894 par Auguste Escoffier* en l'honneur de la cantatrice australienne Nellie Melba (1861-1931).
La pêche Melba traditionnelle se compose d'une pêche fraîche pochée dans un sirop vanillé, dressée sur une couche de glace* vanille* et nappée d'une purée de framboises* *(1)*. Dans les versions plus contemporaines, ce dessert est souvent couronné de crème Chantilly*.

(1) Référence "Le Guide Culinaire".*

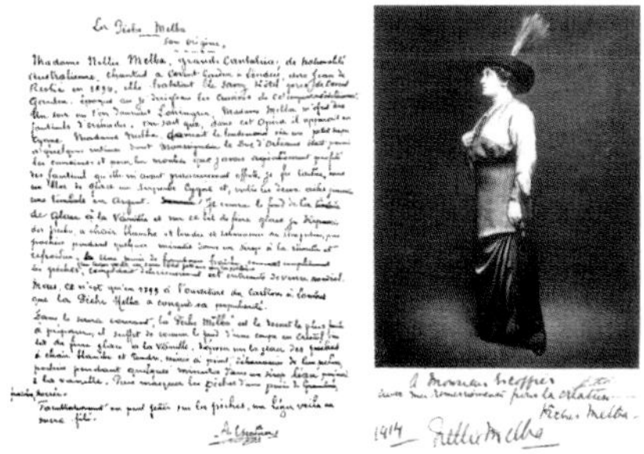

Source: Doc. Fondation Auguste Escoffier

Recette originale de la pêche Melba manuscrite par A. Escoffier.
Photo de Nellie Melba dédicacée à A. Escoffier.

■ MELBA (toast)

MELBA (toast) | Demi-tranche de pain de mie grillée d'un seul côté. Ce toast accompagne caviar*, poissons fumés, etc.

■ MELCHIOR

Bottle type | Bouteille d'une contenance équivalente à 24 bouteilles classiques, soit 18 litres.

■ MELCHIZEDEC ou MIDAS

Bottle type | Bouteille d'une contenance équivalente à 40 bouteilles classiques, soit 30 litres.

■ MÉLISSE

LEMON BALM | Plante aromatique originaire du Moyen-Orient. Elle se caractérise par des arômes citronnés (qui lui ont certainement valu l'autre dénomination de *Citronnelle*). La mélisse est employée en complément d'infusion et pour la préparation de poissons, sauces*, potages*, pâtisseries, etc. Elle est également utilisée pour élaborer certaines boissons (ex: Eau de mélisse des Carmes ou Bénédictine*).

■ MELON

MELON | Cucurbitacée* d'origine incertaine (Inde ou Afrique du Nord). Le melon, sphérique ou ovoïde, possède une écorce épaisse et une chair juteuse et parfumée au centre de laquelle se trouve une multitude de pépins. Les principales variétés de melons sont regroupées en 3 catégories:

- ***Les Melons brodés*** avec une écorce qui porte des lignes en relief (*Cavaillon, Jaune d'or espagnol, Boule d'or, Gallia...*).
- ***Les Melons cantaloups*** avec une écorce plus lisse (*Charentais, Bellegarde, Prescott, Cristel, Noir des Carmes, Oblong...*).

- ***Les Melons d'hiver*** sont des variétés de forme oblongue avec une écorce épaisse et une chair moins parfumée que les précédents *(Honeydew, Casaba, Perse, Juan Canari, Ogen, Christmas...).*

Le melon se consomme cru, salé ou sucré, en hors-d'œuvre, en dessert, en sorbet*... Il peut être accompagné d'un V.D.N.* ou d'un V.D.L.*, associé à un jambon* cru ...
Le Melon de Guadeloupe, ***le Melon du Haut-Poitou*** et ***le Melon du Quercy***, qui bénéficient d'une I.G.P.*, sont tous de type *Charentais.*

■ MELON D'ARBOIS

Grape variety | Autre dénomination du cépage* Chardonnay* dans le Jura.

■ MELON D'EAU

WATERMELON | Autre dénomination de la pastèque*.

■ MELON DE BOURGOGNE

Grape variety | Cépage* blanc d'origine bourguignonne qui est dénommé Muscadet* dans la région nantaise. On le trouve encore en Bourgogne (Coteaux bourguignons*) sur des surfaces réduites, ainsi qu'en Californie. Il génère des vins frais et légers.

■ MELON DES TROPIQUES

TROPICAL MELON | *Voir* Papaye*.

■ MELSAT

French sausage | Préparation charcutière du Tarn et de l'Aveyron qui se présente sous forme de gros boudin blanc* à base de chair de porc*, pain* et œufs*, cuit dans une soupe rustique.

■ MENDIANT

French confectionery | Dénomination d'un assortiment de fruits secs dont les couleurs évoquent les robes de bure des quatre ordres religieux mendiants (les Dominicains, les Franciscains, les Augustins et les Carmes). Le mendiant est généralement composé de figues* sèches, raisins* secs, amandes* et noisettes* ou noix*.

■ MENEAU (Marc)

French chef | Cuisinier français né à Avallon en 1943. Après une formation à l'École hôtelière de Strasbourg, il reprend le café-épicerie de sa mère à Saint-Père-sous-Vézelay qu'il agrandit et transforme pour devenir *L'Espérance.*
Sa cuisine, grande bourgeoise, mais légère et épurée, lui vaut un grand succès, notamment avec une troisième étoile au Guide Michelin en 1983*.

■ MENETOU-SALON

French wine | Vins* blancs, rouges et rosés produits dans la Vallée de la Loire, A.O.C.* depuis 1936 et reconnus A.O.P.* dans le cadre de l'U.E. La mention "Val de Loire" peut éventuellement compléter le nom de l'appellation.
Aire de production : 10 communes du Cher, dont Menetou-Salon, situées au nord-est de Bourges.
Superficie du vignoble : 535 ha.
Encépagement autorisé* pour l'appellation : Sauvignon* et Pinot noir*.
Rendement à l'hectare* : 59 hl pour les vins rouges, 63 hl pour les vins rosés et 65 hl pour les vins blancs.

■ MENON

French writer | Écrivain culinaire français *(1)* qui publia, au 18ème siècle, plusieurs ouvrages qui rencontrèrent un grand succès. Parmi les plus importants, citons : *Le Nouveau Traité de Cuisine, La Cuisine bourgeoise, La Science du Maître d'hôtel cuisinier, Les Soupers de la Cour* et *Le Manuel des Officiers de bouche.*

(1) Nous ne savons rien du personnage qui écrivit sous cette signature. Son état civil et sa profession réelle demeurent une énigme. Etait-il cuisinier ou écrivain savant gastronome ? Plus de deux siècles après, le mystère reste entier.

■ MENTHE (infusion)

MINT (infusion) | Infusion* obtenue à partir des feuilles de la plante aromatique du même nom. La menthe est une infusion aux propriétés digestives et stimulantes.

■ MENTHE (plante)

MINT (plant) | Plante aromatique d'origine méditerranéenne exhalant une odeur fraîche et puissante. Parmi les diverses variétés, citons :

- ***La Menthe verte*** ou ***Menthe douce***, la plus couramment employée.
- ***La Menthe poivrée***, très parfumée, aussi utilisée pour produire le menthol *(1)*.
- ***La Menthe pouliot*** ou ***Herbe de Saint-Laurent***

Source : Adobe Stock

- ***La Menthe aquatique.***
- ***La Menthe citronnée.***
- ***La Menthe du Japon*** qui donne aussi du menthol.

Dans le domaine alimentaire, la menthe est employée en infusion mais aussi pour aromatiser de nombreuses préparation culinaires (sauces*, salades, desserts, etc.) ainsi que les confiseries ou boissons (liqueurs*, sirops*, B.R.S.A.*).

(1) Substance extraite de l'essence de menthe. Le menthol est utilisé en pharmacie pour ses propriétés anti-inflammatoires et anesthésiques ainsi qu'en parfumerie pour ses qualités aromatiques.

■ MENU

MENU | Liste des mets qui composent un repas. Avec l'évolution de nos habitudes alimentaires et de notre manière de vivre en général, les menus des repas actuels se sont considérablement simplifiés par rapport à ceux servis autrefois. Il suffit de reprendre certains anciens ouvrages culinaires pour s'en convaincre.

Dans un restaurant*, ce terme désigne également, avec la carte*, le support de vente sur lequel sont présentés les mets : un document de présentation soignée qui doit répondre à certaines dispositions légales. Le restaurateur est ainsi soumis à plusieurs règles liées à son activité commerciale, notamment en matière d'affichage :

- Les menus et les cartes doivent être affichés de manière visible et lisible de l'extérieur de l'établissement. Cet affichage se fait pendant la durée du service et au moins à partir de 11 heures 30 pour le déjeuner et 18 heures pour le dîner. Les prestations et les prix figurant sur les supports de vente affichés à l'extérieur doivent être identiques à ceux présentés à l'intérieur (voir Affichages obligatoires*).
- Si un ou plusieurs menus ne sont servis que certains jours ou à certaines heures de la journée, cette particularité doit être clairement indiquée (voir Loi Godart*).
- Dans les restaurants où il est perçu un service, le montant de celui-ci est inclus dans les prix affichés. Dans ce cas, il faut également faire figurer la mention "Prix service compris" suivie du pourcentage reversé au personnel.
- La mention "Boisson comprise" ou "Boisson non comprise" figure, selon le cas, en complément du ou des menus.
- La provenance de la viande bovine doit être précisément mentionnée (voir Bovin*).

■ MENU PINEAU ou MENU PINOT

Grape variety | Autre dénomination du cépage* Arbois*.

■ MERCUREY

French wine | Vins* rouges et blancs produits en Bourgogne*, A.O.C.* depuis 1936 et reconnus A.O.P.* dans le cadre de l'U.E. Pour les vins récoltés sur des parcelles classées "Premier cru", l'appellation communale peut être complétée par le nom du climat* d'origine et (ou) par la mention "Premier cru" *(1)*.

Aire de production : communes de Mercurey et Saint-Martin-sous-Montaigu, en Saône-et-Loire, situées à l'ouest de Chalon-sur-Saône.

Superficie du vignoble : 634 ha (dont 549 ha en vins rouges et 85 ha en vins blancs).

Encépagement autorisé* pour l'appellation : Pinot noir*, Chardonnay*, Pinot gris*.

Rendement à l'hectare* : 50 hl pour les vins rouges et 57 hl pour les vins blancs (rendement inférieur pour les Premiers crus).

(1) L'appellation compte 32 climats classés "Premier Cru".

■ MERGUEZ

Maghreb sausage | Petite saucisse* originaire du Maghreb réalisée avec de la viande de bœuf* ou de mouton* (parfois les deux mélangées). Le goût généralement très relevé de la merguez est dû à la présence notable de piment*.

■ MERILLE

Grape variety | Cépage* noir originaire du Sud-Ouest. Il est encore cultivé sur de faibles

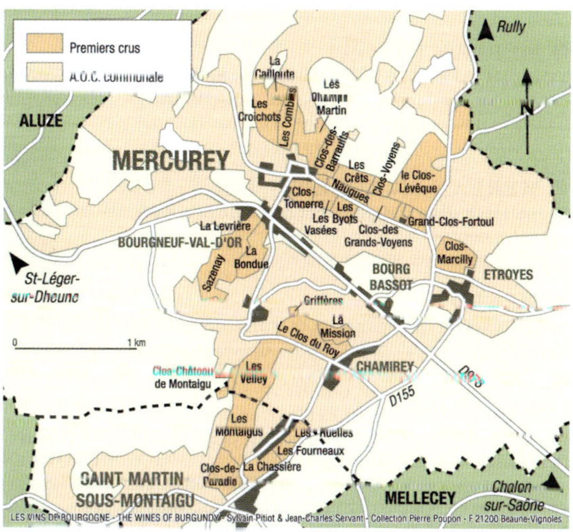

Source : Carte extraite des ouvrages Les Vins de Bourgogne et The Wines of Burgundy de Sylvain Pitiot et Jean-Charles Servant (Collection Pierre Poupon – Hameau de Chevignerot 21 200 Beaune Vignoles. Avec l'aimable autorisation des auteurs.)

superficies dans certains vignobles de cette région (Bergerac*, Côtes de Bergerac*, Fronton*) où il produit des vins* rouges légers, sans caractère particulier.

■ MERINGUE

MERINGUE | Préparation culinaire faite de blancs d'œufs* en neige et de sucre* pour être cuite au four.

Selon la manière dont est incorporé le sucre on distingue :

- ***La meringue française ou meringue ordinaire***: le sucre semoule et le sucre glace (en quantités égales) sont versés en pluie dans les blancs en neige.
- ***La meringue suisse***: le sucre semoule est incorporé aux blancs d'œufs. Ce mélange est ensuite fouetté sur feu doux ou au bain-marie.
- ***La meringue italienne***: le sucre cuit au boulé (118 °C) est versé progressivement sur les blancs en neige.

■ MERISE

WILD CHERRY | Petit fruit à noyau récolté sur le merisier. Variété sauvage de la cerise*, la merise est employée pour la fabrication de confitures* ou de spiritueux* (ex: kirsch*).

■ MERLAN (poisson)

WHITING | Poisson de mer de la famille des gadidés qui vit essentiellement dans l'Atlantique à proximité des côtes d'Europe occidentale. Le merlan, qui mesure de 20 à 40 cm, possède une chair blanche fine et feuilletée, pauvre en lipides, qui se fragilise beaucoup à la cuisson.

■ MERLAN (viande)

TOPSIDE OF BEEF OR MERLAN (French cut) | Petit morceau de viande de bœuf* long et plat, tendre et goûteux, prélevé dans la cuisse de l'animal. Sa forme rappelle celle du poisson éponyme.

■ MERLAN EN COLÈRE

French fish dish | Merlan* frit présenté la queue entre les dents et accompagné de persil* frit, d'un demi-citron* et de sauce tomate*.

■ MERLOT

Grape variety | Cépage* noir d'origine bordelaise. Il doit son nom au merle, un oiseau qui, dit-on, aurait une préférence pour ses baies. En 2019, avec plus de 110 000 ha de vignoble, le Merlot est le cépage le plus cultivé en France. Au niveau mondial (270 000 ha), il occupe la 2ème place derrière le Cabernet-Sauvignon*.

Aires de culture : en France, dans le Bordelais et plus particulièrement dans les vignobles de Saint-Emilion* et de Pomerol*, mais aussi sur d'autres terroirs d'appellation tels que Cahors*, Bergerac*, Buzet, Malepère*, Pécharmant*, Haut-Poitou*, Pineau des Charentes*, Floc de Gascogne*... Il est également présent dans le sud du territoire pour la production de Vins de Pays *. A l'étranger, il est cultivé dans de nombreuses régions viticoles, notamment en Italie, Suisse, Roumanie, Hongrie, Bulgarie, Etats-Unis, Chili, Argentine, Afrique du Sud, Australie, etc.

Vins* produits : rouges puissants, très colorés, tanniques, avec une belle structure et un potentiel aromatique complexe (fruits noirs, cuir) qui se révèle avec un élevage en barriques de chêne.

■ MERLOT BLANC ou MERLEAU BLANC

Grape variety | Cépage* blanc probablement originaire du Sud-Ouest qui fait partie de l'encépagement de l'A.O.C. * Pineau des Charentes*. Il produit des vins neutres, de qualité moyenne.

■ MERLU

HAKE | Poisson de mer de la famille des gadidés qui vit surtout dans l'Atlantique de l'Ecosse au Maroc. Le merlu, souvent commercialisé sous le nom de *colin*, mesure de 0,40 à 1,00 m. Il possède une chair blanche, fine, maigre et savoureuse très fragile.

Filet de colin ou merlu

■ MERLUCHE

STOCKFISH | *Voir* Morue*.

■ MEROU

GROUPER | Poisson de mer de la famille des serranidés qui vit en Méditerranée et dans l'Atlantique, du Golfe de Gascogne aux côtes africaines. Le mérou, dont la taille varie généralement entre 80 cm et 1,50 m, possède une chair blanche, fine et parfumée.

MERVAL
Fish | *Voir* Silure*.

MESCAL ou MEZCAL
Mexican liquor | Boisson spiritueuse mexicaine titrant environ 20° qui est obtenue par une première distillation de pulpe d'agave fermentée. Le terme "mezcal" désigne parfois une eau-de-vie* de 40° à 43° élaborée dans plusieurs régions du Mexique situées hors de la zone légale de production de la tequila*.

MESCLE
Grape variety | Autre dénomination du cépage* Poulsard*.

MESCLUN
MESCLUN | Mélange de feuilles de salades et d'herbes aromatiques. Le mesclun se compose traditionnellement de mâche*, feuille de chêne*, pissenlit*, pourpier*, chicorée*, trévise*, scarole*, roquette* et cerfeuil*.

Source : Adobe Stock

MESLIER SAINT-FRANÇOIS
Grape variety | Cépage* blanc originaire du Gâtinais surtout cultivé pour la production de vins* de distillation - plats et peu alcoolisés - dans l'aire d'appellation Armagnac*.

MÉTEIL
MESLIN (cereal mix) | Mélange céréalier composé de seigle* et de blé*. Cette dénomination est réservée au produit de la culture et du battage des deux graminées, le seigle entrant au moins à 50 % dans le mélange.
La farine* de méteil, panifiable, est surtout utilisée en boulangerie.

MÉTHODE ANCESTRALE
ANCESTRAL METHOD (winemaking technique) | *Voir* Blanquette méthode ancestrale*.

METHODE CHAMPENOISE
Winemaking technique | Méthode mise au point par le moine Dom Pérignon (1639-1715), cellérier à l'abbaye d'Hautvillers (Marne).
Les principales étapes de cette méthode - modernisée au cours du temps - sont les suivantes :
La vendange et le pressurage du raisin. Avec 4 000 kg de raisin on obtient 2 550 litres de moût* débourbé destiné à faire du champagne.
La fermentation alcoolique traditionnelle d'un vin blanc tranquille avec opérations de vinification classiques.
L'élaboration de la cuvée par assemblage de plusieurs vins de base provenant souvent de différents vignobles et de différentes années (sauf pour les "millésimés").
La mise en bouteilles en additionnant une "liqueur de tirage"* (vin vieux, levures, sucre dosé à 24 g/litre et adjuvant clarificateur tel que la bentonite*). Le bouchage est provisoire.
La seconde fermentation en cave fraîche. Les bouteilles, mises sur lattes, vont subir une lente fermentation qui produira du gaz carbonique, future mousse du champagne.
La mise sur pupitres et remuage pour faire glisser progressivement le dépôt vers le bouchon. Cette opération est de plus en plus souvent remplacée par l'usage de gyropalettes.
Le dégorgement qui consiste à passer le goulot des bouteilles dans une saumure à - 20° C avant l'expulsion du glaçon contenant le dépôt. Autrefois, le dégorgement se faisait "à la volée".
L'égalisage-dosage en remplissant des bouteilles par une "liqueur d'expédition"* (vin vieux et sucre). Selon la constitution de cette liqueur, on obtient différents types de champagne :

- ***Brut nature, pas dosé ou dosage zéro :*** moins de 3 g de sucre/litre
- ***Extra brut*** : jusqu'à 6 g de sucre/litre
- ***Brut*** : jusqu'à 15 g de sucre/litre
- ***Extra-sec*** : de 12 à 20 g de sucre/litre
- ***Sec*** : de 17 à 35 g de sucre/litre
- ***Demi-sec*** : de 33 à 50 g de sucre/litre
- ***Doux*** : plus de 50 g de sucre/litre.

Le bouchage définitif avec un bouchon* spécial et un muselet* constitue la dernière opération avant l'habillage des bouteilles qui se fera ultérieurement.
Un règlement de l'U.E. précise que la dénomination "méthode champenoise" est strictement réservée aux vins d'A.O.C.* "Champagne".

MÉTHODE CHARMAT ou METHODE CUVE CLOSE
Winemaking technique | *Voir* Vin mousseux*.

METHODE DIOISE
Winemaking technique | *Voir* Clairette de Die méthode dioise ancestrale*.

MÉTHODE GAILLACOISE
Winemaking technique | Méthode rurale traditionnelle employée dans la région de Gaillac (Tarn) pour obtenir des vins effervescents sans ajout de sucre* et de levures* (liqueur de tirage*).
L'effervescence du vin est obtenue uniquement par la fermentation d'une partie du sucre naturel contenu dans le moût*.

■ **MÉTHODE GANCIA**
Winemaking technique | *Voir* Vin mousseux*.

■ **MÉTHODE PAR TRANSFERT**
Winemaking technique | *Voir* Vin mousseux*.

■ **MÉTHODE TRADITIONNELLE**
Winemaking technique | Terme autorisé pour désigner un mode d'élaboration de vin effervescent* identique à la méthode champenoise*. En effet, la mention "Méthode champenoise" est exclusivement réservée à la Champagne viticole.

■ **MEUNIER**
Grape variety | Autre dénomination du cépage* Pinot Meunier*.

■ **MEUNIÈRE (à la)**
Culinary technique | Dénomination d'apprêts culinaires (poissons, cervelles*, coquilles Saint-Jacques*, etc.) qui sont farinés avant d'être poêlés au beurre* et servis avec jus de citron* et beurre noisette*.

■ **MEURSAULT**
French wine | Vins* blancs et rouges produits en Bourgogne*, A.O.C.* depuis 1937 et reconnus A.O.P.* dans le cadre de l'U.E. Pour les vins dont les récoltes proviennent de parcelles classées "Premier cru", l'appellation communale peut être complétée par le nom du climat* d'origine *(1)* et (ou) par la mention "Premier cru".
Aire de production : commune de Meursault, en Côte-d'Or, située au sud-ouest de Beaune.
Superficie du vignoble : 395 ha (dont 382 ha en vins blancs et 13 ha en vins rouges).
Encépagement autorisé* pour l'appellation : Chardonnay*, Pinot blanc*, Pinot noir*, Pinot gris*.
Rendement à l'hectare* : 57 hl pour les vins blancs et 50 hl pour les vins rouges (rendement inférieur pour les Premiers crus).
(1) "Blagny", "Perrières", "Les Gouttes d'Or", " Porusot", "les Cras", "Les Bouchères", "Les Caillerets", "Les Plures", "Les Ravelles", "Charmes", "Clos des Perrières", " Genevrières ", "La Jeunelotte", " Sous Blagny", "Sous le Dos d'Ane", "Les Santenots Blancs", "La Pièce sous le bois" et "Les Santenots-du-Milieu".

■ **MÉZÈS ou MÉZÉDAKIAS**
Greek dish | Amuse-bouches variés couramment consommés en Grèce ou en Turquie avec des boissons telles que l'ouzo* ou le raki*.

■ **MICHELIN (guide)**
Gastronomic guide | Guide gastronomique créé en 1900 par les frères Michelin, fabricants de pneumatiques. La première édition se présentait sous forme d'un petit livre broché de 400 pages, tiré à 35 000 exemplaires et distribué gracieusement aux voyageurs de ce début de siècle, les rares automobilistes, afin de leur fournir une sélection d'hôtels

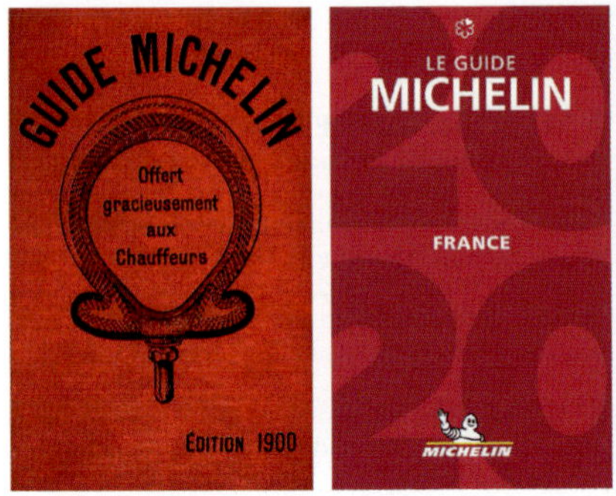

Editions 1900 et 2020 du Guide Michelin

et de restaurants recommandés en fonction de leur confort et de leurs prix. Diverses informations (points d'approvisionnement en carburant, réparateurs, etc.) figuraient également dans le guide. À partir de 1920, ce dernier n'est plus offert mais vendu. Progressivement le "Michelin" se bâtit une solide réputation pour devenir le best-seller des guides gastronomiques qui paraît chaque année au printemps. Autrefois il était d'ailleurs appelé "l'Œuf de Pâques des automobilistes".
Les étoiles de bonne table voient le jour en 1926, mais il faudra attendre 1933 pour que le guide distingue des "Trois étoiles", consécration suprême. Plusieurs grands de la cuisine française ont réussi à obtenir simultanément trois étoiles dans 2 ou 3 établissements différents. C'est d'abord la Mère Brazier*, en 1933, avec ses 2 restaurants de la région lyonnaise et beaucoup plus tard Marc Veyrat* avec ses établissements de Veyrier-du-Lac et Megève. Joël Robuchon* et Alain Ducasse* feront encore mieux, puisque le premier cumulera en 2009-2010 pas moins de 25 étoiles pour 12 restaurants répartis dans plusieurs pays (dont 3 triplement étoilés à Las Vegas, Tokyo et Macao) et le second 20 étoiles pour 14 restaurants français et étrangers (dont 3 triplement étoilés à Paris, Monaco et Londres).
Le plus jeune "Trois étoiles" fut l'italien Massimilio Alajmo qui a été distingué en 2003 à l'âge de 28 ans. En France, c'est Jacques Lameloise* qui fut le plus jeune Chef à recevoir la haute distinction. C'était en 1979 et il avait 32 ans.
Le plus jeune Chef étoilé est une Cheffe, il s'agit de Julia Sedefdjian qui reçut sa première étoile à 21 ans, en 2016.
Le guide France 2020, 111ème édition, sélectionne et 3 429 restaurants, dont 628 étoilés répartis ainsi :
513 "Une étoile", une cuisine d'une grande finesse. Vaut l'étape !
86 "Deux étoiles", une cuisine d'exception, vaut le détour !
29 "Trois étoiles", une cuisine unique, vaut le voyage ! (voir tableau).

Créé en 1997, le "Bib gourmand" signale les restaurants qui proposent des repas avec un bon rapport qualité/prix. Ils sont 567 en 2020.
En 2019, le "Guide rouge" a mis en valeur pour la première fois les métiers du service en salle et de la sommellerie. Une façon de souligner leur importance dans la réussite d'un établissement. En 2020, les lauréats de ces prix sont respectivement Marie-Aude Vieira et Eric Beaumard.
Nouveauté 2020 avec l'apparition d'un pictogramme - une fleur verte - qui distingue 50 restaurants engagés dans une "gastronomie durable".
Le "Michelin" reste aujourd'hui une référence en matière de gastronomie avec un sérieux et une rigueur jamais démentis. Au fil du temps, il s'internationalise pour présenter une remarquable collection qui compte une vingtaine de guides dans le monde avec de nombreux restaurants étoilés (en 2018, le Japon comptait 234 restaurants étoilés, dont 12 "Trois étoiles").

■ MIEL

HONEY | Substance sucrée, plus ou moins sirupeuse et de couleur ambrée, que les abeilles fabriquent à partir du nectar des fleurs qu'elles butinent. Le terme "miel" est souvent suivi du nom de la plante dont il est issu et parfois de la région ou du pays d'origine.

Restaurants ✿✿✿ du Guide France 2020

Localité	Établissement	Chef de cuisine
Annecy (74)	Le Clos des Sens	Laurent Petit
Le Castellet (83)	Christophe Bacquié	Christophe Bacquié
Chagny (71)	Maison Lameloise	Eric Pras
Courchevel 1850 (73)	Le 1947 au Cheval Blanc	Yannick Alléno
Eugénie-les-Bains (40)	Les Prés d'Eugénie – Michel Guérard	Michel Guérard*
Fontjoncouse (11)	Auberge du Vieux Puits	Gilles Goujon
La Rochelle	Christopher Coutanceau	Christopher Coutanceau
Les Baux-de-Provence	L'Oustau de Baumanière	Glenn Viel
Marseille (13)	Le Petit Nice	Gérald Passedat
Megève (74)	Flocons de sel	Emmanuel Renault
Menton (06)	Mirazur	Mauro Colagreco
Monte-Carlo (Monaco)	Le Louis XV-Alain Ducasse	Alain Ducasse*
Paris 1er (75)	Kei	Kei Kobayashi
Paris 4eme (75)	L'Ambroisie	Bernard Pacaud*
Paris 6ème (75)	Guy Savoy	Guy Savoy*
Paris 7ème (75)	Arpège	Alain Passard*
Paris 8ème (75)	Alain Ducasse au Plaza Athénée	Alain Ducasse
Paris 8ème (75)	Epicure au Bristol	Eric Frechon
Paris 8ème (75)	Le Cinq	Christian Le Squer
Paris 8ème (75)	Pierre Gagnaire	Pierre Gagnaire*
Paris 8ème (75)	Alléno Paris au Pavillon Ledoyen	Yannick Alléno
Paris 16ème (75)	Pré Catelan	Frédéric Anton
Reims (51)	L'Assiette Champenoise	Arnaud Lallemand
Roanne/Ouches (42)	Le Bois sans feuilles-Troigros	César et Michel Troigros*
Saint-Bonnet-le-Froid (43)	Régis et Jacques Marcon	Régis et Jacques Marcon*
Saint-Martin-de-Belleville (73)	René et Maxime Meilleur	René et Maxime Meilleur
Saint-Tropez	La Vague d'or	Arnaud Donckele
Valence (26)	Pic	Anne-Sophie Pic*
Vonnas (01)	Georges Blanc	Georges Blanc*

Apparu sur la terre avec les abeilles il y a 25 millions d'années, connu depuis l'Antiquité pour ses vertus médicinales et produit dans le monde entier, le miel a de multiples usages, notamment dans le domaine culinaire où il a toujours été employé, en particulier pour son pouvoir édulcorant (égal à 1,2 par rapport à celui du sucre*).
Deux miels bénéficient d'une A.O.C.* et d'une A.O.P.*:

Le Miel de sapin des Vosges
A.O.C.depuis 1996.
L'aire d'appellation s'étend sur 589 communes de 5 départements : les Vosges, la Moselle, la Meurthe-et-Moselle, la Haute-Saône et le Territoire de Belfort.

Le Miel de Corse ou ***Mele di Corsica*** A.O.C. depuis 1998.
Il est produit sur l'ensemble des communes de l'île.
Par ailleurs, trois miels sont classés I.G.P.* : ***Le Miel d'Alsace***, ***le Miel de Provence*** et ***Le Miel des Cévennes***..

Source: Photo BG

■ MIGAINE
French egg-cream mixture | Appareil* constitué d'œufs*, lait*, crème fraîche*, sucre* ou sel* selon la préparation. La migaine est un élément constitutif de certaines tartes ou quiches, notamment dans l'Est de la France.

■ MIGNON
MIGNON | Petit maroilles* de 360 g.

■ MIGNONNETTE
MIGNONNETTE PEPPER | Mélange de poivres* noir et blanc concassés.

■ MIGNOT
French cheese | Fromage* de lait* de vache fabriqué en Normandie. Il doit son nom à un hameau de l'Orne situé dans sa zone de production.
Type: pâte molle, croûte naturelle.
Forme: disque épais.
Taille: 11 à 12 cm de diamètre, 4 cm d'épaisseur.
Poids: 350 à 400 g environ.
Teneur en M.G.: 40 à 45 %.
Meilleures saisons: printemps, été.

■ MIKADO (salade)
Salad | Salade composée constituée d'huîtres* raidies et ébarbées, riz* cuit à l'eau, dés de poivrons* rouges et verts grillés et pelés.
Assaisonnement: sauce vinaigrette* moutardée.

■ MIKADO (sauce)
Sauce | Sauce hollandaise* additionnée de jus et zestes* de mandarines*.

■ MILANAISE (à la)
Milan style | Désignation d'une escalope* ou d'une côte* de veau* panée à la chapelure* et au parmesan*, sautée, et servie avec une sauce madère* additionnée d'une julienne* de langue* et de jambon*, de champignons* et de truffes*.
La garniture est constituée de spaghettis* ou de macaronis* liés à la sauce tomate*, au fromage* et au beurre*.

■ MILGRANET
Grape variety | Cépage* noir originaire du Sud-Ouest et encore cultivé dans la Vallée de la Garonne sur l'aire d'appellation Lavilledieu*.

■ MILLE-FEUILLE ou MILLEFEUILLE
Pastry | Pâtisserie constituée de plusieurs abaisses* de pâte feuilletée* fourrées de crème pâtissière* parfumée à la liqueur* ou à l'eau-de-vie*. Le dessus de la préparation est saupoudré de sucre* glace quadrillé au fer chaud ou nappé de fondant*.

■ MILLÉSIME (vin)
VINTAGE (wine) | Année de naissance d'un vin* ou année de la récolte du raisin qui a servi à élaborer ce vin. Chaque millésime possède des qualités propres liées aux conditions climatiques du site sur lequel est implanté le vignoble. Le millésime figure très souvent sur l'étiquette* d'une bouteille de vin.

■ MIMOLETTE
Dutch cheese | Fromage* de lait* de vache d'origine hollandaise. Il tire son nom de la consistance

de sa pâte (« mi-molle »). Ce fromage est aujourd'hui produit dans plusieurs pays, y compris en France ou il est aussi dénommé ***Boule de Lille***.
Type : pâte pressée non cuite de couleur orangée, croûte naturelle brossée.
Forme : boule légèrement aplatie.
Taille : 20 cm de diamètre.
Poids : 2,5 à 4 kg.
Teneur en M.G. : 40 à 45 %.
Qualité identique toute l'année.

■ MINERVOIS

French wine | Vins* rouges, rosés et blancs produits en Languedoc-Roussillon, A.O.C.* depuis 1985 et reconnus A.O.P.* dans le cadre de l'U.E.
Aire de production : 45 communes de l'Aude et 16 communes de l'Hérault situées au nord-ouest de Narbonne.
Superficie du vignoble : 3 600 ha.
Encépagement autorisé* pour l'appellation : Grenache noir*, Syrah*, Mourvèdre*, Lladoner pelut*, Carignan*, Picpoul noir*, Terret noir*, Cinsault*, Rivairenc*, Grenache blanc*, Bourboulenc*, Maccabéo*, Marsanne*, Roussanne*, Clairette*, Picpoul blanc*, Terret blanc*, Muscat à petits grains*, Vermentino*.
Rendement à l'hectare* : 48 hl.

■ MINERVOIS-LA-LIVINIÈRE

French wine | Vins* rouges produits en Languedoc-Roussillon, A.O.C.* depuis 1999 et reconnus A.O.P.* dans le cadre de l'U.E.
Aire de production : 1 commune de l'Aude (Azille) et 5 communes de l'Hérault (Azillanet, Cesseras, Félines-Minervois, La Livinière et Siran) situées au nord-ouest de Narbonne.
Superficie du vignoble : 350 ha.
Encépagement autorisé* pour l'appellation : Grenache noir*, Syrah*, Mourvèdre*, Lladoner pelut* Carignan*, Cinsault*, Picpoul noir*, Terret noir* et Rivairenc*.
Rendement à l'hectare* : 45 hl.

■ MINESTRONE

MINESTRONE | Soupe* d'origine italienne préparée avec différents légumes *(1)* et garnie de pâtes* ou de riz*.

(1) Tomates, courgettes*, haricots* blancs, carottes*, pommes de terre*, céleris*, petits pois*, choux*, épinards*, etc. Ces légumes sont parfois additionnés de morceaux de lard ou de dés de jambon* cru.*

■ MIQUE

Regional dish | Boule de pâte faite de farine(s)*, de matière grasse (graisse d'oie* ou saindoux*) et de levure*, éventuellement additionnée d'œufs* et de lait*. Cette pâte est ensuite pochée dans un bouillon. Spécialité du Sud-Ouest, la mique remplace le pain* en accompagnement de soupes* ou de plats en sauce.

■ MIRABEAU

Anchovy garnish | Garniture* composée de filets d'anchois*, olives* dénoyautées et beurre* d'anchois. Elle accompagne aussi bien une viande grillée (ex : entrecôte*) que des filets de poisson ou des œufs* au plat.

■ MIRABELLE (eau-de-vie)

Brandy | Eau-de-vie blanche* élaborée à partir de petites prunes* jaunes *(1)* dans plusieurs régions de l'est de la France, notamment en Lorraine et en Alsace. La Mirabelle de Lorraine* bénéficie d'ailleurs d'une A.O.C.* et la Mirabelle d'Alsace* d'une I.G. Ce spiritueux*, fin et parfumé, est sensible à la lumière qui altère son arôme.

(1) 18 kg de fruits sont nécessaires pour obtenir 1 litre d'eau-de-vie pure.

■ MIRABELLE (fruit)

MIRABELLE (fruit) | *Voir* Prune*.

■ MIRABELLE D'ALSACE (eau-de-vie)

Brandy | Indication géographique d'une eau-de-vie* élaboré à partir de mirabelles* récoltées et distillées dans les départements du Bas-Rhin et du Haut-Rhin. L'eau-de-vie* doit maturer pendant au moins 6 mois en récipient neutre avant commercialisation.
Titrage alcoolique minimum à la vente au consommateur : 45°.

■ MIRABELLE DE LORRAINE (eau-de-vie)

Brandy | Eau-de-vie* blanche provenant de la distillation de mirabelles* récoltées et distillées sur des territoires situés dans plusieurs arrondissements des départements de la Moselle, de la Meurthe-et-Moselle, de la Meuse et des Vosges. A.O.C.* depuis 2015.
La Mirabelle de Lorraine est soumise à une maturation de 6 mois minimum après la distillation. Pendant cette période, l'eau-de-vie est stockée en cuve, en bonbonne ou en fût.
Titre alcoométrique minimum à la vente au consommateur : 45°.

■ MIREPOIX

Chopped vegetable base | Mélange de légumes taillés en dés (carottes*, oignons* et céleris*) complété de dés de jambon* cru ou lard de poitrine et d'aromates* (thym* et laurier*). La mirepoix constitue la garniture aromatique de plusieurs préparations culinaires.
Elle fut créée par le cuisinier du Duc de Levis-Mirepoix, ambassadeur et Maréchal de France sous Louis XV.

■ MIROTON ou MIRONTON

Boiled beef | Bœuf* bouilli détaillé en fines tranches et cuisiné avec des oignons* émincés.

■ MISTELLE

MISTELLE | Moût* de raisin dont la fermentation alcoolique* a été stoppée par l'adjonction d'alcool* (mutage*). Les mistelles servent à la fabrication d'apéritifs, notamment les vermouths* et les V.D.L.*.

■ MIXED GRILL

MIXED GRILL | Assortiment de viandes et abats* grillés *(1)* généralement garni de tomates* et champignons*, eux-mêmes grillés. Un beurre maître d'hôtel* peut accompagner la préparation.

(1) Agneau, bœuf*, veau*, chipolata*, foie*, rognon*...*

■ MIXOLOGIE

MIXOLOGY | La mixologie, ou "Science des mélanges", est un terme récent qui désigne l'art de mélanger les boissons pour réaliser des cocktails* ou des mocktails*.

■ MOCHI

Japanese rice dumplings | Préparation traditionnelle japonaise, sucrée ou salée, constituée d'une enveloppe à base de farine de riz* gluant et d'un cœur réalisé avec une pâte de haricot diversement parfumée. De texture très moelleuse, le mochi se déguste plutôt en accompagnement du thé*, mais aussi du café* ou d'autres boissons.

Source : Adobe Stock

■ M.O.F. (Meilleur Ouvrier de France)

French award | Titre officiel des lauréats d'un prestigieux concours créé en 1924 grâce à une initiative de Lucien Klotz, critique d'art et journaliste. À partir de 1935, le titre *"Un des meilleurs ouvriers de France"* est officialisé par un arrêté du Ministère de l'Éducation Nationale et sanctionné par un diplôme d'Etat (équivalent Bac + 2).

Organisé tous les 3 ou 4 ans (fréquence parfois modifiée pour diverses raisons) par le C.O.E.T.-M.O.F. (1), ce concours a vécu la finale de sa 26ème édition en 2018.

La restauration était représentée pour 4 titres :

- ***Cuisine-Gastronomie*** (concours créé en 1936)
  Les 7 lauréats de l'édition 2018 : Renaud Augier, Stéphane Collet, Arnaud Faye, Fabrice Gendrier, Franck Putelat, Julien Roucheteau et Frédéric Simonin.

Source : Comité d'Organisation

- ***Maître d'hôtel***, du service et des Arts de la table (concours créé en 1993)
  Les 6 lauréats de l'édition 2018 : Michaël Bouvier, Bruno Casassus-Builhe, Laurent Delarbre, Thomas Fefin, Antoine Petrus et Simon Verger.
- ***Sommelier*** (concours créé en 2000)
  Les 4 lauréats de l'édition 2018 : Eric Goettelmann, Jean-Baptiste Klein, Pascaline Lepeltier *(2)* et Nicolas Vialettes.
- ***Barman*** (concours créé en 2010)
  Les 2 lauréats de l'édition 2018 : Laurent Agard et David Palanque.

(1) Comité d'Organisation des expositions du Travail et du Concours "Un des meilleurs ouvriers de France".

(2) P. Lepeltier est la première sommelière M.O.F. En 2018, elle cumula ce titre avec celui de "Meilleure sommelière de France".

■ MOCKTAIL

MOCKTAIL | Terme désignant un cocktail* sans alcool. Il s'agit de l'association de "mock" (qui signifie en anglais "parodier", "imiter") et de "tail", fin du mot cocktail.

■ MOGETTE DE VENDÉE

White bean variety | Petit haricot en grain* récolté dans le bocage vendéen où il fait partie du patrimoine gastronomique depuis le 16ème siècle. Actuellement, une centaine de producteurs cultive la mogette qui a une place toute particulière dans les préparations culinaires locales. La ***Mogette de Vendée*** est une I.G.P.* depuis 2010.

■ MOJITO

MOJITO | Cocktail* préparé directement dans un verre à highball*

6 à 8 feuilles de menthe* fraîche
½ lime*
5 cl de rhum* blanc cubain (Bacardi*)
1 cuillère à café de sucre* en poudre
6 cl d'eau gazeuse.

Écraser la menthe au

fond du verre avec le sucre et la lime en petits dés (ou en jus). Ajouter de la glace pilée et le rhum avant de remuer. Compléter avec l'eau gazeuse et décorer éventuellement d'une sommité de menthe. Ce long drink* aurait été créé à Cuba à la fin des années 1920 pendant la période de prohibition aux États-Unis.

■ MOJITO CRIOLLO

MOJITO CRIOLLO | Mojito* additionné d'un trait d'Angostura *.

■ MOKA (café)

MOKA (coffee) |
a) Variété de café* arabica.
b) Café expresso additionné de chocolat* chaud.

■ MOKA (pâtisserie)

MOKA (pastry) | Gâteau constitué de couches de génoise* fourrées et masquées de crème au beurre* au café*. Il est décoré d'amandes* hachées ou effilées.

■ MOLE POBLANO

Mexican dish | Spécialité culinaire mexicaine. Il s'agit d'un ragoût* de dinde* au cacao* cuisiné avec piments*, tomates*, oignons*, ail*, raisins*, amandes*, cacahuètes*, graines d'anis* et de sésame*, clous de girofle*... Le mole poblano est servi avec des tortillas*.

■ MOLETTE

Grape variety | Cépage* blanc d'origine savoyarde et cultivé sur quelques hectares dans les aires d'appellation de cette région (vin de Savoie*, Seyssel*, Bugey*). Il produit des vins* blancs acides, sans caractères particuliers, essentiellement utilisés en assemblage pour l'élaboration de vins effervescents*.

■ MOMINETTE ou MOMIE

Liqueur | Apéritif constitué d'une demi-dose d'anisé*.

■ MONACO

MONACO | Boisson constituée de ⅓ de limonade*, ⅔ de bière* et un trait de sirop de grenadine*.

■ MONBAZILLAC

French wine | Vins* blancs produits en Dordogne, A.O.C.* depuis 1936 et reconnus A.O.P.* dans le cadre de l'U.E.
Aire de production : Monbazillac et 4 autres communes de Dordogne situées au sud de Bergerac.
Superficie du vignoble : 3 600 ha.
Encépagement autorisé* pour l'appellation : Sémillon*, Sauvignon*, Muscadelle*, Chenin*, Ondenc*, Ugni blanc*.
Rendement à l'hectare* : 30 hl.
Ces vins sont élaborés à partir de raisins arrivés à surmaturation (voir pourriture noble*). Leur teneur en sucre résiduel est supérieure à 45 g/l (85 g/l pour les vins avec mention "Sélection de grains nobles"*).

■ MONDEUSE

Grape variety | Cépage* noir originaire de Savoie.
Aires de culture : vignobles de Savoie et du Bugey (Vin de Savoie*, Bugey*). A l'étranger, on le trouve notamment en Californie et en Australie.
Vins* produits : rouges colorés, tanniques, puissants avec des notes aromatiques de fraise*, framboise*, cassis* ou violette.

■ MONDEUSE BLANCHE

Grape variety | Cépage* blanc d'origine savoyarde cultivé sur quelques hectares dans cette région. Il est également appelé Dongine*.

■ MONSIEUR FROMAGE

French cheese | Fromage* de lait* de vache fabriqué en Normandie. Il porte le nom de son créateur, un fermier nommé Fromage.
Type: pâte molle, croûte fleurie (double crème*).
Forme: petit cylindre.
Taille: 7 cm de diamètre, 5 cm de hauteur.
Poids: 150 g.
Teneur en M. G.: 60 %.
Meilleures saisons: printemps, été, automne.

■ MONT CAUME

Geographic region | *Voir* Vins I.G.P.*.

■ MONT-D'OR DE LYON

French cheese | Fromage* de lait* de chèvre fabriqué dans le Lyonnais. Il doit son nom à un massif situé dans sa zone de production.
Type: pâte molle, croûte naturelle.
Forme: petit disque plat.
Taille: 8 à 9 cm de diamètre, 1,5 cm d'épaisseur
Poids: 120 à 140 g.
Teneur en M.G.: 45 %.
Meilleures saisons: printemps, été, automne.

■ MONT D'OR ou VACHERIN DU HAUT-DOUBS

French cheese | Fromage* de lait* de vache fabriqué en Franche-Comté, A.O.C.* depuis 1981 et reconnu A.O.P.* dans le cadre de l'U.E. Il doit son nom à la nature du lait d'élaboration et à sa zone de production *(1)*.
La production du lait, la fabrication, l'affinage et le conditionnement du fromage en boite d'épicéa doivent être effectués à une altitude au moins égale à 700 mètres. La mise en vente au consommateur ne peut se faire que du 10 septembre au 10 mai.
Type : pâte molle à croûte lavée et fleurie.
Forme : disque épais.
Taille : 11 à 33 cm de diamètre, 6 à 7 cm d'épaisseur.

Poids : 480 g à 3,2 kg.
Teneur en M.G. : 45 % minimum.
Meilleures saisons : fin de l'automne et hiver.
(1) Le Mont d'Or (1463 m) se situe dans le massif jurassien du Haut-Doubs.

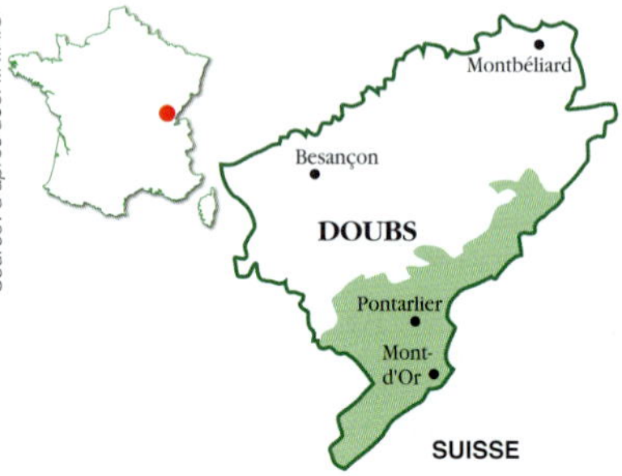

Source : d'après doc. I.N.A.O*

L'aire géographique de l'AOC Mont-d'or ou Vacherin du Haut-Doubs s'étend sur 96 communes du Doubs.

■ MONT-DORE

French mineral water | Eau de source* captée au Mont-Dore dans le Puy-de-Dôme.
Catégorie : très faiblement minéralisée.
PH à 20°C : 7,2.
Minéralisation totale : 46 mg/l.

■ MONT ROUCOUS

French mineral water | Eau minérale naturelle* plate captée à Lacaune dans le Tarn. Homologuée "eau minérale" le 28 janvier 1993.
Catégorie : très faiblement minéralisée.

Composition physico-chimique (en mg/l)	
Cations	Anions
Sodium : 2,80 Calcium : 1,20 Magnésium : 0,20 Potassium : 0,40	Bicarbonates : 4,90 Sulfates : 3,30 Chlorures : 3,20 Nitrates : 2,30
Silice : 6,90	
pH à 20°C : 6	Minéralisation totale : 19 mg/l

■ MONTAGNÉ (Prosper)

French chef, author and lecturer | Cuisinier français (Carcassonne 1865 – Sèvres 1948). Ce grand Chef, auteur gastronomique et conférencier, suit un parcours professionnel dans les meilleures maisons de l'époque avant d'écrire ou coécrire de nombreux ouvrages dont *La Grande Cuisine illustrée, Le Grand livre de la Cuisine, Le Festin occitan, Le Trésor de la cuisine du bassin méditerranéen, La Cuisine fine*... Il rédige également, avec le Dr Gottschalk, la première édition du *Larousse gastronomique** de 1938.

■ MONTAGNE-SAINT-ÉMILION

French wine | Vins* rouges produits dans le Bordelais, A.O.C.* depuis 1936 et reconnus A.O.P.* dans le cadre de l'U.E.
Aire de production : commune de Montagne, en Gironde.
Superficie du vignoble : 1 490 ha.
Encépagement autorisé* pour l'appellation : Cabernet-Sauvignon*, Cabernet franc*, Malbec*, Merlot*, Carmenère*, Petit Verdot*.
Rendement à l'hectare* : 53 hl.

■ MONTAGNES D'ARRÉE

French mineral water | Eau de source* captée à Commana dans le Finistère.
Catégorie : très faiblement minéralisée.
pH à 20 °C : 5,4.
Minéralisation totale : 36 mg/l.

■ MONTAGNY

French wine | Vins* blancs produits en Bourgogne*, A.O.C.* depuis 1936 et reconnus A.O.P.* dans le cadre de l'U.E. Pour les vins récoltés sur des parcelles classées "Premier cru", l'appellation communale peut être complétée par le nom du climat* d'origine et (ou) par la mention "Premier cru" *(1)*.
Aire de production : communes de Montagny-lès-Buzy, Buxy, Saint-Vallerin et Jully-lès-Buxy, en Saône-et-Loire, situées au sud-ouest de Chalon-sur-Saône.
Superficie du vignoble : 326 ha.
Encépagement autorisé pour l'appellation : Chardonnay*.
Rendement à l'hectare* : 60 hl. (58 hl pour les Premiers crus).
(1) « Vignes Saint-Pierre », « Les Combes », « Saint-Ytages », Les Charmelottes », « Champ Toiseau », « Vignes sur le Cloux », « Les Garchères », « Vignes Couland », « Les Bouchots », « Les Burnins », « Les Perrières », « Les Treuffières », « Montcuchot », « Vigne du Soleil », « Les Maroques », « Les Beaux Champs », « Les Macles », Creux de Beaux Champs », « L'Epaule », « Les Platières », « Les Jardins », « Les Coères », « Saint Morille », Les Vignes Derrière », « Les Bordes », « Les Las », « Les Gouresses », « Les Paquiers », « Montorge », « Le Cloux, « Sous les feilles », La Grande Pièce », « Le Clos Chaudron », « Les Vignes des Prés », « Le Vieux Château », « La Condemine du Vieux Château », « Le Clouzot », « Les Pidances », « Les Coudrettes », « Les Vignes Longues », « Cornevent », « Mont Laurent », « Les Bonneveaux », « Les Bassets », « Les Craboulettes », « La Moullière », « Les Resses », « Les Chaniots » et « Chazelle ».

■ MONTASIO

Italian cheese | Fromage* de lait* de vache fabriqué dans le nord de l'Italie, il doit son nom à un massif alpin situé dans sa zone de production. Le montasio bénéficie d'une Appellation d'Origine Contrôlée dans son pays et d'une A.O.P.* dans le cadre de l'U.E.
Type : pâte pressée non cuite demi-dure, croûte naturelle.
Forme : meule à talon légèrement convexe.
Taille : 30 à 40 cm de diamètre, 6 à 10 cm d'épaisseur.
Poids : 7 à 10 kg.
Teneur en M.G. : 40 % au minimum.
Qualité identique toute l'année.

■ MONTCALM

French mineral water | Eau de source* captée à Auzat dans l'Ariège.
Catégorie : très faiblement minéralisée.
pH à 20 °C : 6,8.
Minéralisation totale : 20 mg/l.

■ MONTCLAR

French mineral water | Eau de source* captée à Montclar dans les Alpes-de-Haute-Provence.
Catégorie : faiblement minéralisée.
pH à 20 °C : 8.
Minéralisation totale : 139 mg/l.

■ MONT-DES-CATS ou ABBAYE DU MONT-DES-CATS

French cheese | Fromage* de lait* de vache fabriqué dans les Flandres. Il doit son nom à la colline où est installée l'abbaye qui le produit.
Type : pâte pressée non cuite, croûte naturelle lavée.
Forme : disque épais.
Taille : 25 cm de diamètre, 4 cm d'épaisseur.
Poids : 2 kg environ.
Teneur en M.G. : 45 à 50 %.
Qualité identique toute l'année.

■ MONTEPULCIANO D'ABRUZZO

Italian wine | Vins* rouges italiens issus de cépage Montepulciano et produits dans les Abruzzes. Ces vins bénéficient d'une D.O.C.*.

■ MONTHÉLIE

French wine | Vins* rouges et blancs produits en Bourgogne*, A.O.C.* depuis 1937 et reconnus A.O.P.* dans le cadre de l'U.E. Pour les vins dont les récoltes proviennent de parcelles classées "Premier cru", l'appellation communale peut être complétée par le nom du climat* d'origine *(1)* et (ou) par la mention "Premier cru".
Aire de production : commune de Monthélie, en Côte-d'Or, située au sud-ouest de Beaune.
Superficie du vignoble : 124 ha (dont 110 ha en vins rouges et 14 ha en vins blancs).
Encépagement autorisé* pour l'appellation : Pinot noir*, Pinot gris*, Chardonnay* et Pinot blanc*.
Rendement à l'hectare* : 50 hl pour les vins rouges et 57 hl pour les vins blancs (rendement inférieur pour les Premiers crus).

(1) "Les Duresses", "La Taupine", "Le Cas-Rougeot", "Le Château-Gaillard", "Le Clos-Gauthey", "Le Meix-Bataille", "Les Champs-Fulliot", "Les Riottes", "Les Vignes Rondes", "Le Village", "Les Barbières", "Le Clou des Chênes", "Les Clous", "Le Clos des Toisières" et "Sur-La-Velle".

■ MONTILS

Grape variety | Cépage* blanc d'origine charentaise. Il est cultivé sur de faibles superficies dans la région de Cognac* où il produit des vins* destinés à la distillation ou à l'élaboration de Pineau des Charentes*.

■ MONTLOUIS-SUR-LOIRE

French wine | Vins* blancs tranquilles* secs*, demi-secs*, moelleux* ou liquoreux* et vins effervescents* produits dans la Vallée de la Loire, A.O.C.* depuis 1938 *(1)* et reconnus A.O.P.* dans la cadre de l'U.E. La mention "Val de Loire" peut éventuellement compléter le nom de l'appellation.
Aire de production : communes de Montlouis-sur-Loire, Saint-Martin-le-Beau et Lussault, en Indre-et-Loire, situées à l'est de Tours.
Superficie du vignoble : 400 ha.
Encépagement autorisé pour l'appellation : Pineau de la Loire*.
Rendement à l'hectare* : 52 hl pour les vins tranquilles et le Pétillant originel *(2)*, 65 hl pour les vins mousseux* et pétillants*.

(1) Appellation "Montlouis" jusqu'en 2002.
(2) Il s'agit d'un vin effervescent de production récente obtenu uniquement à partir du sucre naturel du raisin, sans adjonction de liqueur de tirage, ni de liqueur d'expédition*. Par ailleurs, le cahier des charges de l'appellation exige des vendanges manuelles, un élevage* sur lattes de 9 mois minimum et une teneur en sucre résiduel inférieure à 5gr/l.*

Cave de Montlouis-sur-Loire

Source : Cave des producteurs des vins de Montlouis

■ MONTMORENCY

MORELLO CHERRY | Dénomination de plusieurs apprêts culinaires *(1)* contenant des petites cerises* de Montmorency

(1) Canard, caille*, tarte* et gâteaux divers.*

■ MONTOIRE

French cheese | Fromage* de lait* de chèvre fabriqué dans le Vendômois. Il doit son nom à une localité de la vallée du Loir située dans sa zone de production.
Type : pâte molle, croûte naturelle.
Forme : petit cône tronqué.
Taille : 6 à 7 cm de diamètre de base, 5 cm de hauteur.
Poids : 100 g environ.
Teneur en M.G. : 45 %.
Meilleures saisons : printemps, été, automne.

■ MONTRACHET (fromage)

French cheese | Fromage* de lait* de chèvre fabriqué en Bourgogne. Il doit son nom au célèbre cru de Côte de Beaune situé à proximité de sa zone de production. Le montrachet est généralement présenté dans une feuille de vigne ou de châtaignier.

Type: pâte molle, croûte naturelle.
Forme: petit cylindre présenté dans une feuille de châtaignier.
Taille: 6 cm de diamètre, 8 à 10 cm de hauteur.
Poids: 100 à 120 g.
Teneur en M.G.: 45 %.
Meilleures saisons: printemps, été, automne.

■ MONTRACHET (vin)

French wine | Vin* blanc produit en Bourgogne*, Grand Cru bénéficiant d'une A.O.C.* depuis 1937 et reconnu A.O.P.* dans le cadre de l'U.E.
Aire de production : parcelles délimitées situées sur les communes de Puligny-Montrachet et Chassagne-Montrachet, en Côte-d'Or, d'une superficie totale de 7,99 ha.
Encépagement autorisé pour l'appellation : Chardonnay*.
Rendement à l'hectare* : 48 hl.

■ MONTRAVEL

French wine | Vins* blancs et rouges produits dans le Sud-Ouest, A.O.C.* depuis 1937 *(1)* et reconnus A.O.P* dans le cadre de l'U.E.
Aire de production : 15 communes de Dordogne situées à l'ouest de Bergerac*.
Superficie du vignoble : 167 ha (dont 140 ha en vins blancs et 27 ha en vins rouges).
Encépagement autorisé* pour l'appellation : Sémillon*, Sauvignon*, Muscadelle*, Ondec*, Merlot*, Cabernet-Sauvignon*, Cabernet franc* et Cot*.
Rendement à l'hectare* : 58 hl pour les vins blancs et 50 hl pour les vins rouges.
Teneur maximale en sucre résiduel pour les vins blancs : 4 g/litre.

(1) 1937 pour les vins blancs, 2001 pour les vins rouges.

■ MORBIER

French cheese | Fromage* de lait* de vache fabriqué en Franche-Comté. A.O.C.* depuis 2000 et reconnu A.O.P.* dans le cadre de l'U.E. Il doit son nom à un village jurassien d'où il est originaire. L'aire d'appellation s'étend sur 1 157 communes réparties principalement dans le Doubs et le Jura mais aussi dans l'Ain et la Saône-et-Loire.
Type: pâte pressée non cuite *(1)*, croûte morgée *(2)*.
Forme: petite meule à talon légèrement convexe.
Taille: 30 à 40 cm de diamètre, 5 à 8 cm d'épaisseur.
Poids: 5 à 8 kg.
Teneur en M.G.: 45 % au minimum.
Meilleures saisons: printemps, été, automne.

(1) La ligne noire qui traverse le fromage en son centre était autrefois constituée de suie qui était déposée sur une première couche de caillé afin d'éviter son oxydation et écarter les insectes, le complément de caillé étant ajouté le lendemain. Aujourd'hui, la raie noire qui n'a plus qu'une fonction décorative, est réalisée avec du charbon végétal.
(2) La morge est une pellicule visqueuse obtenue en frottant la croûte avec du sel humide.

■ MOREY-SAINT-DENIS

French wine | Vins* rouges et blancs produits en Bourgogne*, A.O.C.* depuis 1936 et reconnus A.O.P* dans le cadre de l'U.E. Pour les vins dont les récoltes proviennent de parcelles classées "Premier cru", l'appellation communale peut être complétée par le nom du climat* d'origine *(1)* et (ou) par la mention "Premier cru".
Aire de production : commune de Morey-Saint-Denis située au nord de Nuits-Saint-Georges.
Superficie du vignoble : 111 ha (dont 106 ha en vins rouges et 5 ha en vins blancs).
Encépagement autorisé* pour l'appellation : Pinot noir*, Pinot gris*, Chardonnay* et Pinot blanc*.
Rendement à l'hectare* : 50 hl pour les vins rouges et 57 hl pour les vins blancs (rendements inférieurs pour les Premiers crus).

(1) "Aux Charmes", "Aux Cheseaux", "le Village", "La Bussière", "Côte-Rotie", "La Riotte", "Le Clos-Baulet", "Le Clos-des-Ormes", "Le Clos-Sorbé", "Les Blanchards", "Les Chaffots", "Les Charrières", "Les Chenevry", "Les Façonnières", " Les Genevrières", "Les Gruenchers", "Les Milandes", "Les Ruchots", "Les Sorbés" et "Monts-Luisants".

■ MORGON

French wine | Vins* rouges produits dans le Beaujolais, A.O.C.* depuis 1936 et reconnus A.O.P.* dans le cadre de l'U.E. La mention "Cru du Beaujolais" peut figurer sur l'étiquetage.
Morgon compte 6 climats* : *Grand Cras, Les Charmes, Côte du Py, Corcelette, Les Micouds, Douby.*
Aire de production : commune de Villié-Morgon, dans le Rhône, située au nord-ouest de Villefranche-sur-Saône.
Superficie du vignoble : 1 100 ha.
Encépagement autorisé* pour l'appellation : Gamay*, Aligoté*, Chardonnay*, Melon de Bourgogne *.
Rendement à l'hectare* : 56 hl.

■ MORILLE

MOREL | Champignon qui se caractérise par un chapeau conique alvéolé dont la couleur varie avec la variété. La morille, champignon de printemps rare, cher, très recherché pour son parfum, se consomme toujours cuite *(1)*, à la crème ou en garniture de différents plats à base d'œufs*, volaille, ris* de veau, homard*, etc.
Principales variétés: *Morille commune, Morille blanche, Morille brune, Morille des dunes, Morille à pied épais, Morille des jardins, Morillon...*

(1) La cuisson permet de détruire certaines toxines contenues naturellement dans le champignon.

■ MORNAY (sauce)

Sauce | Sauce béchamel* additionnée de jaunes d'œufs* et de gruyère* râpé.

■ MORTADELLE

MORTADELLA | Gros saucisson* d'origine

italienne préparé avec de la viande de porc*, de veau*, de bœuf*, voire d'abats*. Il est légèrement fumé et contient quelquefois des pistaches*.

■ MORTERILLE

Grape variety | Cépage* noir cultivé dans le Sud-Ouest. Il est considéré par certains ampélographes* comme un synonyme de Cinsault*.

■ MORUE

SALT COD | Cabillaud* fendu, séché et salé. La morue séchée, non salée, porte le nom de *merluche*.

La *morue longue* est une autre dénomination de la lingue* ou julienne*.

■ MOSCATEL DE SETUBAL

Portuguese wine | V.D.L.* portugais blancs et rouges issus de cépage Moscatel. Ces vins bénéficiant d'une D.O.C.*sont produits à proximité de Lisbonne, sur la rive gauche du Tage.

■ MOSCOVITE

Chilled dessert | Entremets* froid dont la composition est proche du bavarois*. "Moscovite" désignait autrefois des préparations glacées.

■ MOSELLE

French wine | Vins* blancs, rouges et rosés produits dans l'est de la France, A.O.C.* depuis 2011 *(1)* et reconnus A.O.P.* dans la cadre de l'U.E.

Aire de production : 18 communes de Moselle et 1 commune de Meurthe-et-Moselle.

Superficie du vignoble : 35 ha.

Encépagement autorisé* pour l'appellation : Auxerrois*, Gamay*, Gewurztraminer*, Müller-Thurgau*, Pinot noir*, Pinot blanc*, Pinot gris*, Riesling*.

Rendement à l'hectare* : 68 hl pour les vins blancs, 60 hl pour les vins rosés et 55 hl pour les vins rouges.

(1) Antérieurement A.O.V.D.Q.S. depuis 1951.*

■ MOSSER ou MOSER

WHISK (for making wine) | Petit fouet utilisé pour éliminer le gaz carbonique contenu dans un vin effervescent*. L'usage de cet ustensile est à proscrire. En effet, enlever les bulles d'un vin effervescent, c'est le dénaturer complètement !

■ MOTHE-SAINT-HÉRAY (LA)

French cheese | Fromage* de lait* de chèvre fabriqué dans le Poitou. Il doit son nom à une localité des Deux-Sèvres où est installée la coopérative laitière qui le produit.

Type: pâte molle à croûte fleurie.

Forme: disque plat.

Taille: 10 cm de diamètre, 3 cm d'épaisseur.

Poids: 225 g environ.

Teneur en M.G.: 45 %.

Meilleures saisons: printemps, été, automne.

■ MOUCLADE

Mussels dish | Spécialité culinaire charentaise réalisée avec des moules* cuites au vin* blanc. Ces moules sont partiellement décoquillées et nappées du jus de cuisson crémé et lié au jaune d'œuf*.

■ MOUILLETTE

TOAST SOLDIERS or STRIPS OF TOAST | Languette de pain* spécialement taillée pour manger les œufs* à la coque.

■ MOULE

MUSSEL | Mollusque lamellibranche bivalve provenant de la mytiliculture *(1)*. Les moules sauvages sont en effet peu consommées car leur pêche est réglementée. Elles sont aussi moins charnues et moins savoureuses que les coquillages d'élevage et elles peuvent présenter des risques d'intoxication souvent liés à la pollution du milieu aquatique côtier.

La France produit chaque année 65 000 tonnes de moules qui se répartissent en 2 variétés :

- ***La moule commune*** qui mesure de 4 à 6 cm et que l'on élève sur les rivages de la Mer du Nord, de la Manche et de l'Atlantique.
- ***La moule d'Espagne*** ou ***moule méditerranéenne*** qui mesure de 6 à 8 cm et que l'on élève en Méditerranée.

Les moules se consomment crues, comme les autres coquillages, ou cuites (à la marinière*, farcies, en mouclade*, en soupe*...).

Il existe plusieurs méthodes d'élevages:

- L'ÉLEVAGE SUR BOUCHOTS *(2)*: des cordes de chanvre sur lesquelles sont agglutinées des larves de moules (ou naissains) sont enroulées sur des pieux plantés dans la mer. Protégées par des filets, les moules se développent pendant 12 à 18 mois en se nourrissant de plancton. Cette technique de mytiliculture est beaucoup pratiquée sur la côte atlantique.
- L'ÉLEVAGE SUR CORDES: les coquillages sont accrochés à des cordes qui pendent verticalement dans l'eau. Cette méthode est employée en Méditerranée.

Source : Adobe Stock

Moules à la marinière

- L'ÉLEVAGE À PLAT : les moules sont élevées sur des fonds plats, comme en ostréiculture. Technique propre à la côte atlantique.
- L'ÉLEVAGE SUR FILIÈRES : forme nouvelle de mytiliculture qui consiste à accrocher des cordes d'élevage à une ligne munie de flotteurs.

La Moule de bouchot de la Baie du Mont-Saint-Michel, A.O.C* depuis 2006 est reconnue A.O.P.* dans le cadre de l'U.E. Le coquillage doit être produit et conditionné sur 7 communes d'Ille-et-Vilaine situées dans la baie du Mont-Saint-Michel, de Cancale à Cherrueix.

(1) Élevage des moules.

(2) Le bouchot serait une invention de P. Walton qui fit naufrage en 1235 dans la baie de l'Aiguillon, au nord de la Rochelle. Cet Irlandais resta dans la région et décida de se consacrer à la capture des oiseaux. Pour ce faire, il tendit des filets entre des pieux plantés dans le fond de la mer. Constatant que ces piquets se couvraient de moules qui engraissaient rapidement, il les multiplia et les réunit par des claies. Il appela ces bannières "bout choat", qui donnera naissance au terme "bouchot".

■ MOULIN-À-VENT

French wine | Vins* rouges produits dans le Beaujolais, A.O.C.* depuis 1936 et reconnus A.O.P.* dans le cadre de l'U.E. La mention "Cru du Beaujolais" peut figurer sur l'étiquetage.

L'appellation compte 15 climats*(1) : *Les Carquelins, Les Rouchaux, Champ de cour, En Morperay, Les Burdelines, La Roche, La Delatte, Les Bois maréchaux, La Pierre, Les Joies, Rochegrès, La Rochelle, Champagne, Les Caves et Les Vérillats.*

Aire de production : communes de Chénas (Rhône) et Romanèche-Thorins (Saone-et-Loire), situées au sud-ouest de Mâcon.

Superficie du vignoble : 630 ha.

Encépagement autorisé* pour l'appellation : Gamay*, Aligoté*, Chardonnay* et le Melon de Bourgogne*.

Rendement à l'hectare* : 56 hl.

(1) Ces climats existent, ils sont revendiqués, mais ils n'ont pas encore été reconnus officiellement.

■ MOULIS ou MOULIS EN MÉDOC

French wine | Vins* rouges produits dans le Bordelais, A.O.C.* depuis 1938 et reconnus A.O.P.* dans le cadre de l'U.E. Voir également Châteaux du Bordelais*.

Aire de production : commune de Moulis et certaines parcelles des communes de Listrac-Médoc, Lamarque, Arcins, Avensan, Castelnau-de Médoc et Cussac-Fort-Médoc.

Superficie du vignoble : 607 ha.

Encépagement autorisé* pour l'appellation : Cabernet-Sauvignon*, Cabernet franc*, Carmenère*, Merlot*, Malbec*, Petit Verdot*.

Rendement à l'hectare* : 57 hl.

■ MOURTAYROL

Saffron-flavored soup | Soupe* auvergnate au safran* préparée avec divers légumes et des morceaux de jambon*, de bœuf* et de poule*.

■ MOURVÈDRE

Grape variety | Cépage* noir d'origine espagnole. Son nom viendrait de "Murviedro", localité située à proximité de Valence.

Aires de culture : en Provence (Côtes de Provence*, Bandol*, Cassis*, etc.), Vallée du Rhône (Côtes-du-Rhône* Châteauneuf-du-Pape*, Gigondas*, etc.) Languedoc-Roussillon (Corbières*, Collioure*, etc.), Corse (vin de Corse*), etc.

Le Mourvèdre, cultivé en France sur près de 9 000 ha, est également présent en Espagne, en Australie, en Californie, en Afrique du Nord, etc. Vins* produits : rouges colorés, tanniques et aromatiques (fruits noirs, truffe*, réglisse*). Ces vins de forte structure ont souvent besoin d'un élevage sous bois plus ou moins prolongé pour révéler pleinement leur potentiel.

■ MOUSQUETAIRE (sauce)

MUSKETAIRE (sauce) | Sauce mayonnaise* additionnée d'échalotes* ciselées tombées au vin* blanc, ciboulette* hachée et piment* de Cayenne.

■ MOUSSAKA

MOUSSAKA | Spécialité d'origine grecque et balkanique. Il s'agit d'un gratin composé d'aubergines*, oignons*, hachis d'agneau* ou de bœuf* et sauce tomate*.

■ MOUSSE AU CHOCOLAT

CHOCOLATE MOUSSE | Dessert réalisé à partir de chocolat* fondu dans lequel sont incorporés du beurre* et des jaunes d'œufs*. Cette composition de base est additionnée de blancs en neige pour obtenir une mousse légère.

Il existe de nombreuses mousses, avec des éléments de base variés, diversement parfumés, mais qui contiennent toujours un appareil à meringue* ou de la crème fouettée.

■ MOUSSELINE (sauce)

Sauce | Sauce hollandaise* additionnée de crème fraîche* fouettée.

■ MOUSSERON

MEADOW MUSHROOM (field mushroom) | Petit champignon qui pousse dans les prés et les clairières. Il existe plusieurs variétés dont une des plus connues est *le Mousseron de printemps* ou *Tricholome de la Saint-Georges*.
Le mousseron se consomme en omelette ou en garniture forestière*.

■ MOÛT

MUST | Jus de raisin* frais non fermenté destiné à la fabrication du vin*. Le règlement communautaire du 16 mars 1987 définit le moût comme *"Le produit liquide obtenu naturellement ou par procédés physiques à partir de raisins frais. Un titre alcoométrique acquis du moût de raisins n'excédant pas 1 % vol. est admis"*.
Le terme "moût" est également employé pour désigner le jus d'un fruit ou d'un autre végétal destiné à fermenter pour obtenir une boisson alcoolisée (ex: moût de pomme* pour fabriquer du cidre* et moût de céréales pour élaborer les bières* ou certaines eaux-de-vies*).

■ MOUTARDE (plante/condiment)

MUSTARD (plant/condiment) | Plante herbacée originaire des régions méditerranéennes dont les graines sont utilisées pour préparer un condiment* à saveur piquante. On distingue 3 variétés végétales: *La Moutarde noire* ou *Sénevé, la Moutarde brune* et *la Moutarde blanche*.
Dans notre pays, la dénomination "moutarde" est réservée à un produit issu de moutarde noire ou brune. Seule la "Moutarde d'Alsace" est élaborée avec des graines de moutarde blanche.
Pour fabriquer ce condiment, les graines sont broyées avec du vinaigre*, du verjus*, du vin* blanc, de l'huile* etc. selon le produit souhaité.
Il existe une multitude de moutardes dont les textures, les couleurs et les goûts varient suivant la nature des graines, la technique de broyage et les additifs (éléments liquides, aromates*, épices*, etc.). Parmi les moutardes françaises les plus connues, citons:

- ***La Moutarde de Dijon*** préparée au vin blanc et au verjus.
- ***La Moutarde de Bordeaux*** préparée au moût* de raisin.
- ***La Moutarde d'Orléans*** préparée au vinaigre.
- ***La Moutarde de Meaux*** préparée au vinaigre avec des graines grossièrement concassées.
- ***La Moutarde de Charroux*** préparée avec du verjus et du vin blanc de Saint-Pourçain*.
- ***La Moutarde de Bourgogne***, fabriquée sur une aire délimitée, est la seule à bénéficier d'une I.G.P.*.

Condiment de base au restaurant, la moutarde est présentée avec de nombreux plats de viandes, abats*, poissons, etc. Elle entre bien évidemment dans la préparation des sauces* et autres apprêts culinaires.

Source : Adobe Stock

■ MOUTARDE (sauce)

MUSTARD (sauce) | Sauce hollandaise* additionnée de moutarde* blanche.

■ MOUTON

SHEEP | *Voir* Agneau*.

■ MOUYSSAGUÈS

Grape variety | Cépage* noir originaire du Sud-ouest et cultivé sur de faibles superficies dans les vignobles du sud du Massif Central pour les A.O.C.* Entraygues-le-Fel* et Estaing*). Nous le trouvons également dans l'encépagement de certains Vins de Pays*. Le Mouyssaguès génère des vins* colorés et astringents.

■ MOZZARELLA DI BUFALA CAMPANA

Italian cheese | Fromage* de lait* de bufflonne élaboré en Italie. Il tire son nom du terme "mozzare", signifiant couper ou trancher et de l'animal produisant le lait de fabrication. La mozzarella di bufala campana bénéficie d'une Appellation d'Origine Contrôlée (A.O.C.) dans son pays et d'une A.O.P.* au niveau européen.
Type: pâte filée *(1)* sans croûte.
Forme: petite bourse ou petite boule.
Taille: variable.
Poids: 10 à 800 g (jusqu'à 3 kg pour la forme tressée).
Teneur en M.G.: 52 % au minimum.
Qualité identique toute l'année.

(1) Voir définition de cette pâte à Caciocavallo Silano.*

■ MUESLI

MUESLI | Flocons d'avoine* et autres céréales mélangées avec des fruits secs. Originaire de Suisse alémanique, le muesli se consomme additionné de lait*, principalement au petit déjeuner.

■ MUFFIN

MUFFIN | Petit pain au lait* de forme ronde, d'origine britannique, que l'on sert chaud (parfois grillé) avec le thé*, accompagné de confiture* ou de beurre*.

■ MUGE

GREY MULLET | Autre dénomination du mulet*.

■ MULARD

MALLARD | *Voir* Canard*.

■ MULET

GRAY MULLET | Poisson de mer de la famille des mugilidés qui vit à proximité des côtes, dans les estuaires et dans les ports. On distingue plusieurs espèces dont les tailles varient de 40 à 60 cm. Les plus connues sont *le mulet cabot, le mulet lippu* ou *mulet à grosses lèvres, le mulet doré* et *le mulet porc*.

La chair du mulet ressemble à celle du bar* mais elle est moins fine.

■ MÜLLER-THURGAU

Grape variety | Cépage* blanc mis au point en 1882 par le professeur H. Müller originaire de Thurgau, en Suisse, en effectuant un croisement de Riesling* et de Madeleine royale *(1)*. Pratiquement disparu des vignobles français (on le trouve encore sur l'A.O.C.* Moselle*), le Müller-Thurgau est cultivé en Allemagne, au Luxembourg, en Autriche, en Suisse, en Nouvelle-Zélande, en Australie, au Japon, aux Etats-Unis, etc.

Ce cépage produit des vins* blancs gouleyants et fruités à boire jeunes.

(1) Variété de raisin de table.

■ MUNSTER ou MUNSTER-GÉROMÉ

French cheese | Fromage* de lait de vache fabriqué dans l'Est du pays. A.O.C.* depuis 1969 et reconnu A.O.P.* dans le cadre de l'U.E. Il doit son nom à une localité du Haut-Rhin située dans sa région d'origine. L'aire géographique de l'A.O.C. s'étend sur une vaste zone constituée de plus de 1 300 communes de la Meurthe-et-Moselle, de la Moselle, du Bas-Rhin, du Haut-Rhin, de la Haute-Saône, des Vosges et du Territoire-de-Belfort.

Type : pâte molle à croûte lavée. Le fromage peut contenir dans sa pâte des graines de cumin*.

Forme : disque.

Le Munster se décline en plusieurs formats :

Poids	Diamètre	Hauteur maximum
120 à 170 g	7 à 8 cm	4 cm
200 à 270 g	10 à 11 cm	4 cm
450 à 600 g	14 à 15 cm	4 cm
700 à 1000 g	16 à 19 cm	4 cm
1000 à 1500 g	16 à 19 cm	7 cm

Teneur en M.G. : 45 % au minimum.

Meilleures saisons : été, automne.

Source: Photo BG

■ MÛRE

BLACKBERRY | Petit fruit noir ressemblant à la framboise* *(1)* et récolté sur un mûrier de culture ou sur une ronce sauvage. La mûre peut être consommée crue mais elle est surtout employée pour fabriquer de la liqueur* (crème* de mûre), de la confiture* ou de la gelée*. Elle entre également dans la composition de certaines pâtisseries.

(1) Il existe aujourd'hui des variétés de fruits hybrides résultant d'un croisement de mûrier et de framboisier portant le nom de "mûroise", "baie de Logan" ou "boysenberry".

■ MÛROISE

LOGANBERRY | *Voir* Mûre*.

■ MUROL

French cheese | Fromage* de lait* de vache fabriqué en Auvergne. Il doit son nom à son village d'origine dans le Puy-de-Dôme.

Type: pâte pressée non cuite, croûte lavée.

Forme: disque plat percé d'un trou central *(1)*.

Taille: 12 cm de diamètre, 3,5 à 4 cm d'épaisseur.

Poids: 450 g environ.

Teneur en M.G.: 45 %.

Qualité identique toute l'année.

(1) La partie extraite est employée pour fabriquer un petit fromage paraffiné d'une cinquantaine de grammes appelé "Murolait ".

Source: Photo BG

■ MUSARD

Pureed bean dish | Préparation culinaire contenant une purée de flageolets*.

■ MUSCADE (noix de)

NUTMEG (ground) | Épice* originaire des Moluques, archipel indonésien. La noix de muscade est l'amande contenue dans la graine du fruit du muscadier. De saveur légèrement sucrée avec des arômes épicés, elle est utilisée râpée pour relever les sauces*, les préparations à base de pommes de terre*, les pâtisseries, les compotes, les vins* chauds, etc. On la trouve aussi dans la composition de certaines liqueurs* (ex: Bénédictine*).

Le macis, appelé également "fleur de muscade", est l'enveloppe charnue et fibreuse qui entoure la noix de muscade. Séché et réduit en poudre, il constitue une épice aux arômes de cannelle* et de poivre* employée pour parfumer les charcuteries, les marinades*, les soupes*, les salades, etc. Il entre également dans certains mélanges aromatiques (ex: curry*).

■ MUSCADELLE

Grape variety | Cépage* blanc dont l'origine, incertaine, pourrait se situer dans le Sud-Ouest.

Aires de culture: en Bordelais (Graves*, Barsac*, Sauternes*, etc.) et autres vignobles du Sud-Ouest (Monbazillac*, Gaillac*, etc.). La Muscadelle est également cultivée en Roumanie, en Hongrie, en Ukraine, en Australie, en Afrique du Sud, en Californie...

Vins* produits: blancs capiteux et aromatiques, souvent issus de vendanges tardives* botrytisées. Dans le Bordelais, la Muscadelle est associée au Sauvignon* et au Sémillon* pour la production de vins liquoreux*.

■ MUSCADET (cépage)

Grape variety | Cépage* blanc originaire de Bourgogne, également dénommé Melon de Bourgogne*.

Aires de culture : sur environ 10 000 ha dans les zones d'appellation des différentes A.O.C.* de Muscadet : Muscadet*, Muscadet-Coteaux de la Loire*, Muscadet-Sèvre et Maine*, Muscadet-Côtes de Grand Lieu*.

Vins* produits : blancs secs, frais et légers, présentant un perlant* avec une mise en bouteille "sur lie".

■ MUSCADET (vin)

French wine | Vins* blancs produits dans la Vallée de la Loire, A.O.C.* depuis 1937 et reconnus A.O.P.* dans le cadre de l'U.E. La mention "Val de Loire" peut être éventuellement adjointe à l'appellation.

Aire de production : 90 communes de Loire-Atlantique, de Vendée et du Maine et Loire situées au sud et à l'est de Nantes.

Superficie du vignoble : 1 900 ha.

Encépagement autorisé pour l'appellation : Muscadet* ou Melon de Bourgogne*.

Rendement à l'hectare* : 65 hl et 55 hl pour les vins commercialisés avec la mention "Sur lie".

Les vins bénéficiant de la mention "Sur lie" doivent obligatoirement :

- Se trouver sur leur lie de vinification au moins jusqu'au 1er mars qui suit l'année de récolte.
- Etre mis en bouteille dans les chais de vinification entre le 1er mars et le 31 décembre de l'année qui suit la récolte.
- Porter l'indication du millésime*.

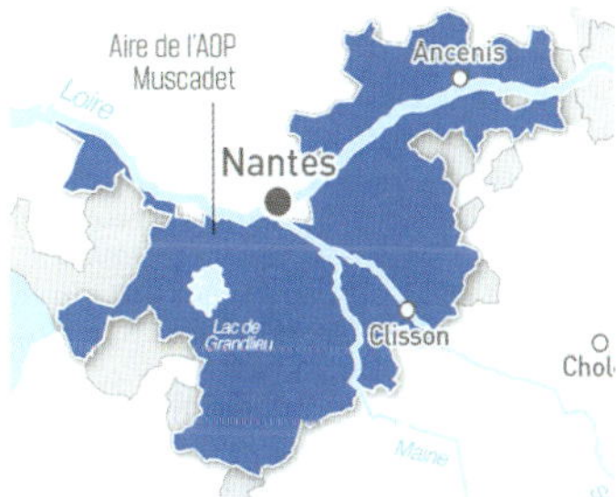

Source : Interloire - Interprofession des vins du Val de Loire

■ MUSCADET-COTEAUX DE LA LOIRE

French wine | Vins* blancs produits dans la Vallée de la Loire, A.O.C.* depuis 1936 et reconnus A.O.P.* dans le cadre de l'U.E. La mention "Val de Loire" peut être éventuellement adjointe à l'appellation.

Aire de production : 17 communes de Loire-Atlantique et 8 communes du Maine-et-Loire situées au nord-est de Nantes.

Superficie du vignoble : 180 ha.

Encépagement autorisé pour l'appellation : Muscadet* ou Melon de Bourgogne*.

Rendement à l'hectare* : 55 hl.

Les vins bénéficiant de la mention "Sur lie" doivent obligatoirement :

- Se trouver sur leur lie de vinification au moins jusqu'au 1er mars qui suit l'année de récolte.
- Etre mis en bouteille dans les chais de vinification entre le 1er mars et le 31 décembre de l'année qui suit la récolte.
- Porter l'indication du millésime*.

■ MUSCADET-CÔTES DE GRAND LIEU

French wine | Vins* blancs produits dans la Vallée de la Loire, A.O.C.* depuis le 1994 et reconnus A.O.P.* dans le cadre de l'U.E. La mention "Val de Loire" peut être éventuellement adjointe à l'appellation.

Aire de production : 17 communes de Loire-Atlantique et 2 communes de Vendée situées au sud-ouest de Nantes

Superficie du vignoble : 300 ha.
Encépagement autorisé pour l'appellation : Muscadet* ou Melon de Bourgogne*.
Rendement à l'hectare* : 55 hl.
Les vins bénéficiant de la mention "Sur lie" doivent obligatoirement :
- Se trouver sur leur lie de vinification au moins jusqu'au 1er mars qui suit l'année de récolte.
- Etre mis en bouteille dans les chais de vinification entre le 1er mars et le 31 décembre de l'année qui suit la récolte.
- Porter l'indication du millésime*.

■ MUSCADET-SÈVRE ET MAINE

French wine | Vins* blancs produits dans la Vallée de la Loire, A.O.C.* depuis le 1936 et reconnus A.O.P.* dans le cadre de l'U.E. La mention "Val de Loire" peut être éventuellement adjointe à l'appellation. En 2011, l'I.N.A.O. * a reconnu 3 crus communaux : *Clisson, Gorges* et *Le Pallet*.
Aire de production : 23 communes de Loire-Atlantique et 2 communes du Maine-et-Loire situées à l'est de Nantes.
Superficie du vignoble : 7 500 ha (dont 100 ha pour les crus communaux).
Encépagement autorisé pour l'appellation : Muscadet* ou Melon de Bourgogne*.
Rendement à l'hectare* : 55 hl (45 hl pour les crus communaux).
Les vins bénéficiant de la mention "Sur lie" doivent obligatoirement :
- Se trouver sur leur lie de vinification au moins jusqu'au 1er mars qui suit l'année de récolte.
- Etre mis en bouteille dans les chais de vinification entre le 1er mars et le 31 décembre de l'année qui suit la récolte.
- Porter l'indication du millésime*.

■ MUSCARDIN

Grape variety | Cépage* noir originaire du Sud-Est et faisant partie de l'encépagement de certaines A.O.C.* de la Vallée du Rhône, dont Châteauneuf-du-Pape*. Il produit des vins* peu colorés, faiblement tanniques et relativement acides employés en assemblage avec d'autres cépages.

■ MUSCAT

Grape variety | Nom de cépage* qui désigne plusieurs variétés de raisins* *(1)* produisant des vins* qui ont en commun des arômes "muscatés" plus ou moins marqués.
On distingue principalement:
Le Muscat Ottonel: Il a été obtenu par le pépiniériste Moreau-Robert vers 1850. Sa culture est développée en Alsace où il génère des vins* ronds et bouquetés, secs, plus souples ou liquoreux selon les vendanges et les modes de vinification. On le trouve également dans certains vignobles étrangers, notamment en Autriche.
Le Muscat à petits grains: Il est vraisemblablement d'origine grecque. Très présent dans le Languedoc-Roussillon, dans le sud de la Vallée du Rhône et en Corse pour l'élaboration des V.D.N.* (Muscat de Frontignan*, Muscat de Rivesaltes*, Maury*, Muscat de Beaumes-de-Venise*, Muscat du Cap Corse* etc.) il produit aussi des vins blancs effervescents et tranquilles. Cultivé sur 8000 ha en France, on le rencontre également dans les vignobles italiens, croates, bulgares, espagnols, grecs, turques, brésiliens, roumains, etc. La surface de culture planétaire approche les 45 000 ha.

Source: Doc. CIVA

Muscat cultivé en Alsace

Le Muscat d'Alexandrie: Il est d'origine méditerranéenne, probablement d'Afrique du Nord. Comme le précédent, ce cépage entre dans l'élaboration des V.D.N. du sud de la France. Il est également à la base d'autres types de vins blancs dont les différences sont dues aux méthodes de culture et de vinification. Avec des surfaces cultivées supérieures à 55000 ha (dont 2700 en France), il est le Muscat le plus répandu dans le monde. On le trouve au Chili, au Maroc, en Australie, en Afrique du Sud, en Espagne, en Grèce, en Turquie, en Italie, au Portugal, en Tunisie, etc.
Le Muscat de Hambourg: variété noire de la famille des Muscats, ce cépage a plutôt vocation à produire des raisins* de table. Il est cependant utilisé pour la fabrication de jus de fruit et de vins rouges tranquilles et effervescents de qualité moyenne. Le Muscat de Hambourg est cultivé dans le sud de la France (Muscat du Ventoux*) mais aussi en Grèce, en Roumanie, en Hongrie, au Portugal, en Argentine, au Japon, en Chine, en Australie, etc.

(1) Les ampélographes ont répertorié plus de 200 variétés de ce cépage.*

■ MUSCAT DE BEAUMES-DE-VENISE

French appellation | V.D.N.* blancs, rosés et rouges produits dans le Vaucluse, A.O.C.* depuis 1945 et reconnus A.O.P.* dans le cadre de l'U.E.
Aire de production : Communes de

Beaumes-de-Venise et d'Aubignan, situées au nord de Carpentras.
Superficie du vignoble : 395 ha.
Encépagement autorisé pour l'appellation : Muscat* à petits grains blanc, Muscat à petits grains rouges.
Rendement à l'hectare*: 30 hl de moût*.
Richesse naturelle initiale en sucre : 252 g/litre au minimum.
Apport en alcool* pur : 5 à 10 % du volume de moût mis en œuvre, avec un alcool titrant au moins 96°.
Richesse alcoolique minimum acquise : 15 %
Teneur minimale en sucre résiduel naturel après élaboration : égale ou supérieure à 100 g/litre.

■ MUSCAT DE FRONTIGNAN

French appellation | Appellation d'Origine Contrôlée identique à Frontignan*.

■ MUSCAT DE LUNEL

French appellation | V.D.N.* blancs produits en Languedoc-Roussillon, A.O.C.* depuis 1943 et reconnus A.O.P.* dans le cadre de l'U.E. L'appellation peut être complétée par la mention "Muscat de Noël" *(1)*.
Aire de production : 4 communes de l'Hérault, dont Lunel, situées à l'est de Montpellier.
Superficie du vignoble : 320 ha.
Encépagement autorisé pour l'appellation : Muscat* à petits grains.
Rendement à l'hectare* : 30 hl de moût*.
Richesse naturelle initiale en sucre : 252 g/litre au minimum.
Apport en alcool* pur : 5 à 10 % du volume de moût mis en œuvre, avec un alcool titrant au moins 96 °.
Richesse alcoolique minimum acquise : 15 %.
Teneur minimale en sucre résiduel naturel après élaboration : égale ou supérieure à 110 g/litre.

(1) Vins conditionnés au plus tard le 1er décembre de l'année de récolte et mis sur le marché, à l'instar des "vins de primeur", dès le 3ème jeudi de novembre, en mentionnant le millésime*.*

■ MUSCAT DE MIREVAL

French appellation | V.D.N.* blancs produits en Languedoc-Roussillon, A.O.C.* depuis 1959 et reconnus A.O.P.* dans le cadre de l'U.E.
Aire de production : communes de Mireval et Vic la Gardiole, dans l'Hérault
Superficie du vignoble : 290 ha.
Encépagement autorisé pour l'appellation : Muscat* à petits grains.
Rendement à l'hectare* : 30 hl de moût*.
Richesse naturelle initiale en sucre : 252 g/litre au minimum.
Apport en alcool* pur : 5 à 10 % du volume de moût mis en œuvre avec un alcool titrant au moins 96 °.
Richesse alcoolique minimum acquise : 15 %.
Teneur minimale en sucre résiduel naturel après élaboration : 110 g/litre.

■ MUSCAT DE PATRAS

Greek appellation | V.D.L.*, V.D.N.* et V.N.D. *(1)* grecs produits à partir de cépage Muscat blanc* dans le nord du Péloponnèse. Ce V.Q.P.R.D.* bénéficie d'une appellation d'origine dans son pays.

(1) Vin Naturellement Doux.*

■ MUSCAT DE RIVESALTES

French appellation | V.D.N.* blancs produits en Languedoc-Roussillon, A.O.C.* depuis le 1956 et reconnus A.O.P* dans le cadre de l'U.E. L'appellation peut être complétée par la mention "Muscat de Noël" *(1)*.
Aire de production : 89 communes des Pyrénées-Orientales (dont Rivesaltes) et 9 communes de l'Aude.
Superficie du vignoble : 5 200 ha.
Encépagement autorisé pour l'appellation : Muscat* à petits grains et Muscat* d'Alexandrie.
Rendement à l'hectare* : 30 hl de moût*.
Richesse naturelle initiale en sucre : 252 g/litre au minimum.
Apport en alcool* pur : 5 à 10 % du volume de moût mis en œuvre, avec un alcool titrant au moins 95°.
Richesse alcoolique minimum acquise : 15 %
Teneur minimale en sucre résiduel naturel après élaboration : 100 g/litre.

(1) Vins conditionnés au plus tard le 1er décembre de l'année de récolte et mis sur le marché, à l'instar des "vins de primeur", dès le 3ème jeudi de novembre, en mentionnant le millésime*.*

■ MUSCAT DE SAINT-JEAN-DE-MINERVOIS

French appellation | V.D.N.* blancs produits en Languedoc-Roussillon, A.O.C.* depuis 1949 et reconnus A.O.P* dans le cadre de l'U.E. L'appellation peut être complétée par la mention "Muscat de Noël" *(1)*.
Aire de production : commune de Saint Jean-de-Minervois, dans l'Hérault.
Superficie du vignoble : 205 ha.
Encépagement autorisé pour l'appellation : Muscat* à petits grains.
Rendement à l'hectare* : 30 hl de moût*.
Richesse naturelle initiale en sucre : 252 g/litre au minimum.
Apport en alcool* pur : 5 à 10 % du volume de moût mis en œuvre, avec un alcool titrant au moins 96 °.
Richesse alcoolique minimum acquise : 15 %.
Teneur minimale en sucre résiduel naturel après élaboration : 125 g/litre.

(1) Vins conditionnés au plus tard le 1er décembre de l'année de récolte et mis sur le marché, à l'instar des "vins de primeur", dès le 3ème jeudi de novembre, en mentionnant le millésime*.*

■ MUSCAT DE SAMOS

Greek appellation | Appellation identique à Samos*.

■ MUSCAT DU CAP CORSE

French appellation | V.D.N.* blancs produits en Corse, A.O.C.* depuis 1997 et reconnus A.O.P* dans le cadre de l'U.E.

Aire de production : 17 communes de Haute-Corse situées dans la pointe nord de l'île.

Superficie du vignoble : 90 ha.

Encépagement autorisé pour l'appellation : Muscat* à petits grains.

Rendement à l'hectare* : 30 hl de moût*.

Richesse naturelle initiale en sucre : 252 g/litre.

Apport en alcool* pur : 5 à 10 % du volume de moût mis en œuvre, avec un alcool titrant au moins 96 °.

Richesse alcoolique acquise : 15 à 18 %.

Teneur minimale en sucre résiduel naturel après élaboration : 90 g/litre.

■ MUSCAT DU VENTOUX

French appellation | Raisin* de table noir produit en Provence, A.O.C.* depuis 1997 et reconnu A.O.P.* dans le cadre de l'U.E. La variété cultivée est le Muscat* de Hambourg. L'aire de production s'étend sur 56 communes du Vaucluse situées à proximité du Mont Ventoux.

■ MUSCOVADO ou MASCOBADO

MUSCOVADO | Sucre* de canne complet de couleur ambrée qui n'a subi aucun raffinage. Ce produit au goût très prononcé provient de l'Ile Maurice.

■ MUSE VERTE (la)

Liqueur | Pastis* non sucré de couleur vert ambré qui s'affiche comme un vrai pastis à l'ancienne. Originaire du Sud-Ouest, *La Muse verte* est présentée dans une bouteille emballée dans une feuille de papier pour que la lumière n'altère pas sa couleur. Le produit est vendu avec une cuillère percée qui permet d'adjoindre le sucre* au moment où l'on verse l'eau pour la dégustation.

■ MUSELET

WIRE CAGE | Lien constitué de fils métalliques coiffant le bouchon d'un vin effervescent*.

C'est lors de la mise au point de la Méthode champenoise* que Dom Pérignon dut trouver un moyen pour obturer les bouteilles de vin effervescent.

Source : Photo BG

Jusque là, les bouteilles étaient bouchées avec une cheville de bois entourée de chanvre imprégné d'huile. Le moine cellérier imagina le remplacement de ce système peu fiable par un bouchon* de liège maintenu avec une ficelle. C'est seulement vers 1880 qu'apparaît le premier muselet avec sa plaque métallique *(1)*.

(1) Cette petite plaque circulaire, posée sur le bouchon, évite au liège de s'incruster dans le muselet sous la pression du vin.

■ MUSIGNY

French wine | Vins* rouges et blancs produits en Bourgogne*, Grand Cru bénéficiant d'une A.O.C.* depuis 1936 et reconnus A.O.P.* dans le cadre de l'U.E.

Aire de production : parcelles délimitées des lieux-dits "Les Musigny", "Les Petits-Musigny" et "La Combe d'Orveau" sur la commune de Chambolle-Musigny, d'une superficie totale de 10,77 ha (dont 10,11 ha en vins rouges et 0,66 ha en vins blancs).

Encépagement autorisé* pour l'appellation : Pinot noir*, Pinot gris*, Chardonnay*, Pinot blanc*.

Rendement à l'hectare* : 42 hl pour les vins rouges et 44 hl pour les vins blancs.

■ MUSTIMÈTRE

MUSTIMETRER | Instrument qui permet de mesurer la richesse en sucre d'un moût* en fonction de sa densité. Le mustimètre Salleron, gradué selon l'échelle centésimale de Gay-Lussac*, indique la teneur en sucre du raisin* au moment des vendanges. À partir de cette indication, on peut établir la probable teneur en alcool* du futur vin*.

■ MUTAGE

Winemaking technique | Opération de vinification* qui consiste à stopper la fermentation alcoolique* par addition d'alcool* dans le moût*. Les V.D.N.* et les V.D.L.* sont obtenus par ce procédé. Le pommeau de Normandie*, le pommeau de Bretagne* et le pommeau du Maine* sont élaborés grâce à un procédé similaire, mais à partir d'un moût* de pommes.

■ MUTTON CHOP

MUTTON CHOP | Pièce de mouton* ou d'agneau* constituée d'une côte* filet de double épaisseur. Elle est très souvent taillée en double côte.

■ MYRRHE

MYRRH | Résine aromatique fournie par un arbre des régions chaudes, le balsamier ou baumier. Cette substance est utilisée dans la fabrication de certaines liqueurs* comme la Bénédictine*.

■ MYRTE

MYRTLE | Arbrisseau qui pousse dans le Bassin méditerranéen. Les feuilles très odorantes et les baies, de couleur noir-bleuté, servent à aromatiser certains plats corses, sardes, siciliens ou grecs. Les baies entrent également dans la composition de liqueurs* locales.

■ MYRTILLE

BLUEBERRIES | Petite baie bleu foncé à pulpe très colorée, cueillie sur un arbrisseau qui pousse naturellement dans les sous-bois de certaines régions montagneuses. Il existe maintenant des myrtilles de culture qui sont plus grosses mais moins aromatiques que les fruits sauvages.
La myrtille est consommée nature, en confiture* ou en gelée*, en garniture de tarte*, comme accompagnement de viandes ou gibiers et entre dans la fabrication de spiritueux*.

Source : Adobe Stock

N

■ **NABUCHODONOSOR**
Bottle type | Bouteille d'une contenance équivalente à 20 bouteilles classiques, soit 15 litres.

■ **NAGE**
AROMATIC COURT-BOUILLON | Court-bouillon* spécialement préparé pour pocher des coquillages ou des crustacés.

■ **NANTAIS**
French cheese | Autre dénomination du Curé nantais*.

■ **NANTUA (sauce)**
Sauce | Sauce béchamel* additionnée de crème fraîche*, beurre* et queues d'écrevisses*.

■ **NAPOLITAINE**
Pasta garnish | Garniture* composée de spaghettis liés au beurre* avec sauce tomate*, tomates concassées et fromage* râpé (parmesan* ou gruyère*).

■ **NATURÉ**
Grape variety | Autre dénomination du cépage* Savagnin*

■ **NAVARIN**
Lamb stew | Sauté* d'agneau* ou de mouton garni de pommes de terre* ou d'un assortiment de légumes (navets*, carottes*, petits oignons*, petits pois*, haricots verts*, pommes de terre*).

■ **NAVET**
TURNIP | Plante potagère d'origine européenne dont on consomme la racine. Le navet, qui fut pendant longtemps un légume de base de nombreux apprêts culinaires, a vu sa consommation considérablement diminuer (elle est passée de 250 000 tonnes avant la première guerre mondiale à 50 000 tonnes à la fin du 20ème siècle). Il reste cependant un des composants traditionnels du pot-au-feu* et il est encore employé en purée, en potage* et comme élément de garniture*.
Parmi les principales variétés citons: *le Rouge de Milan, le Blanc de Milan, le Nantais, le Croissy, le Rond de Nancy, le Jaune boule d'or...*

■ **NAVETTE (pâtisserie)**
Pastry | Petit gâteau d'origine méridionale qui a la forme d'une barquette. Il est fait de farine*, beurre*, sirop de sucre*, fruits confits* ou amandes* et il est parfumé à l'eau de fleur d'oranger*.

■ **NAVETTE (plante)**
Plant | Plante fourragère, proche du colza, cultivée aussi pour ses graines oléagineuses qui produisent une huile* dont la flaveur* rappelle le rutabaga* ou le navet*.

■ **NECTAR DE FRUIT**
FRUIT NECTAR | Purée ou jus de fruit additionnés de sucre* et d'eau. Le nectar concerne les fruits pulpeux (abricot*, pêche*, poire*...) et les fruits acides (groseille*, cassis*, cerise* aigre...).

■ **NECTARINE**

Source : Adobe Stock

NECTARINE | Fruit à noyau originaire des États-Unis dont la chair est juteuse et la peau lisse. Contrairement à ce qui est communément affirmé, la nectarine n'est pas un hybride *(1)* obtenu par croisement d'un abricotier et d'un pêcher ou d'un prunier et d'un pêcher mais l'aboutissement d'une mutation naturelle du pêcher.

La nectarine trouve les mêmes destinations culinaires que la pêche*.

(1) Il existe effectivement un hybride de prune et d'abricot appelé "prunabricot" en France et "pluot" aux États-Unis (contraction de "plum" qui signifie "prune" et "apricot", traduction du mot "abricot"). Ce fruit a été obtenu en 1958 par un pépiniériste américain, F. Zaiger.

■ NECTAVIGNE

NECTAVIGNE | Fruit hybride de création récente résultant du croisement de pêche* de vigne et de nectarine*.

■ NÉGRETTE

Grape variety | Cépage* noir probablement originaire du Sud-Ouest.
Aires de culture : vignobles du Frontonnais (Fronton*) et du Sud du Massif Central (Entraygues-Le Fel*, Estaing*). Cultivé en France sur 1 100 ha, la Négrette est également présente sur de faibles superficies en Californie.
Vins* produits : rouges colorés et aromatiques, de faible acidité et de longévité moyenne.

■ NÉGRONI

NÉGRONI | Cocktail* (apéritif) préparé sur glace directement dans un tumbler.
2 cl de vermouth* italien
2 cl de Campari* bitter
3 cl de gin*
½ tranche d'orange*
Verser le vermouth, le Campari et le gin. Remuer et décorer avec la ½ tranche d'orange.

■ NEM

Vietnamese dish | Spécialité vietnamienne semblable au pâté impérial*. L'enveloppe, une fine galette de riz*, est garnie d'une farce constituée de légumes, de poulet*, de crabe*, d'œufs*, etc.

■ NESSEL

French mineral water | Eau minérale naturelle* plate captée à Soultzmatt dans le Haut-Rhin, déclarée d'intérêt public en 1865. Son nom lui vient du propriétaire des sources qui développa l'exploitation du site à partir de 1838.
Catégorie : moyennement minéralisée.

Composition physico-chimique (en mg/l)	
Cations	Anions
Sodium : 235 Calcium : 103,3 Magnésium : 51,8 Potassium : 34,7	Bicarbonates : 1 088,8 Sulfates : 75 Chlorures : 36,5 Nitrates : 2
Fluor : 1,69	
pH à 20°C : 6,1	Minéralisation totale : 1 400 mg/l

■ NEUFCHÂTEL

French cheese | Fromage* de lait* de vache fabriqué en Normandie, A.O.C.* depuis 1969 et reconnu A.O.P.* dans la cadre de l'U.E. Il doit son nom à une localité du Pays de Bray d'où il est originaire. L'aire d'appellation couvre 133 communes de Seine-Maritime et 1 commune de l'Oise.
Type : pâte molle à croûte fleurie.
Le neufchâtel se présente sous plusieurs versions :

- ***Bonde*** ou ***Bondon*** : 4,5 cm de diamètre, 6,5 cm de hauteur pour un poids de 100 g.
- ***Double bonde*** : 5,8 cm de diamètre, 8 cm de hauteur pour un poids de 200 g.
- ***Carré*** : 6,5 cm de côté, 2,4 cm de hauteur pour un poids de 100 g.
- ***Briquette*** : 7 cm de longueur, 5 cm de largeur, 3 cm de hauteur pour un poids de 100 g.
- ***Cœur*** : 8,5 cm du centre à la pointe, 10 cm d'un arrondi à l'autre, 3,2 cm de hauteur pour un poids de 200 g.
- ***Grand cœur*** : 10,5 cm du centre à la pointe, 14 cm d'un arrondi à l'autre, 5 cm de hauteur pour un poids de 600 g.

Teneur en M.G. : 45 % au minimum.
Meilleures saisons : été, automne.

■ NIÇOISE (à la)

Niçoise style | Dénomination d'apprêts culinaires comportant, selon la nature du plat (poisson, viande ou volaille), des olives*, des filets d'anchois*, de l'ail*, des tomates* et des haricots verts*.

■ NIÇOISE (salade)

Salad | Salade composée constituée de rondelles de pommes de terre*, haricots verts*, quartiers de tomates* et décorée de filets d'anchois*, olives* et câpres*. Feuilles de laitues*, poivrons* émincés, miettes de thon* et quartiers d'œufs* durs peuvent compléter la préparation.

Assaisonnement : sauce vinaigrette* (réalisée éventuellement avec de l'huile* d'olive).

■ NIELLUCCIO ou NIELLUCCIU

Grape variety | Cépage* noir originaire d'Italie où il est dénommé "Sangiovese".
Aires de culture : vignobles corses où il occupe environ 1 800 ha (Vin de Corse*, Ajaccio*, Patrimonio*).
Vins* produits : rouges charpentés, colorés, avec des arômes puissants. Le Nielluccio est également vinifié en rosé.

■ NIGELLE

NIGELLA SEEDS | Appelée aussi Cumin noir, la nigelle, originaire d'Asie occidentale, est une plante aromatique dont les graines sont utilisées en cuisine comme épice* *(1)*. On la retrouve dans les plats orientaux, dans certains pains* ou pâtisseries, dans les conserves (cornichons* par exemple), etc. La nigelle entre également dans la composition de mélanges aromatiques tels que le curry* ou le ras el hanout*.

(1) Elle possède également des vertus médicinales exploitées en phytothérapie.

■ NIOKIS

POTATO DUMPLING | *Voir* Gnocchis*.

■ NIOLO

French cheese | Fromage* de lait* de chèvre ou de lait de brebis fabriqué en Corse. Il doit son nom à un plateau de Haute-Corse, près de Corte, d'où il est originaire.
Type : pâte molle, croûte naturelle.
Forme : carré à bords arrondis.
Taille : 12 à 14 cm de côté, 4 à 6 cm d'épaisseur.
Poids : 400 à 700 g
Teneur en M.G. : 45 %.
Meilleures saisons : été, automne.

■ NOAH

Grape variety | Cépage* blanc hybride *(1)* dont la culture est prohibée en France depuis 1935 *(2)*.
François Baco réalisa le croisement de la Folle blanche* et du Noah pour obtenir le Baco blanc*.

(1) Résultat de l'hybridation Vitis Labrusca et Vitis Riparia.
(2) La culture fut officiellement interdite pour des raisons sanitaires, la quantité de méthanol contenue dans le vin issu de ce cépage étant jugée trop élevée. La consommation du raisin frais ne présente aucun danger puisque le méthanol n'apparaît qu'à la fermentation.

■ NOILLY PRAT

Vermouth | Vermouth* mis au point en 1813 par Joseph Noilly. Il est toujours élaboré à Marseillan sur les bords de l'étang de Thau, dans l'Hérault. Ce Vermouth dry (18°), apprécié dans le monde entier, notamment aux États-Unis, est issu d'une formule originale où l'on retrouve des vins* de cépages* cultivés localement (Picpoul* et Clairette*) avec de nombreux composés aromatiques. Il est également prisé de certains cuisiniers qui l'emploient couramment dans leurs préparations.
La Maison Noilly Prat propose par ailleurs 2 autres produits qui titrent 16° : *un vermouth rouge* (créé en 1956) et *un vermouth doux et ambré* (créé en 1986).

■ NOIRIEN

Grape variety | Autre dénomination du cépage* Pinot noir*.

■ NOISETTE (fruit)

HAZELNUT | Fruit du noisetier, arbrisseau originaire d'Asie Mineure. La noisette est parfois consommée fraîche *(1)* mais on la trouve surtout sous forme de fruit sec et oléagineux qui contient 70 % de matières grasses *(2)*. Elle se prête aux mêmes utilisations culinaires que la noix* et sert de base à la fabrication de liqueurs*.
Parmi les principales variétés de noisettes, citons *l'Ennis, la Butler, la Fertile de Coutard, la Ségobre, la Merveille de Bollwiller, la Davian, la Tonda...*
La Noisette de Cervione - Nuciola di Cervioni est un fruit bénéficiant d'une I.G.P.*, produit sur des communes de l'est de la Haute-Corse, au sud de Bastia.

(1) Elle est alors présentée avec sa cupule, calice vert entourant le fruit.
(2) La noisette produit une huile très parfumée, utilisée froide pour les assaisonnements.*

■ NOISETTE (pièce de boucherie)

Meat cut | Terme désignant un petit morceau d'agneau* ou de chevreuil* constitué d'une côte-filet ou d'une côte* première désossée et bardée.

■ NOIX (de veau)

EYE OF VEAL | La noix, la sous-noix et la noix pâtissière sont les 3 morceaux qui constituent la cuisse (ou cuisseau) du veau*.

■ NOIX (fruit)

WALNUT | Fruit du noyer, arbre originaire des bords de la Mer Caspienne. La noix est constituée de 2 cerneaux *(1)* enfermés dans une coque dure (écale). Seulement 20 % de la production est commercialisé en noix fraîche, le reste est mis à sécher. Ce fruit sec et oléagineux trouve de nombreuses utilisations dans le domaine culinaire (huile*, pâtisserie, confiserie, salades, farces...). De la coque verte qui enveloppe la noix est extrait le "brou de noix", liquide brun, riche en tanin, utilisé comme matière colorante.
La Noix de Grenoble, A.O.C.* depuis 1996 est reconnue A.O.P.* dans le cadre européen. Sa production est limitée à une aire d'appellation qui s'étend sur 258 communes de l'Isère, la Drôme et

la Savoie. Les variétés cultivées, *la Franquette, la Mayette* et *la Parisienne* peuvent être commercialisées sous forme de noix fraîches ou de noix sèches. ***La Noix du Périgord***, A.O.C.* depuis 2002 est reconnue A.O.P.* dans le cadre de l'U.E. Sa production est limitée à une aire d'appellation qui s'étend sur 578 communes des départements de la Dordogne, du Lot, de la Corrèze et de la Charente. Les variétés cultivées, *la Franquette, la Marbot, la Corne* et *la Grandjean* peuvent être commercialisées sous forme de noix fraîches, noix sèches ou cerneaux. Notons que la nuciculture (culture de la noix) pour ces deux A.O.C. représente 2 850 producteurs sur 11 000 hectares de noyeraies.

(1) Le cerneau, en forme d'hémisphère cérébral, est la partie comestible de la noix extraite de sa coque par énoisage. Les 2 cerneaux d'une noix sont séparés par un "mésocarpe".

Source: Photo BG

Noix fraîches

■ NOIX DE CAJOU

CASHEW NUT | Fruit de l'anacardier *(1)*, arbre originaire d'Amérique du Sud. La noix de cajou, séchée, grillée et salée est souvent servie en accompagnement de l'apéritif.

(1) Pendant que la noix, en réalité la graine, se développe, le pédoncule se gonfle pour se transformer en une excroissance volumineuse de couleur rouge appelée "pomme de cajou". La pulpe juteuse et sucrée de ce faux fruit est employée pour faire de la confiture ou fabriquer un spiritueux* très prisé en Inde, le Fenny.*

■ NOIX DE COCO

COCONUT | Fruit exotique récolté sur le cocotier, variété de palmier originaire de Mélanésie. La noix de coco est constituée d'une coque fibreuse et d'une une pulpe blanche qui se consomme râpée ou en petits morceaux dans certaines préparations culinaires.

- ***La crème de coco*** est un produit onctueux obtenue par simple pressage de la pulpe du fruit. En Amérique du Sud, notamment au Venezuela et au Brésil, elle est couramment employée comme nappage de dessert
- ***Le lait de coco*** est fabriqué à partir de pulpe réduite en poudre et additionnée d'eau bouillante. Il peut être utilisé dans l'élaboration des cocktails* (ex : Piña colada*).

De la noix de coco on extrait également *le coprah* ou *copra*, matière oléagineuse qui fournit une huile* employée dans la fabrication de cosmétiques et de corps gras comme la Végétaline*.

■ NOIX DE PÉCAN ou NOIX DE PACANE

PECAN NUTS or PEACANS | Fruit provenant du pacanier, arbre gigantesque originaire des États-Unis. La noix de Pécan contient une amande à 2 lobes, très goûteuse, souvent utilisée en pâtisserie.

■ NONNETTE

French bread | Petit pain d'épice* nappé de glaçage, initialement fabriqué par des nonnes.

■ NORMANDE (à la)

NORMANDY STYLE | Dénomination d'apprêts culinaires comportant des produits du terroir normand : crème fraîche*, beurre*, pommes*, cidre*, calvados*, pommeau*, etc. ainsi que des coquillages ou crustacés présents sur le littoral de cette région.

■ NORMANDE (garniture)

Fish garnish | Garniture* de poisson composée de moules* et huîtres* pochées, champignons*, queues de crevettes* décortiquées, écrevisses*, goujons* frits, lames de truffes* et croûtons de pain de mie*.

■ NORMANDE (sauce)

Sauce | Velouté* de fumet* de soles* additionné d'essence de champignons*, de jus de moules* et d'huîtres*, lié au jaune d'œuf* et à la crème fraîche*.

■ NOUGAT

NOUGAT | Confiserie traditionnellement préparée à partir de fruits secs (amandes*, pistaches*, noix* ou noisettes*), de sucre* et de miel*. On distingue plusieurs types de nougat, dont:

- ***Le nougat de Montélimar*** qui contient au moins 30 % de fruits (28 % d'amandes douces et 2 % de pistaches).
- ***Le nougat de Provence*** qui contient au moins 25 % de miel avec une garniture composée de noisettes, d'amandes, de

coriandre* et d'anis*. Il est aromatisé à l'eau de fleur d'oranger*.

- ***Le nougat au miel*** qui contient au moins 20 % de miel.
- ***Le nougat*** ou ***nougat blanc*** qui contient au moins 15 % de fruits.
- ***La pâte de nougat*** qui contient moins de 15 % de fruits.
- ***Le nougat tendre*** qui est fait avec du sucre glace.

On rencontre également ***le nougat parisien, le nougat rouge, le nougat noir, le nougat vietnamien***, etc.

■ NOUGAT GLACÉ

NOUGAT ICE CREAM | Dessert glacé réalisé à partir d'un appareil* composé de meringue* italienne, crème Chantilly* et petits morceaux de nougatine* éventuellement additionné de fruits confits*, amandes* concassées, pistaches*, zestes* d'orange confits... Il se sert accompagné d'un coulis* de fruits ou d'une crème anglaise*.

■ NOUGATINE

NOUGATINE or PEANUT BRITTLE |
a) Préparation faite de caramel* et d'amandes* concassées ou effilées (éventuellement additionnée de noisettes*). Elle sert de support ou de décor à certaines pièces de pâtisserie. La nougatine est également employée pour fourrer des bonbons.
b) Génoise* fourrée de crème pralinée et garnie de noisettes ou d'amandes* hachées. Ce gâteau est glacé au fondant* chocolat*.

Couronne de nougatine

■ NOUILLES

NOODLES | Pâtes alimentaires détaillées en lanières plus petites que les tagliatelles*.

■ NOURRAIN

YOUNG PIG | *Voir* Porc*.

■ NUITS-SAINT-GEORGES

French wine | Vins* rouges et blancs produits en Bourgogne*, A.O.C.* depuis 1936 et reconnus A.O.P* dans le cadre de l'U.E. Pour les vins dont les récoltes proviennent de parcelles classées "Premier cru", l'appellation communale peut être complétée par le nom du climat* d'origine *(1)* et (ou) par la mention "Premier cru".
Aire de production : communes de Nuits-Saint-Georges et Prémeaux-Prissey, en Côte-d'Or, situées au nord-est de Beaune.
Superficie du vignoble : 307 ha (dont 297 ha en vins rouges et 10 ha en vins blancs).
Encépagement autorisé* pour l'appellation : Pinot noir*, Pinot Gris*, Chardonnay* et Pinot blanc*.
Rendement à l'hectare* : 40 hl pour les vins rouges et 45 hl pour les vins blancs.

(1) "Les terres Blanches", "Clos des Grandes Vignes", "Clos des Porrets Saint-Georges", "Château Gris", "Aux Argillas", "Aux Boudots", "Aux Bousselots", "Aux Chaignots", "Aux Champs-Perdrix", "Aux Cras", "Aux Crots", "Aux Damodes", "Aux Murgers", "Aux Thorey", "Aux Vignes-Rondes", "En la Chaîne-Carteau", "Les Perrières", "La Richemone", "La Roncière", "Les Argillières", "Les Cailles", "Les Chabœufs", "Les Hauts-Pruliers", "Les Poulettes", "Les Porrets Saint-Georges", "Les Procès", "Les Pruliers", "Les Saints-Georges", "Les Vallerots", "Les Vaucrains", "Rue-de-Chaux", "Perrière-Noblot", "Aux Perdrix", "Clos -Arlots", "Clos-de-La-Maréchale", Clos des Argillières", "Clos-des-Corvées", "Clos-des-Forêts Saint-Georges", "Le Clos-Saint-Marc", "Les Corvets-Pagets" et "Les Didiers".

Source : Louis Jadot

■ NUOC-MÂM

THAI FISH SAUCE | Condiment* originaire du Sud-Est asiatique obtenu à partir d'une macération de petits poissons dans de la saumure*. Le nuoc-mâm, produit à goût relevé et à odeur forte, est employé pour assaisonner de nombreux plats des cuisines vietnamienne et indonésienne.

■ NUTRI-SCORE

NUTRI-SCORE | Mis au point par des équipes de recherche internationales composées de scientifiques, médecins et nutritionnistes, le nutri-score est établi en tenant compte des nutriments et aliments à favoriser ou à limiter. De lecture facile, il se présente sous forme de logo qui positionne le produit alimentaire sur une échelle de 5 niveaux matérialisés par 5 lettres (de A à E) et 5 couleurs (du vert foncé au rouge).

■ ŒCHSLE (degré)

OECHSLE SCALE | Unité de mesure de la densité d'un moût* surtout utilisée en Alsace, en Allemagne et en Autriche.

■ ŒNOLOGIE

OENOLOGY | Discipline scientifique ayant pour objets la fabrication, l'élevage* et la conservation des vins*. Œnologue est un titre reconnu et officialisé par un diplôme d'état, le D.N.O. (Diplôme national d'Œnologue) de niveau Bac + 5.

On ne peut pas évoquer cette discipline scientifique sans souligner que Louis Pasteur* fut le père de l'œnologie moderne qui fait aujourd'hui autorité dans le milieu vinicole.

■ ŒNOPHILE

OENOPHILE | Personne passionnée par le vin*. L'œnophile, dégustateur éclairé, s'intéresse également à l'histoire et à l'élaboration des différents produits vinicoles.

■ ŒUF

EGG | Le terme "œuf" désigne en général un corps organique pondu par les ovipares (oiseaux, poissons, reptiles) mais, dans le domaine culinaire, ce terme désigne l'œuf de poule*. Pour les œufs provenant des autres oiseaux (caille*, canne*, oie*, autruche*, etc.) la dénomination "œuf" doit être suivie du nom de l'animal producteur. La France produit environ 14,5 milliards d'œufs par an grâce à la ponte de 47 millions de poules (une poule met environ 26 heures pour pondre un œuf). La consommation moyenne annuelle, par habitant, est évaluée à 220 unités.

Les règlements communautaires définissent précisément les critères sur lesquels sont basées la production et la commercialisation des œufs. Des codes chiffres renseignent sur l'origine de l'œuf :

- ***0*** ➡ œuf issu d'élevage biologique
- ***1*** ➡ œuf provenant de poule élevée en plein air
- ***2*** ➡ œuf pondu dans un élevage au sol par une poule qui évolue librement à l'intérieur d'un local, sans parcours extérieur
- ***3*** ➡ œuf de poule élevée en cage.

L'œuf de poule pèse en moyenne 60 grammes *(1)* mais des calibrages normalisés permettent de classer les œufs en 4 catégories de poids :

- ***S*** ➡ petit ➡ moins de 53 g
- ***M*** ➡ moyen ➡ de 53 à 63 g
- ***L*** ou G ➡ gros ➡ de 63 à 73 g
- ***XL*** ➡ très gros ➡ plus de 73 g.

Sur le critère de fraîcheur, on trouve essentiellement 2 catégories :

- ***Les œufs "extra frais"*** (chambre à air inférieure à 4 mm) qui doivent être vendus dans les 7 jours qui suivent le conditionnement ou dans les 9 jours après la ponte.
- ***Les œufs "frais"*** (chambre à air inférieure à 6 mm) ont une D.C.R.* de 28 jours.

Une opération simple permet d'évaluer la fraîcheur d'un œuf. Il suffit de plonger ce dernier dans un récipient d'eau rempli d'eau : si l'œuf reste au fond, il est frais ; s'il remonte en surface, il l'est moins. En effet, la chambre à air présente à l'intérieur de la coquille grossit avec le temps et favorise la flottaison.

Lorsque des œufs crus sont nécessaires à la réalisation de préparations culinaires ou de cocktails*, il est conseillé d'utiliser des œufs "extra-frais".

(1) Le blanc représente 60 %, le jaune 30 % et la coquille 10 %. Chez les poules, comme chez les autres espèces vivantes, on rencontre des phénomènes étonnants ; c'est ainsi qu'en 1990, une poule a pondu un œuf de 1,21 g et qu'en 1994, une de ses congénères en a pondu un de 202 g.

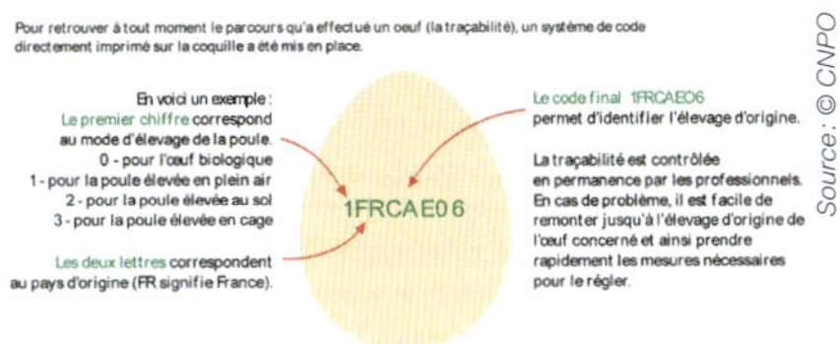

■ ŒUF À LA COQUE

SOFT-BOILED EGG | Il existe plusieurs méthodes pour cuire un œuf *à la coque :

a) L'œuf est plongé 3 minutes dans l'eau en ebullition *(1)*.

b) Il est plongé dans l'eau froide qui est ensuite portée à ébullition. Il est retiré dès que l'ébullition est atteinte *(1)*.

c) L'œuf est plongé 1 minute dans l'eau en

ébullition. Il reste ensuite 3 minutes dans l'eau bouillante, hors du feu, avant d'être retiré *(1)*.
L'œuf à la coque doit être préparé avec un œuf "extra frais". Il se consomme en coquetier généralement accompagné de mouillettes*.

(1) Temps moyen pour un œuf de 60 g. à température ambiante.

Source : Adobe Stock

■ ŒUF BROUILLÉ

SCRAMBLED EGG | Œuf* légèrement battu, salé, poivré et cuit à chaleur douce *(1)* en le remuant avec une spatule en bois dans un récipient beurré. La préparation, qui doit rester de consistance crémeuse, est additionnée de beurre* et de crème fraîche*. L'œuf brouillé est souvent garni de divers ingrédients.

(1) Au bain-marie par exemple.

■ ŒUF COCOTTE

CODDLED EGG | Œuf* cassé dans une petite cocotte (ou autre récipient) préalablement beurrée, salée et poivrée *(1)*. La cuisson se fait au bain-marie. L'œuf cocotte est souvent garni d'ingrédients divers qui sont alors disposés en fond de récipient.

(1) L'assaisonnement n'est pas mis sur l'œuf pour éviter toute marque apparente sur le jaune et le blanc.

■ ŒUF DE CENT ANS

CENTURY EGG | Préparation populaire asiatique qui consiste à conserver un œuf* de poule ou de cane pendant plusieurs semaines dans un mélange formé de boue riche en chaux, de riz paddy*, de cendre, de feuilles de thé*, de sel*, etc. La transformation de l'œuf, causée par une fermentation lente, est assez spectaculaire. Le jaune devient vert foncé avec une consistance crémeuse et une odeur forte, alors que le blanc prend une couleur brun foncé d'aspect translucide.
L'œuf de cent ans se déguste froid avec de la sauce de soja*, du vinaigre*, de l'huile de sésame*, des oignons* ou du gingembre*.

■ ŒUF DUR

HARD-BOILED EGG | Œuf* plongé dans l'eau bouillante 8 à 9 minutes avant d'être rafraîchi sous l'eau froide et écalé.

■ ŒUF FILÉ

BOILED EGG STRANDS | Œuf* battu et poché en petits filaments dans de l'eau bouillante. L'œuf filé est employé comme garniture de consommé* ou de potage*.

■ ŒUF FRIT

FRIED EGG | Œuf* cassé dans un petit récipient et plongé dans un bain de friture ou autre corps gras très chaud (graisse d'oie, saindoux*, etc.). Après une cuisson rapide, environ 1 minute, le blanc doit bien enrober le jaune.

■ ŒUF MIROIR

BAKED EGG | Variante d'œuf sur le plat* cuit au four où le blanc devient laiteux et le jaune brillant.

■ ŒUF MOLLET

MEDIUM-BOILED EGG | Œuf* plongé dans l'eau bouillante 5 à 6 minutes avant d'être rafraîchi sous l'eau froide et écalé. Il s'agit d'une cuisson intermédiaire entre l'œuf à la coque* et l'œuf dur*. Le blanc est ferme mais le jaune reste coulant

■ ŒUF MOULÉ

MOLDED EGG | Œuf* cuit au bain-marie dans un moule beurré et parsemé ou chemisé d'ingrédients divers *(1)*. Il est ensuite démoulé sur un croûton, une croustade*, un toast*, un fond d'artichaut*, etc.

(1) Persil, truffe* ou jambon* hachés, feuilles de légumes, etc.*

■ ŒUF PARFAIT

PERFECT EGG | Œuf* cuit lentement à basse température (64 à 65°), l'œuf parfait présente une texture particulière, avec un blanc soyeux et un jaune crémeux. La réussite de cette préparation, très à la mode, est basée sur une maitrise parfaite des températures de coagulation, différentes, du jaune et du blanc de l'œuf.

■ ŒUF POCHÉ

POACHED EGG | Œuf* cassé dans un petit récipient et plongé dans l'eau bouillante salée et vinaigrée durant 3 minutes. Comme pour l'œuf frit*, le blanc doit bien enrober le jaune.
L'œuf peut également être poché dans du vin* rouge (ex : œuf en meurette*).

■ ŒUF SUR LE PLAT

SUNNY-SIDE UP EGG (fried on one side) | Œuf* cassé dans un plat spécial préalablement

beurré, salé et poivré *(1)*. Classiquement, il est cuit doucement sur une plaque de cuisson ou un feu nu afin d'obtenir un blanc juste coagulé et un jaune coulant. La cuisson au four, totale ou partielle, est aussi utilisée.

(1) L'assaisonnement n'est pas mis sur l'œuf pour éviter toute marque apparente sur le jaune et le blanc.

■ ŒUFS À LA NEIGE

WHIPPED EGGS | *Voir* Île flottante*.

■ ŒUFS À LA TRIPE

Hard-boiled egg dish | Œufs durs* détaillés par moitiés ou en rondelles et nappés de sauce soubise*.

■ ŒUFS AU LAIT

EGG CUSTARD | Entremets* froid qui se présente sous forme de crème prise à base d'œufs*, sucre*, lait* et vanille* (ou autre parfum).

■ ŒUFS AURORE

SOFT-BOILED EGGS IN AURORE SAUCE | Demi-œufs durs* évidés et garnis d'une farce composée de sauce béchamel*, jaunes pilés et fines herbes avant d'être nappés d'une sauce béchamel tomatée. Après avoir été glacée, la préparation est parsemée de jaunes passés au tamis.

■ ŒUFS BRAGANCE

EGGS BRAGANCE | Œufs pochés* dressés sur demi-tomates* étuvées, nappés de sauce béarnaise* et entourés d'un cordon de fond de sauce* lié.

■ ŒUFS BROUILLÉS ARGENTEUIL

SCRAMBLED EGGS ARGENTEUIL | Œufs brouillés* additionnés de pointes d'asperges*.

■ ŒUFS BROUILLÉS PORTUGAISE

PORTUGUESE SCRAMBLED EGGS | Œufs brouillés* additionnés de tomates* concassées.

■ ŒUFS DE POISSON

FISH ROE | La préparation à base d'œufs de poisson la plus connue est bien évidemment le caviar* mais, hormis l'esturgeon*, d'autres poissons, qu'ils soient de mer ou d'eau douce, produisent des œufs qui sont employés pour garnir des canapés* ou confectionner divers apprêts culinaires.

Source : Adobe Stock

Au naturel ou traités, nous trouvons ainsi des œufs de saumon*, de lump*, de truite*, de cabillaud* *(1)*, de mulet* *(2)*, de hareng*, de brochet*... Les œufs de poisson sont parfois désignés collectivement sous le nom de "rogue".

(1) Les œufs de cabillaud entrent dans la composition du tarama.*

(2) La poutargue est réalisée à partir d'œufs de mulet.*

■ ŒUFS EN MEURETTE

EGGS WITH MEURETTE SAUCE | Œufs* pochés au vin* rouge (vin de Bourgogne de préférence) avec petits oignons*, lardons et dressés sur croûtons.

Source : BIVB/Image et Associés

■ ŒUFS FARCIS CHIMAY

DEVILED EGGS CHIMAY | Demi-œufs durs* évidés et garnis d'une farce composée des jaunes passés au tamis, duxelles*, crème fraîche* et persil* haché. L'ensemble est nappé de sauce Mornay* et saupoudré de fromage* râpé avant d'être glacé.
La préparation doit son nom à la princesse de Chimay, habituée des dîners mondains sous le Directoire.

■ ŒUFS FRITS AU BACON

FRIED EGGS AND BACON | Œufs frits* dressés sur croûtons frits avec tranches de bacon* grillées et décorées de persil* frit.

■ ŒUFS HENRI IV

EGGS HENRI IV | Œufs pochés* dressés en tartelette et nappés de sauce béarnaise*.

■ ŒUFS MASSENA

EGGS MASSENA | Œufs pochés* ou mollets* dressés sur un fond d'artichaut* garni de sauce béarnaise*. L'ensemble est nappé de sauce tomate* et surmonté d'une lame de moelle parsemée de persil* haché.

■ ŒUFS MIMOSA

EGGS MIMOSA | Demi-blancs d'œufs durs* évidés et garnis d'une farce composée des jaunes passés au tamis, de sauce mayonnaise* et de persil* ciselé.

■ ŒUFS MIREILLE

EGGS MIREILLE | Œufs pochés* ou mollets* dressés sur riz* pilaf safrané, nappés de sauce crème* au safran* et entourés de petits croûtons frits et de tomates* concassées.

■ ŒUFS MOLLETS FLORENTINE

SOFT-BOILED EGGS FLORENTINE | Œufs mollets* dressés sur un lit d'épinards* en branches étuvés au beurre* et nappés de sauce Mornay*.

■ ŒUFS MOSCOVITE

EGGS MOSCOVITE | Œufs durs* dont les 2 extrémités ont été coupées pour leur donner l'apparence de petits tonnelets. Evidés, ils sont garnis de caviar*, cerclés de filets d'anchois* et décorés d'une pastille de truffe* pour imiter la bonde.
Dressage sur fonds d'artichauts* avec gelée* hachée.

■ ŒUFS RIBAUCOURT

EGGS RIBAUCOURT | Œufs cocotte* additionnés d'une garniture zingara*.

■ ŒUFS SAINT-HUBERT

EGGS SAINT-HUBERT | Œufs pochés* ou mollets* dressés en tartelettes sur hachis de gibier, nappés d'une sauce poivrade* et décorés de lames de truffes*.

■ ŒUFS SÉVIGNÉ

EGGS SÉVIGNÉ | Œufs pochés* ou mollets* dressés sur croûtons garnis de laitue* braisée. L'ensemble est nappé de sauce suprême* et décoré de lame de truffe*.
Cette préparation est dédiée à la Marquise de Sévigné, célèbre femme de Lettres (1626-1696).

■ ŒUFS TOUPINEL

EGGS TOUPINEL | Œufs pochés* dressés dans de grosses pommes de terre* cuites au four qui sont évidées et garnies d'une purée Parmentier* crémée et d'épinards* étuvés au beurre*.
L'ensemble est nappé de sauce Mornay*.

■ ŒUFS VILLEROY

EGGS VILLEROY | Œufs pochés* ou mollets* enrobés de sauce Villeroy* et refroidis avant d'être panés à l'anglaise pour être frits. Ils sont dressés avec du persil* frit et accompagnés de sauce tomate*.

■ ŒUFS VIROFLAY

EGGS VIROFLAY | Œufs pochés* ou mollets* dressés en croustades* sur épinards* en branches étuvés au beurre* et nappés d'une sauce suprême*.

■ OGEU (eau de source)

Water source | Eau-de-source* captée à Ogeu-les-Bains dans les Pyrénées-Atlantiques.
Catégorie : faiblement minéralisée.
pH à 20 °C : 7,7.
Minéralisation totale : 268 mg/l.

■ OGEU (eau minérale)

Mineral water | Eau minérale naturelle* gazeuse captée à Ogeu-les-Bains dans les Pyrénées-Atlantiques.
Autorisée par l'Etat en 1880.
Catégorie : faiblement minéralisée.

Composition physico-chimique (en mg/l)	
Cations	Anions
Calcium : 48 Sodium : 31 Magnésium : 12 Potassium : 1	Bicarbonates : 183 Chlorures : 35 Sulfates : 18 Nitrates : 4
pH à 20°C : 7,6	Minéralisation totale : 264 mg/l

■ OIE

GOOSE | Volaille de la famille des anatidés originaire de Chine. Ce palmipède à chair brune est aujourd'hui élevé dans de nombreux pays et dans plusieurs régions françaises, notamment dans le Sud-Ouest, en Alsace et dans l'Ouest. Il existe plusieurs espèces d'oies dont le poids varie de 3 à 12 kg. Les petits volatiles sont plutôt consommés farcis et rôtis lors des repas festifs de fin d'année, alors que les grosses oies font l'objet d'un gavage pour la production de foie gras*. La chair de ces dernières, très riche en graisse, est surtout cuisinée en confit*, en cassoulet*, en rillettes*, etc.

Élevage d'oies en Périgord

■ OIGNON

ONIONS | Plante potagère bulbeuse probablement originaire de Palestine, dont la saveur et l'odeur sont fortes et piquantes. Elle a la particularité de contenir une substance lacrymogène (sulfure d'allyle) qui se dégage au ciselage et disparaît à la cuisson. Cru ou cuit, l'oignon est employé comme condiment*, garniture aromatique ou légume dans bon nombre de préparations culinaires.
On distingue 2 sortes d'oignons :

- ***Les oignons frais*** : ils sont commercialisés au printemps et au début de l'été, ce sont généralement des "oignons blancs". Lorsqu'ils sont de petit calibre, ils portent le nom de "grelots". Parmi les principales variétés, citons : *La Merveilles de Pompéi,*

Le Malakoff, le Vaugirard, le Printanier parisien...

- ***Les oignons secs***: on les trouve toute l'année, ce sont les "oignons jaunes" et les "oignons rouges". Parmi les principales variétés citons : *le Jaune paille des vertus, le Doux des Cévennes, l'Auxonne blond, le Doré de Parme, le Rosé de Roscoff, le Rouge pâle de Niort...*

L'Oignon doux des Cévennes, A.O.C.* depuis 2003 est reconnu A.O.P.* dans le cadre de l'U.E. Il est produit sur une aire d'appellation qui s'étend sur 32 communes du Gard.

L'Oignon de Roscoff, A.O.C.* depuis 2009 est reconnu A.O.P.* dans le cadre de l'U.E. Il est produit sur une aire d'appellation qui s'étend sur 24 communes du nord du Finistère situées dans la région de Roscoff.

■ OLÉAGINEUX

OILSEED | Nom donné à divers produits végétaux riches en matières grasses *(1)* et susceptibles de fournir des matières oléagineuses telles que les huiles*.

(1) Soja, tournesol*, olives*, arachides*, noix*, noisettes*, sésame*, pépins de raisin*...*

■ OLIVE

OLIVES | Petit fruit oléagineux* de forme ovoïde récolté sur l'olivier, arbre originaire d'Orient. La différence de couleur, verte ou noire, est liée au stade de maturité et à l'époque de cueillette : en septembre le fruit est vert, plus tard il jaunit puis devient violet et finalement noir.

La culture de l'olivier est concentrée sur le pourtour méditerranéen et 93 % de la production mondiale d'olives est dévolue à l'huilerie, le reste est traité de différentes façons (désamérisation, immersion dans le vinaigre* ou en saumure*...). La France cumule environ 50 000 ha d'oliveraies, essentiellement en région provençale.

Principales variétés cultivées dans notre pays :

- ***Olives vertes*** : *Salonenque des Bouches-du-Rhône, Picholine du Gard, Lucques de l'Hérault...*
- ***Olives noires*** : *Tanche de Baronnies, Grossane des Baux-de-Provence, Cailletier de Nice...*

Plusieurs productions françaises bénéficient d'une A.O.C.* reconnue A.O.P.* dans le cadre de l'U.E.

- ***Olives de Nice***, A.O.C. depuis 2001. Il s'agit d'olives noires de variété *Cailletier de Nice* récoltées sur 99 communes des Alpes-Maritimes.
- ***Olives noires de Nyons***, A.O.C. depuis 1994. Il s'agit d'olives de variété *Tanche de Baronnies* produites sur 33 communes de la Drôme et du Vaucluse.
- ***Olives noires de la Vallée des Baux de Provence***, A.O.C. depuis 1997. Il s'agit d'olives noires de variété *Grossanne* récoltées sur 16 communes de la région des Baux-de-Provence.
- ***Olives cassées de la vallée des Baux-de-Provence***, A.O.C. 1997. Il s'agit d'olives vertes de variétés *Salonenque* et *Béruguette* récoltées sur 16 communes de la région des Baux-de-Provence
- ***Olives de Nîmes***, A.O.C. depuis 2006. Il s'agit d'olives de variété *Picholines du Gard* récoltées sur 223 communes du Gard et de l'Hérault.
- ***Lucques du Languedoc***, A.O.C. depuis 2015. Il s'agit d'olives de variété *Lucques* récoltées sur 292 communes de l'Hérault et de l'Aude.

■ OLIVER (Raymond)

French chef | Cuisinier français (Langon 1909 - Paris 1990). Issu d'une famille de restaurateurs, il travaille dans plusieurs maisons réputées avant d'acquérir *Le Grand Véfour* en 1948. Cet homme de talent, doté d'une grande culture, connaît rapidement le succès et fait de son établissement une véritable institution qui est distinguée avec trois étoiles au Guide Michelin* à partir de 1953. Raymond Oliver maîtrise parfaitement la communication et il est le premier cuisinier à faire entrer l'art culinaire à la télévision en assurant régulièrement des émissions dès les années 1950. On lui doit aussi plusieurs ouvrages gastronomiques dont *La gastronomie à travers le monde, La cuisine, Cuisine pour mes amis, Art et magie de la cuisine, Adieux fourneaux,* etc.

■ OLIVET

French cheese | Fromage* de lait* de vache fabriqué dans le Loiret. Il doit son nom à une localité de la banlieue orléanaise située dans sa zone de production.

Type: pâte molle à croûte fleurie. Se présente également cendré* ou recouvert de foin.

Forme: disque plat.

Taille: 12 à 13 cm de diamètre, 2,5 cm d'épaisseur.

Poids: 300 g environ.

Teneur en M.G.: 40 à 45 %.

Meilleures saisons: printemps, été, automne.

■ OMBLE CHEVALIER

ARCTIC CHAR | Poisson d'eau douce de la famille des salmonidés qui vit dans les eaux froides des lacs profonds. L'omble chevalier mesure généralement de 40 à 60 cm pour un poids de 1,5 à 2 kg, mais certains spécimens peuvent atteindre 5 kg et plus. Sa chair fine et savoureuse, pauvre en arêtes, est très appréciée.

■ OMELETTE

OMELET | Préparation culinaire, salée ou sucrée, constituée d'œufs* battus cuits dans une poêle avec une matière grasse. L'omelette peut être nature ou comporter une garniture. La cuisine française et internationale compte une multitude de formules, classiques ou originales, que l'on retrouve dans les ouvrages culinaires.

Source: Y. Bagros/CNIPT

■ OMELETTE BRAYAUDE

OMELET BRAYAUDE | *Voir* Brayaude*.

■ OMELETTE À L'ESPAGNOLE

SPANISH OMELET | Omelette plate garnie de tomates* concassées, julienne* de poivrons* et fondue d'oignons* ciselés.

■ OMELETTE AUX FINES HERBES

HERB OMELET | Omelette roulée garnie de persil*, estragon*, ciboulette* et cerfeuil* hachés.

■ OMELETTE FERMIÈRE

OMELET FERMIÈRE | Omelette plate garnie de dés de jambon* et de fines herbes.

■ OMELETTE FORESTIÈRE

OMELET FORESTIÈRE | Omelette fourrée garnie de morilles*, cèpes*, lardons et entourée d'un cordon de fond de sauce* lié.

■ OMELETTE LYONNAISE

OMELET LYONNAISE | Omelette roulée garnie d'oignons* émincés sués au beurre*.

■ OMELETTE NORVÉGIENNE

OMELET NORVÉGIENNE | Dessert constitué d'un fond de génoise* imbibée d'un spiritueux (Rhum*, Grand Marnier*...), de crème glacée et terminé d'un masquage et d'un décor de meringue*. Il est souvent flambé.
Il semble que ce dessert soit né d'une observation du physicien américain B. Thompson, Comte de Rumford (1753-1814), qui établit le principe de l'inconductibilité *(1)* des blancs d'œufs* en neige.

(1) On exploita en cuisine les propriétés des blancs d'œufs en neige, mauvais conducteurs de chaleur, pour isoler la glace se trouvant au centre de la préparation.

■ OMELETTE PARMENTIER

OMELET PARMENTIER | Omelette roulée garnie de dés de pommes de terre* sautés.

■ ON THE ROCKS

ON THE ROCKS | Terme utilisé pour désigner une boisson servie avec des cubes de glace.

■ ONDENC

Grape variety | Cépage* blanc originaire de la Vallée du Tarn. On le trouve sur certaines appellations du Sud-Ouest telles que Gaillac*, Bergerac* ou Côtes de Duras*. L'Ondenc est encore cultivé sur quelques terroirs étrangers, notamment dans l'état de Victoria en Australie.
Vins* produits : blancs secs ou liquoreux, assez fins, avec des arômes discrets.

■ ONGLET

HANGER STEAK or FLANK STEAK | Pièce de boucherie *(1)* très goûteuse à fibres longues prélevée près du diaphragme du bœuf*. Il se retrouve également chez le veau*, le porc* et le cheval*.

(1) Parfois considérée comme un abat.*

■ OPUS ONE

Californian wine | Vin* rouge californien produit dans la Napa Valley, au nord de San Francisco.
Issu d'un vignoble de 69 hectares complanté de Cabernet-Sauvignon*, Cabernet franc* et de Merlot*, ce vin est né d'une association entre R. Mondavi (célèbre viticulteur californien) et le Baron P. de Rothschild (propriétaire du Château Mouton-Rothschild). De production relativement récente (le premier millésime date de 1979), l'Opus One est élaboré selon les traditions et les techniques médocaines.

■ ORANGE

ORANGE | Agrume* originaire d'Asie qui fut longtemps le fruit de Noël et qui est devenu le 2ème fruit préféré des Français, juste derrière la pomme*. Aujourd'hui, les oranges que nous consommons toute l'année proviennent principalement du bassin méditerranéen et des États-Unis. L'orange représente à elle seule 60 % de la production mondiale d'agrumes.
Il existe des centaines de variétés qui peuvent se classer en 3 catégories *(1)*:

- ***Les Navels*** qui possèdent une excroissance en forme de nombril *(2)*. C'est la catégorie la plus répandue (*Navelina, Navelate, Washington...*).
- ***Les Blondes*** utilisées pour l'extraction du jus (*Jaffa, Salustiana, Valencia...*).
- ***Les Sanguines***, sans pépins, avec une pulpe rouge (*Maltaise, Sanguinello, Tarocco...*).

L'orange est employée en cuisine, en pâtisserie, en confiserie et dans la fabrication de nombreuses boissons, B.R.S.A.* ou spiritueux*.

(1) À ces 3 catégories, nous pouvons ajouter "l'orange amère" nommée communément "Bigarade".*

(2) Elles tiennent leur nom de l'anglais "navel" qui signifie "nombril".

■ ORANGE BLOSSOM

ORANGE BLOSSOM | Cocktail* préparé au shaker.
5 cl de jus d'orange*
4 cl de gin*
Frapper et servir dans un verre à cocktail.

Source: Photo BG

■ ORANGEAT

ORANGEAT |
a) Confiserie à base d'écorces d'oranges* confites.
b) Petit gâteau préparé avec de la pâte d'amande* additionnée d'écorces d'oranges* confites.

■ ORANGETTE

Confectionery | Confiserie réalisée avec des morceaux d'écorce d'orange* confits enrobés de chocolat*.

Source: M. Bury/Cedus

■ ORANGINA

ORANGINA | Soda* à base de jus et de pulpe d'orange* lancé en Algérie par Léon Beton en 1936. La recette de cette boisson avait été mise au point par le Dr Trigo, un pharmacien espagnol, qui commercialisait initialement le produit sous la marque "Naranjina".
Hormis l'Orangina classique, la marque diffuse aujourd'hui plusieurs produits dérivés: *Rouge, Light, Saveur grenadine*, Saveur menthe*, Saveur cassis**...

■ ORBOIS

Grape variety | Autre dénomination du cépage* Arbois*.

■ ORECCHIETTES

ORECCHIETTE | Pâtes alimentaires* en forme de petites oreilles.

■ ORÉE DU BOIS

French mineral water | Eau minérale naturelle* plate captée à Saint-Amand-les-Eaux dans le Nord. Autorisation ministérielle d'exploitation de mars 1988. Catégorie: moyennement minéralisée.

Composition physico-chimique (en mg/l)	
Cations	Anions
Calcium : 235 Magnésium : 70 Sodium : 41,5 Potassium : 8,6	Sulfates : 626 Bicarbonates : 289 Chlorures : 61 Nitrates : 0
Fluor : 2,1	Fer : inférieur à 0,02
pH à 20°C : 7,17	Minéralisation totale : 1280 mg/l

■ OREILLE DE MER

ABALONE | Autre dénomination de l'ormeau*.

■ OREILLETTES

French doughnuts | Beignets* languedociens à base de pâte sucrée diversement parfumée (eau de fleur d'oranger*, rhum*, etc.).

■ OREZZA

Composition physico-chimique (en mg/l)	
Cations	Anions
Calcium : 185 Magnésium : 16,5 Sodium : 7 Potassium : 1,55	Bicarbonates : 710 Sulfates : 14 Chlorures : 10
Fluor : 0,17	
pH à 20°C : 5,3	Minéralisation totale : 516 mg/l

French mineral water | Eau minérale naturelle* gazeuse captée à Rappagio Orezza en Haute-Corse. Reconnue d'utilité publique en février 1866. Catégorie : Moyennement minéralisée.

■ ORGE

BARLEY | Peu utilisée en cuisine, cette céréale constitue la matière première dans le processus de fabrication de la bière* et de nombreuses eaux-de-vie de grains, notamment le whisky*.

Épis d'orge

Source: Doc. Schulzenberger

■ ORGEAT

ORGEAT | *Voir Sirop**.

■ ORIENTALE (salade)

Salad | Salade composée constituée de demi-tomates* cuites à l'huile* d'olive* avec une pointe d'ail*, des de poivrons* verts et rouges grillés et pelés, haricots verts* en bâtonnets et riz* cuit à l'eau. Assaisonnement : sauce vinaigrette* additionnée de dés de filets d'anchois*.

■ ORIGAN

OREGANO | Plante aromatique proche de la marjolaine* dont elle trouve sensiblement les mêmes destinations culinaires.

■ ORIOL

French mineral water | Eau minérale naturelle* gazeuse captée à Cornillon-en-Trièvres dans l'Isère. Autorisée à l'exploitation en 1884.
Catégorie : moyennement minéralisée.

Composition physico-chimique (en mg/l)	
Cations	Anions
Calcium : 307,5 Magnésium : 26,1 Sodium : 23 Potassium : 2,9	Bicarbonates : 1 030,9 Sulfates : 32,3 Chlorures : 13,2 Nitrates : 2,5
Fluor : 0,27	
pH à 20°C : 5,8	Minéralisation totale : 1 240 mg/l

■ ORLÉANS

French wine | Vins* rouges, rosés et blancs produits dans la Vallée de la Loire, A.O.C.* depuis 2006 *(1)* et reconnus A.O.P.* dans le cadre de l'U.E.
Aire de production : 13 communes du Loiret, dont Orléans.
Superficie du vignoble : 150 ha.
Encépagement autorisé pour l'appellation : Meunier*, Pinot noir*, Pinot gris* et Chardonnay*.
Rendement à l'hectare* : 50 hl pour les vins rouges et rosés, 55 hl pour les vins blancs.

(1) Antérieurement A.O.V.D.Q.S.*

■ ORLÉANS-CLÉRY

French wine | Vins* rouges produits dans la Vallée de la Loire, A.O.C.* depuis 2006 *(1)* et reconnus A.O.P.* dans le cadre de l'U.E.
Aire de production : 5 communes du Loiret, dont Cléry-Saint-André, situées au sud-ouest d'Orléans
Superficie du vignoble : 35 ha.
Encépagement autorisé* pour l'appellation : Cabernet franc*.
Rendement à l'hectare* : 50 hl.

(1) Antérieurement A.O.V.D.Q.S.*

■ ORLOFF (garniture)

Vegetable garnish | Garniture* composée de céleris* et laitues* braisés, tomates* navarraises *(1)* et pommes château*.

(1) Tomates farcies d'une mousseline de volaille truffée.

■ ORLOFF (selle de veau)

SADDLE OF VEAL | Selle* de veau braisée, tranchée et fourrée de purée soubise *(1)* et lames de truffes*. La pièce reconstituée est ensuite nappée de sauce mornay* soubisée avant d'être glacée. Comme la garniture du même nom, cet apprêt culinaire fut dédié au Prince Orloff *(2)* par son cuisinier Urbain Dubois*.

(1) Purée d'oignons.*

(2) Ministre et ambassadeur de Nicolas 1er.

■ ORLY

BATTERED FRIED FISH | Dénomination d'un apprêt de poisson pané à l'anglaise et frit, servi accompagné d'une sauce tomate*.

■ ORMEAU

ABALONE | Gastéropode *(1)* marin doté d'une coquille ovale de 8 à 12 cm de longueur. L'ormeau, également appelé *oreille de mer*, en référence à sa forme, vit sur les fonds côtiers de l'Atlantique et de la Méditerranée. Il se consomme toujours cuit.

(1) Mollusque rampant sur un pied ventral.

■ ORONGE VRAIE

CAESAR'S MUSHROOM | Champignon appelé également *Amanite des césars*. Il se caractérise par un chapeau convexe rouge-orangé de 8 à 18 cm de diamètre. Sa chair, excellente, est appréciée aussi bien cuite que crue.

■ ORTANIQUE

TANGOR | Agrume* hybride résultant d'un croisement d'orange* et de tangerine*.

■ ORTOLAN ou BRUANT ORTOLAN

ORTOLAN BUNTING (bird) | Petit passereau classé en espèce protégée. Cependant, dans le Sud-Ouest où sa chasse fait partie des coutumes locales, il est encore capturé au filet pour être engraissé dans des caves obscures avant d'être étouffé *(1)*. Considéré par les gourmets comme l'oiseau au goût le plus subtil, symbole d'une gastronomie de tradition, il était consommé avec un cérémonial particulier *(2)* après avoir été cuit dans sa propre graisse.

(1) L'oiseau qui pèse environ 30 g à la capture arrive à plus de 100 g après engraissement.

(2) Les gastronomes le "gobaient" entier, la tête sous une grande serviette, afin de ne rien perdre de son fumet.

Source : Adobe Stock

■ ORTHOREXIE

ORTHOREXIA | Trouble du comportement alimentaire caractérisé par l'obsession de consommer une nourriture saine. Bien que cette fixation sur une alimentation "pure" ne soit pas vraiment considérée comme une pathologie, elle peut, dans des cas extrêmes, être assimilée à un T.O.C. (Trouble Obsessionnel Compulsif).

Rappelons qu'à la différence de *l'anorexie* et de *la boulimie*, qui portent essentiellement sur l'aspect quantitatif de l'alimentation, l'orthorexie concerne particulièrement le qualitatif.

■ OSEILLE

SORREL | Plante potagère au goût aigrelet *(1)* originaire d'Europe ou d'Asie septentrionale. Ses feuilles sont consommées comme aromate*. On retrouve l'oseille en chiffonnade* dans les potages* ou les sauces* mais aussi associée aux poissons (alose*, brochet*, saumon*, etc.) ou aux œufs*.

(1) Goût dû à la présence importante d'acides organiques, notamment l'acide oxalique.

■ OSSAU-IRATY

French cheese | Fromage* de lait* de brebis fabriqué dans le Béarn et au Pays Basque, A.O.C.* depuis 1980 et reconnu A.O.P.* dans le cadre de l'U.E. Son nom lui vient de sa zone de production et du lait employé pour sa fabrication.
Type: pâte pressée non cuite, croûte naturelle.
Forme : meule à talon légèrement convexe.
Taille et poids variables selon le format :
24 et 28 cm de diamètre, 9 à 15 cm de hauteur, jusqu'à 7 kg (fromage fermier)
26 cm de diamètre, 9 à 12 cm de hauteur, 4 à 5 kg
20 cm de diamètre, 7 à 10 cm de hauteur, 2 à 3 kg.

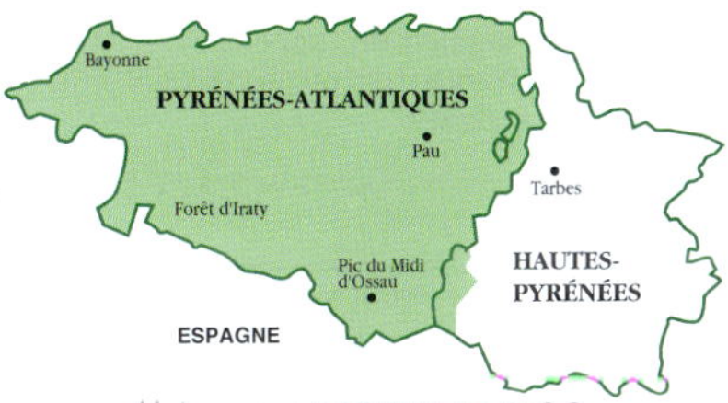

Source : d'après doc. I.N.A.O

L'aire géographique de l'AOC Ossau-Iraty s'étend sur 372 communes des Pyrénées-Atlantiques et 3 communes des Hautes-Pyrénées.

■ OSSO-BUCO

OSSO-BUCO | Préparation culinaire d'origine milanaise constituée de rouelles de jarret* de veau* braisées avec oignon*, tomate*, vin* blanc, zestes* d'orange* et de citron*. Les garnitures les plus classiques sont "à la milanaise" (spaghettis* avec sauce ou fondue de tomate et parmesan* râpé) et "à la piémontaise" (riz* pilaf crémé, dés de jambon* et parmesan râpé).

■ OUILLAGE

TOPPING UP | Opération qui consiste à remplir avec du vin* de même nature un tonneau qui a perdu, par évaporation ou absorption du bois, une partie de son contenu. Sans ouillage, le volume d'air présent dans le fût risque de favoriser le développement de maladies ou d'oxydations.

■ OURSIN

SEA URCHINS | Animal marin doté d'une carapace sphérique hérissée de piquants mobiles. Nommé aussi *hérisson de mer* ou *châtaigne de mer*, l'oursin consommé en France provient essentiellement de Méditerranée ou de Bretagne. Sa pêche et sa vente sont soumises à une réglementation variable selon les secteurs de ramassage. La bonne époque de consommation se situe globalement entre le 1er septembre et le 30 avril. On distingue 3 principales espèces d'oursins:

- ***L'oursin violet*** gros comme une mandarine* et ***l'oursin conique rouge*** de la taille d'un pamplemousse*. Ils vivent sur les rochers côtiers du littoral français.
- ***L'oursin blanc*** que l'on trouve surtout sur les côtes antillaises et sud-américaines.

La partie comestible d'un oursin est constituée par le "corail" (ou "langues") qui est en réalité l'appareil génital de l'animal. Elle se consomme crue ou cuite (en œufs* brouillés, en liaison de sauce*, en potage*, etc.)

Source : Adobe Stock

■ OUVERTURE D'UNE BOUTEILLE DE PORTO AU FEU

OPENING A PORTO BOTTLE WITH FIRE | Plutôt destinée aux vieilles bouteilles de porto* dont l'extraction des bouchons, parfois dégradés, peut s'avérer délicate, cette technique est encore pratiquée par quelques sommeliers*.
Le goulot de la bouteille est enserré avec une pince métallique brûlante entre la base du bouchon et le niveau du vin. Après une trentaine de secondes, le verre, devenu très chaud, est alors entouré avec une pince en feutrine (ou une serviette) préalablement trempée dans l'eau glacée. Avec le choc thermique, le goulot se rompt nettement sans éclats de verre.
Le porto est ensuite décanté*, éventuellement avec une passoire spéciale à tamis très fin, pour éliminer le dépôt indésirable.

■ OUZO

Spirits | Spiritueux* anisé élaboré en Grèce à partir d'eau-de-vie*, d'anis* vert et de sucre*. Il se consomme nature avec de la glace ou allongé d'eau.

■ OVIN

SHEEP | Espèce animale qui concerne les agneaux*, les moutons* et les brebis. La France compte environ 30 races d'ovins classées en plusieurs catégories :

- LES RACES PRÉCOCES qui ont un potentiel de croissance élevé et une grande aptitude de reproduction *(Suffolk, Île-de-France, Berrichonne, South Down...).*
- LES RACES D'HERBAGE que l'on trouve dans les pâturages sous influence océanique *(Bleu du Maine, Rouge de l'Ouest, Vendéen, Texel, Avranchin...).*
- LES RACES RUSTIQUES élevées dans les zones d'altitude *(Blanc du Massif central, Noire du Velay, Limousine, Préalpes du Sud...).*
- LES RACES LAITIÈRES dont la vocation est de produire du lait, principalement pour la fabrication fromagère *(Lacaune, Basco-Béarnaise, Manech...).*
- LES RACES PROLIFIQUES comme la *Romanov*, élevées pour accroître le cheptel français.
- LES RACES MÉRINOS qui jadis produisaient essentiellement de la laine, mais que l'on oriente aujourd'hui vers la production de viande.

3 viandes ovines bénéficient d'une A.O.C.* :

Barèges-Gavarnie, A.O.C. depuis 2003 et reconnue A.O.P.* dans le cadre de l'U.E. Appellation réservée à des animaux nés et élevés à l'intérieur d'une aire géographique qui s'étend sur 18 communes des Hautes-Pyrénées, dont Barèges et Gavarnie.

Source : Doc. La Boucherie française

Ovins de race Berrichonne

Prés-salés de la Baie de Somme, A.O.C. depuis 2007 et reconnue A.O.P. dans le cadre de l'U.E. Appellation réservée à des animaux nés et élevés à l'intérieur d'une aire géographique qui s'étend sur de nombreuses communes de la Somme et du Pas-de-Calais.

Prés-salés du Mont-Saint-Michel, A.O.C. depuis le 15 octobre 2009 et reconnue A.O.P. dans la cadre de l'U.E. Appellation réservée à des animaux nés et élevés à l'intérieur d'une aire géographique qui s'étend sur de nombreuses communes de la Manche et de l'Ille-et-Vilaine.

Pour ces 2 dernières A.O.C., la flore saline et iodée des pâturages du littoral apporte une flaveur* particulière à la chair des agneaux.

En outre, dix viandes d'agneau bénéficient d'une I.G.P.* (voir ce signe).

Ouzo

P

■ PACAUD (Bernard)

French chef | Cuisinier français né à Rennes en 1947. Après un apprentissage chez la Mère Brazier*, il travaille dans plusieurs établissements de la capitale. En 1981, il ouvre son premier restaurant parisien, *L'Ambroisie*. Sa cuisine, sobre, rigoureuse et raffinée lui vaut un succès immédiat. Le Guide Michelin* lui décerne une troisième étoile dès 1986. Bernard Pacaud est installé aujourd'hui Place des Vosges, toujours avec la même enseigne, mais dans le cadre somptueux de l'ancien Hôtel de Luynes.

■ PACHERENC DU VIC BILH

French wine | Vins* blancs produits dans le Sud-Ouest, A.O.C.* depuis 1948 et reconnus A.O.P.* dans la cadre de l'U.E.
Aire de production : 28 communes des Pyrénées-Atlantiques, 6 communes des Hautes-Pyrénées et 3 communes du Gers, situées au nord-est de Pau.
Superficie du vignoble : 300 ha.
Encépagement autorisé* pour l'appellation : Arrufiat*, Courbu*, Petit Courbu, Gros Manseng*, Petit Manseng*, Sauvignon*.
Rendement à l'hectare* : 40 hl.
Teneur minimale en sucre résiduel : 45 g/litre.
Ces vins sont élaborés à partir de raisins arrivés à surmaturation (voir pourriture noble*).

■ PACHERENC DU VIC BILH SEC

French wine | Vins* blancs produits dans le Sud-Ouest, A.O.C.* depuis 1997 et reconnus A.O.P.* dans le cadre de l'U.E.
Aire de production et encépagement : identiques à l'appellation Pacherenc du Vic-Bilh*.
Rendement de base à l'hectare* : 60 hl.
Teneur maximale en sucre résiduel : 4 g/litre.

■ PACIFIC

PACIFIC | Boisson anisée sans alcool* élaborée par la maison Ricard*. Elle a lancé ce produit en 1982 pour le 50ème anniversaire de la société.

■ PAËLLA

PAELLA | Spécialité culinaire d'origine espagnole *(1)* composée de riz* et de différents éléments de garniture *(2)* cuisinés à l'huile d'olive* avec oignons*, poivrons* et tomates*. La paëlla est aromatisée au safran*.

(1) La "Paëlla valenciana", originaire de Valence, demeure la référence en la matière.

(2) Selon les traditions régionales et les produits dont on dispose localement, les garnitures sont variées. Les composants les plus courants sont le poulet, le lapin*, les moules*, les praires* ou les coques*, les langoustines*, les crevettes*, les haricots verts*, les petits pois*, etc.*

■ PAGEOT

BLACKSPOT SEA BREAM | Voir Daurade*.

■ PAGURE

HERMIT CRAB | Autre dénomination du bernard-l'ermite*.

■ P.A.I. (Persistance Aromatique Intense)

Wine-tasting term | Temps pendant lequel persiste une perception aromatique lors de la phase finale d'une dégustation de vin* (après ingestion ou rejet). Cette persistance, ou "longueur en bouche", est exprimée en caudalies *(1)*. La P.A.I. peut aller de 2 caudalies pour les vins légers à 15 caudalies et plus pour un grand vin.

(1) La caudalie est une mesure de persistance aromatique en bouche équivalant à 1 seconde.

■ PAILLETTES

Puff pastry sticks | Petits bâtonnets en pâte feuilletée* servis à l'apéritif ou en accompagnement de consommé*.

■ PAIN

BREAD | Le pain reste un élément capital de notre alimentation. Le Français d'aujourd'hui ne mange plus le même pain et les mêmes quantités que ses ancêtres *(1)* mais il n'imagine pas faire un repas sans ce précieux "compagnon".
Classiquement, le pain est fait d'une pâte composée de farine*, d'eau, de sel* et d'un agent levant (levure* ou levain). À partir de cette formule ancestrale, la boulangerie, conditionnée par l'évolution des techniques et les goûts des consommateurs, propose une gamme de

produits variés empreinte à la fois de traditions et de modernité.
Le restaurateur doit faire un effort particulier sur le choix et la qualité du pain qu'il sert à ses clients. N'oublions pas que le pain peut facilement valoriser (ou dévaloriser) le plat qu'il accompagne.

(1) Vers 1890, le Français consommait entre 700 g et 1 kg de pain par jour, un pain rustique qui constituait pour certains l'essentiel de leur nourriture. Actuellement, la consommation journalière est en moyenne de 130 g.

Source : Adobe Stock

■ PAIN AU CHOCOLAT
Chocolate-filled croissant | Viennoiserie* faite de pâte feuilletée* (ou briochée) garnie d'une ou deux barres de chocolat*.

■ PAIN AU LAIT
Sweet roll or bun | Viennoiserie en forme de petit pain réalisée à partir d'une pâte levée. Le dessus du pain au lait* étant souvent entaillé aux ciseaux avant cuisson, il se présente avec une série de petites pointes.

■ PAIN AUX RAISINS
RAISIN BREAD | Viennoiserie* réalisée à partir d'une abaisse de pâte levée enroulée en spirale avec de la crème pâtissière* et des raisins* secs. La pièce obtenue est détaillée en tranches qui sont couchées sur une plaque pour cuisson.

■ PAIN DE GÊNES
GENOA BREAD | Gâteau préparé à partir d'un appareil composé de sucre*, de beurre*, de poudre d'amande*, d'œufs*, de farine* ou de fécule*, et parfumé avec une liqueur* ou une eau-de-vie* (curaçao*, Grand-Marnier*, rhum*, etc.).

■ PAIN DE MIE
SANDWICH BREAD | Pain* spécial à texture serrée cuit en moule. Préparé à partir de farine*, sel*, sucre*, beurre*, lait* et levure*. Le pain de mie a de multiples utilisations au restaurant (toasts*, canapés, sandwichs*, croûtons...).

■ PAIN D'ÉPICES
GINGERBREAD | Pâtisserie réalisée avec une pâte levée à base de farine* et de miel*, additionnée de plusieurs épices (anis*, cannelle*, vanille*, clou de girofle*, coriandre*, muscade*, gingembre*, cardamone* etc.) et d'écorces d'oranges* et de citrons* confites.

Pain d'épices

■ PAIN PERDU
FRENCH TOAST (eggy bread) | Dessert préparé avec des tranches de pain* rassis trempées dans du lait* ou de la crème anglaise* avant d'être passées dans l'œuf* battu sucré, puis colorées au beurre* à la poêle.

■ PALERON
Cut of chuck steak | Pièce de boucherie prélevée près de l'omoplate de certains animaux, notamment le bœuf*.

■ PALETTE (pièce de viande)
Shoulder | Morceau de porc* comportant l'omoplate et la chair attenante.

■ PALETTE (vin)
French wine | Vins* rouges, rosés et blancs produits en Provence, A.O.C.* depuis 1948 et reconnus A.O.P.* dans le cadre de l'U.E. Cette appellation doit son nom au hameau de Palette situé au centre d'un cirque, à proximité d'Aix-en-Provence.

Vignoble du Château Henri Bonnaud sur l'A.O.C. Palette.

Aire de production : territoires délimités de 3 communes des Bouches-du-Rhône (Meyreuil, Le Tholonet et Aix-en-Provence).
Superficie du vignoble : 45 ha.
Encépagement autorisé* pour l'appellation : Clairette*, Ugni blanc*, Ugni rosé, Grenache blanc*, Muscat à petits grains*, Piquepoul*, Pascal blanc*, Araignan, Aragnan, Bourboulenc*, Clairette rose*, Colombaud, Furmint, Panse, Muscade, Mourvèdre*, Grenache noir*, Cinsault*, Téoulier, Durif, Muscats noirs* *(1)*, Carignan*, Syrah*, Castet*, Terret gris*, Brun-Fourca, Petit-brun, Tibouren*, Cabernet-Sauvignon*.
Avec une trentaine de cépages autorisés, Palette est probablement l'appellation française qui dispose de l'encépagement le plus varié.
Rendement à l'hectare* : 45 hl.
(1) Notamment le Muscat de Hambourg.

■ PALMIER

Pastry | Gâteau sec réalisé à partir d'une tranche de double roulade de pâte feuilletée* sucrée.

■ PALOISE (sauce)

Sauce | Sauce béarnaise* où l'estragon* est remplacé par de la menthe* fraîchement hachée.

■ PALOMBE

WOOD PIGEON | *Voir* Pigeon*.

■ PALOURDE

CLAMS | Mollusque lamellibranche bivalve vivant sur les fonds sablo-vaseux des côtes de la Manche, de l'Atlantique et de la Méditerranée. Ce petit coquillage de 3 à 8 cm de diamètre se consomme cru ou cuit.

■ PAMPARA

Water source | Eau de source* *(1)* captée à Dax dans les Landes.
Catégorie : faiblement minéralisée.
pH à 20 °C: 7,6.
Minéralisation totale: 282 mg/l.
(1) Existe aussi en version gazéifiée par adjonction de gaz carbonique.

■ PAMPLEMOUSSE

POMELO | Agrume* originaire de Malaisie. Sa peau est jaune et sa pulpe acidulée, avec une pointe d'amertume. Sphérique ou piriforme *(1)*, le plus gros des agrumes a une taille et un poids bien supérieurs au pomélo*.
Le vrai pamplemousse est en réalité très rare. Ce terme est souvent employé, à tort, pour désigner un pomelo.
(1) En forme de poire.*

■ PANACHÉ

PANACHÉ (beverage) | Boisson constituée d'un tiers de limonade* et de deux tiers de bière*.

■ PANAIS

PARSNIPS | Plante potagère d'origine méditerranéenne dont on consomme la racine allongée de couleur blanchâtre. Sa chair, un peu sucrée, rappelle le goût de la noisette*. Très consommé au Moyen-âge, ce légume est tombé dans l'oubli après la Renaissance. Il revient à la mode dans certaines préparations où il trouve les mêmes destinations culinaires que le navet* ou la carotte*.

Source : Adobe Stock

■ PAN-BAGNAT

Sandwich | Sandwich* niçois fait avec une boule de pain tranchée par la moitié, imbibée d'huile* d'olive* et garnie de rondelles d'oignon* et de tomate*, filets d'anchois*, thon*, œuf* dur, poivron* et olives*.

■ PANCAKE

PANCAKE | Spécialité américaine. Il s'agit d'une petite crêpe* épaisse consommée avec divers accompagnements (beurre*, sirop d'érable*, fruit, marmelade de fruit...).

■ PANCETTA

PANCETTA | Spécialité charcutière d'origine italienne faite de poitrine de porc* salée, épicée, roulée et séchée.

■ PANDAN

PANDAN | Plante tropicale cultivée en Asie du Sud-Est et utilisée sous trois formes dans la cuisine asiatique : la feuille, l'extrait naturel et l'arôme artificiel.

■ PANETTONE

Italian bread | Gâteau italien fait d'une pâte briochée additionnée de raisins* de Corinthe et de zestes* d'orange* ou de citron* confits.

■ PANGA

PANGA | Poisson d'eau douce *(1)* de la famille des pangasiidés qui se rapproche du poisson-chat. De croissance rapide et élevé assez facilement en aquaculture*, le panga est aujourd'hui produit en grande quantité dans le Sud-Est asiatique. La texture et la saveur de la chair de ce poisson sont liées, en partie, aux conditions d'élevage.
(1) Le panga vit aussi dans les eaux saumâtres.

■ PANISSES
Regional doughnut | À Marseille, beignets* préparés à partir d'une bouillie refroidie faite de farine* de pois chiche*, d'eau et d'huile d'olive*.

■ PANNA COTTA
PANNA COTTA | Dessert d'origine italienne réalisé à partir d'une crème vanillée gélifiée accompagnée d'un coulis* de fruits rouges. La crème est obtenue en portant à légère ébullition un simple mélange de crème fraîche*, sucre* et vanille*, additionné ensuite de gélatine* (ou éventuellement d'agar-agar*).

Source : Adobe Stock

■ PANNEQUET
Crêpe | Crêpe* fourrée d'éléments variés, salés ou sucrés.

■ PANNES CENDRÉ
French cheese | Fromage* de lait* de vache fabriqué dans l'Orléanais. Il doit son nom à un village situé près de Montargis, son lieu d'origine.
Type: pâte molle, croûte naturelle cendrée.
Forme: petit disque plat.
Taille: 12 cm de diamètre, 2,5 cm d'épaisseur.
Poids: 300 g environ.
Teneur en M.G.: 20 à 30 %.
Meilleures saisons: été, automne.

■ PANZAROTTI
Regional doughnut | Beignets* de riz* au citron* traditionnellement consommés en Corse.

■ PAPAYE
PAPAYA | Fruit exotique originaire du Mexique qui se présente sous forme d'une grosse baie allongée de couleur jaunâtre avec une pulpe jaune-orangée ou rouge selon les variétés. Le centre du fruit est rempli de petites graines noires et molles. La papaye, appelée également *Melon des tropiques*, se consomme crue, râpée, bouillie, frite, en compote ou en sorbet*. Ce végétal possède une propriété originale: il contient un latex renfermant une enzyme, la papaïne, qui a le pouvoir de dissoudre les fibres de tissu animal *(1)*. Une viande légèrement dure peut ainsi être attendrie si on la couvre de papaye râpée ou si on l'enveloppe dans des feuilles de papayer.

Source : COLEACP

(1)Les propriétés de cette enzyme sont également utilisées en médecine et dans l'industrie.

■ PAPILLOTE (cuisson en)
Cooking in parchment or foil | Cuisson d'un aliment, accompagné ou non d'une garniture, dans une enveloppe en papier sulfurisé ou en papier d'aluminium.

■ PAPRIKA
PAPRIKA | Piment* doux de Hongrie séché et réduit en poudre. On distingue plusieurs saveurs plus ou moins fortes *(1)*. Cette épice est très présente dans les plats d'Europe Centrale (ex: goulache*, bœuf Stroganoff*).

(1) Selon les variétés de piment utilisées et le mode de fabrication.

■ PAQUET HYGIÈNE
HYGIENE PACKAGE | *Voir* H.A.C.C.P.*.

■ PARADISE
PARADISE | Cocktail* préparé au shaker.
1 cl de jus d'orange*
2 cl d'apricot brandy*
4 cl de gin*
Frapper et servir dans un verre à cocktail.

■ PARFAIT
PARFAIT | Dessert glacé onctueux préparé avec un appareil* riche en crème fraîche*.

■ PARIS-BREST
French pastry | Gâteau constitué d'une couronne de pâte à choux* parsemée d'amandes* effilées et garnie d'une crème pralinée.
Cette pâtisserie fut conçue en 1910 par Louis Durand, pâtissier à Maisons-Laffitte (Yvelines). Il voulait ainsi rendre hommage aux cyclistes de la célèbre course Paris-Brest-Paris créée en 1891.

■ PARMENTIER (Antoine Augustin)

French pharmacist, military and agronomist | Pharmacien militaire et agronome français (Montdidier 1737 - Paris 1813) surtout connu pour ses recherches sur les végétaux de remplacement destinés à l'alimentation humaine *(1)*.

En 1772, il s'inscrit à un concours lancé par l'Académie de Besançon et présente un mémoire "*Recherche sur les végétaux nourrissants qui, dans les temps de disette, peuvent remplacer les aliments ordinaires, avec de nouvelles observations sur la culture de la pomme de terre*". Ce mémoire est couronné de succès et intéresse la Faculté de médecine. Malgré quelques difficultés, commence alors la vulgarisation de la culture la pomme de terre dans notre pays qui, jusque-là, était considéré comme un légume réservé au bétail.

(1) L'œuvre scientifique d'A. A. Parmentier est remarquable par sa diversité. Inspecteur général des services de santé, il fait adopter la vaccination antivariolique par l'armée. Il crée également l'École de boulangerie et participe activement à la réforme agraire. L'importance de ses travaux est reconnue par son entrée à l'Académie des sciences.

■ PARMENTIER (préparation culinaire)

Potato dish | Dénomination couramment utilisée pour désigner une préparation culinaire à base de pommes de terre*, en référence à Antoine Augustin Parmentier*.

■ PARMESAN

PARMESAN | Dénomination française du Parmigiano-Reggiano*.

■ PARMIGIANO-REGGIANO

Italian cheese | Fromage* de lait* de vache fabriqué dans le nord de l'Italie, il doit son nom à sa zone de production située dans les régions de Parme et de Reggio Emilia. Le Parmigiano-Reggiano bénéficie d'une Appellation d'Origine Contrôlée dans son pays et d'une A.O.P.* dans le cadre de l'U.E.

Type: pâte pressée cuite, dure, croûte naturelle graissée.

Forme: gros cylindre à talon légèrement convexe.

Taille: 35 à 40 cm de diamètre, 20 à 25 cm d'épaisseur.

Poids: 24 à 40 kg.

Teneur en M.G.: 32 % en moyenne.

La qualité de ce fromage est identique toute l'année. Il subit d'ailleurs un affinage très long, allant jusqu'à 2 ans et plus selon le produit désiré.

■ PAROT

French mineral water | Eau minérale naturelle* gazeuse captée à Saint-Romain-le-Puy dans la Loire. Elle doit son nom à François Parot qui entreprit son exploitation à la fin du 19ème siècle. Catégorie : riche en sels minéraux.

Composition physico-chimique (en mg/l)	
Cations	Anions
Sodium : 1010 Calcium : 110 Potassium : 110 Magnésium : 94	Bicarbonates : 3483 Chlorures : 99 Sulfates : 13 Nitrates : inf. à 1
pH à 20°C : 6,3	Minéralisation totale : N.C.

■ PART DES ANGES

Wine term | Armagnac* et Cognac*.

■ PASCAL BLANC

Grape variety | Cépage* d'origine provençale. On le trouve encore sur de petites superficies dans les vignobles de Cassis* et de Palette*. Il génère des vins* blancs légers, neutres, sans grande finesse.

■ PASSARD (Alain)

French chef | Cuisinier français né en 1956 à la Guerche-de-Bretagne (35). Son apprentissage commence à Liffré, dans sa Bretagne natale ; il travaille ensuite à Reims, Paris, Enghien et Bruxelles où il est déjà distingué par deux étoiles au Guide Michelin* alors qu'il a en charge les cuisines du *Carlton*. En 1986, il rachète *L'Archestrate* à Alain Senderens* pour en faire *L'Arpège*. Dix ans plus tard, le Guide rouge lui décerne sa troisième étoile. Ce virtuose du goût transforme avec bonheur les produits de la mer, les volailles, les viandes... mais dès 2001, il s'oriente avec passion vers une cuisine très "légumière" et met en place son premier potager travaillé à l'ancienne.

■ PASSE-CRASSANE

Pear variety | *Voir* Poire*.

■ PASSERILLAGE

Winemaking term | Opération qui consiste à faire sécher des grappes de raisin* à peau épaisse sur un lit de paille ou suspendues à des fils de fer. Les vins de paille* sont élaborés ainsi dans le Jura, en Vallée du Rhône et en Alsace.

Une autre forme de passerillage est pratiquée en laissant des grappes de raisin se déshydrater partiellement sur les pieds de vigne après avoir pincé le pédoncule pour stopper la circulation de la sève. Ce second procédé est utilisé pour obtenir des muscats* très concentrés.

■ PASSOÃ

Liqueur | Crée en 1986 par le maître distillateur Cointreau, cette liqueur* exotique (titrant 17°) est élaborée à partir de fruits de la passion*. Outre le spiritueux* originel, la marque propose aujourd'hui de nouveaux produits qui sont parfumés à la mangue*, à l'ananas* ou à la noix de coco*.

■ PASTÈQUE

WATERMELON | Cucurbitacée* d'origine tropicale. La pastèque, sphérique ou ovoïde, possède une peau verte et une chair rose, légèrement sucrée, extrêmement juteuse et très rafraîchissante (elle contient 93 % d'eau). Ce fruit, appelé aussi *Melon d'eau*, qui pèse en moyenne 3 à 5 kg (mais qui peut atteindre 20 kg, voire plus…) est très prisé dans les pays méditerranéens. Les Espagnols, grands amateurs de pastèque, la consomment aussi bien pour se nourrir que pour se désaltérer. Principales variétés: *Charleston, Sugar Baby, Miyako, Orangeglo…*

■ PASTEUR (Louis)

French biologist and chemist | Biologiste et chimiste français (Dôle 1822 - Villeneuve-l'Étang 1895). Ce grand savant, connu pour son vaccin antirabique *(1)* et ses recherches dans plusieurs domaines, notamment la microbiologie, demeure aussi le père de l'œnologie* moderne. Ses travaux sur les fermentations permirent de démontrer que le jus de raisin a besoin d'agents fermentaires microscopiques, les levures alcooliques*, pour se transformer en vin*. La somme considérable de ses travaux dans ce domaine fut présentée dans un ouvrage publié en 1866: ***Étude sur le vin, ses maladies, causes qui les provoquent, procédés nouveaux pour le conserver et le vieillir.*** Pasteur est aussi l'inventeur d'un procédé de conservation révolutionnaire à l'époque: *la pasteurisation**.

Source: © Institut Pasteur

Louis Pasteur en 1857

Derrière ce chercheur s'est créé en 1888 un Institut qui porte son nom. 130 ans plus tard, l'Institut Pasteur, présent dans 32 pays, est l'un des plus importants centres mondiaux de recherche en biologie.

(1) Le 4 juillet 1885, Pasteur appliqua pour la première fois son vaccin à Joseph Meister, un jeune Alsacien de 9 ans mordu par un chien enragé.

■ PASTEURISATION

PASTEURIZATION | Procédé de conservation des aliments que l'on doit à Louis Pasteur*. Le principe consiste à porter la température d'un produit entre 63 et 85 °C pendant un temps allant de quelques secondes à une heure *(1)*. Ce traitement thermique est immédiatement suivi d'un refroidissement rapide. Les produits pasteurisés doivent être conservés en réfrigération* entre 3 et 6 °C, leur conservation est limitée et ils comportent une D.L.C*.

(1) Il existe, par exemple, des "pasteurisations basses" (à 63 °C pendant 30 minutes) et des "pasteurisations hautes" (entre 72 et 85 °C pendant 5 à 20 secondes).

■ PASTILLAGE

Pastry base | Pâte à base de sucre* glace, gomme adragante *(1)*, eau*, amidon, fécule*, gélatine*, vinaigre* blanc ou jus de citron*. Le pastillage, non comestible, est utilisé pour réaliser des pièces artistiques.

(1) Produit extrait d'un arbuste oriental, l'astragale. Cet émulsifiant est répertorié sous la référence E 413.*

■ PASTIS

Liqueur | Anisé* plus particulièrement aromatisé à la réglisse* et coloré par adjonction de caramel*. Beaucoup de pastis sont originaires du Sud-Est.

■ PASTIS 51

Liqueur | Pastis* créé par la maison Pernod en 1951 *(1)*. De couleur jaune orangé, légèrement sucré, il est marqué par des notes réglissées. Le Pastis 51 se décline également 2 autres versions :

- ***Le 51 glacial*** parfumé aux extraits de menthe*
- ***Le 51 rosé*** aromatisé aux fruits rouges.

(1) La dénomination "51" fut donnée à ce produit car c'est en 1951 que les pouvoirs publics ont à nouveau autorisé l'élaboration d'anisés titrant 45°. Le gouvernement de Vichy avait en effet interdit la fabrication d'anisés excédant 16°.

■ PASTRAMI

PASTRAMI | Originaire d'Europe centrale, le pastrami est une préparation à base de poitrine de bœuf* saumurée, légèrement cuite par pochage ou rôtissage et fumée. Il est souvent consommé en tranches fines comme garniture sandwich*.

■ PATA NEGRA
Iberian pig breed | *Voir* Jambon*.

■ PATATE DOUCE
SWEET POTATO | Légume exotique originaire d'Amérique centrale se présentant sous forme de tubercule allongé de couleur rougeâtre. La patate douce possède une pulpe farineuse et sucrée qui s'apprête comme la pomme de terre*.

Source : Adobe Stock

■ PÂTE À BRIOCHE
BRIOCHE DOUGH | Pâte levée réalisée à partir d'un mélange de farine*, sel*, sucre*, œufs*, beurre* et levure*.

■ PÂTE À CHOUX
CHOUX PASTE | Pâte molle réalisée à chaud à partir d'une détrempe composée d'eau, sel*, beurre*, sucre* et farine* dans laquelle sont incorporés des œufs*.

■ PÂTE À CRÊPES
PANCAKE BATTER | Pâte liquide réalisée à partir d'un mélange de farine*, sucre*, sel*, œufs*, lait* et beurre* fondu. Cette préparation peut être non sucrée et le lait est parfois remplacé partiellement par de la bière*.
Une liqueur*, une eau-de-vie*, de l'eau de fleur d'oranger* ou d'autres produits peuvent etre ajoutés afin de parfumer l'appareil*.

■ PÂTE À FRIRE
FRYING BATTER | Pâte montée de consistance moyenne réalisée à partir d'une base composée de farine*, sel*, huile* ou beurre fondu*, œufs* et lait* ou bière* dans laquelle sont incorporés des blancs d'œufs* en neige.

■ PÂTE BRISÉE (ou pâte à foncer)
PIE DOUGH or SHORT PASTRY (pie dough with egg) | Pâte sèche réalisée à partir d'un mélange de farine*, beurre*, sel* et eau. Selon l'utilisation de cette pâte, il peut être ajouté du sucre* et des œufs* entiers ou des jaunes.

■ PÂTE D'AMANDE
ALMOND PASTE | Produit obtenu par broyage d'amandes* avec du sucre* glace et du glucose. Selon son usage, la pâte d'amande est diversement parfumée ou colorée.

■ PÂTE DE FRUITS
FRUIT PASTE | Confiserie faite avec de la pulpe de fruit, du sucre* et de la pectine *(1)*. La pâte de fruits faite avec un seul fruit est dénommée "pâte de (nom du fruit)". La pâte de fruits faite avec plusieurs fruits est dénommée "pâte de fruits au (nom du fruit principal)".

(1) Produit gélifiant extrait industriellement du marc de pommes desséché, (il se trouve également à l'état naturel dans d'autres fruits).*

Source: M. Gibert/CEDUS

■ PÂTE FEUILLETÉE
PUFF PASTRY | Pâte sèche réalisée à partir d'une détrempe composée de farine*, sel* et eau, qui est étalée et dans laquelle est incorporé du beurre* (ou autre corps gras) au cours de "tourages" successifs.
La pâte feuilletée ou feuilletage serait une création fortuite de Claude Gellée, apprenti pâtissier lorrain, qui devint plus tard un des peintres paysagistes les plus réputés du 17ème siècle.

■ PÂTE SABLÉE
SHORTBREAD PASTRY | Pâte sèche réalisée à partir d'un mélange de farine*, sucre*, sel*, beurre* et jaunes d'œufs*. Comme pour la pâte brisée*, il existe plusieurs variantes.

■ PÂTÉ DE PÂQUES
Regional meat pie | Préparé dans plusieurs régions aux alentours des fêtes pascale, le pâte de Pâques est surtout une spécialité berrichonne que l'on trouve toute l'année sous le nom de *Pâtó berrichon*. Il s'agit d'un pâté en croute, servi chaud, constitué d'une pâte feuilletée* garnie d'une farce de viandes (porc* et veau* hachés) et d'œufs* durs.

■ PÂTÉ IMPÉRIAL

EGG ROLL | Spécialité chinoise constituée d'une enveloppe de pâte aux œufs* et à la farine*, et d'une farce aux multiples composants: pousses de bambou ou germes de soja*, oignons*, champignons*, chair de porc*, queues de crevettes*, etc. Frit ou éventuellement poêlé, le pâté impérial est servi avec des feuilles de laitue* et de menthe*, sans oublier le nuoc-mâm*.

■ PATELLE

LIMPET | *Voir* Bernique*.

■ PÂTES ALIMENTAIRES

PASTA | Ce terme désigne l'ensemble des ***pâtes sèches***, obtenues par pétrissage de semoule* de blé dur* avec de l'eau*, du sel* et éventuellement des œufs* *(1)*, et des ***pâtes fraîches***, plutôt fabriquées avec de la farine* de blé tendre.

Bien qu'elles soient considérées comme une spécialité italienne, les pâtes alimentaires sont connues en Chine depuis l'Antiquité. Ce serait Marco Polo qui aurait rapporté le principe de fabrication d'Asie à la fin du 13ème siècle.

*(1) La dénomination **Pâtes alimentaires aux œufs** ne peut être utilisée que pour les pâtes contenant au moins 140 g d'œufs entiers (ou jaunes) pour 1 kg de semoule.*

Source : Adobe Stock

■ PÂTISSON

PATTYPAN SQUASH | Variété de courge blanche originaire d'Amérique Centrale qui se caractérise par une forme ronde et bombée avec des dentelures arrondies en périphérie. Le pâtisson, parfois appelé *Bonnet de prêtre* ou *Artichaut d'Israël*, possède une chair ferme et douce qui rappelle celle de l'artichaut*.

■ PATRIMONIO

French wine | Vins* rouges, rosés et blancs produits en Corse, A.O.C.* depuis 1968 et reconnus A.O.P.* dans le cadre de l'U.E.

Aire de production : 7 communes de Haute-Corse, dont Patrimonio, situées entre le golfe de Saint-Florent et Bastia.

Superficie du vignoble : 400 ha.

Encépagement autorisé* pour l'appellation : Nielluccio*, Grenache*, Sciaccarello*, Vermentino*.

Rendement à l'hectare* : 50 hl.

■ PAUILLAC

French wine | Vins* rouges produits dans le Bordelais, A.O.C.* depuis 1936 et reconnus A.O.P.* dans le cadre de l'U.E. Voir également *Châteaux du Bordelais**.

Aire de production : 5 communes du Médoc, dont Pauillac, situées au nord de Bordeaux.

Superficie du vignoble : 1 215 ha.

Encépagement autorisé* pour l'appellation : Cabernet-Sauvignon*, Cabernet franc*, Carmenère*, Merlot*, Malbec* et Petit Verdot*.

Rendement à l'hectare* : 57 hl.

■ PAUPIETTE

Meat dish | Fine tranche de viande, de volaille, de poisson... garnie d'une farce, roulée et ficelée.

■ PAVÉ BLÉSOIS

French cheese | Fromage* de lait* de chèvre fabriqué dans le Loir-et-Cher. Il doit son nom à sa zone de production.

Type: pâte molle, croûte naturelle saupoudrée de charbon de bois pulvérisé.

Forme: carré.

Taille: 10 à 11 cm de côté, 2,5 cm d'épaisseur.

Poids: 250 g environ.

Teneur en M.G.: 45 %.

Meilleures saisons: printemps, été, automne.

■ PAVÉ D'AUGE

French cheese | Fromage* de lait* de vache fabriqué en Normandie. Son nom lui vient de sa forme et de sa région d'origine.

Type: pâte molle à croûte lavée.

Forme: carré.

Taille: 11 cm de côté, 5 à 6 cm d'épaisseur.

Poids: 600 à 800 g.

Teneur en M.G.: 50 %.

Meilleures saisons: printemps, été, automne.

■ PAVIN

French cheese | Fromage* de lait* de vache fabriqué en Auvergne. Il doit son nom à un lac du Puy-de-Dôme situé dans sa zone de production.

Type: pâte pressée non cuite, croûte lavée.

Forme: disque.

Taille: 13 cm de diamètre, 4 cm d'épaisseur.

Poids: 500 g environ.

Teneur en M.G.: 45 %.

Meilleure saison: de début juin à fin décembre.

■ PAVLOVA

Pastry | Pâtisserie faite d'un fond de meringue* garni de crème Chantilly* et recouverte de fruits frais. Ce gâteau est réputé avoir été créé dans les années 1920, en l'honneur de la ballerine russe

Anna Pavlova à l'occasion de l'une de ses tournées en Australie et en Nouvelle-Zélande. Depuis près d'un siècle, les deux pays revendiquent la paternité du dessert.

Source : Frans Ran Riel 1928

Anna Pavlova dans la Mort du Cygne

■ PAYS D'HÉRAULT

French wine region | *Voir* Vins I.G.P.*.

■ PAYS D'OC

French wine region | *Voir* Vins I.G.P.*.

■ PAYSANNE

Vegetable garnish | Terme désignant un mélange de légumes taillés en carrés, rectangles ou triangles de 2 mm d'épaisseur.

■ PAYS D'AUGE (cidre)

PAYS D'AUGE (cider) | Cidre* produit en Normandie, A.O.C.* depuis 1996 et reconnu A.O.P.* dans le cadre de l'U.E.

Aire de production : 255 communes situées dans l'est du Calvados, dans l'ouest de l'Eure et dans le nord de l'Orne. Lorsque la mention "Cambremer" figure en complément de l'appellation, le cidre doit obligatoirement provenir d'une zone comprenant Cambremer et 21 autres communes du Calvados

■ PÉCHARMANT

French wine | Vins* rouges produits dans le Sud-Ouest, A.O.C.* depuis 1946 et reconnus A.O.P.* dans le cadre de l'U.E.

Aire de production : 4 communes de Dordogne, à savoir Bergerac, Creysse, Lembras et Saint-Sauveur.

Superficie du vignoble : 420 ha.

Encépagement autorisé* pour l'appellation : Cabernet-Sauvignon*, Cabernet franc*, Côt* et Merlot*

Rendement à l'hectare* : 50 hl.

■ PÊCHE

PEACH | Fruit à noyau originaire de Chine dont la chair est juteuse et la peau veloutée. La pêche que nous consommons aujourd'hui vient du sud de la France, d'Italie, d'Espagne…

Principales variétés :

- *La Mayflower*, pêche blanche primeur, peu goûteuse.
- *La Ribet*, pêche blanche plus parfumée.
- *La Dixie red*, pêche jaune juteuse mais insipide.
- *La Cardinal*, pêche jaune courante.
- *La Red haven* et la *Sun haven*, pêches jaunes de qualité, juteuses et goûteuses.
- *La Charles Roux*, excellente pêche de vigne à chair blanche.
- *La Redwing*, pêche blanche de bonne qualité.
- *La Robin*, petite pêche blanche goûteuse et parfumée.
- *La Pavie*, variété particulière dont la chair adhère au noyau. Elle est principalement destinée à la conserverie.

La pêche se consomme crue ou cuite, en salades de fruits, pâtisseries, soufflés, sorbets, confitures*, compotes… Elle accompagne également certaines préparations salées (ex : canard*) et entre dans la composition de liqueurs*.

■ PÊCHE MELBA

PEACH MELBA | *Voir* Melba*.

■ PECORINO ROMANO

Italian cheese | Fromage* de lait* de brebis italien fabriqué dans le Latium, mais aussi en Toscane et en Sardaigne. Son nom vient du terme italien "pecora", signifiant brebis, et de sa région d'origine. Le Pecorino Romano bénéficie d'une Appellation d'Origine Contrôlée dans son pays et d'une A.O.P.* dans le cadre de l'U.E.

L'Italie produit d'autres "pecorini", toujours élaborés avec du lait de brebis, dont le ***Pecorino Sardo***, le ***Pecorino Siciliano***, le ***Pecorino Toscano*** et le ***Pecorino di Filiano*** qui sont aussi classés A.O.P.

Type : pâte pressée cuite, croûte naturelle lavée.

Forme : petite meule.

Taille : 20 à 26 cm de diamètre, 14 à 22 cm d'épaisseur.

Poids : 6 à 20 kg.

Teneur en M.G. : 36 % au minimum.

Meilleures saisons : hiver, printemps, été.

■ PÉCOUI-TOUAR

Grape variety | Autre dénomination du cépage* Calitor*.

■ PÉLARDON

French cheese | Fromage* de lait* de chèvre fabriqué dans le Languedoc, A.O.C.* depuis 2 000 et reconnu A.O.P.* dans le cadre de l'U.E. Son nom viendrait du terme dialectal cévenol *Pèbre* (poivre). L'aire d'appellation s'étend sur 502 communes de l'Aude, de l'Hérault, du Tarn, de la Lozère et du Gard.

Type : pâte molle, croûte naturelle.

Forme: petit palet.
Taille: 6 à 7 cm de diamètre, 2,2 à 2,7 cm d'épaisseur
Poids: 60 g environ.
Teneur en M.G.: 45 %.
Meilleures saisons: printemps, été, automne.

■ PELLAPRAT (Henri Paul)

French chef and co-founder of the cooking school Le Cordon bleu | Cuisinier français (Paris 1869 - 1950). Après avoir exercé dans de nombreux restaurants prestigieux de la Belle époque, il est le co-fondateur, en 1895, de l'école de cuisine *Le Cordon bleu* où il officie en tant que professeur pendant 32 ans. On lui doit plusieurs ouvrages culinaires de référence tels que : *L'Art culinaire moderne, La Cuisine familiale et pratique, Le poisson dans la cuisine française, Les Desserts : recueil de pâtisserie et entremets simples, Cuisine végétarienne et régimes alimentaires,* etc.

■ PENEDÉS

Spanish wine | Vins* blancs et rouges espagnols issus de cépages Maccabéo*, Xarel-Lo, Garnacha, Cariñena, etc. et produits en Catalogne, au sud-ouest de Barcelone. Ces vins bénéficient d'une D.O.*.

■ PENNES

PENNE | Pâtes alimentaires* en forme de petits tubes striés, coupés en biseau.

■ PEPSI-COLA

PEPSI-COLA | Soda* à base de noix de kola *(1)* et de feuilles de coca *(2)* créé en 1898 par Caleb Bradham, pharmacien de New Bern (Caroline du Sud). Pepsi-Cola, comme son concurrent direct Coca-cola*, propose aujourd'hui une gamme de produits comprenant plusieurs sodas et jus de fruits.

(1) Fruit du kolatier, arbre d'origine africaine. Kola peut aussi s'orthographier "cola".

(2) Petit arbre d'Amérique du Sud dont les feuilles ont une action stimulante.

■ PERAIL ou PERRAIL

French cheese | Fromage* de lait* de brebis fabriqué dans le Rouergue. Il est produit à une période où les brebis ne fournissent plus assez de lait pour l'élaboration des roqueforts*.
Type: pâte molle à croûte naturelle.
Forme: petit disque.
Taille: 8 à 10 cm de diamètre, 1,5 à 2 cm d'épaisseur.
Poids: 80 à 150 g.
Teneur en M.G.: 46 %.
Meilleures saisons: hiver, printemps, été.

■ PERCHE

PERCH | Poisson d'eau douce de la famille des percidés qui vit dans les eaux calmes des rivières et des étangs. Il est aussi élevé en pisciculture*. La perche, qui se rencontre sous une centaine d'espèces dans le monde, peut mesurer jusqu'à 50 cm pour un poids de 3 kg. Sa chair blanche a un goût agréable mais elle renferme de nombreuses arêtes.

Source : Photo BG

■ PERCHE AMÉRICAINE

AMERICAN PERCH | Autre dénomination du black-bass*.

■ PERDRIX

PARTRIDGE | Gibier* à plumes sédentaire dont la chasse et la vente sont réglementées. Il faut distinguer:

- ***La perdrix rouge***: oiseau des zones bocagères, céréalières et viticoles qui pèse de 350 à 600 g.
- ***La perdrix grise***: oiseau des plaines céréalières et betteravières qui pèse de 350 à 400 g.
- ***La perdrix bartavelle***: espèce voisine de la perdrix rouge que l'on rencontre en montagne et qui pèse de 450 à 750 g. Cette perdrix, devenue rare, n'est pas commercialisable.

Une très jeune perdrix prend le nom de *pouillard*. Ensuite et jusqu'à 8 mois, ce gibier est appelé *perdreau*.
La perdrix se prépare rôtie, farcie, en salmis*, en chartreuse*, etc.

■ PERDRIX DES NEIGES

SNOW GROUSE | *Voir* Lagopède*.

■ PERIGORD

Grape variety | Autre dénomination du cépage* Mérille*.

■ PÉRIGORD (vin)

French wine | *Voir* Vins I.G.P.*.

■ PÉRIGOURDINE (sauce)

Sauce | Sauce demi-glace* à la purée de foie gras* garnie d'une brunoise* de truffes*.

■ PÉRIGUEUX (sauce)

Sauce | Sauce madère* additionnée de jus et de brunoise* de truffes*.

■ PERLES DU JAPON

TAPIOCA [Japanese, pearls] | Apprêt culinaire réalisé à partir d'une pâte confectionnée avec de la fécule de manioc* ou du sagou* et détaillée en petites perles. Elles sont employées dans les potages* ou les desserts.

■ PERMIS D'EXPLOITATION

BUSINESS LICENSE | *Voir* Licence*.

■ PERNAND-VERGELESSES

French wine | Vins* rouges et blancs produits en Bourgogne*, A.O.C.* depuis 1936 et reconnus A.O.P.* dans le cadre de l'U.E. Pour les vins dont les récoltes proviennent de parcelles classées "Premier cru", l'appellation communale peut être complétée par le nom du climat* d'origine *(1)* et (ou) par la mention "Premier cru".
Aire de production : commune de Pernand-Vergelesses, en Côte-d'Or, située au nord de Beaune.
Superficie du vignoble : 158 ha (dont 80 ha en vins rouges et 78 ha en vins blancs).
Encépagement autorisé* pour l'appellation : Pinot noir*, Pinot gris*, Chardonnay* et Pinot Blanc*.
Rendement à l'hectare* : 50 hl pour les vins rouges et 57 hl pour les vins blancs (rendements inférieurs pour les Premiers crus).

(1) "En Caradeux", "Creux-de-la-Net", "Ile-de-Vergelesses", " Vergelesses", "Sous Frétille", "Clos Berthet", " Village de Pernand", "Les Fichots".

■ PERNOD 45

Liqueur | Anisé* titrant 45° créé par la maison du même nom en 1928. Il ne contient ni réglisse*, ni caramel*, ce qui lui confère une couleur jaune beaucoup plus claire que les pastis traditionnels. À la dégustation, il présente un nez assez frais avec une bouche légèrement citronnée. Le Pernod 45 est aujourd'hui présent dans plus de 110 pays.

■ PERNOD aux extraits de plantes d'absinthe

Liqueur | Inspiré de la recette originelle qui fit la renommée de la Maison Pernod au 19ème siècle, ce spiritueux* anisé aux extraits de plante d'absinthe* a été lancé en 2001. Sans sucre et titrant 68°, il possède un taux de thuyone conforme à la nouvelle législation en vigueur.

Source : © Photothèque Pernod

■ PERRIER

French mineral water | Eau minérale naturelle* gazeuse captée à Vergèze dans le Gard. En 1863 est signé le décret d'exploitation de la source des bouilleurs et c'est en 1891 que les travaux du Docteur Perrier, propriétaire de la source, révèle le produit Perrier. Aujourd'hui, la plus célèbre des eaux minérales françaises est présente dans près de 125 pays.
Catégorie : faiblement minéralisée.

Composition physico-chimique (en mg/l)	
Cations	Anions
Calcium : 155 Sodium : 11,8 Magnésium : 6,8 Potassium : 1,3	Bicarbonates : 445 Sulfates : 46 Chlorures : 25 Nitrates : 4,8
Fluor : 0,14	
pH à 20°C : 5,5	Minéralisation totale : 479 mg/l

En 2003, Perrier a lancé ***L'Eau de Perrier***, finement pétillante, de même minéralisation que l'eau originelle mais moins riche en gaz carbonique *(1)*.

(1) L'eau est naturellement gazeuse au gisement de la source mais, pour la mise en bouteille, on sépare le gaz de l'eau. Ensuite le gaz est réinjecté en quantité voulue. Pour l'Eau de Perrier, la gazéification est volontairement réduite.

Source : Doc. Nestlé Waters France

■ PERROQUET

French Pastis-based drink | Apéritif constitué d'une mesure d'anisé* additionnée d'un trait de sirop* de menthe*.

■ PERSAN

Grape variety | Cépage* noir cultivé en région savoyarde (Vin de Savoie*) qui produit des vins* rouges colorés, tanniques, bouquetés, aptes au vieillissent.

■ PERSIL

PARSLEY | Plante aromatique d'origine grecque dont on utilise les feuilles, les tiges ou les racines. Les variétés les plus employées sont ***le persil***

Source : Adobe Stock

Persil commun

commun à feuilles plates (le plus parfumé) et ***le persil frisé*** (plus décoratif mais moins goûteux). Le persil bulbeux, cultivé pour ses racines, est plutôt consommé en Europe centrale.

■ PERSILLADE

French parsley sauce | Mélange d'ail* et de persil* hachés (éventuellement additionné de mie de pain* tamisée) ajouté à certains apprêts culinaires (ex: carré d'agneau*, tomates* à la provençale*).

■ PERSILLÉ DES ARAVIS

French cheese | Fromage* de lait* de chèvre, ou de laits de chèvre et de vache mélangés, fabriqué en Savoie. Il doit son nom à la nature de sa pâte et à son lieu de production. La région savoyarde produit d'autres "persillés": le ***Persillé du Mont Cenis***, le ***Persillé de Sainte-Foix***, le ***Persillé de Thônes,*** le ***Persillé du Grand Bornand***, etc.
Type: pâte persillée, croûte naturelle brossée.
Forme: cylindre.
Taille: 8 à 10 cm de diamètre, 12 à 15 cm de hauteur.
Poids: 0,5 à 1 kg.
Teneur en M.G.: 45 % en moyenne.
Meilleures saisons: été, automne.

■ PERSIMON

PERSIMMON | Variété de kaki* cultivé dans la région de Valence, en Espagne. Sans pépins ni noyau, avec une peau comestible et une chair légèrement acidulée, le persimon se consomme nature, en gratin, en sorbet, en composition de divers desserts…

■ PESSAC-LÉOGNAN

French wine | Vins* rouges et blancs produits dans le Bordelais, A.O.C.* depuis 1987 et reconnus A.O.P.* dans le cadre le l'U.E. Voir également Châteaux du Bordelais*.
Aire de production : 10 communes de Gironde, dont Pessac et Léognan, situées au sud de Bordeaux.
Superficie du vignoble : 1 765 ha (dont 1 490 ha en vins rouges et 275 ha en vins blancs).
Encépagement autorisé* pour l'appellation : Merlot*, Cabernet-Sauvignon*, Cabernet franc*, Côt*, Petit Verdot*, Carmenère*, Sémillon*, Sauvignon*, Muscadelle*.
Rendement à l'hectare* : 54 hl.

■ PESTO

PESTO | Sauce d'origine italienne réalisée à partir d'huile* d'olive, de basilic*, d'ail*, de pignons* de pin et parmesan* râpé. Le pesto accompagne les pâtes, le minestrone* ou d'autres préparations italiennes.

■ PET-DE-NONNE

French doughnut | Petit* beignet à base de pâte à choux* appelé aussi "soupir de nonne" ou "beignet venteux".

■ PETER HEERING

Liqueur | *Voir* Cherry Peter Heering*.

■ PÉTILLANT DE RAISIN

SPARKLING GRAPE JUICE | Produit effervescent résultant de la fermentation partielle de jus de raisin* et présentant une teneur alcoolique entre 1 et 3 %.

■ PETIT BESSAY

French cheese | Fromage* de lait* de vache fabriqué dans le Bourbonnais. Il doit son nom à une localité de l'Allier d'où il est originaire.
Type: pâte molle, croûte naturelle.
Forme: disque.
Taille: 8 à 10 cm de diamètre, 2 à 3 cm d'épaisseur.
Poids: 200 à 250 g.
Teneur en M.G.: 40 à 45 %.
Meilleures saisons: été, automne.

■ PETIT CHABLIS

French wine | Vins* blancs produits en Bourgogne*, A.O.C.* depuis 1944 et reconnus A.O.P.* dans le cadre de l'U.E.
Aire de production : territoire délimité de l'appellation Chablis*.
Superficie du vignoble : 884 ha.
Encépagement autorisé pour l'appellation : Chardonnay*.
Rendement à l'hectare* : 60 hl.

■ PETIT FOUR

PETIT FOUR (small cake) | Pièce de pâtisserie ou de confiserie de petite taille servie sur un buffet* ou en accompagnement du café* ou du champagne*.

■ PETIT MANSENG

Agricultural area | Aires de culture : vignobles du Sud-Ouest sur environ 1 300 ha, notamment dans les terroirs du Jurançon*, mais aussi dans les zones d'appellation Pacherenc du Vic Bilh*, Béarn*, Irouléguy*, Floc de Gascogne*, etc. Le Petit Manseng est souvent associé au Gros Manseng*.

■ PETIT POIS

PEAS | Plante potagère originaire de Chine dont

Source : Adobe Stock

on consomme les graines fraîches contenues dans les gousses. Une fois écossés, les petits pois sont préparés cuits (à la Française*, en purée, en potage*, etc.).
Principales variétés: *Provençal, Express, Téléphone à rame, Merveille de Kelvédon, Cador, Serpette Guilloteaux, Orféo , Obéron...*

■ PETIT SALÉ

SALTED PORK | Morceau de porc* *(1)* ayant subi un traitement au sel* (immersion en saumure* ou au sel sec) et qui doit être dessalé avant préparation.

(1) Palette, longe*, jarret*, jambonneau*, poitrine*, etc.*

■ PETIT SUISSE

French cheese | Fromage* de lait* de vache d'origine normande mais fabriqué dans plusieurs régions françaises. Vers 1850, un vacher suisse employé dans une ferme de Villers-sur-Auchy, dans le Pays de Bray, aurait eu l'idée de créer ce fromage.
Type: pâte fraîche non salée enrichie de crème.
Forme: petit cylindre.
Taille: 3 à 4 cm de diamètre, 4 cm de hauteur.
Poids: 30 g environ.
Teneur en M.G.: 60 à 75 %.

■ PETIT VERDOT

Grape variety | Cépage* noir originaire du Sud-Ouest.
Aires de culture : en Bordelais, sur plus de 400 ha, notamment dans la partie ouest des vignobles (Médoc*, Saint-Estèphe*, Pauillac*, Saint-Julien*, Moulis*, Listrac*, Margaux*, Graves*, Pessac-Léognan*, etc.). On rencontre également le Petit Verdot en Espagne, au Portugal, aux Etats-Unis, en Argentine, au Chili, en Australie, etc.
Vins* produits : rouges colorés, charpentés, tanniques, avec des notes aromatiques de fruits rouges, violette, épices...

■ PETITE CHAMPAGNE

Agricultural area |
a) Une des 6 zones qui constituent l'aire d'appellation Cognac*. Elle enserre la Grande Champagne*, au sud du fleuve Charente, avec un vignoble de 16 700 ha.
b) Eaux-de-vie* à A.O.C.* depuis 1938 produites sur la zone délimitée de la " Petite Champagne" (voir critères de production à Cognac*).

■ PETITE MARMITE

Meat broth | Désignation d'un type de pot-au-feu* de bœuf* ou de volaille* servi avec son bouillon, dans la marmite où il a cuit.
Le terme "petite marmite" est aujourd'hui employé pour différentes sortes de pot-au-feu servis en récipient de cuisson, y compris le pot-au-feu de poisson.

■ PÉTONCLE

SCALLOP | Mollusque lamellibranche bivalve vivant sur les fonds sableux de plusieurs mers ou océans. Parfois comparé à la coquille Saint-Jacques*, mais de plus petite taille (4 à 6 cm de diamètre), le pétoncle est aussi appelé *vanneau*.

■ PHYLLOXERA

PHYLLOXERA | Puceron parasite introduit accidentellement dans les vignobles européens vers 1860. Ce pou térébrant fit son apparition dans le Gard vers 1864. Quelques années plus tard, presque tous les vignobles français étaient détruits. En s'attaquant aux racines de la vigne, le phylloxera causait des dégâts irrémédiables sur la plante. Les vignerons de l'époque cherchèrent vainement des solutions pour lutter contre le fléau. Ils tentèrent notamment l'immersion des vignes ou les plantations dans le sable quand cela était possible, pratiquèrent l'injection de sulfure de carbone dans le sol, mais toutes ces tentatives furent peu concluantes. Le greffage de cépages* français sur des porte-greffes américains constitua le seul moyen efficace pour éradiquer la crise phylloxérique. Aujourd'hui, les vignobles français sont plantés de cépages greffés.

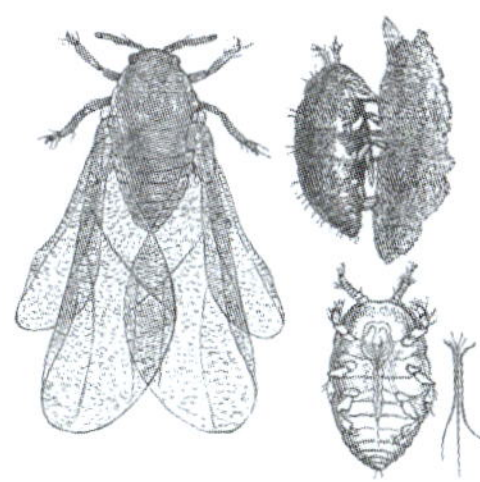

Source: Dactylosphaerea Vitifoli/ Meyers 1888/Wikimedia Commons

Quelques très rares vignobles ont survécu à l'attaque phylloxérique, c'est le cas du *Clos de Maillevier* dans la région de Chinon*. Cette minuscule parcelle de 40 ares possède encore des ceps de Cabernet* francs de pied *(1)* de plus de 150 ans qui produisent un vin* confidentiel nommé "Ante Phylloxera". À Soings-en-Sologne, dans le Loir-et-Cher, Henry Marionnet

Source: Photo P. Marionnet

Cep de Romorantin planté vers 1850

produit une petite cuvée nommée *Provignage* qui est issue d'une parcelle de 36 ares de cépage Romorantin* plantée vers 1850.

(1) Ceps de vigne non greffés.

■ PHYSALIS

CAPE GOOSEBERRY [ground cherry] or PHYSALIS | Fruit exotique originaire du Pérou qui se présente sous forme de baie globuleuse jaune-orangée de 2 à 3 cm de diamètre à laquelle reste accroché le calice séché. Appelé aussi *Coqueret du Pérou*, *Groseille du Cap* ou *Amour en cage*, le physalis, qui contient une pulpe juteuse acidulée, est employé comme élément de décor ou se consomme en salade de fruits, en confiture* et en sorbet*.

■ PHYSIOLOGIE DU GOÛT

PHYSIOLOGY OF TASTE | *Voir* Brillat-Savarin (Jean-Anthelme) *.

■ PIBALE

ELVER | *Voir* Anguille*.

■ PIC (André)

French chef | Cuisinier français (Saint-Peray 1893 - Valence 1984). Après des débuts auprès de sa mère Sophie dans l'auberge familiale du Pin, près de Valence, il poursuit son apprentissage dans divers établissements de la vallée du Rhône et de Paris. En 1924, cet excellent cuisinier reprend le restaurant familial qui acquiert une belle notoriété et en 1934 *l'Auberge du Pin* est auréolée de trois étoiles au Guide Michelin*. En 1936, André Pic, qui est devenu un des trois plus grands Chefs français de son époque avec Fernand Point* et Alexandre Dumaine*, décide de transférer son établissement dans le centre de Valence, au bord de la célèbre Nationale 7. Ainsi naît la *Maison Pic,* qu'il transmet à son fils Jacques dans les années 50.

■ PIC (Jacques)

French chef | Cuisinier français (Saint-Peray 1932 – Valence 1992), fils d'André Pic*. Après une formation qui passe par *La Réserve* à Beaulieu, le *Buffet Cornavin* à Genève et *Chez Dorin* à Paris, il revient dans le restaurant familial en 1956 et suit le chemin tracé par son père : émergence de nouvelles tendances culinaires en conservant une inspiration du grand Escoffier*. Cet homme exigeant, sincère, humble, crée une palette audacieuse d'accords de saveurs avec une orientation particulière pour les sauces et les poissons. Tout naturellement, son mérite est reconnu et en 1973, le Guide Michelin* lui octroie une troisième étoile. La *Maison Pic* retrouve alors sa place dans le monde de la haute cuisine. Jacques Pic disparaît brutalement en septembre 1992 mais la relève est assurée, d'abord par son fils Alain et ensuite par sa fille Anne-Sophie qui est aujourd'hui une Grande Dame de la gastronomie* française.

■ PIC (Anne-Sophie)

French chef | Cuisinière française née en 1969 à Valence, fille de Jacques Pic*. Après des études de gestion et de management international, elle est chargée de mission à l'étranger pour Moët et Chandon et Cartier. Au décès de son père, en 1992, elle intègre l'entreprise familiale de Valence. En 1995, elle "entre en cuisine", sa vraie vocation. Avec son époux, David Sinapian, elle préside désormais au devenir de la *Maison Pic*, haut-lieu de la gastronomie* française depuis plusieurs générations. Passionnée, perfectionniste, audacieuse, Anne-Sophie travaille dans un registre novateur et obtient la consécration suprême en 2007 avec trois étoiles au Guide Michelin* *(1)*. Immense satisfaction pour cette jeune femme talentueuse qui a reconquis, avec une cuisine très personnelle, après son grand-père et son père, la plus haute des distinctions. Reconnue par ses pairs, c'est aussi en 2007 qu'elle reçoit le titre de "Chef de l'année" (pour la première fois attribué à une femme depuis sa création en 1987).

(1) Elle est la quatrième femme triplement étoilée après Eugénie Brazier et Marie Bourgeois en 1933, et Marguerite Bise en 1951.*

Source: Photo Jeff Nalin

■ PIC SAINT-LOUP

French wine | Vins* rouges et rosés produits en Languedoc-Roussillon*, A.O.C.* depuis 2017 *(1)* et reconnus A.O.P.* dans le cadre de l'U.E.

Aire de production : 15 communes de l'Hérault et 2 communes du Gard situées au nord de Montpellier.

Superficie du vignoble : 900 ha.

Encépagement autorisé* pour l'appellation : Syrah*, Grenache*, Mourvèdre*, Cinsault*, Carignan*, Counoise*, Morrastel*, Grenache gris*.

Rendement à l'hectare* : 45 hl.

(1) Nouvelle appellation qui succède à "Languedoc Pic Saint-Loup".

■ PICADOU

French cheese dish | Cabecou* enveloppé dans une feuille de noyer et mis à macérer dans un pot avec de l'eau-de-vie* de prune*.

■ PICALILLI ou PICALILLY

PICALILLI or PICALILLY | Condiment* composé britannique réalisé à partir de petits bouquets de choux-fleurs*, cornichons* émincés, échalotes* et aromates* macérés dans de la moutarde* diluée avec du vinaigre* de malt. Le picalilli est servi en accompagnement de viandes froides.

■ PICARDAN

Grape variety | Cépage* blanc d'origine provençale cultivé en faible quantité dans le Sud-Est, il fait notamment partie de l'encépagement de l'A.O.C.* Châteauneuf-du-Pape*.

■ PICCATA

Italian veal cut | Terme d'origine italienne désignant une petite escalope de veau* ronde généralement sautée au beurre et accommodée avec du Marsala* ou du citron*.

■ PICKLES

PICKLES | Condiment* composé d'origine indienne fabriqué aujourd'hui dans les pays anglo-saxons. Les pickles sont réalisés à partir de légumes ou de fruits confits dans du vinaigre* aromatisé. Les éléments végétaux les plus couramment employés sont les choux-fleurs*, concombres*, petits oignons*, courgettes*, poivrons*, maïs*, champignons*, tomates* cerises, etc. Ce condiment est servi en accompagnement de viandes et poissons froids, ou en amuse-bouche à l'apéritif.

■ PICODON

French cheese | Fromage* de lait* de chèvre fabriqué dans le Vivarais et le Dauphiné, A.O.C.* depuis 1983 et reconnu A.O.P.* dans le cadre de l'U.E. Il doit son nom à sa saveur particulière, un peu piquante, quand il est très affiné.
Type: pâte molle à croûte fleurie.

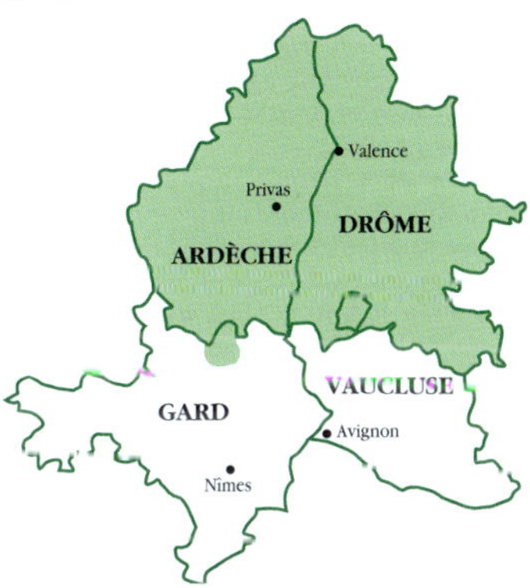

L'aire géographique de l'AOC Picodon s'étend sur 372 communes essentiellement situées dans l'Ardèche et la Drôme

Forme: petit palet circulaire.
Taille: 5 à 7 cm de diamètre, 1,8 à 2,5 cm d'épaisseur *(1)*.
Poids minimal: 60 g *(1)*.
Teneur en M.G.: 45 % au minimum.
Meilleures saisons: fin de l'été, automne.

(1) Les fromages "affinés méthode Dieulefit" doivent présenter un diamètre de 4,5 à 6 cm, une épaisseur de 1,3 à 2,5 cm et un poids minimal de 45 g.

■ PICON ou AMER PICON

French bitters | Bitter* français originaire d'Afrique du Nord, créé en 1837 par Gaétan Picon. Cet amer de couleur brune, qui titre 21°, est élaboré à partir de vin*, d'alcool* et de macérations d'écorces d'orange*, de gentiane*, de quinquina*, etc. Il est consommé sur de la glace, avec ou sans sirop* (grenadine*, cassis*, citron*), allongé d'eau gazeuse. Dans le Nord et en Alsace, le Picon se déguste additionné de bière*.

■ PICPOUL ou PIQUEPOUL BLANC

Grape variety | Cépage* blanc d'origine languedocienne cultivé en Languedoc-Roussillon, notamment sur les terroirs des A.O.C.* Languedoc* et Picpoul-de-Pinet* mais aussi en Vallée du Rhône (Châteauneuf-du-Pape*, Côtes-du-Rhône*, etc.). Ce cépage produit des blancs secs et fruités avec un nez d'agrumes. Il est également employé dans la fabrication du Noilly Prat*.

■ PICPOUL ou PIQUEPOUL NOIR

Grape variety | Cépage* noir d'origine languedocienne cultivé dans le Languedoc-Roussillon (Languedoc*, Corbières*, Minervois*, etc.), dans le Sud-Ouest et en Vallée du Rhône (Côtes-du-Rhône*, Châteauneuf-du-Pape*, Ventoux*, etc.). Ce cépage génère des vins* rouges agréables et peu colorés ainsi que des rosés assez bien équilibrés.

■ PICPOUL DE PINET

French wine | Vins* blancs produits en Languedoc-Roussillon*, A.O.C.* depuis 2013 *(1)* et reconnus A.O.P.* dans le cadre de l'U.E.
Aire de production : 6 communes de l'Hérault, dont Pinet, situées à l'ouest de l'Etang de Thau.
Superficie du vignoble : 1 600 ha.
Encépagement autorisé pour l'appellation : Picpoul blanc*.
Rendement à l'hectare* : 55 hl.

(1) Nouvelle appellation qui succède à "Languedoc Picpoul de Pinet".

■ PIÈCE MONTÉE

French pastry | Symbole du dessert festif, la pièce montée est une pâtisserie de grande taille nécessitant un important travail de montage et de décoration. Le type de pièce montée le plus courant est le croquembouche*.

■ PIED-DE-CHEVAL

NATIVE OYSTER | *Voir* Huître*.

■ PIED DE CUVE

Winemaking term | Levain élaboré à partir de raisins* sélectionnés, riche en levures alcooliques* indigènes et très efficace pour démarrer la fermentation d'une cuve. 1 hl de ce levain est suffisant pour activer le début de fermentation de 40 hl de vendange.

■ PIED-DE-MOUTON

HEDGEHOG MUSHROOM | Champignon sylvestre appartenant à la famille des hydnes*. Il possède un chapeau beige dont le dessous est tapissé de petits piquants qu'il faut éliminer. Le pied-de-mouton se consomme sauté au beurre*, en garniture forestière*, en omelette…

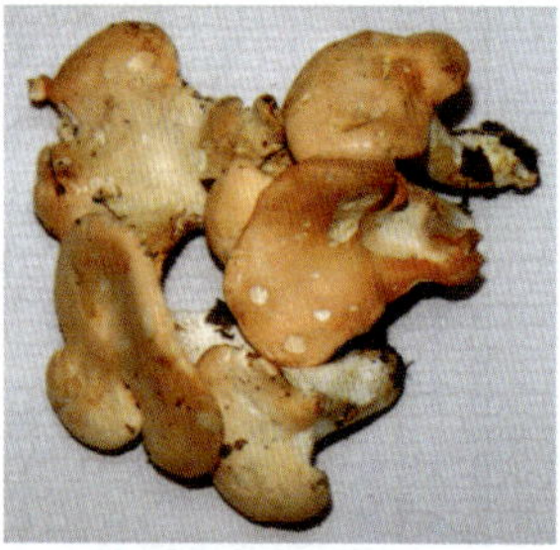

Source : Photo BG

■ PIEDS-PAQUETS ou PIEDS ET PAQUETS

Regional lamb dish | Spécialité culinaire provençale composée de tripes de mouton* ou d'agneau* farcies d'un hachis de porc* additionné d'ail* et de fines herbes. L'ensemble est ficelé en petits paquets et cuisiné au vin* blanc avec les pieds du même animal.

■ PIERRE-QUI-VIRE (LA) ou ABBAYE DE LA PIERRE-QUI-VIRE

French cheese | Fromage* de lait* de vache fabriqué par les moines de l'abbaye éponyme implantée dans l'Yonne.

Type : pâte molle à croûte lavée *(1)*.
Forme : petit disque.
Taille : 10 cm de diamètre, 2,5 cm d'épaisseur.
Poids : 200 g environ.
Teneur en M.G. : 45 à 50 %.
Meilleures saisons : été, automne.

(1) Les religieux préparent également une "Boulette de La Pierre-qui-Vire" qui est une boule d'environ 7,5 cm de diamètre pour un poids de 150 à 200 g. Ce fromage est une pâte fraîche aromatisée aux fines herbes.

■ PIERREVERT

French wine | Vins* rouges, rosés et blancs produits en Provence, A.O.C.* depuis 2011 en remplacement de l'appellation "Coteaux de Pierrevert". Ces vins bénéficient également d'une A.O.P.* dans le cadre européen.

Aire de production : 11 communes des Alpes-de-Haute-Provence, dont Pierrevert, situées dans la région de Manosque.
Superficie du vignoble : 450 ha.
Encépagement autorisé* pour l'appellation : Grenache noir*, Syrah*, Carignan*, Cinsault*, Mourvèdre*, Téoulier, Clairette*, Grenache blanc*, Marsanne*, Picpoul*, Roussanne*, Ugni blanc*, Viognier*, Vermentino*.
Rendement à l'hectare* : 55 hl pour les vins rouges et rosés, 60 hl pour les vins blancs.

■ PIERVAL

Spring water source | Eau de source* captée à Pont-Saint-Pierre dans l'Isère.

Catégorie : faiblement minéralisée.
pH à 20 °C : 7,1.
Minéralisation totale : 433 mg/l.

■ PIEUVRE

OCTOPUS | Autre dénomination du poulpe*.

■ PIGEAGE

Winemaking term | Opération de vinification* qui consiste à enfoncer le "chapeau" *(1)* d'une cuve de vin rouge* en fermentation. Le pigeage favorise les échanges entre les éléments solides et les éléments liquides d'un moût*.

(1) Partie flottante constituée des éléments solides du moût en fermentation (pellicules, pépins, rafles).

■ PIGEON

PIGEON | Volatile sauvage ou domestique de la famille des colombidés. Le pigeon possède une chair brune dense, moelleuse et parfumée.

Il convient de distinguer :

- ***Le pigeon ramier*** ou ***palombe*** *(1)*, ***le pigeon biset*** et ***le pigeon colombin*** qui sont des espèces sauvages, répertoriées comme gibier* et dont la chasse et la vente sont réglementées.
- ***Le pigeon domestique***, produit en élevage et qui a une chair moins fine et moins goûteuse que les espèces sauvages.

Le terme "pigeonneau" désigne un jeune oiseau de 4 à 5 semaines dont la chair est très tendre. Les pigeons et les pigeonneaux se consomment rôtis, grillés, en salmis*, en chartreuse*, etc.

(1) Oiseau migrateur dont la chasse fait partie des traditions du Sud-Ouest. Elle se pratique à l'affût dans les "palombières".

■ PIGNON DE PIN

PINE NUTS | Graine allongée extraite de la pigne *(1)* du pin parasol. Le pignon est employé en pâtisserie, dans des préparations telles que le pesto* ou salé, en accompagnement de l'apéritif. I existe également une huile* alimentaire préparée à partir de cette graine.

(1) Le pin parasol est une plante gymnosperme dont les graines nues (non protégées par un fruit) sont logées dans les écailles de ses cônes couramment désignés sous les noms de "pigne" ou "pomme de pin".

■ PILAF ou PILAW

PILAF or PILAUF | Préparation culinaire d'origine orientale composée de riz* pilaf *(1)* accompagné d'une garniture (fruits de mer, poisson, viande hachée, volaille, abat*, etc.).

(1) Le riz pilaf est nacré au beurre avec de l'oignon* ciselé avant d'être mouillé d'un bouillon de cuisson et additionné d'un bouquet garni* pour être cuit au four, à couvert.*

■ PILCHARD

PILCHARD | *Voir* Sardine*.

■ PIMENT

CHILI PEPPER | Plante dont les fruits sont consommés comme épice*, condiment* ou légume. Probablement originaire de Colombie, ce végétal fut ramené en Europe par Christophe Colomb. Il est aujourd'hui produit dans beaucoup de pays. Les variétés sont multiples dont *le Piment de Cayenne*, *le Piment des Antilles* ou *Piment cerise*, *le Piment oiseau*, *le Piment rouge*, *le Piment vert*, etc. Le Piment d'Espelette *(1)* est beaucoup utilisé dans la cuisine basque.

La plupart des piments présentent une odeur animale et une saveur chaude, parfois brûlante, due à la présence d'un composé chimique, la capsaïsine. Il convient donc de les employer avec modération.

(1) ***Le Piment d'Espelette*** *ou* ***Ezpeletako Biperra****, A.O.C.* depuis 2000 est reconnu A.O.P.* dans le cadre de l'U.E. L'aire géographique de l'appellation est limitée à 10 communes, dont Espelette, situées dans l'ouest des Pyrénées-Atlantiques. Le produit doit impérativement être récolté, transformé et conditionné à l'intérieur de cette zone. Il se présente sous 3 formes : entier frais (destiné à la transformation), en corde (encordé sur une ficelle) ou en poudre.*

■ PIMM'S N° 1 (cocktail)

PIMM'S No. 1 (cocktail) | Cocktail* (apéritif) préparé sur glace directement en Pimm's cup.

4 cl de Pimm's N° 1*
8 cl de soda*
½ tranche d'orange*
1 zeste* de citron*
2 cerises* à l'eau-de-vie

Verser le Pimm's et le soda. Remuer et décorer avec la ½ tranche d'orange, le zeste de citron et les cerises à l'eau-de-vie.
Compléter éventuellement avec une peau de concombre* et une feuille de menthe* fraîche.

Source : Photo BG

■ PIMM'S N° 1 (spiritueux)

PIMM'S No. 1 (spirits) | Spiritueux* anglais créé en 1840 par un restaurateur londonien, J. Pimms. Elaboré à partir de gin* édulcoré au caramel*, d'essences d'oranges* et d'extraits de différentes plantes, ***le Pimm's N° 1***, qui titre 25°, s'emploie essentiellement pour réaliser le cocktail* du même nom.

Il existe également :

- ***Le Pimm's N° 2*** (à base de whisky*)
- ***Le Pimm's N° 3*** (à base de Brandy*)
- ***Le Pimm's N° 4*** (à base de rhum*)
- ***Le Pimm's N° 5*** (à base de rye whisky*)
- ***Le Pimm's N° 6*** (à base de vodka*).

■ PIMPRENELLE

BURNET | Plante condimentaire et médicinale dont les feuilles ont une saveur rafraîchissante qui rappelle le concombre*. La pimprenelle est employée pour aromatiser les salades, les sauces*, les marinades*, les potages*, les omelettes*, les fromages* blancs, les salades de fruits ou les longs drinks* comme le punch* glacé. Par ailleurs, elle est connue depuis très longtemps dans la pharmacopée, notamment pour ses vertus hémostatiques *(1)* et cicatrisantes.

(1) Propriétés qui permettent de ralentir ou arrêter un saignement ou une hémorragie par coagulation.

■ PIÑA COLADA

PIÑA COLADA | Cocktail* préparé au shaker ou au mixer.

2,5 cl de crème de coco*
3,5 cl de rhum* blanc
6 cl de jus d'ananas*
1 quartier d'ananas frais
2 cerises* à l'eau-de-vie

Frapper énergiquement et servir dans un tumbler. Décorer avec le quartier d'ananas et les cerises à l'eau-de-vie.

■ PINEAU ou PINOT DE LA LOIRE

Grape variety | Autre dénomination du cépage* Chenin blanc*.

■ PINEAU CHARENTAIS

French appellation | Appellation identique au Pineau des Charentes*.

■ PINEAU D'AUNIS

Grape variety | Cépage* noir originaire de la Vallée de la Loire. Il doit son nom à un prieuré situé près de Saumur. Le Pineau d'Aunis est essentiellement vinifié en rosé sur plusieurs appellations ligériennes (Anjou*, Touraine*, Coteaux du Loir*, Coteaux du Vendômois*, Cheverny*, Valençay*, etc.). Ce cépage est également utilisé pour l'élaboration de vins effervescents*.

Source: Photo BG

■ PINEAU DES CHARENTES

Agricultural region | V.D.L.* blancs, rosés et rouges produits dans la région du Cognac*, A.O.C.* depuis 1945 et reconnus A.O.P.* dans le cadre de l'U.E. Le nom de l'appellation peut être complété par les mentions ***Vieux***, ***Très vieux*** ou ***Extra vieux*** *(1)*.

Aire de production : territoires délimités des appellations Cognac*.

Encépagement autorisé* pour l'appellation : Ugni blanc*, Folle blanche*, Colombard*, Jurançon blanc*, Montils*, Sémillon*, Sauvignon*, Merlot blanc*, Blanc Ramé*, Cabernet franc*, Cabernet-Sauvignon, Malbec*, Merlot*.

Rendement à l'hectare* : 85 hl de moût* et 42 hl de V.D.L.

Mutage* du moût - présentant une teneur en sucre supérieure à 170 g/litre - par du Cognac rassis provenant de la même exploitation et titrant au moins 60 %.

Richesse alcoolique acquise : 16 à 22 %.

Le Pineau des Charentes ne peut être commercialisé qu'en bouteille *(2)* portant une capsule ou un timbre de garantie du Syndicat des producteurs et de propagande du Pineau des Charentes.

Source: Photo BG

Timbre de garantie du Syndicat des producteurs

*(1) Les V.D.L. bénéficiant de la mention **Vieux** font l'objet d'un élevage "sous bois" d'au moins 5 ans. Pour les mentions **Très vieux** ou **Extra vieux**, cet élevage est d'au moins 10 ans.*

(2) La circulation du produit en fût ou en bonbonne n'est autorisée que pour l'exportation ou à l'intérieur de la région délimitée de Cognac.

■ PINENC

Grape variety | Autre dénomination du cépage* Fer Servadou* dans le Béarn.

■ PINK GIN

PINK GIN | Cocktail* (apéritif) préparé dans un verre à cocktail.

Angostura* bitter

4 cl de gin*

Faire tourner 2 traits d'Angostura dans le verre et verser le gin.

Se sert accompagné d'un verre d'eau glacée.

■ PINK LADY

PINK LADY | Cocktail* (apéritif) préparé au shaker.

1 cl de sirop de grenadine*

2 cl de jus de citron*

4 cl de gin*

Frapper et servir dans un verre à cocktail.

■ PINOT AUXERROIS

Grape variety | *Voir* Auxerrois *

■ PINOT BEUROT

Grape variety | Autre dénomination du cépage* Pinot gris* en Bourgogne. On le rencontre dans l'encépagement de plusieurs A.O.C.* de cette région.

■ PINOT BLANC

Grape variety | Cépage* qui est certainement une mutation blanche du Pinot noir*.

Aires de culture : en Alsace, mais aussi en Bourgogne dans la Côte de Beaune, dans le Jura (Arbois*), dans l'Est (Moselle*), etc. La superficie plantée est estimée à 1 200 ha.

Le Pinot blanc est également présent dans certains vignobles d'Allemagne, d'Autriche, d'Italie, de République Tchèque, de Hongrie, de Slovénie, du Chili, de Californie, du Canada, ...

Vins* produits : blancs de différents types,

généralement fins, fruités et aromatiques. Ce cépage est aussi utilisé pour élaborer des vins effervescents*.

■ PINOT GRIS

Grape variety | Cépage* probablement originaire de Bourgogne et dont l'identification est variable selon les régions : Tokay en Alsace jusqu'en 2007 *(1)* ou Pinot Beurot* en Bourgogne par exemple. Cultivé en France sur 2 900 ha, on le trouve également en Allemagne, au Luxembourg, en Autriche, en Suisse, en Italie, en Hongrie, en Nouvelle-Zélande, etc.

Le Pinot gris produit des vins* différents selon les terroirs, les périodes de vendanges et les types de vinification. Ces vins qui peuvent être secs, moelleux, liquoreux, voire effervescents. Ils sont généralement bien structurés, d'une grande finesse, avec des arômes complexes de fumé et de sous-bois.

(1) Suite à une requête de la Hongrie devant l'Union Européenne, l'usage de la dénomination "Tokay" ou "Tokay-Pinot-gris" n'est plus autorisée en France depuis le 1er avril 2007.

■ PINOT LIÉBAULT

Grape variety | Cépage* noir bourguignon dont la culture a pratiquement disparu.

■ PINOT MEUNIER

Grape variety | Cépage* noir, appelé aussi *Meunier*, vraisemblablement apparenté au Pinot noir*. Il doit son nom au léger duvet blanchâtre, d'aspect farineux, qui recouvre les feuilles et les baies.

Aires de culture: en Champagne* où il est vinifié en blanc pour être associé au Pinot noir et au Chardonnay* dans la constitution des cuvées. On rencontre également ce cépage sur les terroirs du Val de Loire (Touraine Noble Joué*, Orléans*) et dans l'Est (Moselle*, Côtes de Toul*, etc.). Cultivé en France sur plus de 10 000 ha, le Pinot Meunier est aussi présent en Allemagne, en Autriche et en Australie.

Vins* produits: rouges fruités, blancs effervescents et agréables rosés.

■ PINOT NOIR

Grape variety | Cépage* noir d'origine bourguignonne. Il doit son nom à la forme de sa grappe qui ressemble à une pomme de pin. En constante progression dans le vignoble français, le Pinot noir couvre plus de 35 000 ha *(1)*.

Aires de culture: sur tous les terroirs des crus rouges de Bourgogne*, en Champagne*, en Alsace*, en Vallée de la Loire (Sancerre*, Menetou-Salon*, etc.). Ce grand cépage est aussi cultivé dans les vignobles allemands, autrichiens, italiens, suisses, nord-américains, sud-américains, australiens, sud-africains, etc.

Vins* produits: rouges élégants, puissants, de belle couleur rubis avec des arômes de fruits rouges (cerise*, framboise*) qui s'épanouissent au vieillissement. En Champagne, il est surtout vinifié en blanc où il constitue les assemblages de cuvée avec le Chardonnay* et le Pinot Meunier*.

(1) Ce cépage, également en forte évolution au niveau international, est planté sur 90 000 ha dans le monde.

Source: Photo B. Roumet/BIVC

■ PINOTAGE

Grape variety | Cépage* sud-africain résultant d'un croisement de Pinot noir* et de Cinsault*.

■ PINTADE

GUINEA FOWL | Volaille de la famille des numididés originaire de Numidie, ancienne région d'Afrique du Nord. La pintade possède une chair brune au goût sauvage très appréciée dans notre pays *(1)*. Elle est apprêtée rôtie "sur canapé", farcie, en fricassée*, en salmis*, en ballottine*...

Il convient de distinguer plusieurs espèces : *la pintade de Numidie, la pintade noire, la pintade à poitrine blanche, la pintade plumifère, la pintade*

Source: Les Fermiers de Loué

Pintades fermières de Loué

de Pucheran, la pintade vulturine et *la pintade à plumage strié.*
La Pintade de l'Ardèche et ***le Pintadeau de la Drôme*** bénéficient d'une I.G.P.*.
(1) Avec une méléagriculture (élevage des pintades) produisant 50 millions de volatiles par an, la France est le premier producteur mondial de pintades.

■ PIPERADE
Basque dish | Préparation basque à base de fondue de poivron*, de tomate* et d'oignon*. Elle peut être additionnée d'œufs* ou accompagnée d'autres produits locaux comme le jambon* de Bayonne.

■ PIPPERMINT GET ou GET 27
Liqueur | Liqueur* à base de menthe* créée en 1796 à Revel (Haute-Garonne) par Jean Get. Son nom vient de l'anglais "peppermint" signifiant "menthe poivrée". Afin de concevoir une bouteille originale pour sa liqueur, son inventeur s'inspire des lampes à pétrole qui illuminent les auberges de l'époque.
Ce spiritueux*, qui titre 21°, est élaboré à partir de sept variétés de menthe. Depuis 1976, la marque diffuse un autre produit, plus alcoolisé et incolore, ***le Get 31*** (24°).

■ PIQUANTE (sauce)
Sauce | Sauce* réalisée à partir d'une réduction d'échalotes* ciselées, vin* blanc et vinaigre*, mouillée de sauce espagnole* et garnie de cornichons* et fines herbes hachées.

■ PIROJKI
PIROGI | Préparation culinaire d'Europe centrale se présentant sous forme de petits pâtés en croûte garnis d'éléments divers (champignons*, viande, poisson et riz*, abat*, volaille, gibier*, fromage*...).

■ PIRONEAU
SEA BREAM | *Voir* Daurade*.

■ PISANG AMBON
Liqueur | Liqueur* d'origine indonésienne élaborée à partir de petites bananes* vertes de l'île d'Ambon *(1)*. Elle titre 20°.
(1) Petite île de l'archipel des Molluques en Indonésie.

■ PISSALADIÈRE
French onion tart | Tarte à l'oignon* méridionale garnie d'olives* noires et de filets d'anchois*. Elle doit son nom au pissalat*, produit employé dans la recette originelle.

■ PISSALAT
Anchovy condiment | Condiment de la région niçoise confectionné avec une purée d'anchois* additionnée de sel*, poivre*, cannelle*, clou de girofle*, thym*, laurier*, huile d'olive*... Le produit obtenu est tamisé puis conditionné en bocaux.

■ PISSENLIT
DANDELION | Plante vivace à feuilles dentelées connue pour ses vertus diurétiques (d'où son nom). Le pissenlit, appelé aussi *Dent-de-lion*, est également classé comme une variété de chicorée*. Il convient de distinguer:
- ***Le Pissenlit sauvage*** dont les petites feuilles vertes sont amères.
- ***Le Pissenlit de culture*** à feuilles plus tendres (*Amélioré très hâtif, Amélioré à cœur plein, Vert de Montmagny amélioré*).

Le pissenlit se consomme principalement cru, en salade, agrémenté de lardons, croûtons et œufs* durs.

■ PISTACHE
PISTACHIO NUTS | Graine du pistachier, arbre résineux originaire de Syrie. La pistache, considérée comme un fruit oléagineux, est entourée d'une coque lisse, légèrement entrouverte. Elle est utilisée principalement dans la fabrication de charcuteries, de glaces* et de pièces de confiserie. On la consomme également grillée et salée, en accompagnement de l'apéritif.

■ PISTOU
Basil condiment | Condiment provençal à base de basilic* pilé avec de l'ail* et de l'huile* d'olive. Le terme "pistou" désigne également une soupe de légumes et de pâtes additionnée de pistou.

■ PITHIVIERS (fromage)
French cheese | Fromage* semblable au bondaroy au foin*.

■ PITHIVIERS (pâtisserie)
Pastry | Gâteau fait de pâte feuilletée* garnie de frangipane*. Cette pâtisserie est une spécialité de la ville de Pithiviers, dans le Loiret.

■ PIZZA
PIZZA | Spécialité italienne constituée d'un fond de pâte à pain* diversement garni. La tomate* et le fromage* demeurent cependant les éléments de base des multiples garnitures.

PLANCOËT

French mineral water | Eau minérale naturelle* plate captée dans la région de Plancoët, dans les Côtes d'Armor. Classée eau minérale en 1928 (source Sassay).
Catégorie : faiblement minéralisée.

Composition physico-chimique (en mg/l)	
Cations	Anions
Sodium : 31 Calcium : 23 Magnésium : 14 Potassium : 4,5	Bicarbonates : 122 Sulfates : 38 Chlorures : 36 Nitrates : limite de détection
Fluor : 0,21	
pH à 20°C : 6,5 Minéralisation totale : 254 mg/l	

PLANTER'S PUNCH

PLANTER'S PUNCH | Cocktail* préparé sur glace directement dans un grand tumbler.
2 cl de jus de citron*
2 cl de jus d'orange*
2 cl de jus d'ananas*
1 cl de curaçao* orange
1 cl de marasquin*
4 cl de rhum* blanc
1 cl de rhum ambré
1 quartier d'ananas
2 cerises* à l'eau-de-vie
Verser les jus de fruits, le curaçao, le marasquin et le rhum blanc. Remuer et terminer avec le rhum ambré. Décorer avec le quartier d'ananas et les cerises à l'eau-de-vie.

PLAQUEMINE

PERSIMMON | *Voir* Kaki*.

PLAT DE CÔTES ou PLATES CÔTES

BISKET RIB or RIP PLATE | Pièce de bœuf* prélevée dans la partie latérale de la cage thoracique de l'animal. Ce morceau est le plus souvent employé pour la préparation de pot-au-feu*.

PLEUROTE

OYSTER MUSHROOM | Champignon qui pousse naturellement sur les troncs ou les souches de feuillus, mais qui est également produit en culture. On peut distinguer 2 variétés principales :

- ***Le Pleurote du panicaut*** ou ***Oreille de chardon*** qui est un champignon sauvage de saveur agréable.
- ***Le Pleurote en huître*** ou ***en coquille***, cultivé, plus fade et moins savoureux que le précédent.

Autres variétés : *Pleurote corne d'abondance* et *Pleurote du chêne*.
Le pleurote se consomme cuit, comme les autres champignons.

PLIE

PLAICE | Autre dénomination du carrelet*.

PLOMBIÈRES

Entremets | Entremets glacé réalisé à partir d'une crème anglaise* au lait d'amande* additionnée de crème fouettée et de fruits confits* macérés au kirsch*.

PLOUSSARD ou PLOUSARD

Grape variety | Autre dénomination du cépage* Poulsard*.

PLUM-PUDDING

PLUM PUDDING | Voir Christmas-pudding*.

PLUMA

Iberian pork cut | Petit muscle, très tendre, situé à la pointe de l'échine* du porc*. À l'origine, la pluma provient d'une découpe charcutière espagnole traditionnelle.

PLUVIER

PLOVER | Petit échassier migrateur dont la chasse est réglementée et la commercialisation interdite. Il existe plusieurs espèces dont ***le pluvier doré***, de la taille d'une tourterelle, et ***le pluvier gris***, de la taille d'un gros merle.
Le pluvier s'apprête comme la caille* ou la bécasse*.

POCHOUSE

Regional fish stew | En Bourgogne, matelote* de poisson d'eau douce cuisinée au vin* blanc.

POGNE

Regional brioche | Brioche* dauphinoise ou franc-comtoise parfois garnie de fruits confits*.

POIGNARD

PICKEREL | *Voir* Brochet*.

POINT (Fernand)

French chef | Cuisinier français (Louhans 1897 - Vienne 1955). Issu d'une famille d'aubergistes, il fait ses classes à Paris et à Evian avant de rejoindre le restaurant familial de Vienne qu'il nomme *La*

Pyramide. Ce "Géant", autant par sa corpulence que par son professionnalisme, fait de son établissement une véritable institution *(1)*. Il devient un des trois plus grands Chefs de l'entre-deux-guerres avec André Pic* et Alexandre Dumaine*. En 1933, Fernand Point est l'un des premiers à être honoré par trois étoiles au Guide Michelin*. Sa cuisine, réellement novatrice, fit école et fut source d'inspiration pour plusieurs grands cuisiniers contemporains.
Près de soixante-cinq ans après sa disparition, *La Pyramide* a encore une belle place dans la gastronomie grâce à Patrick et Pascale Henriroux.

(1) Sacha Guitry disait : "Pour bien manger en France, un Point c'est tout".

■ POIRAT

Pear tart | Spécialité berrichonne constituée d'une tourte* garnie de morceaux de poires* macérés dans de l'eau-de-vie* avec du poivre*.

■ POIRE (fruit)

PEAR | Fruit à pépins originaire d'Asie. On dénombre actuellement plus de 5000 variétés de poires à travers le monde , mais seulement une bonne dizaine constitue un réel intérêt économique. Comme pour d'autres fruits ou légumes, les variétés difficiles à cultiver, moins rentables et souvent d'excellente qualité gustative, ont tendance à être délaissées.
On distingue 3 types de poires:

- ***Les Poires d'été*** ou ***Poires précoces***:
  La Williams, fruit jaune à peau lisse avec une chair juteuse, parfumée et un goût légèrement musqué.
  La Docteur Guyot, poire à peau vert-clair avec une chair fondante.
- ***Les Poires d'automne*** ou ***Poires de demi-saison***:
  La Doyenné du Comice, grosse poire à peau jaune-vert et à chair fondante et parfumée.
  La Conférence, fruit jaune allongé avec une chair juteuse et légèrement acidulée.
  La Beurré Hardy, fruit trapu de couleur jaune-verdâtre avec une chair fondante, sucrée et parfumée.
  La Louise-bonne d'Avranches, poire à peau vert-roux avec une chair fine et acidulée.
  L'Alexandrine-Douillard, fruit de couleur jaune-doré à chair ferme et sucrée.
- ***Les Poires d'hiver*** ou ***Poires tardives***:
  La Passe-Crassane, grosse poire presque sphérique avec une peau épaisse jaune-doré, rugueuse et une chair granuleuse, fondante et un peu acidulée qui se voit parfois remplacée par *l'Angélys*.
  La Général Leclerc, fruit trapu à peau épaisse jaune-clair avec une chair sucrée et parfumée.

La poire, crue ou cuite, trouve de multiples utilisations culinaires. Elle est également employée dans la fabrication de diverses boissons (poiré*, jus de fruits, spiritueux*...).

Poires pochées aux épices

■ POIRE (viande)

Meat cut | Petit morceau de viande de bœuf* rond et charnu *(1)* prélevé dans la cuisse de l'animal. La finesse de son grain lui confère une extrême tendreté.

(1) Sa forme rappelle celle du fruit éponyme.

■ POIRE TAPÉE DE RIVARENNES

Pear dish | Il s'agit d'une spécialité de Rivarennes, petite localité d'Indre-et-Loire. La poire est épluchée et ébouillantée avant d'être disposée sur une claie pour subir une longue déshydratation dans un four à bois. Le fruit est ensuite aplati à l'aide d'une *platissoire*. Un dernier passage au four permet de parfaire la déshydratation pour une longue conservation.

■ POIRE WILLIAMS (eau-de-vie)

PEAR WILLIAMS (brandy) | Eau-de-vie blanche* élaborée à partir de poires* Williams *(1)*. Mise au point dans les années 1930, cette eau-de-vie est aujourd'hui fabriquée dans plusieurs régions, notamment en Vallée du Rhône, en Anjou, en Touraine, dans le Sud-Ouest et en Alsace.
Comme d'autres eaux-de-vie blanches, la poire Williams se déguste dans un verre "frappé". En effet, le froid révèle son potentiel aromatique.

(1) Il ne faut pas moins de 28 kg de fruits pour obtenir 1 litre d'eau-de-vie à 100°.

■ POIRÉ

PERRY | Boisson plus ou moins effervescente issue de la fermentation du jus de poires*. Les régions productrices se situent dans l'ouest du pays, notamment la Normandie et la Bretagne, mais le poiré ***Domfront**** est le seul à bénéficier d'une A.O.C.*. Elaboré comme le cidre*, le poiré est aussi utilisé pour la fabrication des eaux-de-vie de poiré* et de calvados*.

■ POIREAU

LEEK | Plante potagère originaire du Proche-Orient. La partie comestible est constituée d'un fût cylindrique formé de feuilles très serrées, vertes dans la partie aérienne et blanches dans la partie souterraine. Végétal consommé depuis l'Antiquité *(1)*, le poireau est aujourd'hui employé comme légume ou comme élément aromatique.
Principales variétés : *Géant de Saulx, Monstrueux de Carentan, Malabar du Nord, Gros jaune du Poitou, Long de Mezières, Géant d'hiver race Goliath, Bleu de Solaise...*

(1) Introduit en Grande-Bretagne par les romains, le poireau est même devenu l'emblème du Pays de Galles.

■ POIS CASSÉ

SPLIT PEAS | Graine de petit pois* arrivée à maturité, divisée en deux et séchée. Ce minuscule légume demi-sphérique, riche en amidon, est surtout utilisé pour confectionner des potages* et des purées.

■ POIS CHICHE

CHICKPEAS or GARBANZO BEANS | Graine issue de la gousse d'une légumineuse originaire d'Asie occidentale. Chaque gousse contient 2 graines ridées de couleur beige. Le pois chiche entre comme légume sec dans plusieurs préparations culinaires méridionales.

■ POIS GOURMAND

SNOW PEA or MANGETOUT | Type de pois mange-tout* dont les 2 principales variétés sont *le Carouby de Maussane* et *la Corne de bélier*.

■ POIS MANGE TOUT

SUGAR SNAP PEA | Catégorie de petits pois* dont les graines de petite taille et les cosses aplaties sont comestibles.

■ POITRINE

BREAST (of meat or pork) | Partie charnue située dans la région pectorale d'un animal de boucherie ou d'un porc*. Les destinations culinaires de ce morceau sont variables selon l'animal (farcie, braisée, en ragoût*, en blanquette*, en préparations charcutières, etc.)

■ POIVRADE (sauce)

PEPPERRADE (sauce) | Sauce* réalisée à partir d'une mirepoix* mouillée de vinaigre* et de marinade* qui, après réduction, est additionnée de sauce espagnole*, de marinade et de grains de poivre* écrasés.

■ POIVRE

PEPPER | Épice* originaire de l'Inde, le poivre est la baie du poivrier, arbuste tropical grimpant. Il existe des dizaines de variétés cultivées essentiellement au Viêt Nam, en Indonésie, au Brésil, en Inde, en Malaisie, en Chine, à Madagascar... Le poivre est une des épices les plus anciennes mais aussi l'épice la plus répandue dans le monde. Épice universelle par excellence, le poivre est presqu'aussi présent que le sel* dans les assaisonnements de base.
Du point de vue culinaire, on distingue :

- ***Le Poivre vert***, baies récoltées vertes et conservées dans le vinaigre* ou la saumure*. Son arôme est fruité et sa saveur légèrement épicée.
- ***Le Poivre noir***, baies fermentées et séchées d'aspect fripé et de couleur foncée. Il dégage un arôme puissant et possède une saveur boisée et piquante.
- ***Le Poivre blanc***, baies séchées et débarrassées de leur enveloppe par trituration dans de l'eau salée. Il est plus doux que le poivre noir.
- ***Le Poivre gris***, mélange de poivre blanc et de poivre noir.
- ***Le Poivre rose***, baies roses provenant d'un arbrisseau d'Amérique du Sud qui n'est pas vraiment considéré comme un poivrier.

Il convient de préciser que *Le Poivre du Sichuan* (province du centre de la Chine) n'est pas, lui non plus, un vrai poivre. Il est issu d'un petit épineux qui n'a rien à voir avec les espèces de poivriers traditionnels.

Source : Photo BG

Baies de poivre noir

■ POIVRE DE GUINÉE

GUINEA PEPPER | Autre dénomination de la maniguette*.

■ POIVRE D'ÂNE

French cheese | Fromage* semblable au banon* mais affiné dans une corbeille avec des brins de sarriette*.

■ POIVRON

BELL PEPPER | Originaire des régions tropicales d'Amérique et rapporté en Europe par Christophe Colomb, le poivron est le fruit d'une espèce de piment* doux. Ce fruit est de couleur et de formes différentes selon la variété.
On trouve ainsi :

- ***Les Poivrons carrés***, fruits anguleux de couleur verte, jaune, rouge ou orange.
- ***Les Poivrons demi-longs*** ou ***longs***, de forme plus allongée et de couleur verte ou rouge.
- ***Le Poivron long des Landes***, variété très longue de couleur verte.

Le Poivron se consomme en salade, grillé, farci, en ratatouille* ou piperade*, etc.

Source : Adobe Stock

■ POJARSKI ou POJARSKY

Breaded veal cutlet dish | Spécialité culinaire d'origine russe réalisée à base de chair de veau* hachée additionnée de mie de pain* *(1)*. Ce hachis est ensuite reconstitué en forme de côte, fariné, pané à l'anglaise et cuit au beurre*. La préparation doit son nom à Pojarski, aubergiste qui créa la recette au 19ème siècle.

(1) Selon le même principe, on trouve des pojarskis de volaille, de lièvre ou de saumon*.*

■ POLENTA

CORNMEAL or POLENTA | En Italie, bouillie de farine* ou de semoule* de maïs* agrémentée d'éléments divers (viande, jambon*, légumes, truffe*, fromage*, etc.). Les Corses préparent une polenta à la farine de châtaignes*.

■ POMELO

GRAPEFRUIT | Agrume* originaire de Porto-Rico qui est actuellement produit dans plusieurs pays dont la Floride, la Californie et Israël. Le pomelo est un hybride résultant d'un croisement entre une orange* et un pamplemousse*. Appelé parfois "grapefruit" et très souvent à tort "pamplemousse*", cet agrume est un fruit sphérique de 9 à 12 cm de diamètre avec une peau jaune ou orangée et une pulpe jaune, rose ou rouge, plus ou moins sucrée.
Les 2 principales variétés sont *le Start Ruby* et *le Marsh Seedless*. Il se consomme nature, au sucre* et il est employé dans la fabrication de sorbets* ou de B.R.S.A.*.

■ POMEROL

French wine | Vins* rouges produits dans le Bordelais, A.O.C.* depuis le 8 décembre 1936 et reconnus A.O.P.* dans le cadre de l'U.E. Voir également *Châteaux du Bordelais**.
Aire de production : commune de Pomerol, une partie de la commune de Libourne et une parcelle de la commune de Lalande-de-Pomerol.
Superficie du vignoble : 792 ha.
Encépagement autorisé* pour l'appellation : Cabernet-Sauvignon*, Cabernet franc*, Petit Verdot*, Malbec* et Merlot*.
Rendement à l'hectare* : 49 hl.

■ POMIANE (Édouard Alexandre de)

French doctor and gastronomist | Médecin et gastronome français (Paris 1875 - 1964). Ce chercheur, chef de laboratoire de physiologie de l'alimentation à l'Institut Pasteur*, s'intéressa à la gastronomie* et plus particulièrement à l'hygiène alimentaire et aux phénomènes physico-chimiques subis par les aliments pendant leur cuisson. Chroniqueur gastronomique à la radio, il fut aussi l'auteur de nombreux ouvrages *(1)* dont certains sont réédités aujourd'hui.

(1) Il publia son premier ouvrage en 1922 sous le nom d'Édouard Pozerski, patronyme d'origine polonaise. Durant l'Occupation allemande de la Seconde Guerre mondiale, il proposa des recettes adaptées aux restrictions ("Cuisine et restrictions" et "Manger quand même").

■ POMMARD

French wine | Vins* rouges produits en Bourgogne*, A.O.C.* depuis le 11 septembre 1936 et reconnus A.O.P.* dans le cadre de l'U.E. Pour les vins dont les récoltes proviennent de parcelles classées "Premier cru", l'appellation communale peut être complétée par le nom du climat* d'origine *(1)* et (ou) par la mention "Premier cru".

Source: Doc. Bouchard Père et Fils

Aire de production : commune de Pommard, en Côte-d'Or, située au sud-ouest de Beaune.
Superficie du vignoble : 322 ha.
Encépagement autorisé* pour l'appellation : Pinot noir*, Chardonnay*, Pinot blanc*, Pinot gris*.
Rendement à l'hectare* : 50 hl (48 hl pour les Premiers crus).

(1) "Clos-Blanc", "Clos-de-la-Commaraine", "Clos du Verger", "Les-Charmots", "Derrière-Saint-Jean", "La Chanière", "La Platière", "La Refène", "Le Clos-Micot", "Le Village", "En Largillière", "Les Arvelets", "Les Bertins", "Les Boucherottes", "Les Chaponnières", "Les Chanlins-Bas", "Les Combes-Dessus", "Les Croix-Noires", "Les Grands Epenots", "Clos des Epeneaux", "Les Fremiers", "Les Jarolières", "Les Petits-Epenots", "Les Pézerolles", "Les Poutures", "les Rugiens-Bas", "Les Rugiens-Hauts" et "Les Saussilles".

■ POMME

APPLE | Fruit à pépins dont l'origine remonte à la nuit des temps et dont les premières cultures se seraient développées en Asie du Sud-Ouest. La pomme existant aujourd'hui sous plusieurs milliers de variétés *(1)* est le fruit le plus consommé dans notre pays.
Parmi les variétés de pommes de table les plus connues, citons :

- *La Golden delicious (2)*: fruit de gros calibre et de bel aspect dont les qualités gustatives sont discutables. C'est pourtant la variété la plus consommée par les Français.
- *La Royal gala* : pomme rouge à chair très sucrée
- *La Red delicious*: belle pomme rouge au goût sucré
- *La Granny smith*: pomme verte à chair acidulée.
- *La Melrose*: pomme rouge à chair juteuse et sucrée.
- *La Starkrimson*: pomme rouge à chair légèrement farineuse et peu gouteuse.
- *La Jonagold*: fruit bicolore à chair un peu amère.
- *La Reine des reinettes, la Reinette du Mans*, et *la Reinette clochard*: fruits dont la chair au goût typé est très appréciée des connaisseurs, notamment en pommes à consommer nature.
- *La Reinette du Canada :* gros fruit de couleur grise qui convient bien pour les cuissons au four.
- *La Calville*: pomme tardive de couleur vert-clair avec une chair tendre et sucrée.
- *L'Idared*: fruit à peau striée et à chair très juteuse.
- *L'Elstar*: pomme bicolore rouge et jaune à chair juteuse et acide.
- *La Belle de Boskoop*: fruit bosselé avec un épiderme bicolore rugueux, chair ferme, juteuse et acidulée.

La pomme, crue ou cuite, trouve de multiples utilisations culinaires, en pâtisserie comme en cuisine. Elle est également employée pour fabriquer diverses boissons (jus de fruits, cidre*, pommeau*, calvados*...).
La Pomme du Limousin, A.O.C*. depuis 2004 est reconnue A.O.P.* dans le cadre de l'U.E. Elle est produite à partir de la variété *Golden delicious* sur 100 communes de 4 départements : la Creuse, la Haute-Vienne, la Corrèze et la Dordogne.

(1) 7 000 variétés sont actuellement recensées, dont 6 000 pommes de table et 1 000 pommes à cidre.
(2) C'est en 1860 que H. Hiat, fermier de l'Iowa (U.S.A.), développa la culture de cette variété qui est issue d'un semis accidentel.

■ POMME-CANNELLE

Apple variety | Variété d'annone* dont la forme évoque à la fois l'artichaut* et le cône de pin. Elle possède une peau verte et une chair blanche parsemée de graines noires. Ce fruit exhale un parfum de cannelle*, ce qui justifie son nom.

■ POMME DE TERRE

POTATO | Tubercule d'une plante originaire du Pérou ou de Bolivie qui est introduite en Europe, via l'Espagne, vers 1535. La pomme de terre fait son apparition en France, sans grand succès, en 1598. Nos compatriotes de l'époque la cultivaient comme plante d'ornement trouvant les tubercules tout juste bons pour alimenter les porcs. Alors qu'elle prospère chez nos voisins, notre pays continue à la dédaigner. Un arrêt rendu en 1630 par le parlement de Besançon la proclame même dangereuse pour la santé, sa culture devient interdite au motif qu'elle donne la lèpre. Il faudra attendre la terrible disette de 1770 pour que, suite à un concours lancé en 1772, Antoine Augustin Parmentier* vulgarise la culture de ce légume dans l'hexagone.
Selon la F.A.O. *(1)*, la pomme de terre est

Variétés de pommes cultivées dans le verger-conservatoire de Mont-près-Chambord dans le Loir-et-Cher.

aujourd'hui la 3ème culture vivrière au monde après le blé* et le riz* (production estimée à 375 millions de tonnes par an). La France, avec plus de 125 000 hectares de culture et une récolte annuelle de 6 millions de tonnes, se positionne comme 10ème producteur de la planète. N'oublions pas que le célèbre tubercule reste le légume préféré des français avec une consommation annuelle d'environ 50 kg par habitant.
Il existe une multitude de variétés ayant chacune des destinations culinaires spécifiques. Parmi les plus connues, citons :

- ***Les pommes de terre à chair*** ferme (cuisson vapeur/eau, rissolées-sautées) : *Amandine, Annabelle, Charlotte, Chérie, Franceline, Pompadour, Belle de Fontenay, Ratte, Roseval, B.F 15*, etc.
- ***Les pommes de terre à chair fondante*** (cuisson au four ou mijotées) : *Agata, Monalisa, Nicola, Samba*, etc.
- ***Les pommes de terre à chair farineuse*** (purées, potages, frites) : *Bintje, Caesar, Manon, Marabel, Vitelotte*, etc.

La dénomination "nouvelle" ou "primeur" s'applique aux tubercules mis en vente jusqu'au 15 août, avant complète maturité et avec une peau qui se détache au grattage.
La Pomme de terre de l'île de Ré, A.O.C.* depuis 1998, est reconnue A.O.P.* dans le cadre de l'U.E. Cette appellation est réservée à des pommes de terre "primeur" issues de variétés *Alcmaria, Carrera, Goulvena, Pénélope, Starlette, Amandine, B.F 15, Charlotte* et *Roseval*. L'aire d'appellation est limitée à un territoire de 10 communes totalement inclus dans l'île. Le rendement à l'hectare ne doit pas dépasser 26 tonnes.
La Béa du Roussillon (initialement *Pomme de terre primeur du Roussillon*), A.O.C. depuis 2006, est reconnue A.O.P. dans le cadre de l'U.E. Cette appellation est réservée à des pommes de terre "primeur" issues de la variété *Béa*. L'aire d'appellation est limitée à un territoire de 22 communes situées à l'est des Pyrénées Orientales. Le rendement à l'hectare ne doit pas excéder 30 tonnes

(1) Food and Agriculture Organization ou Organisation des Nations-Unies pour l'Alimentation et l'Agriculture.

■ POMMEAU DE BRETAGNE

Apple brandy | Apéritif élaboré à partir de moût de pommes à cidre* et de Fine Bretagne*, A.O.C.* depuis 1997.
Aire de production : 366 communes du Finistère, des Côtes-d'Armor, d'Ille-et-Vilaine, du Morbihan et de Loire-Atlantique.
Rendement maximum à l'hectare : 25 tonnes de pommes pour les vergers "hautes tiges" et 30 tonnes pour les vergers "basses tiges".
Richesse saccharimétrique minimale naturelle du moût* : 123 g/litre.
Richesse alcoolique acquise du pommeau en fin d'élaboration : entre 16 et 18 %.
Teneur minimale en sucre résiduel : 90 g/litre.
Après le mutage, il est imposé un élevage en fûts de chêne d'au moins 14 mois.

■ POMMEAU DE NORMANDIE

Apple brandy | Apéritif élaboré à partir de moût de pommes à cidre* et de Calvados* *(1)*, A.O.C.* depuis 1991.
Aire de production : identique à l'aire d'appellation Calvados*.
Rendement maximum à l'hectare : 20 tonnes de pommes pour les vergers "hautes tiges" et 30 tonnes pour les vergers "basses tiges".
Richesse saccharimétrique minimale naturelle du moût* : 108 g/litre.
Richesse alcoolique acquise du Pommeau en fin d'élaboration : entre 16 et 18 %.
Teneur minimale en sucre résiduel : 69 g/litre.
Après le mutage, il est imposé un élevage en fûts de chêne d'au moins 14 mois.
(1) Ou "Calvados Pays d'Auge" ou "Calvados Domfrontais"*.*

■ POMMEAU DU MAINE

Apple brandy | Apéritif élaboré à partir de moût de pommes à cidre* et de Fine du Maine*, A.O.C.* depuis 2009.
Aire de production : 141 communes du Maine-et-Loire et de la Mayenne.
Rendement maximum à l'hectare : 25 tonnes de pommes pour les vergers "hautes tiges" et 30 tonnes pour les vergers "basses tiges".
Richesse saccharimétrique minimale naturelle du moût* : 123 g/litre.
Richesse alcoolique acquise du pommeau en fin d'élaboration : entre 16 et 18 %.

Teneur minimale en sucre résiduel : 90 g/litre. Après le mutage, il est imposé un élevage en fûts de chêne d'au moins 21 mois.

■ POMMES ALLUMETTES

MATCHSTICK POTATOES | Pommes de terre* frites taillées en bâtonnets de 5 mm de côté sur 5 à 6 cm de longueur.

■ POMMES ANNA

Layered potato dish | Pommes de terre* émincées en fines rondelles, rangées avec du beurre* clarifié dans un moule à pommes Anna et cuites au four.

Cette recette fût créée par Adolphe Dugléré* en l'honneur d'Anna Deslions, Dame célèbre du Second Empire.

■ POMMES ARLIE

Potato gratin dish | Pommes de terre* cuites au four, évidées et farcies avec la pulpe additionnée de ciboulette*, crème fraîche* et beurre*. La préparation est saupoudrée de fromage* râpé avant d'être gratinée.

■ POMMES BERNY

Potato croquette dish | Appareil à pommes croquettes* additionné de truffes* hachées, moulé en forme d'abricots, pané avec amandes* effilées et frit.

■ POMMES BOULANGÈRE

BOULANGÈRE POTATOES | Pommes de terre* en rondelles additionnées d'oignons* émincés et cuites au four avec un léger mouillement au consommé*.

■ POMMES CHÂTEAU

Sautéed new potatoes | Pommes de terre* tournées, blanchies et cuites au beurre* clarifié.

■ POMMES CHATOUILLARD

Puffed potato slices | Pommes de terre* taillées en ruban et cuites en friture.

■ POMMES COCOTTE

Sautéed new potatoes | Pommes de terre* tournées en forme d'olive, blanchies et cuites au beurre* clarifié.

■ POMMES CROQUETTES

CROQUETTE POTATOES | Appareil à pommes duchesse* détaillé en croquettes allongées, panées et frites.

■ POMMES DARPHIN

Hash brown or rosti potatoes | Pommes de terre* taillées en julienne* et cuites comme les pommes Anna*, mais dans une poêle.

■ POMMES DAUPHINE

Deep-fried potato puffs | Appareil à pommes duchesse* additionné de pâte à choux* non sucrée et détaillé en croquettes qui sont panées à l'anglaise et frites.

■ POMMES DAUPHINOISE

Potato gratin | Pommes de terre* émincées et cuites au four avec lait* et gruyère* râpé. *Le gratin dauphinois* est une préparation similaire dans laquelle il est parfois ajouté des œufs* et de la crème.

■ POMMES DUCHESSE

Piped mash potato dish | Purée de pommes de terre* additionnée de beurre* et de jaune d'œuf*. Cette préparation peut être moulée ou dressée à la poche.

■ POMMES EN ROBE DES CHAMPS

Baked potatoes | Pommes de terre* uniquement lavées (non épluchées) et cuites dans l'eau salée.

■ POMMES MACAIRE

Mashed potato cake | Pulpes de pommes de terre* cuites au four et écrasées avec du beurre* frais. Cette préparation est ensuite terminée au four avec beurre clarifié dans un moule à pommes Anna*.

L'apprêt culinaire doit son nom à R. Macaire, personnage de théâtre du 19ème siècle.

■ POMMES MIETTES

Sautéed potato cubes | Pommes de terre en robe des champs* épluchées, détaillées en rondelles et sautées au beurre*.

■ POMMES MIGNONNETTE

FRENCH FRIES (chips) | Pommes de terre* frites taillées plus grosses que des pommes allumettes*.

■ POMMES MOUSSELINE

Mashed potato recipe |
a) Pommes de terre en robe des champs* pelées, passées au tamis et additionnées de beurre*, crème fouettée et jaune d'œuf*.
b) Pommes de terre cuites à l'eau, passées au tamis et additionnées de crème fouettée.
c) Pommes de terres cuites à l'eau, passées au tamis et additionnées de lait*, beurre*, parmesan* râpé, crème fouettée* et blanc d'œuf* en neige.

■ POMMES NOISETTES

Sautéed potato recipe | Pommes de terre* détaillées à la cuillère à pommes noisettes, blanchies et cuites au beurre* clarifié.

■ POMMES PAILLE

SHOESTRING POTATOES | Pommes de terre* frites taillées en julienne.

■ POMMES PONT-NEUF

THICK CUT FRIES or POTATO WEDGES | Pommes de terre* frites taillées en bâtonnets de 1 cm de côté sur 6 à 7 cm de longueur.

■ POMMES SARLADAISE

Fried potato dish | Pommes de terre* émincées, sautées à la graisse d'oie* et saupoudrées d'ail* et persil* haché.

■ POMMES SOUFFLÉES

PUFFED POTATOES | Pommes de terre* taillées en rondelles de 2 à 3 mm d'épaisseur, cuites dans une première friture à température modérée et plongées ensuite dans une deuxième friture plus chaude pour obtenir le gonflement.

■ POMMES VOISIN

POTATO GRATIN | Pommes Anna* additionnées de gruyère* râpé.

■ POMPONNETTES

Small rissoles | Petites rissoles* en forme de bourses faites de rognures de feuilletage diversement garnies (purée, salpicon*, etc.).

■ PONTARLIER-ANIS

Liqueur | Anisé* élaboré à partir d'anis* vert dans une distillerie du Doubs. Il est présenté en 2 versions: *le Ponsec* titrant 45° et *le Pondoux* titrant 40°. Ses notes gustatives rappellent l'absinthe*, autre produit originaire de la région.

■ PONT-L'ÉVÊQUE

French cheese | Fromage* de lait* de vache fabriqué en Normandie, A.O.C.* depuis 1972 et reconnu A.O.P.* dans le cadre de l'U.E. Il doit son nom à une localité du Calvados d'où il est originaire.
Type: pâte molle à croûte lavée.
Forme : carrée ou rectangulaire.

Le Pont-L'évêque se décline en plusieurs formats :

Formats	Poids	Domension
Grand Pont-Lévêque	1 200 à 1 600 g	20 cm x 20 cm
Pont-Lévêque	300 à 400 g	11 cm x 11 cm
Demi Pont-Lévêque	150 à 200 g	11 cm x 5,5 cm
Petit Pont-Lévêque	180 à 250 g	9 cm x 9 cm

Teneur en M.G.: 45 % au minimum.
Meilleures saisons: été, automne, hiver.

L'aire géographique de l'AOC Pont-l'Evêque s'étend sur 6 départements

*Source: d'après doc. I.N.A.O**

■ POP-CORN

POPCORN | Grains de maïs* soufflés, éclatés à la chaleur.

■ PORC

PORK | Animal domestique descendant du sanglier*, plus de 300 races sont recensées dans le monde. La viande de porc est la viande la plus consommée dans notre pays *(1)*, notamment à cause des traditions *(2)* et de son coût d'achat modéré. Le porc est aujourd'hui élevé industriellement dans beaucoup de régions et plus particulièrement en Bretagne. Notre production annuelle est d'environ 25 millions d'animaux.
Les principales races élevées en France sont: *le Large White, le Piétrain, le Landrace français ou belge, le Blanc de l'Ouest, le Gascon, le Cul noir de Limousin...*
Selon l'âge ou le sexe, le porc prend différents noms:

- ***Cochon de lait***: jeune porc de 5 à 6 semaines pesant environ 10 kg et nourri exclusivement au lait.

- ***Porcelet***, ***nourrain*** ou ***goret***: jeune porc sevré.
- ***Porc charcutier***: animal de 5 à 6 mois pesant de 90 à 115 kg.
- ***Truie***: femelle du porc.
- ***Verrat***: mâle reproducteur.

La chair du porc se prête à une multitude de préparations en cuisine, mais surtout en charcuterie où elle constitue la matière première essentielle.
2 Viandes porcines bénéficient d'une A.O.C.*:
Le Porc noir de Bigorre, A.O.C. depuis 2015 et reconnue A.O.P.* dans le cadre de l'U.E. Appellation réservée à des animaux nés, élevés et abattus sur une aire géographique qui s'étend sur de nombreuses communes des Hautes-Pyrénées, de la Haute-Garonne, des Pyrénées-Atlantiques et du Gers.
Kintoa, A.O.C. depuis 2016 et reconnue A.O.P.* dans le cadre de l'U.E. Appellation réservée à des animaux nés, élevés et abattus sur une aire géographique qui s'étend sur de nombreuses communes des Pyrénées-Atlantiques et quelques communes des Landes.

(1) 36 % de la consommation globale, devant le bœuf (30 %), la volaille (30 %), les ovins* et caprins* (4 %).*

(2) Depuis des temps immémoriaux l'abattage du porc (on dit plutôt le cochon !) est ancré dans les traditions paysannes. Le sacrifice de cet animal reste encore une pratique courante dans nos campagnes. N'oublions pas que pendant très longtemps la viande de porc et ses dérivés furent, avec les légumes et les œufs, les éléments de base de l'alimentation du monde rural.*

Source : Adobe Stock

■ PÖRKÖLT

Hungarian meat stew | Préparation culinaire de la cuisine hongroise qui se présente sous forme de ragoût* de viande (rouge ou blanche) au paprika* semblable au goulache*.

■ PORRIDGE

PORRIDGE | Bouillie de flocons ou de farine* d'avoine* consommée au petit déjeuner par les Anglo-Saxons.

■ PORTO (sauce)

PORTO (sauce) | Sauce* demi-glace* additionnée de porto*.

■ PORTO (vin)

PORTO (wine) | V.D.L.* portugais blancs et rouges produits dans la Vallée du Haut-Douro, au nord-est du pays, à une centaine de km en amont de la ville éponyme.
Cette région du Portugal produit du vin depuis bien longtemps, mais c'est au 17ème siècle que les négociants anglais mirent au point l'élaboration du porto tel que nous le connaissons. Ils s'aperçurent en effet qu'en ajoutant de l'alcool au moût* de raisin, on bloquait la fermentation alcoolique et on obtenait ainsi un vin qui se conservait plus facilement que le vin traditionnel. Qualité non négligeable quand les fûts doivent être embarqués en mer pour de longues traversées... En 1756, le Marquis de Pombal, Premier ministre portugais, institua une compagnie qui délimita la région de production et définit les règles d'élaboration et de commercialisation du porto.
Depuis 1933, l'Institut du Vin de Porto veille à l'application des normes propres à l'appellation et attribue un sceau officiel apposé sur le goulot des bouteilles. Ces vins, mondialement connus, entrent évidemment dans la catégorie D.O.C.*.
Le vignoble, complanté de multiples cépages* *(1)*, représente environ 25 000 hectares dans une zone délimitée de 250 000 hectares.
L'élaboration du porto se fait par un mutage* avec une eau-de-vie* de vin titrant 78° dans une proportion d'environ 20 % du moût mis en œuvre.
Le type de porto est déterminé par le moment où s'effectue le mutage. Selon la teneur en sucre résiduel en fin de fermentation, on trouve les types suivants:

- *Sec (20 à 40 g de sucre par litre).*
- *Demi-sec (40 à 60 g de sucre par litre).*
- *Doux (60 à 100 g de sucre par litre).*
- *Très doux (100 à 140 g de sucre par litre).*

Différents portos sont proposés sur le marché en fonction de leur origine et de leur vieillissement:

- ***Portos blancs*** : ils sont exclusivement issus de raisins blancs. Leurs robes sont plus ou moins colorées en fonction de l'âge.
- ***Portos "ruby"*** : jeunes portos rouges à robe rubis.
- ***Portos "tawny"*** : portos plus âgés provenant d'assemblages de vins de millésimes différents et ayant subi un long vieillissement en barriques. Ils peuvent être présentés avec indication du millésime ou de l'âge (10 ans, 20 ans, 30 ans, plus de 40 ans).
- ***Portos "L.B.V."*** (Late Bottled Vintage) : vins mis en bouteilles après 4 à 6 ans d'élevage en barriques.
- ***Portos "colheita"*** : portos, rouges ou blancs, provenant d'une seule récolte et vieillis au moins 7 ans en fûts.
- ***Portos "vintage"*** : certainement les plus prestigieux. Elaborés avec des vins d'un seul millésime, ils sont mis en bouteilles après

2 ans de fûts et ils vieillissent ensuite 10 à 15 ans avant consommation.

(1) Plus de 15 cépages rouges, dont le Touriga-nacional, l'Avarelhão et le Tinta-Francisca, et 5 cépages blancs dont le Rabigato, le Malvasia fina et le Moscatel.

Source : Doc. Vedrenne

Portos rouges et porto blanc

■ PORTO FLIP

PORTO FLIP | Cocktail* (apéritif) préparé au shaker.

1 cuillère à café de sucre*
1 jaune d'œuf*
2 cl de cognac*
4 cl de porto*
Noix de muscade*

Frapper et servir dans un verre à cocktail. Saupoudrer de noix muscade râpée.

Source : Phcto BG

■ POT DE BEAUJOLAIS

Bottle type | Bouteille de commercialisation d'une contenance de 50 cl. Dans la région lyonnaise, le pot traditionnel est une petite bouteille trapue d'environ 45 cl qui fait fonction de pichet pour servir le vin* à table ou au comptoir.

■ POT-AU-FEU

Beef dish | Plat traditionnel de la cuisine française constitué de viande de bœuf* bouillie (plat de côtes*, macreuse*, gîte*, jumeau*, tendron*, flanchet*, queue*...) avec une garniture aromatique et différents légumes (carottes*, navets*, poireau*, céleri*...).

■ POTAGE

SOUP | Préparation culinaire liquide généralement servie chaude en début de dîner*. Ce terme, comme son synonyme soupe*, est souvent employé pour désigner des mets liquides bien différents par leurs composants et leurs modes d'élaboration (voir également crème*, consommé* et velouté*).

■ POTAGE AMBASSADEUR

Split pea soup | Potage* purée constitué d'une base de potage Saint-Germain* et garni de riz* créole, chiffonnade* de laitue* et d'oseille* et pluches de cerfeuil*.

■ POTAGE CULTIVATEUR

Vegetable soup | Potage* taillé composé de carottes*, navets*, choux* et céleris* en paysanne*, petits pois*, haricots verts*, dés de lard de poitrine et pluches de cerfeuil*. Il est accompagné de rondelles de pain* séchées au four et de gruyère* râpé.

■ POTAGE GERMINY

Cream of sorrel soup | Potage* à base de chiffonnade* d'oseille* mouillée au consommé* blanc et lié au jaune d'œuf* et à la crème fraîche*. Il est accompagné de paillettes* au parmesan*.

■ POTAGE JULIENNE DARBLAY

Potato-vegetable soup | Potage* constitué d'une base de potage Parmentier* lié au jaune d'œuf* et garni d'une julienne* de navets*, céleris*, carottes* et blancs de poireaux*.

■ POTAGE MUSARD

Pureed bean soup | Potage* à base de purée de flageolets*, crémé, garni de petits flageolets* et accompagné de petits croûtons frits.

■ POTAGE PARMENTIER

Potato soup | Potage* purée à base de blancs de poireaux* sués au beurre, pommes de terre* et crème fraîche*. Ce potage est garni de pluches de cerfeuil* et accompagné de petits croûtons frits.

■ POTAGE SAINT-GERMAIN

Fresh pea soup | Potage* à base de purée de pois cassés*, crémé, garni de pluches de cerfeuil* et accompagné de petits croûtons frits.

■ POTÉE

STEW or HOTPOT | Désignation d'une préparation culinaire qui était initialement cuite dans un pot en terre. Plusieurs régions françaises ont leur "potée" dont les composants, essentiellement de la viande et des légumes, sont choisis en fonction des traditions et des approvisionnements locaux.

■ POTIMARRON

RED KURI SQUASH | Cucurbitacée* originaire de Chine. Le potimarron tient à la fois du potiron*, dont il rappelle la couleur et la forme, et du marron*, dont le goût farineux est assez proche. Il se prépare en purées, potages*, tartes*, quiches*...

■ POTIRON

PUMPKIN | Fruit appartenant à la famille des cucurbitacées*. Le potiron est originaire

d'Amérique mais il est aujourd'hui cultivé dans beaucoup de pays, notamment en France.
Cet énorme fruit qui peut peser jusqu'à 100 kg possède une écorce côtelée orange, jaune ou verte et une chair de couleur orangée, ferme, un peu farineuse et plus ou moins sucrée. Il est utilisé pour préparer des purées, potages*, flans, tartes*...
Principales variétés: *Rouge vif d'Etampes, Gros jaune de Paris, Potiron turban ou Giraumon, Blanc de Mayet...*

Source : Adobe Stock

■ POTJEFLEICH ou POTJEVLESCH
Potted meat dish | Terrine flamande réalisée avec un mélange de viandes de porc*, de veau* de volaille et de lapin*.

■ POUCE-PIED ou POUSSE-PIED
GOOSE BARNACLE | Crustacé marin, devenu très rare, qui possède un pédoncule charnu comestible. Il se cuit poché au court-bouillon pour être consommé comme du crabe*.

■ POUILLARD
Young pheasant or partridge | Dénomination courante d'un jeune faisan* ou d'une jeune perdrix*.

■ POUILLY-FUISSÉ
French wine | Vins* blancs produits en Bourgogne*, A.O.C.* depuis 1936 et reconnus A.O.P.* dans le cadre de l'U.E. Le nom du climat* d'origine peut compléter l'appellation.
Aire de production : 4 communes de Saône-et-Loire, dont Fuissé, situées à l'ouest de Mâcon.
Superficie du vignoble : 760 ha.
Encépagement autorisé pour l'appellation : Chardonnay*.
Rendement à l'hectare* : 50 hl.

■ POUILLY-FUMÉ ou BLANC-FUMÉ DE POUILLY
French wine | Vins* blancs produits dans la Vallée de la Loire, A.O.C.* depuis 1936 et reconnus A.O.P* dans la cadre de l'U.E. La mention "Val de Loire" peut éventuellement être adjointe à l'appellation.
Aire de production : 7 communes de la Nièvre, dont Pouilly-sur-Loire, situées sur la rive droite du fleuve.
Superficie du vignoble : 1 300 ha.
Encépagement autorisé pour l'appellation : Blanc fumé* (appellation locale du Sauvignon*).
Rendement à l'hectare* : 65 hl.

■ POUILLY-LOCHÉ
French wine | Vins* blancs produits en Bourgogne*, A.O.C.* depuis 1940 et reconnus A.O.P* dans le cadre de l'U.E. Le nom du climat* d'origine peut compléter l'appellation.
Aire de production : commune de Mâcon, en Saône-et-Loire.
Superficie du vignoble : 32 ha.
Encépagement autorisé pour l'appellation : Chardonnay*.
Rendement à l'hectare* : 50 hl.

■ POUILLY-SUR-LOIRE
French wine | Vins* blancs produits dans la Vallée de la Loire, A.O.C.* depuis 1936 et reconnus A.O.P.* dans le cadre de l'U.E. La mention "Val de Loire" peut être éventuellement adjointe à l'appellation.
Aire de production : 7 communes de la Nièvre, dont Pouilly-sur-Loire, situées sur la rive droite du fleuve.
Superficie du vignoble : 30 ha.
Encépagement autorisé pour l'appellation : Chasselas*.
Rendement à l'hectare* : 65 hl.

■ POUILLY-VINZELLES
French wine | Vins* blancs produits en Bourgogne*, A.O.C.* depuis 1940 et reconnus A.O.P.* dans le cadre de l'U.E. Le nom du climat* d'origine peut compléter l'appellation.
Aire de production : communes de Vinzelles et Loché, en Saône-et-Loire, situées à l'ouest de Mâcon.
Superficie du vignoble : 43 ha.
Encépagement autorisé pour l'appellation : Chardonnay*.
Rendement à l'hectare* : 50 hl.

■ POULARDE
YOUNG CHICKEN | Jeune poule* élevée en liberté ou en cage, dans la pénombre, afin qu'elle engraisse sans atteindre la maturité sexuelle. Volaille de choix, avec une chair moelleuse et savoureuse, la poularde s'apprête comme le chapon*.
La poularde de Bresse bénéficie d'une A.O.C.* depuis 1957, reconnue A.O.P.* dans le cadre de l'U.E. L'aire d'appellation s'étend sur 275 communes des départements de l'Ain, du Jura et de Saône-et-Loire.
Cette A.O.C. est réservée à des animaux dont le

poids mort effilé est égal ou supérieur à 1,8 kg et qui ont été élevés, abattus et présentés à la vente dans des conditions particulières imposées par les normes de l'appellation. En outre, ***La Poularde du Périgord*** est identifiée I.G.P.*.

Source : Les fermiers de Loué

Poulardes fermières de Loué

■ POULARDE DEMI-DEUIL

Regional chicken dish | Caractérisé par l'association d'ingrédients blancs (chair de volaille, sauce) et noir (truffe*), la poularde* demi-deuil est un plat réputé de la cuisine lyonnaise. La volaille est farcie d'une mousseline truffée, garnie de fines lames de truffe* insérées entre chair et peau, pochée et servie avec une sauce suprême* truffée.

■ POULE

LAYING HEN | Volaille de la famille des gallinacés. Essentiellement élevée pour la ponte *(1)*, la poule est abattue entre 18 mois et 2 ans. Elle possède alors une chair relativement ferme plutôt destinée à être pochée.

(1) Voir œuf.*

■ POULE AU POT

Chicken stew | Poule* farcie préparée en pot-au-feu*. Cher à Henri IV, qui voulait que chaque laboureur de son Royaume ait une poule dans le pot *(1)* du dimanche, ce plat demeure un symbole de la cuisine rurale béarnaise.

(1) Grosse marmite qui était chauffée dans l'âtre de la cheminée.

Source : Adobe Stock

■ POULET

CHICKEN | Volaille de la famille des gallinacés. Grâce à un élevage bien maîtrisé, le poulet est devenu le volatile le plus consommé en France. En effet, depuis une cinquantaine d'années, cette aviculture est passée de la basse-cour traditionnelle à une forme de production intensive. On trouve ainsi sur le marché :

- ***Le poulet standard*** ou ***poulet industriel*** : volaille élevée en claustration complète avec une alimentation industrielle de la naissance à l'abattage qui intervient à environ 45 jours. Produit sans intérêt gastronomique mais beaucoup consommé grâce à son faible prix.
- ***Le poulet Atout Certifié*** : il est élevé selon un cahier des charges mis au point par le producteur lui-même. C'est une volaille de qualité intermédiaire entre le poulet "standard" et le poulet "Label rouge".
- ***Le poulet Label rouge**** : il est élevé en semi-liberté ou en liberté avec une alimentation à base de céréales. Produit de bonne qualité dont le marché est en constante progression.
- ***Le poulet AB (Agriculture Biologique)*** : il s'agit d'une volaille élevée aux conditions du Label rouge mais avec une alimentation issue de l'agriculture biologique.
- ***Le poulet de Bresse*** *:* il bénéficie d'une A.O.C.* depuis 1957, reconnue A.O.P.* dans le cadre de l'U.E. L'aire d'appellation s'étend sur 275 communes des départements de l'Ain, du Jura et de la Saône-et-Loire. Cette A.O.C. est réservée à des animaux de grande qualité dont le poids mort effilé est égal ou supérieur à 1,2 kg et qui ont été élevés, abattus et présentés à la vente dans des conditions particulières imposées par les normes de l'appellation *(1)*.

Le poulet "PAC" (Prêt à cuire) est présenté sans tête ni pattes. Il est éviscéré (débarrassé des intestins et de tous les abats) ou effilé (sans les intestins mais avec le gésier, le cœur, le foie et les poumons).

Entier ou en morceaux, le poulet se prête à de multiples préparations culinaires.

(1) Parmi ces normes, retenons :

L'aire d'élevage : sur un parcours herbeux de 10 m² minimum par sujet.

L'alimentation : à partir de 5 semaines, nourriture naturelle à base d'herbes, céréales, petits mollusques... et finition en épinette (cage).

L'âge d'abattage : 16 semaines.

La présentation : avec bague d'identification sur une patte et scellé tricolore sur le cou.

■ POULETTE (sauce)

Sauce | Sauce* réalisée à partir d'un velouté* à l'essence de champignons* lié aux jaunes d'œufs* et additionné de jus de citron* et de persil* haché.

■ POULIGNY-SAINT-PIERRE

French cheese | Fromage* de lait* de chèvre fabriqué dans le Berry, A.O.C.* depuis 1972 et reconnu A.O.P* dans le cadre de l'U.E. Il doit son nom à un village de l'Indre situé dans sa zone de production. L'aire géographique de l'A.O.C. Pouligny-Saint-Pierre s'étend sur 22 communes à l'est de l'Indre.
Type: pâte molle, croûte naturelle.
Forme: pyramide légèrement tronquée.
Taille: 7 à 8 cm de côté à la base, 3 cm de côté au sommet, 12,5 cm de hauteur.
Poids: 250 g environ *(1)*.
Teneur en M.G.: 45 % au minimum.
Meilleures saisons: printemps, été, automne.

(1) Il existe un format plus petit dont le poids est d'environ 150 g.

Source : d'après doc. I.N.A.O. Photo BG

■ POULPE

OCTOPUS | Céphalopode marin vivant sur les côtes rocheuses de l'Atlantique et de la Méditerranée. Le poulpe, également appelé *pieuvre*, se présente avec une tête munie d'un bec et de 8 tentacules dotés de ventouses. Il mesure de 30 à 80 cm.
La chair du poulpe est souvent battue pour être attendrie; elle est ensuite pochée avant d'être apprêtée de différentes façons (en beignets*, frite, à l'américaine*, etc.).

Source : Adobe Stock

■ POULSARD

Grape variety | Cépage* noir probablement originaire du Jura. Son nom vient d'un terme dialectal local désignant le fruit du prunellier *(1)*.
Aires de culture: vignobles jurassiens (Arbois*, Côtes du Jura*, l'Etoile*) et terroirs du Bugey*. Les surfaces plantées représentent environ 300 ha.
Vins* produits: rouges peu colorés, fins et bouquetés.

(1) Ce fruit ressemble vaguement aux baies de cette variété de raisin.

■ POUNTI

Ham dish | Préparation culinaire auvergnate composée d'un hachis de lard additionné de jambon cru*, de bettes*, d'oignons*, de persil*, d'œufs* et de lait*. Le pounti est cuit au four, en cocotte ou en terrine.

■ POURLY

French cheese | Fromage* de lait* de chèvre fabriqué en Bourgogne. Il doit son nom à un village de la région auxerroise situé dans sa zone de production.
Type: pâte molle, croûte naturelle.
Forme: petit cylindre bombé.
Taille: 10 cm de diamètre, 6 cm de hauteur.
Poids: 250 à 300 g.
Teneur en M.G.: 45 %.
Meilleures saisons: printemps, été, automne.

■ POURPIER

PURSLANE | Plante vivace à petites feuilles épaisses et charnues originaire de l'Inde dont une espèce comestible est préparée en salade, confite au vinaigre* et comme élément de garniture d'omelette* ou de potage*.

■ POURRITURE NOBLE

NOBLE ROT | Pourriture occasionnée par le développement du botrytis cinerea* sur des grains de raisin arrivés à un stade de surmaturation. Lorsque les conditions climatiques automnales sont favorables avec une alternance d'humidité et de soleil, cette moisissure attaque progressivement les grappes en provoquant une modification importante de l'aspect des grains (ils se flétrissent à cause d'une dessiccation naturelle et ils prennent une couleur violacée). Par ailleurs, la richesse en sucre augmente, la teneur en acidité diminue, ce qui génère, après vendanges, des moûts* tout à fait propices à la fabrication de vins liquoreux*. Dans le Sud-Ouest et en Vallée de la Loire où les Sauternes*, Barsac*, Monbazillac*, Coteaux du Layon* sont obtenus grâce à la pourriture noble, les vendanges s'effectuent par tries successives pour ne recueillir que les raisins mûris à point. L'Alsace*, avec ses "Vendanges tardives*" et ses "Sélections de grains nobles*", mais aussi d'autres pays tels que l'Allemagne et la Hongrie, ont recours à ce procédé pour élaborer certains de leurs vins liquoreux.

■ POUSSIN

POUSSIN or SPRING CHICKEN | Très jeune poulet* âgé de 4 à 5 semaines *(1)* dont le poids se situe entre 250 et 300 g. Sa chair blanche, un peu fade, comme celle du coquelet*, nécessite un apprêt qui relève son goût.

(1) Le petit poussin, encore porteur de son duvet, ne présente aucun intérêt culinaire et n'est donc pas consommé.

■ POUTARGUE

BOTTARGA | *Voir* Boutargue*.

■ POUTINE

WHITEBAIT | Alevins de sardines* et d'anchois* préparés en friture. La poutine est une spécialité méridionale.

■ PRAIRE

CLAM [Warty venus] | Mollusque lamellibranche bivalve vivant sur les fonds sablo-vaseux de la Manche et de l'Atlantique. Ce petit coquillage de 3 à 6 cm de diamètre se consomme cru, farci ou en soupe.

■ PRALINE ou PRASLINE

CARMELIZED ALMONDS | Confiserie faite d'un noyau (une amande*) enrobé de plusieurs couches de sucre* caramélisé ; la dernière étant colorée et aromatisée. La praline serait une création de Clément Jaluzot, cuisinier du Maréchal de Plessis-Praslin (1598-1675).

Source : Adobe Stock

■ PRALINÉ

GROUND CARMELIZED ALMONDS | Pâte obtenue en broyant des amandes* et (ou) des noisettes* torréfiées dans du sucre* arrivé à caramélisation.

■ PRÉLONGEAU ou PROLONGEAU

Grape variety | Cépage* noir cultivé dans la région bordelaise, notamment sur l'aire d'appellation Blaye*.

■ PREMIÈRES CÔTES DE BORDEAUX

French wine | Vins* blancs produits dans le Bordelais *(1)*, A.O.C.* depuis 1937 et reconnus A.O.P.* dans le cadre de l'U.E.

Aire de production : 39 communes de la Gironde situées sur la rive droite de la Garonne, de Langon à Bordeaux.

Superficie du vignoble : 185 ha.

Encépagement autorisé* pour l'appellation : Sémillon*, Sauvignon*, Muscadelle*.

Rendement à l'hectare*: 45 hl.

Richesse en sucre résiduel supérieure à 4 g/litre.

(1) Depuis 2009, les vins rouges produits sur cette aire d'appellation bénéficient de l'A.O.C. "Cadillac-Côtes de Bordeaux".*

■ PRÉS-SALÉS DE LA BAIE DE SOMME

Sheep appellation | *Voir* Ovin*.

■ PRÉS-SALÉS DU MONT-SAINT-MICHEL

Sheep appellation | *Voir* Ovin*.

■ PRÉSIDENT

YOUNG HARE | *Voir* Lièvre*.

■ PRESSAC

Grape variety | Autre dénomination du cépage* Malbec* dans la région de Saint-Émilion.

■ PRESSURAGE

PRESSING | C'est l'extraction finale du jus de raisin lors d'une vinification*. L'opération a lieu avant la fermentation alcoolique* pour les vins* blancs, après le décuvage et la fermentation pour les vins rouges et à un stade intermédiaire pour les vins rosés*, souvent après une saignée de cuve*. D'un pressurage on obtient le vin de presse* et le marc*.

L'élaboration du cidre* compte également une phase de pressurage.

■ PRÉSURE

RENNET | Enzyme extraite de la caillette de jeunes ruminants tels que le veau* ou le chevreau* et utilisée pour la coagulation du lait* dans la fabrication des fromages*. Il existe également des présures d'origine végétale provenant notamment de la chardonnette (fleur de l'artichaut* sauvage) et du figuier.

■ PRIMAT

Bottle type | Bouteille d'une contenance équivalente à 36 bouteilles classiques, soit 27 litres.

■ PRINTANIÈRE (à la)

Vegetable garnish | Dénomination d'apprêts culinaires dont la garniture est constituée de légumes nouveaux (carottes*, navets*, pommes de terre*, petits pois*, haricots verts*...).

■ PROFITEROLE

PROFITEROLE | Petit chou salé ou sucré fourré d'appareil* qui varie selon sa destination. La profiterole salée est souvent utilisée comme garniture de potage* alors que la profiterole sucrée, garnie de crème Chantilly*, crème pâtissière* ou glace*, est consommée en dessert.

Source : Adobe Stock

Profiteroles au chocolat

■ PROGRÈS

Meringue or cake |
a) Meringue* aux amandes* et aux noisettes* utilisée pour réaliser des fonds de pâtisserie.
b) Gâteau constitué de plusieurs disques en pâte à progrès qui sont fourrés de crème au beurre* diversement parfumée, le dessus étant glacé au fondant*.

■ PROSECCO

Italian wine | Vins* blancs effervescents italiens produits en Vénétie. Issus essentiellement de Glera, cépage* autochtone, les Prosecco sont élaborés par la Méthode Charmat* ou la Méthode traditionnelle*. Ces vins, commercialisés en grande quantité (600 millions de bouteilles en 2018, le double du Champagne*) et qui ont connaissent un grand succès à l'exportation depuis quelques années *(1)*, bénéficient d'une D.O.C.*.

(1) Notamment grâce à des cocktails dont ils sont composants tel que le Spritz*.*

Source : Adobe Stock

■ PROTOCOLE

RESTAURANT PROTOCOL | Au restaurant, ensemble des usages et des règles qui président à l'organisation et au déroulement d'une réception et plus particulièrement d'un repas.
Selon les circonstances, les règles protocolaires sont plus ou moins strictes. Elles portent essentiellement sur le dressage de la table, l'accueil et le placement des convives, le service des mets et des vins.
En dehors des manifestations à caractère officiel *(1)*, le protocole et l'étiquette de la table se sont simplifiés avec l'évolution de la Société, mais ils reflètent encore la bonne éducation et un certain savoir-vivre issus de nos traditions et de notre Histoire.

(1) La République possède un protocole clairement codifié dont une partie concerne les déjeuners ou les diners* officiels accueillant ses hôtes français ou étrangers.*

■ PROVENÇALE (à la)

Prepared with olives and garlic | Dénomination d'apprêts culinaires habituellement cuisinés à l'huile d'olive* et à l'ail*. Ils comportent, selon les cas, des tomates* étuvées, des champignons* farcis à la duxelles*, des haricots verts*, des pommes château*, etc.

■ PROVIDENCE

French geographic area | Autre dénomination du Bricquebec*.

■ PROVOLONE VALPADANA

Italian cheese | Fromage* de lait* de vache originaire du sud de l'Italie mais fabriqué aujourd'hui dans le nord de la péninsule.
Il bénéficie d'une Appellation d'Origine Contrôlée dans son pays et d'une A.O.P.* au niveau européen.
Type : pâte filée *(1)*, croûte naturelle.
Formes : poire, gros saucisson, boule.
Taille : variable selon la forme.
Poids : 2 à 6 kg.
Teneur en M.G. : 44 % au minimum.
Qualité identique toute l'année.

(1) Voir définition de cette pâte à caciocavallo silano.*

■ PRUINE

BLOOM | Matière cireuse présente sur certains fruits tels que le raisin* ou la pomme*. La pruine permet de retenir les levures alcooliques* qui séjournent naturellement dans l'environnement des cultures.

■ PRUNE (eau-de-vie)

Brandy | Eau-de-vie* élaborée dans plusieurs pays d'Europe *(1)* à partir de variétés de prunes* différentes selon les régions. L'eau-de-vie de prune se prête très bien au vieillissement en fût de frêne, ce qui lui permet de développer ses arômes et prendre une légère coloration.

(1) France, Allemagne, Suisse, et dans plusieurs pays des Balkans, notamment en Ex-Yougoslavie où est produite la célèbre Slivovitz.*

■ PRUNE (fruit)

PLUM | Fruit à noyau originaire du Moyen-Orient ou d'Asie qui se caractérise par une peau lisse et une chair juteuse et sucrée. On rencontre une

multitude de variétés de prunes qui se différencient par leur taille, la couleur de leur peau, la couleur et la texture de leur chair.
Nous distinguons principalement :

- ***Les variétés européennes :***
  La Reine-Claude, variété de taille moyenne à chair juteuse et parfumée. Elle doit son nom à Claude de France, épouse de François 1er, qui l'appréciait beaucoup.
  La Mirabelle, fruit jaune de petite taille qui possède une chair sucrée. Son nom viendrait d'un village de l'Est de la France où le roi René aurait, le premier, fait cultiver cette petite prune dorée. ***La Mirabelle de Lorraine*** bénéficie d'une I.G.P.*.
  La Quetsche, fruit oblongue de couleur violette surtout cultivé en Alsace. Sa chair jaune est plus ou moins sucrée.
  La Président, variété voisine de la quetsche mais de plus grosse taille.
  La Bonne de Brie, fruit de couleur bleue avec une chair jaune juteuse et parfumée.
  La Prune d'Ente, variété de couleur violette utilisée pour produire le pruneau*.
- ***Les variétés américaines et japonaises***
  parmi lesquelles on peut citer : *La Golden japan, l'Allo, La Santa Rosa, la Methley, la Friar, l'Angelo…*

La prune se consomme crue ou cuite (pâtisseries, confitures*, garnitures* de porc* ou de gibiers...). Certaines variétés sont employées pour la fabrication d'eaux-de-vie*.

■ PRUNEAU

DRIED PLUMS or PRUNES | Produit obtenu par déshydratation ou séchage (au soleil ou au four) d'une prune violette de forme allongée. La variété la plus employée est *la Prune d'Ente*.
Aujourd'hui, ***le Pruneau d'Agen***, qui bénéficie d'une I.G.P.*, représente 95 % de la production française.
Il faut 2,5 à 3 kg de prunes fraîches pour obtenir 1 kg de pruneaux. Dans le commerce, les pruneaux sont calibrés en fonction du nombre de fruits contenus dans 500 g de produit : *géants* (35 à 44), *très gros* (44 à 55), *gros* (55 à 66), *moyens* (66 à 77).

■ PUDDING

English dessert | Entremets d'origine anglaise, servi chaud ou froid, réalisé à partir de nombreuses recettes. Les composants sont donc très variés et, selon la formule retenue, on peut trouver des biscuits*, de la brioche*, de la mie de pain*, du riz*, de la semoule*, des fruits confits*, des raisins secs*, des œufs*, de la crème fraîche*, du sucre*, des épices* …

■ PUDDING DIPLOMATE

DIPLOMAT PUDDING | Entremets* préparé à partir d'un appareil à moscovite*, de biscuits à la cuillère imbibés de kirsch*, de fruits confits, de raisins* de Corinthe et de confiture* d'abricot*. Après démoulage, ce dessert est servi avec une crème anglaise*.

■ PUISSEGUIN-SAINT-ÉMILION

French wine | Vins* rouges produits dans le Bordelais, A.O.C.* depuis 1936 et reconnus A.O.P* dans le cadre de l'U.E.
Aire de production : commune de Puisseguin, en Gironde, située au nord-est de Saint-Emilion*.
Superficie du vignoble : 730 ha.
Encépagement autorisé* pour l'appellation : Cabernet-Sauvignon*, Cabernet franc*, Malbec*, Merlot*, Carmenère*, Petit Verdot*.
Rendement à l'hectare* : 53 hl.

■ PUITS D'AMOUR

Small cake | Petit gâteau à base de pâte feuilletée* qui a la forme d'une bouchée et dont l'intérieur est garni de confiture* ou de crème pâtissière*.

■ PUITS-SAINT-GEORGES

French mineral water | Eau minérale naturelle* gazeuse captée à Saint-Romain-le-Puy dans la Loire. Déclarée d'intérêt public en 1898.
Catégorie : moyennement minéralisée.

Composition physico-chimique (en mg/l)	
Cations	Anions
Sodium : 430 Calcium : 45 Magnésium : 33 Potassium : 18	Bicarbonates : 1 421 Chlorures : 38 Sulfates : 9 Nitrates : 7,4
Fluor : 0,42	Silice : 38
pH à 20°C : 6,5	Minéralisation totale : 1 315 mg/l

■ PULIGNY-MONTRACHET

French wine | Vins* blancs et rouges produits en Bourgogne*, A.O.C.* depuis 1937 et reconnus A.O.P* dans le cadre de l'U.E. Pour les vins dont les récoltes proviennent de parcelles classées “Premier cru”, l'appellation communale peut être complétée par le nom du climat* d'origine *(1)* et (ou) par la mention “Premier cru”.
Aire de production : commune de Puligny Montrachet, en Côte-d'Or, située au sud-ouest de Beaune.
Superficie du vignoble : 211 ha (dont 210 ha en vins blancs et 1 ha en vins rouges).

Encépagement autorisé* pour l'appellation : Chardonnay*, Pinot blanc*, Pinot noir*, Pinot gris*. Rendement à l'hectare* : 57 hl pour les vins blancs et 50 hl pour les vins rouges (rendement inférieur pour les Premiers crus).

(1) "Clavaillon", "Hameau-de-Blagny", "La Garenne", "Le Cailleret", "Le Champ-Canet", "Les Chalumeaux", "La truffière","Les Demoiselles", "Les Perrières", "Champ Gain", "Clos de la Garenne", "Clos de la Mouchère", "Les Combettes", "Les Folatières", "Les Pucelles", "les Referts" et "Sous-le-Puits".

Source : Louis Jadot

■ PULQUE

Mexican beverage | Boisson mexicaine obtenue par fermentation du suc de certains agaves *(1)*.

(1) Les agaves sont également employés pour fabriquer la tequila et le mescal*.*

■ PUMPERNICKEL

PUMPERNICKEL | Pain* de seigle* d'origine allemande. Réalisé à partir d'une farine* grossièrement écrasée, il présente une couleur foncée, une texture très dense et un goût particulier avec une saveur acide.

■ PUNCHES OU PUNCHS

PUNCH or PUNCHES | Long drinks*, froids ou chauds, ayant pour base une eau-de-vie* (souvent du rhum*), du jus de fruit et des fruits.

Un punch peut être préparé à l'avance et servi dans une grande "cup" (punch bowl) lors d'une réception.

■ PUNT E MES

Italian vermouth | *Voir* Carpano*.

■ PUSSY FOOT

PUSSY FOOT | Cocktail* sans alcool préparé au shaker.

1 jaune d'œuf*
3 cl de jus de citron*
8 cl de jus d'orange*
1 cl de sirop de grenadine*

Frapper le jaune d'œuf, le jus de citron et le jus d'orange. Servir sur glace dans un tumbler et terminer par un trait de grenadine.

■ PUY-DE-DÔME (vin)

PUY-DE-DÔME (wine) | *Voir* Vins I.G.P.*.

■ PYRÉNÉES VALLÉE DE LA BAROUSSE

Spring water source | Eau de source* captée à Ferrère dans les Hautes-Pyrénées.

Catégorie : faiblement minéralisée.
pH à 20 °C : 7,9.
Minéralisation totale : 149 mg/l.

Source : Adobe Stock

Pumpernickel

Q

■ QUALITÄTSWEIN BESTIMMER ANBAUGEBIETE (QbA)

German wine classification | V.Q.P.R.D.* (Vins de Qualité Produits dans des Régions Déterminées) allemands produits selon certains critères propres au pays et à l'Union Européenne.
Ces vins*, surtout des blancs, plus de 80 % de la production, sont élaborés à partir de nombreux cépages, dont le Müller-Thurgau*, dans 13 régions déterminées.

■ QUALITÄTSWEIN MIT PRÄDIKAT (QmP)

German wine classification | Qualitätswein* présentant une mention ou un label attribué en fonction du stade de maturité ou de certains procédés de traitement de la vendange.

- ***Kabinett***: vendanges à maturité normale, vins* légers.
- ***Spätlese***: vendanges tardives ayant lieu au moins 1 semaine après les vendanges normales, vins plus doux.
- ***Auslese***: sélection de grappes très mûres, vins doux.
- ***Beerenauslese***: sélection de raisins atteints par la pourriture noble* (edelfaüle), vins de dessert onctueux.
- ***Trockenbeerenauslese***: raisins passerillés et atteints par l'edelfaüle, vins liquoreux* rares et chers.
- ***Eiswein***: raisins de vendanges très tardives dans la saison où les grappes sont récoltées et pressurées gelées, vins liquoreux rares et de prix très élevés *(1)*.

La chaptalisation* est interdite pour les vins vendus avec la mention "Prädikat".

(1) Voir Vin de glace.*

■ QUARTENIER

QUARTENIER (2-year-old boar) | *Voir* Sanglier*.

■ QUARTIROLO LOMBARDO

Italian cheese | Fromage* de lait* de vache fabriqué dans le nord de l'Italie. Son nom vient de l'expression "erba quartirola" (herbe du troisième regain) et de sa région de production. Ce produit bénéficie d'une Appellation d'Origine Contrôlée dans son pays et d'une A.O.P.* au niveau européen.
Type: pâte molle légèrement pressée, croûte lavée très fine.
Forme: carré.
Taille: 25 cm de côté, 6 à 8 cm d'épaisseur.
Poids: 2,5 kg environ.
Teneur en M.G.: 48 %.
Meilleures saisons: automne, hiver.

■ QUARTS DE CHAUME GRAND CRU

French wine | Vins* blancs produits dans la Vallée de la Loire, nouvelle A.O.C.* depuis 2011 *(1)* et reconnus A.O.P.* dans le cadre de l'U.E.
Aire de production : commune de Rochefort-sur-Loire située au sud d'Angers.
Superficie du vignoble : 40 ha.
Encépagement autorisé pour l'appellation : Chenin blanc*.
Rendement à l'hectare* : 20 hl.
Teneur minimale en sucre résiduel : 85 g/litre.
Vins élaborés à partir de raisins arrivés à surmaturation (voir Pourriture noble*).

(1) En remplacement de l'appellation "Quarts de chaume".

Source Interloire - Interprofession des vins du Val de Loire

■ QUASI

RUMP | Pièce de veau* située dans la partie arrière supérieure de l'animal, au dessus de la noix*. Ce muscle fessier est un excellent morceau à rôtir.

■ QUATRE-ÉPICES

ALLSPICE | Mélange aromatique généralement composé de poivre* moulu, noix de muscade*

râpée, cannelle* et clou de girofle* en poudre. Ensemble éventuellement complété de gingembre*.
Avec une saveur et des arômes puissants, le quatre-épices est employé comme assaisonnement de préparations charcutières et de plats en sauces*.

■ QUATRE-QUARTS

POUND CAKE | Pâtisserie constituée en quantités égales, de beurre*, de sucre*, de farine* et d'œufs*.

■ QUENELLE

QUENELLE | Préparation culinaire à base de farce fine de volaille, de poisson ou de viande. Façonnées en boudin ou à la cuillère, les quenelles sont généralement pochées pour être servies en sauce* ou comme élément de garniture*.

Source : Adobe Stock

■ QUESO NATA DE CANTABRIA

Spanish cheese | Fromage* de lait* de vache fabriqué dans les monts Cantabriques, au nord de l'Espagne. Il bénéficie d'une A.O.C.* dans son pays d'origine et d'une A.O.P.* au niveau européen.
Type: pâte pressée non cuite.
Forme: parallélépipède rectangle ou cylindre.
Taille: variable.
Poids: 0,500 à 2,500 kg.
Teneur en M.G.: 45 %.
Qualité identique toute l'année.

■ QUETSCH D'ALSACE (eau-de-vie)

Brandy | Indication géographique d'une eau-de-vie* élaboré à partir de quetsches* récoltées et distillées dans les départements du Bas-Rhin et du Haut-Rhin. L'eau-de-vie* doit maturer pendant au moins 6 mois en récipient neutre - cuve, bonbonne ou fût - avant commercialisation.
Titrage alcoolique minimum à la vente au consommateur : 45°.

■ QUETSCHE (eau-de-vie)

Brandy | Eau-de-vie blanche* *(1)* élaborée à partir de grosses prunes* oblongues de couleur violette *(2)*. L'Alsace, mais aussi la Haute-Marne et la Haute-Saône sont les principales régions productrices de quetsche.

(1) Cette eau-de-vie peut également subir un court vieillissement "sous bois" qui lui apporte une légère coloration.
(2) Il faut environ 25 kg de fruits pour obtenir 1 litre d'eau-de-vie pure à 100°.

■ QUETSCHE (fruit)

DAMSON | *Voir* Prune*.

■ QUEUE

TAIL | Appendice flexible qui prolonge la colonne vertébrale des animaux de boucherie et du porc*. Cet abat* osseux, dont la chair est savoureuse, nécessite une cuisson relativement longue (en pot-au-feu* par exemple).

■ QUÉZAC

French mineral water | Eau minérale naturelle* gazeuse captée à Quézac en Lozère. Reconnue eau minérale en 1901.
Catégorie: riche en sels minéraux.

Composition physico-chimique (en mg/l)	
Cations	Anions
Sodium : 135 Magnésium : 75 Calcium : 195 Potassium : 40	Bicarbonates : 1 220 Sulfates : 100 Chlorures : 22 Nitrates : <1
Fluor : 2,1	
pH à 20°C : 5,5	Minéralisation totale : 1 244 mg/l

■ QUICHE

QUICHE | Tarte salée constituée d'un fond de pâte brisée* garni d'un appareil à base d'œufs*, de crème fraîche* et de fromage* râpé. Divers ingrédients *(1)* complètent l'appareil* en fonction du type de quiche souhaité.

(1) Dans la quiche lorraine il est ajouté des lardons. Dans la quiche aux fruits de mer il est inclus des moules et des queues de crevettes*. On rencontre également des quiches au saumon*, aux légumes*, etc.*

■ QUINCY

French wine | Vins* blancs produits dans la Vallée de la Loire, A.O.C.* depuis 1936 et reconnus A.O.P.* dans le cadre de l'U.E. La mention "Val de Loire" peut éventuellement compléter le nom de l'appellation.
Aire de production : 2 communes du Cher, Quincy et Brinay, situées au sud-est de Vierzon.
Superficie du vignoble : 250 ha.
Encépagement autorisé pour l'appellation : Sauvignon*.
Rendement à l'hectare* : 65 hl.

■ QUINOA

QUINOA | Originaire d'Amérique du Sud et constituant pendant très longtemps la nourriture de base des Incas, cette petite graine qui a l'aspect d'une céréale n'est pourtant pas considérée comme telle par les botanistes *(1)*. Très riche en protéines et en minéraux, le quinoa est un des végétaux les plus nutritifs du monde. Il est produit principalement au Pérou, en Bolivie et en Equateur. Cette graine se consomme pochée, froide ou chaude, dans des salades ou autres apprêts culinaires.

(1) Le quinoa appartient à la famille des chénopodiacées dans laquelle on retrouve, par exemple, la betterave et les épinards*.*

Source : Adobe Stock

■ QUINQUINA (plante)

CINCHONA | Arbuste originaire d'Amérique du Sud dont l'écorce *(1)* est exploitée dans le domaine alimentaire pour la fabrication d'A.B.V.* à saveur amère portant le même nom.

(1) La quinine, substance extraite de l'écorce du quinquina, fut isolée en 1823 par deux pharmaciens français : J.B. Caventou et P.J. Pelletier. Cette découverte permit de mettre au point un médicament utilisé pour soigner le paludisme.

■ QUINQUINA (spiritueux)

Spirits | A.B.V.* élaboré à partir de vins* et mistelles* parfumées à l'écorce de quinquina* et autres substances aromatiques telles que zestes* d'oranges* amères ou racines de gentiane*. Le Saint-Raphaël*, le Byrrh*, l'Ambassadeur*... sont des quinquinas.

R

■ RÂBLE

Rabbit or hare cut | Partie dorsale d'un lapin* ou d'un lièvre*. Ce morceau est très prisé pour diverses préparations culinaires (à la moutarde*, farci, en civet* ou en gibelotte*, etc.).

■ RACHEL (garniture)

Garnish | Préparation culinaire composée de fonds d'artichauts* garnis de lames de moelle pochées. Cette garniture, comme la salade du même nom, doit sa dénomination à une tragédienne *(1)* qui avait comme pseudonyme "Rachel".

(1) Elisabeth Félix (1821-1858).

■ RACHEL (salade)

Salad | Salade composée* constituée d'une julienne* de fonds d'artichauts*, pommes de terre*, céleris* en branches et truffes*; pointes d'asperges* en garniture. Assaisonnement: sauce mayonnaise* légère.

■ RACLETTE

Swiss cheese dish | Plat d'origine suisse préparé en chauffant la tranche d'une demi-meule de fromage* à pâte pressée. La partie exposée à la chaleur est raclée au fur et à mesure qu'elle fond. Elle est ensuite dégustée avec des pommes de terre* cuites à l'eau, du jambon* cru, des cornichons*, des petits oignons* au vinaigre*, etc.

■ RACLETTE DE SAVOIE

French cheese | Fromage* de lait* de vache fabriqué en Savoie, I.G.P.* depuis 2017. Il doit son nom à sa région d'origine et à la particularité de sa pâte qui peut être chauffée, fondue et raclée. Une plaque de caséine - verte pour les fromages fermiers et rouge pour les fromages laitiers - permet d'identifier l'origine du produit.

Type : pâte pressée non cuite, croûte morgée *(1)*.
Forme : meule.
Taille : 28 à 34 cm de diamètre, 6 à 7,5 cm de hauteur.
Poids : environ 6 kg.
Teneur en M.G. : 48 à 52 %.

(1) La morge est une pellicule visqueuse obtenue en frottant la croûte avec du sel humide.

■ RADIS

RADISH | Plante potagère originaire de Chine dont la racine *(1)* comestible se consomme crue. Elle peut être accompagnée de beurre* et de sel* ou râpée et assaisonnée de sauce vinaigrette*. Les fanes (ou feuilles) entrent parfois dans la composition de potages*.

Il faut distinguer plusieurs variétés de radis:

- ***Les Radis ronds***, de petite taille, complètement rouges ou rouges et blancs *(Cerise, Gaudry, National, Rond écarlate, Saxa...)*.
- ***Les Radis demi-longs***, de forme plus allongée, rouges avec l'extrémité blanche *(Flamboyant, De dix-huit jours, Pernot, Clipo, Callisto, Disco, Expo, Fluo, Prélude...)*.
- ***Les Radis à grosse racine***, monochrome, de couleur noire, rouge ou blanche *(Gros long, Poids d'horloge, Noir long, Minowase, Ostergruss...)*.

(1) La partie que nous consommons est en réalité une excroissance de la base de la tige. Cette excroissance se termine d'ailleurs par une petite, mais véritable racine.

Source : Adobe Stock

■ RAFFIAT ou RAFFIAT DE MONCADE

Grape variety | Cépage* blanc originaire du Sud-Ouest et cultivé sur de faibles superficies dans cette région (Béarn*). Il donne des vins assez neutres, riches en alcool. Le Raffiat est souvent assemblé avec le Gros Manseng* et le Petit Manseng*.

■ RAGOT

RAGOT (4-year-old boar) | *Voir* Sanglier*.

■ RAGOÛT

Stew | Apprêt culinaire à base de morceaux de viande, de gibier*, de volaille, de poisson... qui sont revenus dans un corps gras, singés *(1)* et mouillés d'un liquide (fond de sauce*, bouillon, eau) pour une cuisson plus ou moins longue.
On distingue 2 types de ragoût :

- ***Le ragoût "à blanc"*** où la viande (ou autre produit de base) est simplement saisie, sans coloration.
- ***Le ragoût "à brun"*** où il y a rissolage pour obtenir une coloration.

(1) Opération qui consiste à saupoudrer de farine pour obtenir une liaison de la préparation.*

■ RAIE

RAY | Poisson de mer appartenant à la famille des rajidés et vivant sur les fonds sableux de l'Atlantique et de la Méditerranée. La raie est un poisson plat, cartilagineux et dépourvu d'arêtes. Il existe plusieurs espèces dont les plus connues sont : *la raie bouclée* (la plus appréciée), *la raie papillon, la raie pocheteau noire ou grise, la raie ponctuée* et la *raie cendrée*.
La raie se prépare à la grenobloise*, aux câpres*, tiède accompagnée d'une sauce vinaigrette*, etc.

Source : Adobe Stock

■ RAIFORT

HORSERADISH | Plante condimentaire originaire d'Asie occidentale dont on utilise la racine à saveur âcre et piquante.
Le raifort, condiment traditionnel des pays du Nord et de l'Est, se consomme à l'état frais, finement râpé, citronné et éventuellement additionné de crème fraîche*. Il entre également dans la composition de certaines sauces*, moutardes* ou beurres composés.

■ RAIFORT JAPONAIS

JAPANES HORSERADISH | *Voir* Wasabi*.

■ RAINBOWS

RAINBOWS | Appelés également "pousse-café", ces short drinks* sont des boissons digestives préparées directement dans un verre tulipe en superposant des liquides de densités et de teneurs en alcool* différentes.

■ RAIPONCE

RAMPION | Autre dénomination de la mâche*.

■ RAISIN

GRAPE | Le raisin, fruit de la vigne, sert principalement à fabriquer du vin*, mais parmi les milliers de variétés (cépages*) répertoriées dans le monde, certaines sont plutôt consommées comme n'importe quel autre fruit. Il s'agit de "raisins de table". Parmi les variétés les plus courantes, citons :

- *Le Chasselas** : fruit jaune à petits grains avec une chair juteuse et sucrée. *Le Chasselas de Moissac*, bénéficie d'une A.O.C.*
- *Le Muscat* de Hambourg* : fruit rouge à saveur musquée. Issu de cette variété, *Le Muscat du Ventoux** bénéficie d'une A.O.C.
- *Le Muscat d'Alexandrie* : raisin blanc légèrement acide.
- *L'Alphonse Lavallée* : raisin noir à gros grains charnus.
- *L'Italia* : raisin blanc à gros grains ovoïdes.
- *Le Cardinal* : raisin à grosses baies rouges violacées.

Chasselas et Muscat de Hambourg

■ RAISINÉ

GRAPE PRESERVES | Confiture* fabriquée à partir de jus de raisin* concentré par ébullition, éventuellement additionné de quartiers de poires*, de coings* ou autres fruits.

■ RAÏTA

Indian yogurt-based sauce | Spécialité culinaire indienne à base de concombre* râpé, yaourt*, ail*, oignon*, fines herbes*, etc. Il existe de nombreuses variantes pour cette préparation qui est consommée comme élément d'accompagnement.

■ RAKI

Spirits | Spiritueux* anisé fabriqué en Turquie titrant entre 45 et 50°. Il est consommé pur, suivi d'une gorgée d'eau glacée ou allongé d'eau fraîche comme tout autre anisé*. On trouve 2 types de raki :

- ***Le yeni raki*** élaboré avec 80 g de graines d'anis* et 4 g de sucre* par litre. Il subit une macération en barriques d'au moins 1 mois.
- ***Le kulüp raki*** élaboré avec 100 g de graines d'anis et 6 g de sucre par litre. La macération en barriques est alors supérieure à 2 mois.

■ RAMBOUTAN

RAMBUTAN (fruit) | Fruit exotique originaire de Malaisie. Le ramboutan a l'aspect d'une petite châtaigne* dont la coque rouge est recouverte de poils *(1)*. Sa pulpe blanche, translucide et juteuse, rappelle celle du litchi*.

(1) Son nom vient du terme malais "rambut" qui signifie "cheveux".

■ RAS EL HANOUT ou RAZ EL HANOUT

RAS EL HANOUT | Mélange aromatique d'origine maghrébine dont les composants (10 à 50) sont très variables. On y trouve couramment cannelle*, coriandre*, curcuma*, clou de girofle*, cardamone*, noix de muscade*, nigelle*, poivre(s)*, cumin*, fenugrec*, fenouil*, fleurs de lavande* et de rose séchées, etc. Le ras el hanout est employé traditionnellement dans les couscous*, les tajines* et les pastillas (préparations feuilletées marocaine).

■ RASCASSE

SCORPION FISH | Poisson de mer de la famille des scorpénidés qui se caractérise par une tête hérissée d'épines. On rencontre plusieurs espèces de rascasses: ***la rascasse brune***, ***la rascasse rouge*** et ***la rascasse du nord***. Elles se différencient par leur taille (de 20 à 50 cm), la couleur de leur peau et leur habitat (plusieurs mers du globe).
La rascasse possède une chair ferme qui la destine tout naturellement aux soupes* de poissons et aux bouillabaisses*.

■ RASTEAU

Agricultural region | V.D.N.* blancs, rosés et rouges et vins rouges traditionnels produits dans le Vaucluse, A.O.C.* depuis 1944 *(1)* et reconnus A.O.P.* dans le cadre de l'U.E.
Pour les V.D.N., sous conditions de production, de vieillissement, d'étiquetage et de date de mise sur le marché, l'appellation est complétée par les mentions ***ambré***, ***blanc***, ***grenat***, ***rosé*** ou ***tuilé***. Par ailleurs, la mention "rancio" peut être adjointe pour des vins ***ambrés*** ou ***tuilés*** qui ont subi un vieillissement en milieu oxydatif et qui ont pris un goût de "rancio". La mention "hors d'âge" est réservée aux vins qui ont fait l'objet d'un élevage au moins jusqu'au 1er septembre de la 5ème année qui a suivi celle de la récolte.
Aire de production : Pour les V.D.N., communes de Rasteau, Cairanne et Sablet, situées au nord-est d'Orange. Pour les vins rouges traditionnels, l'aire de production est limitée à la commune de Rasteau.
Superficie du vignoble : 971 ha (dont 22 pour les V.D.N. et 949 pour les vins rouges traditionnels).
Encépagement autorisé* pour l'appellation : Grenache noir*, Mourvèdre*, Syrah*, Bourboulenc*, Brun argenté, Carignan*, Cinsault*, Clairette*, Clairette rose, Counoise*, Marsanne*, Muscardin*, Piquepoul blanc*, Piquepoul noir*, Roussanne*, Terret noir*, Grenache gris*, Grenache blanc*, Ugni blanc*, Viognier*.
Rendement à l'hectare* : 30 hl de moût* pour les V.D.N. et 38 hl de vin pour les vins rouges traditionnels.
Richesse naturelle initiale en sucre pour les V.D.N. : 252 g/litre au minimum.
Apport en alcool* pour le mutage des V.D.N. : 5 à 10 % du volume de moût mis en œuvre, avec un alcool titrant au moins 96°.
Richesse alcoolique minimum acquise pour les V.D.N. : 15 %.

(1) Les vins rouges traditionnels ont intégré l'appellation en 2010.

■ RATAFIA CHAMPENOIS

Spirits | Spiritueux* produit en Champagne *(1)* et bénéficiant d'une I.G.P.*. Le ratafia, qui titre entre 16 et 22° et contient au moins 110 g de sucre par litre en fin d'élaboration, est obtenu par mutage* de moût* de raisin avec de l'alcool d'origine viticole (eau-de-vie* de vin, eau-de-vie de marc, distillat vinique). Sous certaines conditions de vieillissement, les mentions "Vieux" ou "Très vieux" peuvent figurer sur l'étiquetage.

(1) On retrouve du ratafia dans d'autres régions viticoles, notamment en Bourgogne.

■ RATATOUILLE

RATATOUILLE | Plat provençal fait de poivrons*, aubergines*, courgettes*, oignons* et tomates* cuisinés à l'huile d'olive* et aux aromates*.

■ RAVIGOTE (sauce)

Sauce | Sauce vinaigrette* additionnée de câpres*, persil*, cerfeuil*, estragon* et oignons* hachés.

■ RAVIOLES

RAVIOLI | Petites poches en pâte à nouilles farcies de fromages* ou d'un hachis de légumes (épinards*, bettes*...) avant d'être pochées à l'eau. Les garnitures de ravioles évoluent beaucoup et il n'est pas rare de rencontrer aujourd'hui des farces à base de crustacé, poisson, volaille, etc.

■ RAVIOLIS

RAVIOLI | En Italie, petites poches carrées en pâte à nouilles garnies d'une farce de viande ou de légumes. Cuits à l'eau, les raviolis sont servis avec une sauce tomate* et du fromage* râpé (parmesan* de préférence).

■ RAW FOOD

RAW FOOD | Mode d'alimentation essentiellement végétalien *(1)* qui consiste à se nourrir de produits bruts, bios, sans cuisson, ou soumis à une cuisson légère n'excédant pas 40 à 50°C pour préserver les nutriments.

(1) Qui fait une grande place aux fruits, légumes, graines, noix, baies, algues, herbes, racines etc.

■ REBÊCHE (vin de)

Winemaking term | En Champagne, le vin* de rebêche est extrait lors d'un second pressurage*. Consommé en vin courant, ce produit doit être séparé des vins bénéficiant d'une A.O.C.*.

■ REBLOCHON ou REBLOCHON DE SAVOIE

French cheese | Fromage* de lait* de vache fabriqué en Savoie, A.O.C.* depuis 1958 et reconnu A.O.P.* dans le cadre de l'U.E. Son nom vient du terme dialectal local "reblocher", qui signifie traire une seconde fois. L'aire géographique de l'appellation s'étend sur 176 communes de Haute-Savoie et 9 communes de Savoie.

Le reblochon est authentifié par une petite plaque de caséine incrustée dans la croûte, rouge pour les fromages laitiers et verte pour les fromages fermiers, et il est présenté sur un faux fond d'épicéa tranché.

Type: pâte légèrement pressée, non cuite. Croûte lavée.
Forme: disque.
Taille: 14 cm de diamètre, 3,5 cm d'épaisseur (9 cm de diamètre et 3 cm d'épaisseur pour le petit format).
Poids: 450 à 550 g (240 à 280 g pour le petit format).
Teneur en M.G.: 45 % au minimum.
Meilleures saisons: été, automne.

Source: Photo BG

■ RED LION

RED LION | Cocktail* préparé au shaker.
1,5 cl de jus de citron*
1,5 cl de jus d'orange*
2 cl de Grand-Marnier*
2 cl de gin*
Frapper et servir dans un verre à cocktail.

Source: Photo BG

■ RÉFRACTOMÈTRE

REFRACTOMETER | Instrument qui permet d'évaluer la richesse en sucre* d'un moût* en mesurant son indice de réfraction. Cet ustensile, plus simple d'utilisation que le mustimètre*, est très usité par le vigneron pour suivre l'évolution de la maturité du raisin.

■ RÉFRIGÉRATION

REFRIGERATION | Procédé de conservation par le froid sur une courte durée. Selon les denrées, les températures maximales préconisées vont de 0 à 8° C.

- ***0 à 2° C sur glace fondante*** pour les poissons, crustacés et coquillages autres que vivants.
- ***2° C*** pour les viandes hachées
- ***3° C*** pour les préparations de viandes contenant des abats*
- ***4° C*** pour les saucisses* crues, chairs à saucisse, denrées animales ou végétales cuites ou précuites, fonds de sauce*, abats, volailles, découpes de viandes, fromages* découpés ou râpés préemballés, produits décongelés…
- ***8° C*** pour les produits laitiers frais, beurres* et matières grasses, desserts lactés ...

Les températures de stockage en réfrigération sont donc variables selon les produits à conserver. Quand il s'agit de produits emballés, il est conseillé de prendre en compte la température mentionnée sur l'étiquetage sans oublier de respecter la D.L.C.*.

■ RÉGENCE (salade)

Salad | Salade composée constituée de minces copeaux de truffes*, rognons* de coqs* émincés en lamelles, julienne* de céleris* et pointes d'asperges*.

Assaisonnement: sauce vinaigrette* au jus de citron.

■ RÉGLISSE

LICORICE | Arbrisseau d'origine méditerranéenne dont on exploite les racines pour leurs propriétés aromatiques et médicinales. Le suc de réglisse est utilisé pour fabriquer des confiseries ou parfumer des boissons.

Rouleau de réglisse

■ RÉGNIÉ

French wine | Vins* rouges produits dans le Beaujolais, A.O.C.* depuis 1988 et reconnus A.O.P.* dans le cadre de l'U.E. La mention "Cru du Beaujolais" peut figurer sur l'étiquetage.
Aire de production : 2 communes du Rhône, Régnié-Durette et Lantignié, situées au nord-ouest de Villefranche-sur-Saône.
Superficie du vignoble : 425 ha.
Encépagement autorisé* pour l'appellation : Gamay*; Aligoté*, Chardonnay*, Melon de Bourgogne *.
Rendement à l'hectare* : 56 hl.

■ REHOBOAM

Bottle type | Bouteille d'une contenance équivalente à 6 bouteilles classiques, soit 4,5 litres.

■ REINE-CLAUDE

GREENGAGE | *Voir* Prune*.

■ REINE DES BASALTES

French mineral water | Eau minérale naturelle* gazeuse captée à Asperjoc dans l'Ardèche. Autorisée à la commercialisation en 1876.
Catégorie: moyennement minéralisée.

Composition physico-chimique (en mg/l)	
Cations	Anions
Sodium : 204,7 Calcium : 145 Magnésium : 70 Potassium : 23,2	Bicarbonates : 1433,1 Chlorures : 10,5 Sulfates : 7,3 Nitrates : inf. à 0,2
Manganèse : 0,6	Fluor : 0,57
pH à 20°C : 6	Minéralisation totale : 1246 mg/l

■ REINETTE

Potato variety | *Voir* Pomme*.

■ RELIGIEUSE

Pastry | Pâtisserie constituée d'un gros et d'un petit chou* garnis de crème pâtissière* *(1)*, glacés au fondant* et décorés de crème au beurre*. Ce terme désigne plus rarement d'autres pièces de pâtisserie (tartelettes diversement garnies ou petite pièce montée constituée d'éclairs* et de choux dressés en dôme).

(1) Parfumée principalement au café ou au chocolat*.*

Source: M. Bury/Sedus

■ REMONTAGE

Winemaking term | Opération de vinification* qui consiste à pomper le moût* contenu au fond d'une cuve pour arroser le "chapeau" *(1)*. Le remontage favorise l'aération de la masse en fermentation* et un meilleur échange entre les éléments solides et les éléments liquides d'un moût.

(1) Partie flottante constituée des éléments solides du moût en fermentation (pellicules, pépins, rafles).

■ RÉMOULADE (sauce)

Sauce | Sauce mayonnaise* additionnée de moutarde* et de câpres*, cornichons*, persil*, cerfeuil*, et estragon* hachés. Quelques gouttes d'essence d'anchois* peuvent être ajoutées en finition.

■ RENDEMENT A L'HECTARE

YIELD PER HECTARE | Le rendement à l'hectare viticole indiqué pour les vins* figurant dans ce dictionnaire est le rendement fixé dans le cahier des charges (CDC) de l'appellation. Il correspond, en principe, à une quantité de raisin ou l'équivalent en volume de vin ou de moût* récolté sur un hectare (ha) de vigne. Il est exprimé en kilogramme (kg) pour le raisin et en hectolitre (hl) pour le vin ou le moût.
Pour une récolte déterminée, compte tenu de ses caractéristiques, le rendement réglementaire peut être diminué ou augmenté dans la limite d'un rendement butoir précisé dans le CDC. A titre d'exemple, pour l'A.O.C* Juliénas*, le rendement/ha est de 56 hl et le rendement butoir de 61 hl. Cela ne signifie pas que tous les vignerons atteignent ces rendements. En fonction du cépage*, des conditions climatiques de l'année*, du mode de culture, du type de vin souhaité... le rendement effectif est souvent inférieur au rendement autorisé.

■ REPAS GASTRONOMIQUE DES FRANÇAIS

FRENCH GASTRONOMIC MEAL | Le repas gastronomique des Français a été inscrit en novembre 2010 au patrimoine culturel immatériel de l'humanité par l'UNESCO. Il est défini comme une pratique sociale coutumière, sous forme de repas festif dont les convives cultivent l'art du "bien manger" et du "bien boire". Il met l'accent sur les traditions, la qualité des produits, l'humanisme de la table et le bien-être ensemble.
Ce repas gastronomique respecte un schéma parfaitement établi : Il commence par un apéritif et se termine par un digestif, le menu comporte au moins quatre plats (entrée, poisson et/ou viande avec garniture, fromage et dessert). Par ailleurs, une attention particulière est portée sur la décoration de la table et l'alliance des mets et des vins*.

■ RÉPERTOIRE DE LA CUISINE (Le)

French reference cookbook | Ouvrage culinaire de Théodore Gringoire et Louis Saulnier, disciples d'Auguste Escoffier*. Bien que rédigé au début du 20ème siècle, ce manuel de conception originale et pratique *(1)* reste une référence de la cuisine française au même titre que *Le Guide culinaire* *. La publication originelle de 1914 a été rééditée des dizaines de fois et elle se trouve toujours en bonne place dans les bibliothèques professionnelles.

(1) Ce répertoire présente, d'une manière concise, environ 7000 recettes ou compositions de plats. Il est un outil tout à fait adapté aux besoins des cuisiniers et maîtres d'hôtel qui souhaitent connaître, succinctement, les caractéristiques d'une préparation culinaire.*

■ RESTAURANT

RESTAURANT | Établissement commercial *(1)* où l'on sert des repas sous différentes formes, au menu* ou à la carte*. Jadis, ce terme désignait non pas le lieu où l'on se restaurait, mais les mets eux-mêmes que le restaurateur proposait à ses clients. "Restaurant" n'étant que le participe présent du verbe restaurer. Le premier restaurant, dans l'acception moderne, a été fondé à Paris vers 1765 par un nommé Boulanger. Jusque-là, on ne trouvait à manger que dans les tavernes et les auberges. À partir de la Révolution, les restaurants se sont multipliés dans la capitale et en province, fortement influencés par l'évolution de la Société.

(1) Aujourd'hui, la restauration collective s'est considérablement développée dans un contexte plus social que commercial. Elle n'en demeure pas moins une activité économique à part entière.

■ RESTAURANT (catégories)

RESTAURANT (categories) | Le classement des Restaurants de tourisme établi en 1963 *(1)* devenu obsolète, le Ministère chargé du tourisme - en concertation avec les professionnels de la restauration - a officialisé un nouveau classement en 1999, ce classement a été abrogé en 2009 en aboutissant à la disparition des Restaurants de Tourisme.

On peut considérer que la création du titre de Maître-restaurateur*, institué en 2007, est une nouvelle façon de distinguer officiellement le professionnalisme des établissements de restauration. Par ailleurs, de nombreux guides gastronomiques ou touristiques, tels que le Michelin*, le Gault-Millau, le Bottin Gourmand, le Puldo, le Champerard, Le Routard, le Petit Futé... établissent des classements selon leurs propres critères.

(1) Ce classement distinguait alors 5 catégories d'établissements : 1 étoile (★), 2 étoiles (★★), 3 étoiles (★★★), 4 étoiles (★★★★) et 4 étoiles luxe (★★★★L).

■ RETSINA

Greek wine | Vins* blancs et rosés grecs produits à partir de cépages Savatiano et Rhoditis.

L'incorporation de morceaux de résine de pin au moût*, avant et pendant la fermentation, apporte à ces vins une saveur et des arômes très particuliers.

■ REUILLY

French wine | Vins* blancs, rouges et rosés produits dans la Vallée de la Loire, A.O.C.* depuis 1937 et reconnus A.O.P.* dans le cadre de l'U.E. La mention "Val de Loire" peut éventuellement être adjointe à l'appellation.

Aire de production : Reuilly et Diou dans l'Indre, et 4 communes du Cher situées au sud de Vierzon.

Superficie du vignoble : 235 ha.

Encépagement autorisé* pour l'appellation : Sauvignon*, Pinot noir* et Pinot gris*.

Rendement à l'hectare* : 65 hl pour les vins blancs, 63 hl pour les vins rosés et 59 hl pour les vins rouges.

■ RHUBARBE

RHUBARB | Plante originaire de Chine dont les pétioles charnus de couleur vert rougeâtre sont consommés cuits. Ils sont préparés en confiture* en compote ou comme garniture* de tarte*.

■ RHUM

RUM | Eau-de-vie* provenant de la distillation de jus ou de mélasses résiduelles de canne à sucre* fermentés.

Originaire de plus de 70 pays ou régions dont Porto Rico, la Jamaïque, Cuba, Haïti, la Martinique, la Guadeloupe, la Guyane, le Brésil, la Réunion... le rhum est l'eau-de-vie la plus consommée au monde après la vodka*.

Il existe 2 types de rhum qui se caractérisent par des produits de base et des procédés de fabrication différents :

Le rhum agricole :

Il est élaboré en Martinique à partir d'un jus de canne à sucre, le "vesou", qui fermente environ 48 heures pour donner un liquide titrant 5 à 6° appelé la "grappe". De la distillation de cette

Distillerie de Savanna sur l'Ile de la Réunion

"grappe", on obtient une eau-de-vie titrant 50 à 55° qui peut donner 2 produits :

- *La grappe blanche*, rhum incolore et corsé qui est surtout utilisé pour la préparation des cocktails*.
- *Le rhum vieux*, élevé au moins 3 ans "sous bois", en fût de chêne de 200 litres. Ce vieillissement apporte à l'eau-de-vie une belle couleur ambrée et de subtils arômes.

Le rhum industriel ou rhum de sucrerie :
Il est obtenu par la distillation de "mélasses" fermentées provenant de résidus de l'industrie sucrière. A la sortie de l'alambic, l'eau-de-vie titre de 65 à 75°. Les rhums industriels sont commercialisés sous plusieurs dénominations :

- *Le rhum jeune* qui est un produit de grande consommation, souvent coloré au caramel*.
- *Le rhum léger*, eau-de-vie très légère en goût et faiblement colorée.
- *Le rhum "grand arôme"*, très puissant en arômes et essentiellement utilisé dans les assemblages.
- *Le rhum "double arôme"*, eau-de-vie titrant 54° fabriquée spécialement pour parfumer les préparations culinaires, pâtisseries ou confiseries.
- *Le rhum vieux* qui subit un vieillissement de 3 ans en fût de chêne de 650 litres.

■ RHUM COLLINS

RUM COLLINS | Cocktail* identique au Tom Collins* où le gin* est remplacé par du rhum* blanc.

■ RHUM DE LA GUADELOUPE ou RHUM DE GUADELOUPE ou RHUM GUADELOUPE

RUM FROM GAUDALUPE | Indication géographique d'un rhum* produit dans le département de la Guadeloupe. La mention complémentaire "Marie Galante" est réservée au rhum produit sur 3 communes : Capesterre-de-Marie-Galante, Grand-Bourg et Saint-Louis.
En fonction des conditions d'élaboration et d'élevage, il faut distinguer :

- ***Le rhum blanc***, incolore, maturé en cuve pendant au moins 3 semaines
- ***Le rhum brun***, légèrement coloré, élevé en fût de chêne pendant au moins 6 mois
- ***Le rhum élevé "sous-bois"***, ambré, vieilli en fût de chêne pendant au moins 12 mois
- ***Le rhum vieux***, de couleur miel à acajou, qui peut porter les mentions suivantes :
  V.O., Très Vieux, Very Old, pour des eaux de vie vieillies au moins 3 ans
  V.S.O.P., Vieille Réserve, Réserve spéciale, Cuvée Spéciale, pour des eaux de vie vieillies au moins 4 ans
  Hors d'âge, X.O., Extra Old, Extra Vieux, Grande Réserve, pour des eaux de vie vieillies au moins 6 ans
  Le millésime de l'année de distillation pour les eaux-de-vie vieillies au moins 6 ans.

Titrage alcoolique minimum à la vente au consommateur : 40°.

■ RHUM DE LA GUYANE ou RHUM GUYANE ou RHUM DE GUYANE

RUM FROM GUYANA | Indication géographique d'un rhum* produit dans le département de la Guyane.
En fonction des conditions d'élaboration et d'élevage, il faut distinguer :

- ***Le rhum blanc***, incolore, maturé en cuve pendant au moins 3 semaines
- ***Le rhum brun***, légèrement coloré, élevé en fût de chêne pendant au moins 6 mois
- ***Le rhum vieux***, de couleur miel à acajou, qui peut porter les mentions suivantes :
  V.O., Très Vieux, Very Old, pour des eaux de vie vieillies au moins 3 ans
  V.S.O.P., Vieille Réserve, Réserve spéciale, Cuvée Spéciale, pour des eaux de vie vieillies au moins 4 ans
  Hors d'âge, X.O., Extra Old, Extra Vieux, Grande Réserve, pour des eaux de vie vieillies au moins 6 ans
  Le millésime de l'année de distillation pour les eaux-de-vie vieillies au moins 6 ans.

Titrage alcoolique minimum à la vente au consommateur : 40°.

■ RHUM DE LA RÉUNION ou RHUM RÉUNION ou RHUM DE RÉUNION ou RHUM DE L'ÎLE DE LA RÉUNION

RUM FROM RÉUNION | Indication géographique d'un rhum* produit dans le département de la Réunion
En fonction des conditions d'élaboration et d'élevage, il faut distinguer :

- ***Le rhum blanc***, incolore, maturé en cuve pendant au moins 3 semaines
- ***Le rhum brun***, légèrement coloré, élevé en fût de chêne pendant au moins 6 mois
- ***Le rhum Grand arôme*** qui présente une palette aromatique très riche.
- ***Le rhum vieux***, de couleur miel à acajou, qui peut porter les mentions suivantes :
  V.O., Très Vieux, Very Old, pour des eaux de vie vieillies au moins 3 ans
  V.S.O.P., Vieille Réserve, Réserve spéciale, Cuvée Spéciale, pour des eaux de vie vieillies au moins 4 ans
  Hors d'âge, X.O., Extra Old, Extra Vieux, Grande Réserve, pour des eaux de vie vieillies au moins 6 ans
  Le millésime de l'année de distillation pour les eaux-de-vie vieillies au moins 6 ans

Titrage alcoolique minimum à la vente au consommateur : 40°.

■ RHUM DE SUCRERIE DE LA BAIE DU GALION ou RHUM DE LA BAIE DU GALION ou RHUM BAIE DU GALION

RUM FROM MARTINIQUE | Indication géographique d'un rhum* produit dans le département de la Martinique. L'I.G. est obligatoirement complétée de la mention "Blanc" ou "Brun".

En fonction des conditions d'élaboration et d'élevage, il faut distinguer :

- ***Le rhum blanc***, incolore
- ***Le rhum brun***, légèrement coloré, élevé en fût de chêne pendant au moins 6 mois
- ***Le rhum Grand arôme***, eau-de-vie blanche d'une belle intensité aromatique.

■ RHUM DES ANTILLES FRANÇAISES

RUM FROM THE WEST INDIES (French Caribbean) | Indication géographique d'un rhum* produit dans les départements de la Martinique et de la Guadeloupe.

En fonction des conditions d'élaboration et d'élevage, il faut distinguer :

- ***Le rhum blanc***, incolore, maturé en cuve pendant au moins 3 semaines
- ***Le rhum brun***, légèrement coloré, élevé en fût de chêne pendant au moins 6 mois
- ***Le rhum élevé "sous-bois"***, ambré, vieilli en fût de chêne pendant au moins 12 mois
- ***Le rhum Grand arôme*** qui présente une palette aromatique très riche.
- ***Le rhum vieux***, de couleur miel à acajou, qui peut porter les mentions suivantes :
  V.O., Très Vieux, Very Old, pour des eaux de vie vieillies au moins 3 ans
  V.S.O.P., Vieille Réserve, Réserve spéciale, Cuvée Spéciale, pour des eaux de vie vieillies au moins 4 ans
  Hors d'âge, X.O., Extra Old, Extra Vieux, Grande Réserve, pour des eaux de vie vieillies au moins 6 ans
  Le millésime de l'année de distillation pour les eaux-de-vie vieillies au moins 6 ans.

Titrage alcoolique minimum à la vente au consommateur : 40°.

■ RHUM DES DÉPARTEMENTS FRANÇAIS D'OUTRE-MER ou RHUM DE L'OUTRE-MER FRANÇAIS

OTHER FRENCH OVERSEAS RUMS | Indication géographique d'un rhum* produit dans les départements de la Martinique , de la Guadeloupe, de la Réunion et de la Guyane.

En fonction des conditions d'élaboration et d'élevage, il faut distinguer :

- ***Le rhum blanc***, incolore, maturé en cuve pendant au moins 3 semaines
- ***Le rhum brun***, légèrement coloré, élevé en fût de chêne pendant au moins 6 mois
- ***Le rhum élevé "sous-bois"***, ambré, vieilli en fût de chêne pendant au moins 12 mois
- ***Le rhum Grand arôme*** qui présente une palette aromatique très riche.
- ***Le rhum vieux***, de couleur miel à acajou, qui peut porter les mentions suivantes :
  V.O., Très Vieux, Very Old, pour des eaux de vie vieillies au moins 3 ans
  V.S.O.P., Vieille Réserve, Réserve spéciale, Cuvée Spéciale, pour des eaux de vie vieillies au moins 4 ans
  Hors d'âge, X.O., Extra Old, Extra Vieux, Grande Réserve, pour des eaux de vie vieillies au moins 6 ans
  Le millésime de l'année de distillation pour les eaux-de-vie vieillies au moins 6 ans.

Titrage alcoolique minimum à la vente au consommateur : 40°.

■ RHUM FIZZ

RUM FIZZ | Cocktail* identique au Gin fizz* où le rhum* blanc remplace le gin*.

■ RIBERA DEL DUERO

Spanish wine | Vins* rouges espagnols issus de cépages Tinto del Pais, Garnacha, Malbec*, Merlot*, etc. et produits en Castille, au nord de Madrid. Ces vins bénéficient d'une D.O.*.

■ RICARD

Liqueur | Pastis* créé par Pierre Ricard en 1932. Titrant initialement 40°, le "Vrai pastis de Marseille" est maintenant commercialisé à 45°. La marque, diffusée dans 150 pays, est leader du marché des anisés*.

De couleur ambrée, le Ricard se caractérise par une saveur d'anis très marquée due à la badiane. Depuis 2018, un nouveau produit est proposé en complément du pastis classique : le ***Ricard Plantes fraîches***. Ce spiritueux*, frais et subtil, est élaboré avec des plantes anisées fraîches cultivées en Haute-Provence.

■ RICEYS (LES) ou CENDRÉ DES RICEYS

French cheese | Fromage* de lait* de vache fabriqué en Champagne. Il doit son nom à un village de l'Aube situé dans sa zone de production.

Type: pâte molle, croûte naturelle cendrée.

Forme: disque.

Taille: 12 à 13 cm de diamètre, 3 cm d'épaisseur.

Poids: 250 à 300 g.

Teneur en M.G.: 30 à 45 %.

Meilleures saisons: été, automne.

■ RICHEBOURG

French wine | Vin* rouge produit en Bourgogne*, Grand Cru bénéficiant d'une A.O.C.* depuis 1936 et reconnu A.O.P* dans le cadre de l'U.E.

Aire de production : parcelles délimitées du lieu-dit

"Richebourg", sur la commune de Vosne-Romanée en Côte-d'Or, d'une superficie totale de 7,68 ha. Encépagement autorisé* pour l'appellation : Pinot noir*, Chardonnay, Pinot blanc* et Pinot gris*. Rendement à l'hectare* : 42 hl.

■ RICHELIEU (garniture)

Vegetable garnish | Garniture* composée de tomates* et champignons* farcis, pommes château* et laitues* braisées.

■ RICOTTA

Italian cheese | Fromage* frais italien fabriqué à partir du petit lait provenant de l'élaboration de divers fromages de laits* de vache, de brebis ou de chèvre. Ce produit, très utilisé en cuisine, doit son nom au terme "ricotta", qui signifie recuite, technique utilisée pour sa fabrication.

■ RICQLÈS

Soft drink | Soda* parfumé à la menthe*. Suite à la création de l'alcool de menthe par Henri de Ricqlès en 1938, *le Quart Ricqlès,* premier soda à la menthe, est lancé en 1954.

■ RIESLING

Grape variety | Cépage* blanc probablement originaire de la Vallée du Rhin.
Aires de culture : en Alsace, sur les appellations éponymes, où il cultivé sur 4 000 ha et considéré comme le meilleur élément de l'encépagement, en Moselle (A.O.C.* Moselle*) et dans plusieurs pays étrangers tels que l'Allemagne (22 000 ha), l'Autriche, le Luxembourg, certains pays d'Europe centrale, la Californie, l'Australie, l'Afrique du Sud, la Nouvelle-Zélande ...

Vins* produits : blancs élégants, très aromatiques (tilleul*, acacia*, miel*, épices*), en vendanges tardives, grands vins liquoreux*.

■ RIGOTTE DE CONDRIEU

French cheese | Fromage* de lait* de chèvre fabriqué au sud-ouest de Lyon, A.O.C.* depuis le 2009 et reconnu A.O.P.* dans le cadre européen Il doit son nom à une localité du Rhône située dans sa zone de production qui s'étend sur 35 communes de la Loire et 13 communes du Rhône.
Type : pâte molle, croûte naturelle.
Forme : petit palet circulaire.
Taille : 4,2 à 5 cm de diamètre et 1,9 à 2,4 cm d'épaisseur.
Poids : 30 g minimum.
Teneur en M.G. : 40 % minimum
Meilleure saison : du printemps à l'automne.

■ RILLETTES

Potted meat | Préparation charcutière faite de viande de porc* cuite dans la graisse, effilochée et mélangée à cette graisse avant refroidissement. Tours *(1)* et Le Mans ont fait des rillettes de porc une de leurs spécialités. Nous trouvons égalment des rillettes d'oie*, de lapin*... voire de poisson (thon*, anguille*, saumon* par exemple).

*(1) Les Rillettes de Tours bénéficient d'une I.G.P. *.*

■ RILLONS

Pork dish | Morceaux de poitrine de porc* cuits dans du saindoux*. Les rillons sont une spécialité tourangelle.

■ RINCE-DOIGTS

FINGER BOWL | Au restaurant, bol rempli au ⅔ d'eau tiède et complété d'une tranche de citron**(1)*. Accompagné d'une petite serviette, le rince-doigts se présente avec les plats où l'usage des doigts est nécessaire pour déguster (ex: coquillages, crustacés, asperges*, artichauts*, petits volatiles...).

(1) Une tranche de citron cannelée produit un plus bel effet... et surtout n'oublions pas de retirer les pépins apparents.

■ RIOJA

Spanish wine | Vins* rouges, blancs et rosés espagnols produits dans la région de Pampelune et issus essentiellement de cépages* Tempranillo, Vivra et Garnacha. Ce sont les seuls vins d'Espagne à bénéficier d'une D.O.C.*.
Le vignoble couvre environ 60 000 ha. On distingue 3 types de Rioja, déterminés par la situation des terroirs :

- ***Le Rioja Alta*** (ouest du vignoble)
- ***Le Rioja Baja*** (est du vignoble)
- ***Le Rioja Alavesa*** (petite zone située dans le nord du vignoble)

L'étiquetage du Rioja précise également le vieillissement du vin par plusieurs mentions :

• ***Joven*** (vin n'ayant subi aucun vieillissement en barrique)
• ***Crianza*** (vin sans 3ème année de vieillissement avec un passage en barrique supérieur à 12 mois)
• ***Reserva*** (vin ayant au moins 3 ans de vieillissement avec un passage en barrique supérieur à 12 mois)
• ***Gran Reserva*** (vin de bon millésime* ayant au moins 5 ans de vieillissement avec un passage en barrique supérieur à 24 mois).

Notons qu'il existe également un Rioja argentin, produit dans la province éponyme, située dans le nord-ouest du pays.

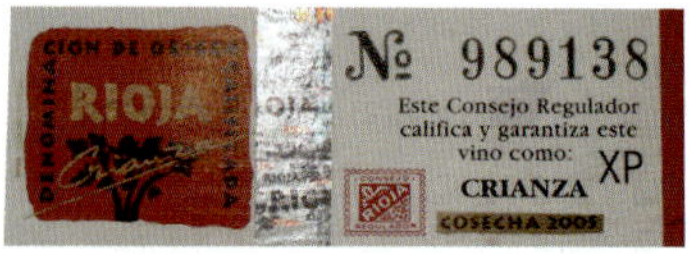

Estampille du Conseil régulateur d'un Rioja "Crianza" de millésime 2005

■ RIS

Lamb or veal sweetbreads | Dénomination culinaire du thymus *(1)* du veau*, de l'agneau* ou du chevreau*. Cet abat*, très prisé, se prépare de diverses façons (poché, braisé, grillé, en sauce*, comme élément de garniture*, en fritots*, etc.).

(1) Glande située devant la trachée, dans la partie inférieure du cou. Développée chez les jeunes animaux pour faciliter la digestion du lait, elle s'atrophie lorsqu'ils deviennent adultes.*

■ RISOTTO ou RIZOTTO

RISOTTO | Plat d'origine italienne composé de riz* *(1)* diversement condimenté ou garni (safran*, fromage*, légumes*, fruits de mer*, dés de jambon*, etc.).

(1) Ce riz est nacré dans un corps gras avec de l'oignon haché et cuit avec un bouillon.*

■ RISSOLE

French deep-fried pastry | Petit chausson à base de pâte feuilletée* ou de pâte brisée*, garni d'une farce de viande, de volaille, de poisson, de fruits de mer, de légumes, etc. La rissole est cuite au four ou en friture.

■ RIVAIRENC

Grape variety | Autre dénomination du cépage Aspiran*.

■ RIVESALTES

French appellation | V.D.N.* rouges, rosés et blancs produits en Languedoc-Roussillon, A.O.C.* depuis 1972 et reconnus A.O.P* dans le cadre de l'U.E. Les mentions ***Ambré***, ***Tuilé***, ***Rosé*** ou ***Grenat*** complètent obligatoirement le nom de l'appellation en fonction des conditions de production, de vieillissement, d'étiquetage et de date de mise sur le marché. Les V.D.N. "Ambrés" ou "Tuilés" peuvent porter les mention "Hors d'âge" ou "Rancio" *(1)*.
Aire de production : 86 communes des Pyrénées-Orientales et 9 communes de l'Aude.
Superficie du vignoble : 5 200 ha.
Encépagement autorisé* pour l'appellation : Muscat* à petits grains, Muscat* d'Alexandrie, Grenache noir*, Grenache gris*, Grenache blanc*, Maccabéo*, Tourbat*.
Rendement à l'hectare* : 30 hl de moût*.
Richesse naturelle initiale en sucre : 252 g/litre au minimum.
Richesse alcoolique minimum acquise : 15 %.

(1) ***Hors d'âge*** *: mention réservée aux vins ayant subi un élevage de 5 ans minimum après élaboration.*
Rancio *: mention réservée aux vins qui ont pris un goût de "rancio" en raison de leur vieillissement et des conditions particulières liées au terroir.*

■ RIZ

RICE | Probablement originaire du sud de l'Inde, le riz est la 2ème céréale cultivée dans le monde après de blé*. L'Asie fournit la majeure partie de la production mondiale qui représente environ 490 millions de tonnes. Parmi les autres pays producteurs, citons le Brésil, le Japon, les Etats-Unis... Le riz consommé en France est majoritairement importé, ce sont les rizières camarguaises *(1)* qui produisent la presque totalité du riz français (près de 80 000 tonnes en 2016). Le ***Riz de Camargue*** bénéficie d'une I.G.P.*.
Il existe 2 principales variétés de riz : ***le riz à grains longs*** (Oryza indica) et ***le riz à grains ronds*** (Oryza japonica). On rencontre cependant une multitude de produits qui se différencient par leur région d'origine, les techniques de récolte et les traitements particuliers subis après récolte.

• ***Le Riz paddy*** : il est encore entouré de son enveloppe.
• ***Le Riz brun ou riz cargo*** : il est débarrassé de sa balle mais il conserve son péricarpe. Il est aussi appelé "riz complet".
• ***Le Riz blanc*** : riz cargo débarrassé de son péricarpe.
• ***Le Riz précuit*** : il s'agit d'un riz précuit à la vapeur et déshydraté.
• ***Le Riz étuvé ou prétraité*** : riz paddy étuvé, décortiqué et blanchi.
• ***Le Riz camolino*** : riz blanc rendu brillant après avoir été légèrement enrobé d'huile* de colza.
• ***Le Riz glacé*** : riz enrobé d'un mélange de talc et de glucose.
• ***Le Riz basmati*** : riz à grains longs d'origine indienne qui a une saveur légère et parfumée.

- ***Le Riz surinam*** : riz à grains longs et fins provenant du pays éponyme.
- ***Le Riz sauvage*** : il ne s'agit pas réellement d'un riz mais d'une graminée aquatique (2) qui se présente sous forme de petits grains noirs, très fins, au goût de noisette.

Pour une partie de la population mondiale, notamment la population asiatique, le riz constitue la denrée alimentaire de base. Dans la cuisine occidentale, le riz trouve de multiples utilisations (salades, garnitures, risottos*, paëllas*, pilafs*, gâteaux, entremets*...). Enfin n'oublions pas que le riz sert aussi à élaborer certaines boissons telles que le saké*.

(1) Ce sont des indochinois qui développèrent les rizières en Camargue durant la Seconde Guerre mondiale.

(2) Zizanie ou Zizania

Source : Adobe Stock

■ ROB ROY

ROB ROY | Cocktail* (apéritif) préparé au verre à mélange.

Quelques gouttes d'Angostura* bitter
1,5 cl de vermouth* italien
5,5 cl de scotch whisky*
1 cerise* à l'eau de vie

Frapper et servir dans un verre à cocktail. Décorer avec la cerise à l'eau-de-vie.

■ ROBE DU VIN

Wine shades | Terme couramment employé pour décrire l'aspect visuel d'un vin*. La robe, caractérisée par une couleur, une brillance, une limpidité, voire une viscosité, est déterminée par de multiples facteurs tels que le (ou les) cépage*, le millésime*, la vinification*, l'âge, les conditions de conservation et les éventuelles altérations du vin.

■ ROBERT (sauce)

Sauce | Sauce* moutardée réalisée à partir d'oignons* ciselés fondus au beurre* et mouillés au vin* blanc, vinaigre* et sauce demi-glace*.

■ ROBUCHON (Joël)

French chef | Cuisinier français (Poitiers 1945 - Genève 2018). Commencée par un apprentissage dans un restaurant poitevin, sa carrière connaît une ascension fulgurante. Compagnon du Tour de France, puis M.O.F. en 1976, le Guide Michelin* lui attribue trois étoiles en 1993 à la tête du restaurant *Jamin*. Professionnel d'une grande rigueur, pédagogue, homme de communication et entrepreneur, Joël Robuchon développe de multiples activités : conseil, élaboration de nouveaux produits, émissions de télévision, ouvrages culinaires, implantations de nombreux établissements de prestige à travers le monde... Au sommet de sa carrière, ce grand Chef aura cumulé jusqu'à 32 étoiles dans ses restaurants de Paris, Londres, Monte-Carlo, Hong Kong, Macao, Tokyo, Singapour, Shanghai, Las Vegas, etc. Un empire de la gastronomie avec plus de 1 200 employés.

■ ROCAMADOUR

French cheese | Fromage* de lait* de chèvre fabriqué dans le Quercy. A.O.C.* depuis 1996 et reconnu A.O.P.* dans le cadre de l'U.E.

Il doit son nom à une localité du Lot, haut lieu touristique du Sud-Ouest. La zone de production s'étend sur 266 communes situées essentiellement dans le Lot mais aussi dans le Tarn-et-Garonne, l'Aveyron, la Corrèze et la Dordogne.

Type : pâte molle, croûte naturelle.
Forme : petit palet.
Taille : 5 à 6 cm de diamètre, 1,5 cm d'épaisseur.
Poids : 35 g environ.
Teneur en M.G. : 45 %.
Meilleures saisons : printemps, été, automne.

Source: Photo BG

■ ROCHE DES ÉCRINS

Spring water sauce | Eau de source* captée à Chorges dans les Hautes-Alpes.

Catégorie : faiblement minéralisée.
pH à 20 °C : 7,6.
Minéralisation totale : 240 mg/l.

■ ROCHER

Confectionery | Pièce de confiserie ou de pâtisserie dont l'aspect rocailleux et irrégulier rappelle celui d'un rocher. L'intérieur est de composition variable alors que l'enrobage est généralement composé de noisettes* ou d'amandes* hachées et de chocolat*.

■ ROCOU

ANNATTO | Colorant* alimentaire naturel extrait des graines du rocouyer, arbuste d'Amérique tropicale.

■ ROCROI ou CENDRÉ DE ROCROI

French cheese | Fromage* de lait* de vache fabriqué dans les Ardennes. Il doit son nom à une localité située dans sa zone de production.
Type: pâte molle, croûte naturelle cendrée.
Forme: disque plat ou pavé.
Taille: variable selon la forme.
Poids: 200 g environ.
Teneur en M.G.: 20 à 30 %.
Meilleures saisons: été, automne.

■ ROELLINGER (Olivier)

Source: © C. Lejalé

French chef | Cuisinier français né en 1955 à Cancale. Après des études en Maths Sup et une préparation des Arts et Métiers, il se dirige vers la cuisine en autodidacte. Printemps 1982, il crée une table d'hôte dans sa maison d'enfance de Cancale, ouvrant ainsi la première *Maison de Bricourt*. Son cheminement culinaire associe subtilement les produits de la mer locaux avec les épices* lointaines. Symbole de la Bretagne gourmande et reconnu comme un des grands Chefs de sa génération, il est auréolé de nombreuses distinctions, notamment une troisième étoile au Guide Michelin* en 2006. Olivier Roellinger publie plusieurs ouvrages et développe de multiples activités. Marqué par le destin en 1976, travailleur infatigable pendant plus de 30 ans, il décide, en 2008, de fermer son restaurant pour prendre un nouveau cap.

■ ROGNON

KIDNEY | Dénomination culinaire du rein d'un animal de boucherie ou du porc* *(1)*. Les rognons des jeunes animaux, notamment le veau*, sont les meilleurs. Cet abat* se prépare grillé, sauté ou éventuellement braisé pour les pièces les plus fermes.

(1) Ce terme s'applique également aux reins de certains animaux de basse-cour (coq ou lapin* par exemple).*

■ ROGNON BLANC

VEAL TESTICLES | *Voir* Animelles*.

■ ROGNONNADE

Veal loin with attached kidneys | Morceau de longe* de veau désossée et roulée à l'intérieur de laquelle se trouve un rognon*.

■ ROGUE

FISH EGGS | *Voir* Œufs de poisson*.

■ ROLLE

Grape variety | Autre dénomination du cépage Vermentino*.

■ ROLLMOPS

ROLLMOPS | *Voir* Hareng*.

■ ROLLOT

French cheese | Fromage* de lait* de vache fabriqué en Picardie. Il doit son nom à une localité de la Somme située dans sa zone de production.
Type: pâte molle à croûte lavée.
Forme: disque ou cœur.
Taille: variable selon la forme.
Poids: 200 à 250 g.
Teneur en M.G.: 45 % au minimum.
Meilleures saisons: printemps, été, automne.

■ ROMAINE

ROMAINE LETTUCE | *Voir* Laitue*.

■ ROMANÉE (LA)

French wine | Vin* rouge produit en Bourgogne*, Grand Cru bénéficiant d'une A.O.C.* depuis 1936 et reconnu A.O.P.* dans le cadre de l'U.E.
Aire de production : parcelle délimitée du lieu-dit "La Romanée" sur la commune de Vosne-Romanée, d'une superficie de 0,85 ha. La Romanée demeure la plus petite A.O.C. viticole française ; sa production est d'environ 4 100 bouteilles par récolte.
Encépagement autorisé* pour l'appellation : Pinot noir*, Chardonnay*, Pinot blanc* et Pinot gris*.
Rendement à l'hectare* : 38 hl.

■ ROMANÉE-CONTI

French wine | Vin* rouge produit en Bourgogne*, Grand Cru bénéficiant d'une A.O.C.* depuis 1936 et reconnu A.O.P.* dans le cadre de l'U.E.
Aire de production : parcelles délimitées du lieu-dit " Romanée-Conti" sur la commune de Vosne-Romanée, d'une superficie de 1,81 ha.
Encépagement autorisé* pour l'appellation : Pinot noir*, Chardonnay*, Pinot Blanc* et Pinot gris*.
Rendement à l'hectare* : 35 hl.
Vin mythique parmi les plus grands, la Romanée-Conti incarne l'image du produit français d'exception réservé à quelques privilégiés. Il n'est d'ailleurs pas possible d'acheter une bouteille ou une caisse de Romanée-Conti seule, la commercialisation se

fait par caisse panachée composée de vins du domaine - La Tâche*, Richebourg*, Romanée-Saint-Vivant*, Grand Echézeaux*... - et d'une bouteille de Romanée-Conti.
A propos de ce minuscule et fabuleux climat*, retenons cette citation de Richard Olney *(1)* : "*C'est comme si les dieux nous avaient laissé en souvenir dans ce carré de terre, la trace fascinante d'une perfection intemporelle.*"

(1) Peintre, cuisinier et écrivain gastronomique américain (1927-1999).

■ ROMANÉE-SAINT-VIVANT

French wine | Vin* rouge produit en Bourgogne, Grand Cru bénéficiant d'une A.O.C.* depuis 1936 et reconnu A.O.P* dans le cadre de l'U.E.
Aire de production : parcelles délimitées du lieu-dit " Romanée-Saint-Vivant" sur la commune de Vosne-Romanée, d'une superficie de 8,37 ha.
Encépagement autorisé* pour l'appellation : Pinot noir*, Chardonnay, Pinot Blanc* et Pinot gris*.
Rendement à l'hectare* : 42 hl.

■ ROMARIN

ROSEMARY | Plante aromatique d'origine méditerranéenne. Les feuilles de romarin, en forme d'aiguilles, dégagent des arômes puissants et possèdent une saveur piquante. On utilise cet aromate* dans la préparation des marinades*, viandes blanches (notamment le lapin*), poissons, sauce tomate*, etc.

■ ROMORANTIN

Grape variety | Cépage* blanc vraisemblablement originaire du Loir-et-Cher. Son nom vient de la sous-préfecture éponyme de ce département. Le Romorantin aurait été introduit dans la région vers 1519, à l'initiative de François 1er.

Aires de culture : essentiellement le vignoble du Cour-Cheverny* dont il est l'unique cépage.
Vins* produits : blancs secs, légers et fruités en vendanges traditionnelles. En vendanges tardives, vins plus amples sans douceur excessive.

■ RONCAL

Spanish cheese | Fromage* de lait* de brebis fabriqué en Espagne qui doit son nom à une localité de Navarre située dans sa zone de production. Le Roncal bénéficie d'une Appellation d'Origine Contrôlée dans son pays et il est reconnu A.O.P.* dans le cadre de l'U.E.
Type : pâte pressée non cuite, croûte naturelle.
Forme : petite meule.
Taille : 18 à 20 cm de diamètre, 9 à 10 cm d'épaisseur.
Poids : 2,5 à 3 kg.
Teneur en M.G. : 60 % au minimum.
Meilleures saisons : hiver, printemps, été.

■ RONCIN

Cherry-topped dessert | Sorte de pudding* franc-comtois généralement garni de cerises*.

■ ROOIBOS

ROOIBOS TEA | Arbuste cultivé en Afrique du Sud dont on utilise les feuilles et les tiges pour préparer une infusion de couleur rouge-brun appelée, à tort, "thé rouge". Contrairement au thé, cette infusion de saveur douce ne contient pas de théine et peu de tanins.

■ ROQUEFORT

French cheese | Fromage* fabriqué avec du lait* de brebis collecté sur 561 communes des départements de l'Aveyron, de l'Aude, du Gard, de l'Hérault, de la Lozère et du Tarn, mais affiné exclusivement dans les caves de Roquefort-sur-Soulzon (Aveyron). Il doit d'ailleurs son nom à ce lieu d'affinage *(1)*.
Le Roquefort bénéficie d'une appellation d'origine depuis 1925. Il obtient l'A.O.C.* en 1979 et il est reconnu A.O.P.* dans le cadre de l'U.E.

Source: Nataraja/Wikimedia Commons

Le fromage est présenté emballé dans du papier d'aluminium sur lequel figurent l'appellation "Roquefort" avec le label "Brebis rouge", marque confédérale créée en 1930.
Type: pâte persillée, croûte naturelle raclée.
Forme: cylindre.
Taille: 19 à 20 cm de diamètre, 8,5 à 11,5 cm de hauteur.
Poids: 2,5 à 3 kg.
Teneur en M.G.: 52 % au minimum.
Meilleures saisons: automne, hiver.

(1) L'affinage du fromage a lieu dans les caves situées dans la zone d'éboulis du plateau du Combalou. Ces caves sont dotées de "fleurines", failles naturelles dans la roche qui permettent la circulation d'un courant d'air frais et humide favorisant le développement des moisissures générées par le « Pénicillium Roqueforti ».

■ ROQUETTE
ARUGULA (ROCKET) | Plante odorante qui pousse autour du bassin méditerranéen. Ses jeunes feuilles dentelées et lisses se consomment en salade, notamment dans le mesclun*.

■ ROSBIF
ROAST BEEF | Terme désignant communément un rôti de bœuf* bardé et ficelé. Un rosbif peut être confectionné avec du rumsteck*, de la tranche*, du faux-filet*, du gite*, etc.

■ ROSE
ROSE | Cocktail* (apéritif) préparé au verre à mélange.
4 cl de vermouth* dry
1,5 cl de cherry brandy*
1,5 cl de kirsch*
1 cerise* à l'eau-de-vie
Frapper et servir dans un verre à cocktail. Décorer avec la cerise à l'eau-de-vie.

Source: Photo BG

■ ROSÉ D'ANJOU
French wine | Vins* rosés produits dans la vallée de la Loire, A.O.C.* depuis 1957 et reconnus A.O.P.* dans le cadre de l'U.E. La mention "Val de Loire" peut éventuellement compléter le nom de l'appellation.*.

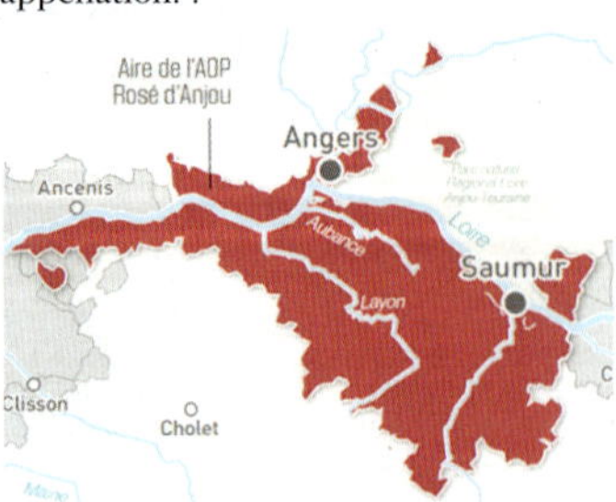

Source: Interloire - Interprofession des vins du Val de Loire

Aire de production : aire délimitée de l'appellation Anjou*.
Superficie du vignoble : 2 085 ha.
Encépagement autorisé* pour l'appellation : Cabernet franc*, Cabernet-Sauvignon*, Pineau d'Aunis*, Gamay*, Cot*, Grolleau noir*, Grolleau gris*.
Rendement à l'hectare* : 65 hl.
Teneur minimale en sucre résiduel : 7 g/litre (vins demi-secs*).

■ ROSÉ DE LOIRE
French wine | Vins* rosés produits dans la Vallée de la Loire, A.O.C.* 1974 et reconnus A.O.P.* dans le cadre de l'U.E.
Aire de production : aires délimitées des appellations Anjou* et Touraine*.
Superficie du vignoble : 1 045 ha.
Encépagement autorisé* pour l'appellation : Cabernet franc*, Cabernet-Sauvignon*, Pineau d'Aunis*, Pinot noir*, Gamay*, Grolleau noir*, Grolleau gris*.
Rendement à l'hectare* : 60 hl.
Teneur maximale en sucre résiduel : 3 g/litre (vins secs*).

■ ROSÉ DES PRÉS
FIELD MUSHROOM | Petit champignon qui pousse pendant les périodes chaudes et humides dans les prés et les clairières. Son chapeau et son pied sont blancs et ses lames roses. Appelé également *Agaric champêtre*, il trouve les mêmes apprêts culinaires que le champignon de Paris*.

■ ROSÉ DES RICEYS
French wine | Vins* rosés produits en Champagne, A.O.C.* depuis le 1947 et reconnus A.O.P.* dans le cadre de l'U.E.
Aire de production : commune des Riceys dans l'Aube.
Superficie du vignoble : 30 ha.
Encépagement autorisé pour l'appellation : Pinot noir*.
Rendement à l'hectare* : 10 400 kg de raisin.
Teneur maximale en sucre résiduel : 3 g/litre (vins secs*).
Réputé pour être l'un des meilleurs vins rosés de France, le Rosé des Riceys est obligatoirement présenté avec l'indication du millésime*.

■ ROSETTE (charcuterie)
Sausage | Saucisson* sec de porc* fabriqué dans la région lyonnaise. Il est nommé "rosette" à cause du boyau de couleur rose utilisé pour sa préparation.

■ ROSETTE (vin)
French wine | Vins* blancs produits dans le Sud-Ouest, A.O.C.* depuis 1946 et reconnus A.O.P.* dans le cadre de l'U.E.

Aire de production : Bergerac et 5 autres communes de Dordogne situées à proximité.
Superficie du vignoble : 24 ha.
Encépagement autorisé* pour l'appellation : Sémillon*, Muscadelle*, Sauvignon blanc*, Sauvignon gris.
Rendement à l'hectare* : 50 hl.
Teneur en sucre résiduel : 25 à 51 g/litre (vins moelleux*).

■ ROSSINI

Foie gras garnish | Garniture* composée d'escalopes de foie gras* sautées et de lames de truffe*. Le tournedos* Rossini est une pièce dressée sur croûton frit et surmontée d'une tranche de foie gras et de lames de truffe. La sauce est une demi-glace* à l'essence de truffe. Ce grand classique culinaire doit son nom au compositeur italien Gioacchino Rossini (1792-1868).

■ RÖSTI

HASH BROWN or ROSTI | Spécialité suisse qui se présente sous forme d'une galette de pommes de terre* et d'oignons* râpés, éventuellement additionnée de lardons.

■ ROTHSCHILD (soufflé)

Souffle | Soufflé* réalisé à base d'un appareil* composé de crème pâtissière*, jaunes d'œufs* et blancs en neige, additionné d'un salpicon* de fruits confits* ou de fruits frais macéré dans de l'eau-de-vie de Dantzig*.

■ ROUELLE

Slice of meat or vegetable | Tranche ronde et épaisse débitée dans un morceau de viande (ex: veau*) ou un légume (ex: oignon* ou carotte*).

■ ROUGET ou ROUGET BARBET

RED SNAPPER or RED MULLET | Poisson de mer de la famille des millidés dont la chair fine est très appréciée des gourmets. Le rouget barbet doit son nom aux 2 barbillons qu'il porte à la lèvre inférieure.
On distingue 2 espèces présentes dans la Manche et les eaux européennes de l'Atlantique et de la Méditerranée :

- ***Le rouget de roche*** ou ***surmulet*** qui mesure 20 à 25 cm et que l'on pêche sur les fonds sableux et rocheux.
- ***Le rouget de vase***, qui mesure 10 à 20 cm et qui vit sur les fonds sableux et vaseux.

De qualité plus commune, on rencontre également ***Le rouget du Sénégal*** dont la taille dépasse rarement 20 cm et que l'on pêche dans l'Atlantique tropical.

Filets de rouget barbet aux figues

■ ROUILLE (sauce)

Sauce | Sauce* d'origine provençale réalisée à partir d'une sauce mayonnaise* à l'huile d'olive* additionnée d'une purée d'ail*, de piment* et de safran*.
Un autre procédé consiste à piler de l'ail avec du piment, de la mie de pain* ou de la pulpe de pomme de terre* et de monter cette base avec de l'huile d'olive.

■ ROULEAU DE PRINTEMPS

SPRING ROLL | Spécialité vietnamienne constituée d'une fine crêpe* de riz* farcie de viande de porc*, de crevettes*, de germes de soja*... et accompagnée de nuoc-mâm*.

■ ROUSSAN

Grape variety | Cépage* blanc cultivé en Provence sur les terroirs de l'A.O.C.* Bellet*. Certains ampélographes* le signalent comme un synonyme de l'Ugni blanc*.

■ ROUSSANNE

Source: Photo BG

Grape variety | Cépage* blanc originaire de la Vallée du Rhône septentrionale.
Aires de culture : vignobles rhodaniens (Saint-Joseph*, Hermitage*, Saint-Peray*, Châteauneuf-du-Pape* ...), vignobles de Savoie (Vin de Savoie*), vignobles du Languedoc-Roussillon (Corbières*...), etc.
Vins* produits : blancs très fins, avec une belle structure aromatique (pêche*, abricot*, aubépine, chèvrefeuille, iris).

■ ROUSSELOU

Grape variety | Cépage* blanc cultivé dans le sud du Massif Central, notamment sur l'aire d'appellation Estaing*. Selon certaines sources ampélographiques, il s'agirait d'un synonyme de la Muscadelle*.

■ ROUSSETTE (cépage)

Grape variety | Autre dénomination du cépage* Altesse*.

■ ROUSSETTE (poisson)

DOGFISH | Poisson de mer de la famille des scyliorhinidés. Ce petit requin, également appelé *chien de mer*, vit dans les eaux littorales des mers d'Europe. Il faut distinguer ***la petite roussette*** ou ***saumonette***, dont la taille dépasse rarement 60 cm, et ***la grande roussette*** qui peut mesurer jusqu'à 1,50 m. La roussette se prête aux mêmes utilisations culinaires que la raie*. Elle est aussi préparée en matelote*.

■ ROUSSETTE DE SAVOIE

French wine | Vins* blancs produits en Savoie, A.O.C.* depuis le 1973 et reconnus A.O.P.* dans le cadre de l'U.E. L'appellation peut être suivie du nom de l'une des 4 dénominations géographiques complémentaires *(1)*.
Aire de production : 29 communes de Savoie, 23 communes de Haute-Savoie et 1 commune de l'Isère.
Superficie du vignoble : 50 ha.
Encépagement autorisé pour l'appellation : Roussette* (autre dénomination de l'Altesse*).
Rendement à l'hectare* : 64 hl (60 hl pour les vins faisant mention du cru d'origine).

(1) Frangy, Marestel, Monterminod et Monthoux.

■ ROUSSETTE DU BUGEY

French wine | Vins* blancs produits dans l'Ain. Initialement A.O.V.D.Q.S.*, la Roussette du Bugey a obtenu l'A.O.C * en 2009 et a été reconnue A.O.P.* dans le cadre européen. L'appellation peut être suivie du nom de l'une des 2 dénominations géographiques complémentaires *(1)*.
Aire de production : 68 communes du sud de l'Ain.
Superficie du vignoble : 13 ha.
Encépagement autorisé pour l'appellation : Roussette* (autre dénomination de l'Altesse*).
Rendement à l'hectare* : 59 hl (53 hl pour les vins faisant mention du cru d'origine)

(1) Montagnieu et Virieu-le-Grand.

■ ROUX (Albert et Michel)

French pastry chefs and cook | Cuisiniers français, le premier est né en 1935 à Semur-en-Brionnais et le second à Charolles en 1941. Pâtissiers de formation, les deux frères furent longtemps les brillants ambassadeurs de la cuisine française à Londres. Albert reçut trois étoiles au Guide Michelin* en 1982 pour son restaurant *Le Gavroche* et Michel obtint la même distinction en 1985 avec *Le Waterside Inn*.

■ ROUX (préparation culinaire)

Sauce base | Mélange composé de beurre* (ou autre corps gras) et de farine* en quantités égales. Cet ensemble, plus ou moins cuit selon la coloration désirée, constitue l'élément de liaison de nombreuses sauces*.

■ ROUY

French cheese | Fromage* de lait* de vache fabriqué en Bourgogne. Il porte le nom de son créateur.
Type : pâte molle à croûte lavée.
Forme : carré.
Taille : 9 cm de côté, 3 cm d'épaisseur.
Poids : 225 g environ.
Teneur en M.G. : 45 à 50 %.
Qualité identique toute l'année.

■ ROXANE

Spring water source | Eau de source* captée à Ardenay-sur-Merize dans la Sarthe.
Catégorie : faiblement minéralisée.
pH à 20 °C : 5,1.
Minéralisation totale : 300 mg/l.
"Roxane" est une eau plate, mais la marque propose également une eau gazéifiée par adjonction de gaz carbonique. Notons que cette marque est aussi utilisée pour désigner d'autres eaux de sources françaises captées dans différentes régions.

■ ROYALE

Egg custard garnish | Préparation réalisée avec un appareil à base d'œufs* et de consommé* poché au bain-marie. Détaillée après refroidissement, la royale sert de garniture* à certains consommés.

■ ROZANA

French mineral water | Eau minérale naturelle* gazeuse captée à Beauregard-Vendon dans le Puy-de-Dôme. Reconnue d'intérêt public en 1933.
Catégorie : fortement minéralisée.

Composition physico-chimique (en mg/l)	
Cations	Anions
Sodium : 493 Calcium : 301 Magnésium : 160 Potassium : 52	Bicarbonates : 1837 Chlorures : 649 Sulfates : 230 Nitrates : 1
Fluor : 0,75	
pH à 20°C : 6,3	Minéralisation totale : 3022 mg/l

■ RUCHOTTES-CHAMBERTIN

French wine | Vin* rouge produit en Bourgogne, Grand Cru bénéficiant d'une A.O.C.* depuis 1937 et reconnu A.O.P.* dans le cadre de l'U.E.
Aire de production : parcelles délimitées des lieux-dits "Ruchottes-du-Dessus" et "Ruchottes-du-Bas" sur la commune de Gevrey-Chambertin, d'une superficie totale de 3,25 ha.
Encépagement autorisé* pour l'appellation : Pinot noir*, Chardonnay, Pinot blanc* et Pinot gris*.
Rendement à l'hectare* : 45 hl.

■ RUFFEC

French cheese | Fromage* de lait* de chèvre fabriqué dans le Poitou. Il doit son nom à une localité de la Charente, lieu principal de sa commercialisation.
Type : pâte molle, croûte naturelle (présenté dans une feuille de châtaignier).

Forme: petit disque épais.
Taille: 10 cm de diamètre, 4 cm d'épaisseur.
Poids: 250 à 300 g.
Teneur en M.G.: 45 %.
Meilleures saisons: printemps, été, automne.

■ RULLY

French wine | Vins* rouges et blancs produits en Bourgogne, A.O.C.* depuis 1939 et reconnus A.O.P.* dans le cadre de la l'U.E. Pour les vins récoltés sur des parcelles classées "Premier cru", l'appellation communale peut être complétée par le nom du climat* d'origine *(1)* et (ou) par la mention "Premier cru".
Aire de production : communes de Rully et Chagny, en Saône-et-Loire, situées au nord-ouest de Chalon-sur-Saône.
Superficie du vignoble : 344 ha (dont 226 ha en vins blancs et 118 ha en vins rouges).
Encépagement autorisé* pour l'appellation : Pinot noir*, Chardonnay*, Pinot gris*.
Rendement à l'hectare*: 54 hl pour les vins rouges et 60 hl pour les vins blancs (rendements inférieurs pour les Premiers crus).

(1) "Le Meix Cailleret", "Marissou", "La Fosse", "Les Pierres", "Pillot", "Raclot", "Cloux", "Rabourcé", "Chapitre", "Préaux", "Molesme", "Agneux", "La Bressande", "Champs Cloux", "Le Meix Cadot", "Montpalais", "Grésigny", "Margotés", "La Renarde", "Vauvry", "La Pucelle", "Clos du Chaigne" et "Clos Saint-Jacques".

■ RUMSTECK ou ROMSTECK

SIRLOIN STEAK (rump steak) | Pièce de bœuf* située dans l'aloyau*, à l'arrière du faux-filet* et du filet*.

■ RUSTY NAIL

RUSTY NAIL | Cocktail* (digestif) préparé sur glace directement dans un verre à old fashioned.
3,5 cl de liqueur de scotch whisky*
3,5 cl de scotch whisky*.

■ RUTABAGA

RUTABAGA (swede) | Légume qui serait le résultat de l'hybridation d'une variété de chou* et d'un navet*. Il s'apprête d'ailleurs comme ce dernier. Le rutabaga, comme le topinambour*, furent peu consommés pendant quelques décennies car ils avaient laissé un triste souvenir à ceux qui avaient vécu les périodes de disette de la Seconde Guerre mondiale. En effet, ces deux légumes symbolisaient les aliments de base des sombres années de l'occupation allemande.

■ RYE COLLINS

RYE COLLINS | Cocktail* identique au Tom Collins* où le gin* est remplacé par du rye* whiskey.

■ RYE SOUR

RYE SOUR | Cocktail (apéritif) préparé au shaker.
1 cuillère à café de sucre*
2 cl de jus de citron*
5 cl de rye whiskey*
2 cerises* à l'eau-de-vie
Frapper et servir dans un verre à cocktail. Décorer avec les cerises.

■ RYE WHISKEY

RYE WHISKEY | Whiskey* distillé aux États-Unis à partir d'un moût* de céréales contenant au moins 51 % de seigle*.

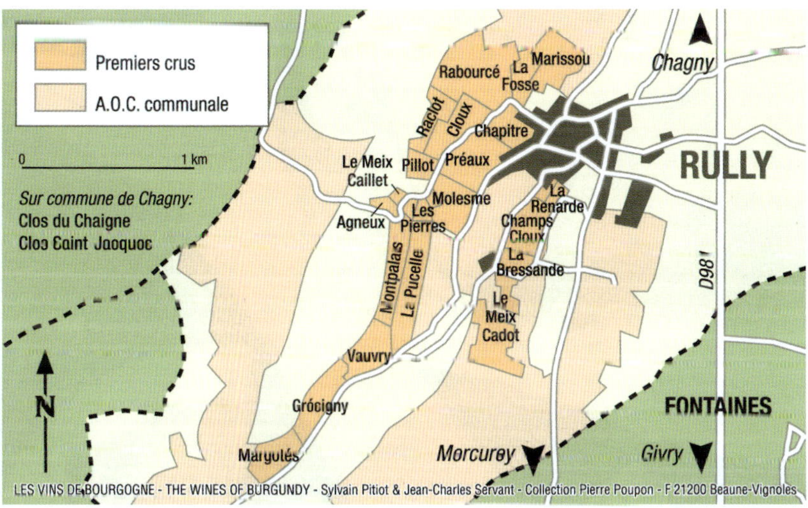

Source: carte extraite des ouvrages Les Vins de Bourgogne et The Wines of Burgundy de Sylvain Pitiot et Jean-Charles Servant (Collection Pierre Poupon – Hameau de Chevignerot 21200 Beaune-Vignoles. Avec l'aimable autorisation des auteurs.)

S

■ SABAYON

Sweet egg-based sauce | Crème onctueuse d'origine italienne (zabaglione) réalisée à partir d'un mélange de jaunes d'œufs* et de sucre* fouetté au bain-marie auquel est ajouté un vin* *(1)* ou un spiritueux* *(2)*. Le sabayon est servi tiède ou froid, seul ou en nappage de certains desserts.
Il existe maintenant des sabayons salés, diversement aromatisés, qui accompagnent poissons, coquillages ou crustacés.

(1) Champagne, vins blancs liquoreux*, V.D.L.*, V.D.N.*.*
(2) Kirsch, rhum*, liqueurs* diverses.*

■ SABLÉ

SHORTBREAD COOKIE (biscuit) | Gâteau sec préparé avec une pâte faite de farine*, de beurre*, d'œufs* et de sucre*. Il est souvent parfumé aux zestes* d'orange* ou de citron*.

■ SABLEAU

French cheese | Fromage* de lait* de chèvre fabriqué dans le Poitou. Il doit son nom à une localité de Vendée, son lieu d'origine.
Type : pâte molle, croûte naturelle.
Forme : triangle *(1)*.
Taille : 10 à 12 cm de côté, 2 à 3 cm d'épaisseur.
Poids : 200 à 300 g.
Teneur en M.G. : 45 %
Meilleures saisons : printemps, été, automne.

(1) Sa forme lui vaut aussi le nom de «trois cornes».

■ SABLE DE CAMARGUE

French wine | *Voir* Vins I.G.P.*.

■ SABRE

SCABBARDFISH | Poisson de mer de la famille des trichiuridés qui vit en Méditerranée. Long et plat, le sabre *(1)* est surtout employé dans les soupes* de poissons.

(1) Il s'agit de la dénomination courante du lépidode.

■ SACCHARINE

SACCHARINE | Édulcorant de synthèse* découvert en 1878. Il a un pouvoir sucrant de 300 à 400 fois supérieur à celui du sucre*. Cet additif alimentaire* est parfois associé à l'aspartame*.

■ SACHERTORTE

Austrian cake | Spécialité viennoise créée par Franz Sacher au début du 19ème siècle. Il s'agit d'un biscuit chocolaté garni de confiture* d'abricot* et glacé au chocolat*. Le sachertorte se sert traditionnellement avec de la crème fouettée.

■ SACRISTAIN

Pastry | Gâteau sec confectionné avec un bâtonnet de pâte feuilletée* torsadé et parsemé d'amandes* hachées.

■ SACY

Grape variety | Cépage* blanc vraisemblablement originaire de l'Allier où il est dénommé localement Tressallier.
Aires de culture : vignoble bourguignon, notamment pour l'A.O.C.* Crémant de Bourgogne*.
Vins produits : blancs légers, acides, de qualité moyenne.

■ SAFARI

Liqueur | Liqueur* exotique élaborée aux Pays-Bas à partir de mangue*, papaye*, maracuya* et citron* vert. Ce spiritueux* titre 20°.

■ SAFRAN

SAFFRON | Epice* originaire d'Asie Mineure et produite aujourd'hui dans de nombreux pays, notamment l'Iran, l'Espagne, le Maroc, l'Inde, la Grèce, l'Italie, l'Azerbaïdjan …. La production mondiale est d'environ 120 tonnes.
La France en produit 20 à 25 kg qui proviennent de safranières implantées principalement dans le Gâtinais, le Perche vendômois, le Quercy, la Charente, la Provence et le Languedoc.

Le safran est le stigmate de la fleur d'un crocus de variété *Sativus*. Cette épice très colorante se présente sous forme de filaments séchés ou de poudre de couleur rouge soutenu. Il faut entre 150 000 et 300 000 stigmates cueillis à la main pour obtenir 1 kg de safran. La plus chère des épices du monde appelée aussi "l'or rouge", a suscité naturellement l'apparition de produits frauduleux qui se trouvent sous forme de succédanés végétaux ou de vrai safran chargé de produits divers (sucre*, miel*, glucose*, nitrate de soude, etc.)
Le safran est employé dans les soupes* de poisson, bouillabaisses*, rizottos*, paellas*, desserts*... ainsi qu'en liquoristerie. Produit culinaire mythique, le safran est également utilisé dans d'autres domaines pour ses vertus médicinales, aromatiques et colorantes.

Source: Photo S. Thévenet.

Fleurs de Crocus Sativus avec leurs filaments de safran

■ SAGOU

SAGO | Fécule extraite de la moelle du sagoutier, variété de palmier. Elle est employée comme le tapioca*, pour réaliser des liaisons ou confectionner des desserts.

■ SAIGNÉE DE CUVE

Winemaking term | Opération de vinification* qui consiste à effectuer un écoulage partiel d'une cuve de moût* de raisins* rouges en cours de fermentation. La saignée de cuve est pratiquée pour obtenir un moût partiellement coloré destiné à fabriquer du vin rosé*.

■ SAINDOUX

LARD | Corps gras obtenu par fusion de graisse de porc*.

■ SAINGORLON

French cheese | Fromage* de lait* de vache de type "pâte persillée" fabriqué dans l'Ain et dans d'autres régions fromagères. Son élaboration a commencé au début de la Seconde Guerre mondiale pour pallier le manque de gorgonzola* que l'Italie n'exportait plus.

■ SAINT-ALBAN

French mineral water | Eau minérale naturelle* gazeuse captée à Saint-Alban-Les-Eaux dans la Loire. Reconnue eau minérale en 1878.
Catégorie : riches en sels minéraux.

Composition physico-chimique (en mg/l)	
Cations	Anions
Sodium : 250 Calcium : 180 Magnésium : 50 Potassium : 28	Bicarbonates : 1 300 Chlorures : 20 Sulfates : 8 Nitrates : <1
Fluor : 2	
pH à 20°C : 6,2	Minéralisation totale : 1 200 mg/l

■ SAINT-ALBRAY

French cheese | Fromage* de lait* de vache fabriqué industriellement. Son nom est une marque commerciale choisie par son fabricant.
Type : pâte pressée non cuite, croûte lavée.
Forme : disque épais godronné, percé d'un trou central.
Taille : 23 cm de diamètre, 5 cm d'épaisseur.
Poids : 2 kg environ.
Teneur en M.G. : 50 %.
Qualité identique toute l'année.

■ SAINT-AMAND

French mineral water | Eau minérale naturelle* plate *(1)* captée à Saint-Amand-les-Eaux dans le Nord, exploitée depuis 1914 et reconnue par le Ministère de la Santé en 1979.
Catégorie : moyennement minéralisée.

Composition physico-chimique (en mg/l)	
Cations	Anions
Sodium : 28 Calcium : 176 Magnésium : 46 Potassium : 5	Bicarbonates : 312 Chlorures : 37 Sulfates : 372 Nitrates : inf. à 0,5
Fluor : 2	Fer : 0,07
pH à 20°C : 7,25	Minéralisation totale : 854 mg/l

(1) Existe également en version gazeuse obtenue par adjonction de gaz carbonique avec minéralisation totale légèrement plus faible.

■ SAINT-AMOUR

French wine | Vins* rouges produits dans le Beaujolais, A.O.C.* depuis 1946 et reconnus A.O.P * dans le cadre de l'U.E. La mention "Cru du Beaujolais" peut figurer sur l'étiquetage.
L'appellation compte 12 climats* : *La Côte de Besset, Le Clos de la Brosse, Les Champs grillés, Le Clos des Guillons, Le Mas des Tines, Vers l'Eglise, Le Chatelet, Le Clos des Billards, Les Bonnetes, En Paradis, La Folie et Clos du Chapitre.*

Aire de production : Saint-Amour-Bellevue, commune de Saône-et-Loire située au sud-ouest de Mâcon.
Superficie du vignoble : 325 ha.
Encépagement autorisé* pour l'appellation : Gamay*, Aligoté*, Chardonnay*, Melon de Bourgogne *.
Rendement à l'hectare* : 56 hl.

■ SAINT-ANTONIN

French mineral water | Eau minérale naturelle* plate captée à Saint-Antonin-Noble-Val dans le Tarn-et-Garonne. Reconnue d'utilité publique en 1913.
Catégorie : Riche en sels minéraux.

Composition physico-chimique (en mg/l)	
Cations	Anions
Calcium : 528 Magnésium : 78 Sodium : 9 Potassium : 3	Sulfates : 1 342 Bicarbonates : 329 Chlorures : 9 Nitrates : <1
Fluor : 1,3	
pH à 20°C : 7	Minéralisation totale : 2 225 mg/l

■ SAINT-AUBIN

French wine | Vins* rouges et blancs produits en Bourgogne*, A.O.C.* depuis 1937 et reconnus A.O.P.* dans le cadre de l'U.E. Pour les vins dont les récoltes proviennent de parcelles classées "Premier cru", l'appellation communale peut être complétée par le nom du climat* d'origine *(1)* et (ou) par la mention "Premier cru".
Aire de production : commune de Saint-Aubin, en Côte-d'Or, située au sud-ouest de Beaune.
Superficie du vignoble : 157 ha (dont 113 ha en vins blancs et 44 ha en vins rouges).
Encépagement autorisé* pour l'appellation : Pinot noir*, Chardonnay*, Pinot gris*, Pinot blanc*.
Rendement à l'hectare* : 50 hl pour les vins rouges et 57 hl pour les vins blancs (rendement inférieur pour les Premiers crus).

(1) "Bas de Vermarain à l'Est", "Derrière la Tour", "Echaille", "En la Ranché", "En Créot", "En Montceau", "Village", "Les Champlots", "En Remilly", "En Vollon à l'Est", "Es Champs", "La Chatenière", "Le Bas de Gamay à l'Est", "Le Charmois", "Sur Gamay", Les Murgers-des-dents-de-Chien", "Les Combes", "Les Combes au Sud", "Les Castets", "Derrière-chez-Edouard", "Le Puits", "Sur-le-Sentier-du-Clou", "Sous Roche Dumay", "Les-Perrières", "Les Travers de Marinot", "Marinot", "Les Cortons", "Plungeret","Vigne Moingeon", "Les Frionnes"

■ SAINT-BENOÎT

French cheese | Fromage* de lait* de vache fabriqué dans l'Orléanais. Il tire son nom d'une abbaye du Loiret située dans sa zone de production.
Type : pâte molle à croûte fleurie.
Forme : disque.
Taille : 13 à 15 cm de diamètre, 3 cm d'épaisseur.
Poids : 350 à 400 g.
Teneur en M.G. : 40 %.
Meilleures saisons : printemps, été, automne.

■ SAINT-BRIS

French wine | Vins* blancs produits en Bourgogne*, A.O.C.* depuis 2003 *(1)* et reconnus A.O.P* dans le cadre de l'U.E.
Aire de production : 5 communes de l'Yonne, dont Saint-Bris-le-Vineux, situées au sud-est d'Auxerre.
Superficie du vignoble : 133 ha.
Encépagement autorisé pour l'appellation : Sauvignon*.
Rendement à l'hectare* : 68 hl.

(1) Antérieurement A.O.V.D.Q.S sous l'appellation "Sauvignon de Saint-Bris".*

■ SAINT-CHINIAN

French wine | Vins* rouges, rosés et blancs produits en Languedoc-Roussillon, A.O.C.* depuis 1982 et reconnus A.O.P.* dans le cadre de l'U.E. Sous certaines conditions, l'appellation peut être complétée du nom de ***Berlou*** ou ***Roquebrun*** (vins rouges uniquement produits sur des aires géographiques limitées).
Aire de production : 20 communes de l'Hérault, dont Saint-Chinian, situées au nord-ouest de Béziers.
Superficie du vignoble : 3 100 ha.
Encépagement autorisé* pour l'appellation : Carignan*, Cinsault*, Grenache*, Lladoner pelut*, Mourvèdre*, Syrah*, Grenache blanc, Marsanne*, Roussanne*, Vermentino*, Viognier*, Clairette*, Carignan blanc*.
Rendement à l'hectare* : 50 hl pour les vins rosés, 45 hl pour les vins rouges et les vins blancs (40 hl pour les vins commercialisés avec la mention "Berlou" ou "Roquebrun".)

■ SAINT-DIÉRY

French mineral water | Eau minérale naturelle* gazeuse captée à Saint-Diéry dans le Puy-de-Dôme. Autorisation ministérielle d'exploitation en avril 1872.
Catégorie : Riche en sels minéraux.

Composition physico-chimique (en mg/l)	
Cations	Anions
Sodium : 385 Calcium : 85 Magnésium : 80 Potassium : 65	Bicarbonates : 1 350 Chlorures : 285 Sulfates : 25 Nitrates : 1,9
pH à 20°C : 6	Minéralisation totale : 1650 mg/l

■ SAINT-GUILHEM-LE-DÉSERT

French wine | Voir Vins I.G.P.*.

■ SAINT ÉMILION

French wine | Vins* rouges produits dans le Bordelais, A.O.C.* depuis le 1936 et reconnu A.O.P* dans le cadre de l'U.E. Voir également Châteaux du Bordelais*.
Aire de production : 9 communes, dont Saint-Emilion, situées à l'est de Bordeaux.
Superficie du vignoble : 1 171 ha
Encépagement autorisé* pour l'appellation :

Cabernet-Sauvignon*, Cabernet franc*, Merlot*, Carmenère*, Malbec*, Petit Verdot*.
Rendement à l'hectare* : 53 hl.
Depuis 1999, *La Juridiction de Saint-Emilion*, ou région viticole de Saint-Emilion, est classée au patrimoine mondial de l'humanité par l'U.N.E.S.C.O.

■ SAINT-ÉMILION GRAND CRU

French wine | Vins* rouges produits dans le Bordelais, A.O.C.* depuis 1954 et reconnus A.O.P.* dans le cadre de l'U.E. Les mentions "Premier Grand Cru classé" et "Grand Cru classé" sont réservées aux domaines viticoles bénéficiant d'un classement officiel (voir *Châteaux du Bordelais**.)
Aire de production : identique à l'appellation Saint-Emilion*.
Superficie du vignoble : 4 160 ha.
Encépagement autorisé* pour l'appellation : Cabernet-Sauvignon*, Cabernet franc*, Merlot*, Carmenère*, Malbec*, Petit Verdot*.
Rendement à l'hectare* : 46 hl.

■ SAINT-ESTÈPHE

French wine | Vins* rouges produits dans le Bordelais, A.O.C.* depuis 1936 et reconnus A.O.P.* dans le cadre de l'U.E. Voir également *Châteaux du Bordelais**.
Aire de production : commune de Saint-Estèphe, dans le Médoc.
Superficie du vignoble : 1 230 ha.
Encépagement autorisé* pour l'appellation : Cabernet-Sauvignon*, Cabernet franc*, Carmenère*, Merlot*, Malbec* et Petit Verdot*.
Rendement à l'hectare* : 57 hl.

■ SAINT-FÉLICIEN

French cheese | Fromage* de lait* de chèvre fabriqué dans le Vivarais *(1)*. Il doit son nom à une localité de l'Ardèche située dans sa zone de production.
Type: pâte molle, croûte naturelle.
Forme: petit disque plat.
Taille: 6 à 7 cm de diamètre, 2 cm d'épaisseur.
Poids: 100 à 125 g.
Teneur en M.G.: 45 %.
Meilleures saisons: automne, hiver, printemps.

(1) Cette dénomination est également employée pour la commercialisation d'un fromage de lait de vache fabriqué industriellement dans le Dauphiné.

■ SAINT-FLORENTIN

French cheese | Fromage* de lait* de vache fabriqué en Bourgogne. Il doit son nom à une localité de l'Yonne située dans sa zone de production.
Type: pâte molle à croûte lavée.
Forme: disque plat.
Taille: 12 à 13 cm de diamètre, 3 cm d'épaisseur.
Poids: 450 à 500 g.
Teneur en M.G.: 45 à 50 %.
Meilleures saisons: automne, hiver, printemps.

■ SAINT-GEORGES-SAINT-ÉMILION

French wine | Vins* rouges produits dans le Bordelais, A.O.C.* depuis 1936 et reconnus A.O.P.* dans le cadre de l'U.E.
Aire de production : au nord de Saint-Emilion, parcelles de l'ancienne commune de Saint-Georges, avant sa fusion avec la commune de Montagne.
Superficie du vignoble : 200 ha.
Encépagement autorisé* pour l'appellation : Merlot*, Cabernet-Sauvignon*, Cabernet franc*, Malbec*, Carmenère*, Petit Verdot*.
Rendement à l'hectare* : 53 hl.

■ SAINT-GERMAIN

Artichoke garnish | Garniture* composée de fonds d'artichauts* remplis d'une purée de pois cassés* ou de pois verts.

■ SAINT-GÉRON

French mineral water | Eau minérale naturelle* gazeuse captée à Saint-Géron en Haute-Loire. La source gallo-romaine est commercialisée depuis le 19ème siècle.
Catégorie : moyennement minéralisée.

Composition physico-chimique (en mg/l)	
Cations	Anions
Sodium : 255 Magnésium : 53 Calcium : 79 Potassium : 18	Bicarbonates : 1 128 Chlorures : 44 Sulfates : 20 Nitrates : < 0,1
pH à 20°C : 6	Minéralisation totale : 1 158 mg/l

■ SAINT-HONORÉ

French pastry | Pâtisserie faite d'un fond de pâte brisée* ou de pâte feuilletée* qui est surmonté d'une couronne de pâte à choux* sur laquelle sont collés des choux* glacés au caramel*. L'intérieur du gâteau est garni de crème Chiboust* ou de crème Chantilly*.

■ SAINT-JOSEPH

French wine | Vins* rouges et blancs produits dans la Vallée du Rhône, A.O.C.* depuis 1956 et reconnus A.O.P.* dans le cadre de l'U.E.
Aire de production : 23 communes de l'Ardèche et 3 communes de la Loire situées sur la rive droite du Rhône, au nord de Valence.
Superficie du vignoble : 1 230 ha.
Encépagement autorisé* pour l'appellation : Syrah*, Marsanne* et Roussanne*.
Rendement à l'hectare* : 40 hl.

■ SAINT-JULIEN

French wine | Vins* rouges produits dans le Bordelais, A.O.C.* depuis 1936 et reconnus A.O.P.* dans le cadre de l'U.E. Voir également *Châteaux du Bordelais**.
Aire de production : commune de Saint-Julien-Beychevelle, ainsi que certaines parcelles des

communes de Cussac-Fort-Médoc et Saint-Laurent-Médoc.
Superficie du vignoble : 900 ha.
Encépagement autorisé* pour l'appellation : Cabernet-Sauvignon*, Cabernet franc*, Carmenère*, Merlot*, Malbec* et Petit Verdot*.
Rendement à l'hectare* : 57 hl.

■ SAINT-LAMBERT

Spring water source | Eau de source* captée à Saint-Lambert-des-Bois dans les Yvelines.
Catégorie : faiblement minéralisée.
pH à 20 °C : 7.
Minéralisation totale : N.C.

■ SAINT-LÉGER

Spring water source | Eau de source* captée à Pérenchies dans le Nord.
Catégorie : moyennement minéralisée.
pH à 20 °C : 7,4.
Minéralisation totale : 568 mg/l.

■ SAINT-MAIXENT

French cheese | Fromage* de lait* de chèvre fabriqué dans le Poitou. Il doit son nom à une localité des Deux-Sèvres, lieu principal de sa commercialisation.
Type : pâte molle, croûte naturelle (présenté à nu ou sous feuille de châtaignier).
Forme : carré.
Taille : 9 à 10 cm de côté, 3 cm d'épaisseur.
Poids : 250 à 300 g.
Teneur en M.G. : 45 %.
Meilleures saisons : printemps, été, automne.

■ SAINT-MARCELLIN

French cheese | Fromage* de lait* de vache fabriqué dans le Dauphiné. Il doit son nom à une localité de l'Isère située dans sa zone de production.
Type : pâte molle, croûte naturelle.
Forme : palet circulaire.
Taille : 7 à 8 cm de diamètre, 2 à 2,5 cm d'épaisseur.
Poids : 80 à 90 g.
Teneur en M.G : 40 à 50 % environ.
Qualité identique toute l'année.

■ SAINT-MONT

French wine | Vins* rouges, rosés et blancs produits dans le Sud-Ouest, A.O.V.D.Q.S.* en 1981, A.O.C.* depuis 2011 et reconnus A.O.P.* dans le cadre de l'U.E.
Aire de production : 48 communes du Gers, dont Saint-Mont, situées dans le sud-ouest du département.
Superficie du vignoble : 1 200 ha.
Encépagement autorisé* pour l'appellation : Tannat*, Cabernet-Sauvignon*, Cabernet franc*, Merlot*, Fer*, Arrufiac*, Petit Courbu, Courbu*, Gros Manseng* et Petit Manseng*.
Rendement à l'hectare* : 60 hl pour les vins blancs et rosés, 55 hl pour les vins rouges.

■ SAINT-NECTAIRE

French cheese | Fromage* de lait* de vache fabriqué en Auvergne, A.O.C.* depuis 1955 et reconnu A.O.P.* dans le cadre européen. Il doit son nom à un village du Puy-de-Dôme d'où il est originaire. L'aire de production s'étend sur 72 communes du Puy-de-Dôme et du Cantal.
Le Saint-nectaire est authentifié par une plaque de caséine, ovale, de couleur verte, incrustée dans la croûte, pour les fromages fermiers. Une même plaque, rectangulaire, de couleur beige, identifie les fromages laitiers *(1)*.
Type : pâte pressée non cuite, croûte naturelle.
Forme : disque épais.
Taille : 21 à 24 cm de diamètre, 3,5 à 5,5 cm d'épaisseur (2).
Poids : 1,450 kg à 1,950 kg *(2)*.
Teneur en M.G. : 45 % au minimum.
Meilleures saisons : été, automne.

(1) Cette marque indique le numéro du département d'origine (63 ou 15) suivi du code de la commune et du producteur ainsi que le numéro attribué au fromage.
(2) Il existe un "Petit Saint-Nectaire" dont les dimensions sont de 13 cm de diamètre, 3,5 à 4 cm d'épaisseur pour un poids de 600 g environ.

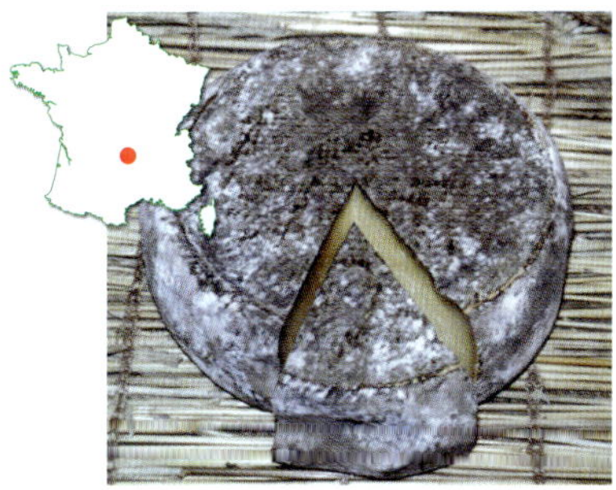

Source : Photo BG

■ SAINT-NICOLAS-DE-BOURGUEIL

French wine | Vins* rouges et rosés produits dans la Vallée de la Loire, A.O.C.* depuis 1937 et reconnus A.O.P.* dans le cadre de l'U.E. La mention "Val de Loire" peut éventuellement compléter le nom de l'appellation.

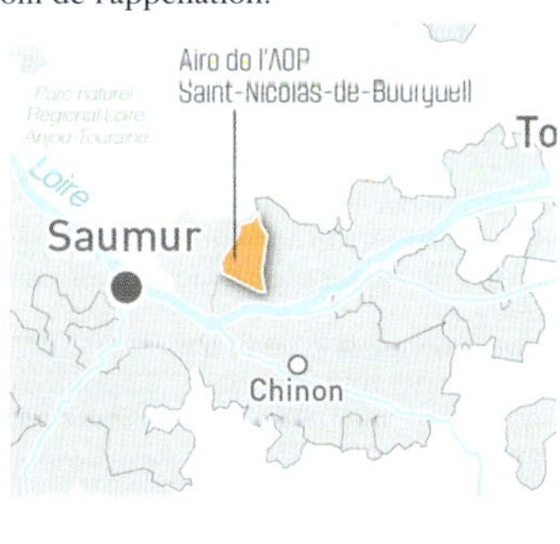

Source Interloire - Interprofession des vins du Val de Loire

Aire de production : commune de Saint-Nicolas-de-Bourgueil, en Indre-et-Loire, située à l'ouest de Tours.
Superficie du vignoble : 1 100 ha.
Encépagement autorisé pour l'appellation : Cabernet franc* et Cabernet-Sauvignon*.
Rendement à l'hectare* : 55 hl.

■ SAINT-PAULIN

French cheese | Fromage* de lait* de vache fabriqué en Bretagne. Inspiré des productions monastiques, ce produit porte un nom choisi par les professionnels de l'industrie laitière.
Type : pâte pressée non cuite, croûte lavée.
Forme : disque épais.
Taille : 20 à 22 cm de diamètre, 4 à 5 cm d'épaisseur.
Poids : 1,5 à 1,8 kg.
Teneur en M.G. : 45 à 50 %.
Qualité identique toute l'année.

■ SAINT-PÉRAY

French wine | Vins blancs tranquilles* et vins mousseux* produits dans la Vallée du Rhône, A.O.C.* depuis 1936 et reconnus A.O.P* dans le cadre de l'U.E.
Aire de production : communes de Saint-Péray et Toulaud, dans l'Ardèche, situées à l'ouest de Valence.
Superficie du vignoble : 85 ha.
Encépagement autorisé pour l'appellation : Roussanne* et Marsanne*.
Rendement à l'hectare* : 45 hl pour les vins tranquilles, 52 hl pour les vins mousseux.

■ SAINT-PIERRE

JOHN DORY | Poisson de mer de la famille des zéidés qui vit dans les secteurs rocheux des mers tempérées. Ses flancs portent 2 taches qui seraient, selon la légende, les marques des doigts de l'apôtre Pierre (il aurait en effet saisi le poisson pour retirer une pièce d'or de sa bouche). Le Saint-Pierre mesure de 30 à 50 cm pour un poids de 800 à 900 g. Malgré une apparence disgracieuse, il possède une chair excellente qui se prête à des préparations culinaires variées.

■ SAINT-POURÇAIN

French wine | Vins* rouges, rosés et blancs produits dans l'Allier, A.O.V.D.Q.S.* en 1951, A.O.C.* depuis 2011 et reconnus A.O.P.* dans le cadre de l'U.E. Le nom de l'appellation peut éventuellement être complété par la mention "Val de Loire".
Aire de production : 19 communes de l'Allier, dont Saint-Pourçain-sur-Sioule, situées au sud-ouest de Moulins.
Superficie du vignoble : 540 ha.
Encépagement autorisé* pour l'appellation : Gamay*, Pinot noir*, Tressalier*, Chardonnay*, Sauvignon*.
Rendement à l'hectare* : 55 hl.

■ SAINT-RAPHAËL

Liqueur | A.B.V.* de la famille des quinquinas* créé en 1830 par un pharmacien lyonnais, le Docteur Juppet. Cet apéritif, qui titre 14°, est élaboré à partir d'une mistelle* vieillie en fût de chêne et coupée avec du vin* blanc ou rouge. Le mélange est aromatisé avec une infusion de substances végétales, notamment des écorces de quinquina*, zestes* de citrons* et d'oranges* amères, cacao*, etc.

■ SAINT-RÉMY

French cheese | Fromage* de lait* de vache fabriqué en Lorraine. Son nom est une marque de commercialisation reprenant le nom d'un village de la région.
Type : pâte molle à croûte lavée.
Forme : carré.
Taille : 9 à 10 cm de côté, 2,5 à 3 cm d'épaisseur.
Poids : 200 à 250 g.
Teneur en M.G. : 45 à 50 %.
Qualité identique toute l'année.

■ SAINT-ROMAIN

French wine | Vins* blancs et vins rouges produits en Bourgogne, A.O.C.* depuis 1947 et reconnus A.O.P.* dans le cadre de l'U.E. L'appellation peut être suivie de la mention "Côte de Beaune" (pour les vins rouges uniquement).
Aire de production : commune de Saint-Romain, en Côte-d'Or, située au sud-ouest de Beaune.
Superficie du vignoble : 97 ha (dont 60 ha en vins blancs et 37 ha en vins rouges).
Encépagement autorisé* pour l'appellation : Pinot noir*, Pinot gris*, Chardonnay*, Pinot blanc*.
Rendement à l'hectare* : 57 hl pour les vins blancs et 50 hl pour les vins rouges

■ SAINT-SARDOS

French wine | Vins* rouges et rosés produits dans le Sud-Ouest, A.O.V.D.Q.S.* en 2005, A.O.C.* depuis 2011 et reconnus A.O.P.* dans le cadre de l'U.E.
Aire de production : 20 communes du Tarn-et-Garonne, dont Saint-Sardos, et 3 communes de Haute-Garonne situées au sud-ouest de Montauban.
Superficie du vignoble : 120 ha.

Encépagement autorisé* pour l'appellation* : Syrah*, Tannat*, Merlot*, Cabernet franc*.
Rendement à l'hectare* : 55 hl.

■ SAINT-VÉRAN

French wine | Vins* blancs produits en Bourgogne*, A.O.C.* depuis 1971 et reconnus A.O.P* dans le cadre de l'U.E. Le nom du climat* d'origine peut compléter l'appellation.
Aire de production : communes de Saint-Verand *(1)*, Chânes, Chasselas, Davayé, Leynes, Prissé, Solutré-Pouilly et Saint-Amour-Bellevue, situées à l'ouest de Mâcon.
Superficie du vignoble : 700 ha.
Encépagement autorisé pour l'appellation : Chardonnay*.
Rendement à l'hectare* : 64 hl (62 hl pour les vins issus d'un climat).
(1) Le nom de la commune s'écrit avec un "d" alors que celui de l'appellation s'écrit sans "d".

■ SAINT-YORRE

French mineral water | Eau minérale naturelle* gazeuse provenant d'émergences situées sur les communes de Saint-Yorre et Hauterive dans l'Allier, ainsi que Saint-Priest-Bramefant et Saint-Sylvestre-Pragoulin dans le Puy-de-Dôme.
Catégorie : fortement minéralisée.

Composition physico-chimique (en mg/l)	
Cations	Anions
Sodium : 1708 Potassium : 132 Calcium : 90 Magnésium : 11	Bicarbonates : 4368 Chlorures : 322 Sulfates : 174 Nitrates : 1,4
Fluor : 1	
pH à 20°C : 6,6	Minéralisation totale : 4774 mg/l

■ SAINTE-CROIX-DU-MONT

French wine | Vins* blancs produits dans le Bordelais, A.O.C.* depuis 1936 et reconnus A.O.P.* dans le cadre de l'U.E.
Aire de production : commune de Sainte-Croix-du-Mont, en Gironde, située au sud-est de Bordeaux.
Superficie du vignoble : 335 ha.
Encépagement autorisé* pour l'appellation : Sémillon*, Sauvignon*, Muscadelle*, Sauvignon gris*.
Rendement à l'hectare* : 40 hl.
Ces vins sont élaborés à partir de raisins arrivés à surmaturation (voir Pourriture noble*).

■ SAINTE-FOY- CÔTES DE BORDEAUX

French wine | Vins* rouges et blancs produits dans le Bordelais, A.O.C.* depuis 2016 et reconnus A.O.P.* dans le cadre de l'U.E. Il s'agit d'une nouvelle appellation qui remplace l'A.O.C "Saint-Foy-Bordeaux" *(1)*.
Aire de production : 19 communes situées sur la rive gauche de la Dordogne, dans l'est de la Gironde.
Superficie du vignoble : 300 ha.
Encépagement autorisé* pour l'appellation : Cabernet-Sauvignon*, Cabernet franc*, Merlot*, Malbec*, Petit Verdot*, Carmenère*, Sémillon*, Sauvignon*, Muscadelle*, Sauvignon gris, Colombard*, Ugni blanc*.
Rendement à l'hectare* : 52 hl pour les vins rouges, 62 hl pour les vins blancs secs*, 45 hl pour les vins blancs moelleux*, 37 hl pour les vins blancs liquoreux*.
(1) Depuis octobre 2009, plusieurs appellations ont été regroupées sous l'appellation "Côtes de Bordeaux" précédée - selon les cas et sous certaines conditions de production – des dénominations "Blaye", "Cadillac", "Castillon", Sainte-Foy, ou "Francs".

■ SAINTE-MARGUERITE

French mineral water | Eau minérale naturelle* gazeuse captée à Saint-Maurice, dans le Puy-de-Dôme. Elle doit son nom à une chapelle située sur le site de gisement. Commercialisée depuis 1929.
Catégorie : riche en sels minéraux.

Composition physico-chimique (en mg/l)	
Cations	Anions
Sodium : 400 Magnésium : 130 Calcium : 194 Potassium : 39	Bicarbonates : 1386 Chlorures : 379 Sulfates : 173 Nitrates : 7,4
pH à 20°C : 5,8	Minéralisation totale : 1980 mg/l

■ SAINTE-MARIE-LA-BLANCHE

French wine | *Voir* Vins I.G.P.*.

■ SAINTE-MAURE DE TOURAINE

French cheese | Fromage* de lait* de chèvre fabriqué en Touraine, A.O.C.* depuis 1990 et reconnu A.O.P.* dans le cadre de l'U.E. Il doit son nom à une localité d'Indre-et-Loire d'où il est originaire. Ce fromage est traversé par une paille

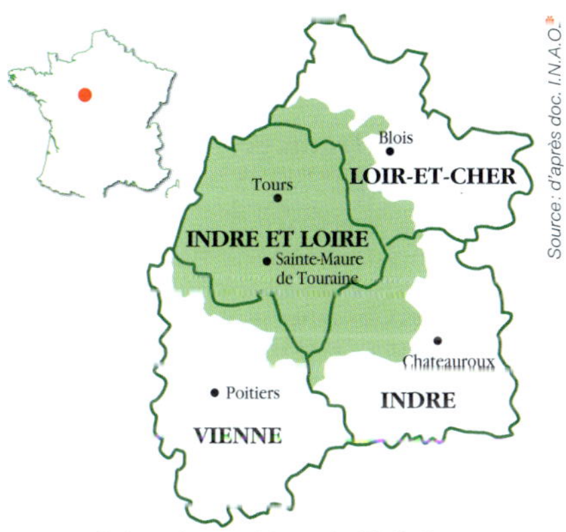

L'aire géographique de l'A.O.C. Sainte-Maure de Touraine s'étend sur 453 communes réparties sur 4 départements

de céréale gravée du nom de l'appellation et d'un code d'identification du fabricant.
Type: pâte molle, croûte naturelle souvent saupoudrée de charbon de bois pulvérisé.
Forme: bûche tronconique.
Taille : 26 cm de longueur, 4,5 de diamètre à une extrémité et 5,5 cm à l'autre.
Poids : 250 g au minimum.
Teneur en M.G.: 45 % au minimum.
Meilleures saisons: printemps, été, automne.

■ SAKÉ

Japanese rice wine | Boisson alcoolisée japonaise élaborée à partir de riz* fermenté. Incolore, plutôt doux avec une fin de bouche un peu amère et titrant entre 14 et 16°, le saké se consomme tiède ou froid.
On distingue 3 principales catégories de saké:
- ***Le Mirin*** couramment employé en cuisine.
- ***Le Toso***, boisson douce et épicée que l'on déguste traditionnellement au Nouvel An.
- ***Le Seishu***, produit raffiné exporté vers l'Occident.

■ SALADE COMPOSÉE

MIXED SALAD | Préparation culinaire constituée d'éléments divers (légumes, fruits, condiments*, œufs*, poissons, crustacés, coquillages, volailles, viandes, abats*, etc.). La coupe ou la taille des composants, leur dressage et l'assaisonnement sont variables selon la salade.

■ SALAMI

Italian sausage | Gros saucisson* d'origine italienne fabriqué avec de la viande de porc* (ou d'autres animaux selon les pays).

■ SALAMMBÔ

Pastry | Petit gâteau de forme ovale à base de pâte à choux* garnie de crème pâtissière* parfumée au kirsch*. Le glaçage est réalisé avec du fondant* vert.

■ SALERS (fromage)

French cheese | Fromage* de lait* de vache fabriqué en Auvergne, A.O.C.* depuis 1961 et reconnu A.O.P.* dans le cadre de l'UE. Il tire son nom d'un village du Cantal d'où il est originaire. L'aire de production s'étend sur 167 communes réparties principalement dans le Cantal, les autres se situant dans le Puy-de-Dôme, la Corrèze, l'Aveyron et la Haute-Loire.
La fabrication du Salers est limitée à une période allant du 15 avril au 15 novembre. Le fromage est authentifié par une plaque de couleur rouge apposée sur la croûte et par une empreinte en relief comportant 2 fois le nom de l'appellation.
Type : pâte pressée non cuite, croûte sèche brossée.
Forme : gros cylindre.
Taille : 38 à 48 cm de diamètre, 30 à 45 cm de hauteur.
Poids : 30 à 50 kg.
Teneur en M.G. : 44 % au minimum.
Qualité pratiquement identique toute l'année.

■ SALERS (spiritueux)

Spirits | Gentiane* (A.B.A.*) créée par Alfred Labounoux en 1885. Ce spiritueux*, fabriqué à Turenne en Corrèze, se décline en 3 formules :
- ***La Salers bouchon jaune***, version classique, qui titre 16°
- ***La Salers bouchon rouge***, légèrement plus puissante, qui titre 20°
- ***La Salers bouchon vert***, enrichie de fruits rouges, d'écorces d'orange* et de vanille*, qui titre 25°.

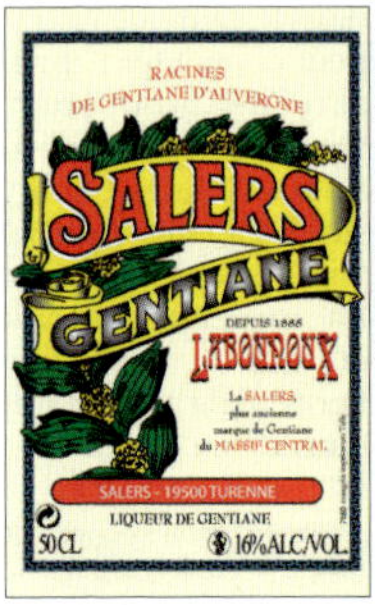

■ SALICORNE

SEA ASPARAGUS (samphire) | Petite plante aquatique qui pousse sur les côtes rocheuses et dans les marais salants. Les jeunes pousses de salicorne se consomment cuites, préparées comme des haricots verts*, ou en condiment*, confites dans du vinaigre*.

■ SALMANAZAR

Bottle type | Bouteille d'une contenance équivalente à 12 bouteilles classiques, soit 9 litres.

■ SALMIS

Game bird dish | Préparation particulière de certains gibiers à plumes (faisan*, colvert*, bécasse*) ou volailles domestiques (pintade*, canard*, pigeon*). Le volatile est partiellement rôti avant d'être découpé pour terminer sa cuisson dans une sauce* au vin*, blanc ou rouge selon les cas.
L'origine du terme vient de *salmigondis*. Ce mot désignait jadis un ragoût fait de viandes déjà cuites.

■ SALOMON

Bottle type | Bouteille d'une contenance équivalente à 24 bouteilles classiques, soit 18 litres.

■ SALPICON

Diced meat or fish in a sauce | Terme désignant un aliment détaillé en petits dés.

■ SALSIFIS

SALSIFY | Plante potagère originaire du bassin méditerranéen dont on consomme la racine charnue. Il ne faut pas confondre le salsifis, qui possède une racine blanche en forme de carotte allongée, et *la scorsonère* qui a une racine cylindrique noire, longue et mince. L'un et l'autre se préparent cuits, en beignets* ou en gratin par exemple.

■ SALVETAT (la)

French mineral water | Eau minérale naturelle* gazeuse captée à La Salvetat-sur-Agout dans l'Hérault. Reconnue eau minérale en 1848.
Catégorie : moyennement minéralisée.

Composition physico-chimique (en mg/l)	
Cations	Anions
Calcium : 253 Magnésium : 11 Sodium : 7 Potassium : 3	Bicarbonates : 820 Sulfates : 25 Chlorures : 4 Nitrates : inf. à 1
Silice : 72	
pH à 20°C : 6	Minéralisation totale : 850 mg/l

■ SAMOS

Greek classification | V.D.L.*, V.D.N.* et V.N.D. *(1)* grecs produits dans l'île de Samos. Ces vins, issus de cépage Muscat*, bénéficient d'une appellation d'origine. Le Samos est considéré comme l'un des meilleurs muscats au monde.
Le Samos "Nectar" n'est pas muté mais élaboré avec les raisins séchés au soleil.

(1) Vin Naturellement Doux.

■ SAMSOË

Danish cheese | Fromage* de lait* de vache fabriqué au Danemark. Il doit son nom à l'île d'où il est originaire.
Type : pâte pressée ferme, croûte paraffinée.
Forme : petite meule.
Taille : 44 cm de diamètre, 10 cm d'épaisseur.
Poids : 14 kg environ.
Teneur en M.G. : 45 %.
Qualité identique toute l'année.

■ SAN GEMINI

Italian mineral water | Eau minérale naturelle* gazeuse captée à San Gemini, en Ombrie, dans le centre de l'Italie.
Catégorie : moyennement minéralisée.

Composition physico-chimique (en mg/l)	
Cations	Anions
Calcium : 346,7 Sodium : 18,6 Magnésium : 16 Potassium : 3,2	Bicarbonates : 1091,9 Sulfates : 52,1 Chlorures : 18,7 Nitrates : 1,1
Fluor : 0,3	
pH à 20°C : 6,1	Minéralisation totale : 1022 mg/l

■ SAN PELLEGRINO

Source : Nestlé Waters France

Italian mineral water | Eau minérale naturelle* gazeuse captée à San Pellegrino, en Lombardie, dans les Alpes italiennes.
Depuis 1907, San Pellegrino est connue sur les 5 continents. Elle est aujourd'hui distribuée dans près de 120 pays et elle est l'eau minérale la plus présente sur les tables des restaurants dans le monde.
Catégorie : moyennement minéralisée.

Composition physico-chimique (en mg/l)	
Cations	Anions
Calcium : 179 Magnésium : 52 Sodium : 33,6 Potassium : 2,5	Sulfates : 445 Bicarbonates : 239 Chlorures : 54,8 Nitrates : 2,9
Fluor : 0,5	
pH à 20°C : 7,6	Minéralisation totale : 948 mg/l

■ SANCERRE

French wine | Vins* blancs, rouges et rosés produits dans la Vallée de la Loire, A.O.C.* depuis 1936 et reconnus A.O.P.* dans le cadre de l'U.E. La mention "Val de Loire" peut éventuellement compléter le nom de l'appellation.
Aire de production : 14 communes du Cher, dont Sancerre, situées au nord-est de Bourges.
Superficie du vignoble : 2 960 ha.
Encépagement autorisé pour l'appellation : Sauvignon* et Pinot noir*.
Rendement à l'hectare* : 65 hl pour les vins blancs, 63 hl pour les vins rosés et 59 hl pour les vins rouges.

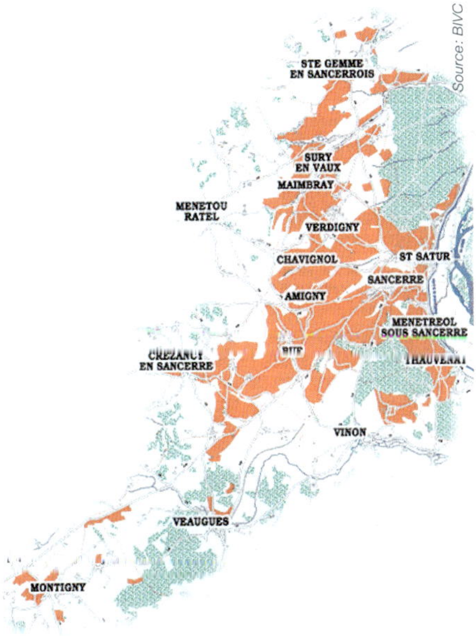

Source : BIVC

Aire de l'appellation Sancerre

■ SANDRE

PICKEREL | Poisson d'eau douce de la famille des percidés qui vit, comme la perche*, dans les eaux calmes des rivières, des étangs ou des lacs. Le sandre peut mesurer plus d'un mètre avec un poids atteignant 10 à 12 kg. Il possède une chair fine, délicate, avec peu d'arêtes qui trouve les mêmes destinations culinaires que le brochet*.

■ SANDWICH

SANDWICH | Préparation constituée de deux tranches de pain* entre lesquelles se trouve un aliment froid (charcuterie, viande, fromage*...). Au 18ème siècle, cette collation simple fut imaginée par le cuisinier de Sir John Montagu, Comte de Sandwich, afin de permettre à ce dernier de se restaurer sans quitter sa table de jeu. La formule originelle, qui contenait des tranches de gigot* ou du jambon fumé*, a permis de concevoir de nouvelles compositions (club sandwich*, pan-bagnat*, hamburger*, kebab*, etc.).

■ SANG DE TAUREAU

Hungarian wine | Vins* rouges hongrois issus de cépages Kékfrankos, Kadarka, Merlot*, Cabernet*, etc. Ces vins, dénommés également *Egri Bikavér*, sont produits dans l'Eger, région viticole située au nord-est du pays.

■ SANGLIER

WILD BOAR | Gros mammifère sauvage dont la chasse et la commercialisation sont réglementées. Le mâle pèse de 120 à 150 kg, alors que la femelle atteint environ 100 kg.

Selon le sexe ou l'âge, ce gibier porte plusieurs noms : *laie* pour la femelle, *marcassin* pour le petit de moins de 6 mois, *bête rousse* entre 6 mois et 1 an, *bête de compagnie* entre 1 et 2 ans, *ragot* ou *bête noire* vers 2 ans et demi, *tiers-an* à 3 ans, *quartenier* ou *quartan* à 4 ans, *grand cochon* un peu plus tard et enfin *solitaire* pour les animaux d'âge avancé.

La chair des jeunes sangliers est tendre et savoureuse, mais chez les sujets âgés elle devient ferme et le goût plus prononcé. Il est alors nécessaire de la faire mariner avant de la rôtir ou de la destiner à des préparations en sauce (civet* ou daube* par exemple). La hure* de sanglier est un apprêt culinaire ayant comme élément de base la tête de l'animal.

Source : Adobe Stock

■ SANGRIA

SANGRIA | Cocktail* de réception préparé dans un grand récipient un certain temps avant consommation.

Il existe de nombreuses variantes, exemple pour 10 à 15 personnes :

2 litres de vin* rouge espagnol
100 g de sucre* en poudre (ou sirop* de sucre de canne)
10 cl de cognac*
10 cl de Cointreau*
8 cl de jus d'orange*
4 cl de jus de citron*
1 orange
½ citron
2 pêches*
1 pomme*
½ litre de soda*

Faire macérer plusieurs heures et au frais le vin, le sucre, le cognac, le Cointreau, les jus de fruits et les fruits coupés.

Au moment de servir, ajouter quelques glaçons et le soda.

Remuer et servir dans des verres givrés au sucre.

■ SANGUETTE

Regional blood-based dish | Plat campagnard préparé avec le sang d'une volaille *(1)* additionné d'oignon* (ou d'échalote*) et de fines herbes hachés.

(1) La tradition voulait que l'on prépare ce plat avec le sang frais de la volaille qui venait d'être sacrifiée.

■ SANTENAY

French wine | Vins* rouges et blancs produits en Bourgogne*, A.O.C.* depuis 1936 et reconnus A.O.P.* dans le cadre de l'U.E. Pour les vins dont les récoltes proviennent de parcelles classées "Premier cru", l'appellation communale peut être complétée par le nom du climat* d'origine *(1)* et (ou) par la mention "Premier cru".

Aire de production : communes de Santenay en Côte-d'Or et de Remigny en Saône-et-Loire, situées au sud-ouest de Beaune.

Superficie du vignoble : 328 ha (dont 280 ha en vins rouges et 48 ha en vins blancs).

Encépagement autorisé* pour l'appellation : Pinot noir*, Pinot gris*, Chardonnay* et Pinot Blanc*.

Rendement à l'hectare* : 50 hl pour les vins rouges et 57 hl pour les vins blancs (rendement plus réduit pour les Premiers crus).

(1) "Beauregard", " Beaurepaire", "Clos de Tavannes", "La Comme", "La Maladière", "Le Passetemps", "Les Gravières", "Les Gravières-Clos de Tavannes", "Clos Faubard ", "Clos des Mouches", "Clos Rousseau " et "Grand Clos Rousseau".

■ SANTRANGES

French cheese | Fromage* de lait* de chèvre fabriqué dans le Berry. Il doit son nom à son village d'origine dans la région sancerroise.

Type : pâte molle, croûte naturelle.
Forme : petite boule aplatie.
Taille : 6 cm de diamètre, 3 cm d'épaisseur.
Poids : 120 à 150 g.
Teneur en M.G. : 45 %.
Meilleures saisons : printemps, été, automne.

■ SÃO JORGE

Portuguese cheese | Fromage* de lait* de vache fabriqué au Portugal. Il doit son nom à une île de l'archipel des Açores d'où il est originaire. Le são jorge bénéficie d'une Appellation d'Origine Contrôlée dans son pays et il est reconnu A.O.P.* dans le cadre de l'U.E.
Type : pâte pressée non cuite, croûte naturelle.
Forme : cylindre.
Taille : 30 à 35 cm de diamètre, 12 cm de hauteur.
Poids : 7 à 12 kg.
Teneur en M.G. : 45 % au minimum.
Qualité identique toute l'année.

■ SAÔNE-ET-LOIRE (vin)

French wine | *Voir* Vins I.G.P.*.

■ SAPIDITÉ

PALATABILITY | Terme utilisé en gastronomie* pour désigner ce qui a de la saveur, du goût. Un vin* sapide est un vin expressif en bouche, avec une texture consistante et agréable.

■ SAPOTILLE

SAPODILLA | Fruit du sapotillier *(1)*, arbre originaire d'Amérique Centrale. La sapotille, grosse comme un œuf de poule, possède une peau rugueuse brun-clair et une chair fondante, douce, délicatement parfumée, qui se déguste nature.

(1) Cet arbre produit aussi le latex qui sert de base pour la fabrication du chewing-gum.

■ SARCELLE

TEAL | Gibier d'eau voisin du canard* sauvage. De plus petite taille que ce dernier, il trouve sensiblement les mêmes apprêts culinaires.
La chasse de la sarcelle est réglementée et sa commercialisation interdite.

Source : FNC-FDC Merzihan

■ SARDINE

SARDINE | Petit poisson de mer, de la famille des clupéidés qui vit dans l'Atlantique et la Méditerranée. La sardine, caractérisée par un dos bleu-vert et un ventre argenté, mesure entre 10 et 20 cm ; les spécimens plus grands étant appelés *pilchards*. Ce poisson très populaire se consomme frais, notamment grillé, ou sous forme de différents produits de conserve.

■ SARRASIN

BUCKWHEAT | Plante originaire de Chine produisant une farine* de couleur grise avec des points noirs, essentiellement employée pour fabriquer des crêpes* et des galettes. Le sarrasin, parfois appelé "blé noir", est souvent considéré, à tort, comme une céréale.

■ SARRIETTE

SAVORY | Plante aromatique originaire du sud de l'Europe. Elle se caractérise par des parfums rappelant à la fois le thym*, la menthe* et l'origan*. La sarriette est utilisée dans les marinades*, les charcuteries, l'aromatisation des condiments*, la cuisson des viandes (lapin*, agneau*), etc.

■ SARTAGNADO

Regional fish dish | En Provence, petit poisson frit dans l'huile d'olive*.

■ SARTÈNE

French cheese | Fromage* de lait* de chèvre ou de lait de brebis (ou les 2 mélangés) fabriqué en Corse du Sud. Il doit son nom à une localité située dans sa zone de production.
Type : pâte pressée non cuite, croûte lavée.
Forme : boule aplatie.
Taille : 12 à 13 cm de diamètre, 9 à 10 cm d'épaisseur.
Poids : 1 à 1,5 kg.
Teneur en M.G. : 45 % environ.
Meilleures saisons : printemps, été, automne.

■ SASHIMI

Japanese fish dish | Spécialité japonaise constituée d'un assortiment de poissons crus et de fruits de mer finement découpés. Le sashimi, harmonieusement présenté sur une assiette, est servi avec divers éléments d'accompagnement (raifort*, gingembre* frais, citron*, sauce soja*...).

■ SAUCE

SAUCE | Préparation culinaire plus ou moins liquide qui accompagne ou sert à cuisiner un mets. *"Les sauces représentent la partie capitale de la cuisine. Ce sont elles qui ont créé et maintenu l'universelle prépondérance de la cuisine française".* (Auguste. Escoffier*).
Le terme "sauce" vient du latin "salsus" qui signifie salé ; le sel* étant considéré comme le condiment* de base de la cuisine.

■ SAUCE ANGLAISE

SAUCE ANGLAISE | Dénomination commune de la Worcestershire sauce*.

■ SAUCISSE

SAUSAGE | Préparation charcutière constituée d'un morceau de boyau rempli d'un hachis de viande. Si le porc* est la viande le plus couramment employée, il existe de nombreuses variétés de saucisses, crues ou cuites, fabriquées avec des chairs d'animaux de boucherie, de volailles, de gibiers* ou de poissons.

■ SAUCISSE DE FRANCFORT

FRANKFORT SAUSAGE | Petite saucisse* d'origine allemande réalisée avec une farce de porc* très fine, parfois colorée en jaune ou fumée.

■ SAUCISSE DE MONTBÉLIARD

MONTBÉLIARD SAUSAGE | Saucisse* de porc* fumée originaire de Franche-Comté, reconnue par une I.G.P.*. Elle est fabriquée sur une aire géographique constituée de la Haute-Saône, du Territoire de Belfort, du Doubs et du Jura.

■ SAUCISSE DE MORTEAU

MORTEAU SAUSAGE | Grosse saucisse* de porc* fumée originaire de Franche-Comté, reconnue par une I.G.P.*. Elle a la particularité d'être fermée à une extrémité par une petite cheville de bois et à l'autre extrémité par une ficelle.
L'aire géographique de fabrication de la Saucisse de Morteau correspond à celle de la Saucisse de Montbéliard*.

■ SAUCISSE DE STRASBOURG

STRASBOURG SAUSAGE | Petite saucisse* réalisée avec une farce de porc* très fine et dont le boyau est coloré en rouge.

■ SAUCISSE DE TOULOUSE

TOULOUSE SAUSAGE | Saucisse* réalisée avec une farce de porc* hachée grossièrement. Elle est présentée en portion ou en brasse (sans coupe du boyau).

■ SAUCISSON

Air-dried sausage | Préparation charcutière constituée d'un "emballage", généralement du boyau, rempli d'un hachis de viande. Il existe plusieurs variétés de saucissons qui se caractérisent par leur taille, leur forme, leur(s) composant(s) et leur traitement. Contrairement à la saucisse*, le saucisson se consomme cru après un temps de maturation et de dessiccation plus ou moins long.

■ SAUGE

SAGE | Plante aromatique et médicinale aux feuilles duveteuses d'origine méditerranéenne. Elle exhale une odeur camphrée et présente un goût astringent et épicé. Dans le domaine culinaire, la sauge sert à cuisiner les viandes blanches, le porc*, les gibiers, etc. Elle entre également dans la préparation de potages* ou de légumes.

Source : Adobe Stock

■ SAUMON

SALMON | Poisson migrateur de la famille des salmonidés qui nait, vit en eau douce et rejoint ensuite les océans. Plus tard, il remonte les cours d'eau pour frayer et se reproduire sur son lieu de naissance. La pisciculture* pratiquée dans plusieurs pays fournit aujourd'hui de grandes quantités de saumons en complément des poissons prélevés dans le milieu sauvage.

Source : Steve Lee/Alaska Seafood

Filets de saumon sockeye

On distingue plusieurs espèces de tailles et de poids variables :

- ***Le Saumon de l'Atlantique*** ou ***Salmo Salar*** qui peut atteindre 1,50 m de longueur et un poids de 30 kg.
- ***Le King*** ou ***Saumon royal***, qui mesure de 75 cm à 1,00 m pour un poids moyen de 7 kg. Sa chair est de couleur rouge orangé.
- ***Le Sockeye*** ou ***Saumon rouge,*** qui mesure de 65 à 90 cm pour un poids moyen de 3 à 4 kg. Sa chair est de couleur rouge profond.
- ***Le Coho*** ou ***Saumon argenté,*** qui mesure de 65 à 85 cm pour un poids moyen de 3 kg. Sa chair est de couleur rouge orangé.
- ***Le Chum*** ou ***Saumon Keta***, qui mesure environ 65 cm pour un poids moyen de 3 kg. Sa chair est de couleur rose.
- ***Le Pink*** ou ***Saumon rose***, de plus petite taille, 60 cm pour un poids moyen de 1,5 kg, qui, comme son nom l'indique, possède une chair de couleur rose.

Le saumon trouve de multiples emplois dans le domaine culinaire. Il est également très prisé sous forme de *saumon fumé**.

■ SAUMON FUMÉ

SMOKED SALMON | Demi-saumon* ayant subi un fumage artisanal ou industriel.
Les 2 filets du poisson sont d'abord levés avec la peau afin de donner 2 “bandes” ou “planches” qui sont ensuite salées (au sel sec* ou par immersion en saumure*), séchées et fumées. Cette dernière opération se réalise de 2 façons :

- ***À froid***, pendant 4 à 6 h, à une température n'excédant pas 30 °C. Ce fumage s'effectue au-dessus d'une combustion lente de sciures de chêne, de hêtre, de bouleau ou de noyer *(1)*, éventuellement additionnées d'éléments aromatiques (sauge* ou genièvre* par exemple).
- ***À chaud***, dans un four à air pulsé. Procédé plus rapide mais qui donne un produit de moindre finesse.

La qualité d'un saumon fumé est donc liée à l'espèce du saumon *(2)*, au lieu et à la technique de pêche (au filet ou à la ligne) et enfin aux différents traitements, notamment le procédé de fumage.
Le saumon fumé se sert en tranches fines, accompagné de toasts*, beurre* et citron* ou de blinis* et crème acidulée. Les vins* blancs secs de caractère s'harmonisent très bien avec ce plat, mais le champagne* et la vodka* constituent également d'agréables alliances.

(1) Nombreuses essences, sauf les résineux.
(2) 4 espèces sont couramment utilisées : le Saumon de l'Atlantique, le King, le Cobo et le Chum.

■ SAUMONETTE

SPOTTED DOGFISH | Autre dénomination de la roussette*.

■ SAUMUR

French wine | Vins* blancs, rosés et rouges produits dans la Vallée de la Loire, A.O.C.* depuis 1937 et reconnus A.O.P.* dans le cadre de l'U.E. La mention “Val de Loire” peut éventuellement compléter le nom de l'appellation.
Aire de production : 27 communes du Maine-et-Loire, dont Saumur, 9 communes de la Vienne et 2 communes des Deux-Sèvres. Cette aire peut varier selon le type de vin produit.
La dénomination géographique ***Puy-Notre-Dame***, complétant l'appellation ***Saumur***, est réservée à des vins rouges produits sur 17 communes, dont Puy Notre-Dame, situées au sud de Saumur.
Superficie du vignoble : 1 100 ha.
Encépagement autorisé* pour l'appellation : Chenin blanc*, Cabernet franc*, Cabernet-Sauvignon* et Pineau d'Aunis*.
Rendement à l'hectare* : 60 hl pour les vins blancs, 57 hl pour les vins rouges et rosés et 50 hl pour les vins bénéficiant de la dénomination géographique *Puy-Notre-Dame*.

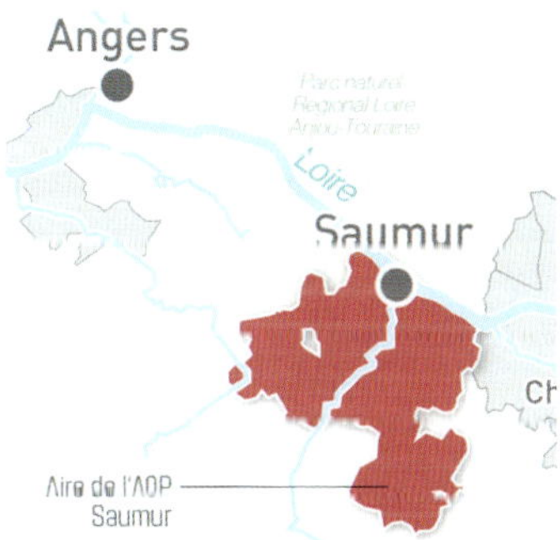

Source : Interloire - Interprofession des vins du Val de Loire

■ SAUMUR-CHAMPIGNY

Source : Couly-Dutheil

French wine | Vins* rouges produits dans la Vallée de la Loire, A.O.C.* depuis 1957 et reconnus A.O.P.* dans le cadre de l'U.E. La mention “Val de Loire” peut éventuellement compléter le nom de l'appellation.
Aire de production : 8 communes du Maine-et-Loire, dont Saumur.
Superficie du vignoble : 1 500 ha.
Encépagement autorisé* pour l'appellation : Cabernet franc*, Cabernet-Sauvignon* et Pineau d'Aunis*.
Rendement de base à l'hectare* : 57 hl.

■ SAUMUR MOUSSEUX

French wine | Vins* blancs et rosés effervescents produits dans la Vallée de la Loire, A.O.C.* depuis 1957 et reconnus A.O.P.* dans le cadre de l'U.E. La mention “Val de Loire” peut éventuellement compléter le nom de l'appellation.
Aire de production : 57 communes du Maine-et-Loire, 10 communes des Deux-Sèvres et 9 communes de la Vienne.
Superficie du vignoble : 1 500 ha.
Encépagement autorisé* pour l'appellation : Chenin blanc*, Chardonnay*, Sauvignon*, Cabernet franc*, Cabernet-Sauvignon*, Gamay*, Grolleau*, Pineau d'Aunis* et Pinot noir*.
Rendement à l'hectare* : 67 hl.

■ SAUMUR ROSÉ

French wine | Vins* rosés produits dans la Vallée de la Loire. A.O.C.* depuis 2016 en remplacement de l'appellation “Cabernet de Saumur”. Le Rosé de Saumur bénéficie également d'une A.O.P.* dans le cadre européen.
Aire de production : 27 communes du Maine-et-Loire, 2 communes des Deux-Sèvres et 9 communes de la Vienne situées au sud de Saumur.
Superficie du vignoble : 80 ha.
Encépagement autorisé pour l'appellation : Cabernet franc* et Cabernet-Sauvignon*.
Rendement à l'hectare* : 57 hl.
Teneur maximale en sucre résiduel : 10 g/litre

■ **SAUMURE**

PICKLING SOLUTION (brine) | Mélange d'eau et de sel*, souvent additionné de salpêtre et d'aromates*. La saumure est utilisée pour immerger des aliments en vue de les saler ou de les conserver. Ce terme désigne également un liquide refroidisseur contenu dans certains appareils de glacerie.

■ **SAUSSIGNAC**

French wine | Vins* blancs produits en Dordogne, A.O.C.* depuis le 1982 et reconnus A.O.P.* dans le cadre de l'U.E.

Aire de production : 4 communes, dont Saussignac, situées à l'ouest de Monbazillac.

Superficie du vignoble : 20 ha.

Encépagement autorisé* pour l'appellation : Sémillon*, Sauvignon*, Muscadelle*, Chenin*, Ondenc*, Ugni blanc*.

Rendement à l'hectare* : 25 hl. Ce faible rendement s'explique par le fait que ces vins sont élaborés à partir de raisins arrivés à surmaturation et atteints par la pourriture noble*.

Teneur minimale en sucre résiduel : 68 g/litre (voir vin naturellement doux*).

■ **SAUTÉ**

SAUTÉ | Apprêt culinaire à base de morceaux de viande, de volaille ou de gibier sautés dans un corps gras, singés *(1)* et cuits avec un mouillement comme un ragoût*.

(1) Saupoudrés de farine pour obtenir une liaison de la préparation.*

■ **SAUTERNES**

French wine | Vins* blancs produits dans le Bordelais, A.O.C.* depuis 1936 et reconnus A.O.P.* dans le cadre de l'U.E. Voir également *Châteaux du Bordelais**.

Aire de production : 5 communes de Gironde, dont Sauternes, situées au sud-est de Bordeaux.

Superficie du vignoble : 1 560 ha.

Encépagement autorisé* pour l'appellation : Sémillon*, Sauvignon*, Muscadelle*.

Rendement de base à l'hectare : 25 hl. Ce faible rendement s'explique par le fait que ces vins sont élaborés à partir de raisins arrivés à surmaturation et atteints par la pourriture noble*.

Teneur minimale en sucre résiduel : 45 g/litre (voir vin naturellement doux*).

■ **SAUVIGNON**

Grape variety | Cépage* blanc *(1)* dont l'origine est controversée. On relève sa présence dans le Sud-Ouest et en Vallée de la Loire au 18ème siècle. Aires de culture : dans le Bordelais (Sauternes*, Barsac*, Graves*, Pessac-Léognan*, Entre-deux-mers*...) en Vallée de la Loire (Touraine*, Sancerre*, Quincy*, Reuilly*, Menetou-Salon*, Pouilly-fumé*...), dans le Sud-Ouest (Monbazillac*, Rosette*...) dans le nord de la Bourgogne (Saint-Bris*), en Provence (Cassis*, Bandol*), etc. Cultivé sur environ 30 000 ha dans notre pays, le Sauvignon est également présent sur de nombreux terroirs étrangers, notamment en Italie, en Autriche, en Espagne, en Hongrie, en Californie, en Amérique du Sud, en Australie, en Nouvelle-Zélande, en Afrique du Sud, etc.

Vins* produits : blancs secs très typés avec des arômes complexes d'agrumes, de pierre à fusil et de fleur de genêt. En vendanges tardives* botrytisées et associé au Sémillon* et à la Muscadelle*, le Sauvignon génère de grands vins liquoreux*.

(1) Il existe également une variété de Sauvignon gris que l'on retrouve comme cépage accessoire dans plusieurs régions viticoles, notamment en val de Loire et Bordelais.

■ **SAVAGNIN**

Grape variety | Cépage* blanc *(1)* qui serait originaire du Tyrol et cultivé dans le Jura, notamment pour l'élaboration de vins jaunes* et des vins de paille*. Sur l'aire d'appellation Château-Chalon*, il constitue l'unique encépagement de l'A.O.C.*. Le Savagnin couvre environ 300 ha sur l'ensemble du vignoble jurassien, on le trouve également en Suisse, dans le Valais, en Allemagne, en Autriche, etc. Ce cépage génère des vins de garde puissants, corsés, d'une complexité aromatique aux notes d'amande, de noix, de miel...

(1) Il existe une forme rose du Savagnin qui est cultivée sur 5 communes du Bas-Rhin, dont Heiligenstein. Cette variété porte le nom de Klevener de d'Heiligenstein.*

■ **SAVARIN**

Cake | Gâteau en pâte levée en forme de couronne. Imbibé d'un sirop parfumé au rhum*, le savarin est garni de crème pâtissière*, de crème chantilly* ou de fruits.

■ **SAVENNIÈRES**

French wine | Vins* blancs produits dans la Vallée de la Loire, A.O.C.* depuis 1952 et reconnus A.O.P.* dans le cadre de l'U.E. La mention "Val de Loire" peut éventuellement compléter le nom de l'appellation.

Aire de production : communes de Savennières, La Possonnière et Bouchemaine, situées au sud-ouest d'Angers.

Superficie du vignoble : 130 ha.

Source : Interloire - Interprofession des vins du Val de Loire

Encépagement autorisé pour l'appellation : Chenin blanc*.
Rendement à l'hectare* : 50 hl pour les vins présentés avec ou sans la mention "demi-sec", 35 hl pour les vins présentés avec la mention "doux" ou "moelleux".

■ SAVENNIÈRES-ROCHE AUX MOINES

French wine | Vins* blancs produits dans la Vallée de la Loire, A.O.C.* depuis le 1952 et reconnus A.O.P.* dans le cadre de l'U.E. La mention "Val de Loire" peut éventuellement compléter le nom de l'appellation.
Aire de production : parcelles situées au lieu-dit "La Roche aux Moines" sur la commune de Savennières*. Vignoble d'une superficie d'environ 22 hectares.
Encépagement autorisé pour l'appellation : Chenin blanc*.
Rendement à l'hectare* : 50 hl pour les vins présentés avec ou sans la mention "demi-sec", 35 hl pour les vins présentés avec la mention "doux" ou "moelleux".

■ SAVIGNY-LÈS-BEAUNE

French wine | Vins* rouges et blancs produits en Bourgogne*, A.O.C.* depuis 1937 et reconnus A.O.P.* dans le cadre de l'U.E. Pour les vins dont les récoltes proviennent de parcelles classées "Premier cru", l'appellation communale peut être complétée par le nom du climat* d'origine *(1)* et (ou) par la mention "Premier cru".
Aire de production : commune de Savigny-lès-Beaune, située au nord de Beaune.
Superficie du vignoble : 346 ha (dont 301 ha en vins rouges et 45 ha en vins blancs).
Encépagement autorisé* pour l'appellation : Pinot noir*, Pinot gris*, Chardonnay* et Pinot blanc*.
Rendement à l'hectare* : 50 hl pour les vins rouges et 57 hl pour les vins blancs (rendement inférieur pour les Premiers crus).

(1) "Aux Cloux", "Aux Fourneaux", "Aux Gravains", "Champs Chevrey", "Aux Guettes", "Aux Serpentières", "Les Vergelesses", "Bataillière", "Basses-Vergelesses", "La Dominode", "Les Charnières", "Les Jarrons", "Les Hauts-Jarrons", "Les Hauts-Marconnets", "Les Lavières", "Les Marconnets", "les Narbantons", "Les Peuillets", "Les Rouvrettes", "Les Talmettes", "Petits-Godeaux" et "Redrescul".

■ SAVOIE

French wine | A.O.C* identique à Vin de Savoie*.

■ SAVOY (Guy)

French chef | Cuisinier français né en 1953 à Nevers. Après une formation en pâtisserie, son apprentissage passe par *Les Frères Troisgros** à Roanne, *Lasserre* à Paris et *l'Oasis* à la Napoule. Il dirige la brigade d'un restaurant parisien avant d'ouvrir sa première entreprise dans le 16ème arrondissement. Le succès est rapide et en 1987 il s'installe dans un nouvel établissement, *Le Guy Savoy*. Sa cuisine, marquée par le perfectionnisme et la créativité, est basée sur la qualité des produits, la subtilité des assaisonnements et la précision des cuissons. Pour ce Grand Chef, *"La Cuisine est l'art de transformer instantanément en joie des produits chargés d'histoire".*
Auréolé des plus hautes distinctions, il reçoit notamment une troisième étoile au Guide Michelin* en 2002. Professionnel avisé, Guy Savoy gère plusieurs restaurants gastronomiques de styles différents.

Scurce: Laurence Mouton/Guy Savoy

■ SBRINZ

Swiss cheese | Fromage* de lait* de vache fabriqué dans la région de Lucerne, en Suisse centrale. Il bénéficie d'une Appellation d'Origine Contrôlée depuis 2002.
Type : pâte pressée cuite dure, croûte naturelle grattée et huilée.
Forme : meule.
Taille : 60 cm de diamètre, 15 cm d'épaisseur.
Poids : 30 à 40 kg.
Teneur en M.G. : 46 à 52 %.
Qualité identique toute l'année.

■ SCAMPI

Seafood dish | En Italie, grosse crevette* frite, sautée ou grillée. Lorsqu'elle est préparée en beignet*, elle est appelée *scampi fritti*.

■ SCAROLE

ESCAROLE | *Voir* Chicorée*.

■ SCHABZIEGER ou SCHABZIGER

Swiss cheese | Fromage* de lait* de vache écrémé fabriqué en Suisse dans le Canton de Glaris. Son nom vient d'un terme de la langue alémanique "zieg", qui signifie recuite. Le schabzieger est consommé essentiellement comme condiment*.
Type : pâte pressée cuite, dure, aromatisée de trigonelle *(1)*.
Forme : petit cône tronqué.
Taille (pour une pièce de 100 g) : 4,5 cm de diamètre de base, 7 cm de hauteur.
Poids : 100 à 200 g.
Teneur en M.G. : 0 à 5 %.

Qualité identique toute l'année.

(1) La trigonelle est une plante de la famille des papilionacées dont les variétés les plus connues sont le mélilot bleu et le fenugrec.*

■ SCHNAPS ou SCHNAPPS

Brandy | Eau-de-vie* de céréales ou de pommes de terre* fabriquée en Europe septentrionale, notamment en Allemagne, en Hollande et au Danemark. Le schnaps est un produit très proche de l'aquavit* que les allemands consomment parfois avec de la bière*.

■ SCHWEPPES Indian Tonic

Soft drink | Tonic* à base d'écorces de quinquina* et d'oranges* amères lancé en 1870. Les origines du produit remontent à 1783 lorsque Jacob Schweppe, bijoutier et scientifique amateur suisse, mit au point *l'eau de Schweppes,* créant ainsi le premier "soft drink"*. Le produit est d'abord vendu en officines. En 1798, la première usine Schweppes Water est ouverte à Londres.
Hormis *le Schweppes Indian Tonic* classique, la marque diffuse aujourd'hui plusieurs produits dérivés : *Agrum', Lemon, Pêch', Raisin, Fruits rouges, Coconut, Ginger Ale, Darkside ...*

■ SCIACCARELLO ou SCIACCARELLU

Grape variety | Cépage* noir corse très répandu dans les vignobles de l'île (Vins de Corse*, Ajaccio*, Patrimonio*). Cultivé sur environ 1 000 ha, il produit des vins* rouges et rosés fins et équilibrés avec des notes aromatiques fruitées et épicées.

■ SCIÈNE

MEAGRE (fish) | *Voir* Maigre*.

■ SCOFA

Cake | Créé à partir d'une recette confiée par un pâtissier aux sœurs carmélites de Niort, le scofa est un gâteau dont le nom vient de l'acronyme des principaux ingrédients *(1)* qui entrent dans sa composition (Sucre*, Caramel*, Œufs*, Farine*, Amandes*). Il se présente sous forme de biscuit aux amandes fourré d'une crème au beurre* aux éclats de caramel*.

(1) La composition et la recette originelle restent secrètes

■ SCORSONÈRE

SALSIFY (scorzonera) | Plante potagère voisine du salsifis*.

■ SCOTCH

SCOTCH | Autre dénomination du whisky* écossais.

■ SCOTCH BROTH

SCOTCH BROTH | Pot-au-feu* écossais constitué de viande de mouton*, de légumes et d'orge*.

■ SCOTCH COLLINS

SCOTCH COLLINS | Cocktail* identique au Tom Collins* où le gin* est remplacé par du scotch* whisky.

■ SCOTCH SOUR

SCOTCH SOUR | Cocktail* (apéritif) préparé au shaker.
1 cuillère à café de sucre*
2 cl de jus de citron*
5 cl de scotch* whisky
2 cerises* à l'eau-de-vie
Frapper et servir dans un verre à cocktail.
Décorer avec les cerises à l'eau-de-vie.

■ SCREWDRIVER

SCREWDRIVER | Cocktail* préparé sur glace directement dans un tumbler.
8 cl de jus d'orange*
4 cl de vodka*
Décorer éventuellement d'une tranche d'orange.

Source : Photo RG

■ SÉBASTE

REDFISH | Poisson de mer de la famille des scorpénidés proche de la rascasse*. Certains spécimens, notamment chez les grands sébastes, peuvent mesurer jusqu'à 1 m de longueur et peser 15 kg.

■ SEICHE

CUTTLEFISH | Céphalopode marin vivant dans les herbiers des fonds côtiers de l'Atlantique et de la Méditerranée. La seiche, appelée aussi *supion,* se présente avec une tête pourvue de dix tentacules, dont deux, plus longs, projettent un liquide brun (sépia) lorsqu'elle est attaquée.
La chair de la seiche se prépare frite, en beignets*, à l'encre, farcie, à l'américaine*, etc.

■ SEIGLE

RYE | Céréale qui produit une farine* de couleur grise surtout employée pour fabriquer un pain* à mie très dense servi en accompagnement des fruits de mer. Le seigle est également utilisé pour élaborer certaines eaux-de-vie* (ex: vodka* ou whisky*).

■ SEKT

German wine | Désignation de vins mousseux* allemands élaborés à partir de différentes méthodes.

■ SEL

SALT | Substance condimentaire cristallisée, inodore et à saveur caractéristique.
Le sel de cuisine, composé essentiellement de chlorure de sodium, est le condiment* de base

Source : Photo BG

Cristaux de sel de Guérande

de notre alimentation. Jusqu'à l'invention de l'appertisation* et de la réfrigération*, le sel resta pendant des millénaires le principal moyen de conservation des aliments. Il eut donc un rôle considérable dans l'histoire et l'économie de l'humanité *(1)*.

On distingue 2 grandes variétés de sel en fonction de leurs origines :

- ***Le sel marin***, extrait de l'eau de mer par évaporation. Le milieu marin renferme une moyenne de 30 g de sel par litre d'eau *(2)*.
- ***Le sel gemme***, extrait de gisements terrestres. Nous trouvons en effet des sous sols qui contiennent du sel sous formes de cristaux laissés par les étendues d'eau salées évaporées au cours de l'évolution de la planète.

Certains sels affichent une véritable identité liée à leur origine géographique et à leur composition spécifique. C'est le cas du *sel de Guérande* (sel marin du littoral Atlantique) ou du *sel rose de l'Himalaya* (sel gemme fossile riche de plus de 70 minéraux et oligo-éléments récolté dans les mines des contreforts du massif himalayen).

3 sels bénéficient d'une I.G.P* : le ***Sel de Guérande***, le ***Sel de Camargue*** (sels marins) et le ***Sel de Salies-de-Béarn*** qui est produit à partir d'une saumure naturelle (eau de source salée).

Les variétés commerciales sont nombreuses :

- ***Le gros sel*** qui se présente sous forme de cristaux.
- ***Le sel fin*** ou ***sel de table*** souvent additionné de produits tels que le carbonate de magnésium pour le rendre moins hygroscopique (ne trouve-t-on pas parfois quelques grains de riz* dans les salières pour éviter l'agglomération du condiment ?).
- ***Le sel iodé***, sel fin additionné d'iodure de sodium.
- ***Le sel épicé***, mélange de sel fin avec du poivre* blanc moulu et diverses épices*.
- ***Le sel au céleri*** appelé à tort "sel de céleri", qui est un mélange de sel fin et de céleri* rave séché et pulvérisé.
- ***Le sel de livèche***, sel fin additionné de racines de livèche *(3)* séchées et pulvérisées
- ***Le sel de régime*** qui est un produit totalement ou partiellement dépourvu de chlorure de sodium.

On rencontre également des sels particuliers réservés à des usages spéciaux : ***le sel nitrité***, additionné de nitrate de sodium ; ***le sel attendrisseur***, additionné de papaïne *(4)*; ***le sel de hickory***, additionné de sciure de hickory *(5)* fumée et pulvérisée.

Le sel apporte évidemment une saveur - fondamentale - aux aliments, mais il est aussi un révélateur de goût et demeure un agent conservateur non négligeable. Sa consommation excessive, liée à des habitudes ancestrales, a fait l'objet de campagnes de santé publique. L'O.M.S. *(6)* préconise une consommation journalière limitée à 5 ou 6 g alors que le besoin physiologique est de 2 g et que la consommation moyenne des Français est de 8,5 g.

(1) Chez les romains, par exemple, il servait à rétribuer les soldats. Il s'agissait alors de "salarium", d'où l'étymologie du mot "salaire". Du 14ème siècle à la Révolution, rois et seigneurs de France mirent en place un impôt lié au sel, la gabelle.

(2) Le taux de salinité varie d'une mer ou d'un océan à l'autre. La Mer Morte, mer fermée du Proche-Orient, possède une eau de forte densité avec un taux de salinité exceptionnel de l'ordre de 25 à 30 %.

(3) Plante herbacée d'origine persane cultivée pour ses fleurs, ses feuilles et ses racines.

(4) Enzyme extraite du latex du papayer (arbre exotique producteur de la papaye) qui active l'hydrolyse des protéines.*

(5) Arbre d'Amérique du Nord, voisin du noyer.

(6) Organisation Mondiale de la Santé.

■ SELECTION DE GRAINS NOBLES (S.G.N.)

Winemaking term | Forme de "Vendange tardive"* pratiquée dans plusieurs régions viticoles (Alsace, Anjou, Sud-Ouest…) où les raisins atteints par le botrytis cinerea* sont récoltés grain par grain. Ce type de vendange sélective permet d'obtenir des vins liquoreux* de forte puissance aromatique (voir Alsace*).

■ SELLE ANGLAISE

SADDLE OF LAMB | Morceau d'agneau* ou de mouton* situé dans la continuité des gigots* et constitué des filets non séparés. Ce terme est également employé pour désigner le même morceau chez certains cervidés (cerf*, chevreuil*, daim*, etc.).

■ SELLES-SUR-CHER

French cheese | Fromage* de lait* de chèvre fabriqué dans le Berry, en Sologne méridionale et en

Source : Photo BG

vallée du Cher depuis 1887, A.O.C.* depuis 1975 et reconnu A.O.P.* dans le cadre de l'U.E. Il doit son nom à une localité du sud du Loir-et-Cher située dans sa zone de production. : L'aire géographique de l'A.O.C. s'étend sur 137 communes réparties dans 3 départements (Loir-et-Cher, Indre et Cher).
Type : pâte molle, croûte naturelle saupoudrée de charbon de bois pulvérisé.
Forme : petit disque plat à bords biseautés.
Taille : 9 cm de diamètre, 3 cm d'épaisseur.
Poids : 150 g environ.
Teneur en M.G. : 45 % au minimum.
Meilleures saisons : printemps, été, automne.

■ SEMI-CONSERVE

SEMI-PRESERVED PRODUCT | Denrée alimentaire ayant subi un traitement (pasteurisation*, parfois stérilisation*, saumurage) en vue d'en assurer une conservation limitée. Contrairement à la conserve traditionnelle, la semi-conserve doit être stockée en réfrigération* jusqu'à sa consommation. Elle comporte une D.L.C. * et une date de fabrication (en clair ou en code).

■ SÉMILLON

Grape variety | Cépage* blanc d'origine bordelaise.
Aires de culture : en Gironde sur les terroirs de Sauternes*, Barsac*, Loupiac*… où il constitue environ 80 % de l'encépagement des vignobles producteurs de vins* liquoreux. Mais aussi dans les Graves*, Entre-deux-mers* et autres régions du Bordelais où il entre dans l'élaboration de vins blancs secs. Ce cépage se retrouve également sur d'autres aires d'A.O.C.* du Sud-Ouest telles que Monbazillac*, Côtes de Duras* et en Provence dans les appellations Coteaux d'Aix-en-Provence*, Côtes de Provence*… Cultivé sur près de 11 000 ha en France, le Sémillon est aussi présent dans plusieurs pays d'Europe Centrale, au Chili, en Argentine, en Australie, en Afrique du Sud, aux États-Unis (en Californie et dans l'Etat de Washington)…
Vins produits : en vendanges tardives* botrytisées, blancs liquoreux* de grande classe et de longue garde avec une palette aromatique complexe (miel*, fleur de tilleul*, acacia, abricot* confit) et une robe magnifique (jaune pâle). En vendanges traditionnelles, blancs secs bien équilibrés.

Source : Photo P. Mackiewicz/CIVB

■ SEMOULE

SEMOLINA | Produit obtenu à partir de grains de céréales *(1)* humidifiés, moulus grossièrement et tamisés.

(1) Blé dur, maïs*, riz*, sarrasin*, etc.*

■ SENDERENS (Alain)

French chef | Cuisinier français (Hyères 1939 - Saint-Setiers 2017). Après un apprentissage à Lourdes, il travaille à Paris dans différentes brigades. En 1968, il crée son premier restaurant, *L'Archestrate.* Cet amateur d'art, cuisinier passionné et grand créateur, connaît très vite la notoriété. Le Guide Michelin* lui attribue une troisième étoile en 1978. En 1985, il reprend *Lucas-Carton,* le célèbre restaurant de la Place de la Madeleine. Pendant vingt ans, celui qui est considéré comme un des Chefs les plus emblématiques de sa génération va maintenir son établissement au plus haut niveau. En 2005, *Lucas-Carton* devient *Senderens*, restaurant transformé et plus accessible. En même temps, Alain Senderens fait savoir au Guide Michelin qu'il souhaite abandonner son statut de "Trois étoiles".

■ SERPA

Portuguese cheese | Fromage* de lait* de brebis fabriqué dans l'Alentejo au Portugal ; il bénéficie d'une appellation d'origine contrôlée dans son pays et d'une A.O.P.* au niveau européen. Le serpa doit son nom à une ville située dans sa zone de production.
Type : pâte molle légèrement pressée, croûte naturelle rougie au piment* doux.
Forme : disque épais.
Taille : 18 à 20 cm de diamètre, 4 à 6 cm d'épaisseur.
Poids : 1 à 1,5 kg.
Teneur en M.G. : 45 à 50 %.
Meilleures saisons : automne, hiver, printemps.

■ SERPOLET

WILD THYME | Plante aromatique dont les parfums rappellent ceux du thym* et de l'origan*.

■ SERRA DA ESTRELA

Portuguese cheese | Fromage* de lait* de brebis fabriqué dans le centre du Portugal, il tire son nom de sa zone de production.
La serra da estrela bénéficie d'une appellation d'origine contrôlée dans son pays et d'une A.O.P.* au niveau européen.
Type : pâte molle, croûte naturelle.
Forme : disque épais.
Taille : 13 à 14 cm de diamètre, 6 à 7 cm d'épaisseur.
Poids : 0,8 à 1 kg.
Teneur en M.G. : 45 % au minimum.
Meilleures saisons : printemps, été.

■ **SERVANIN**

Grape variety | Cépage* noir originaire de l'Isère et cultivé sur de petites superficies dans les vignobles de Savoie (Vin de Savoie*). Il produit des vins* rouges colorés, tanniques, avec une certaine acidité et une faible teneur alcoolique.

■ **SERVICE (méthodes de)**

SERVICE (methods of) | En restauration classique, il existe plusieurs manières de servir le client qui varient en fonction du mets présenté, de la nature du repas, des compétences du personnel, du standing et des habitudes de l'établissement.

Service à l'anglaise

- ***Service plat sur table***: la méthode, simple, consiste à poser le plat, accompagné d'un couvert de service, directement sur la table. Le client se sert lui-même.
- ***Service à l'assiette***: l'assiette* dressée en cuisine, clochée ou non, est déposée devant le client en passant par sa droite. Lorsque plusieurs assiettes clochées arrivent sur une même table, il est indispensable que toutes les cloches soient retirées simultanément afin de préserver l'effet spectaculaire de ce service.
- ***Service à la Française***: il puise ses origines dans le cérémonial des fastueux repas servis sous le règne de Louis XIV. Peu utilisé en restauration, ce type de service est encore pratiqué dans les maisons bourgeoises. Le principe consiste à présenter le plat, accompagné d'un couvert de service, à gauche du convive. Ce dernier se sert lui-même selon ses souhaits.
- ***Service à l'Anglaise***: principe identique au service à la Française mais, muni d'un couvert de service dans la main droite, le serveur (ou la serveuse) effectue lui-même le service. Cette méthode est surtout employée pour les banquets*.
- ***Service à la Russe*** ou ***service au guéridon***: service de tradition qui remonte au Second Empire. Il aurait été introduit dans la haute société de l'époque par un Prince russe, ambassadeur du Tsar à Paris.

  Après avoir été présenté, le plat est posé sur un guéridon afin d'être dressé sur assiettes ; assiettes qui sont ensuite placées devant les clients en passant par la droite. Ce service est le seul qui permette de réaliser correctement des découpages, filetages, flambages et préparations diverses à la vue de la clientèle.

■ **SERVIETTE**

NAPKIN (serviette) | *Voir* Couvert*.

■ **SÉSAME**

SESAME | Plante oléagineuse *(1)* originaire d'Afrique. Les graines, contenues dans les gousses, sont employées en confiserie, en pâtisserie ou pour agrémenter les pains*. Elles fournissent également une huile* claire et inodore.

(1) Le sésame est aussi considéré comme une céréale.

Source: illustration Ducros

■ **SETUBAL**

Portuguese wine | Autre dénomination du Moscatel de Setubal*.

■ **SEYSSEL**

French wine | Vins* blancs tranquilles* et vins blancs mousseux* produits en Savoie, A.O.C.* depuis 1942 et reconnus A.O.P.* dans le cadre de l'U.E. Sous certaines conditions, la mention "Molette" peut compléter le nom de l'appellation pour les vins tranquilles.

Aire de production : communes de Seyssel *(1)* et Corbonod.

Superficie du vignoble : 80 ha.

Encépagement autorisé* pour l'appellation : Altesse*, Chasselas*, Molette*.

Rendement à l'hectare* : 58 hl pour les vins tranquilles, 68 hl pour les vins avec mention "Molette", 75 hl pour les vins mousseux.

(1) Il existe deux communes de Seyssel séparées par le Rhône, une se situant en Haute-Savoie et l'autre dans l'Ain. Pendant dix-huit siècles, les deux communes actuelles n'ont constitué qu'une seule. Avec les vicissitudes de l'Histoire entre la France et la Savoie, Seyssel a connu bien des changements.

■ **SHAKER**

COCKTAIL SHAKER | Ustensile métallique (en inox ou en métal argenté) constitué d'une timbale et d'un couvercle emboîtant. Le shaker fait partie du matériel de base utilisé par le barman pour confectionner bon nombre de cocktails*.

Source: Photo BG

■ SHARON

SHARON FRUIT (persimmon) | Dénomination d'un kaki* produit en Israël.

Source : Photo BG

■ SHERRY

SHERRY | Autre dénomination du Xérès* en Grande-Bretagne.

■ SHERRY FLIP

SHERRY FLIP | Cocktail* identique au Porto flip* où le sherry* remplace le porto*.

■ SHITAKE ou SHIITAKE

SHITAKE or SHIITAKE | Petit champignon d'origine asiatique dont la culture s'est considérablement développée en France, particulièrement en Touraine. Il se présente avec un chapeau brun parsemé de petits points blancs. Sa chair est excellente. Il se consomme sauté au beurre*, grillé, en omelette, en salade …

■ SHIZEN

Japanese wine | Vin* blanc japonais issu d'un cépage autochtone, le Koshu. Arrivé sur le marché européen en 2008 *(1)*, le Shizen est élaboré avec le concours de Denis Dubourdieu, œnologue bordelais bien connu.

(1) L'importation des vins japonais dans l'espace européen fut longtemps interdite à cause de conditions de production peu réglementées, incompatibles avec les normes de l'UE.

■ SHORT DRINKS

SHORT DRINKS | Boissons "courtes" ou "petites boissons", cocktails* de 7 cl à 9 cl.

■ SIDE CAR

SIDE CAR | Cocktail* (apéritif) préparé au shaker.
1 cl de jus de citron*
2 cl de Cointreau*
4 cl de cognac*
Frapper et servir dans un verre à cocktail.

■ SIFFLET

PIKE-PERCH | *Voir* Brochet*.

■ SILURE

CATFISH | Poisson d'eau douce de la famille des siluridés. Originaire d'Europe centrale, ce grand poisson-chat, redoutable prédateur, peut atteindre 2 m et peser plus de 100 kg. Il se répand progressivement dans les cours d'eau et les étangs français. Le silure est aussi produit en aquaculture* sous le nom de *Merval*. Sa chair fibreuse, moelleuse, pauvre en arêtes et en lipides, est encore peu connue dans le domaine culinaire.

■ SILVER FIZZ

SILVER FIZZ | Cocktail* identique au Golden fizz* où le jaune d'œuf* est remplacé par le blanc d'œuf.

■ SINGAPORE SLING

SINGAPORE SLING | Cocktail* préparé au shaker.
1 cl de jus de citron*
3 cl de cherry brandy*
3 cl de gin*
Soda*
Frapper et servir dans un tumbler. Compléter de soda ou d'eau plate.

■ SINGAPOUR

Pastry | Pâtisserie constituée d'une génoise fourrée avec de la confiture* d'abricots* et des morceaux d'ananas* macérés au kirsch*. La pièce est abricotée *(1)* et décorée avec de l'ananas et des fruits confits.

(1) Terme signifiant glacer la surface d'un gâteau avec un nappage blond, généralement une marmelade d'abricots tamisée.

■ S.I.Q.O. (Signes d'Identification de la Qualité et de l'Origine)

Signs of Quality and Origin Identification | Le Français est de plus en plus attentif à l'influence de l'alimentation sur sa santé et plus généralement à la qualité de ce qu'il consomme. Lorsqu'il achète un produit il veut souvent connaître son origine, son mode d'élaboration, ses conditions environnementales de production, sa traçabilité, etc. Les pouvoirs publics, français ou européens, ont donc institué des signes officiels d'identification qui répondent à ces préoccupations. C'est ainsi que nous rencontrons couramment les signes ou sigles tels que A.O.C.*, A.O.P.*, I.G.P. *, Label rouge*, S.T.G.*, A.B.* etc. Plus de 1 100 produits se distinguent par un S.I.Q.O. Le dispositif de garantie de la qualité et de l'origine des produits français est placé sous le contrôle de l'I.N.A.O.*.

■ SIROP

SYRUP | Solution obtenue par une dissolution plus ou moins concentrée de sucre* dans de l'eau* pure, dans de l'eau contenant des substances

aromatiques ou dans du jus de fruit. Certains additifs alimentaires tels que colorants* ou acide citrique peuvent entrer dans la composition. Outre les indications classiques (fabricant, volume du contenant, etc.), l'étiquetage d'un sirop doit mentionner la date de fabrication et la D.D.M.*. Les sirops ne sont jamais consommés purs, ils sont mélangés à de l'eau plate ou gazeuse, de la limonade*, du soda*, de la bière*, du lait*, etc. ou entrent dans la composition de cocktails*.
Quelques sirops parmi les plus connus:

- ***Le sirop de grenadine*** initialement élaboré avec des grenades*, ce sirop est aujourd'hui fabriqué avec des fruits rouges.
- ***Le sirop d'orgeat*** qui était élaboré à partir d'une décoction* d'orge* et qui est maintenant produit avec du lait d'amande* et de la fleur d'oranger.
- ***Les sirops de menthe**, *de citron**, *de citron vert**, *de fraise**, *de framboise**, *de cassis**, *de kiwi**, *d'orange**, *de pamplemousse**...**

Le sirop de sucre de canne, incolore et inodore, contient au moins 62 % de sucre de canne. Il est utilisé pour édulcorer les cocktails ou les préparations culinaires.

■ SIROP D'ÉRABLE

MAPLE SYRUP | Produit obtenu par réduction de la sève de certains érables récoltée en fin d'hiver et début de printemps. La sève ou "eau d'érable", qui contient naturellement 2 à 3 % de sucre*, est recueillie grâce à une incision réalisée dans le tronc de l'arbre. Il faut 35 litres de sève condensée pour obtenir 1 litre de sirop. L'acériculture *(1)* se pratique principalement au Canada mais aussi dans quelques états du Nord des États-Unis d'Amérique.
Le sirop d'érable est utilisé pour napper des glaces*, des crêpes*, des gaufres* et autres desserts; il entre également dans des préparations culinaires à base de volaille ou de porc*.

(1) Culture de l'érable et production de dérivés comme le sirop d'érable.

■ SKIN CONTACT

SKIN CONTACT | Courte macération pelliculaire préfermentaire pratiquée avant le pressurage* lors d'une vinification* en blanc.

■ SLIVOVITZ

Brandy | Eau-de-vie* de prunes titrant de 40 à 45° produite dans des Balkans. Elle est obtenue par double distillation de prunes bleues récoltées sur des arbres âgés d'au moins 20 ans. La slivovitz subit ensuite un vieillissement en petites barriques avant d'être mise en bouteilles.

■ SLOW FOOD

SLOW FOOD | Initié en 1986 par le sociologue et critique gastronomique italien Carlo Petrini, le slow food est un mouvement international *(1)* qui prône une "écogastronomie" basée sur la réappropriation des plaisirs de la table et la préservation l'environnement. Le mouvement œuvre aujourd'hui dans des domaines aussi variés que la gastronomie*, le patrimoine culinaire mondial, l'alimentation, l'agriculture, le développement durable, etc.

(1) Mouvement qui compte environ 100 000 membres dans 150 pays

■ SMOOTHY ou SMOOTHIE

SMOOTHIE | Préparation liquide onctueuse et mousseuse réalisée à partir de fruits ou légumes frais mixés, yaourt*, lait*, glace, sorbet*, etc.
Lancés dans les années 90 aux États-Unis, les smoothies rencontrent aujourd'hui un vrai succès dans de nombreux pays.

Source : Adobe Stock

■ SOAVE

Italian wine | Vins* blancs italiens issus essentiellement de cépage Garganega. Ils sont produits en Vénétie, à l'est de Vérone, et bénéficient d'une D.O.C.G.
Depuis 2001, l'appellation *Soave Superiore* a pour objectif d'élever la qualité de la production.

■ SOCCA

Regional pancake | Spécialité niçoise qui se présente sous forme de grande crêpe* ou grande galette fine réalisée avec une pâte constituée de farine* de pois chiche*, d'eau et d'huile d'olive*.

Source : Wikimédia commons

Marchande de socca à Nice en 1912

■ SODA

SODA | B.R.S.A.* gazéifiée et parfumée avec de la pulpe ou du jus de fruit, des essences ou des extraits aromatiques divers. Parmi les sodas les plus connus, citons le Coca-Cola*, le Pepsi-Cola*, l'Orangina*, le Schweppes*, le Gini*, le Canada dry*, etc.
Le terme "soda" est également utilisé pour désigner une eau gazeuse (Perrier* ou eau de Seltz*) entrant dans la composition d'un cocktail* ou présentée avec un apéritif.

■ SOFT DRINK (boisson)

SOFT DRINK (beverage) | Autre dénomination d'une B.R.S.A.*.

■ SOFT DRINK (cocktail)

SOFT DRINK (cocktail) | Long drink* composé essentiellement de boissons non alcoolisées.

■ SOHO

Liqueur | Liqueur* à saveur exotique titrant 21° qui était initialement aromatisée au litchi*. Aujourd'hui, on la trouve aussi parfumée à la goyave*, au guarana *(1)* et à la carambole* *(2)*.

(1) Plante originaire le l'Amazonie brésilienne.

(2) Cette version n'est plus commercialisée en France.

Source : © Photothèque Pernod

■ SOISSONS

White beans | *Voir* Haricot en grain*.

■ SOJA

SOY (plant) | Plante probablement originaire de Manchourie qui existe sous plusieurs espèces. Le soja, très résistant, pousse facilement sur tous les terrains. Cette légumineuse constitue un produit alimentaire de base dans de nombreux pays d'Extrême-Orient. Elle se consomme de différentes façons, notamment sous forme de germes ou de fèves. La farine* de soja est couramment employée en boulangerie et en pâtisserie par les Chinois et les Japonais. Par ailleurs, les propriétés oléagineuses de ce végétal lui permettent également de fournir de l'huile*.

■ SOJA (sauce)

SOY SAUCE | Condiment de la cuisine orientale fabriqué à partir de pâte de soja*, de blé*, d'eau, de sel* et parfois additionné de gingembre*, de purée d'anchois*, de champignons, etc.

■ SOLE

SOLE | Poisson de mer de la famille des pleuronectidés qui vit sur les fonds sableux et peu profonds de nombreuses mers du globe mais qui est aussi élevé en aquaculture*. La sole, considérée comme un poisson noble, possède une chair blanche de bonne tenue, fine et savoureuse. Sa taille se situe entre 20 et 35 cm et sa couleur varie en fonction des fonds de l'habitat. Elle se prépare à la meunière*, pochée, frite, à la dieppoise*, avec une garniture normande*, etc.

■ SOLEIL LEVANT

SOLEIL LEVANT | Fancy drink* préparé au shaker*.
1 cl de sirop de grenadine*
1 cl de nectar* d'abricot*
4 cl de jus d'orange*
4 cl de Soho*
Frapper et servir sur glace dans un tumbler.

■ SOLITAIRE

MATURE BOAR | *Voir* Sanglier*.

■ SOMMELIER

Wine waiter | Professionnel spécialisé dans la commercialisation et le service des vins* et spiritueux* au restaurant. Ce métier passionnant, qui se féminise, connaît actuellement un notable

développement. En effet, de nombreux restaurateurs portent un intérêt grandissant au service des boissons dans leurs établissements et une clientèle de connaisseurs souhaite trouver au restaurant un service des vins soigné. Et puis la "culture du vin" n'est-elle pas dans l'air du temps ?
En 2000, le métier a reçu un bel hommage et une authentique reconnaissance du monde du travail en intégrant le concours des M.O.F.*.

■ SORBAIS
French cheese | Maroilles* de 540 g dont le format est légèrement inférieur au fromage traditionnel.

■ SORBET
SORBET | *Voir* Glaces*.

■ SOT-L'Y-LAISSE *(1)*
CHICKEN OYSTER *(1)* | Petits morceaux de chair très fine logés dans deux cavités situées à l'arrière d'une carcasse de volaille, au dessus du croupion*.

(1) En effet, par ignorance, le sot l'y laisse.

■ SOUBISE (sauce)
Sauce | Sauce réalisée à partir d'oignons* émincés étuvés au beurre* et additionnés de sauce béchamel*. Après une finition de cuisson au four, la préparation est passée à l'étamine avant d'être crémée.

■ SOUBRESSADE
Spanish sausage | Spécialité espagnole sous forme de saucisse* de consistance molle au goût pimenté.

■ SOUFFLÉ

Soufflé au thon

SOUFFLÉ | Mets chaud *(1)*, salé ou sucré, servi dans son moule de cuisson immédiatement après être sorti du four.

- ***Les soufflés salés*** sont généralement constitués d'une base de sauce béchamel* (ou de purée) diversement garnie et additionnée de blancs d'œufs* en neige.
- ***Les soufflés sucrés*** sont, soit constitués d'une base de crème pâtissière* diversement garnie ou parfumée et additionnée de blancs en neige, soit réalisés à partir d'une purée de fruits au sucre*, cuite, également additionnée de blancs en neige.

Tous les soufflés ont la particularité de gonfler à la cuisson et déborder en hauteur le moule de préparation.

(1) Il existe aussi des soufflés glacés qui sont en réalité des entremets confectionnés avec un appareil glacé coulé dans un moule circulaire rehaussé d'une bande de papier sulfurisé. Lorsque l'appareil s'est solidifié au froid, la bande de papier est retirée pour laisser apparaître une pièce qui présente l'aspect d'un soufflé classique.*

■ SOUMAINTRAIN
French cheese | Fromage* de lait* de vache fabriqué en Bourgogne. Il porte le nom de son village d'origine situé dans l'Yonne. Le Soumaintrain bénéficie d'une I.G.P.* depuis 2016.
Type : pâte molle, croûte lavée.
Forme : disque plat.
Taille : 9 à 13 cm de diamètre, 3 à 4 cm de hauteur.
Poids : 180 à 600 g.
Teneur en M.G. : au moins 48 %.
Meilleures saisons : printemps, été, automne.

■ SOUPE
SOUP | Préparation culinaire liquide servie comme un potage*. Elle diffère parfois de ce dernier par une composition plus rustique. Autrefois, en milieu rural, elle constituait le plat principal du dîner* ou souper*. Dans le répertoire culinaire, on relève également des soupes de poissons composées principalement de poissons, coquillages ou crustacés.

■ SOUPE DE CHAMPAGNE ou SOUPE CHAMPENOISE
CHAMPAGNE SOUP or CHAMPENOISE SOUP | Coktail de réception préparé dans un grand récipient (cup*).
Pour 12 à 15 personnes :
16 cl de Cointreau*(ou autre triple-sec*)
4 cl de curaçao* bleu
20 cl de jus de citron*
20 cl de sirop de sucre* de canne
2 bouteilles de champagne*brut (150 cl)
Frapper l'ensemble Cointreau, curaçao bleu, jus de citron et sirop de canne. Ajouter le champagne bien frais et servir rapidement en flûtes ou en coupes givrées au sucre. Il est impératif que le champagne soit intégré au dernier moment afin que le mélange conserve une certaine effervescence. Cette recette est une des plus classiques, mais ce cocktail connaît de nombreuses variantes.

■ SOUPER
SUPPER (light dinner) | Repas pris le soir, souvent comme dîner fin servi tardivement. Jusqu'à la Révolution, le souper était le dernier repas de la journée essentiellement constitué d'une soupe*.

■ SOURIS
Muscle on leg of lamb | Petite partie charnue attenante au manche d'un gigot*.

Source : Adobe Stock

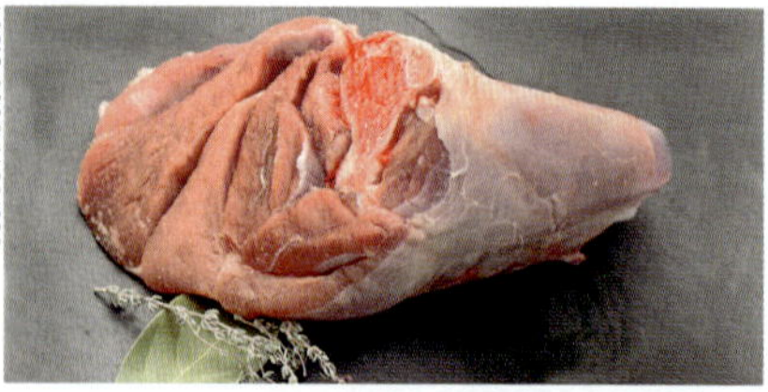

■ SOURS
SOURS | Short drinks* au goût acide et astringent préparés au shaker avec jus de citron*, spiritueux* et complétés éventuellement avec un peu d'eau gazeuse.

■ SOUTHERN COMFORT
Liqueur | Liqueur* américaine fabriquée à Saint-Louis dans le Missouri. Elle est obtenue par une macération de pêches dans du bourbon* à laquelle sont ajoutées des essences de citron* et du sucre*. Ce spiritueux*, qui se décline en 3 versions, titre 35°, 40° ou 50°.

■ SOUTIRAGE
Winemaking technique | Opération de vinification* qui consiste à transvaser du vin* d'un récipient *(1)* à un autre afin de le séparer de ses lies*.

(1) Cuve ou tonneau.

■ SOUVAROV ou SOUWAROFF
SOUWAROFF (poultry casserole) | Dénomination d'un apprêt de gibier à plumes ou d'une poularde*. L'animal est farci de truffe* et de foie gras*, partiellement poêlé et finalement mis dans une cocotte lutée *(1)* avec un déglaçage de madère*, de la truffe et un liquide de mouillement afin de terminer sa cuisson.

(1) Luter signifie souder le couvercle d'un récipient (cocotte ou terrine) avec un bourrelet de pâte.

■ SOUVERAIN
Bottle type | Bouteille d'une contenance équivalente à 35 bouteilles classiques, soit 26,25 litres.

■ SOUS-VIDE
Vacuum-sealed cooking technique | Procédé de conservation de courte durée basé sur le conditionnement d'un aliment en emballage hermétique, soit en faisant le vide d'air, soit sous atmosphère modifiée (mélange gazeux).

Un produit sous-vide peut être cuisiné *(1)*, subir une pasteurisation ou une stérilisation. Il doit être stocké au froid et comporte une D.L.C*.

(1) La cuisson sous-vide donne d'excellents résultats à condition de disposer de matériel adapté et de respecter certaines règles.

■ SPA BARISART
Belgium mineral water | Eau minérale naturelle* gazeuse captée à Spa, près de Liège, dans les Ardennes belges.

Catégorie : très faiblement minéralisée.

Composition physico-chimique (en mg/l)	
Cations	Anions
Calcium : 5,5 Sodium : 5 Magnésium : 1,5 Potassium : 0,5	Bicarbonates : 18 Sulfates : 7,5 Chlorures : 5,55 Nitrates : 1,5
pH à 20°C : 4,1	Minéralisation totale : 49 mg/l

■ SPA MARIE-HENRIETTE
Belgium mineral water | Eau minérale naturelle* gazeuse captée à Spa, près de Liège, dans les Ardennes belges .

Catégorie : faiblement minéralisée.

Composition physico-chimique (en mg/l)	
Cations	Anions
Calcium : 11 Sodium : 10,5 Magnésium : 7 Potassium : 1,3	Bicarbonates : 75 Sulfates : 6,5 Chlorures : 9,5 Nitrates : 0,5
pH à 20°C : 4,9	Minéralisation totale : 95 mg/l

■ SPA REINE
Belgium mineral water | Eau minérale naturelle* gazeuse captée à Spa, près de Liège, dans les Ardennes belges.

Catégorie : très faiblement minéralisée.

Spa Reine est une des eaux minérales les plus faiblement minéralisées d'Europe.

Composition physico-chimique (en mg/l)	
Cations	Anions
Calcium : 3,3 Sodium : 2,5 Magnésium : 1,3 Potassium : 0,5	Bicarbonates : 10,6 Sulfates : 5,8 Chlorures : 2,7 Nitrates : 1,9
pH à 20°C : 5,8	Minéralisation totale : 33 mg/l

■ SPAGHETTIS
SPAGHETTI | Pâtes alimentaires en forme de bâtonnets ronds, longs et fins.

Les spaghettis à la napolitaine sont liés au beurre*, additionnés de sauce* et fondue de tomate* ainsi que de fromage* râpé *(1)*.

Les spaghettis à la bolognaise sont liés au beurre et additionnés de sauce bolognaise *(2)*, de fondue de tomate et de fromage râpé *(1)*.

(1) Parmesan ou gruyère*.*

(2) Sauce réalisée avec des petits dés de queue de filet de bœuf*, des oignons* ciselés et du fond* brun de veau* tomaté.*

■ SPAGNOL ou ESPAGNOL

Grape variety | Autre dénomination du cépage* Mayorquin*.

■ SPÄTLESE

German wine classification | Voir Qualitätswein mit Prädikat*.

■ SPÄTZLES

SPAETZLES | Sorte de nouilles épaisses et irrégulières préparées avec de la farine* ou de la semoule* de blé* dur, des œufs*, de la crème fraîche* et de la noix de muscade*. Elles sont pochées à l'eau bouillante et poêlées au beurre*. Les spätzles sont une spécialité alsacienne et allemande.

■ SPÉCULOS ou SPÉCULOOS

SPECULOS COOKIE (biscuit) | Petit gâteau d'origine belge préparé à partir de farine*, cassonade*, beurre*, œufs*, cannelle*, clou de girofle* moulu, noix de muscade* râpée, gingembre* ... Les épices entrant dans la préparation sont variables selon la formule préconisée.

Source : M. Bury/Cedus

■ SPIRITUEUX

SPIRITS | Sont considérés comme spiritueux toutes les boissons contenant un certain pourcentage d'alcool*.

La réglementation européenne précise qu'une boisson spiritueuse doit présenter un titre alcoométrique minimum (T.A.M.) de 15 % vol. (sauf pour certaines liqueurs à base d'œuf* où ce T.A.M. est abaissé à 14 % vol.). Les eaux-de-vie*, les liqueurs*, les A.B.A.*, etc. sont des spiritueux.

Les boissons alcoolisées dont l'alcool en présence est issu uniquement de la fermentation alcoolique (c'est le cas du vin*, de la bière*, du cidre*) ne sont pas des spiritueux.

■ SPOOM

Iced dessert | Préparation glacée semblable au sorbet* dans laquelle est incorporée une certaine quantité de meringue* italienne, ce qui explique sa texture légère et mousseuse.

■ SPRAT

SPRAT | Petit poisson de mer de la famille des clupéidés pêché sur plusieurs côtes européennes de l'Atlantique, de la Manche, de la Mer du Nord et de la Baltique. Le sprat, voisin de la sardine*, mesure rarement plus de 15 cm.

■ SPRITZ

SPRITZ | Cocktail* (apéritif) préparé directement dans un verre à vin.

4 cl d'Apérol* (ou éventuellement de Campari*)
6 cl de Prosecco*
2 cl de soda*
½ tranche d'orange*

Remplir au tiers le verre de glaçons. Verser l'Apérol, le Prosecco et le soda. Remuer délicatement à l'aide d'une cuillère à mélange (en préservant l'effervescence de la préparation) et compléter avec la ½ tranche d'orange.

Source : Adobe Stock

■ STABILISANT

STABILIZER | Additif alimentaire* qui maintient la texture et parfois la couleur d'une denrée.

■ STEAK

STEAK | Terme désignant communément une tranche de viande de bœuf*, sans précision du morceau d'origine.

■ STEAK TARTARE

STEAK TARTARE | Steak* haché cru *(1)* additionné de jaune d'œuf*, moutarde*, huile*, oignon* et persil* ciselés, câpres*, cornichons*, tabasco*, tomato ketchup*, Worcestershire sauce*, sel* et poivre*.

Le hachage de la viande fragilise l'aliment et crée un milieu propice au développement des micro-organismes, il convient donc de prendre les précautions d'usage, notamment en matière d'hygiène.

(1) Bien que très souvent il soit employé de la viande de bœuf, traditionnellement le steak tartare se prépare avec de la viande de cheval.*

■ STÉRILISATION

STERILIZATION | Procédé de conservation basé sur un traitement thermique ayant pour but de détruire toute forme microbienne vivante. On obtient une destruction totale des germes à partir 110° C.
Il faut distinguer :

- ***La stérilisation classique*** : 115° C pendant 15 à 20 minutes.
- ***La stérilisation Ultra Haute Température (U.H.T.)***: 140° C pendant quelques secondes.

Les produits stérilisés sont distribués avec une D.D.M.*.

■ STERLET

STERLET | Variété d'esturgeon* mesurant jusqu'à 1 m pour un poids de 5 à 6 kg.

■ STEVIA

STEVIA | Plante originaire du Paraguay dont les feuilles sont utilisées pour extraire un édulcorant : *leRébaudioside A*. Cet édulcorant* intense *(1)* est autorisé en France comme additif alimentaire* depuis 2009.

(1) Un édulcorant intense, d'origine végétale ou chimique, possède un pouvoir sucrant élevé et une valeur énergétique quasiment nulle. Le pouvoir sucrant de cette substance est toujours évalué par rapport à celui du saccharose (voir sucre).*

Source : Adobe Stock

■ S.T.G. (Spécialité Traditionnelle Garantie)

EU guarantee | S.I.Q.O.* institué par l'Union Européenne en 1992. Cette attestation de spécificité ne fait pas référence à une origine mais elle a pour objet de mettre en valeur des produits obtenus à partir de matières premières issues des traditions ou par un mode de production traditionnel. *La Moule de Bouchot* a été le premier produit français à bénéficier de ce label en 2013.

Source : Sigle UE

■ STILTON

British cheese | Fromage* de lait* de vache fabriqué dans le centre de la Grande-Bretagne, reconnu A.O.P.* au niveau européen. Il doit son nom à une ville du comté de Leicester, lieu d'origine de sa commercialisation.
Type: pâte persillée, croûte naturelle *(1)*.
Forme: haut cylindre.
Taille: 15 à 20 cm de diamètre, 25 cm de hauteur.
Poids: 4 à 5 kg.
Teneur en M.G.: 52 % au minimum.
Meilleures saisons: automne, hiver.

(1) Le "Stilton bleu" est très connu mais il existe également un "Stilton blanc" qui se présente sous forme de fromage frais.

■ STINGER

STINGER | Cocktail* (digestif) préparé au shaker.
2 cl de crème de menthe* blanche
5 cl de cognac*
Frapper et servir dans un verre à cocktail.
Préparé avec de la menthe verte, ce cocktail est appelé "émeraude".

■ STOCKFISCH

STOCKFISH | Dans les pays scandinaves, dénomination de la morue* séchée à l'air grâce à des conditions climatiques particulières. Très sec, le stockfisch peut se conserver plusieurs années.

■ STRAIGHT WHISKEY

STRAIGHT WHISKEY | Whiskey* américain issu d'une seule distillerie. Le "Blended Whiskey" est un assemblage de plusieurs whiskeys.

■ STROGANOFF ou STROGANOV

STROGANOFF | Spécialité culinaire d'origine russe réalisée avec des lamelles de queue de filet* de bœuf*. Poudrées de paprika*, elles sont sautées et additionnées d'oignons* sués au beurre*, de champignons* et de crème fraîche*.

■ STRUDEL ou STROUDEL

STRUDEL | Pâtisserie autrichienne constituée d'une pâte roulée garnie de dés de pommes* parfumés à la cannelle*, de raisins* secs et de zestes* de citron*. La préparation de cette pâtisserie compte de nombreuses variantes.

■ SUBRIC

Croquette | Apprêt culinaire ayant l'aspect d'une petite crêpe* épaisse ou d'une petite croquette sautée au beurre*. Le subric est réalisé à partir d'un élément (légume, poisson, abat*...) lié avec de la sauce béchamel*, des œufs* et de la farine*, de la crème fraîche*, etc.

■ SUCCÈS

Cake | Gâteau constitué de 2 ronds de pâte à succès *(1)* fourrés de crème au beurre* pralinée. La pièce est masquée de crème au beurre et décorée d'amandes* effilées et de noisettes* façonnées en pâte d'amande*.

(1) Sorte de meringue aux amandes.*

■ SUCHET ou SOUCHET (sauce)

Fish sauce | Sauce à base de fumet de poisson* et vin* blanc garnie d'une julienne* de carottes*, poireau* et céleri*. Après réduction, elle est terminée au beurre*.

■ SUCRE

SUGAR | Substance édulcorante extraite principalement de la canne à sucre et de la betterave sucrière. Elle est cependant présente dans toutes les plantes qui contiennent de la chlorophylle, élaborée dans les feuilles par photosynthèse pour ensuite être mise en réserve dans les racines, les tiges ou les fruits. On peut ainsi fabriquer du sucre à partir de noix de coco*, de dattes*, de pommes de terre*, etc. Le terme "sucre", au singulier, est réservé au sucre de betterave ou de canne, appelé aussi *saccharose*. Son pouvoir sucrant est fixé à 1 (par comparaison, le fructose a un pouvoir sucrant égal à 1,1, le lactose à 0,15 et le miel* à 1,2). La production mondiale, 175 millions de tonnes, nous vient de plus de 100 pays.

Sa consommation, en France, est d'environ 35 kg par habitant et par an *(1)*, soit près de 100 g par jour *(2)*.

Cuillères de différents sucres

Principales présentations du sucre :

- ***Le sucre cristallisé*** se présente sous forme de cristaux blancs obtenus par cristallisation d'un sirop de sucre.
- ***Le sucre en poudre*** obtenu par broyage et tamisage de sucre cristallisé.
- ***Le sucre en morceaux*** obtenu par moulage et compression de sucre blanc ou roux, encore chaud et humide.
- ***Le sucre glace*** obtenu par broyage très fin de sucre cristallisé blanc qui est additionné de 3 % d'amidon pour éviter son agglomération.
- ***Le sucre roux*** contient 85 à 98 % de saccharose et quelques impuretés qui lui donnent sa couleur et son goût particulier.
- ***Le sucre candi*** se présente sous forme de cristaux bruns transparents obtenus par cristallisation lente d'un sirop concentré et chaud sur un fil de coton ou de lin.
- ***Le sucre liquide*** ou ***sirop de sucre***, solution de sucre blonde ou transparente.
- ***Le sucre inverti*** ou ***sucre interverti*** est composé de glucose et de fructose obtenu par hydrolyse de saccharose. Ce produit, sous forme de pâte blanche très onctueuse, est employé par les pâtissiers, les confiseurs et les industriels pour ses propriétés humectantes et anti cristallisantes.
- ***Le sucre gélifiant*** est un sucre cristallisé additionné de pectine et d'acide citrique alimentaire. Il est surtout employé pour la fabrication des confitures*.
- ***La cassonade****, ***la vergeoise**** et ***le muscovado**** (voir ces termes).

À la cuisson, le sucre subit différentes transformations liées à l'élévation de la température. Les stades de cuissons ("nappé", "petit filet", "grand filet", "perlé", "petit boulé", "gros boulé", "petit cassé"...) correspondent à des températures précises bien connues des professionnels. Le sucre cuit travaillé par les spécialistes permet aussi la réalisation de remarquables pièces artistiques.

Au restaurant, on observera simplement que *le caramel**, parfois utilisé en base de flambage, se présente à 3 stades de cuisson : "caramel clair" 151-160 °C, "caramel" 161-170 °C et "caramel foncé" jusqu'à 190 °C. Ce stade ultime ne doit jamais être dépassé, au risque d'aboutir à un produit âcre, impropre à la consommation et qui risque de s'enflammer.

(1) Sucre consommé en l'état ou incorporé aux produits sucrés.

(2) Alors que la consommation journalière conseillée est de 25 à 50 g.

■ SUISSESSE

SUISSESSE | Cocktail* (apéritif) préparé au shaker.

½ blanc d'œuf*
2 cl de jus de citron*
3 cl de Pernod*
Soda*

Frapper ensemble le blanc d'œuf, le jus de citron et le Pernod.
Verser dans un tumbler et compléter de soda.

■ SULFITAGE

Winemaking technique | Opération de vinification* qui consiste à ajouter du SO^2 (anhydride sulfureux) à une vendange ou à un moût*. Le sulfitage a :

- Une action antiseptique en empêchant

le développement de certaines levures alcooliques* ou bactéries.
- Une action clarifiante en retardant le départ de la fermentation alcoolique*, favorisant ainsi le débourbage*.
- Un effet acidifiant en détruisant les bactéries qui agressent les acides.
- Une action anti-oxydante en retardant la madérisation* des vins* blancs et la casse oxydasique *(1)*.

Un sulfitage excessif est préjudiciable à la qualité du vin et la santé du consommateur. Une réglementation précise les teneurs maximales en SO^2 autorisées selon le type de vin traité. Par ailleurs, lorsque le vin contient plus de 10 mg/l de SO^2, l'étiquetage de la bouteille doit porter la mention "Contient des sulfites" ou "Contains sulphits".

(1) Altération qui se traduit par une oxydation des matières colorantes du vin, un goût désagréable et une formation de dépôt plus ou moins importante.

■ SUPION

SMALL SQUID | Autre dénomination du calamar* dans le midi de la France.

■ SUPRÊME (pièce)

Poultry cut | Terme désignant à la fois un blanc de volaille et un filet de gibier ou de poisson.
Les quartiers de certains agrumes (orange* ou pomelo* par exemple) sont aussi dénommés suprêmes.

■ SUPRÊME (sauce)

Sauce | Sauce* réalisée à partir d'un velouté* de volaille réduit et additionné de crème fraîche* et de beurre*.

■ SURGÉLATION

FREEZING | Procédé de conservation par le froid négatif sur une durée plus ou moins longue. L'abaissement de la température doit atteindre rapidement - 18° C au cœur du produit par un traitement allant jusqu'à - 50° C *(1)*. Cette technique de conservation, pratiquée au niveau industriel, est proche de la congélation. C'est principalement le froid initial qui différencie les 2 méthodes. Les aliments surgelés ou congelés retrouvent sensiblement les mêmes conditions de stockage (voir à Congélation*).

(1) Il existe plusieurs techniques de surgélation, notamment la surgélation par contact (circulation d'un fluide à - 36° C), la surgélation par courant d'air glacial (air pulsé jusqu'à - 50° C) et la surgélation par immersion dans une solution liquide à très basse température. Dans tous les cas, l'objectif est de refroidir le produit le plus rapidement possible afin de préserver sa structure cellulaire.

■ SURIMI

Japanese fish dish | Produit d'origine japonaise fabriqué à partir de pâte de poisson *(1)*, blanc d'œuf*, farine*, arômes divers et coloré au paprika*. Apparu en Europe dans les années 80, il connaît depuis un succès croissant. La France consomme annuellement près de 65 000 tonnes par an de surimi, le plus souvent aromatisé au crabe* ou à la langouste*.

(1) L'ADISUR (Association des industries du surimi) impose dans son cahier des charges un minimum de 35 % de pâte de poisson pour revendiquer la dénomination "surimi".

■ SUSHI

Japanese fish dish | Spécialité culinaire japonaise se présentant sous forme de petites bouchées ou rouleaux garnis de riz* vinaigré, de poisson cru ou cuit, d'œuf*, etc. Cette garniture est souvent enveloppée dans une feuille de nori *(1)*.

(1) Le nori est une algue rouge ou pourpre qui devient plus foncée, voire noirâtre, au séchage.

■ SUZE

Liqueur | Gentiane* (A.B.A.*) mise au point en 1889 par Fernand Moureaux. Elle doit son nom à Suzanne Gaspard, belle-sœur de l'inventeur. Plus sucrée qu'à l'origine (200 g/l au lieu de 80g) et moins alcoolisée (elle est passée à 15° récemment après avoir titré 16° depuis 1945 et 32° à sa création), la Suze, gentiane la plus vendue en France, est une marque du groupe Pernod*.

Source : © Photothèque Pernod

■ SUZETTE

Crêpe | *Voir* Crêpes Suzette*.

■ SYLVANER

Grape variety | Cépage* blanc d'origine vraisemblablement Autrichienne.
Aires de culture : en Alsace sur 1 100 ha, en Allemagne, en Suisse, en Hongrie, dans le Tyrol italien, en Slovénie et sur de faibles superficies en Autriche, en Californie et en Australie.
Vins* produits : blancs légers et fruités.

■ SYRAH

Grape variety | Cépage* noir d'origine imprécise. Parmi les hypothèses avancées, la Syrah viendrait de la région de Schiraz, ville du sud de la Perse, ou de la vallée du Rhône, issue du croisement de deux cépages à l'époque Gallo-romaine.

Aires de culture : en Vallée du Rhône (Côtes-du-Rhône*, Côte Rôtie*, Saint-Joseph*, Hermitage*, Crozes-Hermitage*, Cornas*, Châteauneuf-du-Pape* ...), en Provence (Côtes de Provence*, Les Baux de Provence*, Bandol* ...), en Languedoc-Roussillon (Minervois*, Corbières*, Fitou*, Collioure*, Banyuls*...) et dans d'autres vignobles méridionaux. Cultivé sur 190 000 ha dans le monde, 65 000 ha en France, ce cépage est également présent en Australie, en Nouvelle-Zélande, en Argentine, en Afrique du Sud, aux Etats-Unis, au Mexique, au Chili, en Italie, en Suisse, en Grèce, en Espagne...

Vins* produits : rouges très colorés, puissants, tanniques, avec des notes aromatiques marquées (myrtille*, violette, truffe*, réglisse*, cuir) qui se développent au vieillissement.

T

■ TABAC

TABACCO | Le décret de novembre 2006 a officialisé l'interdiction de fumer dans les lieux publics *(1)*, cependant, le restaurateur a la possibilité, ce n'est pas une obligation, de proposer un local spécialement équipé *(2)* pour recevoir ses clients fumeurs. Le vapotage est encore légalement autorisé mais la direction de l'établissement peut décider de l'interdire. Il faut alors signaler cette interdiction (apposition d'un visuel par exemple).

Visuel apposé aux emplacements fumeurs

Visuel indiquant l'interdiction de fumer

Visuel indiquant l'interdiction de l'usage de la cigarette électronique ou vapotage

Un restaurateur peut assurer la revente de tabac dans un cadre légal. N'étant pas débitant de tabac, cette revente devient pour lui une tolérance dont les modalités d'exercice sont contrôlées par les services des Douanes.

Retenons les points suivants :

- Seuls les établissements détenteurs d'une licence* III ou licence IV, ou d'une grande licence de restaurant, sont autorisés à revendre du tabac à leur clientèle. La revente aux mineurs et la publicité sont interdites.
- L'approvisionnement, limité à 20 kg par mois, doit se faire dans un débit de tabac de rattachement, le plus proche du restaurant *(3)*.
- Le revendeur doit posséder un *carnet de revente* ou *carnet d'approvisionnement*. Toutes les ventes doivent figurer sur ce carnet.
- Enfin si le restaurateur souhaite majorer les prix de vente du tabac, cette majoration est libre à condition qu'elle soit intégrée dans les résultats comptables de l'entreprise.

La mention du tabac dans cet ouvrage vise simplement à évoquer certaines pratiques en usage dans la restauration. Nous devons évidemment rappeler que fumer nuit gravement à la santé des fumeurs et à celle de leur entourage.

(1) Applicable au 1er janvier 2008 dans les lieux de convivialité clos tels que les restaurants. En conséquence, elle ne concerne pas les terrasses, dès lors qu'elles ne sont pas couvertes ou que la façade est ouverte.

(2) Ce fumoir doit être un local clos, réservé à la consommation du tabac et dans lequel il ne peut y avoir de service. Sa surface maximum est limitée à 35 m² sans pouvoir occuper plus de 20 % de la surface totale de l'établissement. Il doit être doté d'un dispositif d'extraction d'air de capacité suffisante, de portes à fermetures automatiques et son accès est interdit aux mineurs de moins de 16 ans. En outre, le personnel chargé d'entretenir ce fumoir doit attendre au moins une heure après le départ du dernier client avant d'y pénétrer.

(3) Sauf pour les cigares si le débitant de tabac le plus proche ne dispose pas des marques demandées par le restaurateur.*

■ TABASCO

TABASCO SAUCE | Condiment liquide *(1)* à saveur très forte fabriqué en Louisiane (États-Unis) à partir de piments* rouges broyés et macérés pendant 3 ans avec du sel* de la mine d'Avery Island. Le produit de cette longue macération, qui a lieu en fûts de chêne, est ensuite mélangé avec du vinaigre*. Après brassages successifs, la sauce est alors filtrée pour être mise en flacon stilligoutte. Le tabasco sert à relever les sauces*, les cocktails* (ex : Bloody Mary*), les steaks tartare* et autres préparations culinaires.

(1) Condiment traditionnel de la cuisine américaine, le tabasco porte le nom d'un état du Mexique méridional. Il a été inventé vers 1860 par un banquier épicurien, E. Mc. Ilbenny.

■ TABLE D'HÔTES ou TABLE D'HÔTE

Communal dining table | Grande table où plusieurs convives sont réunis pour prendre un repas en commun. Cette pratique trouve son origine dans les auberges qui, jadis, installaient leurs clients autour d'une table commune. Pratiquement disparue dans la restauration traditionnelle, la table d'hôtes retrouve un certain succès dans les maisons d'hôtes ou en complément des chambres d'hôtes.

■ TABLIER DE SAPEUR

Regional fried tripe dish | Dans la région lyonnaise, morceaux de gras-double* panés et poêlés ou grillés.

■ TABOULÉ ou TABOULLÉ ou TABBOULEH

TABBOULEH | Préparation culinaire d'origine libanaise faite de boulghour* *(1)* additionné de dés de tomate* et d'oignon*, de persil* et de menthe* ciselés *(2)*. L'assaisonnement se fait avec de l'huile d'olive* et du jus de citron*.

(1) Dans cette préparation, le boulghour est de plus en plus souvent remplacé par de la semoule de blé.*

(2) D'autres éléments tels que dés de poivron ou raisins* secs peuvent s'ajouter à la préparation.*

■ TACAUD

POUTING or BIB (fish) | Poisson de mer de la famille des gadidés que l'on pêche dans la Manche et le Golfe de Gascogne. Proche du merlan*, il trouve les mêmes destinations culinaires que ce dernier.

■ TÂCHE (LA)

French wine | Vin* rouge produit en Bourgogne*, Grand Cru bénéficiant d'une A.O.C.* depuis 1936 et reconnu A.O.P.* dans le cadre de l'U.E.
Aire de production : parcelles délimitées du lieu-dit "La Tâche" sur la commune de Vosne-Romanée, en Côte-d'Or, d'une superficie totale de 5,08 ha.
Encépagement autorisé* pour l'appellation : Pinot noir*, Chardonnay, Pinot blanc* et Pinot gris*.
Rendement à l'hectare* : 35 hl.

Source : S.C. du Domaine de la Romanée-Conti

■ TACON

YOUNG SALMON | Jeune saumon* qui n'a pas encore rejoint le milieu marin.

■ TAFIA

Brandy | Eau-de-vie* provenant de la distillation de mélasses résiduelles de l'industrie sucrière. "Tafia" fut le premier nom donné au rhum*. Aujourd'hui ce terme désigne souvent un rhum de médiocre qualité.

■ TAGLIATELLES

TAGLIATELLE | Pâtes alimentaires détaillées en larges lanières.

■ TAILLEVENT (Guillaume Tirel, dit)

French chef and writer | Cuisinier français (Pont-Audemer 1310 - Saint-Germain-en-Laye 1395) auteur d'un des plus anciens livres sur la cuisine du Moyen-âge, *Le Viandier (1)*. Ce traité culinaire demeure une référence jusqu'à la publication du Cuisinier François par François Pierre de la Varenne* en 1651.

(1) Paternité de l'ouvrage parfois contestée.

■ TAJINE ou TAGINE

TAGINE | Ce terme désigne à la fois un contenant et un contenu.
a) Ustensile de cuisson d'origine marocaine constitué d'un plat creux en terre cuite vernissée et d'un couvercle conique.
b) Préparation culinaire faite de viande, de volaille, de poisson, de légumes, d'aromates* et épices*, etc. cuits à l'étouffée dans le récipient du même nom.

■ TALEGGIO

Italian cheese | Fromage* de lait* de vache fabriqué en Italie, il porte le nom de sa région d'origine, le Val Taleggio, située en Lombardie. Le Taleggio bénéficie d'une Appellation d'Origine Contrôlée dans son pays et d'une A.O.P.* dans le cadre de l'U.E.
Type : pâte molle légèrement pressée, croûte lavée.
Forme : pavé.
Taille : 20 cm de côté, 5 à 7 cm d'épaisseur.
Poids : 2 kg environ.
Teneur en M.G. : 48 %.
Meilleures saisons : été, automne, hiver.

■ TALIANS

Italian mineral water | Eau minérale naturelle* plate captée à la source Antica Fonte près de Brescia, dans le nord de l'Italie.
Catégorie : riche en sels minéraux.

minérales d'Evian

Composition physico-chimique (en mg/l)	
Cations	Anions
Calcium : 596 Magnésium : 77 Sodium : 7 Potassium : 2	Sulfates : 1 530 Bicarbonates : 290 Chlorures : 8 Nitrates : 0,5
Silice : 12 Fluor : 0,35	
pH à 20°C : 7,1 Minéralisation totale : 2 590 mg/l	

■ TALMOUSE

Cream-filled pastry | Préparation à base de pâte feuilletée* diversement garnie. Parmi les différentes talmouses, citons la talmouse en tricorne qui se présente sous forme de chausson triangulaire fourré de sauce mornay*, additionnée ou non d'éléments complémentaires (ex : dés de jambon*).

■ TAMARILLO

TAMARILLO or TREE TOMATO | Fruit exotique originaire d'Amérique du Sud. Le tamarillo est une baie qui a l'apparence d'une grosse cerise dont la pulpe a une saveur acidulée. Pelé et débarrassé de ses pépins, il est employé en salades de fruits, confitures*, sorbets*, condiments*, etc.

■ TAMARIN

TAMARIND | Fruit du tamarinier, arbre originaire d'Afrique orientale et cultivé dans les régions tropicales. Le tamarin se présente sous forme de gousse qui renferme une pulpe acidulée marron et des graines dures. Il est employé pour la préparation de confitures*, boissons et condiments*.

■ TAMIÉ ou ABBAYE DE TAMIÉ

French cheese | Fromage* de lait* de vache fabriqué en Savoie. Il doit son nom à un monastère du massif des Bauges, son lieu de production.
Type : pâte molle légèrement pressée, croûte lavée.
Forme : disque épais.
Taille : 18 cm de diamètre, 4 à 5 cm d'épaisseur.
Poids : 1,2 kg environ.
Teneur en M.G. : 45 à 50 %.
Meilleures saisons : été, automne.

■ TAMPICO

Source : Photo BG

TAMPICO | Cocktail* préparé sur glace directement dans un tumbler.
2 cl de jus de citron*
3 cl de Campari* bitter
2 cl de Cointreau*
5 cl de tonic*
Verser le jus de citron, le Campari et le Cointreau. Remuer et ajouter le tonic.

■ TANCHE

TENCH | Poisson d'eau douce de la famille des cyprinidés qui vit dans les étangs et les eaux calmes des rivières. La tanche couramment consommée mesure environ 30 cm et pèse de 1 à 2 kg. Sa chair est appréciée quand elle est pêchée en eau claire, sinon elle révèle un goût désagréable dû à un séjour prolongé sur des fonds vaseux.

■ TANDOORI (épice)

TANDOORI (spice) | Mélange d'épices*, aromates* et condiments* en poudre utilisé dans la cuisine indienne. Il est principalement composé de piment*, paprika*, curcuma*, thym*, coriandre*, cumin*, céleri*, ail*, carvi*, romarin*, laurier*, cannelle*, sel* et poivre*.

■ TANDOORI (préparation culinaire)

Indian dish | Préparation culinaire indienne à base de poulet* *(1)* enduit de yaourt* additionné de poudre de tandoori*. Après avoir macéré une nuit, les morceaux de poulet sont cuits dans un four en terre cuite appelé *tandoor*.

(1) Le poulet peut être remplacé par de l'agneau, voire du poisson.*

■ TANGELO

TANGELO | Agrume* hybride résultant d'un croisement de mandarine* et de pomelo*.
Principales variétés : *Minneola, Seminole, Orlando...*

■ TANGERINE

TANGERINE | Agrume* hybride résultant d'un croisement de mandarine* et d'orange* amère. Son nom vient de Tanger, ville marocaine, qui fut le principal port d'exportation.

■ TANGO

TANGO | Boisson composée de bière* additionnée d'un trait de sirop de grenadine*.

■ TANGOR

TANGOR | Agrume* hybride issu d'un croisement de mandarine* et d'orange*.

■ TANIN ou TANNIN

TANNIN | Substance présente dans la rafle, les pellicules et les pépins du raisin*. De quantité variable selon le cépage*, le tanin apporte au vin* une certaine tenue qui contribue à son équilibre et lui donne une aptitude au vieillissement. L'excès de tanin, notamment dans les vins jeunes, se traduit par une astringence perceptible à la dégustation. Le chêne, utilisé pour la fabrication des fûts, est également riche en tanin. Cette propriété est exploitée pour le vieillissement des vins et des eaux-de-vie* ambrées.

■ TANISAGE ou TANNISAGE

Winemaking term | Opération de vinification* qui consiste à ajouter du tanin* à un moût* ou à un vin* pour équilibrer sa structure ou favoriser un collage*.

■ TANNAT

Grape variety | Cépage* noir d'origine béarnaise. Aires de culture : vignobles du Sud-Ouest (Cahors*, Madiran*, Tursan*, Béarn*, Irouléguy*...). Planté sur près de 3 000 ha en France, le Tannat est aussi présent en Italie, en Hongrie, en Bolivie, au Pérou, en Uruguay, en Argentine, aux Etats-Unis, etc.
Vins* produits: rouges charpentés, très tanniques, de couleur intense avec des arômes de framboise* et de fruits noirs.

■ TAPAS

Spanish snack | En Espagne et au Pays basque français, assortiments d'amuse-bouche* servis en accompagnement de l'apéritif ou d'autres boissons.

■ TAPENADE

Olive condiment | Condiment* provençal composé de câpres*, d'olives* noires et de filets d'anchois* écrasés avec de l'huile d'olive* et différents aromates*. Il se tartine sur des tranches de pain* grillées, peut farcir des tomates* crues ou des œufs* durs ou simplement servir d'accompagnement comme tout autre condiment.

Source : Adobe Stock

■ TAPIOCA

TAPIOCA | Produit réalisé à partir de fécule extraite de la racine du manioc* et utilisé pour la préparation de potages*, bouillies et entremets*. Le tapioca se présente sous forme de petites billes blanchâtres qui deviennent translucides à la cuisson.

■ TARAMA

Greek fish roe dip | Préparation d'origine grecque qui a l'aspect d'une pâte de couleur rose. Elle est préparée avec des œufs de cabillaud* plus ou moins fumés qui sont écrasés avec de la mie de pain* et émulsionnés avec de l'huile d'olive* et de la crème fraîche*.

■ TARTARE (préparation)

Meat dish | Dénomination d'une préparation à base de viande ou de poisson hachés crus, additionnée de différents éléments d'assaisonnement (voir steak tartare*).

■ TARTARE (sauce)

TARTAR (sauce) | Sauce émulsionnée froide similaire à la sauce mayonnaise* où le jaune d'œuf* cru est remplacé par du jaune d'œuf dur écrasé. Cette sauce est additionnée d'oignons* et de ciboulettes* finement ciselés.

■ TARTE

TART | Pièce sucrée ou salée, souvent de forme ronde, constituée d'un fond de pâte (brisée*, sablée* ou feuilletée*) et d'une garniture.

■ TARTE TROPÉZIENNE

Custard-brioche tart | *Voir* Tropézienne*.

■ TARTIFLETTE

Potato dish | Spécialité savoyarde sous forme de gratin composée de rondelles de pommes de terre en robe des champs*, oignons* émincés, lardons*, vin* blanc de Savoie, crème fraîche* et reblochon*.

■ TASTE-VIN ou TÂTE-VIN

Wine-tasting utensil | Petite tasse plate en argent ou en métal argenté utilisée pour la dégustation des vins*.

Source : Photo RC

■ TATIN (tarte)

French tart | Tarte aux pommes* caramélisées cuite à l'envers et retournée pour être servie *(1)*. Elle fut créée à la fin du 19ème siècle par les demoiselles Tatin dans leur hôtel-restaurant de Lamotte-Beuvron (localité solognote située au sud d'Orléans).

(1) Classiquement, cette tarte est servie chaude et nature. Il arrive cependant qu'elle soit présentée avec de la crème fraîche ou de la glace* à la vanille*.*

■ TAUREAU

BULL | Bovin* non castré élevé essentiellement pour la reproduction. La viande de taureau, beaucoup plus goûteuse que celle du bœuf*, est surtout consommée dans le Sud-Est.

L'A.O.C.* ***Taureau de Camargue***, instituée en 1996, reconnue A.O.P.* dans le cadre de l'U.E., est réservée aux bovins de races particulières nés, élevés, abattus et transformés dans une aire géographique qui s'étend sur 224 communes des départements des Bouches-du-Rhône, du Gard et de l'Hérault. Par ailleurs, les carcasses de ces animaux provenant de manades *(1)* ou de ganaderias *(2)* locales font l'objet d'analyses sensorielles organisées périodiquement sous la responsabilité de l'I.N.A.O.*.

(1) Elevages de taureaux de race Camarguaise.

(2) Elevages de taureaux de race Brave.

■ TAVEL

French wine | Vins* rosés produits dans la Vallée du Rhône, A.O.C.* depuis 1936 et reconnus A.O.P.* dans le cadre de l'U.E.

Aire de production : communes de Tavel et Roquemaure, dans le Gard, situées au nord-ouest d'Avignon.

Superficie du vignoble : 910 ha.

Encépagement autorisé* pour l'appellation : Bourboulenc, Grenache noir*, Grenache blanc*, Grenache gris*, Cinsault*, Clairette blanche*, clairette rose, Picpoul blanc*, Picpoul gris, Picpoul noir*, Calitor*, Mourvèdre*, Syrah*, Carignan noir*, Carignan blanc.

Rendement à l'hectare* : 46 hl.

■ T.A.V.N.M. (Titre Alcoométrique Volumique Naturel Minimum)

Natural alcoholic strength by volume | Il se traduit par la richesse alcoolique *(1)* minimale d'un vin* évaluée à partir de la teneur minimale en sucre naturel de son moût*. Le T.A.V.N.M. est également évalué pour la fabrication d'autres liquides alcoolisés. C'est le cas de la "grappe" servant de base à l'élaboration du rhum*.

(1) Voir Degré alcoolique et Levures alcooliques*.*

■ TAXO

TAXO or BANANA PASSION FRUIT | *Voir* Fruits de la passion*.

■ T-BONE

T-BONE | Pièce de bœuf* prélevée dans l'aloyau* sous forme de tranche perpendiculaire à la colonne vertébrale. Le T-bone est constitué d'un morceau de faux-filet* et d'une partie de filet* attenant à l'os.

■ TELLIER (Charles)

Inventor of industrial cold | Ingénieur français (Amiens 1828 - Paris 1913). Considéré comme l'inventeur du froid industriel, il crée à Auteuil, en 1869, la première usine frigorifique fonctionnant avec le froid artificiel.

En 1876, il équipe un navire *(1)* de cales frigorifiques pour transporter de la viande et des volailles entre Rouen et Buenos Aires. Ainsi va naître la chaîne industrielle du froid qui permettra l'échange de denrées périssables entre les continents. On peut facilement imaginer que l'invention

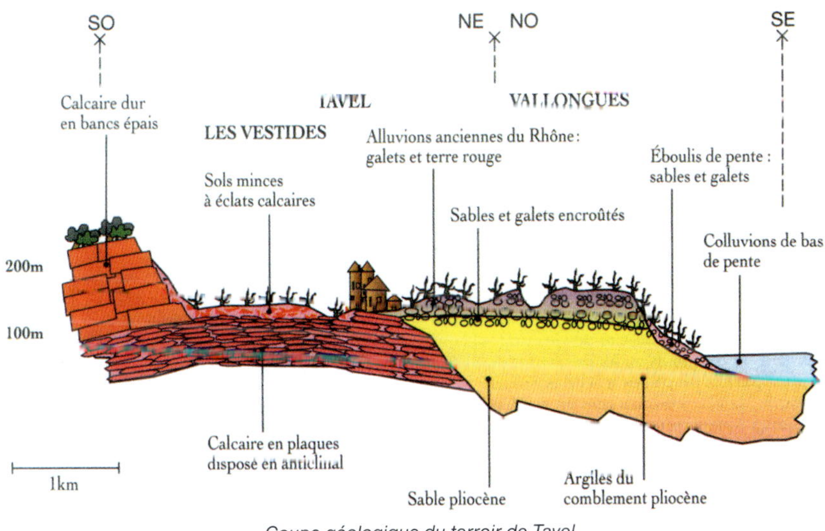

Source : Inter-Rhône – Auteur I. Letessier

Coupe géologique du terroir de Tavel

de C. Tellier va apporter un profond changement dans la façon de conserver et consommer les aliments avec l'arrivée, quelques décennies plus tard, des premiers réfrigérateurs dans les foyers.

(1) Ce navire est tout simplement nommé "le Frigorifique".

■ TELLINE

CLAM | Petit coquillage bivalve de 2 à 3 cm vivant dans le sable de nombreuses zones côtières. On le trouve notamment sur les littoraux bretons, vendéens et camarguais. Après avoir été mis à dégorger, il est consommé cru ou poché, en persillade ou à la crème.

■ TEMPURA

TEMPURA | D'origine japonaise, le tempura est un assortiment de beignets* (queues de crevettes*, morceaux de poisson blanc ou légumes, etc.) réalisés avec une pâte légère pour obtenir une friture fine et croustillante. La préparation s'accompagne traditionnellement d'une purée de radis* blanc saupoudrée de gingembre*.

■ TÉNARÈZE

French appellation | Une des 3 zones qui constituent l'aire d'appellation de l'Armagnac* (voir Armagnac-Ténarèze*).

■ TENDRON

BEEF FLANK | Morceau cartilagineux prélevé dans la partie abdominale du veau* ou du bœuf*.

■ TEQUILA

Source : Doc. Marie Brizard

Brandy | Eau-de-vie* mexicaine obtenue par distillation de la pulpe fermentée du fruit de l'agave (sorte de cactus). Elle tire son nom d'une ville de l'état de Jalisco, région délimitée de sa production.

Élaboration de la tequila :

Les "pinas", fruits de l'agave, sont cuits à la vapeur, puis broyés. Le jus obtenu est mis en fermentation avec des levures* et du sucre*. Le liquide fermenté est ensuite distillé en 2 temps : la première chauffe donne un mescal* qui titre environ 20° et la deuxième chauffe génère une eau-de-vie de 50 à 55°.

On distingue 4 types de tequila :

Blanco ou ***silver***, eau-de-vie blanche classique

Gold ou ***Joven o abocado***, eau-de-vie ayant subi un vieillissement de 2 mois en fût de chêne à laquelle on ajoute parfois un colorant* et des arômes*

Reposado, eau-de-vie qui a subi un vieillissement de 2 mois à 1 an en fût avant la mise en bouteilles

Añejo, eau-de-vie de couleur ambrée ayant vieilli en fût pendant une période allant de 1 à 10 ans.

Traditionnellement, la tequila se déguste avec du sel* et du citron* vert. Le (ou la) Margarita* n'est-il pas servi dans un verre givré au sel fin ?

■ TEQUILA SUNRISE

TEQUILA SUNRISE | Cocktail* préparé sur glace directement dans un tumbler.

8 cl de jus d'orange*

4 cl de tequila*

1 cl de sirop de grenadine*

Verser le jus d'orange et la tequila. Remuer et finir par le sirop de grenadine.

■ TERRASSES DU LARZAC

French wine | Vins* rouges produits en Languedoc-Roussillon*, A.O.C.* depuis 2014 *(1)* et reconnus A.O.P.* dans le cadre de l'U.E.

Aire de production : 32 communes situées dans le nord-est de l'Hérault.

Superficie du vignoble : 570 ha.

Encépagement autorisé* pour l'appellation : Grenache*, Mourvèdre*, Syrah*, Carignan*, Cinsault*, Counoise*, Lledoner Pelut*, Morrastel, Terret noir*.

Rendement à l'hectare* : 35 hl (pour les vignes en 5ème feuille) et 45 hl (à partir de la 6ème feuille).

(1) Nouvelle appellation qui succède à "Languedoc Terrasses du Larzac".

■ TERRES DU MIDI

French wine | *Voir* Vins I.G.P.*.

■ TERRET BLANC

Grape variety | Cépage* blanc *(1)* originaire du Languedoc, cultivé principalement dans cette région (Languedoc*, Corbières*).

Vins* produits : blancs légers, neutres, de qualité moyenne.

(1) Il existe également une variété de Terret gris, plus rare, dont la culture est souvent associée au Terret blanc.

■ TERRET NOIR

Grape variety | Cépage* noir originaire du Languedoc.

Aires de culture : Languedoc-Roussillon (Languedoc*, Minervois*, Corbières*...), Vallée du Rhône (Côtes-du-Rhône*, Châteauneuf-du-Pape*...), Provence (Cassis*), etc.

Vins* produits : rouges légers, parfumés et peu colorés.

■ TERRINE AU VERT

Type of terrine | Préparation culinaire semblable au Far du Poitou* ou Farci poitevin.

■ TÊTE-DE-MOINE

Swiss cheese | Fromage* de lait* de vache fabriqué dans le Jura suisse. Il tire son nom d'un usage qui obligeait les fermiers à remettre au prieur de l'abbaye de Bellelay un fromage par "tête de moine". Les moines recevaient ainsi une redevance en échange du droit de fabriquer un produit dont le monastère était le créateur. La tête de moine bénéficie d'une Appellation d'Origine Contrôlée

dans son pays et il est reconnu A.O.P.* dans le cadre de l'U.E.
Type: pâte pressée non cuite, croûte lavée.
Forme: cylindre.
Taille: 10 à 15 cm de diamètre, la hauteur étant de 70 à 100 % du diamètre.
Poids : 700 g à 2 kg.
Teneur en M.G.: 51 % au minimum.
Meilleures saisons: hiver, printemps.
Ce fromage se déguste en "rosettes" réalisées avec une "girolle", instrument constitué d'une lame montée sur un axe central qui permet de racler la pâte par un geste circulaire.

Source : Mike Lehmann / Wikimedia Commons

■ TÊTE DE VEAU
CALF'S HEAD | Abat* blanc constitué de la tête de l'animal, y compris la langue* et la cervelle*. Souvent désossée, la tête de veau* est généralement pochée pour être servie avec une sauce* d'accompagnement (vinaigrette*, ravigote*, gribiche*...). On confectionne également des fritots* de tête de veau.

■ TETILLA
Spanish cheese | Fromage* de lait* de vache fabriqué en Galice, dans l'ouest de l'Espagne. Son nom vient du terme "tetilla", signifiant tétine (en évocation de sa forme originelle). Il bénéficie d'une Appellation d'Origine Contrôlée dans son pays et d'une A.O.P.* au niveau européen.
Type: pâte molle, croûte naturelle presque inexistante.
Forme: grosse poire aplatie.
Taille: 20 à 25 cm de diamètre, 10 à 15 cm de hauteur.
Poids: 1 à 1,5 kg.
Teneur en M.G.: 40 à 45 %
Qualité identique toute l'année.

■ TÉTRAGONE
NEW ZEALAND SPINACH | Plante potagère originaire d'Australie appelée aussi "épinard d'été". En effet, la tétragone, dont les feuilles rappellent celles de l'épinard*, remplace souvent ce dernier durant les périodes estivales.

■ TEURGOULE
Regional rice pudding | Spécialité culinaire normande qui se présente sous forme de riz* au lait* parfumé à la cannelle*, cuit longuement au four à chaleur douce.

■ THÉ
TEA | Infusion* obtenue à partir des feuilles, légèrement fermentées ou non, d'un arbrisseau d'origine asiatique, le théier. Après l'eau*, le thé est la boisson la plus consommée sur la planète. La légende raconte que le thé aurait été découvert plus de deux millénaires avant J.C. par un empereur chinois. Il a été introduit en Europe au début du 17ème siècle pour devenir dans certains pays une boisson traditionnelle.
La culture du théier nécessite un climat chaud et humide. Aujourd'hui, les principaux producteurs sont la Chine, l'Inde, le Sri Lanka *(1)*, le Kenya, la Turquie, l'Indonésie, le Viêt Nam, le Japon, l'Argentine, l'Iran, le Bangladesh, la Malaisie, le Népal...
On distingue plusieurs variétés de thé:
Le thé blanc qui ne subit aucun traitement. Il est simplement séché à l'air libre. Originaire de Chine, le thé blanc est un produit rare.
Le thé vert, non fermenté, dont les feuilles subissent un chauffage rapide à 100 °C avant d'être roulées, séchées et triées. Ce thé donne une infusion assez claire au goût fort.
Le thé oolong, semi-fermenté, fournit une infusion légère.
Le thé noir ayant subi plusieurs opérations : le flétrissage (qui permet de déshydrater partiellement les feuilles), le roulage (où les cellules des feuilles roulées sont brisées pour libérer et mélanger les composants), une courte fermentation (2 à 3 heures en milieu humide à 90 % d'hygrométrie) et enfin un séchage ou dessiccation (15 à 20 minutes a 90 °C). Ce type de thé donne une infusion plus colorée au goût plus fin.
La qualité d'un thé est exprimée en grade établi en fonction de la qualité des feuilles. Celles de meilleure qualité, les plus récemment écloses, se trouvent à l'extrémité des tiges ; on trouve ainsi :
- *Le Golden Flowery Orange Pekœ* (G.F.O.P.), thé d'excellente qualité, riche en bourgeons terminaux.

Source : Doc Twirings

- *Le Flowery Orange Pekœ* (F.O.P.), thé de grande qualité à feuilles plus longues et plus matures.
- *L'Orange Pekœ* (O.P.), produit classique.
- *Le Flowery Pekœ* (F.P.).
- *Le Pekœ Souchong* (P.S.).

Les bons thés sont présentés en feuilles entières. Lorsque celles-ci sont brisées, ils portent la mention "broken". Aux produits classiques s'ajoutent une gamme de thés parfumés ou aromatisés aux fleurs, aux fruits, voire aux épices*. Le plus connu est *l'Earl Grey* parfumé à la bergamote*.
La préparation et la dégustation du thé varient selon les variétés, les pays et les traditions, on peut néanmoins retenir les règles principales qui sont d'usage en Europe occidentale :

1) Mettre à bouillir de l'eau peu calcaire et non chlorée.
2) Ébouillanter la théière et la vider.
3) Mettre le thé dans le récipient à raison de 2 à 3 grammes pour une tasse.
4) Verser l'eau frémissante (85 à 95 °C) sur les feuilles de thé.
5) Laisser infuser 3 à 5 minutes (un peu plus longtemps pour le thé blanc). Si le temps d'infusion est excessif, les tanins n'apporteront qu'une astringence désagréable.
6) Remuer légèrement l'infusion et servir en tasses chaudes.

Le thé est présenté accompagné de sucre* (certains l'apprécient avec du miel*) et éventuellement de lait* froid ou d'une tranche de citron*. Il peut aussi être consommé glacé. Les vrais amateurs prennent soin de réserver une théière, en porcelaine ou en faïence, pour chaque type de thé préparé (thé classique, thé fumé ou thé parfumé). Certains préconisent même que la théière soit rarement lavée mais simplement rincée et séchée sans essuyage afin de conserver des parois "culottées" par le dépôt constitué lors des infusions successives.

(1) Dans le commerce du thé, le Sri Lanka est encore désigné sous le nom de Ceylan (l'Ile de Ceylan devint Sri Lanka en 1972).

■ THÉ GLACÉ

ICED TEA | Boisson désaltérante qui peut se préparer de 2 façons :

1) A partir de thé* traditionnel, obtenu par infusion* dans de l'eau bouillante, refroidi et servi éventuellement sur glaçons.
2) A froid, par infusion longue (1 à 3 heures) dans une eau à température ambiante. Cette préparation permet de réaliser une boisson plus limpide, peu tannique, donc moins astringente, et plus riche en vitamines.

■ THÉ ROUGE

RED TEA | *Voir* Rooibos*.

■ THERMIDOR (homard)

THERMIDOR (lobster) | Désignation d'une préparation de homard*. Le crustacé est d'abord partagé dans le sens de la longueur pour être grillé. La chair est ensuite détaillée en médaillons* et replacée dans les demi-carapaces avec une sauce crème* moutardée. Saupoudrée de fromage râpé (gruyère* ou emmental*), la préparation est finalement glacée à la salamandre.
Cet apprêt culinaire doit son nom à une pièce de l'auteur dramatique Victorien Sardou (1831-1908).

■ THÉZAC-PERRICARD

French wine | *Voir* Vins I.G.P.*.

■ THIOF

THIOF (or white grouper) | Autre dénomination du mérou* au Sénégal.

■ THIS (Hervé)

French physico-chemist | Physico-chimiste français né à Suresnes en 1955. Il est considéré comme le créateur de la "Gastronomie moléculaire*", nouvelle discipline scientifique lancée en 1988. Ce chercheur de l'I.N.R.A *(1)*, passionné par la chimie et la cuisine, a publié plusieurs ouvrages sur le sujet. Il présente de nombreuses conférences et travaille en étroite collaboration avec des grands Chefs comme Pierre Gagnaire*. Par ailleurs, il dirige au Collège de France le groupe "Gastronomie moléculaire" qui est intégré à l'équipe de Jean-Marie Lehn, Prix Nobel de Chimie.

(1) Institut National de la Recherche Agronomique.

■ THON

TUNA | Poisson de la famille des scombridés qui se présente sous plusieurs espèces :

- ***Le thon blanc*** ou ***germon*** : il vit dans le Golfe de Gascogne et les mers tropicales. Son poids peut atteindre 30 kg et sa taille 1,20 m. La chair blanche de ce poisson est surtout destinée à la conserverie.
- ***Le thon rouge*** ou ***bluefin*** : il migre souvent de l'Atlantique à la Méditerranée mais on le trouve également dans d'autres mers. Le plus grand des thons - jusqu'à 3,50 m pour 600 kg - possède une chair rouge presque toujours consommée fraîche.

Source : Adobe Stock

- ***Le thon albacore*** ou ***yellowfin*** : il se pêche dans le Golfe de Gascogne et les mers tropicales, son poids moyen se situe entre 10 et 60 kg. Les plus gros spécimens peuvent mesurer jusqu'à 2,50 m pour un poids de 200 à 250 kg. L'albacore est plutôt destiné à la conserverie.
- ***Le thon obèse*** ou ***patudo*** : il vit dans l'Atlantique et se compare à l'albacore. Son poids moyen varie entre 80 et 90 kg mais les très gros poissons peuvent atteindre 300 kg pour une taille de 2 mètres. Il est surtout consommé frais.
- ***La bonite*** ou ***listao*** : cette espèce de plus petite taille (de 5 à 20 kg) vit dans le Golfe de Gascogne, en Méditerranée et dans les mers tropicales. Sa chair rouge est de saveur plus commune.

■ THONON

French mineral water | Eau minérale naturelle* plate captée à Thonon-les-Bains en Haute-Savoie. Reconnue source de santé publique par l'Académie de médecine en 1890.
Catégorie : faiblement minéralisée.

Composition physico-chimique (en mg/l)	
Cations	Anions
Calcium : 92 Magnésium : 19 Sodium : 5,7 Potassium : <1	Sulfates : 20 Bicarbonates : 340 Chlorures : 11 Nitrates : 8
Fluor : 1,9	
pH à 20°C : -	Minéralisation totale : 342 mg/l

■ THYM

THYME | Plante aromatique originaire du bassin méditerranéen. On distingue plusieurs variétés de thym, les principales sont :

- ***Le thym commun*** appelé *farigoule*
- ***Le thym sauvage***
- ***Le thym d'hiver*** appelé également *thym allemand*
- ***Le thym-citron*** qui a la particularité d'exhaler des arômes citronnés.

Le thym, dont les petites feuilles et les fleurs sont les parties les plus odoriférantes, est utilisé comme élément aromatique dans de multiples préparations culinaires mais aussi comme base d'infusion*.

■ TIAN

Earthenware dish or vegetable dish | En Provence, ce terme désigne à la fois un contenant et un contenu.
a) Plat creux en terre vernissée de forme variable.
b) Préparation culinaire faite de couches successives de courgettes*, aubergines*, tomates*... coupées en tranches et déposées sur un lit d'oignon* et d'ail* hachés. L'ensemble, agrémenté d'herbes de Provence et d'huile d'olive*, est cuit au four.

■ TIBOUREN

Grape variety | Cépage* noir provençal dont l'origine est incertaine. Il pourrait venir de Grèce ou du Moyen-Orient.
Aires de culture : en Provence (Côtes de Provence*, Coteaux Varois en Provence*, Palette*...) sur près de 500 ha.
Vins* produits : rosés secs et fruités ou rouges légers.

■ TIELLE SÉTOISE

Octopus dish | Spécialité culinaire de la ville de Sète (Hérault). La tielle sétoise, qui serait d'origine italienne, est une petite tourte* garnie de morceaux de poulpe* *(1)* agrémentés d'une sauce tomate pimentée.
(1) A Sète, le poulpe est parfois dénommé "Pouffre".

■ TIGNARD

French cheese | *Voir* Bleu de Tignes*.

■ TILAPIA

TILAPIA | Poisson d'eau douce d'origine africaine appartenant à la famille des cichlidés. Essentiellement herbivore et facile à élever, avec une croissance rapide , le tilapia est produit actuellement en aquaculture* dans plus de 75 pays *(1)*, principalement en Asie, mais aussi en Amérique du Nord, en Amérique du Sud, en Afrique ...
Commercialisé en filets dont la chair blanche est pratiquement dépourvue d'arêtes, il trouve de nombreuses destinations culinaires.
(1) Le tilapia est aujourd'hui le 2ème poisson le plus élevé sur la planète.

■ TILLEUL

TILLEUL (infusion) | Infusion* obtenue à partir des fleurs odorantes de l'arbre du même nom. Le tilleul est une infusion calmante et légèrement sédative.

Source : Photo BG

■ TILSIT ou TILSITER

Swiss cheese | Fromage* de lait* de vache fabriqué dans le nord de la Suisse. Il tire son nom d'une ville de Prusse-Orientale d'où il était importé à la fin du 19ème siècle.

Type : pâte pressée non cuite, croûte naturelle brossée.
Forme : meule à talon convexe ou droit.
Taille : 25 cm de diamètre, 7 à 8 cm d'épaisseur.
Poids : 4 à 4 ,5 kg.
Teneur en M.G. : 45 %.
Qualité identique toute l'année.

■ TIMBALE

Round pan or dish cooked in it | Dans le domaine culinaire, croustade* ronde cuite "à blanc" *(1)* et diversement garnie.

(1) Signifie que la croustade est vide au moment de la cuisson.

■ TIRAMISU ou TIRAMI-SÙ

Italian dessert | Pâtisserie italienne constituée de couches de biscuit imbibées de café*, de marsala* ou d'Amaretto* et de couches de crème au mascarpone*. Le tiramisu est recouvert de chocolat* en poudre.

■ TIRE-BOUCHON

CORKSCREW or BOTTLE OPENER | Ustensile employé pour ouvrir les bouteilles de vin*. Il se présente sous plusieurs formes, le type "Sommelier", compact et pratique, est le plus utilisé par les professionnels de la restauration.

Source : Photo BG

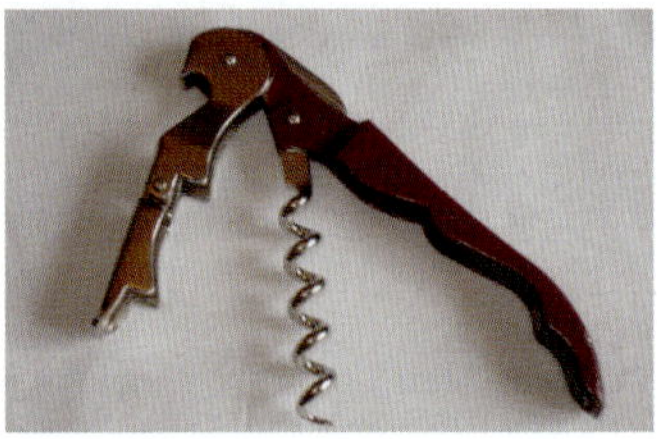

Tire-bouchon de type "Sommelier"

■ TOAST

TOAST | Tranche de pain de mie* grillée et servie, avec ou sans beurre*, en accompagnement de certains plats (saumon fumé*, foie gras*...).

■ TOAST MELBA

MELBA TOAST | *Voir* Melba* (toast).

■ TOFFEE

TOFFEE | Terme d'origine anglaise pour désigner une confiserie, proche du caramel*, réalisée à partir d'un mélange (sucre*, beurre* salé, lait concentré* et vanille*) cuit à une certaine température.

■ TOFU

TOFU | Produit réalisé à partir de fèves de soja* trempées et réduites en une purée qui est ensuite bouillie et tamisée. Le liquide obtenu est additionné d'un coagulant qui donnera sa texture au tofu.

■ TOILETTE

STRAINER | Autre dénomination de la crépine*.

■ TOKAY ASZU (Tokaji aszú)

Hungarian wine | Vins* blancs hongrois issus de cépages Furmint et Hárslevelü. Ils sont produits dans le nord-est du pays, sur les rives du Bodrog. Depuis 2002, la région viticole de Tokaji est classée au patrimoine mondial de l'humanité par l'U.N.E.S.C.O.

Le Tokay Aszu, considéré comme un des meilleurs vins blancs du monde, est élaboré à partir d'un moût additionné d'une *pâte* obtenue par foulage de grains de raisins surmaturés et desséchés. Cette pâte, appelée aussi *âme du vin*, est ajoutée en quantité variable exprimée en "puttonyos" (petites hottes de 25 à 32 litres).

Les mentions 3, 4, 5 ou 6 puttonyos figurant sur les étiquettes correspondent au nombre de hottes de pâte ajoutées à un fût de 136 litres (le gönc).

■ TOM COLLINS

TOM COLLINS | Cocktail* préparé sur glace directement dans un tumbler.

1 cuillère à café de sucre* ou 1 cl de sirop* de sucre de canne
2 cl de jus de citron*
4 cl de gin*
Soda*
1 tranche de citron
1 cerise* à l'eau-de-vie

Verser le sucre, le jus de citron, le gin et compléter au soda.

Remuer et décorer avec la tranche de citron et la cerise à l'eau-de-vie.

■ TOMATE (boisson)

TOMATO (beverage) | Apéritif constitué d'une mesure d'anisé* additionnée d'un trait de sirop de grenadine*.

■ TOMATE (plante)

TOMATO (fruit) | Plante rapportée d'Amérique par les conquistadors vers le milieu du 16ème siècle. On ne sait pas précisément si elle est originaire du Mexique ou du Pérou. La tomate, dont on

Tomates à différents stades de maturité

consomme le fruit charnu et juteux, est devenue un légume mondialement connu et un des principaux légumes français. Notre pays en produit 750 000 tonnes par an, la consommation moyenne par habitant étant de 25 kg.
Il existe une multitude de variétés qui se différencient par leurs formes (ronde ou allongée), leurs tailles (de la tomate "cerise" au gros fruit), leurs couleurs (rouge, jaune ou verte) et leurs périodes de maturité (précoce à tardive). Parmi les variétés les plus classiques, citons *la Montfavet, la Marmande, La Saint-Pierre, La Plate de Chateaurenard, la Cornue des Andes, le Cœur de bœuf, le Téton de vénus, la Roma* ou *Olivette*...
Crue ou cuite, la tomate est présente dans de nombreuses préparations culinaires et dans certains condiments*.

■ TOMME DES BAUGES *(1)*

French cheese | Fromage* de lait* de vache fabriqué dans 55 communes de Savoie et de Haute-Savoie, A.O.C.* depuis 2002 et reconnu A.O.P.* dans le cadre européen. Il tire son nom du massif alpin d'où il est originaire.
La plaque de caséine ovale apposée sur la croûte du fromage est verte pour les fromages fermiers et rouge pour les fromages laitiers.
Type : pâte pressée non cuite, croûte fleurie.
Forme : cylindre.
Taille : 18 à 20 cm de diamètre, 3 à 5 cm de hauteur.
Poids : 1,1 à 1,4 kg.
Teneur en M.G. : 45 % au minimum.
Meilleures saisons : été et automne.

(1) "Tomme" ou "Tome" ? Les deux orthographes sont employées et il semblerait que ce terme dérive du grec "Tomos" ou de du latin "Toma".

■ TOMME BOUDANE

French cheese | Comme la Tome de Bauges*, ce fromage* de lait* de vache fabriqué en Savoie est semblable à la tomme de Savoie*.
Type : pâte pressée non cuite, croûte légèrement fleurie.
Forme : cylindre.
Taille : 18 à 20 cm de diamètre, 3 à 5 cm de hauteur.
Poids : 1 à 1,4 kg.
Teneur en M.G. : 45 % au minimum.
Meilleures saisons : été et automne.

■ TOMME DE BRACH

French cheese | Fromage* de lait* de brebis fabriqué dans le Limousin. Il doit son nom à un hameau de Corrèze situé dans sa zone de production.
Type : pâte molle persillée légèrement pressée, croûte naturelle.
Forme : cylindre.
Taille : 10 cm de diamètre, 8 cm de hauteur.
Poids : 600 à 800 g.
Teneur en M.G. : 45 à 50 %.
Meilleures saisons : printemps, été.

■ TOMME DE SAVOIE *(1)*

French cheese | Fromage* de lait* de vache fabriqué en Savoie *(2)*, I.G.P.* depuis 1996. Il doit son nom à sa région d'origine.
Type : pâte pressée non cuite, croûte naturelle brossée.
Forme : cylindre.
Taille : 18 à 21 cm de diamètre, 5 à 8 cm de hauteur.
Poids : 1,2 à 2 kg.
Teneur en M.G. : 45 %.
Meilleures saisons : printemps, été, automne.

(1) "Tomme" ou "Tome" ? Les deux orthographes sont employées et il semblerait que ce terme dérive du grec "Tomos" ou de du latin "Toma".
(2) En réalité, l'aire géographique de production comprend les départements de Savoie, de Haute-Savoie et plusieurs communes de l'Ain et de l'Isère.

Source : Adobe Stock

■ TOMME DES ALLUES

French cheese | Fromage* de lait* de chèvre fabriqué en Savoie. Il doit son nom à une localité située dans sa zone de production.
Type : pâte pressée non cuite, croûte lavée.
Forme : disque épais.
Taille : 20 à 25 cm de diamètre, 6 à 8 cm de hauteur.
Poids : 3 à 4 kg.
Teneur en M.G. : 45 % environ.
Meilleures saisons : printemps, été.

■ TOMME DES PYRÉNÉES *(1)*

French cheese | Fromage* de lait* de vache, de brebis *(2)* ou de chèvre fabriqué dans les Pyrénées, I.G.P.* depuis 1996. Il doit son nom à sa région d'origine.
Type : pâte pressée non cuite, croûte noire ou dorée.
Forme : cylindre.
Taille : 21 à 24 cm de diamètre, 7 à 12 cm de hauteur.
Poids : entre 400 g et 5,5 kg.
Teneur en M.G. : 53 % au minimum
Meilleures saisons : printemps, été, automne.

(1) "Tomme" ou "Tome" ? Les deux orthographes sont employées et il semblerait que ce terme dérive du grec "Tomos" ou de du latin "Toma".
(2) Le lait de brebis ne peut être utilisé qu'en mélange.

■ TOMME DU REVARD
French cheese | Fromage* de lait* de vache savoyard, semblable à la tomme de Savoie*.

■ TOMME FRAÎCHE
Cheese dish | Autre dénomination de l'Aligot*.

■ TONIC
TONIC | Soda* incolore et amer aromatisé avec différentes plantes et qui contient généralement de la quinine. Il se déguste nature ou avec du gin*. Le Schweppes* est un tonic.

■ TOPINAMBOUR
JERUSALEM ARTICHOKES | Plante originaire du Canada dont on consomme les tubercules bosselés difficiles à éplucher et qui ont un goût assez proche de l'artichaut*.
Le topinambour se prépare cru, râpé ou cuit en purée, sauté au beurre*, en beignets*, en gratin, etc.

Source : Photo BG

Topinambours de variétés différentes

■ TORTELLINIS
Italian pasta | Spécialité italienne constituée de petits anneaux en pâte à nouilles garnis d'une farce (fromage*, jambon*, poulet*...). Pochés à l'eau, les tortellinis sont servis avec une sauce tomate* et du fromage* ou de la crème fraîche*.

■ TORTILLA
Spanish omelet | En Espagne, omelette plate garnie de pommes de terre*, d'oignons* ou de morue*. Au Mexique, galette de farine* de maïs* remplaçant le pain*.

■ TÔT-FAIT
French sponge cake | Gâteau familial, de composition proche du quatre-quarts*, qui se prépare rapidement, d'où son nom.

■ TOURAINE
French wine | Vins* rouges, rosés et blancs produits dans la Vallée de la Loire, A.O.C.* depuis le 1939 et reconnus A.O.P.* dans le cadre de l'U.E. La mention "Val de Loire" peut éventuellement compléter le nom de l'appellation.
Aire de production : 101 communes de l'Indre-et-Loire et 42 communes du Loir-et-Cher.
Superficie du vignoble : 4 400 ha.
Encépagement autorisé* pour l'appellation : Sauvignon*, Cabernet franc*, Cabernet-Sauvignon*,

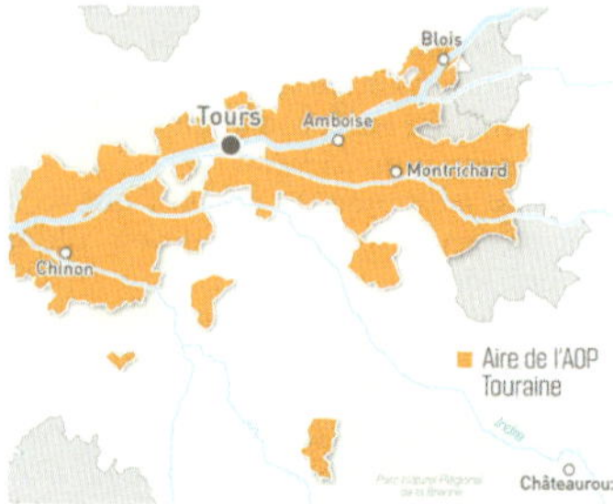

Source : Interloire - Interprofession des vins du Val de Loire

Pinot noir*, Pinot gris*, Pinot meunier*, Côt*, Gamay*, Pineau d'Aunis et Grolleau* (les vins de "Vins de primeur"* rouges sont issus exclusivement de cépage Gamay).
Rendement à l'hectare* : 60 hl pour les vins rouges et rosés, 65 hl pour les vins blancs.

■ TOURAINE AMBOISE
French wine | Vins* rouges, rosés et blancs produits dans la Vallée de la Loire, A.O.C.* depuis 1955 et reconnus A.O.P.* dans le cadre de l'U.E. La mention "Val de Loire" éventuellement compléter le nom de l'appellation.
Aire de production : Amboise et 9 autres communes d'Indre-et-Loire situées à proximité.
Superficie du vignoble : 185 ha.
Encépagement autorisé* pour l'appellation : Cabernet franc*, Cabernet-Sauvignon*, Côt*, Gamay* et Chenin blanc*.
Rendement à l'hectare* : 55 hl.

■ TOURAINE AZAY-LE-RIDEAU
French wine | Vins* blancs et rosés produits dans la Vallée de la Loire, A.O.C.* depuis 1953 pour les vins blancs et 1977 pour les vins rosés, reconnus A.O.P.* dans le cadre de l'U.E. La mention "Val de Loire" peut éventuellement compléter le nom de l'appellation.
Aire de production : 8 communes d'Indre-et-Loire, dont Azay-le-Rideau, situées au sud-ouest de Tours.
Superficie du vignoble : 40 ha.
Encépagement autorisé* pour l'appellation : Chenin blanc*, Cabernet franc*, Cabernet-Sauvignon*, Côt*, Gamay*.
Rendement à l'hectare* : 55 hl.

■ TOURAINE CHENONCEAUX
French wine | Vins* rouges et blancs produits dans la Vallée de la Loire, A.O.C.* depuis le 2011 et reconnus A.O.P.* dans le cadre de l'U.E. La mention "Val de Loire" peut éventuellement compléter le nom de l'appellation.
Aire de production : 8 communes de l'Indre-et-Loire, dont Chenonceaux, et 19 communes du Loir-et-Cher situées en Vallée du Cher.

Superficie du vignoble : 100 ha.
Encépagement autorisé* pour l'appellation : Sauvignon*, Cabernet franc*, Côt*, Gamay*.
Rendement à l'hectare* : 55 hl pour les vins rouges et 60 hl pour les vins blancs.

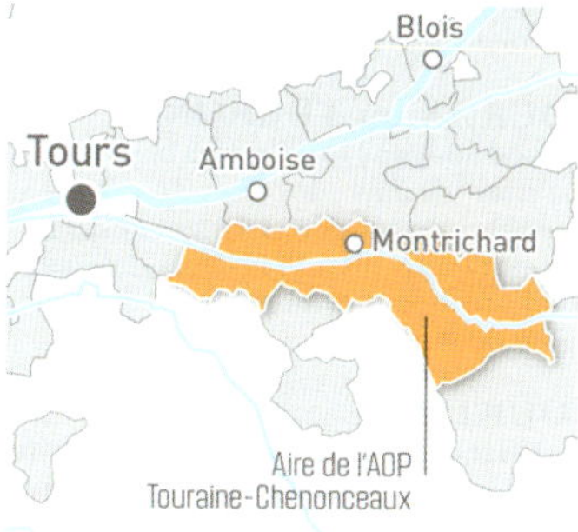

Source : Interloire - Interprofession des vins du Val de Loire

Rendement à l'hectare* : 55 hl pour les vins rouges et rosés, 60 hl pour les vins blancs.

■ TOURAINE MOUSSEUX ou PÉTILLANT

French wine | Vins* blancs, rosés et rouges effervescents produits sur les aires délimitées de l'appellation Touraine* pour les blancs et rosés et sur les aires délimitées des appellations Bourgueil*, Saint-Nicolas-de-Bourgueil* et Chinon* pour les rouges. A.O.C.* depuis le 16 octobre 1946 et reconnus A.O.P.* dans le cadre de l'U.E. La mention "Val de Loire" peut éventuellement compléter le nom de l'appellation.
Encépagement autorisé* pour l'appellation : Chenin blanc*, Arbois*, Chardonnay*, Cabernet franc*, Cabernet-Sauvignon*, Pinot noir*, Pinot gris*, Pinot meunier*, Pineau d'Aunis*, Côt*, Grolleau*, Gamay*.
Rendement à l'hectare* : 72 hl.

■ TOURAINE MESLAND

French wine | Vins* rouges, rosés et blancs produits dans la Vallée de la Loire, A.O.C.* depuis 1955 et reconnus A.O.P.* dans le cadre de l'U.E. La mention "Val de Loire" peut éventuellement compléter le nom de l'appellation.
Aire de production : 6 communes du Loir-et-Cher, dont Mesland, situées à l'ouest de Blois.
Superficie du vignoble : 100 ha.
Encépagement autorisé pour l'appellation : Cabernet franc*, Côt*, Gamay*, Chenin blanc*, Sauvignon* et Chardonnay.

■ TOURAINE NOBLE JOUÉ

French wine | Vins* rosés ou gris produits dans la Vallée de la Loire, A.O.C.* depuis 2001 et reconnus A.O.P.* dans le cadre de l'U.E. La mention "Val de Loire" peut éventuellement compléter le nom de l'appellation.
Aire de production : 5 communes d'Indre-et-Loire, dont Joué-lès-Tours, situées au sud de Tours.
Superficie du vignoble : 30 ha.
Encépagement autorisé* pour l'appellation : Pinot Meunier*, Pinot gris * et Pinot noir *.
Rendement à l'hectare* : 55 hl.

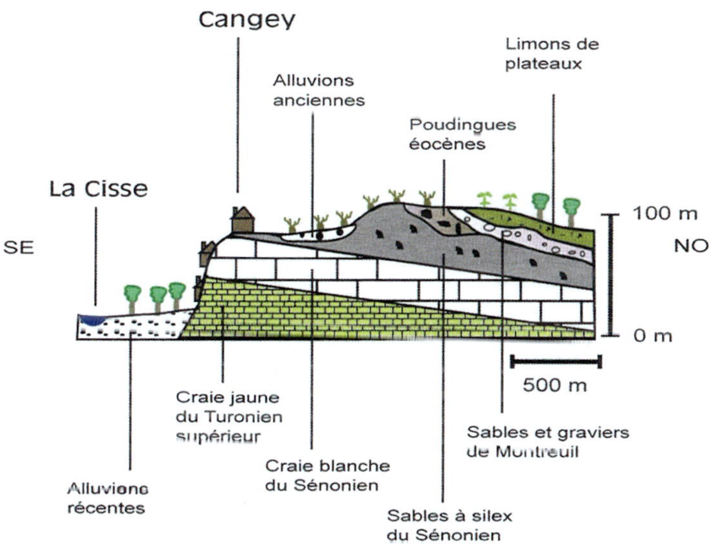

Source : InterLoire/INAO

Coupe géologique du terroir du Touraine Amboise

■ TOURAINE OISLY

French wine | Vins* blancs produits dans la Vallée de la Loire, A.O.C.* depuis le 2011 et reconnus A.O.P.* dans le cadre de l'U.E. La mention "Val de Loire" peut éventuellement compléter le nom de l'appellation.
Aire de production : 10 communes du Loir-et-Cher, dont Oisly, situées au sud de Blois.
Superficie du vignoble : 25 ha.
Encépagement autorisé pour l'appellation : Sauvignon*.
Rendement à l'hectare* : 60 hl.

■ TOURANGELLE (garniture)

Bean garnish | Garniture* composée de flageolets* et de haricots verts*.

■ TOURANGELLE (salade)

Salad | Salade composée* constituée de flageolets*, haricots verts* en losanges et julienne* de pommes de terre*.
Assaisonnement: sauce mayonnaise* crémée additionnée d'estragon* haché.

■ TOURBAT

Grape variety | Autre dénomination du cépage Malvoisie*.

■ TOURIN

Regional onion soup | Dans le Sud-Ouest, soupe* à l'oignon* liée aux jaunes d'œufs*.

■ TOURNEDOS

Beef tenderloin or fillet steak | Tranche de filet* de bœuf* bardée d'environ 2 cm d'épaisseur.

Source : Adobe Stock

■ TOURNEDOS ROSSINI

Beef dish | *Voir* Rossini*.

■ TOURNON SAINT-MARTIN

French cheese | Fromage* de lait* de chèvre fabriqué dans le Berry. Il doit son nom à un village de l'Indre situé dans sa zone de production.
Type: pâte molle, croûte naturelle.
Forme: tronc de cône.
Taille: 7 à 9 cm de diamètre de base, 8 à 9 cm de hauteur.
Poids: 200 à 300 g.
Teneur en M.G.: 45 %.
Meilleures saisons: printemps, été, automne.

■ TOURNON SAINT-PIERRE

French cheese | Fromage* de lait* de chèvre fabriqué en Touraine, semblable au Tournon-Saint-Martin* *(1)*. Il doit son nom à une localité située dans sa zone de production.

(1) Les 2 communes sont contigües, l'une se situant dans l'Indre et l'autre dans l'Indre-et-Loire.

■ TOURON ou TURRÓN

Nut-based nougat | Confiserie à base d'amandes* ou noisettes*, de miel*, de blancs d'œufs*, de sucre*, etc. rappelant le nougat*. D'origine espagnole, le touron est fabriqué dans plusieurs régions du sud de la France, notamment au Pays basque et dans la région de Perpignan.

■ TOURTE

Type of tart or quiche | Sorte de tarte* ou quiche* recouverte d'une abaisse* de pâte constituant un couvercle.

Source : Ph. Asset/FranceAgrimer

Tourte de la mer

■ TOURTEAU

CRAB | Gros crabe* qui vit sur les fonds rocheux et sablonneux des côtes de l'Atlantique, de la Manche et de la Méditerranée. Appelé également *dormeur*, le tourteau atteint parfois une largeur de 30 cm et un poids de 4 à 5 kg. Poché dans un court-bouillon*, il se consomme généralement froid avec une sauce mayonnaise*.

■ TRAÇABILITÉ

TRACABILITY | Le Codex Alimentarius *(1)* a défini la traçabilité des produits alimentaires comme suit : *"La traçabilité correspond à la capacité de suivre les déplacements d'un aliment parmi des stades précis de la production, de la transformation et de la distribution"*. Dans le Paquet Hygiène* elle est plus simplement définie *"De la fourche à la fourchette"*.

(1) Programme commun de l'Organisation des Nations Unies pour l'alimentation et l'agriculture (F.A.O.) et de l'Organisation Mondiale de la Santé (O.M.S.) consistant en un recueil de normes, directives et autres recommandations relatives à la production et à la transformation des produits agro-alimentaires qui ont pour objet la sécurité sanitaire des aliments, mais aussi la protection des consommateurs, des travailleurs des filières agricoles et alimentaires ainsi que la protection de l'environnement.

■ TRAMA (Michel)

French chef | Cuisinier français né en 1947 à Constantine. À partir de 1970, cet ancien étudiant des Arts déco se tourne vers l'art culinaire en autodidacte complet. Il s'installe d'abord dans un petit restaurant parisien avant d'ouvrir en 1978 *L'Aubergeade*, à Puymirol. Dans cette bastide du Lot-et-Garonne rénovée avec élégance, le Maître des lieux élabore une cuisine raffinée autour de la truffe* et autres produits du Sud-Ouest. Les mérites de ce Chef talentueux sont reconnus dans l'univers de la gastronomie*, notamment par le Guide Michelin* qui lui décerne une troisième étoile en 2004.

■ TRANCHE ou TRANCHE GRASSE

beef cut | Chez le bœuf*, morceau prélevé dans la partie antérieur de la cuisse.

■ TRANCHE NAPOLITAINE

Entremets | Tranche rectangulaire d'un entremets glacé constitué de plusieurs couches de glace* ou sorbet* de parfums différents.

■ TRAPPISTE DE BELVAL

French wine | *Voir* Belval*.

■ TRAVERS

Bone from a pig | Morceau osseux prélevé dans la partie supérieure de la poitrine du porc*.

■ TRENTO

Italian wine | Vins* blancs et rosés effervescents italiens produits dans la région la plus septentrionale du pays. Issus de cépages* Chardonnay*, Pinot noir*, Pinot blanc* et Pinot Meunier*, ces vins élaborés par la Méthode traditionnelle* bénéficient d'une D.O.C.*

■ TRESSALLIER

Grape variety | Cépage* blanc, synonyme de Sacy*, cultivé dans l'Allier sur l'aire d'appellation Saint-Pourçain*.

■ TRESSOT

Grape variety | Cépage* noir, probablement originaire de l'Yonne, dont la culture, très limitée, se pratique encore dans cette région. Il donne des vins agréables, colorés, tanniques qui peuvent s'améliorer au vieillissement.

■ TRÉVISE

TREVISO or RADICCHIO | *Voir* Chicorée*.

■ TRINITY

TRINITY | Cocktail* (apéritif) préparé au verre à mélange.
2 cl de vermouth* dry
2 cl de vermouth* italien
3 cl de gin*
1 zeste* de citron*
Frapper et servir dans un verre à cocktail.
Décorer avec le zeste de citron.

■ TRIPES

TRIPE | Préparations culinaires réalisées à partir de diverses parties de l'appareil digestif et de pieds de certains animaux de boucherie.

■ TRIPES À LA MODE DE CAEN

CAEN-STYLE TRIPE | Tripes* de bovins cuisinées au cidre* avec divers aromates*.

Source : Adobe Stock

■ TRIPLE-CRÈME

French cheese designation | Dénomination légale d'un fromage* ayant une teneur en matière grasse égale ou supérieure à 75 % *(1)*.

(1) Pourcentage de matière grasse sur l'extrait sec du produit.

■ TRIPLE-SEC

TRIPLE SEC | Type de liqueur* douce élaborée à partir d'écorces d'oranges. Le Cointreau*, le Grand Marnier*, le curaçao* sont des triple-secs.

■ TRIPOUX ou TRIPOUS

Regional tripe dish | En Auvergne, petits paquets de tripes de mouton* ficelés et cuisinés au vin* blanc et aux aromates*.

■ TROCKENBEERENAUSLESE

German-language wine | *Voir* Qualitätswein mit Prädikat*.

■ TROÏKA

TROÏKA | Cocktail* de composition semblable au Balalaïka*.

■ TROIS CORNES

French cheese | Autre dénomination du sableau*.

■ TROISGROS (Jean et Pierre)

French chefs | Cuisiniers français nés à Chalon-sur-Saône, le premier en 1926 et le second en 1928. Jean est décédé en 1983.
Fils de Jean-Baptiste et Marie Troisgros, restaurateurs qui s'installent à Roanne en 1930, ils sont élevés dans un univers de bonne cuisine. Leur

apprentissage passe par de grandes maisons telles que *Lucas-Carton* ou *Fernand Point**. En 1953, ils reviennent dans l'entreprise familiale qui prend le nom de *Frères Troisgros*. Le restaurant connaît rapidement un grand succès basé sur une cuisine où se mêlent à la fois sobriété, authenticité, exigence et créativité *(1)*. Les deux frères mettent au point de grands classiques de l'art culinaire contemporain comme la célèbre "Escalope de saumon* à l'oseille*". Leur table, une des plus prestigieuses de France, est auréolée de trois étoiles au Guide Michelin* dès 1968. Après la disparition de son frère Jean, Pierre poursuit sa carrière de grand Chef avec son fils et futur successeur, Michel.

(1) Jean Troisgros a également reçu le titre de M.O.F en 1965.*

Source : Photo J. Aubanel/autorisation P. et M. Troisgros

Michel et Pierre Troisgros

TROISGROS (Michel)

French chef | Cuisinier français, fils de Pierre Troisgros*, né en 1958 à Roanne. Après l'École hôtelière de Grenoble, il parcourt le monde pour parfaire ses connaissances dans des établissements de renom, notamment chez Frédy Girardet*, en Suisse. Il revient ensuite dans l'entreprise familiale, auprès de son père.

Plus tard, il transforme la maison en allant vers un style résolument moderne où le décor et l'ambiance desing servent d'écrin à une cuisine inspirée de ses périples internationaux. Changement de style mais même niveau de gastronomie : les trois étoiles du Guide Michelin* acquises par son père et son oncle en 1968 sont toujours bien présentes. Aujourd'hui, Michel Troisgros continue la belle aventure familiale dans un nouvel établissement à la campagne, *Le Bois sans Feuilles*, à Ouches, avec son fils César à ses côtés.

TROMPETTE-DES-MORTS ou TROMPETTE-DE-LA-MORT

BLACK CHANTERELLE or BLACK TRUMPET | Champignon sylvestre qui doit son nom à sa forme (pavillon de trompette) et à sa couleur (le noir, couleur du deuil). Il pousse généralement en touffes dans les endroits humides des forêts. La trompette-des-morts, également appelée *Craterelle* ou *Corne d'abondance*, possède une chair fine et savoureuse. Elle se prépare sautée au beurre*, en omelette et en garniture*.

TROO

French cheese | Fromage* de lait de chèvre* ou de lait de vache semblable au Montoire*, fabriqué en vallée du Loir, dans la région vendômoise. Il doit son nom à un village du Loir-et-Cher d'où il est originaire.

TROPÉZIENNE ou TARTE TROPÉZIENNE

Pastry | Gâteau créé à Saint-Tropez dans les années 1950 par le boulanger-pâtissier d'origine polonaise Alexandre Micka. La tropézienne se présente sous forme de disque en pâte briochée, fourré d'une crème mousseline parfumée à la fleur d'oranger* et parsemé de sucre* en grains.

TROU NORMAND

Apple brandy palate cleanser | Pratique qui consiste à boire un verre de calvados* (ou autre eau-de-vie*) au milieu d'un repas afin de stimuler l'appétit (un effet qui n'a jamais été vraiment prouvé !). Actuellement, le verre de spiritueux* est bien souvent remplacé par un sorbet* au fruit arrosé d'eau-de-vie*.

TROUSSEAU

Grape variety | Cépage* noir d'origine jurassienne.

Aires de culture : dans le Jura (Côtes du Jura*, Arbois*). À l'étranger, il est cultivé en Californie et au Portugal (sous le nom de Bastardo, il entre dans l'encépagement très varié des vignobles de Porto*). Vins* produits : rouges corsés, tanniques, chaleureux, de belle couleur et de longue garde.

TRUFFADE

Regional potato dish | En Auvergne, plat fait de pommes de terre* sautées additionnées de tomme fraîche*.

TRUFFE

TRUFFLE | Champignon souterrain qui croît au pied de certains arbres *(1)*, notamment les chênes. On en rencontre plus rarement au pied des noisetiers, des châtaigniers ou des hêtres. *Le diamant noir*, autre dénomination de la truffe, est recherché et apprécié depuis l'Antiquité. Les

Égyptiens, les Grecs et les Romains en faisaient déjà bon usage.
Pour faire face à la demande, la France s'est lancée dans la trufficulture dès 1810. Aujourd'hui les principales régions truffières sont le Périgord, le Quercy et le Sud-Est.
La récolte de la truffe, ou "cavage", exige la présence d'un animal spécialement dressé, porc ou chien, pour la détecter *(2)*.
Il existe des dizaines de variétés de truffes mais les plus courantes sont:

- ***La Truffe noire du Périgord***, considérée comme une des meilleures et donc très prisée.
- ***La Truffe blanche du Piémont*** ou ***Truffe d'Alba***, qui pousse en Italie du Nord. La plus renommée mais aussi la plus chère, son cours peut atteindre plusieurs milliers d'euros le kilo.

Source : Adobe Stock

Citons également ***la Truffe de la Saint-Jean*** ou ***Truffe d'été***, ***la Truffe de Bourgogne***, ***la Truffe musquée***, ***la Truffe de Chine***, ***la Truffe blanquette***, ***la Truffe de Bagnoli***, ***la Truffe lisse***…
La truffe peut être achetée fraîche mais elle est surtout commercialisée sous forme de conserves.
Une réglementation définit les différents types de produits:

- TRUFFES SURCHOIX, pelées ou brossées: truffes mûres à chair ferme et noire présentées entières, de couleur et de taille uniformes, sensiblement rondes.
- TRUFFES EXTRA, pelées ou brossées: truffes mûres à chair ferme plus ou moins noires, présentées entières, légèrement irrégulières.
- TRUFFES 1er CHOIX, pelées ou brossées: truffes à chair plus ou moins ferme dont la couleur peut être relativement claire (présence de truffes grises tolérées). Elles sont présentées entières, irrégulières, plus ou moins écorchées.
- MORCEAUX DE TRUFFES: morceaux de truffes plus ou moins foncés d'une épaisseur minimum de 5 mm.
- PELURES DE TRUFFES: bandelettes résultant du pelage de truffes avec un maximum de 30 % de brisures.
- BRISURES DE TRUFFES: débris de truffes

Dans le domaine culinaire, la truffe demeure un produit précieux, synonyme de raffinement. Elle est employée crue ou cuite dans d'innombrables apprêts du répertoire classique et parfois avec plus de parcimonie dans les recettes contemporaines.

(1) En réalité, la racine de l'arbre est infectée par le mycélium du champignon (appareil végétatif constitué de filaments).
(2) Il existe aussi un type de mouche qui pond ses œufs sur les truffes afin que les larves s'en nourrissent. Avec de l'expérience, si l'on repère l'insecte qui vole en stationnaire au-dessus d'un emplacement précis, on peut chercher à cet endroit et, avec un peu de chance, y trouver une truffe.

■ TRUFFE EN CHOCOLAT

CHOCOLATE TRUFFLE | Petite confiserie réalisée avec de la ganache* détaillée en boule et enrobée de chocolat* couverture avant d'être recouverte de cacao* en poudre.

Source : Adobe Stock

■ TRUFFIAT

Potato dish | Spécialité berrichonne faite de pommes de terre* râpées mélangées avec du fromage* frais ou des œufs* battus et du beurre* et cuite en cocotte ou en tourtière.

■ TRUITE

TROUT | Poisson d'eau douce de la famille des salmonidés qui vit dans les lacs, les eaux vives des torrents et rivières ou qui est élevée en trutticulture *(1)*. Ce poisson carnassier se rencontre sous plusieurs espèces:

- ***La truite de rivière*** ou ***fario*** qui se caractérise par des points rouges sur le dos
- ***La truite arc-en-ciel***, principalement produite en pisciculture*
- ***La truite de lac*** qui vit dans les lacs et dont la taille peut atteindre 90 cm à 1 m. Lorsque sa chair est de couleur rose, on l'appelle truite saumonée
- ***La truite de mer*** qui peut, elle aussi, atteindre une grande taille. Elle vit dans les fleuves côtiers et va jusqu'à la mer pour s'y nourrir.

La chair de la truite blanche, rosée ou orangée selon le type de poisson et son alimentation, se retrouve dans de multiples apprêts culinaires.

(1) Élevage intensif de la truite qui répond aux besoins du marché. En effet, la pêche de plusieurs espèces est sévèrement réglementée et la commercialisation interdite.

■ TTORO

Basque fish soup | Soupe* de poissons basque cuisinée avec fumet de poisson et vin* blanc et additionnée de tomates* concassées, piments* et poivrons*. Elle est servie avec une garniture de langoustines* et de moules*.

■ TUILE AUX AMANDES

ALMOND TUILES | Petit four sec moulé en forme de tuile, réalisé à partir d'un appareil composé de sucre* glace, amandes* en poudre ou effilées, farine*, œufs* et beurre*.

■ TULIPE

TULIPE (petit four) | Petit four sec réalisé à partir d'un appareil composé de sucre glace*, farine*, beurre* et blancs d'œufs*. La pâte, cuite en forme de petit disque fin, est moulée dès la sortie du four dans un récipient creux afin de lui donner l'aspect d'une tulipe. Une fois refroidie, la tulipe est garnie de glace*, sorbet*, crème Chantilly*, fruits frais ou fruits pochés...

■ TURBOT

TURBOT | Poisson de mer de la famille des scophtalmidés qui vit sur les fonds sableux des mers européennes, notamment l'Atlantique, mais qui est également élevé en aquaculture* *(1)*. Son corps, en forme de losange, mesure en moyenne 40 à 50 cm *(2)* pour un poids de 2 à 4 kg, le petit spécimen étant appelé *turbotin*.
Considéré comme un poisson noble, le turbot possède une chair blanche ferme et savoureuse particulièrement appréciée dans le domaine culinaire.

(1) Activité développée en Espagne et en France.

(2) La taille minimale de pêche autorisée par la réglementation communautaire européenne est de 30 cm.

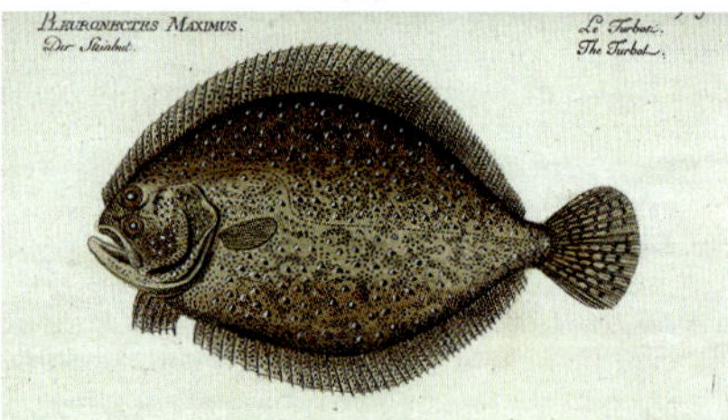

Source : Adobe Stock

■ TURINOIS

Chesnut and chocolate cake | Gâteau fait d'un mélange, sans cuisson, de purée de marron*, de sucre*, de beurre* et de chocolat* râpé. Cet appareil, parfumé au kirsch*, est mis dans un moule au froid pour être servi plus tard, détaillé en tranches.

■ TURSAN

French wine | Vins* blancs, rouges et rosés produits dans le Sud-Ouest, A.O.V.D.Q.S.* en 1958, A.O.C.* depuis 2011 et reconnus A.O.P.* dans le cadre de l'U.E.
Aire de production : 35 communes des Landes et 1 commune du Gers situées au sud de Mont-de-Marsan.
Superficie du vignoble : 300 ha.
Encépagement autorisé* pour l'appellation : Barroque*, Sauvignon*, Petit Manseng*, Gros Manseng*, Chenin*, Cabernet franc*, Cabernet-Sauvignon*, Tannat*, Fer Servadou*.
Rendement à l'hectare* : 64 hl pour les vins blancs et rosés, 60 hl pour les vins rouges.

■ TYROLIENNE (garniture)

Garnish | Garniture* composée de rondelles d'oignons* frits et de tomates* concassées.

■ TYROLIENNE (sauce)

Sauce | Sauce semblable à une sauce Choron* mais montée à l'huile*.

Source : M. Bury/Cedus

Tuile aux amandes

UV

■ UGLI

UGLI FRUIT or JAMAICAN TANGELO | Agrume* hybride qui serait le résultat du croisement d'une tangerine* et d'un pamplemousse* ou un pomelo*. Produit en Jamaïque, l'ugli est un peu plus gros qu'une orange* avec une peau épaisse, ridée et une chair sucrée et juteuse

■ UGNI BLANC

Grape variety | Cépage* originaire de Toscane et très répandu dans le monde. Il est le cépage blanc le plus cultivé en France avec près de 85 000 ha de plantations.

Aires de culture : vignobles du Cognac* et de l'Armagnac*, Bordelais (Bordeaux*, Crémant de Bordeaux*…), Sud-Ouest (Bergerac*, Montravel*…), Languedoc (Languedoc*), Vallée du Rhône (Côtes-du-Rhône*, Costières de Nîmes*…), Provence (Côtes de Provence*, Coteaux Varois en Provence*, Bandol*, Cassis*…), Corse (Vin de Corse*, Ajaccio*, Patrimonio*). À l'étranger, l'Ugni blanc se rencontre dans les vignobles italiens, portugais, bulgares, roumains, grecs, mexicains, californiens, argentins, brésiliens, australiens, sud-africains, etc.

Vins* produits : blancs secs et nerveux, courts en bouche

Dans le Cognacais et l'Armagnacais, les vendanges sont précoces pour obtenir des vins acides et peu alcoolisés destinés à la distillation.

Source : M. Carossio/BNIA

■ U.H.T.

UHT | *Voir* Stérilisation*.

■ ULLOA

Spanish cheese | Fromage* de lait* de vache fabriqué en Galice, dans le nord-ouest de l'Espagne. Ce fromage est très proche du gallego*.

Type : pâte pressée non cuite, croûte naturelle grattée.

Forme : gros disque.

Taille : 20 cm de diamètre, 6 à 8 cm d'épaisseur.

Poids : 2 à 2,5 kg.

Teneur en M.G. : 45 % environ.

Meilleures saisons : printemps, été, automne.

■ URFÉ

French appellation | *Voir* Vins I.G.P.*.

■ VACCARÈSE

Grape variety | Cépage* noir originaire de la Vallée du Rhône. Cultivé sur plusieurs terroirs de sa région d'origine (Côtes-du-Rhône*, Châteauneuf-du-Pape*, Gigondas*, Vinsobres*, etc.), il produit des vins rouges corsés, tanniques, avec des notes aromatiques florales et poivrées.

■ VACHARD

French cheese | Fromage* de lait* de vache fabriqué en Auvergne. Il doit son nom à l'animal producteur du lait de fabrication.

Type : pâte pressée non cuite, croûte naturelle.

Forme : disque épais.

Taille : 20 cm de diamètre, 4 à 5 cm d'épaisseur.

Poids : 1 à 1,5 kg.

Teneur en M.G. : 30 à 45 %.

Meilleures saisons : été, automne.

■ VACHERET

French cheese | Fromage* franc-comtois identique au chevret* mais fabriqué avec du lait* de vache.

■ VACHERIN

Entremets | Entremets glacé constitué d'un fond de meringue* surmonté de glace* et de crème Chantilly*.

■ VACHERIN D'ABONDANCE

French cheese | Fromage* de lait* de vache fabriqué en Haute-Savoie. Il tire son nom de la nature du lait de fabrication et d'un val situé dans sa région de production.

Type : pâte molle à croûte lavée.

Forme : disque épais cerclé d'une lanière d'écorce d'épicéa.

Taille : 13 cm de diamètre, 3 cm d'épaisseur.

Poids : 400 à 500 g.

Teneur en M.G. : 45 %.

Meilleures saisons : hiver et printemps.

■ VACHERIN DES BAUGES

French cheese | Fromage* de lait* de vache fabriqué en Savoie. Il doit son nom à la nature du lait de fabrication et à sa région de production.

Type : pâte molle à croûte lavée.

Forme : disque épais cerclé d'une lanière d'écorce d'épicéa.
Taille : 20 cm de diamètre, 4 à 5 cm d'épaisseur.
Poids : 1,4 kg environ.
Teneur en M.G. : 45 à 50 %.
Meilleure saison : hiver.

■ VACHERIN DU HAUT-DOUBS

French appellation | Autre appellation du Mont d'or*.

■ VACQUEYRAS

French wine | Vins* rouges, rosés et blancs produits dans la Vallée du Rhône, A.O.C.* depuis 1990 et reconnus A.O.P.* dans le cadre de l'U.E.
Aire de production : 2 communes du Vaucluse, Vacqueyras et Sarrians, situées à l'est d'Orange.
Superficie du vignoble : 1 415 ha.
Encépagement autorisé* pour l'appellation : Grenache*, Syrah*, Mourvèdre*, Cinsault*, Grenache blanc*, Clairette*, Bourboulenc*, Marsanne*, Roussanne*, Grenache*, Grenache gris*, Camarèse*, Carignan*, Clairette rose*, Counoise*, Muscardin*, Piquepoul noir*, Terret noir*, Viognier*
Rendement à l'hectare* : 36 hl.

■ VAL DE LOIRE (vin)

French wine | *Voir* Vins I.G.P.*.

■ VALDEPEÑAS

Spanish wine | Vins* blancs et rouges espagnols issus de cépages Airén* et Cencibel, produits dans la Mancha, au sud de Madrid.
Ces vins bénéficient d'une D.O.*.

■ VALENÇAY (fromage)

French cheese | Fromage* de lait* de chèvre fabriqué dans le Berry, A.O.C.* depuis 1998 et reconnu A.O.P.* dans le cadre de l'U.E. Sa zone de production s'étend sur 233 communes, dont Valençay, situées essentiellement dans l'Indre mais aussi dans l'Indre-et-Loire, le Loir-et-Cher et le Cher.
Type : pâte molle, croûte naturelle saupoudrée de charbon de bois pulvérisé.
Forme : pyramide tronquée.
Taille : 7 à 8 cm de côté à la base, 6 à 7 cm de hauteur.
Poids : 220 g (il existe un *Petit Valençay* d'un poids de 110 g).
Teneur en M.G. : 45 %.
Meilleures saisons : printemps, été, automne.

■ VALENÇAY (vin)

French wine | Vins* blancs, rouges et rosés produits dans la Vallée de la Loire, A.O.C.* depuis 2004 *(1)* et reconnus A.O.P.* dans le cadre de l'U.E. La mention "Val de Loire" peut éventuellement compléter le nom de l'appellation.
Aire de production : 13 communes du nord de l'Indre, dont Valençay, et une commune du sud de Loir-et-Cher, Selles-sur-Cher.
Superficie du vignoble : 165 ha.
Encépagement autorisé* pour l'appellation : Cabernet franc*, Gamay*, Pinot noir*, Pineau d'Aunis*, Arbois*, Chardonnay* et Sauvignon*.
Rendement à l'hectare* : 55 hl pour les vins rouges et rosés, 60 hl pour les vins blancs.

(1) Antérieurement A.O.V.D.Q.S. à partir de 1970.*

■ VALÉRIANELLE POTAGÈRE

VALÉRIANELLA LOCUSTA or DOUCETTE (mâche or lamb's lettuce) | Autre dénomination de la mâche*.

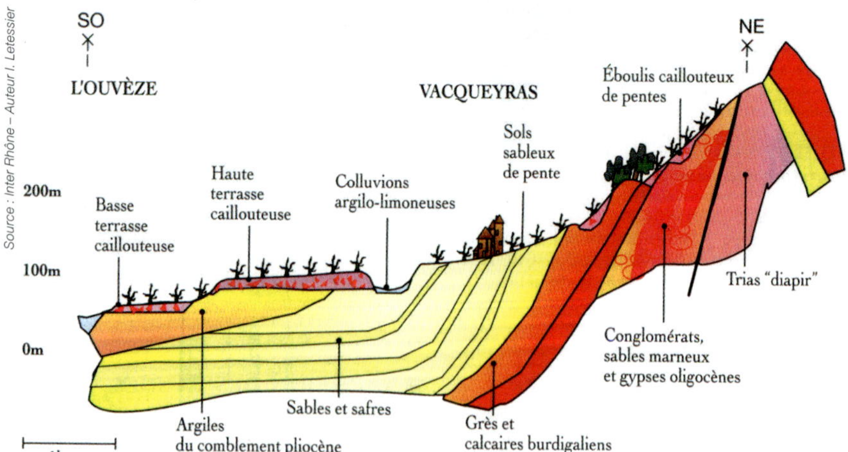

Terroir de Vacqueras

■ VALLÉE DU PARADIS

French appellation | *Voir* Vins I.G.P.*.

■ VALLÉE DU TORGAN

French appellation | *Voir* Vins I.G.P.*.

■ VALPOLICELLA

Italian wine | Vins* rouges italiens issus essentiellement de cépages Corvina Veronese et Rondinella. Ces vins, bénéficiant d'une D.O.C.*, sont produits en Vénétie, au nord de Vérone.
Le Valpolicella "recioto" est élaboré avec la partie supérieure des plus belles grappes de raisin vendangées à surmaturité.

■ VALS VIVARAISE

French mineral water | Eau minérale naturelle* gazeuse captée à Vals-les-Bains dans l'Ardèche.
Catégorie : riche en sels minéraux.

Composition physico-chimique (en mg/l)	
Cations	Anions
Sodium : 453 Calcium : 42,2 Potassium : 32,8 Magnésium : 21,3	Bicarbonates : 1 403 Sulfates : 38,9 Chlorures : 27,2 Nitrates : inf. à 1
pH à 20°C : 6,2	Minéralisation totale : 1776 mg/l

■ VALVERT

French mineral water | Eau minérale naturelle* plate captée à Etalle dans les Ardennes belges.
Catégorie : faiblement minéralisée.

Composition physico-chimique (en mg/l)	
Cations	Anions
Calcium : 67,6 Sodium : 1,9 Magnésium : 2 Potassium : 0,2	Bicarbonates : 204 Sulfates : 18 Chlorures : 4 Nitrates : 3,5
pH à 20°C : 7,7	Minéralisation totale : 201 mg/l

■ VANILLE

VANILLA | Épice* constitué d'un fruit récolté sur une variété d'orchidée grimpante originaire d'Amérique centrale ou du Mexique. Aujourd'hui, elle est produite en Indonésie, en Chine, à Madagascar, à la Réunion, au Mexique, à Tahiti, aux Antilles, aux Comores, en Ouganda, etc. *(1)*
La gousse du vanillier renferme une pulpe aromatique constellée de minuscules graines. Elle présente, après traitement *(2)*, des arômes suaves et un goût sucré.
La vanille est proposée sur le marché sous 3 formes :

- *En gousses* de 15 à 20 cm.
- *En poudre*, pure ou sucrée.
- *En extrait liquide* obtenu par macération de gousses dans de l'alcool ou par infusion dans un sirop.

Le sucre vanillé* est un mélange de saccharose et de vanille (10 % minimum).
La vanille est employée en pâtisserie et en

Source : Adobe Stock

Gousses de vanille

confiserie. Elle sert aussi à aromatiser les vins* chauds, les sangrias*, les punchs*... Cette épice est également utilisée en parfumerie.

(1) La vanille "Leg" ou "Ley" vient du Mexique, elle est considérée comme la meilleure. Nous trouvons ensuite la vanille "Bourbon" principalement originaire de l'Océan Indien, de la Guyane et des Antilles.

(2) Les gousses sont plongées dans l'eau à 65 °C pendant quelques minutes avant d'être mises à étuver durant 24 heures. Intervient ensuite un séchage qui précède un séjour de plusieurs mois dans des malles en bois. C'est pendant cette période que l'arôme de la vanille se développe.

■ VANILLINE

VANILLINE | Molécule odorante présente dans la gousse de vanille*. C'est aussi la dénomination d'un produit de synthèse fabriqué industriellement à partir de différentes substances, notamment *l'eugénol*, essence extraite du clou de girofle*. La vanilline de synthèse peut remplacer la vanilline naturelle sans en posséder la finesse.

■ VANNEAU (coquillage)

QUEEN SCALLOP | *Voir* Pétoncle*.

■ VANNEAU (oiseau)

LAPWING (bird) | Petit échassier migrateur dont la chasse est réglementée et la commercialisation interdite. Le vanneau, de la taille d'un gros merle, se caractérise par une huppe noire sur la tête. Il s'apprête comme la grive* ou la caille*.
Les œufs* de vanneau, jadis très prisés, se préparent comme les œufs de caille.

■ VATEL (François) de son vrai nom *Fritz Karl Watel*

Butler | Né à Paris (date incertaine, entre 1627 et 1635) et mort à Chantilly le 24 avril 1671.
Recruté en 1653 comme Maître d'hôtel* par Nicolas Fouquet, surintendant des finances de Louis XIV, François Vatel officie dans différentes résidences, dont le château de Vaux-le-Vicomte, jusqu'en 1661. Suite à l'arrestation de Fouquet, il part en exil en Angleterre.
De retour en France, il entre au service du Prince de Condé, au château de Chantilly, où il est nommé "Contrôleur Général de la Bouche ". Dans cette magnifique demeure, Vatel met tout

Source : Doc. Roger Viollet

Le suicide de Vatel, dessin de E. Zier, XIXe siècle

son talent pour organiser les réceptions les plus fastueuses.
En avril 1671, il est chargé de préparer une grande fête en l'honneur du Roi. Prévenu tardivement et connaissant plusieurs imprévus et incidents, Vatel voit la fête tourner à la catastrophe. Surmené, fatigué et s'estimant déshonoré par le retard de la livraison des poissons et crustacés, il se suicide en se transperçant le corps avec son épée. Pourtant les convois de chasse-marée *(1)* arrivent quelques instants après sa mort… Pour ne pas gêner les festivités, Vatel est inhumé discrètement. L'événement est raconté plus tard dans une lettre de Madame de Sévigné. Pour beaucoup, le personnage reste un grand professionnel et un organisateur remarquable. Patrice Gélinet en témoigne : "*En réalité, Vatel apparaît comme un symbole : celui des fastes de la cuisine au Grand Siècle. Qu'il ait été seulement un maître d'œuvre, et non un cuisinier, n'enlève rien à son talent, à son goût, à son sens de l'organisation, à son souci du bien-être de ceux qu'il servait comme de ceux qu'il recevait*". *(2)*

(1) Transporteurs qui acheminaient les produits de la pêche vers les lieux de consommation intérieurs.

(2) P. Gélinet "2000 ans d'histoire Gourmande" (Perrin, 2008).

■ VAR (vin)

VAR (wine) | *Voir* Vins I.G.P.*.

■ VAUBAN

French mineral water | Eau minérale naturelle* plate captée à Saint-Amand-les-Eaux dans le Nord. Autorisation ministérielle du 8 mars 1988. Catégorie : moyennement minéralisée.

Composition physico-chimique (en mg/l)	
Cations	Anions
Calcium : 231 Magnésium : 66 Sodium : 40 Potassium : 7,3	Sulfates : 620 Bicarbonates : 278,8 Chlorures : 59,9 Nitrates : 0
Fluor : 2 Fer : 0,02	
pH à 20°C : 6,91 Minéralisation totale : 1 200 mg/l	

■ VAUCLUSE (vin)

VAUCLUSE (wine) | *Voir* Vins I.G.P.*.

■ V.D.L. (Vin De Liqueur)

Liqueur wine | Produit obtenu par addition d'une eau-de-vie* à un moût* de raisin avant le début de la fermentation alcoolique*. Le principe d'élaboration d'un V.D.L. est proche de celui utilisé pour fabriquer un V.D.N.*. Il faut cependant souligner quelques différences : le moment où intervient le mutage*, la nature de l'alcool* ou de l'eau-de-vie* utilisée et la teneur en sucre résiduel en fin d'élaboration.
Le pineau des Charentes*, le floc de Gascogne*, le macvin du Jura*, etc. sont des V.D.L.

■ V.D.N. (Vin Doux Naturel)

Naturally sweet wine | C'est au 13ème siècle qu'un savant roussillonnais, Arnaud de Villanova, réalisa le premier mutage* qui est à la base de l'élaboration des V.D.N. Le "Vin Doux Naturel" se définit ainsi : "Vin" car il s'agit d'un produit provenant exclusivement de jus de raisin. "Doux" parce qu'il conserve une grande partie du sucre naturel du raisin grâce au mutage qui stoppe la fermentation alcoolique*. "Naturel" puisqu'aucune substance n'est ajoutée pour l'aromatiser.
Une réglementation définit rigoureusement les critères de production des V.D.N. :

- Aire de production : déterminée par une délimitation parcellaire.
- Encépagement des vignobles : Muscat* à petits grains ou Muscat d'Alexandrie, Maccabéo*, Malvoisie* et Grenache* *(1)*.
- Rendement de base : 30 hl de moût* à l'hectare.
- Teneur minimale en sucre du moût : 252 g/l.
- Mutage : apport en alcool* neutre titrant au moins 95° dans une proportion de 5 à 10 % du volume de moût mis en œuvre.
- Richesse alcoolique acquise : entre 15 et 18°.
- Richesse minimale en sucre résiduel en fin d'élaboration : 45 g/l (100 à 125 g/l pour les muscats selon l'A.O.C.*).

Les V.D.N. français sont produits dans le Languedoc-Roussillon (Banyuls*, Maury*, Muscat de

Frontignan*, etc.) et en Vallée du Rhône méridionale (Rasteau* et Muscat de Beaumes-de-Venise*).

(1) Il est toutefois admis de cultiver d'autres cépages dans la limite de 10 % de la plantation (ex : Grenache blanc*, Carignan*, Cinsault*, Syrah*, etc.).*

■ VEAU

VEAL | Jeune bovin*, petit d'une vache et d'un taureau*, non sevré abattu à l'âge de quelques mois et dont le poids varie de 100 à 150 kg. Le veau "élevé sous la mère" est exclusivement nourri au pis de la vache. Lorsque l'animal commence à manger de l'herbe, il est appelé *broutard* et s'il n'est pas abattu et continue sa croissance, il deviendra un bœuf* ou un taureau.

Le veau possède une viande blanche dont les morceaux trouvent de multiples utilisations culinaires, comme les autres viandes de boucherie.

4 viandes de veau bénéficient d'une I.G.P.* : ***Veau d'Aveyron et du Ségala***, ***Veau du Limousin***, ***Rosée des Pyrénées catalanes*** et ***Vedell des Pyrénées catalanes***.

Veaux de race Blonde d'Aquitaine

■ VEGA-SICILIA

Spanish wine | Célèbre vin* rouge espagnol issu de cépage Tinto fino, Cabernet-sauvignon*, Malbec* et Merlot*, produit en Castille sur les deux rives du Duero et commercialisé sous la D.O.* Ribera del Duero*.

Selon son origine et son âge, le Vega-Sicilia est mis en vente avec plusieurs mentions :

- ***Valbuena*** (élevé 5 ans en barriques de chêne)
- ***Reserva especial*** (assemblage de grands millésimes*).
- ***Unico*** (vin de plus de 10 ans élevé en fûts de chêne).

■ VÉGANISME

VEGAN | Le véganisme est une pratique qui va au-delà d'un simple régime alimentaire. Si le principe s'appuie sur une forme de végétalisme* rigoureux, il exclut également l'utilisation de produits d'origine animale dans l'habillement (cuir, fourrure, laine, soie...), les produits d'hygiène, les médicaments... de même que l'utilisation des animaux dans les loisirs, comme l'équitation par exemple.

VEGAN

■ VÉGÉTALINE

Coconut oil-based vegetable fat shortening | Corps gras fabriqué à partir de coprah ou copra, pulpe blanche oléagineuse extraite de la noix de coco*.

■ VÉGÉTALISME

PLANT-BASED DIET | Régime alimentaire basé sur la consommation de légumes, fruits, céréales... en excluant totalement les aliments d'origine animale (viandes, poissons, fruits de mer...) y compris les sous-produits (œufs*, produits laitiers, miel*, additifs alimentaires* ...). Certains végétaliens pratiquent une alimentation plus restrictive :

Les céréaliens ou macrobiotes consomment des céréales et des légumineuses, peu de légumes et pratiquement pas de fruits.

Les frugivores ne consomment que des fruits.

■ VÉGÉTARISME

VEGETARIAN | Régime alimentaire excluant la consommation de viande. Cette doctrine diététique regroupe cependant des pratiques alimentaires plus restrictives :

- ***Les lacto-végétariens*** ne consomment que des produits laitiers ou végétaux.
- ***Les ovo-végétariens*** ne consomment que des œufs* et des produits végétaux.
- ***Les pesco-végétariens*** ne consomment que du poisson et des produits végétaux.
- ***Les pollo-végétariens*** ne consomment que des produits végétaux, mais tolèrent la volaille en excluant les œufs.

■ VELOUTÉ (potage)

VELOUTÉ (SOUP) | Potage* onctueux réalisé à partir d'un fond blanc* lié (veau*, volaille, fumet de poisson*) dans lequel est cuit un ou plusieurs éléments (légume, volaille, poisson, crustacé) déterminant l'appellation.

Avant d'être servi, un velouté est terminé par une liaison au jaune d'œuf* et à la crème fraîche* (1).

(1) Classiquement, la liaison finale ne se fait qu'au jaune d'œuf.

■ VELOUTÉ (sauce)
Sauce | Fond* blanc (veau*, volaille ou fumet de poisson*) lié avec un roux* blanc. Le velouté constitue la base de certaines sauces* blanches ou potages* du même nom.

■ VELOUTÉ ALBUFEA
Crayfish-based velouté | Potage velouté* à base de velouté d'écrevisses* et garni d'œufs* de pigeon* pochés.

■ VELOUTÉ CHOISY
Veal-based velouté | Potage velouté* à base de velouté de veau* et laitues* blanchies, garni de chiffonnade* de laitues, pluches de cerfeuil* et accompagné de petits croûtons frits.

■ VELOUTÉ DIEPPOISE
Fish-based velouté | Potage velouté* à base de velouté de poisson au jus de moules*, parures de champignons*, blanc de poireaux* et garni de moules ébarbées et queues de crevettes* décortiquées.

■ VELOUTÉ DUBARRY *(1)*
Veal and cauliflower-based velouté | Potage velouté* à base de velouté de veau*, choux-fleurs*, garni de sommités de choux-fleurs et pluches de cerfeuil*.

(1) Voir également Dubarry.*

■ VENAISON
VENISON | Terme désignant les gros gibiers (sanglier*, cerf*, chevreuil*, etc.) et plus particulièrement leurs chairs.

■ VENDANGE TARDIVE (V.T.)
LATE HARVEST | Cette notion de récolte tardive est apparue en Alsace en 1985. Depuis, d'autres régions viticoles pratiquent ce type de vendange à surmaturité pour obtenir des vins plus ou moins liquoreux*. Sous conditions stipulées dans leur cahier des charges, trois A.O.C.* peuvent prétendre à la mention “Vendange tardive” : Alsace*, Gaillac* et Jurançon* (voir ces termes).

■ VENDÔME
French cheese | Fromage* de lait* de chèvre *(1)* fabriqué dans le Loir-et-Cher. Il doit son nom à la sous-préfecture située dans sa zone de production et lieu principal de commercialisation.
Type: pâte molle, croûte naturelle saupoudrée de charbon de bois pulvérisé.
Forme: petit disque épais.
Taille: 6 à 7 cm de diamètre, 3 cm d'épaisseur.
Poids: 100 à 150 g.
Teneur en M.G.: 45 %.
Meilleures saisons: été, automne.

(1) Sous la même dénomination, nous trouvons un fromage de lait de vache à pâte molle et croûte naturelle d'un poids d'environ 225 g.

■ VENTADOUR
French mineral water | Eau minérale naturelle* gazeuse captée à Meyras dans l'Ardèche. Autorisée à l'exploitation par arrêté ministériel du 13 août 1868.
Catégorie: faiblement minéralisée.

Composition physico-chimique (en mg/l)	
Cations	Anions
Calcium : 45 Sodium : 13,4 Magnésium : 10,5 Potassium : 2,1	Bicarbonates : 223,5 Sulfates : 6,3 Chlorures : 2 Nitrates : inf. à 2
Silice : 45,3	Fluor : 0,31
pH à 20°C : 5,16	Minéralisation totale : 500 mg/l

■ VENTOUX
French wine | Vins* rouges, rosés et blancs produits dans la Vallée du Rhône. A.O.C.* et A.O.P.* qui remplacent l'appellation “Coteaux du Ventoux” obtenue en 1973.
Aire de production : 51 communes du Vaucluse situées à proximité du Mont Ventoux.
Superficie du vignoble : 5 775 ha.
Encépagement autorisé* pour l'appellation : Grenache noir*, Syrah*, Cinsault*, Mourvèdre*, Carignan*, Picpoul noir*, Marselan, Counoise*, Clairette*, Bourboulenc*, Grenache blanc*, Roussanne*, Marsanne*, Vermentino*, Viognier*.
Rendement à l'hectare* : 55 hl pour les vins rouges et rosés, 60 hl pour les vins blancs.

■ VENTRÈCHE
Regional pork dish | Spécialité charcutière du Sud-Ouest constituée de poitrine de porc* salée, poivrée à la mignonnette*, roulée et légèrement séchée.

■ VERDESSE
Grape variety | Cépage* blanc originaire de l'Isère et cultivé sur des surfaces réduites dans les vignobles savoyards. La Verdesse produit des vins* blancs secs, vifs et bouquetés.

■ VERDOT
Grape variety | Autre dénomination du cépage* Petit Verdot*.

■ VERGÉ (Roger)
French chef | Cuisinier français (Commentry 1930 - Mougins 2015). La passion de la cuisine lui vient de sa tante Célestine qui le guide vers un apprentissage dans un restaurant de sa ville natale. Il travaille ensuite dans des brigades de la capitale, mais aussi à l'étranger et à l'Hôtel de Paris à Monaco. Installé au Moulin de Mougins en 1969, il en fait une des plus prestigieuses tables de France auréolée de trois étoiles au Guide Michelin* en 1974. Sa cuisine inventive et légère, est marquée par les saveurs provençales.

Pendant plusieurs décennies, ce grand Chef (M.O.F.* en 1972) contribua à la renommée de la gastronomie* française tout en formant quelques grands noms de la nouvelle génération comme Alain Ducasse*.

■ VERGEOISE

BROWN SUGAR | Sucre* de consistance moelleuse constitué de petits cristaux blonds ou bruns provenant d'un sirop* de canne ou de betterave.

■ VERJUS

VERJUICE | Suc que l'on retire de raisins* verts, âpres et acides. Ce condiment* sert parfois de succédané au vinaigre*.

■ VERMENTINO ou VERMENTINU

Grape variety | Cépage* blanc vraisemblablement originaire d'Italie, cependant certaines sources ampélographiques indiquent que le Vermentino viendrait de l'île de Madère. Dans plusieurs vignobles de France continentale, le Vermentino est appelé "Rolle".

Aires de culture : sur 5 500 ha, en Corse (Vin de Corse*, Patrimonio*, Ajaccio*) mais aussi en Provence (Côtes de Provence*, Bellet*, Coteaux d'Aix-en-Provence*...) et en Languedoc-Roussillon (Corbières*, Faugères*, Côtes du Roussillon* ...). Ce cépage est également présent en Sardaigne, en Italie continentale et au Portugal, notamment sur l'île de Madère.

Vins* produits : blancs de couleur jaune pâle, fins, avec des notes aromatiques florales et fruitées (pomme*, amande* fraîche).

■ VERMICELLE

VERMICELLI | Pâte à potage* en forme de mince filament. Le vermicelle est employé comme garniture de consommés* et de potages, mais on l'utilise également pour préparer certains soufflés* et puddings*.

■ VERMOUTH

VERMOUTH | A.B.V.* élaboré à partir de vins* blancs *(1)*, de sirop de sucre*, de mistelle*, d'alcool*, etc. et aromatisé par macération de plantes diverses (genièvre*, clou de girofle*, absinthe*, quinquina*, gentiane*, camomille*, écorces d'oranges*, gingembre*, thym*, cola...). Il aurait été inventé en 1786 par un turinois, Antonio Benedetto Carpano*, à partir de la recette d'un apéritif allemand à base de vin et de *Wermuth*, herbe sauvage utilisée dans la distillation de l'absinthe. L'Italie demeure encore le plus important producteur de vermouths. Le Martini*, le Cinzano*, le Noilly Prat*, le Dolin*, etc. sont des marques de vermouth bien connues.

Il existe plusieurs types de vermouth, du plus sec (dry) au plus doux. En général, un vermouth sec contient entre 50 et 60 g de sucre par litre.

(1) Les vermouths rouges ("rossi") ne sont pas fabriqués, comme on pourrait le croire, avec des vins rouges. Leur coloration est simplement obtenue par adjonction de caramel en cours d'élaboration.*

■ VERNET (ou Véritable Eau de Vernet)

French mineral water | Eau minérale naturelle* gazeuse captée à Lalevade-d'Ardèche dans l'Ardèche. Agréée par l'Académie de médecine en 1874. Catégorie : moyennement minéralisée.

Composition physico-chimique (en mg/l)	
Cations	Anions
Sodium : 235 Calcium : 40 Potassium : 38 Magnésium : 20	Bicarbonates : 917 Sulfates : 6,6 Chlorures : 5,9 Nitrates : 0
Fluor : 1,9	
pH à 20°C : 5,5	Minéralisation totale : 869 mg/l

■ VERNIÈRE

French mineral water | Eau minérale naturelle* gazeuse captée sur la commune des Aires, près de Lamalou-les-Bains dans l'Hérault. Autorisation ministérielle de commercialisation accordée en 1861.

Catégorie : moyennement minéralisée.

Composition physico-chimique (en mg/l)	
Cations	Anions
Calcium : 168 Sodium : 105 Magnésium : 66 Potassium : 35	Bicarbonates : 946 Sulfates : 142 Chlorures : 18 Nitrates : <2
Fluor : 0,9	
pH à 20°C : 6	Minéralisation totale : 1 226 mg/l

■ VERNIS
VERNUS SHELL CLAM | Mollusque lamellibranche bivalve vivant sur les fonds sableux de la Manche, de l'Atlantique et de la Méditerranée. Ce coquillage, qui doit son nom à son aspect vernissé, mesure 6 à 10 cm de diamètre. Il se consomme cru ou cuit.

■ VERRE
GLASSWARE | *Voir* Couvert*.

■ VERRE À MÉLANGE
MIXING GLASS (for cocktails) | Ustensile de bar utilisé pour mélanger et rafraîchir les composants de certains cocktails*.

Source : Photo BG

■ VERRINE
VERRINE | Petit récipient en verre destiné à contenir une préparation individuelle sucrée ou salée. En réalité, ce terme peut désigner le contenant et/ou le contenu.

■ VERT-CUIT
LIGHTLY COOKED | Désignation d'un point de cuisson où l'aliment est très légèrement cuit.

■ VERTE (sauce)
Green herb mayonnaise | Sauce mayonnaise* additionnée d'une purée d'aromates* verts pilés et blanchis.
L'extrait chlorophyllien est obtenu en pilant des végétaux rapidement blanchis tels que cresson*, épinard*, cerfeuil*, persil* et estragon*.

■ VERT-PRÉ (garniture)
Watercress garnish | Garniture* composée de bouquet de cresson* et de pommes paille*. La pièce accompagnée de cette garniture est généralement présentée avec un beurre maître d'hôtel*.

■ VERVEINE (infusion)
VERVEINE (infusion) | Infusion* obtenue à partir des feuilles et des sommités fleuries de la variété médicinale d'une plante du même nom. La verveine, qui est parfois additionnée de menthe*, est une infusion aux propriétés digestives.

■ VERVEINE DU VELAY
Liqueur | Liqueur* auvergnate créée en 1859 au Puy-en-Velay par un herboriste et apothicaire, Joseph Rumillet-Charretier. La Verveine du Velay est élaborée à partir d'une macération de 33 plantes dans de l'eau-de-vie* de vin*. Vient ensuite une distillation dont on tire un spiritueux* qui est vieilli en fûts de chêne avant d'être édulcoré avec du miel* et du sucre*.
La Verveine du Velay, fabriquée par la distillerie Pagès, est présentée en 6 versions :

- ***La Verveine du Velay verte*** (55°)
- ***La Verveine du Velay jaune*** (40°)
- ***La Verveine du Velay extra*** (40°)
- ***La Petite Verveine du Velay*** (18°)
- ***La Verveine du Velay 5 ans d'âge*** (40°)
- ***La Verveine du Velay 10 ans d'âge*** (40°).

Verveine verte

■ VESIGA
Dried spinal cord of a sturgeon | Moelle épinière de l'esturgeon* employée dans certaines farces (voir Coulibiac*).

■ VEYRAT (Marc)

French chef | Qui ne connaît pas l'homme au chapeau noir ? Ce cuisinier né en 1950 à Annecy a grandi dans la ferme familiale de Manigod, dans le massif des Aravis. Habitué aux grands espaces et à la liberté, il est d'abord berger, moniteur de ski ou bucheron, et bien qu'intéressé par la cuisine, il a des difficultés à suivre un apprentissage traditionnel ; alors c'est en autodidacte complet qu'il s'engage dans cette voie. En 1976, il ouvre son premier restaurant au Col de la Croix Fry et propose des plats du terroir avec une touche de créativité. En 1983, il descend sur les bords du Lac d'Annecy où le succès se confirme. Le Guide Michelin* lui attribue une étoile en 1985 et une deuxième en 1987. L'année 1992 marque son installation à Veyrier-du-Lac, à *L'Auberge de l'Eridan,* devenue plus tard *La Maison*

de Marc Veyrat. En 1995, le Guide rouge lui apporte la consécration avec une troisième étoile. Il ouvre une autre maison à Megève en 1999, *La Ferme de mon père (1)*. Là aussi, la réussite est au rendez-vous puisqu'il se voit auréolé de trois étoiles en 2001. Il est un des rares Chefs français à obtenir simultanément la distinction suprême dans deux établissements différents. Aujourd'hui, *La Maison des bois - Marc Veyrat* à Manigod est toujours à un très bon niveau.
La démarche culinaire de Marc Veyrat se veut novatrice en associant, par exemple, les plantes aromatiques sauvages aux techniques d'avant-garde de la gastronomie moléculaire*, alliance subtile de la tradition et de la modernité... Passionné par la botanique, il a également publié plusieurs ouvrages sur le sujet avec le botaniste François Couplan.

(1) Restaurant-musée, réplique de la ferme familiale de son enfance.

■ VÉZELAY
French wine | Vins* blancs produits en Bourgogne* septentrionale, A.O.C.* depuis 2017 et reconnus A.O.P.* dans le cadre de l'U.E.
Aire de production : 4 communes de l'Yonne, dont Vézelay.
Superficie du vignoble : 70 ha.
Encépagement autorisé pour l'appellation : Chardonnay*.
Rendement à l'hectare* : 55 hl.

■ VIANDE BLANCHE
WHITE MEAT | Viande provenant du veau*, du porc* *(1)*, de la volaille* ou du lapin*.

(1) Le porc est parfois qualifié de "viande rose".

■ VIANDE DES GRISONS
BÜNDNERFLEISCH (Swiss cured meat) | Spécialité suisse originaire du canton des Grisons. Il s'agit d'une viande de bœuf* traitée par boucanage* qui est servie en fines tranches.

■ VIANDE NOIRE
DARK MEAT | Viande provenant des gibiers tels que le sanglier*, le chevreuil*, le cerf* ou le lièvre*.

■ VIANGE ROUGE
RED MEAT | Viande provenant du bœuf*, du mouton*, de l'agneau*, du cheval* ou du taureau*.

■ VICHY (purée)
Carrot puree | Préparation culinaire constituée d'une purée de carottes*. Classiquement, les carottes sont cuites à l'eau de Vichy*.

■ VICHY-CÉLESTINS
French mineral water | Eau minérale naturelle* gazeuse captée à l'une des 9 émergences situées sur la commune de Vichy, dans l'Allier. Elle doit son nom à un couvent, lieu de naissance de la source. Déclarée d'intérêt public le 23 janvier 1861.
Catégorie : fortement minéralisée.

Composition physico-chimique (en mg/l)	
Cations	Anions
Sodium : 1172 Calcium : 103 Potassium : 66 Magnésium : 10	Bicarbonates : 2989 Chlorures : 235 Sulfates : 138 Nitrates : 2
Fluor : 6	
pH à 20°C : 6,8	Minéralisation totale : 3325 mg/l

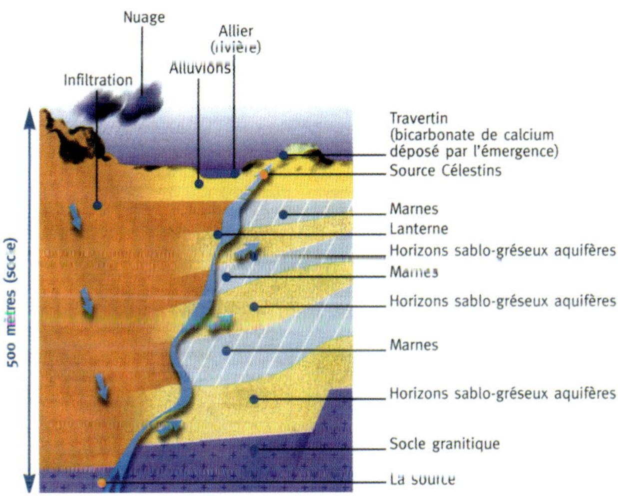

Coupe géologique de Vichy-Célestins

■ VICOMTÉ D'AUMELAS

French appellation | *Voir* Vins I.G.P.*.

■ VICTORIA (salade)

Salad | Salade composée* constituée de chair de langouste*, concombres* et truffes détaillés* en dés, pointes d'asperges* en garniture.
Assaisonnement: sauce mayonnaise* additionnée des parties crémeuses des langoustes et d'une purée de corail.

■ VIEILLE

ROCK COD | Poisson de mer de la famille des labridés qui vit sur les fonds rocheux ou dans les herbiers de la Manche et de l'Atlantique. La couleur d'une vieille est déterminée par l'habitat (plutôt verte pour les fonds à herbiers et à dominante rouge pour les fonds rocheux).
La vieille, dont la taille varie entre 30 et 60 cm, s'emploie souvent dans les soupes* de poissons.

■ VIENNOISE (à la)

Viennese style | Dénomination d'apprêts culinaires (escalopes de veau* ou de volaille, filets de poisson) panés, sautés et garnis de tranches de citron*, filets d'anchois* enroulés autour d'olives*, blanc et jaune d'œufs* durs hachés, câpres* et persil* ciselé.

■ VIENNOISERIE

Pastry | Terme désignant un ensemble de produits de boulangerie tels que pains au lait*, croissants*, pains au chocolat*, brioches* ou pains aux raisins*.

■ VIEUX LILLE

French cheese | Autre dénomination du gris de Lille*.

■ VIGNEAU

PERIWINKLE (winkle) | Autre dénomination du bigorneau*.

■ VILLEBAROU

French cheese | Fromage* de lait* de vache fabriqué dans le Blésois. Il doit son nom à une localité du Loir-et-Cher située dans sa zone de production.
Type: pâte molle, croûte naturelle.
Forme: disque.
Taille: 18 cm de diamètre, 2,5 cm d'épaisseur.
Poids: 450 g.
Teneur en M.G.: 45 %.
Meilleures saisons: été, automne.

■ VILLEROY ou VILLEROI

Sauce | Sauce allemande* très réduite additionnée d'essence de truffes*. Cette préparation peut être soubisée (voir sauce Soubise*) ou tomatée.

■ VIN

WINE | Breuvage quotidien pour certains, boisson festive pour d'autres, le vin garde une place particulière dans notre civilisation. Louis Pasteur* disait: *"Il y a plus de philosophie dans une bouteille de vin que dans tous les livres du monde"*.
Depuis quelques décennies, les Français se sont orientés vers une consommation de qualité, basée sur l'exigence et la connaissance du produit; phénomène qui a suscité une véritable "culture du vin". Dans le même temps la consommation moyenne, par habitant et par an, est passée de 120 litres en 1965 à 42 litres en 2017.
La vigne a probablement poussé à l'état sauvage dans plusieurs régions du globe, mais le bassin méditerranéen reste le berceau de l'arbrisseau que nous connaissons aujourd'hui. Dès 3000 ans avant J.C, la culture de cette plante se développa sur tout le croissant fertile. Des vestiges retrouvés en Mésopotamie confirment l'existence d'une viticulture dans cette région. Les Égyptiens, les Grecs et ensuite les Romains cultivèrent la vigne tout autour de la Méditerranée. Devenus de bons vignerons, en particulier grâce aux connaissances transmises par les Romains, les Gaulois étendirent leurs vignobles et inventèrent le tonneau pour remplacer l'amphore. Au Moyen-âge, les religieux firent progresser les techniques de culture et de vinification*, les ordres religieux furent présents sur les grands terroirs du pays, notamment en Bourgogne. Au fil du temps, la production viticole n'a cessé de s'améliorer. Louis Pasteur, père de l'œnologie* moderne, fit des découvertes déterminantes dans plusieurs domaines et plus spécialement dans le processus de la fermentation alcoolique*. Les travaux de ce grand savant permirent de mieux maîtriser la fabrication, le traitement et la conservation des vins.
En 1864, l'invasion du phylloxera* détruisit presque totalement les vignobles français qui s'élevaient alors à 2500 000 hectares, soit plus de la moitié de la surface plantée dans le monde. Suite à cette catastrophe, certains ne seront jamais replantés.
En 2018, la surface totale des vignobles français s'élevait à 750 000 ha. La viticulture nationale, c'est aussi 77 000 exploitations qui produisent plus de 3 420 vins différents sur 80 départements.

Les plus grands vignobles du monde *(1)*	
Espagne	975 000 ha
Chine	847 000 ha
France	785 000 ha
Italie (2)	690 000 ha
Etats-Unis d'Amérique	443 000 ha
Argentine	224 000 ha
Chili	214 000 ha
Portugal	195 000 ha
Roumanie	191 000 ha
Australie	148 000 ha
Afrique du Sud	130 000 ha
Allemagne	102 000 ha

Une réglementation rigoureuse encadre la production et la commercialisation du vin. La définition de ce produit est instaurée légalement en France par la loi du 14 août 1889 (article 1er de la loi Griffe), le vin étant "*Le produit exclusif de la fermentation du raisin* frais ou du jus de raisin frais*". Cette définition est reprise par l'article 1er du Code du vin qui précise : "*Qu'aucune boisson ne peut être fabriquée, détenue, transportée en vue de la vente, ou expédiée, mise en vente ou vendue sous le nom de « vin » que si elle provient exclusivement de la fermentation de raisin frais ou de jus de raisin frais*".
La définition légale actuelle émane du règlement communautaire du 16 mars 1987 en ces termes : "*Produit obtenu exclusivement par la fermentation alcoolique, totale ou partielle, de raisins frais, foulés ou non, ou de moût* de raisin frais*".
La nouvelle réglementation distingue désormais les vins avec indication géographique (les vins à A.O.C.* et Vins I.G.P.*) des vins sans indication géographique (V.S.I.G.*).

De la vigne au verre, un long chemin qui passe par des savoir-faire ancestraux et des techniques œnologiques de pointe

Les techniques de vinification* varient en fonction du cépage* récolte, de la date des vendanges, des conditions environnementales, des traditions vitivinicoles locales, du type de vin souhaité, des impératifs réglementaires propres à chaque appellation. De nombreuses opérations ont lieu pendant la phase de vinification proprement dite ou lors de la période d'élevage*, période plus ou moins longue qui conduit jusqu'à la mise en bouteilles. On retrouvera dans l'ouvrage les définitions d'opérations telles que foulage*, cuvage*, pigeage*, sulfitage*, débourbage*, chaptalisation*, levurage*, tanisage*, pressurage*, mutage*, collage*, soutirage*, ouillage*, etc.
Des vinifications spéciales, issues de traditions et de savoir-faire ancestraux, nous offrent V.D.N.*, V.D.L.*, vins effervescents*, vins jaunes*, vins de paille*, etc.

(1) Superficies relevées pour l'année 2016. Sont exclus de ce classement des pays tels que la Grèce ou la Turquie dont une grande partie du vignoble ne produit pas de vin mais essentiellement des raisins de table ou des raisins secs.

(2) L'Italie demeure le premier producteur mondial en volume devant la France et l'Espagne.

■ VIN BOURRU

NEW HARVEST WINE | Moût* de raisin en cours de fermentation. Trouble, riche en sucre et en gaz carbonique, peu alcoolisé, le vin bourru est un produit intermédiaire entre le jus de raisin frais et le vin*. Boisson éphémère, il ne se conserve pas et se déguste en l'état, immédiatement après les vendanges, en apéritif ou accompagné de châtaignes* par exemple.
Selon la région, le vin bourru peut prendre une autre dénomination. En Val de Loire, on le trouve sous le nom de *Bernache*, dans le Beaujolais, il se nomme *Paradis*...

■ VIN CHAUD

MULLED WINE | Très consommé dans les pays scandinaves, mais aussi dans de nombreuses régions en hiver, notamment pendant les marchés de Noël, le vin* chaud se présente sous des formules variées. Parmi les composants, on retrouve classiquement :

- Le vin rouge (corsé de préférence)
- L'élément édulcorant, sucre* et/ou éventuellement miel*
- Les éléments aromatiques : tranche et zestes d'orange*, voire de citron* (non traités), bâton de cannelle*, étoile de badiane*, gousse de vanille*, clous de girofle*.

Parfois, il est ajouté un trait de liqueur* ou d'eau-de-vie*.
La préparation est chauffée, infusée et filtrée avant d'être dégustée avec la tranche d'orange.

■ VIN CUIT

Winemaking term | Produit fabriqué à partir de moût* de raisin chauffé, concentré et aromatisé d'épices dans lequel il est ajouté du moût de raisin frais pour relancer la fermentation alcoolique*.
Ce terme est également employé pour désigner (improprement) certains V.D.L.* ou V.D.N.*.

■ VIN D'ALSACE

French appellation | Appellation d'Origine Contrôlée identique à Alsace*.

■ VIN DE BELLET

French appellation | Appellation identique à Bellet*.

■ VIN DE CORSE ou CORSE suivi ou non d'une appellation locale *(1)*

Corsican wine | Vins* rouges, rosés et blancs produits en Corse, A.O.C.* depuis 1972 et reconnus A.O.P.* dans le cadre de l'U.E.
Aire de production : 182 communes de Haute-Corse et de Corse-du-Sud pour l'appellation "Vin de Corse". Zones plus limitées pour les appellations locales *(1)*.
Superficie du vignoble : 2 220 ha.

Encépagement autorisé* pour l'appellation, avec des variantes pour les appellations locales : Nielluccio*, Sciaccarello*, Grenache*, Cinsault*, Mourvèdre*, Barbarossa*, Syrah*, Carignan*, Aléatico, Carcajolo, Morrastel, Vermentino*, Codivarta*, Genovèse, Bianco gentile*, Ugni blanc*.
Rendement à l'hectare* : 55 hl pour les vins blancs et rosés (rendement plus réduit pour les appellations locales), 45 hl pour les vins rouges.

(1) Ces appellations locales sont :

***Sartène** (16 communes situées dans le sud-ouest de l'île).*
***Calvi** (32communes de la région de Calvi et de l'Ile-Rousse).*
***Coteaux du Cap Corse** (21communes situées entre Bastia et la pointe nord de l'île).*
***Figari** (3 communes situées au nord-ouest de Bonifacio).*
***Porto-Vecchio** (8 communes situées dans le sud-est de l'île).*

■ VIN DE FRONTIGNAN

French appellation | Appellation d'Origine Contrôlée identique à Frontignan*.

■ VIN DE GARDE

Wine for aging | Vin* possédant des qualités propres à une "garde" plus ou moins longue qui favorise une bonification au vieillissement. Le potentiel de garde dépend du (ou des) cépage* d'origine, de l'âge de la vigne, du terroir, des conditions climatiques du millésime* et des techniques de culture et de vinification*.
La garde, variable de 5 à 20 ans, voire plus pour certains vins, doit s'effectuer dans une cave ayant toutes les qualités requises (température, hygrométrie et tranquillité notamment).

■ VIN DE GLACE

ICEWINE | Vin* appelé ainsi en raison de sa vendange très tardive, s'effectuant l'hiver, lorsque les raisins sont gelés après une maturation extrême. Les grappes sont généralement cueillies la nuit quand la température est inférieure à -7° C. Le moût* obtenu est un véritable concentré des composants du raisin (sucre, acide, etc.).
Le vin de glace est produit en Autriche et en Allemagne (Eiswein) depuis le 18ème siècle *(1)* et depuis 1973 au Canada (Icewine). Ce pays étant devenu aujourd'hui le premier producteur mondial. Quelques vignerons alsaciens élaborent une faible quantité de vin de glace qui n'a pas droit à la dénomination officielle *(2)*. La majeure partie du vignoble est composée de cépage Riesling* en Europe et de Vidal au Canada.
Vin liquoreux* aux qualités aromatiques exceptionnelles, le vin de glace reste un produit rare commercialisé à des prix très élevés.

Source : Photo G. Dumez

Vendange de vin de glace en Alsace

(1) Surpris par les rigueurs d'un hiver précoce, les vignerons se virent contraints de vendanger des grappes de raisin gelées. Il en résulta un vin étonnant, issu d'une cryoextraction naturelle involontaire mais tout à fait concluante. Certains jugèrent l'expérience intéressante et c'est ainsi que naquit la tradition du vin de glace.
(2) Cette dénomination est réservée à l'Autriche, l'Allemagne et le Canada qui ont conclu un accord pour formaliser les conditions de production du vin de glace.

■ VIN DE GOUTTE

DROP OF WINE | Vin* rouge qui s'écoule spontanément d'une cuve par simple gravité en fin de fermentation alcoolique*.

■ VIN DE PAILLE

Wine from Jura | Produit essentiellement dans le Jura, sur le vignoble de l'Hermitage* et parfois en Alsace, le vin de paille est le résultat d'une vinification* particulière basée sur des moûts* issus de vendanges tardives et de passerillage*. Après une longue fermentation et un élevage en fût, on obtient un vin d'une belle robe dorée, riche en alcool (14 à 15°) et en sucre résiduel avec des arômes et des saveurs très marquées. Compte-tenu des difficultés de production et du faible rendement (environ 15 à 20 hl/ha), le vin de paille, commercialisé en bouteilles de 37,5 cl ou 50 cl, reste rare et cher.

■ VIN DE PRESSE

PRESSED WINE | Vin* rouge résultant du pressurage* de la masse compacte restant dans la cuve après l'évacuation du vin de goutte*. Lorsqu'il s'agit d'une vinification* en blanc, le jus de presse n'est pas un "vin de presse" mais un "moût* de presse", puisque le pressurage a lieu avant la fermentation alcoolique*.

■ VIN DE PRIMEUR

PREMIERE WINE | Certains vins* bénéficiant d'une A.O.C.* peuvent être présentés au consommateur à partir du 3ème jeudi du mois de novembre qui suit la récolte, sous réserve qu'ils portent le millésime* et la mention "Primeur" ou "Nouveau". Depuis 1967, un décret formalise la liste des appellations autorisées à commercialiser des "Vins de primeur". Les appellations retenues actuellement sont les suivantes :
Vins rouges : Beaujolais*, Beaujolais (suivi du nom de la commune d'origine), Beaujolais-Villages*, Côtes-du-Rhône*, Ventoux*, Languedoc*,

Touraine* *(1)*, Anjou* *(1)*, Gaillac* *(1)*, Coteaux du Lyonnais* et Côtes du Roussillon*.
Vins rosés : Beaujolais, Beaujolais (suivi du nom de la commune d'origine), Beaujolais-Villages, Macôn*, Côtes-du-Rhône, Ventoux, Languedoc, Touraine, Rosé d'Anjou*, Cabernet d'Anjou*, Saumur*, Coteaux du Lyonnais et Côtes du Roussillon.
Vins blancs : Bourgogne Aligoté*, Coteaux Bourguignons*, Mâcon, Ventoux, Muscadet*, Gaillac*, Coteaux du Lyonnais et Côtes du Roussillon.
Les Vins I.G.P.*, anciennement Vins de Pays, ont également la possibilité d'être commercialisés en "Vins de primeur" avec une date de mise à la consommation fixée au 3ème jeudi du mois d'octobre suivant la récolte.
Les "Vins de primeur" doivent être bus rapidement. Légers, souvent issus de vinifications* spéciales de type macération carbonique*, ils présentent des qualités aromatiques à apprécier dès leur apparition sur le marché.
(1) Vins issus exclusivement de cépage Gamay.*

■ VIN DE SAVOIE ou SAVOIE

French wine | Vins tranquilles * rouges, rosés, blancs et vins mousseux* rosés produits en Savoie, A.O.C.* 1973 et reconnus A.O.P.* dans le cadre de l'U.E. L'appellation peut être suivie du nom de l'une des 16 dénominations géographiques complémentaires *(1)*. Lorsqu'il s'agit d'un vin monocépage*, l'appellation peut être complétée par l'indication du cépage* d'origine.
Aire de production : 29 communes de Savoie, 24 communes de Haute-Savoie, 1 commune de l'Isère et 2 communes de l'Ain.
Superficie du vignoble : 2 100 ha.
Encépagement autorisé* pour l'appellation (variable selon les communes et les départements de culture) : Gamay*, Pinot noir*, Mondeuse*, Persan*, Cabernet-Sauvignon*, Cabernet franc*, Velteliner, Etraire de la Dui*, Servanin*, Joubertin*, Aligoté*, Altesse*, Jacquère*, Chardonnay*, Roussette d'Ayze, Marsanne*, Roussane*, Chasselas*, Gringet*, Verdesse*.
Rendement à l'hectare* : 67 hl pour les vins rouges, 71 hl pour les vins rosés et blancs, 75 hl pour les vins mousseux (rendement variable pour les vins faisant mention d'une dénomination géographique complémentaire)
(1) ***Abymes*** *ou* ***Les Abymes*** *(vins blancs),* ***Apremont*** *(vins blancs),* ***Arbin*** *(vins rouges),* ***Ayze*** *(vins blancs et vins blancs mousseux,)* ***Chautagne*** *(vins blancs et rouges),* ***Chignin*** *(vins blancs et rouges),* ***Chignin-Bergeron*** *(vins blancs),* ***Crépy*** *(vins blancs),* ***Cruet*** *(vins blancs),* ***Jongieux*** *(vins blancs et rouges),* ***Marignan*** *(vins blancs),* ***Marin*** *(vins blancs),* ***Montmélian*** *(vins blancs),* ***Ripaille*** *(vins blancs),* ***Saint-Jean-de-la-Porte*** *(vins rouges),* ***Saint-Jeoire-Prieuré*** *(vins blancs).*

■ VIN DE TABLE

HOUSE WINE | Catégorie de vin ayant disparu en 2009 et qui est remplacée par le V.S.I.G.*.

■ VIN DEMI-SEC

SEMI-DRY WINE | Vin tranquille* dont la teneur en sucre* résiduel en fin de fermentation est comprise entre 4 et 12 g/l.

■ VIN DES ALLOBROGES

French wine | *Voir* Vins I.G.P.*.

■ VIN DOUX

SWEET WINE | Vin* dont la teneur en sucre résiduel est supérieure à 45 g/l (norme U.E.). La présence de ce sucre résiduel peut être due à un arrêt naturel de la fermentation alcoolique*, c'est le cas pour les vins de qualité, ou à un blocage du processus fermentaire provoqué artificiellement.

■ VIN EFFERVESCENT

SPARKLING WINE | Vin* contenant une quantité plus ou moins importante de gaz carbonique. Les vins mousseux* *(1)*, les crémants* et les vins pétillants* sont des vins effervescents.
(1) Voir ce terme pour les différentes méthodes d'élaboration des vins effervescents.

■ VIN EN TUBE

WINE IN TUBE | Nouveau concept mis au point pour le conditionnement du vin* en petites quantités. Sans remplacer les flaconnages traditionnels aptes au vieillissement, le tube permet de proposer au consommateur de petits volumes en préservant toutes les qualités du produit. Le procédé est basé sur le principe d'un conditionnement sous atmosphère contrôlée dans des tubes sérigraphiés d'une contenance allant généralement de 6 à 12 cl.

Présentation de vins en tube

■ VIN GRIS

VIN GRIS or GRAY WINE | Vin rosé*, faiblement coloré, qui est élaboré à partir d'une vinification de cépage(s)* rouge(s) sans macération pelliculaire. Sa légère coloration résulte de la présence des anthocyanes* libérées lors du pressurage.

■ VIN JAUNE

VIN JAUNE or YELLOW WINE | Issu d'une vinification* propre au Jura, le vin jaune est un produit unique au monde. La vendange provenant de cépage Savagnin*, les raisins récoltés tardivement subissent les fermentations successives d'un vin* blanc. Un an après la récolte, ce vin est soutiré dans des fûts de chêne où il séjourne au minimum 6 ans, sans ouillage* ni soutirage*. Durant cette période, le vin jaune acquiert une superbe robe* et un "goût de jaune" aux arômes caractéristiques de noix*.

Source : Photo BG

Clavelin de Vin jaune de Château-Chalon

Gloire de l'appellation Château-Chalon*, ce vin est présenté à la dégustation en clavelin* de 62 cl *(1)*. La structure exceptionnelle du vin jaune lui confère une remarquable aptitude au vieillissement. Une longévité qui peut dépasser les 100 ans...

(1) Cette contenance s'explique par le fait qu'un litre de moût de raisin se réduit globalement à 62 cl de vin jaune à la fin de son vieillissement.*

■ VIN LIQUOREUX

Sweet wine | Voir Vin naturellement doux*.

■ VIN MONOCÉPAGE

ONE-VARIETY WINE | Beaucoup de vins* français sont issus d'un assemblage de cépages* différents pour obtenir un produit dont le caractère sera déterminé par de multiples facteurs : cépages entrant dans la composition, proportions des mélanges, millésimes*, etc. En revanche, un vin monocépage est élaboré avec un cépage unique, sa typicité sera essentiellement l'expression d'un raisin et d'un terroir.

Parmi les vins monocépage, nous pouvons citer les A.O.C.* suivantes : Condrieu* (Viognier*), Château-Chalon* (Savagnin*), Cour-Cheverny* (Romorantin*), Rosé des Riceys* (Pinot noir*), Cornas* (Syrah*), etc.

■ VIN MOELLEUX

MELLOW WINE | Voir Vin naturellement doux*.

■ VIN MOUSSEUX

SPARKLING WINE | Dénomination courante d'un vin* effervescent. Au niveau européen, les meilleurs vins mousseux sont classés V.M.Q.P.R.D.*.

On peut élaborer les vins mousseux suivant plusieurs méthodes :

- ***La méthode champenoise****
- ***La méthode traditionnelle****
- ***La méthode par transfert*** : comme pour les 2 précédentes méthodes, la prise de mousse se fait naturellement en bouteille. Il n'y a ni remuage, ni dégorgement. Le vin effervescent est extrait de la bouteille par siphonage pour être stocké en cuve où il sera filtré et complété de liqueur de tirage*avant une mise en bouteille définitive.
- ***La méthode ancestrale*** (voir Clairette de Die* ou Blanquette de Limoux*).
- ***La méthode gaillacoise****
- ***La méthode Charmat*** ou ***méthode en cuve close*** : ce procédé mis au point en 1907 par Auguste Charmat consiste à faire subir au vin une seconde fermentation, dans une cuve hermétiquement close, pour le rendre mousseux.
- ***La méthode Gancia*** : mise au point par C. Gancia, ce procédé est basé sur une vinification en 3 étapes où le moût* subit d'abord un début de fermentation en cuve jusqu'à ce que le titrage alcoolique atteigne 3 %, la fermentation continue ensuite en cuve close pour se terminer en bouteille.
- ***La gazéification*** : méthode qui consiste à injecter du gaz carbonique dans un vin tranquille*. Les vins mousseux obtenus par ce procédé d'adjonction de gaz carbonique exogène sont généralement de médiocre qualité.

■ VIN NATURELLEMENT DOUX

NATURALLY SWEET WINE | Vin* élaboré à partir d'un moût* très riche en sucre et dont la teneur en sucre résiduel en fin de fermentation est relativement importante *(1)*. Les vins naturellement doux sont généralement issus de vendanges arrivées à surmaturité (ex : Sauternes*, Barsac*, Coteaux du Layon*, etc.).

(1) Il est admis qu'un vin blanc avec 20 à 40 g/l de sucre résiduel est un vin moelleux et que lorsque cette teneur en sucre se situe entre 40 et 150 g/l nous sommes en présence d'un vin liquoreux. (Voir également vin doux).*

Le vin de glace, qui est considéré comme vin liquoreux, peut contenir entre 200 et 300 g/l de sucre résiduel.*

■ VIN NOUVEAU

NEW WINE | Autre dénomination d'un Vin de primeur*.

■ VIN PÉTILLANT

SPARKLING WINE | Vin effervescent* présentant une surpression de 1 à 2,5 atmosphères à 20 °C.

■ VIN PERLANT

FINE BUBBLY WINE | Vin contenant une très faible quantité de gaz carbonique qui génère de fines bulles au moment du débouchage.

Ce phénomène est observé avec le "Gaillac* fraîcheur perlée" ou le "Muscadet* sur lie".

■ VIN ROSÉ

ROSÉ WINE | Pour obtenir un vin* rosé, il existe 2 méthodes :

1) Les raisins rouges à pulpe blanche sont pressurés, sans macération préalable. Le jus obtenu est légèrement coloré par les anthocyanes* libérées par l'éclatement des pellicules lors du pressurage*. C'est ainsi que l'on obtient les vins gris*.

2) Les raisins rouges sont mis à fermenter pour faire du vin rouge. Après une courte macération, lorsque la coloration souhaitée est atteinte, il est procédé à une saignée de cuve*.

En France, la fabrication de vin rosé par mélange de vin blanc et vin rouge est interdite, sauf pour le champagne* où l'adjonction d'un peu de vin rouge au vin blanc est autorisée (quand le vin de base de la cuvée n'est pas lui-même rosé).

■ VIN SEC

DRY WINE | Vin tranquille* dont la teneur en sucre* résiduel en fin de fermentation est inférieure à 4 g/l.

■ VIN TRANQUILLE

STILL WINE | Vin* traditionnel qui ne contient pas de gaz carbonique. Ce terme est souvent employé pour désigner le vin de base destiné à l'élaboration d'un vin effervescent*.
Le terme "vin tranquille" est également employé par opposition à "vin mousseux" pour désigner certains produits : les Coteaux champenois* sont des "vins tranquilles" de Champagne.

■ VIN VÉGAN

VEGAN WINE | Si le vin* est un produit d'origine 100 % végétale, certains traitements entrant dans le processus d'élaboration peuvent intégrer des ingrédients d'origine animale : c'est le cas du collage* où sont couramment employés la colle de poisson, la gélatine*, le blanc d'œuf*, caséine de lait*… produits rejetés par le véganisme*. Pour obtenir un vin végan, ce traitement aura recours à des substances d'origine végétale telles que la poudre d'algues ou la bentonite (argile).

■ VINAIGRE

VINEGAR | Condiment* acide résultant de la fermentation de vin* ou d'une autre solution alcoolisée. L'oxydation de l'alcool* en acide acétique est due à l'action d'une bactérie aérobie, *l'acétobacter*.
Bien que le vinaigre soit connu depuis des millénaires, le processus d'acidification a été découvert seulement en 1865 par Louis Pasteur*.
Le vinaigre doit contenir au moins 6 % d'acide acétique.
Principales variétés de vinaigre :

- ***Le vinaigre de vin traditionnel*** obtenu en versant du vin (rouge ou blanc) dans un tonneau *(1)* où est restée une "souche" constituée d'une certaine quantité de vinaigre.
- ***Le vinaigre de vin industriel*** est élaboré à partir de vin mélangé avec des copeaux de hêtre trempés dans du vinaigre.
  Une insufflation d'oxygène permet une fabrication rapide en 24 heures.
- ***Le vinaigre d'alcool*** est obtenu en quelques heures en insufflant de l'oxygène dans un mélange de vinaigre et d'alcool* de betterave. Ce vinaigre est naturellement incolore mais il peut être teinté avec du caramel*.
- ***Le vinaigre à l'ancienne*** est un vinaigre traditionnel fabriqué artisanalement.
- ***Les vinaigres aromatisés*** sont nombreux. Les parfums les plus souvent rencontrés sont l'estragon*, l'échalote*, le thym*, la framboise* et le citron*.
- ***Le vinaigre balsamique*** est un vinaigre fabriqué à partir de moût* de raisin blanc vendangé tardivement, cuit et réduit. Il est ensuite vieilli plus ou moins longtemps en fûts de chêne, de châtaignier, de frêne, de cerisier ou de mûrier. Ce produit, de saveur légèrement douce, est une spécialité italienne d'Emilie Romagne.

Source : Photo BG

Vignette d'authentification d'un vinaigre balsamique de Modène

L'Aceto balsamico tradizionale di modena et ***L'Aceto balsamico tradizionale di Reggio Emilia bénéficie d'une A.O.P.****

- ***Le vinaigre de Xérès*** est élaboré en Andalousie à partir de vins mutés locaux. Il est vieilli en fûts de chênes selon le principe de la solera appliqué au Xérès*. Ce vinaigre bénéficie d'une Appellation d'origine contrôlée (D.O.)

On trouve également *le vinaigre de cidre**, *le vinaigre de malt* (obtenu à partir d'un jus d'orge* germée), *le vinaigre de miel** (élaboré avec l'hydromel*), *le vinaigre de lait** (obtenu par culture de levures lactiques sur lactosérum), *le vinaigre de riz**, etc.
Le vinaigre est employé pour condimenter les préparations culinaires, mais aussi comme conservateur et antiseptique.

(1) Chez les maître-vinaigriers d'Orléans, ces fûts de chêne de 240 litres portent le nom de "vaisseaux".

■ VINAIGRETTE (sauce)

VINEGRETTE (sauce) | Sauce* émulsionnée froide composée de sel*, poivre*, vinaigre* et huile*. Cette sauce peut constituer la base de sauces dérivées (ex: sauce ravigote*).

■ VINHO VERDE

Portuguese wine | Vins* blancs et rouges portugais issus essentiellement de cépages Alvarinho, Arinto, Loureiro, Trajadura, Azal, Amaral, Borraçal et Espadeiro. Ces vins, bénéficiant d'une D.O.C.*, sont produits dans le nord-ouest du pays.
Le vignoble, le plus vaste du Portugal, couvre 35 000 ha.

■ VINIFICATION

VINIFICATION | Ensemble des opérations au cours desquelles un moût* de raisin devient progressivement du vin*. Ces opérations sont basées sur des savoir-faire traditionnels mais font aussi appel aux techniques œnologiques modernes. De nombreuses opérations de vinification sont décrites dans l'ouvrage(éraflage*, foulage*, pressurage*, levurage*, sulfitage*, collage*, etc.).

■ VINS DE PAYS (V.D.P.)

French wine classification | *Voir* Vins I.G.P.*.

■ VINS I.G.P. anciennement VINS DE PAYS (V.D.P.)

French wine classification | En application de la nouvelle organisation commune du marché du vin* entrée en vigueur en 2009, les ***Vins de Pays*** existants sont devenus des ***Indications Géographiques Protégées*** (I.G.P.*) viticoles. L'I.N.A.O.* est désormais l'autorité compétente responsable des contrôles relatifs aux exigences établies pour ces vins.
Pour bénéficier de l'I.G.P., les vins doivent répondre aux conditions de production et de commercialisation stipulées par un cahier des charges qui précise notamment les types de produits (rouge, rosé, blanc…) la zone géographique de récolte et d'élaboration, l'encépagement autorisé, le rendement maximum à l'hectare, les normes analytiques spécifiques, etc. Le logo I.G.P. de l'Union européenne figure sur l'étiquetage lorsque la mention *Indication Géographique Protégée* est remplacée par la mention traditionnelle *Vin de Pays*.
Enfin précisons que les Vins I.G.P. peuvent être commercialisés en "Vins de primeurs"* ou "Vins nouveaux" à partir du 3ème jeudi du mois d'octobre suivant la récolte.
Liste des Vins I.G.P (en italique les unités géographiques plus petites avec des productions plus localisées) :

- ***AGENAIS***
  Vins rouges, rosés, blancs et mousseux produits dans le Lot-et-Garonne.
- ***ALPES-DE-HAUTE-PROVENCE***
  Vins rouges, rosés et blancs produits dans les Alpes-de-Haute-Provence.
  ALPES-MARITIMES
  Vins rouges, rosés, blancs et mousseux produits dans les Alpes-Maritimes.
- ***ALPILLES***
  Vins rouges, rosés et blancs produits dans plusieurs communes des Bouches-du-Rhône à proximité des Alpilles.
- ***ARDÈCHE, Ardèche Coteaux de l'Ardèche***
  Vins rouges, rosés, blancs et mousseux produits dans l'Ardèche et plusieurs communes du Gard
- ***ARIÈGE, Ariège Coteaux de la Lèze, Ariège Coteaux du Plantaurel***
  Vins rouges, rosés et blancs produits dans l'Ariège.
- ***ATLANTIQUE***
  Vins rouges, rosés et blancs produits dans la Charente, la Charente-Maritime, la Dordogne, la Gironde et plusieurs communes du Lot-et-Garonne.
- ***AUDE, Aude Coteaux de la Cabrerisse, Aude Coteaux de Miramont, Aude Côtes de Lastours, Aude Côtes de Prouilhe, Aude Hauterive, Aude la Côte révée, Aude Pays de Cucugnan, Aude Val de Cesse, Aude Val de Dagne***
  Vins rouges, rosés et blancs produits dans l'Aude.
- ***AVEYRON***
  Vins rouges, rosés et blancs produits dans l'Aveyron.
- ***BOUCHES-DU-RHÔNE, Bouches-du-Rhône Terre de Camargue***
  Vins rouges, rosés, blancs et mousseux produits dans les Bouches-du-Rhône.
- ***CALVADOS, Calvados Grisy***
  Vins rouges, rosés et blancs produits dans le Calvados.
- ***CÉVENNES***
  Vins rouges, rosés, blancs et mousseux produits dans le Gard.
- ***CHARENTAIS, Charentais Île de Ré, Charentais Saint-Sornin, Charentais Île d'Oléron, Charentais Charente, Charentais Charente-Maritime***
  Vins rouges, rosés et blancs produits dans la Charente et la Charente-Maritime.
- ***CITÉ DE CARCASSONNE***
  Vins rouges, rosés et blancs produits dans plusieurs communes de l'Aude, dont Carcassonne.
- ***COLLINES RHODANIENNES***
  Vins rouges, rosés, blancs et mousseux produits dans certaines communes de l'Ardèche, la Drôme, l'Isère, la Loire et le Rhône.
- ***COMTÉ TOLOSAN, Comté Tolosan***

Bigorre, Comté Tolosan Coteaux et terrasses de Montauban, Comté Tolosan Pyrénées-Atlantiques, Comté Tolosan Tarn-et-Garonne, Comté Tolosan Haute-Garonne, Comté Tolosan Cantal
Vins rouges, rosés, blancs et mousseux produits dans l'Ariège, l'Aveyron, le Cantal, le Gers, la Haute-Garonne, Les Hautes-Pyrénées, les Landes, le Lot, le Lot-et-Garonne, les Pyrénées-Atlantiques, le Tarn et le Tarn-et- Garonne.

- ***COMTÉS RHODANIENS***
Vins rouges, rosés, blancs et mousseux produits dans plusieurs communes de l'Ain, de l'Ardèche, de la Drôme, de l'Isère, de la Loire, du Rhône, de la Saône-et-Loire, de la Savoie et de la Haute-Savoie.
- ***CÔTE VERMEILLE***
Vins rouges, rosés et blancs produits dans 4 communes des Pyrénées-Orientales (Banyuls-sur-Mer, Cerbère, Collioure et Port-Vendres)
- ***COTEAUX DE BÉZIERS***
Vins rouges, rosés et blancs produits dans 17 communes de l'Hérault autour de Béziers.
- ***COTEAUX DE COIFFY***
Vins rouges, rosés, blancs et mousseux produits dans 25 communes du sud-est de la Haute-Marne.
- ***COTEAUX D'ENSÉRUNE***
Vins rouges, rosés et blancs produits dans certaines communes de l'Hérault, à l'ouest de Béziers.
- ***COTEAUX DE GLANES***
Vins rouges, rosés et blancs produits sur 7 communes, dans le Nord du Lot.
- ***COTEAUX DE L'AIN, Coteaux de l'Ain Pays de Gex, Coteaux de l'Ain Revermont, Coteaux de l'Ain Val de Saône, Coteaux de l'Ain Valromey***
Vins rouges, rosés, blancs et mousseux produits dans l'Ain.
- ***COTEAUX DE L'AUXOIS***
Vins rouges, rosés, blancs et mousseux produits dans de nombreuses communes de l'ouest de la Côte-d'Or.
- ***COTEAUX DE NARBONNE***
Vins rouges, rosés et blancs produits dans 11 communes de l'Aude, dont Narbonne.
- ***COTEAUX DE PEYRIAC, Coteaux de Peyriac Haute de Badens***
Vins rouges, rosés et blancs produits dans plusieurs communes de l'Aude et 2 communes de l'Hérault situées à l'ouest d'Olonzac.
- ***COTEAUX DE TANNAY***
Vins rouges, rosés, blancs et mousseux produits dans 36 communes du nord de la Nièvre, dont Tannay.
- ***COTEAUX DES BARONNIES***
Vins rouges, rosés, blancs et mousseux produits dans de nombreuses communes du sud-est de la Drôme.
- ***COTEAUX DU CHER ET DE L'ARNON***
Vins rouges, rosés et blancs produits dans 8 communes du Cher et 2 communes de l'Indre, au sud de Vierzon.
- ***COTEAUX DU PONT DU GARD***
Vins rouges, rosés et blancs produits dans de nombreuses communes de l'est et du sud du Gard.
- ***CÔTES CATALANES, Côtes Catalanes Pyrénées-Orientales***
Vins rouges, rosés et blancs produits dans de nombreuses communes du nord-est des Pyrénées-Orientales.
- ***CÔTES DE GASCOGNE, Côtes de Gascogne Condomois***
Vins rouges, rosés et blancs produits dans le Gers et plusieurs communes des Landes et du Lot-et-Garonne.
- ***CÔTES DE LA CHARITÉ***
Vins rouges, rosés, blancs et mousseux produits dans 19 communes de la Nièvre, dont La Charité-sur-Loire.
- ***CÔTES DE MEUSE***
Vins rouges, rosés et blancs produits dans 15 communes de la Meuse, au sud-est de Verdun.
- ***CÔTES DE THAU, Côtes de Thau Cap d'Agde***
Vins rouges, rosés, blancs et mousseux produits dans 6 communes de l'Hérault, à l'ouest de l'étang de Thau.
- ***CÔTES DE THONGUE***
Vins rouges, rosés, blancs et mousseux produits dans 23 communes de l'Hérault au nord de Béziers.
- ***CÔTES DU LOT, Côtes du Lot Rocamadour***
Vins rouges, rosés, blancs et mousseux produits dans le Lot.
- ***CÔTES DU TARN, Côtes du Tarn Cunac, Côtes du Tarn Cabanes***
Vins rouges, rosés et blancs produits dans de nombreuses communes de l'ouest du Tarn.
- ***DRÔME, Drôme Comté de Grignan, Drôme Coteaux de Montélimar***
Vins rouges, rosés, blancs et mousseux produits dans la Drôme.
- ***FRANCHE COMTÉ, Franche-Comté Buffard, Franche-Comté Coteaux de Champlitte, Franche-Comté Doubs, Franche-Comté Haute Saône, Franche-Comté Motey-Besuche, Franche-Comté Vuillafans, Franche-Comté Offlanges, Franche-Comté Hugier, Franche-Comté Gy***
Vins rouges, rosés, blancs et mousseux produits dans Le Territoire de Belfort, la Haute-Saône, le Doubs et une partie du Jura.

- ***GARD***
  Vins rouges, rosés et blancs produits dans le Gard.
- ***GERS***
  Vins rouges, rosés, blancs et mousseux produits dans le Gers.
- ***HAUTE VALLÉE DE L'AUDE***
  Vins rouges, rosés, gris et blancs produits dans de nombreuses communes de l'Aude autour de Limoux.
- ***HAUTE VALLÉE DE L'ORB***
  Vins rouges, rosés, blancs et mousseux produits dans 32 communes de l'Hérault, au nord de Béziers
- ***HAUTE-MARNE***
  Vins rouges, rosés, blancs et mousseux produits en Haute-Marne.
- ***HAUTE-VIENNE***
  Vins rouges, rosés et blancs produits dans la Haute-Vienne.
- ***HAUTES-ALPES***
  Vins rouges, rosés, blancs et mousseux produits dans les Hautes-Alpes.
- ***ÎLE DE BEAUTÉ***
  Vins rouges, rosés et blancs produits en Haute-Corse et Corse-du-Sud.
- ***ISÈRE, Isère Balmes Dauphinoises, Isère Coteaux du Grésivaudan***
  Vins rouges, rosés et blancs produits dans l'Isère
- ***LANDES, Landes Coteaux de Chalosses, Landes Côtes de l'Adour, Landes Sables Fauves, Landes Sables de l'Océan.***
  Vins rouges, rosés, blancs et mousseux produits dans les Landes.
- ***LAVILLEDIEU***
  Vins rouges et rosés produits dans 13 communes du Tarn-et-Garonne situées à proximité de Montauban. De 1954 à 2011, ces vins étaient classés A.O.V.D.Q.S*.
- ***LE PAYS CATHARE***
  Vins rouges, rosés et blancs produits dans une grande partie de l'Aude et plusieurs communes de l'Ariège.
- ***MAURES***
  Vins rouges, rosés, blancs et mousseux produits dans de nombreuses communes varoises à l'est de Toulon.
- ***MÉDITERRANÉE, Méditerranée Comté de Grignan, Méditerranée Coteaux de Montélimar***
  Vins rouges, rosés, blancs et mousseux produits dans une vaste zone du Sud-est du pays qui s'étend sur tout ou partie de la Corse, des Alpes de Haute Provence, des Hautes Alpes, des Alpes Maritimes, des Bouches-du-Rhône, du Var, du Vaucluse, de la Drôme, de l'Isère, de l'Ardèche, de la Loire et du Rhône.
- ***MONT CAUME***
  Vins rouges, rosés, blancs et mousseux produits dans 12 communes varoises à l'ouest de Toulon
- ***PAYS D'HÉRAULT, Pays d'Hérault Bénovie, Pays d'Hérault Bérange, Pays d'Hérault Cassan, Pays d'Hérault Cessenon, Pays d'Hérault Collines de la Moure, Pays d'Hérault Coteaux de Bessilles, Pays d'Hérault Coteaux de Foncaude, Pays d'Hérault Coteaux de Laurens, Pays d'Hérault Coteaux de Murviel, Pays d'Hérault Coteaux du Salagou, Pays d'Hérault Côtes du Brian, Pays d'Hérault Côtes du Céressou, Pays d'Hérault Mont Baudile, Pays d'Hérault Mont de la Grage, Pays d'Hérault Pays de Bessan, Pays d'Hérault Pays de Caux.***
  Vins rouges, rosés et blancs produits dans l'Hérault.
- ***PAYS D'OC***
  Vins rouges, rosés, blancs et mousseux produits dans les Pyrénées-Orientales, l'Aude, l'Hérault, le Gard et quelques communes de Lozère.
- ***PÉRIGORD, Périgord Dordogne, Périgord Vin de Domme***
  Vins rouges, rosés et blancs produits en Dordogne et à Salviac, commune du Lot.
- ***PUY-DE-DÔME***
  Vins rouges, rosés et blancs produits dans le Puy-de-Dôme.
- ***SABLE DE CAMARGUE***
  Vins rouges, rosés, gris, blancs et mousseux produits dans 12 communes du littoral méditerranéen, des Saintes-Maries-de-la-Mer à Marseillan.
- ***SAINT-GUILHEM-LE-DÉSERT, Saint-Guilhem-le-Désert Val de Montferrand, Saint-Guilhem-le-Désert Cité d'Aniane.***
  Vins rouges, rosés et blancs produits dans de nombreuses communes de l'est de l'Hérault et 2 communes du Gard.
- ***SAINTE-MARIE-LA-BLANCHE***
  Vins rouges, rosés et blancs produits dans 18 communes du sud de la Côte-d'Or, dont Sainte-Marie-la-Blanche, et 1 commune de Saône-et-Loire.
- ***SAÔNE-ET-LOIRE***
  Vins rouges, rosés, blancs et mousseux produits en Saône-et-Loire.
- ***TERRES DU MIDI***
  Vins rouges, rosés et blancs produits dans l'Aude, l'Hérault, le Gard, les Pyrénées-Orientales et quelques communes de Lozère
- ***THÉZAC-PERRICARD***
- Vins rouges, rosés et blancs produits dans 6 communes de l'est du Lot-et-Garonne.
- ***URFÉ, Urfé Ambierle, Urfé Trelins***
  Vins rouges, rosés, blancs et mousseux produits dans de nombreuses communes de la Loire, du nord au sud du département.

- ***VAL DE LOIRE, Val de Loire Allier, Val de Loire Cher, Val de Loire Indre, Val de Loire Indre-et-Loire, Val de Loire Loir-et-Cher, Val de Loire Loire-Atlantique, Val de Loire Loiret, Val de Loire Maine-et-Loire, Val de Loire Marches de Bretagne, Val de Loire Nièvre, Val de Loire Pays de Retz, Val de Loire Sarthe, Val de Loire Vendée, Val de Loire Vienne.***
  Vins rouges, rosés, gris et blancs produits dans tout ou partie du Puy-de-Dôme, de l'Allier, du Cher, de la Nièvre, de l'Indre, du Loir-et-Cher, du Loiret, de l'Indre-et-Loire, de la Sarthe, de la Vienne, des Deux-Sèvres, du Maine-et-Loire, de la Loire-Atlantique et de la Vendée.

Produit sur l'ensemble du bassin viticole dans **14 départements**

- ***VALLÉE DU PARADIS***
  Vins rouges, rosés, gris et blancs produits dans 12 communes du sud-est de l'Aude.
- ***VALLÉE DU TORGAN***
  Vins rouges, rosés, gris et blancs produits dans 2 communes du sud-est de l'Aude, Paziols et Tuchan.
- ***VAR, Var Argens, Var Coteaux du Verdon, Var Sainte Beaume***
  Vins rouges, rosés, blancs et mousseux produits dans le Var.
- ***VAUCLUSE, Vaucluse Aigues, Vaucluse Principauté d'Orange***
  Vins rouges, rosés et blancs produits dans le Vaucluse.
- ***VICOMTÉ D'AUMELAS, Vicomté d'Aumelas Vallée Dorée***
  Vins rouges, rosés et blancs produits dans 14 communes de l'Hérault, dont Aumelas, au nord de l'étang de Thau.
- ***VIN DES ALLOBROGES***
  Vins rouges, rosés, blancs et mousseux produits dans 5 communes de l'Ain et de nombreuses communes de Savoie et de Haute-Savoie
- ***YONNE***
  Vins rouges, rosés, blancs et mousseux produits dans l'Yonne.

Dans les différents vignobles producteurs de Vins I.G.P. on rencontre des cépages bien connus du répertoire ampélographique.

- En Vallée de la Loire sont ainsi cultivés les Gamay*, Grolleau*, Cabernet franc*, Cabernet-Sauvignon*, Pinot noir*, Pineau d'Aunis*, Sauvignon*, Chardonnay*, Chenin blanc*...
- En Aquitaine et en Charentes, Cabernet-Sauvignon*, Cabernet franc*, Merlot*, Tannat*, Côt*, Fer Servadou*, Sauvignon*, Sémillon*, Ugni blanc*, Muscadelle*, Chenin blanc*... constituent l'essentiel de l'encépagement.
- En Midi-Pyrénées et dans le Sud-Ouest, Cabernet-Sauvignon, Cabernet franc, Duras*, Côt, Négrette*, Tannat, Fer Servadou*, Abouriou*, Colombard*, Mauzac*, Len de l'El*, Gros Manseng*, Muscadelle*... sont les cépages les plus présents.
- En Languedoc-Roussillon, grande région des Vins I.G.P., on cultive les Cabernet franc, Cabernet-Sauvignon, Merlot, Syrah*, Cinsault*, Mourvèdre*, Grenache*, Chardonnay, Viognier*, Sauvignon, Mauzac*...
- En Provence-Côte d'Azur, Grenache, Syrah, Cinsault, Carignan*, Mourvèdre, Cabernet franc, Ugni blanc, Clairette*, Bourboulenc*, Grenache blanc*, Rolle*... constituent l'essentiel des plantations.
- La Corse fait une large place aux Barbarossa*, Aleatico, Sciaccarello*, Grenache, Cinsault, Syrah, Vermentino*, Ugni blanc, Muscat à petits grains*, Chardonnay...
- En Rhône-Alpes et Auvergne, Grenache, Syrah, Cinsault, Carignan, Mondeuse*, Gamay, Pinot noir, Marsanne*, Roussane*, Viognier*, Clairette*, Bourboulenc, Jacquère*, Altesse*, Chasselas*... sont cultivés selon les secteurs géographiques
- L'Est de la France et la Bourgogne ont plutôt recours aux Pinot noir, Gamay, Chardonnay, Auxerrois*, Aligoté*, Sauvignon...

■ VINSOBRES

French wine | Vins* rouges * produits en la Vallée du Rhône, A.O.C.* depuis 2006 et reconnus A.O.P.* dans le cadre de l'U.E.

Aire de production : Commune de Vinsobres, dans le sud de la Drôme.

Superficie du vignoble : 585 ha.

Encépagement autorisé* pour l'appellation : Grenache*, Syrah*, Mourvèdre*, Bourboulenc*, Vaccarèse*, Carignan*, Cinsault*, Clairette*, Clairette rose, Counoise*, Grenache blanc*, Grenache gris*, Marsanne*, Muscardin*, Picpoul blanc*, Picpoul noir*, Roussanne*, Terret noir*, Ugni blanc*, Viognier*.

Rendement à l'hectare* : 38 hl.

■ VIOGNIER ou VIONNIER

Grape variety | Cépage* blanc de la Vallée du Rhône septentrionale cultivé sur les aires d'appellation Condrieu*, Château-Grillet*, Côte-Rôtie*, Côtes-du-Rhône Villages*, etc. Après avoir pratiquement disparu vers la moitié du 20ème siècle, sa culture s'est de nouveau développée en France pour couvrir aujourd'hui environ 6 500 ha. Le

Viognier est également planté en Californie, Virginie, Géorgie, Australie, Italie, Grèce, Espagne, Autriche, Suisse, etc.
Vins* produits : blancs généreux, puissants, gras, avec des arômes complexes d'abricot*, coing*, amande* grillée, fleur de tilleul* ou de violette.

■ VIOLET

VIOLET SEA SNAIL | Mollusque marin de forme allongée ayant l'aspect d'une grosse figue violacée *(1)*. Il vit en Méditerranée où il se fixe sur les cailloux, les autres coquillages et les algues. Le violet se consomme cru ou cuit.

(1) Cet aspect lui vaut aussi la dénomination de "figue de mer".

■ VIRÉ-CLESSÉ

French wine | Vins* blancs produits en Bourgogne*, A.O.C.* depuis 1999 et reconnus A.O.P.* dans le cadre de l'U.E. Le nom cadastral du lieu-dit d'origine (climat*) peut être adjoint à l'appellation. La mention "Levrouté" concerne les vins moelleux* issus de vendanges tardives* et ayant subi un élevage long.
Aire de production : 4 communes de Saône-et-Loire, dont Clessé, situées au nord de Mâcon.
Superficie du vignoble : 410 ha.
Encépagement autorisé pour l'appellation : Chardonnay*.
Rendement à l'hectare* : 64 hl (62 hl pour les vins avec mention du climat).

■ VIROFLAY

Vegetable garnish | Garniture* composée de boules d'épinards* de Viroflay, quartiers d'artichauts* sautés et pommes château*.

Source : Nestlé Waters France

■ VITTEL (Grande Source)

French mineral water | Eau minérale naturelle* plate captée à Vittel dans les Vosges. Déclarée d'intérêt public en 1903. Vittel est une des eaux minérales les plus commercialisées en restauration.
Catégorie : moyennement minéralisée.

Composition physico-chimique (en mg/l)	
Cations	Anions
Calcium : 203,8 Magnésium : 43,1 Sodium : 5 Potassium : 1,9	Bicarbonates : 399 Sulfates : 328 Chlorures : 8 Nitrates : 4,3
Fluor : 0,16	
pH à 20°C : 7,6	Minéralisation totale : 844 mg/l

■ VIVANEAU

SNAPPER (fish) | Poisson de mer de la famille des lutjanidés que l'on rencontre sous une centaine d'espèces. Il vit dans les eaux tropicales et subtropicales des océans Pacifique, Atlantique, Indien ...
Le vivaneau ressemble à la dorade* et il se prépare de diverses façons (en papillote*, grillé, en marinade, poché dans un lait de coco*, au gingembre*, etc.)

■ VIVE

WEEVER (fish) | Poisson de mer de la famille des trachinidés vivant enfoui dans le sable et qui est redouté pour ses épines qui propagent un venin très dangereux *(1)*. Il faut distinguer ***la grande vive*** (25 à 35 cm), la plus appréciée, et ***la petite vive*** (15 cm) dont la chair présente moins d'intérêt.

(1) Ce venin détruit les globules rouges du sang.

■ V.M.Q.P.R.D. (Vin Mousseux de Qualité Produit dans une Région Déterminée)

French wine category | Catégorie de vin* instituée par l'U.E. Il s'agit de V.Q.P.R.D.* de type mousseux.

■ VODKA

Brandy | Eau-de-vie* de céréales originaire de la région de Dantzig, en Pologne. Initialement fabriquée à partir de pommes de terre*, elle est aujourd'hui élaborée par distillation *(1)* d'une mélasse alcoolisée de seigle*, blé*, orge*, maïs* ou, plus rarement, de betterave ou de riz*. Actuellement produite dans plusieurs pays, notamment la Russie, la vodka est l'eau-de-vie la plus consommée au monde.
La vodka, spiritueux* presque inodore et insipide, est présentée au consommateur nature ou éventuellement aromatisée avec différentes substances (citron*, herbes*, piment*, etc.).

(1) Trois passages successifs en alambic donnent une eau-de-vie titrant 96 à 98° qui a perdu les arômes et les saveurs de la matière première. Filtrée ensuite sur du charbon de bois de pommier ou de bouleau, cette eau-de-vie est ramenée à 40-43° par addition d'eau distillée.

■ VOL-AU-VENT

Pastry shell or case | Croûte en pâte feuilletée* de forme ronde. Cette grande bouchée est destinée à être garnie d'une préparation en sauce*.

■ VOLNAY

French wine | Vins* rouges produits en Bourgogne*, A.O.C.* depuis 1937 et reconnus A.O.P dans le cadre de l'U.E. Pour les vins dont les récoltes proviennent de parcelles classées "Premier cru", l'appellation communale peut être complétée par le nom du climat* d'origine *(1)* et (ou) par la mention "Premier cru".

Aire de production : communes de Volnay et Meursault, en Côte-d'Or, situées au sud-ouest de Beaune.
Superficie du vignoble : 220 ha.
Encépagement autorisé* pour l'appellation : Pinot noir*, Chardonnay*, Pinot blanc*, Pinot gris*.
Rendement à l'hectare* : 50 hl (48 hl pour les Premiers crus).

(1) "Clos de la Bousse-d'Or", "Clos de la Cave des Ducs", "Les Caillerets, Clos de 60 ouvrées", "Lassolle", "Carelle-sous-la-Chapelle", "Le Village", " Champans", "En Chevret", "Clos de l'Audignac", "Clos du Verseuil", "Fremiets-Clos de la Rougeotte", "La Barre ou Clos-de-la-Barre", "Le Clos-des-Chênes", "Le Clos-des-Ducs", "Les Angles", "Clos de la Chapelle", "Les Brouillards", "Les Lurets", "Les Mitans", "Clos du Château des Ducs", " Pitures-Dessus", " Santenots", "La Gigotte", "Le Ronceret", "Taille-Pieds", "Robardelle" et "Frémiets".

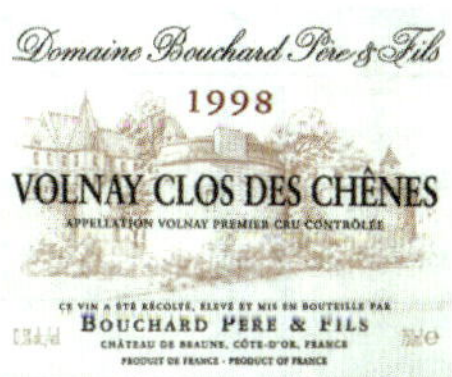

■ VOLVIC

French mineral water | Eau minérale naturelle* plate captée à Volvic, dans le Puy-de-Dôme. Classée eau minérale en 1965 (Source Clairvic).
Catégorie: faiblement minéralisée..

Composition physico-chimique (en mg/l)	
Cations	Anions
Sodium : 11,6 Calcium : 11,5 Magnésium : 8 Potassium : 6,2	Bicarbonates : 71 Chlorures : 13,5 Sulfates : 8,1 Nitrates : 6,3
Silice : 31,7	
pH à 20°C : 7	Minéralisation totale : 130 mg/l

■ VOSNE-ROMANÉE

French wine | Vins* rouges produits en Bourgogne*, A.O.C.* depuis 1936 et reconnus A.O.P* dans le cadre de l'U.E. Pour les vins dont les récoltes proviennent de parcelles classées "Premier cru", l'appellation communale peut être complétée par le nom du climat* d'origine *(1)* et (ou) par la mention "Premier cru".
Aire de production : communes de Vosne-Romanée et Flagey-Echezeaux, en Côte-d'Or, situées au nord de Nuits-Saint-Georges.
Superficie du vignoble : 152 ha.
Encépagement autorisé* pour l'appellation : Pinot noir*, Chardonnay, Pinot blanc* et Pinot gris*.
Rendement à l'hectare* : 58 hl (56 hl pour les Premiers crus).

(1) "Aux Brulées", "Aux Malconsorts", "La Croix Rameau", "Aux dessus des Malconsorts", "Cros Parentoux", "Les Rouges", "Les Orveaux", "Le Clos-des-Réas", "Les Beaux-Monts", "Les Chaumes", "Les Gaudichots", "Les Petits-Monts", "Les Suchots" et "Aux Raignots".

■ VOUGEOT

French wine | Vins* rouges et blancs produits en Bourgogne*, A.O.C.* depuis 1936 et reconnus A.O.P.* dans le cadre de l'U.E. Pour les vins dont les récoltes proviennent de parcelles classées "Premier cru", l'appellation communale peut être complétée par le nom du climat* d'origine *(1)* et (ou) par la mention "Premier cru".
Aire de production : commune de Vougeot, située au nord de Nuits-Saint-Georges en Côte-d'Or.
Superficie du vignoble : 14.3 ha (dont 10,65 ha en vins rouges et 3,65 ha en vins blancs).
Encépagement autorisé* pour l'appellation : Pinot noir*, Chardonnay*, Pinot blanc*, Pinot gris*.
Rendement à l'hectare* : 50 hl pour les vins rouges (48 hl pour les Premiers crus) et 57 hl pour les vins blancs (55 hl pour les Premiers crus).

(1) "Clos de la Perrière", "Le Clos Blanc", "Les Crâs" et "Les Petits Vougeots".

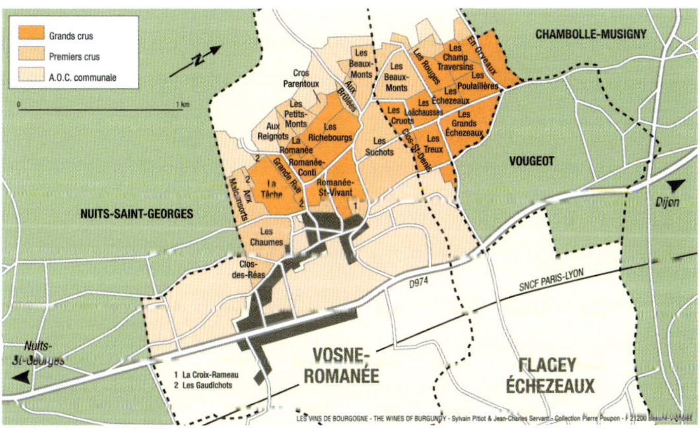

Source : Carte extraite des ouvrages Les Vins de Bourgogne et The Wines of Burgundy de Sylvain Pitiot et Jean-Charles Servant (Collection Pierre Poupon – Hameau de Chevignerot 21200 Beaune-Vignobles. Avec l'aimable autorisation des auteurs.)

■ VOUVRAY

French wine | Vins blancs tranquilles* et effervescents* (mousseux et pétillants) produits dans la Vallée de la Loire, A.O.C.* depuis 1936 et reconnus A.O.P.* dans le cadre de l'U.E. La mention "Val de Loire" peut éventuellement compléter le nom de l'appellation.

Aire de production : 8 communes de l'Indre-et-Loire, dont Vouvray, situées à l'est de Tours.

Superficie du vignoble : 2 200 ha.

Encépagement autorisé* pour l'appellation : Chenin* et Orbois*.

Rendement à l'hectare* : 52 hl pour les vins tranquilles et 65 hl pour les vins effervescents.

Source : D'après doc Gaudron

■ V.Q.P.R.D. (Vin de Qualité Produit dans une Région Déterminée)

French wine classification | Catégorie de vin* instituée par l'U.E. Les vins d'A.O.C.* français sont classés V.Q.P.R.D. au niveau européen. Cette catégorie de vin devrait disparaître et intégrer les A.O.P.*.

■ V.S.I.G (Vin Sans Indication Géographique)

Wine Without Geographical Indication | Nouvelle catégorie de vin* qui remplace les *Vins de table*. L'étiquetage doit faire figurer un certain nombre de mentions obligatoires, notamment la provenance (Etat membre de l'U.E), le volume, le titrage alcoolique, les allergènes*, le message sanitaire sur les dangers de l'alcool, etc. Facultativement, peuvent apparaitre : le millésime*, le cépage*, la teneur en sucre pour les vins tranquilles* (sec, demi-sec, moelleux...), la mention "Nouveau" (la mention "Primeur" étant réservée aux vins à indication géographique - A.O.C* et I.G.P*.) etc.

Source : Adobe Stock

Le clocher de l'église Notre Dame et Saint Jean Baptiste entouré de vignes au-dessus de Vouvray dans l'Indre et Loire

WXYZ

■ WACHOLDER
Brandy | Eau-de-vie* de céréales allemande parfumée aux baies de genièvre*. Ce spiritueux* est semblable au gin*.

■ WASABI
Japanese condiment | Condiment* d'origine japonaise au goût très relevé, préparé avec la racine de la plante éponyme. Il se présente sous forme de pâte verte souvent conditionnée en tube. Le Wasabi est également appelé *Raifort* japonais*.

■ WATERZOÏ
Fish soup | Soupe* de poissons flamande *(1)* liée à la crème fraîche* et au beurre*.

(1) On rencontre également du waterzoï de poulet.*

■ WATTWILLER Source Lithinée
Spring water source | Eau minérale naturelle* plate captée à Wattwiller dans le Haut-Rhin. Reconnue en 1850 par le Ministère de la Santé. Catégorie : faiblement minéralisée.

Composition physico-chimique (en mg/l)	
Cations	Anions
Calcium : 120 Magnésium : 15 Sodium : 3 Potassium : 1,3	Sulfates : 210 Bicarbonates : 160 Chlorures : <5 Nitrates : 0
Zinc : 0,05	
pH à 20°C : 7,3	Minéralisation totale : 450 mg/l

WATTWILLER

■ WELSH RAREBIT
British cheese and bread dish | Spécialité anglaise constituée d'une tranche de pain de mie* grillée et nappée de fromage* fondu dans de la bière*, avec de la moutarde* et du poivre*.

■ WEST COUNTRY FARMHOUSE CHEDDAR
WEST COUNTRY FARMHOUSE CHEDDAR | *Voir* Cheddar*.

■ WESTERMANN (Antoine)
French chef | Cuisinier français né en 1946 à Wissembourg (67). Son parcours professionnel passe par Strasbourg, Vittel, la Suisse, Paris... Il revient à Strasbourg en 1970 pour s'installer au *Buerehiesel* et en faire un haut-lieu de la gastronomie* couronné de trois étoiles au Guide Michelin* en 1994. Sa cuisine, à la fois traditionnelle et créative, magnifie les spécialités du terroir alsacien. En 2006, il transmet sa maison à son fils Eric et rachète *Drouant*, le célèbre restaurant parisien de l'Académie Goncourt, établissement qu'il cédera en 2018.

■ WHISKEY
Brandy | Eau-de-vie* de céréales d'origine irlandaise similaire au whisky*.

■ WHISKY
Brandy | Eau-de-vie* de céréales d'origine écossaise. Cette origine remonterait à l'antiquité mais la référence la plus ancienne n'apparait seulement qu'en 1494 dans un écrit officiel. "Whisky" vient du terme gaélique "Visge Beatha" qui signifie "eau-de-vie". Au début du 17ème siècle apparaît le mot "Viskie" qui deviendra plus tard "Whisky". Selon les matières premières mises en œuvre, on distingue 2 types de whisky :

- ***Le whisky pur malt*** élaboré exclusivement avec de l'orge*.
- ***Le whisky de grain*** dans lequel on trouve, outre l'orge maltée, du maïs*, du seigle*, du blé*, de l'avoine, etc.

A titre d'exemple, la fabrication d'un "Pur malt" se réalise avec les opérations suivantes :

- Le maltage : après avoir trempé 3 jours dans de l'eau de source, l'orge est étalée à même le sol en couche de 30 cm d'épaisseur. Commence alors une germination qui dure environ 12 jours. On obtient ainsi le "malt vert".
- Le séchage-fumage : l'orge germée est séchée et fumée sur une plaque perforée au dessus d'un feu de tourbe, ce qui confère au whisky un parfum et un goût tout à fait particuliers.
- Le brassage : le malt séché est broyé et mélangé avec de l'eau chaude.

- La fermentation : l'amidon se dissout et se transforme en une matière sucrée apte à amorcer une fermentation alcoolique qui est activée par un ajout de levures. Le "wash", produit obtenu à l'issue de la fermentation, titre environ 5°.
- La distillation : le "wash" est distillé en 2 chauffes successives, la première donnant un liquide de 25 à 30° appelé "low wine" et la seconde générant une eau-de-vie titrant 60°.
- Le vieillissement : réduite à 50° par addition d'eau de source, l'eau-de-vie est enfin mise dans des fûts de chêne d'Amérique ayant préalablement contenu du bourbon* ou du sherry*. Durant ce séjour "sous bois" qui va durer de 5 à 15 ans, le whisky se colore, développe ses qualités aromatiques et réduit sa teneur en alcool* qui se situe en général entre 40 et 45° lors de la mise en bouteille.

En dehors de la mention ***Pur malt***, deux indications peuvent apparaître sur une bouteille de Whisky, il s'agit de :
Blend ou ***Blended*** pour désigner un assemblage de plusieurs eaux-de-vie. L'âge éventuellement porté sur l'étiquette est celui de la plus jeune entrant dans le mélange.
Single lorsque l'eau-de-vie provient d'une cuvée unique d'un même distillateur.
L'Ecosse, qui reste le grand pays du whisky, est divisée en 4 régions productrices :

- *Les Lowlands*, au sud du pays.
- *Campbeltown*, sur la péninsule de Kintyre.
- *Islay*, île située à l'ouest de Kintyre.
- *Les Highlands*, au nord du pays.

D'autres pays tels que le Canada, les Etats-Unis, le Japon ou la France produisent également du whisky. Depuis les années 80, nous assistons à la multiplication des distilleries artisanales dans l'hexagone. Nous comptons d'ailleurs 2 whiskies qui bénéficient d'une Indication géographique : Le ***Whisky Breton*** (ou Whisky de Bretagne) et le ***Whisky Alsacien*** (ou Whisky d'Alsace).

■ WHITE LADY

Source : Photo BG

WHITE LADY | Cocktail* préparé au shaker.
1 cl de jus de citron*
2 cl de Cointreau*
4 cl de gin*
Frapper et servir dans un verre à cocktail.

■ WILLIAMINE

Brandy | Eau-de-vie de poire williams* du Valais fabriquée par la distillerie Morand. C'est en 1953 que la marque "Williamine" fut déposée auprès des autorités suisses. Aujourd'hui, ce produit haut de gamme est mondialement connu.

■ WILLIAMS

WILLIAMS (or Bartlett; pear variety) | *Voir* Poire*.

■ WORCESTERSHIRE SAUCE

Source : Photo BG

WORCESTERSHIRE SAUCE | Condiment* liquide qui aurait été découvert aux Indes par un Britannique originaire du Comté de Worcester, ce qui expliquerait son nom. En France, il est communément appelé "sauce anglaise".
Actuellement fabriquée en Grande-Bretagne, la Worcestersauce est élaborée à partir de vinaigre* de malt, de sucre*, d'échalote*, d'ail*, de sel*, de tamarin*, de piment*, de girofle*, de noisette*, d'extrait de viande, d'essence d'anchois* et d'épices* diverses. Elle est utilisée pour aromatiser les steaks tartare*, les sauces* (ex : sauce cocktail*), les ragoûts*, les potages*, les cocktails*, etc.

■ WRAP

Sandwich | Alternative au sandwich* traditionnel, le wrap est galette fine roulée diversement garnie. Il est présenté entier ou coupé en tranches.

■ XÉRÈS

Spanish wine | Vins* vinés espagnols produits en Andalousie et bénéficiant d'une D.O.*. Ils sont issus principalement de cépage* Palomino.
Les xérès sont élaborés à partir d'un vin* sec additionné d'eau-de-vie* de vin pour aboutir à un titrage alcoolique de 15,5° à 18°. Vient ensuite un vieillissement en fûts sans ouillage plus ou moins long, mais jamais inférieur à 3 ans.
C'est ensuite qu'intervient un processus original d'assemblage des vins jeunes avec des vins plus âgés appelé principe de *la solera (1)*.
On distingue plusieurs types de xérès :

- ***Les Finos*** (secs et légers)
- ***Les Manzanillas*** (fins et légers)
- ***Les Amontillados*** (secs, charpentés, goût de noisette*)
- ***Les Olorosos*** (corsés, goût de noix*)
- ***Les Creams*** (assemblage d'Olorosos et de vins issus de cépage Pedro Ximenes).

(1) Dans les chais d'élevage, les tonneaux de 600 litres sont placés les uns sur les autres sur 3, 4 ou 5 rangées horizontales. Ces tonneaux ne sont remplis qu'aux 5/6èmes de leur capacité, la rangée inférieure contenant les vins les plus vieux et les rangées supérieures recevant les vins les plus jeunes. Lorsque le capataz (maître de chai) considère que le vin de la solera (rangée du sol) est apte à être consommé, il en soutire une petite partie. Le volume prélevé sera compensé par du vin provenant de la rangée supérieure et c'est ainsi que progressivement, les vins les plus jeunes descendront vers les barriques inférieures pour être assemblés aux vins les plus âgés.

■ YAOURT ou YOGHOURT

YOGURT | Produit obtenu par fermentation du lait* grâce à deux bactéries lactiques. En France, le yaourt est essentiellement fabriqué à partir de lait de vache, mais le lait de brebis est couramment employé au Pays basque ainsi qu'en Bulgarie et en Grèce. Les effets bénéfiques du yaourt sur la santé humaine sont connus depuis longtemps (François 1er ne soigna-t-il pas une infection intestinale avec une cure de yaourt de brebis ?), mais c'est seulement au début du 20ème siècle qu' Elie Metchnikoff *(1)* prouva scientifiquement l'intérêt du produit dans notre alimentation. En 1919, la Société Danone, basée à Barcelone, produit ses premiers yaourts qui seront d'abord distribués en pharmacie.

Source : M. Bury/Cedus

(1) Biologiste d'origine ukrainienne, Professeur à l'Institut Pasteur, Prix Nobel de physiologie et de médecine. En isolant deux bactéries lactiques (Lactobacillus bulgaricus et Streptococcus thermophilus) et en maîtrisant leur culture, il donna les moyens de fabriquer des yaourts de qualité régulière.*

■ YONNE (vin)

YONNE (wine) | Voir Vins I.G.P.*.

■ YUZU

Yuzu | Agrume* originaire du Sud-Est asiatique qui serait un hybride issu du croisement d'une mandarine* sauvage et d'un citron*. Aujourd'hui, si le yuzu est principalement produit et consommé au Japon, il est employé dans bien d'autres pays, y compris en France.

Source : Adobe Stock

Le fruit, qui possède peu de pulpe et de gros pépins, est modérément juteux. Sa peau épaisse permet de prélever des zestes* riches en huiles essentielles exhalant un arôme puissant utilisé en pâtisserie et en cuisine.

■ ZAKOUSKI

Russian hors d'œuvre | En Russie, assortiments d'amuse-bouche* ou de petits hors-d'œuvre* servis avant le repas, avec de la vodka*.

■ ZARZUELA

Catalan seafood dish | Préparation culinaire catalane réalisée à partir de poissons et fruits de mer, à l'instar de la bouillabaisse*. La zarzuela est parfumée au safran* et agrémentée de jambon de Serrano*.

■ ZESTE

ZEST | Partie superficielle de l'écorce d'une orange*, d'un citron* ou d'un autre agrume*. Le zeste doit être prélevé sur des fruits très propres et non traités.

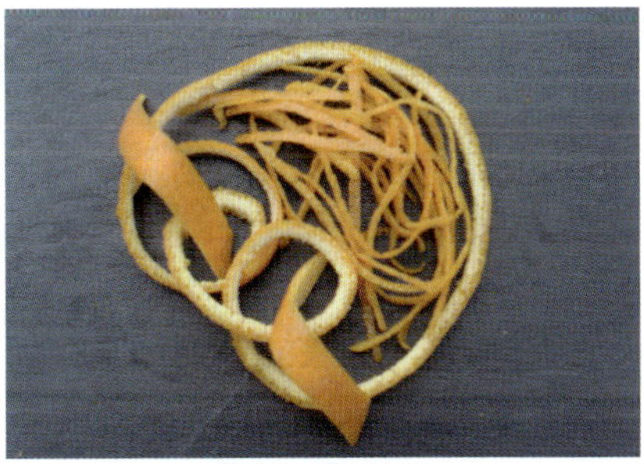

Source : Photo BG

Zestes d'orange

■ ZILIA

Spring water sauce | Eau de source* captée à Zilia en Haute-Corse.
Catégorie : faiblement minéralisée.
pH à 20 °C : 7,5.
Minéralisation totale : 104 mg/l.

■ ZINGARA

Garnish | Garniture* composée de tomates* concassées et de jambon*, langue écarlate*, champignons* et truffes* détaillés en julienne*. L'ensemble est sué au beurre*, déglacé au madère* et lié avec une demi-glace* tomatée additionnée d'estragon*.

LES TERMES PAR THÈMES

① BOISSONS

1.1 Les vins français
1.2 Les vins étrangers
1.3 La viticulture, les vinifications, l'œnologie, la dégustation, le service des vins…
1.4 Les apéritifs, les digestifs, les eaux-de-vie et autres spiritueux
1.5 Les cocktails
1.6 Les eaux minérales et autres boissons

Source : Adobe Stock

② PRODUITS AGROALIMENTAIRES

2.1 Les légumes, les fruits, les céréales…
2.2 Les plantes aromatiques, les épices, les condiments…
2.3 Les viandes, les gibiers, les volailles, les abats…
2.4 Les poissons, les coquillages, les crustacés…
2.5 Les fromages, les produits laitiers, les œufs…
2.6 Les produits et substances agroalimentaires divers

Source : Adobe Stock

Source : Adobe Stock

③ PRÉPARATIONS CULINAIRES

3.1 Les potages, les soupes, les consommés…
3.2 Les entrées ou hors d'œuvre, les œufs…
3.3 Les poissons, les coquillages, les crustacés…
3.4 Les viandes, les gibiers, les volailles, les charcuteries…
3.5 Les garnitures, les salades, les préparations végétales diverses…
3.6 Les sauces, les beurres composés…
3.7 Les crèmes, les pâtes, les pâtes alimentaires…
3.8 Les desserts, les entremets, les pâtisseries, les confiseries, les pains…
3.9 Les préparations diverses

④ GASTRONOMIE ET ARTS DE LA TABLE

4.1L'histoire de la gastronomie et de l'alimentation, la bibliographie culinaire…
4.2 Les arts de la table

⑤ DIVERS

5.1 Les termes divers relatifs à la restauration et l'alimentation (pratiques alimentaires, organisation des productions, réglementation…)

① BOISSONS

1.1 LES VINS FRANÇAIS

Agenais - Ajaccio – Aloxe-Corton – Alpes-de-Haute-Provence – Alpes-Maritimes – Alpilles – Alsace – Alsace Grand Cru – Anjou – Anjou Coteaux de la Loire – Anjou Gamay – Anjou Mousseux ou Pétillant – Anjou-Villages – Anjou-Villages Brissac – A.O.C. – A.O.P. – A.O.V.D.Q.S. – Arbois – Ardèche – Ariège – Atlantique – Aude – Auxey-Duresses – Aveyron – Bandol – Banyuls – Banyuls Grand cru – Barsac – Bâtard-Montrachet – Béarn – Beaujolais – Beaujolais Nouveau ou Primeur – Beaujolais Supérieur – Beaujolais-Villages – Beaumes-de-Venise – Beaune – Bellet – Bergerac – Bienvenues-Bâtard-Montrachet – Blagny – Blanc Fumé de Pouilly – Blanquette de Limoux – Blanquette Méthode Ancestrale – Blaye – Blaye-Côtes de Bordeaux – Bonnes Mares – Bonnezeaux – Bordeaux - Bordeaux Clairet – Bordeaux Haut-Benauge – Bordeaux supérieur – Bouches-du-Rhône – Bourgogne – Bourgogne Aligoté – Bourgogne Clairet – Bourgogne Gamay – Bourgogne Mousseux – Bourgogne Passe-tout-grain - Bourgueil – Bouzeron – Bouzy – Brouilly – Brulhois – Bugey – Bugey Mousseux ou Pétillant – Bugey-Cerdon Mousseux ou Pétillant – Bugey-Montagnieu Mousseux ou Pétillant – Buzet – Cabardès – Cabernet d'Anjou – Cabernet de Saumur – Cadillac – Cadillac-Côtes de Bordeaux – Cahors – Cairanne – Calvados – Canon Fronsac – Capsule C.R.D. – Cassis – Castillon-Côtes de Bordeaux – Cérons – Cévennes – Chablis – Chablis Grand cru – Chablis Premier cru – Chambertin – Chambertin Clos de Bèze – Chambolle-Musigny – Champagne – Chapelle-Chambertin - Charentais – Charlemagne – Charmes-Chambertin – Chassagne-Montrachet – Château-Chalon – Château Grillet – Châteaumeillant – Châteauneuf-du-Pape – Châteaux du Bordelais – Châtillon-en-Diois – Chénas – Chevalier-Montrachet – Cheverny – Chinon – Chiroubles – Chorey-lès-Beaunes – Cité de Carcassonne – Clairette de Bellegarde – Clairette de Die – Clairette de Die Méthode ancestrale – Climat – Clos de la Roche – Clos de Tart – Clos de Vougeot – Clos des Lambrays – Clos Saint-Denis – Collines Rhodaniennes – Collioure – Comté Tolosan – Comtés Rhodaniens – Condrieu – Corbières – Corbières Boutenac – Cornas – Corrèze – Corse – Corton – Corton-Charlemagne – Costières de Nîmes – Côte de Beaune – Côte de Beaune-Villages – Côte de Brouilly – Côte de Nuits-Villages – Côte Roannaise – Côte Rôtie – Côte Vermeille – Coteaux Bourguignons – Coteaux Champenois – Coteaux d'Aix-en-Provence – Coteaux d'Ancenis – Coteaux d'Ensérune – Coteaux de Béziers – Coteaux de Coiffy – Coteaux de Die – Coteaux de Glanes – Coteaux de l'Ain – Coteaux de l'Aubance – Coteaux de l'Auxois – Coteaux de Narbonne – Coteaux de Peyriac – Coteaux de Saumur – Coteaux de Tannay – Coteaux de Coiffy – Coteaux des Baronnies – Coteaux du Cher et de l'Arnon – Coteaux du Giennois – Coteaux du Layon – Coteaux du Layon Premier cru – Coteaux du Loir – Coteaux du Lyonnais – Coteaux du Pont du Gard – Coteaux du Quercy – Coteaux du Vendômois – Coteaux Varois en Provence – Côtes Catalanes – Côtes d'Auvergne – Côtes de Bergerac – Côtes de Blaye – Côtes de Bordeaux – Côtes de Bordeaux Saint-Macaire – Côtes de Bourg – Côtes de Duras – Côtes de Gascogne – Côtes de la Charité – Côtes de Meuse – Côtes de Millau – Côtes de Montravel – Côtes de Provence – Côtes de Thau – Côtes de Thongue – Côtes de Toul – Côtes du Forez – Côtes du Jura – Côtes du Lot – Côtes du Marmandais – Côtes-du-Rhône – Côtes-du-Rhône Villages – Côtes du Roussillon – Côtes du Roussillon les Aspres – Côtes du Roussillon Villages – Côtes du Tarn – Côtes du Vivarais – Coulée de Serrant – Cour-Cheverny – Crémant – Crémant d'Alsace – Crémant de Bordeaux – Crémant de Bourgogne – Crémant de Die – Crémant de Limoux – Crémant de Loire – Crémant de Savoie – Crémant du Jura – Criots-Batard-Montrachet – Crozes-Hermitage – Cru Bourgeois – Drôme – Duché d'Uzès – Échezeaux – Edelzwicker – Encépagement (autorisé) – Entraygues-Le Fel – Entre-deux-mers – Entre-deux-mers Haut-Benauge – Ermitage – Estaing – Étiquette (d'une bouteille de vin) – Faugères – Fiefs Vendéens – Fitou – Fixin – Fleurie – Franche-Comté – Francs-Côtes de Bordeaux – French Paradox – Fronsac – Frontignan – Fronton – Gaillac – Gaillac Mousseux – Gaillac Perlé – Gaillac Premières Côtes – Gard – Gers – Gevrey-Chambertin – Gigondas – Givry – Grand Roussillon – Grande Rue – Grands- Échezeaux – Graves – Graves de Vayres – Graves Supérieures – Grignan-les-Adhémars – Griotte-Chambertin – Gros Plant du Pays Nantais – Haut-Médoc – Haut-Montravel – Haut-Poitou – Haute Vallée de l'Aude – Haute Vallée de l'Orb – Haute-Marne – Haute-Vienne - Hautes-Alpes – Hermitage – Hospices de Beaune – I.G.P. – Île de Beauté – I.N.A.O. – Irancy – Irouléguy – Isère – Jasnières – Juliénas – Jurançon – Klevener de Heiligenstein – La Clape – Ladoix – La Grande Rue – Lalande-de-Pomerol – Lambrusco – Landes – Languedoc – La Romanée – La Tâche – Latricières-Chambertin – Lavilledieu – Le Pays Cathare – Les Baux-de-Provence – L'Étoile – Limoux Blanquette de Limoux – Limoux Blanquette ancestrale – Lirac – Listrac Médoc – Loupiac – Luberon – Lussac-Saint-Émilion – Mâcon – Mâcon Villages – Macvin du Jura – Madiran – Maranges – Marcillac – Margaux – Marsannay – Maures

– Maury – Mazis-Chambertin – Mazoyères-Chambertin – Méditerranée – Médoc – Menetou-Salon – Mercurey – Meursault – Minervois – Minervois-la-Livinière – Monbazillac – Mont Caume – Montagne-Saint-Émilion – Montagny – Monthélie – Montlouis-sur-Loire – Montrachet – Montravel – Morey-Saint-Denis – Morgon – Moselle – Moulin-à-vent – Moulis – Muscadet – Muscadet-Coteaux de la Loire – Muscadet-Côtes de Grand lieu – Muscadet-Sèvre et Maine – Muscat de Beaumes-de-Venises – Muscat de Frontignan – Muscat de Lunel – Muscat de Mireval – Muscat de Rivesaltes – Muscat de Saint-Jean-de-Minervois – Muscat du cap Corse – Musigny – Nuits-Saint-Georges – Orléans – Orléans-Cléry – Pacherenc du Vic-Bilh – Palette – Patrimonio – Pauillac – Pays d'Hérault – Pays d'Oc – Pécharmant – Périgord – Pernand-Vergelesses – Pessac-Léognan – Petit Chablis – Pic Saint-Loup – Picpoul de Pinet – Pierrevert – Pineau des Charentes – Pomerol – Pommard – Pouilly-Fuissé – Pouilly-Fumé – Pouilly-Loché – Pouilly-sur-Loire – Pouilly-Vinzelles – Premières Côtes de Bordeaux – Puisseguin-Saint-Émilion – Puligny-Montrachet – Puy-de-Dôme – Quarts de Chaume Grand cru – Quincy – Rasteau – Régnié – Reuilly – Richebourg – Rivesaltes – Romanée (la) – Romanée-Conti – Romanée-Saint-Vivant – Rosé d'Anjou – Rosé de Loire – Rosé des Riceys – Rosette – Roussette de Savoie – Roussette du Bugey – Ruchottes-Chambertin – Rully – Sable de Camargue – Saint-Amour – Saint-Aubin – Saint-Bris – Saint-Chinian – Saint-Guilhem-de-Désert – Saint-Émilion – Saint-Émilion Grand cru – Saint-Estèphe – Saint-Georges-Saint-Émilion – Saint-Joseph – Saint-Julien – Saint-Mont – Saint-Nicolas-de-Bourgueil – Saint-Peray – Saint-Pourçain – Saint-Romain – Saint-Sardos – Saint-Véran – Sainte-Croix-du-Mont – Sainte-Foy-Côtes de Bordeaux – Sainte-Marie-La-Blanche – Sancerre – Santenay – Saône-et-Loire – Saumur – Saumur-Champigny – Saumur Mousseux – Saumur Rosé – Saussignac – Sauternes – Savennières – Savennières-Roche aux moines – Savigny-lès-Beaune – Savoie – Seyssel – Tâche (la) – Tavel – Terrasses du Larzac – Terres du Midi – Thézac-Perricard – Touraine – Touraine Amboise – Touraine Azay-le-Rideau – Touraine Chenonceaux – Touraine Mesland – Touraine Noble Joué – Touraine Oisly – Tursan – Urfé – Vacqueras – Val de Loire – Valençay – Vallée du Paradis – Vallée du Torgan – Var –Vaucluse – V.D.L. – V.D.N. – Ventoux – Vézelay – Vicomté d'Aumelas – Vin – Vin d'Alsace – Vin de Bellet – Vin de Corse – Vin de Savoie – Vin des Allobroges – Vins de Pays – Vins I.G.P. – Vinsobres – Viré-Clessé – V.M.Q.P.R.D. – Volnay – Vosnes-Romanée – Vougeot – Vouvray – V.Q.P.R.D. – V.S.I.G. – Yonne.

1.2 LES VINS ÉTRANGERS

Asti Spumante – Auslese – Barbaresco – Bardolino – Barolo - Beerenauslese – Brunello di Montalcino – Cava – Chianti – Commandaria – Coteaux de Mascara – Crémant du Luxembourg – Dão – D.O. – D.O.C. – D.O.C.G. – Dôle – Egri Bikavér – Eiswein – Est ! Est ! Est !!! Di Montefiascone – Fendant – Franciacorta – Frascati – Icewine – I.G.P. – I.G.T. – I.P.R. – Jerez – Johannisberg – Kabinett – Lacrima Christi – Madère – Malaga – Malepère – Marsala – Montepulchiano d'Abbruzo – Moscatel de Setubal – Muscat de Patras – Muscat de Samos – Opus One – Penedés – Porto – Proseco – Qualitätswein – Qualitätswein mit Prädikat – Restina – Ribera del Duero – Rioja – Sang de Taureau – Sekt– Sherry – Shizen – Soave – Spätles – Tokay Aszu – Trento – Trockenbeerenauslese – Valdepeñas – Valpolicella – Vega-Sicilia – Vinho Verde – V.M.Q.P.R.D. – Xérès.

1.3 LA VITICULTURE, LES VINIFICATIONS, L'ŒNOLOGIE, LA DÉGUSTATION, LE SERVICE DES VINS...

Abouriou – Acescence – Agriculture biodynamique – Agriculture biologique – Agriculture raisonnée – Agueusie – Airén – Aligoté – Altesse – Ampélographie – Anosmie – Anthocyanes – Arbanne – Arbois – Arôme – Arrufiac – Aspiran – Aubaine – Aubin – Aubun – Auvernat – Auxerrois – Baco blanc – Bag-in-box – Balthazar – Barabarossa – Barbaroux – Baroque – Beaunois – Beguignol – Bianco Gentile – Blanc Dame – Blanc de blancs – Blanc de noirs – Blanc Ramé – Blanquette – Bordelais – Botrytis cinerea – Bouchet – Bouchon – Bouchon (goût de) – Bouquet du vin – Bourboulenc – Brachet – Breton – Cabernet(s) – Cahors – Calitor – Camaralet – Camarèse – Carignan – Carmenère – Castets – Cépage – César – Chalosse(s) – Chaptalisation – Chardonnay – Chasselas – Chenin – Chevrier – Cinsault – Clairet – Clairette – Clavelin – Climat – Codivarta – Coefficient K – Collage – Colombard – Colombier – Côt – Counoise – Courbu – Crémant – Cruchinet – Cryoextraction sélective – Cuvage/Cuvaison – Dame-Jeanne – Débourbage – Décantage/Décantation – Degré alcoolique – Dégustation – Dégustation à l'aveugle – Dégustation analytique – Dégustation d'agréage – Dégustation hédonique – Dégustation horizontale – Dégustation verticale – Dom Pérignon – Dongine – Doucillon – Duras – Egrappage – Élevage – Encépagement (autorisé) – Éraflage – Étraire de la Dui – Fer Servadou – Fermentation alcoolique – Fermentation malolactique – Fiasque – Flaveur – Folle blanche – Folle noire – Foulage

– gamay – Gamay blanc – Gamay de Bouze – Gamay de Chaudenay – Gay-Lussac (degré) – Gewurztraminer – Graisse – Grenache – Grenache blanc – Grenache gris – Gringet – Grolleau – Gros Manseng – Gros Plant – Gutedel – Icewine – Impériale – Jacquère – Jéroboam – Joubertin – Jurançon blanc – Jurançon noir – Klevner – Lauzet – Len de Lel – Levurage – Levures alcooliques – Lie – Liqueur de tirage – Liqueur d'expédition ou de dosage – Listan – Lladonner Pelut – Longueur en bouche – Maccabéo – Macération carbonique – Madérisation – Magnum – Malbec – Malvoisie – Manseng – Manseng noir – Marie-Jeanne – Marsanne – Mathusalem – Mauzac – Mayorquin – Melchior – Melchizedec – Melon d'Arbois – Melon de Bourgogne – Menu Pineau – Merille – Merlot – Merlot blanc – Mescle – Meslier Saint-François – Méthode ancestrale – Méthode champenoise – Méthode Charmat – Méthode dioise – Méthode gaillacoise – Méthode Gancia – Méthode par transfert – Méthode traditionnelle – Meunier – Milgranet – Millésime – Mistelle – Molette – Mondeuse – Mondeuse blanche – Montils – Morterille – Mosser – Mourvèdre – Moût – Mouyssaguès – Müller-Thurgau – Muscadelle – Muscadet – Muscardin – Muscat – Muselet – Mustimètre – Mutage – Nabuchodonosor – Naturé – Négrette – Nielluccio – Noah – Noirien – Œchsle (degré) – Œnologie – Œnophile – Ondec – Orbois – Ouillage – P.A.I. – Pascal blanc – Passerillage – Pécoui-Touar – Périgord – Persan – Petit Manseng – Petit Verdot – Phylloxera – Picardan – Picpoul blanc – Picpoul noir – Pied de cuve – Pigeage – Pineau de la Loire – Pineau d'Aunis – Pinenc – Pinot Auxerrois – Pinot Beurrot – Pinot Blanc – Pinot gris – Pineau Liébault – Pinot Meunier – Pinot noir – Pinotage – Ploussard – Pot de Beaujolais – Poulsard – Pourriture noble – Prélongeau – Pressac – Pressurage – Primat – Pruine – Raffiat de Moncade – Rebêche (vin de) – Réfractomètre – Rehoboam – Remontage – Rendement à l'hectare – Riesling – Rivairenc – Robe du vin – Rolle – Romorantin – Roussan – Roussanne – Rousselou – Roussette – Sacy – Saignée de cuve – Salmanazar – Salomon – Sapidité – Sauvignon – Savagnin – Sciaccarello – Sélection de grains nobles (S.G.N.) – Sémillon – Servanin – Skin contact – Soutirage – Souverain – Spagnol – Sulfitage – Sylvaner – Syrah – Tanin – Tanisage – Tannat – Taste-vin – T.A.V.N.M. – Terret blanc – Terret noir – Tibouren – Tire-bouchon – Tourbat – Tressallier – Tressot – Trousseau – Ugni blanc – Vaccarèse – Vendange tardive (V.T.) – Verdesse – Verdot – Vermentino – Vin – Vin bourru – Vin cuit – Vin de garde – Vin de glace – Vin de goutte – Vin de paille – Vin de presse – Vin de primeur – Vin demi-sec – Vin doux – Vin effervescent – Vin en tube – Vin gris – Vin jaune – Vin liquoreux – Vin monocépage – Vin moelleux – Vin mousseux – Vin naturellement doux – Vin nouveau – Vin pétillant – Vin perlant – Vin rosé – Vin sec – Vin tranquille – Vin végan – Vinification – Viognier.

1.4 LES APÉRITIFS, LES DIGESTIFS, LES EAUX-DE-VIE ET AUTRES SPIRITUEUX

A.B.A. – Absinthe – A.B.V. – Advocaat – Aguardiente – Akvavit – Alcool – Alcool dénaturé – Alcool d'industrie – Alcool fermier – Alcool rectifié – Alcoolat – Amaretto – Ambassadeur – Angostura – Anis – Anisé – Anisette – Apérol – Applejack – Apricot Brandy – Aquavit – Arak – Armagnac – Armagnac-Ténarèze – Avèze – Bacardi – Baileys – Bardouin (Henri) – Bas-Armagnac – Bénédictine – Berger – Birlou – Bitter – Blanche Armagnac – Bois ordinaires – Bonal – Bons bois – Borderies – Bourbon Whiskey – Brandy – Brannvin – Byrrh – Calvados – Calvados Domfrontais – Calvados Pays d'Auge – Campari – Carpano – Casanis – Cassis de Dijon – Cassis de Saintonge – Chambery (vermouth de) – Chartreuse – Cherry brandy – Cherry Peter Heering – Choum – Cinzano – Clacquesin – Cocody – Coconut – Cognac – Cointreau – Compte d'âge – Corn whiskey – Crème (spiritueux) – Crème de cassis de bourgogne – Crème de cassis de Dijon – Curaçao – Cynar – Dolin – Drambuie – Dubonnet – Duval – Eau-de-vie - Eau-de-vie blanche – Eau-de-vie de cidre de Bretagne – Eau-de-vie de cidre de Normandie – Eau-de-vie de cidre du Maine – Eau-de-vie de Cognac – Eau-de-vie de Dantzig – Eau-de-vie de Faugères – Eau-de-vie de marc champenois – Eau-de-vie de marc des Côtes-du-Rhône – Eau-de-vie de marc de Provence – Eau-de-vie de marc du Languedoc – Eau-de-vie de poiré de Normandie – Eau-de-vie de vin de la Marne – Eau-de-vie de vin des Côtes-du-Rhône – Eau-de-vie de vin originaire du Bugey – Eau-de-vie de vin du Languedoc – Eau-de-vie des Charentes – Esprit de Cognac – Fernet-Branca – Fine – Fine Bordeaux – Fine Bretagne – Fine Champagne – Fine Champenoise – Fine de Bourgogne – Fine des Côtes-du-Rhône – Fine du Bugey – Fine du Languedoc – Fine du Maine – Fine Faugères – Fins bois – Floc de Gascogne – Floranis – Framboise (eau-de-vie) – Framboise d'Alsace – Frontignan – Gay-Lussac (degré) – Génépi – Genever – Genièvre (eau-de-vie) – Gentiane (spiritueux) – Get 27 – Gin – Grand Marnier – Grande Absente – Grande Champagne – Grande Fine Champagne – Grappa – Guignolet – Haut-Armagnac – Irish whiskey – Izarra – Jenever – Kahlúa – Kibowi – Kirsch – Kirsch d'Alsace – Kirsch de Fougerolles – Korn – Kummel – Lambig de Bretagne – Lillet – Liqueur – Malibu – Mandarine Napoléon

– Manzana verde – Marasquin – Marc – Marc d'Alsace Gewurztraminer – Marc d'Auvergne – Marc de Bourgogne – Marc de Champagne – Marc de Savoie – Marc de Provence – Marc des Côtes-du-Rhône – Marc du Bugey – Marc du Jura – Marc du Languedoc – Marie Brizard – Martini – Martinique (rhum) – Mescal – Mirabelle (eau-de-vie) – Mirabelle d'Alsace – Mirabelle de Lorraine – Mominette – Muse verte (la) – Noilly Prat – Ouzo – Part des anges – Passoã – Pastis – Pastis 51 – Pernod 45 – Pernod aux extraits de plantes d'absinthe – Petite Champagne – Picon – Pimm's N°1 – Pippermint Get – Pisang Ambon – Poire Williams (eau-de-vie) – Pommeau de Bretagne – Pommeau de Normandie – Pommeau du Maine – Pontarlier-anis – Prune (eau-de-vie) – Punt e Mes – Quetsche (eau-de-vie) – Quetsche d'Alsace – Quinquina – Raki – Ratafia champenois – Rhum – Rhum de Guadeloupe – Rhum de Guyane – Rhum de la Réunion – Rhum de sucrerie de la Baie du Galion – Rhum des Antilles françaises – Rhum des départements français d'Outre-mer – Ricard – Rye Whiskey – Safari – Saint-Raphaël – Saké – Salers (spiritueux) – Schnaps – Scotch – Slivovitz – Soho – Southern Comfort – Spiritueux – Straight Whiskey – Suze – Tafia – Ténarèze – Tequila – Triple-sec – Trou Normand – V.D.L. – V.D.N – Vermouth – Verveine du Velay – Vodka – Wacholder – Whiskey – Whisky – Williamine.

1.5 LES COCKTAILS

After dinner – After lunch – Alaska – Alexander – Américano – Armagnac Sour – Bacardi (cocktail) – Balalaïka – Banana Bliss – B and B – Barbottage – Bellini – Black Russian – Bloody Mary – Blue Lagoon – Bourbon Collins – Bourbon Old Fashioned – Bourbon Sour – Brandy Collins – Brandy Egg Nogg – Brandy Fizz – Brandy Flip – Brandy Old Fashioned – Brandy Sour – Bronx – Buck Fizz – Canari – Cardinal – Champagne Cocktail – Champagne Pick me up – Clover Club – Cobblers – Cocktail – Coffe – Collins – Coolers – Crustas – Cuba-Libre – Cups – Daiquiri – Daisies – Dry Martini – Dubonnet Cocktail – Egg Nogg – Émeraude – Fancy Drink – Feuille morte – Fixes – Fizzes – Flips – Florida – Garibaldi – Gibson – Gimlet – Gin Fizz – Gin Sour – God Father – God Mother – Golden Fizz – Grasshopper – Highballs – Irish Coffee – Jack Rose – Juleps – Kir – Kir Royal – Larzac – Long drinks – Macca – Manhattan – Margarita – Marquisette – Mauresque – Mixologie – Mocktail – Mojito – Mojito Criollo – Négroni – On the Rocks – Orange Blossom – Paradise – Perroquet – Pimm's N°1 (cocktail) – Piña Colada – Pink Gin – Pink Lady – Planters's Punch – Porto Flip – Punches ou Punchs – Pussy Foot – Rainbows – Red Lion – Rhum Collins – Rhum Fizz – Rob Roy – Rose – Rusty Nail – Rye Collins – Rye Sour – Sangria – Scotch Collins – Scotch Sour – Screwdriver – Shaker – Sherry Flip – Short Drinks – Side car – Silver Fizz – Singapore Sling – Soft Drink (cocktail) – Soleil levant – Soupe de Champagne – Sours – Spritz – Stinger – Suissesse – Tampico – Tequila Sunrise – Tom Collins – Tomate – Trinity – Troïka – Verre à mélange – White Lady.

1.6 LES EAUX MINÉRALES ET AUTRES BOISSONS

Abatilles – Acqua Panna – Aix – Alet – Amélie-la-Reine – Appollinaris – Arcens – Arvie – Badoit – Bière – Bière de Mars – Bière sans alcool – Biovive – Bompart – B.R.S.A. – Bru – Café – Camomille (infusion) – Canada dry – Cappuccino – Carola – Celtic – Cervoise – Chambon – Champoreau – Chantemerle – Chantereine – Charrier – Châteauneuf-Auvergne – Châteldon – Chocolat (boisson) – Chouchen – Cidre – Cidre de glace – Coca-Cola – Contrex – Courmayeur – Cornouaille (cidre) – Cotentin (cidre) – Cristaline Grand Bois – Cristaline La Bondoire Saint-Hippolyte – Cristaline Saint-Cyr la Source – Cristaline Sainte-Cécile – Cristaline Saint-Médard – Cristaline Source de la Doye – Dax Source Elvina – Décaféiné – Decantae – Domfront (poiré) – Eau – Eau de Perrier – Eau de Seltz – Eau de source – Eau minérale naturelle – Eau rendue potable par traitement – Evian – Ferrarelle – Fiées des Lois – Font Vella – Fontaine de la Reine – Fontan – Fontelle – Française (la) – Gerolsteiner Sprudel – Gini – Grande Source du Volcan – Grenadine – Henniez – Hépar – Hydromel – Hydroxydase – Infusion – Isabelle (eau de source) – Jouvence de Wattwiller – Lait de poule – Laurier (eau de source) – Limonade – Lisbeth – Luchon – Menthe (infusion) – Moka (café) – Monaco – Mont-Dore – Mont Roucous – Montagnes d'Arrée – Montcalm – Montclard - Nectar de fruit – Nessel – Ogeu – Orangina – Orée du Bois – Orezza – Orgeat – Oriol – Pacific – Pampara – Panaché – Parot – Pays d'Auge (cidre) – Pepsi-Cola – Perrier – Pétillant de raisin – Pierval – Plancoët – Poiré – Puits-Saint-Georges – Pulque – Pyrénées Vallée de la Barousse – Quézac – Reine des Basaltes – Ricqlès – Roche des écrins – Roxane – Rozana – Saint-Alban – Saint-Amand – Saint-Antonin – Saint-Diéry – Saint-Géron – Saint-Lambert – Saint-Léger – Saint-Yorre – Sainte-Marguerite – Salvetat (la) – San Gemini – San Pellegrino – Schweppes – Sirop – Soda – Soft drink (boisson) – Spa Barisart – Spa Marie-Henriette – Spa Reine – Talians – Tango – Thé – Thé glaçé – Thé rouge – Thonon – Tilleul – Tonic – Vals Vivaraise – Valvert – Vauban – Ventadour – Vernet – Vernière – Verveine (infusion) – Vichy-Célestins – Vin chaud – Vittel (Grande Source) – Volvic – Wattwiller – Zilia.

② PRODUITS AGROALIMENTAIRES

2.1 LES LÉGUMES, LES FRUITS, LES CÉRÉALES...

Abricot – Agaric Champêtre – Agrume – Ail – Airelle – Alkékenge – Amande – Amanite des Césars – Amarante – Amour en cage – Ananas – Angélique – Anone – Arachide – Argan – Artichaut – Artichaut d'Israël – Asperge – Aubergine – Aveline – Avocat – Avoine – Banane – Barbadine – Barbe-de-Capucin – Batavia – Béa du Roussillon – Bergamote – Bette – Betterave rouge – Beurré Hardy – Bigarade – Bigarreau – Blé – Blé noir – Blette – Bolet – Bonnet de prêtre – Bourrache – Boursette – Brugnon – Cacahuète – Cachiment – Canneberge – Carambole – Carré – Cardon – Carotte – Caseille - Cassis – Cédrat – Céleri-rave – Céleri-branche – Cèpe – Cerise – Champignon de Paris – Chanterelle – Châtaigne – Chayotte – Chérimole – Chicorée – Chou brocoli – Chou chinois – Chou de Bruxelles – Chou-fleur – Chou minaret – Chou pommé – Chou-rave – Chou romanesco – Citron – Citrouille – Clémentine – Coco – Cœur de bœuf – Coing – Combava – Concombre – Conférence – Coprah – Coprin – Coqueret du Pérou – Corne d'abondance – Cornichon – Corossol – Coulemelle – Courgette – Cranberry – Craterelle – Cresson – Crosne – Cucurbitacée – Datte – Dent-de-lion – Doucette – Échalion – Échalote – Endive – Épeautre – Épinard – Farine – Fécule – Fenouil – Feuille de chêne – Fève – Fève de Tonka – Figue – Figue de barbarie – Flageolet – Fraise – Framboise – Froment – Fruits de la passion – Gentiane (plante) – Gingembre – Girolle – Golden delicious – Goyave – Grenade – Grenadille – Griotte – Groseille – Groseille du Cap – Guigne – Guyot – Haricot beurre – Haricot en grain – Haricot mungo – Haricot vert – Hydne – Igname – Jujube – Kaki – Kiwano – Kiwi – Kumquat – Lactaire – Laitue – Lentille – Lentin du chêne – Lépiote – Lime – Lingot – Litchi – Lollo Rossa – Lucques du Languedoc – Mâche – Maïs – Mandarine – Mangoustan – Mangue – Manioc – Maracuja – Marron – Melon – Melon d'eau – Melon des tropiques – Merise – Mesclun – Méteil – Mirabelle – Mojette de Vendée – Morille – Mousseron – Mûre – Mûroise – Muscat du Ventoux – Myrtille – Navet – Navette – Nectarine – Nectavigne – Noisette – Noix – Noix de cajou – Noix de coco – Noix de pécan – Oignon – Olive – Orange – Orge – Oronge vraie – Ortanique – Oseille – Pamplemousse – Panais – Pandan – Papaye – Passe-crassane – Pastèque – Patate douce – Pâtisson – Pêche – Persimon – Petit pois – Physalis – Pied-de-mouton – Pignon de pin – Pissenlit – Pistache – Plaquemine – Pleurote – Poire – Poireau – Pois cassé – Pois chiche – Pois gourmand – Pois mange-tout – Poivron – Pomelo – Pomme-cannelle – Pomme de terre – Potimarron – Potiron – Pourpier – Prune – Pruneau – Quetsche – Quinoa – Radis – Raiponce – Raisin – Ramboutan – Reine-Claude – Reinette - Rhubarbe – Riz – Romaine – Roquette – Rosé des prés – Rutabaga – Salicorne – Salsifis – Sapotille – Sarrasin – Scarole – Scorsonère – Seigle – Semoule – Sésame – Sharon – Shitake – Soissons – Soja – Tamarillo – Tamarin – Tangelo – Tangerine – Tangor – Taxo – Tétragone – Tomate – Topinambour – Trévise – Trompette-des-morts – Truffe – Ugli – Valériane potagère – Williams – Yuzu.

2.2 LES PLANTES AROMATIQUES, LES ÉPICES, LES CONDIMENTS...

Achard – Ail des ours – Aneth – Aromates – Badiane – Basilic – Berce – Bouquet garni – Cannelle – Câpre – Cardamone – Carvi – Cerfeuil – Chutney – Ciboule – Ciboulette – Cinq baies – Cinq épices – Citronnelle – Cive – Colombo – Condiment – Coriandre – Cornichon – Cumin – Cumin noir – Curcuma – Curry – Épice – Estragon – Farigoule – Fenugrec – Fines herbes – Fleur de sel – Genièvre – Girofle (clou de) – Gomasio – Houblon – Hysope – Ketchup – Laurier sauce – Lavande – Macis – Maniguette – Marjolaine – Massale – Mélisse – Menthe – Mignonnette – Moutarde – Muscade (noix de) – Myrte – Nigelle – Nuoc-mâm – Origan – Pandan – Paprika – Persil – Picalilli – Pickles – Piment – Pimprenelle – Pissalat – Pistou – Poivre de Guinée – Quatre-épices – Quinquina – Raifort – Raifort japonais – Ras el hanout – Réglisse – Romarin – Rooibos – Safran – Sarriette – Sauce anglaise – Sauge – Sel – Serpolet – Soja (sauce) – Tabasco – Tandoori – Tapenade – Thym – Vanille – Verjus – Vinaigre – Wasabi – Worcestershire sauce

2.3 LES VIANDES, LES GIBIERS, LES VOLAILLES, LES ABATS...

Abats – Abattis – Agneau – Aiguillette – Alouette – Aloyau – Amourette – Animelles – Araignée – Autruche – Barèges-Gavarnie – Baron – Bartavelle – Bavette – Bécasse – Becfigue – Bête de compagnie – Bête noire – Bête rousse – Biche – Bicot – Bifsteck – Bœuf – Bonnet d'évêque – Bouquin – Bourre – Bouvillon – Bovin – Brocard – Broutard – Cabri – Caille – Canard – Caprin – Capucin – Cerf – Cervelle – Chapon – Châteaubriand – Chaudin – Cheval – Chevreau – Chevrette – Chevreuil – Chevrillard – Cimier – Cœur – Collet – Collier – Colvert – Conseiller – Contre- filet – Coq – Coq des bruyères – Coquelet – Côte – Crépine – Crête de coq – Croupion – Cuissot – Daguet – Daim – Dinde – Échine – Entrecôte – Épaule – Épigramme – Escalope – Faisan –

Faon – Faux-filet – Filet – Filet mignon – Fin gras du Mézenc – Financier – Flanchet – Foie – Fraise de veau – Fressure – Fricandeau – Géline de Touraine – Gélinotte – Génisse – Gésier – Gibier – Gigolette – Gigot – Gigue – Gîte – Goret – Grand tétras – Gras-double – Grenadin – Grive – Halbran – Hampe – Hase – Jambonnette – Jarret – Jumeau – Kintoa – Lagopède – Laie – Laiton – Lamb chop – langue – Lapin – Levrault – Lièvre – Longe – Macreuse – Magret – Maine-Anjou – Malard – Marcassin – Mauviette – Médaillon – Merlan (viande) – Mignon – Mouton – Mulard – Mutton chop – Noisette (pièce de boucherie) – Noix (de veau) – Nourrain – Oie – Onglet – Ortolan – Ovin – Paleron – Palette – Palombe – Perdrix – Perdrix des neiges – Pigeon – Pintade – Plat de côte – Pluma – Pluvier – Poire (viande) – Poitrine – Porc – Pouillard – Poularde – Poule – Poulet – Poussin – Prés-salés de la Baie de Somme – Prés-salés du Mont-Saint-Michel – Président – Quartenier – Quasi – Queue – Râble – Ragot – Ris – Rognon – Rognon blanc – Rognonnade – Rosbif – Rouelle – Rumsteck – Sanglier – Sarcelle – Selle anglaise – Solitaire – Sot-l'y-laisse – Souris – Steak – Suprême – Taureau – T-bone – Tendron – Tête de veau – Toilette – Tournedos – Tranche – Travers – Vanneau – Veau – Venaison – Viande blanche – Viande noire – Viande rouge.

2.4 LES POISSONS, LES COQUILLAGES, LES CRUSTACÉS...

Ablette – Achatine – Aiglefin – Alose – Amande de mer – Anchois – Anguille – Aquaculture – Araignée de mer – Bar – Barbue – Baudroie – Bernard-l'ermite – Bernique – Bigorneau – Bismarck – Black-bass – Black cod – Bonite – Boucaud – Bouffi – Bouquet – Brème – Brème de mer – Brochet – Buccin – Buckling – Bulot – Cabillaud – Calamar – Canthare – Caramote – Carpe – Carrelet – Céteau – Chapon (poisson) – Charbonnière commune – Châtaigne de mer – Chien de mer – Chinchard – Chipiron – Cigale de mer – Civelle – Clam – Clovisse – Colin – Congre – Coque – Coquille Saint-Jacques – Courbine – Couteau – Crabe – Crabe vert – Craquelot – Crevette – Darne – Daurade – Demoiselle de Cherbourg – Dormeur – Écrevisse – Églefin – Empereur – Encornet – Éperlan – Escargot – Espadon – Esturgeon – Étrille – Féra – Figue de mer – Filet – Flétan – Gamba – Gendarme – Goujon – Grenadier – Grenouille – Grondin – Hareng – Hérisson de mer – Homard – Hoplostète – Huître – Huître triploïde – Julienne – Kipper – Klippfisch – Lamproie – Langouste – Langoustine – Lépidode – Lieu – Limande – Lingue – Lisette – Lotte de mer – Loup – Lump – Maigre – Maquereau – Merlan – Merlu – Merluche – Mérou – Merval – Morue – Moule – Muge – Mulet – Œufs de poisson – Omble chevalier – Oreille de mer – Ormeau – Oursin – Pageot – Pagure – Palourde – Panga – Patelle – Perche – Perche américaine – Pétoncle – Pibale – Pied-de-cheval – Pieuvre – Pilchard – Pironeau – Plie – Poignard – Pouce-pied – Poulpe – Poutine – Praire – Raie – Rascasse – Rogue – Rouget – Roussette – Sabre – Saint-Pierre – Sandre – Sardine – Saumon – Saumon fumé – Saumonette – Sciène – Sébaste – Seiche – Sifflet – Silure – Sole – Sprat – Sterlet – Stockfisch – Supion – Tacaud – Tacon – Tanche – Telline – Thiof – Thon – Tilapia – Tourteau – Truite – Turbot – Vanneau – Vernis – Vesiga – Vieille – Vigneau – Violet – Vivaneau – Vive.

2.5 LES FROMAGES, LES PRODUITS LAITIERS, LES ŒUFS...

Abbaye de Cîteaux – Abbaye d'Échourgnac – Abbaye de la Meilleraye-de-Bretagne – Abbaye de la Pierre-qui-vire – Abbaye de Maredsous – Abbaye de Tamié – Abbaye du Mont-des-Cats – Abondance – Aisy cendré – Aligot – A.O.C. – A.O.P. – Appenzeller – Appignato – Arêches – Arnéguy – Arômes lyonnais – Asco – Asiago – Bagnes – Baguette laonnaise – Banon – Barberey – Barousse – Beaufort – Beaumont – Bel Paese – Bellocq – Belval - Bergues – Bethmale – Beurre – Bitry – Bleu d'Auvergne – Bleu de Corse – Bleu de Gex Haut-Jura – Bleu de Laqueuille – Bleu de Loudes – Bleu de Septmoncel – Bleu de Termignon – Bleu de Thiézac – Bleu de Tignes – Bleu des Causses – Bleu du Haut-Jura – Bleu du Quercy – Bleu du Vercors-Sassenage – Bondard – Bondaroy au foin – Bonde – Bougon – Boulle de Lille – Boulette d'Avesnes – Boulette de Cambrai – Boursault – Boursin – Bouton de culotte – Bressan – Bleu de Bresse – Bricquebec – Brie de Coulommiers – Brie de Meaux – Brie de Melun – Brillat-Savarin – Brindamour – Brique du Forez – Brocciu de Corse – Brousse – Buchette d'Anjou – Burrata – Cabécou d'Entraygues – Cabécou de Rocamadour – Cabrales – Cabrion de Mâcon – Caciocavallo Silano – Caillebotte – Caillebotte d'Aunis – Camembert de Normandie – Cancoillotte – Cantal – Caprice des Dieux – Carré de Bray – Carré de l'Est – Cendrés – Cervelle de canut – Chabichou du Poitou – Chambérat – Chaource – Charolais – Chaumont – Chavignol – Cheddar – Chester – Chevret – Chevrotin – Claquebitou – Claqueret lyonnais – Cœur d'Arras – Cœur de Bray – Colonel – Comté – Corsica – Couhé-Vérac – Coulommiers – Coupi – Crème fraîche – Creusois – Crézancy – Crottin de Chavignol – Curé nantais – Dauphin – Délice de Saint-Cyr – Demi-sel – Derby – Dornecy – Double-crème – Dreux à la feuille – Ducs de Bourgogne – Échourgnac – Édam – Emmental français – Emmentaler – Entraygues –

Époisses – Ervy-le-Chatel – Esbareich – Etivaz – Explorateur – Feta – Feuille de Dreux – Fiore Sardo – Fleur du maquis – Fontainebleau – Fontina – Fougeru – Fourme d'Ambert – Fourme de Montbrison – Fourme de Rochefort – Fourme du Cantal – Fremegeye – Frinault – Fromage – Fynbo – Galette de la Chaise-Dieu – Gallego – Gaperon – Géromé – Gien – Gloucester – Gorgonzola – Gouda – Gournay – Gouzon – Graçay – Grana Padano – Grand Vatel – Grataron d'Arêches – Gris de Lille – Gruyère – Hervé – Idiazábal – Igny – I.G.P. – I.N.A.O. – Jonchée niortaise – kasseri – Kéfir – Laguiole – Lait – Lancashire – Langres – Laruns – Laval – Levroux – Livarot – Lormes – Mâconnais – Mahón-Menorca – Mamirolle – Manchego – Maredsous – Maroilles – Mascarpone – Meilleraye-de-Bretagne (la) -Mignot – Mimolette – Monsieur Fromage – Mont-d'or de Lyon – Mont d'Or – Montasio – Mont-des-Cats – Montoire – Montrachet – Morbier – Mothe-Saint-Héray (la) – Mozzarella – Munster – Murol – Nantais – Neufchâtel – Niolo – Œuf – Olivet – Ossau-Iraty – Pannes cendré – Parmesan – Parmigiano-Reggiano – Pavé blaisois – Pavé d'Auge – Pavin – Pecorino Romano – Pélardon – Perail – Persillé des Aravis – Petit Bessay – Petit Suisse – Picadou – Picodon – Pierre-qui-vire (la) – Pithiviers – Poivre d'âne – Pont-L'évêque – Pouligny-Saint-Pierre – Pourly – Présure – Providence – Provolone Valpadana – Quartirolo-Lombardo – Queso Nata de Cantabria – Raclette de Savoie – Reblochon – Riceys (les) – Ricotta – Rigotte de Condrieu – Rocamadour – Rocroi – Rollot – Roncal – Roquefort – Rouy – Ruffec – Sableau – Saingorlon – Saint-Albray – Saint-Benoît – Saint-Félicien – Saint-Florentin – Saint-Maixent – Saint-Marcellin – Saint-Nectaire – Saint-Paulin – Saint-Rémy – Sainte-Maure de Touraine – Salers – Samsoë – Santranges – Sao Jorge – Sartène – Sbrinz – Schabzieger – Selles-sur-Cher – Serpa – Serra da Estrela – Sorbais – Soumaintrain – Stilton – Taleggio – Tamié – Tête-de-moine – Tetilla – Tignard – Tilsit – Tome des Bauges – Tomme Boudane – Tomme de Brach – Tomme de Savoie – Tomme des Allues – Tomme des Pyrénées – Tomme du Revard – Tomme fraîche – Tournon Saint-Martin – Tournon Saint-Pierre – Trappiste de Belval – Triple-crème – Trois cornes – Troo – Ulloa – Vachard –Vacheret – Vacherin d'Abondance – Vacherin des Bauges – Vacherin du Haut-Doubs – Valençay – Vendôme – Villebarou – Vieux Lille – West Country Farmhouse Cheddar – Yaourt

2.6 LES PRODUITS ET SUBSTANCES AGROALIMENTAIRES DIVERS

Agar-Agar – Arrow-root – Cacao – Café – Cassonade – Chocolat – Crème de coco – Eau de fleur d'oranger – Fondant - Gélatine – Huile – Lait d'amande – Levure – Maïzena – Margarine – Miel – Muscovado – Oléagineux – Rocou – Saccharine – Sagou – Sirop d'érable – Stévia – Tapioca – Sucre – Vanilline – Végétaline – Vergeoise.

③ PRÉPARATIONS CULINAIRES

3.1 LES POTAGES, LES SOUPES, LES CONSOMMÉS...

Aïgo boulido – Bisque – Bortsch – Bouillabaisse – Bourride – Bréjaude – Caldo verde – Consommé – Consommé brunoise – Consommé cancalaise – Consommé Célestine – Consommé Chasseur – Consommé Madrilène – Consommé Vatel – Cotriade – Courquinoise – Crème (potage) – Crème Agnès Sorel – Crème Argenteuil – Crème Boïeldieu – Crème Georgette – Gaspacho – Gratinée – Minestrone – Mourtayrol – Potage – Potage ambassadeur – Potage cultivateur – Potage Germiny – Potage julienne Darblay – Potage Musard – Potage Parmentier – Potage Saint Germain – Soupe – Tourin – Ttoro – Velouté (potage) – Velouté Albufea – Velouté Choisy – Velouté dieppoise –Velouté Dubarry – Waterzoï.

3.2 LES ENTRÉES OU HORS D'ŒUVRE, LES ŒUFS...

Antipasto – Aspic – Foie gras – Hors-d'œuvre – Œuf à la coque – Œuf brouillé – Œuf cocotte – Œuf de cent ans – Œuf dur – Œuf filé – Œuf frit – Œuf miroir – Œuf mollet – Œuf moulé – Œuf parfait – Œuf poché – Œuf sur le plat – Œufs à la tripe – Œufs aurore – Œufs Bragance – Œufs brouillés Argenteuil – Œufs brouillés portugaise – Œufs en meurette – Œufs farcis Chimay – Œufs frits au bacon – Œufs Henri IV – Œufs Massena – Œufs mimosa – Œufs Mireille – Œufs mollets florentine – Œufs moscovite – Œufs Ribaucourt – Œufs Saint-Hubert – Œufs Sévigné – Œufs Toupinel – Œufs Villeroy – Œufs Viroflay – Omelette – Omelette Brayaude – Omelette à l'espagnole – Omelette aux fines herbes – Omelette fermière – Omelette forestière - Omelette lyonnaise – Omelette Parmentier – Pâté de Pâques – Soufflé – Tortilla -

3.3 LES POISSONS, LES COQUILLAGES, LES CRUSTACÉS...

Acra – Anguille au vert – Bouillabaisse – Bouilleture – Bouillinada – Bourride – Boutargue – Brandade – Carpaccio – Catigot – Caviar – Chaudrée – Cotriade – Coulibiac – Courquinoise – Dieppoise (à la) – Dugléré (à la) – Escabèche – Goujonnette – Gravlaks – Grenobloise (à la) – Haddock

– Marinière (à la) – Marmite dieppoise – Matelote – Merlan en colère – Meunière (à la) – Mouclade – Orly – Pochouse – Poutargue – Rollmops – Sartagnado – Sashimi – Scampi – Surimi – Sushi – Tartare – Thermidor (homard) – Tielle sétoise – Zarzuela.

3.4 LES VIANDES, LES GIBIERS, LES VOLAILLES, LES CHARCUTERIES...

Abignade – Alicot – Alsacienne (à l') – Andouille de Guéméné – Andouille de vire – Andouillette – Atriau – Attereau – Attignole – Axoa – Bacon – Bäeckeoffe – Ballottine – Barbouille (en) – Blanquette – Bouchée à la Reine – Boudin blanc – Boudin noir – Brayaude – Cabassol – Caghuse – Canard à la presse – Canard laqué – Cannellonis – Carbonade – Carpaccio – Cassoulet – Cervelas – Chachlyk – Chair à saucisse – Champvallon – Chartreuse (en) – Chili con carne – Chipolata – Chorizo – Choucroute – Civet – Confit – Coppa de Corse – Cou d'oie farci – Couscous – Crapaudine – Crépinette – Cromesqui – Daube – Demi-deuil – Dodine – Estouffade – Feijoada – Figatelli – Foie gras – Fondue bourguignonne – Fricassée – Galantine – Garbure – Gibelote – Gigorit – Gigot de sept heures – Godiveau – Goulache – Grattons – Grenobloise (à la) – Hachua – Haggis – Halicot – Haricot de mouton – Hochepot – Hure – Jambalaya – Jambon – Jambon persillé – Jambonneau – Jésus – Langue écarlate – Lonzo de Corse – Marengo – Melsat – Merguez – Meunière (à la) – Milanaise (à la) – Miroton – Mixed grill – Mole poblano – Mortadelle – Moussaka – Navarin – Orloff – Osso-buco – Pancetta – Pastrami – Pata negra – Paupiette – Petit salé – Petite marmite – Piccata – Pieds-paquets – Pojarski – Pörkölt – Pot-au-feu – Potée – Potjefleich – Poularde demi-deuil – Poule au pot – Pounti – Ragoût – Rillettes – Rillons – Rosette – Rossini – Salami – Salmis – Sanguette – Saucisse – Saucisse de Francfort – Saucisse de Montbéliard – Saucisse de Morteau – Saucisse de Strasbourg – Saucisse de Toulouse – Saucisson – Sauté – Scotch broth – Soubressade – Souvarov – Steak tartare – Stroganoff – Tablier de sapeur – Tandoori – Tournedos Rossini – Tripes – Tripes à la mode de Caen – Tripoux – Ventrèche – Viande des Grisons.

3.5 LES GARNITURES, LES SALADES, LES PRÉPARATIONS VÉGÉTALES DIVERSES...

Aïda – Ail en chemise – Algérienne – Alice – Aligot – Américaine (garniture) – Américaine (salade) – Andalouse (garniture) – Andalouse (salade) – Argenteuil (garniture) – Argenteuil (salade) – Arlésienne – Armenonville – Bagatelle – Bagration – Barigoule (à la) – Basquaise (à la) – Boulangère – Bouquetière – Bourgeoise – Bourguignonne – Brabançonne – Brunoise – Bruxelloise – Carmen – Châtelaine – Chiffonnade – Choisy – Choron – Clamart – Condé – Conti – Crécy – Cressonnière – Demi-deuil – Doria – Dubarry – Duxelles – Esaü – Espagnole (à l') – Ève – Far du Poitou –Favorite (garniture) – Favorite (purée) –Florentine – Florian – Florida – Forestière – Française – Franchette – Francillon – Freneuse – Garniture – Grand Duc – Grand-mère – Gratin dauphinois – Guacamole – Henri IV – Imam Bayildi – Impériale – Irma – Isabelle – Jardinière – Joinville – Judic – Julienne – Lorette – Louisette – Macédoine – Maillot – Manon – Marie-Louise – Mascotte – Mikado – Mirabeau – Mirepoix – Montmorency – Musard – Napolitaine – Niçoise (à la) – Niçoise (salade) – Normande (à la) – Normande (garniture) – Orientale – Orloff – Parmentier – Paysanne – Piperade – Pommes allumettes – Pommes Anna – Pommes Arlie – Pommes Berny – Pommes boulangère – Pommes château – Pommes Chatouillard – Pommes cocotte – Pommes croquettes – Pommes Darphin – Pommes dauphine – Pommes dauphinoise – Pommes Duchesse – Pommes en robe des champs – Pommes Macaire – Pommes miettes – Pommes mignonette – Pommes mousseline – Pommes noisettes – Pommes paille – Pommes Pont-Neuf – Pommes sarladaise – Pommes soufflées – Pommes voisin – Printanière (à la) – Provençale (à la) – Rachel (garniture) – Rachel (salade) – Ratatouille – Régence – Richelieu – Saint-Germain – Salade composée – Terrine au vert – Tian – Tourangelle (garniture) – Tourangelle (salade) – Truffade – Tyrolienne – Vert-pré – Vichy – Victoria – Viennoise – Viroflay – Zingara.

3.6 LES SAUCES, LES BEURRES COMPOSÉS...

Aïoli – Allemande – Américaine – Andalouse – Anglaise – Arlésienne – Armoricaine – Aurore – Batarde – Béarnaise – Béchamel – Bercy – Beurre blanc – Beurre Colbert – Beurre d'anchois – Beurre d'escargots – Beurre hôtelier – Beurre Maître d'hôtel – Beurre manié – Beurre noisette – Beurre Suzette – Bigarade – Bordelaise – Cardinal – Chantilly – Charcutière – Chasseur – Chevreuil – Choron – Cocktail (sauce) – Coulis – Crème (sauce) – Diable – Demi-glace – Diane – Diplomate – Espagnole – Financière – Fond de sauce – Foyot – Fumet de poisson – Gastrique – Glace de viande – Grand veneur – Gribiche – Hollandaise – Ivoire – Joinville – Madère – Maltaise – Marchand de vin – Marinière – Mayonnaise – Mikado – Mornay – Mousquetaire – Mousseline – Moutarde (sauce) – Nage – Nantua – Normande – Paloise

– Périgourdine – Périgueux – Persillade – Pesto – Piquante (sauce) – Poivrade – Porto (sauce) – Poulette – Ravigote – Rémoulade – Robert – Rouille – Roux – Sauce – Soubise – Suchet – Suprême – Tartare – Tyrolienne – Velouté – Verte (sauce) – Villeroy – Vinaigrette.

3.7 LES CRÈMES, LES PÂTES, LES PÂTES ALIMENTAIRES...

Cheveux d'ange – Coquillettes – Crème anglaise – Crème au beurre – Crème brûlée – Crème catalane – Crème Chantilly – Crème Chiboust – Crème pâtissière – Crozets – Farfalles – Feuille de brique – Feuille de filo – Feuilletage – Frangipane – Gressins – Lasagnes – Macaronis – Nouilles – Orecchiettes – Pâte à brioche – Pâte à choux – Pâte à crêpes – Pâte à frire – Pâte brisée – Pâte d'amande – Pâte de fruits – Pâte feuilletée – Pâte sablée – Pâtes alimentaires – Pennes – Spaghettis – Spätzles – Tagliatelles – Vermicelle -

3.8 LES DESSERTS, LES ENTREMETS, LES PÂTISSERIES, LES CONFISERIES, LES PAINS...

Abaisse – Agraz – Alsacienne (tarte à l') – Amandine – Anis de Flavigny – Azyme – Baba au rhum – Bagel – Baklava – Banana Split – Bavarois – Beignet – Belle-Hélène (poire) – Bergamote de Nancy – Berlingots de Carpentras – Bêtises de Cambrai – Bettelman – Beugnons – Bireweck – Biscuit de Reims – Biscuit de Savoie – Blanc-manger – Blinis – Bombe glacée – Bottereaux – Bourdelot – Bretzels – Brioche – Bûche de Noël – Bugnes – Café gourmand – Café liégeois – Café viennois – Cajasse – Cake – Calisson d'Aix – Cannelé – Caramel – Caramel d'Isigny – Cassate – Charlotte – Chausson – Chocart – Chocolatine – Chou – Chouquette – Christmas-pudding – Cigarette russe – Clafoutis – Confiture – Congolais – Conversation – Cookie – Corn-flakes – Coulant au chocolat – Cramique – Crème de marrons – Crème glacée – Crème renversée au caramel – Crème viennoise – Crêpe – Crêpes du couvent – Crêpes Georgette – Crêpes Gil-Blas – Crêpes normandes – Crêpes paysannes – Crêpes Suzette – Croissant – Croquembouche – Croquignole – Crumble – Dame blanche – Dessert – Douillon – Dragée – Échaudé – Éclair – Entremets – Far breton – Fiadone – Financier – Flamri – Flan – Forêt noire – Fouace – Fougasse – Fruits confits – Fruits déguisés – Gâche vendéenne – Galette des rois – Ganache - Gaufre – Gaufrette – Génoise – Gianduja – Gimblette – Glace royale – Glaces – Granité – Île flottante – Imbrucciata – Jalousie – Kouglof – Kouing-Aman – Lait d'amande – Langue de chat – Leckerli de Bâle – Longuet – Loukoum – Macaron – Madeleine – Manqué – Marignan – Marquise – Marron glacé – Massepain – Melba (pêche) – Mendiant – Meringue – Millefeuille – Mique – Moka – Moscovite – Mousse au chocolat – Muffin – Navette – Nonnette – Nougat – Nougat glacé – Nougatine – Œufs à la neige – Œufs au lait – Omelette norvégienne – Orangettes – Oreillettes – Pain – Pain au chocolat – Pain au lait – Pain au raisin – Pain de Gênes – Pain de mie – Pain d'épices – Pain perdu – Palmier – Panettone – Panna cotta – Panzarotti – Parfait – Paris-Brest – Pavlova – Pet-de-nonne – Petit four – Pièce montée – Pithiviers – Plombières – Plum-pudding – Pogne – Poirat – Poire tapée de Rivarennes – Praline – Praliné – Profiterole – Progrès – Pudding – Pudding diplomate – Puits d'amour – Pumpernickel – Quatre-quarts – Raisiné – Religieuse – Rocher – Roncin – Rothschild (soufflé) – Sabayon – Sablé - Sachertorte – Sacristain – Saint-Honoré – Salammbô – Savarin – Scofa – Singapour – Smoothy – Sorbet – Soufflé – Spéculos – Spoom – Strudel – Succès – Tatin (tarte) – Teurgoule – Tiramisu – Toffee – Tôt-fait – Touron – Tranche napolitaine – Tropézienne – Truffe en chocolat – Tuiles aux amandes – Tulipe – Turinois – Vacherin – Viennoiserie -

3.9 LES PRÉPARATIONS DIVERSES

Amuse-bouche – Anchoyade – Appareil – Aumonière – Boulghour – Buisson – Caramel – Caroline – Chapelure – Chaud-froid – Court-bouillon – Croque-madame – Croque-monsieur – Croustade – Crozets – Cruchade – Décoction – Desserte – Empanada – Espuma – Ficelle picarde – Flamiche – Flammenküche – Fleuron – Fondue savoyarde – Fritelle – Fritot – Fritto misto – Gelée – Gnocchis – Gougère – Goyère – Hamburger – Hot dog – Houmous – Kebab – Marinade – Mézès – Migaine – Mochi – Mouillette – Muesli – Nem – Paëlla – Paillettes – Pan-bagnat – Pancake – Panisses – Papillote (cuisson en) – Pastillage – Pâté impérial – Perles du Japon – Pilaf – Pirojki – Pissaladière – Pizza – Polenta – Pomponnettes – Pop-corn – Porridge – Quenelle – Quiche – Raclette – Raïta – Ravioles – Raviolis – Risotto – Rissole – Rösti – Rouleau de printemps – Royale – Salpicon – Sandwich – Socca – Taboulé – Tajine – Talmouse – Tapas – Tarama – Tartiflette – Tempura – Timbale – Toast – Toast Melba – Tortellinis – Tourte – Truffiat – Verrine – Vol-au-vent – Welsh rarebit – Wrap – Zakouski.

④ GASTRONOMIE ET ARTS DE LA TABLE

4.1 L'HISTOIRE DE LA GASTRONOMIE ET DE L'ALIMENTATION, LA BIBLIOGRAPHIE CULINAIRE...

Adrià (Ferran) – Apicius – Appert (Nicolas) – Archestrate – Blanc (Georges) – Bocuse (Paul) – Bras (Michel) – Brazier (Eugénie) – Brillat-Savarin (Jean-Anthelme) – Carême (Antonin) – Chapel (Alain) – Curnonsky – Dubois (Urbain) – Ducasse (Alain) – Dugléré (Adolphe) – Dumaine (Alexandre) – Dutournier (Alain) – Escoffier (Auguste) – Faure-Brac (Philippe) – Favre (Joseph) – Gagnaire (Pierre) – Gastronomie – Gastronomie moléculaire – Gilbert (Philéas) – Girardet (Fredy) – Gouffé (Jules) – Grimod de la Reynière – Guérard (Michel) – Guide culinaire (le) – Haeberlin (Marc) – La Chapelle (Vincent) – La Varenne (François Pierre de) – Lameloise (Jacques) – Larousse Gastronomique – Lenôtre (Gaston) – Loiseau (Bernard) – Marcon (Régis) – Martin (Guy) – Marx (Thierry) – Meneau (Marc) – Menon – Michelin (guide)) – M.O.F. – Montagné (Prosper) – Oliver (Michel) – Pacaud (Bernard) – Parmentier (Antoine Augustin) – Passard (Alain) – Pasteur (Louis) – Pellaprat (Henri Paul) – Physiologie du goût – Pic (André) – Pic (Jacques) – Pic (Anne-Sophie) – Point (Fernand) – Pomiane (Édouard Alexandre de) – Repas gastronomique des Français – Répertoire de cuisine – Restaurant – Robuchon (Joël) – Roellinger (Olivier) – Roux (Albert et Michel) – Savoy (Guy) – Senderens (Alain) – Taillevent – Tellier (Charles) – This (Hervé) – Trama (Michel) – Troisgros (Jean et Pierre) – Troigros (Michel) – Vatel (François) – Vergé (Roger) – Veyrat (Marc) – Westermann (Antoine) -

4.2 LES ARTS DE LA TABLE

Accords œnoculinaires ou accords mets et vins – Aiguière – Assiette – Banquet – Brigade de restaurant – Brunch – Buffet – Carafe à décanter – Carte – Carte des vins – carte muette – Cocktail (réception) – Couteau – Couvert – Cuillère – Décantage ou décantation – Déjeuner – Diner – Étiquette de la table – Fourchette – Lunch – Maître d'hôtel – Menu – Œnophile – Ouverture d'une bouteille de porto au feu – Protocole – Rince-doigts – Service (méthodes de) – Serviette – Sommelier – Souper – Table d'hôtes – Verre.

⑤ DIVERS

5.1 LES TERMES DIVERS RELATIFS À LA RESTAURATION ET L'ALIMENTATION (PRATIQUES ALIMENTAIRES, ORGANISATION DES PRODUCTIONS, RÉGLEMENTATION...)

Additif alimentaire – Affichages obligatoires (dans un restaurant) – Allergène alimentaire – A.O.C. – A.O.P. – A.O.V.D.Q.S. – Appertisation – Boucanage – Bouchon (droit de) – Capsule C.R.D. – Carafe d'eau – Carte – Carte des vins – Carte muette – Chaine du froid – Cigare – Compte d'âge – Congélation – Crudivorisme – Date de Consommation Recommandée (D.C.R.) – Date de Durabilité Minimale (D.D.M.) – Date Limite de Consommation (D.L.C.) – Doggy bag – D.S.A. – Esculence – Étiquette (d'une bouteille de vin) – Faisandage – Flexitarisme – Fragrance – French Paradox – Fumage – Gammes de produits – Gastronomie moléculaire – Groupes de boissons – H.A.C.C.P. – I.G.P. – I.N.A.O. – Label rouge – Labels et certifications – Licence – Loi Godart – Lyophilisation – Maître restaurateur – Orthorexie – Paquet hygiène – Pasteurisation – Permis d'exploitation – Raw food – Réfrigération – Semi-conserve – S.I.Q.O. – Slow food – Sous-vide – Stérilisation – S.T.G. – Surgélation – Tabac – Traçabilité – U.H.T. – Véganisme – Végétalisme – Végétarisme – Vins de Pays – V.Q.P.R.D. – V.S.I.G.

BIBLIOGRAPHIE ET SOURCES D'INFORMATION DIVERSES

ATLAS DES CHAMPIGNONS par A. Rinaldi et V. Tyndalo.
BORDEAUX ET SES VINS par C. Ferret et M.H Lemay, Ed. Ferret.
CATALOGUE DES VARIÉTÉS ET CLONES DE VIGNE CULTIVES EN FRANCE, Ministère de l'Agriculture, de la Pêche et de l'Alimentation.
CONNAISSANCE DES DENRÉES ET DES BOISSONS par C. Hacquemand, Ed J. Lanore.
CONNAISSANCES TECHNOLOGIQUES DE RESTAURANT par O. Sapelkine, Ed. B.P.I.
CONNAÎTRE POUR MIEUX VENDRE LES PRODUITS DE LA RESTAURARTION par P. Chauvin et P. Ducourtil, Ed. Jacques Lanore.
CUISINE DE RÉFÉRENCE par M. Maincent-Morel, Ed. B.P.I.
CUISINE ET TRAVAUX PRATIQUES par J. Planche et J. Sylvestre, Ed. J. Lanore.
CULINARIA, Ed Könemann.
DENRÉES ET BOISSONS par R. Dumoulin et D. Galopin, Ed. Nathan.
DICTIONNAIRE DE CUISINE ET DE GASTRONOMIE, Ed. Larousse.
DICTIONNAIRE DE LA DÉGUSTATION par E. Glatre, Ed. B.P.I.
DICTIONNAIRE DE LA PATISSERIE par E. Glatre, Ed. B.P.I.
DICTIONNAIRE DE LA VIANDE par E. Glatre, Ed. B.P.I.
DICTIONNAIRE DE NOS ALIMENTS par J. Stern, Ed. Garnier.
DICTIONNAIRE DES ALCOOLS, Ed. Larousse.
DICTIONNAIRE DES ALIMENTS ET DE LA NUTRITION par C. Craplet et J. Craplet-Meunier, Ed. Le Hameau.
DICTIONNAIRE DES APPELLATIONS DE TOUS LES VINS DE FRANCE par F. Woutaz, Ed. Marabout.
DICTIONNAIRE DES COCKTAILS, Ed. Larousse.
DICTIONNAIRE DES CUISINIERS par Jean-François Mesplède
DICTIONNAIRE DES FROMAGES DU MONDE par P. Androuet, Ed Le Cherche Midi.
DICTIONNAIRE DES VINS, Ed. Larousse.
DICTIONNAIRE ENCYCLOPÉDIQUE ALPHA LE ROBERT.
DICTIONNAIRE PETIT LAROUSSE ILLUSTRÉ.
DICTIONNAIRE PETIT ROBERT 2.
DICTIONNAIRE ROBERT Langue Française.
DICTIONNAIRE UNIVERSEL DE CUISINE PRATIQUE par J. Favre, Ed. Omnibus.
Document cartographique PRINCIPAUX CÉPAGES DES VIGNOBLES DE France.
Documentation A.B.F.
Documentation A.N.I.V.I.T.
Documentation Alaska Seafood Marketing Institut.
Documentation Ambassade des Sauternes et Barsac.
Documentation Avèze.
Documentation B.I.V.B. Beaune.
Documentation B.N.I.A., Eauze.
Documentation B.N.I.C., Cognac.
Documentation B.N.I.C.E. Caen.
Documentation Bénédictine.
Documentation Brasseries Kronenbourg.
Documentation C.I.D.I.L.
Documentation C.I.V. d'A.O.C. Côtes-du-Rhône et Vallée du Rhône.
Documentation C.I.V.B. Bordeaux.
Documentation C.N.I.P.T.
Documentation C.O.L.E.A.C.P.
Documentation CEDUS.
Documentation Comité National du Pineau des Charentes.
Documentation Comité Français du café.
Documentation Comité National de la Conchyliculture.
Documentation Commission Nationale des Labels et certifications.
Documentation D.G.C.C.R.F.
Documentation Distilleries et Domaines de Provence.
Documentation Dolin.
Documentation Ducros.
Documentation Eau du Boulou.
Documentation Eaux minérales d'Évian.
Documentation F.A.O.
Documentation Graineterie Fabre.
Documentation Groupe Danone.
Documentation Groupe Neptune.
Documentation Groupement International et Union Européenne des Sources d'Eaux Minérales Naturelles.
Documentation Guide Michelin.
Documentation Hydroxydase.
Documentation I.N.A.O.
Documentation I.N.S.E.E.
Documentation Inter Beaujolais.
Documentation Inter Loire.
Documentation Inter Rhône.
Documentation Interprofession des vins A.O.C. Côtes-du-Rhône.
Documentation La Fiée des Lois.
Documentation Lillet.
Documentation Marie Brizard.
Documentation Nestlé Waters France.
Documentation Office National de la Chasse.
Documentation Pernod.
Documentation Petrossian.
Documentation Plancoët.
Documentation S.E.M. Saint-Nérée Barousse.
Documentation Saint-Diery.
Documentation Schutzenberger.
Documentation Schweppes.
Documentation SO. FA. BO. (Eau de Source Fontel).
Documentation Société des Eaux de Zilia.
Documentation Société des Eaux du Massif Armoricain.
Documentation Société des Eaux minérales de Luchon.
Documentation Société des Eaux minérales

de Saint-Amand.
Documentation Société des Eaux minérales d'Ogeu.
Documentation Sources 77.
Documentation Sources Carola.
Documentation Sources de Soultzmatt.
Documentation Sources du Mont Roucous.
Documentation Sources du Mont-Dore.
Documentation Sources du Pestrin.
Documentation Syndicat de l'A.O.C. Fitou.
Documentation Syndicat National de l'industrie et du commerce du café.
Documentation Syndicat Viticole de Pessac-Léognan et crus classés de Graves.
Documentation Thermes-Adour.
Documentation Union des Grands Crus de Bordeaux.
Documentation Végétaline. N.H.R.M.
Documentation Volvic.
Documentation Wattwiller.
Documents administratifs du Journal Officiel de la République Française.
EAUX-DE-VIE ET LIQUEURS par G. Renvoisé Ed. Solar. Ed. Benoit France.
ENCYCLOPÉDIE DES FROMAGES, Ed. Gründ.
ENCYCLOPÉDIE DES VINS ET DES ALCOOLS par A. Lichine, Ed. R. Laffont.
ENCYCLOPÉDIE VISUELLE DES ALIMENTS, Ed. Chariot d'Or.
ÉPICES, AROMATES ET CONDIMENTS par J.P et R Massard, Ed. Taillandier.
FICHES TECHNIQUES FROMAGES par Yannick Quillien et Franck Jardin, Ed. B.P.I.
GÉOGRAPHIE GASTRONOMIQUE par P. Noël, Ed. J. Lanore.
GÉOGRAPHIE GASTRONOMIQUE, CUISINES ETRANGERES par P. Noël, Ed. J. Lanore.
GRAND LIVRE DES ROUTES DE France, Ed. France-Loisirs.
GUIDE DES CÉPAGES par Ambrosi, Dettweiler-Münch, Rühl, Schmid et Schuman, Ed. Ulmer.
GUIDE DES VINS DU MONDE DE A à Z par O. Clarke, Ed. Hachette.
GUIDE DU FROMAGE par P. Androuët, Collection Livre de poche.
GUIDE PRATIQUE DE LA VINIFICATION par C Foulonneau, Ed. Colin.
GUIDE ROUGE MICHELIN édition France
HISTOIRE DE LÉGUMES DES ORIGINES À L'ORÉE DU XXIème SIÈCLE, I.N.R.A. EDITIONS.
HISTOIRE DE LA CUISINE ET DES CUISINIERS par E. Neireinck et J.P Poulain, Ed. J.Lanore.
HISTOIRE NATURELLE ET MORALE DE LA NOURRITURE par M. Toussaint-Samat, Ed. Bordas.
IDENTIFIER LES POISSONS DE MER ET D'EAU DOUCE par G. Chauvin, Ed. J.P Gisserot.
L'ENCYCLOPÉDIE DU GOÛT par Christian Teubner, Ed. GaultMillau.
LA CUISINE DE LA CHASSE par B. Vié, Ed. Dargaud.
LA CUISINE DES POISSONS D'EAU DOUCE par J.P Semonin et J.C Dupont, Ed. J. Villette.
LA FRANCE VITIVINICOLE par R. Euvrard, C.R.D.P. de Dijon.
LA GASTRONOMIE par J. Vitaux, Ed. PUF.
L'A.B.C. des plantes, Ed. Romart.
L'AIDE MÉMOIRE DU SOMMELIER par C. Tuor.
LAROUSSE DE LA CUISINE.
LAROUSSE DES COCKTAILS.
LAROUSSE GASTRONOMIQUE (éditions 1967, 1997 et 2007).
L'ART CULINAIRE FRANÇAIS, Ed. Flammarion.
L'ART DES ALCOOLS À TRAVERS LE MONDE par G. Brown, Ed. Hachette.
LE BARMAN UNIVERSEL par P. Dagouret, Ed. Flammarion.
LE GUIDE CULINAIRE par A. Escoffier, Ed. Flammarion.
LE GUIDE DES FROMAGES DE FRANCE ET D'EUROPE Selection du Reader's Digest.
LE GUIDE DES POISSONS D'EAU DOUCE D'EUROPE par J. Cihar, Ed. Hatier.
LE GUIDE DU BUVEUR D'EAU par E. Evina, Ed. Solar.
LE GUIDE DU SERVICE À TABLE par R. Armisen, J. Koscher, J. Potfer et A. Martin, Librairie Istra.
LE LIVRE DE L'APPRENTI PATISSIER par B. Deschamps et J.C Deschaintre, Ed. J. Lanore.
LE LIVRE DE L'OEUF par G. et S. Lenôtre, Ed. Stock.
LE LIVRE DES CÉPAGES par J. Robinson, Ed. Hachette.
LE LIVRE D'OR DU FROMAGE par P. Androuët, Ed. Atlas.
LE LIVRE DU BOULANGER par J.Y. Guinard et P. Lesjean, Ed. J. Lanore.
LE LIVRE DU CUISINIER par R. Lallemand et R. Pruilhère, Ed. J. Lanore.
LE LIVRE DU PATISSIER par B. Deschamps et J.C. Deschaintre, Ed. J. Lanore.
LE MANGEUR HYPERMODERNE par F. Ascher, Ed. Odile Jacob.
LE MANUEL DU RESTAURATEUR par H. Heyraud, Ed. Flammarion.
LE POTAGER AVEC SUCCÈS par G. Meudec, Ed. Rustica.
LE QUID par D. et M. Frémy. Ed. R. Laffont.
LE RÉPERTOIRE DE CUISINE par T. Gringoire et L. Saulnier.
LE RESTAURANT THÉORIE ET PRATIQUE (tome 1) par J. Bessenay, P. Blot et P. Mazetti, Ed. J. Lanore.
LE SERVICE DU RESTAURANT, DES ÉTAGES, DU SALON DE THÉ, DU BAR par A. Aurières et A. Antonietti, Ed. Flammarion.
LE VIN ET LES VINS AU RESTAURANT par P. Brunet, Ed. B.P.I.
LE VIN ET LES VINS ÉTRANGERS par P. Brunet, Ed. B.P.I.
LÉGISLATION HOTELS, RESTAURANTS ET DEBITS DE BOISSONS par A. Dinot, Ed. J. Lanore.
LÉGUMES ET FRUITS par M. Viard, Ed. Hatier.
LES ALCOOLS DU MONDE par G. Delos, Ed. Hatier.
LES BONS MARIAGES DU POTAGER par P. Asseray, Ed. Rustica.
LES BORDEAUX. UN ATLAS par H. Duijker et M. Broadbent, Ed. Gründ.
LES EAUX MINERALES par J.F Auby, Collection «Que sais-je ?» Ed. P.U.F.
LES FRANÇAIS À TABLE, Ed. Cobra.
LES FROMAGES D'APPELLATION D'ORIGINE par l'A.N.A.O.F. et Ed. Nathan.
LES PLANTES COMESTIBLES par D. Magnan, Ed.du Rocher.
LES PRODUITS DE LA PÊCHE, Informations Techniques des Services Vétérinaires.
LES PRODUITS DE LA RESTAURATION par P. Chauvin et P. Ducourtil, Ed J. Lanore.
LES SECRETS DE L'ALAMBIC par R. Euvrard, C.R.D.P. de Dijon.

LES SPÉCIALITÉS DU RAYON FRUITS ET LÉGUMES par le CTIFL.
LES VINS DE BORDEAUX par R. Parker, Ed. Solar.
LES VINS DE FRANCE par C. Carmenère et D. et P. Madevon, Ed. Nathan.
2000 ANS D'HISTOIRE GOURMANDE par P. Gélinet, Ed. Perrin.
Magazine BIEN-ÊTRE ET SANTÉ.
Magazine BIOFUTUR.
Magazine ÇA M'INTERESSE.
Magazine CAMPA.
Magazine CUISINE ET VINS DE France.
Magazine ÉTOILE.
Magazine GAULT-MILLAU.
Magazine GRAIN DE SUCRE.
Magazine L'EXPRESS.
Magazine LA VIE NATURELLE.
Magazine LA VITICULTURE EN VAL DE LOIRE.
Magazine LE CHASSEUR FRANÇAIS.
Magazine LE MONDE.
Magazine L'HÔTELLERIE.
Magazine MÉDITERRANÉE.
Magazine PROMOCASH.
Magazine RUSTICA.
Magazine SAVEURS.
Magazine SCIENCES ET AVENIR.
Magazine THURIES.
Magazine VIE PRATIQUE GOURMAND.
Magazine VINTAGE.
OENOLOGIE ET CRUS DES VINS par R. Piallat et P. Deville, Ed. J. Villette.
PATISSERIE, CONFISERIE, GLACERIE par B. Deschamps et J.C. Deschaintre, Ed. J. Lanore.
PETIT ATLAS DES PLANTES CULTIVÉES par Lisa Garnier, Ed. Larousse.
PHYSIOLOGIE DU GOÛT par J.A Brillat-Savarin, Ed. Flammarion.
PLANTES AROMATIQUES ET CULINAIRES par J. Kybal, Ed. Gründ.
PLANTES ET HERBES AROMATIQUES par A. Clevely et K. Richemond, Ed. Larousse.
PRATIQUE DU BAR ET DES COCKTAILS par M. Cailhol et B. Grosselin, Ed. B.P.I.
PRÉPARATION DES VIANDES par G. Gouet, Ed. SEPETA.
PRODUCTION CULINAIRE par A.Baratto, Ed. Nathan.
SAVOIRS ET TECHNIQUES DE RESTAURANT (Tome 1) par C. Ferret, Ed. B.P.I.
SAVOIRS ET TECHNIQUES DE RESTAURANT (Tome 2) par C. Ferret, Ed. B.P.I.
TECHNOLOGIE CULINAIRE par M. Maincent, Ed. B.P.I.
TRAVAUX PRATIQUES DE CUISINE par M. Maincent, Ed. B.P.I.
TRAVAUX PRATIQUES DE RESTAURANT (Tome 2) par T. Boulicot, Ed. B.P.I.
UN FROMAGE POUR CHAQUE JOUR par P. Androuet, Ed. De Vergeures.
VINS DE FRANCE par R.Rohn, Ed. J. Lanore.
VINS DE PAYS DE FRANCE par l'A.N.I.V.I.T., Ed. R. Pages.
VINS ET AUTRES BOISSONS par P. Brunet, Ed. B.P.I.
VINS ET FROMAGES DE FRANCE À LA CARTE par G. Boisseau-Deschouarts, Ed. B.P.I.
VINS ET FROMAGES DE L'UNION EUROPÉENNE A LA CARTE par G. Boisseau-Deschouarts, Ed. B.P.I.
VINS ET VIGNOBLES DE FRANCE Timée-Editions.
VINS ÉTRANGERS par R. Rohn, Ed. J. Lanore.
Site internet Acqua Panna.
Site internet Alaska Seafood Marketing Institute.
Site internet Association des Brasseurs de France.
Site internet Association des Meilleurs Ouvriers de France.
Site internet Bureau Interprofessionnel des Vins du Centre.
Site internet Bureau National Interprofessionnel de l'Armagnac.
Site internet Bureau National Interprofessionnel du Cognac.
Site internet Centre d'Information des Viandes.
Site internet Centre National pour la Promotion de l'œuf.
Site internet Chambre Syndicale des Eaux Minérales.
Site internet Comité Interprofessionnel des Vins d'Alsace.
Site internet Comité Interprofessionnel des Vins de Bordeaux.
Site internet Comité Interprofessionnel des Vins de Bourgogne.
Site internet Comité Interprofessionnel des Vins de Champagne
Site internet Comité Interprofessionnel des Vins du jura.
Site internet Comité Interprofessionnel des Vins du Languedoc.
Site internet Comité Interprofessionnel des Vins du Sud-Ouest.
Site internet Comité Intersyndical des Vins de Corse.
Site internet Comité National Interprofessionnel de la Pomme de terre.
Site internet Comité National pour la Promotion de l'œuf.
Site internet Conseil Interprofessionnel des Vins de la région de Bergerac.
Site internet Conseil Interprofessionnel des Vins de Provence.
Site internet Conseil Interprofessionnel des Vins du Roussillon.
Site internet Direction Générale de la Concurrence, de la Consommation et de la Répression des Fraudes.
Site internet du Gouvernement
Site internet F.A.O.
Site internet FranceAgrimer.
Site internet Fromages de Suisse.
Site internet Hospices civils de Beaune.
Site internet Institut National des Appellations et de la Qualité.
Site internet Inter Beaujolais.
Site internet Interprofession des Vins du val de Loire.
Site internet Legifrance
Site internet Maisons de Champagne.
Site internet Ministère de l'alimentation, de l'Agriculture et de la Pêche.
Site internet Organisation Internationale de la Vigne et du Vin.
Site internet Programme Nutrition Santé.
Site internet Veille Internationale des Techniques Effervescentes.
Site internet Wikipédia.

REMERCIEMENTS

Je voudrais témoigner toute ma gratitude à celles et ceux qui m'ont permis de mener à bien la rédaction de cet ouvrage ; que ce soit par la mise à disposition d'une abondante documentation, le prêt de pièces iconographiques, la rédaction de la préface, les relectures ou les aides de différentes natures. Qu'ils trouvent ici l'expression de mes sincères remerciements pour leur fructueuse collaboration.

Bernard Galliot

NOTE DE L'AUTEUR

Les boissons alcoolisées ou marques de boissons alcoolisées figurant dans cet ouvrage sont simplement citées comme produits couramment commercialisés en restauration. Les citations de marques sont faites à titre gratuit et ne constituent en aucun cas une forme de publicité. Par ailleurs, il est rappelé que ***l'abus d'alcool est dangereux pour la santé*** et qu'il convient de consommer les boissons alcoolisées avec modération. La vente de ces boissons est encadrée par la Loi. Il est conseillé de se reporter aux termes Alcool*, Groupes de boissons* et Licences* dans le dictionnaire.

Nos Partenaires Éducation souhaitent apporter leur expertise, leurs contenus pédagogiques et leur contribution financière à la création, la mise à jour, la digitalisation et la diffusion des contenus des Éditions BPI. Ils favorisent ainsi la montée en compétences de l'ensemble des professionnels. Qu'ils en soient ici remerciés.

L'Éditeur

MONIN PRÉSIDENT Professionnel les vergers boiron

Création et exécution : Anouk Garin
Achevé d'imprimer au 2ème trimestre 2020
Imprimerie Sepec - 19137210601
N° Editeur 856 - Réimpression juillet 2021

PEFC 10-31-1470 / Certifié PEFC / Ce produit est issu de forêts gérées durablement et de sources contrôlées. / pefc-france.org